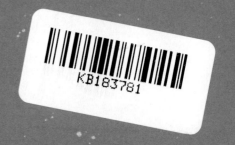

빅히스토리

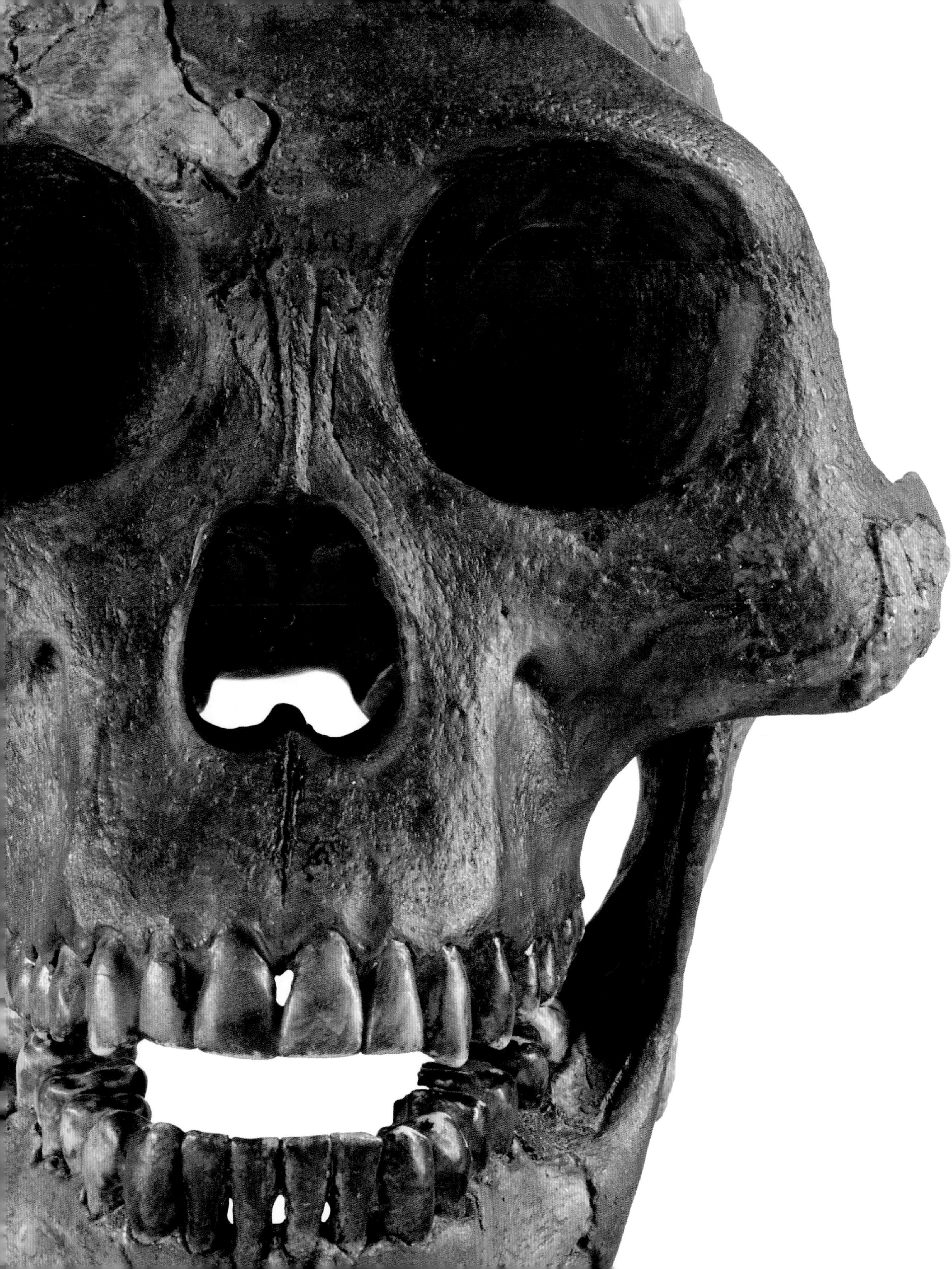

DK

138억 년 거대사 대백과사전

빅히스토리

2판

사이언스북스
SCIENCE BOOKS

자문 위원

데이비드 크리스천(David Christian)
옥스퍼드 대학교에서 철학으로 박사 학위를 받았으며 매쿼리 대학교 역사 고고학과 명예 교수이자 뉴 사우스 웨일스 대학교 방문 교수로 있다. 거대사 연구의 창시자로, 빌 게이츠와 함께 빅 히스토리 프로젝트를 시작했다. 「꼭 봐야 하는 11가지 TED 강연」에 선정된 그의 TED 강연 조회 수는 600만이다. 또한 온라인 교육 플랫폼인 코세라(Coursera), 다보스 세계 경제 포럼(2012, 2014, 2015년) 등 세계 곳곳에서 온·오프라인을 넘나들며 활발한 강연 활동을 펼치고 있다. 오스트레일리아 인문학 아카데미 회원, 네덜란드 왕립 학회 회원, 《글로벌 히스토리 저널》과 『케임브리지 세계사』 편집 위원으로도 활동 중이다.

앤드루 매케나(Andrew McKenna)
빅 히스토리 프로젝트의 연구, 교육, 확산을 아우르는 기본 계획 기획과 추진을 맡아 빅 히스토리 연구소의 세계적 성장과 전략적 발전을 이끌었다.

트레이시 설리번(Tracy Sullivan)
프로젝트의 교육 커리큘럼 개발과 오스트레일리아 학교 교육 진행 관리를 담당하며 빅 히스토리 프로젝트가 전 세계로 확산되고 발전할 수 있도록 교육 기본 계획에 참여했다.

OER 프로젝트

우주, 지구, 생명, 인류 역사를 통합된 방식으로 이해하고 교육하기 위해 2011년 빌 게이츠와 데이비드 크리스천이 공동으로 시작한 빅 히스토리 프로젝트(Big History Project, BHP)가 2019년 OER 프로젝트(Open Educational Resources Project)로 새롭게 태어났다. 빅 히스토리 프로젝트를 비롯해 세계사와 기후 프로젝트 등 비영리 오픈 교육 자료와 코스를 제공하고 있다.

참여 필자

들어가는 글: 엘리스 보언(Elise Bohan)
문턱 1: 로버트 딘위디(Robert Dinwiddie)
문턱 2: 잭 챌러너(Jack Challoner)
문턱 3, 4: 콜린 스튜어트(Colin Stuart)
문턱 5: 데릭 하비(Derek Harvey)
문턱 6: 리베카 래그사이크스(Rebecca Wragg-Sykes)
문턱 7: 피터 크리스프(Peter Chrisp)
문턱 8: 벤 허버드(Ben Hubbard)
빅 히스토리 인류사 연표: 필립 파커(Philip Parker)

옮긴이

윤신영
과학 전문지 《과학동아》 편집장을 거쳐 현재 미디어 플랫폼 《얼룩소》의 에디터로 재직 중이다. 《사이언스(*Science*)》를 발행하는 미국 과학 진흥 협회(AAAS) 2009년 과학언론상, 한국과학기자협회 2020년 대한민국과학기자상을 받았다. 생태와 진화를 다룬 『사라져 가는 것들의 안부를 묻다』, 인류 진화를 다룬 『인류의 기원』(공저) 등을 썼고 고인류학자의 치열한 모험을 기록한 『화석맨』, 재료의 세계를 탐구한 『사소한 것들의 과학』, 맛의 비밀을 밝힌 『 왜 맛있을까』 등을 번역하며 과학 저술가로도 활동하고 있다.

이영혜
전자 공학도가 되려고 했으나 복잡한 회로식 속에서 길을 잃고, 덕분에 《과학동아》의 기자가 됐다. 현재는 편집장을 맡고 있다. 십수 년 경력 중에 잡지 외에도 신문과 방송, 인터넷 등 다양한 매체를 경험했다. 과학 기자의 좌충우돌 '체험 취재기'를 묶어 『실험하는 여자, 영혜』를 냈다.

우아영
대학에서 기계 공학을 공부하고 과학 전문지 《과학동아》 기자를 거쳐 현재 과학 칼럼니스트, 번역가로 활동하고 있다. 『아기 말고 내 몸이 궁금해서』, 『평행세계의 그대에게』(공저)를 썼고, 『일상 감각 연구소』, 『볼트와 너트, 세상을 만든 작지만 위대한 것들의 과학』 등을 우리말로 옮겼다.

최지원
서강 대학교 컴퓨터 공학과를 졸업해 동아사이언스에서 약 5년간 《과학동아》를 만들었다. 이후 《한국경제신문》에서 바이오 산업을 취재했으며, 현재는 《동아일보》에서 과학 및 제약 바이오 분야를 취재하고 있다. 새롭게 개발되는 공학 기술 전반에 큰 관심을 가지고 있다.

사이언스 북스

빅 히스토리

1판 1쇄 펴냄 2017년 9월 30일
1판 2쇄 펴냄 2018년 7월 30일
2판 1쇄 찍음 2024년 11월 1일
2판 1쇄 펴냄 2024년 12월 31일

지은이 빅 히스토리 연구소
옮긴이 윤신영, 이영혜, 우아영, 최지원
펴낸이 박상준
펴낸곳 (주)사이언스북스

출판등록 1997. 3. 24.(제16-1444호)
(06027) 서울시 강남구 도산대로1길 62
대표전화 515-2000, 팩시밀리 515-2007
편집부 517-4263, 팩시밀리 514-2329

www.sciencebooks.co.kr

ISBN 979-11-94087-05-2 04400
ISBN 978-89-8371-410-7 (세트)

DK | Penguin Random House

BIG HISTORY:
The Greatest Events of All Time From the Big Bang to Binary Code

차례

5 생명이 **출현하다**

6 인류가 **진화하다**

7 문명이 **발달하다**

8 산업이 **부상하다**

서문

나는 어린 시절 교실에 놓여 있던 세계 지도를 생생히 기억한다. 영국 서머싯의 학교에서 배운 지리학 수업도 기억한다. 이 수업에서 나는 지구의 단면을 어떻게 그리는지 배웠다. 이를 통해 발아래에 다양한 지층이 있고, 이 지층들이 땅속에서 영국 각지와 어떻게 연결돼 있는지 알게 됐다. 내게는 학교에서 가장 신나던 순간이 바로 이런 지층에서 예상치 못한 연결을 발견할 때였다. 내 발밑 석회암층이 수백만 년 전에 살던, 원석조(coccolithophore)라는 작은 생물 수십억 마리로 만들어졌다는 사실을 깨닫는다거나, 이 생물의 흔적이 영국의 다른 지역이나 훨씬 멀리 떨어진 다른 나라의 지층에서도 발견된다는 사실을 깨닫는 것처럼 말이다. 원석조가 살아 있을 때 서머싯은 어땠을까? 말이 나왔으니 말인데, 서머싯은 그때 어디에 있었을까? 이 질문은 내가 학교에 다니던 시절에 물어볼 수 없었다. 당시 과학자들은 대륙이 지구 표면에서 움직인다고 확신하지 못했기 때문이었다.

내게는 교실 구석에 있던 지구본이 이런 모든 지식의 열쇠였다. 지구본을 통해 나는 서머싯이 영국 그리고 유럽 어디에 위치하고, 바이킹은 어디서 들어왔으며, 유럽은 세계 어디에 있는지 알 수 있었다. 빅 히스토리(Big History, 거대사)는 지구본과 같지만, 훨씬 크다. 빅 히스토리는 관측 가능한 모든 우주와 측정 가능한 모든 시간을 포함한다. 덕분에 우리는 전체 우주가 원자 하나보다 작았던 138억 년 전의 놀라운 대폭발(big bang, 빅뱅) 순간까지 거슬러 올라갈 수 있다. 빅 히스토리는 별(항성)과 은하를 포함하며, 생명을 가능하게 한 마법의 분자인 탄소에서부터 방사성을 이용해 폭탄을 만들고 우리 지구의 생성 연대를 파악하게 하는 우라늄까지 다양한 원소를 다룬다. 빅 히스토리는 시공간 전체를 그린 지도와 같다. 일단 이 지도를 탐험하기 시작하면, "이것이 내가 아주 작은 일부로서 속해 있는 우주구나! 만물의 위대한 얼개에서 내 위치는 여기구나! 그럼 그 후는 무엇일까?"라고 외치게 될 것이다.

오늘날, 빅 히스토리를 가르치는 학교와 대학이 늘고 있다. 빅 히스토리는 우리 모두가 알아야 할 이야기다. 당신이 손에 들고 있는 이 책에서, 당신은 이 이야기를 소개하는 아름다운 그림과, 서로 다른 전문 분야의 지식을 연결하는 말과 사진으로 된 일종의 지구본을 보게 될 것이다. 이 책은 우리가 사는 세상이 어떻게 발전했는지를 단계별로 보여 준다. 여기에는 아주 단순한 초기 우주부터 별과 새로운 화학 원소의 출현, 생명이 스스로 출현한 우리 지구와 같이 화학적으로 풍부한 여러 세계들이 공존하는 우주까지 포함된다.

그리고 이 거대한 이야기에서 바로 우리 종, 인류가 하는 이상한 일들을 보게 될 것이다. 우리는 이야기의 아주 끝에 등장하지만, 지구를 바꿀 정도의 큰 영향력을 행사하고 있다. 우리는 어쩌면 보다 놀라울 수도 있는 일을 했다. 광막한 우주에 비하면 작을 수밖에 없는 우리의 시점에서, 어떻게 우주가 태어났고 어떻게 진화했으며 어떻게 오늘날의 모습이 됐는지 생각해 냈다. 이것은 놀라운 성취다. 이 책에서 당신은 이 이야기를 엮어 낸 발견들과 만나게 될 것이다. 이것은 21세기 초의 우리에게 필요한 지구본이다. 다음 세대를 위해 이 아름다운 행성을 좋은 상태로 유지하고 보존해야 하는, 대단히 어려운 사명을 완수해야 하는 우리이기에.

데이비드 크리스천
매쿼리 대학교 명예 교수
빅 히스토리 창시자
전 빅 히스토리 연구소 소장
빅 히스토리 프로젝트 공동 창립자

> 빅 히스토리는 대폭발부터 오늘날까지, 문자 그대로 모든 역사를 이해하는 틀을 제공한다. 우리는 항상 과학과 역사 과목을 한 번에 한 가지씩 배웠다. 한 시간에는 물리학을, 다음 시간에는 문명의 탄생을 배우는 식으로 말이다. 하지만 빅 히스토리는 이런 장벽을 부순다. 이제 나는 생물학이나 역사학 또는 다른 어떤 과목에서든 새로운 것을 배울 때마다 빅 히스토리라는 틀 안에서 생각하려고 노력한다. 내가 들었던 그 어떤 수업도, 세상을 생각하는 방식에 이보다 큰 영향을 끼친 적이 없다.

빌 게이츠, 빅 히스토리 프로젝트 공동 창립자

WWW.GATESNOTES.COM

빅 히스토리는 무엇인가?

빅 히스토리는 당신과 내가 어떻게 여기 존재하게 됐는지에 대한 이야기다.

이것은 오늘날의 세대를 위한 현대적인 기원 이야기다. 이 위대한 진화적 서사시는 우리의 호기심으로부터 자라났고, 뿌리 깊게 남아 있는 직관에 의존하는 사유 방식을 거부한다. 대신 생생하고 역동적인 이야기와 과학, 합리성, 그리고 경험주의와 결합했다. 무엇보다 빅 히스토리는 생명과 우주, 그리고 만물에 대한 가장 흥미롭고 끈질긴 의문을 숙고할 때 그에 필요한 관찰 방법과 과학적 기초를 제공한다.

이런 보편적이며 강력한 질문에는 이런 것들이 포함된다. 지구에서 어떻게 생명이 진화했을까? 무엇이 인류를 고유한 존재로 만들까? 우리는 우주에 혼자일까? 우리는 왜 지금과 같은 모습이고 이렇게 생각하며 행동할까? 그리고 우리 인류와 지구, 우주에는 어떤 미래가 올까? 우주의 역사 어느 지점에 화살을 쏘든, 빅 히스토리의 한 페이지에 반드시 꽂힐 것이다. 이 페이지가 얼마나 이해하기 어렵든, 우리가 아는 세계로부터 얼마나 멀리 떨어져 있어 보이든, 그것은 모든 사건과 모든 장이 서로 연결된 이 위대한 과학적 서사의 한 부분을 담고 있다.

이 책에서 우리는 별과 은하, 우리 몸의 세포를 횡단하고, 모든 생물과 무생물 사이의 복잡한 상호 작용에 대해서도 살필 것이다. 우리는 인간이 어디까지 이해하고 있는지 그 한계로 눈을 돌려 현실을 다각도로, 여러 스케일로 볼 것이다. 세상을 이렇게 보는 일은 많은 대가를 요한다. 하지만 일단 이런 관점으로 보면 놀라운 일이 일어난다. 그간 놓쳤거나, 당연하다고 생각했던 자연 세계의

우리 몸을 구성하는 모든 원자가 죽어 가는 별 안에서 만들어졌다는 사실을 얼마나 자주 생각할까?

여러 면들이 우리와 관련을 맺기 시작하는 것이다.

우리는 우리 몸을 구성하는 모든 원자가 죽어 가는 별 안에서 만들어졌다는 사실을 얼마나 자주 생각할까? 또는 고대의 별이 폭발하면서 생명을 가능하게 한 화학 반응이 일어났다는 사실은 얼마나 생각할까? 왕과 군대, 정치인, 농민의 행동을 관통하는 공통점을 알기 위해 역사적 고찰을 할 때, 충분히 멀리 떨어져서 생각해 볼 기회는 있었을까?

우리가 우리를 포함한 생명 진화의 역사를 생각할 때 국가, 부족, 종의 한계를 넘어서 사고하기는 어렵다. 하지만 우리가 스스로 이런 한계를 넘어서고자 한다면, 우리는 벌레부터 물고기, 파충류, 침팬지, 지구 반대편에서 우는 새, 그리고 지저귐 속에서도 내내 깨지 않고 자는 나그네까지, 지구의 모든 생명체가 하나의 공통 조상으로 귀결되는 가계도를 만나게 될 것이다.

빅 히스토리는 만물이 어떻게 존재하며 앞으로 어떻게 될 것인지를 말해 주는, 하나의 정적인 이야기가 아니다. 자연에 대한 우리의 지식이 늘어날 때마다, 그리고 하나의 종으로서 갖는 요구가 변함에 따라 끊임없이 갱신되는 역동적인 이야기다.

우주의 관점에서 인류는 진화 역사의 가장 마지막 장면에 등장한 신생 종이다. 우리는 생명의 진화가 시작될 때 존재하지 않았을뿐더러 그 이야기의 끝을 맞이할 최후의 종도 아니다. 하지만 빅 히스토리는 분명 인류를 위해 인류가 쓰는 인류의 이야기다. 이 이야기의 어느 순간부터 우리는 우리 자신에 초점을 맞추고, 은하계에서도 우리가 사는 지구에 집중하게 될 것이다. 그곳이 우리의 관점에서 행위와 의미가 존재하는 곳이기 때문이다.

시공간의 거대한 설계에서, 인간성이란 거대한 우주에 붙인 작은 주석에 불과하다. 하지만 우리의 푸른 행성을 가까이에서 보면, 인류는 지난 30억~40억 년 동안 지구에 존재했던 다른 어떤 종도 하지 못한 일들을 이뤄 냈다. 우리가 아는 한, 호모 사피엔스(*Homo sapiens*, 현생 인류)는 우주의 존재를 자각한 최초의 종이자 유일한 종이다. 오늘날 인류는 지구의 생물권을 바꾸는 주체이자, 지상의 진화 속도를 극적으로 변화시킨 존재다.

빅 히스토리는 우리가 보고 생각하며 알고 있는 모든 것에 질문을 던진다.

빅 히스토리는 우리가 보고 생각하며 알고 있는 모든 것에 질문을 던진다. 그 과정에서, 우리는 우주가 흔히 상상했던 것과 크게 다르다는 사실을 발견한다. 어떤 놀라운 힘들이 역사를 만들어 왔다는 사실도 알게 된다. 이런 것들이 맨눈에는 잘 보이지 않는다.

빅 히스토리는 인류가 세계 곳곳으로 이주해 성공적으로 적응해 살아남은 놀라운 이야기를 보여 준다. 이것은 빅 히스토리 연구자들이 집단 학습이라고 부르는 우리의 능력 덕분이다. 비록 축적된 지식과 경험을 DNA를 통해 다음 세대에게 전하지는 못하지만, 우리는 문화를 통해 정보를 전하는 방법을 발전시켰다. 정보 공유 분야에서 이뤄 낸 이런 혁신은 의미를 지닌 언어 덕분에 가능했다.

처음에는 구전을 통해 생각을 공유했다. 하지만 결국 우리는 정보를 전할 때 오류를 줄이는 전달 방식인 기록 언어를 발전시켰고, 이로서 최초의 외장 하드라고 할 만한 도구를 갖게 됐다. 우리는 처음으로 많은 양의 정보를, 뇌의 제한된 기억 능력에 기대지 않은 채 저장할 수 있게 됐다.

여러 세대에 걸쳐 축적된 정보를 활용할 수 있었기 때문에, 학습 속도는 더욱 빨라졌고 지식과 혁신은 급격히 증가했다. 세월이 흘러 많은 문명이 붕괴하고 어떤 발견은 잊혔지만, 역사의 흐름은 대체적으로 변화를 가속화하는 쪽으로 진행됐다. 보다 빠르고 정교한 정보 공유 방법이 발명되자 혁신이 폭발적으로 일어났고, 반대로 혁신이 정보 공유 방법을 새롭게 만드는 일이 반복됐다.

음성 기반 정보를 공유하는 전통이 수만 년 동안 지속된 데 반해, 인쇄의 시대에서 오늘날의 디지털 세계로 넘어가는 데는 100~200년밖에 걸리지 않았다. 문화의 진화 속도가 계속 이렇게 빠르다면, 수십 년 안에 새로운 진화 패러다임이 출현할지도 모른다.

집단 학습이라는 놀라운 능력과 문화적 발전 때문에, 인류는 거대한 진화적 도약을 비교적 짧은 시간에 이룩해 냈다. 우리는 애초에 가졌던 진화의 단순한 수행자에서, 지상의 진화 궤적을 의식적으로 만들어 가는 풋내기 감독으로 역할을 바꿨다. 이 새로운 역할은 매우 재미있기도 하지만, 또한 매우 어려운 일이기도 했다.

생명의 계통도를 되짚어 보면 정신이 번쩍 난다. 지금까지 존재했던 종의 99퍼센트는 멸종했다. 따라서 우리가 미래에 오랫동안 지속적으로 번영을 누리며 생존할 수 있을지 생각하는 것은 자연스럽고도 바람직한 일이다. 만약 계속 생존할 수 있다면, 우리는 무엇을 해야 할까?

우리는 에너지 소비를 줄이고 좀 더 단순하게 살아야 할까? 우리의 뛰어난 두뇌 능력으로 깨끗한 에너지, 지속 가능한 물건과 서비스를 만드는 방법을 고안해야 할까? 현대 기술의 총아인 무기 경쟁은 우리를 자유롭게 할까 혹은 우리를 노예 상태에 예속되게 만들까? 그리고 우리는 언제까지 기술의 힘을 빌리지 않은, 완전한 생물학적인 존재로 남을까?

이것들이 빅 히스토리 이야기가 우리로 하여금 숙고하도록 이끄는 질문들이다. 범위와 내용, 방법의 측면에서 빅 히스토리는 오늘날의 세대의 요구에 따른 지극히 현대적인 이야기다.

과거부터 전해 내려오는 세상의 모든 기원설처럼, 빅 히스토리도 우리가 누구이고 어디에서 왔으며 어떻게 될 것인지 아는 데 도움을 준다. 하지만 미신과 직관으로 이뤄진 고대의 기원설과 달리, 이 위대한 진화의 서사시는 현대 과학이 밝힌 우리 세계의 이야기다.

대부분의 경우, 아주 크거나 아주 작은 것, 매우 오래된 것을 생각하는 것은 자연스러운 일이 아니다. 하지만 위대한 생각을 좇고 심오한 우주적 질문에 답하는 일은 자연스러운 일이다. 우리는 우리가 모르는 저편에 무엇이 있는지 알고 싶다. 그것이 별들 사이, 블랙홀 안, 또는 우리 뇌나 DNA의 내부, 심지어 우리와 함께 살거나 혹은 우리가 그 안에 들어가 살고 있는 놀라운 세균(bacteria, 박테리아)의 세계일지라도 말이다.

빅 히스토리는 이 모든 영역에 대해 우리가

여러 세대에 걸쳐 축적된 정보를 활용할 수 있었기 때문에, 학습 속도는 더욱 빨라졌고 지식과 혁신은 급격히 증가했다.

빅 히스토리는 오늘날의 세대의 요구에 따른 지극히 현대적인 이야기다.

탐험하는 것을 돕는다. 빅 히스토리는 일련의 주제들과 역사적인 순간들을 중점적으로 여러 스케일에서 현실을 돌아볼 수 있도록 한다. 이를 통해 우리는 세부를 큰 그림에 연결시키는 법을 배우고, 거시적인 경향을 관찰해서 국부적인 현상과 사건의 맥락을 파악하게 한다. 얕고 넓게 아는 관점(generalist)과 좁고 깊게 아는 관점(specialist)을 모두 취해, 원인과 결과를 보다 주의 깊게 살펴보고 창의적으로 생각함으로써 우리는 오늘날 세계가 직면한 여러 문제에 대해 혁신적인 답과 해결책을 고안할 수 있다.

빅 히스토리의 통합적인 시각은 우리로 하여금 현재를 역동적으로 보게 하고, 우리가 이전의 진화 역사를 단순히 계승한 존재가 아니라 앞으로 맞이할 미래를 선취할 수 있는 존재임을 알려 준다.

이 이야기는 복잡성의 증가에 따라 여덟 개의 문턱(threshold, 임계 국면이라고도 한다. ㅡ옮긴이)으로 나뉘어 있다. 각각은 우주의 역사에서 중대한 전환이 일어난 지점이다. 문턱을 하나씩 넘어갈 때마다 당신은 각각이 얼마나 밀접하게 연결돼 있는지 알게 될 것이다. 그리고 우주 질서의 다양한 측면에서 물질과 정보가 얼마나 농밀해지고 복잡해지는지도 알게 될 것이다. 이 이야기 덕분에 우리는 모든 요소가 균형이 잡혀 있어서 생명이 존재하기에 '딱 맞는' 조건, 즉 생명 거주 가능(Goldilocks, 골디락스) 조건에서 지구와 인류가 태어났다는 사실도 알게 될 것이다.

만약 당신이 이 책을 읽고 빅 히스토리가 그리는 큰 그림이 무엇인지 느낄 수 있었다면, 계속해서 솟아날 새로운 질문들에 대해서도 생각해 보기를 바란다. 특히 책을 들고 앉아서 발견을 향한 여정을 시작할 때, 우리가 던지는 다음 질문을 당신이 깊이 고민했으면 한다.

이 장엄한 우주의 드라마가 다음 문턱에 접어들 때, 그 전환의 과정에서 당신은 무슨 역할을 담당하게 될 것인가?

"현대 지식의 놀라운 다양성과 복잡성 안에는, 통일성과 일관성이 있다. 서로 다른 시간 스케일이라도, 서로 통하는 이야기가 있다."

데이비드 크리스천, 빅 히스토리 연구자

문턱

1

대폭발이 **일어나다**

우주의 기원은 무엇일까? 이것은 아마 인류의 탄생 이후 계속 우리를 사로잡은 질문이었을 것이다. 수 세기 동안 이뤄진 관측과 조사, 과학 연구를 거쳐 대폭발 이론이 등장했다. 하지만 대폭발 이론으로도 아직 풀리지 않은 우주의 비밀이 많기 때문에, 이 비밀을 보다 잘 풀어 줄 답을 찾기 위한 여정은 계속되고 있다.

생명 거주 가능 조건

우주는 대폭발로 형성됐다. 우리는 그 전에 무엇이 존재했는지는 전혀 모르며 대폭발 직후 1초도 되지 않는 시간에 무슨 일이 일어났는지도 아주 조금만 알고 있다. 하지만 이후 38만 년이 지나 우주는 팽창하고 식었으며, 오늘날 우리가 알고 있는 기본 힘(fundamental force)과 물질이 생겨났다.

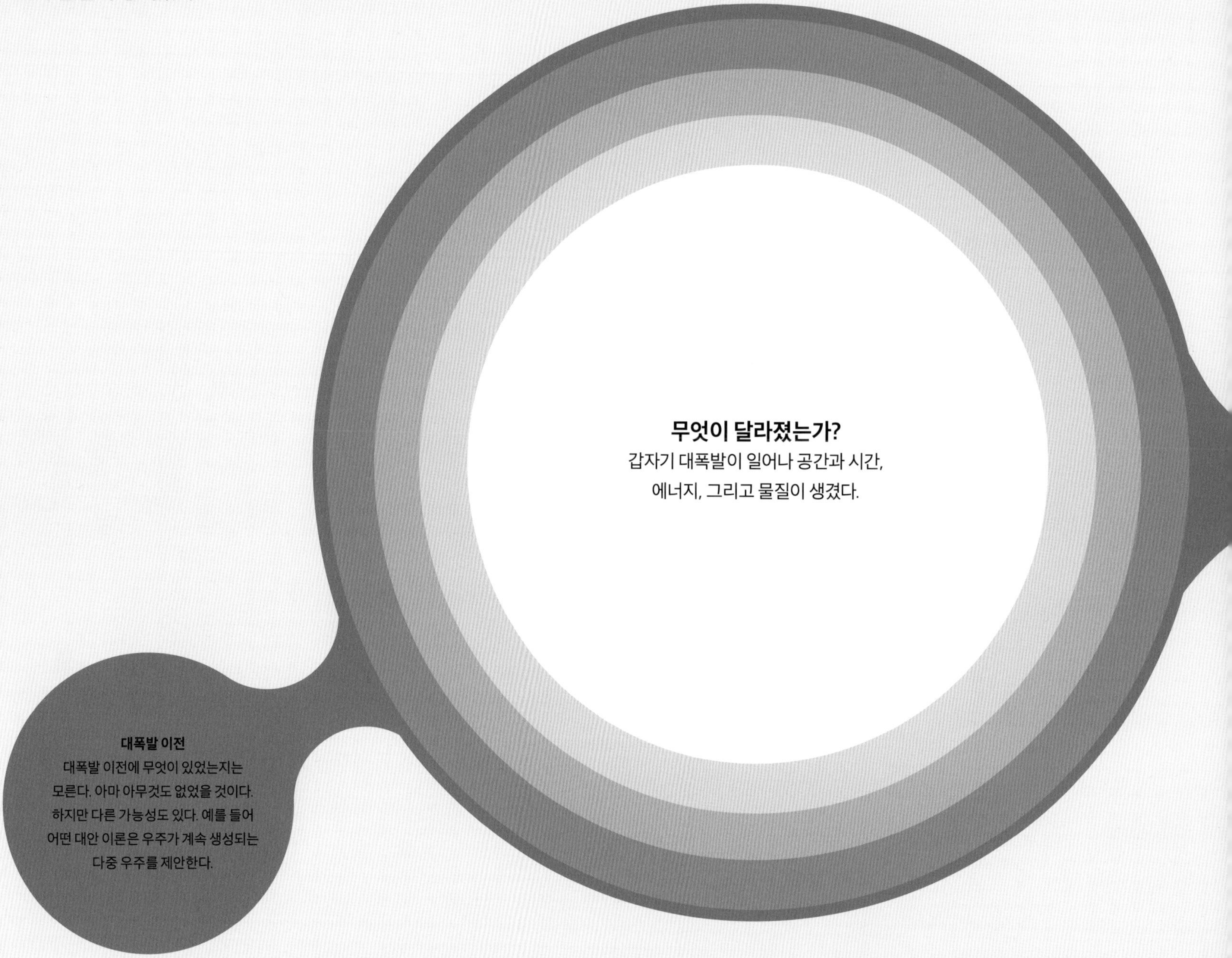

무엇이 달라졌는가?
갑자기 대폭발이 일어나 공간과 시간,
에너지, 그리고 물질이 생겼다.
대폭발 이전
대폭발 이전에 무엇이 있었는지는
모른다. 아마 아무것도 없었을 것이다.
하지만 다른 가능성도 있다. 예를 들어
어떤 대안 이론은 우주가 계속 생성되는
다중 우주를 제안한다.

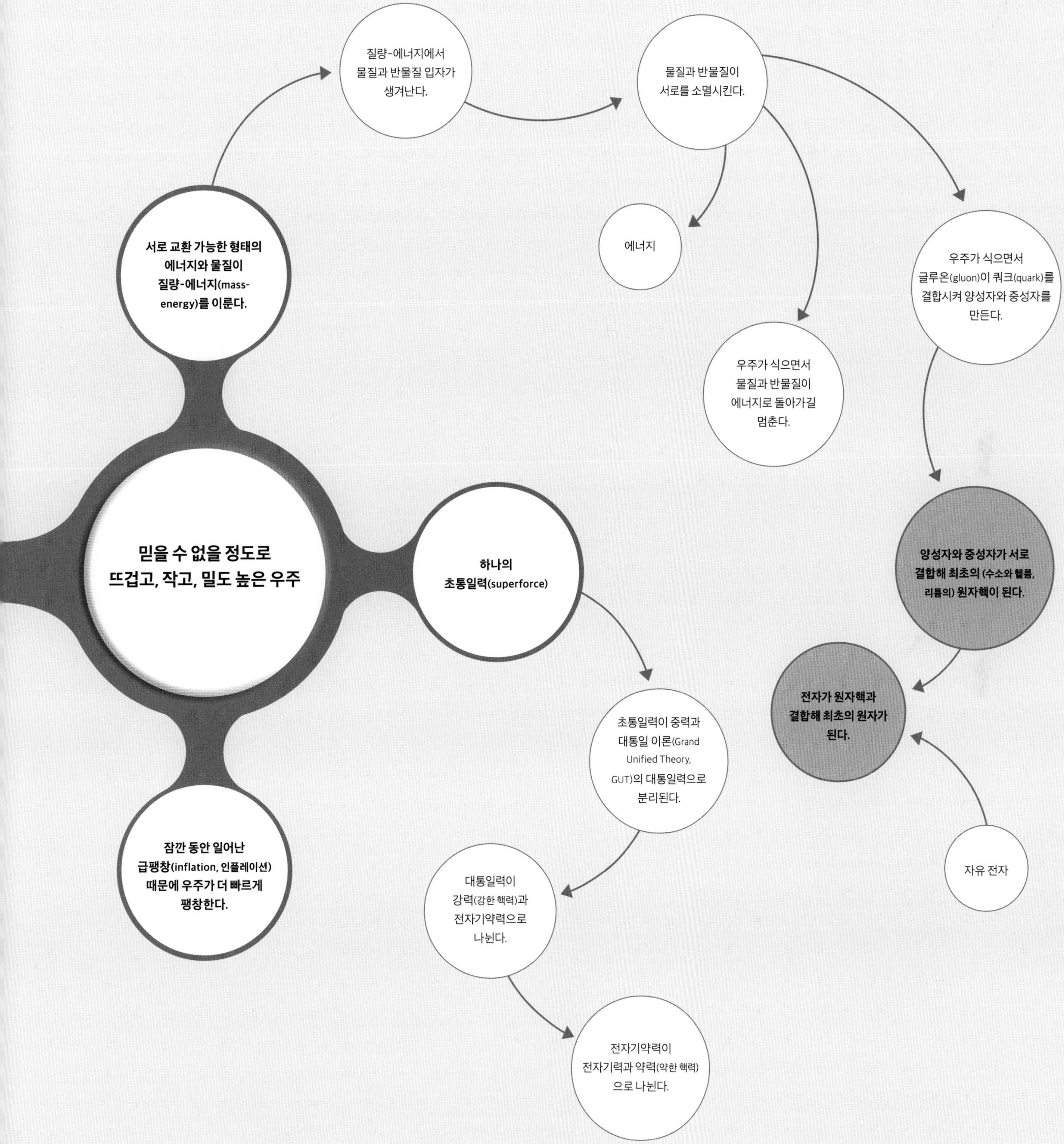
믿을 수 없을 정도로 뜨겁고, 작고, 밀도 높은 우주
서로 교환 가능한 형태의 에너지와 물질이 질량-에너지(mass-energy)를 이룬다.
질량-에너지에서 물질과 반물질 입자가 생겨난다.
물질과 반물질이 서로를 소멸시킨다.
에너지
우주가 식으면서 물질과 반물질이 에너지로 돌아가길 멈춘다.
우주가 식으면서 글루온(gluon)이 쿼크(quark)를 결합시켜 양성자와 중성자를 만든다.
양성자와 중성자가 서로 결합해 최초의 (수소와 헬륨, 리튬의) 원자핵이 된다.
전자가 원자핵과 결합해 최초의 원자가 된다.
자유 전자
하나의 초통일력(superforce)
초통일력이 중력과 대통일 이론(Grand Unified Theory, GUT)의 대통일력으로 분리된다.
대통일력이 강력(강한 핵력)과 전자기약력으로 나뉜다.
전자기약력이 전자기력과 약력(약한 핵력)으로 나뉜다.
잠깐 동안 일어난 급팽창(inflation, 인플레이션) 때문에 우주가 더 빠르게 팽창한다.

기원 이야기

거의 모든 인류의 문화와 종교에는 전통적으로 전해 내려오는 기원 이야기가 있다. 세계가 어떻게 태어났는지를 설명해 주는 상징적인 이야기인 기원설은 세대를 거쳐 전래 동화나 노래, 글이나 그림으로 전해졌다.

기원설은 자세히 보면 대단히 다르지만 공통 주제를 포함하고 있는 경우가 많다. 이런 종류의 이야기들은 종종 우주가 암흑 또는 깊은 혼돈(chaos) 상태에서 어떻게 질서를 얻었는지를 설명한다. 성경의 「창세기」을 비롯해 몇몇 기원설에서는 초월적인 존재나 신이 이런 질서를 부여한다. 어떤 이야기에서 창조는 반복되는 과정이다. 예를 들어 힌두교는 질서가 파괴될 수밖에 없으며 그 뒤에 다시 재건된다고 생각한다. 많은 이야기들은 땅에서부터 시작된다. 어떤 이야기에서는 사람과 신이 땅에서 생겨난다. 다른 이야기에서는, 한 동물이 태초의 우주인 원시 바다에서 땅을 가져온다.

하늘과 해, 달의 기원

많은 기원설들은 땅과 함께 하늘이 어떻게 생겼는지에 대해, 종종 어떤 원시적인 물체가 갈라져서 만들어졌다는 식으로 기술한다. 마오리 족의 창조 신화에서는, 초월적 존재인 이오(Io)가 무(無)에서 우주를 창조한다. 이오는 하늘의 신 란기누이(Ranginui, 란기)와 대지의 신 파파투아누쿠(Papatuanuku, 파파)를 만들었다. 란기와 파파는 몸이 서로 붙어 있었는데, 여섯 자식들이 그들을 밀어서 떨어뜨리자 땅과 하늘로 갈라졌다. 또한 많은 이야기들이 태양과 달 같은 천체의 창조를 설명한다. 예를 들어 중국의 기원설에서는 최초의 존재인 반고(盤古)가 우주의 알을 깨고 나왔다. 알껍데기 중 아래쪽 절반은 땅이, 머리 위에 드리운 나머지 절반은 하늘이 됐다. 반고는 수천 년 동안 매일 자라서, 하늘을 위로 밀고 땅을 아래로 짓눌러 둘을 갈라놓았다. 이후에 반고는 분해되어 팔과 다리는 산이, 숨은 바람이, 눈은 태양과 달이 됐다. 종종 천체들은 신의 물리적 현현으로 여겨졌다. 예를 들어 고대 이집트의 기원설은 원시 바다인 눈(Nun)에서 시작한다. 여기에서 신인 아문(Amun)이 나온다. 아문은 또 다른 이름인 라(Ra)를 얻고, 다른 신들을 낳아 키운다. 아문-라는 눈물로 인간을 창조하고, 자신은 하늘로 올라가 태양으로서 영원히 지배한다.

이런 기원설이 발달한 것은, 초기 인류가 그들 자신의 존재를 설명하기 위해, 그리고 자신이 주위에서 본 모든 것을 설명하기 위해서였다. 이런 이야기를 지닌 문화는 이들을 진실로 간주했고, 믿는 사람에게 큰 의미와 정서적 힘을 줬다. 하지만 이런 인식은 신념에 따른 것이었지 정확한 관측이나 과학적 추론에 따른 것이 아니었다.

> “우리는 조상들로부터 **모든 것을 포괄하는 통일된 지식**에 대한 갈망을 물려받았다.”
>
> **에르빈 슈뢰딩거,** 오스트리아의 이론 물리학자, 1887~1961년

> **100개 이상의 서로 다른 기원설**이 세계 곳곳의 다양한 민족과 문화에서 발견됐다.

최초의 천문학자

문화별로 다르지만, 기원전 4000년경 유럽과 중동의 사람들은 별과 태양, 달과 같은 천체들을 보고 이야기를 꾸미는 대신 천체 현상을 자세히 기록하기 시작했다. 이것은 대개 실용적인 쓰임새를 목적으로 했다. 별을 구분하는 능력과 하늘의 움직임을 이해하는 능력은 길을 찾는 데 유리했다. 하늘은 일종의 시계와 같아서, 예를 들어 농부가 언제 곡식을 심는지, 혹은 중요한 자연 현상이 언제 일어나는지 알려 주기도 했다. 고대 이집트에서는 밝은 별인 시리우스(Sirius)가 태양과 동시에 뜨는 현상을 통해 매년 되풀이되는 나일 강의 범람을 예고했다. 하늘을 연구하는 궁극적인 이유는 일식을 예측하기 위해서였다. 중국의 천문학자들은 기원전 2500년부터 일식을 예측하려고 시도했다. 하지만 기원전 1세기에 이르러서야 고대 그리스에서 일식을 정확하게 예측할 만한 천문 교양이 쌓였다. 일식을 성공적으로 예측하는 일은 실용적인 이득이 별로 없었지만 예언가들에게 대단히 심오하고 신비로운 힘을 부여했으며, 결과적으로 그들은 큰 존경을 받았다.

> 중국의 천문학자들은 기원전 750년 이후 **1,600개 이상의 일식**을 기록했다.

몇몇 고대 문화에서 정확한 관측은 실용적인 면뿐만 아니라 종교적인 면과도 얽혀 있었다. 망원경을 발명하기 전 시대의 가장 복잡하고 정교한 천문 관측은 250~900년 중앙아메리카에 존재했던 마야에서 이뤄졌다. 마야 인은 태양의 일주에 따른 한 해의 길이를 정확히 계산해 냈다. 또 금성과 달의 위치를 나타내는 정확한 표를 만들어 이를 바탕으로 일식을 예측했다. 이들은 파종 시기와 수확 시기를 파악하는 데 달력을 사용했다. 하지만 한편 이들은 관측한 주기와 신이 설계한 자연법칙이 서로 연결돼 있다고 믿었다. 밤하늘의 특별한 사건은 특정한 신성을 의미했다. 마야 인들은 하늘의 주기와 일상, 그리고 개인의 일은 서로 연관돼 있다는 생각에 기초하여 일종의 점성술도 발전시켰다.

현대적 서사

빅 히스토리는 현대적인 기원설이다. 이 이야기는 우주론의 대폭발 이론이 어떻게 우주를 만들었는지 설명한다. 이 이론은 우주의 형성 과정을 탄생과 구조 측면에서 기술한다. 현대 우주론은 시간에 따라 변하는 우주를 다룬다. 초기 우주에는 지금과는 다른 물질과 에너지, 그리고 새로운 입자가 존재했다. 이후 공간이 팽창했고 별과 은하 같은 구조가 탄생했다. 빅 히스토리의 일부로서 대폭발 이론은 전통적인 기원설과 일부 비슷한 면이 있다. 예를 들어 몇몇 기원설과 유사하게 대폭발 이론은 물질, 에너지, 공간, 시간, 이 모든 것이 무에서 기원했다고 본다. 또한 대폭발 이론과 전통적인 기원설은 모두 '우주가 어떻게 시작됐을까?'라는 동일한 질문에 답을 내놓는다. 대폭발 이론이 오늘날의 우주를 완벽하게 설명해 주는 것은 아니다. 예를 들어 이 이론은 생명의 기원이나 인류의 진화는 설명하지 못한다. 하지만 대폭발 이론은 이런저런 질문들에 답하고자 시도하는 빅 히스토리의 큰 틀을 이룬다.

대폭발 이론은, 빅 히스토리가 보통 그렇듯, 전통적인 기원설과 다르다. 대폭발 이론은 우주의 기원에 대한 정교하고 과학적인 설명이다. 대폭발 이론은 여러 세기에 걸쳐 점진적으로 바뀌어 오다 급격한 도약을 겪은 과학적 사고가 지금 어디까지 와 있는지를 보여 준다. 다른 과학 이론들과 마찬가지로, 대폭발 이론도 구체적인 증거를 통해 검증할 수 있는 예측을 한다. 이 과정을 통해 이론은 더 정교해질 수도, 부정되거나 뒤집힐 수도 있다. 어떤 질문은 대폭발 이론으로 해결되지 않는다. 하지만 최소한 지금까지는, 이 이론이야말로 우주가 언제 어떻게 시작됐는지 가장 믿을 만한 설명을 제공한다.

▶ 창조자 브라흐마
고대 힌두교에 따르면, 네 개의 머리를 가진 브라흐마 신은 황금 알에서 태어나 세계와 그 안의 만물을 창조했다.

> 당시에는 **비존재**도 없었고, **존재**도 없었다. 그 너머에 **공간**도 없었고 **하늘**도 없었다.

『리그베다』,
산스크리트 어 찬가 모음, 기원전 2000년

네브라 하늘 원반

유럽의 청동기 시대에, 사람들은 천문학에 대한 지식을 발전시켰고 실용적인 목적으로 활용했다. 네브라 하늘 원반은 이때 하늘을 관측했다는 중요한 증거다. 원반의 재료를 분석한 결과, 당시 금속을 어떻게 이용했고 어떻게 교역을 했는지 알게 됐다.

유럽의 청동기 시대는 기원전 3200년경에 시작됐다. 1999년에 독일 중부에 위치한 네브라 지역에서 3600년 전에 만들어진 네브라 하늘 원반이 발견됐다. 다양한 천체를 묘사한 고대의 유물 중 가장 오래된 이 원반에는 태양과 달, 그리고 플라이아데스성단으로 추정되는 것을 포함해 32개의 별이 묘사돼 있었다. 또 원반의 주인이 하지와 동지, 즉 1년 중 낮의 길이가 가장 길 때와 가장 짧을 때 태양이 뜨고 지는 각도를 측정했다는 사실도 알려 준다.

이 원반이 무엇에 쓰였는지 혹은 무엇을 나타내는지에 대해서는 두 가지 학설이 있다. 일부 고고학자들은 이것이 파종 시기와 수확 시기를 알려주고, 양력과 음력을 통합하는 데 사용된 천문 시계라고 생각한다. 다른 학자들은 원반 속 천체가 기원전 1699년 4월 16일에 있었던 일식을 묘사하고 있다고 주장한다. 그 주장에 따르면 이날 달이 태양을 가리고 있었는데, 지상에서 볼 때 위치는 플레이아데스성단 근처였고, 수성, 금성, 화성과도 가까운 지점이었다.

진짜 용도가 무엇이었든 간에, 네브라 하늘 원반은 청동기 시대 인류가 하늘을 자세히 관측했고 시간과 계절의 흐름을 보여 줄 도구를 발전시켰다는 명백한 증거이다.

작은 원반은 별을 나타낼 수도 있지만 실제 별의 패턴과 일치하지 않기 때문에 대부분은 장식으로 보인다.
큰 금 원반은 태양으로 추정된다.
목적을 알 수 없지만 가장자리에 구멍이 뚫려 있다.

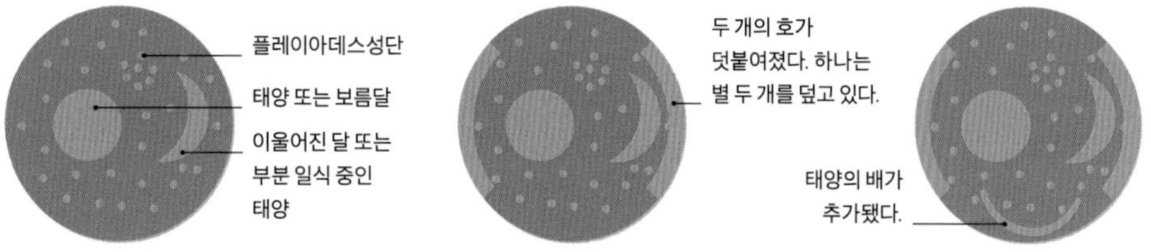
플레이아데스성단
태양 또는 보름달
이울어진 달 또는 부분 일식 중인 태양
1단계
두 개의 호가 덧붙여졌다. 하나는 별 두 개를 덮고 있다.
2단계
태양의 배가 추가됐다.
3단계

▲ 제작 단계
원반은 확연히 구분되는 시기별로 세 단계에 걸쳐 만들어졌다. 이는 원반의 제작 목적이 계속 바뀌었음을 암시한다. 태양의 배가 추가된 것은 종교적인 의미가 덧붙여진 것으로 보인다.

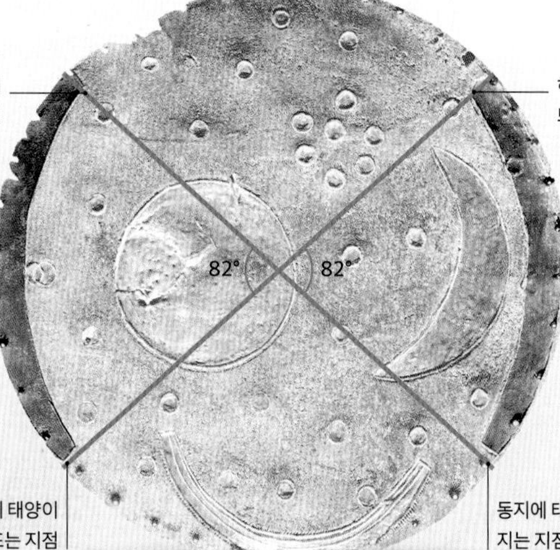
원반을 수평으로 잡으면, 모서리가 수평선이 된다.
하지에 태양이 지는 지점
하지에 태양이 뜨는 지점
82°
82°
동지에 태양이 뜨는 지점
동지에 태양이 지는 지점

▶ 황금 호
원반에 있는 두 개의 호는 82도 만큼 펼쳐져 있다. 이 각도는 원반이 발견된 곳에서 하지와 동지에 지평선에서 태양이 뜨고 지는 지점 사이의 각도와 같다.

금속의 출처

원반의 구리는 오스트리아 지역의 알프스 산맥에서 왔다. 구리를 청동으로 만드는 데 쓴 주석과, 처음에 사용한 금은 영국의 콘월에서 왔다. 호와 태양의 배를 만든 금은 동유럽의 카르파티아 산맥의 것이다. 당시 유럽 전역에 걸쳐 잘 확립된 교역로가 있었던 것으로 추정된다.

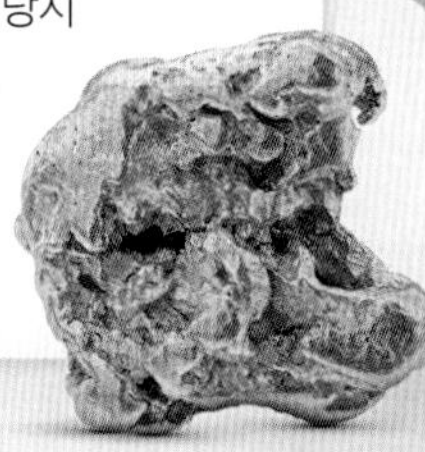
금

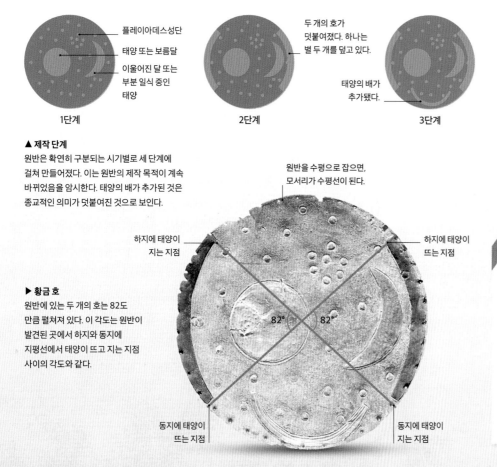

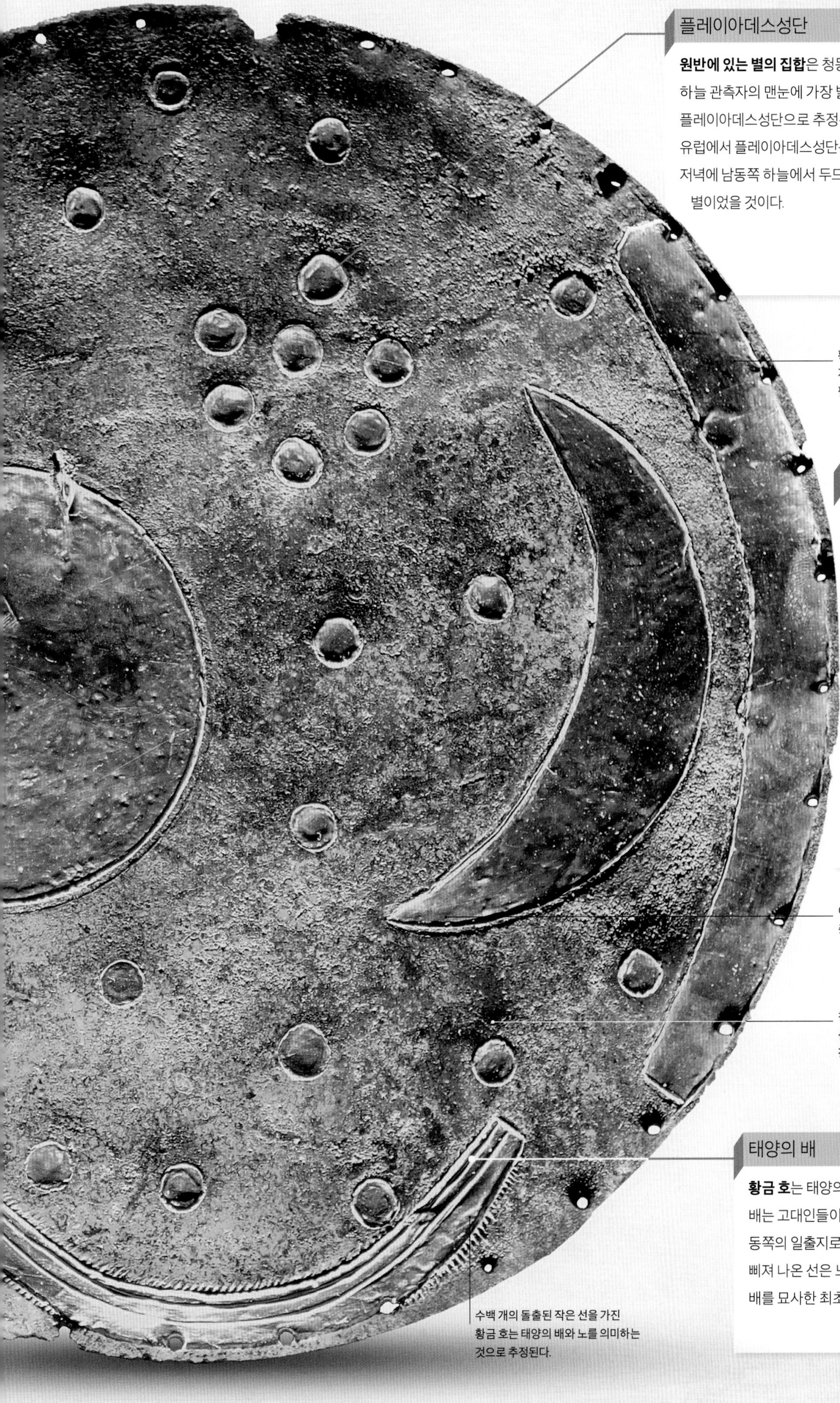

플레이아데스성단

원반에 있는 별의 집합은 청동기 시대의 하늘 관측자의 맨눈에 가장 밝게 보였을 플레이아데스성단으로 추정된다. 중부 유럽에서 플레이아데스성단은 수확기의 저녁에 남동쪽 하늘에서 두드러진 별이었을 것이다.

플레이아데스성단의 별과 먼지 구름

황금 호는 태양이 하지와 동지에 지거나 뜨는 지점 사이의 각도만큼 펼쳐져 있다.

네브라 부장품

청동기 시대 유물들이 네브라 원반과 함께 묻혀 있었다. 구리와 금이 상감된 청동 검 두 개와 끌 하나, 도끼머리 둘, 그리고 두 개의 완장인데, 이들을 네브라 부장품이라고 부른다. 원반이 왜 이런 물건들과 함께 묻혔는지는 모른다. 부장품은 기원전 1600년경에 묻혔지만, 원반은 그보다 더 오래됐다. 처음에 고고학자들도 정교한 가짜가 아닐까 의심했지만 부식 검사와 매장지 발굴, 그리고 다른 유물의 검사 결과를 토대로 이들이 진품임을 확인했다.

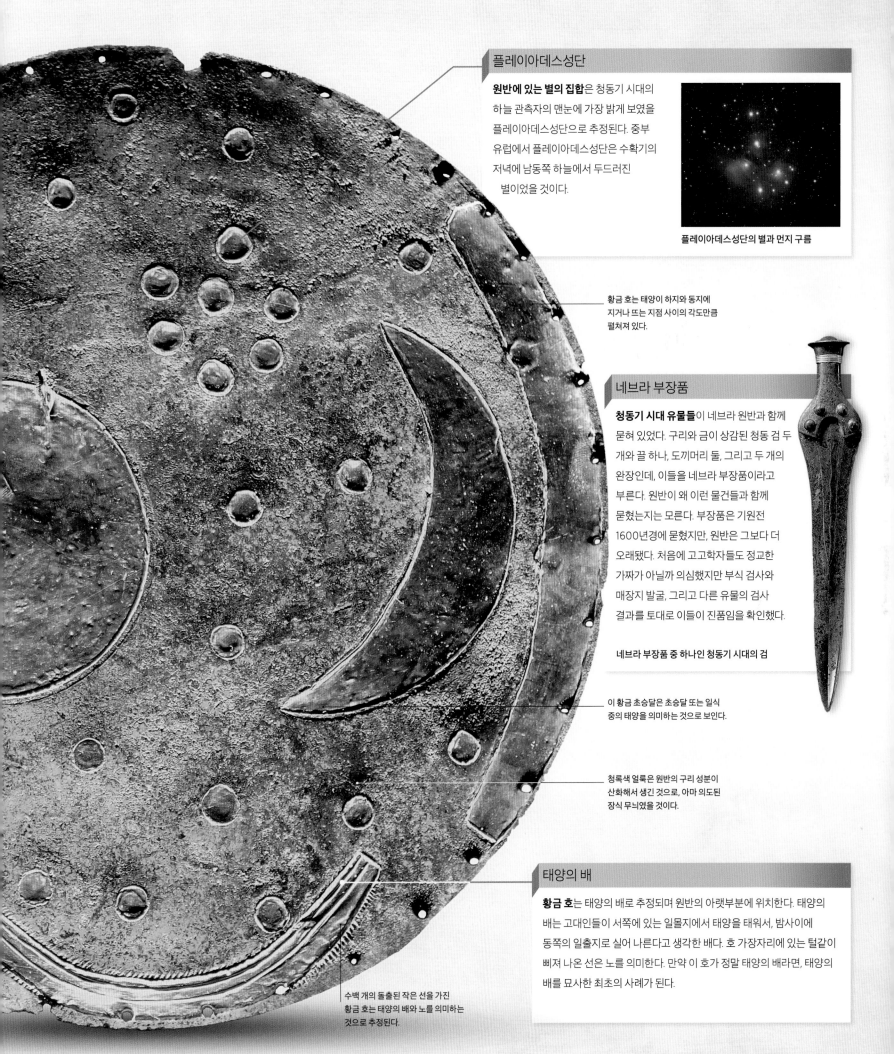

네브라 부장품 중 하나인 청동기 시대의 검

이 황금 초승달은 초승달 또는 일식 중의 태양을 의미하는 것으로 보인다.

청록색 얼룩은 원반의 구리 성분이 산화해서 생긴 것으로, 아마 의도된 장식 무늬였을 것이다.

태양의 배

황금 호는 태양의 배로 추정되며 원반의 아랫부분에 위치한다. 태양의 배는 고대인들이 서쪽에 있는 일몰지에서 태양을 태워서, 밤사이에 동쪽의 일출지로 실어 나른다고 생각한 배다. 호 가장자리에 있는 털같이 삐져 나온 선은 노를 의미한다. 만약 이 호가 정말 태양의 배라면, 태양의 배를 묘사한 최초의 사례가 된다.

수백 개의 돌출된 작은 선을 가진 황금 호는 태양의 배와 노를 의미하는 것으로 추정된다.

천문학이 탄생하다

대부분의 인류 역사에서, 사람들은 생존에 급급했기 때문에 세계의 숨은 본질과 기원을 생각하는 데 많은 시간을 쓸 수 없었다. 하지만 기원전 1000년경부터 몇몇 사람들이 우주에 대한 근원적인 질문에 대해 초자연적인 설명을 배제한 채 답을 하기 시작했다.

처음에는 지중해 주변, 특히 그리스에 모여 있는 사상가들이 세계를 이해하려면 자연을 알아야 한다는 사실을 깨달았다. 그리고 자연 현상은 논리적인 설명이 가능해야 한다는 사실도 알았다. 비록 그들이 항상 옳은 답을 찾은 것은 아니었지만, 이 도약 덕분에 3,000년 동안의 여정 끝에 현대에 이르러 우주의 대폭발 이론 같은 중요한 이론에 다다를 수 있었다.

물질의 본질

세상이 무엇으로 이뤄져 있으며 물질이 어디에서 왔는지에 대한 근원적인 호기심은 가장 오랫동안 탐구해 온 문제들이다. 기원전 6세기에 탈레스(Thales)와 아낙시메네스(Anaximenes) 같은 그리스의 철학자들은 모든 물체가 가장 기본이 되는 물질의 변형이라고 제안했다. 이런 기본 물질의 후보로는 물과 공기, 흙, 불이 있었다. 기원전 5세기에 엠페도클레스(Empedocles)는 이 네 가지 원소가 뒤섞여 만물을 이룬다고 주장했다. 엠페도클레스와 비슷한 시기에 살던 데모크리토스(Democritus)는 우주가 무한한 수의 보이지 않은 입자, 즉 원자로 이뤄져 있다는 주장을 발전시켰다. 마침내 기원전 4세기에 영향력 있는 학자 아리스토텔레스(Aristoteles)는 엠페도클레스의 네 가지 원소에 다섯 번째 원소를 추가했다. 비록 아리스토텔레스는 원자설에 회의적이었지만, 실제로 그 존재가 증명되기 2,000년 이상 전에 원자와 원소의 개념이 등장했다는 사실이 놀랍다.

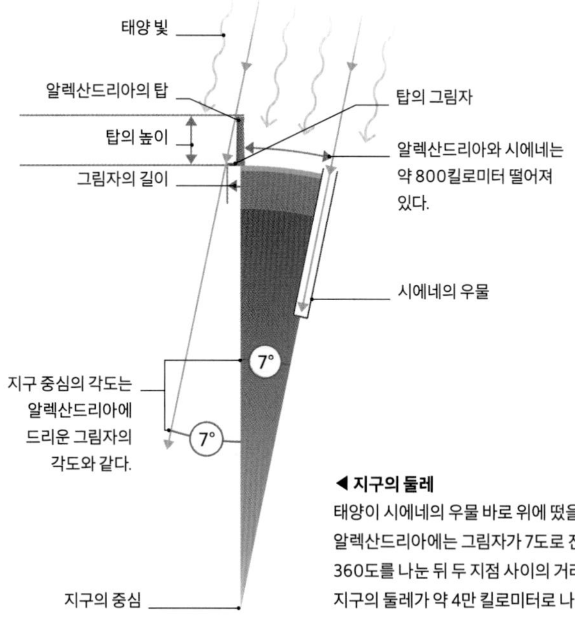

◀ 지구의 둘레
태양이 시에네의 우물 바로 위에 떴을 때, 알렉산드리아에는 그림자가 7도로 진다. 이 각도로 360도를 나눈 뒤 두 지점 사이의 거리를 곱하면 지구의 둘레가 약 4만 킬로미터로 나온다.

지구의 모양과 크기

아리스토텔레스는 지구가 둥글다고 제안했다. 피타고라스(Pythagoras) 등 더 이전의 그리스 학자들도 이런 주장을 했지만, 그것을 증명할 수 있는 중요한 사실을 처음으로 정리한 것은 아리스토텔레스였다. 그 증거는 훨씬 북쪽에 사는 사람들이 보지 못하는 별을 남쪽 땅으로 가는 여행자가 본다는 사실이었다. 이것은 지구 표면이 휘어져 있어야만 설명이 가능했다. 기원전 240년, 수학자 에라토스테네스(Eratosthenes)는 태양 빛이 시에네와 알렉산드리아에서 어떻게 지상에 도달하는지를 비교함으로써, 지구의 둘레가 약 4만 킬로미터라고 계산했는데, 이것은 오늘날 우리가 아는 실제 수치와 비슷하다.

지구가 편평하다는 생각은 **17세기 초까지 중국**에서 주류 관점이었다.

지구와 태양

아리스토텔레스는 지구가 우주의 중심이고 태양과 행성, 그리고 별이 그 주위를 돈다고 생각했다.

▲ 지구가 중심에 있는 우주
안드레아스 첼라리우스(Andreas Cellarius)가 그린 이 17세기 그림은 아리스토텔레스와 프톨레마이오스의 모형을 묘사하고 있다. 중심부에서부터 달, 수성 금성, 태양, 화성, 목성, 토성, 그리고 별들이 지구 주위를 원형으로 돌고 있다.

이런 생각은 상식에 부합했다. 매일 밤 모든 천체가 (낮에는 태양이) 동에서 서로 하늘을 가로질러 움직이고 지구는 움직이지 않는 것처럼 보였기 때문이다. 천문학자 아리스타르코스(Aristarchos)는 이와 달리 태양이 중심이고 지구가 그 주변을 돈다고 주장했다. 하지만 이 주장을 믿는 사람은 별로

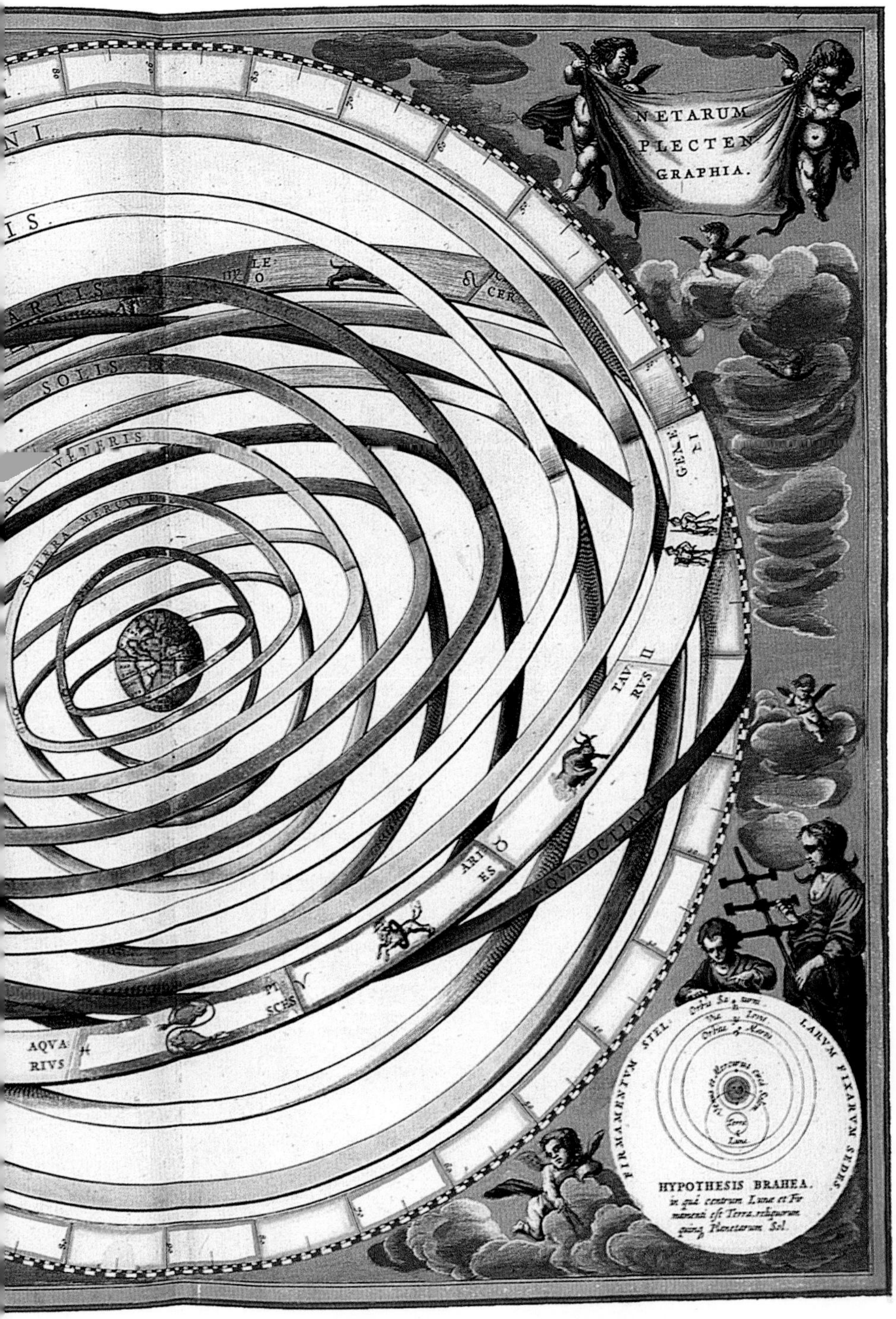

없었다. 기원후 150년, 그리스의 알렉산드리아에 살던 특출한 학자 클라우디오스 프톨레마이오스(Claudios Ptolemaeos)는 『알마게스트(*Almagest*)』라는 책을 썼다. 이 책에서 그는 지구가 중심이라는, 더 많은 사람이 믿는 관점의 손을 들어줬다. 프톨레마이오스의 모형은, 기존에 알려진 모든 관측 결과와 잘 맞았다. 그러자면 아리스토텔레스의 원래 생각에 복잡한 변형을 가해야 했지만 말이다. 이후 약 14세기 동안 아리스토텔레스와 프톨레마이오스의 지구 중심설은 천문학계를 지배했고, 중세 가톨릭에서 공식 교리로 채택되면서 전 유럽으로 퍼졌다. 같은 시기에 울루그 베그(Ulugh Beg, 15세기에 지금의 우즈베키스탄에 해당하는 사마르칸트 지역의 천문대에서 일했다.) 같은 이슬람 천문학자들은 태양계에 관한 지식을 늘리고, 별의 위치를 기록하는 데 큰 공헌을 했다.

지구의 자전

우주의 중심에 무엇이 있는지에 대한 논쟁과 관련해, 지구가 자전하는지 여부도 17세기가 될 때까지 2,000년 동안 논란이었다. 더 많은 사람들이 지구가 자전하지 않는다고 믿었다. 이것은 지구가 중심에 있는 우주관과 잘 맞았다. 하지만 기원전 4세기의 그리스 철학자이자 천문학자인 헤라클라이데스 폰티쿠스(Heraclides Ponticus)와, 5~15세기의 인도 천문학자인 아리아바타(Aryabhata), 그리고 페르시아의 천문학자들(알시지(Al-Sijzi)와 알비루니(Al-Biruni))은 지구 중심설에 반대했다. 이들은 지구가 자전하며, 별의 겉보기 운동이 지구의 자전 때문에 생기는 상대적인 운동이라고 제안했다. 하지만 코페르니쿠스 혁명(24~25쪽 참조)이 일어나고 나서야 지구의 자전이 사실로 받아들여졌고, 19세기에 명확히 입증됐다.

▲ 울루그 베그
울루그 베그와 다른 천문학자들은 사마르칸트의 천문대에서 지구의 자전축 기울기와 1년의 정확한 길이 등의 문제를 결정했다.

우주의 크기와 나이

초기 철학자들이 사색한 인기 주제 중 마지막은 우주가 공간적으로나 시간적으로 유한한가 혹은 무한한가이다. 아리스토텔레스는 우주가 시간적으로는 무한하며(그래서 우주는 늘 존재했다.) 공간적으로는 유한하다고 생각했다. 그는 모든 별이 일정 거리만큼 떨어진 채 투명한 수정 반구에 박혀 있으며 그 너머에는 아무것도 없다고 믿었다. 수학자 아르키메데스(Archimedes)는 붙박이별까지의 거리가 대단히 멀다는 사실 — 오늘날 우리 식으로 말하면 최소 2광년 정도 — 을 추정해 냈다. 하지만 우주가 무한하다고 주장하지는 못했다. 6세기에 이집트의 철학자 존 필로포누스(John Philoponus)는 당시 주류였던 아리스토텔레스의 관점을 거부하고, 우주가 시간적으로 유한하다고 주장했다. 20세기에 들어서서야 과학자들이 이 질문들에 답하기 시작했다.

> **지구**는 **천상의 중앙**, 거의 중심이라고 할 수 있는 곳에 **위치하고 있다**.

클라우디오스 프톨레마이오스, 천문학자이자 지리학자, 90~168년

16세기 중반까지 중세 유럽인들은, 우주가 어떻게 구성돼 있는지에 대한 답을 갖고 있었다. 아리스토텔레스가 처음 제안한 의견을 프톨레마이오스가 발전시킨 것이었다(22~23쪽 참조). 프톨레마이오스에 따르면, 지구는 우주의 중심에 움직이지 않은 채 있었다. 별은 지구 주위를 대략 하루에 한 번 빠르게 돌고 있는, 보이지 않는 먼 구에 '고정돼' 있거나 박혀 있었다. 태양과 달, 행성 역시 보이지 않는 구에 붙은 채 지구 주위를 돌았다. 대부분의 사람들에게 이런 설명은 합리적으로 보였다. 밤에 하늘을 올려다보면 지구는 무척 정적으로 보이는 데 반해, 태양과 달을 비롯해 하늘에 있는 다른 천체들은 동쪽에서 떠서 하늘을 가로질러 서쪽 지평선 아래로 졌기 때문이다.

빅 아이디어

지구가 태양을 돌다

오랫동안 그리스의 학자 아리스토텔레스와 프톨레마이오스가 주창한 지구 중심설이 우세했지만, 16~17세기에 이르러 보다 단순한 모형을 내세운 태양 중심설이 주목을 받았다. 태양 중심설은 우주를 생각하는 방법을 완전히 바꾸었고, 과학 혁명을 이끌었다.

▼ **태양계 축소 모형**
혼천의(armillary sphere)라고 부르는 이 태양계 모형은, 태양이 중심에 있고 행성이 그 주위를 도는 코페르니쿠스의 이론을 따르고 있다.

지구 중심설에 대한 의심

하지만 지구 중심설이 모두를 만족시켰던 것은 아니다. 특히 행성의 움직임을 예측하는 부분이 가장 의심스러웠다. 아리스토텔레스가 제안했던 최초의 지구 중심설에 따르면, 행성들은 지구 주위를 완벽한 원을 따라 각각 일정한 속도로 공전했다. 하지만 이 주장이 맞다면, 행성들이 일정한 속도와 밝기로 하늘을 가로질러야 한다. 지구에서 항상 같은 거리만큼 떨어져 있기 때문이다. 하지만 실제 관측은 다르다. 화성 같은 어떤 행성은 시간에 따라 밝기가 심하게 변한다. 또 붙박이별이 있는 바깥 구와 비교했을 때, 어떤 행성은 '역행'이라고 해서 때로 반대 방향으로 움직이기도 한다. 이런 문제를 해결하기 위해, 프톨레마이오스는 아리스토텔레스의 모형을 개선했다. 예를 들어 프톨레마이오스의 모형에서는 행성이 구에 직접 붙어 있는 것이 아니라, 구에 붙어 있는 '주전원'이라는 원에 붙어 있다. 어떤 천문학자들은 이런 개선이 모형을 관측 데이터에 맞추기 위한 '수정'이라고 생각했다. 이들은 때로 지구가 태양 주위를 돈다는 등 대안을 제시했다. 하지만 지구 중심설을 지지하는 사람들에게는 태양 중심설을 따르지 않을 이유가 있었다. 그들은 만약 지구가 움직인다면 한 해 동안 별의 상대적인 위치가 서로 조금씩 밀려야 하는데 이런 움직임은 발견되지 않았으므로 지구가 움직일 리 없다고 주장했다.

코페르니쿠스는 **천문학자**였을 뿐만 아니라 의사, 성직자, 외교관, 그리고 경제학자였다.

코페르니쿠스 모형

이런 주장과, 기존의 관점을 옹호하는 가톨릭 교회의 힘 앞에서 지구가 중심이 되는 우주에 대해 반대하는 의견은 거의 나오지 않았다. 하지만 1545년경, 태양 중심 이론을 따르는 새롭고 설득력 있는 이야기가 나왔다는 소문이 유럽에 떠돌기 시작했다. 폴란드의 학자 니콜라우스 코페르니쿠

> **자연의 문제**를 논의하고자 한다면, **성경**에서 시작할 것이 아니라 **실험과 증명**에서 시작해야 한다고 생각한다.

갈릴레오 갈릴레이, 천문학자, 1564~1642년

스(Nicolaus Copernicus)가 『천구의 회전에 관하여(*De Revolutionibus Orbium Coelestium*)』라는 책을 통해 선보인 생각이었다.

코페르니쿠스는 몇 가지 가정을 바탕으로 이 이론을 세웠다. 우선, 그는 지구가 축을 중심으로 자전하기 때문에 별과 행성, 달, 그리고 태양이 하늘에서 매일 움직이는 것이라고 했다. 코페르니쿠스는 수천 개의 별이 지구를 중심으로 빠르게 돈다는 생각이 설득력이 없다고 생각했다. 대신, 천체의 겉보기 운동은 지구의 자전이 만드는 환상이라고 제안했다. 이런 자전이 어마어마한 바람을 만들어 낼 것이라는 의견에 대해, 코페르니쿠스는 지구의 대기 역시 지구의 일부분이기에 함께 자전한다고 반박했다.

두 번째 핵심 가정은 지구가 아니라 태양이 우주의 중심 혹은 중심 근처에 있다는 것이었다. 지구를 포함한 행성은 각기 다른 속도로 태양 주위를 도는 모형을 통해 프톨레마이오스의 '수정' 없이도 행성의 움직임이나 밝기의 변화가 설명됐다. 세 번째 중요한 가정은 별이 과거에 생각했던 것보다 훨씬 멀리에 있다는 것이었다. 이는 지구에서 볼 때 별의 상대적인 위치가 왜 고정된 것처럼 보이는지를 설명해 준다.

이론의 발전

『천구의 회전에 관하여』는 코페르니쿠스 사후에 출판됐고, 한 해 이상 지난 뒤에야 널리 퍼졌다. 하지만 문제가 있었다. 그의 이론에는 이후의 천문학자들이 수정해야 하는 오개념을 포함하고 있었다. 코페르니쿠스는 모든 천체가, 보이지 않는 천구에 붙어 함께 움직인다는 생각을 버리지 못했다. 1576년, 영국의 천문학자 토머스 디그스(Thomas Digges)가 코페르니쿠스의 체계에서 별이 붙어 있는 외곽의 천구를 별로 채워진 끝없는 우주로 대체했다. 1580년대에 덴마크의 천문학자 튀코 브라헤(Tycho Brahe)는 나머지 천구도 없애고 행성이 궤도를 자유롭게 돈다고 주장했다. 브라헤는 천구를 가로지르는 듯한 혜성이 천체임을 밝혀, 천구가 실제로 존재하지 않음을 보였다. 또 브라헤의 초신성 발견은 하늘은 불변한다는 오랜 생각을 뒤엎었다.

코페르니쿠스 이론의 또 다른 결점은 모든 천체가 원형으로 움직여야 한다는 신념이었다. 이 때문에 코페르니쿠스는 프톨레마이오스의 '수정'을 일정 부분 남겨 둬야 했다. 하지만 1620년대에 독일의 천문학자 요하네스 케플러(Johannes Kepler)는 궤도가 원형이 아니라 타원형이라는 사실을 밝혔다. 남아 있는 '수정'을 제거함으로써 태양 중심 모형은 보다 단순해졌다. 17세기 후반, 아이작 뉴턴(Isaac Newton)은 케플러의 운동 법칙과 자신의 중력 법칙(46~47쪽 참조)을 통해 천체의 움직임을 설명해 냈다. 뉴턴의 책 『프린키피아(*Principia*)』는 태양 중심설에 대한 의구심을 완전히 해소시켰다.

> 하지만 **모든 것 중심**에는 **태양**이 있다.

니콜라우스 코페르니쿠스,
천문학자이자 수학자, 1473~1543년

우주론 분야에서 이뤄진 다른 발전 또한 코페르니쿠스 이론의 개선에 기여했다. 17세기 초, 망원경이 발전하면서 별이 행성보다 훨씬 멀리 있으며 무척 많이 존재한다는 사실이 밝혀졌다. 우주가 무한할 수 있다는 주장도 나왔다. 하지만 케플러는 우주가 무한하고 정적이며 영원할 수는 없다고 지적했다. 그렇지 않다면 사방에서 쏟아지는 별빛 때문에 밤하늘 전체가 밝았을 것이기 때문이었다.

교회의 반응

1616년, 로마 가톨릭 교회는 200년 이상 『천구의 회전에 관하여』를 금서로 지정했다. 이 금서 조치는 태양 중심설을 뒷받침하는 발견을 한 코페르니쿠스 이론의 계승자, 갈릴레오 갈릴레이(Galileo Galilei)와의 논쟁 때문이었다. 1610년, 갈릴레오는 목성 주위를 도는 위성들을 발견했다. 이 위성들의 존재는 어떤 천체는 지구를 돌지 않는다는 사실을 증명하는 것이었다. 갈릴레오와의 논쟁을 거치며 교회는 『천구의 회전에 관하여』를 자세히 검토했고, 일부 생각이 성경에 위배된다는 이유로 이 책을 금지했다. 1633년, 갈릴레오는 재판에서 자신의 주장을 강제로 철회해야 했다.

> 갈릴레오는 목성의 위성들에 **메디치가**의 이름을 따서 **메디치의 별들**이라고 이름 붙였다.

과학 혁명

가톨릭 교회가 금지하고 천문학자들도 처음에는 반신반의했기 때문에, 코페르니쿠스 이론이 받아들여지는 데는 오랜 시간이 걸렸다. 150년 이상 지나서야 몇 가지 기본적인 가정이 사실로 밝혀졌다. 하지만 여기서 중요한 것은 우주론을 과학으로 정립했다는 사실과, 우주가 어떻게 작동하는지에 대한 아리스토텔레스의 낡고 오래된 생각에 결정타를 날렸다는 사실이다. 때문에 코페르니쿠스 이론은 근대 초 사회의 자연과 사회에 대한 관점을 바꾼, 16~18세기의 과학 혁명을 이끌었다고 평가받는다.

1789년, **윌리엄 허셜(William Herschel)**이 12미터 길이의 반사 망원경을 건설했다.

프라운호퍼의 분광기

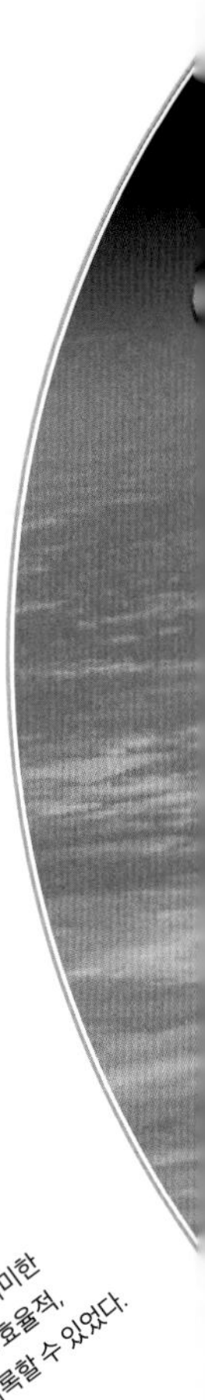

뉴턴의 반사 망원경

가시광선 망원경 기술

가시광선 망원경 천문학

1600년

1608년, 한스 리페르셰이(Hans Lippershey)가 **굴절 망원경의 특허**를 출원했다.

1609년, **갈릴레오**가 20배율 망원경을 만들었다. 망원경 관측 결과 중 일부 때문에 그는 가톨릭 교회와 충돌하게 됐다.

1638년, 윌리엄 개스코인(William Gascoigne)이 **망원 조준기와 측미기**를 발명했다. 천체를 더 정확하게 기록하고 표시할 수 있게 됐다.

1647년, 요하네스 헤벨리우스(Johannes Hevelius)가 3.5미터 길이의 **굴절 망원경**을 만들었다. 그는 이후 더 긴 망원경을 제작, 사용해 최초로 정확한 달 지도를 완성했다.

1668년, 뉴턴이 **첫 번째 반사 망원경**을 만들었다. 색수차(chromatic aberration)라는 굴절 망원경의 단점을 피할 수 있었지만, 또 다른 결점인 구면수차(spherical aberration)가 생겨서 그리 실용적이지는 않았다.

1686년, **최대 망원경 기록**이 갱신됐다. 크리스티안 하위헌스(Christiaan Huygens)가 95미터 길이의 굴절 망원경을 경통 없는 형태로 공중에 지었다.

1700년

1721년, **최초의 실용적인 반사 망원경**을 존 해들리(John Hadley)가 만들었다. 포물선 모양의 거울이 구면 수차를 막고 화상의 질을 높였다.

1730~1760년대에 제임스 쇼트(James Short)가 **반사 망원경을 개량했다**. 그 망원경을 사용해 금성의 식을 관찰했다.

1760~1780년대에 샤를 메시에(Charles Messier)가 오늘날의 성단과 은하에 해당하는 **다양한 천체들**을 발견했다.

1800년

1814년, 요제프 폰 프라운호퍼(Joseph von Fraunhofer)가 **분광기를 발명했다**. 프라운호퍼는 태양의 스펙트럼에서 검은색(흡수)선을 발견했다. 나중에 프라운호퍼선이라고 불리는 이 선은 별의 성분을 분석하는 데 쓰였다.

1838년, 프리드리히 베셀(Friedrich Bessel)이 **최초로 별의 시차를 측정했다**. 이것은 가까운 별의 거리를 구하는 표준 방법이 됐다.

1839년에 처음으로 천문학에서 **사진술이 사용됐다**. 덕분에 희미한 천체를 관측하고 효율적, 영구적으로 기록할 수 있었다.

1845년, 윌리엄 파슨스(William Parsons)가 지름이 1.5미터인 **거대한 반사 망원경**을 지었다.

연표로 보는 역사

빛을 본다는 것

망원경과 분광기는 천문학자들이 우주와 태초에 대한 지식을 확장하는 데 가장 주요한 도구다.

최초의 망원경은 가시광선만을 모을 수 있도록 설계됐다. 그리고 100년도 안 돼서 굴절식 망원경과 반사식 망원경으로 나뉘었다. 19세기에는 천체의 성분과 운동을 연구하는 데 쓰이는 분광기가 발명됐다. 20세기에는 더 큰 광학 망원경이 만들어졌고, 전파 망원경도 뒤따라 생겼다. 1970년대 이후에는 우주로 망원경을 쏘아 올리고 전파 망원경을 땅에 여럿 배열해 건설하는 등의 혁신이 일어났다.

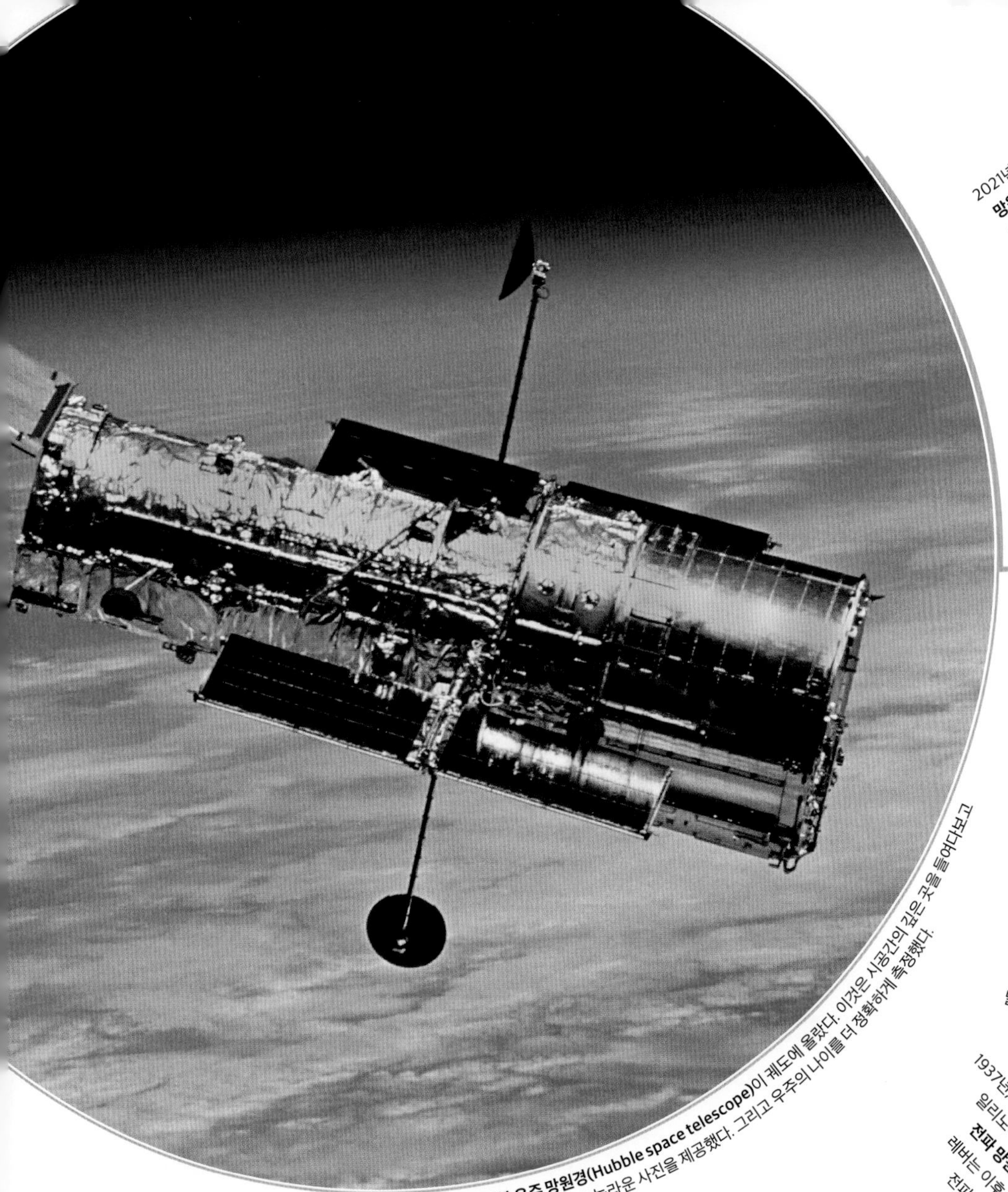

2021년, **제임스 웹 우주 망원경(James Webb Space Telescope)**이 발사되었다.

1993년, 하와이에서 **첫 번째 켁 망원경**이 운영됐다. 그 망원경과 또 다른 쌍둥이 망원경에는 36개의 조각으로 이뤄진 10미터 지름의 거울이 장착됐다. 거울의 모양을 바꿔서 대기 난류에 의한 효과를 조절하는 '적응 광학' 기술이 적용됐다.

2000년

1993년에 **우주 마이크로파 배경 복사의 지도**가 제작됐다. 최초의 지도는 코비 탐사선(Cosmic Background Explore, COBE)이 만들었다.

1989년, **히파르코스(Hipparcos) 위성**이 첫 번째 관측을 시작했다. 이 위성은 매우 정확히 별의 위치를 측정했다.

우주 망원경

1990년, **허블 우주 망원경(Hubble space telescope)**이 궤도에 올랐다. 이것은 시공간의 깊은 곳을 들여다보고 우리 은하와 그 너머를 찍은 놀라운 사진을 제공했다. 그리고 우주의 나이를 더 정확하게 측정했다.

1967년, 조슬린 벨(Jocelyn Bell)과 앤터니 휴이시(Antony Hewish)가 케임브리지 대학교의 전파 망원경을 이용해 최초로 **펄서(pulsar)**를 발견했다.

1964년, 아노 펜지어스(Arno Penzias)와 로버트 윌슨(Robert Wilson)이 뉴저지 주에 있는 벨 전화 연구소의 전파 망원경을 이용해 **우주 배경 복사(cosmic microwave background, CMB)**를 발견했다. 이는 대폭발 이론을 확립하는 데 기여했다.

1980년, 뉴멕시코 주 **장기선 간섭계(Very Large Array, VLA)**가 운영에 들어갔다. VLA는 27개의 전파 망원경을 이용해 상을 얻는다.

1937년, 그로트 레버(Grote Reber)가 일리노이 주 휘턴에서 **접시 모양의 전파 망원경**을 최초로 만들었다. 레버는 이후 우주로부터 방출되는 전파의 전천 지도를 만들었다.

1920년대에 **에드윈 허블(Edwin Hubble)이 후커 망원경을 이용해** 우리 은하 바깥에 다른 은하가 존재하며, 거리와 은하의 후퇴 속도 사이에 관계가 있다는 사실을 알아냈다. 이 발견은 우주가 팽창한다는 생각으로 이어졌다.

가시광선 이외의 관측

1861년, **태양 대기의 원소**를 구스타프 키르히호프(Gustav Kirchhoff)가 알아냈다. 그가 태양의 스펙트럼에서 찾은 검은 선은 연소되는 원소가 방출하는 빛의 파장과 일치했다.

1872년, 헨리 드레이퍼(Henry Draper)가 **별 스펙트럼 사진을 처음 찍었다.** 베가별을 찍은 이 사진에는 흡수선이 있었다.

1895년, **여키스 천문대의 굴절 망원경**이 위스콘신에서 완공됐다. 이것은 당시 가장 큰 굴절 망원경으로, 우리 은하(Milky Way Galaxy, 은하수 은하)의 나선 특성을 발견했다.

1900년

1860년대에 윌리엄 허긴스(William Huggins)와 마거릿 허긴스(Margaret Huggins)가 **성운과 별, 은하의 스펙트럼**을 연구했다. 별의 적색 이동을 측정해 별이 얼마나 빨리 움직이는지 보여 줬다.

1930년, 클라이드 톰보(Clyde Tombaugh)가 애리조나 주 로웰 천문대에서 일주일 간격으로 찍은 사진 건판을 비교하다가 **명왕성**을 발견했다.

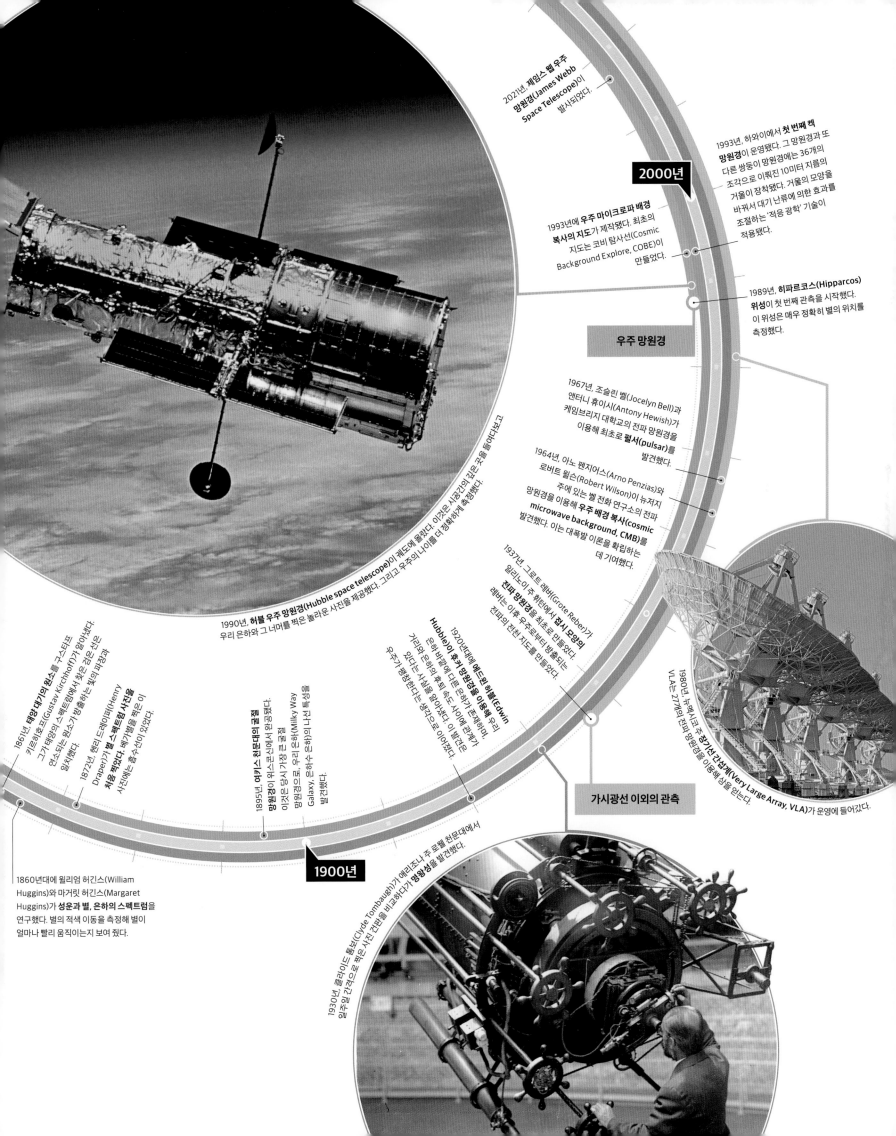

원자 그리고 우주

19세기 말부터 1920년대 후반까지, 물리학에서 일련의 진전이 일어났다. 물리학자들은 우주가 무한할 가능성을 제기했다. 그 결과 아주 작은 스케일에서부터 대단히 큰 스케일까지 세상의 작동 원리와 구조에 대한 우리의 지식이 완전히 바뀌었다.

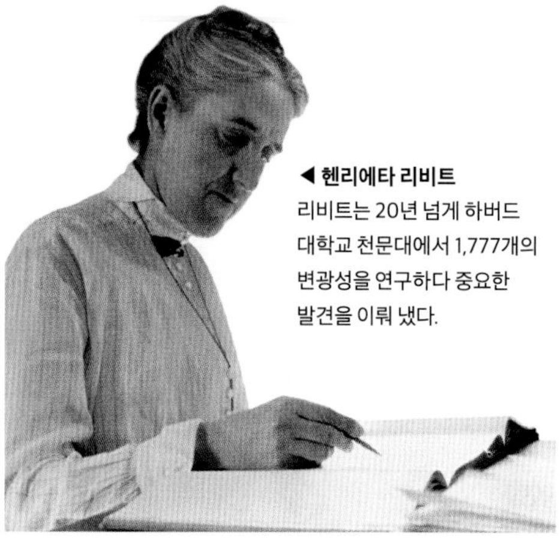

◀ 헨리에타 리비트
리비트는 20년 넘게 하버드 대학교 천문대에서 1,777개의 변광성을 연구하다 중요한 발견을 이뤄 냈다.

이런 발견들은, 우주가 팽창한다는 사실부터 아원자 수준에서 에너지와 물질이 어떻게 상호 작용하는지에 대한 생각까지, 1930~1950년대의 진보를 촉진했다. 우주론과 입자 물리학이 합쳐지면서 만든 이 돌파구들이 궁극적으로 대폭발 이론의 발전을 이끌었다.

물질과 에너지 탐색

물질이 원자로 이뤄져 있다는 생각은 고대 그리스의 데모크리토스(22쪽 참조)가 처음 제시했다. 1800년대 초에 영국의 존 돌턴(John Dalton)이 그 생각을 발전시켰다. 돌턴은 원자를 볼 수 없다고 생각했다. 하지만 20세기 들어 뉴질랜드의 어니스트 러더퍼드(Ernest Rutherford) 같은 과학자들이 원자 내부에도 구조가 있음을 증명했다. 같은 시기에, 독일의 이론 물리학자 알베르트 아인슈타인(Albert Einstein)이 물질과 에너지는 등가라는 사실을 보였다. 동시에 양자론(quantum theory)이라고 하는 새로운 물리 분야가 빛이 파장이자 입자의 흐름이라고 제안했다. 1920년대부터 원자핵이 양성자와 중성자로 돼 있고 새롭게 발견된 힘인

> 우리가 **물질과 힘**이라고 관찰하는 것들은, **우주의 구조에서 볼 수 있는 형태와 움직임**이다.
>
> **에르빈 슈뢰딩거,** 오스트리아의 이론 물리학자, 1887~1961년

▶ 원자에 대한 이해
1800년대부터 1920년대 중반까지 원자 구조에 대한 이해는 점점 발전했다. 이후 1920년대 후반부터 물리학자들은 원자핵 안에 아원자 구조가 있음을 발견했다.

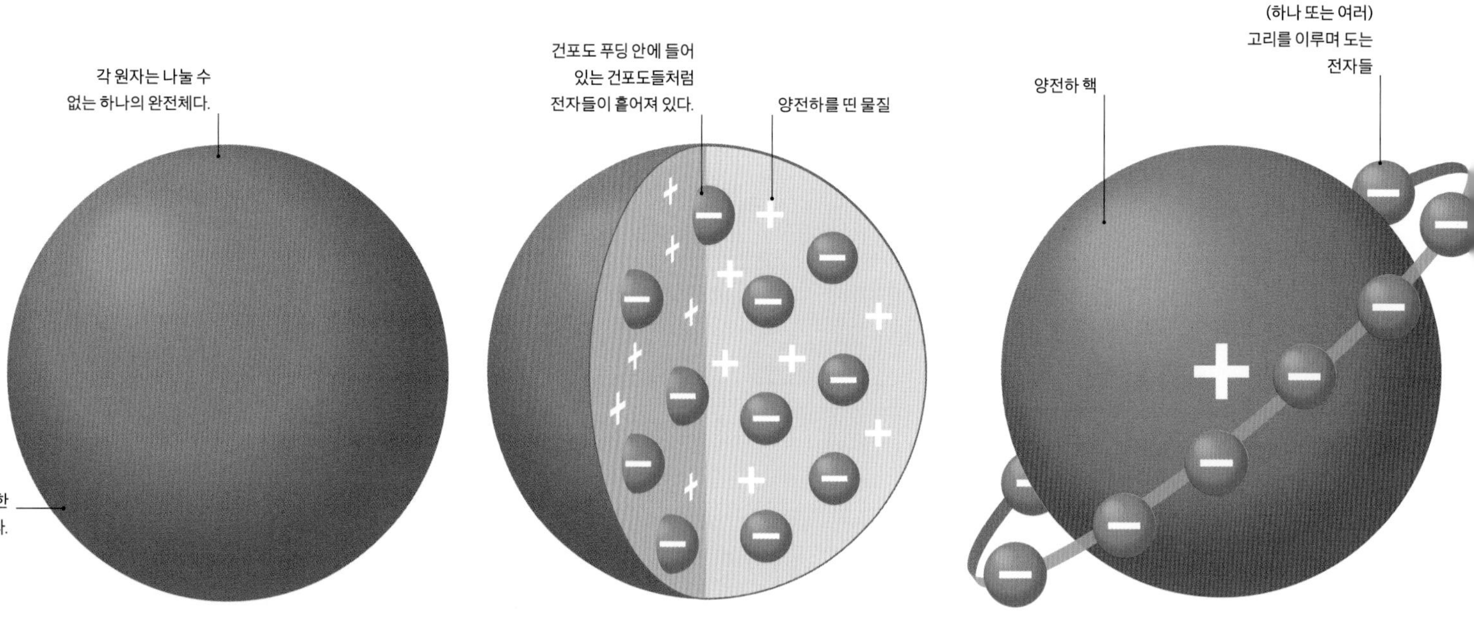
각 원자는 나눌 수 없는 하나의 완전체다.
원자는 작고 단단한 공 모양이다.
건포도 푸딩 안에 들어 있는 건포도들처럼 전자들이 흩어져 있다.
양전하를 띤 물질
양전하 핵
(하나 또는 여러) 고리를 이루며 도는 전자들

돌턴의 원자(1803년)
영국의 화학자 존 돌턴은 작은 당구공처럼 원자가 매우 작고 둥글다고 봤다. 내부 구조는 없으며, 그것은 나뉘거나 만들어지거나 부서지지 않는다.

톰슨의 건포도 푸딩(1904년)
전자를 발견한 영국의 물리학자 조지프 존 톰슨(Joseph John Thomson)은 음전하인 전자가 양전하인 구 안에 박혀 있는 '건포도 푸딩' 모형을 제안했다.

나가오카의 토성 모형(1904년)
일본의 물리학자 나가오카 한타로(長岡半太郎)는 토성의 고리처럼 전자가 하나 또는 여러 고리를 이루며 원자핵 주변을 도는 원자 모형을 제안했다.

강력으로 결합돼 있다는 사실이 밝혀졌다. 비슷한 시기에 반물질이라고 하는, 물질과 똑같지만 전하만 반대인 아원자 입자도 발견됐다. 물질과 반물질이 만나면 쌍소멸이 일어나 순수한 에너지가 발생한다는 사실도 알려졌다.

별까지의 거리

비슷한 시기에 우주의 실제 스케일에 대한 이해도 높아졌다. 1838년, 독일의 천문학자 프리드리히 베셀이 별의 연주 시차를 이용해 태양 이외의 별까지의 거리를 처음으로 정확하게 구했다. 알고 보니 태양에 가장 가까운 별일지라도 당시로서는 상상할 수도 없을 만큼 멀리 떨어져 있었다. 오늘날 그 거리는 10.3광년으로 알려져 있다. 1912년, 헨리에타 리비트(Henrietta Leavitt)라고 하는 미국 학자가 멀리 떨어진 수많은 별들까지의 거리를 구하는 방법을 발견했다. 리비트는 주기적으로 밝기가 변하는 별 유형인 세페이드 변광성을 이용했다. 리비트는 주기와 별의 밝기 사이에 관련이 있다는 사실을 발견하고, 만약 둘 다 관측할 수 있다면 지구로부터 그 별까지의 거리를 정확히 구할 수 있음을 깨달았다. 몇 해 지나지 않아 어떤 별들은 수만 광년 떨어져 있고, 하늘에 희미하게 떠 있는 나선 모양의 성운들은 수백만 광년 떨어져 있다는 사실이 밝혀졌다.

1광년, 즉 빛이 1년 동안
우주에서 이동하는 거리는
약 9조 5000억 킬로미터다.

성운의 이동

1912~1917년, 미국의 천문학자 베스토 슬라이퍼(Vesto Slipher)가 '나선 성운'을 연구해 그중 상당수가 지구에서 빛의 속도로 멀어지고 있음을 알아냈다. 그는 성운으로부터 나온 빛의 특성인 적색 이동(red shift)과 청색 이동(blue shift)을 측정했다. 성운이 은하의 다른 천체들에 비해 빠르게 움직이고 있다는 것은 이상한 일이었다. 슬라이퍼의 발견에서 자극받은 것이 일부 계기가 되어, 1920년대에 워싱턴 D. C.에서 공식적인 논쟁이 벌어졌다. 멀어지는 이 성운들이 우리 은하 바깥에 있는 독립된 은하일지도 모른다는 내용이었다. 논쟁은 결론이 나지 않은 채 계속됐다. 몇 년 후, 미국의 천문학자 에드윈 허블이 그 문제에 답을 내놓았다(30~31쪽 참조).

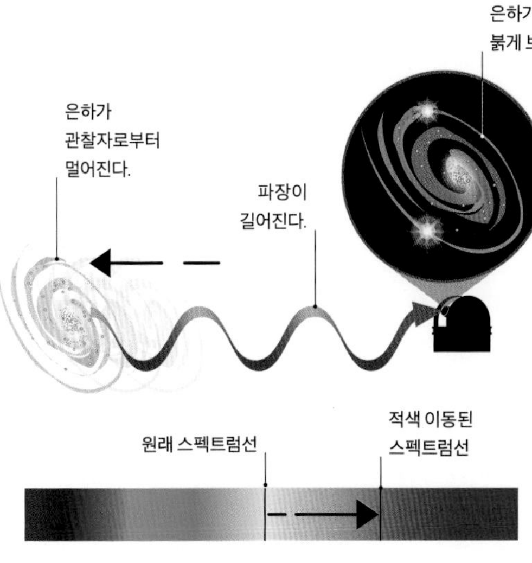

적색 이동

◀ 적색 이동
은하 같은 천체가 빠른 속도로 후퇴할 때, 빛의 파장이 길어져서 은하의 스펙트럼선이 붉은 쪽(파장이 긴 쪽)으로 치우친다. 이것이 적색 이동이다.

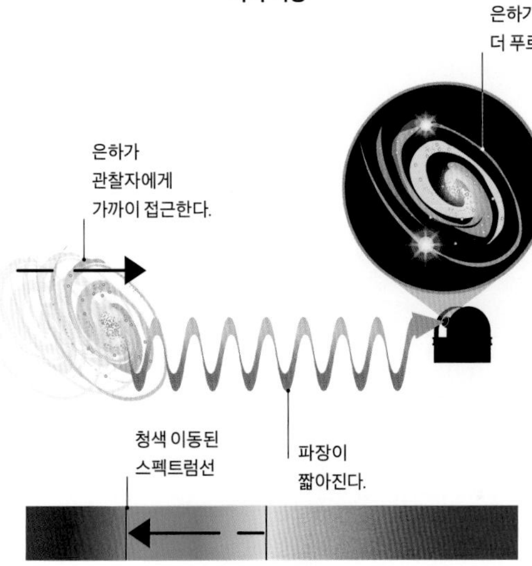

은하가 관찰자에게 약간 더 푸르게 보인다.
은하가 관찰자에게 가까이 접근한다.
청색 이동된 스펙트럼선
파장이 짧아진다.

청색 이동

◀ 청색 이동
빠르게 접근하는 천체의 빛은 파장이 짧아진다. 스펙트럼선은 푸른 쪽(파장이 짧은 쪽)으로 이동한다. 이것이 청색 이동이다.

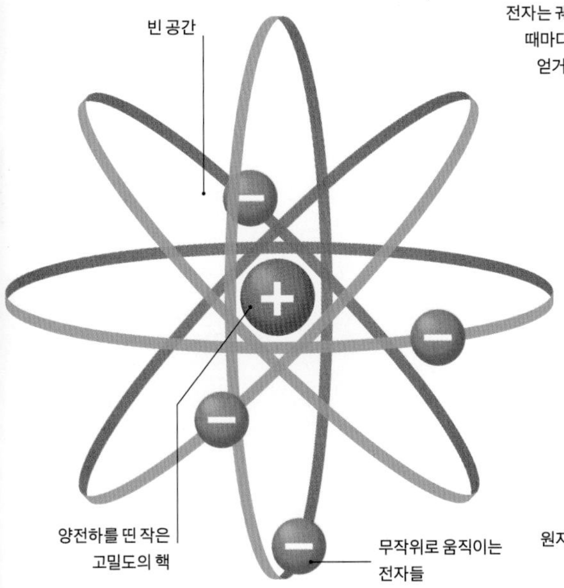

러더퍼드의 핵(1911년)
러더퍼드는 실험을 통해 원자핵이 기존 생각보다 훨씬 작고 밀집해 있으며, 원자의 대부분은 빈 공간이라는 것을 증명했다.

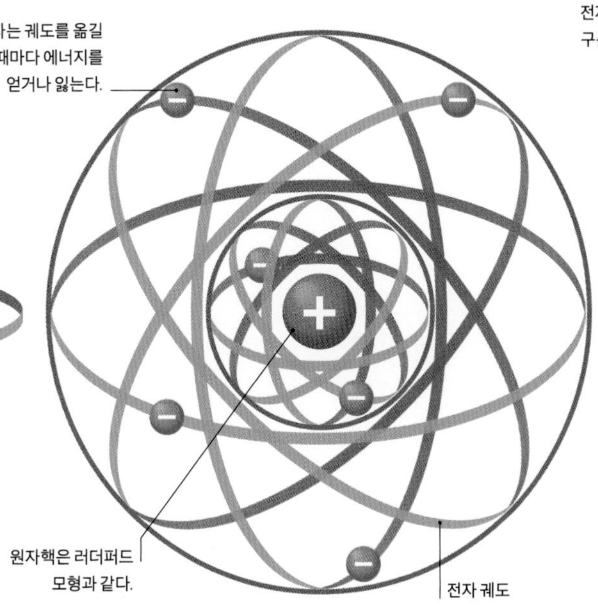

전자는 궤도를 옮길 때마다 에너지를 얻거나 잃는다.
원자핵은 러더퍼드 모형과 같다.
전자 궤도

보어의 전자 궤도(1913년)
덴마크의 물리학자 닐스 보어(Niels Bohr)는 전자가 원자핵으로부터 일정 거리에 있는 구 형태의 궤도를 돌며 궤도 사이를 '도약'할 수 있다고 주장했다.

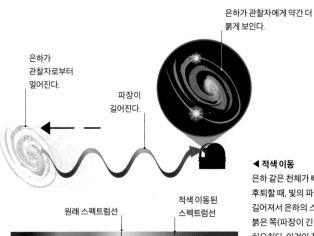

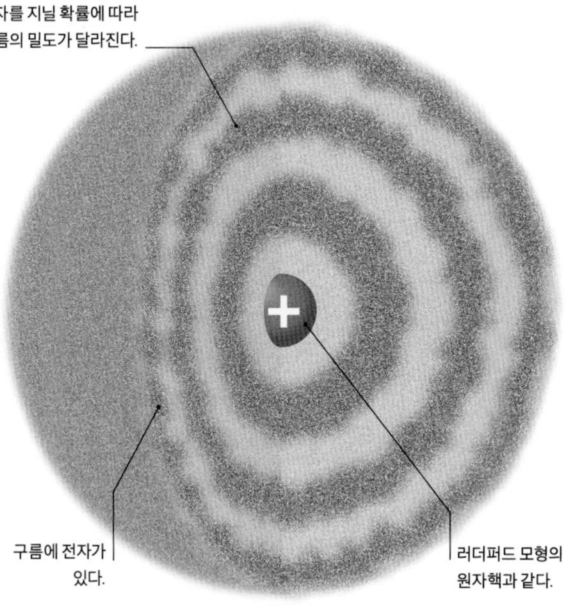

전자를 지닐 확률에 따라 구름의 밀도가 달라진다.
구름에 전자가 있다.
러더퍼드 모형의 원자핵과 같다.

슈뢰딩거의 전자구름 모형(1926년)
오스트리아의 물리학자 에르빈 슈뢰딩거(Erwin Schrödinger)에 따르면, 원자 내 전자의 위치는 확실하지 않고 오직 확률로만 말할 수 있다.

우주가 점점 커지다

1920년대에 일어난 두 개의 중요한 진전이 우주의 크기와 성질에 대한 혁명적인 이해를 가져왔다. 두 진전은 모두 천문학자 에드윈 허블이 이뤄 낸 발견 덕분이었다.

1919년, 허블은 30세의 나이로 캘리포니아 주에 있는 윌슨 산 천문대에 왔다. 그가 도착했을 때 마침 반사경 지름이 2.5미터인 세계 최대 크기의 망원경, 후커 망원경이 완성됐다.

은하 논쟁의 종결

밤하늘에 흐릿하게 보이는 나선 모양의 성운 — 별을 품은 희미한 천체 — 이 우리 은하 밖에 위치한 별들의 집합인지 아닌지를 놓고 1920년에 유명한 논쟁이 있기는 했지만(29쪽 참조), 당시 주류 의견은 우주가 우리 은하로만 구성돼 있다는 것이었다. 이 성운들을 연구한 허블은 이미 이런 성운이 우리 은하 밖에 있다고 강하게 의심하고 있었다. 1922~1923년에 허블은 후커 망원경을 이용해 오늘날 안드로메다 은하를 포함해 이 성운들 안에 있는 세페이드 변광성들을 관찰했다. 세페이드 변광성이란 평균 밝기와 밝기 변화의 주기를 측정하면 그 거리를 추정할 수 있는 별을 말한다. 관측 결과, 허블은 1924년 안드로메다 성운과 다른 나선 성운이 우리 은하의 일부이기에는 너무나 멀리 떨어져 있다고 발표했다. 거의 하룻밤 사이에, 우주는 과거 어느 사람이 상상했던 것보다 훨씬 더 커졌다.

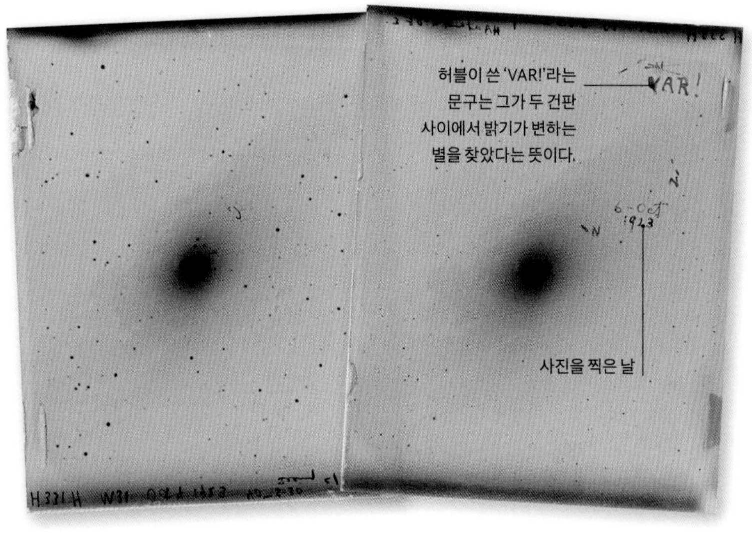

허블이 쓴 'VAR!'라는 문구는 그가 두 건판 사이에서 밝기가 변하는 별을 찾았다는 뜻이다.
VAR!
사진을 찍은 날

▼ 사진 증거
허블은 이 두 (음화) 사진 건판을 이용해 안드로메다 은하에 있는 특정 세페이드 변광성을 찾아냈다. 이 별을 연구한 것이 안드로메다 은하가 우리 은하 밖에 있다는 사실을 확인하는 데 중요한 역할을 했다.

후퇴하는 은하

그다음에 허블은 베스토 슬라이퍼라는 천문학자가 기록해 놓은 천체들의 스펙트럼을 연구했다. 그 결과 많은 나선 은하의 스펙트럼이 큰 적색 이동을 보이고 있었다. 이는 은하들이 지구에서 빠른 속도로 멀어지고 있다는 뜻이었다(29쪽 참조). 다시 세페이드 변광성들을 관측해서, 허블은 이 은하들까지의 거리를 측정하고 그 거리와 적색 이동의 정도를 비교했다. 그는 나중에 '허블의 법칙'으로 알려지게 될, 더 먼 은하일수록 후퇴 속도가 더 빠르다는 놀라운 사실을 발견했다. 허블은 이 결과를 1929년에 발표했다. 허블 자신은 처음에 회의적이었지만, 다른 천문학자들이 보기에 도출될 수 있는 결과는 하나였다. 우주 전체는 팽창하고 있었다!

> **천문학의 역사**는 **우주의 지평선을 후퇴시킨 역사**다.
>
> **에드윈 허블,** 미국의 천문학자, 1889~1953년

세계 최대의 망원경
1917년 완공된 후커 망원경은 약 30년 동안 세계 최대의 망원경이었다. 후커 망원경의 유리 거울은 마이크로미터 단위 수준의 정확도를 유지해야 했기 때문에 열로 인해 유리가 뒤틀리지 않도록 항상 시원하게 관리돼야 했다.

우주가 팽창하다

에드윈 허블의 연구는, 많은 은하가 우리로부터 떨어진 거리에 비례하는 속도로 후퇴하고 있음을 보여 줬다. 이는 우주가 팽창하고 있다는 결론으로 이어졌다. 하지만 천문학자들은 여전히 이런 팽창의 본질이 무엇인지, 우주가 어디로부터 팽창하는 것인지 잘 몰랐다.

1930년대 초 이후, 과학자들은 수천 년 동안 철학자들이 고민해 왔던 질문에 대해 이야기하기 시작했다. 우주는 늘 존재했을까? 아니면 우주에도 시작이 있을까? 물리학자, 수학자, 그리고 천문학자들이 이제 이 질문에 대답하려고 애쓸 차례였다.

> **우주의 반지름은 0에서 시작됐다.**
> 팽창의 첫 단계는 최초의 원자(원시 원자)에서 촉발된 **급격한 팽창**이다.
>
> **조르주 르메트르**, 천문학자, 1894~1966년

아인슈타인의 우주

과학자들은 우주의 팽창을 어떻게 깨달았을까? 이 이야기는 아인슈타인의 일반 상대성 이론이 논문으로 출간된 1915년에 시작된다. 일반 상대성 이론은 중력이 거시 스케일에서 어떻게 작동하는지 기술하는 것으로, 어떤 우주가 존재 가능한지를 정의한다. 이 이론은 장기간에 걸친 거시 스케일에서의 우주를 기술하는 일련의 방정식으로 구성돼 있다.

이 방정식에 대한 아인슈타인의 최초의 풀이는 우주가 수축한다는 결론으로 이어졌다. 하지만 그는 이를 믿지 않았고, 그래서 정적인 우주가 되도록 '우주 상수'라고 불리는 팽창 유도 항을 도입했다. 1927년, 아인슈타인의 방정식을 연구하고 허블의 은하 거리 측정 결과도 접한 벨기에 천문학자 조르주 르메트르(Georges Lemaître)는 우주 전체가 팽창하고 있다고 제안했다. 하지만 그의 주장은 큰 주목을 받지 못했다. 허블이 1929년 후퇴하는 은하에 대한 발견을 공개한 뒤, 많은 천문학자들은 정말 우주가 팽창하고 있다고 생각했다. 막상 아인슈타인이나 허블은 처음에 확신하지 못했음에도 오랫동안 이 발견의 공은 허블에게 돌아갔다. 오늘날 대부분의 전문가들은 허블과 르메트르가 공평하게 공을 나눠 가져야 한다고 생각한다.

▼ 조르주 르메트르
최초로 우주의 팽창을 제안했던 그는 사제이자 물리학자였고 동시에 천문학자였다.

대폭발 이론의 등장

우주가 팽창한다면, 시계를 뒤로 돌려서 더 먼 과거를 볼수록 우주는 더 조밀해진다. 하지만 르메트르가 추론했듯, 우주가 무한히 조밀해지는 지점까지만 되돌아갈 수 있다. 1931년, 그는 우주가 최초에 하나의 밀집한 점 — 그는 '원시 원자(primeval atom)'라고 불렀다. — 이었고, 이 점이 폭발과 함께 붕괴해 시공간을 탄생시키고 우주의 팽창을 일으켰다고 주장했다. 1933년부터 아인슈타인(그는 이쯤 자신이 제안했던 우주 상수를 철회했다.)은 르메트르의 이론을 전적으로 지지하며 "들어 본 창조설 중 가장 아름답고 만족스럽다."라고 말했다.

간단한 물리학 기술을 이용하면, 작은 점으로 압축된 우주는 매우 뜨거울 수밖에 없다. 1940년대에 러시아 출신의 미국 물리학자 조지 가모브(George Gamow)와 동료들은 매우 뜨거운 르메트르식 우주의 최초 수 분 동안 어떤 일이 일어났는지 알아냈다. 여기에는 헬륨같이 가벼운 원자핵이 양성자나 중성자에서 어떻게 만들어지는지도 포함된다. 그는 '뜨거운' 초기 우주가 진화해 오늘날 우리가 관측하는 우주가 됐다고 주장했는데, 이론상으로는 타당했다. 1949년, 한 라디오 인터뷰에서 영국의 천문학자 프레드 호일(Fred Hoyle)이 르메트르와 가모브의 우주를 가리키며 '대폭발'이라는 이름을 붙였다. 이렇게 르메트르의 놀라운 가설에 길이 남을 이름이 붙은 것이다.

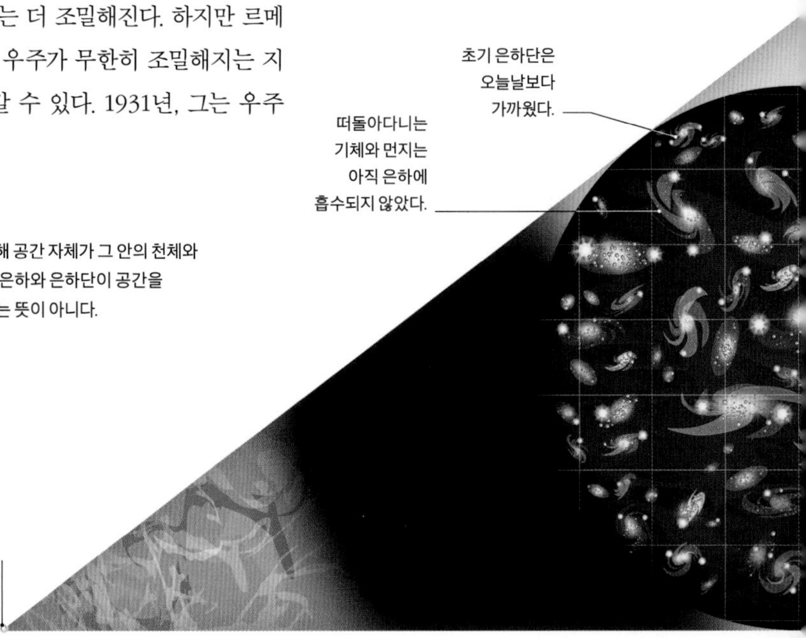

초기 은하단은 오늘날보다 가까웠다.
떠돌아다니는 기체와 먼지는 아직 은하에 흡수되지 않았다.
태초에 모든 물질은 앞으로 폭발하게 될 작은 입자, 르메트르식으로 말하면 '원시 입자'에 집중돼 있었다.

▶ 팽창하는 우주
우주의 팽창은 정확히 말해 공간 자체가 그 안의 천체와 함께 팽창한다는 뜻으로, 은하와 은하단이 공간을 '가로질러' 서로 멀어진다는 뜻이 아니다.

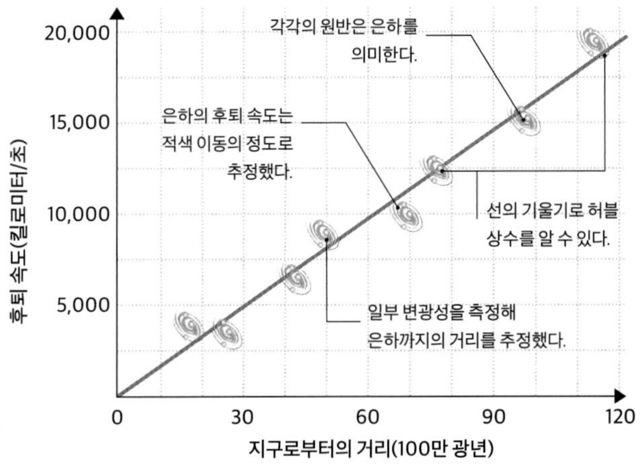

▲ 허블 상수
많은 은하의 속도를 지구로부터의 거리에 따라 그래프에 점으로 찍어 보면, 찍힌 점에 가깝게 '추세선(best fit line)'이 그려진다. 선의 기울기는 허블 상수의 추정치로, 우주 팽창률의 기준이 된다.

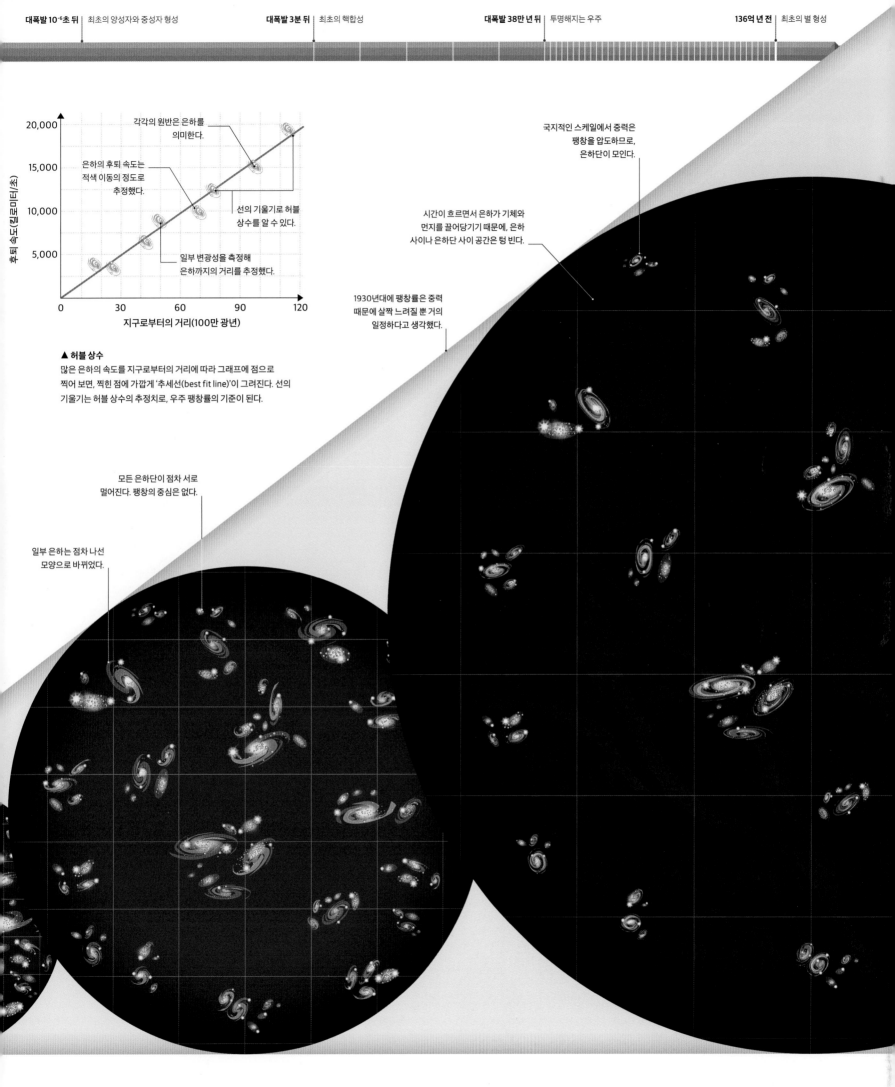

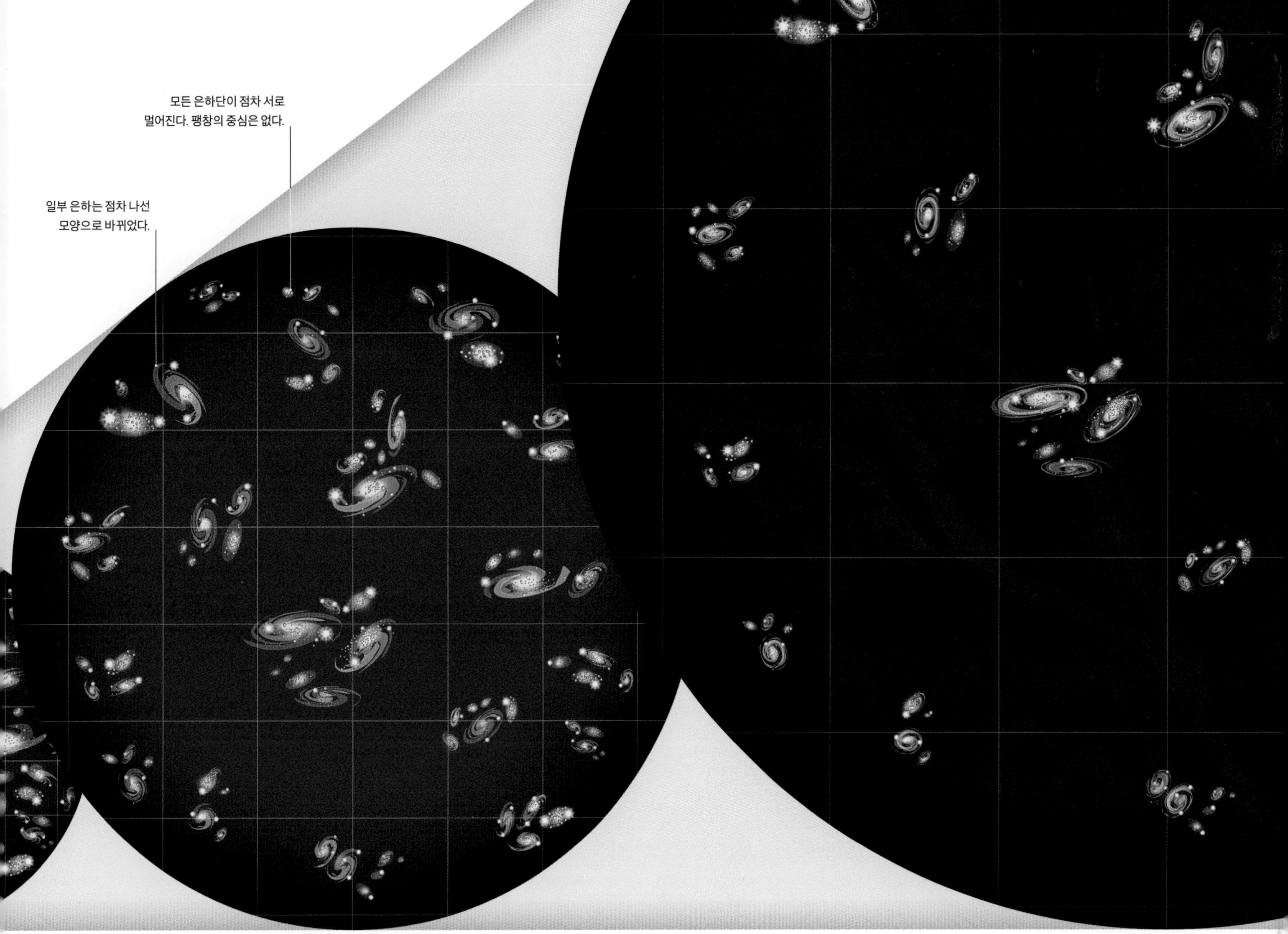

국지적인 스케일에서 중력은 팽창을 압도하므로, 은하단이 모인다.
시간이 흐르면서 은하가 기체와 먼지를 끌어당기기 때문에, 은하 사이나 은하단 사이 공간은 텅 빈다.
1930년대에 팽창률은 중력 때문에 살짝 느려질 뿐 거의 일정하다고 생각했다.
모든 은하단이 점차 서로 멀어진다. 팽창의 중심은 없다.
일부 은하는 점차 나선 모양으로 바뀌었다.

연표로 보는 역사

대폭발 이론

대폭발 이론이 처음 제안된 1930년대 이후, 물리학자들과 우주론 연구자들은 이 이론을 검증하고 발전시키며 우주 최초의 순간에 대한 세부 사항을 채워 나가고 있다.

대폭발 이론은 고에너지 입자를 서로 충돌시켜 대폭발과 비슷한 상태를 만드는 실험을 통해(36~37쪽 참조), 또는 순수하게 이론적으로 방정식과 모형을 통해 개선되고 있다. 이런 실험에서 새로운 아원자 입자가 발견되기도 한다. 또 어떤 연구들은 입자의 상호 작용을 관장하는 기본 힘에 초점을 맞춘다. 1930년대부터 중력과 전자기력, 강력과 약력이라는 네 가지 힘이 우주에 존재한다고 알려져 있었다. 이론상으로는 이 힘들이 대폭발이 일어나는 동안 하나로 합쳐져 있었는데, 이후 우주가 식으면서 힘들이 분리됐다. 점차 물리학자들은 알고 있는 모든 입자들과 힘들을 입자 물리학의 표준 모형이라는 얼개에 맞춰 나갔다.

1980년대에 미국의 물리학자 앨런 구스(Alan Guth)가 이 이론을 크게 발전시켰다. 그는 우주가 아주 초기에 급팽창이라고 하는, 극단적으로 빠른 팽창을 했다고 주장했다. 구스의 주장을 통해 왜 거시 스케일에서 물질과 에너지가 균등하게 분포하는지 등 오늘날의 우주를 일부 설명할 수 있게 됐다. 오늘날 많은 학자들은 이런 급팽창이 실제로 있었다고 인정하고 있다.

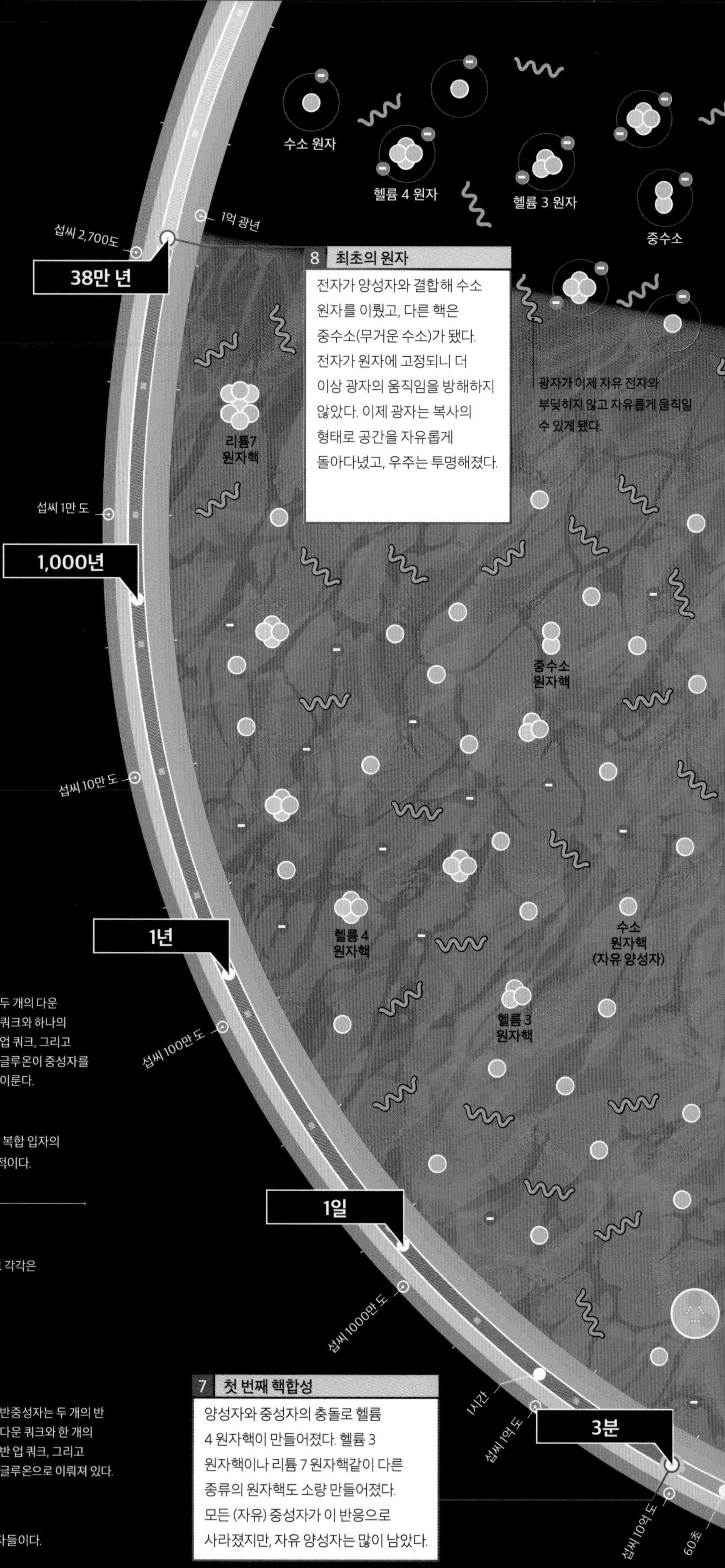

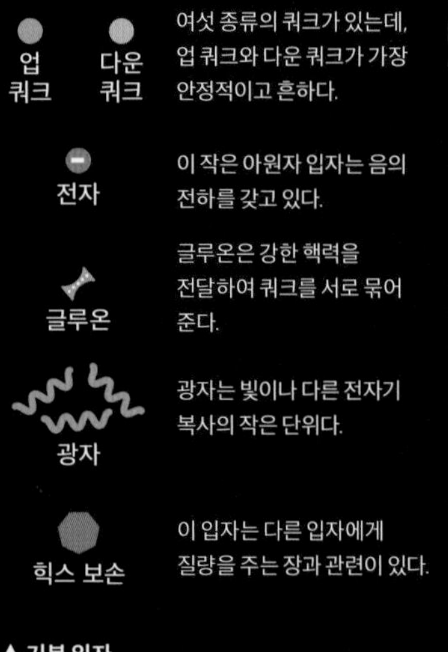

▲ 기본 입자
지금까지 알려진 바에 따르면 이보다 더 작은 하위 입자는 존재하지 않는다. 쿼크 같은 일부 입자들은 물질을 구성하며, 글루온이나 광자 같은 나머지 입자들은 힘을 전달한다.

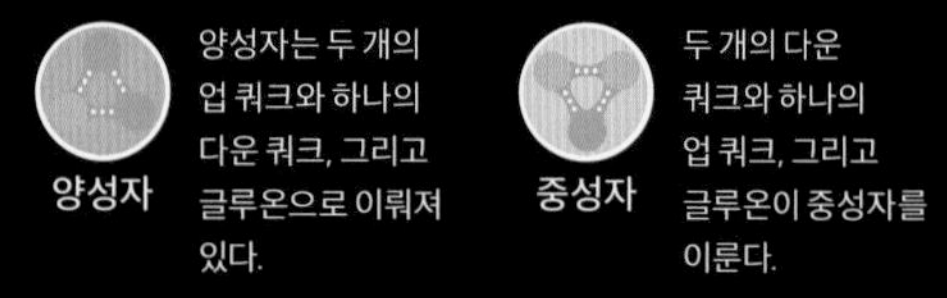

양성자
양성자는 두 개의 업 쿼크와 하나의 다운 쿼크, 그리고 글루온으로 이뤄져 있다.
중성자
두 개의 다운 쿼크와 하나의 업 쿼크, 그리고 글루온이 중성자를 이룬다.

▲ 복합 입자
이런 입자들은 더 작은 입자들로 구성돼 있다. 여러 복합 입자의 조성이 밝혀져 있지만, 양성자와 중성자만이 안정적이다.

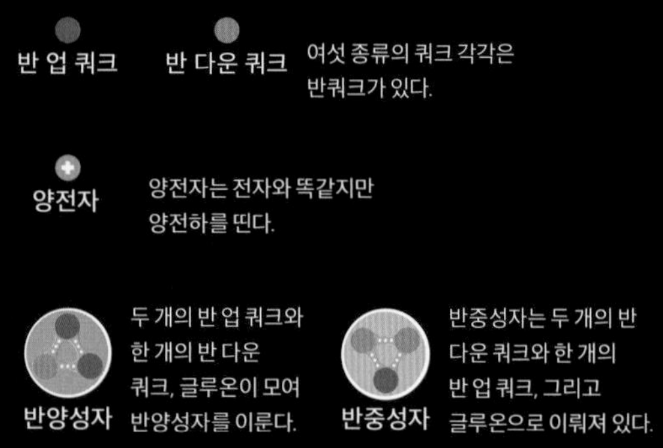

반 업 쿼크
반 다운 쿼크
여섯 종류의 쿼크 각각은 반쿼크가 있다.
양전자
양전자는 전자와 똑같지만 양전하를 띤다.
반양성자
두 개의 반 업 쿼크와 한 개의 반 다운 쿼크, 글루온이 모여 반양성자를 이룬다.
반중성자
반중성자는 두 개의 반 다운 쿼크와 한 개의 반 업 쿼크, 그리고 글루온으로 이뤄져 있다.

▲ 반입자
상응하는 입자와 질량이 같지만 전하가 반대인 입자들이다.

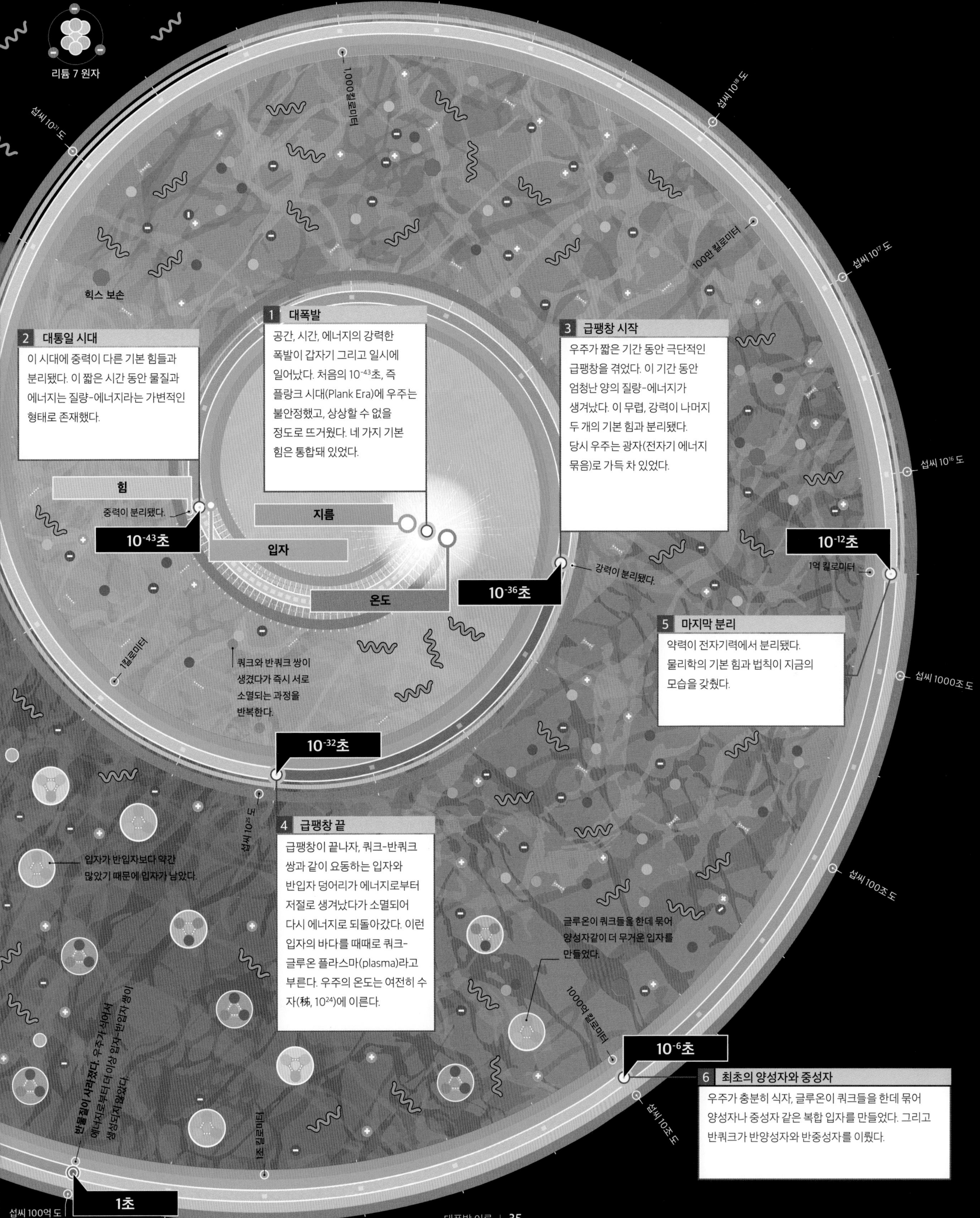
리튬 7 원자
섭씨 10²¹ 도
1,000킬로미터
섭씨 10¹⁸ 도
100만 킬로미터
섭씨 10¹⁷ 도
힉스 보손
1 대폭발
공간, 시간, 에너지의 강력한 폭발이 갑자기 그리고 일시에 일어났다. 처음의 10⁻⁴³초, 즉 플랑크 시대(Plank Era)에 우주는 불안정했고, 상상할 수 없을 정도로 뜨거웠다. 네 가지 기본 힘은 통합돼 있었다.
2 대통일 시대
이 시대에 중력이 다른 기본 힘들과 분리됐다. 이 짧은 시간 동안 물질과 에너지는 질량-에너지라는 가변적인 형태로 존재했다.
3 급팽창 시작
우주가 짧은 기간 동안 극단적인 급팽창을 겪었다. 이 기간 동안 엄청난 양의 질량-에너지가 생겨났다. 이 무렵, 강력이 나머지 두 개의 기본 힘과 분리됐다. 당시 우주는 광자(전자기 에너지 묶음)로 가득 차 있었다.
섭씨 10¹⁶ 도
힘
중력이 분리됐다.
10⁻⁴³초
지름
입자
온도
10⁻³⁶초
강력이 분리됐다.
10⁻¹²초
1억 킬로미터
5 마지막 분리
약력이 전자기력에서 분리됐다. 물리학의 기본 힘과 법칙이 지금의 모습을 갖췄다.
섭씨 1000조 도
1킬로미터
쿼크와 반쿼크 쌍이 생겼다가 즉시 서로 소멸되는 과정을 반복한다.
10⁻³²초
섭씨 10²⁵ 도
4 급팽창 끝
급팽창이 끝나자, 쿼크-반쿼크 쌍과 같이 요동하는 입자와 반입자 덩어리가 에너지로부터 저절로 생겨났다가 소멸되어 다시 에너지로 되돌아갔다. 이런 입자의 바다를 때때로 쿼크-글루온 플라스마(plasma)라고 부른다. 우주의 온도는 여전히 수 자(秭, 10²⁴)에 이른다.
입자가 반입자보다 약간 많았기 때문에 입자가 남았다.
섭씨 100조 도
글루온이 쿼크들을 한데 묶어 양성자같이 더 무거운 입자를 만들었다.
1000억 킬로미터
10⁻⁶초
6 최초의 양성자와 중성자
우주가 충분히 식자, 글루온이 쿼크들을 한데 묶어 양성자나 중성자 같은 복합 입자를 만들었다. 그리고 반쿼크가 반양성자와 반중성자를 이뤘다.
섭씨 10조 도
반물질이 사라졌다. 우주가 식어서 에너지로부터 더 이상 입자-반입자 쌍이 생성되지 않았다.
1조 킬로미터
섭씨 100억 도
1초

거대 과학의 상징
수리 중인 거대한 통 모양의 기계는 LHC의 일부인 전자기 열량계(electromagnetic calorimeter)다. 이 기계는 전자와 광자의 에너지를 매우 정확하게 측정한다.

대폭발을 재현하다

유럽 입자 물리학 연구소(Conseil Européenne pour la Recherche Nucléaire, CERN)의 연구자들은 세계에서 가장 큰 입자 가속기인 거대 강입자 충돌기(Large Hadron Collider, LHC)를 이용해 입자를 매우 빠른 속도로 충돌시키는 실험을 추진했다. 대폭발 직후의 상태를 재현하기 위해서였다.

LHC는 지금까지 건설된 과학 연구 장비 가운데 가장 크고 가장 복잡하다. 프랑스와 스위스 국경 지하에 있으며, 높은 에너지의 입자로 된 빔 두 개를 원 둘레가 약 27킬로미터인 고리 모양의 파이프를 통해 가속한다. 때때로 두 빔이 서로 부딪히면서 대개는 금방 사라지는 이상한 입자들이 생성되는데, 그 결과가 파이프 주변에 있는 검출기에 기록된다. LHC의 목표는, 존재할 수 있는 아원자 입자의 목록을 밝히는 것과, 이들 사이의 상호 작용을 지배하는 법칙을 알아내는 것이다.

물리학자들은 이런 실험을 통해 대폭발에 대한 지식을 정교하게 다듬고, 아직까지 그 원리가 밝혀지지 않은 우주 현상을 이해할 수 있기를 희망한다. 대폭발과 비슷한 환경은 1분도 유지되지 않기 때문에, 이 실험이 새로운 대폭발을 일으키거나 새로운 우주를 만들 가능성은 없다.

새로운 발견

LHC의 성공 가운데 한 가지는, 대폭발 이후 마이크로초(100만분의 1초)까지 존재했을 자유로운 쿼크와 글루온(34쪽 참조)의 혼합 상태인 쿼크-글루온 플라스마의 생성이다. 이것은 2015년에 양성자와 납의 원자핵 간의 충돌로 만들어졌는데, 이때 만들어진 아주 작은 불덩어리 안에서 모든 것이 즉시 쿼크와 글루온으로 붕괴했다.

2012년에는, 오랫동안 찾았던 질량이 크고 아주 잠깐 존재하는 입자인 힉스 보손이 검출됐다. 힉스 보손의 존재는 힉스 장이라는 에너지 장의 존재를 확인시켜 줬다. 힉스 장은 그 안을 지나는 입자에게 질량을 준다. 이 과정은 대폭발에서도 중요한데, 쿼크와 같은 입자가 우주 최초의 순간에 어떻게 질량을 얻었는지를 설명해 주기 때문이다. 입자가 질량을 얻으면 속도가 느려지고 서로 결합해 양성자와 중성자 같은 복합 입자가 될 수 있다.

LHC는 세계가 주목할 만한 성과들을 계속 내놓고 있다. 특히 과학자들은 2014년에 펜타 쿼크(네 개의 쿼크와 하나의 반쿼크로 이뤄졌다.) 검출에 성공함으로써 쿼크를 서로 붙잡아 주는 강력에 대해 자세히 연구할 수 있게 됐다.

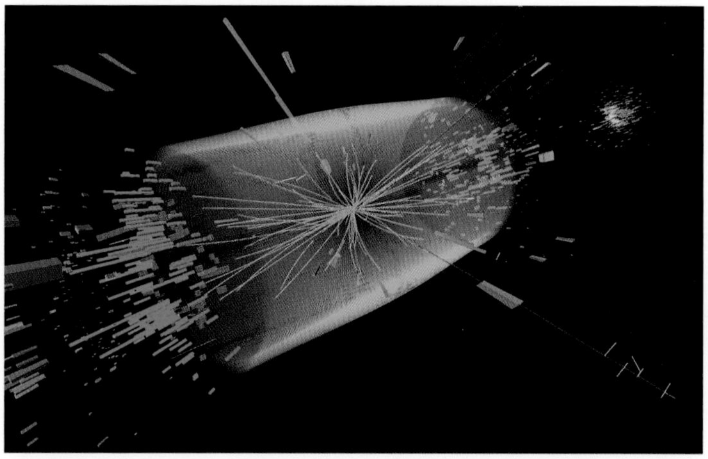

▲ **힉스 보손의 발견**
이 컴퓨터 그래픽은 힉스 보손을 찾을 때 기록된 입자의 충돌을 보여 준다. 여기서 힉스 보손이 붕괴하면 두 개의 다른 보손이 된다는 점을 확인할 수 있다. 그중 하나는 한 쌍의 전자가 되고(초록색 선), 나머지 하나는 한 쌍의 뮤온 입자가 된다(붉은 선).

> 우리는 **새로운**, 그것도 **완전 새로운** 입자를 발견했다. 이것은 세상의 다른 모든 입자와 다를 것으로 추정된다.

롤프디터 호이어, 전 CERN 소장, 1948년~, 힉스 보손의 발견에 대해 이야기하며

대폭발 그 너머로

비록 대폭발 이론이 천문학자들의 절대적인 지지를 받고 있지만, 이를 뒷받침하기 위한 증거들이 추가로 필요하다. 짚고 넘어가야 할 문제도, 아직 해결되지 않은 면도 아직 남아 있다.

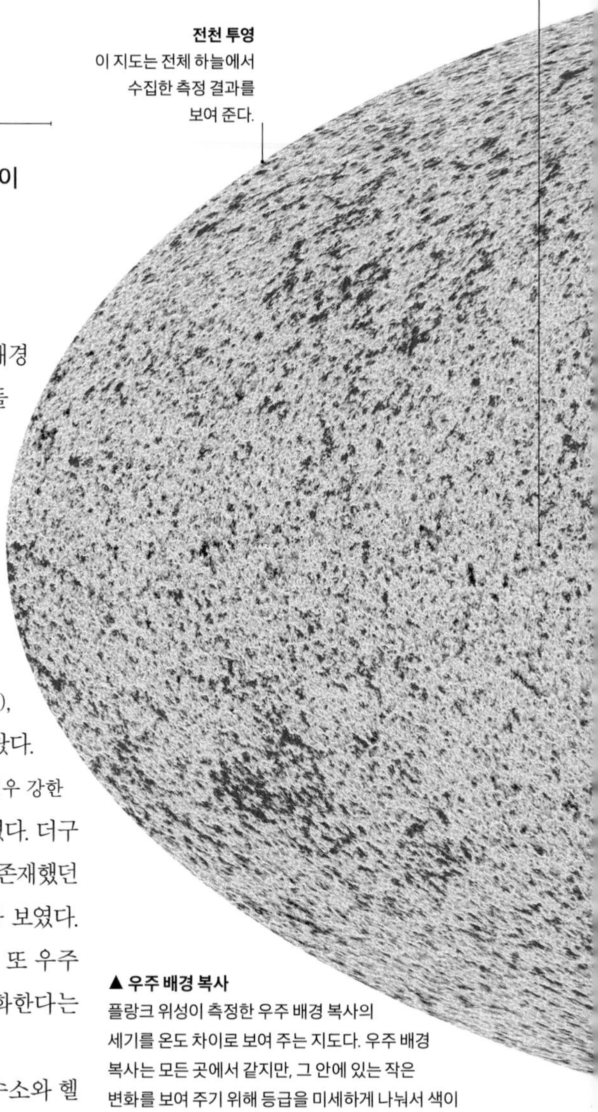

진한 붉은 점
이 영역은 우주 배경 복사의 평균 온도보다 섭씨 0.0002도 높은 곳이다.

전천 투영
이 지도는 전체 하늘에서 수집한 측정 결과를 보여 준다.

▲ 우주 배경 복사
플랑크 위성이 측정한 우주 배경 복사의 세기를 온도 차이로 보여 주는 지도다. 우주 배경 복사는 모든 곳에서 같지만, 그 안에 있는 작은 변화를 보여 주기 위해 등급을 미세하게 나눠서 색이 있는 점을 이용해 표현했다.

대폭발 이론이 지지를 받는 주요 원인은, 그 이론이 상정하는 중요한 가정인 우주론의 기본 원리(cosmological principle, 39쪽 참조)가 지금까지 사실로 받아들여지고 있기 때문이다. 또 대폭발 이론은 오늘날 우주론을 지탱하는 기둥 중 하나인 일반 상대성 이론(32쪽 참조)의 틀 안에서도 잘 작동한다. 하지만 그렇다고 대폭발 이론이 옳은 것은 아니다. 지금도 부족한 것은 아니지만 타당성을 높이려면 더 많은 증거가 필요하다.

구체적인 증거

대폭발의 가장 중요한 증거는 하늘에서 대단히 희미하지만 일정하게 오는 열복사인 우주 배경 복사이다. 대폭발 이론의 초기 지지자들이 예견한 이 복사는 1964년에 두 명의 미국인 전파 천문학자가 발견했다. 우주 배경 복사는 대폭발 직후에 광자(복사 에너지의 작은 알갱이)가 물질과의 상호 작용으로부터 자유로워져서, 방해받지 않고 공간을 나아가기 시작할 때 만들어졌다.

더 강력한 증거는 심우주(deep space), 즉 수십억 년 전 우주를 관측하다가 나왔다. 그러한 관측은 퀘이사(quasar, 에너지가 매우 강한 은하 중심부)라고 하는 천체의 존재를 밝혔다. 더구나 가장 먼 은하, 즉 130억~100억 년 전에 존재했던 은하는 가까이 있는 젊은 은하들과 달라 보였다. 이런 관측들은 우주의 나이가 유한하며, 또 우주는 정적이거나 불변한다기보다 계속 진화한다는 사실을 암시했다.

또 다른 중요한 증거는 화학 원소인 수소와 헬륨이 우주에 많다는 사실과, 그것이 차지하고 있는 비율이다. 두 원소의 동위 원소가 차지하는 비율은 대폭발 이론이 예측한 것과 비슷했다.

풀리지 않은 문제

일반적으로 우주론의 가장 큰 숙제는 '암흑 물질(dark matter)'은 무엇이며 대폭발 과정에서 암흑 물질이 어떻게 생겨났는지 밝히는 것이다. 암흑 물질은 빛이나 열, 전파, 그리고 어떤 복사도 내지 않는 미지의 물질로, 이런 특성 때문에 매우 검출하기 어렵다. 하지만 암흑 물질은 다른 물질과 상호 작용한다. 또 다른 문제는 '암흑 에너지(dark energy)'다. 1998년, 우주의 팽창이 지난 60억 년 동안 점점 빨라졌다는 사실이 발견됐다. 가속의 이유는 밝혀지지 않았지만, 암흑 에너지라는 미지의 존재가 원인으로 제안됐다. 현재는 암흑 에너지에 대해 거의 알려진 것이 없지만, 만약 존재한다면 우주 전체에 퍼져 있을 것이다. 풀리지 않은 또 다른 질문들 중에는 우주 탄생 후 최초의 순간에 왜 물질이 반물질

▼ 암흑 물질
70억 광년 떨어진 이 은하단 사진은 엘 고르도(El Gordo, '뚱뚱한 사람'이라는 뜻)라고 불린다. 푸른색 대기층은 중력으로 은하단을 묶어 주는, 검출하기 어려운 암흑 물질의 존재를 의미한다. 분홍색 대기층은 엑스선 방출이 일어난다는 뜻이다.

> "우리는 **대폭발의 가장 초기 단계**를 역으로 추적할 수 있다.
> 하지만 **무엇이 왜 폭발했는지**는 여전히 알아내지 못했다.
> 이는 **21세기 과학**이 도전해야 할 과제다."

마틴 리스, 영국의 우주론 연구자, 1942년~

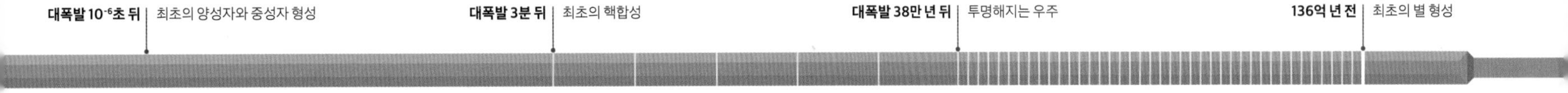

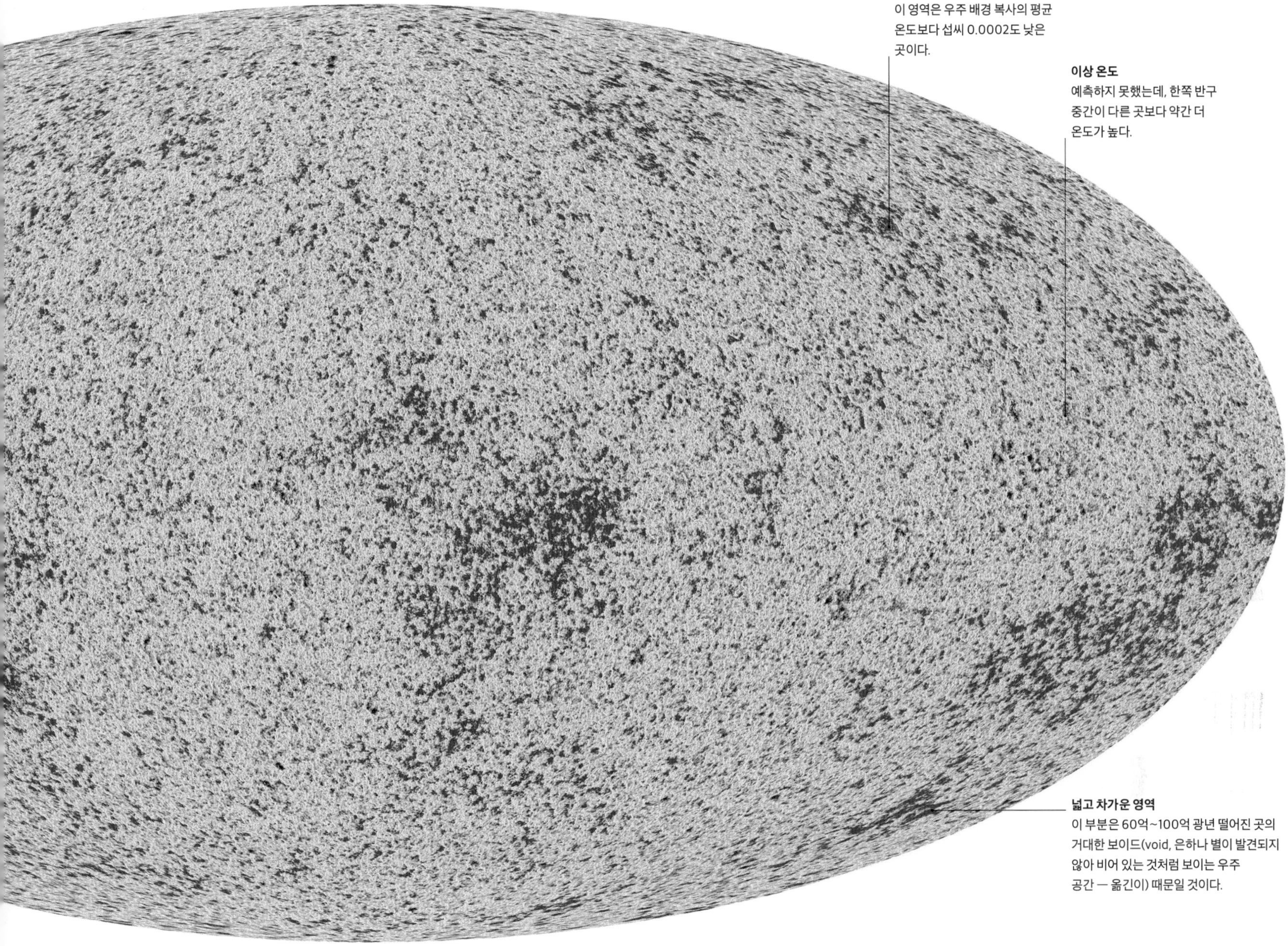

보다 많이 생성됐는가 하는 문제가 있다. 만약 그렇지 않았다면, 원자는 만들어지지 않았을 것이다. 그리고 무엇이 우리가 보는 우주처럼 물질을 일정하게 분포하도록 급팽창을 일으켰는지도 모른다. 마지막 질문은 이것이다. "무엇이 대폭발을 일으켰는가?" 물론 답은 절대 알지 못할 것이다.

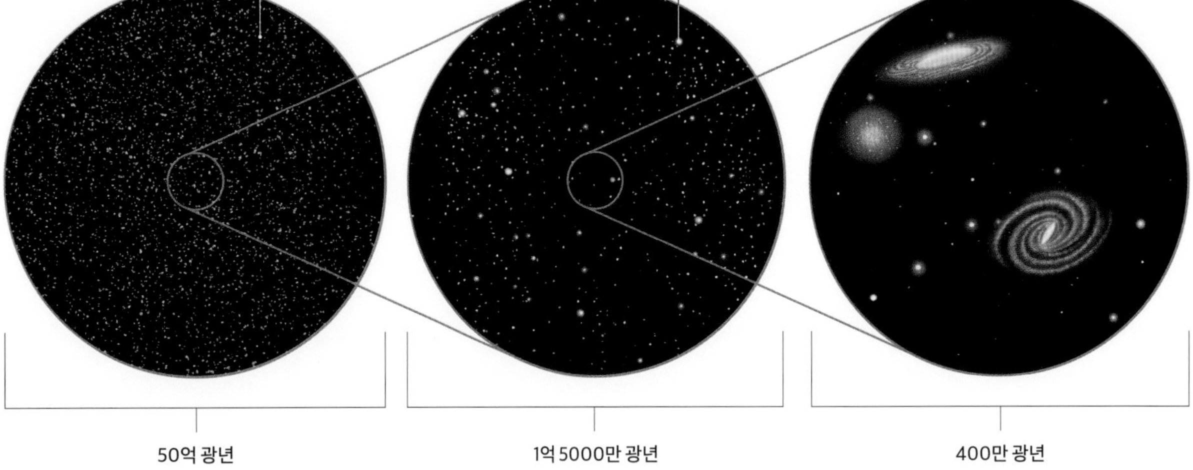

수십억 광년 거리의 영역에서는 은하의 분포에서 구조를 발견할 수 없다.
하늘에서 훨씬 작은 영역을 보면, 은하가 균일하지 않고 군집을 이루고 있다.
50억 광년
1억 5000만 광년
400만 광년

▶ 우주론의 기본 원리
이 원리는 작은 스케일로 보면 은하 같은 천체의 분포에 명백한 차이가 있지만, 충분히 큰 스케일로 보면 우주는 균일하다는 내용이다. 이 원리에 따르면, 우주에는 중심이나 끝이 없다는 결론이 나온다.

문턱

2

별이 탄생하다

대폭발 이후 공간과 시간, 물질, 에너지가 자리를 잡으면서 강력한 존재가 새로이 등장하기 시작했으니 그것이 바로 별이다. 별은 중력의 영향을 받아 점점 더 단단해졌다. 별 내부의 매우 높은 온도 때문에 원자들이 서로 융합하면서 엄청난 양의 에너지가 밖으로 방출됐다. 그 결과 우주는 훨씬 더 복잡해졌다.

생명 거주 가능 조건

초기 우주의 형태는 두 가지 요소가 결정했다. 둘 다 우주의 나이가 채 1초가 되기 전에 등장했다. 중력의 영향으로 물질의 밀도가 조금씩 변했고, 최초의 별과 은하, 그리고 궁극적으로 훨씬 더 복잡한 우주가 형성됐다.

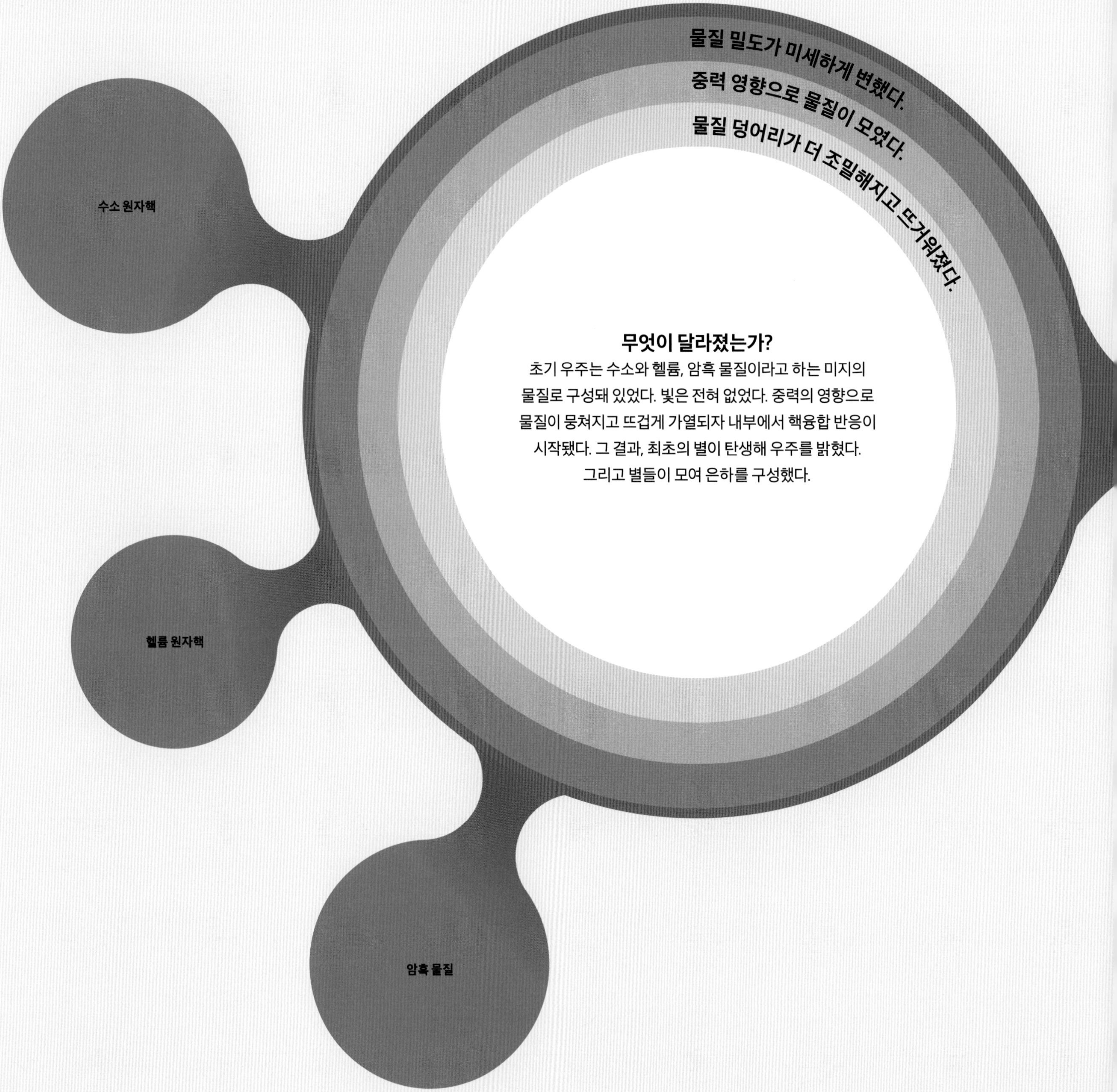

물질 밀도가 미세하게 변했다.
중력 영향으로 물질이 모였다.
물질 덩어리가 더 조밀해지고 뜨거워졌다.
수소 원자핵
헬륨 원자핵
암흑 물질

무엇이 달라졌는가?

초기 우주는 수소와 헬륨, 암흑 물질이라고 하는 미지의 물질로 구성돼 있었다. 빛은 전혀 없었다. 중력의 영향으로 물질이 뭉쳐지고 뜨겁게 가열되자 내부에서 핵융합 반응이 시작됐다. 그 결과, 최초의 별이 탄생해 우주를 밝혔다. 그리고 별들이 모여 은하를 구성했다.

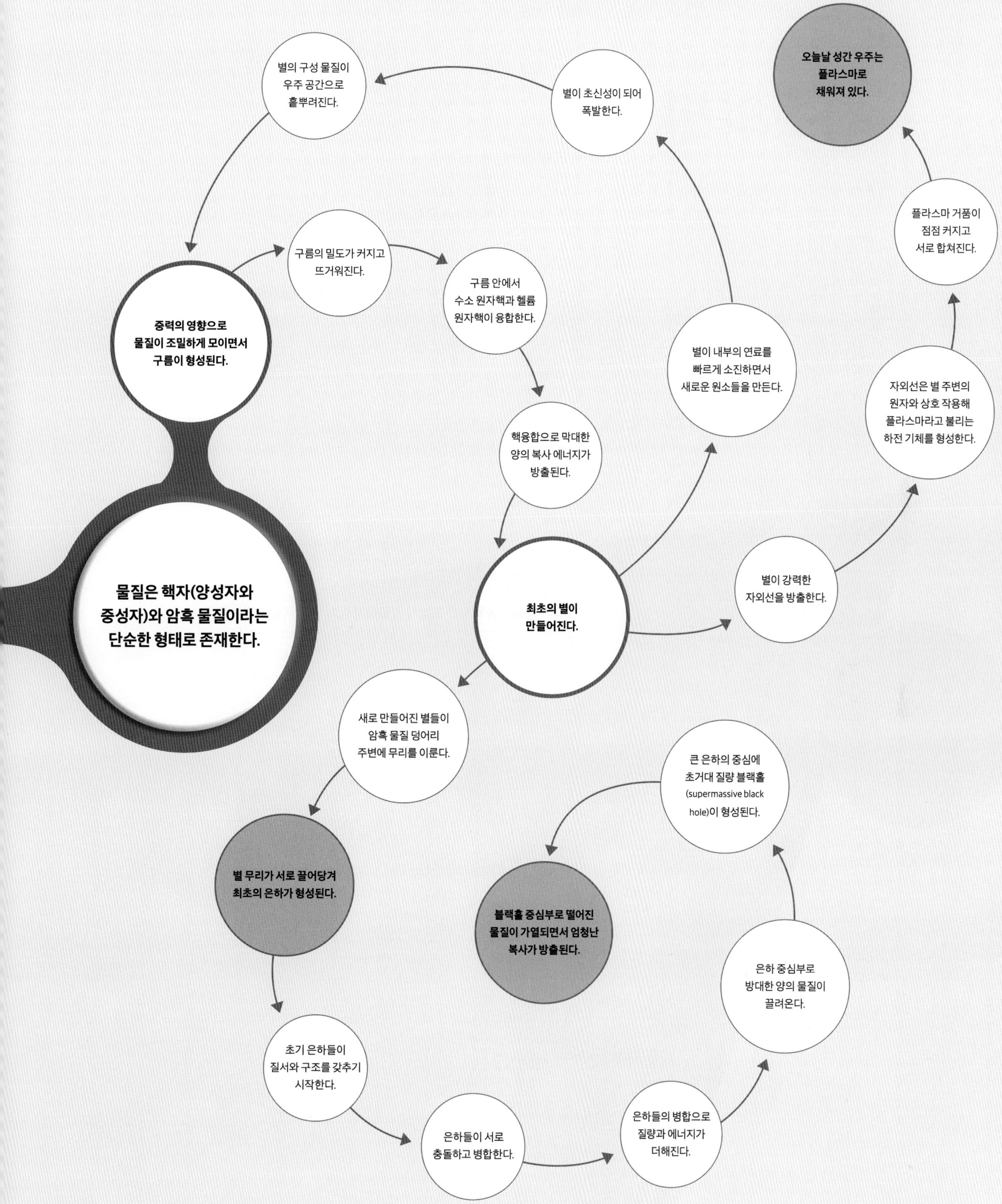

물질은 핵자(양성자와 중성자)와 암흑 물질이라는 단순한 형태로 존재한다.
중력의 영향으로 물질이 조밀하게 모이면서 구름이 형성된다.
구름의 밀도가 커지고 뜨거워진다.
구름 안에서 수소 원자핵과 헬륨 원자핵이 융합한다.
핵융합으로 막대한 양의 복사 에너지가 방출된다.
최초의 별이 만들어진다.
별이 내부의 연료를 빠르게 소진하면서 새로운 원소들을 만든다.
별이 초신성이 되어 폭발한다.
별의 구성 물질이 우주 공간으로 흩뿌려진다.
별이 강력한 자외선을 방출한다.
자외선은 별 주변의 원자와 상호 작용해 플라스마라고 불리는 하전 기체를 형성한다.
플라스마 거품이 점점 커지고 서로 합쳐진다.
오늘날 성간 우주는 플라스마로 채워져 있다.
새로 만들어진 별들이 암흑 물질 덩어리 주변에 무리를 이룬다.
별 무리가 서로 끌어당겨 최초의 은하가 형성된다.
초기 은하들이 질서와 구조를 갖추기 시작한다.
은하들이 서로 충돌하고 병합한다.
은하들의 병합으로 질량과 에너지가 더해진다.
은하 중심부로 방대한 양의 물질이 끌려온다.
큰 은하의 중심에 초거대 질량 블랙홀 (supermassive black hole)이 형성된다.
블랙홀 중심부로 떨어진 물질이 가열되면서 엄청난 복사가 방출된다.

최초의 별

탄생 후 초기 2억 년 동안, 우주는 암흑 공간이었다. 그러나 기체 구름이 모여 최초의 별이 형성되자 상황이 급변했다. 별 안에서 새로운 화학 원소가 생성됐고, 별이 짧은 생을 마친 뒤 폭발할 때 이 원소들이 우주 공간으로 퍼져 나갔다.

대폭발 38만 년 뒤인 재결합의 시대(Epoch of Recombination)에(34쪽 참조), 양전하를 띤 수소 원자핵과 헬륨 원자핵이 음전하를 띤 전자와 결합해 전기적으로 중성인 원자를 생성했다. 이전까지 광자는 자유 전자와 충돌해 어느 방향으로도 직진할 수 없었다. 이제 광자는 앞으로 나아갈 수 있었지만, 빛의 원천이 없어서 우주는 여전히 어두웠다. 우주론 연구자들은 이 시기를 우주의 암흑 시대(Cosmic Dark Ages)라고 부른다. 어두운 중성 기체의 혼합물 사이에는 더 어두운 물질, 바로 암흑 물질이 있었다. 오늘날 과학자들은 암흑 물질이 생각보다 많으며 중력 외에 빛이나 다른 복사와 전혀 상호 작용하지 않는다는 사실을 안다. 그러나 그뿐, 암흑 물질의 다른 특성은 거의 모른다.

별의 탄생

암흑 물질과 수소, 헬륨 기체의 밀도가 미세하게 변하면서 중력의 영향으로 엄청난 기체 구름이 밀집해 구 형태의 거대한 덩어리가 형성됐다. 암흑 물질이 없어도 이 과정이 일어났겠지만, 너무 느리게 진행돼서 오늘날까지 단 한 개의 별도 만들어지지 않았을 것이다.

물질 덩어리가 붕괴하면서 엄청난 에너지가 나와 덩어리를 가열했다. 안쪽 깊숙한 곳의 밀도가 높아지면서 중심부가 엄청나게 뜨거워졌다.

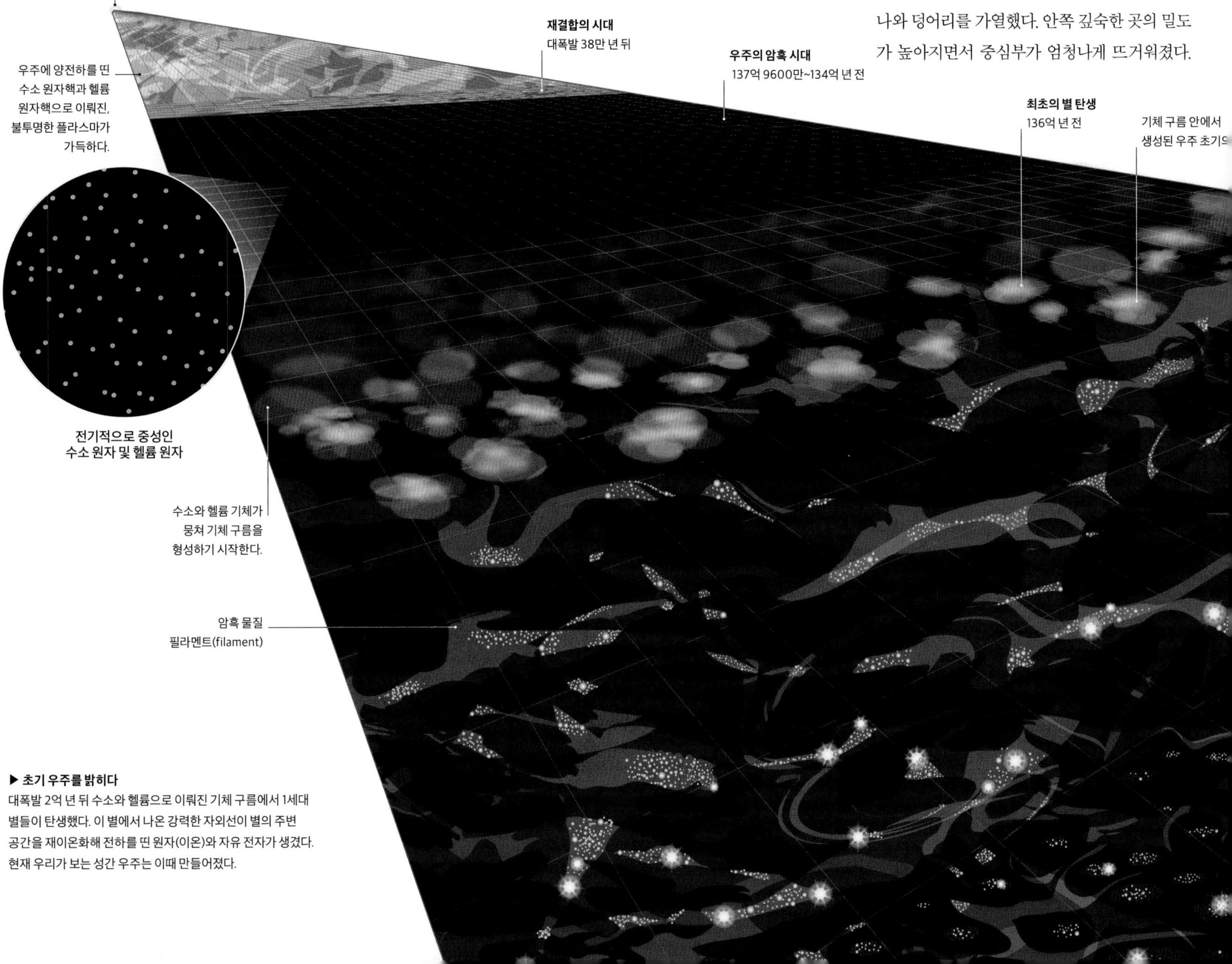

▶ 초기 우주를 밝히다
대폭발 2억 년 뒤 수소와 헬륨으로 이뤄진 기체 구름에서 1세대 별들이 탄생했다. 이 별에서 나온 강력한 자외선이 별의 주변 공간을 재이온화해 전하를 띤 원자(이온)와 자유 전자가 생겼다. 현재 우리가 보는 성간 우주는 이때 만들어졌다.

134억 5000만 년 전 | 우주의 재이온화 시작

134억 년 전 | 최초의 은하 형성

▲ 초기 별의 크기
천체 물리학자들이 만든 가장 합리적인 모형에 따르면, 초기 별 대부분은 태양보다 크기가 훨씬 컸고 질량은 수백 배에 달했다.

수소 원자핵과 헬륨 원자핵이 충돌하기 시작했고, 일부는 서로 결합하거나 융합했다. 이 같은 핵융합을 통해 수소로부터 더 많은 헬륨이 생겨났고, 헬륨으로부터 붕소, 탄소, 산소 등 새로운 중원소가 생성됐다(58~59쪽 참조).

중력 붕괴(gravitational collapse)가 일어나는 기체 덩어리 내부에서 핵융합으로 막대한 양의 에너지가 나왔고 기체는 믿기 어려울 정도의 고온으로 가열됐다. 이 때문에 기체 덩어리는 팽창하기 시작했고 더 이상 중력 붕괴는 일어나지 않았다. 또한 이 기체 덩어리는 고온으로 인해 밝게 빛나기 시작했다. 최초의 별이 탄생한 것이다.

극도로 뜨거운 초기 별들은 강한 자외선을 내뿜었다. 이 자외선은 우주에 광범위한 영향을 미쳤다. 자외선이 중성 수소와 헬륨 원자에 부딪치자, 재결합의 시대 이전처럼 원자가 원자핵과 전자로 분리됐다. 이 같은 '재이온화(Reionization)'를 통해 별 주변에는 수소 이온과 헬륨 이온, 자유 전자로 이뤄진 플라스마 거품이 형성됐다. 오늘날의 성간 우주는 이때 형성된 매우 옅은 플라스마로 이뤄져 있으며, 거의 모든 복사가 통과한다.

짧은 생애

최초의 별은 크고 무거웠다. 지름이 태양의 수십 배, 질량은 태양의 수백 배에 달했을 것으로 추정된다. 그러나 큰 별은 빨리 타 버린다. 나중에 만들어진 평균 크기의 별들이 수십억 년간 유지된 반면, 1세대 별들은 수백만 년밖에 살지 못했다. 별

1세대 별들은 불과 **수백만 년 뒤**에 격렬하게 폭발하는 **초신성**이 됐다.

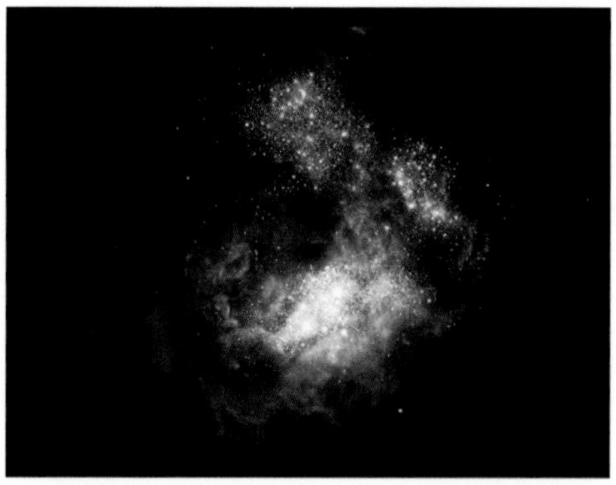

◀ 우주 초기의 빛
작고 밝은 은하인 CR7의 상상도이다. 대폭발 후 10억 년 안에 생성됐기 때문에 지구로부터 127억 광년 떨어진 곳에서 관측된다. 1세대 별의 대표적인 증거다.

중심부에 있는 수소와 헬륨 '연료'가 줄면서 별이 냉각됐고, 다시 붕괴하기 시작해 결국 초신성이 되어 폭발했다(60~61쪽 참조). 이 폭발을 통해 융합되지 않고 남아 있던 수소와 헬륨, 그리고 새로운 원소들이 우주로 빠져나갔다. 이 물질들이 2세대 별을 구성했다.

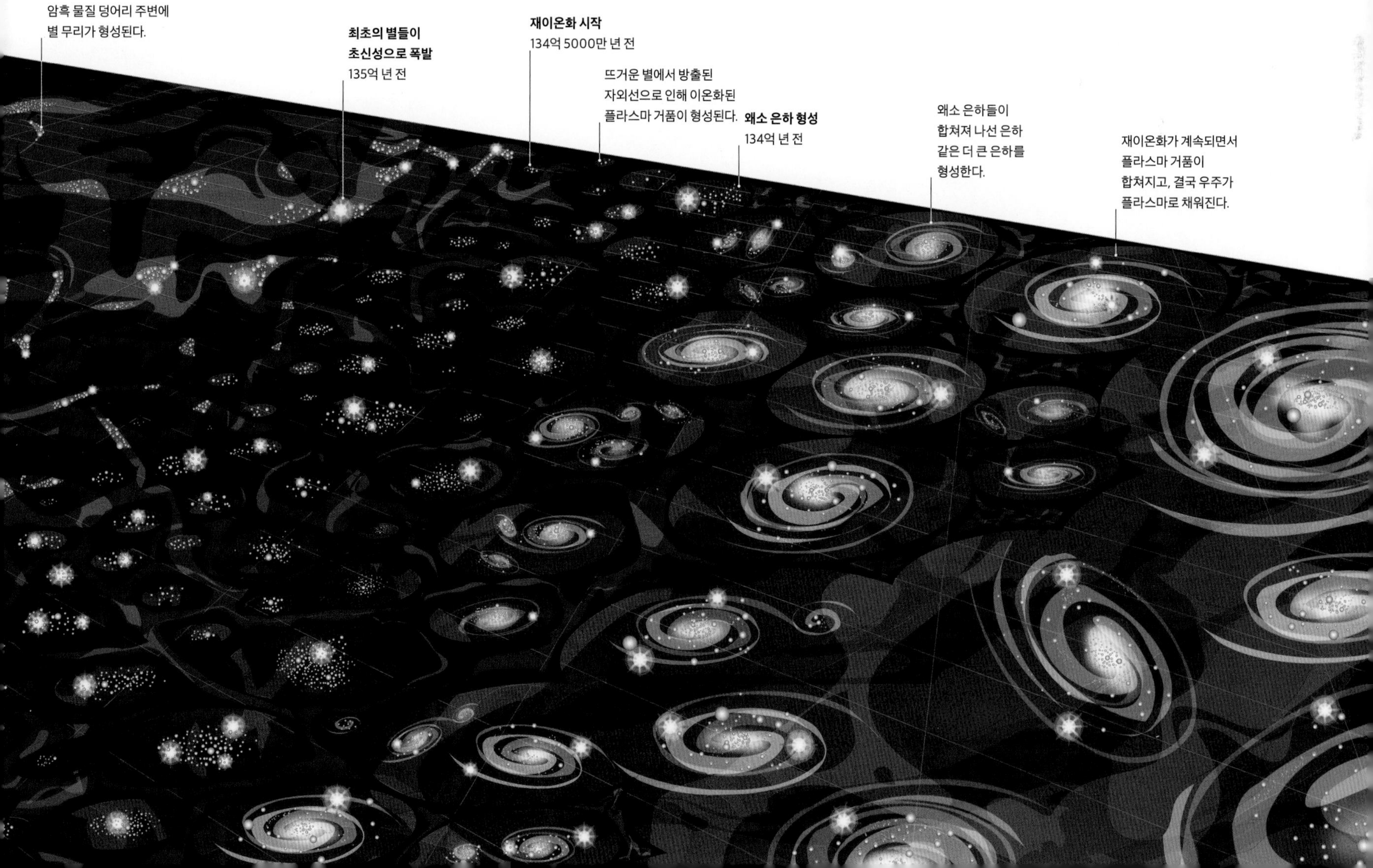

암흑 물질 덩어리 주변에 별 무리가 형성된다.
최초의 별들이 초신성으로 폭발
135억 년 전
재이온화 시작
134억 5000만 년 전
뜨거운 별에서 방출된 자외선으로 인해 이온화된 플라스마 거품이 형성된다.
왜소 은하 형성
134억 년 전
왜소 은하들이 합쳐져 나선 은하 같은 더 큰 은하를 형성한다.
재이온화가 계속되면서 플라스마 거품이 합쳐지고, 결국 우주가 플라스마로 채워진다.

중력이라는 수수께끼

▼ 아이작 뉴턴
1680년대 후반, 뉴턴은 중력에 대한 최초의 이론인 중력 법칙과 세 가지 운동 법칙을 발표했다.

중력 또는 만유인력은 물질을 서로 뭉치게 만들어 별과 행성이 형성되는 데 중요한 역할을 한다. 현대 중력 이론인 아인슈타인의 상대성 이론은 이 효과를 정확하게 설명한다. 그럼에도 불구하고 중력의 본질은 여전히 수수께끼로 남아 있다.

고대 그리스의 철학자 아리스토텔레스는 지구가 중심에 있고, 모든 물체는 지구를 향해 움직이는 경향이 있으며, 물체가 무거울수록 빨리 떨어진다고 생각했다. 이 간단한 개념은 표면적으로는 맞는 것처럼 보였다. 그러나 17세기 이탈리아의 과학자 갈릴레오 갈릴레이가 실험을 통해 아리스토텔레스가 틀렸다는 것을 증명했다. 갈릴레오는 공기 저항이 없는 곳에서는 모든 물체가 같은 가속도로 빨라진다고 예측했다. 영국의 과학자 아이작 뉴턴은 갈릴레오의 이 예측을 중력 법칙(Universal Law of Gravitation, 만유인력의 법칙)으로 이론화했다.

뉴턴의 중력

뉴턴은 물체를 땅으로 끌어당기는 어떤 존재가, 달의 궤도도 유지시킨다는 사실을 깨달았다. 그는 중력이 곧 힘이라고 주장했고, 어떤 두 물체 사이에 작용하는 힘의 세기를 계산하는 방정식을 유도했다. 뉴턴의 중력 법칙에 따르면, 그 힘은 물체들의 질량과 중심 사이의 거리에 따라 달라진다.

뉴턴은 이 법칙과 운동 법칙을 결합해 발사체부터 행성에 이르기까지 중력의 영향을 받는 모든 물체의 운동을 설명했다. 뉴턴 방정식은 200년 넘게 인정됐으며 오늘날 과학자들이 중력의 효과를 계산할 때에도 사용된다. 그러나 19세기에 수성의 궤도를 계산한 결과가 관측과 일치하지 않았고, 뉴턴의 이론에도 결함이 있다는 사실이 드러났다.

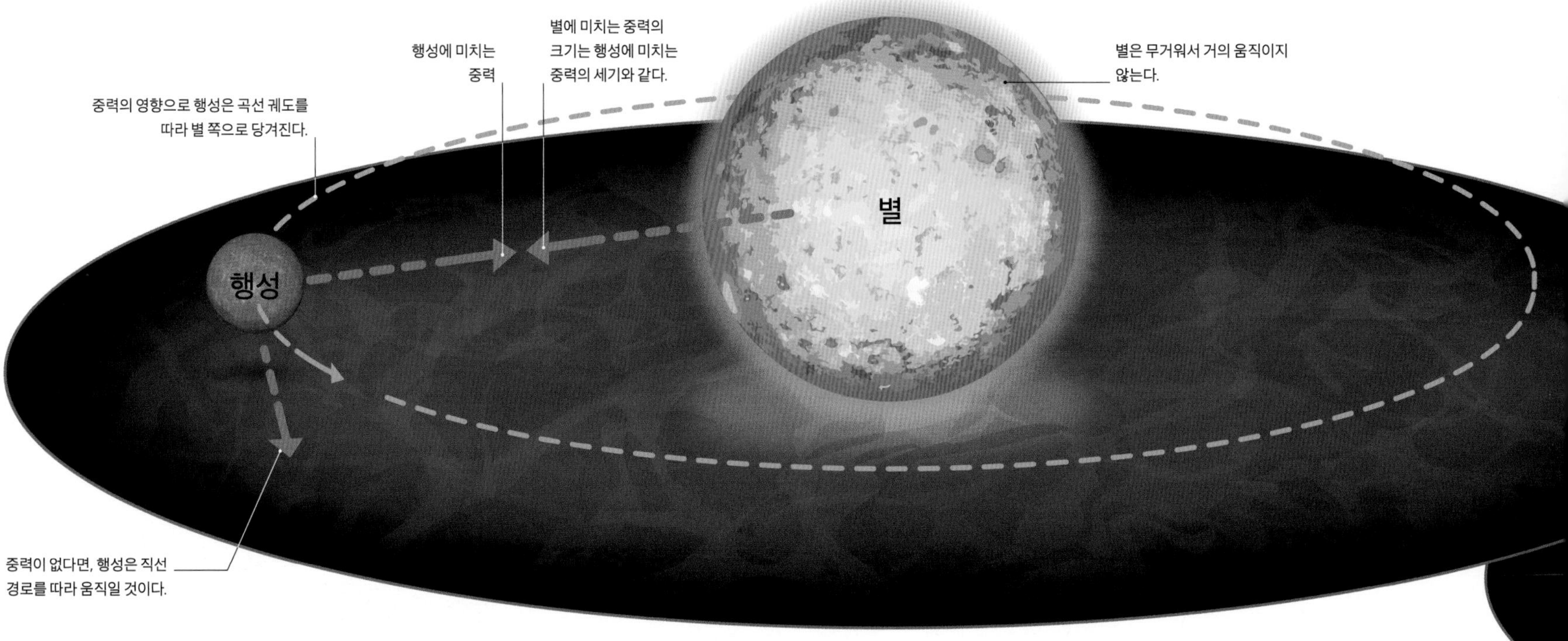

행성에 미치는 중력
별에 미치는 중력의 크기는 행성에 미치는 중력의 세기와 같다.
별은 무거워서 거의 움직이지 않는다.
중력의 영향으로 행성은 곡선 궤도를 따라 별 쪽으로 당겨진다.
별
행성
중력이 없다면, 행성은 직선 경로를 따라 움직일 것이다.

▲ 뉴턴의 이론
뉴턴의 이론에 따르면, 별과 행성에는 서로를 끌어당기는 힘이 작용한다. 힘의 세기는 동일하지만, 행성이 더 가볍기 때문에 힘의 효과가 더 크게 보인다.

> “**뉴턴**은 그를 추종하는 후대의 과학자들보다 **자신의 이론이 가진 취약점**을 스스로 더 잘 알고 있었다.”

알베르트 아인슈타인, 독일의 물리학자, 1879~1955년

1915년, 독일의 물리학자 알베르트 아인슈타인은 수성의 궤도를 정확하게 예측할 수 있는 일반 상대성 이론을 발표했다. 이 이론에 따르면, 중력은 힘이 아니었다.

아인슈타인의 중력

아인슈타인은 1905년에 발표한 특수 상대성 이론을 발전시켜 일반 상대성 이론을 만들었다. 특수 상대성 이론은 1860년대에 나온 전자기 이론과 뉴턴의 운동 법칙을 결합하려는 과정에서 나왔다. 이 과정에서 아인슈타인은 공간과 시간이 절대적이라는 개념을 버려야만 했다. 아인슈타인에 따르면, 상대적으로 움직이는 사람은 시간과 거리를 서로 다르게 측정하게 된다. 그리고 이 차이는 상대 속도가 극히 빠를 때에만 유의미하다. 특수 상대성 이론에서 도출된 중요한 개념 중 하나는, 우주의 3차원 공간과 마찬가지로 시간도 하나의 차원이며, 따라서 네 요소가 시공간(spacetime)이라고 부르는 4차원 격자로 존재한다는 것이다. 즉 물체는 공간이 아닌, 시공간을 따라 움직인다.

특수 상대성 이론을 일반화하기 위해 중력 개념을 더하면서 아인슈타인은 질량을 가진 물체가 시공간을 왜곡한다는 것을 깨달았다. 일반 상대성 이론에 따르면 물체가 무거울수록 시공간을 더 많이 왜곡하며, 왜곡된 시공간 속에서 물체는 곡선 경로를 따라 움직인다. 즉 직선으로 나아가는 발사체나 행성이 사실은 휘어진 시공간 안을 움직인다는 뜻이다. 물체의 경로를 바꾸려면 힘이 필요하다. 예를 들어 지표면이 사람을 밀어 올리기 때문에 사람이 지구 중심으로 자유 낙하하지 않는다. 뜨거운 기체는 바깥으로 팽창하려는 힘이 작용하기 때문에 물질들이 별의 중심부로 떨어지지 않는다. 별이 열을 생성하는 한, 고온 기체의 팽창은 계속된다(56~57쪽 참조).

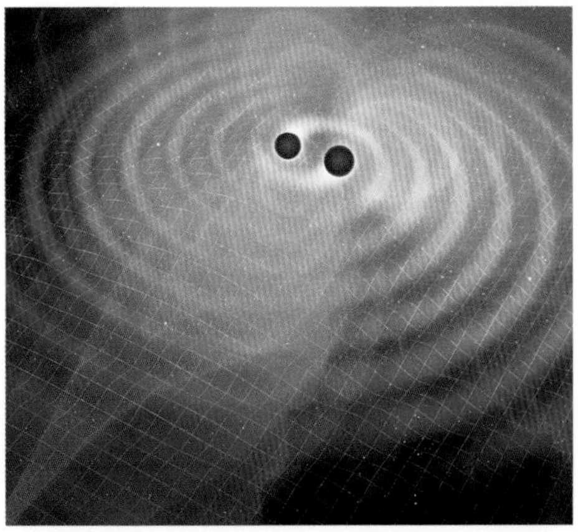

◀ 중력파
인류가 최초로 관측한 중력파는 두 개의 블랙홀이 병합하면서 발생한 것이다. 이 그림에서 중력파는 2차원 면에 물결무늬로 표현됐다. 지구에 있는 정밀한 관측 장비가 이 잔물결을 검출했다.

아인슈타인의 예측

일반 상대성 이론은 수차례에 걸쳐 정밀하게 검증돼 왔다. 빛도 왜곡된 시공간의 곡선 경로를 따라 움직인다는 중요한 개념도 도출됐다. 이를 중력 렌즈 효과(gravitational lensing)라고 부른다. 빛이 무거운 은하들 근처를 지날 때 경로가 구부러지기 때문에, 지구에서 은하의 왜곡된 상이 보이는 현상이다. 또 다른 중요한 예측은 바로 중력파(gravitational wave)의 존재다. 중력파는 에너지가 매우 큰 어떤 사건이 발생할 때 시공간에 생기는 잔물결로, 빛의 속도로 퍼져 나간다. 2015년에 과학자들은 두 개의 블랙홀이 병합하면서 생긴 중력파를 최초로 검출했다. 일반 상대성 이론은 성공을 거둔 것처럼 보이지만, 사실 같은 시기 동안 똑같이 잘 검증돼 온, 현대 과학의 또 다른 주춧돌인 양자 역학과는 아직 일치하지 않는 부분이 많다. 양자 역학은 원자와 아원자 입자의 움직임을 정확하게 설명한다. 중력 법칙은 그보다 훨씬 더 큰 스케일에서 물체의 거동을 정확하게 설명한다. 그러나 두 이론은 양립하지 않는다. 현대 물리학자들은 중력의 양자 이론을 연구하고 있다. 모든 스케일에서 물질의 운동을 기술할 수 있는 새 이론이 나온다면, 아인슈타인의 중력 이론은 새 이론의 일부로 재해석되거나 아예 대체될 가능성도 있다. 한 가지는 분명하다. 중력의 수수께끼는 아직 풀리지 않았다.

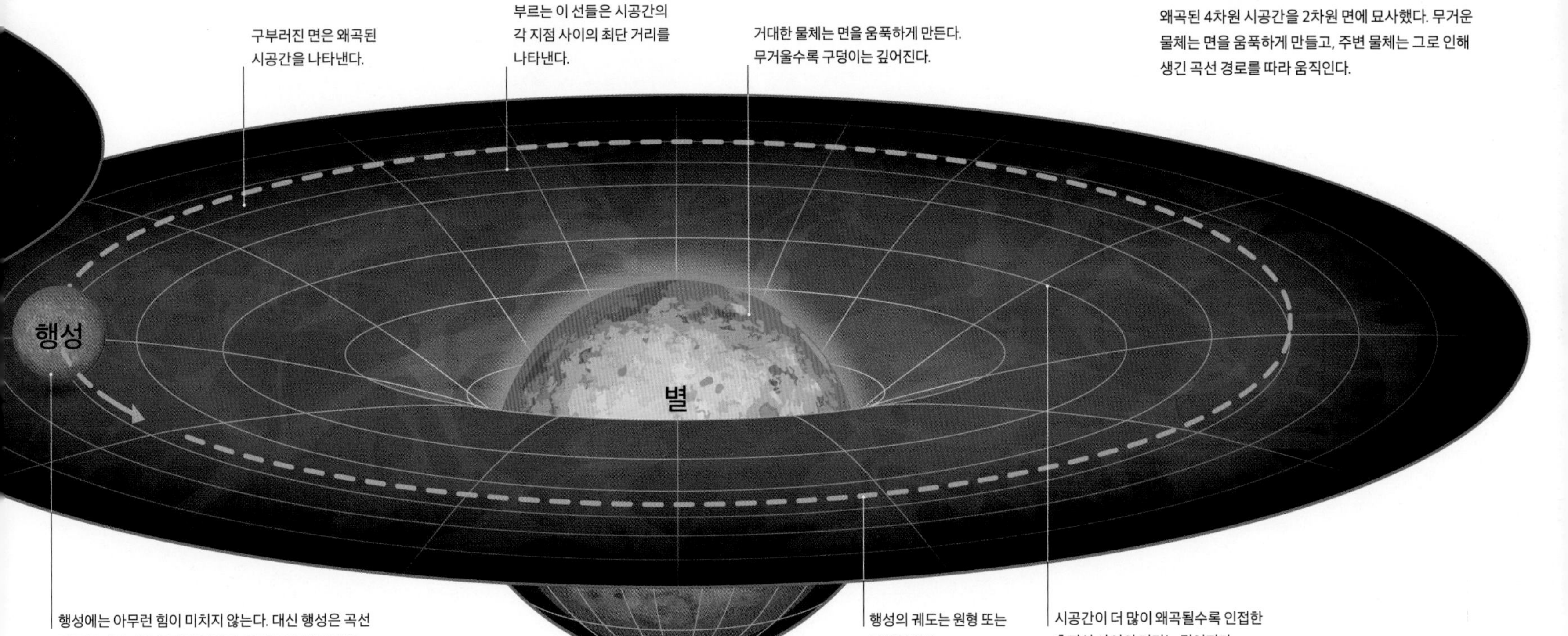

구부러진 면은 왜곡된 시공간을 나타낸다.
측지선(geodesics)이라고 부르는 이 선들은 시공간의 각 지점 사이의 최단 거리를 나타낸다.
거대한 물체는 면을 움푹하게 만든다. 무거울수록 구덩이는 깊어진다.
행성
별
행성에는 아무런 힘이 미치지 않는다. 대신 행성은 곡선 경로를 따라 자유롭게 움직인다. 이 경로가 별 주변을 도는 최단 거리이기 때문이다.
행성의 궤도는 원형 또는 타원형이다.
시공간이 더 많이 왜곡될수록 인접한 측지선 사이의 거리는 멀어진다.

▼ 아인슈타인의 이론
왜곡된 4차원 시공간을 2차원 면에 묘사했다. 무거운 물체는 면을 움푹하게 만들고, 주변 물체는 그로 인해 생긴 곡선 경로를 따라 움직인다.

최초의 은하가 형성되다

은하는 한 점을 중심으로 그 주변을 도는 별들의 거대한 집합체다. 암흑 물질 덩어리 주변에서 최초의 별이 만들어진 직후부터 최초의 은하가 형성되기 시작했다. 서로의 중력으로 인해 작은 은하들이 병합했고, 새로운 별이 폭발적으로 생성됐다.

최초의 별이 만들어질 때와 마찬가지로(44~45쪽 참조) 최초의 은하가 탄생하는 데에도 암흑 물질이 결정적인 역할을 했다. 초기 우주에서 암흑 물질의 밀도가 변하면서 그 중력의 영향으로 암흑 물질과 보통 물질(수소 기체와 헬륨 기체)이 덩어리를 이뤘다. 암흑 물질은 다양한 크기의 구불구불한 필라멘트와 마디의 그물망, 또는 구 형태의 헤일로(halo)를 형성했다. 이와 같은 응집 과정을 통해 물질 덩어리가 회전하면서 가열되기 시작했고, 결국 핵융합이 일어나 최초의 별이 형성됐다(56~57쪽 참조). 더 큰 스케일에서 동일한 과정이 일어나 별 무리가 만들어졌다. 이들 무리에 주변 기체가 더해지고 이웃한 별 무리끼리 합쳐지면서, 최초의 은하가 탄생했다.

자라나는 은하

물질이 서로 뭉치면서 암흑 물질 헤일로가 커졌다. 은하도 마찬가지였다. 욕조 배수구로 물이 빠져나가는 것처럼, 막대한 양의 물질이 중심부로 돌면서 떨어졌다. 그 뒤 밀도가 가장 높은 헤일로 중심부 주변 궤도를 돌기 시작했다. 그 결과, 처음에는 모양과 질량이 불규칙했던 은하들이 질서와 구조

▼ 은하의 진화
최초의 은하가 어떻게 형성됐는지 직접 관측할 수 없기 때문에, 천체 물리학자들은 이론을 세우고 컴퓨터 시뮬레이션으로 검증한다. 아래 이미지는 그중 하나를 갈무리한 사진이다.

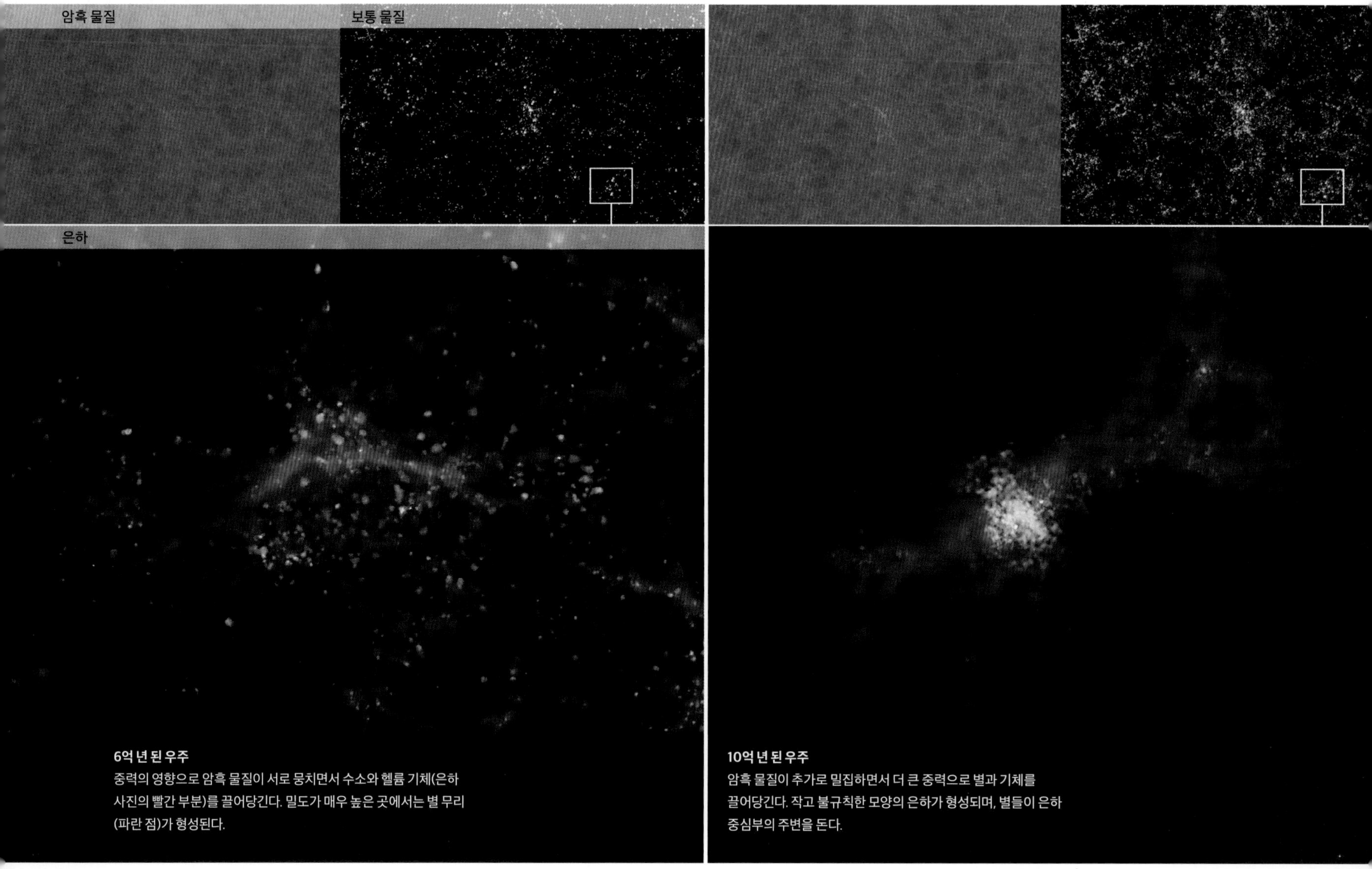

6억 년 된 우주
중력의 영향으로 암흑 물질이 서로 뭉치면서 수소와 헬륨 기체(은하 사진의 빨간 부분)를 끌어당긴다. 밀도가 매우 높은 곳에서는 별 무리(파란 점)가 형성된다.

10억 년 된 우주
암흑 물질이 추가로 밀집하면서 더 큰 중력으로 별과 기체를 끌어당긴다. 작고 불규칙한 모양의 은하가 형성되며, 별들이 은하 중심부의 주변을 돈다.

를 갖추기 시작했다. 많은 은하에 나선 팔과 회전 원반이 생기거나 달걀 모양의 타원 구조가 형성됐다. 그런 은하의 구조는 은하의 충돌과 병합을 거쳐 수백만~수십억 년 동안 생성과 소멸을 반복했다. 이 과정에서 새로운 에너지와 물질이 유입됐고, 별이 생성되거나 폭발하는 비율이 늘었다. 젊은 은하의 별들은 곧 강력한 초신성 폭발을 겪었다. 그 결과 다음 세대의 별과 행성의 씨앗이 될 원소들이 은하를 가득 채웠다.

초거대 질량 블랙홀

기체와 별은 대부분 은하 중심 궤도에서 움직였지만, 동시에 엄청난 양의 물질이 은하 중심으로 떨어졌다. 큰 은하들의 중심부에서 밀도가 매우 높아지면서 초거대 질량 블랙홀(47쪽 참조)이 형성됐다. 물질이 계속 유입돼 블랙홀은 점점 커졌다. 그 과정에서 마찰 때문에 블랙홀이 고온으로 가열돼, 고에너지(짧은 파장) 대역의 엑스선과 자외선, 가시광선이 엄청나게 방출됐다. 이처럼 활동적인 은하는 1950년대에 처음으로 관측됐다. 우주의 팽창으로 인해 파장이 짧은 복사도 파장이 긴 적외선 또는 전파의 형태로 지구에 도달했기 때문에, 초기의 전파 망원경으로도 이 은하들을 관측할 수 있었다. 우리 은하를 포함해 오늘날 우주에 존재하는 대부분의 큰 은하 중심에는 초거대 질량 블랙홀이 있다.

◀ 병합 은하
천문학자들은 병합하는 수많은 은하들을 관측한다. 사진은 '생쥐 은하(Mice Galaxies)'라고도 불리는 NGC4676이다. 서로 충돌 중인, 약 2억 9000만 광년 떨어져 있는 한 쌍의 은하다.

> 당신은 (시뮬레이션에서) 진짜처럼 보이는 **별들과 은하들**을 만들 수 있다. 하지만 **실제 우주를 지배하는 것은 암흑 물질**이다.

카를로스 프랭크 교수, 우주론 연구자, 1951년~

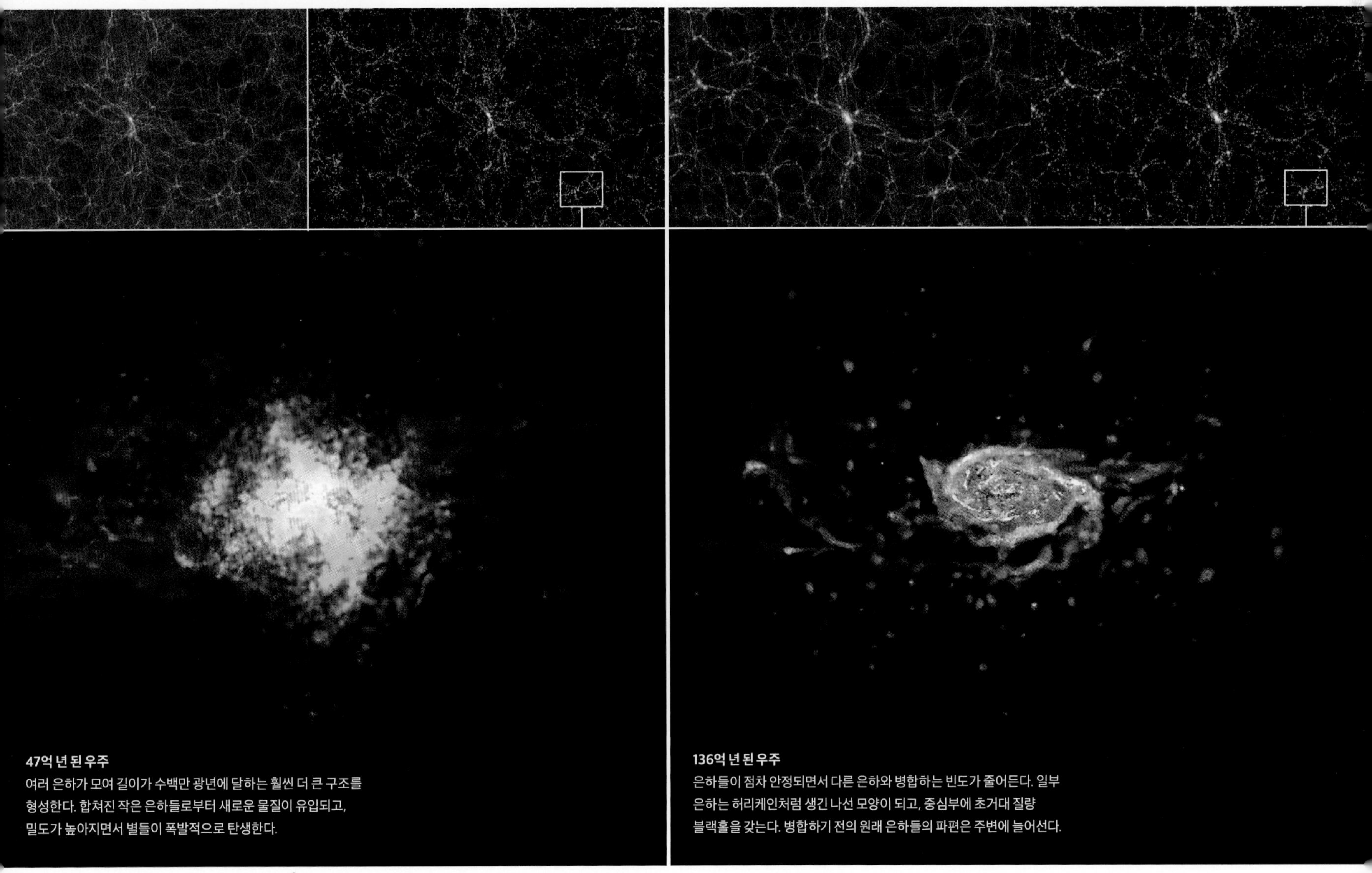

47억 년 된 우주
여러 은하가 모여 길이가 수백만 광년에 달하는 훨씬 더 큰 구조를 형성한다. 합쳐진 작은 은하들로부터 새로운 물질이 유입되고, 밀도가 높아지면서 별들이 폭발적으로 탄생한다.

136억 년 된 우주
은하들이 점차 안정되면서 다른 은하와 병합하는 빈도가 줄어든다. 일부 은하는 허리케인처럼 생긴 나선 모양이 되고, 중심부에 초거대 질량 블랙홀을 갖는다. 병합하기 전의 원래 은하들의 파편은 주변에 늘어선다.

허블 익스트림 딥 필드

허블 우주 망원경은 하늘의 일부 좁은 영역에 있는 수천 개의 은하로부터 오는 희미한 빛을 기록해 '익스트림 딥 필드'라는 이름의 사진을 완성했다. 역사상 가장 먼 우주를 촬영한 사진으로, 초기 우주의 별과 은하에 대한 가장 훌륭한 증거다.

먼 곳에 있는 천체의 빛은 이미 오래전에 천체를 떠났다. 따라서 우주를 들여다본다는 것은 시간을 돌려 과거를 본다는 뜻이다. 50억 년 전에 은하를 떠난 빛은 당시에는 매우 밝았지만 우리에게는 매우 희미하게 보인다. 이렇게 희미한 천체의 사진을 찍으려면 일반 사진을 찍을 때처럼 수백분의 1초가 아니라, 수백만 초 동안 카메라를 노출시켜야 한다.

1995년, 천문학자들은 미국 항공 우주국(NASA)의 허블 우주 망원경으로 하늘의 극히 좁은 일부분을 140시간 동안 촬영했다. 이렇게 얻은 사진 342장을 합성해 '허블 딥 필드(Hubble Deep Field)'라는 놀라운 사진 한 장을 완성했다. 그리고 2004년, NASA의 과학자들은 하늘의 또 다른 영역을 더 오랫동안 촬영해 훨씬 더 놀라운 '허블 울트라 딥 필드(Hubble Ultra Deep Field)'를 만들어 냈다. 이후 8년 동안 이 영역을 계속 관측했다. 2009년에는 허블 우주 망원경에 적외선 카메라를 추가했다. 적외선 영역으로 적색 이동(29쪽 참조)된 천체의 빛도 관측할 수 있게 됐다. 새로 얻은 사진을 울트라 딥 필드와 결합해 그 결과를 2012년에 '허블 익스트림 딥 필드(Hubble eXtreme Deep Field, XDF)'로 발표했다. XDF에 찍힌 은하 중 가장 먼 은하는 지구로부터 130억 광년 이상 떨어져 있다. 그 밝기는 맨눈으로 볼 수 있는 가장 희미한 밝기의 10억분의 1에 불과하다.

허블 XDF에는 은하의 병합(49쪽 참조)과 매우 큰 적색 이동, 중력 렌즈 효과(47쪽 참조)에 대한 증거가 포함돼 있다. 우주의 진화에 대한 가장 설득력 있는 이론을 뒷받침하는 중요한 증거다.

비교적 가까운 은하들은 붉은색으로 보인다. 은하를 구성하는 별들의 수소 연료가 거의 바닥났기 때문이다.

앞쪽에 있는 이 별들은 우리 은하 안에 있다.

'UDFj-39546284'라는 이 희미한 은하는 지구에서 134억 광년 떨어져 있다.

앞쪽에 보이는, 비교적 가까운 이 천체는 우리 은하와 같은 나선 은하다.

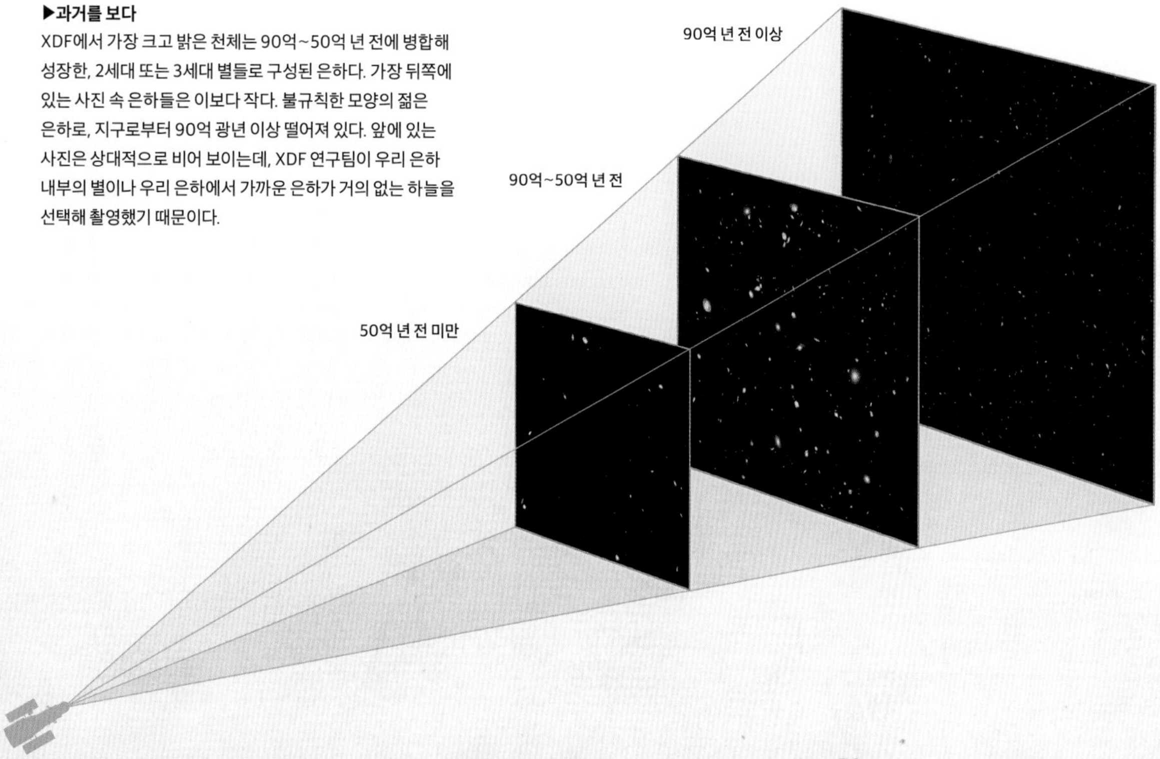

▶과거를 보다
XDF에서 가장 크고 밝은 천체는 90억~50억 년 전에 병합해 성장한, 2세대 또는 3세대 별들로 구성된 은하다. 가장 뒤쪽에 있는 사진 속 은하들은 이보다 작다. 불규칙한 모양의 젊은 은하로, 지구로부터 90억 광년 이상 떨어져 있다. 앞에 있는 사진은 상대적으로 비어 보이는데, XDF 연구팀이 우리 은하 내부의 별이나 우리 은하에서 가까운 은하가 거의 없는 하늘을 선택해 촬영했기 때문이다.

작고 오래된 은하들이
최근 병합해서 생긴
은하다.
먼 은하들은 빛의 적색 이동
때문에 붉게 보인다.

촬영 영역

허블 익스트림 딥 필드에 담은 영역이 사진 속 보름달 옆에 표시돼 있다. 전체 하늘의 2000만분의 1보다 작다. 실제 크기로 보려면 이 페이지를 약 300미터 떨어져서 봐야 한다. 이처럼 작은 영역 안에서 7,000개 이상의 은하들을 볼 수 있다는 점이 놀랍다. 또한, 사진 속 각각의 작은 점들에는 수백만에서 수십억에 달하는 별들이 모여 있다.

크기 비교를 위해 달과 함께 나타낸 XDF의 촬영 영역

초기 은하

XDF를 통해 천문학자들은 우주 초기 수억 년 동안 존재했던, 비교적 작고 불규칙한 모양의 초기 은하에 대해 많은 것을 알게 됐다. 대부분의 은하는 충돌과 병합 과정을 거쳐 회전하는 나선 모양의 은하가 됐다. XDF에 포착된 빛이 우주 초기의 젊은 은하를 떠날 당시에는, 우주가 지금보다 작았다. 우주가 팽창하면서 이 빛의 스펙트럼은 빨간 파장 대역 혹은 그 너머의 대역으로 치우쳤다(적색 이동). 이 때문에 XDF에 찍힌 먼 은하들이 붉게 보인다.

큰 적색 이동을 보이는 병합 은하의 확대 사진

3

문턱

원소가 **만들어지다**

우리는 모두 죽은 별에서 탄생했다. 지금의 세계를 만든 모든 물질들은 죽은 별에서 유래했다. 별은 내부의 연료를 사용하면서 나이를 먹다가 결국에는 엄청난 에너지의 폭발과 함께 사라졌다. 하지만 죽은 별에서 새로운 물질이 탄생했다. 그리고 이 물질들이 우주로 흩어져서 뭔가 새로운 것들을 만들어 내기 시작했다.

생명 거주 가능 조건

최초의 별이 형성된 것은 엄청난 결과를 낳았다. 별은 우주를 밝혔을 뿐만 아니라 우주의 모든 생명과 물질을 구성하는 화학 원소들을 생산하는 일종의 공장으로 기능했다.

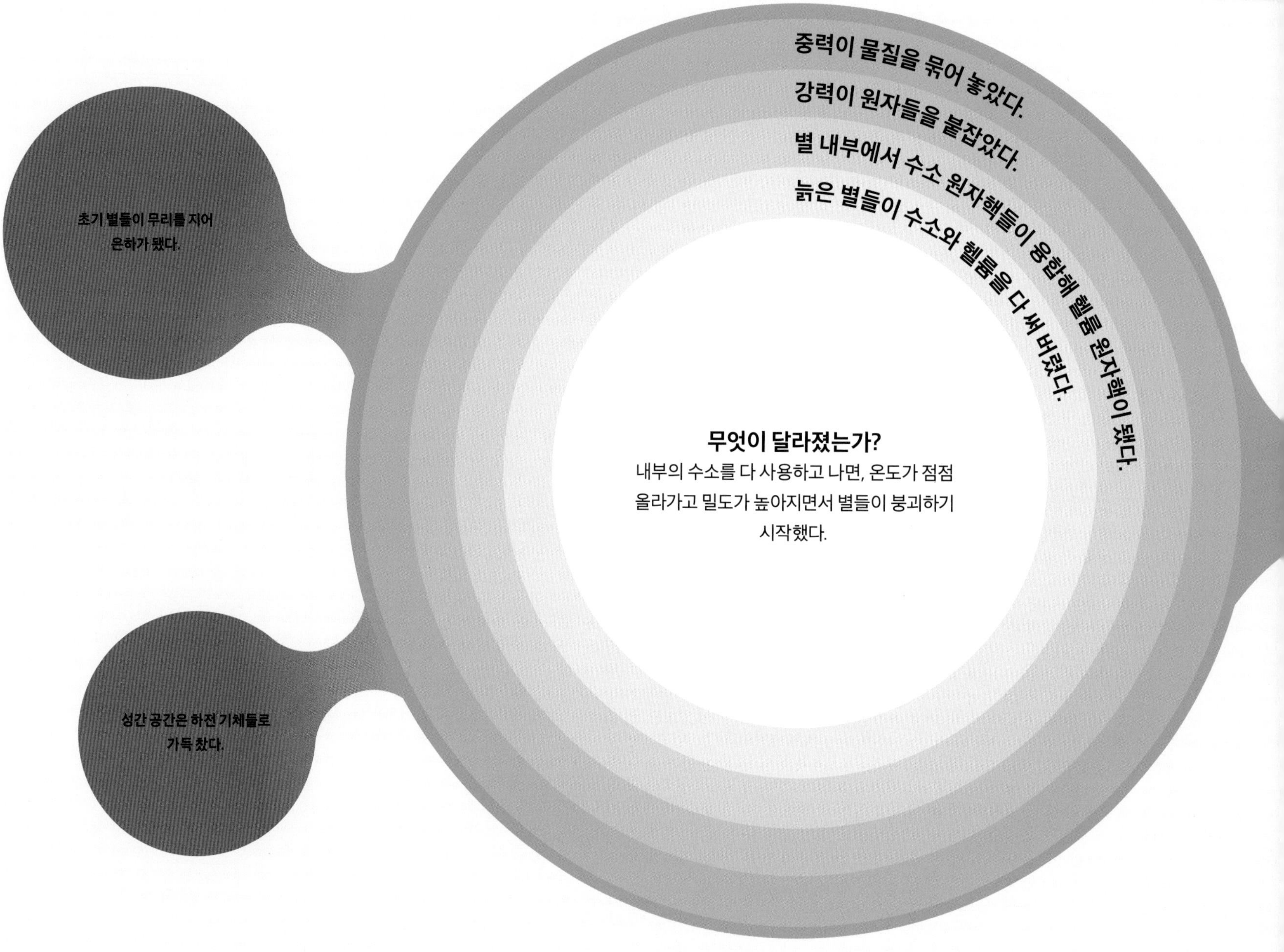

중력이 물질을 묶어 놓았다.
강력이 원자들을 붙잡았다.
별 내부에서 수소 원자핵들이 융합해 헬륨 원자핵이 됐다.
늙은 별들이 수소와 헬륨을 다 써 버렸다.
초기 별들이 무리를 지어 은하가 됐다.
성간 공간은 하전 기체들로 가득 찼다.
무엇이 달라졌는가?
내부의 수소를 다 사용하고 나면, 온도가 점점 올라가고 밀도가 높아지면서 별들이 붕괴하기 시작했다.

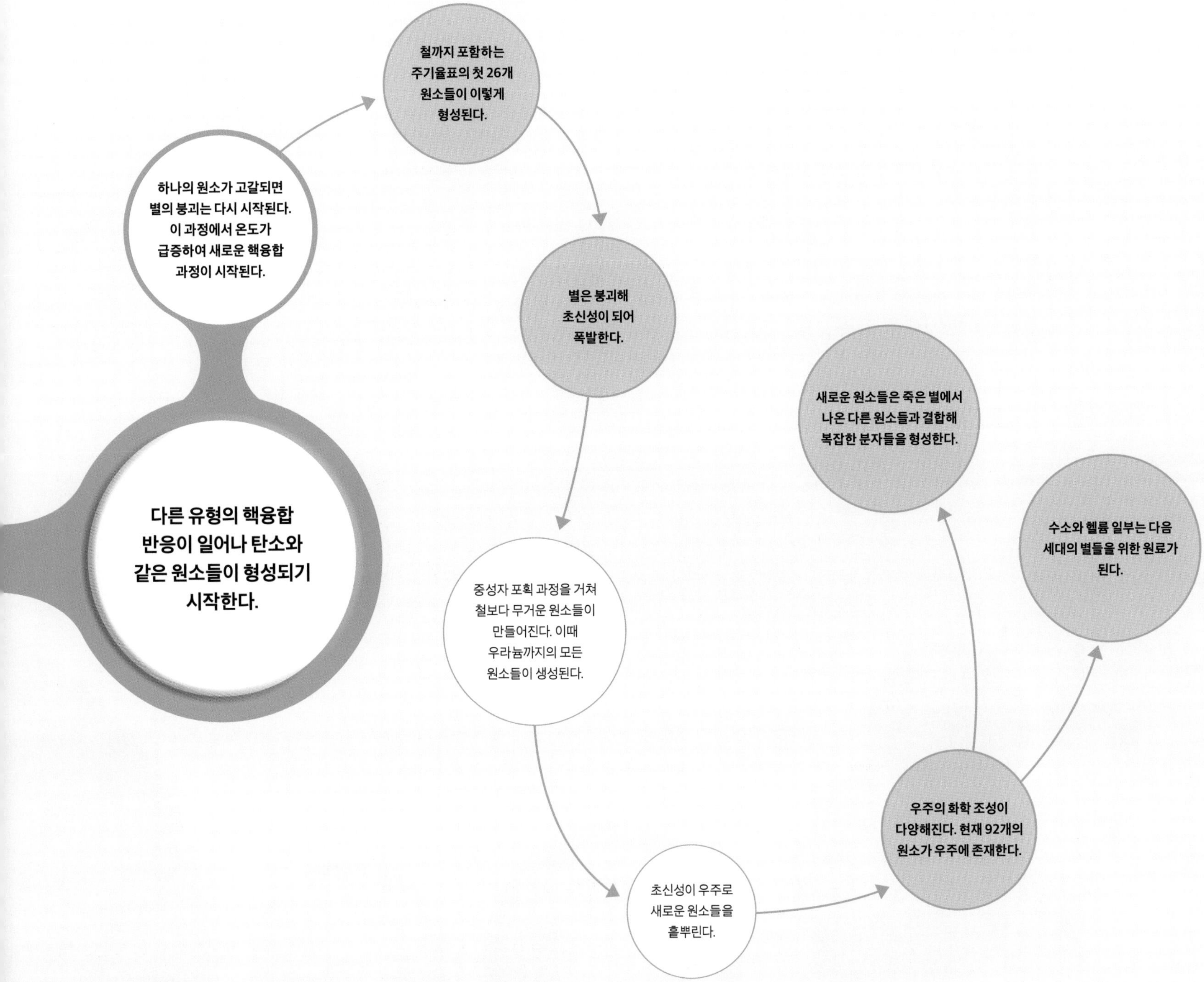
다른 유형의 핵융합 반응이 일어나 탄소와 같은 원소들이 형성되기 시작한다.
하나의 원소가 고갈되면 별의 붕괴는 다시 시작된다. 이 과정에서 온도가 급증하여 새로운 핵융합 과정이 시작된다.
철까지 포함하는 주기율표의 첫 26개 원소들이 이렇게 형성된다.
별은 붕괴해 초신성이 되어 폭발한다.
중성자 포획 과정을 거쳐 철보다 무거운 원소들이 만들어진다. 이때 우라늄까지의 모든 원소들이 생성된다.
초신성이 우주로 새로운 원소들을 흩뿌린다.
우주의 화학 조성이 다양해진다. 현재 92개의 원소가 우주에 존재한다.
새로운 원소들은 죽은 별에서 나온 다른 원소들과 결합해 복잡한 분자들을 형성한다.
수소와 헬륨 일부는 다음 세대의 별들을 위한 원료가 된다.

별의 생애 주기

인간과 마찬가지로 별도 태어나고 자라고 죽는다. 별이 죽음을 맞이하는 방식은 그 질량에 달려 있다. 질량이 큰 무거운 별들은 초신성으로 폭발한다. 이런 폭발은 새로운 별이 될 준비를 마친 무거운 원소들을 우주에 끊임없이 공급한다.

별의 생애 주기는 지구 생명체 출현에 결정적인 역할을 했다. 별 내부에는 인간의 뼈에 있는 칼슘과 혈액에 있는 철을 포함한 필수 성분들이 포함돼 있는데, 초신성만이 이 원소들을 멀리 그리고 넓게 퍼뜨릴 수 있기 때문이다.

별의 크기는 다양하다. 천문학자들은 별의 크기에 따라 일곱 개의 유형으로 분류했다. 각 유형에는 큰 것에서 작은 것 순서로 O, B, A, F, G, K, M이라는 알파벳이 붙었다. 태양은 G형 별로, 이보다 큰 별도, 작은 별도 있다. 왜성으로 알려진 작은 별들이 가장 흔하다. 예를 들어 M형 별은 전체 별의 75퍼센트 이상을 차지한다. 반면 O형 별들은 0.00003퍼센트에 불과하다.

별의 크기는 별의 수명도 결정한다. 별이 클수록 핵 물질을 더 빨리 소비한다. O형 별은 대부분 수백만 년 만에 생을 마감한다. 반면 가장 작은 별들은 수조 년 동안 살아남는다.

초거성의 부피는 **태양**의 **80억 배**다.

생의 단계

별의 삶은 성간 먼지의 구름에서 형성된 원시별(protostar)로부터 시작된다(44~45쪽 참조). 별의 중심에서 일어나는 핵융합 과정은 중력 붕괴를 막는다. 별의 생애 내내 이 균형이 유지되다가 핵융합이 결국 끝나면 상황은 바뀐다. 천문학자들은 지속적으로 수소 핵융합 반응을 일으키는 별을 주계열별(main sequence star)이라고 이름 붙였다. 일단 핵융합이 멈추면 별은 주계열 단계를 벗어나 진화한다.

가장 작은 별을 제외한 모든 별들은 중앙이 수축하고 온도가 섭씨 1억 도 가까이 올라간다. 헬륨이 융합해 탄소가 되는 데 충분히 높은 온도다. 여기서 발생하는 에너지는 균형을 무너뜨리고, 별은 팽창한다. 그러고 나면 별은 그 크기에 따라 중심부에 백색 왜성(white dwarf)이 있는 행성상 성운(planetary nebular)이 되거나, 초신성이 돼 폭발한 후 그 자리에 중성자별(neutron star) 혹은 블랙홀을 남긴다.

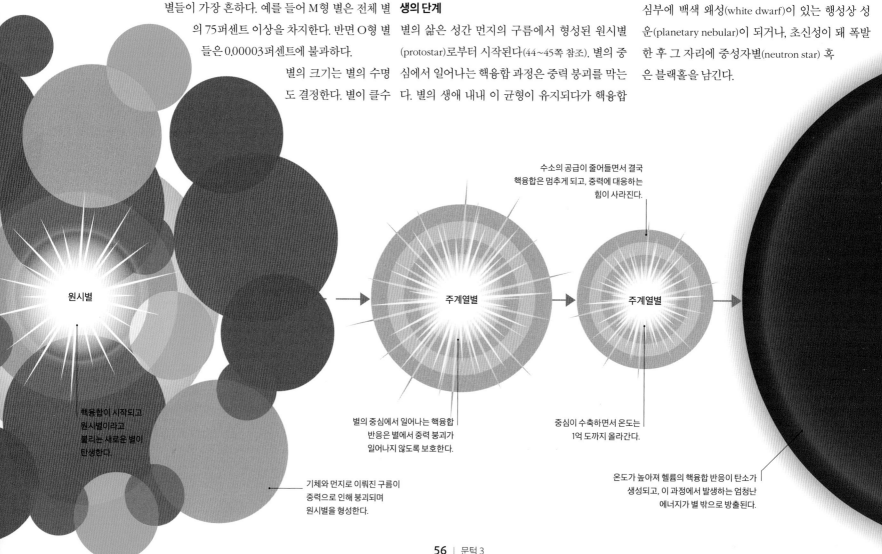

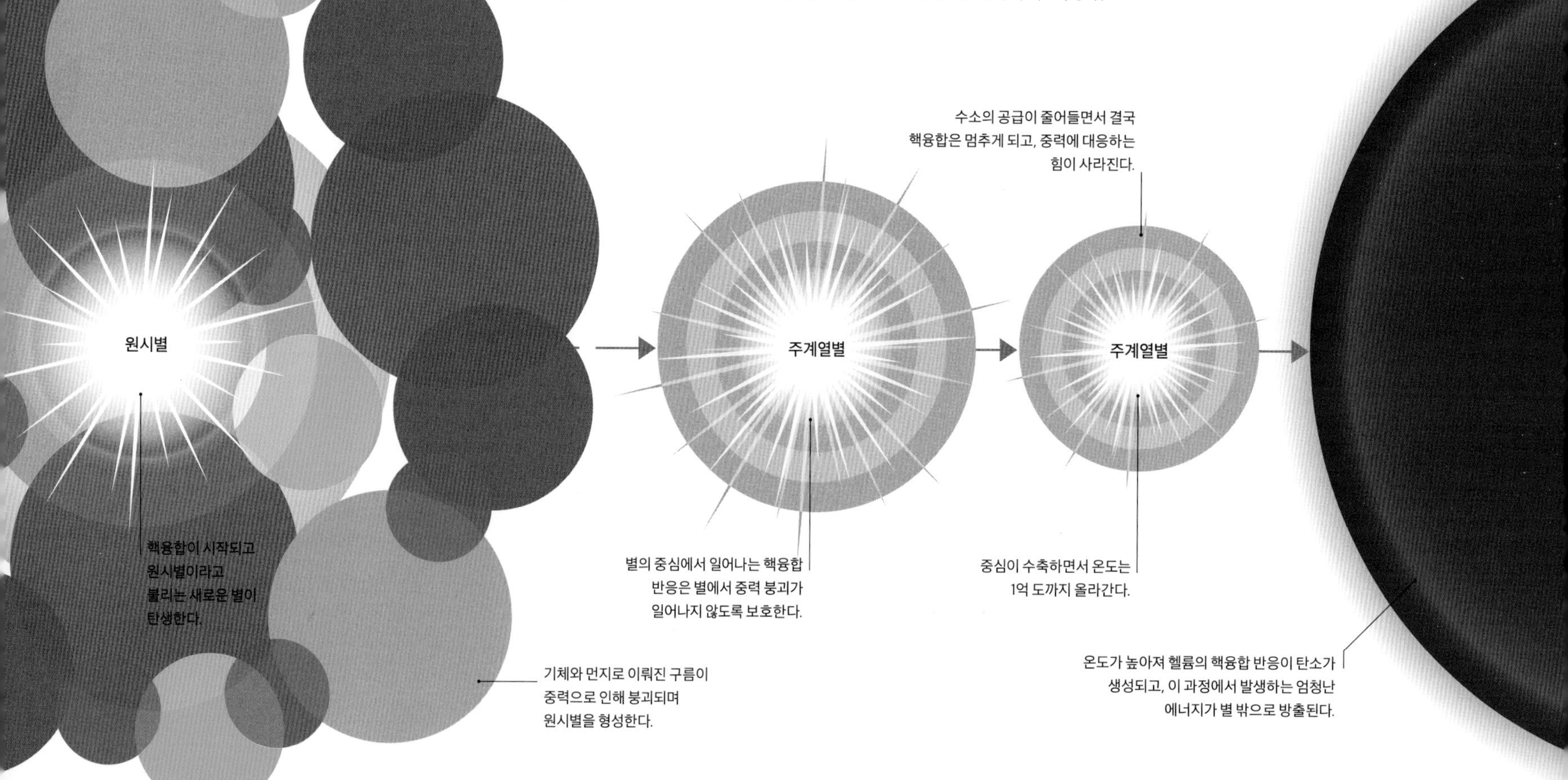

원시별
핵융합이 시작되고 원시별이라고 불리는 새로운 별이 탄생한다.
기체와 먼지로 이뤄진 구름이 중력으로 인해 붕괴되며 원시별을 형성한다.
주계열별
별의 중심에서 일어나는 핵융합 반응은 별에서 중력 붕괴가 일어나지 않도록 보호한다.
수소의 공급이 줄어들면서 결국 핵융합은 멈추게 되고, 중력에 대응하는 힘이 사라진다.
주계열별
중심이 수축하면서 온도는 1억 도까지 올라간다.
온도가 높아져 헬륨의 핵융합 반응이 탄소가 생성되고, 이 과정에서 발생하는 엄청난 에너지가 별 밖으로 방출된다.

▼ 태양형 별
태양과 유사한 별들은 일반적으로 100억 년 정도를 산다. 적색 거성(red giant) 단계를 지나고 나면, 보통은 초신성으로 폭발하지 않고 행성상 성운을 만든다.

90억 년 전 | 거대한 은하단 생성

60억 년 전 | 우주 팽창 가속화

46억 년 전 | 태양계 형성

▶ 가벼운 별

작은 별들의 내부에서는 물질이 이동할 수 있다. 별의 바깥층에서 별의 중심으로 수소가 보충되기 때문에, 헬륨 핵융합이 일어날 정도로 별이 수축하지 않는다.

태양 질량의 4분의 1도 되지 않는 별들은 적색 거성이 되지 못한다.
수소 핵융합은 수조 년간 계속 일어날 수 있다.
연료가 떨어진 별은 결국 백색 왜성이 된다.
원시별
주계열별
적색 왜성
백색 왜성

▶ 무거운 별

무거운 별의 진화는 초기에 태양과 같은 별들의 진화와 유사하다. 하지만 이들은 적색 거성 대신에 초거성(supergiant)을 거쳐 결국 초신성이 된다. 별의 운명은 질량에 달려 있다.

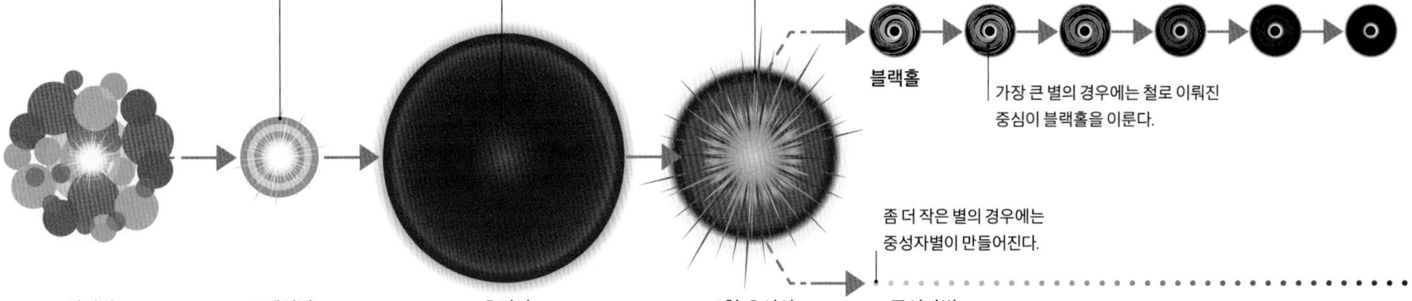

이런 뜨거운 푸른색 별들은 원료 물질을 빠르게 써 버린다.
무거운 원소들 사이에 핵융합이 일어나 결국 철로 이뤄진 중심이 만들어진다.
별이 붕괴하고 폭발하면서 내부 물질들이 밖으로 튀어 나온다.
블랙홀
가장 큰 별의 경우에는 철로 이뤄진 중심이 블랙홀을 이룬다.
좀 더 작은 별의 경우에는 중성자별이 만들어진다.
원시별
주계열별
초거성
2형 초신성
중성자별

> 별들은 **태어나서** 수십억 년을 **살다가 죽는다**. 가끔 그 죽음은 매우 장엄하다.

칼 세이건, 미국의 천문학자, 1934~1996년

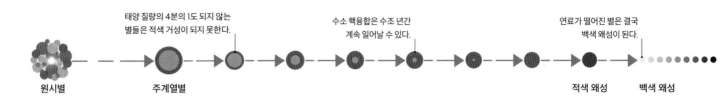

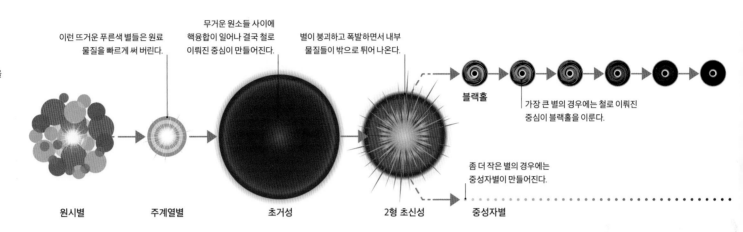

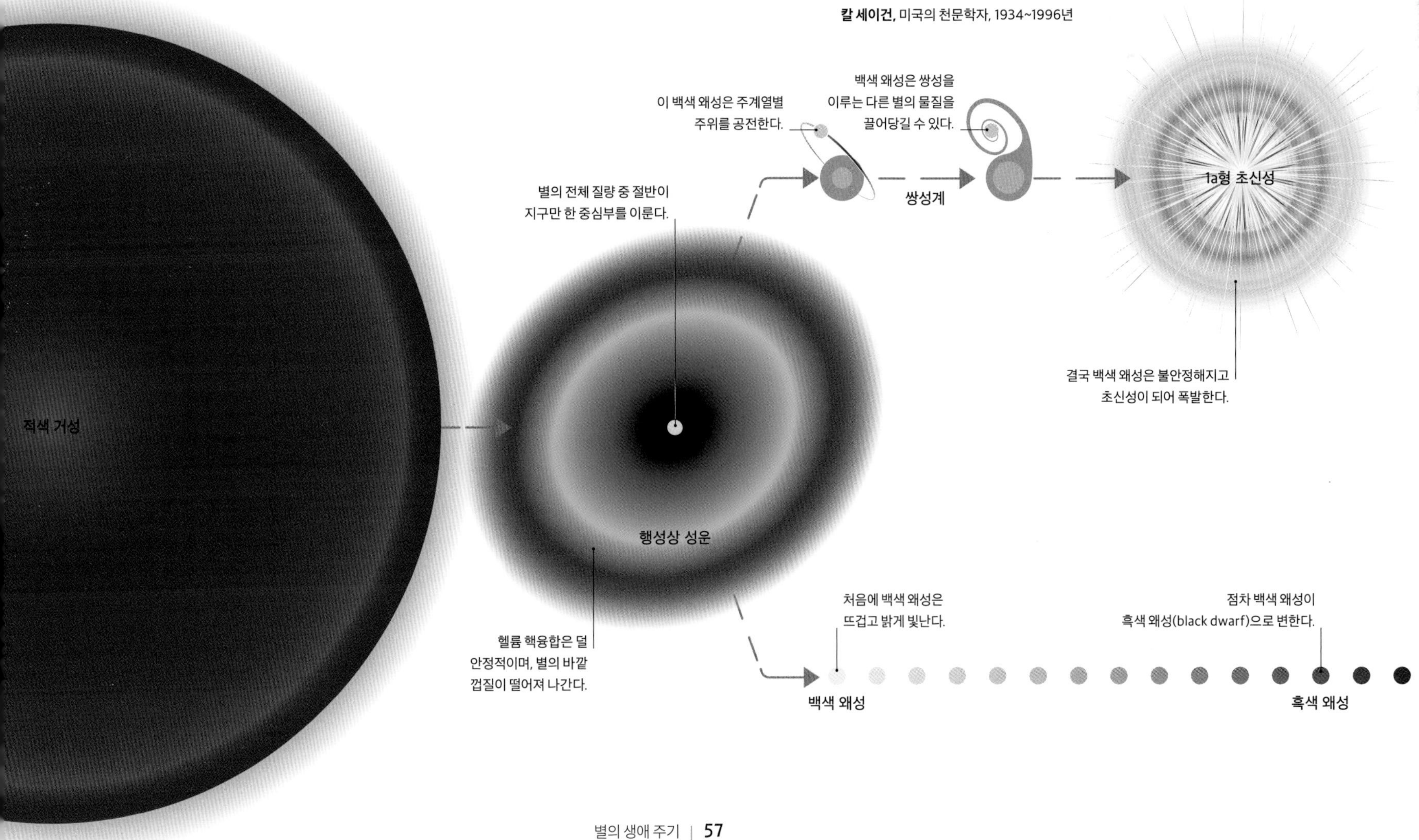

이 백색 왜성은 주계열별 주위를 공전한다.
백색 왜성은 쌍성을 이루는 다른 별의 물질을 끌어당길 수 있다.
쌍성계
1a형 초신성
별의 전체 질량 중 절반이 지구만 한 중심부를 이룬다.
결국 백색 왜성은 불안정해지고 초신성이 되어 폭발한다.
적색 거성
행성상 성운
헬륨 핵융합은 덜 안정적이며, 별의 바깥 껍질이 떨어져 나간다.
처음에 백색 왜성은 뜨겁고 밝게 빛난다.
점차 백색 왜성이 흑색 왜성(black dwarf)으로 변한다.
백색 왜성
흑색 왜성

별에서 새로운 원소가 생성되다

최초의 별이 빛을 내기 전에 우주는 수소, 헬륨, 그리고 대폭발이 일어난 뒤 남은 에너지로 이뤄진 바다였다. 오늘날 우주에 다양한 화학 물질이 존재하는 것은 실제로 거대한 원소 공장의 역할을 하고 있는 별들 덕분이다. 별 안에서 원시 물질들이 더 복잡한 물질이 되고, 별이 죽으면서 이 물질들이 바깥으로 흩뿌려진다.

별의 내부는 온도가 높기 때문에 전자가 원자핵으로부터 자유롭게 떨어질 수 있다. 수소의 경우 양성자들(그리고 전자들)이 홀로 별 안을 돌아다닌다. 이 상태의 물질을 플라스마라고 한다. 서로 같은 전하를 가지고 있기 때문에 양성자들은 마치 같은 극의 자석을 댄 것처럼 서로를 밀어낸다.

별 안의 새로운 원소

하지만 별의 중심부는 양성자들을 가까이 모이게 할 만큼 높은 온도와 압력을 가지고 있다. 핵융합이라 부르는 이 과정은 에너지를 방출하며 별에 동력을 제공한다. 또한 이 과정에서 발생하는 팽창 압력이 안쪽으로 끌어당기는 중력에 대항한다.

가장 간단한 융합 메커니즘은 양성자-양성자(proton-proton, pp) 사슬이다. 융합된 양성자들 중 하나가 중성자로 바뀌면서 양성자-중성자 쌍, 즉 중양자(deuteron)가 생긴다. 여기에 또 다른 양성자가 충돌하며 헬륨 3 원자핵이 만들어진다. 헬륨 3 원자핵 두 개가 충돌하면 헬륨 4 원자핵 하나와 두 개의 양성자가 만들어진다. 두 개의 양성자는 이 전체 과정을 다시 시작할 수 있다. 독일 출신의 미국 물리학자 한스 베테(Hans Bethe)는 이 과정을 밝혀 1967년에 노벨 물리학상을 받았다. 결정적으로 pp 사슬이 만들어 낸 총 질량은 이 과정에 들어가는 재료들의 총 질량보다 적다. 예컨대 태양에서는 6억 2000만 톤의 수소(양성자들)가 매초 6억 1600만 톤의 헬륨으로 바뀐다. 사라진 400만 톤의 질량은 아인슈타인의 유명한 수식인 $E=mc^2$의 공식에 따라 에너지로 변한다.

결국 별의 중심부에 있는 수소는 고갈되고 중력은 중앙으로 모인다. 그 결과 높아진 온도는 헬륨 4 원자핵(알파 입자)을 사용하는 '삼중 알파 반응(triple alpha process)'이라는 새로운 핵융합 메커니즘을 일으킨다. 두 개의 헬륨 4 원자핵이 융합해 베릴륨을 만들고, 여기에 헬륨 4 원자핵이 하나 더 융합하면서 탄소가 된다. 태양과 같은 작은 별에서의 원자 생성 과정은 여기서 끝난다.

하지만 더 큰 별에서는 더 다양한 화학 원소를 만들 수 있다. 하나의 핵융합 과정이 끝나면, 중심부가 수축하고 온도가 상승하면서 또 다른 핵융합 과정이 시작된다. 탄소가 헬륨과 융합하면 산소를 만들고, 산소가 헬륨과 융합하면 네온을 만든다. 이와 비슷한 과정을 거쳐 마그네슘도 생성된다. 이처럼 큰 별에서는 다양한 반응이 일어날 수 있다(가능한 반응의 범위가 넓다.). 결국 탄소와 산소가 융합해 규소가 생성된다.

이 반응이 일어날 때 별의 중심 온도는 섭씨 30억 도까지 상승한다. 이 온도에서는 두 개의 규소 원자핵이 만나 철을 만들 수 있다. 이렇게 만들어진 다량의 원소들은 마치 양파 껍질처럼 별 내부에 껍질을 만들고, 그 중앙에는 철이 존재하게 된다. 하지만 철은 모든 원소들 중 가장 안정한 원소이기 때문에, 다른 원소와 융합하지 않고 핵융

> 결국 나는 **탄소**에 도달했다. 그리고 탄소에 이르는 모든 반응은 당신도 알다시피 **너무나 아름다웠다**.
>
> **한스 베테**, 독일 출신의 미국 물리학자, 1906~2005년

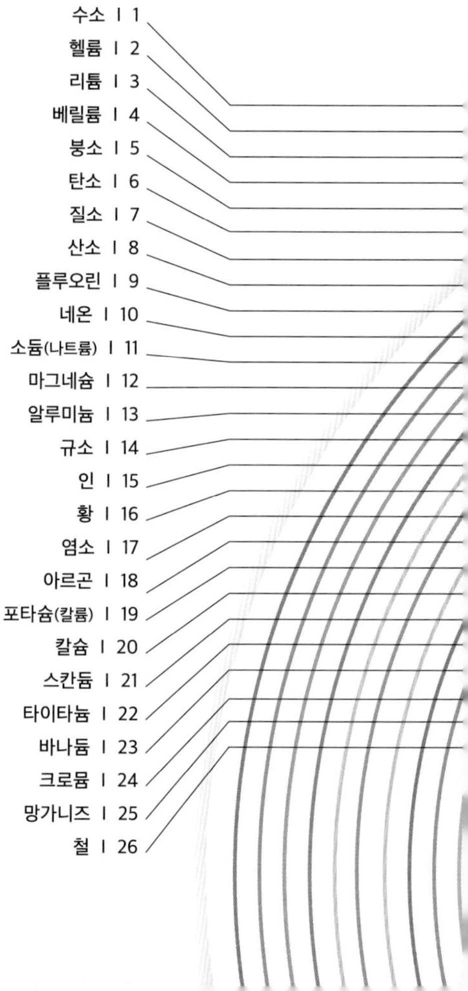

▼ 삼중 알파 반응
두 개의 헬륨 4 원자핵이 융합해 베릴륨 8 원자핵을 만든다. 베릴륨 8 원자핵에 헬륨 4 원자핵이 하나 더 융합하면 탄소 12 원자핵이 된다. 헬륨 4 원자핵은 알파 입자라고도 불리며, 이 과정은 삼중 알파 반응으로 알려져 있다.

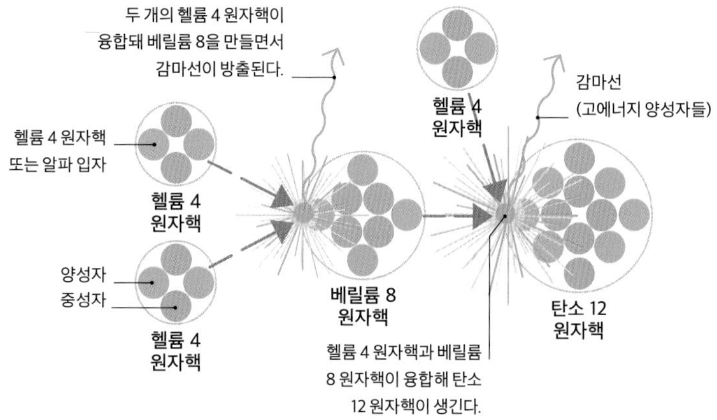

합 반응은 중단된다. 더 무거운 원소를 만들수록 핵융합 속도는 점점 빨라진다. 별이 수소를 다 소진하는 데는 수백만 년이 걸리지만, 규소 원자핵이 융합해 철을 만드는 데는 단 하루면 충분하다.

초신성 안의 새로운 원소

철보다 무거운 원소들은 거대한 별이 초신성으로 폭발할 때만 생성된다. 무거운 원소들은 느린 중성자 포획 과정을 통해 형성된다. 이 과정을 '느리다(slow)'의 앞글자를 따서 'S 과정'이라고 하는데, 보통 수백 년이 걸린다. 이 과정은 별 내부에서 시작되는데, 초신성으로 변하기 전 별 내부의 상호작용은 매우 느리다. 탄소를 산소로, 네온을 마그네슘으로 더 일찍 변환하면, 더 많은 중성자가 만들어진다.

중성자와 기존의 원자핵이 결합하면 무거운 원소가 만들어진다. 하지만 비스무트보다 무거운 원소를 만들 수는 없다. 비스무트가 중성자와 결합하기 전에 폴로늄으로 붕괴하기 때문이다.

훨씬 더 빠른 중성자 포획 과정은 'R 과정'이라고 한다('빠르다(rapid)'의 앞글자를 땄다.). R 과정은 초신성이 극한 상황(온도와 중성자 밀도가 극도로 높은 상황 — 옮긴이)일 때만 일어난다. 초신성이 폭발하는 동안 중성자의 밀도가 매우 높아져, 몇 초 안에 새로운 물질이 만들어진다. R 과정에서 원자핵의 일부가 붕괴돼 중성자 포획 과정으로는 만들어지지 않는 새로운 물질이 생성된다.

복잡한 화학 반응

초신성에서 만들어진 다양한 물질은 넓은 우주로 퍼져 나간다. 이 물질들은 성간 물질, 죽은 별의 잔해와 섞여 거대한 분자 구름을 형성한다. 분자 구름은 결국 붕괴돼 새로운 별을 만든다. 개별 원자는 구름 속 다른 원자들과 결합해 복잡한 분자가 된다. 이렇게 만들어진 분자 중 일부는 생명체가 탄생하는 데 아주 필수적인 물질이다. 천문학자들과 천체 화학자들은 이미 그 증거를 찾았다. 우리 은하 중심부와 오리온 성운 근처의 먼지 구름에서 가장 간단한 구조의 아미노산인 글리신(glycine)을 발견했다. 아미노산은 생명체를 구성하는 기본 단위로, 태양이 빛을 내기 훨씬 전에 만들어졌을 가능성도 있다.

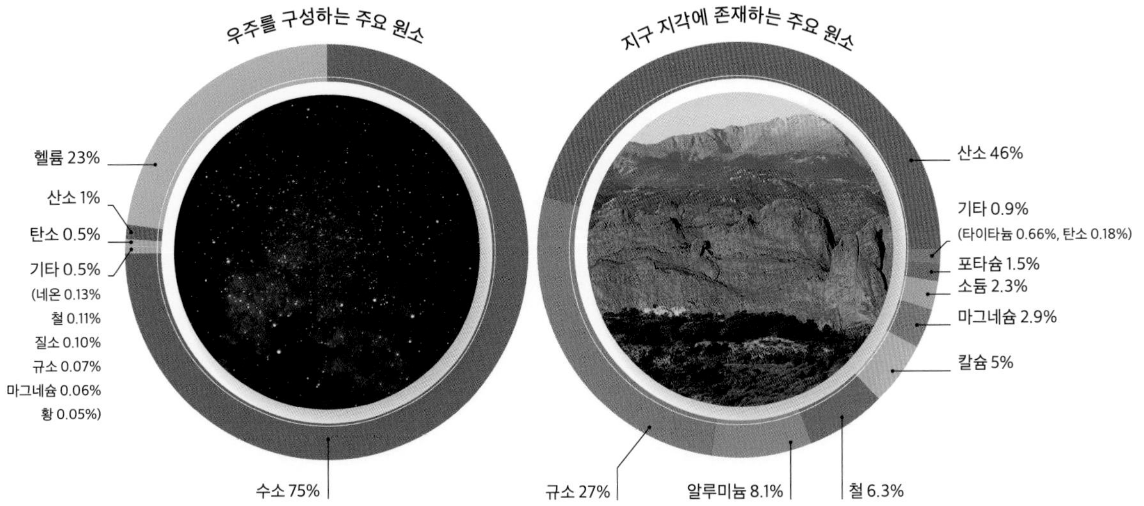

▲ 원소의 분포
지구에서 발견되는 원소의 종류와 분포는 우주와 많이 다르다. 가장 가벼운 원소인 수소와 헬륨은 젊은 태양 때문에 지구 궤도에서 방출됐다. 지구 지각에서 가장 풍부하게 존재하는 원소인 산소는 생명체가 이산화탄소를 당으로 바꾸는 광합성 과정에서 발생했다.

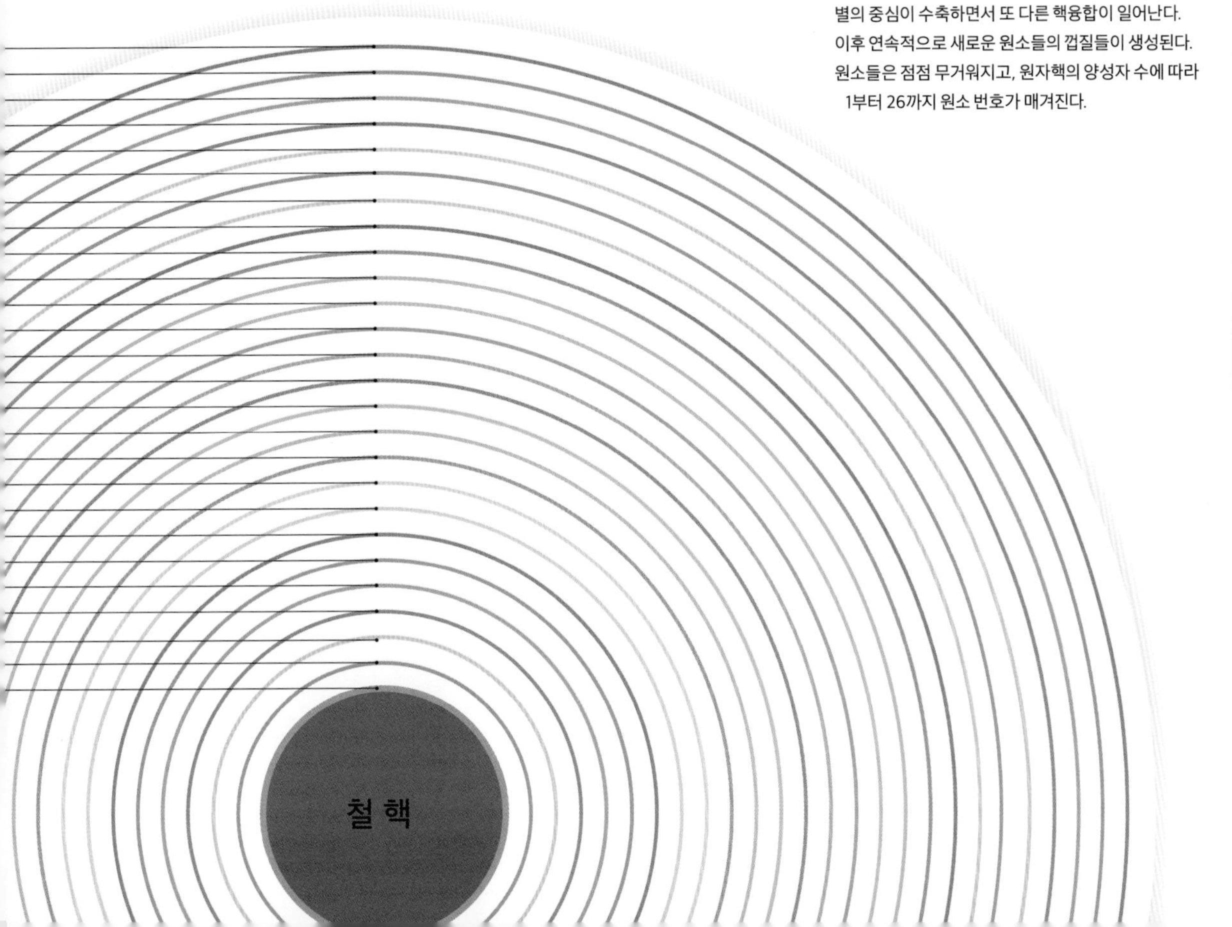

◀ 죽어 가는 별에서 탄생하는 원소
핵융합 물질 중 하나가 고갈되고 나면 중력 때문에 별의 중심이 수축하면서 또 다른 핵융합이 일어난다. 이후 연속적으로 새로운 원소들의 껍질들이 생성된다. 원소들은 점점 무거워지고, 원자핵의 양성자 수에 따라 1부터 26까지 원소 번호가 매겨진다.

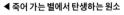

▲ 생명의 기원
생명을 이루는 기본적인 단위는 우리 태양계에서 가장 가까운 별 형성 지역인 오리온 성운에서 발견됐다. 아미노산은 단백질을 만들고, DNA의 핵심 구성 요소가 된다.

거대한 별이 폭발할 때

오늘날 우리는 초신성이 우주에 철보다 무거운 원소들을 퍼뜨린 것을 알고 있다. 하지만 초신성 폭발을 탐구한 역사는 우리가 천문학적으로 이해하기 시작한 시기보다 훨씬 이전으로 거슬러 올라간다. 우리는 약 2,000년 동안 초신성을 관찰하고 기록했다.

초신성에 대한 최초의 기록은 185년 중국의 천문학자가 남겼다. 그는 하늘에서 갑자기 나타난 밝은 빛이 8개월간 지속됐다고 적었다. 393년에는 이와 비슷한 현상이 중국에서만 20번 관찰됐지만, 그들이 모두 초신성이었는지 지금으로서는 확신할 수 없다.

초거성이 초신성으로 폭발하기 직전의 온도는 **약 섭씨 1000억 도**이다.

망원경 이전 시대에 가장 유명한 초신성 폭발은 1054년에 관측된 것으로, 중국뿐만 아니라 일본과 중동 지역에서 관측됐다. 이 초신성 폭발은 거의 한 달간 낮에도 관측될 만큼 밝은 빛을 내뿜으며, 2년간 밤하늘을 빛냈다. 이 폭발의 잔여물은 현재 황소자리에 있는 게 성운이 됐다.

▼ 차코 협곡
멕시코 북부에서 발견된 이 동굴 벽화에는 커다란 별과 초승달, 그리고 손바닥이 그려져 있다. 고대의 아나사지(Anasazi) 족 사람들이 1054년의 초신성을 기록한 것으로 추정된다.

망원경의 시대

1054년 폭발의 뒤를 이은 것은 무려 6세기가 지난 1572년과 1604년의 초신성이었다. 망원경 이전 시대가 끝나가던 때였다. 1572년의 튀코 초신성(Tycho's supernova)이 우리 은하에서 마지막으로 관측된 폭발이었다.

그 후 1987년, 우리 은하의 위성 은하인 대마젤란 은하에서 거대한 폭발이 일어났다. 천문학자들은 망원경을 이용해 폭발을 관찰할 수 있었고, 가장 먼 행성을 향해 항해하던 보이저(Voyager) 탐사선은 폭발을 가까이에서 관측하기 위해 마젤란 은하 방향으로 다가갔다. 이때 관측된 초신성 SN1987A는 천문학자들에게 놀라움을 안겨 줬다. 당대 최고의 이론조차 초신성 폭발을 제대로 설명하지 못했기 때문이다. 결국 SN1987A는 자신의 이론을 검증하고자 하는 천문학자들에게 훌륭한 증거가 됐다. 실제로 SN1987A는 초신성이 처음 폭발한 이후 지속적으로 빛을 내는 것은 코발트 원자의 방사성 붕괴 때문이라는 이론을 뒷받침해 줬다. 하지만 아직 풀리지 않은 미스터리도 있다. 예를 들어 천문학자들은 여전히 죽은 별의 중심에서 형성돼야만 하는 중성자별을 찾지 못했다.

1054년 초신성과 SN1987A는 모두 무거운 별의 급격한 붕괴로 형성된 '2형 초신성(Type II supernova)'이다. 최근 몇 년간 천문학자들은 더 가벼운 별들에서 형성된 '1a형 초신성(Type 1a supernova)'도 가려낼 수 있게 됐다. 여기에는 바람개비 은하(Pinwheel Galaxy)의 SN2011fe와 여송연 은하(Cigar Galaxy, 시가 은하) 가까이에 있는 SN2014J가 포함된다.

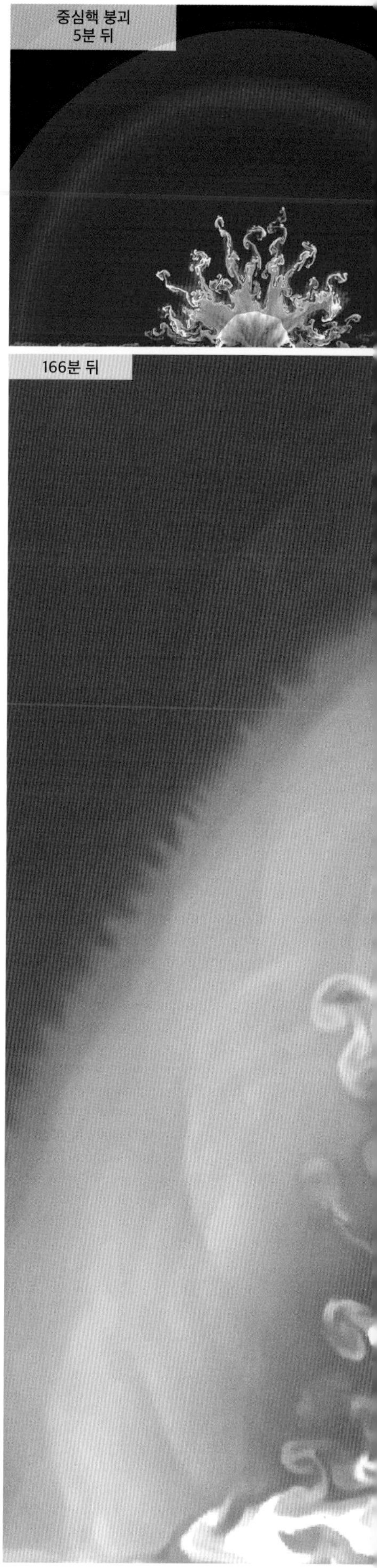

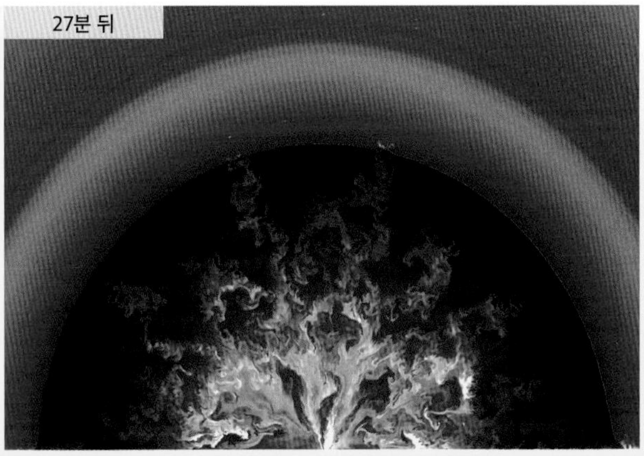

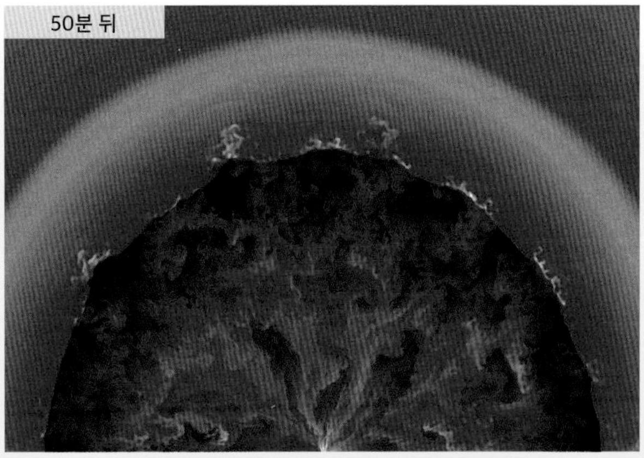

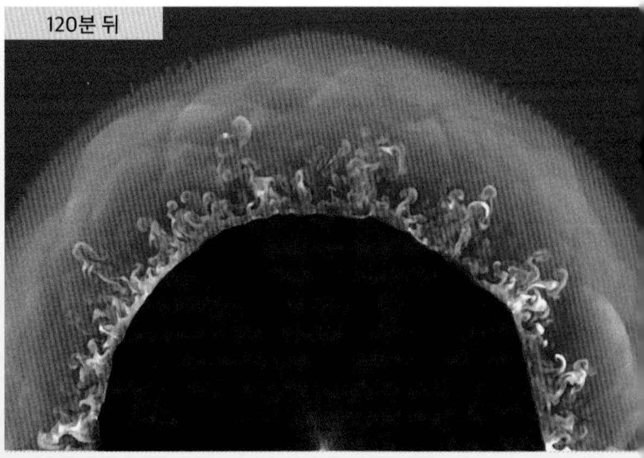

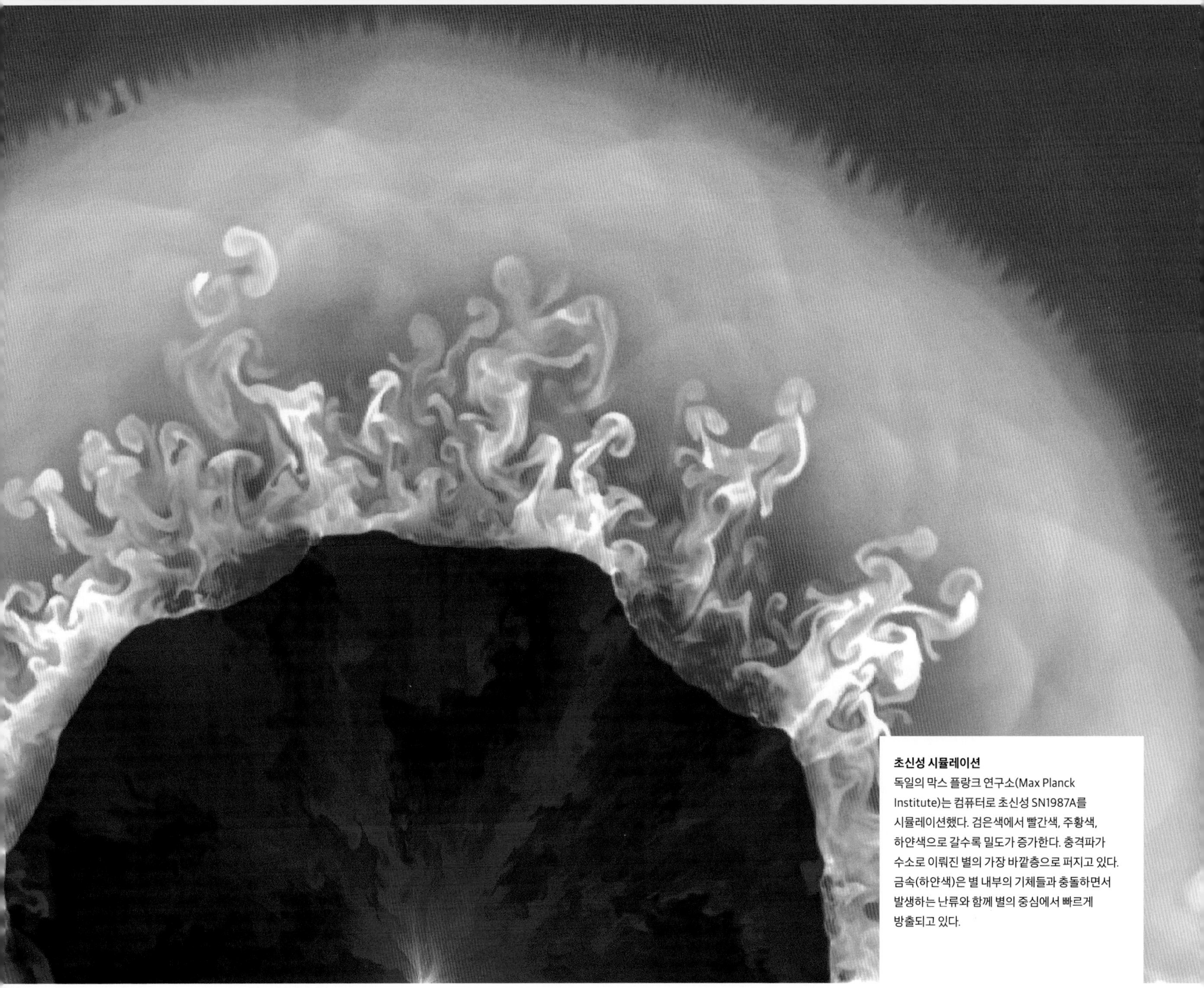

초신성 시뮬레이션
독일의 막스 플랑크 연구소(Max Planck Institute)는 컴퓨터로 초신성 SN1987A를 시뮬레이션했다. 검은색에서 빨간색, 주황색, 하얀색으로 갈수록 밀도가 증가한다. 충격파가 수소로 이뤄진 별의 가장 바깥층으로 퍼지고 있다. 금속(하얀색)은 별 내부의 기체들과 충돌하면서 발생하는 난류와 함께 별의 중심에서 빠르게 방출되고 있다.

▼주기율표

1869년 3월 6일, 러시아 화학회는 '주기율표'를 처음으로 발표했다. 물질을 이루는 주요 구성 원소들을 표기하는 이 놀라운 방식은 아주 체계적이라서 여러모로 유용하다.

찾지 못한 원소들

멘델레예프는 원소의 화학적 구조와 거동에 따라 주기율표를 만들어, 저마늄을 포함해 당시 발견되지 않은 원소들이 존재한다는 것을 추정할 수 있었다.

원자 번호

핵의 양성자 수에 따라 원자 번호가 결정된다. 수소의 경우 하나의 양성자가 있다.

그룹

세로 줄은 원소 그룹을 의미한다. 같은 그룹에 포함된 원소들은 유사한 전자적 배치를 가지므로 화학적 성질이 비슷하다. 오늘날 18개의 그룹이 있다.

불안정한 원소들

일부 원소들은 안정하지 못하고 시간이 지나면 붕괴된다. 가장 안정적인 상태의 쿠르차토븀(지금은 러더퍼듐이라 불린다.)이라도 1시간 20분 만에 절반 가까이가 붕괴된다.

원자 질량

원자 질량(atomic mass, 원자량)은 원자 질량 단위(amu, 에이앰유)로 측정된다. 1에이앰유는 탄소 원자 질량의 12분의 1을 의미하는 '상대적' 단위이다. 이것은 다른 원자들의 질량을 쉽게 비교하기 위해 만들어졌다.

원소를 이해하다

원소의 주기율표는 가장 잘 알려진 과학의 상징물 중 하나다. 주기율표처럼 원자의 구조를 이용해 원소를 배열하는 것은 원소를 정렬하고 분류하는 표준적인 방법이 됐다. 주기율표의 118개 원소들 중 92개는 별과 초신성 내부에서 생성된다.

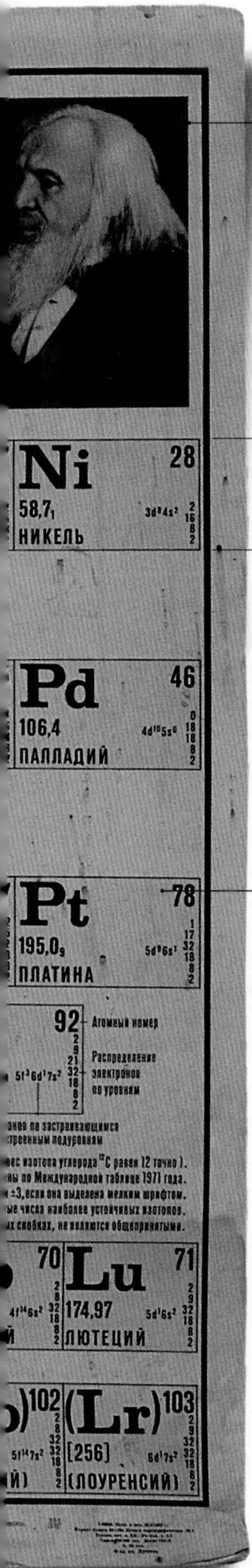

드미트리 멘델레예프
멘델레예프는 주기율표와 가장 깊게 연관돼 있는 과학자다. 그는 노벨상을 받지 못했지만, 달의 크레이터뿐만 아니라 새로운 원소에도 그의 이름이 붙었다(멘델레븀).

주기
가로 줄은 주기를 의미한다. 화학적으로 유사한 특징을 가진 원소들이 알맞게 같은 그룹에 포함돼 있는지 확인할 수 있다. 현재 일곱 개의 주기가 있다.

칸
각각의 칸에는 원소를 의미하는 기호가 쓰여 있고(하나 혹은 두 개의 알파벳), 원자량과 원자 번호도 확인할 수 있다.

과학 혁명 이후 새로운 원소들이 발견되는 속도가 빨라졌고 그들의 거동에도 일정한 규칙이 있음이 밝혀졌다. 18세기 후반, 프랑스의 화학자 앙투안 로랑 라부아지에(Antoine Lauren Lavoisier)가 처음으로 원소들을 기체, 비금속, 금속, 산화물이라는 네 가지 범주로 분류했다. 1829년, 독일의 화학자 요한 되베라이너(Johann Döbereiner)는 세 원소로 이뤄진 무리가 유사한 화학적 성질을 갖기 때문에 그중 둘을 알면 나머지 하나를 예측할 수 있음을 알아냈다. 1860년대, 영국의 화학자 존 뉴랜즈(John Newlands)는 여덟 개 원소마다 비슷한 화학적 행동을 보인다는 '옥타브 법칙(Law of Octaves)'을 발견했다. 하지만 그는 한 칸에 두 개의 원소를 억지로 넣어야만 했고, 아직 발견되지 않은 원소들을 고려하지 않았다. 이런 문제를 해결한 사람이 러시아의 화학자 드미트리 멘델레예프(Dmitrii Mendeleev)였다. 1869년, 멘델레예프가 원소의 '주기성'에 기초해 만든 주기율표는 현대 주기율표의 기본이 됐다.

주기율표의 구성

주기율표의 원소들은 원자의 질량이 커지는 순서로 배열돼 있다. 가로 줄은 주기(period)를 의미하는데, 원소들의 거동이 동일한 지점에서 새 주기가 시작된다. 예를 들어 네온 원자 다음에 새로운 주기를 시작하는 소듐은 같은 열(세로 줄)에 있는 리튬과 성질이 비슷하다(둘 다 반응성이 매우 크다.). 이렇게 같은 열 혹은 같은 그룹(group)은 주기율표의 핵심이다. 멘델레예프의 표는 일곱 개 그룹만 있었지만, 1890년대에 비활성 기체가 발견돼 8번째 그룹에 완벽하게 들어맞으면서 멘델레예프의 주기율표가 확인됐다.

원소의 생성

대폭발 이후 1분 동안 엄청난 열이 발생하면서 우주 초기의 수소들 일부가 핵융합 반응을 거쳐 헬륨으로 바뀌었다(58쪽 참조). 20분 후에 융합이 멈췄고, 우주를 구성하는 기본 물질 중 75퍼센트는 수소, 25퍼센트는 헬륨이 차지하게 됐다. 더 많은 원소들이 탄생하기까지는 수백만 년이 걸렸다. 별 내부에서 핵융합을 통해 철을 포함한 많은 원소들이 형성됐지만, 철보다 무거운 원소들은 초신성의 폭발을 통해서만 만들어질 수 있었다.

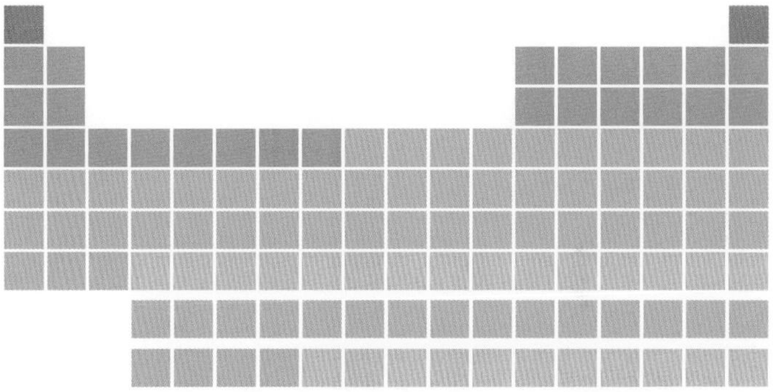

▲ 원소의 체계
원소들은 그들이 어떻게 형성됐는지에 따라 몇 가지 그룹으로 나뉜다. 우라늄까지 대부분의 원소들은 별이나 초신성에서 일어나는 핵융합 반응으로 인해 생성된다. 우라늄보다 무거운 원소들은 불안정하며 아주 드물게 발견된다.

범례
- 대폭발로 인해 형성 (수소와 헬륨)
- 별 내부의 핵융합 반응을 거쳐 형성 (리튬에서 철까지)
- 별 내부의 중성자 포획 과정에서 형성 (코발트에서 우라늄까지)
- 불안정한 원소들

> **과학의 기능**은 자연을 지배하는 보편적인 질서를 발견하고,
> **이 질서를 지배하는 원인을 찾는 것**이다.

드미트리 멘델레예프, 러시아의 화학자, 1834~1907년

문턱

4

행성이 형성되다

드디어 우리의 별, 태양이 타올랐다. 태양의 중력은 원소들을 태양 주변의 궤도로 끌어당겼다. 원소들이 서로 충돌했고, 행성이 형성되기 시작했다. 가벼운 원소는 태양에서 멀리 떨어진 곳으로 날아가 거대 기체 행성을 만들었고, 무거운 원소는 태양 가까이 남아 우리가 태어난 지구와 같은 암석 행성을 만들었다.

생명 거주 가능 조건

이전 세대의 별들이 남긴 잔해에서 새로운 별들이 생성되는 동안, 화학적인 성질을 가진 물질 일부는 궤도를 이루며 회전했다. 이 잔해들은 중력과 화학 결합으로 인해 뭉쳐져서 둥근 덩어리가 됐다. 이 구조물이 바로 행성이었다. 행성들은 이전에 존재했던 다른 어떤 것보다 훨씬 더 복잡했다. 처음 그 과정이 태양계에서 시작된 것은 인간이 존재하기 훨씬 전이었다.

죽어 가는 별에서 생성된 물질

죽어 가는 별은 초기 우주의 수소와 헬륨에 더해 그보다 더 무거운 원소를 계속 공급했다. 이것은 결국 92가지의 화학 원소로 구성된 우주를 만들었다.

별들의 요람

별이 죽고 만들어진 거대한 구름에는 탄소, 산소, 질소, 알루미늄, 니켈, 철과 같은 무거운 원소들이 풍부했다. 약한 중력과 전자기력 때문에 원소들이 모인 자리에서 새로운 별이 탄생했다.

초신성 충격파

이웃한 별이 폭발하면서 발생하는 충격파와 같이 일종의 교란이 구름의 수축을 일으켜 별의 형성을 유도한 계기가 됐다. 구름은 서서히 붕괴하면서 점점 더 빠르게 회전해 원반 모양을 이루었다.

태양과 같은 별들이 새로이 형성됐다.

새로운 화학 원소와 물질로 이뤄진 구름이 별 주변에서 궤도를 따라 돌고 있다.

중력, 응축, 그리고 무질서한 충돌들이 일어났다.

무엇이 달라졌는가?

별이 형성된 후, 남은 물질들이 원반을 이루며 그 주변을 돌았다. 별의 격렬한 복사가 빛으로 방출돼, 수소나 헬륨같이 가볍고 휘발성 있는 물질들이 별에서 멀리 떨어져 나가 거대 기체 행성을 형성했다. 이전 세대의 별들에서 생성된 무거운 화학 물질들은 별 근처에서 고체 또는 액체 상태로 남아 암석 행성으로 뭉쳐졌다. 태양계에서는 지구가 바로 이런 암석 행성 가운데 하나다.

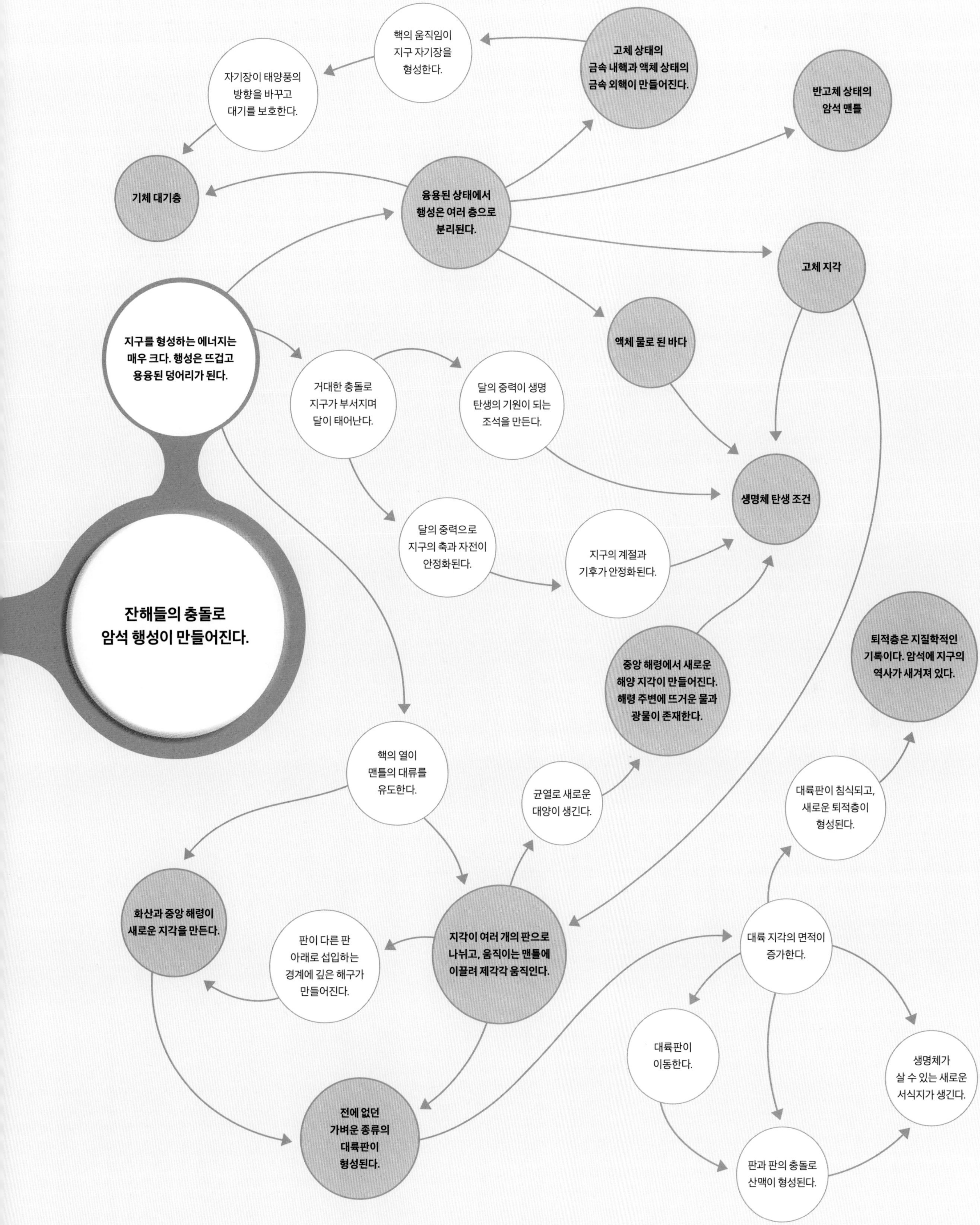
핵의 움직임이 지구 자기장을 형성한다.
고체 상태의 금속 내핵과 액체 상태의 금속 외핵이 만들어진다.
자기장이 태양풍의 방향을 바꾸고 대기를 보호한다.
반고체 상태의 암석 맨틀
기체 대기층
용융된 상태에서 행성은 여러 층으로 분리된다.
고체 지각
지구를 형성하는 에너지는 매우 크다. 행성은 뜨겁고 용융된 덩어리가 된다.
액체 물로 된 바다
거대한 충돌로 지구가 부서지며 달이 태어난다.
달의 중력이 생명 탄생의 기원이 되는 조석을 만든다.
생명체 탄생 조건
달의 중력으로 지구의 축과 자전이 안정화된다.
지구의 계절과 기후가 안정화된다.
잔해들의 충돌로 암석 행성이 만들어진다.
퇴적층은 지질학적인 기록이다. 암석에 지구의 역사가 새겨져 있다.
중앙 해령에서 새로운 해양 지각이 만들어진다. 해령 주변에 뜨거운 물과 광물이 존재한다.
핵의 열이 맨틀의 대류를 유도한다.
균열로 새로운 대양이 생긴다.
대륙판이 침식되고, 새로운 퇴적층이 형성된다.
화산과 중앙 해령이 새로운 지각을 만든다.
판이 다른 판 아래로 섭입하는 경계에 깊은 해구가 만들어진다.
지각이 여러 개의 판으로 나뉘고, 움직이는 맨틀에 이끌려 제각각 움직인다.
대륙 지각의 면적이 증가한다.
대륙판이 이동한다.
생명체가 살 수 있는 새로운 서식지가 생긴다.
전에 없던 가벼운 종류의 대륙판이 형성된다.
판과 판의 충돌로 산맥이 형성된다.

태양이 타오르다

우리 은하의 한 구석, 눈에 잘 띄지 않는 곳에서 거대한 물질 구름이 합쳐지기 시작했다. 우리 태양은 뜨겁고 회전하는 물질 속에서 격렬하게 탄생한 후 활동을 개시했다.

우주에는 소량의 기체와 먼지가 정처 없이 떠다니고 있었다. 가로 세로 길이가 1센티미터인 정육면체 공간에 단 몇 개의 기체 분자가 측정되는 수준의 적은 양이었다. 먼지 구름은 자체 중력에 인해 붕괴되기 시작했다. 이 중력 붕괴는 인근 초신성에서 내뿜은 충격파 때문에 시작됐을 것이다. 실제로 태양계에서 발견되는 희귀한 종류의 알루미늄은 과거 초신성 폭발의 흔적일지도 모른다.

멈출 수 없는 힘

이유는 모르지만 먼지 구름은 수천만 년에 걸쳐 점차 밀집했다. 특히 밀도가 높고 가장 뜨거운 중심부에 원시 태양(protosun)이 형성됐다. 원시 태양은 75퍼센트의 수소와 25퍼센트의 헬륨으로 구성됐다. 원시 태양의 매우 높은 온도와 압력이 중력을 상쇄시키면서, 얼음과 암석, 기체 들은 중심에서 멀어졌다. 이것들이 회전 원반 형태로 원시 태양 주변을 돌기 시작했다.

원시 태양은 이후 격렬한 활동을 보이는 새로운 국면에 접어들었다. 원시 태양의 극에서는 강력한 복사 제트가 방출되기 시작했다. 맹렬한 바람은 수소나 헬륨과 같은 가벼운 원소를 궤도 가장자리로 날려 버렸다. 곧 원시 태양의 온도와 압력과 크기는 태양계 성운(solar nebula)의 물질 중 99.9퍼센트를 흡수할 때까지 계속 증가했다.

태양은 50억 년 전에 탄생했지만, 우리는 은하계 다른 곳에서 새로운 별이 만들어지는 과정을 관찰해 그 단서를 얻을 수 있다.

> "모든 행성이 **태양** 주위를 회전하며 거기에 의존하고 있지만, 정작 태양은 마치 **우주에서는 달리 할 일이 없다는 듯 포도송이를 여물게 하는 일**에만 몰두하고 있다."
>
> **갈릴레오 갈릴레이,** 천문학자, 1564~1642년

먼지, 수소, 헬륨으로 이뤄진 구름이 회전한다.
밀도 높은 중심부에 중력으로 인해 원시 태양이 형성된다.
태양계 성운이 원반처럼 편평해진다.
얼음 먼지 알갱이들이 원반의 바깥쪽 차가운 부분에 남아 있다.
태양이 빛나기 시작한다.
원시 태양으로부터 멀리 떨어진 곳에서 액체와 기체가 냉각된다.
원시 태양 인근의 암석 티끌
암석 잔해는 태양 근처 궤도를 돈다.
태양의 온도와 압력이 증가한다.
기체와 얼음 입자들은 훨씬 먼 곳에서 궤도를 돈다.

기체와 먼지로 이뤄진 성간 구름이 중력 때문에 붕괴되기 시작해서, 회전하며 뜨거워진다. 그 뜨겁고 밀도가 높은 중심에서 원시 태양이 만들어진다.

원시 태양 내부의 매우 높은 온도가 중력의 영향을 상쇄시키는 에너지를 발생시킨다. 원시 태양 주변의 얼음과 기체는 타 버리고, 암석 티끌들만 남는다.

원시 태양의 온도와 내부 압력이 증가하면서 유년기 태양이 된다. 태양 주변을 도는 암석과 얼음 덩어리들이 충돌하기 시작한다.

태양이 탄생하다
먼지와 기체 분자가 원시 태양으로 빨려 들어가면서 원시 태양의 양극에서 강렬한 복사 제트가 분출된다. 맹렬한 태양풍이 훗날 행성을 형성하게 되는 주변 암석, 얼음과 충돌한다.

암석 세계가 형성되다
태양의 동결 한계선(frost line) 내에 있는 미행성들은 점점 더 빠른 속도로 궤도를 돌았다. 그들은 지속적인 충돌을 거쳐 빠르게 자랐다. 커진 미행성들은 더 많은 물질을 끌어당겼다.

행성이 형성되다

우리 태양계의 행성들은 기체와 작은 먼지 입자로 삶을 시작했다. 젊은 태양의 중력으로 인해 소용돌이치는 원반이 형성됐고, 그 안에서 수백만 년 동안 격렬한 충돌이 일어나 기체와 먼지가 행성으로 뭉쳐졌다. 그중 하나가 우리가 사는 지구다.

오늘날과 같은 행성이 등장하기 전에 우주에는 행성을 만드는 기본 구조물로 미행성들이 있었다. 그 작은 덩어리들이 모여 큰 덩어리가 되는 과정을 응축(accretion)이라고 한다.

행성의 형성

젊은 태양의 주변을 도는 대부분의 고체 물질들은 궤도가 불규칙했다. 이것들은 잦은 충돌을 일으키며 응축을 야기했다. 초기에는 1센티미터보다 작은 입자였던 것이 사람의 발 크기만 한 덩어리로 자랐다. 그 후 수십억 년에 걸쳐 입자와 물질이 모여, 길이가 1킬로미터가 넘는 미행성들을 만들어졌다.

크기가 큰 미행성들은 주변 물질을 끊임없이 끌어당기기에 충분한 중력을 갖고 있었다. 이런 걷잡을 수 없는 응축 과정으로 형성된 미행성들이 행성의 배아로 성장했다.

다른 종류의 세상

행성의 씨앗은 태양으로부터의 거리에 따라 암석 행성이 될지, 기체 행성이 될지 결정됐다.

태양계 내부는 온도가 높아서 철, 니켈, 규소와 같이 매우 높은 녹는점을 갖는 물질만 암석 행성에 남았다. 대표적인 암석 행성이 수성, 금성, 화성, 그리고 우리의 고향인 지구다. 하지만 태양계 외부, 즉 천문학자들이 동결 한계선이라고 부르는 경계를 넘으면 매우 낮은 기온 때문에 물, 메테인 같은 물질이 얼어붙었다. 고체 상태의 물질이 많을수록 미행성의 중력은 더 커졌기 때문에, 수소와 헬륨과 같은 원소가 더 쉽게 포획됐다. 그 결과 목성, 토성, 천왕성, 해왕성에 거대한 기체 대기층이 만들어졌다.

> **행성의 형성 과정**은 **눈송이를 모아 거대한 눈덩이를 만드는 것**과 같다. 행성이라는 공은 주변 지역의 **모든 눈송이를 끌어모은다**.

클로드 알레그르, 과학자이자 정치인, 1937년~

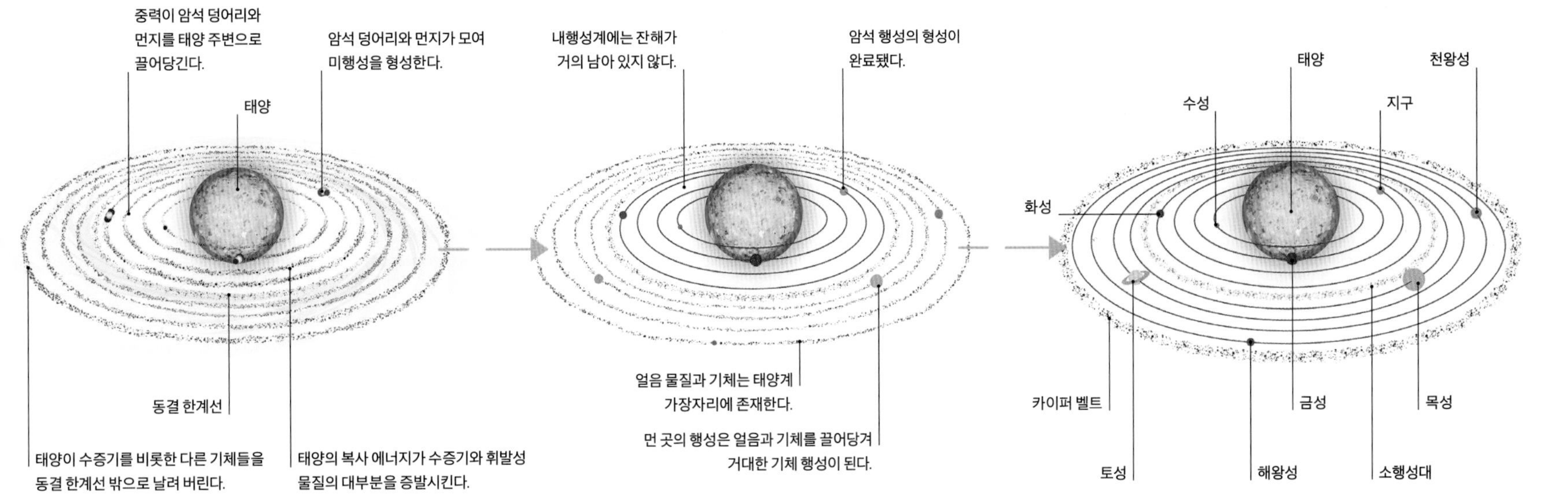
중력이 암석 덩어리와
먼지를 태양 주변으로
끌어당긴다.
암석 덩어리와 먼지가 모여
미행성을 형성한다.
태양
동결 한계선
태양이 수증기를 비롯한 다른 기체들을
동결 한계선 밖으로 날려 버린다.
태양의 복사 에너지가 수증기와 휘발성
물질의 대부분을 증발시킨다.
내행성계에는 잔해가
거의 남아 있지 않다.
암석 행성의 형성이
완료됐다.
얼음 물질과 기체는 태양계
가장자리에 존재한다.
먼 곳의 행성은 얼음과 기체를 끌어당겨
거대한 기체 행성이 된다.
태양
천왕성
수성
지구
화성
카이퍼 벨트
금성
목성
토성
해왕성
소행성대

태양이 형성되고 남은 물질과 잔해가 동결 한계선 안쪽에서 고리 형태의 궤도를 따라 태양 주위를 돌고 있다. 안쪽 고리에는 금속과 암석 잔해들이, 바깥쪽 고리에는 암석과 얼음 덩어리, 기체가 있었다.

큰 미행성이 작은 입자들을 끌어당긴다. 미행성의 크기가 커질수록 그 중력장은 점점 강해진다. 결과적으로 궤도에 있는 물질의 대부분이 쓸려간다.

태양계가 안정화되기까지 수억 년이 걸렸다(74~75쪽 참조). 초기 행성들의 중력적 상호 작용이 진정되면서 오늘날 우리가 보는 것과 같은 안정적인 궤도가 만들어졌다.

이밀락 운석

운석은 우주에서 날아와 지구에 상륙한 물질로, 고대의 자료를 간직한 작은 타임캡슐과 같다. 운석은 태양계의 탄생 이후 떠돌아다녔기 때문에, 종종 지구가 가진 정보보다 훨씬 더 오래된 정보를 담고 있다.

태양계가 형성되는 과정에서 만들어진 혜성이나 소행성은 여전히 태양을 중심으로 궤도를 돌고 있다. 그것들은 지질학적 변화를 거의 겪지 않은 초기 태양계의 유물이다. 그중 운석으로 지구에 떨어진 것을 연구해 과거로 거슬러 올라가 태양계와 지구가 어떻게 생겼는지에 대한 여러 가지 학설을 시험해 볼 수 있다. 지구에는 매년 무게가 10그램 이상인 운석이 수만 개씩 쏟아진다. 수십억 년 전 태양계가 어떠했는지 등과 같은 귀중한 정보가 하늘에서 떨어지는 셈이다.

오른쪽 표본은 '이밀락(Imilac)'이라는 이름을 가진 운석의 조각이다. 칠레에 있는 아타카마 사막에 떨어진, 무게가 1톤에 달하는 운석의 작은 조각이다. 이밀락은 결정을 감싸고 있는 금속성 모암(母巖)에 따라 석철 운석 중 하나인 팰러사이트(Pallasite) 운석으로 분류된다. 팰러사이트 운석들처럼, 이밀락 운석은 미행성이나 소행성의 금속 핵과 암석 맨틀의 경계에서 유래했다. 아마도 태양계 형성 과정에서 유년기 태양의 중력 때문에 소행성이 갈라질 때 맨틀의 작은 조각 일부가 용융된 핵 안으로 들어갔을 것이다. 그러고 나서 최소 100만 년이 지나면, 이 덩어리들이 서서히 식어서 여기서 보여 주는 금속성 모암 전체에 암석 결정이 흩어져 있는 모습이 된다.

팰러사이트 운석은 태양계의 나이를 알아내는 데 도움을 줄 뿐만 아니라 태양계의 초기 화학 성분에 대한 단서를 제공해 주기도 한다. 팰러사이트 운석은 지구상에 매우 드물다. 운석을 연구하는 과학자들이 수집한 운석의 0.4퍼센트만이 팰러사이트 운석이다.

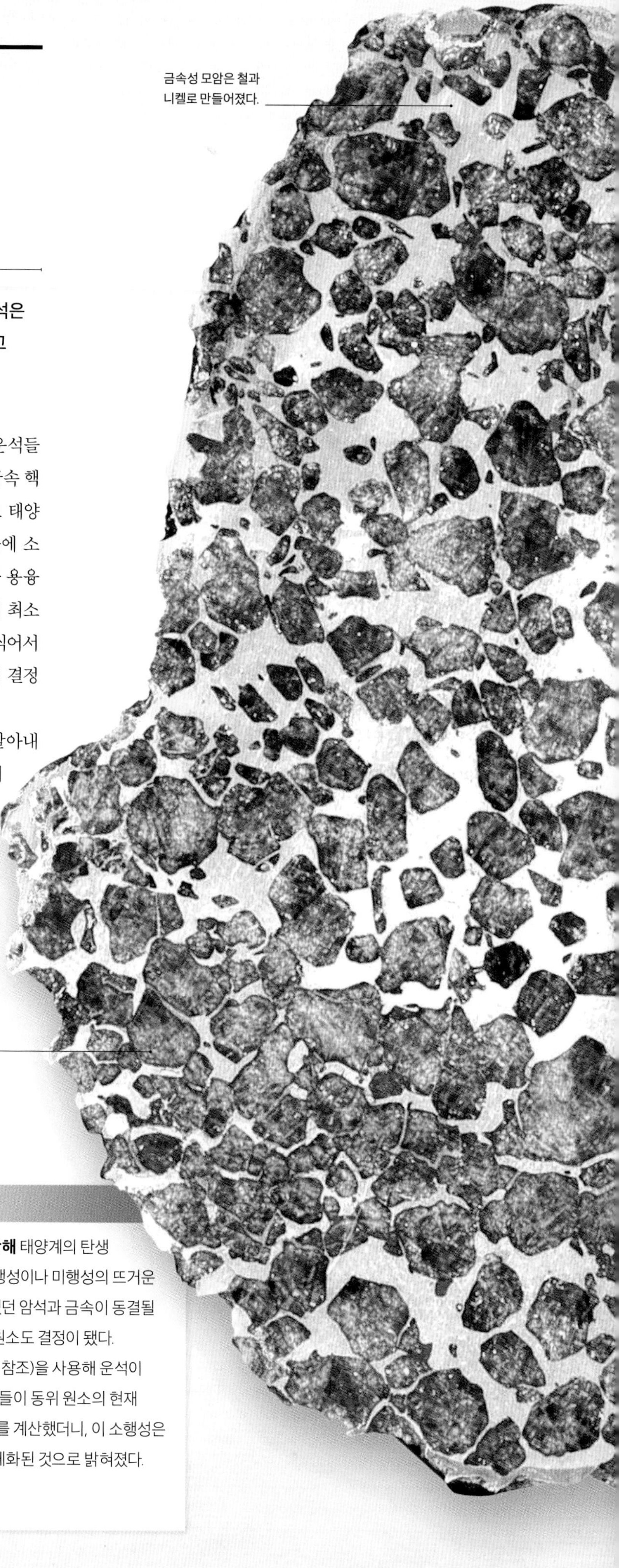
금속성 모암은 철과
니켈로 만들어졌다.
투명하게 보이는
부분이 감람석이다.

▲ 궤도를 도는 증거
탐사선을 보내 분석한 혜성 67p의 얼음 산맥은 태양계만큼 오래됐다. 혜성에 존재하는 얼음은 태양계가 형성되는 과정에 물 또는 얼음이 존재했다는 사실을 뒷받침한다.

운석의 나이

지질학자들은 이 우주 파편의 나이를 계산해 태양계의 탄생 연대를 추정할 수 있다. 이 운석은 한때 소행성이나 미행성의 뜨거운 내부에 있었다. 이것이 서서히 식어 녹아 있던 암석과 금속이 동결될 때, 암석 내 불안정한 방사성 원소인 동위 원소도 결정이 됐다. 과학자들은 방사성 연대 측정법(88~89쪽 참조)을 사용해 운석이 형성된 시점을 도출할 수 있었다. 지질학자들이 동위 원소의 현재 농도를 측정해 방사성 붕괴가 진행된 정도를 계산했더니, 이 소행성은 태양이 생겨난 직후인 약 45억 년 전에 고체화된 것으로 밝혀졌다.

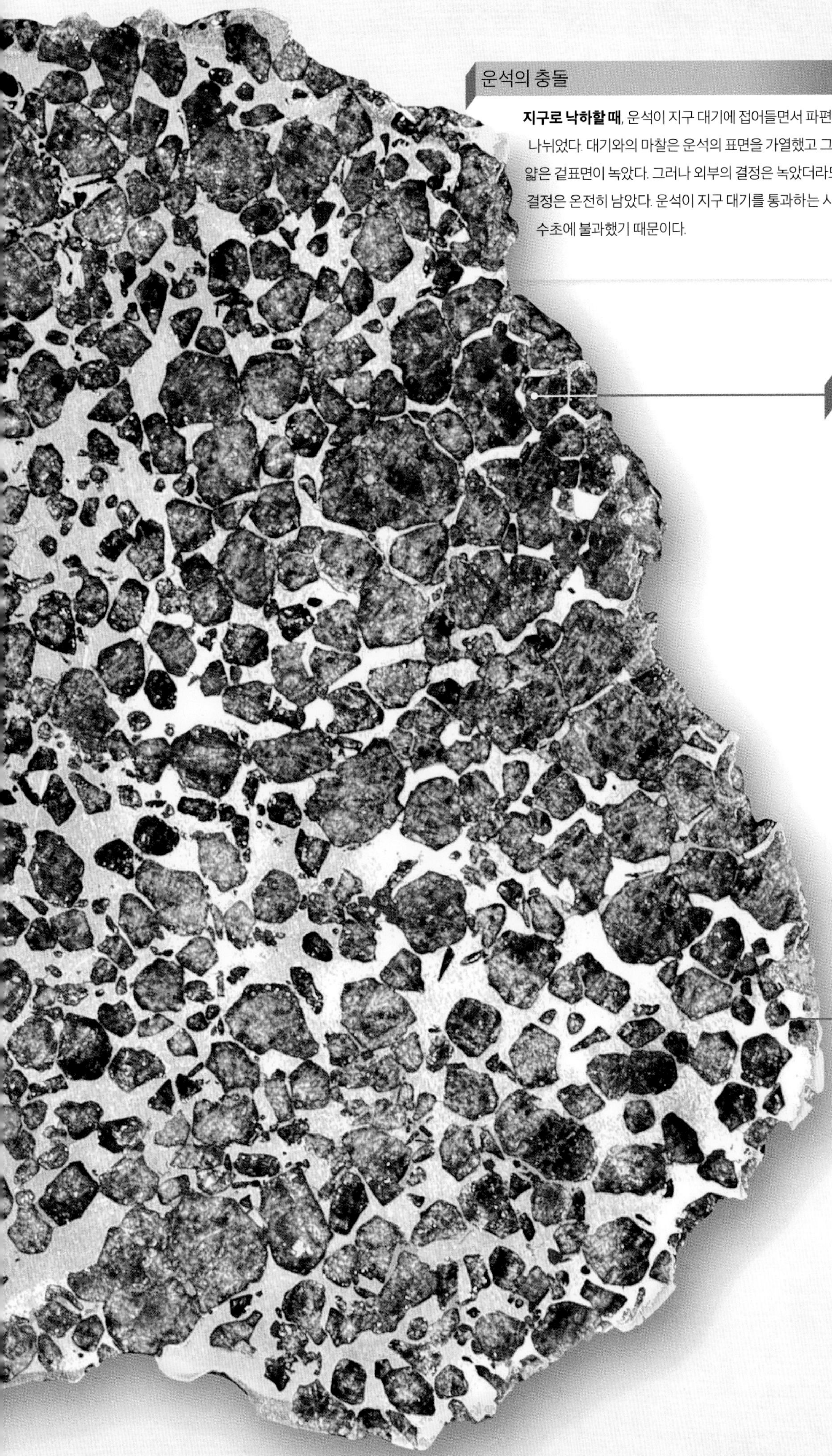

운석의 충돌

지구로 낙하할 때, 운석이 지구 대기에 접어들면서 파편으로 나뉘었다. 대기와의 마찰은 운석의 표면을 가열했고 그 결과 얇은 겉표면이 녹았다. 그러나 외부의 결정은 녹았더라도 내부의 결정은 온전히 남았다. 운석이 지구 대기를 통과하는 시간이 수초에 불과했기 때문이다.

지구를 만든 기초 단위

지질학자들은 운석의 조성을 지구의 조성과 비교해 우리 행성을 형성하기 위해 왔던 미행성의 종류를 식별했다. 지구와 마찬가지로, 운석은 지구의 핵심을 구성하는 철과 니켈을 함유하고 있었다. 소행성과 왜행성(dwarf planet), 그리고 이 팰러사이트 운석은 태양계 초기에 형성된 이후 변하지 않았으므로, 태양계의 역사를 밝히는 중요한 증거가 된다.

태양계 소천체로부터 형성된 미행성

암석 맨틀의 결정

이 결정은 테트라태나이트(Tetrataenite)에서 발견되는 감람석과 패리도트(peridot, 보석으로 쓰이는 감람석 — 옮긴이)로 이뤄져 있다. 이런 광물들은 자성을 띤다. 현미경으로 분석해 보니 이 운석이 속한 소행성은 중심핵이 굳기 전까지 자기장을 갖고 있었다.

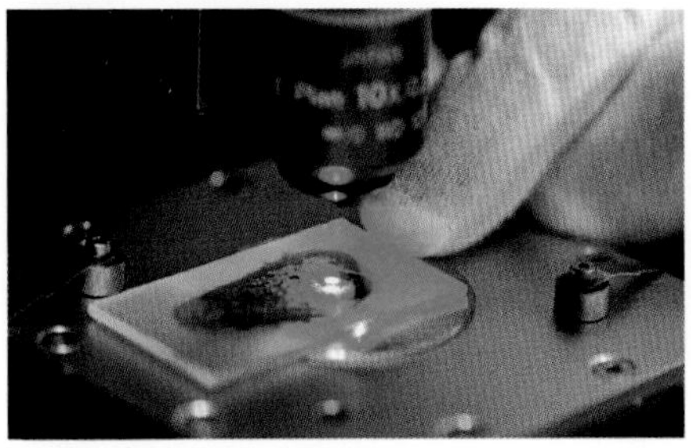

현미경 아래 놓인 얇은 운석 조각

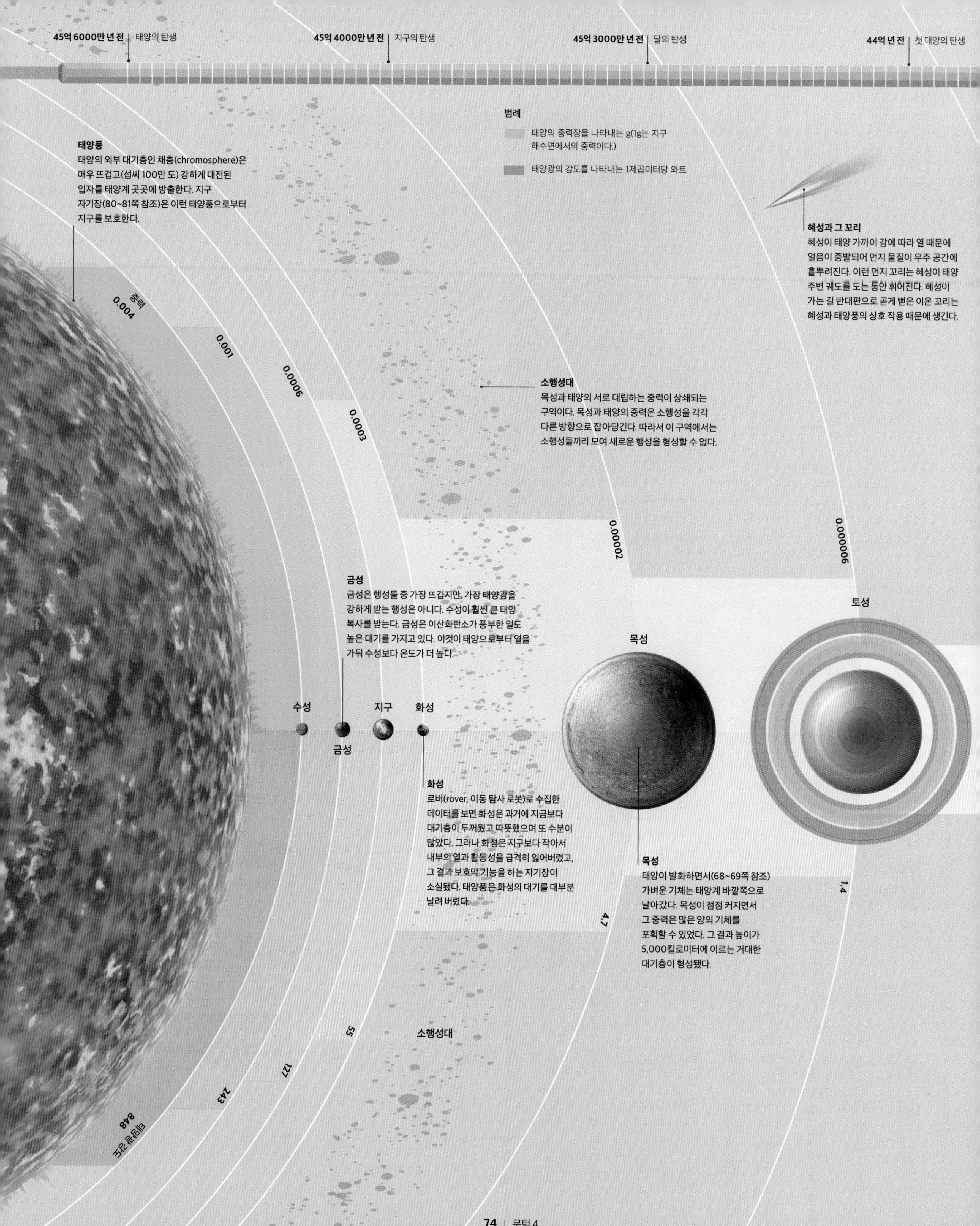
45억 6000만 년 전 | 태양의 탄생
45억 4000만 년 전 | 지구의 탄생
45억 3000만 년 전 | 달의 탄생
44억 년 전 | 첫 대양의 탄생
범례
태양의 중력장을 나타내는 g(1g는 지구 해수면에서의 중력이다.)
태양광의 강도를 나타내는 1제곱미터당 와트
태양풍
태양의 외부 대기층인 채층(chromosphere)은 매우 뜨겁고(섭씨 100만 도) 강하게 대전된 입자를 태양계 곳곳에 방출한다. 지구 자기장(80~81쪽 참조)은 이런 태양풍으로부터 지구를 보호한다.
혜성과 그 꼬리
혜성이 태양 가까이 감에 따라 열 때문에 얼음이 증발되어 먼지 물질이 우주 공간에 흩뿌려진다. 이런 먼지 꼬리는 혜성이 태양 주변 궤도를 도는 동안 휘어진다. 혜성이 가는 길 반대편으로 곧게 뻗은 이온 꼬리는 혜성과 태양풍의 상호 작용 때문에 생긴다.
중력
0.004
0.001
0.0006
0.0003
0.00002
0.000006
소행성대
목성과 태양의 서로 대립하는 중력이 상쇄되는 구역이다. 목성과 태양의 중력은 소행성을 각각 다른 방향으로 잡아당긴다. 따라서 이 구역에서는 소행성들끼리 모여 새로운 행성을 형성할 수 없다.
금성
금성은 행성들 중 가장 뜨겁지만, 가장 태양광을 강하게 받는 행성은 아니다. 수성이 훨씬 큰 태양 복사를 받는다. 금성은 이산화탄소가 풍부한 밀도 높은 대기를 가지고 있다. 이것이 태양으로부터 열을 가둬 수성보다 온도가 더 높다.
토성
목성
수성
지구
화성
금성
화성
로버(rover, 이동 탐사 로봇)로 수집한 데이터를 보면 화성은 과거에 지금보다 대기층이 두꺼웠고 따뜻했으며 또 수분이 많았다. 그러나 화성은 지구보다 작아서 내부의 열과 활동성을 급격히 잃어버렸고, 그 결과 보호막 기능을 하는 자기장이 소실됐다. 태양풍은 화성의 대기를 대부분 날려 버렸다.
목성
태양이 발화하면서(68~69쪽 참조) 가벼운 기체는 태양계 바깥쪽으로 날아갔다. 목성이 점점 커지면서 그 중력은 많은 양의 기체를 포획할 수 있었다. 그 결과 높이가 5,000킬로미터에 이르는 거대한 대기층이 형성됐다.
1.4
4.7
55
소행성대
127
243
848
태양광 강도

태양이 지배하는 세계

41억~38억 년 전에 행성들은 연속적인 중력 붕괴를 겪으며 그들의 궤도를 바꿨다. 이런 과정을 거쳐 오늘날까지 안정적으로 궤도 운동을 하는 여덟 개의 주요 행성이 남았다. 그러나 태양은 이 여덟 개의 행성 바깥 공간까지 지배력을 행사하고 있다.

태양계

덟 개 행성이 있는 영역을 태양계라고 한다. 그러나 그것은 태양 주변의 궤도를 도는 천체가 더 이상 없다는 뜻이 아니다. 해왕성 너머에도 왜행성과 혜성 등 많은 천체가 있다. 태양의 빛과 중력은 모든 방향으로 퍼져 나간다. 그 강도는 거리에 따라 급격히 감소한다.

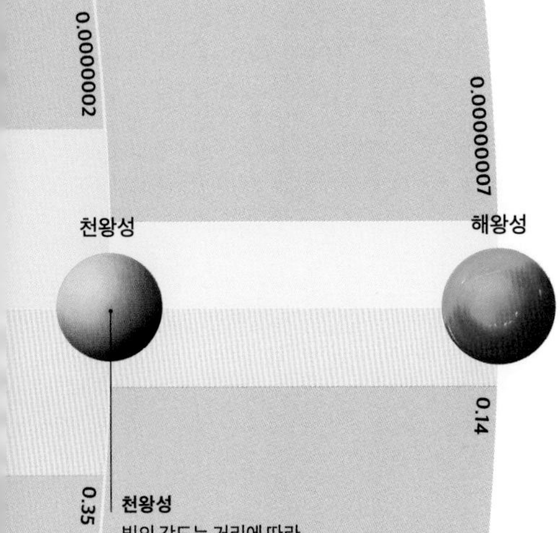

천왕성
빛의 강도는 거리에 따라 약해진다. 거리가 2배가 되면 강도는 4분의 1이 된다. 천왕성의 궤도는 지구의 궤도보다 태양에서 20배 멀리 떨어져 있다. 따라서 햇빛의 강도는 지구의 400분의 1이다.

과학자들은 오래전부터 태양계 형성의 비밀을 밝히려고 노력했다. 태양계 진화에 관한 모형을 세울 때, 행성이 항상 지금의 위치에 있었다고 가정하면 현재의 상태를 설명하기가 어려웠다.

니스 모형

오히려 네 개의 거대 기체 행성들이 과거에는 서로 더 가까이에 있었다는 설명이 현재의 행성 배열을 더 잘 설명한다. 목성은 안쪽으로, 다른 세 개는 바깥쪽으로 움직였다. 이때 천왕성과 해왕성의 순서가 바뀌었을 수도 있다. 해왕성이 바깥쪽으로 이동하는 과정에서 태양계의 수많은 천체들이 카이퍼 벨트(Kuiper Belt)로 밀려났다.

이와 같은 시뮬레이션은 그것이 고안된 프랑스의 도시 이름을 따서 니스 모형(Nice Model)으로 불린다. 거대 기체 행성들의 이동이 태양계가 형성되고 약 6억 년 뒤에 일어났다면, 이것이 '후기 운석 대충돌기(Late Heavy Bombardment)'의 원인일지도 모른다. 후기 운석 대충돌기는 기체 행성들의 운동과 중력장이 갑자기 바뀌면서 지구가 있는 태양계 내부로 소행성이 쏟아진, 대재앙의 시기였다. 달의 암석 표본에도 39억 년 전 유성 무리와의 충돌이 암시돼 있다.

잃어버린 행성

태양계에는 한때 더 많은 행성이 있었을지도 모른다. 연구자들은 니스 모형에 다섯 번째 기체 행성을 추가하면 행성의 배열이 오늘날과 훨씬 더 잘 맞는다는 사실을 알아냈다. 물론 현재는 기체 행성이 네 개이므로, 다섯 번째 기체 행성은 태양계로부터 방출돼야 한다. 최근 주인 별(host star)을 갖지 않고 우주의 빈 공간을 방랑하는 행성이 발견된 것을 감안하면, 이 이야기가 황당무계하게 들리지만은 않는다.

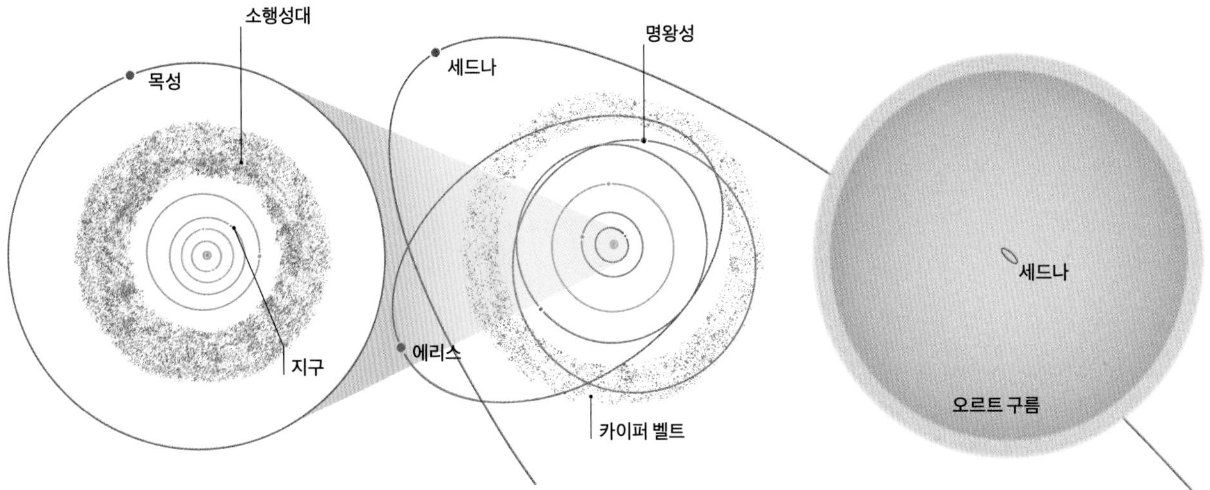

▲ 태양계 중심
태양의 중력이 수성, 금성, 지구, 화성 등 네 개의 암석 행성과 소행성대를 붙잡아 두고 있다. 그것을 넘어가면 목성, 토성, 천왕성, 해왕성 등 기체 행성들이 태양의 궤도를 돌고 있다.

▲ 카이퍼 벨트
태양으로부터 거리가 지구보다 30~50배 멀리 떨어진, 명왕성을 비롯한 얼음 천체들의 무리를 카이퍼 벨트라고 한다. 에리스(Eris)와 세드나(Sedna)를 포함하는 궤도는 그보다 더 멀리 떨어져 있다.

▲ 태양계 외곽
오르트 구름은 혜성이 드물게 거주하는 커다란 구 형태의 영역이다. 태양의 중력은 1광년 떨어진 궤도까지 미친다. 이것이 우리 태양계의 규모다.

또 다른 태양계를 찾아내다

천문학자들은 별들이 우리 태양의 장거리 버전이라는 사실을 수세기 동안 서서히 깨달았다. 이런 별들은 너무 멀리 떨어져 있어서 20세기 후반에 들어서야 별 주변을 도는 행성의 존재가 밝혀졌고 또 다른 태양계가 발견됐다.

별들은 보통 함께 있는 행성보다 수백만 배 더 크고 밝아서 행성이 반사하는 빛을 압도한다. 지구와 가장 가까운 별조차 40조 킬로미터 이상 떨어져 있어서 별들은 작은 빛 부스러기처럼 보인다. 그 주위를 도는 외계 행성을 발견하는 기술은 불과 수십 년 전에 처음 나왔다.

빛을 가리는 행성

직접 관찰하기에는 너무 작고 어두운 행성도 이것이 주인 별 앞으로 지나가거나 '통과'하는 경우 그 빛을 가린다. 천문학자들은 이 간단한 사건에서 많은 정보를 얻을 수 있다. 예를 들어 차단된 빛의 양은 행성의 크기를 드러낸다. 태양을 통과하는 지구는 태양 빛의 밝기를 0.01퍼센트 떨어뜨린다.

또한 행성이 별을 통과하는 데 걸리는 시간은 행성의 궤도 주기와 별로부터 떨어져 있는 거리를 알려 준다. 궤도 주기가 짧으면 행성과 별이 가깝다는 뜻이다. 천문학자들은 이 거리를 이용해 행성의 온도와 생명이 살 수 있는지 여부를 추정한다.

중력적 요동

중력의 성질을 이용해서 또 다른 태양계를 찾을 수도 있다. 별이 행성을 끌어당기는 동안, 행성도 별을 끌어당긴다. 이 때문에 별이 제자리에서 살짝 흔들리면서 그것이 방출하는 빛이 영향을 받는다. 만약 별이 우리 쪽으로 진동하면, 빛의 스펙트럼이 푸른색 쪽으로 이동한다. 반대로, 별이 우리에게서 멀어지는 쪽으로 진동하면, 빛의 스펙트럼은 붉은색 쪽으로 이동한다(28~29쪽 참조). 거대한 행성일수록 더 큰 중력으로 별을 끌어당기기 때문에, 별빛의 스펙트럼 변화는 무거운 행성이 존재할 때 더 두드러진다. 따라서 천문학자들은 이를 통해 행성의 질량을 추정할 수 있다.

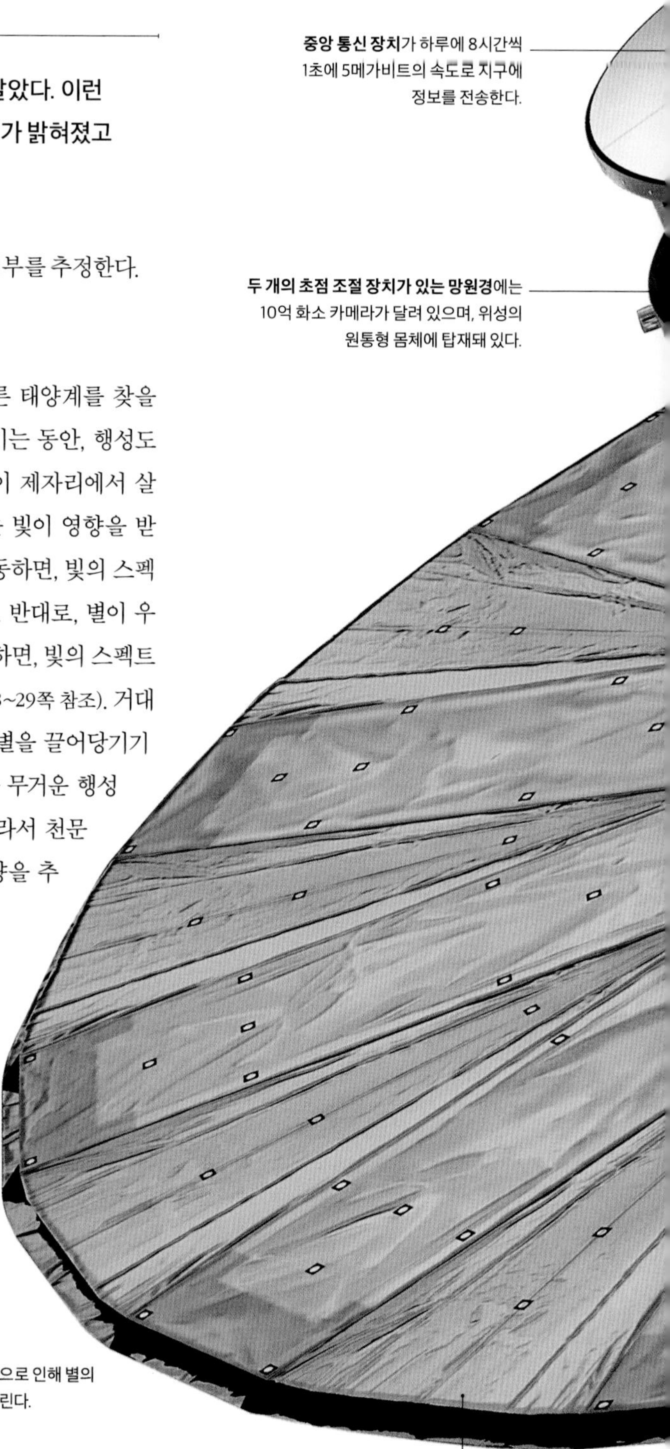

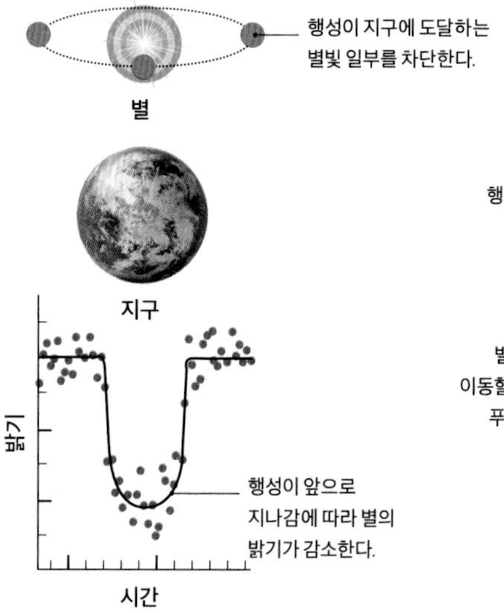

▲ 멀리 있는 행성 추적
별의 밝기(빨간 점)를 여러 차례 측정했다. 평균 밝기(검은 선)가 행성이 별 앞으로 지나가는 순간 감소한다.

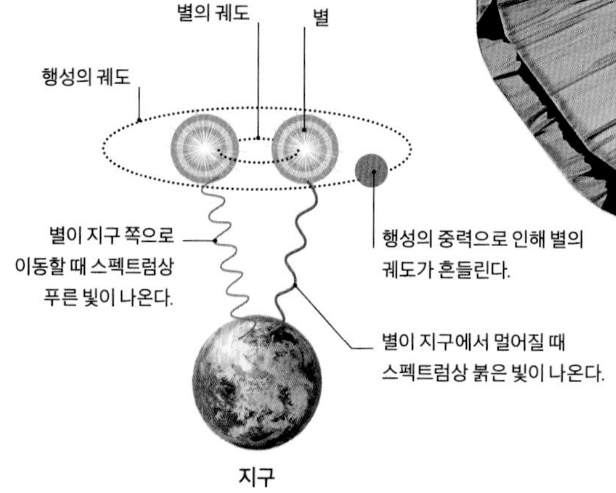

별의 궤도
별
행성의 궤도
별이 지구 쪽으로 이동할 때 스펙트럼상 푸른 빛이 나온다.
행성의 중력으로 인해 별의 궤도가 흔들린다.
별이 지구에서 멀어질 때 스펙트럼상 붉은 빛이 나온다.
지구

▲ 멀리 있는 별 추적
별의 궤도가 흔들림에 따라 생기는 빛의 스펙트럼 변화는 별이 지구를 향해서 또는 지구에서 멀어지는 쪽으로 이동하는 속도를 말해 준다.

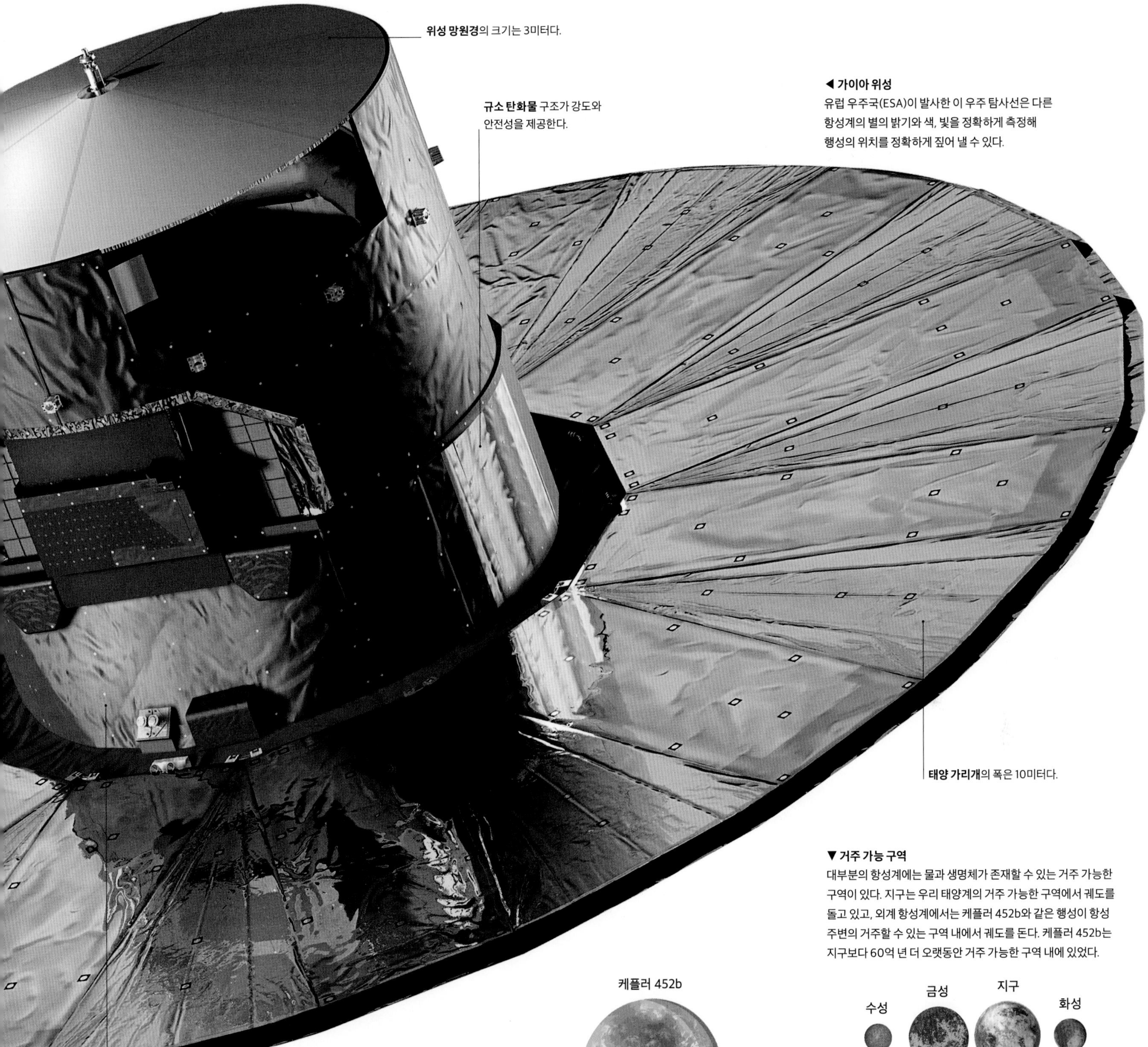
위성 망원경의 크기는 3미터다.
규소 탄화물 구조가 강도와 안전성을 제공한다.
태양 가리개의 폭은 10미터다.
센서가 원통형 몸체 안에 달려 있는데, 인간의 눈으로 볼 수 있는 밝기 한계보다 40만 배 흐린 별을 감지할 수 있다.

◀ 가이아 위성
유럽 우주국(ESA)이 발사한 이 우주 탐사선은 다른 항성계의 별의 밝기와 색, 빛을 정확하게 측정해 행성의 위치를 정확하게 짚어 낼 수 있다.

▼ 거주 가능 구역
대부분의 항성계에는 물과 생명체가 존재할 수 있는 거주 가능한 구역이 있다. 지구는 우리 태양계의 거주 가능한 구역에서 궤도를 돌고 있고, 외계 항성계에서는 케플러 452b와 같은 행성이 항성 주변의 거주할 수 있는 구역 내에서 궤도를 돈다. 케플러 452b는 지구보다 60억 년 더 오랫동안 거주 가능한 구역 내에 있었다.

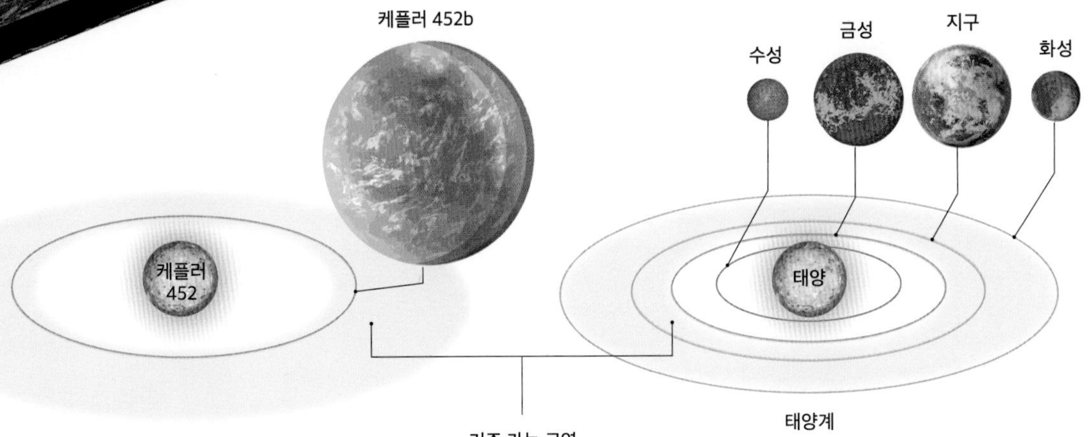
케플러 452b
케플러 452
수성
금성
지구
화성
태양
케플러 452 항성계
거주 가능 구역
태양계

지구가 점점 식다

초기 지구는 오늘날 우리가 알고 있는 따뜻한 푸른 행성과 매우 달랐다. 처음 몇 년간은 태양계의 어디에선가 무언가가 날아와 끊임없이 지구와 충돌했다. 이 거대한 마그마 덩어리는 점차 생명체가 살 수 있는 세상으로 변했다.

45억 6000만 년 전, 초기 태양 주변을 돌던 암석과 얼음 덩어리들이 중력으로 인해 끌려와 한 작은 암석 행성에 충돌하기 시작했다. 초기 지구는 지금과는 다르게, 대기도 없고 바다도 없었다. 수많은 천체들이 초기 지구와 끊임없이 충돌했는데, 그중 몇몇은 행성 크기에 달했다. 그로부터 1억 년 후, 화성 크기만 한 천체가 충돌해 달이 만들어졌을 것으로 추정된다(82~83쪽 참조).

지구상의 폭격

이러한 충돌의 에너지는 무거운 원소가 방사성 붕괴를 하며 방출하는 에너지와 함께 초기 지구를 매우 뜨겁게 만들었다. 이때는 지구상의 거의 모든 물질이 용융된 상태였다. 그 결과 철과 니켈 같은 무거운 물질이 지구 중심부 깊숙이 가라앉았다. 용융된 마그네슘이나 이산화규소같이 밀도가 낮은 암석 물질은 지구 표면으로 떠올랐다. 지질학자들은 이 과정을 '분화(differentiation)'라고 불렀다. 분화는 지구의 구조를 안정화시켰다(80~81쪽 참조).

지옥 같은 행성

예전에 사람들은 초기 지구가 지옥 같았을 것이라고 생각해 지하 세계의 신 하데스(Hades)에서 그 이름을 따 '하데스대(46억~40억 년 전)'라고 명명했다. 사람들은 지구 표면의 상당 부분이 수억 년 동안 용융 상태였을 것이라고 생각했다. 그러나 최근의 발견들은 우리 행성이 생각보다 더 빨리 식기 시작했다고 말하고 있다. 그에 따르면 화산 활동 중에 방출된 증기가 물로 응축돼, 지구가 2억 살이 되기 전에 대양이 만들어졌다.

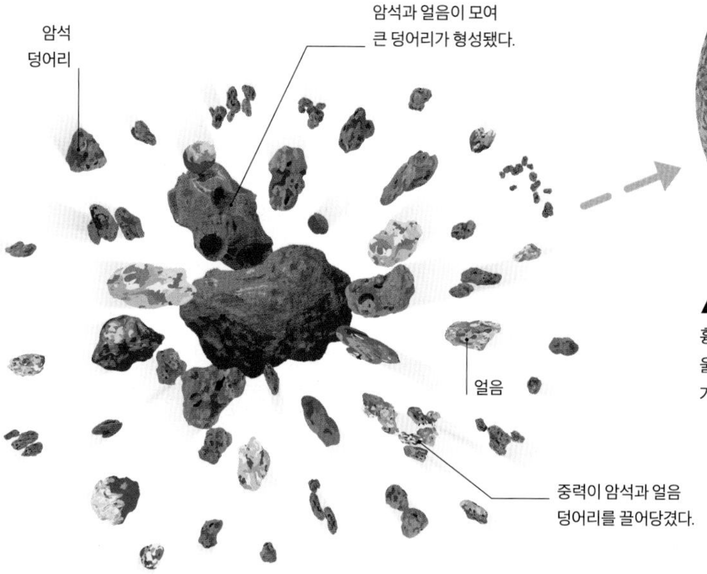
암석
덩어리
암석과 얼음이 모여
큰 덩어리가 형성됐다.
얼음
중력이 암석과 얼음
덩어리를 끌어당겼다.

▲ **응축**이 수백만 년에 걸쳐 일어나면서 암석과 얼음으로 구성된 거대한 덩어리(미행성)가 만들어졌다. 이들은 행성의 배아로 더 많은 물질을 끌어당겼다. 뜨거운 태양열에도 녹지 않고 남은 얼음은 훗날 지구에서 물의 원천이 됐다.

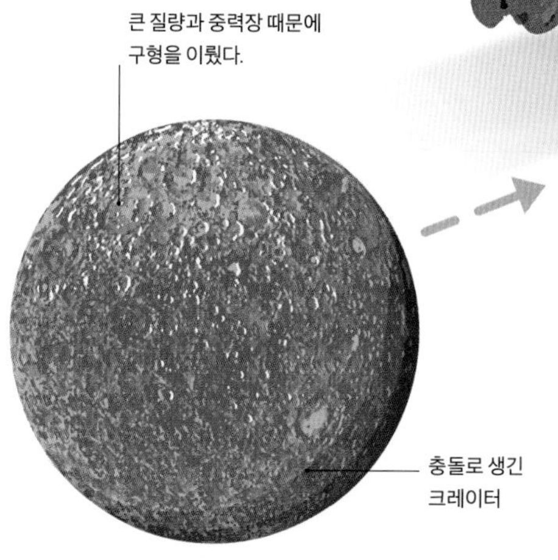
큰 질량과 중력장 때문에
구형을 이뤘다.
충돌로 생긴
크레이터

▲ **작은 지구**가 형성됐다. 지속적인 충돌은 흉터를 남겼다. 새로운 충돌은 표면을 더 울퉁불퉁하게 만들었다. 중력은 거의 구형에 가까운 지구를 만들었다.

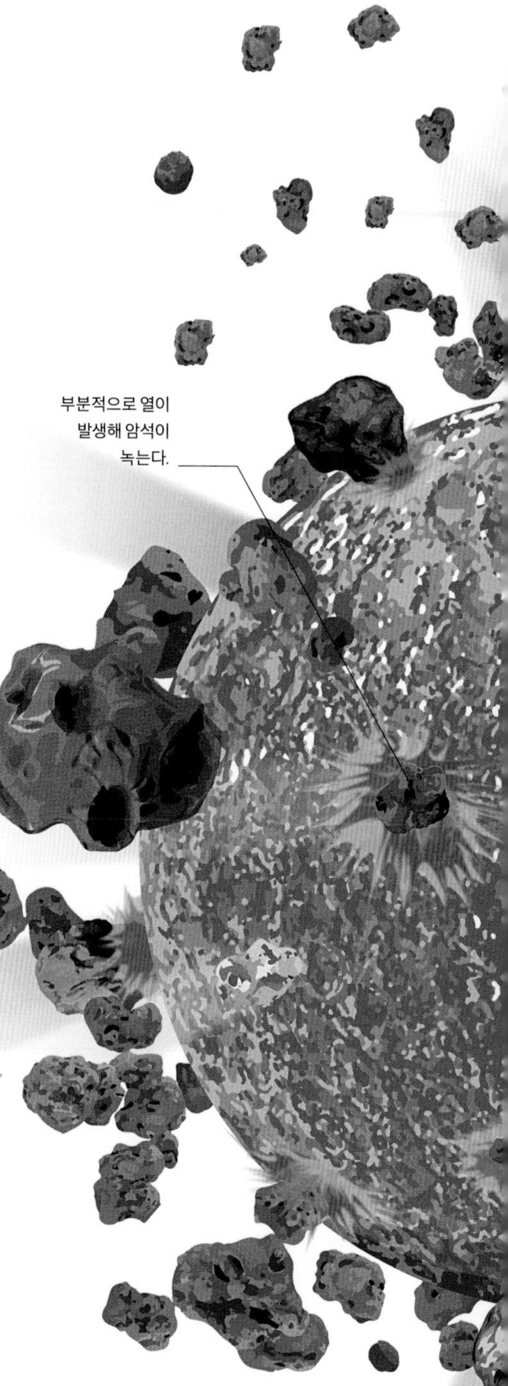
부분적으로 열이
발생해 암석이
녹는다.

▲ **초기 지구의 중력**이 커져서 소행성과 같이 태양계를 질주하는 충돌체를 끌어당겼다. 충돌체들이 병합되면서 지구의 질량과 중력은 더욱 증가했다. 그 결과 다음 충돌체는 더 큰 힘과 가속도로 지구에 부딪혔다.

46억~40억 년 전
하데스대에 **초기 지구**가 **형성됐고**
층 분화가 일어나며 **안정화됐다.**

중력이 증가하면서
충돌의 세기도
커진다.
원시 행성
행성의 중력으로
인해 암석 덩어리가
끌려온다.

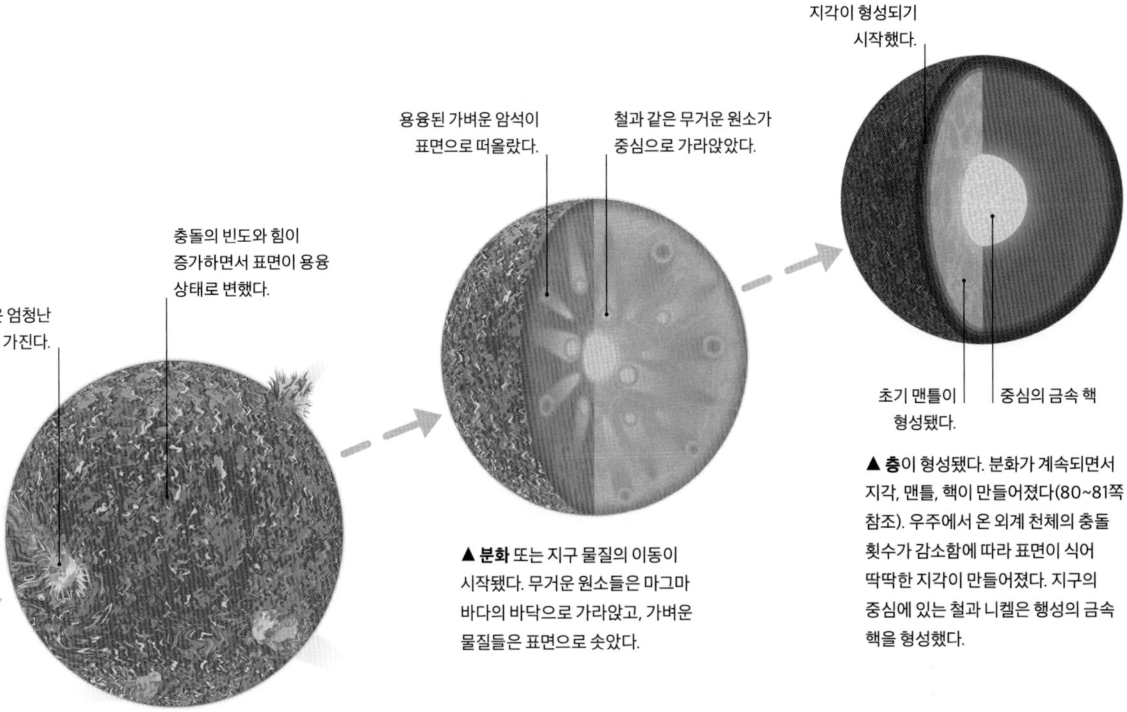
각 충돌은 엄청난
에너지를 가진다.
충돌의 빈도와 힘이
증가하면서 표면이 용융
상태로 변했다.
용융된 가벼운 암석이
표면으로 떠올랐다.
철과 같은 무거운 원소가
중심으로 가라앉았다.
지각이 형성되기
시작했다.
초기 맨틀이
형성됐다.
중심의 금속 핵

▲ **표면의 용융**은 소행성이 가차 없이 충돌한 결과였다. 거대한 마그마 바다가 탄생했다. 마그마 바다는 주로 액체였기 때문에, 지구의 물질들은 움직일 수 있었다.

▲ **분화** 또는 지구 물질의 이동이 시작됐다. 무거운 원소들은 마그마 바다의 바닥으로 가라앉고, 가벼운 물질들은 표면으로 솟았다.

▲ **층**이 형성됐다. 분화가 계속되면서 지각, 맨틀, 핵이 만들어졌다(80~81쪽 참조). 우주에서 온 외계 천체의 충돌 횟수가 감소함에 따라 표면이 식어 딱딱한 지각이 만들어졌다. 지구의 중심에 있는 철과 니켈은 행성의 금속 핵을 형성했다.

> **매우 극한의 환경 조건**이었음에도 불구하고, **지구**는 **폭격**으로 인해 **완전히 사라지지** 않았다.

올레크 아브라모프, 과학자이자 천문학자, 1978년~

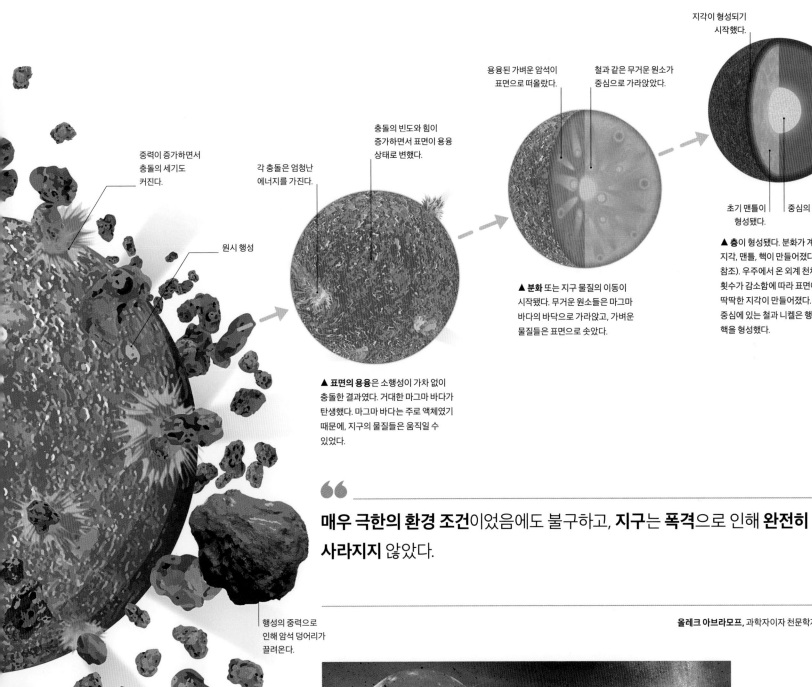

◀ **하데스대의 지구**
하데스대의 지구는 표면이 용암으로 뒤덮여 있었다. 대기에는 산소가 없었다. 달이 오늘날보다 훨씬 더 가까이 있어 파도가 위에서 쏟아지는 비처럼 거대하게 일었다.

45억 6000만 년 전 | 태양의 탄생
45억 4000만 년 전 | 지구의 탄생
45억 3000만 년 전 | 달의 탄생
44억 년 전 | 첫 대양의 탄생

지구의 층상 구조가 자리를 잡다

지구는 여러 층들로 이루어져 있으며, 각각은 서로 다른 물질로 만들어져 있다. 이런 층상 구조를 만든 과정은 수십억 년 전부터 계속해서 지구의 형태를 만들면서 우리에게 영향을 미친다.

지구는 형성된 이후 수억 년 동안 용융 상태의 덩어리였다. 그리고 지구 자체가 중력으로 인해 수축하는 작용과, 태양계 형성 과정에서 남은 물질들이 계속 지구와 충돌하는 작용 모두가 지구에 열을 발생시켰다. 지각은 점점 딱딱해졌지만, 내부는 끊임없이 분화해 오늘날과 같은 층상 구조가 만들어졌다.

핵에서 대기까지

중심부의 물질은 굳어서 고체 내핵이 됐다. 그 주변을 액체인 외핵이 둘러쌌다. 외핵의 유체 흐름과 내부의 난류 덕분에 오늘날의 지구 자기장이 만들어졌다. 핵 바로 바깥에는 가장 두꺼운 층인 맨틀이 있다. 그 위로 맨틀에서 분출한 용암이 굳어 만들어진 지각이 있다. 지각은 행성 두께의 0.5퍼센트를 차지한다.

지구 핵의 온도는 **섭씨 6,700도**보다 높을 것으로 추정된다.

분화는 이후에도 계속됐다. 화산 활동 중에 배출된 수증기가 물로 응축되면서 첫 번째 대양이 만들어졌다. 그러다 41억~39억 년 전에 후기 운석 대충돌기(74~75쪽 참조)에 들어서 지구에 부딪치는 충돌체의 수가 다시 한 번 급격히 늘었다. 이때 충돌한 소행성과 혜성 들이 싣고 온 많은 양의 물이 원시 대양을 만들었다.

가장 가벼운 기체는 화산 활동 중에 맨틀에서 빠져나와 이산화탄소가 풍부한 대기의 일부가 됐다. 비록 수소와 헬륨은 태양풍에 실려 날아간 뒤였지만, 지구의 중력이 이산화탄소, 질소, 수증기, 아르곤 등의 기체를 잡아 두기에 충분했다. 대기 중에 기체 상태의 산소는 존재하지 않았으며 모든 산소는 암석과 물 속에 포함돼 있었다.

지구 속 탐험

지구 내부는 너무도 뜨겁고 압력도 매우 커서, 그것을 관통하기란 거의 불가능하다. 대신 과학자들은 다른 방법을 사용해 지구 내부를 살펴본다. 그들은 지구의 평균 밀도가 표면 밀도보다 크기 때문에, 중심에 무거운 물질이 있어야 한다는 사실을 알아냈다. 또 지진이 발생하는 경로와 지구 자기장의 형성 원리를 연구해 지구의 내부 구조에 대한 추가 단서를 얻으려고 노력한다.

▼ 지구의 층상 구조
층들은 44억~38억 년 전에 형성되기 시작했다. 우리 행성은 여섯 개의 층, 즉 고체 내핵, 액체 외핵, 반고체 맨틀, 고체 지각, 액체 대양, 그리고 기체 대기층으로 나뉜다.

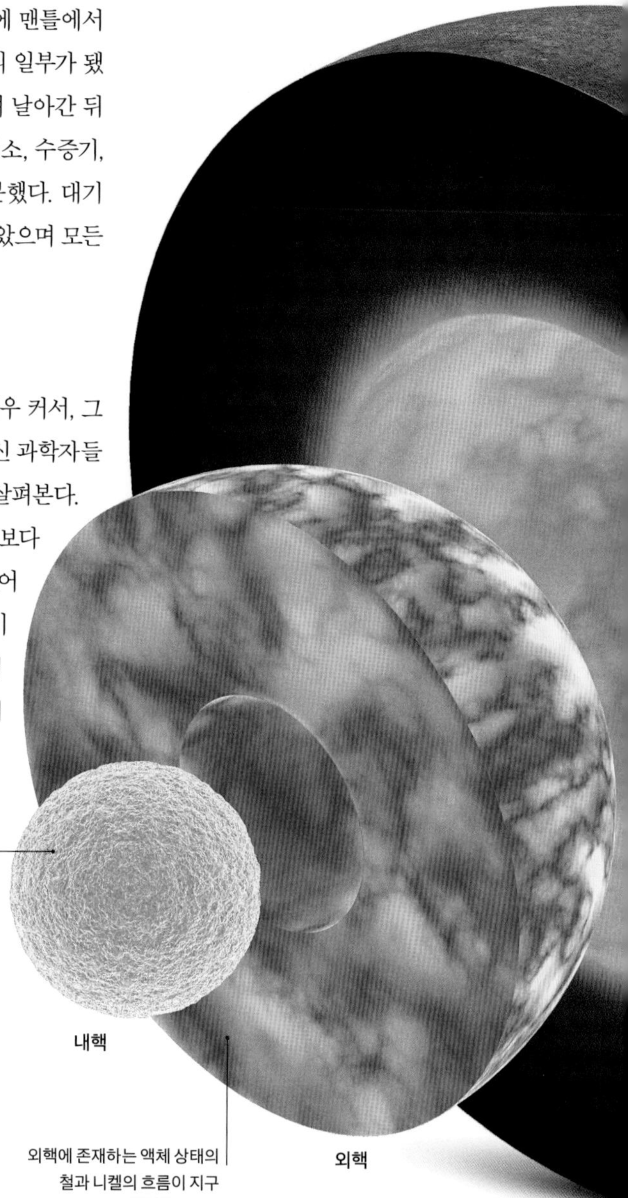

지구 형성 직후, 철과 니켈로 만들어진 고체 핵이 중심부로 가라앉았다.
내핵
외핵에 존재하는 액체 상태의 철과 니켈의 흐름이 지구 자기장을 만들어 낸다.
외핵
맨틀

▶ 지진파
지진으로 인해 발생하는 진동은 크게 P파(Primary wave)와 S파(Secondary wave)로 나뉜다. 지진 발생 시 지진파가 이동하는 속도를 연구하면 지구의 내부 구조를 파악하는 데 도움이 된다.

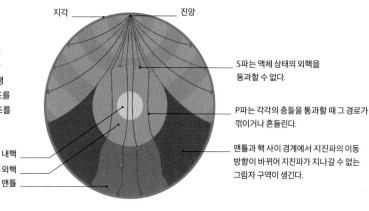

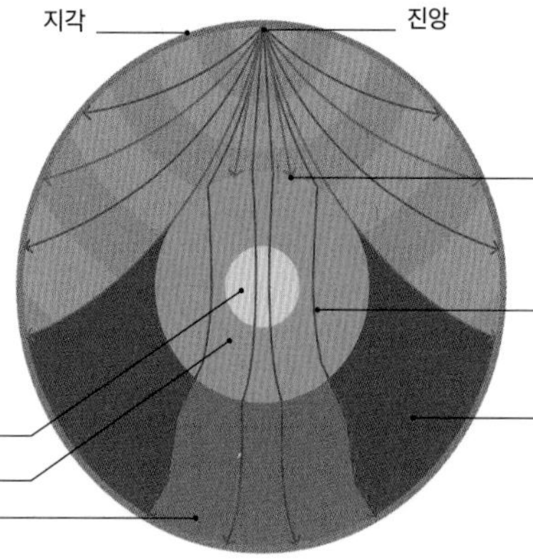

지각
진앙
S파는 액체 상태의 외핵을 통과할 수 없다.
P파는 각각의 층들을 통과할 때 그 경로가 꺾이거나 흔들린다.
맨틀과 핵 사이 경계에서 지진파의 이동 방향이 바뀌어 지진파가 지나갈 수 없는 그림자 구역이 생긴다.
내핵
외핵
맨틀

41억 년 전 | 최초의 생명 출현

40억 년 전 | 지구의 층상 구조 형성

38억 년 전 | 지구의 대륙 형성

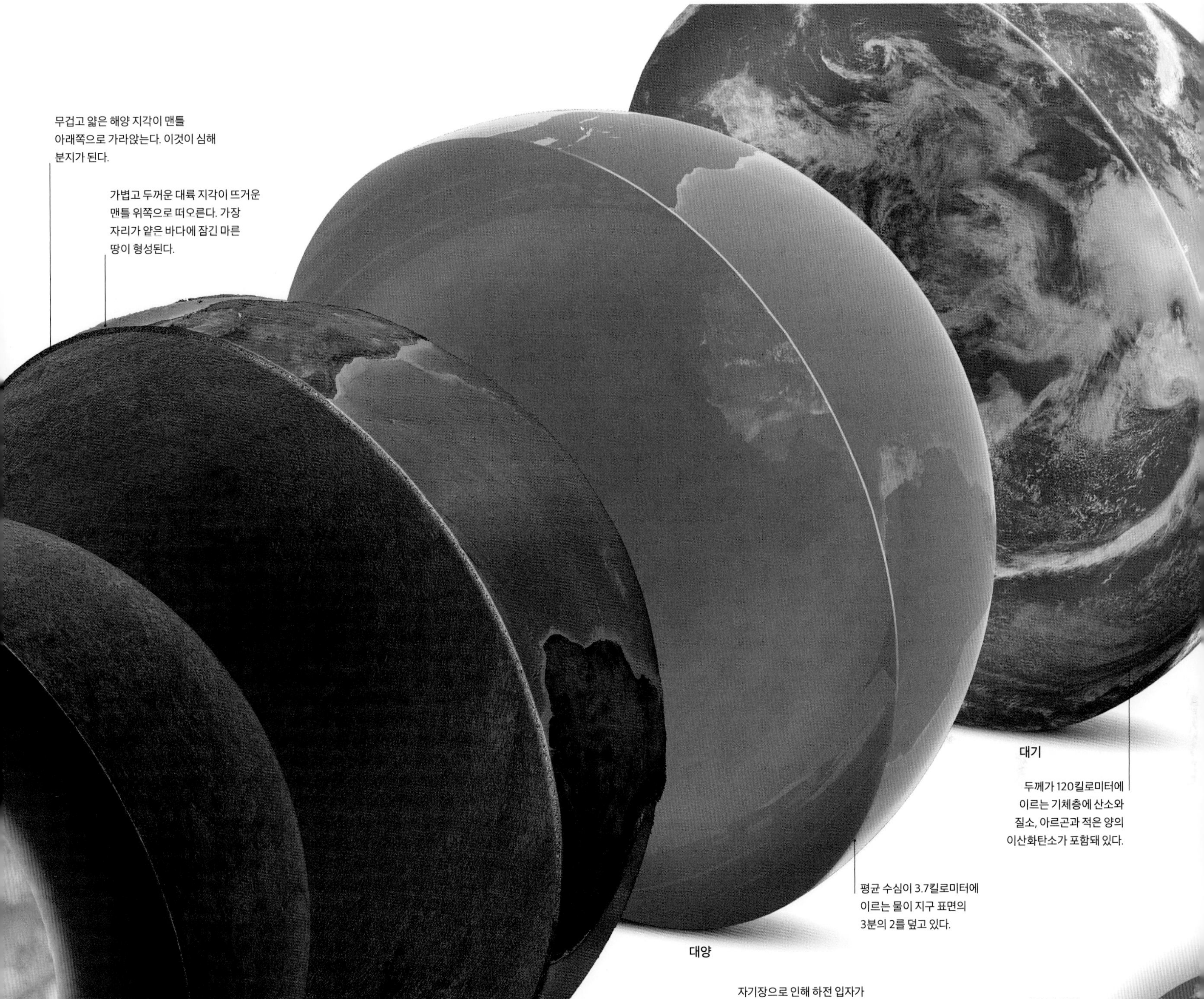
무겁고 얇은 해양 지각이 맨틀 아래쪽으로 가라앉는다. 이것이 심해 분지가 된다.
가볍고 두꺼운 대륙 지각이 뜨거운 맨틀 위쪽으로 떠오른다. 가장 자리가 얕은 바다에 잠긴 마른 땅이 형성된다.
대기
두께가 120킬로미터에 이르는 기체층에 산소와 질소, 아르곤과 적은 양의 이산화탄소가 포함돼 있다.
평균 수심이 3.7킬로미터에 이르는 물이 지구 표면의 3분의 2를 덮고 있다.
대양
지각
반고체 상태의 암석이 대류에 의해 매우 천천히 흐른다. 이것이 지각에 있는 판의 움직임을 야기한다(92~93쪽 참조).

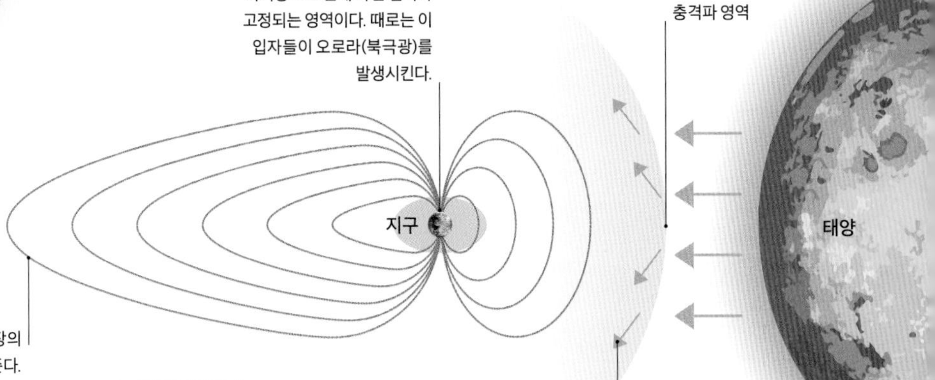
자기장으로 인해 하전 입자가 고정되는 영역이다. 때로는 이 입자들이 오로라(북극광)를 발생시킨다.
충격파 영역
지구
태양
자기력선은 자기장의 모양과 강도를 보여 준다.
지구 자기장 때문에 편향된 태양풍

▲ 자연적인 보호막
태양풍같이 태양에서 나오는 유해한 입자들이 지구 자기장 덕분에 빗겨 간다. 이러한 자기장은 용융된 철로 이루어진 핵 내부의 물질 흐름 때문에 생성된다.

달의 역할

지구는 상대적으로 작은 행성임에도 불구하고, 달이라는 태양계에서 다섯 번째로 큰 위성을 갖는 축복을 얻었다. 우리의 유일한 위성인 달은 우리 행성에 중대한 영향을 미쳤다. 심지어 달은 지구에 생명을 여는 시동 장치 역할을 했는지도 모른다.

만약 지구가 하루 만에 응축된 것이라면, 달은 지구의 나이가 10분쯤 됐을 때 나타났다. 달은 우리 행성의 영원한 동지이며, 만약 달이 없었다면 우리 또한 지구에 존재하지 않았을 것이다. 초창기 지구에 거대한 암석 천체가 충돌해 그 충격으로 떨어져 나온 암석 덩어리들이 지구 주변 궤도에 모여 달을 형성했다. 막 생겨났을 당시의 달은 지금보다 지구와 10배 더 가까이 있었다.

달과 생명

초창기 지구에 가까이 있었던 달은 오늘날에 비해 훨씬 큰 중력으로 지구를 잡아당겨 매우 극단적인 조석 간만의 차를 일으켰다. 생물학자들은 이런 조석 간만의 차가 생명체를 탄생시킨 중요한 요소라고 생각한다. 달의 궤도 운동 속도는 수백만 년에 걸쳐 점점 빨라졌다. 그 결과 달이 과거보다 멀리 떨어졌다. 오늘날 달은 매일 주기적으로 만조와 간조를 일으키며, 1년에 3.8센티미터씩 지구로부터 멀어지고 있다. 달이 멀어질수록 조수의 힘은 약해진다.

조석은 바닷물을 휘저어 극지방에서 적도 지역까지 열을 골고루 퍼뜨렸다. 젊은 지구의 기온을 조절한 셈이다. 또한 달의 중력은 지구 자전축의 기울기를 일정하게 유지시켰다. 그 결과 계절이 안정적으로 반복됐다. 달은 서서히 지구를 안정시켰고, 이로 인해 생명이 번성할 수 있었다.

지구를 끌어당기는 달

지질학자들은 이와 같은 달의 강한 중력 때문에, 지구가 지질학적으로 판 형태의 구조를 가진 유일한 행성일 것이라고 추측했다(92~93쪽 참조). 하데스대 동안 달은 마그마로 이뤄진 원시 바다를 끌어당겼다. 달의 이러한 비틂 작용이 식어가는 지구의 암석 지각을 오늘날과 같이 여러 개로 분리시켰을 것이라고 주장하는 이론도 있다.

▼ 엄청난 조차
캐나다의 대서양 해안에 있는 펀디 만은 지구상에서 가장 큰 조차를 자랑한다. 물은 하루 두 번 최대 16미터씩 오르내리며 호프웰 바위를 물에 잠기도록 만든다.

▼ 달이 끌어당기다
달의 중력은 지구의 양쪽으로 조석 차이를 만들어 낸다. 달과 마주하는 쪽에서는 달이 대양을 끌어당겨 만조가 생긴다. 달은 지구에 이런 끌어당기는 힘뿐 아니라 잡아 늘리는 힘도 가한다. 그 결과 직관과 반대되게도, 달과 마주하지 않는 쪽에서도 만조가 일어난다.

> **달이 형성되었기 때문에** 지구에서 **생명이 탄생할 수 있었다**는 가설은 충분히 고려할 만한 가치가 있다.
>
> **리처드 레이드**, 분자 생물학자, 1950년~

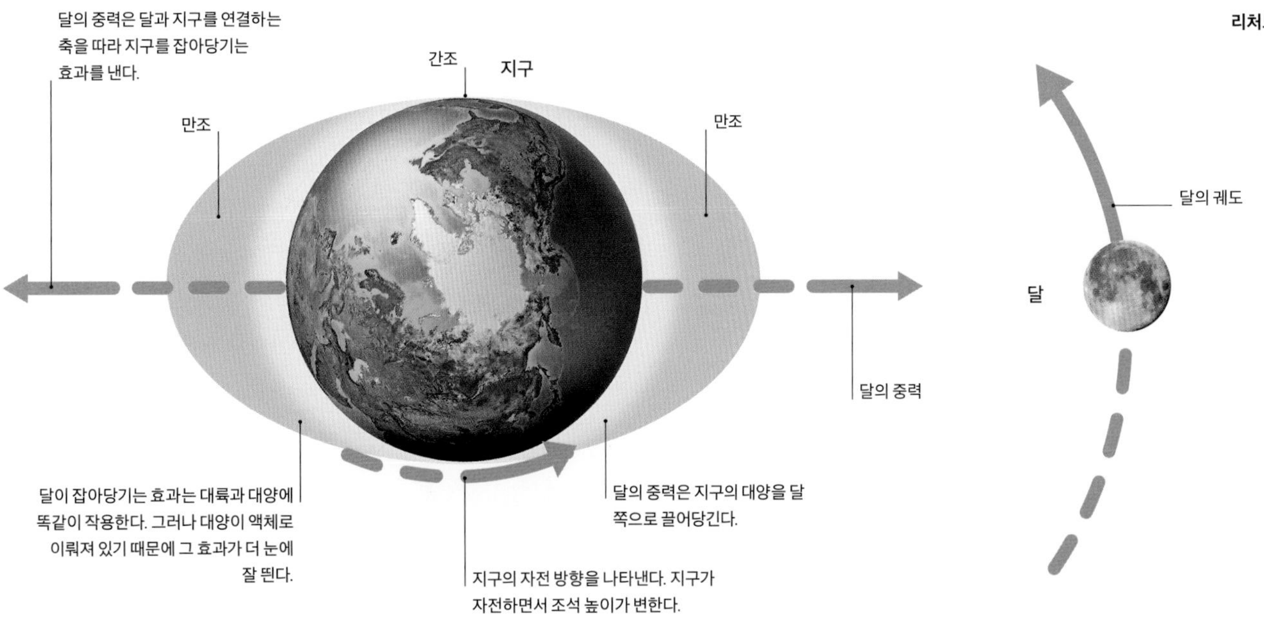

달의 중력은 달과 지구를 연결하는 축을 따라 지구를 잡아당기는 효과를 낸다.
간조
지구
만조
만조
달의 궤도
달
달의 중력
달이 잡아당기는 효과는 대륙과 대양에 똑같이 작용한다. 그러나 대양이 액체로 이뤄져 있기 때문에 그 효과가 더 눈에 잘 띈다.
달의 중력은 지구의 대양을 달 쪽으로 끌어당긴다.
지구의 자전 방향을 나타낸다. 지구가 자전하면서 조석 높이가 변한다.

대륙이 탄생하다

약 40억 년 전, 지구의 지각이 움직이기 시작하면서 그 일부가 맨틀 속으로 들어갔다. 그 결과 마그마가 분출됐고 이것이 식어서 가벼운 대륙 지각이 새롭게 만들어졌다. 대륙 지각은 주변의 암석 지각보다 높게 솟아 처음으로 육지를 만들었다. 이 과정은 오늘날에도 계속되고 있다. 지구 표면의 30퍼센트가 이렇게 형성된 대륙들로 이뤄져 있다.

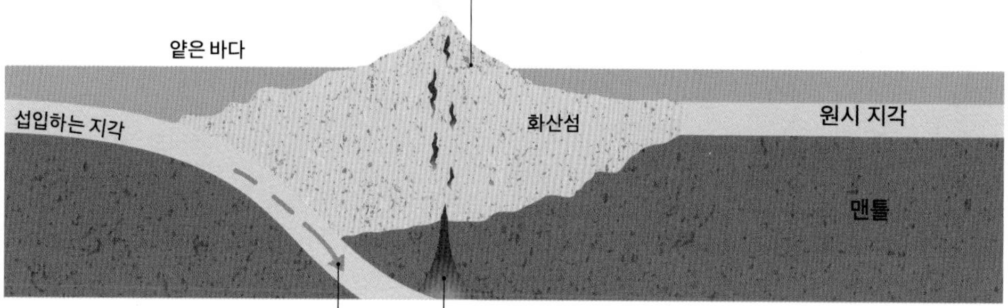

첫 번째 대륙 지각이 형성된다. 마그마가 식어서 대개 화강암 같은 결정질암으로 이뤄진 화산섬이 생긴다.
얕은 바다
섭입하는 지각
화산섬
원시 지각
맨틀
지각이 아래로 침강 또는 섭입해 뜨거운 맨틀 속에서 녹는다.
지각이 용융되면서 규소, 산소, 알루미늄, 소듐, 포타슘 등 가벼운 물질이 풍부한 마그마가 형성된다.

원시 지각이 초기 지구를 덮고 있었다. 그러다 두 지각이 정면으로 만나 한 지각이 다른 지각 밑으로 들어갔다. 맨틀 속에서 그 지각이 녹아 만들어진 가벼운 물질은 다시 끓어서 표면으로 올라왔다.

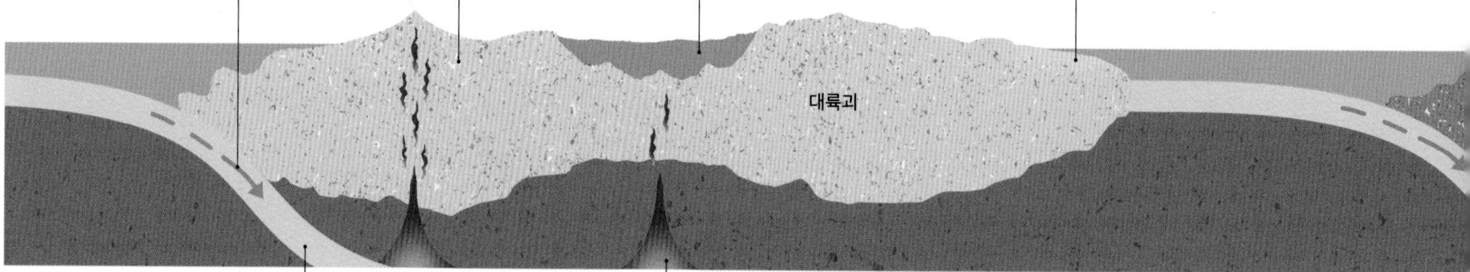

지각이 아래로 계속 끌려간다.
섬과 섬이 충돌해 대륙괴를 형성한다.
대륙괴의 일부가 갈라지고, 그 틈을 메우기 위해 무거운 마그마가 아래에서 올라온다.
바다와 바람, 비 때문에 대륙괴가 침식되면서 사암과 같은 퇴적물이 만들어진다.
대륙괴
섭입하는 지각이 뜨거운 맨틀 쪽으로 밀려들어가 녹는다.
마그네슘과 철이 풍부한 무거운 마그마가 대륙괴에 균열이 생긴 부분으로 밀고 올라올 수 있다.

지구의 지각 운동으로 인접한 섬들이 함께 밀려났다. 이것들이 점차 모여 대륙괴라고 불리는 가볍고 큰 땅을 형성했다. 이후 대륙괴가 갈라지면서 무거운 물질들이 표면으로 상승했다. 또 대양 아래에서 판들이 갈라지며 무거운 해양 지각이 새롭게 생겨났다.

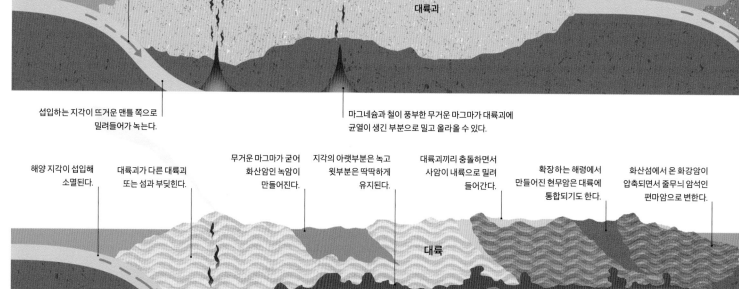

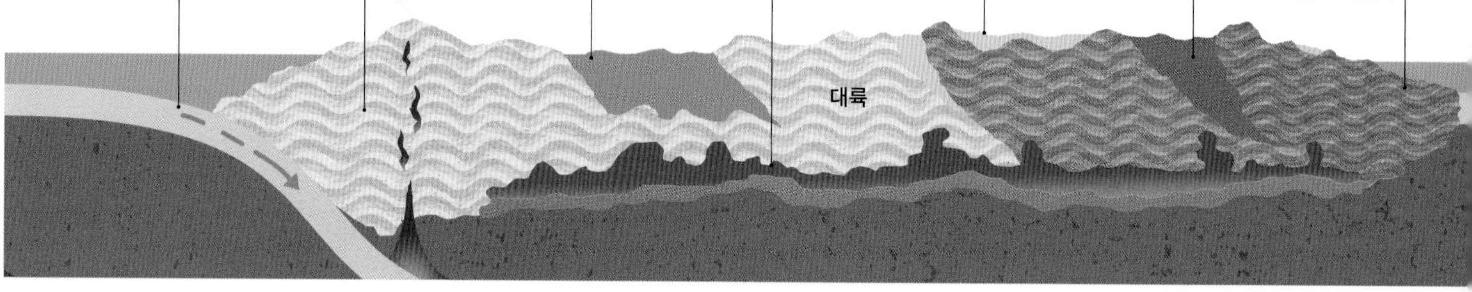

해양 지각이 섭입해 소멸된다.
대륙괴가 다른 대륙괴 또는 섬과 부딪힌다.
무거운 마그마가 굳어 화산암인 녹암이 만들어진다.
지각의 아랫부분은 녹고 윗부분은 딱딱하게 유지된다.
대륙괴끼리 충돌하면서 사암이 내륙으로 밀려 들어간다.
확장하는 해령에서 만들어진 현무암은 대륙에 통합되기도 한다.
화산섬에서 온 화강암이 압축되면서 줄무늬 암석인 편마암으로 변한다.
대륙

첫 번째 대륙이 등장했다. 대륙괴와 섬 들이 충돌해서 형성된 이 대륙은 가볍기 때문에 지구 표면에 머물면서 점차 다양한 조성의 암석으로 변한다. 반면 무거운 해양 지각은 계속 섭입한다. 해양 지각은 늙지도, 그 조성이 복잡해지지도 않는다. 해령이 확산하면서 새로운 해양 지각이 만들어진다.

대륙이 생기기 전 지구에는, 그 씨앗이 되는 대륙괴(craton)가 있었다. 대륙괴는 대륙 지각에 생성된 일련의 섬들이 모여 만들어졌다. 그 과정은 시생대(40억~25억 년 전)에 시작됐다. 당시 지구의 기온은 하데스대보다 낮았지만 지금보다는 훨씬 높았다. 단단한 지각 위에는 대양이 형성됐다.

오늘날 지구의 지각은 무거운 해양 지각과, 그보다 가볍고 두꺼운 대륙 지각으로 구성돼 있다. 하지만 원시 지각은 균일했다. 그런데 맨틀의 대류로 인해(92~93쪽 참조) 지각이 여러 판으로 쪼개졌다. 각각의 판들은 움직이다 서로 충돌했고, 그 과정에서 한 판이 다른 판 아래에 깔렸다. 맨틀로 들어간 지각이 녹아 가벼운 마그마가 생성됐고, 이것이 지구 표면을 뚫고 올라와 식어서 화산섬이 됐다. 지구의 지각 운동은 수백만 년에 걸쳐 이런 섬들을 한데 모았다. 그 결과 작은 원시 대륙인 대륙괴가 탄생했고, 이들이 합쳐져 최초의 대륙이 됐다.

최초의 초대륙

시생대가 끝날 무렵인 약 25억 년 전, 지구 표면에는 오늘날 육지의 80퍼센트가 존재했다. 이들 대부분이 모여 발바라(Vaalbara)라고 불리는 초대륙이 됐다. 발바라는 카프발(Kaapvaal) 대륙괴와 필바라(Pilbara) 대륙괴의 충돌로 형성됐다. 현재 카프발 대륙괴는 남아프리카 공화국에, 필바라 대륙괴는 오스트레일리아에 있으며, 각 대륙괴는 36억~27억 년 된 암석을 포함한다. 우리는 이 땅덩어리들이 쪼개지고 또 합쳐지는 과정을 한 번 이상 겪었으며(158~159쪽 참조), 최초의 대륙을 형성했던 대륙괴들이 현재 흩어져 있다는 사실을 알고 있다. 비록 대륙은 바뀌었을지라도 대륙괴는 대륙의 중심부에 남아 있다.

대륙 형성 과정은 지금도 진행 중이다. 해양 지각은 다른 해양 지각 아래로 계속 섭입해 마그마를 지구 표면으로 밀어낸다. 그리고 마그마가 냉각되면 카리브 해의 섬들과 같은 화산섬들이 만들어진다.

현존하는 **가장 오래된 대륙**의 이름은 수메르 문명의 도시 국가 이름을 따서 **'우르(UR)'라고 불린다**.

◀ **니시노시마 섬**
2013년, 일본 해안에서 새로운 섬이 발견됐다. 이 섬은 화산 폭발로 용암이 지각을 뚫고 나와 굳으면서 만들어졌다. 40억 년 전 대륙이 탄생한 과정도 이와 같았다.

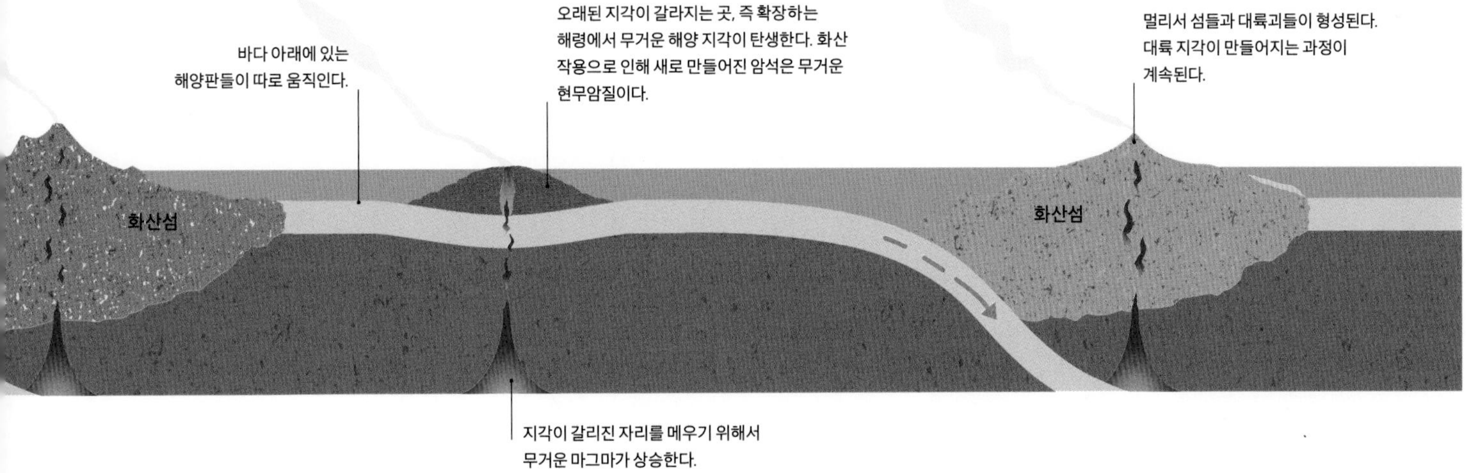

바다 아래에 있는 해양판들이 따로 움직인다.
오래된 지각이 갈라지는 곳, 즉 확장하는 해령에서 무거운 해양 지각이 탄생한다. 화산 작용으로 인해 새로 만들어진 암석은 무거운 현무암질이다.
멀리서 섬들과 대륙괴들이 형성된다. 대륙 지각이 만들어지는 과정이 계속된다.
화산섬
화산섬
지각이 갈리진 자리를 메우기 위해서 무거운 마그마가 상승한다.

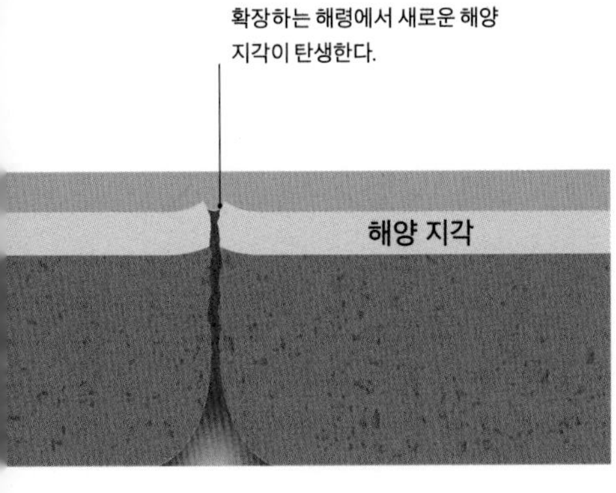

확장하는 해령에서 새로운 해양 지각이 탄생한다.
해양 지각

> **대륙의 중심부**는 안정적인 암석권을 포함한다. **그 암석권은 수십억 년 전부터 형성되기 시작됐다**.
>
> **니컬러스 위긴턴**, 과학 편집자, 1970년~

지구의 나이를 구하다

지구의 나이에 관한 문제를 해결한 것은 불과 수십 년밖에 되지 않았다. 지식이 증가하고 과학 기술이 발전하면서 지구의 추정 나이는 수천 년에서 수십억 년으로 증가했다. 우리는 이제 지구가 45억 4000년 전에 만들어진 사실을 알고 있다.

지구의 기원은 항상 명확하지 않았다. 아리스토텔레스를 포함한 고대 그리스의 철학자들은 지구가 언제나 있었고 언제나 있을 영원한 것이라고 믿었다. 대부분의 문명은 자신만의 기원설을 가졌다(18~19쪽 참조). 근대 과학 이전에는 주로 경전을 토대로 지구의 기원을 가늠했다. 실제로 1645년 아일랜드의 주교인 제임스 어셔(James Usher)는 성경의 계보를 사용해 지구의 기원이 기원전 4004년 10월 23일이라고 계산했다.

초기의 과학적인 아이디어

모든 사람이 이처럼 '젊은' 지구의 기원을 믿은 것은 아니었다. 16세기, 프랑스의 사상가 베르나르 팔리시(Bernard Palissy)는 암석의 침식이 점진적으로 일어난 것이므로 지구의 나이는 수천 년보다 훨씬 오래됐을 것이라고 주장했다. 프랑스의 자연사학자 브누아 드 마이예(Benoît de Maillet)는 바다의 화석이 고도가 높은 곳에서 발견되는 이유가, 지구의 해수면이 과거에 훨씬 더 높았기 때문이라고 잘못 생각했다. 이것은 판 구조론이 발견되기 훨씬 전의 일이었다(90~91쪽 참조). 18세기 후반, 스코틀랜드의 지질학자 제임스 허턴(James Hutton)이 침식률을 측정해 지구 나이가 훨씬 더 많다는 사실을 많은 사람들이 믿게 됐다. 허턴은 1,000년 전에 브리튼 섬의 로마 인들이 세운 하드리아누스 방벽조차 거의 침식되지 않았으므로, 그보다 더 훼손된 암석들은 훨씬 오래된 것이라고 주장했다. 허턴은 또 '부정합(unconformity)' 층이 형성되려면 수천 년이 아니라 수백만 년의 퇴적 작용이 필요하다는 점을 내세웠다. 빅토리아 시대의 지질학자 찰스 라이엘(Charles Lyell)은 허턴의 의견에 동의하며, 천천히 계속 변화하는 지구의 개념을 강조했다. 오늘날 자연에서 관찰되는 변화의 속도는 과거의 변화를 추정하는 데 응용될 수 있다.

격화되는 논쟁

19세기 중반까지 여러 분야의 과학자들이 지구의 나이 문제에 도전했다. 1862년, 물리학자 윌리엄 톰슨(William Thomson, 후에 기사 작위를 받아 켈빈 경(Lord Kelvin)으로 불렸다.)은 초기 지구를 용암 덩어리로 상상하고, 현재의 온도로 냉각되는 데 걸린 시간을 계산해 지구의 나이가 2000만~4억 년이라고 결론지었다. 당시에 발견되지 않았던 방사능의 영향은 고려되지 않았다. 라이엘은 이것이 지나치게 보수적이며 우리가 퇴적에 대해 배운 사실과 맞지 않는다고 비판했다. 찰스 다윈(Charles Darwin)은 『종의 기원(*On the Origin of Species*)』에서 잉글랜드의 석회암 퇴적물이 침식돼 현재 상태가 되려면 지구의 나이가 적어도 3억 년이 돼야 한다고 주장하며 이 논쟁에 동참했다. 다윈의 아들인 천문학자 조지 다윈(George Darwin)은 달이 지구로부터 형성돼 현재 위치에 도달하기까지 적어도 5600만 년이 걸렸을 것이라고 추론했다. 20세기까지, 지구의 나이에 대한 합의는 수천 년에서 수백만 년을 넘나들었다.

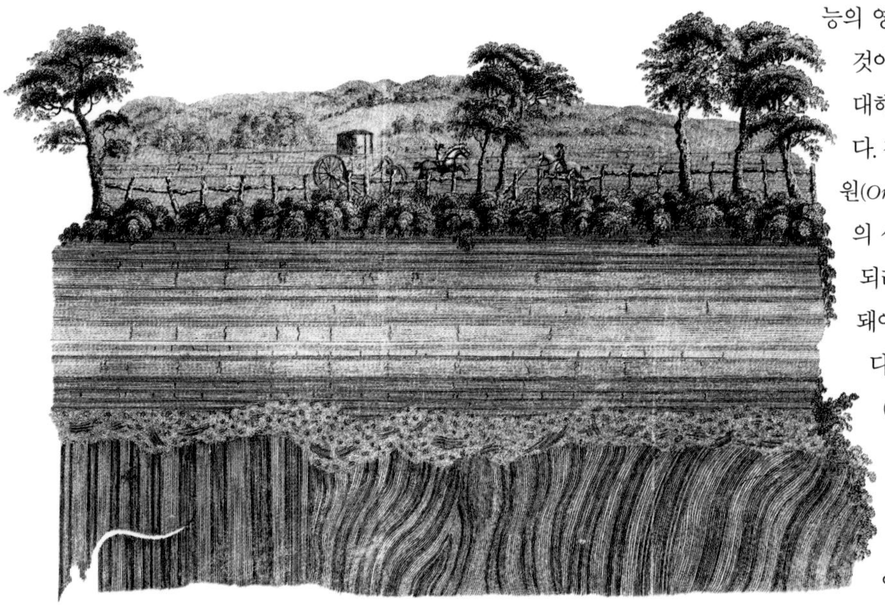

▼ 암석에 남은 단서
1787년에 스코틀랜드의 제드버러 암석층을 스케치한 그림이다. 수직의 암석층 위에 그것과는 다른 시기에 쌓인 수평의 암석층이 놓여 있다. 이 같은 부정합은 제임스 허턴이 제기한, 지구의 기원이 굉장히 오래됐다는 주장의 근거가 됐다.

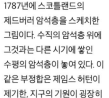

▲ 위험한 믿음
베르나르 팔리시(1509~1589년)는 인생의 대부분을 도공으로 일했지만 또한 과학자이기도 했다. 그는 발견된 화석이 선사 시대 동물의 것으로, 성경 속 홍수 이야기와 맞지 않는다는 급진적인 주장을 펼쳤다. 결국 가톨릭 교회는 그를 수감했다.

방사능의 나이

1903년에 마리 퀴리(Marie Curie)가 발견한 방사성 물질을 이용해 지구의 나이를 구할 새로운 방법이 생겼다. 암석의 방사성 원자들은 수백만 년에 걸쳐 붕괴되므로, 과학자들은 남아 있는 불안정한 원자의 비율을 측정해 암석의 나이를 알 수 있었다(88~89쪽 참조). 이후 30년 동안 전 세계의 암석을 분석하는 데 방사성 연대 측정법이 널리 사용됐다. 암석들의 나이는 9200만 년에서 30억 년까지 다양했다.

1960년대에 이르러 방사능을 이용해 암석 표본의 연대를 측정하는 방법이 매우 다양해졌으며, 기술의 정확도와 함께 계산의 정확도도 높아졌다. 우리는 이제 지구의 나이가 45억 4000만 년(오차 범위 1퍼센트)임을 알고 있다. 지구보다 좀 더 오래됐을 것으로 추정되는 운석의 나이도 이를 뒷받침한다.

안데스 산맥 해발 1,800미터 지점에서 발견된, **선사 시대 해저 상층에서 유래한 나무 화석**은 찰스 다윈에게 **지구의 나이가 굉장히 많다**는 확신을 줬다.

▼ 암석에 새겨진 역사
오랜 퇴적의 역사를 담고 있는 그리스 해안의 석회암층이다. 18~19세기 선구적인 지질학자들은 구김과 침식을 통해 만들어진 이런 퇴적층을 보고 이 모든 지질학적 변화에는 엄청난 시간이 필요할 것이라고 생각했다.

> 인간 관찰자의 시점에서 보면, **이 세상은 시작도 없고 끝도 없다.**

제임스 허턴, 지질학자, 1726~1797년

지르콘 결정

일부 고대의 결정은 44억 년이 넘도록 지구에 남아 있다. 그들의 존재는 우리 행성의 역사를 조사할 수 있는 좋은 기회를 제공한다. 또한 생명의 기원과 초기 대양에 대해 많은 것을 알려 준다.

오스트레일리아 서부에 위치한 잭 힐스는 지금까지 발견된 모든 오래된 암석들의 발상지다. 작은 지르콘 결정은 크기가 집 먼지 진드기만 하지만, 격동적인 초기 지구의 비밀을 간직하고 있다. 가장 오래된 결정의 나이는 44억 년이다. 이때는 지구를 강타한 거대한 충돌로 달이 형성된 지 1억 년이 지난 후, 지구의 지각이 딱딱해지던 시기다. 지르콘은 지르코늄 원소를 포함하고 있는 광물로, 유명한 친척뻘 광물인 다이아몬드와 강도가 유사하다. 따라서 침식 등의 지질학적 작용을 견디고, 지구의 역사를 간직한 훌륭한 기록물로 남을 수 있었다.

지르콘 결정은 보통 붉은색이다. 그러나 과학자들이 지르콘 결정을 연구하기 위해 전자를 쏘면 그것은 푸른 빛깔을 띤다. 지르콘 결정을 분석한 결과는 지구의 초기 환경에 대한 이전 연구들을 뒤엎고 있다. 과학자들은 오랫동안 초기 지구가 생물이나 물이 존재할 수 없을 정도로 험한, 지옥 같은 곳이었다고 추측했다. 그러나 과학자들의 생각이 바뀌기 시작했다. 지르콘 결정이 지금과 같은 모습으로 형성되기 위해서는, 지구가 비교적 빨리 식었어야 했기 때문이다.

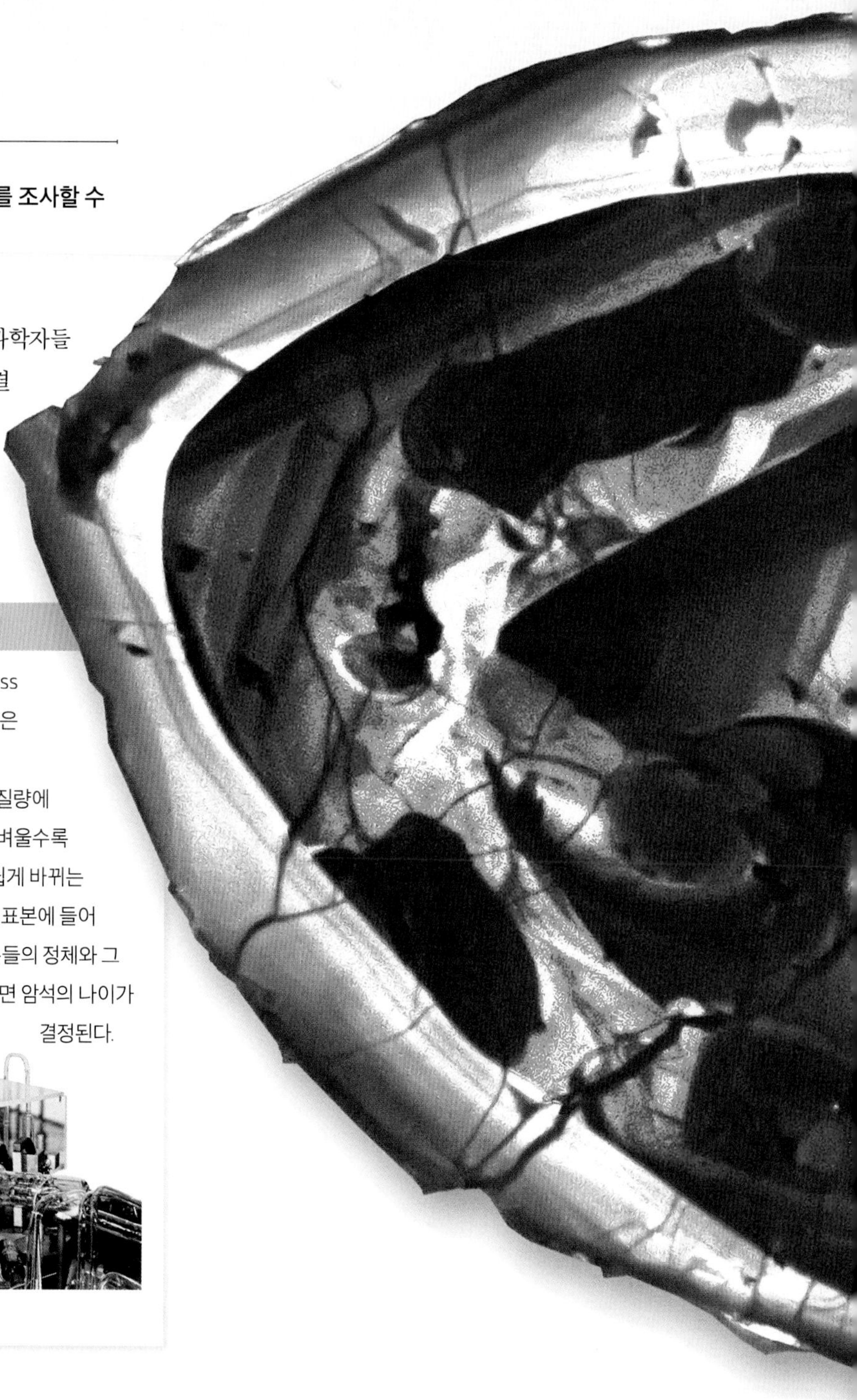

결정의 구성

방사성 연대 측정법은 질량 분석기(mass spectrometer)를 사용한다. 암석 표본은 원자로 부서져 이온화, 즉 전하를 띤다. 질량 분석기 안의 자석은 이 이온들을 질량에 따라 분류한다. 이온이 가벼울수록 자석으로 인해 방향이 쉽게 바뀌는 원리를 이용해, 암석 표본에 들어 있는 다양한 이온들의 정체와 그 비율이 밝혀지면 암석의 나이가 결정된다.

질량 분석기

▼ 방사성 연대 측정법의 원리
우라늄 원자들은 매우 크고 불안정해서 결국 붕괴된다. 그것들은 방사선을 방출하며 정해진 비율에 따라 안정적인 원자들로 바뀐다. 따라서 암석에 남은 우라늄과 최종 부산물(납)의 비율을 측정하면 암석이 형성된 이후 얼마나 많은 방사성 붕괴가 일어났으며 얼마 동안의 시간이 흘렀는지 알 수 있다.

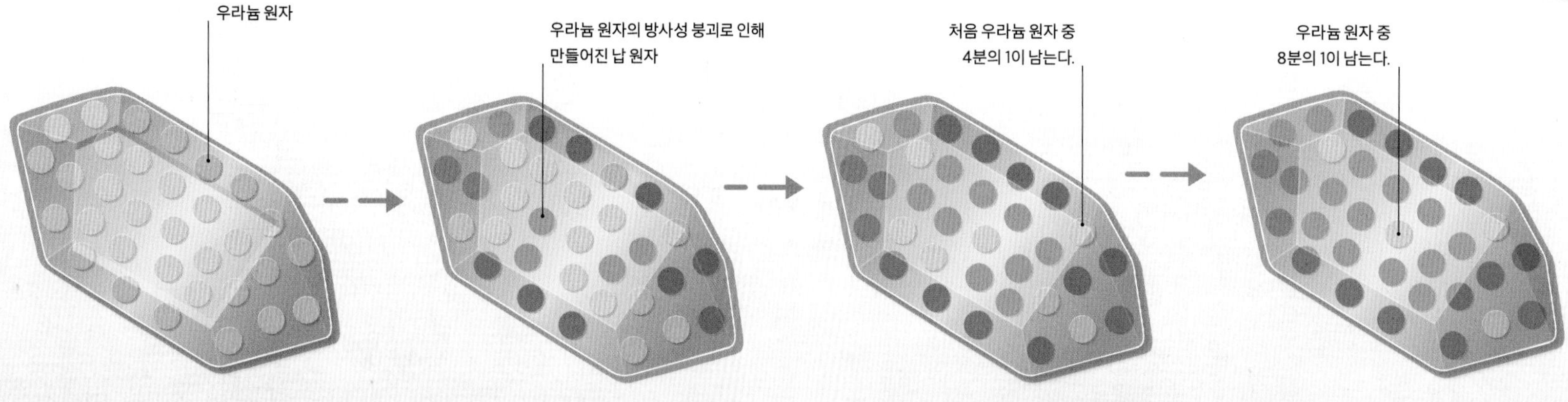
우라늄 원자
우라늄 원자의 방사성 붕괴로 인해 만들어진 납 원자
처음 우라늄 원자 중 4분의 1이 남는다.
우라늄 원자 중 8분의 1이 남는다.

암석이 형성될 당시, 즉 녹아 있는 암석이 굳어서 결정을 이루는 동안에는 오직 우라늄만 있다.

7억 400만 년 뒤, 우라늄 원자가 붕괴돼 방사선을 방출하며 납 원자로 변한다.

14억 600만 년 뒤, 더 많은 우라늄 원자들이 붕괴된다. 암석 표본에서 더 많은 납이 발견된다.

오늘날 지질학자들은 암석에 남아 있는 우라늄과 납의 비율을 측정해 이 암석이 21억 1200만 년 전에 만들어졌음을 알아냈다.

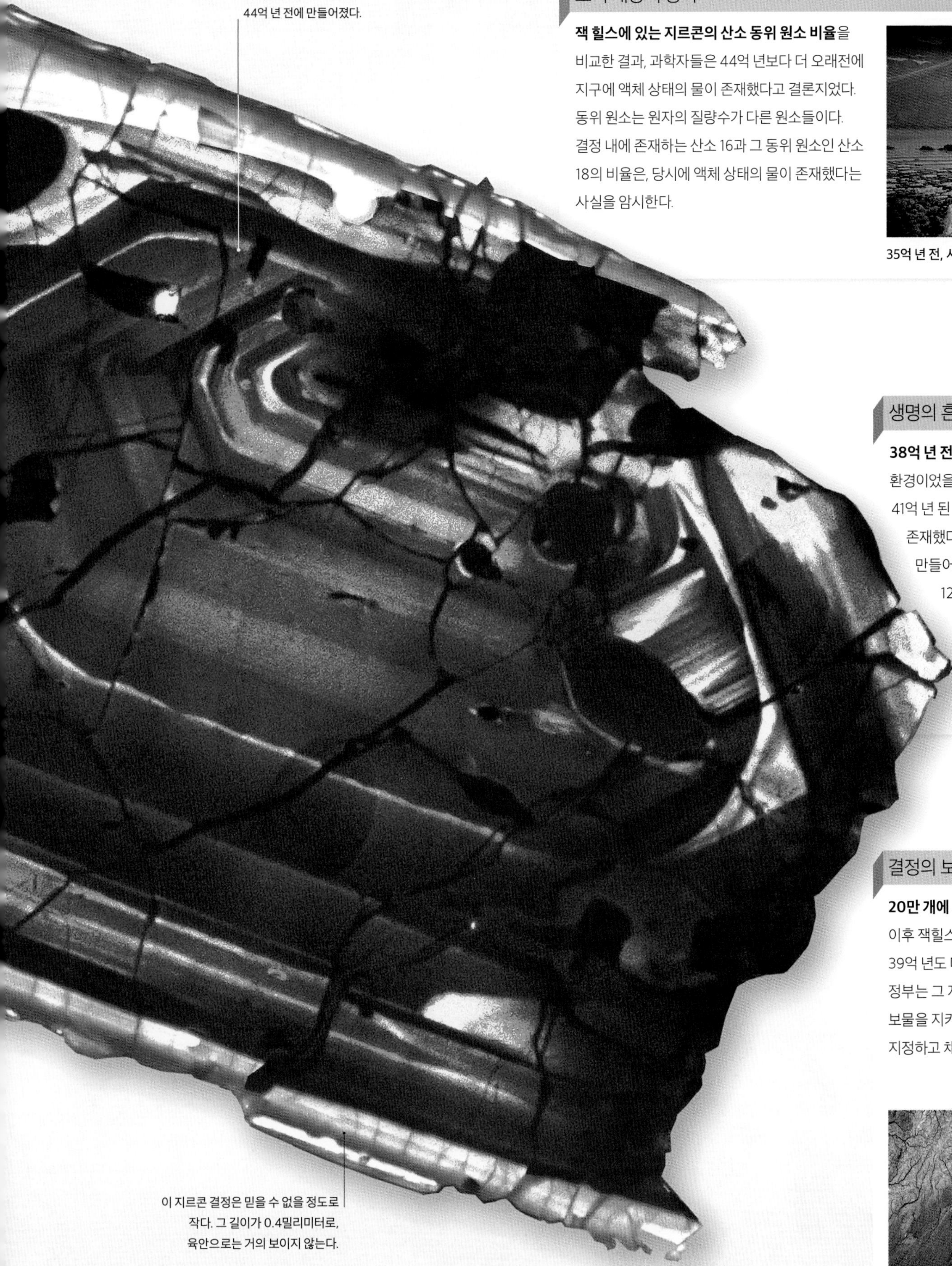
이 특별한 지르콘 결정은
44억 년 전에 만들어졌다.
이 지르콘 결정은 믿을 수 없을 정도로
작다. 그 길이가 0.4밀리미터로,
육안으로는 거의 보이지 않는다.

초기 대양의 증거

잭 힐스에 있는 지르콘의 산소 동위 원소 비율을 비교한 결과, 과학자들은 44억 년보다 더 오래전에 지구에 액체 상태의 물이 존재했다고 결론지었다. 동위 원소는 원자의 질량수가 다른 원소들이다. 결정 내에 존재하는 산소 16과 그 동위 원소인 산소 18의 비율은, 당시에 액체 상태의 물이 존재했다는 사실을 암시한다.

35억 년 전, 시생대의 지구

생명의 흔적

38억 년 전까지 지구는 생명체가 살기 힘든 환경이었을 것이다. 그러나 지르콘에서 발견된 41억 년 된 흑연 부스러기는 당시에도 생명이 존재했다는 사실을 보여 줬다. 흑연은 탄소로 만들어지는데, 발견된 흑연에 존재하는 탄소 12와 그 동위 원소인 탄소 13의 비율은 살아 있는 유기체가 만들어 내는 독특한 비율과 일치했다.

결정의 보존

20만 개에 가까운 지르콘 결정이 1980년대 이후 잭힐스에서 발굴됐다. 그중 10퍼센트는 39억 년도 더 된 것들이었다. 오스트레일리아 정부는 그 지질학적 중요성을 깨닫고 과학계의 보물을 지키기 위해 잭힐스 지역을 지질 유산으로 지정하고 채굴을 제한했다.

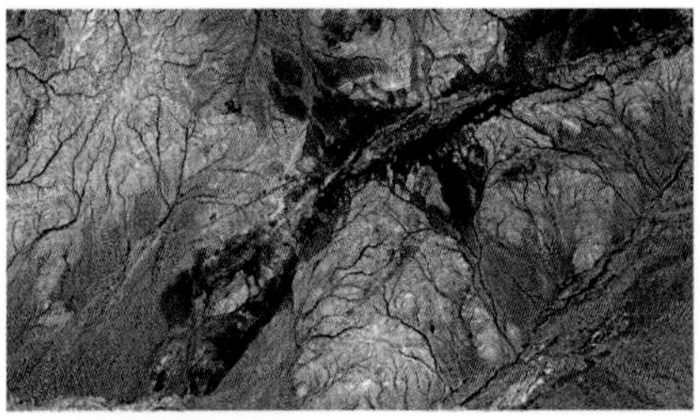
오스트레일리아의 잭 힐스

대륙이 이동하다

오늘날의 세계 지도는 우리에게 친숙한 지구의 모습을 보여 주지만, 이와 같은 대륙 배치는 지구 역사에서 비교적 최근에 이루어진 일이다. 대륙은 수억 년 동안 분리되고 움직이기를 반복했다. 이런 생각은 20세기 후반까지는 받아들여지지 않았다.

시간이 흐르면서 대륙이 이동했다는 사실은 지도를 보면 이해가 쉽다. 일부 대륙은 퍼즐 조각처럼 서로 잘 맞아 보인다. 그러나 거대한 땅이 움직일 수 있다는 개념은 오랫동안 과학계에서 황당한 생각으로 간주됐다. 그럼에도 불구하고, 대륙이 이동한다는 생각은 수세기 동안 이어졌다. 벨기에 플랑드르 지역의 지도 제작자인 아브라함 오르텔리우스(Abraham Ortelius)는 16세기 말 이런 생각을 처음 제시한 사람으로 널리 알려져 있다.

아프리카 대륙의 굴곡이 남아메리카 대륙의 해안선과 꼭 맞아 떨어지는 것처럼 보인다.

▲ 첫 번째 단서
탐험가들은 남아메리카 대륙의 동쪽 해안선과 아프리카 대륙의 서쪽 해안선이 맞아 떨어진다는 사실에 주목했다. 이 지도는 1858년에 지질학자인 안토니오 스니데르펠레그리니가 그렸다.

빈틈을 연결하다

19세기에 안토니오 스니데르펠레그리니(Antonio Snider-Pellegrini)는 여러 대륙의 구불구불한 해안선이 하나의 거대한 초대륙을 형성하기에 얼마나 잘 들어맞는지를 보여 주는 두 개의 지도를 만들었다. 지금은 멀리 떨어진 대륙이 한때는 결합돼 있었다는 추가 증거는 화석 기록에서 나왔다(158~159쪽 참조). 과학자들은 대양으로 분리돼 있는 대륙에 서로 유사한 동물의 화석이 남아 있다는 사실, 그리고 특정 작물이 공통적으로 재배되고 있다는 사실을 알게 됐다. 그들은 대륙들이 한때 광대한 육교로 연결돼 있었고, 이후 육교가 침식되거나 바다 깊은 곳에 수몰됐다는 식으로 이것을 설명했다.

▶ 대담한 생각
독일의 과학자 알프레트 베게너(1880~1930년)는 대륙 이동설에 대한 확실한 증거를 찾기 위해 그린란드로 네 번이나 원정을 떠났다. 그는 탐험 도중 목숨을 잃었다.

지질학자들을 난처하게 하는 또 다른 골치 아픈 문제는 히말라야와 같은 산맥의 기원이었다. 19세기 가장 지배적인 설명은 지구가 식어 쪼그라들면서 생기는 주름이 산봉우리라는 것이었다. 이에 따르면 산맥은 지구 표면 전체에 고르게 퍼져 있어야 했다. 그러나 실제로는 그렇지 않았다.

산맥의 기원에 대한 생각은 20세기에 계속 발전했다. 찰스 다윈의 아들인 조지 다윈은 한때 달이 지구의 한 부분이었으며, 이것이 사라지면서 광대한 태평양 바다가 생겼다고 주장했다. 그는 달이 현재의 위치로 분리돼 나간 것처럼 대륙이 분리됐다고 주장했다. 지구가 확장되고 있다는 또 다른 이론도 있었다. 행성이 커짐에 따라 땅덩어리들이 계속 퍼져 나갔다는 주장이었다. 두 이론은 정확한 물리적 메커니즘을 발견하지 못해 서서히 지지를 잃었다.

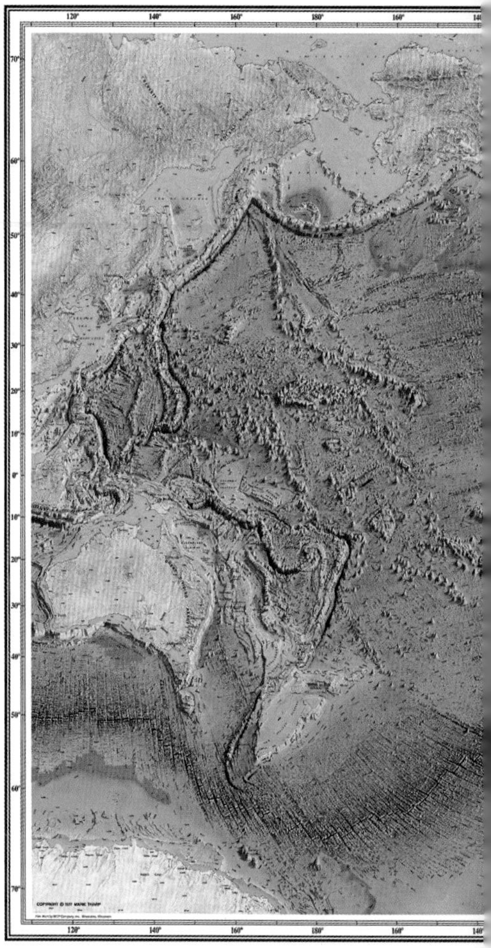

새로운 생각

1912년, 알프레트 베게너(Alfred Wegener)라는 독일의 과학자가 대륙 이동설을 주장했다. 그는 다른 대륙의 화석들이 일치할 뿐 아니라, 암석의 종류와 지질 구조도 서로 비슷하다고 결론지었다. 그는 이런 결론이 육교가 수몰됐다는 이론과 공존할 수 없다고 생각해서 대륙이 스스로 멀어졌다고 주장했다. 그 주장은 산을 둘러싼 수수께끼에도 잠재적인 해결책을 제시했다. 대륙이 자유롭게 돌아다닐 수 있다면, 시간이 지남에 따라 일부는 충돌할 수도 있다. 따라서 인도가 아시아 본토와 충돌해, 대륙이 구겨지며 그 결과로 히말라야 산맥이 만들어졌다는 설명이 가능해졌다.

베게너는 지구의 육지들이 바다를 헤치고 나갔다는 주장을 같은 해에 발표했다. 하지만 동료 과학자들은 미지근한 반응을 보였다. 그 이유 중

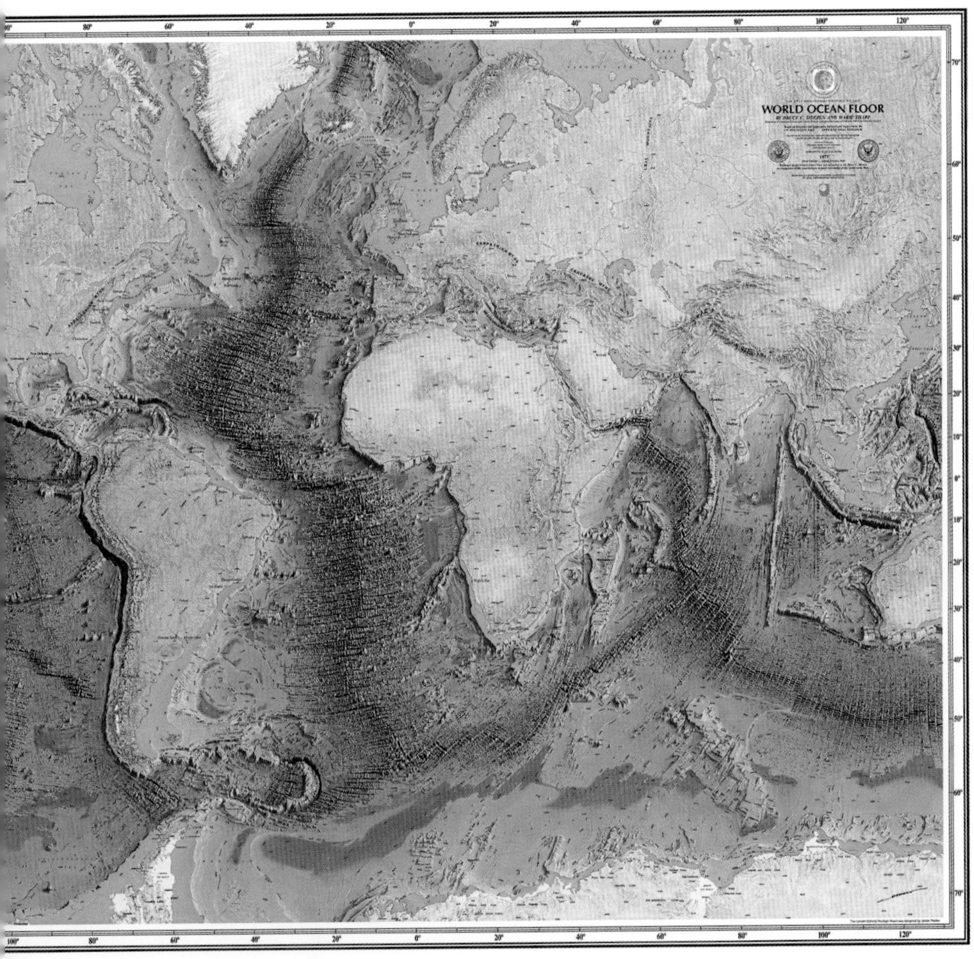

◀ 대륙의 흉터들
이 지도는 1977년 해양학자이자 지도 제작자인 마리 사프와 브루스 히즌이 작업한 인생의 역작이다. 지도에 나타난 해저의 세부는 판 구조론에 대한 결정적인 증거가 됐다.

하나는 그의 이론이 대륙이 왜 표류하는지에 대한 타당한 이유를 제시하지 못했기 때문이었다. 베게너는 대륙의 이동 속도를 부정확하게 계산하고 이것을 100배나 과대 해석했다. 이런 계산들은 대륙 이동의 원인을 찾는 데 도움을 주지 못했다.

베게너의 학문적 배경 또한 장애 요소였다. 지질학자들은 천문학자이자 기상학자인 그가, 지질학자로서 요구되는 전문 지식을 가지고 있지 않다고 생각했다. 그러나 1931년에 영국의 지질학자 아서 홈즈(Arthur Holmes)는 지구의 맨틀이 지각의 일부를 움직이게 하는 흐름을 일으킨다고 주장하면서 베게너의 주장에 힘을 실었다.

> 나는 교수들 중 한 사람에게 물었다. 그러자 그가 조롱하듯이 말했다. **만약 내가 대륙을 움직이는 힘을 증명할 수 있다면**, 그제야 한 번 생각해 보겠다고. **그것은 다 헛소리라고**.
>
> **데이비드 애튼버러**, 자연사 학자이자 방송인, 1926년~

해저에서 온 단서

1950년대에 베게너의 주장을 뒷받침하는 증거들이 발견돼 과학자들이 생각을 바꾸기 시작했다. 1953년에 인도의 암석을 분석한 결과, 이것이 한때 남반구에 있었던 사실이 드러나면서 베게너의 산맥 형성 이론이 강화됐다. 또 같은 시기에 수중 산맥인 중앙 해령(Mid-Ocean Ridge)이 발견됐다. 중앙 해령은 지구에서 가장 긴 산맥으로 모든 해양을 통과한다. 지질학자들은 이런 중앙 해령의 존재도 설명해야 했다. 미국 해군 소속 지질학자였던 해리 헤스(Harry Hess)에게 이러한 모든 이론들을 하나로 정리하라는 임무가 떨어졌다. 헤스는 제2차 세계 대전 중인 1960년대 초에 수중 음향 탐지기(sonar, 소나)를 사용해 해저 지도를 만들었다. 그는 대륙이 '해저 확장' 과정을 거쳐 실제로 사이가 멀어졌다는 의견을 내놓았다. 1958년, 오스트레일리아의 지질학자 새뮤엘 케리(Samuel Carey)는 지구의 지각이 여러 개의 판으로 구성돼 있다고 밝혔다. 헤스는 판의 경계에서 지각이 파열되고 마그마가 올라왔다며 대륙 이동설에 동참했다. 마그마는 기존에 있던 해저 지층이 서로 떨어지도록 밀어내고, 굳어서 해령을 형성한다. 베게너가 제안한 것처럼 대륙이 해양 지각 사이를 헤치

대륙이 이동한다는 개념이 **사실로 받아들여지기**까지 **300년**이라는 시간이 걸렸다.

고 나가는 것이 아니라, 해저 지층 자체가 자라서 대륙을 운반하는 것이다. 이것은 움직이는 판 구조라는 개념의 일부가 된다(92~93쪽 참조).

오늘날 이러한 개념들이 합쳐져서 판 구조론(plate tectonics)이 탄생했다. 우주에서 측지학을 사용해 지구를 관측한 데이터가 이 이론을 뒷받침한다. 이 연구는 지구 중력의 작은 변화를 측정해 질량이 어디에 집중돼 있는지를 분석한다. 시간에 따라 역전되는 지구 자기장(북쪽이 남쪽이 되고, 남쪽이 북쪽이 된다.)의 극성 연구도 이 이론에 힘을 실어 준다. 자기장 역전은 바다 밑 암석에 자기적 선 구조를 남긴다(94~95쪽 참조). 우리는 그 띠가 생긴 연도를 측정하고, 해저가 얼마나 빠른 속도로 확장했는지를 알아낸다. 판 구조론은 1970년대 마리 사프(Marie Tharp)와 브루스 히즌(Bruce Heezen)이 해저 지도를 만들어, 해저 확장이 대륙 이동을 설명할 수 있다는 사실을 명백히 밝히기 전까지 널리 받아들여지지 않았다.

지구의 지각이 움직이다

지구의 표면은 맨틀 내부의 느린 대류가 만든다. 지구의 판 구조 운동 때문에 지표가 끊임없이 변하고 지질 활동이 왕성해진다. 이는 태양계의 다른 암석 행성과 지구를 구별하는 특징이다.

지구의 표면층은 아프리카 판, 남극 판, 유라시아 판, 북아메리카 판, 남아메리카 판, 태평양 판, 인도-오스트레일리아 판 등 총 일곱 개의 주요 지각 판과 여러 개의 작은 지각 판으로 구성돼 있으며, 이들은 맨틀이라는 반고체층 위에 떠 있다. 지각 판은 보통 손톱이나 머리카락이 자라는 속도로 매우 천천히 움직인다. 40억 년 전 지구의 층들이 자리 잡은 이후, 지각 판들은 꾸준히 움직이고 있다.

▼ 화산 폭발
아이슬란드의 에이야퍄들라이외퀴들 화산은 용융 상태의 마그마와 검은 화산재 구름을 분출했다. 땅으로 떨어진 화산재는 지각의 맨 위에 하나의 층으로 쌓였다.

지표의 이동

맨틀 내부의 대류는 지구 중심부의 열 때문에 발생한다. 맨틀은 대부분 단단하지만 천천히 흐른다. 이것이 지각 바닥을 잡아당겨 판을 움직인다. 지각은 마그네슘, 철이 풍부한 조밀한 암석으로 된 해양 지각과, 알루미늄 등 가벼운 암석으로 된 대륙 지각 두 종류로 나뉜다. 밀도가 높은 해양 지각은 판의 경계에서 더 가벼운 지각 판 아래로 미끄러져 들어간다. 섭입한 해양 지각은 맨틀 속 깊숙한 곳에 가라앉아 녹아서 액체 상태의 마그마가 된다. 이 마그마가 지표면을 뚫고 나와 화산 폭발을 일으킨다.

판 구조 운동과 지질 현상

판과 판이 만나는 곳에서는 판 구조 운동(tectonic activity)이 일어난다. 이 운동은 판의 구성 물질과 이동 방향에 따라 다르다. 판의 경계에는 판과 판이 서로 엇갈리며 비비듯 지나가는 변환 단층 경계, 판이 갈라지면서 마그마가 올라와 식어 새로운 지각을 형성하는 발산 경계, 두 개의 판이 정면으로 충돌하는 수렴 경계가 있다. 섭입대(subduction zone)에서는 지각이 가라앉아 녹지만, 해양 지각이 발산하는 화산 지역이나 중앙 해령 지역에서는 새로운 지각이 만들어진다.

지진과 같은 지각의 갑작스러운 움직임은 판의 경계에서 발생한다. 발산 및 변환 단층 경계에서는 보통 작은 지진이 일어나지만, 충돌이 생기는 수렴 경계에서는 큰 지진이 발생한다.

두 판이 서로 충돌하는 곳에서는 대륙판이 밀려 올라가 히말라야와 같은 산맥을 형성할 수 있다. 히말라야 산맥은 약 5000만 년 전 인도 판과 유라시아 판의 충돌로 만들어졌다.

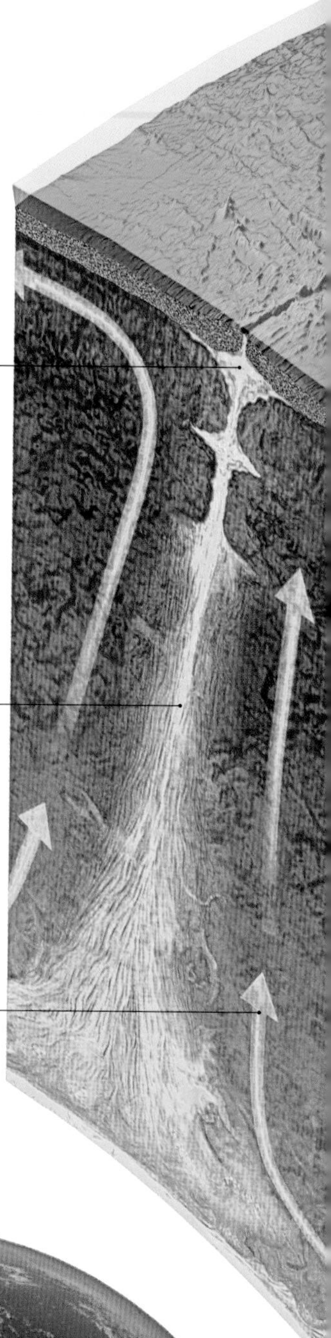

해저 화산에서 용융된 용암이 올라와 식으면서 새로운 해양 지각을 형성한다.

대류가 마그마의 상승을 유도한다.

핵 안의 열이 맨틀의 대류를 유발한다. 맨틀의 대류는 판을 움직인다.

▶ 역동적인 지표
흐르는 맨틀 위에 떠 있는 판이 움직이면서 지각은 끊임없이 변한다. 지각이 어떻게 상호 작용하느냐에 따라 지진이 발생할 수도, 화산이나 산맥이 형성될 수도 있다.

> 대륙의 이동과 지진, 화산이 거대한 스케일에서 보면
> **서로 연결돼 있다는 것은 의심할 여지가 없는 사실**이다.

알프레트 베게너, 지질학자이자 기상학자, 1880~1930년

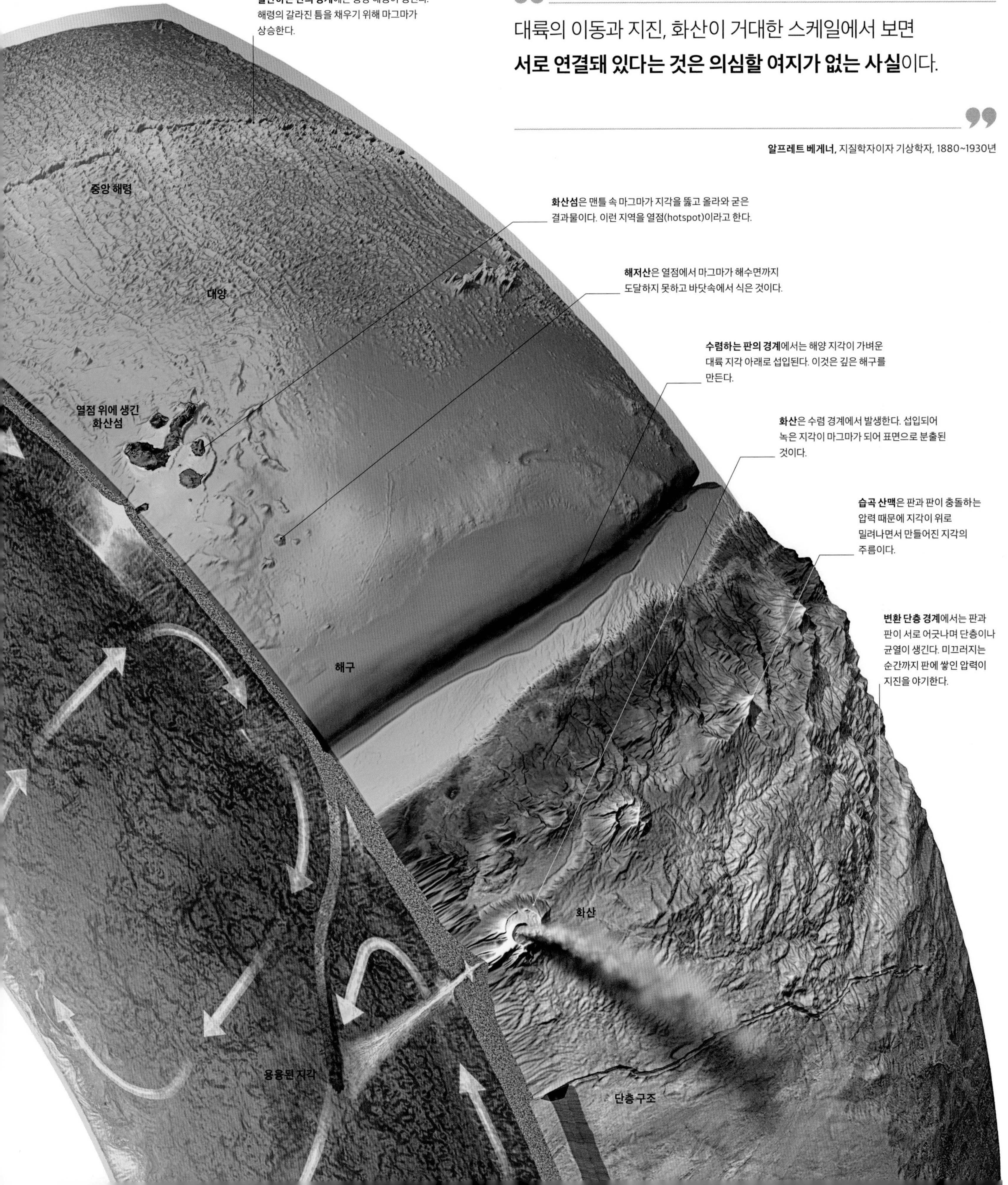

발산하는 판의 경계에는 중앙 해령이 생긴다. 해령의 갈라진 틈을 채우기 위해 마그마가 상승한다.

화산섬은 맨틀 속 마그마가 지각을 뚫고 올라와 굳은 결과물이다. 이런 지역을 열점(hotspot)이라고 한다.

해저산은 열점에서 마그마가 해수면까지 도달하지 못하고 바닷속에서 식은 것이다.

수렴하는 판의 경계에서는 해양 지각이 가벼운 대륙 지각 아래로 섭입된다. 이것은 깊은 해구를 만든다.

화산은 수렴 경계에서 발생한다. 섭입되어 녹은 지각이 마그마가 되어 표면으로 분출된 것이다.

습곡 산맥은 판과 판이 충돌하는 압력 때문에 지각이 위로 밀려나면서 만들어진 지각의 주름이다.

변환 단층 경계에서는 판과 판이 서로 어긋나며 단층이나 균열이 생긴다. 미끄러지는 순간까지 판에 쌓인 압력이 지진을 야기한다.

해저 지층

해저는 여러 가지 측면에서 지구의 역사에 대한 지침서다. 이를 연구하면 과거에 대한 신비를 해독할 수 있다. 심지어 생명의 기원이 어떻게 시작됐는지에 대한 단서를 제공하기도 한다. 해저를 지도로 나타내면, 활발하게 움직이는 다양한 판 구조 현상이 가득하다.

깊은 바다는 춥고 어두우며 믿을 수 없을 정도로 적대적이다. 가장 깊은 곳에서는 가로 세로가 약 2.5센티미터인 공간에 8.4톤의 물이 내리누르는 힘이 작용한다(1세제곱센티미터당 1.2미터톤이다.). 때문에 해양학자들은 바다의 표면에서 수중 음향 탐지기를 사용해 해저 영상을 촬영한다. 해저의 일부를 지도로 만드는 것은 화성에서 이미지를 얻는 것보다 더 어려운 작업이다.

해저 지층에 접근하는 일이 쉽지는 않지만 거기에는 지각의 발달 과정과 생명의 기원을 이해하는 데 반드시 필요한 단서가 있다. 심해 탐사는 판 구조론 이론을 더욱 정밀하게 만든다(90~91쪽 참조). 또한 생물학자들은 열과 화학 물질이 풍부한 해저 화산 지역이 최초의 생명체가 탄생한 곳이라고 믿고 있다(106~107쪽 참조).

해저에서 가장 깊은 곳은 두 개의 해양판이 만나 협곡을 형성한 지역이다. 한 판이 다른 한 판 아래로 섭입되어 V자 모양의 해구를 만든다. 전 세계에서 가장 깊은 해구는 태평양의 마리아나 해구(Mariana Trench)다. 가장 깊은 지점의 수심이 1만 994미터에 이른다. 이는 에베레스트 산을 넣고도 2,000미터의 여유가 있을 정도의 규모다.

대서양에 있는 푸에르토리코 해구(Puerto Rico Trench)의 깊이는 8,400미터가 넘는다. 이 해구가 발견된 카리브 해 판과 북아메리카 판 사이 경계는 특히나 활발한 지각 활동이 벌어지는 지역이다. 이 독특한 판 경계 지역과 특이한 현상들은 해저의 비밀을 풀고자 하는 해양학자, 생물학자, 지진학자(지진을 연구하는 사람), 해저 지형 연구자(강이나 바다 아래의 지형을 연구하는 사람) 등 바다를 연구하는 모든 사람들에게 풍부한 자료를 제공하고 있다.

카리브 해 판이
동쪽으로 이동하고
있다.
무에르토 골
▲ 서
카리브 해 판
◀ 남
앤틸리스 호상 열도
앤틸리스 제도는 이 판의 경계에서
습곡과 화산 활동으로 인해 형성됐다.

음향 탐지기 연구

마리 사프

다중 음향 탐지기는 소리가 해저에서 반사되는 시간을 통해 바다의 깊이를 측정하는 도구다. 해양학자들은 이 자료를 이용해 컬러로 된 해저 지도를 만든다. 측면 주사 음향 탐지기는 반사되는 음파의 강도를 이용해 해저 지층이 단단한 암석질인지 무른 모래질인지를 밝힐 수 있다는 점에서 보다 정확하다. 1950년대, 마리 사프와 브루스 히즌이 지구의 해저 지도를 만들었다(90~91쪽 참조).

▶ 해저 지층에 있는 단서
맨틀에서 올라온 마그마는 지각을 가르고 판과 판을 떨어뜨려 놓는다(92~93쪽 참조). 마그마가 식으며 새로운 지각이 만들어지는 동안, 마그마 내부의 광물들은 지구 자기장 방향으로 배열된다. 이유는 밝혀지지 않았지만 지구 자기장의 남과 북이 때때로 역전하는데, 이것이 수백만 년에 걸쳐 해저 지층에 자기장 줄무늬를 새겼다.

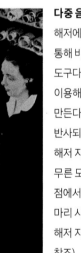

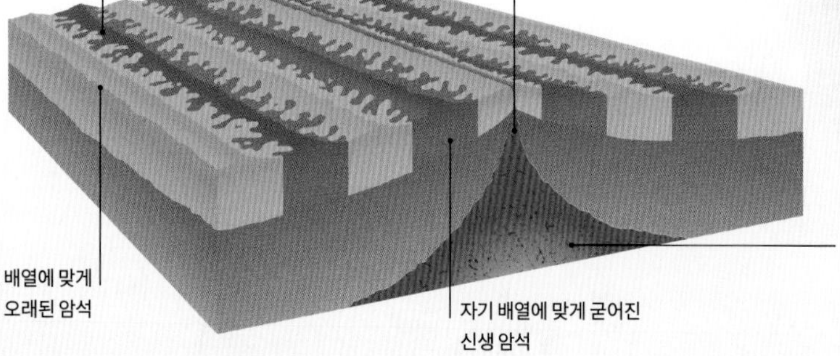
자기장 역전은 줄무늬를 만든다.
마그마가 식으며 판 사이를
떨어뜨린다.
자기 배열에 맞게
굳어진 오래된 암석
자기 배열에 맞게 굳어진
신생 암석
맨틀의 용융된
마그마가 지각을
가른다.

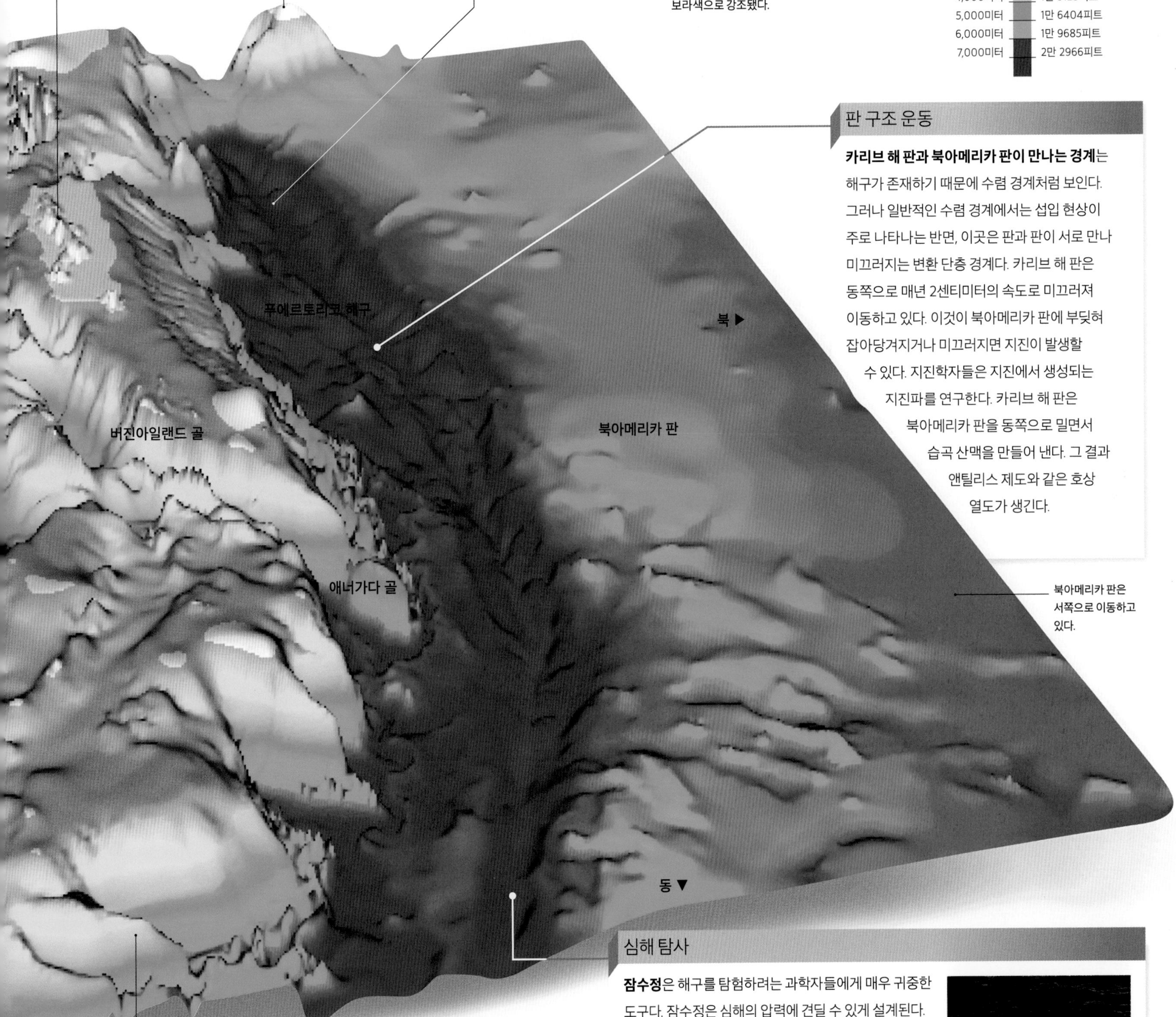

푸에르토리코 섬이 해수면 위로 솟아 있다.
해양 지각 표면에 생긴 해저산은 바하마 최남단 섬들 중 하나가 됐다.
푸에르토리코 해구에서는 지구상에서 가장 큰 음의 중력 이상(negative gravity anomaly)이 나타난다. 이 지역에는 아래로 작용하는 강한 힘이 존재한다.
푸에르토리코 해구
버진아일랜드 골
북아메리카 판
애너가다 골
북 ▶
동 ▼
북아메리카 판은 서쪽으로 이동하고 있다.
북아메리카 판이 소폭 섭입하면서 카리브 해 판이 압축돼 협곡이 형성된다.

▼ 해저 탐험
음향 탐지기를 이용해 만든 수심 측량 지도다. 카리브 해 판 북동쪽의 해저 지형이 보인다. 도드라진 정도가 색으로 표현돼 있다. 심해 해구는 보라색으로 강조됐다.

범례

해수면 위	
해수면(0미터)	0피트
2,000미터	6,562피트
3,000미터	9,843피트
4,000미터	1만 3123피트
5,000미터	1만 6404피트
6,000미터	1만 9685피트
7,000미터	2만 2966피트

판 구조 운동

카리브 해 판과 북아메리카 판이 만나는 경계는 해구가 존재하기 때문에 수렴 경계처럼 보인다. 그러나 일반적인 수렴 경계에서는 섭입 현상이 주로 나타나는 반면, 이곳은 판과 판이 서로 만나 미끄러지는 변환 단층 경계다. 카리브 해 판은 동쪽으로 매년 2센티미터의 속도로 미끄러져 이동하고 있다. 이것이 북아메리카 판에 부딪혀 잡아당겨지거나 미끄러지면 지진이 발생할 수 있다. 지진학자들은 지진에서 생성되는 지진파를 연구한다. 카리브 해 판은 북아메리카 판을 동쪽으로 밀면서 습곡 산맥을 만들어 낸다. 그 결과 앤틸리스 제도와 같은 호상 열도가 생긴다.

심해 탐사

잠수정은 해구를 탐험하려는 과학자들에게 매우 귀중한 도구다. 잠수정은 심해의 압력에 견딜 수 있게 설계된다. 로봇 조종 잠수정 또는 AUVs(자율형 무인 잠수정)에는 탐색할 위치와 측정할 내용에 대한 지침이 입력된 프로그램이 내장돼 있다. 일부 잠수정은 과학자들이 직접 타서 해저의 암석과 생명체의 표본을 조사하고 수집, 분석할 수 있다.

AUV 탐사

문턱

5

생명이 **출현하다**

지구는 태양계에서 생명이 탄생하는 데 필수적인 성분인 액체 상태의 물을 가질 수 있는, 너무 차갑지도 너무 뜨겁지도 않은 특별한 행성이었다. 생명체들은 최초의 등장 이후 자연 선택(natural selection) 과정을 거쳐 아주 단순한 세균부터 복잡한 척추동물로 진화를 거듭하며 지구를 채워 나가기 시작했다.

생명 거주 가능 조건

살아 있는 유기체들은 살아 있지 않은 복잡한 화학 물질에서 발생한다. 생물은 물질대사를 통해 주변으로부터 에너지를 얻을 수 있다. 또한 그들은 스스로 복제할 수 있고 자연 선택 과정을 통해 환경에 적응할 수 있다.

무기물과 복잡한 화학 물질이 풍부해졌다.

고체 지각과 액체 물이 생겼다.

깊은 바닷속에 열에너지가 나오는 안정적인 서식지가 형성됐다.

무엇이 달라졌는가?
화학 반응은 더 크고 더 복잡한 분자들을 만들어 냈다. 스스로 복제할 수 있는 능력을 가진 분자들이 늘어났다. 에너지와 더 복잡한 분자를 만드는 방법을 제공하는 화학 반응이 일어났다. 화학 물질들은 세포막으로 싸였다. 이것이 최초의 살아 있는 유기체인 원형 세포(protocell)였다.

복잡한 화학 물질
지구와 같은 암석 행성은 산소, 규소, 철, 니켈, 알루미늄, 질소, 수소, 탄소 등 다양한 원소들로 이뤄져 있다. 그중 탄소는 다른 원자들과 결합해 복잡한 분자들을 다양하게 만들어 낼 수 있다.

지구 내부의 열
지구 내부는 방사선 때문에 매우 뜨거웠다. 게다가 내부에서 일어나는 격렬한 화학 반응에서 열이 계속 방출됐다. 열에너지는 화산과 심해 분출구의 표면까지 전해졌다.

무기질 촉매
생명을 이루는 크고 복잡한 분자를 만드는 반응들은 촉매가 필요하다. 지구의 맨틀에서 심해 분출구를 통해 뿜어져 나온 무기물들이 각종 촉매의 원재료가 됐을 것이다.

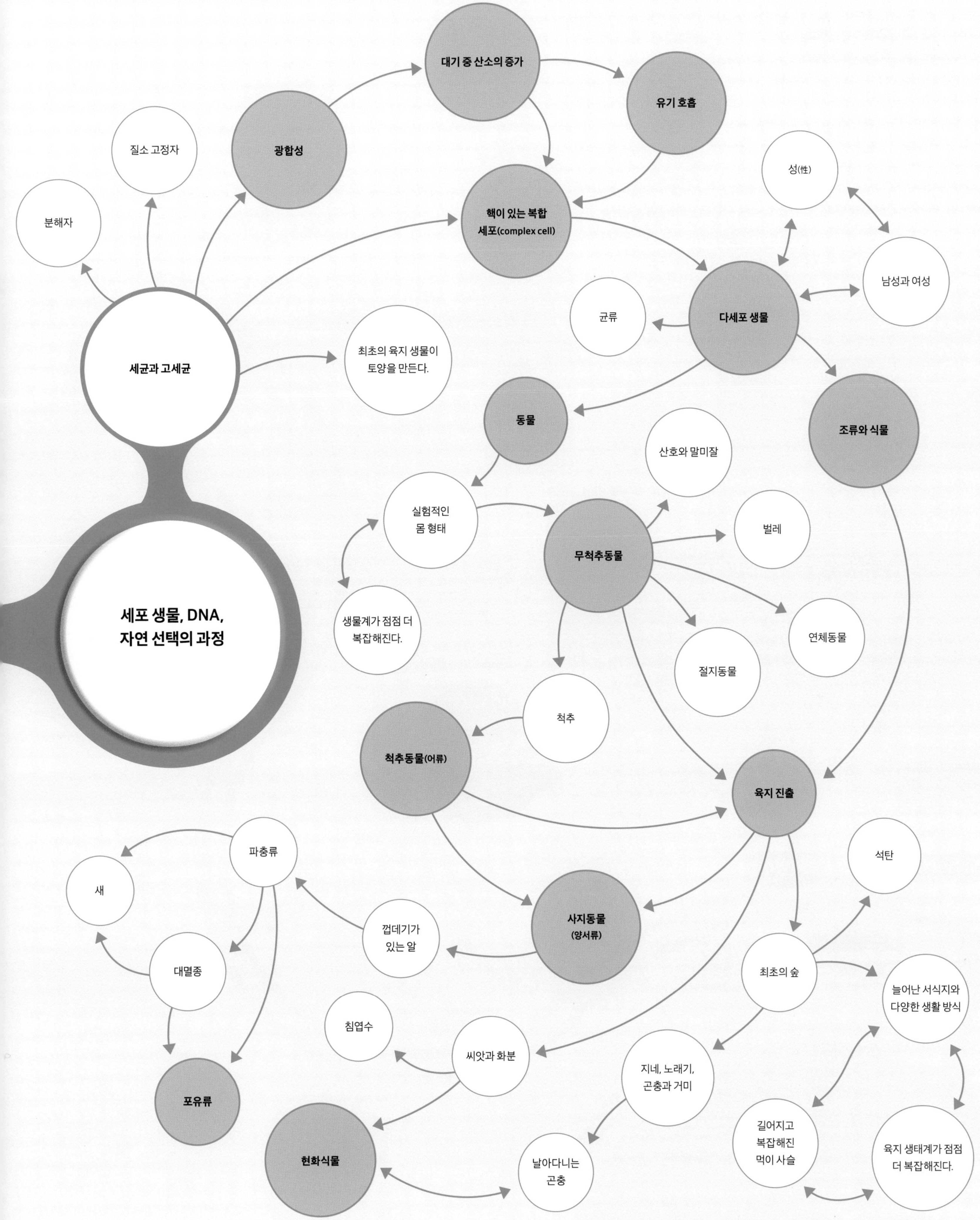
세포 생물, DNA, 자연 선택의 과정
세균과 고세균
분해자
질소 고정자
광합성
대기 중 산소의 증가
유기 호흡
핵이 있는 복합 세포(complex cell)
최초의 육지 생물이 토양을 만든다.
성(性)
남성과 여성
다세포 생물
균류
동물
조류와 식물
산호와 말미잘
실험적인 몸 형태
무척추동물
벌레
생물계가 점점 더 복잡해진다.
연체동물
절지동물
척추
척추동물(어류)
육지 진출
파충류
새
석탄
껍데기가 있는 알
사지동물 (양서류)
대멸종
최초의 숲
늘어난 서식지와 다양한 생활 방식
침엽수
씨앗과 화분
지네, 노래기, 곤충과 거미
포유류
현화식물
날아다니는 곤충
길어지고 복잡해진 먹이 사슬
육지 생태계가 점점 더 복잡해진다.

생명 이야기

40억 년 전 지구에 첫 생명체가 등장했다. 당시 지구에는 지금의 10분의 1만큼의 생명체만 살고 있었다. 맨 처음 등장한 생명체는, 현미경으로 봐야 할 정도로 아주 작았지만, 당시 우주에서 가장 복잡한 존재였다.

지구에서 생명이 폭발적으로 탄생한 것은 단순한 우연이 아니라 필연이었다. 육지가 차가워지고 영구적인 바다가 형성되면서 첫 원형 세포가 태어났다. 아마 화학 물질이 매우 풍부한, 만들어진 지 얼마 되지 않은 해저면의 갈라진 틈에서 발생했을 것이다. 수백만 년 동안 원형 세포들은 미생물이 됐고, 그 후 수십억 년 동안 지구는 그들의 차지였다. 미생물들은 햇빛을 받거나 혹은 다른 미생물을 먹고 에너지를 얻는 방법을 발전시키며, 조금씩 생물 다양성을 위한 토대를 마련했다.

생명체 중 가장 복잡한 다세포 생물은 지구의 역사 중 고작 최근 수십억 년 동안에 진화했다. 우리에게 친숙한 지금의 동식물들은 모두 초기 다세포 생물이 진화한 결과다. 아주 작은 세포에서 진화한 생명이 대지를 푸르게 물들이고 바다를 역동하는 생물들로 채운 시기였다.

1 생명의 기원

가장 오래된 생명의 증거는 오스트레일리아에서 발견된 41억 년 전 암석에 남은 탄소의 흔적이다. 살아 있는 생물에서 추출한 DNA 증거로 생명의 기원을 추정한 결과 오늘날 모든 생물은 공통 조상을 가진다고 예측된다. 이 가상의 공통 조상을 '루카(LUCA, Last Universal Common Ancestor)'라고 부른다.

지구

미생물

현생 유기체들의 DNA 증거에 따르면, **세균과 고세균**은 그들의 공통 조상인 '루카'로부터 42억 년 전에 갈라져 나왔다.

44억 년 전에 **최초의 영구적인 바다**가 형성됐다. 이곳이 생명체의 첫 서식지였다.

41억~39억 년 전, 외계 충돌체가 가장 많았던 **후기 운석 대충돌기**에 지구 대기가 없어져서 모든 초기 생명체들이 멸종했다.

40억 년 전

DNA 증거에 따르면 38억 년 전에 **고세균**이 등장했다. 고세균은 진화를 거듭해 복합 세포들의 핵이 됐다.

화석 증거에 따르면 37억 7000만 년 전 열수 분출구 주변에 생명체가 있었다.

35억 5000만 년 전에 형성된 세균의 군집 더미인 **스트로마톨라이트**는 생명의 존재를 알려 주는 오래된 화석 증거다.

스트로마톨라이트 화석

31억 8000만 년 전에 **세균이 육지로 진출했다.** DNA 분석 결과가 육지 세균의 기원을 추정했다.

세균 군집인 **스트로마톨라이트**는 오늘날 오스트레일리아의 해변에서 계속 만들어지고 있다.

30억 년 전

유기물이 풍부한 토양에서 29억 년 전에 존재했을 초기 육지 생명체의 흔적이 발견됐다.

DNA 증거에 따르면 27억 3000만 년 전에 **핵을 가진 복합 세포**가 등장했다.

27억 년 전에 **산소가 풍부한 서식지가 존재했다는 흔적**은 광합성을 하는 생물들이 대기를 산소로 채우기 시작했다는 것을 의미한다.

지표 세균의 화석은 26억 년 전에 최초의 육지 생명체가 있었음을 보여 준다.

24억 년 전, **엄청난 양의 산소가 발생해** 지구의 대기에 유입되기 시작했다.

2 복합 세포

식물, 동물, 균류, 일부 미생물과 같은 진핵생물은 핵을 가진 복합 세포들로 이뤄져 있다. 진핵생물에서만 발견되는 스테로이드 유사 물질은 24억 년 전 화석에서 처음 발견됐다. 하지만 좀 더 직접적인 흔적은 22억 년 전 균류인 디스카그마(*Diskagma*) 화석에서 나왔다.

20억 년 전

20억 년 전, 복합 세포에서 에너지를 생산하는 세포 소기관인 **미토콘드리아(mitochondria)**가 등장했다.

16억 년 전, **진핵생물(복합 세포를 가진 생물)**이 식물계와 동물계로 나뉘었다.

15억 년 전, **엽록체(chloroplast)**의 등장으로 복합 세포들은 햇빛으로부터 에너지를 얻을 수 있게 됐다.

3 다세포 생물

가장 오래된 다세포 생물 화석은 12억 년 전 바다의 홍조식물인 보라털과에 속하는 반기오모르파(*Bangiomorpha*)의 것이다. 그 화석은 생식기, 자루 모양의 부착기 등이 보일 정도로 완전하다. 이는 최초의 복잡한 생물(진핵생물)로, 붉은 해조류의 기원일 수 있다.

10억 년 전

식물과 녹조류

DNA 증거에 따르면 9억 3400만 년 전에 **식물이 등장했다.**

동물

DNA 증거에 따르면 7억 5000만 년 전에 최초의 동물인 **해면동물**이 등장했다.

6억 5000만 년 전, **초대륙이 움직이면서** 에디아카라기와 캄브리아기의 폭발적 진화를 야기한 이아페투스 대양(Iapetus Ocean)이 형성됐다.

6억 3500만 년 전 화석에서 **최초의 동물 배아**와 자포동물(해파리와 말미잘의 친척뻘)이 나왔다.

사진 속 카르니아(*Charnia*)를 포함한 **에디아카라기의 '실험적인' 동물들**은 5억 5000만 년 전에 등장했다.

66

이 세상에는 **400만 개**의 서로 다른 **동물과 식물**이 있다. **살아남기 위한 문제**에 대해서도 서로 다른 400만 개의 **해답**이 있다.

99

데이비드 애튼버러, 자연사 학자이자 방송인, 1926년~, 『지구의 생명』(1979년)에서

6억 년 전

해파리로 추정되는 에디아카라기의 화석

5억 3000만 년 전의 **동물 발자국 화석**은 육지에 진출한 정체불명의 절지동물을 보여 준다. 또한 가장 오래된 어류의 화석은 밀로쿤밍기아(*Myllokunmingia*)와 하이코우이크티스(*Haikouichthys*)다.

5억 1000만 년 전, **뼈와 유사한 조직**인 어류의 상아질이 화석으로 남았다.

캐나다의 버지스 셰일(shale)에서 발견된 5억 500만 년 전의 화석은 **실험적인 동물의 몸**을 보여 준다.

5억 년 전

DNA 증거에 따르면 4억 8300만 년 전에 곤충이 등장했다.

4억 7000만 년 전 화석에서 발견된 **육지 식물의 포자**는 식물들이 육지로 진출했음을 보여 준다.

4억 2800만 년 전의 노래기 화석에는 **공기 호흡과 체내 수정**의 흔적이 남아 있다. 이는 육지 동물들에게 매우 중요한 진보였다.

4억 2000만 년 전 뛰어난 수송 조직을 가진 쿡소니아(*Cooksonia*)와 같은 **식물들이 육지를 뒤덮었다.** 그 위로 우뚝 솟은 불가사의한 기둥은 균류와 유사한 프로토탁시테스(*Prototaxites*)다.

...0만 년 전의 판피어류(placoderm) 화석을 보면 최초의 **턱**을 발견할 수 있다.

4억 년 전

3억 8000만 년 전의 **나무 화석**은 숲이 존재했음을 보여 준다.

3억 7500만 년 전 **사지동물(네발 척추동물) 화석**은 척추동물의 육지 진출을 보여 준다.

3억 7200만 년 전의 **종자 화석**은 식물이 물가 서식지를 벗어나 건조한 환경에 적합하게 진화했음을 보여 준다.

3억 1800만 년 전의 **파충류 화석**은 일부 척추동물이 물가 서식지로부터 자유로워졌음을 보여 준다.

3억 1200만 년 전의 화석에서 **포유류와 유사한 파충류**, 또는 단궁류(synapsid)가 나왔다.

구과 화석은 3억 500만 년 전 식물들이 자신의 종자를 보호하는 구조를 진화시켰음을 보여 준다.

3억 년 전

2억 6000만 년 전 **키노돈트(*cynodont*) 화석**에서 보여 주는 다양한 머리뼈(두개골)의 특징들은 이빨, 근육질의 턱, 커다란 포유류 후손들에게 전달됐다.

2억 5000만 년 전 페름기-트라이아스기 **대멸종**으로 모든 삼엽충과 페름기 말에 살았던 동식물종의 70퍼센트 이상이 멸종됐다.

최초의 공룡 화석은 2억 3100만 년 전 거대한 파충류의 시대가 왔음을 알려 준다.

아델로바실레우스(*Adelobasileus*)와 같은 **포유류**는 2억 2500만 년 전 단궁류인 키노돈트에서 진화했다.

2억 1000만 년 전 **젖을 생산하는 포유류**가 진화했다.

2억 년 전

1억 9000만 년 전부터 **종자식물**이 다양해졌다.

털 화석을 분석한 결과, 털을 가진 포유류는 1억 6500만 년 전에 등장했다.

시조새(*Archaeopteryx*, 아르카이오프테릭스) 화석은 1억 5000만 년 전부터 새가 날기 시작했음을 보여 준다.

1억 2000만 년 전 아키프룩투스(*Archaefructus*)와 몬체치아(*Montsechia*) 등의 **현화식물 화석**이 만들어졌다.

1억 년 전

6500만 년 전, **소행성 충돌**로 공룡, 익룡, 거대한 해양 파충류가 멸종했고, 대신 거대한 포유류와 새가 폭발적으로 진화했다.

화석 기록에 따르면 5600만 년 전에 **영장류**가 최초로 등장했다.

독일에 있는 **메셀 호수의 화석 유적지**는 포유류의 진화 과정을 담은 타임캡슐이다. 4700만 년 전 초기 영장류인 '다르위니우스(*Darwinius*)' 화석도 있다.

유인원은 2500만 년 전에 진화했다.

현재

다르위니우스

생명의 재료가 만들어지다

지구의 지각은 수십 가지의 화학 원소들로 이뤄져 있지만, 그중 탄소, 수소, 산소, 질소 등의 일부 원소들이 생명체를 이룬다. 이 원자들이 복잡한 분자를 이루는 화학 과정이 생명의 탄생으로 이어졌다.

지구 중심에는 규소 기반의 암석으로 둘러싸인 철 핵이 존재한다. 탄소는 비교적 드물지만, 모든 생명체를 이루는 핵심 원소다. 규소와 탄소 모두 다른 원자들과 결합해 새로운 화학 분자를 만들어 낸다. 주로 산소와 결합하는 규소는 이산화규소의 형태로 지구의 지각을 이룬다. 한편 탄소는 수소, 질소, 인 등 수많은 원자들과 결합해 다양한 화학 분자를 만든다.

복잡한 생명체는 그만큼 복잡한 분자가 필요하다. 지구의 탄생 이후 냉각된 지각과 초기 대양에 응축된 액체 물은 이런 화학 물질들이 만들어지는 데 알맞은 조건이었다.

초기 지구에는 이산화탄소, 수소, 질소, 수증기 등 숨쉴 수 없는 기체들이 두꺼운 대기를 이루고 있었다. 하지만 이들은 생명의 필수 요소였다. 산소 기체가 없는 환경에서는 수소가 다른 원자들과 반응해 메테인(CH_4), 암모니아(NH_3) 등을 만들었다. 1953년, 미국의 화학자 스탠리 밀러(Stanley Miller)와 해럴드 유리(Harold Urey)는 전기 불꽃을 이용해 실험실에서 초기 우주를 재현했다. 그들은 충분한 양의 열과 에너지가 있으면 초기 지구의 대기에서 아주 단순한 유기 분자가 만들어질 수 있음을 보였다. 이 탄소 기반의 화학 물질들이 생명의 탄생을 이끌었다.

훨씬 더 큰 분자

그러나 생명체는 긴 사슬 형태의 단백질과 DNA가 필요하다. 오늘날에는 단백질이 다른 생명체에 의해 금세 먹혀 사라지지만, 초기 지구는 무기질 촉매와 적당한 열기로 가득 차 있었다. 덕분에 거대한 분자들이 오래 남아 세포막에 둘러싸이면서 마침내 최초의 세포가 만들어졌다.

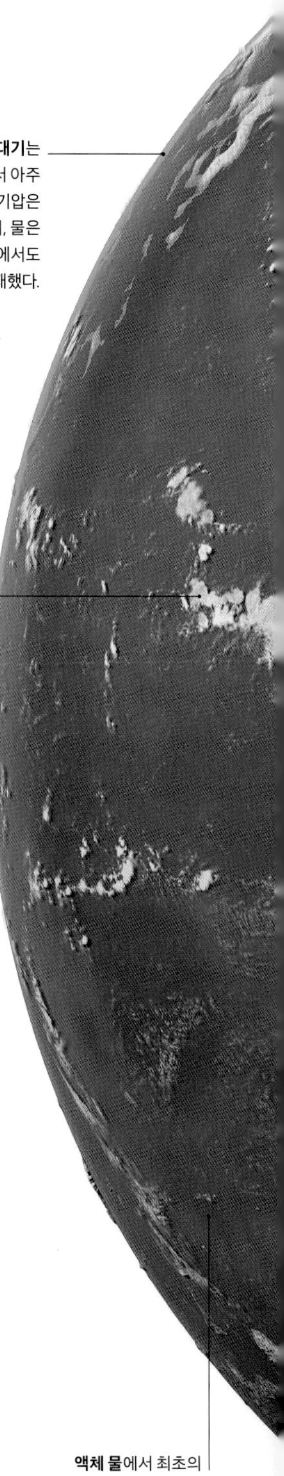

초기 지구의 대기는 이산화탄소가 많아서 아주 무거웠다. 그래서 대기압은 오늘날보다 더 높았으며, 물은 지금의 끓는점 이상에서도 액체 상태로 존재했다.

오늘날처럼 하늘에는 **물방울로 이루어진 구름**들이 가득했다.

액체 물에서 최초의 생명체가 탄생했다. 최초의 영구적인 대양이 44억~42억 년 전에 형성됐을 것으로 보인다.

▶ 생명을 만드는 요리법
새롭게 만들어진 지구에는 여섯 개 이하의 원자들로 이뤄진 작은 분자들로 가득 차 있었다. 작은 분자들이 서로 반응해 탄소 '골격'을 갖춘 더 큰 분자를 만들었다. 그리고 더 큰 분자들이 결합해 긴 사슬 형태의 분자를 형성했다.

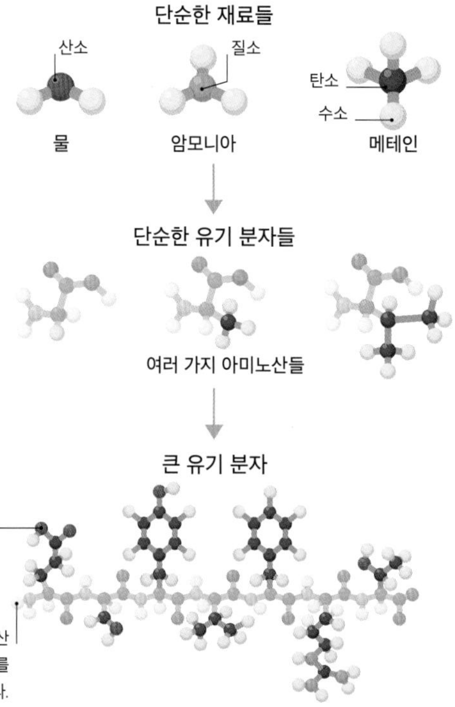

아미노산 사슬 — 단백질의 시작

▼ 생명을 감싸다
생명체가 될 화학 물질은 외부와 차단된 상태에서 모여 있을 공간이 필요했다. 인지질(오늘날의 모든 세포막에서 발견된다.)이라고 불리는 소수성 분자들이 자연스럽게 물속에서 화학 물질을 분리시켜 주는 역할을 했다. 그들은 생명체가 될 화학 물질들을 안에 품고 있는 구 형태를 이뤘다.

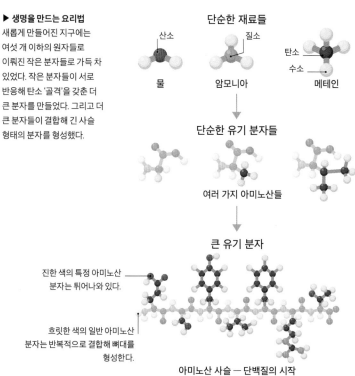

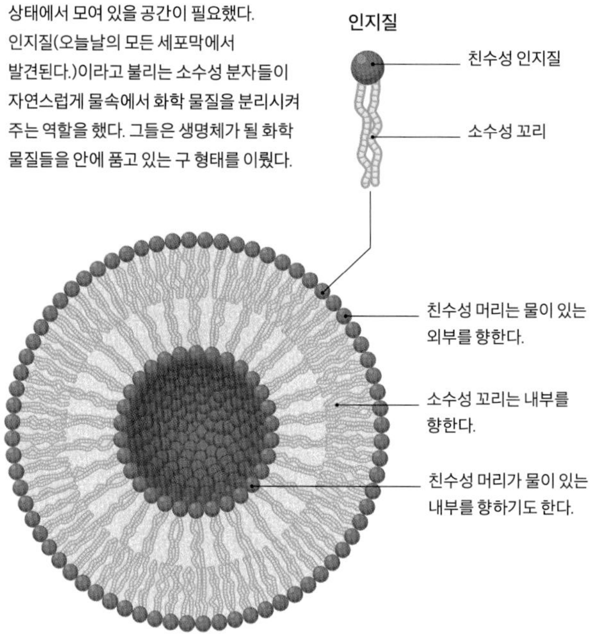

인지질
친수성 인지질
소수성 꼬리
친수성 머리는 물이 있는 외부를 향한다.
소수성 꼬리는 내부를 향한다.
친수성 머리가 물이 있는 내부를 향하기도 한다.

구형의 세포막

3000만 년 전 | 최초의 육지 동물

3억 8000만 년 전 | 최초의 나무와 숲

2억 2000만 년 전 | 최초의 포유류와 공룡

6600만 년 전 | 소행성 충돌로 우점 파충류 멸종

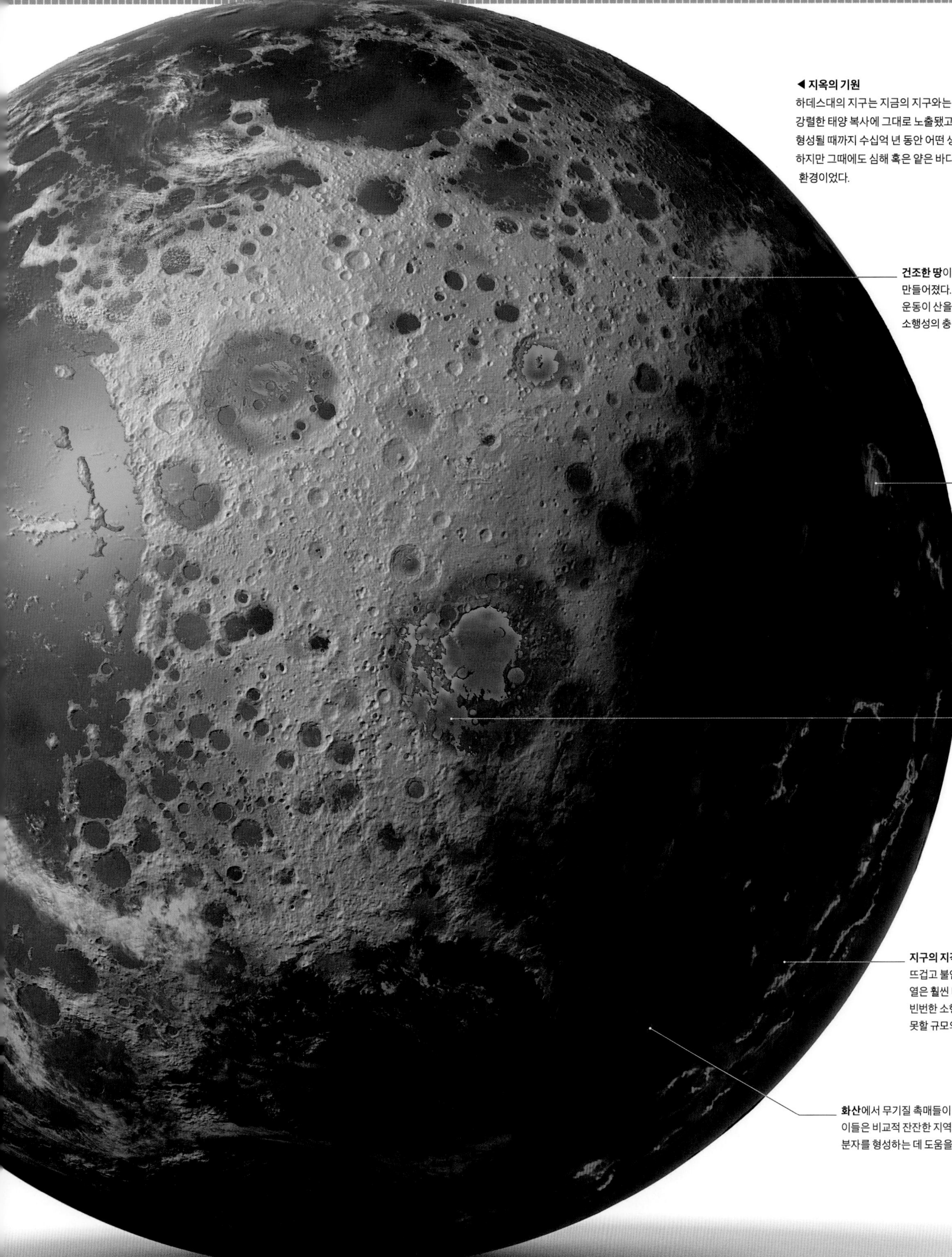

◀ 지옥의 기원
하데스대의 지구는 지금의 지구와는 전혀 다른 모습이었다. 대지는 강렬한 태양 복사에 그대로 노출됐고, 침식이 일어나 최초의 토양이 형성될 때까지 수십억 년 동안 어떤 생명체도 탄생하지 못했다. 하지만 그때에도 심해 혹은 얕은 바다는 생명체가 살기에 적합한 환경이었다.

건조한 땅이 크레이터 가장자리에서 만들어졌다. 오늘날에는 판 구조 운동이 산을 만들지만, 당시에는 소행성의 충돌이 그 일을 했다.

소행성 충돌로 화산 활동이 시작되면서 **용암**이 크레이터를 채웠다.

외부의 격렬한 활동에서 철저하게 분리된 **차가운 바다**는 새로 만들어진 복잡한 유기 분자들이 존재하기에 적합한 환경이었다.

지구의 지각은 생명체가 살기에 너무 뜨겁고 불안정했다. 초기 지구의 내부 열은 훨씬 더 컸고 우주에서 오는 빈번한 소행성 충돌들은 상상하지 못할 규모의 화산 활동을 일으켰다.

화산에서 무기질 촉매들이 많이 뿜어져 나왔다. 이들은 비교적 잔잔한 지역에서 더 큰 유기 분자를 형성하는 데 도움을 주었다.

유전 암호

살아 있는 생물은 알려진 우주에서 일정한 질서에 따라 가장 정확하게 조직된 존재다. 생명체가 조립되고 유지되는 과정에는 방향과 제어가 필요하다. 그 전체 과정은 생명체 탄생 초기에 존재한, 자기 복제가 가능한 핵산 분자들(DNA와 그 조상)이 이끌었다.

1953년에 DNA의 정확한 구조가 발견될 때까지 생명체가 세대를 거듭해 자신의 유전 정보를 어떻게 전달하는지는 미스터리였다. DNA의 이중 나선 구조는 세포 분열 시 어떻게 유전 정보가 전해지는지를 밝히는 데 도움이 됐다. 이듬해 여러 실험들을 통해 DNA가 유전 물질(유전자)을 전달할 뿐만 아니라 매우 복잡한 방법으로 생명체에 영향을 발휘한다는 사실이 알려졌다.

▶ 유전 암호를 읽다
살아 있는 세포의 핵에는 RNA와 단백질을 만들기 위해 DNA의 이중 나선이 풀려 있다. 여기서 염기(화학 성분)들을 맞추고 그 배열 순서를 복사해서 RNA 가닥이 만들어진다. 이어서 RNA 가닥은 생명체에 필요한 유용한 특정 단백질을 만드는 데 사용된다. RNA 염기 서열은 딱 알맞은 단백질을 만들기 위한 화학 성분들의 특정 서열을 나타내는 암호다.

> **DNA**는 마치 **컴퓨터 프로그램**과 같다. 하지만 **그 어떤** 소프트웨어보다 훨씬 **더 뛰어나다.**
>
> **빌 게이츠**, 기술 선구자이자 자선가, 1955년~

정보 전달자

DNA는 단백질, 셀룰로오스(cellulose), 그 밖에 다른 생물학적 분자들과 같이 매우 긴 사슬 형태다. 하지만 셀룰로오스는 동일한 섬유 분자가 이어진 단순한 구조인 반면, DNA와 단백질은 서로 다른 종류의 분자들로 만들어진다. 서로 다른 글자들이 모여 글이 되듯, 각각의 소단위들이 알맞게 배열되면 하나의 정보가 된다. DNA는 핵산의 일종으로, 긴 사슬 형태를 띤 정보 전달자다. 그 구조를 이루는 당과 다른 요소들이 초기 생명체의 구성 성분이었을 것이다. RNA였을 최초의 핵산은 자기 복제 능력을 획득했을 것이다. 그 사슬은 짝을 이루는 새 사슬을 조립하는 데 필요한 주형으로 기능했다. 주형을 본떠 복제하는 방식은 오늘날 생물 속 DNA에서도 사용되며, 세포 분열 전 준비 단계에서 이중 나선 구조의 두 사슬 가닥이 나뉠 때 일어난다. 다른 때에는 마치 사다리처럼 두 사슬 가닥이 서로 고정돼 있다. 복제된 두 쌍의 DNA는 동일한 정보를 가지며, 각각 새로운 딸세포에 들어간다. 이렇게 유전 정보가 전해진다.

▼ 더 단순했던 시절
DNA 복제에는 단백질이 필요하다. 그리고 그 과정에 필요한 여러 단백질을 만들기 위해서는 RNA가 필요하다. 최초의 생명이 탄생한 시점에는 이런 복잡성이 없었다. RNA로 추정되는 최초의 자기 복제 능력을 갖춘 분자는 정보를 전달하고 스스로 증식했다.

정보의 사용

DNA 혼자서는 어떤 작업도 할 수 없다. DNA는 단백질이 생물의 유지 및 성장을 돕도록 지시한다. 단일 DNA 분자는 특정한 단백질을 만드는 설명이 담긴, 수백 개의 유전자로 이뤄져 있다. 단백질을 생산하려면 유전자가 노출돼야 하기 때문에 살아 있는 세포에서 DNA의 절편은 지속적으로 풀리고, 또 감기기를 반복한다.

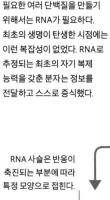

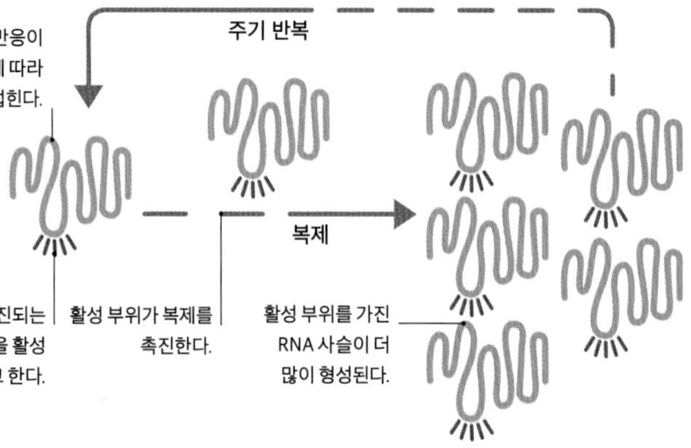
RNA 사슬은 반응이 촉진되는 부분에 따라 특정 모양으로 접힌다.
주기 반복
복제
반응이 촉진되는 부분을 활성 부위라고 한다.
활성 부위가 복제를 촉진한다.
활성 부위를 가진 RNA 사슬이 더 많이 형성된다.

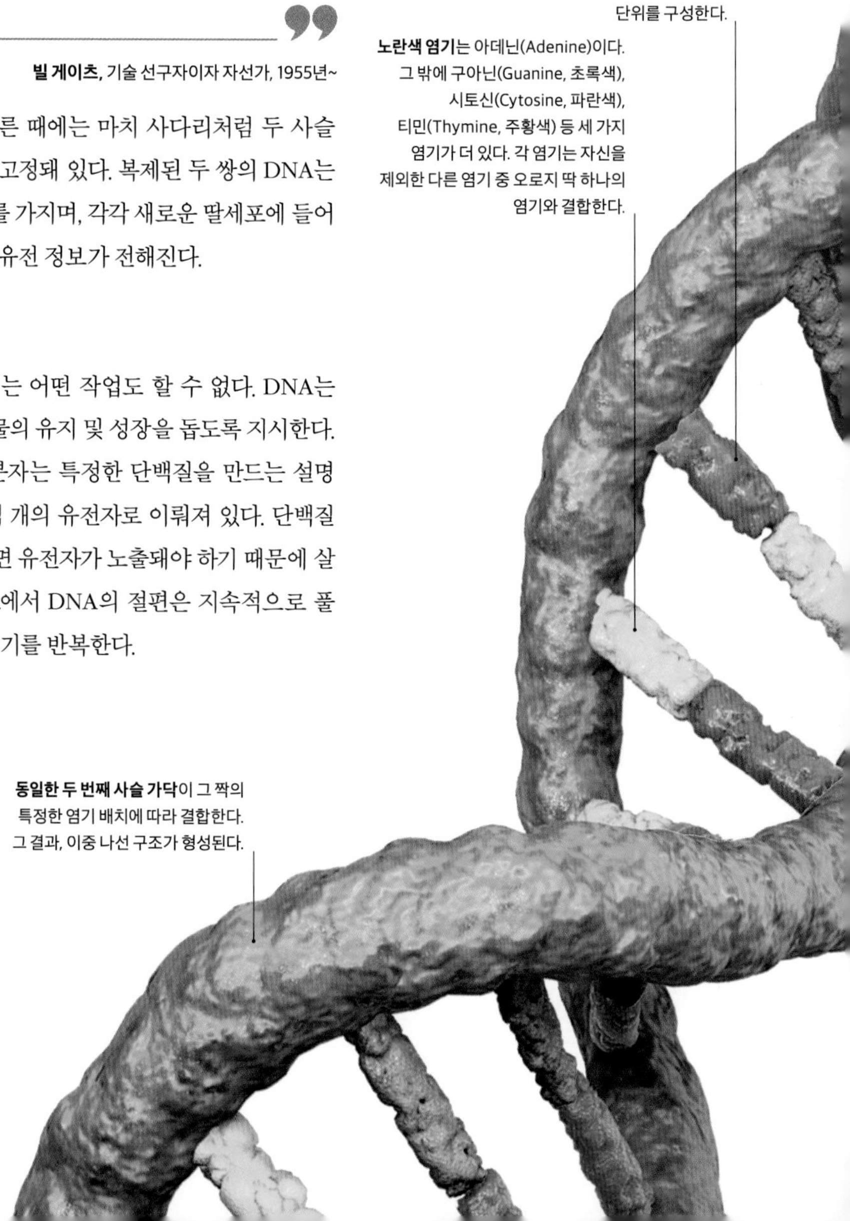
DNA의 뼈대를 연결하는 가로대는 핵염기(nucleobase) 또는 줄여서 염기라고 불리는 화학 성분들로 이뤄져 있다. 각각의 염기들은 디지털 정보의 한 단위를 구성한다.
노란색 염기는 아데닌(Adenine)이다. 그 밖에 구아닌(Guanine, 초록색), 시토신(Cytosine, 파란색), 티민(Thymine, 주황색) 등 세 가지 염기가 더 있다. 각 염기는 자신을 제외한 다른 염기 중 오로지 딱 하나의 염기와 결합한다.
동일한 두 번째 사슬 가닥이 그 짝의 특정한 염기 배치에 따라 결합한다. 그 결과, 이중 나선 구조가 형성된다.

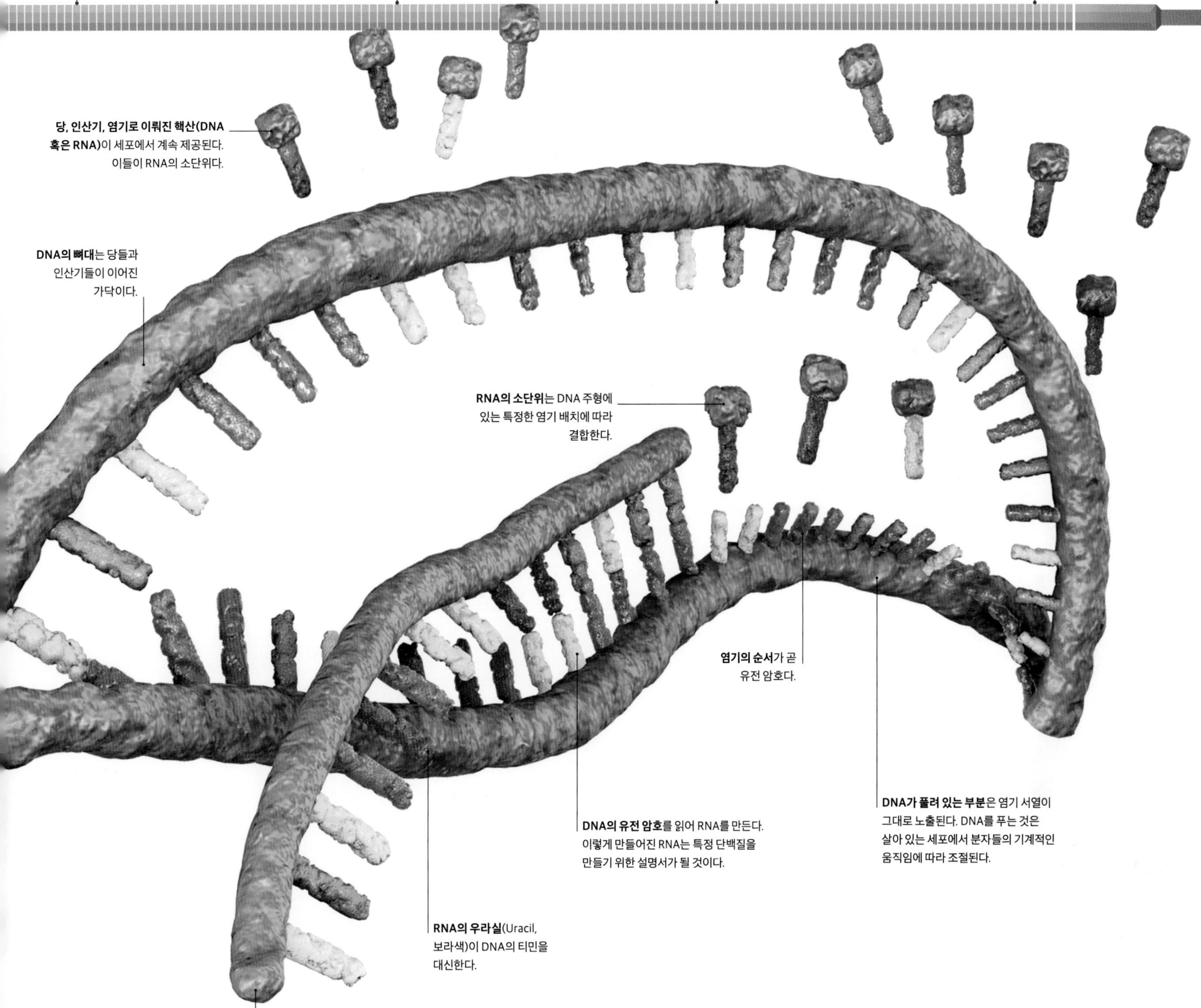
당, 인산기, 염기로 이뤄진 핵산(DNA 혹은 RNA)이 세포에서 계속 제공된다. 이들이 RNA의 소단위다.
DNA의 뼈대는 당들과 인산기들이 이어진 가닥이다.
RNA의 소단위는 DNA 주형에 있는 특정한 염기 배치에 따라 결합한다.
염기의 순서가 곧 유전 암호다.
DNA가 풀려 있는 부분은 염기 서열이 그대로 노출된다. DNA를 푸는 것은 살아 있는 세포에서 분자들의 기계적인 움직임에 따라 조절된다.
DNA의 유전 암호를 읽어 RNA를 만든다. 이렇게 만들어진 RNA는 특정 단백질을 만들기 위한 설명서가 될 것이다.
RNA의 우라실(Uracil, 보라색)이 DNA의 티민을 대신한다.
RNA 뼈대는 DNA와 다른 종류의 당을 가진다.

DNA는 **가장 긴 분자** 중 하나다. 사람의 DNA는 최대 **8.4센티미터**이며 여기에는 **2억 4900만 개**의 염기 쌍이 포함돼 있다.

◀ DNA의 발견
1953년, 미국 케임브리지 대학교 과학자들이 DNA의 구조를 밝혀냈다. 미국의 생물학자 제임스 왓슨(James Watson, 왼쪽)과 영국의 생물학자 프랜시스 크릭(Francis Crick)은 DNA가 이중 나선의 형태를 가진, 유전 정보를 전달하는 물질이라고 추론했다.

생명의 시작

생명은 무생물에서 복잡성을 더하는 과정을 거쳐 생겼다. 자기 복제 능력을 가진 분자들이 화학 반응을 유도하는 촉매와 섞였다. 이들이 자가 조립의 과정을 거쳐 최초의 세포가 됐다. 우리에게 친숙한 생명의 특성을 가진 유기체가 탄생한 것이다.

모든 생명체는 세포막 내부에 화학 물질이 가득한 세포들로 이뤄져 있으며, 죽지 않기 위해 계속해서 변화했다. 아무것도 살지 않던 지구에 어떻게 생명이 탄생했는지는 미스터리지만, 과학자들은 초기 지구의 조건과 생화학적 지식을 이용해 무슨 일이 일어났는지 추론하고 있다. 널리 알려진 한 가설에 따르면 약 40억 년 전 바다의 이상적인 조건에서 생명체가 출현했다.

무료 식사를 먹은 대가

심해 분출구는 화학 물질로 가득했고 따뜻하면서도 큰 분자들을 분해할 정도로 뜨겁지는 않았다. 수십억 년 전, 그곳은 태양 광선과 소행성의 충돌로부터 안전했다. 그러다가 물이 식으면서 금속 황화물이 분출구를 덮었다. 이런 무기물들이 화학 반응의 촉매로 기능했다. 그중 일부 반응은 이산화탄소를 아세테이트(acetate)로 만들었다. 아세테이트는 모든 생명체의 물질대사에서 가장 핵심적이다. 게다가 이런 반응의 한 종류는 에너지를 만들어 낸다. 영양분을 생성하고 에너지를 소비하는 이런 반응들은 모두 촉매가 덮여 있는 표면에서 이뤄진다. 이곳이 생명의 '부화장'이었을 것이다.

> **지구의 모든 세포들**을 이어 주는 **오늘날의 DNA**는 **최초의 세포**가 확장되고 **더 정교하게 만들어진 결과**다.
>
> **루이스 토머스**, 물리학자이자 작가, 그리고 교육자, 1913~1993년

굴뚝에서 빠져나온 생명

심해 분출구의 굴뚝 안에서 발생한 화학 물질들이 지용성 세포막 안에 갇히면서 최초의 원형 세포가 생겨났다. 원형 세포는 해류를 따라 흩어졌고, 무기질 촉매들은 원시적인 물질대사를 지속하는 데 도움을 줬다.

아세테이트의 골격을 만드는 탄소 원자는 융통성이 많아 다양한 분자를 조립할 수 있다. 무기질 촉매로 인해 만들어진 분자들 중 일부는 촉매로서의 능력이나 심지어 자가 조립 능력을 키웠다. 이런 분자들은 오늘날 모든 세포에서 발견되는 RNA와 관련이 있을 수 있다. RNA 혹은 그와 유사한 분자들은 생물학적 정보의 출현을 의미했다. 이런 분자들은 세포들이 생명의 특성을 유지할 수 있게 제어하는 역할을 했다.

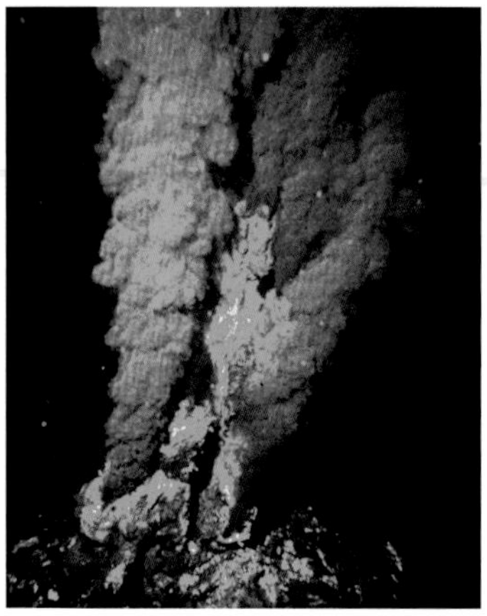

▲ 뜨거운 서식지
심해 분출구에서 물이 뿜어져 나오면, 그 안에 있는 무기물들이 주변에 쌓여 '굴뚝'을 형성한다. 굴뚝 중 일부에서는 검은색의 황화철이 뿜어 나오기도 한다. 이런 곳에는 무기물에 전적으로 의존하는 특이한 생명체가 산다.

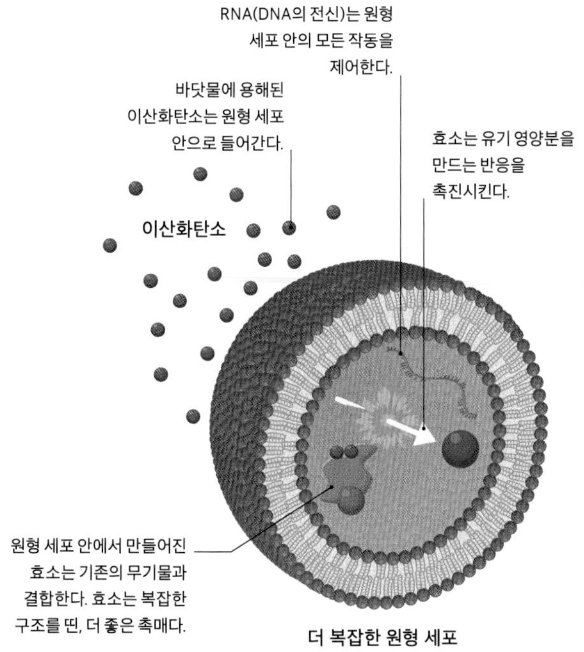
RNA(DNA의 전신)는 원형 세포 안의 모든 작동을 제어한다.
바닷물에 용해된 이산화탄소는 원형 세포 안으로 들어간다.
효소는 유기 영양분을 만드는 반응을 촉진시킨다.
이산화탄소
원형 세포 안에서 만들어진 효소는 기존의 무기물과 결합한다. 효소는 복잡한 구조를 띤, 더 좋은 촉매다.
더 복잡한 원형 세포

▶ 생명의 기원
심해 분출구의 굴뚝 속 무기물들은 세포막 안에서 많은 화학 반응을 촉진시켰다. 이것은 최초의 생명, 원형 세포가 탄생하는 데 가장 기본이 되는 반응이었다. 좀 더 복잡한 원형 세포는 자신의 화학 반응을 활성화할 촉매를 만들기 시작했다. 처음에는 이 촉매들이 RNA였을 것으로 추정된다. 하지만 결국에 원형 세포들은 효소(enzyme)라는 단백질 촉매들을 만들어 냈다. RNA(결국 DNA가 된다.)는 이 모든 과정을 제어하는 일을 한다.

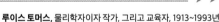

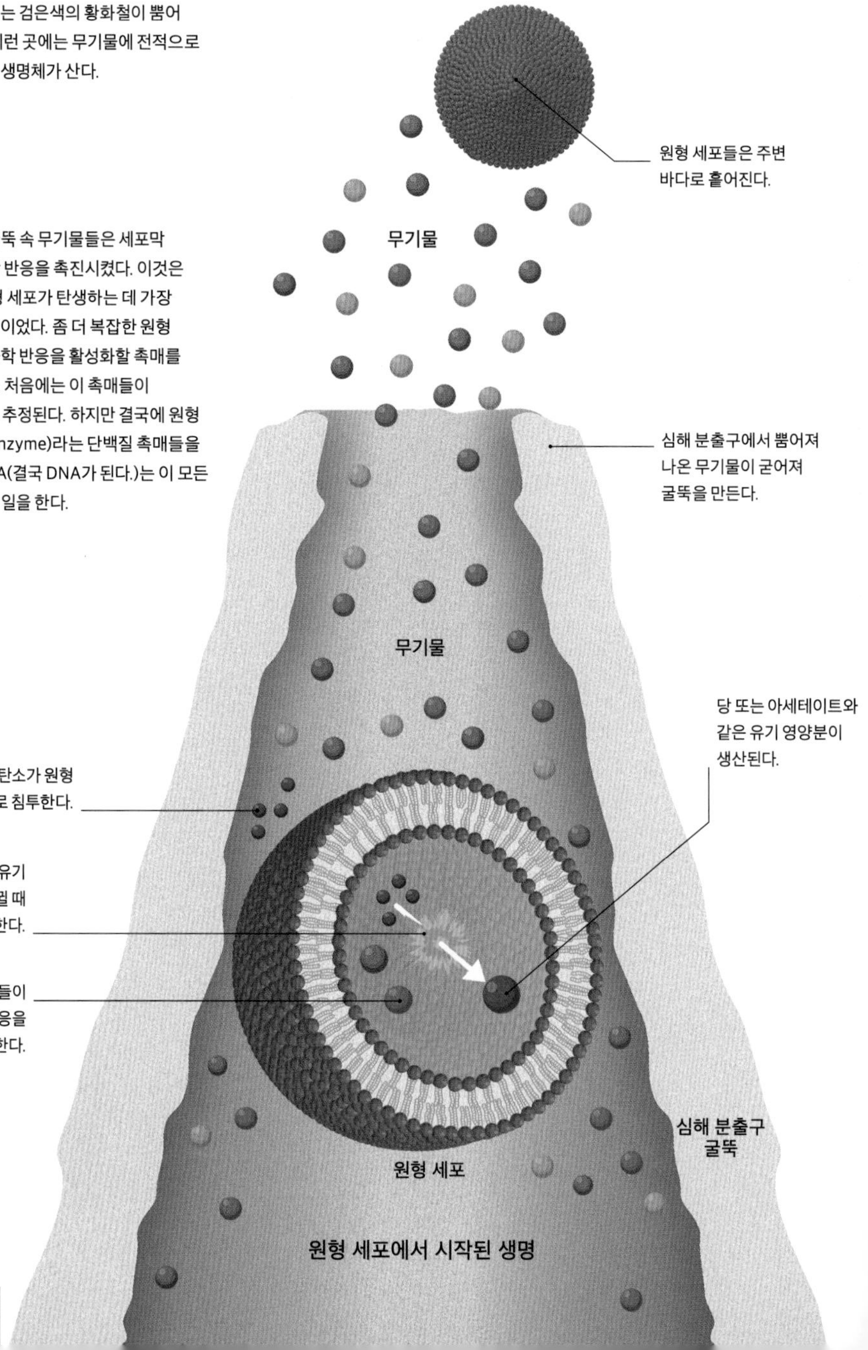
원형 세포들은 주변 바다로 흩어진다.
무기물
심해 분출구에서 뿜어져 나온 무기물이 굳어져 굴뚝을 만든다.
무기물
당 또는 아세테이트와 같은 유기 영양분이 생산된다.
이산화탄소가 원형 세포로 침투한다.
이산화탄소가 유기 영양분으로 바뀔 때 에너지가 발생한다.
무기물 촉매들이 화학 반응을 활성화한다.
심해 분출구 굴뚝
원형 세포
원형 세포에서 시작된 생명

3000만 년 전 | 최초의 육지 동물

3억 8000만 년 전 | 최초의 나무와 숲

2억 2000만 년 전 | 최초의 포유류와 공룡

6600만 년 전 | 소행성 충돌로 우점 파충류 멸종

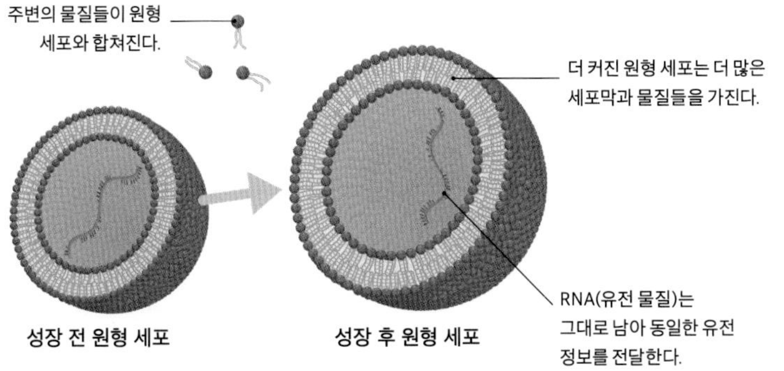

▲ 성장
원형 세포는 더 많은 유기 분자들을 얻고 만들며, 더 크게 성장했다. 세포의 크기가 커질수록 세포막은 더 팽창했지만, 오늘날 모든 세포막이 가진 인지질 이중층 구조는 동일하게 유지했다.

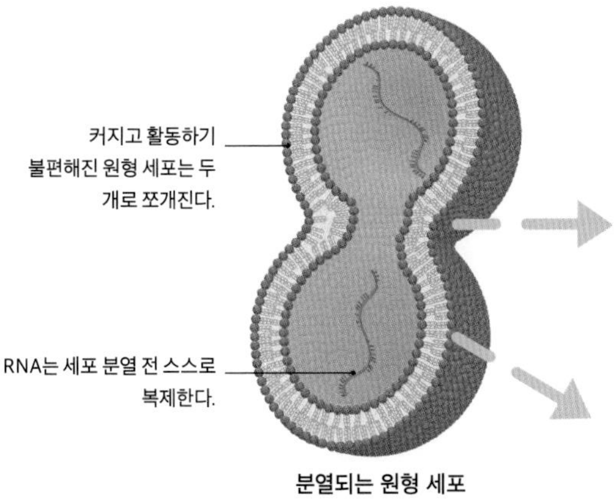

커지고 활동하기 불편해진 원형 세포는 두 개로 쪼개진다.
RNA는 세포 분열 전 스스로 복제한다.
분열되는 원형 세포

딸 원형 세포
각각의 딸 원형 세포는 부모의 RNA를 포함한다.

▲ 생식
큰 원형 세포는 구조적으로 불안정했다. 세포는 두 개로 분열해 자신을 유지시키는 방법을 선택했다. 스스로 복제된 RNA는 두 개의 딸세포에 각각 들어갔다.

◀ 생명의 모든 속성
원형 세포들은 오늘날 우리가 생명이라고 정의하는 고유의 능력을 개발하기 시작했다. 그들은 성장하고 번식했을 뿐만 아니라, 움직였고(예를 들어 세포막을 통과해 분자를 이동시켰다.) 주변 환경을 인지할 수 있었다. 세포들은 외부에서 영양분을 얻을 수 있었고, 에너지를 얻기 위해 분자를 생성하거나 분해하는 원시적인 물질대사를 수행했다. 이 과정은 '세포 호흡'으로 알려져 있다. 그리고 마지막에는 부산물을 배출했다.

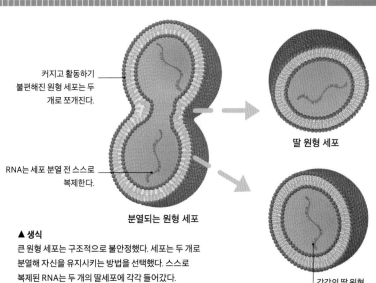

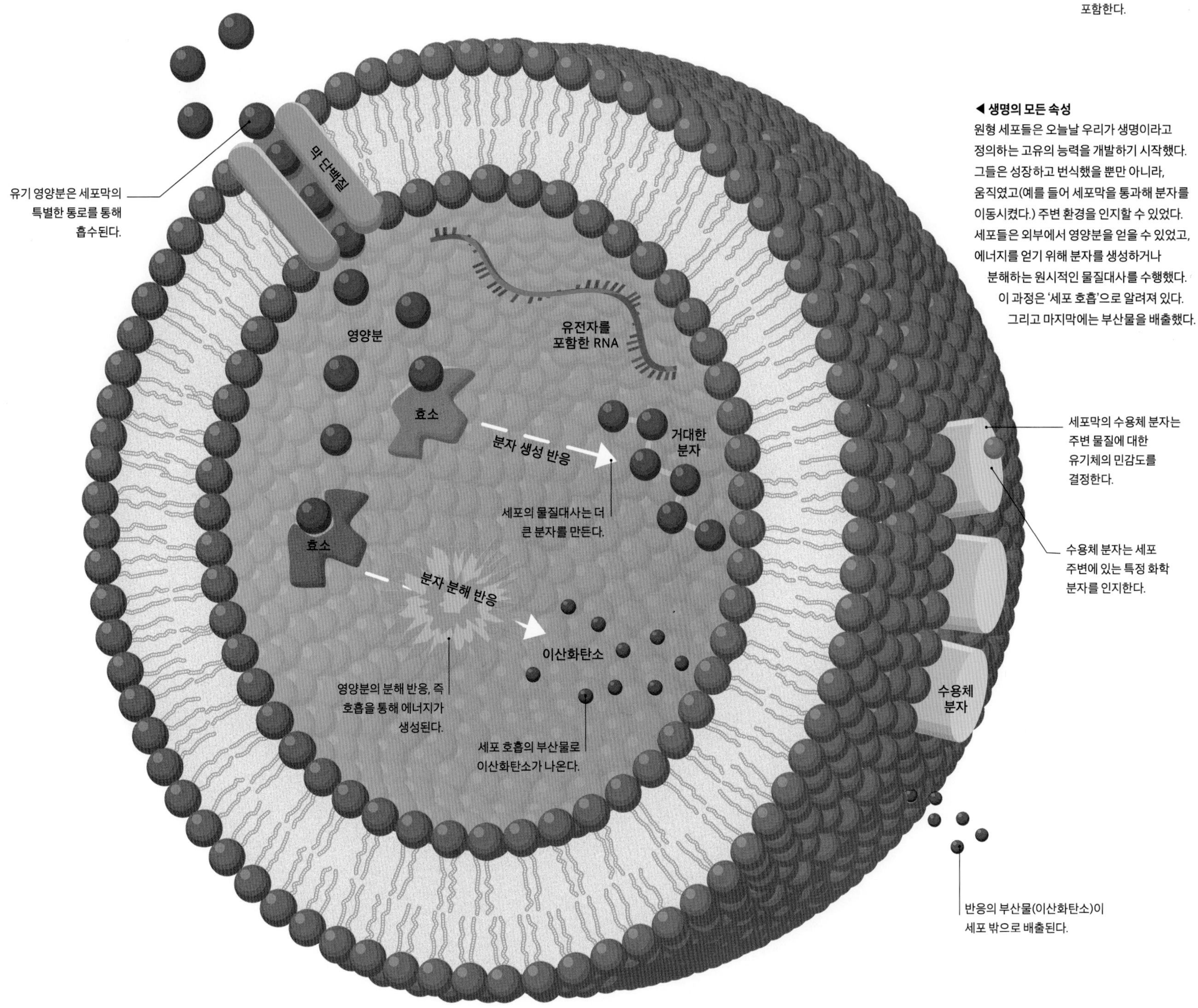

생명의 특성을 획득한 원형 세포

생명의 진화

생명 탄생의 순간에도 진화는 계속 진행되며 생명체를 바꾸었다. 변화의 원천은 DNA를 복제하는 과정에서 발생하는 돌연변이였다. 실수는 다양성으로 이어졌다. 변화무쌍한 행성의 환경에서 일부 돌연변이는 살아남았고, 일부 돌연변이는 사라졌다.

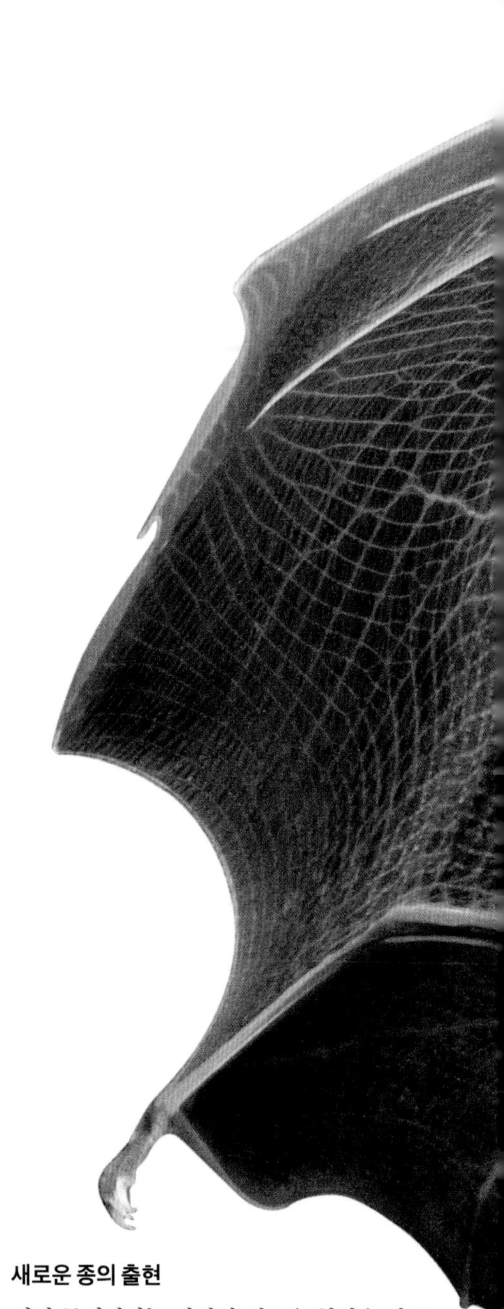

모든 생물은 평생에 걸쳐 변화한다. 하지만 개체군 수준에서, 더 큰 변화는 세대를 거쳐 일어난다. 생물들은 번식할 때 수백만에서 수십억 '비트(bit)'에 달하는 자신의 모든 DNA를 복제한다. 이는 분자 정보를 전달하는 아주 획기적인 방법이다. 하지만 자연적인 점검 시스템이 있어도, 돌연변이(mutation)라고 부르는 복제 오류가 발생한다. 돌연변이는 다양성의 원천이다. 일부 돌연변이는 별 영향이 없지만, 일부는 생명에 큰 위협이 될 수도, 또 일부는 아주 유용할 수도 있다.

환경에 의한 선택

무작위로 일어나는 돌연변이와는 다르게 진화는 아주 계획적이다. 돌연변이는 선택의 대상이다. 유익한 돌연변이를 가진 생명체는 살아남아 번식해서 그들의 '좋은 유전자'를 후손들에게 전달한다. 결과적으로 생존이나 번식에 불리한 돌연변이를 가진 개체는 수가 줄다가 결국 멸종한다.

변하는 환경에 따라 변하는 서식지와 생존 전략은 돌연변이의 손득을 결정한다. 심해어는 큰 눈과 발광 기관으로 어둠 속에서 먹이를 잡고, 사막의 선인장은 물 저장소를 가시로 보호한다. 심해어의 발광 기관과 선인장의 가시는 유전적 다양성에서 나온 것이다. 하지만 적합한 형질들을 선택한 것은 환경이다. 돌연변이의 확산은 확률로 설명이 가능하다. 특히 작은 개체군에서 더더욱 그렇다. 하지만 생물이 주변 환경에 알맞은 형질을 획득하는 적응(adaption) 과정은 자연 선택으로밖에 설명할 수 없다.

> **진화**에는 **장기적인 목적이 없다**. 선택을 위한 기준이 되는 먼 미래의 목표물도, **최종적인 완성형도 없다**.
>
> **리처드 도킨스**, 진화 생물학자, 1941년~

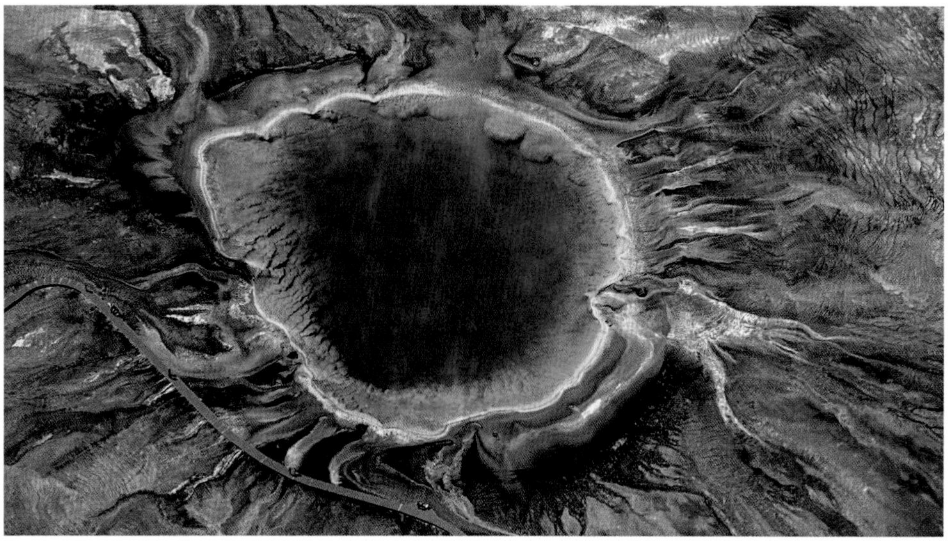

▶ **극한에 이르다**
사진 속 뜨거운 산성 웅덩이의 밝게 빛나는 가장자리 부분에는 몇몇 미생물이 살고 있다. 이는 극한 환경에서도 생명체가 살아남을 수 있을 만큼 유전적 변이와 적응이 많이 일어난다는 것을 의미한다.

새로운 종의 출현

어떤 돌연변이는 갑자기 새로운 형질을 만들기도 한다. 하지만 진화는 아주 느리게 조금씩 진행된다. 자연 선택은 일반적으로 크기와 모양 같은 형질을 제어하는 유전자에서 작동하지만 생물 다양성은 '종(species)'이라고 하는 분리된 개별 범주에서 나타난다. 두 개체군이 더 이상 상호 교배하지 못할 때 새로운 종이 탄생한다. 종이 다르면 유전자를 교환할 수 없고, 각각 다른 진화 경로를 따른다. 이러한 종 분화(divergence)는 강이나 산같이 새로 만들어지는 장벽 때문에 발생하기도 한다. 그러나 돌연변이 그 자체가 상호 교배를 중단시키고 개체군을 고립시키기도 하는데, 식물들 사이의 염색체 돌연변이가 대표적이다.

오늘날 지구에는 수백만의 종들이 살고 있다. 하지만 과거에 살았던 수많은 종들을 포함해 이 모든 종들은 환경이 만든 진화의 산물이다.

▶ 포식자에 의한 선택

생물의 환경에는 함께 살아가는 다른 생물도 포함된다. 특히 포식자는 생물의 진화에 영향을 미친다. 잎을 먹고사는 여치의 몸 색깔은 유전적 돌연변이에 의한 것이다. 주변 식물들의 색과 대비되는 분홍색 혹은 주황색 여치들은 금세 포식자에게 잡아먹히지만, 보호색으로 위장한 초록색 여치들은 오래 살아남아서 결국 가장 지배적인 개체가 된다.

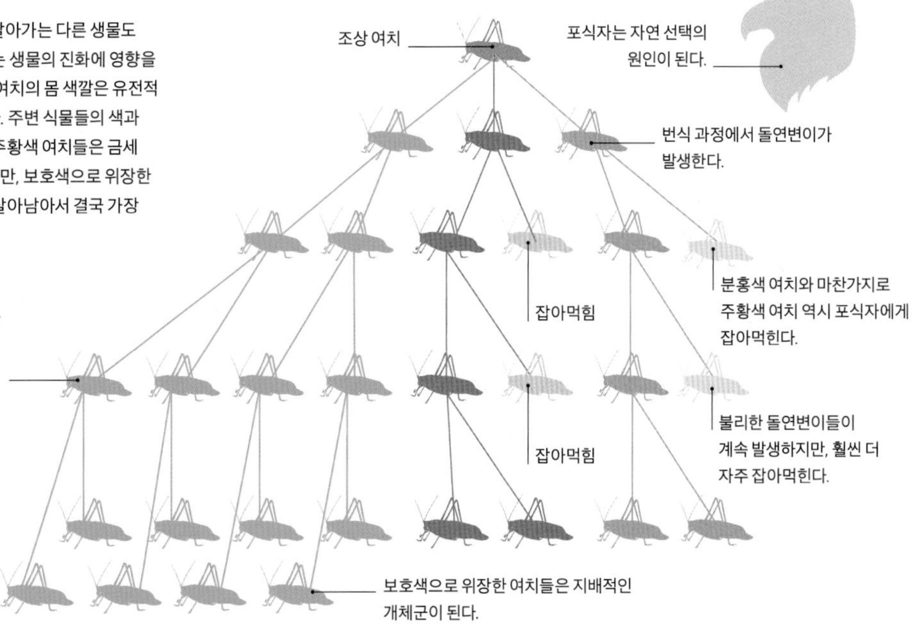
조상 여치
포식자는 자연 선택의 원인이 된다.
번식 과정에서 돌연변이가 발생한다.
분홍색 여치와 마찬가지로 주황색 여치 역시 포식자에게 잡아먹힌다.
잡아먹힘
보호색으로 위장한 여치는 포식자로부터 숨는다.
잡아먹힘
불리한 돌연변이들이 계속 발생하지만, 훨씬 더 자주 잡아먹힌다.
보호색으로 위장한 여치들은 지배적인 개체군이 된다.

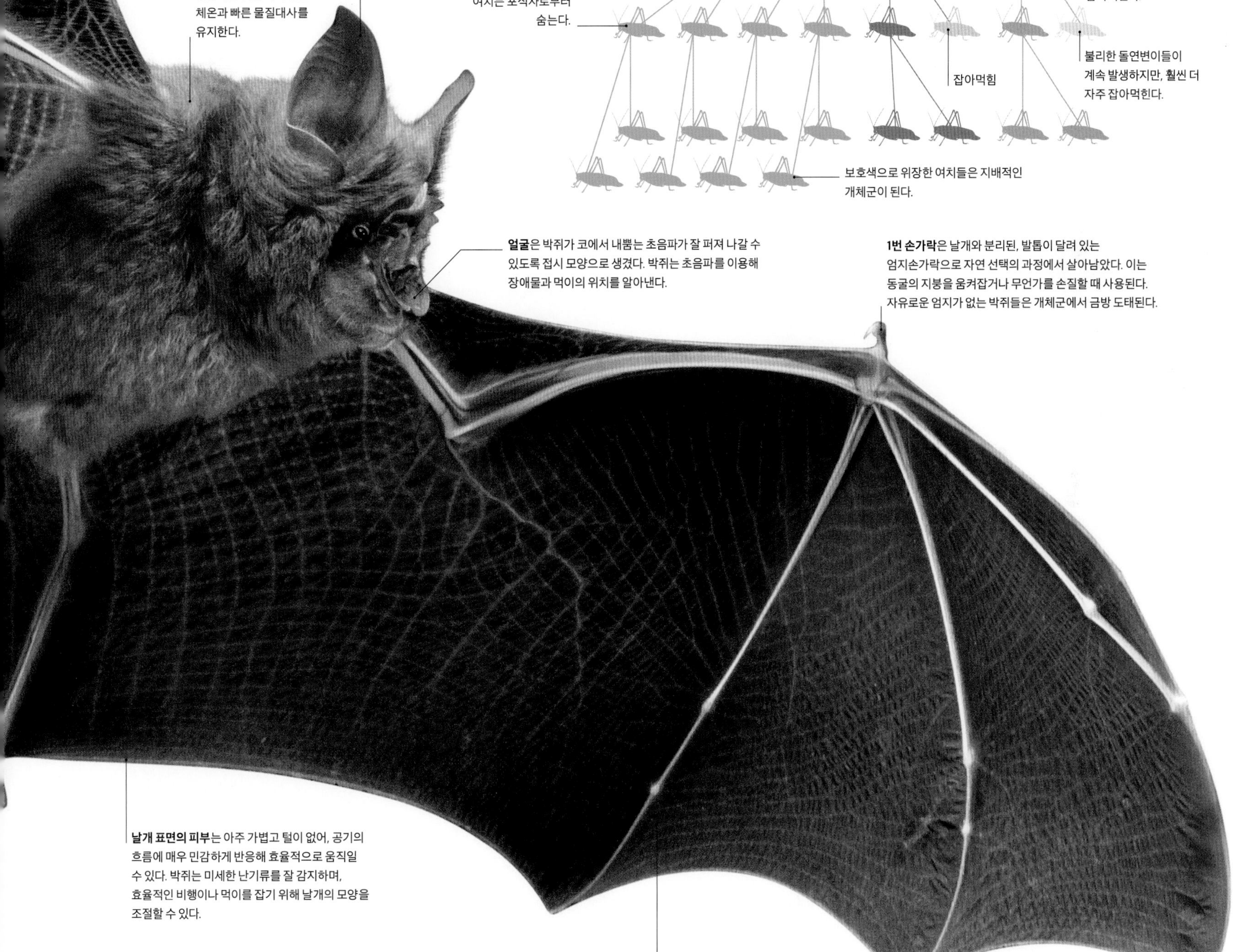

귀는 먹이나 장애물에 반사돼 오는 희미한 초음파의 주파수를 감지할 수 있도록 정교하게 만들어졌다.

털은 몸에서 열이 방출되는 것을 막아 높은 체온과 빠른 물질대사를 유지한다.

얼굴은 박쥐가 코에서 내뿜는 초음파가 잘 퍼져 나갈 수 있도록 접시 모양으로 생겼다. 박쥐는 초음파를 이용해 장애물과 먹이의 위치를 알아낸다.

1번 손가락은 날개와 분리된, 발톱이 달려 있는 엄지손가락으로 자연 선택의 과정에서 살아남았다. 이는 동굴의 지붕을 움켜잡거나 무언가를 손질할 때 사용된다. 자유로운 엄지가 없는 박쥐들은 개체군에서 금방 도태된다.

날개 표면의 피부는 아주 가볍고 털이 없어, 공기의 흐름에 매우 민감하게 반응해 효율적으로 움직일 수 있다. 박쥐는 미세한 난기류를 잘 감지하며, 효율적인 비행이나 먹이를 잡기 위해 날개의 모양을 조절할 수 있다.

2~5번 손가락은 자연 선택을 거쳐 매우 길어졌다.

▲ 진화한 모습

박쥐가 탄생하기 이전의 포유류 화석은 평범한 얼굴과 체중을 견디는 앞다리를 가지고 있다. 박쥐는 날개를 지탱하기 위해 손가락이 급격하게 길어지는 진화의 과정을 겪었다. 관박쥐(horseshoe bat)는 소리의 반사로 물체의 위치를 감지하는 반향정위(echolocation, 자연적 음향 탐지기) 능력을 높이는 독특한 얼굴을 선호한다.

▶ 갈라파고스 섬의 핀치
갈라파고스 섬에서 수집된 핀치들이다. 다윈은 공통 조상으로부터 부리의 크기나 모양이 조금씩 다른 핀치들이 나왔다고 생각했다.

빅 아이디어

진화론의 오랜 역사

역사상 가장 위대한 아이디어는 무엇일까? 아마 많은 사람들이 도도새와 규조류, 양배추, 그리고 왕들까지 지구상의 모든 생명체가 하나의 공통 조상에서 유래했다는 진화론을 꼽을 것이다. 진화론은 위대한 사상가들의 마음을 사로잡았다. 하지만 한 사람이 평생을 바쳐 '종 문제'를 해결한 후에야 비로소 진화의 메커니즘이 밝혀졌다.

생명체들은 수천 년, 수백만 년 동안 변화를 거듭했다. 자연 선택의 과정 속에서 하나의 생명체가 주어진 환경에 더 적합하면서도, 이전 생명체의 일부 특성을 보유한 다른 생명체로 진화했다. 우리는 화석을 통해 그 과정을 추적할 수 있다.

초기 진화의 증거들

고대의 철학자들은 이미 진화론을 예견했다. 그들은 생명체의 계층 구조 중 최상위에 인간이 있다고 생각했다.

17세기와 18세기 서양의 박물학자와 자연학자들은 세계를 돌아다니며 박물관을 화석으로 채웠다. 멸종 동물에는 종교적인 이름이 붙었다. 당시에는 신이 동물들을 현재의 모습으로 창조했다고 믿었기 때문이다. 지구의 모든 종들은 예전부터 항상 그 자리에 그 모습으로 있었고, 화석들은 대홍수 때 사라진 동물들의 것이라고 설명됐다. 하지만 다양한 동물들의 몸 구조를 분석한 과학자들은 종 간에 많은 유사점을 발견했다. 이런 유사점은 동물종 사이에 긴밀한 연관성이 있을 것이라는 생각으로 이어졌다. 예를 들어 아프리카의 개코원숭이는 남아메리카의 아주 작은 마모셋원숭이보다 아시아의 마카크원숭이와 더 가까워 보였다. 마찬가지로 침팬지는 인간과 매우 가까워 보였다. 이런 유사성은 어떤 의미일까?

새로운 세계관의 등장

경직된 사회 분위기 속에서 태어난 찰스 다윈은 이런 해부학적 연관성에 관심을 가졌다. 그는 영국 해군의 군함인 비글호를 타고 5년간 항해했다. 그는 항해하는 동안 세계 곳곳에서 다양한 생물 표본들을 수집했다.

다윈은 표본들에서 예상치 못한 지역 간의 유사성을 발견했다. 수천 킬로미터 떨어진 곳에 사는 종들 사이의 유사성은 모든 생명체가 현재의 모습을 가지고 독립적으로 생겨났다는 기존의 학설에 반하는 것이었다. 갈라파고스 섬의 동물들은 남아메리카 인근의 동물과 아주 유사했으며,

역사는 우리에게 경고한다. **이단으로서의 시작**은 **새로운 진실이 겪어야 할 운명**이다.

토머스 헨리 헉슬리, 생물학자, 1825~1895년

오스트레일리아의 야생 동물은 아주 독특했다. 다윈은 영국에 돌아오자마자 새 전문가인 존 굴드(John Gould)에게 갈라파고스 섬에서 수집한 새 표본을 보여 줬다. 다윈은 이 새들이 각각 다른 과에 속한다고 생각했지만 굴드는 모두 다 같은 과에 속하는 여러 종의 핀치들이라고 주장했다. 다윈은 이제 새로운 종들은 이전의 종들에서 조금씩 변형된 것이며, 모든 생명체가 그러하다고 생각했다. 모든 생명체에 공통 조상이 있다는 논리였다. 다윈은 진화가 오랫동안 아주 조금씩 생존에 유리하게 형질을 변화시키고, 이를 다음 세대에 전달한다는 이론에 대해 깊이 고민했다.

앨프리드 러셀 월리스(Alfred Russel Wallace)는 진화에 대해 다윈과 비슷한 생각을 하던 영국의 자연학자였다. 그는 1858년에 자신의 생각을 다윈에게 적어 보냈다. 이듬해에 다윈은 이런 주장들을 담아 당시 과학계를 흔든, 그 유명한 『종의 기원』을 펴냈다. 이 책은 성경의 창조론을 정면으로 반박했기 때문에, 많은 이들의 공분을 샀다. 그럼에도 다윈의 이론은 많은 과학계 인사들의 지지를 받았다. 특히 영국의 자연학자이자 다윈의 친구인 토머스 헨리 헉슬리(Thomas Henry Huxley)는 다윈을 적극적으로 옹호했다. 몇 년 뒤, 자연 선택 때문에 진화가 일어난다는 그의 이론은 교과서에 실리며 많은 찬사를 받았다. 영국의 철학자인 허버트 스펜서(Herbert Spencer)는 저서 『생물학의 원리(*Principles of Biology*)』에서 다윈의 이론과 일맥상통하는 개념인 '적자 생존(survival of the fittest)'을 창안했다.

통일된 이론

다윈의 『종의 기원』은 증거에 있어서는 완벽했지만, 유전은 여전히 의문으로 남아 있었다. 다윈은 시간이 지나면서 바뀌는 것은 이해했지만, 이 변화가 정확히 어떻게 일어나는지는 알지 못했다. 당시 가장 널리 퍼져 있던 관점은 두 부모의 유전적 특성이 마치 서로 다른 색의 페인트가 섞이듯 혼합된다는 것이었다. 어떤 누구도 이런 특성이 물리적으로 존재할 것이라고 생각하지 않았다. 하지만 이런 혼합은 다양성을 줄일 수밖에 없기 때문에, 진화를 충분히 설명할 수 없었다.

찰스 다윈은 **그것이 야기할 논쟁 때문에 23년이 지난 후에야** 정식으로 가설을 발표했다.

돌파구는 전혀 예상치 못한 곳에서 등장했다. 1860년대 오스트리아의 수도사였던 그레고어 멘델(Gregor Mendel)은 다른 품종의 완두를 교배하는 과정에서 유전이 (훗날 유전자라고 불리게 될) 어떤 입자로 인해 일어난다고 생각했다. 생식 과정에서 고유한 유전자 조합이 만들어지고, 그중 일부는 다음 세대에서 발현된다는 것이었다. 이 생각은 어떤 형질은 세대를 뛰어넘어 출현하며 생존에 필요한 형질은 보전되는 이유를 설명해 줬다.

멘델은 노란색 완두와 초록색 완두를 교배시키면 다음 세대의 완두는 모두 노란색인 것을 발견했다. 즉 유난히 잘 표현되는 형질이 존재한다는 것이다. 모두 노란색인 이 세대를 다시 잡종 교배했을 때, 그다음 세대에는 초록색 완두와 노란색 완두가 둘 다 있었다. 이는 형질이 세대를 뛰어넘어 출현하는 현상을 설명할 수 있었다.

멘델의 발견은 특별한 지식은 없었지만 쉽게 다윈의 가설을 뒷받침했고, 경쟁 이론이었던 라마르크 가설(용불용설)을 무너뜨렸다. 프랑스의 자연학자 장바티스트 라마르크(Jean-Baptiste Lamarck)는 크고 강한 근육과 같이 개체가 환경에 적응해 얻은 형질이 다음 세대로 유전된다는 가설을 제안했다. 멘델의 이론은 1900년에 재조명됐고 더 많은 과학자들이 유전 물질이 전해진다고 생각하기 시작했다. 자연 과학에서 흥미로운 학문으로 떠오른 유전학 덕분에 우연히 발생하는 돌연변이가 새롭고 다양한 유전자들을 만들어 낸다는 생각이 분명해졌다. 자연 선택은 가장 유용한 돌연변이 유전자를 선택하고 유지시켜 유전적 다양성을 보존했다. 1940년대에 독일 출신의 미국 생물학자 에른스트 마이어(Ernst Mayr)는 만약 개체군이 지리적으로 격리되면 전혀 다른 진화 경로를 거쳐 새로운 종이 나올 수 있다고 주장했다.

화석은 진화의 과정을 기록한다. 양서류 팔다리에 있는 물고기의 지느러미 형태, 날개에 있는 팔다리, 포유류의 팔다리 뒤쪽에 있는 지느러미와 비슷한 물갈퀴의 흔적 등이 화석으로 남아 있다. 오늘날, DNA 분석은 모든 생물들이 같은 기원을 공유한다는 사실을 명확하게 증명한다.

단 하나의 화석이라도 잘못된 시간 순서로 나타난다면, 진화론이 부정될 수도 있다. 하지만 진화론은 지금까지 승리의 깃발을 휘날리며 이 시험들을 통과해 왔다.

리처드 도킨스, 진화 생물학자, 1941년~

미생물이 등장하다

세균은 다른 어떤 생물들보다도 훨씬 오래 살았다. 그들은 광합성을 하고 영양분을 섭취한 최초의 생명체였다. 또한 현재까지 빛 없이도 영양분들을 만들어 내는 유일한 생명체다. 수십억 년 전, 그들은 바다와 육지의 개척자였다.

세균은 가장 단순한 세포로 이뤄진, 가장 많이 퍼져 있는 생물이다. 그들은 동식물의 세포보다 훨씬 작다. 대부분은 사람의 피부 세포 크기의 10분의 1 정도다. 그들은 DNA를 보관하는 핵이 없기 때문에 원핵생물(prokaryote, 'pro'는 이전을, 'karyon'은 핵을 뜻한다.)이라고 불린다.

세균은 구조상 동일해 보여도 화학적으로는 아주 다양하다. 1977년, 생물학자들은 완전히 새로운 원핵생물을 발견했다. '고세균'이라고 불리는 이들은 아주 염분이 높은 호수나 아주 뜨겁고 산성인 웅덩이와 같이 극한의 환경에서 산다. 다른 생명체와 달리 고세균의 세포막은 단단한 에테르(ether)로 이뤄졌기 때문이다. 몇몇은 특이한 화학 반응을 통해 메테인을 뿜기도 한다.

세균은 아주 **널리 퍼져 있다.** 일부는 **지구의 지각 아래**로 3킬로미터인 지점에서 살며 **방사성 우라늄**에서 에너지를 얻는다.

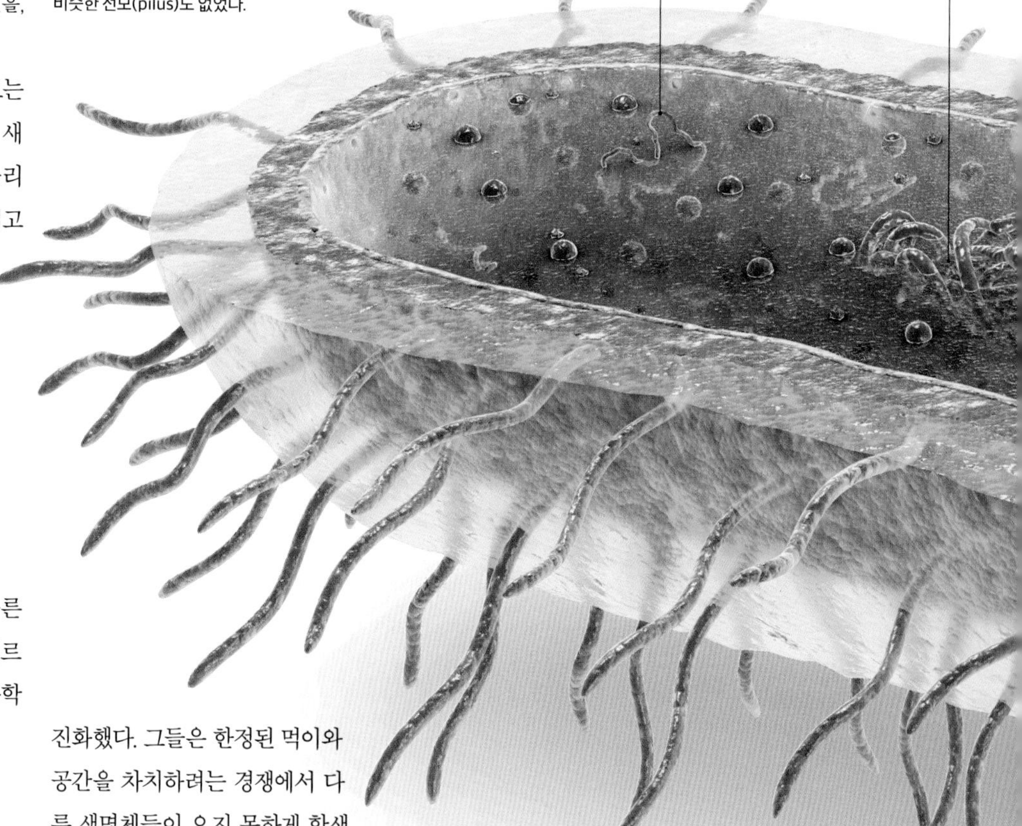

▼ 간균
세균의 모양은 구 모양에서 나선 모양까지 매우 다양하지만, 간균(bacillus, 바실루스)이라고 불리는 막대 모양의 균이 가장 흔하다. 간균은 오늘날의 일부 세균들이 갖는 다양한 특징들을 보여 준다. 대부분의 초기 세균은 가장 바깥쪽의 협막(capsule layer)도 없고, 머리카락과 비슷한 선모(pilus)도 없었다.

플라스미드(plasmid)는 짧은 고리 모양의 DNA다.

핵심 유전체(genome, 게놈)는 길게 꼬인 실타래 같은, 닫힌 고리 모양의 DNA다. 핵심 유전체는 수천 개의 유전자를 포함하며, 세포의 중앙에 느슨하게 묶여 있다.

여러 가지 방어 수단

초기 세균은 다른 미생물들이 가득한 환경에서 진화했다. 그들은 한정된 먹이와 공간을 차지하려는 경쟁에서 다른 생명체들이 오지 못하게 항생 물질을 만들었다. 따라서 세균은 여러 방어막을 갖게 됐다. 모든 생명체가 갖는 얇은 세포막 밖에 단단한 세포벽을 가지는 것은 물론이고 세포막 하나를 더 가져 항생 물질이 세포 내부로 침투하는 것을 막았다. 오늘날, 내막과 외막 사이에 세포벽을 가진 세균들은 항생제에 가장 잘 견딘다.

화학적 다양성

세균의 영양 처리 과정은 동식물에서 볼 수 있는 과정을 모두 포함하며, 심지어 더 다양하다. 많은 세균들은 스스로 영양분을 만들던 초기 생명체의 능력을 유지해, 각종 무기물로부터 에너지를 얻는다. 이런 세균 중 일부는 토양으로 들어가, 질소를 재활용해 다른 생명체들에게 아주 중요한 존재가 되기도 한다. 다른 종들은 광합성 능력을 발달시켰다. 특히 남세균(cyanobacteria, 시아노박테리아)은 최초 광합성 생물로, 빛을 이용해 영양분을 만들고 그 과정에서 발생한 순수한 산소를 배출했다. 하지만 미생물 생태계가 갈수록 복잡해지면서, 많은 세균들은 주변에서 영양분을 얻는 존재로 변했다. 이런 세균들은 수십억 년 뒤, 죽거나 살아 있는 동식물에 침투해 분해자 또는 질병을 유발하는 기생충이 됐다.

▼ 동물 속에 있는 세균
주변 환경에서 영양분을 섭취하는 세균들은 대부분 인간의 결장(colon) 내벽과 같은 동물의 소화관 안에 산다. 대부분은 숙주와 영양분을 교환하는 등의 협동 관계를 유지한다. 인간에서는 이런 세균이 소화에 필수적이다. 하지만 몇몇은 질병을 유발하기도 한다.

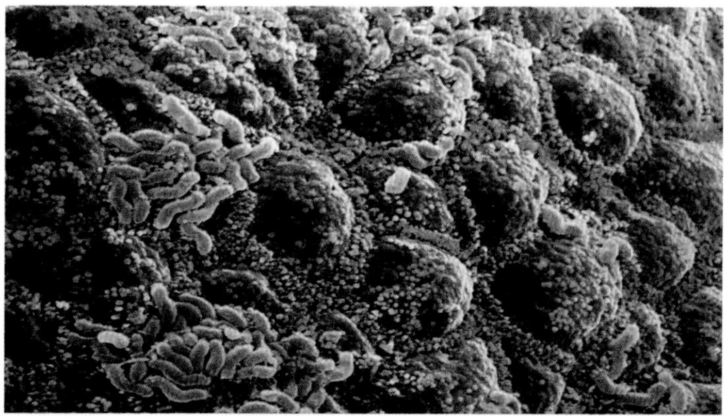

000만 년 전 | 최초의 육지 동물
3억 8000만 년 전 | 최초의 나무와 숲
2억 2000만 년 전 | 최초의 포유류와 공룡
6600만 년 전 | 소행성 충돌로 우점 파충류 멸종

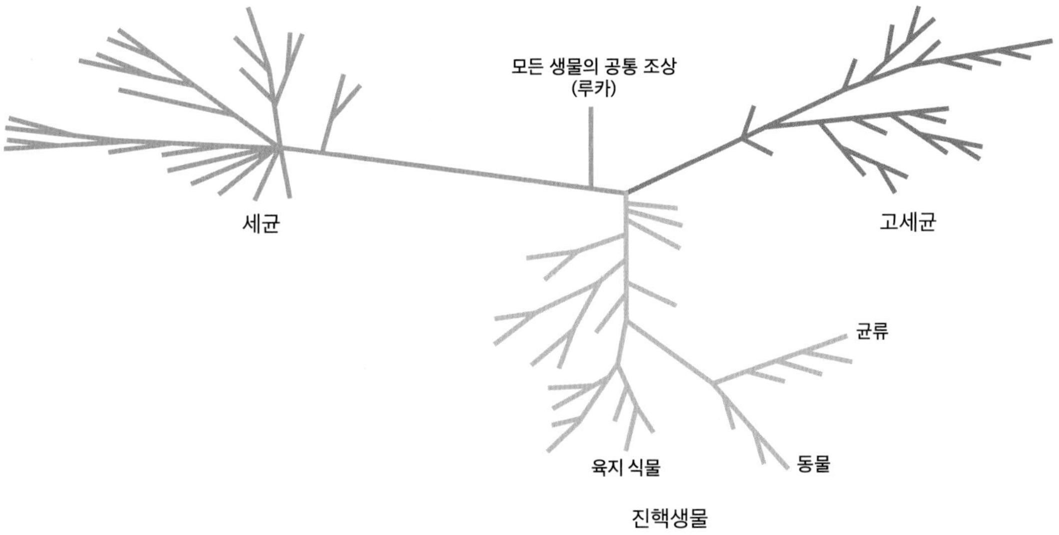

모든 생물의 공통 조상
(루카)
세균
고세균
균류
육지 식물
동물
진핵생물

◀ 생명의 나무
이 나무 그림은 DNA 분석에 따라 모든 생명체들 사이의 관계를 표현한 것이다. 이 분석은 현재 살아 있는 모든 세포 생명체들이 공통의 기원을 가지고 있음을 보여 준다. 모든 생물은 존재는 알 수 없는 '모든 생물의 공통 조상(루카)'에서 진화했으며 크게 세균, 고세균, 진핵생물로 나뉜다.

범례

- 세균은 단순한 단세포 생물인 원핵생물이다.
- 고세균은 세균처럼 원핵생물이다. 고세균은 세균과 닮았지만, 화학적 측면에서 완전히 다른, 먼 친척이다.
- 진핵생물은 훨씬 더 복잡하지만(118~119쪽 참조), 대부분이 미생물이다. 식물과 동물, 균류는 생명의 나무에 나오는 진핵생물 가지에서도 아주 작은 부분을 차지할 뿐이다.

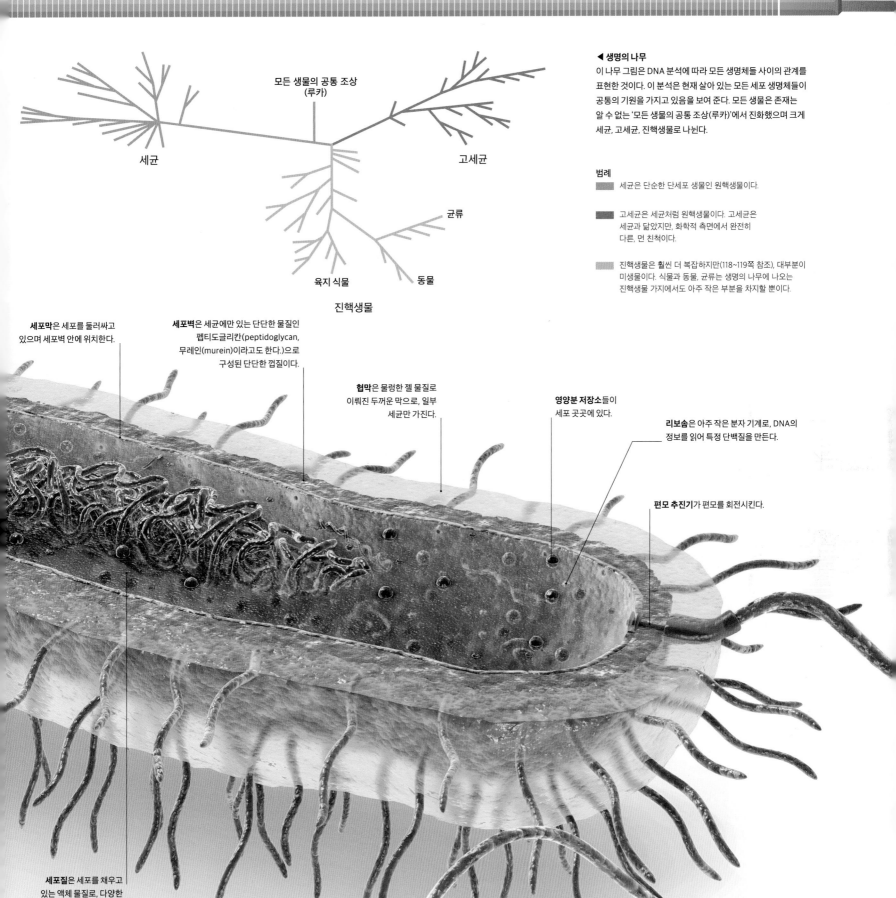

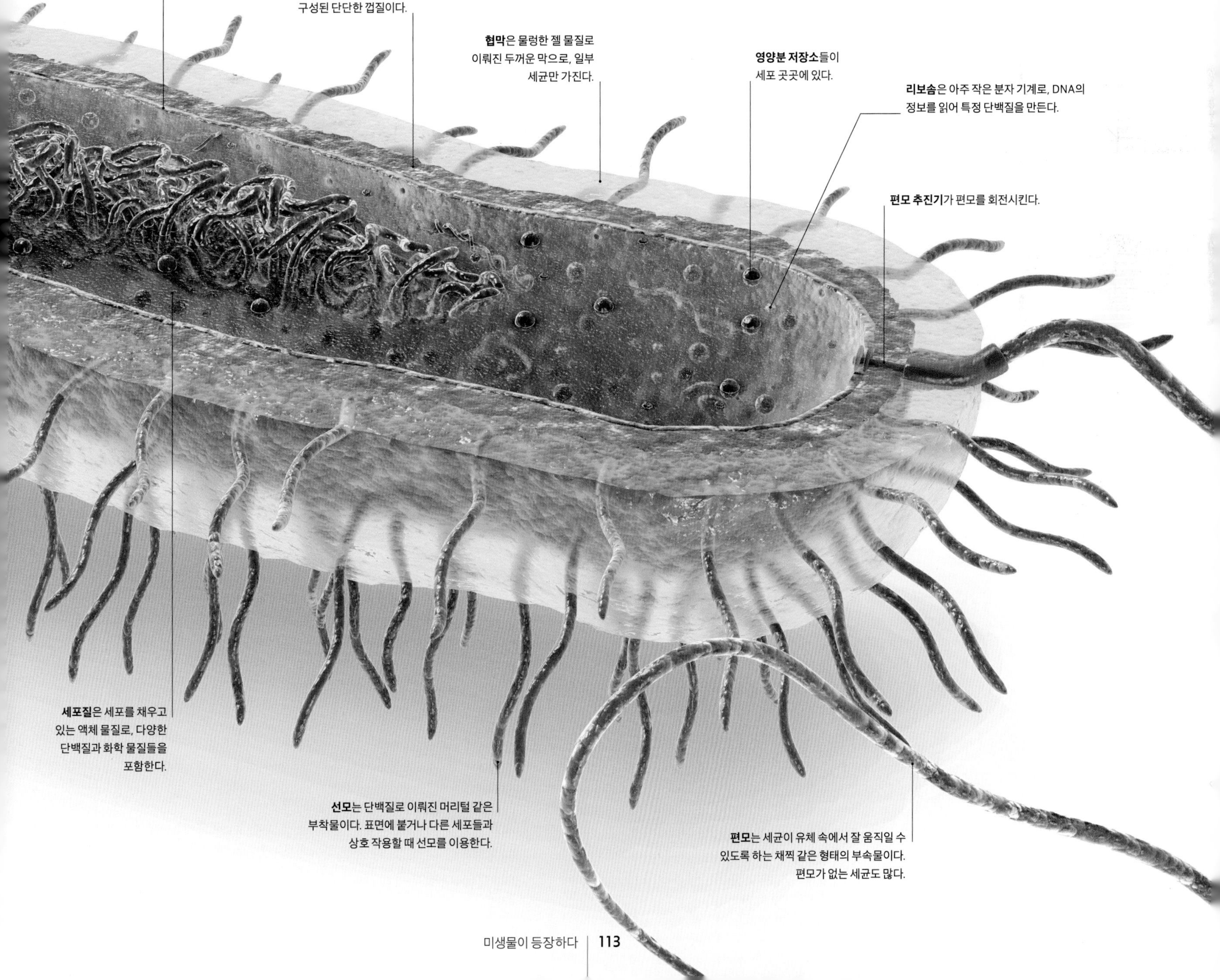

세포막은 세포를 둘러싸고 있으며 세포벽 안에 위치한다.
세포벽은 세균에만 있는 단단한 물질인 펩티도글리칸(peptidoglycan, 무레인(murein)이라고도 한다.)으로 구성된 단단한 껍질이다.
협막은 물렁한 젤 물질로 이뤄진 두꺼운 막으로, 일부 세균만 가진다.
영양분 저장소들이 세포 곳곳에 있다.
리보솜은 아주 작은 분자 기계로, DNA의 정보를 읽어 특정 단백질을 만든다.
편모 추진기가 편모를 회전시킨다.
세포질은 세포를 채우고 있는 액체 물질로, 다양한 단백질과 화학 물질들을 포함한다.
선모는 단백질로 이뤄진 머리털 같은 부착물이다. 표면에 붙거나 다른 세포들과 상호 작용할 때 선모를 이용한다.
편모는 세균이 유체 속에서 잘 움직일 수 있도록 하는 채찍 같은 형태의 부속물이다. 편모가 없는 세균도 많다.

생물이 햇빛을 이용하다

생물은 에너지가 필요하다. 최초의 생명체는 무기물에서 에너지를 얻고 깊고 어두운 바닷속에서 영양분을 만들었다. 그다음에 등장한 생명체는 다른 곳에서 에너지를 발견했다. 동식물의 조상인 그들은 물가에서 햇빛을 이용해 영양분을 만들거나 다른 세포들이 만든 먹이를 섭취했다.

▲ 햇빛에서 에너지를 얻다
스트로마톨라이트에서 사는 남세균은 녹색 엽록소를 이용해 햇빛을 흡수한다. 그 에너지를 사용해 이산화탄소와 물로부터 유기물을 만들어 내고 부산물로 산소를 방출한다.

미생물부터 키 큰 나무까지, 모든 생명체들은 작은 분자들을 합성해 큰 분자를 만들고, 생명 유지에 필요한 물질을 세포 안으로 밀어 넣고, 부패를 막기 위해 에너지를 소비한다. 바로 에너지를 얻을 수 있는 원천은 먹이다. 당이나 지방 같은 에너지원은, 기계를 돌리기 위해 화학 연료를 태우는 것처럼, 세포 안에서 일종의 연소 과정을 거쳐야 한다. 하지만 태우는 대신, 세포들은 촉매 분자(효소)를 이용해 안전하고 쉽게 에너지를 얻는데, 이를 호흡이라고 한다. 자급자족하는 가장 좋은 전략은 당이나 지방, 단백질 같은 영양소를 먹이가 아닌 물질에서 만들어 내는 것이다. 공기 중에 존재하는 또는 물속에 용해돼 있는 이산화탄소는 탄소와 산소를 제공한다. 물은 수소를, 질산염, 인산염, 황산염과 같은 무기물은 질소, 인, 황을 제공한다. 오늘날, 지구에는 태양 에너지를 이용해 영양분을 만드는 식물들이 가득하다. 하지만 생물이 영양분을 만드는 방법은 훨씬 더 다양하다.

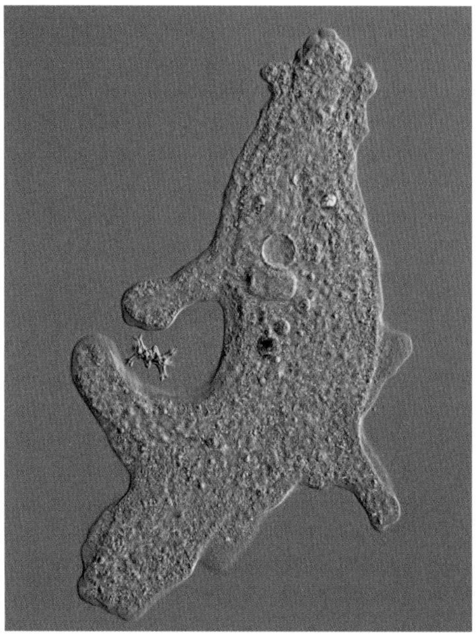

▶ 작은 포식자
아메바는 조류와 같이 더 작은 생물을 사로잡은 뒤 소화 효소를 이용해 잘게 쪼개서 영양분을 얻는다. 이는 아메바가 빛이 없는 암흑 환경에서도 살 수는 있지만 살아남기 위해서는 먹이가 꼭 필요하다는 것을 의미한다.

영양분 생성

식물만이 영양분을 만들어 내는 것은 아니다. 자급자족하는 대부분의 독립 영양 생물은 빛이 없어도 무기물이 포함된 물만 있으면 살아남을 수 있다. 세균과 고세균은 무기물로 화학 반응을 일으켜 에너지를 얻고, 그 에너지로 영양분을 만든다. 무기물이 풍부한 깊은 바다에서 번성한, 최초의 생명체들이 이와 같았을 것이다. 그중 일부는 무기물을 변환시키는 자신의 능력을 이용해 죽은 식물이나 동물을 질소로 되돌리는 질소 순환 과정을 돕는다.

고대의 미생물들이 햇빛이 들어오는 얕은 물로 서식지를 넓혀 가면서 햇빛을 이용해 영양분을 만드는 광합성 작용을 하기 시작했다. 그들은 낮에만 영양분을 얻을 수 있었지만, 어둠 속에서 영양분을 만들 때보다 훨씬 더 많은 양을 얻을 수 있었다. 햇빛은 무기물보다 훨씬 더 큰 에너지를 가지고 있기 때문이다. 따라서 햇볕이 드는 해변이 이 미생물의 주 서식지가 됐다. 에너지를 얻기 위해 기존에 사용하던 세포 내부의 화학 반응은 빛을 이용하는 반응으로 재탄생했다. 광합성을 하는 미생물들은 엽록소와 같은 색소를 이용해 빛 에너지를 흡수하고 저장했다. 최초의 광합성체(photosynthesizer)는 황화수소에서 얻은 수소를 더해 이산화탄소를 당으로 바꿨다. 이 과정은 암석에 남겨진 노란색 황 퇴적물 때문에 알려졌다. 하지만 이후에 광합성 작용이 개선돼 생명체들은 황화수소 대신 물에서 수소를 얻었다. 이 기간 동안 부산물로 생성된 산소는 지구 대기를 가득 채웠고(116~117쪽 참조), 이후 호흡 과정에서 영양분을 효율적으로 연소하는 데 도움을 줬다. 이

> 녹색 식물은 **아래서** 얻은 **물**과 **무기질**에, **위에서** 얻은 **햇빛**과 이산화탄소를 혼합해 **땅과 하늘을 이어 준다**.
>
> **프리초프 카프라**, 물리학자, 1939년~

생물들을 오늘날의 남세균과 매우 유사했을 것이다. 남세균의 표면에는 퇴적 물질을 붙잡을 수 있는 끈적끈적한 물질이 덮여 있다. 수천 년 동안 이 남세균 군집들이 스트로마톨라이트(stromatolite, 'stroma'는 침대를, 'lithos'는 돌을 의미한다.)라고 불리는 암석 더미를 형성한다. 스트로마톨라이트는 일부 따뜻한 해변에 아직까지 존재한다. 이런 해변은 염분이 높아 동물들이 살기 힘든 환경 조건이지만, 화석 기록은 풍부하다.

영양분 섭취

영양분을 스스로 만드는 생명체들이 생기자, 지름길이 열렸다. 생산자가 되는 대신 다른 생물이 만든 영양분을 먹는 생존 전략이 가능해진 것이다. 그 결과, 영양분을 만드는 것을 과감히 포기하고 이미 만들어진 영양분을 섭취하는 생물들이 등장했다. 여기에는 동물, 균류, 모든 미생물이 다 포함된다. 가장 초기의 소비자들은 아마 주변에서 금방 흡수할 수 있도록 당과 같은 영양분을 분해했을 것이다. 균류와 같은 분해자들은 여전히 이렇게 영양분을 얻는다. 이들은 주변의 유기물을 분해해 흡수하려고 소화액을 분비한다. 다른 생물을 사냥해 잡아먹는 것은 그다음 단계였다. 아메바와 같이 좀 더 복잡한 세포들은 작은 생물들을 사로잡는 수단을 진화시켰다. 이와 같은 포식자의 등장은 미시 세계에서 먹이 사슬이 시작됐음을 의미했다.

오늘날, 생산자들과 소비자들은 좀 더 거대한 먹이 사슬로 연결돼 있다. 바다와 육지의 생명은 햇빛에서 에너지를 얻는 조류와 식물에서 시작된다. 그들이 오늘날 전 세계 생태계의 영양분 대부분을 생산한다. 한편 동물들이 그 많은 영양분을 소비한다. 그리고 모든 생명체들은 죽은 물질을 다양하게 재활용하는 균류와 세균에 의존한다.

▼ 광합성은 어디에서 일어나는가
광합성은 오늘날의 생명체들이 영양분을 만들어 내는 중요한 화학 반응이다. 먹이 사슬에서 식물과 조류는 육지와 바다의 동물에게 영양분을 제공하는 주요 생산자다.

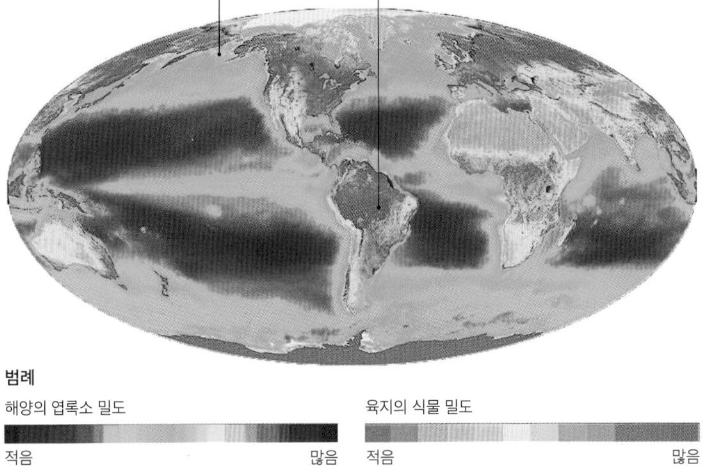

해조류는 적도에서 멀리 떨어져 있거나 해안에 가까운, 계절에 따라 순환하는 영양분이 풍부한 물속에 집중돼 있다.
열대 우림은 육지에서 특히 높은 생산성을 자랑한다.
범례
해양의 엽록소 밀도
적음
많음
육지의 식물 밀도
적음
많음

산소가 대기를 채우다

약 25억 년 전, 지구의 대기는 엄청난 변화를 겪었다. 산소가 대기를 채우기 시작한 것이다. 새로운 종류의 미생물 때문에 일어난 이 사건은 미래의 모든 생명체에게 아주 중요한 변화였다.

이 시기의 미생물들은 햇빛이 닿는 바다의 얕은 곳에서 부글거리는 산소를 생산했다. 이후에 등장한 어떤 미생물들도 다시는 같은 행동을 하지 않았다.

산소는 놀라운 원소다. 산소는 불꽃을 일으키고, DNA와 같이 복잡한 분자들을 구성한다. 생명체의 대다수는 산소를 들이마시며 산다. 오늘날에는 산소 기체가 대기 중 5분의 1 정도를 차지하지만, 지구 역사의 초기 절반 동안에는 전혀 존재하지 않았다. 대신 산소는 물속에 녹아 있거나 암석과 결합돼 있었다. 광합성을 하는 미생물들은 영양분을 만들 때 물 밖으로 산소를 방출한 최초의 생물이었다(114~115쪽 참조).

한때의 독약이 이득으로

초기의 생명체들은 산소에 익숙하지 않았다. 금속을 부식시킬 수 있는 산소가 세포의 정교한 작동에도 큰 혼란을 불러왔다. 산소가 없는 환경에서 진화한 대부분의 초기 생명체들은 산소의 공격에 맥을 추리지 못하고 죽었다. 분자에 산소를 가둘 수 있는 효소를 가진, 아주 적은 수의 미생물만이 살아남았다. 일부 생명체들은 여기서 한 단계 더 나아가, 치명적인 산화가 아주 생산적일 수 있다는 사실을 이용했다.

산소의 격렬한 반응은 산화 과정에서 에너지가 나온다는 것을 의미한다. 많은 양의 에너지가 연소 과정에서 방출된다. 수십억 년 동안 세포는 생명 활동을 위해 에너지를 저장하는 방법을 발전시켰다. 산소는 물질 대사의 새로운 길을 열어 주었다. 산소와 유기물의 반응으로(102~103쪽 참조) 에너지를 얻는 산소 호흡(aerobic respiration)이 가능해진 것이다. 산소 호흡은 이후 수십억 년간 에너지를 만들어 내는 가장 효율적인 방법이 됐다. 이제 지구상의 모든 생명체가 산소를 들이마시기 시작했다.

◀ 증거로 남은 띠
산소가 급증한 시기 이전의 암석에 붉은 산화철층이 남아 있다. 산화철은 바다에 산소가 유입되면서 형성됐다.

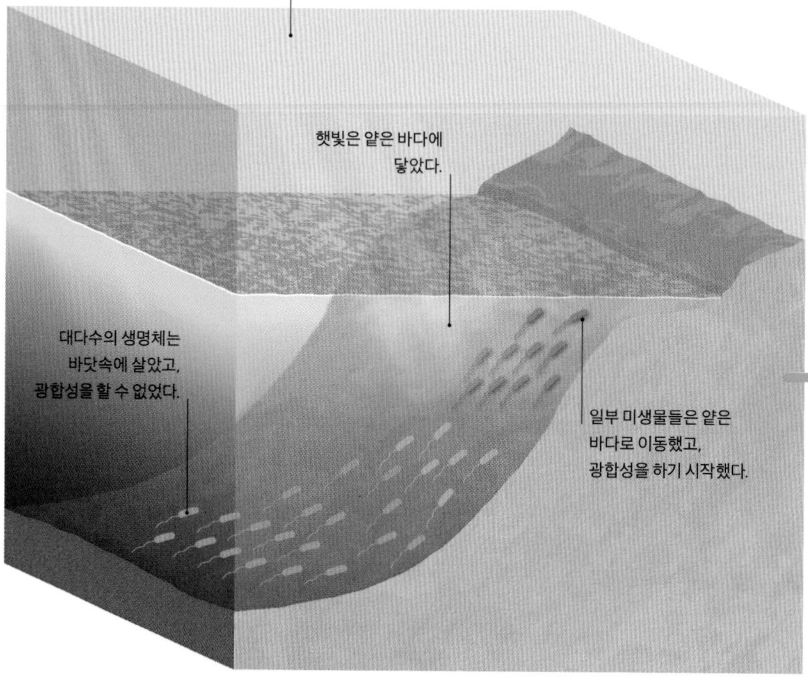

초기의 대기는 질소와 이산화탄소와 같이 화학 반응을 일으키지 않는 기체들로 이뤄져 있었고, 하늘은 붉은색이었다.
햇빛은 얕은 바다에 닿았다.
대다수의 생명체는 바닷속에 살았고, 광합성을 할 수 없었다.
일부 미생물들은 얕은 바다로 이동했고, 광합성을 하기 시작했다.

생명은 빛이 닿지 않는 깊은 바닷속에서 시작됐다. 초기 생명체들이 새로운 서식지로 흩어지면서, 얕은 바닷가에 살게 된 생물들은 영양분을 만들기 위한 새로운 에너지원을 찾았다. 그것은 태양에서 오는 빛 에너지였다.

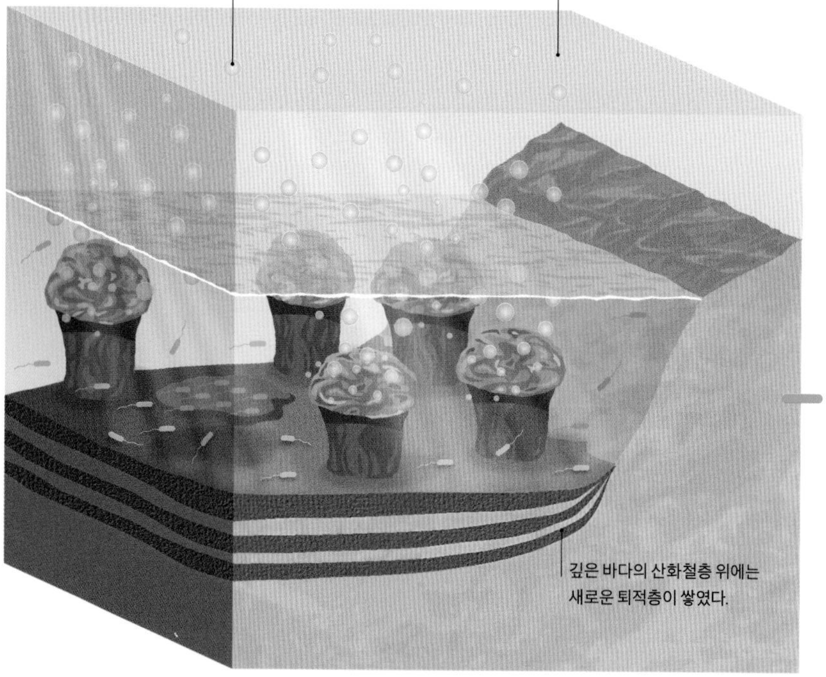

산소는 포화된 바다에서 나와 대기로 유입되기 시작했다.
이산화탄소가 풍부하던 대기에 산소가 천천히 채워졌다.
깊은 바다의 산화철층 위에는 새로운 퇴적층이 쌓였다.

수억 년 동안 광합성을 통해 만들어진 산소는 바닷속 철에 흡수돼 해저면에 산화철층을 이뤘다. 오늘날 세계의 주요 철광석 매장지가 이렇게 형성됐다. 약 24억 년 전, 바다에 용해돼 있던 철 이온이 바닥나자, 산소는 물을 포화시킨 뒤 비로소 대기를 채우기 시작했다.

태양 에너지를 필요로 하는 미생물이 버리고
간 무기물이 층층이 쌓여 스트로마톨라이트가
만들어졌다.
미생물의 광합성 작용에서 발생한
산소가 바다로 유입됐다.
세균 매트가
형성됐다.
해저면에는 녹슬고 붉은
산화철층이 형성됐다.

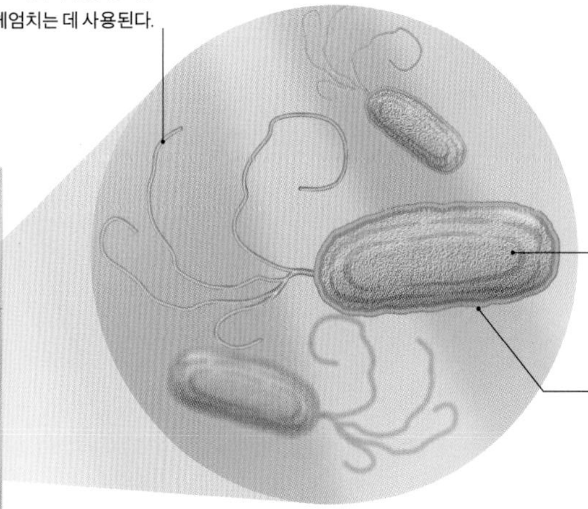
꼬리같이 생긴 편모는
헤엄치는 데 사용된다.
미생물 안의 여러 막들은
초록색 색소로 싸여 있다.
세포벽이 세포를
둘러싸고 있다.

◀ 햇빛에서 에너지를 얻는 미생물
광합성을 하는 미생물들은 태양 에너지를 흡수하기 위해 초록색 색소를 진화시켰다. 그들은 광합성 과정에서 태양 에너지를 사용해 당과 같은 유기 영양분을 만들었다(114~115쪽 참조)

얕은 바다에 살던 미생물들이 광합성을 하기 시작했다. 38억~32억 년 전에 일어난 일이었다. 그들은 군집을 이루며 세균 매트(세균과 진핵생물 등 아주 작은 생물들이 이루는 얇은 층 — 옮긴이)와 스트로마톨라이트를 만들었다. 미생물들은 물에서 수소를 얻고 산소를 방출했지만, 산소가 대기로 빠져나가지는 못했다. 산소는 바닷속 용해된 철 이온과 반응해 산화철이 되어 해저면에 쌓였다.

> “**특별한 환경 조건**과 긴 시간이 궁극적으로 **동물의 진화를 이끌었을 것이다.**”
>
> **티머시 라이언스,** 생물 지구 화학 교수, 1960년경~

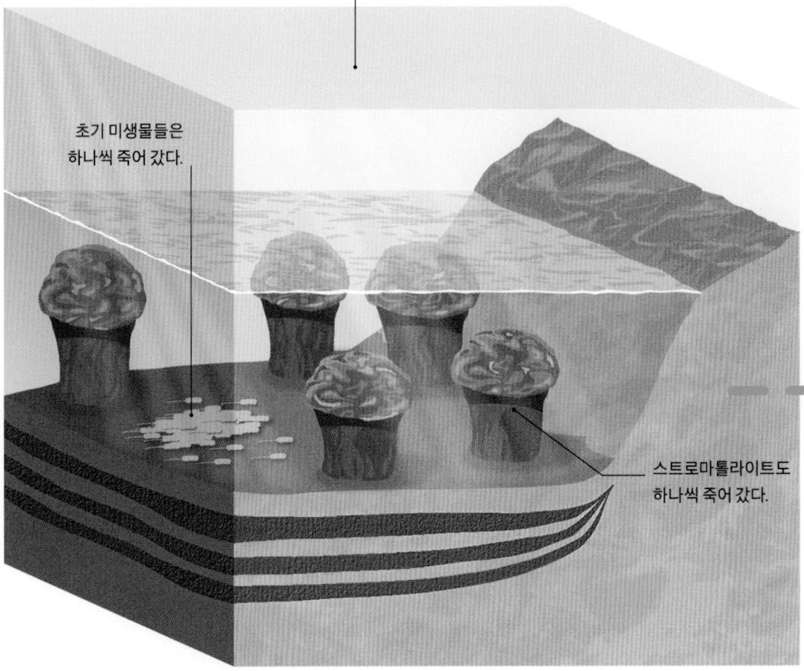
대기에 산소가 풍부해졌고,
하늘은 푸르게 변했다.
초기 미생물들은
하나씩 죽어 갔다.
스트로마톨라이트도
하나씩 죽어 갔다.

24억 년 전부터 바다는 산소로 포화됐다. 대기에도 산소가 풍부해졌다. 생명체들은 산소가 적은 환경에 맞게 진화했기 때문에, 이런 새로운 환경은 대다수의 생물에게 아주 유독했다. 산소의 독성을 극복할 수 있는 수단을 가진 아주 일부의 생물만이 살아남았다.

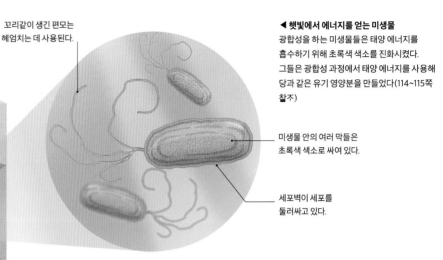

새로운 유기체들은 에너지를 얻는 데
산소를 사용할 수 있도록 진화했다.
화석화된
스트로마톨라이트가
암석이 됐다.

새롭게 등장한 미생물들이 산소를 이용했다. 이 미생물들은 산소를 이용해 영양분에서 더 많은 에너지를 얻었고, 산소가 풍부한 새 환경에서 번성했다. 소수의 혐기성(oxygen-hating) 미생물은 두꺼운 진흙층과 같이 산소가 닿을 수 없는 곳에서 생명을 이어 갔다.

복합 세포가 진화하다

미생물로 가득 차 있던 27억 년 전, 생명체는 다시 한 번 앞으로 나아갈 방법을 찾았다. 단순한 구조의 세균들이 좀 더 큰 세포들과 합쳐지면서, 복잡한 새로운 세포가 등장했다. 이런 세포들은 식물과 동물과 같이 거대한 생물로 진화했다.

세균은 단순한 구조로 많은 능력들이 제한됐다. 세균은 비록 더 복잡한 생명체에서는 수행할 수 없는 화학 반응들을 수행할 수 있었지만, 움직임이나 집단을 구성하는 능력 면에서는 제한적이었다. 더 큰 미생물들이 작은 미생물을 삼켜 그 안에서 살아가도록 했을 때, 더 많은 가능성이 열렸다.

세포 안의 방

모든 동식물은 진핵생물(eukaryote, 'eu'는 진짜를, 'kayron'은 핵을 의미한다.)로, 핵을 가진 세포로 구성돼 있다. 핵은, 세포 소기관들을 둘러싼 막의 존재와 함께, 세균과 진핵생물을 구분하는 중요한 기준이다. 세포 소기관은 마치 사람의 몸 안에 있는 기관들처럼 특정 기능을 수행한다. 특히 엽록체와 미토콘드리아 같은 일부 세포 소기관은 하나의 세균을 연상시킨다. 선사 시대의 미생물들이 더 작은 세포들을 포획했을 때, 그 세포들을 먹어 없애는 대신 그 안에서 생명 활동을 하도록 만든 것 같다. 이런 방식으로 과거 광합성을 하는 세균은 엽록체가 됐고, 산소 호흡을 하던 세균은 미토콘드리아가 됐다. 심지어 핵도 이런 방식으로 고세균의 조상에서 유래했을지도 모른다는 단서가 약간 남아 있다. 이 경우, 미생물에 갇힌 세포들은 그 안에서 '잘 자라서' 그들의 숙주가 번식할 때마다 계승됐다. 수백만 년에 걸쳐, 숙주와 세포 소기관은 완전한 상호 의존 관계를 이루게 됐다. 진핵생물은 세균보다 훨씬 더 커지고 더 많은 기능을 수행하게 됐다. 광합성을 하는 엽록체들을 가진 일부 진핵생물은 조류와 식물이 됐다. 먹이를 섭취하는 기능을 가진 이들은 아메바, 균류, 동물이 됐다. 유글레나(*Euglena*)와 같은 일부 생물은 낮에는 광합성을 하고, 빛이 없는 밤에는 영양분을 흡수했다. 그러나 복잡성을 증대시킨 원동력은 세포들의 상호 작용이었다. 이윽고 진핵생물은 지구상에서 가장 크고 정교한 생물로 진화했다.

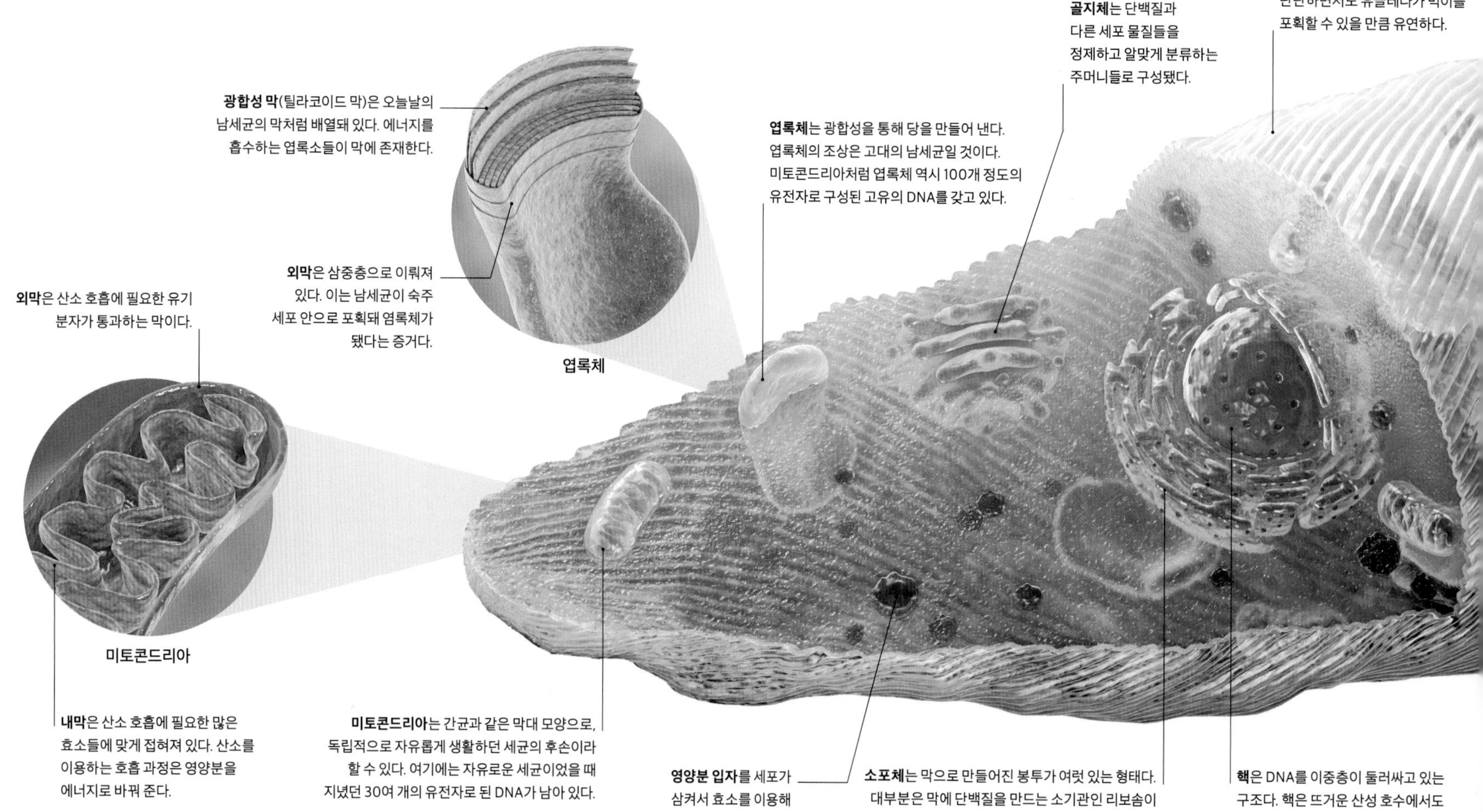
고랑이 파인 표면의 얇은 세포막은 유기체를 보호할 수 있을 만큼 단단하면서도 유글레나가 먹이를 포획할 수 있을 만큼 유연하다.
골지체는 단백질과 다른 세포 물질들을 정제하고 알맞게 분류하는 주머니들로 구성됐다.
광합성 막(틸라코이드 막)은 오늘날의 남세균의 막처럼 배열돼 있다. 에너지를 흡수하는 엽록소들이 막에 존재한다.
엽록체는 광합성을 통해 당을 만들어 낸다. 엽록체의 조상은 고대의 남세균일 것이다. 미토콘드리아처럼 엽록체 역시 100개 정도의 유전자로 구성된 고유의 DNA를 갖고 있다.
외막은 삼중층으로 이뤄져 있다. 이는 남세균이 숙주 세포 안으로 포획돼 엽록체가 됐다는 증거다.
엽록체
외막은 산소 호흡에 필요한 유기 분자가 통과하는 막이다.
미토콘드리아
내막은 산소 호흡에 필요한 많은 효소들에 맞게 접혀져 있다. 산소를 이용하는 호흡 과정은 영양분을 에너지로 바꿔 준다.
미토콘드리아는 간균과 같은 막대 모양으로, 독립적으로 자유롭게 생활하던 세균의 후손이라 할 수 있다. 여기에는 자유로운 세균이었을 때 지녔던 30여 개의 유전자로 된 DNA가 남아 있다.
영양분 입자를 세포가 삼켜서 효소를 이용해 분해한다.
소포체는 막으로 만들어진 봉투가 여럿 있는 형태다. 대부분은 막에 단백질을 만드는 소기관인 리보솜이 잔뜩 붙어 있는 조면 소포체다. 리보솜이 없는 활면 소포체는 지질을 합성하는 역할을 한다.
핵은 DNA를 이중층이 둘러싸고 있는 구조다. 핵은 뜨거운 산성 호수에서도 살아남는 고세균으로부터 유래했을 것이다.

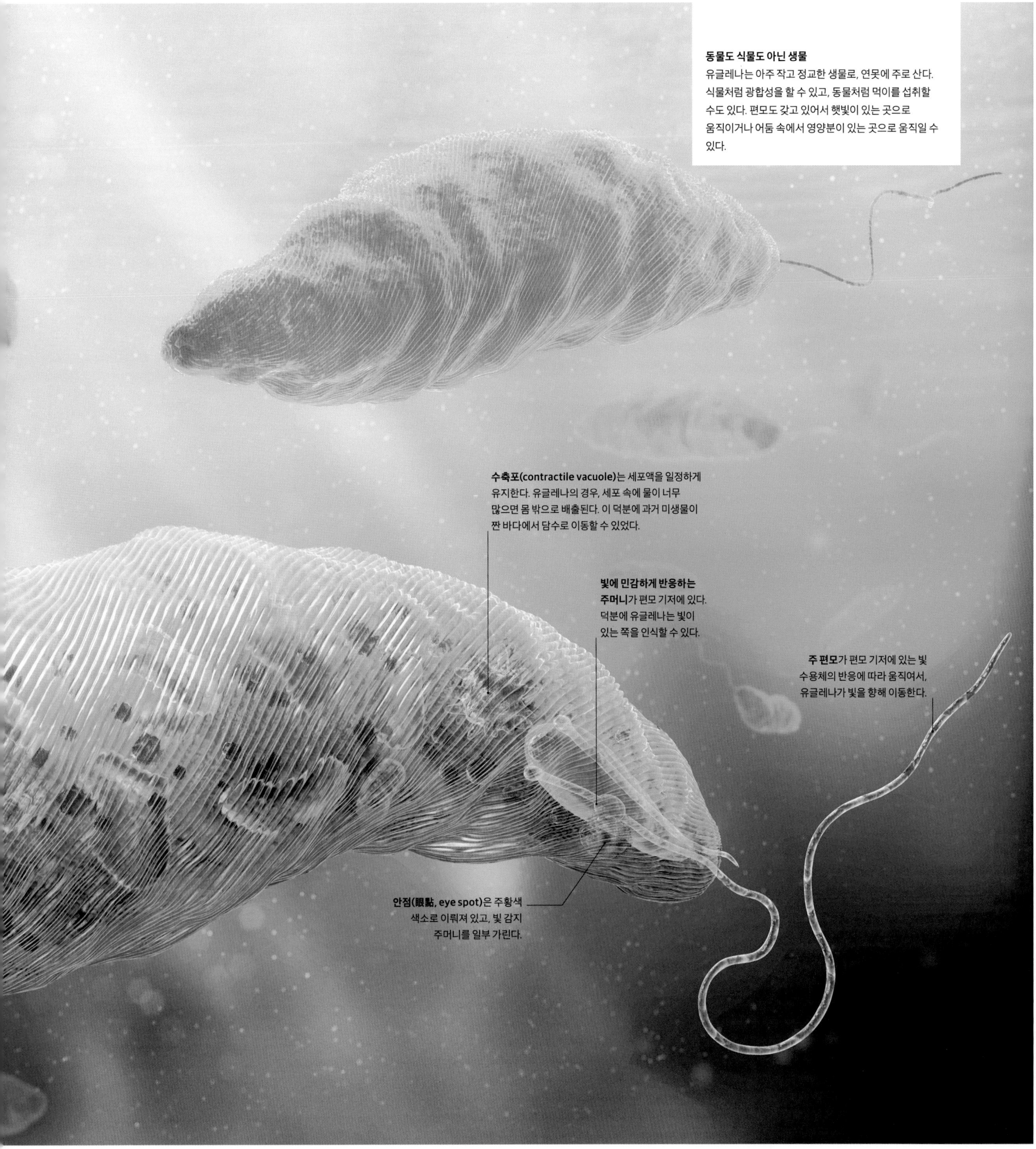
동물도 식물도 아닌 생물
유글레나는 아주 작고 정교한 생물로, 연못에 주로 산다. 식물처럼 광합성을 할 수 있고, 동물처럼 먹이를 섭취할 수도 있다. 편모도 갖고 있어서 햇빛이 있는 곳으로 움직이거나 어둠 속에서 영양분이 있는 곳으로 움직일 수 있다.
수축포(contractile vacuole)는 세포액을 일정하게 유지한다. 유글레나의 경우, 세포 속에 물이 너무 많으면 몸 밖으로 배출된다. 이 덕분에 과거 미생물이 짠 바다에서 담수로 이동할 수 있었다.
빛에 민감하게 반응하는 주머니가 편모 기저에 있다. 덕분에 유글레나는 빛이 있는 쪽을 인식할 수 있다.
주 편모가 편모 기저에 있는 빛 수용체의 반응에 따라 움직여서, 유글레나가 빛을 향해 이동한다.
안점(眼點, eye spot)은 주황색 색소로 이뤄져 있고, 빛 감지 주머니를 일부 가린다.

유성 생식과 유전자 혼합

유전자 복제 오류로 발생하는 돌연변이는 새로운 유전자와 형질을 만들어 낸다. 그러나 유전자를 혼합해 독특한 개체들을 만드는 것은 생식이며, 성(性, sex)은 진화 초기에 발생한 모든 생명체의 기본 속성이다.

성 구분 없이 번식하는 일부 생물은 부모의 유전자를 그대로 물려받으므로 그들의 다양성은 전적으로 돌연변이에 의존한다. 하지만 대부분의 생물은 생식 과정을 거쳐 더 다양해진다. 생식은 DNA를 혼합해 새로운 개체군을 만들어 낸다. 식물의 경우 하얀색 꽃인지 보라색 꽃인지, 키가 큰지 작은지를 유전자가 결정한다. 이런 다양성은 기본적으로 돌연변이로 인해 발생한다(108~109쪽 참조). 하지만 생식이 이 유전자들을 섞어 두 색상의 꽃을 모두 가진 크고 작은 식물들을 만들 수도 있다.

가장 간단한 생식 방식은 세균이 DNA 일부를 교환하는 것이다. 세균들이 붙었다 떨어지면, 그들은 유전적으로 약간 달라진다. 그렇다고 자손이 만들어지는 것은 아니다. 세균은 성을 진화시켰지만 유성 생식을 하지는 않는다.

거대한 유전체가 혼합되는 방법

식물, 균류, 동물을 포함하는 진핵생물(118~119쪽 참조)은 사슬 형태의 긴 DNA를 갖기 때문에 세균처럼 유전자를 교환할 수 없다. 대신 그들은 자신의 DNA 절반을 가진 생식 세포를 만들어 다른 개체의 DNA 절반과 결합 또는 수정시킨다.

DNA를 절반으로 줄여 수정을 하려면 유전자가 두 번 '나뉘어야' 한다. 이 과정을 감수 분열이라고 한다. 감수 분열로 줄어든 DNA를 가진 생식 세포(정자와 난자)는 수정을 통해 원래 DNA의 양을 회복한다. 이렇게 두 개체의 유전자의 정보는 골고루 다음 세대에 유전된다.

사람의 **정자**와 **난자**는 **800만 개**의 유전적 조합을 가질 수 있다.

정자와 난자의 유전적 다양성

수정은 서로 다른 개체들의 유전자를 섞는다. 하지만 감수 분열은 한 부모의 모든 생식 세포를 다 다르게 만든다. 감수 분열 초기에 생식 세포에서 DNA가 마구 섞이므로, 한 부모에서 나온 정자들 또는 난자들은 유전적으로 모두 다르다.

복잡한 생물들은 자신에게 맞는 생식 방식을 각각 진화시켰다. 실처럼 생긴 균류는 세균과 유사하게 균사를 접합해 번식한다. 땅에 뿌리를 박고 있는 식물들은 날아다닐 수 있는 포자 또는 화분을 진화시켰다. 방식은 다르지만 모든 생물의 성은 자연 선택이 작용할 수 있게 개체의 다양성을 증대시켰다.

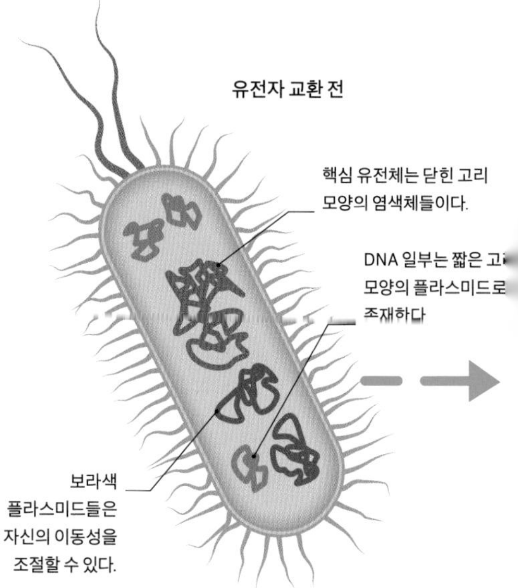

유전자 교환 전
핵심 유전체는 닫힌 고리 모양의 염색체들이다.
DNA 일부는 짧은 고리 모양의 플라스미드로 존재한다
보라색 플라스미드들은 자신의 이동성을 조절할 수 있다.

▲ 세균
세균은 다른 개체로 DNA를 이동시키는 방식으로 생식을 한다. 이동하는 DNA에는 유전자 교환을 조절하는 유전자가 포함돼 있기 때문에, 이 플라스미드는 마치 독립된 생명체처럼 움직인다.

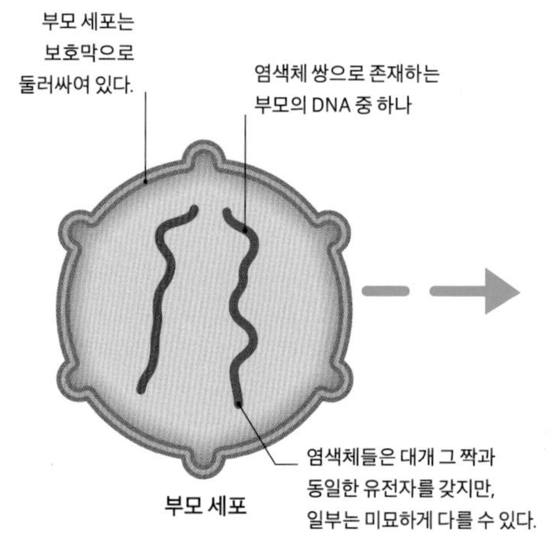

▲ 복잡한 미생물
클라미도모나스(*Chlamydomonas*)는 단세포 미생물(진핵생물)이다. 이 미생물은 DNA 양을 두 배로 늘려 동일한 염색체 쌍을 하나 더 만든다. 각 염색체 쌍을 구성하는 염색체 가닥은 이론상 그 짝과 동일한 유전자를 갖는다. 하지만 수백만 년간 축적된 돌연변이로 인해 작은 차이가 있을 수 있다.

▼ 산란
다량의 생식 세포는 다산으로 이어질 수 있다. 산호는 수백만 개의 정자와 난자를 동시에 분출해, 바다에서의 수정 확률을 높인다.

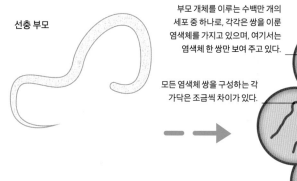

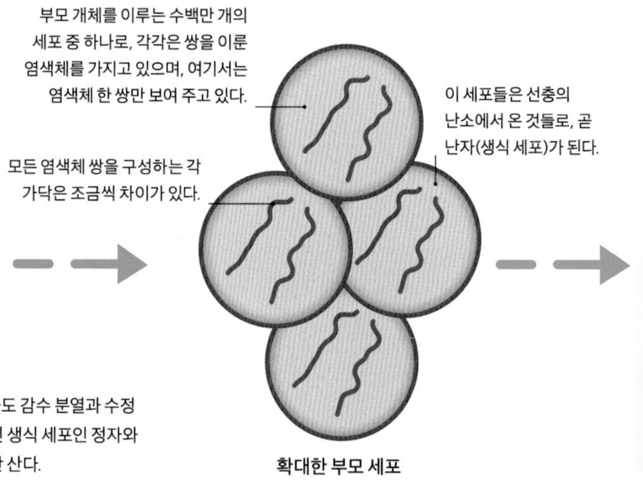

▲ 동물
동물 역시 진핵생물이다. 모든 진핵생물처럼 동물도 감수 분열과 수정 과정을 거친다. 하지만 감수 분열을 거쳐 만들어진 생식 세포인 정자와 난자는 각각 고환과 난소에서 아주 짧은 시간 동안 산다.

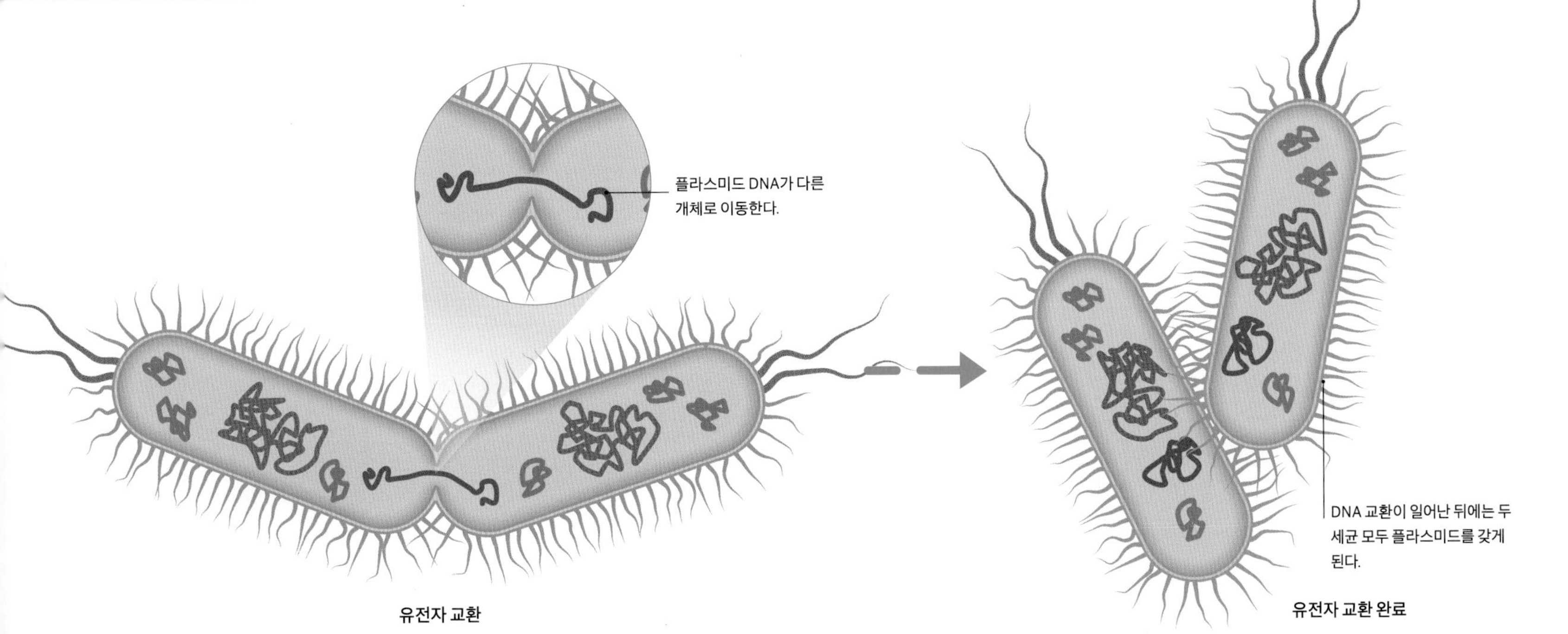
플라스미드 DNA가 다른 개체로 이동한다.
DNA 교환이 일어난 뒤에는 두 세균 모두 플라스미드를 갖게 된다.
유전자 교환
유전자 교환 완료

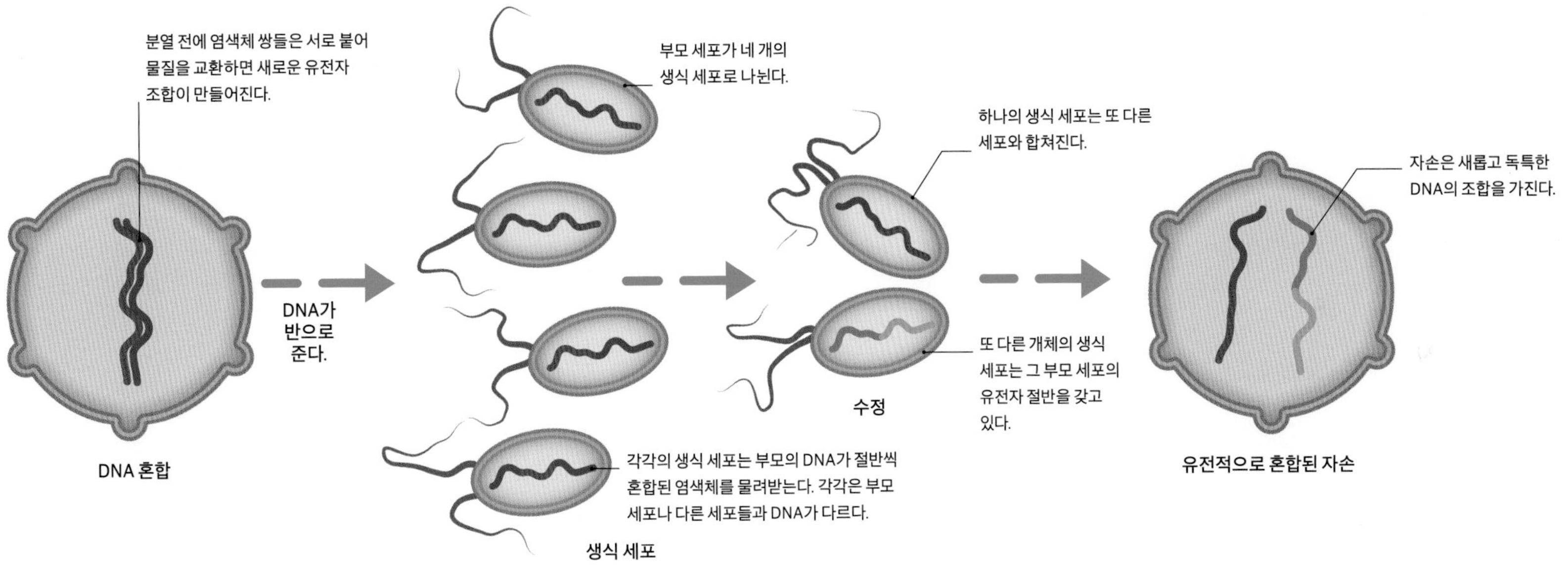
분열 전에 염색체 쌍들은 서로 붙어 물질을 교환하면 새로운 유전자 조합이 만들어진다.
DNA 혼합
DNA가 반으로 준다.
부모 세포가 네 개의 생식 세포로 나뉜다.
각각의 생식 세포는 부모의 DNA가 절반씩 혼합된 염색체를 물려받는다. 각각은 부모 세포나 다른 세포들과 DNA가 다르다.
생식 세포
하나의 생식 세포는 또 다른 세포와 합쳐진다.
또 다른 개체의 생식 세포는 그 부모 세포의 유전자 절반을 갖고 있다.
수정
자손은 새롭고 독특한 DNA의 조합을 가진다.
유전적으로 혼합된 자손

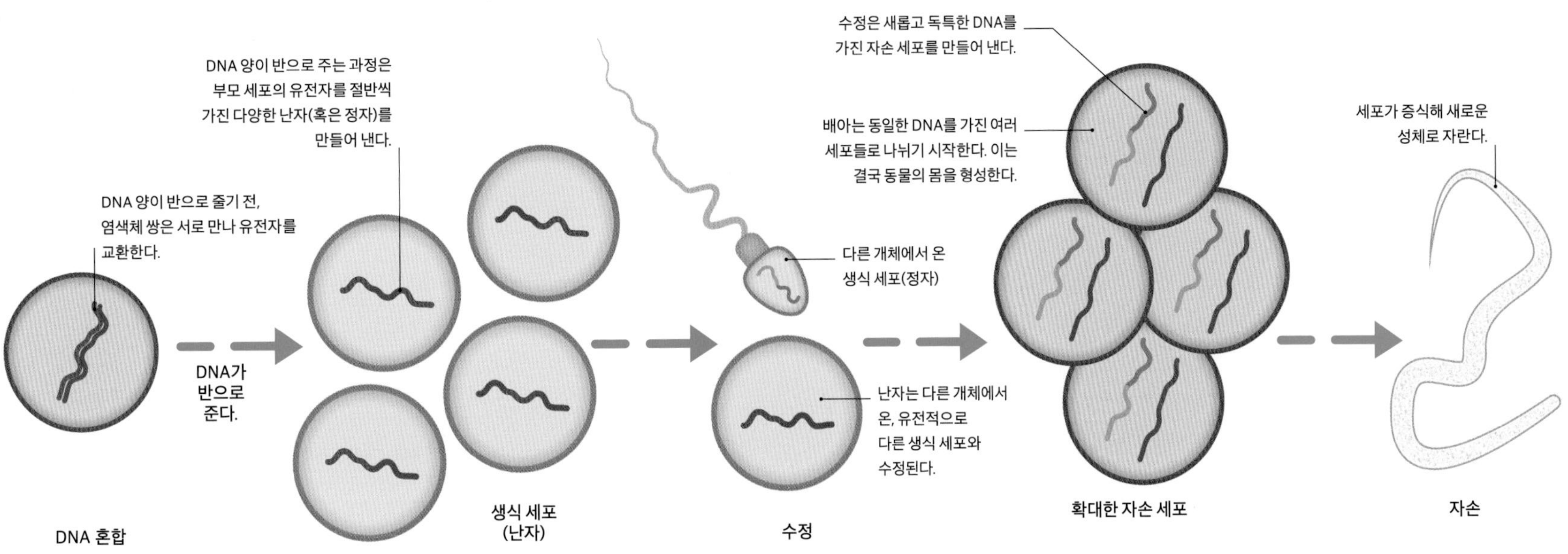
DNA 양이 반으로 줄기 전, 염색체 쌍은 서로 만나 유전자를 교환한다.
DNA 혼합
DNA가 반으로 준다.
DNA 양이 반으로 주는 과정은 부모 세포의 유전자를 절반씩 가진 다양한 난자(혹은 정자)를 만들어 낸다.
생식 세포 (난자)
다른 개체에서 온 생식 세포(정자)
난자는 다른 개체에서 온, 유전적으로 다른 생식 세포와 수정된다.
수정
수정은 새롭고 독특한 DNA를 가진 자손 세포를 만들어 낸다.
배아는 동일한 DNA를 가진 여러 세포들로 나뉘기 시작한다. 이는 결국 동물의 몸을 형성한다.
확대한 자손 세포
세포가 증식해 새로운 성체로 자란다.
자손

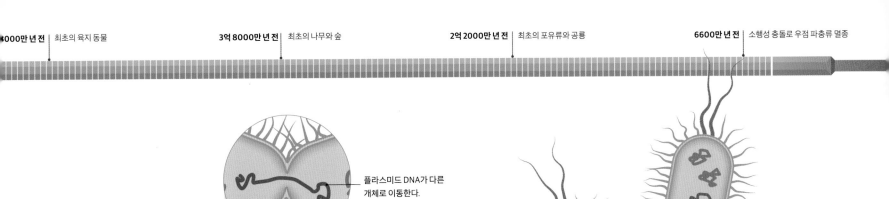

세포들이 몸을 구성하다

아주 작은 단세포 미생물에서 수조 개의 세포로 이뤄진 동식물 같은 생물로 발전한 것은 생명체의 복잡성 측면에서 엄청난 도약이었다. 다세포 생물에서는 세포들이 제대로 붙어 있어야 할 뿐만 아니라 서로 상호 작용이 잘 이뤄져야 적합한 몸으로 발달할 수 있다.

단세포 미생물은 능력에 한계가 있다. 그들은 일정 크기 이상으로 커질 수 없다. 생명 활동에 필요한 확산 작용은 매우 작은 범위에서 이뤄지며 세포가 너무 커지면 지질 세포막이 무너지기 때문이다. 미생물은 계속 작은 크기를 유지하려고 분열을 반복한다. 더 큰 생물들은 다양한 기능을 수행하기 위해 새로운 생존 전략으로 다세포 생물이 되는 것을 택했다. 일부 미생물들은 분열 후 군집을 이뤘다. 분리 없는 분열이라는 이 단순한 방식을 보면, 다세포성(multicellularity) 자체는 기념비적 성취가 아닌 것 같다. 하지만 세포들이 서로 다른 일을 하며 몸을 구성한다는 것은 전혀 다른 문제였다.

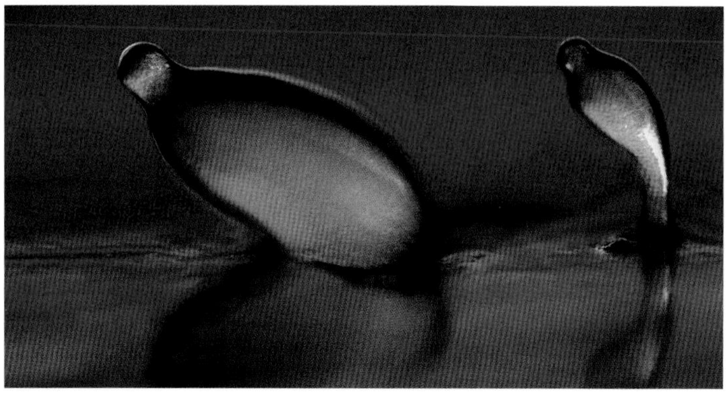

▲ 과도기의 임시 몸
점균류(slime mold)는 단세포와 다세포의 경계에 있다. 그들은 아메바처럼 단세포이면서 독자 생존한다. 하지만 환경이 나빠지면, 뭉쳐서 열매 모양의 다세포가 된다.

세포 노동의 분업

다세포성은 세포들이 함께 일하고 주변 세포가 보내는 화학적 신호에 따라 기능이 특화되는 것을 의미한다. 군집한 모든 세포들은 세포 분열 동안 복제된 동일한 DNA를 가지고 있지만, 상황에 따라 유전자의 기능을 끌 수도 있다. 예를 들어 세포가 한 기능에 집중하기 위해 특정 기능을 포기할 수 있다. 이렇게 포기된 기능은 주변의 다른 세포들이 담당한다.

선캄브리아 시대의 바다에는 여과 섭식(물을 통과시켜 물속의 입자나 부유 물질을 걸러먹는 방법 — 옮긴이)을 하는 해면동물이 있었다. 비록 세포들 간 접착은 약했지만, 이들이 최초의 다세포 동물이었다. 분리된 세포에서 새로운 개체를 자라나게 하는 해면동물의 번식 방식은 단순한 구조의 일부 조류에서도 나타난다. 훨씬 복잡한 구조의 동식물에서 세포들은 각 역할이 분명히 정해져 있었다. 피부나 근육 등 어떤 조직이 될지는 초기 배아에서 세포들이 차지한 위치에 따라 정해졌다. 그리고 조직들이 모여 잎이나 심장 같은 기관을 이뤘다. 세포들은 더 이상 혼자서는 살 수 없는 존재가 됐다.

다세포성은 세포들의 상호 의존도를 높였고, 전체 몸의 입장에서는 많은 이익을 가져왔다. 덕분에 생물은 촉수나 생식 기관과 같이 분업화된 기관들을 진화시켰다. 산호에서 나무에 이르기까지 생물의 크기가 다양해지면서, 자연 세계는 점점 더 복잡해졌다. 그 결과로 더 정교해진 먹이 사슬 구조와 더 큰 생물의 몸에 적합한 서식지가 나타났다.

갈라진 틈은 하나의 세포가 두 개로 나눠지는 배아의 첫 분열을 의미한다.

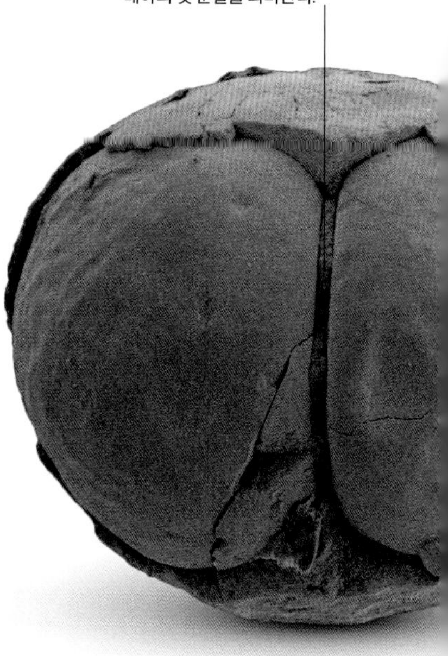

2 세포기

16 세포기

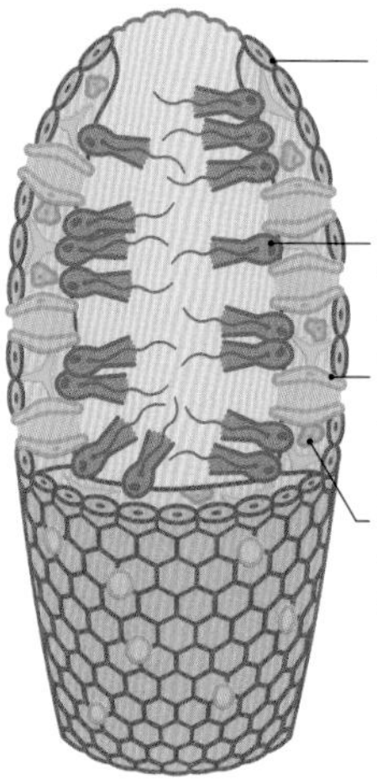

상피 세포는 해면동물의 몸 경계를 이룬다.
깃 세포의 편모 운동으로 물과 먹이가 빨려 들어간다.
입수공은 물과 먹이가 드나드는 통로다.
아메바 모양의 세포는 침입자를 공격한다.

해면동물

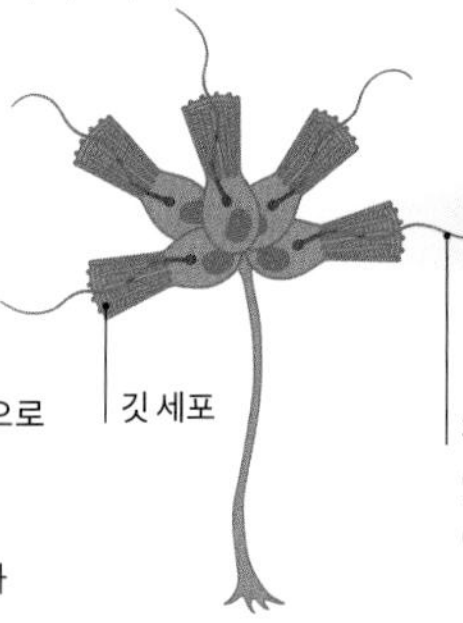

깃 세포
편모의 운동이 먹이가 있는 물을 세포 안으로 이동시킨다.

깃편모충 군집

◀ 하나의 생명체인가 세포 군집인가?
세포의 군집과 진정한 의미의 다세포 생물을 구분하는 것이 언제나 명확하지는 않다. 깃편모충류(choanoflagellate)라는 단세포 미생물은 줄기가 있는 군집을 이룬다. 해면동물을 구성하는 많은 세포들은 이와 비슷한 생김새와 행태를 보인다. 그러나 해면동물은 서로 다른 분업화된 세포들을 갖는다는 점에서 군집보다 동물로 보는 것이 맞다. 각 세포들은 살아남기 위해 통합된 전체로서 서로 협력해야 한다.

네 개의 세포가 됐다는 것은 배아가 두 번 분열했음을 의미한다.

4 세포기

우툴두툴한 표면은 화석이 되는 과정에서 광화 작용(mineralization)이 진행됐기 때문이다.

막이 세포들을 둘러싸고 있다. 동물 배아가 꼭 이와 같다.

8 세포기

이 '배아'의 세포들은 훨씬 둥근데, 아마 세포막이 없기 때문일 것이다.

32 세포기

막은 세포들로 이뤄진 거대한 공 모양으로 둘러싸여 있다. 동물 배아에서 포배기라고 불리는 시기다.

포배기

> **고등 동물의 조상**은 틀림없이 **아메바**와 유사한 **하나의 세포로 이루어진 생물**로부터 강, 웅덩이, 호수 등지에서 발생했을 것이다.
>
> **에른스트 헤켈**, 진화 생물학자, 1834~1919년, 『탄생의 역사』에서

▲ 중단된 발생

중국 남부에 있는 고대 지형인 두산투오 지층에서 놀라운 화석이 발견됐다. 세포 분열 초기 단계에 얼어붙은 배아 세포 화석이 그것이다. 이 화석은 하나의 난자 세포가 두 개, 네 개, 여덟 개로 늘어나는 모습을 보여 준다. 분리되지 않는 세포 분열은 다세포성의 원천이다. 이 화석은 6억 3500만 년 전 초기 다세포 동물들이 등장했음을 의미한다. 일부 연구자에 따르면 화석은 배아가 아니라 조류 낭종일 가능성이 있다. 따라서 이 해석에 논란이 남아 있다.

과시하는 수컷
큰 눈을 가진 깡충거미처럼 낮에도 앞을 잘 볼 수 있는 종들의 경우, 수컷은 암컷에게 잘 보이기 위해 화려한 색으로 치장한다. 사진 속 공작깡충거미는 구애의 표시로 화려한 무늬와 춤을 뽐낸다.

수컷과 암컷으로 나뉘다

동식물은 복잡한 다세포 생물로 진화했을 뿐만 아니라 두 가지 성으로 나뉘었다. 각 동물종에서, 절반은 난황이 있는 알을 낳거나 새끼를 임신하는 암컷이 되어 자손을 키우는 데 집중했다. 나머지 절반은 수컷으로서 더 나은 싸움꾼이 되거나 스스로를 뽐내는 일을 했다.

두 성별 사이의 차이는 매우 명확하다. 코끼리 물범 암컷은 수컷보다 5배 정도 작은 반면, 아귀 암컷은 수컷보다 40배 정도 크다. 유성 생식을 하는 생물은 자손을 만드는 데 동일한 양의 유전자를 제공한다. 하지만 그 과정에서 수컷과 암컷이 기여하는 방식은 상호 보완적이면서도 다르다.

> **암컷**이 **화려한 색깔**이나 그 밖에 장신구들로 **치장한 수컷**에서 어떤 **매력**도 느끼지 못한다고는 믿을 수 없다.
>
> **찰스 다윈**, 생물학자, 1809~1882년, 『인간의 유래와 성 선택』에서

짝짓기 방식과 교미

하등 생물은 성의 구분 없이 교미한다. 미생물과 균류는 똑같아 보이지만 서로 다른 '짝짓기 유형'을 갖는다. 미묘한 화학적 차이에 따라 유전자를 섞기 위해 융합할지 말지 결정된다.

이런 짝짓기 유형에서 개체들은 번식의 책임을 동등하게 진다. 하지만 성의 진화로 상황이 바뀌었다. 각각의 성이 동일한 양의 유전 정보를 제공하더라도, 암컷은 영양분이 많은 난황과 함께 난자를 제공하는 반면, 수컷은 난자와 결합할 가벼운 정자만 만든다. 정자가 영양분이 가득한 난자를 향해 헤엄치기 시작하면서 경쟁은 시작된다.

까다로운 암컷, 과시하는 수컷

곤충이나 물고기의 암컷은 난자에 아주 적은 양의 영양분만 저장하기 때문에 수백 개의 알을 낳을 수 있다. 영양분이 많은 난자를 조금 만들거나 오랜 임신 끝에 새끼를 낳는 생물도 있다. 어느 쪽이든 암컷은 다음 세대를 위해 많은 체력을 투자하기 때문에 자신의 유전자를 전달할 수컷을 아주 까다롭게 고른다.

그에 반해 정자의 생산에 드는 비용은 훨씬 적다. 수컷들은 자신의 유전자를 남기기 위해 다른 수컷들을 공격하고, 암컷들에게 자신을 뽐내는 데 많은 에너지를 투자한다. 그 결과, 사슴벌레의 거대한 턱에서부터 극락조의 멋진 깃털까지, 수컷들의 겉모습이 화려해졌다. 익룡 수컷의 볏 화석 같은 증거들은 이런 수컷의 모습이 자연스러운 것임을 말해준다. 색깔이나 목소리 같은 수컷의 외모나 행동을 추적할 수 있는 흔적은 남아 있지 않지만, 오늘날 짝짓기에 성공하기 위해 노래하거나 춤추거나 싸우는 수컷의 모습에서 짐작해 볼 수 있다.

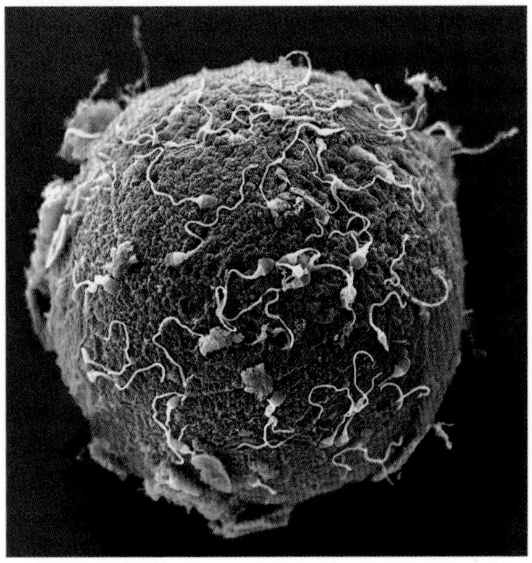

◀ 크기 경쟁
세포질과 난황이 들어 있는 난자는 가장 큰 세포 중 하나다. 반면 가장 작은 세포 중 하나인 정자는 미토콘드리아가 만드는 에너지를 이용해 편모를 움직여 헤엄을 친다.

동물이 뇌를 갖다

모든 동물들은 변화를 감지하고 반응하는 신경계를 갖고 있다. 하지만 일부만이 복잡한 행동을 하도록 진화해 헤엄치거나 앞으로 기어가기 시작했다. 그런 동물들은 일련의 감각 기관과 결정을 내리는 뇌를 발달시키며 앞장서 나갔다.

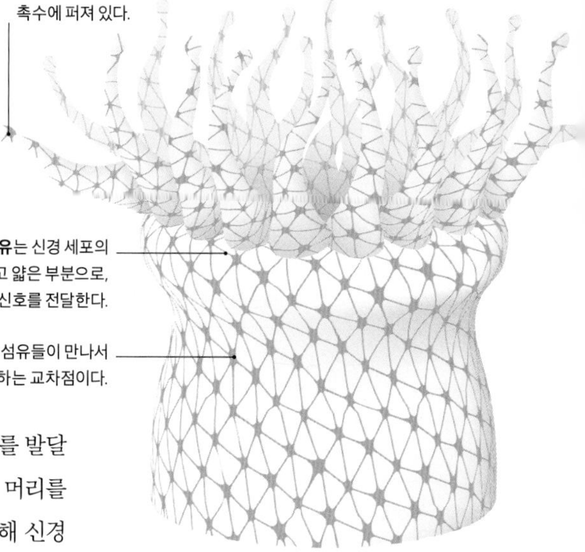
신경망은 모든 촉수에 퍼져 있다.
신경 섬유는 신경 세포의 길고 얇은 부분으로, 전기 신호를 전달한다.
신경 마디는 신경 섬유들이 만나서 상호 작용하는 교차점이다.

▲ 신경망
말미잘은 신경 세포가 집중돼 있는 뇌가 없다. 대신 신경 세포가 망처럼 분포되어 있다. 감각 세포가 정보를 모으면 그 안쪽에 있는 신경 세포가 근육과 상호 작용을 한다. 행동은 자극에 대해 반응하는 가장 단순한 형태이다.

해파리 같은 초기 동물들은 사방으로 뻗어 있는 촉수들을 이용해 움직였다. 해파리의 몸에는 위아래가 있었지만, 앞뒤가 없어 머리와 꼬리의 구분이 없었다. 하지만 먹이와 위험에 반응하기에는 충분했고, 신경 세포들이 서로 연결돼 몸 전체를 잇는 긴 신경계(nervous system)를 만들었다. 환경에서 즉각적인 자극이 가면 전기 신호가 신경 세포를 따라 전달되고, 신호가 근육에 도달하면 근육은 몸의 일부를 안쪽으로 잡아당길 수 있도록 수축한다. 하지만 복잡한 행동은 불가능하다. 그들은 들어온 감각을 분석해 결정을 내릴 뇌가 없었기 때문이다.

생각하는 머리

6억 년 전, 앞으로만 걷는 동물들에게 아주 중요한 변화가 일어났다. 만약 그들이 꾸준히 한 방향으로만 움직인다면, 손끝처럼 항상 새로운 장소를 처음 만나는 신체 부위가 생긴다. 동물들은 감각 기관들을 신체 말단에 집중시켰고, 신체에 들어오는 모든 정보를 처리하기 위한 많은 신경 세포를 발달시켰다. 이 동물들은 처음으로 뇌가 있는 머리를 갖게 됐다. 몸 중앙을 관통하는 통로를 통해 신경 세포는 몸 전체에 신호를 전달하고, 뇌와 근육, 감각 기관들은 서로 상호 작용할 수 있었다. 이는 몸의 구조가 근본적으로 바뀌었음을 의미한다. 세로로 길어진 몸은 중앙의 선을 기준으로 양쪽 대칭이 되게 발달했다. 이런 구조가 단순한 편형동물부터 복잡한 척추동물까지 대다수의 동물의 신체 구조로 자리 잡았다.

뇌가 생긴 동물들은 먹이를 잡기 위해 거미집을 짓는 것 같은 복잡한 행동을 할 수 있었다. 하지만 여전히 유전자에 따라 정해진 일부 행동만 할 수 있었다. 뇌의 전기적 신호가 기억으로 남아 행동에 영향을 주기 시작하면서 동물들의 행동은 비로소 자유로워졌다. 포유류와 새처럼 큰 뇌를 가진 동물들은 경험을 통해 학습하기 시작했다. 그들 중 일부는 인간 창의성의 전조가 되는 능력을 보이기도 했다.

▼ 뇌 화석
뇌와 같이 부드러운 조직들은 화석이 되기 매우 어렵다. 사진은 새우와 비슷하게 생긴 캄브리아기의 생물인 푸시안후야 프로텐사(*Fuxianhuia protensa*)의 머리 화석으로, 뇌 구조가 온전히 남아 있다. 거대한 시엽(optic lobe)을 보면 당시 동물들에게 시각이 매우 중요했음을 알 수 있다.

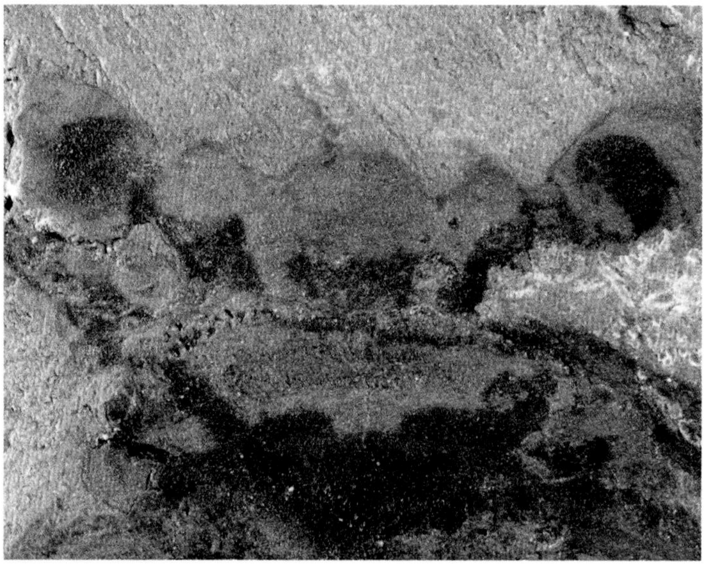

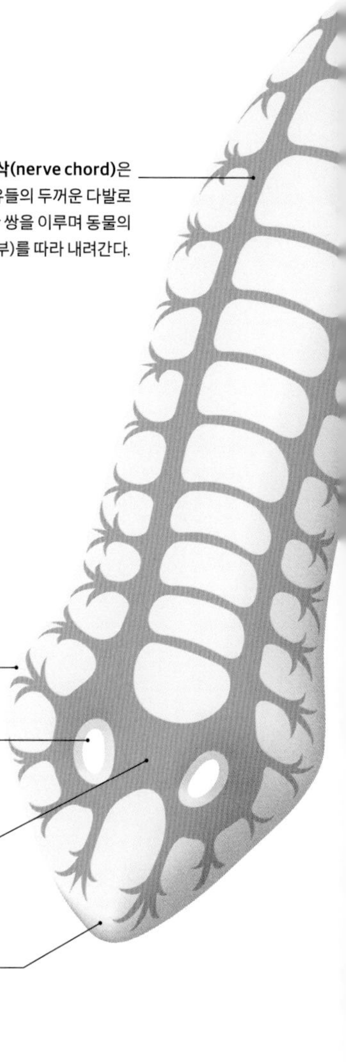
신경삭(nerve chord)은 신경 섬유들의 두꺼운 다발로 한 쌍을 이루며 동물의 배(복부)를 따라 내려간다.
귓바퀴는 머리 측면에 있는 돌출부로 화학 물질에 예민하게 반응해 먹이를 찾는 역할을 한다.
안점은 빛에 반응하지만, 상세한 이미지를 만들 정도로 섬세하지는 않다.
뇌는 몸의 머리 끝에 있는 가장 큰 신경절에 집중돼 있다.
코는 신체 부위 중 새로운 물질에 처음으로 닿는 곳으로, 촉각에 민감하다.

> 여러 동물들의 뇌 기관은 **부피가 점점 커졌고 중요성도 점차 증가했다**.
> 이는 **종의 생활 방식**이 요구하는 바에 따라 변화한 결과였다.

수전 그린필드, 신경 과학자, 1950년~

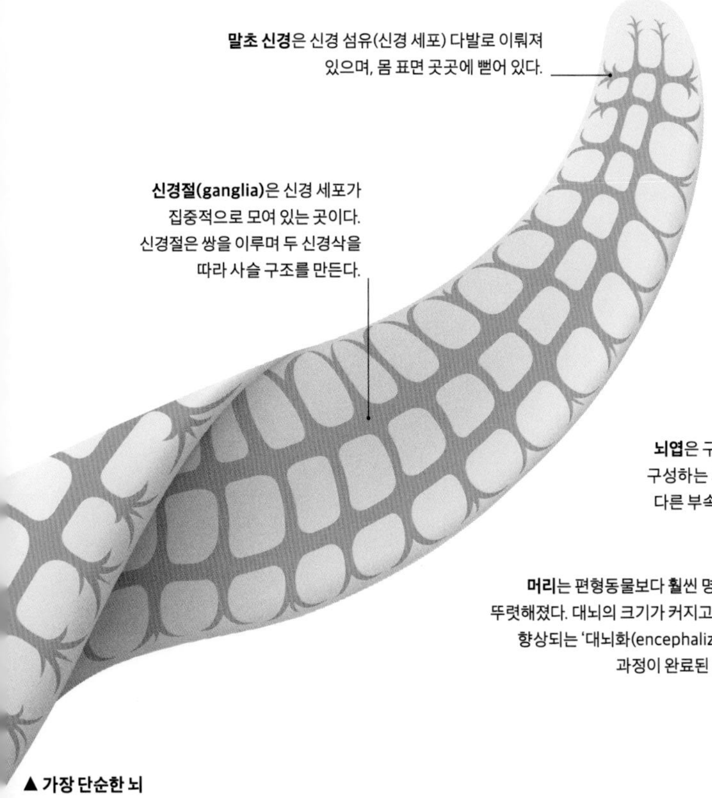
말초 신경은 신경 섬유(신경 세포) 다발로 이뤄져 있으며, 몸 표면 곳곳에 뻗어 있다.
신경절(ganglia)은 신경 세포가 집중적으로 모여 있는 곳이다. 신경절은 쌍을 이루며 두 신경삭을 따라 사슬 구조를 만든다.

▲ 가장 단순한 뇌
편형동물은 뇌와 머리를 가진 동물들 중 가장 단순하다. 중추 신경계는 원시적 뇌를 이루는 신경절로 구성된다. 신경삭은 이를 제외한 신체 부위들과 신호를 주고받는다. 더 멀리 있는 뉴런들은 감각 기관 및 근육과 신호를 주고받는다.

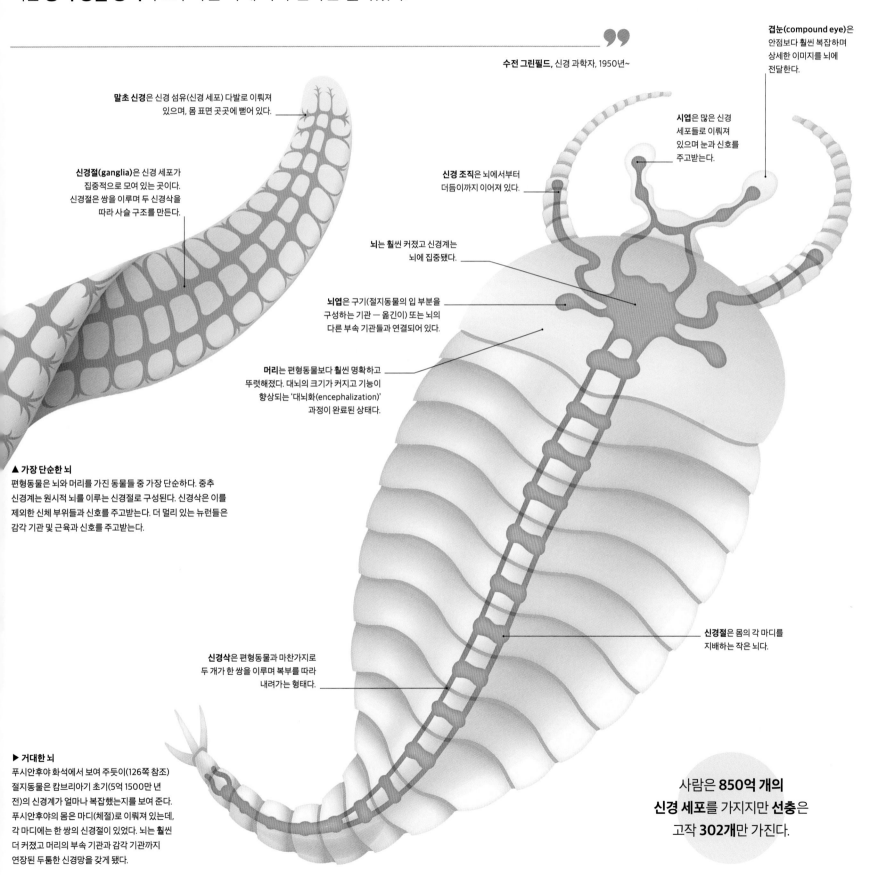

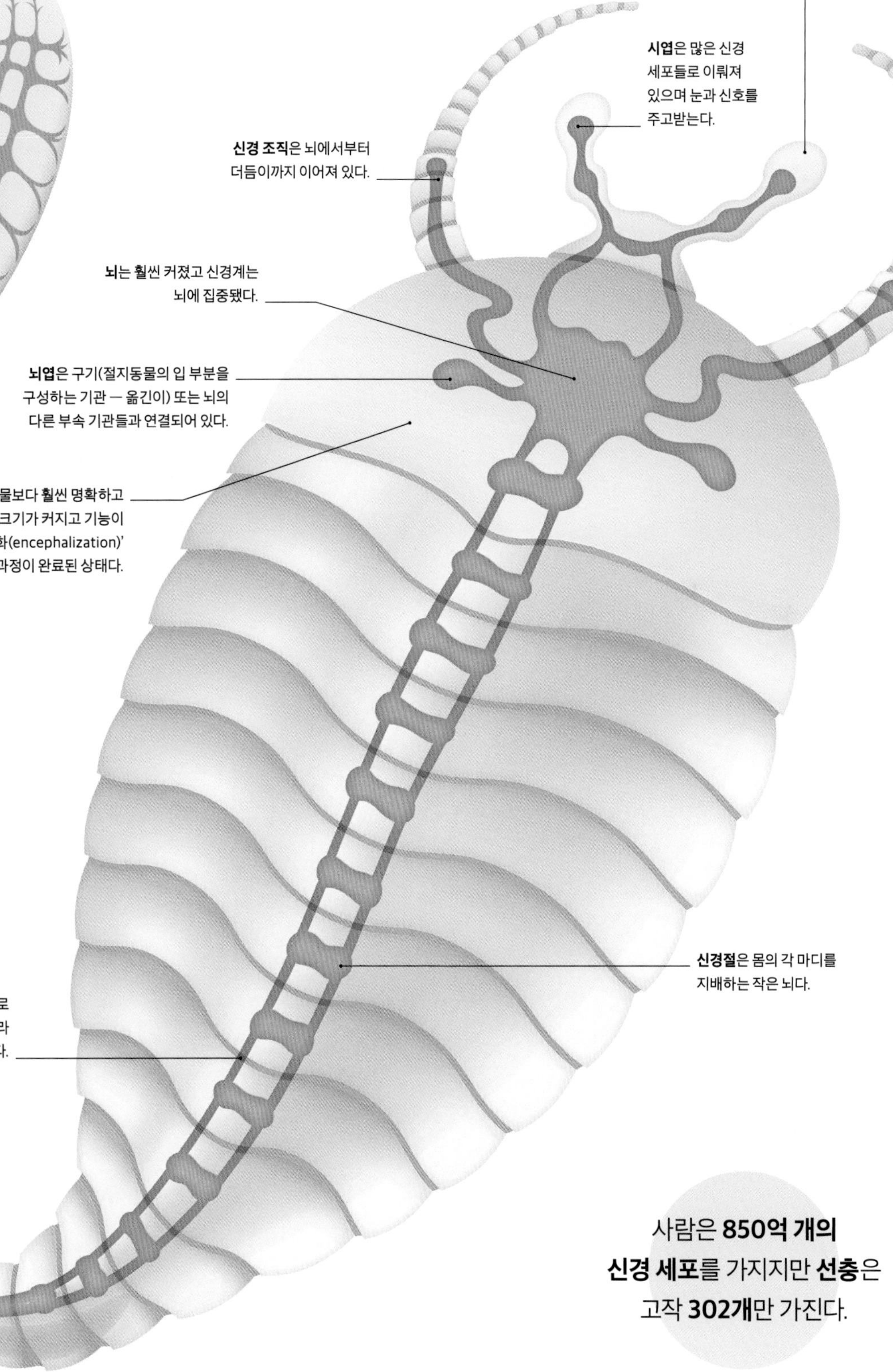
겹눈(compound eye)은 안점보다 훨씬 복잡하며 상세한 이미지를 뇌에 전달한다.
시엽은 많은 신경 세포들로 이뤄져 있으며 눈과 신호를 주고받는다.
신경 조직은 뇌에서부터 더듬이까지 이어져 있다.
뇌는 훨씬 커졌고 신경계는 뇌에 집중됐다.
뇌엽은 구기(절지동물의 입 부분을 구성하는 기관 — 옮긴이) 또는 뇌의 다른 부속 기관들과 연결되어 있다.
머리는 편형동물보다 훨씬 명확하고 뚜렷해졌다. 대뇌의 크기가 커지고 기능이 향상되는 '대뇌화(encephalization)' 과정이 완료된 상태다.
신경절은 몸의 각 마디를 지배하는 작은 뇌다.
신경삭은 편형동물과 마찬가지로 두 개가 한 쌍을 이루며 복부를 따라 내려가는 형태다.

▶ 거대한 뇌
푸시안후야 화석에서 보여 주듯이(126쪽 참조) 절지동물은 캄브리아기 초기(5억 1500만 년 전)의 신경계가 얼마나 복잡했는지를 보여 준다. 푸시안후야의 몸은 마디(체절)로 이뤄져 있는데, 각 마디에는 한 쌍의 신경절이 있었다. 뇌는 훨씬 더 커졌고 머리의 부속 기관과 감각 기관까지 연장된 두툼한 신경망을 갖게 됐다.

사람은 **850억 개의 신경 세포**를 가지지만 **선충**은 고작 **302개**만 가진다.

동물이 폭발적으로 증가하다

처음으로 동물의 수가 급증한 것은 6억 년 전이었다. 당시 바다에는 이미 조류와 미생물들이 살고 있었다. 바다 아래서 평범하게 시작했지만, 동물들은 빠르게 진화하며, 오늘날 주를 이루는 생물로 자리 잡아 갔다.

가장 오래된 전신 화석들은 진화의 역사에서 첫 장을 장식하는 '대폭발(explosion)' 시기에 갑자기 나타났다. 보다 크게 보면, 실제로는 폭발의 연속이라 할 수 있다. 그 흔적은 전 세계에 화석으로 남았지만, 특히 캐나다의 뉴펀들랜드 지역과 오스트레일리아의 에디아카라 언덕에서 많이 발견됐다. 그래서 이 시기를 에디아카라기(6억 3500만~5억 4100만 년 전)라고 부른다. 그 흔적이 원반 또는 긴 이파리 형태여서, 이것이 동물의 화석임을 알기까지 오랜 시간이 걸렸다. 그리고 과학자들은 이 화석 동물들에 오늘날의 분류 기준을 적용할 수 없었다. 심지어 최초의 동물은 이들이 아니었다. DNA 증거에 따르면 선캄브리아 시대 초기에 최초의 동물이 등장했지만, 자취나 흔적만 남았다. 하지만 이런 화석들은 당시 동물 생태계와 생활 방식을 말해 주는 아주 중요한 정보원이다.

초기의 순환

동물들은 단세포 생물에서 진화했다. 선캄브리아 시대의 흔적을 보면 최초의 동물은 해저면에 붙어서 살았음을 알 수 있다. 일부는 해저면에 붙어 있거나 기어 다니는 해면동물이 됐다. 근육을 진화시켰다는 점에서 동물은 다른 다세포 생물과 달랐다. 근육은 동물이 주도적으로 생활 환경을 조성할 수 있게 했다. 일부는 모래나 진흙에 구멍을 파서 사는 잠입 동물이 되어, 퇴적물을 휘저어 놓았다. 그로 인해 바닷물과 진흙층, 두 서식지 사이에는 각종 유기물과 무기물들의 교환이 일어났고 퇴적물에는 산소가 들어갔다.

캄브리아기의 **초기**부터 **후기**까지, 동물이 **파고 들어간 땅의 깊이**는 1센티미터에서 **1미터**로 점차 늘어났다.

▼ 해저면에 모여 살다
가장 초기의 동물들은 해저면에 붙어서 살았지만, 일부는 진흙 속을 깊게 파고 들어가거나 물 밖으로 나오는 등 다양한 생존 전략을 발견하고 복잡한 사회를 구성했다. 그러면서 그들의 다양성과 생태계는 점차 확장되어 갔다.

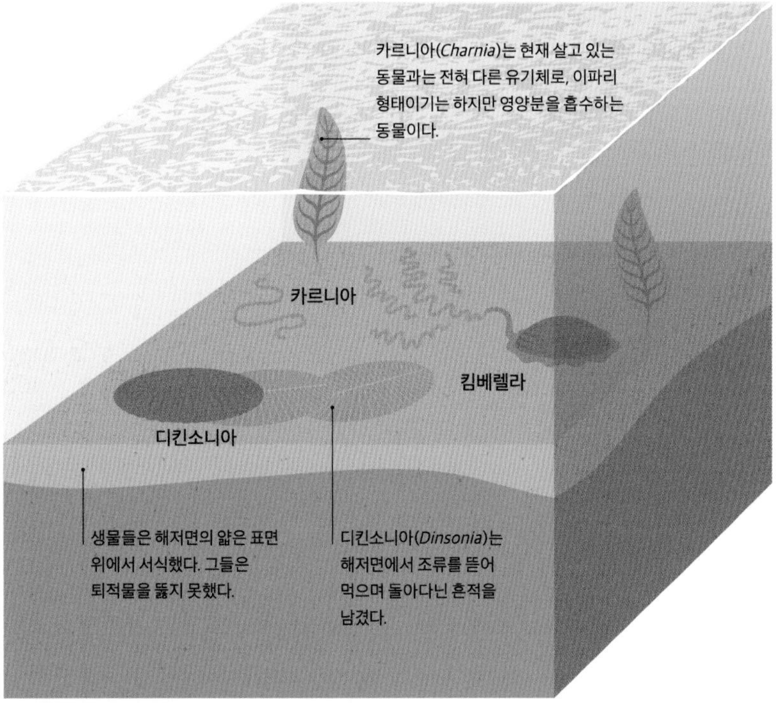
카르니아(*Charnia*)는 현재 살고 있는 동물과는 전혀 다른 유기체로, 이파리 형태이기는 하지만 영양분을 흡수하는 동물이다.
카르니아
킴베렐라
디킨소니아
생물들은 해저면의 얇은 표면 위에서 서식했다. 그들은 퇴적물을 뚫지 못했다.
디킨소니아(*Dinsonia*)는 해저면에서 조류를 뜯어 먹으며 돌아다닌 흔적을 남겼다.

에디아카라기(약 5억 6000만 년 전)에는 해저면에 붙어 자라는 조류와 미생물 매트, 해면동물 군집이 존재했다. 킴베렐라(*Kimberella*)와 같은 초기 생물들이 남긴 흔적들을 보면 그들은 조류를 뜯어 먹고살았던 것으로 보인다.

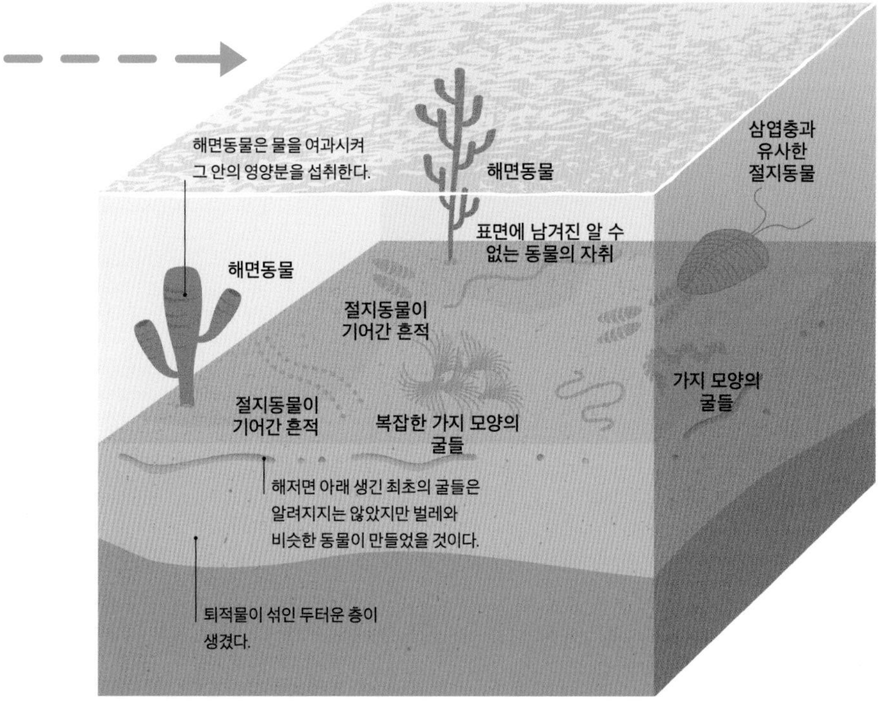
해면동물은 물을 여과시켜 그 안의 영양분을 섭취한다.
해면동물
삼엽충과 유사한 절지동물
표면에 남겨진 알 수 없는 동물의 자취
해면동물
절지동물이 기어간 흔적
가지 모양의 굴들
절지동물이 기어간 흔적
복잡한 가지 모양의 굴들
해저면 아래 생긴 최초의 굴들은 알려지지는 않았지만 벌레와 비슷한 동물이 만들었을 것이다.
퇴적물이 섞인 두터운 층이 생겼다.

캄브리아기 초기(약 5억 4000만 년 전)에는 땅을 파거나 구멍을 뚫는 동물들 때문에 물질이 섞이고 순환되는 두터운 퇴적층이 생겼다. 삼엽충이 처음으로 화석이 되기 전에 이미 삼엽충과 비슷한 형태의 초기 절지동물이 여기저기 흔적을 남기며 돌아다니고 있었다.

해저면의 생물

캄브리아기 초기부터 해저면에서 동물들이 번성하기 시작했다. 이 시기는 이전에 비해 많은 화석이 남아 있다. 당시 많은 동물들은 몸을 보호하고 지탱할 수 있는 외골격을 가졌기 때문이다. 대형 생물과 함께 플랑크톤도 많아져서, 죽은 플랑크톤과 쓸모없어진 유기물이 아래로 가라앉았다. 물에 떠다니는 생물과 바다 아래 사는 생물의 첫 대면이었다. 이는 원시적인 먹이 사슬을 이뤘다. 퇴적물 섭식자들은 비처럼 쏟아지는 영양분을 먹고 살았다.

이윽고 캄브리아기 대폭발(Cambrian Explosion, 5억 500만 년 전)이 시작됐다. 당시의 흔적이 캐나다의 버지스 셰일에서 다량 발굴됐다. 편형동물, 연체동물, 절지동물 등 중요한 각종 동물들이 이 시기에 진화했다. 하지만 지금은 익숙지 않은 형태의 동물도 함께 진화했다. 일부 화석은 현생 동물과 전혀 연관 없는 동물의 존재를 암시한다. 과학자들은 생존에 적합한 몸을 찾기 위해 여러 실험적인 몸 형태가 등장했다고 설명한다. 이 고대의 몸 형태 중 상당수는 후손을 남기지 못하고 사라졌지만, 일부는 지구를 가득 채웠다.

◀ 실험적인 몸
버지스 셰일에서 발견된 오파비니아(*Opabinia*)는 실험적인 몸 형태를 가지고 있다. 이 생물은 현존하는 어떤 동물과도 연관이 없으며, 일부 전문가들은 금방 죽을 수밖에 없는 실패한 몸 형태였다고 평가한다.

> **버지스 동물군에 속하는 일부 15~20개의 종**은 **알려진 종들**과 어떤 연관성도 갖지 않는다. 그중 일부를 확대하면, 당신은 **과학 영화**의 세트장에 있는 것처럼 느낄지도 모른다.

스티븐 제이 굴드, 고생물학자이자 진화 생물학자, 1941~2002년, 『생명, 그 경이로움에 대하여』에서

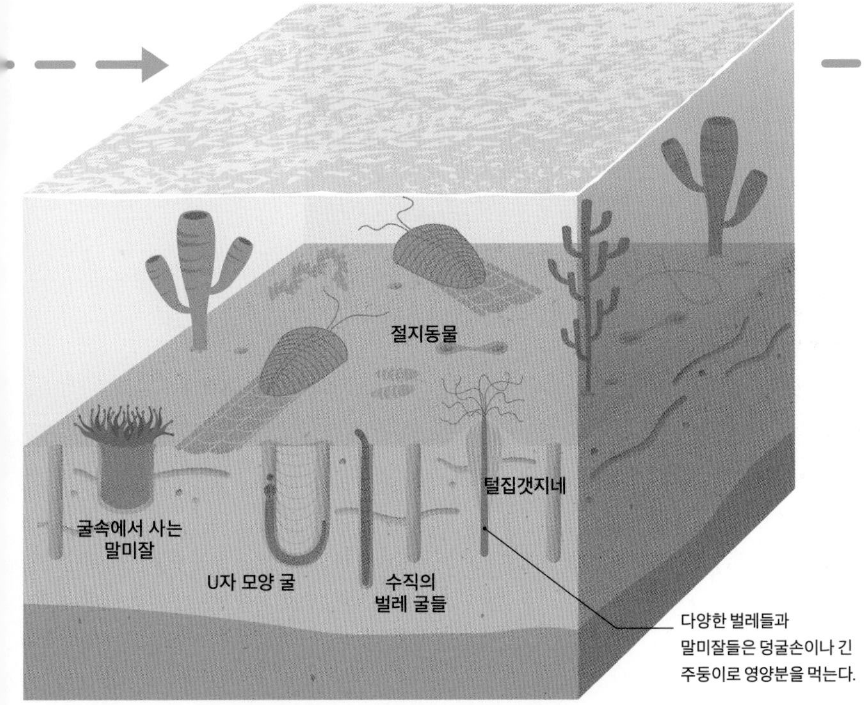

캄브리아기 후기(5억 2900만 년 전)에 퇴적물 섭식자들은 비처럼 떨어지는 플랑크톤 사체를 먹으며 근근이 살아갔다. 그중에는 먹이를 잡는 촉수를 가진 동물, 오늘날의 털집갯지네(fanworm)와 같은 잠입 동물, 그리고 삼엽충과 비슷한 여러 절지동물이 있었다. 이들은 해저면을 돌아다니면서 다양한 형태의 흔적을 남겼다.

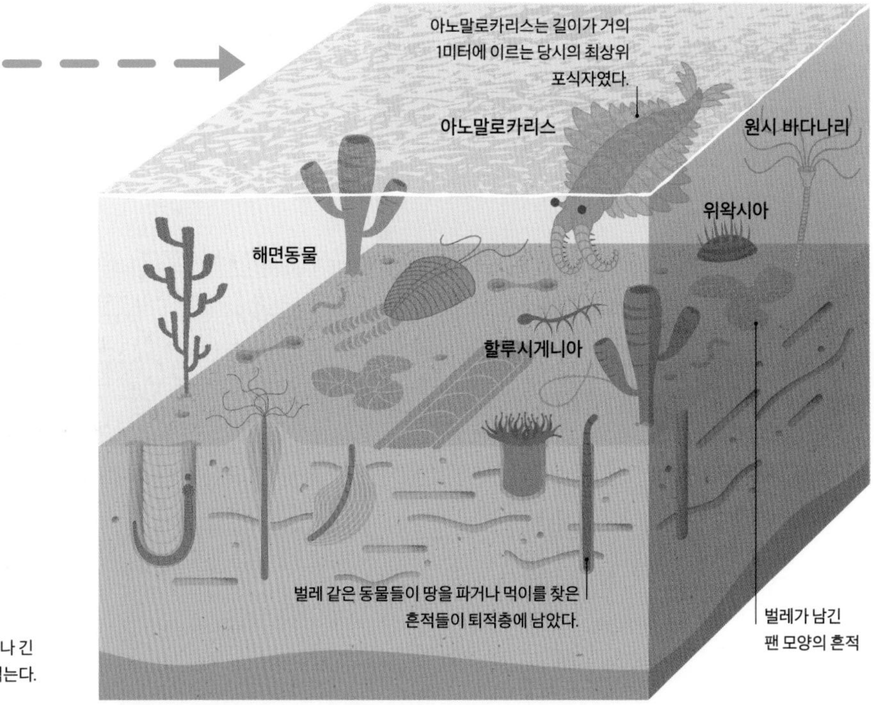

캄브리아기 대폭발(5억 2000만~5억 500만 년 전) 시기에는 새로운 생활 방식과 실험적인 몸 형태를 가진 이들이 등장하기 시작했다. 아노말로카리스(*Anomalocaris*), 위왁시아(*Wiwaxia*), 할루시게니아(*Hallucigenia*)와 같이 독특한 동물들이 진화했지만, 성공적으로 후손을 남기지는 못했다.

동물이 척추를 얻다

어류에서 포유류까지, 척추동물의 역사는 캄브리아기 대폭발에서 출현한 애벌레같이 생긴 작은 여과 섭식자로 거슬러 올라간다. 내골격의 발달로 동물들의 몸은 전보다 훨씬 더 커졌다.

척추동물(척추 또는 척주를 가진 동물)은 5억 년 전 캄브리아기 바다에서 헤엄치던 작은 근육질 생물에서 발생했다. 그들은 긴 막대 모양의 척삭(notochord)을 갖고 있었다. 척삭은 몸의 등 부분에 뻗어 있었으며, 거기에 붙어 있는 신축성 있는 근육이 척삭을 좌우로 휘게 했다. 어류는 지금도 같은 원리로 수영하지만(단단한 척삭에 의존해 근육을 당길 때 생기는 탄성 에너지를 이용해서 수영을 한다. — 옮긴이), 대부분은 배아 때까지만 척삭이 자라고 성체가 되면 단단한 척추로 바뀐다. 이런 캄브리아기의 여과 섭식자들에서 발달한 척추는 후손의 생활을 완전히 바꿔 놓았다.

연골의 탄생

최초의 뼈는 단단하지만 유연한 콜라겐(collagen, 뼈나 피부 등을 이루는 단백질)이 들어차 있는 연골에서 시작됐다. 최초의 물고기인 하이코우이크티스(*Haikouichthys*)의 머리에서 자란 연골은 뇌를 보호하고 아가미 틈(gill slit) 사이에 있는 아가미활(gill arch)을 지탱했다. 이후 척삭을 따라 성장한 연골이 척수를 보호하면서 진정한 의미의 척추가 됐다. 단단한 척추 덕분에 어류는 더 빠르고 힘차게 헤엄칠 수 있었고, 연골이 지느러미를 지지해 제어와 안정성을 확보했다.

연골이 생긴 몸은 더 커지고 민첩해졌지만, 더 많은 영양분과 산소를 소비했다. 초기 어류는 아가미를 통해 들어오는 물에서 먹이와 산소를 얻었지만, 이후 입과 목이 먹는 기능을 담당하면서 아가미는 산소를 얻는 데 집중하게 됐다. 이런 변화는 저서 생활(bottom-living)을 하는 동물, 딱딱한 껍데기를 가진 동물, 턱이 없는 갑주어류 등에서 일어났다. 이들은 목의 근육을 이용해 진흙 속 먹잇감을 빨아들였다. 그중 처음 뼈를 가진 갑주어류가 앞서 나갔다.

뼈 있는 몸

뼈는 30퍼센트의 콜라겐과 70퍼센트의 무기물로 이뤄졌다. 무기물 중에는 근육이나 신경이 갑자기 움직여야 하는 경우를 대비해 상당량의 칼슘과 인산염이 포함돼 있었다. 뼈는 물리적인 이점도 있다. 갑주어류(ostracoderm, 'ostrakon'은 껍데기를, 'derma'는 피부를 의미한다.)는 무기질로 가득한 뼈를 외부 보호막으로 활용했다. 이후 어류의 내골격은 생명 활동을 돕는 미세한 통로를 가진 뼈로 구성됐다. 오늘날 대부분의 척추동물은 뼈가 만나는 부분에만 연골을 갖고 있다. 상어와 가오리 등 몇몇 종은 가벼운 연골로 돌아가기도 했지만, 단단한 뼈대와 그에 상응하는 부레를 가진 어류는 더욱 다양해졌다. 육지의 척추동물에게 뼈대는 아주 중요했다. 오직 크고 단단한 뼈대만이 거대한 공룡의 무게를 지탱할 수 있었다.

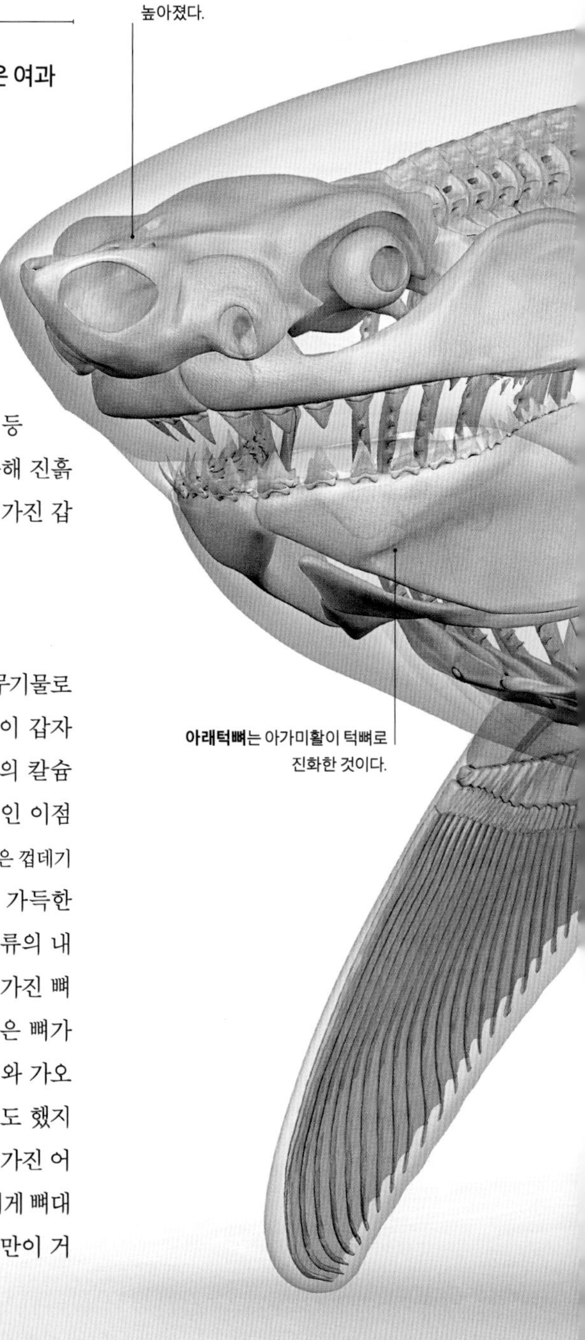

▼ 한걸음 한걸음
화석들은 척추의 진화가 캄브리아기(5억 4100만~4억 8500만 년 전)에 일어났음을 보여 준다. 그 진화의 역사는 척삭(고무 같은 막대)으로 인해 등이 단단해지면서부터 시작됐다. 최초의 척추는 연골로 구성됐으며, 연골이 무기질을 함유해 진정한 의미의 등뼈가 됐다.

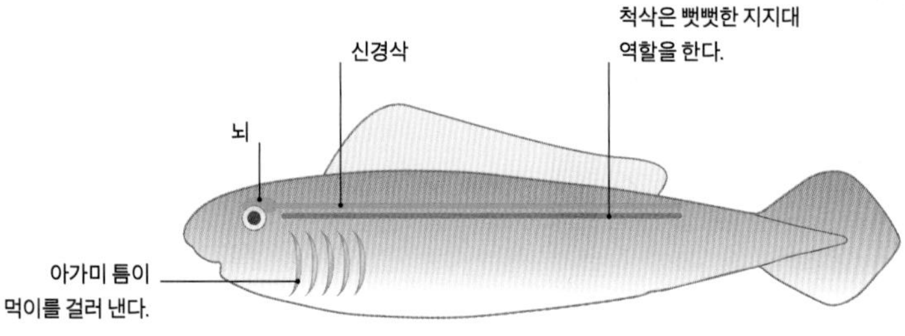

신경삭
척삭은 뻣뻣한 지지대 역할을 한다.
뇌
아가미 틈이 먹이를 걸러 낸다.

척삭동물 — 척삭만 가진 원시 어류

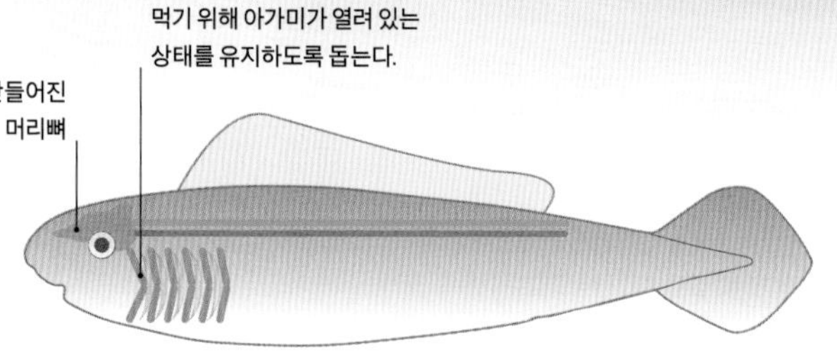

연골로 된 아가미활은 먹이를 먹기 위해 아가미가 열려 있는 상태를 유지하도록 돕는다.
연골로 만들어진 머리뼈

두개동물 — 머리뼈가 있는 원시 어류

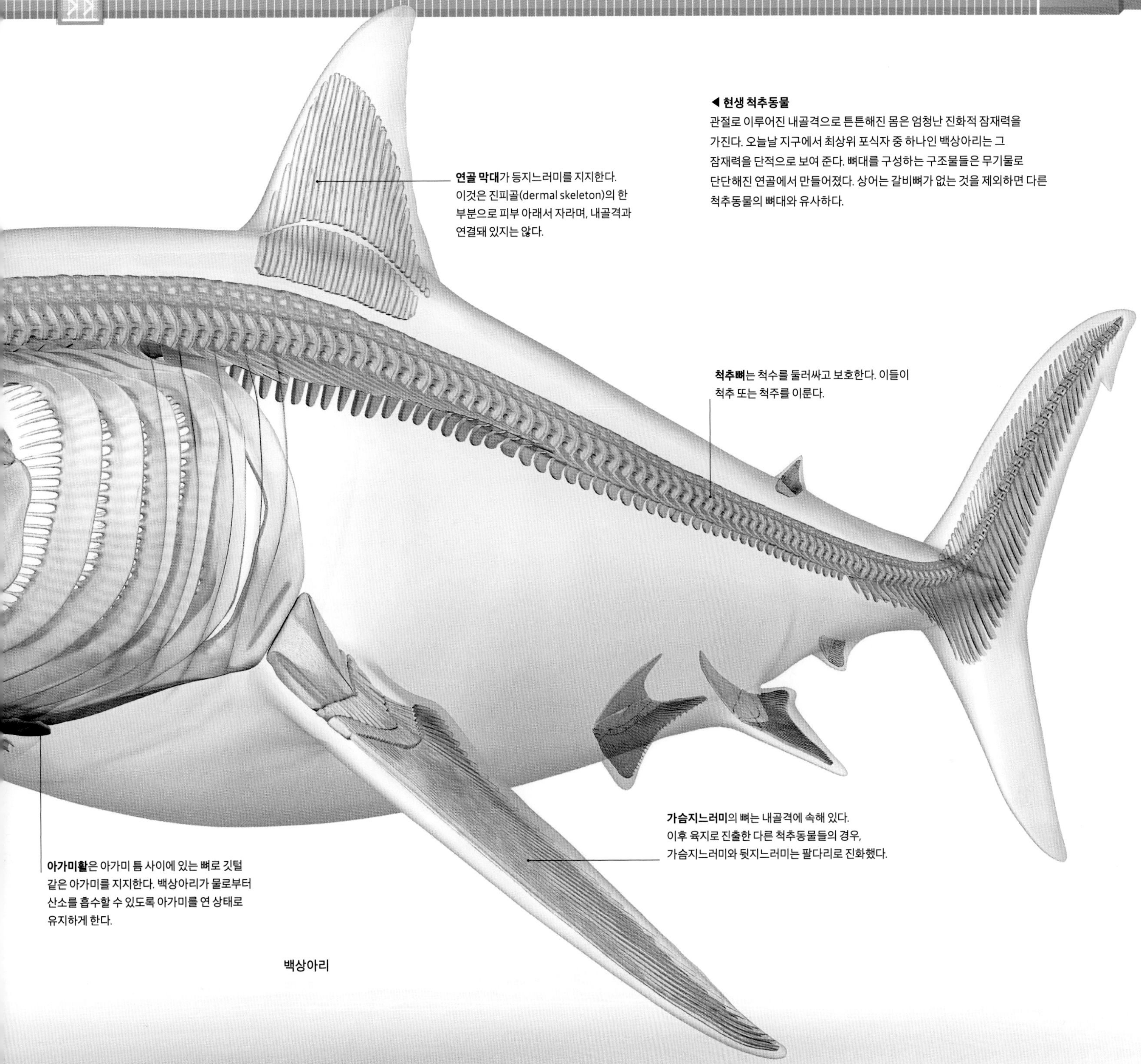

◀ 현생 척추동물
관절로 이루어진 내골격으로 튼튼해진 몸은 엄청난 진화적 잠재력을 가진다. 오늘날 지구에서 최상위 포식자 중 하나인 백상아리는 그 잠재력을 단적으로 보여 준다. 뼈대를 구성하는 구조물들은 무기물로 단단해진 연골에서 만들어졌다. 상어는 갈비뼈가 없는 것을 제외하면 다른 척추동물의 뼈대와 유사하다.

백상아리

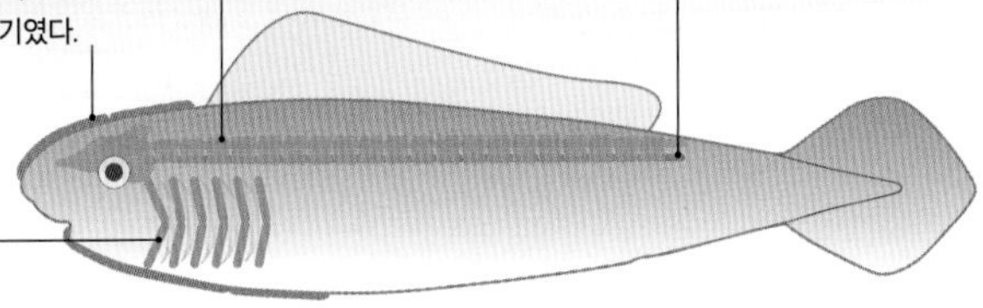

골판이 머리를 둘러싸고 있다. 뼈를 외부 보호막으로 진화시킨 최초의 물고기였다.
연골로 만들어진 척추뼈가 척추 또는 척주라는 사슬 구조물을 이룬다.
척삭은 일부 초기 어류에 여전히 존재한다.
연골로 된 아가미활

척추동물 — 연골 내골격과 뼈 보호막을 가진 무악어류(jawless fish)

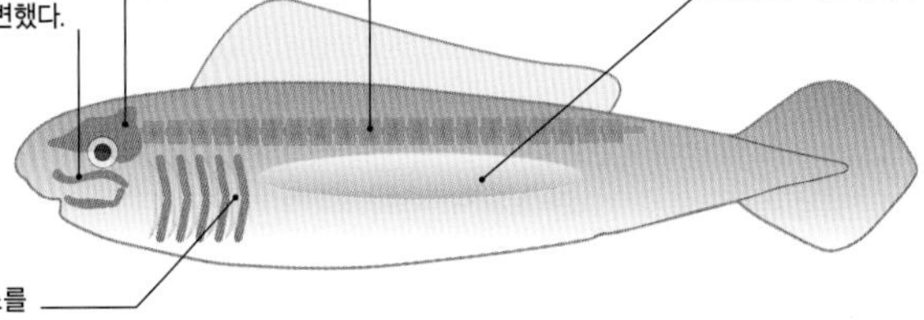

처음으로 아가미활이 여닫을 수 있는 원시 턱으로 변했다.
뼈로 만들어진 두개골
칼슘을 포함한 뼈가 척추를 구성한다.
부레는 무기질 뼈대로 무거워진 어류에게 추가적인 부력을 제공한다.
아가미는 물에서 산소를 추출하는 데만 사용된다.

척추동물 — 뼈로 구성된 내골격을 가진 어류

밀로쿤밍기아와 하이코우이크티스는 애벌레처럼 생긴 동물로, 척삭과 머리뼈는 갖고 있었지만 척추와 턱이 없었다. 오늘날 중국에 있는, 가장 오래된 5억 3000만 년 전 어류 화석에 그 형태가 남아 있다.

처음으로 화석에서 **뼈와 비슷한 조직**이 발견된 것은 5억 1000만 년 전 물고기 비늘의 상아질 부분이었다.

갑주어류은 단단한 뼈 껍데기가 있는 무악어류로, 아가미를 이용해 숨을 쉰다. 4억 6500만 년 전 화석에서 나왔다. 이 시기까지 아가미는 먹이를 걸러 내는 용도로 쓰였다.

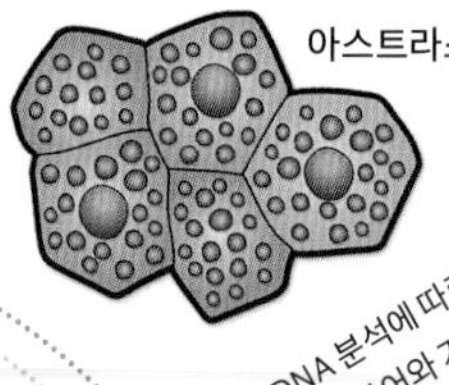

아스트라스피스의 비늘

어류

5억 년 전

코노돈트(conodont)는 원시 척추동물로 추정되는 정체불명의 애벌레 같은 생명체다. 5억 3000만 년 전 작은 이빨과 같은 화석들을 많이 남겼다.

메타스프리기나(*Metaspriggina*)는 애벌레처럼 생긴 무악어류로 척추 원시체를 가졌다. 5억 500만 년 전 캐나다의 버지스 셰일에서 화석이 됐다.

칠성장어와 먹장어는 현존하는 유일한 무악어류이다. 현대 DNA 분석 결과, 4억 8200만 년 전에 처음 등장한 것으로 추정된다.

4.5억 년 전

현대 DNA 분석에 따르면 **연골어류**(상어와 가오리)는 4억 5000만 년 전에 등장했다. 갑주어류인 아스트라스피스(*Astraspis*)의 비늘 화석도 남았다.

4억 3800만 년 전 화석에서 **최초의 척추**가 나왔다. 야모이티우스(*Jamoytius*)의 것으로 추정된다.

턱과 오늘날 살아 있는 동물들의 것과 동일한 뼈 형태는 4억 3600만 년 전 판피어류('판피'는 단단하고 편평한 피부를 말한다.)에서 발견됐다.

완전히 뼈로 만들어진 내골격은 4억 2000만 년 전에 형성된 구이유(*Guiyu*)라는 물고기 화석에서 처음 등장했다.

이빨은 4억 1600만 년 전 판피어류 화석에서 발견됐다.

폐어(lungfish)는 4억 1500만 년 전에 처음으로 화석이 됐다.

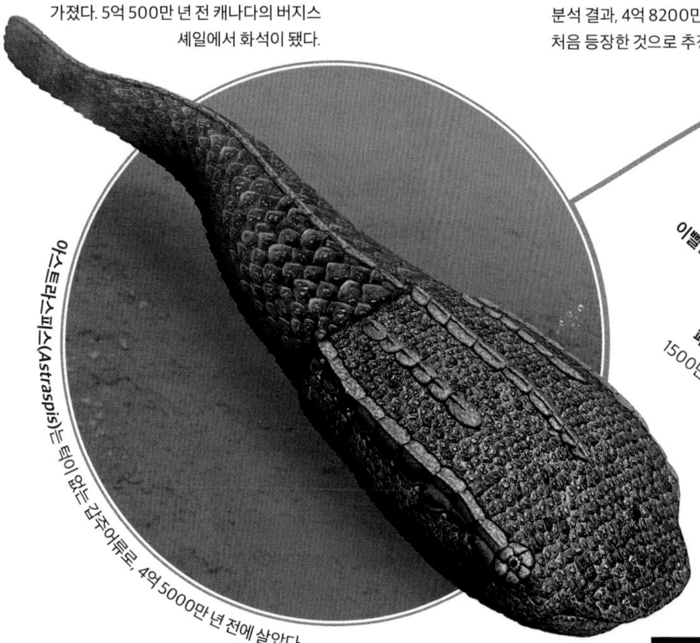

아스트라스피스(*Astraspis*)는 턱이 없는 갑주어류로, 4억 5000만 년 전에 살았다.

4억 년 전

사지동물

3억 9500만 년 전 척추동물이 **처음 육지에 올라왔다**. 정체불명의 사지동물(네발 척추동물)이 남긴 발자국 화석이 그 증거다.

판데리크티스

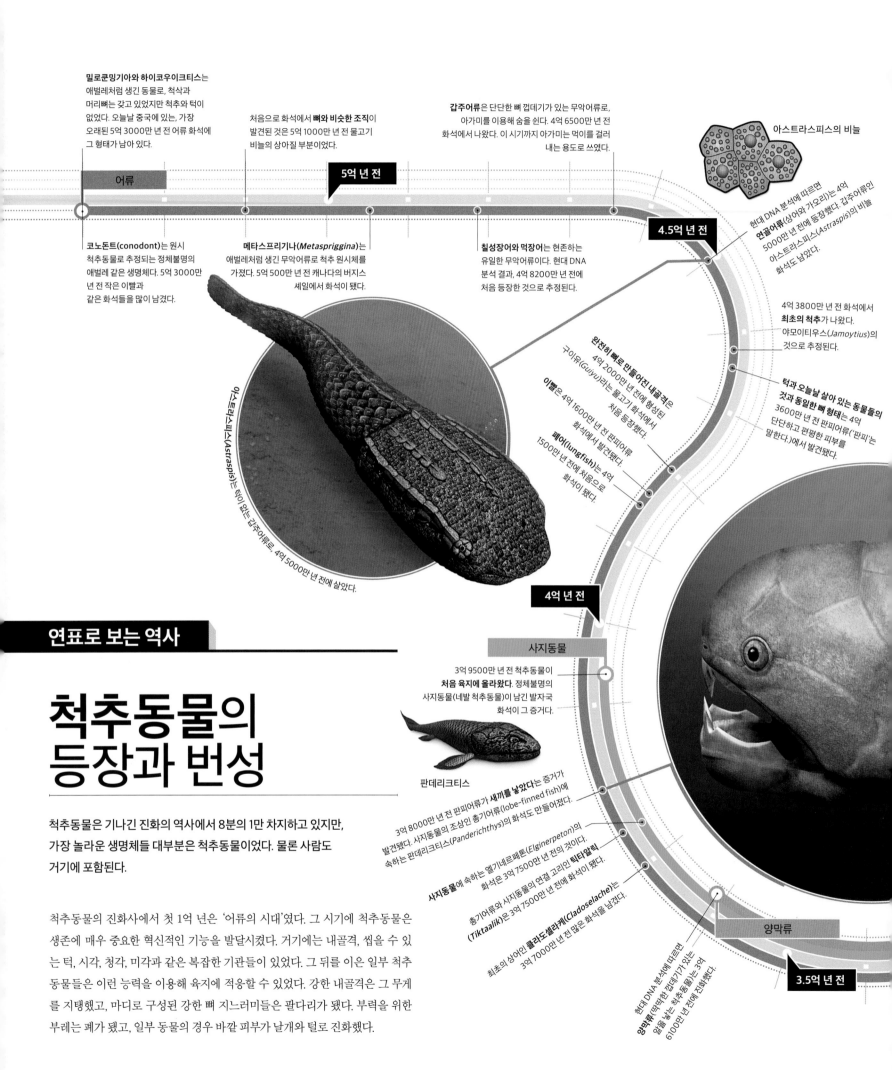

3억 8000만 년 전 판피어류가 **새끼를 낳았다**는 증거가 발견됐다. 사지동물의 조상인 총기어류(lobe-finned fish)에 속하는 판데리크티스(*Panderichthys*)의 화석도 만들어졌다.

사지동물에 속하는 엘기네르페톤(*Elginerpeton*)의 화석은 3억 7500만 년 전의 것이다.

총기어류와 사지동물의 연결 고리인 **틱타알릭(*Tiktaalik*)**은 3억 7500만 년 전에 화석이 됐다.

최초의 상어인 **클라도셀라케(*Cladoselache*)**는 3억 7000만 년 전 많은 화석을 남겼다.

양막류

현대 DNA 분석에 따르면 **양막류**(딱딱한 껍데기가 있는 알을 낳는 척추동물)는 3억 6100만 년 전에 진화했다.

3.5억 년 전

연표로 보는 역사

척추동물의 등장과 번성

척추동물은 기나긴 진화의 역사에서 8분의 1만 차지하고 있지만, 가장 놀라운 생명체들 대부분은 척추동물이었다. 물론 사람도 거기에 포함된다.

척추동물의 진화사에서 첫 1억 년은 '어류의 시대'였다. 그 시기에 척추동물은 생존에 매우 중요한 혁신적인 기능을 발달시켰다. 거기에는 내골격, 씹을 수 있는 턱, 시각, 청각, 미각과 같은 복잡한 기관들이 있었다. 그 뒤를 이은 일부 척추동물들은 이런 능력을 이용해 육지에 적응할 수 있었다. 강한 내골격은 그 무게를 지탱했고, 마디로 구성된 강한 뼈 지느러미들은 팔다리가 됐다. 부력을 위한 부레는 폐가 됐고, 일부 동물의 경우 바깥 피부가 날개와 털로 진화했다.

2억 년 전, **포유류**는 쥐와 비슷하게 생긴 메가조스트로돈(*Megazostrodon*)과 같은 작은 동물들로 존재했다.

메가조스트로돈

첫 거북이가 2억 1000만 년 전 화석에서 발견된다.

익룡은 2억 2000만 년 전 처음으로 화석을 남겼다.

최초의 포유류인 아델로바시레우스(*elobasileus*)는 2억 2500만 년 전에 화석이 됐다.

DNA 분석에 따르면 **유대류와 태반을 가진 현대 포유류**는 1억 7600만 년 전에 등장했다.

2억 년 전

최초의 털을 보여 주는 포유류 화석은 1억 6500만 년 전의 것이었다.

포유류

공룡과 새

첫 거북이가 2억 3000만 년 전에 있었다.

최초의 공룡은 2억 3100만 년 전에 등장했다.

태반을 가진 포유류는 1억 5600만 년 전에 화석이 됐다.

가장 오래된 새로 알려져 있는 **시조새**는 1억 5000만 년 전에 화석이 됐다.

어룡(ichthyosaur)은 2억 4800만 년 전에 화석이 됐다.

1.5억 년 전

시조새

2.5억 년 전

파충류이자 '포유류의 시초'인 **키노돈트**는 2억 5900만 년 전에 화석이 됐다.

DNA 분석에 따르면 **오늘날의 양서류**(개구리와 영원)는 2억 6100만 년 전에 진화했다.

바라놉스(*Varanops*)는 단궁류 파충류로 2억 7500만 년 전에 살았다. 다른 단궁류는 결국 포유류로 진화했다.

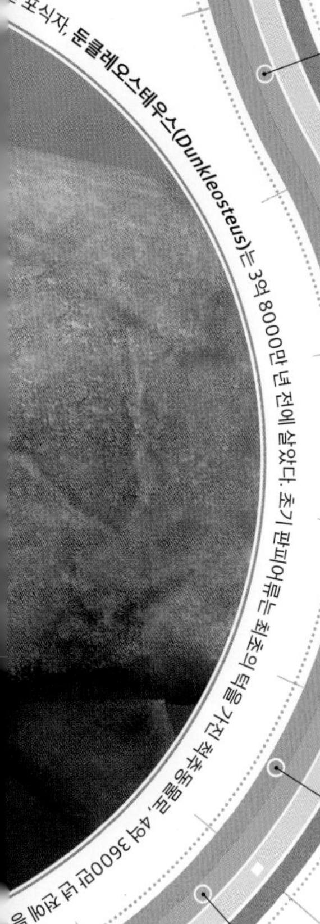

...한 포식자, **둔클레오스테우스**(*Dunkleosteus*)는 3억 8000만 년 전에 살았다. 초기 판피어류는 최초의 턱을 가진 척추동물로, 4억 3600만 년 전에 ...

유대류는 1억 2500만 년 전에 화석이 됐다.

최초의 **단공류**(오리너구리나 가시두더지와 같이 알을 낳는 포유류)는 1억 2000만 년 전 화석으로 남았다.

1억 년 전

칼리코테리움(*Chalicotherium*)은 유제류(발굽이 있는 포유류)로 2800만 년 전에 살았다. 그들은 손가락의 관절을 이용해 걸었다.

3억 년 전

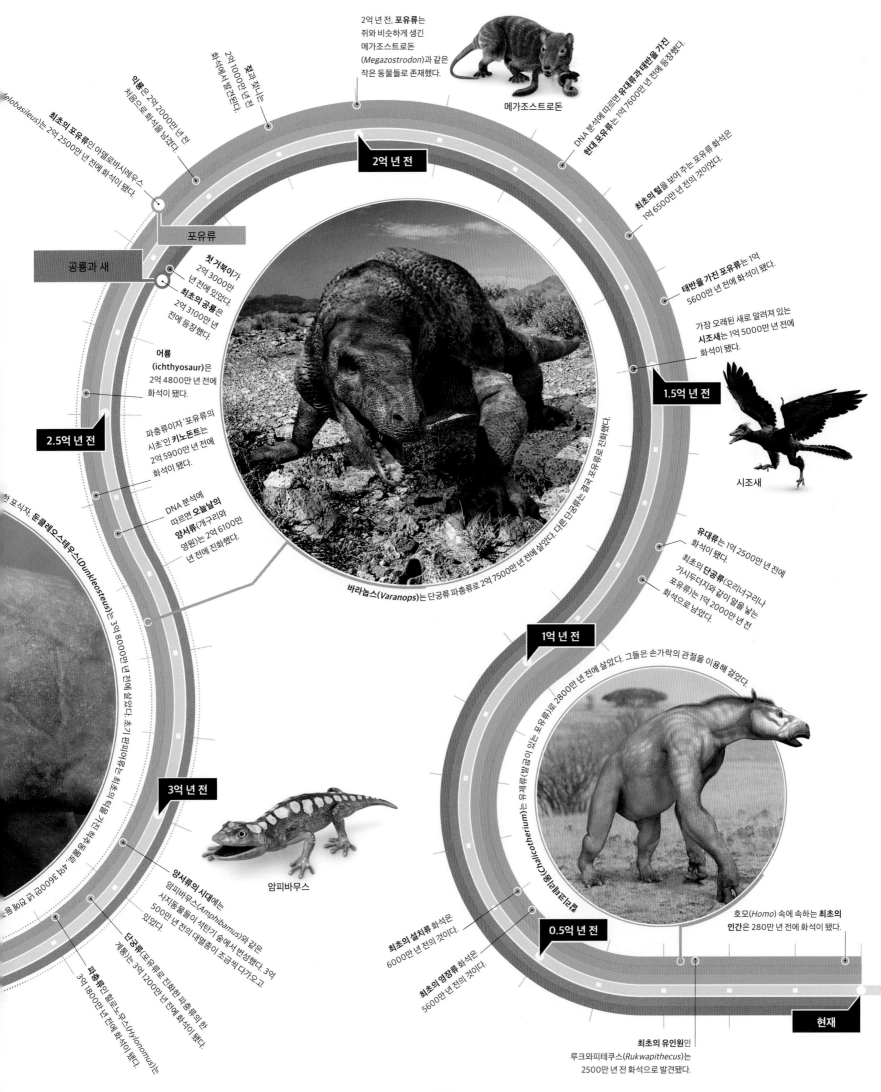

암피바무스

양서류의 시대에는 암피바무스(*Amphibamus*)와 같은 사지동물들이 석탄기 숲에서 번성했다. 3억 500만 년 전의 대멸종이 조금씩 다가오고 있었다.

단궁류(포유류로 진화한 파충류의 한 계통)는 3억 1200만 년 전에 화석이 됐다.

파충류인 힐로노무스(*Hylonomus*)는 3억 1800만 년 전에 화석이 됐다.

최초의 설치류 화석은 6000만 년 전의 것이었다.

최초의 영장류 화석은 5600만 년 전의 것이었다.

0.5억 년 전

호모(*Homo*) 속에 속하는 **최초의 인간**은 280만 년 전에 화석이 됐다.

현재

최초의 유인원인 루크와피테쿠스(*Rukwapithecus*)는 2500만 년 전 화석으로 발견됐다.

▼ 데본기 바다를 공포에 빠뜨리다
둔클레오스테우스는 초기 포식자들 중 빠르게 움직이는 먹이를 턱뼈로 잡을 수 있었다. 머리뼈 화석을 연구한 결과, 척추동물의 역사에서 둔클레오스테우스는 무는 힘이 가장 강한 종이었다.

목 관절은 방패 모양의 가슴뼈와 머리뼈의 사이에 있었지만 진짜 목은 아니었다. 하지만 어류 중에서는 특이하게도, 목 관절이 매우 유연했다.

턱 근육은 머리 뒤쪽의 유연한 관절과 함께 머리를 뒤로 당겨, 더 크게 먹이를 물 수 있도록 턱을 벌린다.

들쭉날쭉한 턱뼈는 상어가 날카로운 이빨을 진화시키기 전 1억 년 동안 먹이를 자르는 데 가장 유용했다.

위턱과 아래턱이 만나는 지점의 관절은 강하고 빠른 근육들을 이용해 턱을 닫아, 강하게 물 수 있게 했다.

흉부판(thoracic shield)은 아래턱을 미는 근육이 고정된 편평한 뼈로, 입을 빠르게 열게 도와준다.

턱을 가진 최상위 포식자

생물이 다른 생물을 잡아먹을 수 있는 능력을 가진 이후, 포식자는 자연 세계의 일부를 구성했다. 그러나 최초의 척추동물은 해저면의 진흙에서 영양분을 빨아들이는 여과 섭식을 통해 근근이 살았다. 그들은 턱을 갖게 되면서 비로소 긴 먹이 사슬의 최상위에 오를 수 있었다.

육식성 애벌레, 바다 전갈, 지네 등 많은 무척추 동물들은 끝이 뾰족한 턱으로 먹이를 잡았다. 하지만 연골과 뼈가 있는 척추동물은 큰 근육질 턱을 가졌다. 최초의 턱은 아가미를 지지하는 아가미활의 위치가 바뀌면서 등장했다. 몇 세대를 거쳐 입천장과 바닥으로 밀려난 앞쪽의 아가미활이 머리뼈 뒤쪽의 뼈와 만나, 굽히고 펴는 경첩 관절(hinged joint)을 형성했다.

최상위 포식자

아가미활이 턱이 되자, 아가미로 더 많은 산소를 들이마실 수 있었다. 또한 턱 근육이 발달해 무는 것도 가능해졌다. 이제 어류는 턱을 이용해 먹이를 잡고, 죽이고, 잘게 자를 수 있었다. 강한 턱을 가진 큰 어류가 자연 선택에 유리했다. 자연의 세계에 무시무시한 포식자가 등장했다.

최초의 턱이 있는 척추동물은 데본기(4억 1900만~3억 5900만 년 전)에 번성한 판피어류였다. 그중 가장 컸던 둔클레오스테우스는 전 세계 곳곳에서 화석으로 발견될 정도로 아주 성공한 종이었다. 일반 자동차의 두 배 길이인 둔클레오스테우스는 당시 가장 큰 포식자였으며 그의 턱은 다른 종들의 단단한 외피를 쉽게 뚫을 수 있을 만큼 강했다. 크고 강한 턱은 큰 다른 포식자들을 먹이로 삼을 수 있었다. 그 결과 데본기 바다의 먹이 사슬에는 최상위 포식자라는 한 단계가 추가됐다.

> **척추동물**은 **폭풍**처럼 몰려왔다. **데본기** 동안 **턱이 있는 어류**가 턱이 없는 어류를 완전히 몰아내고 그 자리를 차지했다.
>
> **콜린 터지,** 생물학자이자 작가, 1943년~

다양해진 먹이

판피어류는 확실하게 우위를 점했지만 오래가지는 못했다. 그들은 데본기 후기 대멸종으로 모두 사라졌다. 이 대멸종은 대기 중 산소가 줄어서 일어났다고 추정된다. 하지만 턱이 있는 또 다른 척추동물인 상어는 처절하게 진화해 생존했다. 그들은 물렁한 연골 턱을 가졌지만, 대신 꾸준히 교체되는 날카로운 이빨도 가졌다. 이는 판피어류가 절대 갖지 못한 것이었다. 하지만 턱뼈와 에나멜(enamel)에 씌워진 이빨을 진화시킨 것은 단단한 뼈를 가진 척추동물이었다. 악어, 공룡, 포유류는 발버둥치는 먹잇감을 꽉 붙들 수 있는 뿌리가 깊은 이빨을 발달시켰다. 먹이 사슬 하단에 있는 초식 포유류는 풀을 잘게 빻을 수 있는 이빨과 씹는 데 적합한 턱을 발달시켰다. 덕분에 척추동물의 생태적 범위는 이전보다 훨씬 넓어졌다.

▼ 먹이 사슬의 최상위 포식자
큰 턱을 가진 척추동물들이 진화하면서 먹이의 크기가 다양해졌다. 비교적 크기가 작은 포식자도 먹이가 될 수 있었다. 결과적으로 먹이 사슬이 길어졌다. 아래 먹이 사슬에서 화살표는 먹이에서 포식자로 흘러가는 에너지의 흐름을 가리킨다.

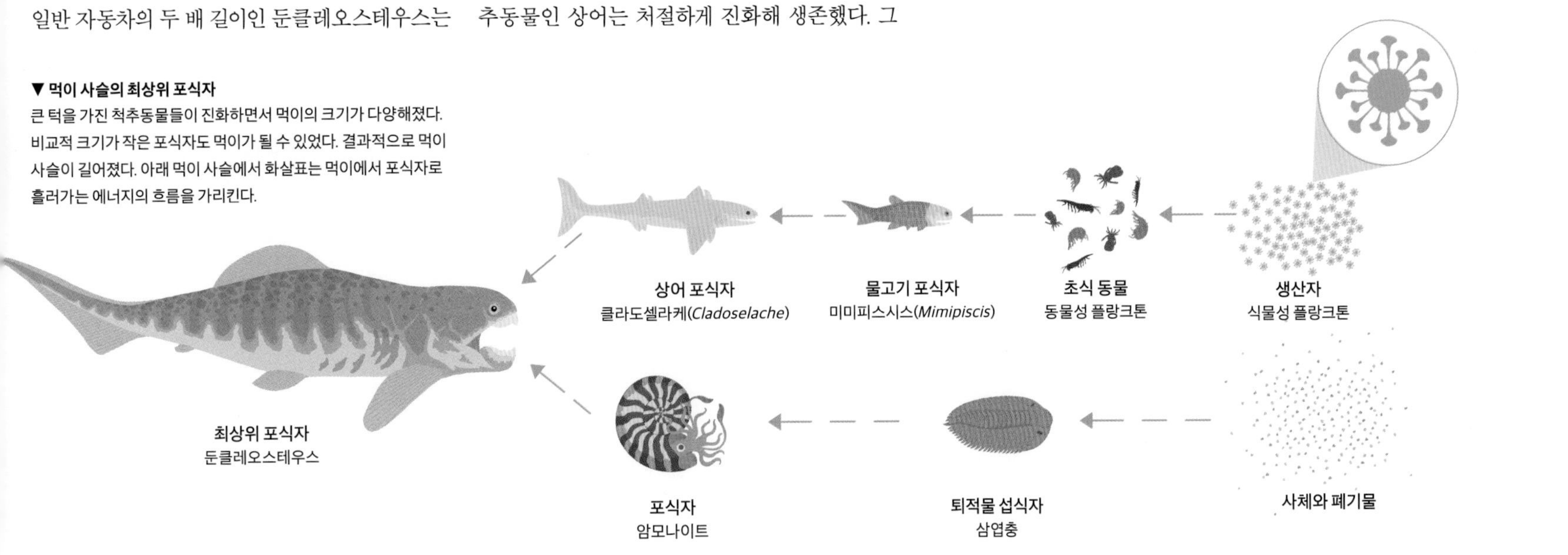

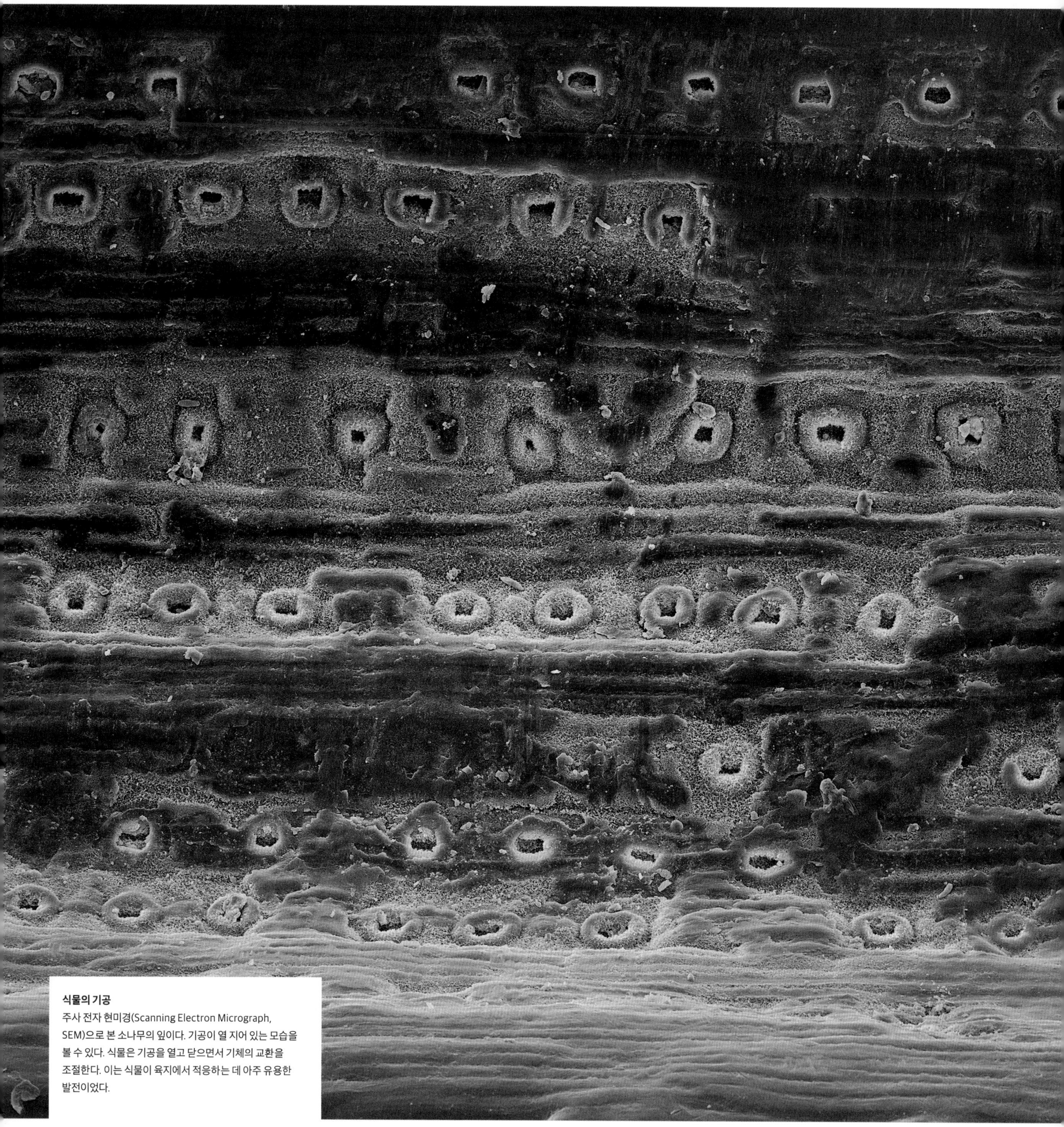

식물의 기공
주사 전자 현미경(Scanning Electron Micrograph, SEM)으로 본 소나무의 잎이다. 기공이 열 지어 있는 모습을 볼 수 있다. 식물은 기공을 열고 닫으면서 기체의 교환을 조절한다. 이는 식물이 육지에서 적응하는 데 아주 유용한 발전이었다.

식물이 육지로 올라오다

해변을 따라 있는 조간대 위로 조류가 올라오면서 육지가 초록색으로 변하기 시작했다. 하지만 이 초록색 물결이 물가에서 떨어진 건조한 내륙까지 이어지기 위해서는 식물을 고정시킬 뿌리와 건조한 대기에서도 자랄 수 있는 새싹이 필요했다.

식물은 땅에 진출하기 전, 물에서 자랐다. 조류는 햇빛을 흡수할 더 넓은 잎과 바위에 몸을 고정시키기 위한 '부착기'를 진화시켰다. 오늘날 바다에서 볼 수 있는 이 해초들은 주기적인 썰물에서는 살아남았지만, 건조한 육지에서 버티기에는 잎이 너무 얇았다.

방수가 되는 잎

물은 일부 태양 에너지를 차단한다. 육지 식물들은 강한 햇볕을 쬘 수 있지만, 쉽게 건조해진다. 육지 식물들은 그 '피부' 세포인 표피에 방수가 가능한 왁스(wax) 성분을 입혔다. 표피에 있는 구멍인 기공(stomata)은 광합성과 호흡 과정에서 기체의 교환을 돕는다(114~115쪽 참조). 오늘날의 이끼류(mosses)처럼, 초기 육지 식물은 땅 위를 기면서 자라는 줄기(creeping stem)와, 거의 땅속에 들어가지 않는 털 모양의 헛뿌리(rhizoid)를 이용해 땅에 매달려 있었다.

땅 위에 우뚝 선 식물들

땅 위에 서기 위해서는 그만한 힘이 필요하다. 식물 세포의 세포벽은 단단한 섬유질인 셀룰로오스로 구성돼 있기 때문에 줄기가 무게를 지탱할 수 있었다. 하지만 선류는 이 힘만으로는 고작 수 센티미터 정도밖에 설 수 없다. 다른 식물들은 리그닌(Lignin)이라는 물질을 진화시켜 더 크게 자랐다. 줄기에서 물과 무기물이 이동하는 통로인 물관은 리그닌으로 싸여 있다. 리그닌이 둘러싼 수송 통로의 물리적 힘 덕분에 새로운 식물들은 수직으로 자랄 수 있고 가지도 만들 수 있었다. 이 통로는 땅을 뚫고 뻗는 뿌리도 만들었다. 뿌리는 식물을 땅에 고정시켜 무게를 지탱하고 물과 무기물을 흡수한다. 키 큰 식물들은 종자를 만들어 육지에 적응했으며, 두꺼운 리그닌 조직인 목질 덕분에 나무의 줄기는 두꺼워졌고 키는 계속 자랐다.

> **동물이 육지에 정착하는 것은 땅이 얼마나 식물로 우거져 있느냐**에 달려 있다. 식물들은 더 많은 공기를 만들었다.
>
> **칼 니클러스,** 식물학 교수, 1945년~

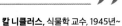

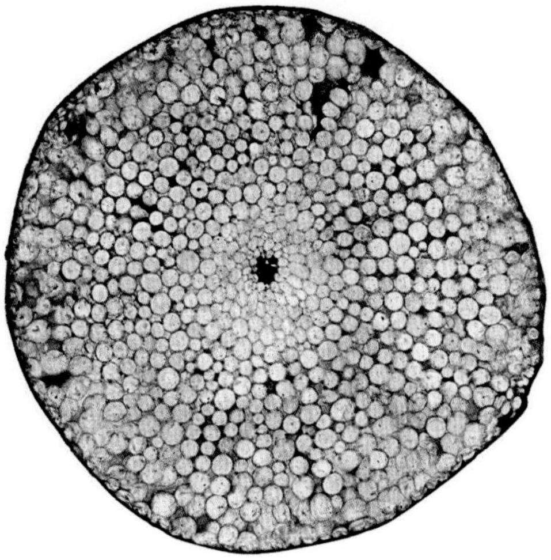

◀ 딱딱해진 줄기
약 4억 1000만 년 전 데본기에 살았던 라이니아 귄네보니(*Rhynia gwynne-vaughanii*)라는 식물의 화석을 절단한 면이다. 여기서 보이는 물관들은 물과 영양분을 이동시켰다.

강한 과학적 증거

웬록 석회암

화석을 남기는 생물은 극소수지만, 특수한 환경 조건 덕분에 그 지역의 생물군 전체가 사진처럼 화석에 보존되는 예외적인 경우도 있다. 다양한 종들이 세부까지 자세하게 남아 있는 이 놀라운 화석들은 그 지역에서 동물들과 식물들이 어떻게 살았고 또 죽었는지에 대한 통찰을 제공한다.

웨일스와 잉글랜드의 경계에 있는 석회암층인 웬록 단층(Wenlock Edge)에서 화석들이 대량 발견됐다. 4억 2000만 년보다 더 오래된 열대 산호들이 묻힌 이곳은 당시 고대 이아페투스 대양의 해변이었다. 그곳에서 산호, 해면동물, 삼엽충, 완족류의 화석들이 나왔다.

라거슈테텐(Lagerstätten, 화석 보존율이 뛰어나거나 화석 산출량이 많은 퇴적층 — 옮긴이)은 특정 조건에서 형성된다. 웬록 화석 중에는 단단한 껍데기를 지닌 동물들이 부서진 채로 또는 뿌리가 뽑힌 채로 발견됐다. 이는 그 조각들이 파도에 쓸려와 해안 경사면 바닥에 이르렀다는 뜻이다. 따라서 떨어져서 살던 동물들이 하나의 웬록 암석층에서 함께 발견될 수도 있다. 또 생물군 전체를 온전히 보존하는 층이 있을지 모른다. 캐나다 로키 산맥에 있는 버지스 셰일에는 5억 800만 년 전에 진흙 속에서 질식해 죽은 동물들의 연체 조직이 발견됐다. 비록 그 흔적은 무질서하지만, 자세로 보았을 때 즉사한 것으로 보인다. 하지만 모든 라거슈테텐이 이렇게 잔인하게 만들어지는 것은 아니다. 북아메리카에 위치한 그린 강에는 5000만 년 전의 호수 유역에 있던 침전물이 남아 있다. 이 침전물들은 물고기, 나뭇잎, 곤충, 그리고 작은 새들의 깃털도 포함한다. 이 호수 바닥에는 산소가 적어서 세균에 의한 분해 속도가 느렸다. 그 결과 부서지기 쉬운 약한 부분도 화석으로 남을 수 있었다. 비슷한 시기에 독일의 메셀 호수에서도 같은 원리로 화석이 만들어졌다.

주름진 산호는 딱딱한 원뿔 모양의 멸종된 종으로, 오늘날 산호와는 먼 친척이다.

조개는 오늘날 가리비와 같이 자유롭게 헤엄쳐 다니며 여과 섭식을 한다.

여기서 보여 주는 산호 군집 조각들은 원래 살던 암초에서 떨어져 나온 것이다. 웬록 화석에서 발견된 다른 많은 동물 화석들도 마찬가지다.

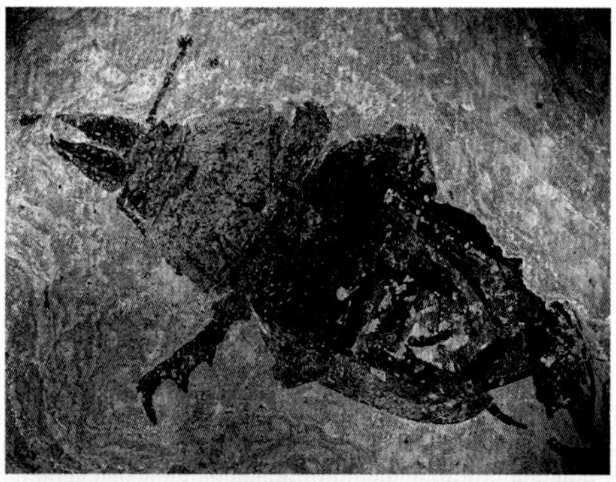

무지갯빛을 온전히 유지한, 날아다니는 거대 개미 화석

멸종 동물의 발견

같은 시대로부터 얻어진 풍부한 화석들은 선사 시대 동물이 어떻게 상호 작용하며 생활했는지를 재현하는 데, 또한 그들의 종 다양성을 분석하는 데 도움을 준다. 종들은 기본적인 표본을 바탕으로 묘사된다. 그러나 화석 표본은 종종 불충분하다. 상당량의 개체들이 함께 보존되어 있으면, 생물학자들은 더 좋고 더 일반적인 해부학적 견해를 가질 수 있다. 이 경우, 생물학자들이 개체들을 분류하는 작업은 훨씬 수월해진다.

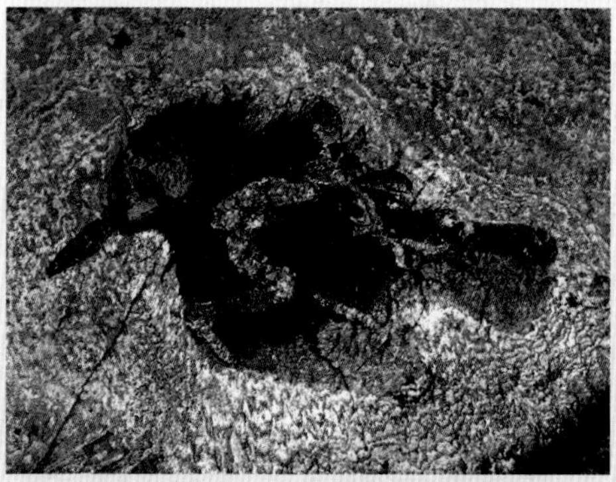

깃털이 완벽히 보존된 새 화석

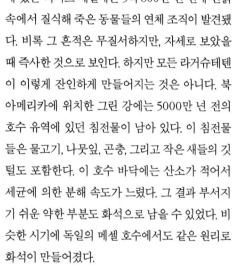

연체 조직의 윤곽이 보존된 개구리 화석

◀ 메셀 호수의 화석 유적지
독일의 메셀 호수에는 4700만 년 전의 생물군이 매우 잘 보존된 상태로 발견됐다. 그 호수는 특수한 환경을 갖고 있었다. 호수 바닥에서 매우 유독한 기체가 나와서 동물들이 즉사했을 뿐만 아니라, 사체를 먹는 생물 역시 살지 못했다. 그 결과 동물 사체가 화석이 될 수 있었다.

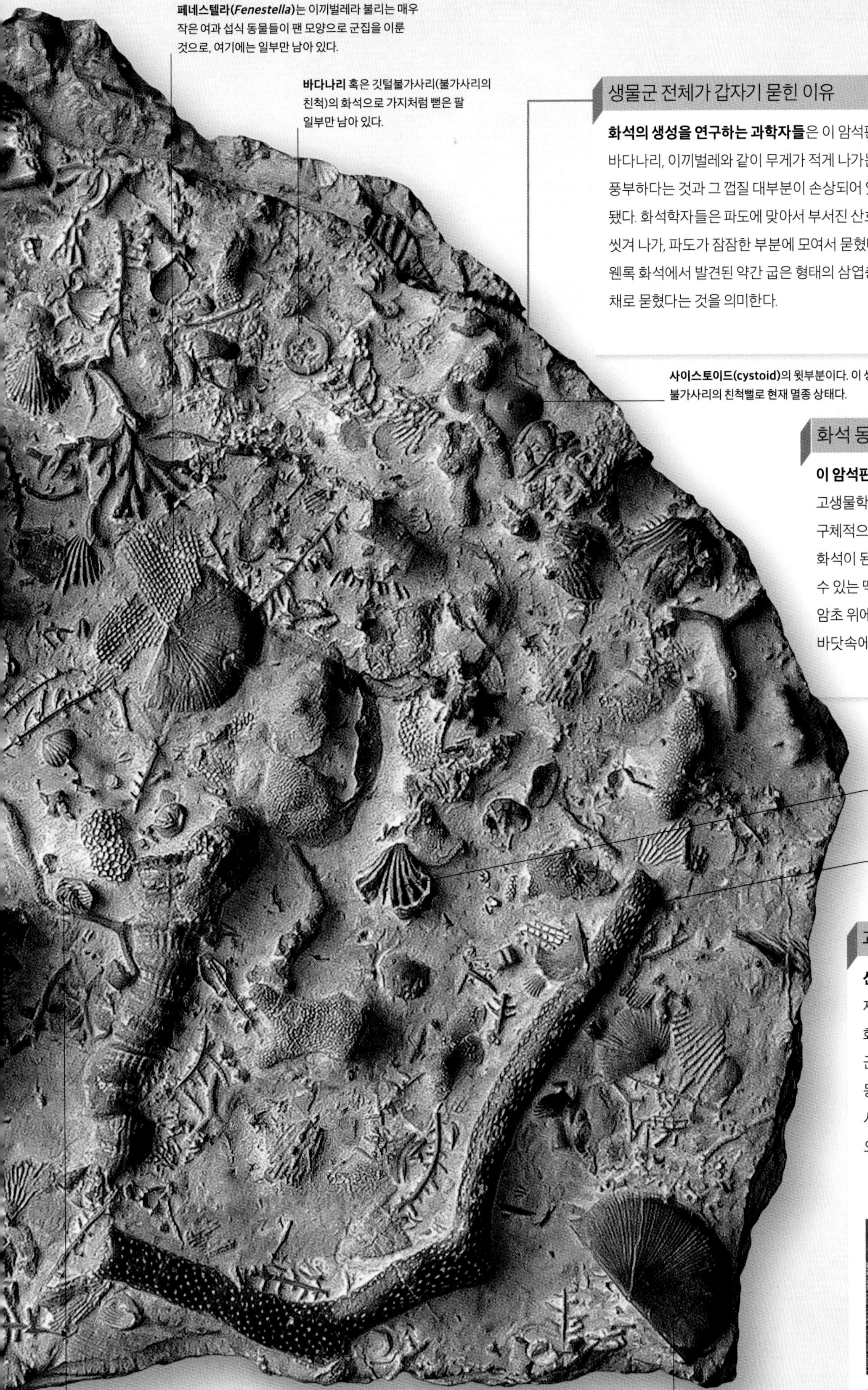

페네스텔라(*Fenestella*)는 이끼벌레라 불리는 매우 작은 여과 섭식 동물들이 팬 모양으로 군집을 이룬 것으로, 여기에는 일부만 남아 있다.

바다나리 혹은 깃털불가사리(불가사리의 친척)의 화석으로 가지처럼 뻗은 팔 일부만 남아 있다.

생물군 전체가 갑자기 묻힌 이유

화석의 생성을 연구하는 과학자들은 이 암석판에 완족류, 바다나리, 이끼벌레와 같이 무게가 적게 나가는 동물들이 풍부하다는 것과 그 껍질 대부분이 손상되어 있다는 것을 알게 됐다. 화석학자들은 파도에 맞아서 부서진 산호초의 조각들이 씻겨 나가, 파도가 잠잠한 부분에 모여서 묻혔다고 믿는다. 다른 웬록 화석에서 발견된 약간 굽은 형태의 삼엽충은 그들이 산 채로 묻혔다는 것을 의미한다.

방어하는 듯 몸을 감은 삼엽충

사이스토이드(cystoid)의 윗부분이다. 이 생물은 오늘날 불가사리의 친척뻘로 현재 멸종 상태다.

화석 동물의 서식지

이 암석판의 동물들은 집단 폐사한 것으로 보인다. 고생물학자들이 이 생명체들이 원래 살았던 장소를 더 구체적으로 알아내려면, 더 많은 화석이 필요하다. 산 채로 화석이 된 동물들의 잔해를 조사한 결과, 파랑 작용을 견딜 수 있는 딱딱한 껍데기의 완족류는 해안보다 높은 지대의 암초 위에 살았고, 자유로이 헤엄칠 수 있는 동물들은 깊은 바닷속에 살았다는 것을 알게 됐다.

완족류는 조개와 마찬가지로 경첩으로 연결된 두 개의 껍데기를 갖고 있지만, 조개류는 아니다.

바다나리의 줄기는 강한 해류에 쉽게 부러진다. 이것은 일부 석회암에서 많이 발견된다.

과거의 복원

선사 시대 생물들의 모습과 행동 방식을 재구성하기 위해, 고생물학자들은 필요한 화석들을 모두 모았다. 웬록 화석군은 산호초 군락을 형성하는 바다나리나 벌집산호와 같은 동물들로 이루어져 있으며, 그중에는 해안 바닥에 서식하는 삼엽충과 갑옷오징어의 친척뻘인 포식자 오르소세라스(*Orthoceras*, 직각패)도 있다.

오르도비스기 바다의 오르소세라스 복원도

양 껍데기가 열린 상태로 죽은 완족류

완족류

동물이 육지로 진출하다

수십억 년 동안 많은 생명체가 바다, 호수, 강에만 국지적으로 존재했다. 수생 생물에서 기원한 최초의 복잡한 생명체들 역시 물에서만 제한적으로 살았다. 하지만 육지는 다양하고 새로운 기회를 많이 제공했다. 육지 생태계는 한 번에 이루어진 것이 아니라, 여러 번의 시도 끝에 이루어졌다.

◀ 최초의 공기 호흡 생물
오늘날의 노래기는 장갑을 두른 듯한 부분을 갖고 있는데, 이것은 4억 2800만 년 전에 살았던 프네우모데스무스(*Pneumodesmus*)의 것과 매우 유사하다. 프네우모데스무스는 땅 위를 걷고 공기 호흡을 했다고 알려진 최초의 동물이다. 외골격의 일부분에서 공기구멍 혹은 숨 쉬는 구멍을 확인할 수 있다.

생명이 탄생한 이후 10억 년 이내에 최초의 미생물들이 육지로 진출했다. 해안의 젖은 돌이나 바닷물로 덮인 촉촉한 해안 퇴적물은 이들에게 좋은 서식지였다. 30억 년 전, 침식과 부식을 거쳐 첫 토양이 생성되자 세균이 여기서 살기 시작했다. 굴을 파고 들어가 사는 최초의 생명체는 해안 퇴적물을 마구 휘저으며 균류나 다른 분해자가 에너지로 사용할 수 있는 유기물을 추가했다. 약 4억 7000만 년 전에 이르러서야 토양이 비옥해져서 식물이 자랄 수 있었다.

육지에서의 삶

육지의 삶은 쉽지 않았다. 단세포든 다세포든 살아 있는 모든 세포들은 물에 둘러싸여 있어야 한다. 육지 식물들은 물은 유지하고 기체는 자유롭게 통과시킬 수 있는, 왁스가 씌워진 두꺼운 외피를 진화시킨 덕분에 살아남았다(136~137쪽 참조).

최초의 육지 동물 또한 표피를 갖고 있었지만, 그 외에 극복해야만 하는 다른 과제들이 있었다. 캄브리아기의 몇몇 바다 동물은 엄청 거대했지만, 그렇게 큰 몸은 육지에 살기에 적합하지 않았다. 물에서는 부력을 이용해 물에 뜰 수 있지만, 육지에서는 몸이 클수록 무게 때문에 움직이기 어려웠다. 따라서 초기 육지 동물은 강한 근육과 신체를 지지하는 뼈를 발달시켰고, 몸을 작게 만들었다. 초기 벌레와 같은 육지 동물은 피부 호흡에 적합한 수분이 많은 땅속이나 돌의 갈라짐 틈에서 살았다.

초기 육지 생물 중에는 절지동물도 있었다. 오늘날 게나 거미의 친척뻘인 선사 시대의 절지동물은 이미 바다에서 번성하고 있었고, 팔다리와 갑옷 덕분에 육지에서도 생존했다. 화석과 DNA에 따르면, 쥐며느리와 지네가 처음 육지에 진출했다. 관절과 갑옷을 갖춘 그들은 탈수를 겪지 않고 땅 위를 기어 다녔다. 또 그들은 갑옷에 호흡용 공기구멍(spiracle)을 진화시켰다. 쥐며느리는 육지에서 풀을 뜯고 다니는 최초의 동물이었고, 지네는 육지 생태계의 첫 번째 포식자였다.

숲의 등장

화석을 조사한 결과, 3억 8000만 년 전부터 이미 육지에는 나무가 있었다. 3억 5700만 년 전, 석탄기 초기의 지구는 생명이 역동하는 습지로 이루어진 비옥한 숲으로 덮여 있었다. 식물은 리그닌같이 자신을 지지할 수 있는 물질을 만들어 높고 크게 자랐다. 숲이 나무를 오르거나 날아다니는 동물들에게 새로운 보금자리가 되면서 육지 생태계의 범위가 넓어졌다. 특히 숲에서 생명체의 진화로

> 팔다리, 손가락, 발가락을 갖고 있는 **사지동물**에 **우리 자신, 즉 인간도 포함된다**. 따라서 아주 오래전 **데본기에 있었던 이 진화 사건**은 **지구**뿐만 아니라 **인간**에게도 **매우 중요하다**.
>
> **제니퍼 클랙**, 고생물학자, 1947~2020년
> 『땅으로부터 얻어진 것: 사지동물의 기원과 진화』에서

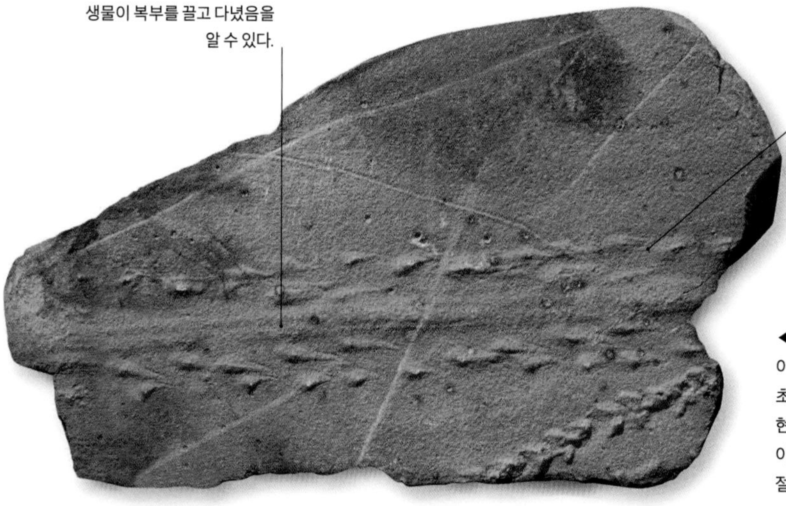

발자국 사이의 자국을 보면 이 생물이 복부를 끌고 다녔음을 알 수 있다.
얇고 작은 발자국 흔적을 보면 이 생물이 최소 8쌍의 다리를 갖고 있었음을 알 수 있다.

◀ 생명의 첫 발자국
이 발자국 화석은 5억 3000만 년 전 캄브리아기 초기에 모래 언덕에서 만들어졌다. 이 화석은 현재까지 발견된 것 중 가장 오래된 동물 자국이다. 이 발자국은 육지와 바다에서 모두 살 수 있었던 절지동물의 것이다.

새로운 생태학적 상호 작용을 하는 새로운 종류의 동물, 바로 곤충이 나타났다. 포식자 거미들, 잎에 사는 벌레들, 그리고 풀을 뜯는 달팽이들이 여기에 포함된다. 다양성과 풍부성이라는 측면에서, 육지 생태계는 해양 생태계에 뒤지지 않았다.

육지에 도달한 우리 조상

무척추동물들이 육지를 정복했을 때, 척추동물들은 여전히 물에서만 살았다. 데본기 중에서도 3억 9500만~3억 7500만 년 전에 척추동물들은 마침내 육지로 이동했고, 무척추동물들이 그랬던 것처럼 몸을 변화시켰다.

물고기는 수영할 때 지느러미를 이용해 자세를 안정시킨다. 비록 몇몇 물고기들은 지느러미를 이용하여 해저면을 '걷지만', 대부분의 지느러미는 다리로 사용할 만큼 튼튼하지 못했다. 하지만 총기어류는 양 지느러미를 강력히 지지하는 뼈를 갖고 있다는 점에서 달랐다. 데본기에는 다양한 총기어류가 존재했지만, 현재는 폐어나 실러캔스(coelacanth)와 같은 몇몇 어류만 남아 있다. 지느러미의 유연한 관절 덕분에 그들은 물속에서 걸어 다녔고, 나중에는 물 밖으로 나와 땅 위를 기어 다녔다. 총기어류는 아마도 오늘날 폐어처럼 건기에는 물 밖으로 나다녔을 것이다. 총기어류가 해안을 돌아다니면서, 지느러미는 손톱과 발톱이 있는 팔다리로 진화했다.

틱타알릭 로제는 **3억 7500만 년 전**에 살았다. **틱타알릭 로제 화석**은 **캐나다 북극 지방**에서 **2004년**에 처음 발견됐다.

물고기가 땅 위에서 생활하려면 또 다른 것이 필요하다. 대부분의 물고기는 기체가 차 있는 주머니인 부레를 이용해 부력을 조절한다. 현존하는 몇몇 물고기는 이 부레가 변형돼 있다. 변형된 부레는 공기와 직접 접촉하기 때문에 아가미를 통해 얻는 산소 외에 추가로 산소를 보충해 호흡을 돕는다. 초기 총기어류는 이런 원시적인 폐를 갖고 있었으며, 훗날 횡격막과 같은 가슴 근육으로 작동하는 폐가 등장하게 된다.

폐를 갖는 첫 번째 척추동물은 오늘날 개구리나 도마뱀의 먼 친척으로, 오래전에 멸종했다. 그들은 네 다리를 가진 최초의 척추동물 혹은 '사지동물'로, 오늘날의 양서류, 파충류, 새, 포유류의 선조이다. 물고기에서 사지동물로 변하는 중간 형태의 '사지형 어류'는 화석으로 완벽하게 보존돼 있다.

네 다리와 공기 호흡은 매우 중요한 진화 과정이다. 비록 어떤 다리는 없어지거나 팔 또는 날개로 바뀌었지만, 오늘날 육지에 사는 대부분의 척추동물은 이것을 바탕에 두고 진화했다.

▲ 과도기의 생물 화석
틱타알릭 로제(*Tiktaalik rosae*)는 놀라운 진화의 산물이다. 비록 물고기를 닮았지만, 틱타알릭 로제의 목은 진짜 물고기보다 훨씬 유연하고, 그 지느러미는 작지만 강한 관절을 갖고 있어서 땅 위에서 자신의 무게를 지탱할 수 있었다.

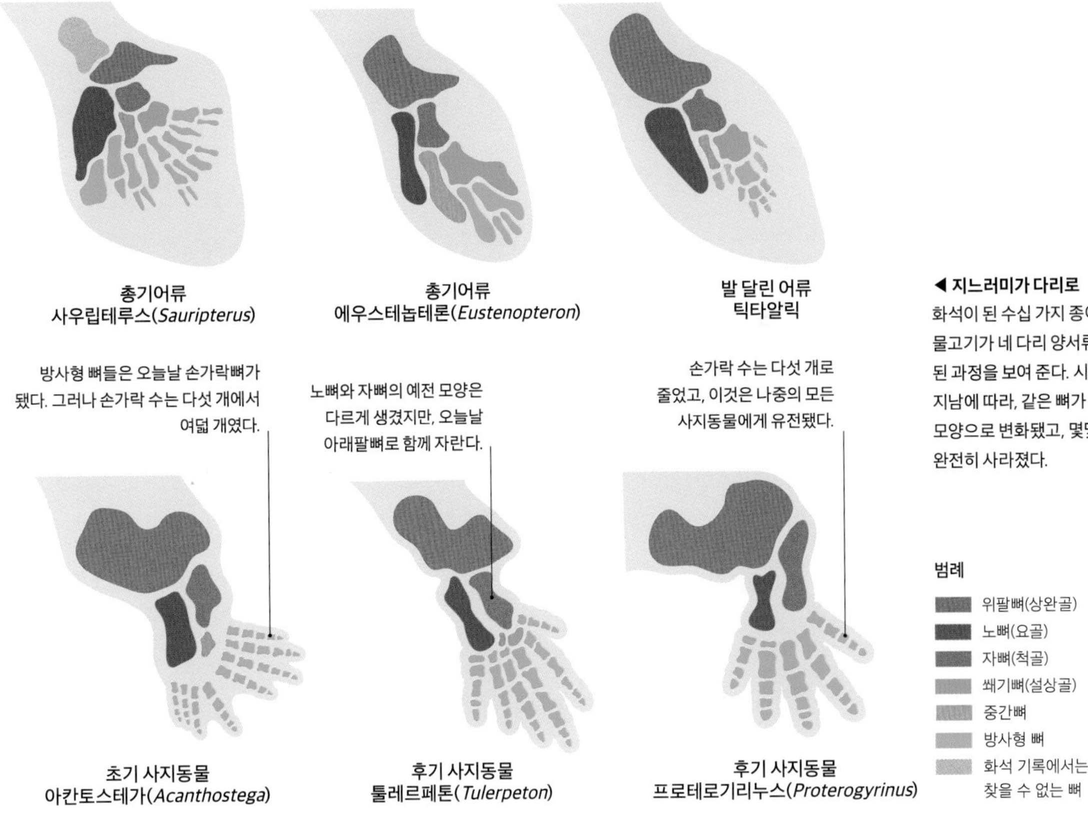

◀ 지느러미가 다리로
화석이 된 수십 가지 종이 물고기가 네 다리 양서류가 된 과정을 보여 준다. 시간이 지남에 따라, 같은 뼈가 다른 모양으로 변화됐고, 몇몇은 완전히 사라졌다.

날개가 재탄생하다

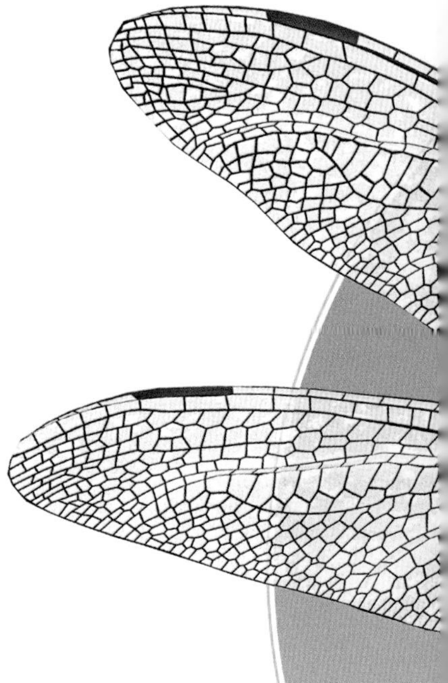

생명체 간의 유사성은 대부분 공통 조상에서 유래하지만, 항상 그렇지는 않다. 예를 들어 비행에 필요한 위아래로 움직이는 날개는 같은 시대에 서로 다른 곳에 사는 네 개 이상의 동물군에서 독립적으로 진화했다.

생물은 자신들의 생활 방식에 더 잘 적응할 수 있도록 진화한다. 가끔 자연 선택은 완전히 분리되어 있는, 전혀 관계없는 집단 사이에서 동일한 결과를 낳기도 하는데, 이를 수렴 진화(convergent evolution)라고 한다.

공유 형질

모든 종자식물은 공통 조상을 갖는다. 해파리의 촉수와 산호의 촉수 역시 공통 조상에서 나왔다. 하지만 가끔 자연 선택은 전혀 연관이 없는 집단 사이에서 유사한 형질을 만들어 낸다. 예를 들어 어룡(파충류)과 돌고래(포유류)의 물갈퀴가 그렇다.

이처럼 다른 장소, 다른 시대에 살고 있는 전혀 다른 생물들이 해부학적 구조나 행동 면에서 유사한 경우가 있다. 그들이 사는 환경이 비슷해 종종 동일한 적응을 요구하기 때문이다. 수백만 년의 시간이 흘렀음에도, 어룡과 돌고래는 포식자를 피하고 사냥감을 잡기 위해 빠르게 헤엄쳐야 했기에 물갈퀴를 진화시켰다.

비행의 진화

곤충은 최초의 비행 동물이자 기존의 팔다리에서 날개를 진화시키지 않은 유일한 동물이었다. 척추동물은 기존의 팔다리의 형태를 변형해 날 수 있는 동물이 됐다. 그들의 앞다리와 손은 서로 다른 모양의 날개로 진화했다. 익룡은 공룡과 함께 멸종되기 전까지 날개를 가진 최초의 파충류로 잘 알려져 있다. 새는 두 발로 걷는 공룡으로부터 진화했다. 그들은 똑같이 대멸종을 겪었지만, 새는 온혈 동물인 덕분에 살아남았고 포유류와 함께 아주 다양한 종으로 분화했다. 이후 포유류에서는 박쥐처럼 나는 데 특화된 동물들이 진화했다. 이들은 대부분 반향정위를 이용해 어둠 속에서 사냥을 했다.

새는 날 수 있는 최초의 온혈 동물이다. 사진 속 래너매(lanner falcon, 학명은 팔코 비아르미쿠스(*Falco biarmicus*)이다.)가 날개를 쫙 펼쳐서 속도를 늦추고 있다.

공룡의 친척뻘인 익룡은 날개를 진화시킨 최초의 척추동물이었다. 람포린쿠스(*Rhamphorhynchus*)는 쥐라기(1억 6600만~1억 4500만 년 전)의 초기 익룡 중 하나다.

박쥐는 비행을 완벽하게 할 수 있는 유일한 포유류다. '날다람쥐'는 그저 활공만 할 뿐이다.

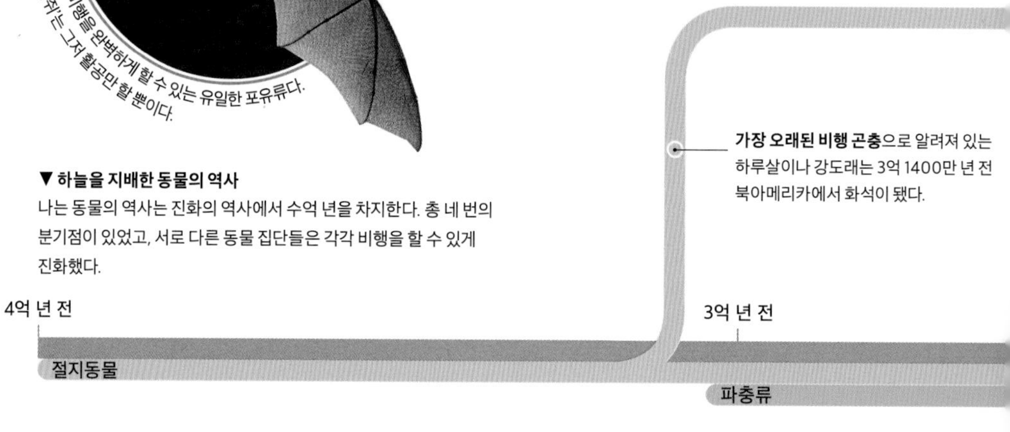

가장 오래된 비행 곤충으로 알려져 있는 하루살이나 강도래는 3억 1400만 년 전 북아메리카에서 화석이 됐다.
4억 년 전
절지동물
3억 년 전
파충류

▼ 하늘을 지배한 동물의 역사
나는 동물의 역사는 진화의 역사에서 수억 년을 차지한다. 총 네 번의 분기점이 있었고, 서로 다른 동물 집단들은 각각 비행을 할 수 있게 진화했다.

3000만 년 전 | 최초의 육지 동물
3억 8000만 년 전 | 최초의 나무와 숲
2억 2000만 년 전 | 최초의 포유류와 공룡
6600만 년 전 | 소행성 충돌로 우점 파충류 멸종

오늘날 잠자리 날개와 비슷한 곤충 날개는 대기의 산소 농도가 높아져 생물들이 좀 더 활동적으로 움직일 수 있었던 시기에 진화했다.

▲ 날개의 진화 과정
가장 초기의 원시 날개는 곤충의 몸에서 아가미의 역할을 하거나, 물 위로 떠다닐 수 있도록 펄럭거렸다. 산을 오르는 곤충들은 본격적인 날개가 진화해 공중에서 제어가 가능해지기 전에, 원시 날개를 낙하산처럼 활용했다. 익룡, 새, 박쥐는 모두 새로운 부속 기관을 만들어 낸 것이 아니라, 기존에 있던 기관을 환경에 적응시키는 과정에서 하늘을 날게 됐다.

◀ 날개의 해부도
익룡, 새, 박쥐의 날개는 모두 팔과 손의 뼈를 이용하지만, 뼈는 서로 다른 형태로 진화했다. 익룡과 박쥐의 날개 모양은 뼈가 날개막을 어떻게 지지하고 있는지에 따라 다르다. 새의 날개 표면은 깃털로 덮여 있고, 이 깃털이 어떻게 형성돼 있느냐에 따라 날개의 모양이 결정된다.

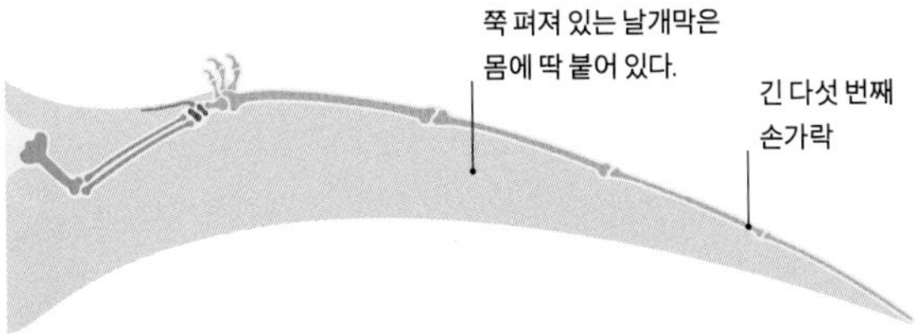
쭉 펴져 있는 날개막은
몸에 딱 붙어 있다.
긴 다섯 번째
손가락

익룡의 날개는 새나 박쥐의 것에 비해 비교적 단순했다. 주로 하나의 손가락이 날개막을 지지했다. 익룡은 비행을 조절하는 근육 조직이 따로 없었던 것으로 보아, 아마 급상승하는 기류를 타고 이륙했을 것이다.

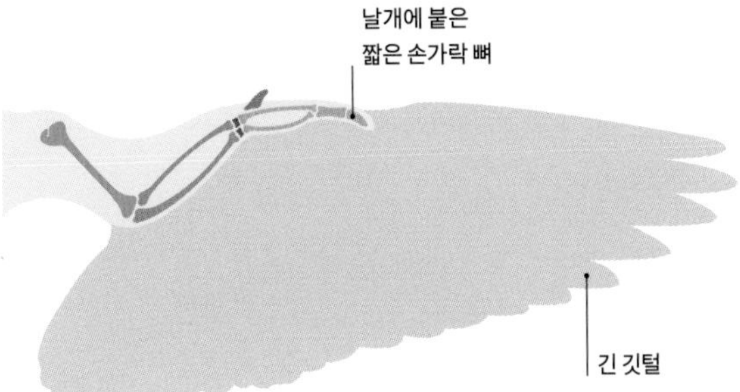
날개에 붙은
짧은 손가락 뼈
긴 깃털

범례
- 위팔뼈
- 노뼈와 자뼈
- 손목뼈
- 손가락뼈
- 엄지손가락뼈

새는 짧은 팔과 손가락뼈를 가지고 있어, 날개를 잘 제어할 수 있다. 강한 근육 덕분에 긴 깃털이 달린 날개를 큰 각도로 펄럭이며, 익룡보다 더 힘차게 비행한다.

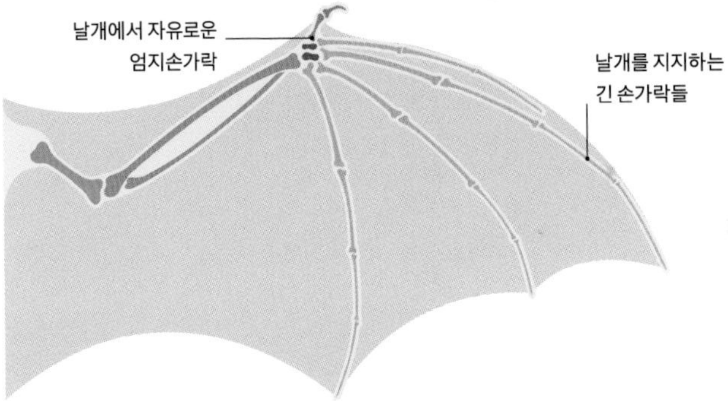
날개에서 자유로운
엄지손가락
날개를 지지하는
긴 손가락들

박쥐는 날 수 있는 다른 척추동물보다 손가락뼈가 더 많다. 박쥐의 날개는 네 개의 손가락이 지지해 준다. 덕분에 새보다 더 유연하게 날개의 모양을 바꿀 수 있어, 기동성은 높아지고 에너지는 절약됐다.

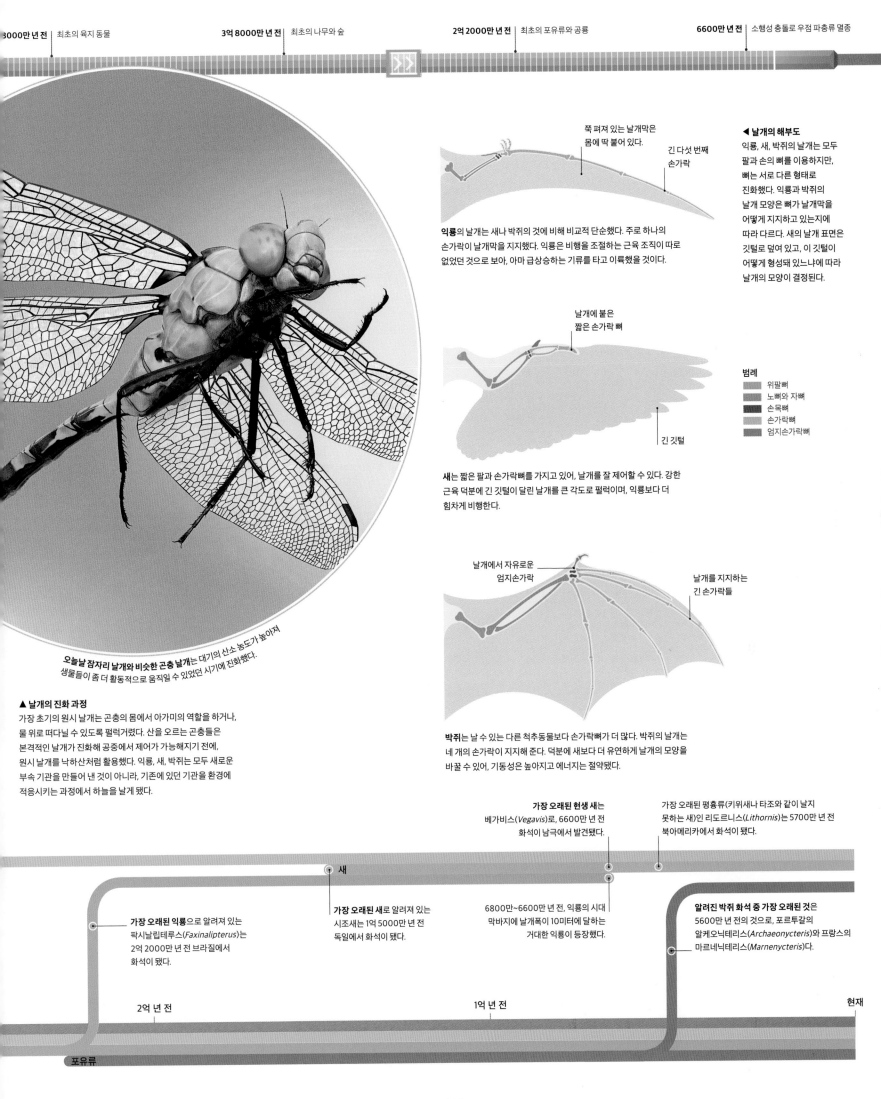

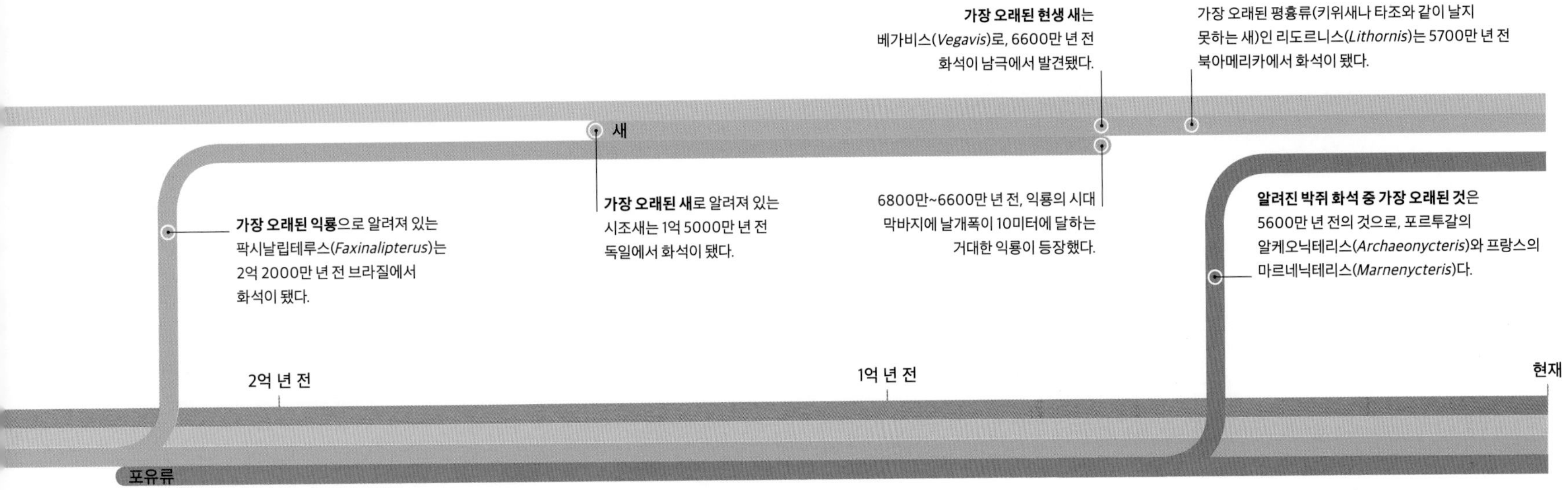
가장 오래된 현생 새는
베가비스(*Vegavis*)로, 6600만 년 전
화석이 남극에서 발견됐다.
가장 오래된 평흉류(키위새나 타조와 같이 날지
못하는 새)인 리도르니스(*Lithornis*)는 5700만 년 전
북아메리카에서 화석이 됐다.
새
가장 오래된 익룡으로 알려져 있는
팍시날립테루스(*Faxinalipterus*)는
2억 2000만 년 전 브라질에서
화석이 됐다.
가장 오래된 새로 알려져 있는
시조새는 1억 5000만 년 전
독일에서 화석이 됐다.
6800만~6600만 년 전, 익룡의 시대
막바지에 날개폭이 10미터에 달하는
거대한 익룡이 등장했다.
알려진 박쥐 화석 중 가장 오래된 것은
5600만 년 전의 것으로, 포르투갈의
알케오닉테리스(*Archaeonycteris*)와 프랑스의
마르네닉테리스(*Marnenycteris*)다.
2억 년 전
1억 년 전
현재
포유류

> **씨앗 내에 완벽히 보호된 배**는 **큰 장점**을 갖는다.

더글러스 호턴 캠벨, 미국의 식물학자, 1859~1953년

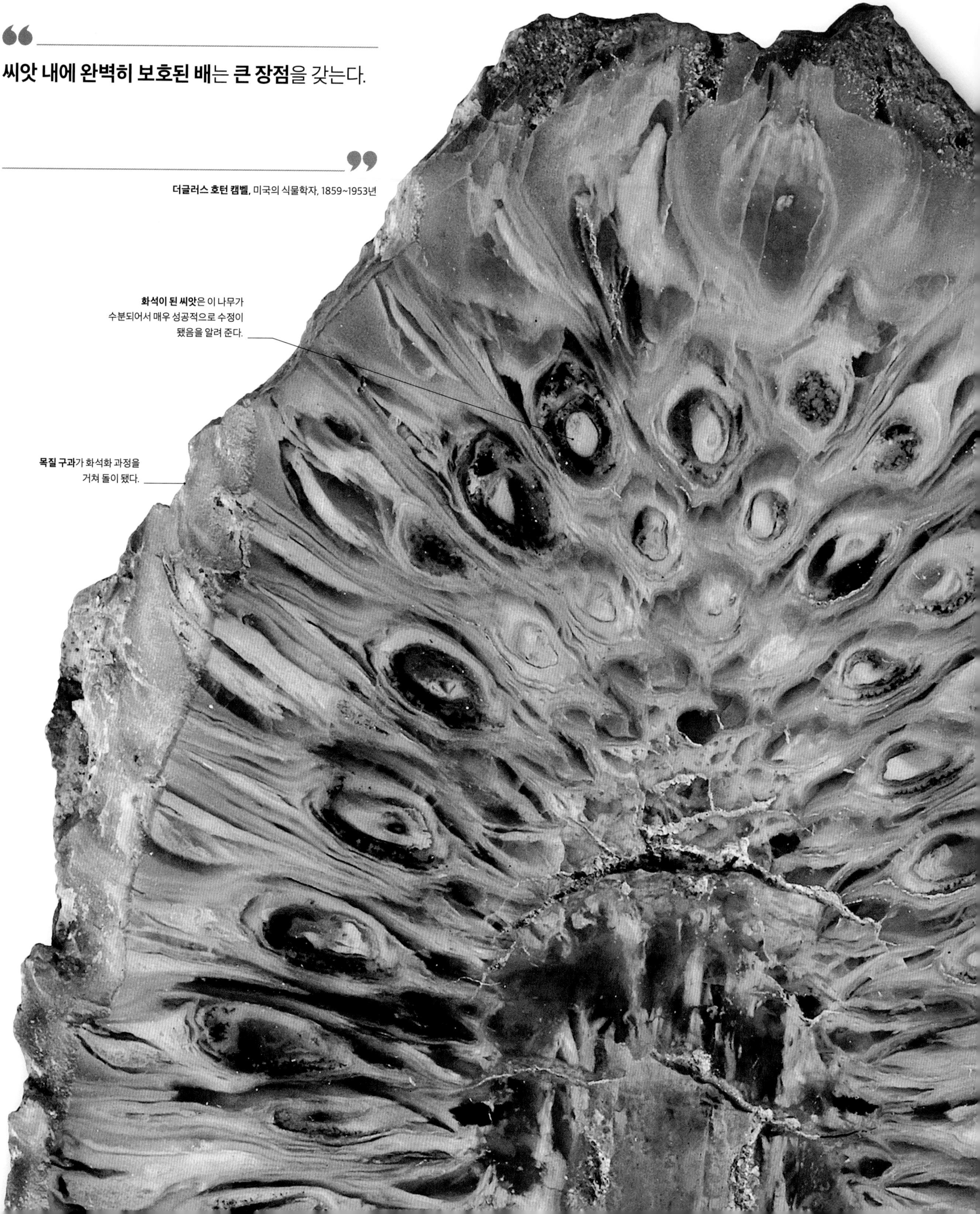
화석이 된 씨앗은 이 나무가 수분되어서 매우 성공적으로 수정이 됐음을 알려 준다.
목질 구과가 화석화 과정을 거쳐 돌이 됐다.

최초의 종자식물

3억 7000만 년 전, 새로운 종류의 식물이 진화했다. 이 식물은 궁극의 생존 장치인 씨앗을 만들어 냈다. 안에는 영양분이 가득 들어 있고 겉은 보호막으로 싸여 있는 씨앗은 생명의 역사뿐만 아니라 우리의 선사 시대에 아주 중요한 핵심 역할을 했다.

◀ 칠레소나무
이 구과 화석은 1억 6000만 년이나 되었지만, 오늘날의 나무에서 만들어지는 구과와 매우 유사하다. 이 칠레소나무는 아라우카리아 아라우카나(*Araucaria araucana*) 종으로 오늘날 아르헨티나와 칠레에서 잘 자라고 있다.

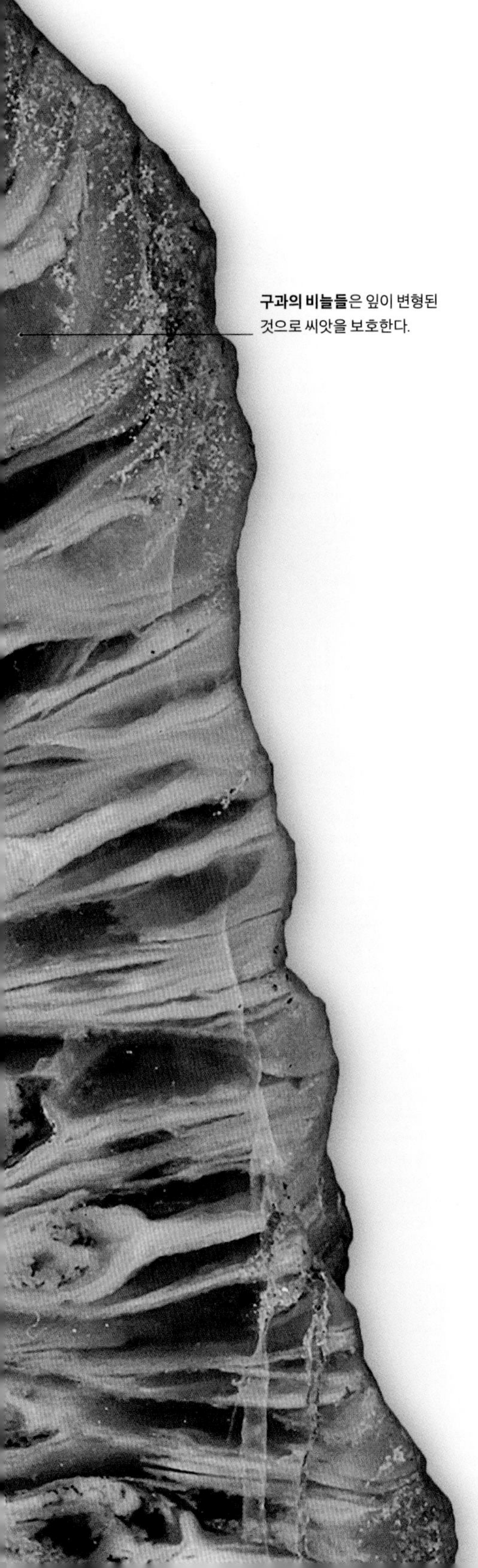

조류와 유사한 최초의 식물들은 그들의 생애 주기를 물이 있는 환경에서 마무리했다. 그들의 생애 주기에서는 포자와 생식 세포(난자 혹은 정자)가 번갈아 나온다. 그 후손인 이끼류나 양치류가 내륙으로 이동하면서, 포자는 공기 중에 퍼져 나갈 수 있었다. 하지만 그들의 정자는 물을 타고 난자 쪽으로 이동해야 했다. 뿌리의 깊이나 가뭄에도 끄떡없는 두꺼운 나뭇잎의 유무와는 관계없이, 식물의 번식은 주기적인 강우에 의존했다.

새로운 종류의 식물은 땅에서 떨어진 생식 줄기에서 수정이 이뤄지기 때문에 물의 구속에서 벗어났다. 암술대는 나중에 난자가 되는 포자를 가지며, 수술대 포자는 화분립(pollen grain)이 돼 암술대로 날아간다. 대부분의 원시 종자식물에서, 정자는 화분립에서 터져 나와 암술대를 거쳐 난자로 헤엄치듯 이동한다. 이런 모습은 종종 오늘날의 소철에서 발견된다. 하지만 대부분의 종자식물에서 정자는 쓸모없어졌다. 각 화분립에서 매우 얇은 실 같은 화분관이 자라 이를 통해 정핵이 난자로 운반되기 때문이다. 화분(꽃가루) 덕분에 육지 식물은 물에 사는 식물보다 더 멀리 이동할 수 있었고, 가뭄이 들어도 배를 온전히 보존해 주는 씨앗 덕분에 물에서 완전히 독립할 수 있었다.

3억 5000만 년부터 2억 5000만 년 전까지 존재했던 **원시 종자식물**인 메두로사(*Medullosa*)는 **달걀만 한 씨앗**을 가졌다.

씨앗의 역할

난자는 밑씨(ovule)라 불리는 얇은 막 주머니에서 발생한다. 수정이 완료되면 밑씨는 막이 두꺼워지면서 씨앗이 된다. 처음에 밑씨는 나뭇잎이나, 오늘날 소철이나 침엽수처럼 구과 비늘에 붙어 노출돼 있었다. 하지만 대부분의 종자식물은 꽃 안쪽 깊은 곳에 밑씨를 묻는다(160~161쪽). 밑씨가 씨앗이 되면, 씨앗 주위의 다육질 조직은 과일이 된다. 과일로 동물을 유인하는 방법은 종자식물이 복잡한 생태계에서 살아남기 위한 전략 중 하나였다.

씨앗의 성공과 인간

종자식물은 화분립 수정과 씨앗 확산으로 크게 성공했고, 육지 생태계의 근간을 이루며 인류가 최상위 포식자에 위치한 먹이 사슬의 기반이 됐다. 이끼, 양치식물, 우산이끼와 같은 무종자식물들은 널리 퍼져 있지만 어디서도 우세하게 존재하고 있지는 않다.

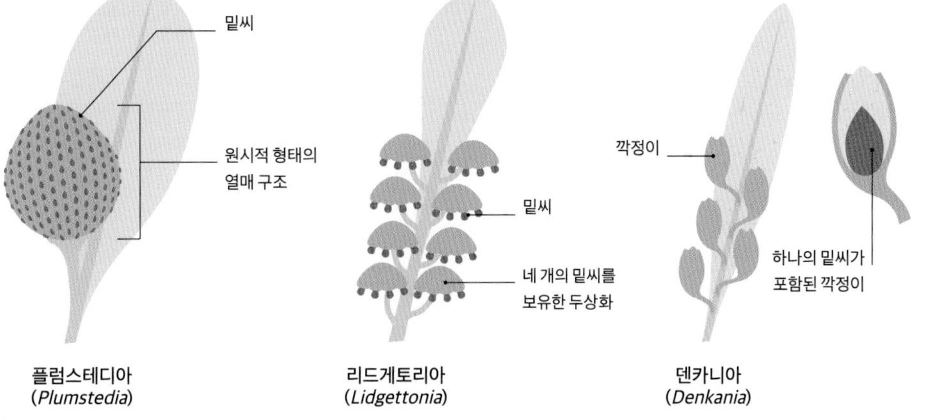

◀ 원시 종자식물
최초의 종자식물들은 양치류 종자식물(seed fern)이라고 불린다. 이것은 그 잎의 모양 때문이지, 오늘날의 양치류와는 어떠한 관련도 없다. 종자식물은 밑씨 꾸러미를 잎에 접붙여 성장시킨다. 결국 구과와 꽃은 나중에 나타난 식물들에서 등장했다.

▼ 껍데기 속 생명체

공룡을 포함한 선사 시대의 파충류는 껍데기가 있는 알을 낳았다. 알 안의 배아는 탈수의 위험 없이 안전하게 발달할 수 있었다. 오늘날 많은 파충류와 조류처럼, 공룡들은 포식자로부터 알을 보호했을 것이다.

껍데기는 탄산칼슘으로 된 백악질 물질로 구성돼 있다. 껍데기는 외부로부터의 손상을 버틸 만큼 충분히 단단했고, 호흡에 필요한 기체들이 교환될 만큼 충분한 투과성을 갖고 있었다. 그리고 새끼들이 깨고 나올 정도로 잘 부서졌다.

하얀 껍데기 막이 융모막을 가리고 있다. 융모막은 투명한 막으로 배아, 양막, 난황낭, 요막을 모두 감싼다.

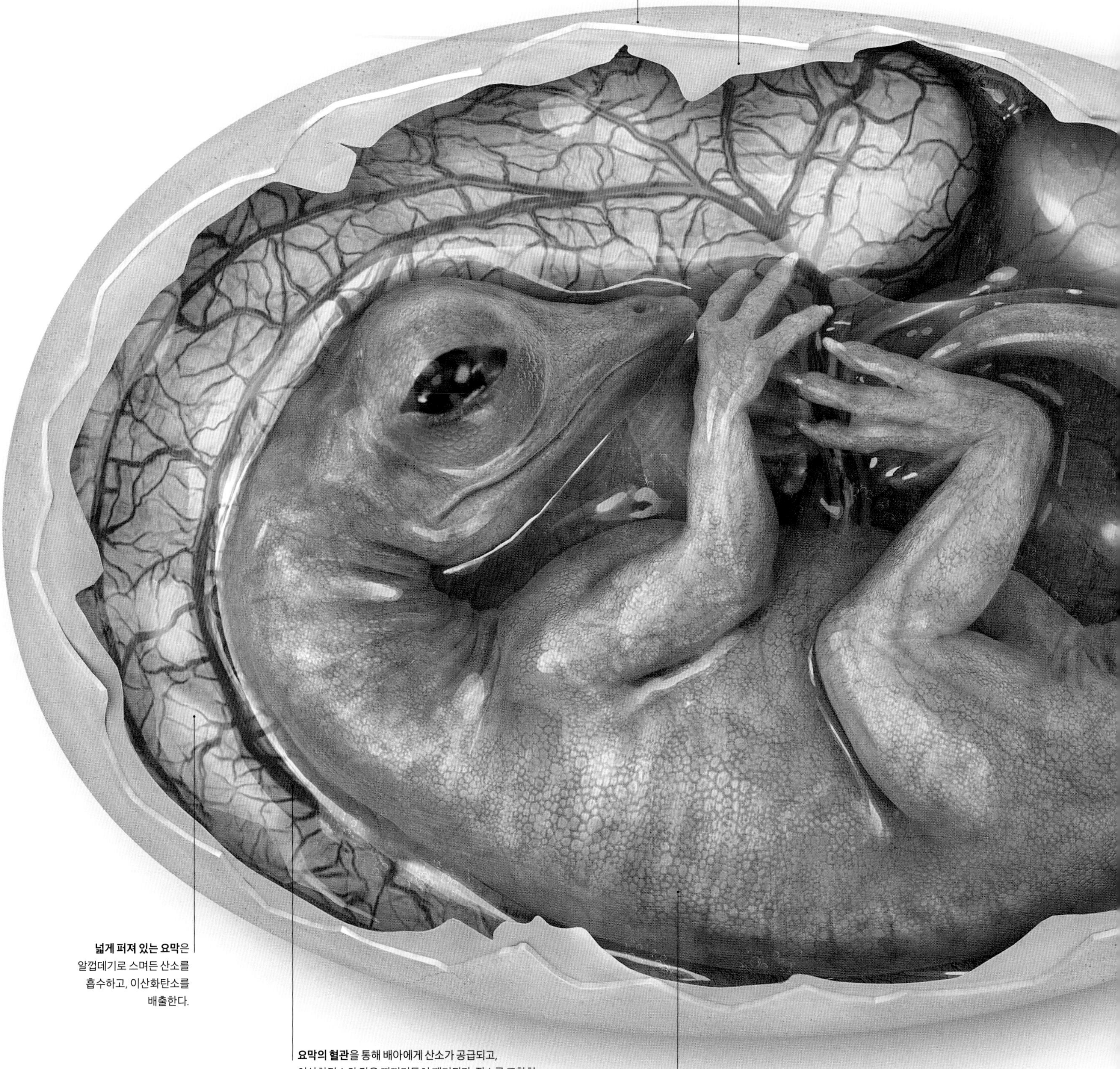

넓게 퍼져 있는 요막은 알껍데기로 스며든 산소를 흡수하고, 이산화탄소를 배출한다.

요막의 혈관을 통해 배아에게 산소가 공급되고, 이산화탄소와 같은 찌꺼기들이 제거된다. 질소를 포함한 찌꺼기들이 요산의 형태로 축적된다.

배아의 주요 부위가 이미 발달돼 있으므로 곧 부화할 것이다.

껍데기가 있는 알을 낳다

땅 위에 서식한 최초의 척추동물은 다리로 걷고, 폐로 숨을 쉬었다. 하지만 이런 초기 양서류는 새끼를 기를 만한 축축한 장소가 필요했기 때문에 물가에서 벗어날 수 없었다. 하지만 파충류가 마른 땅에서 생존할 수 있도록 딱딱한 껍데기의 알을 낳기 시작하면서 물로부터 자유로워졌다.

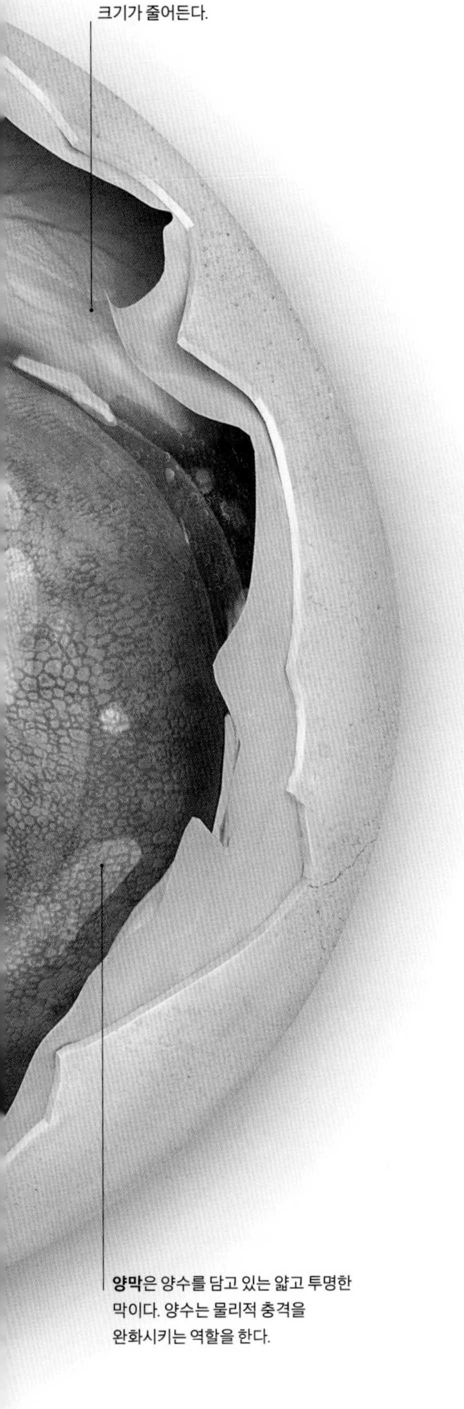

난황낭은 단백질과 지방과 같은 영양분으로 가득 찬 주머니다. 배아가 성장하면서 그 안의 영양분들을 사용하면, 난황낭의 크기가 줄어든다.

양막은 양수를 담고 있는 얇고 투명한 막이다. 양수는 물리적 충격을 완화시키는 역할을 한다.

척추동물들은 물에서 유래됐다. 물에서 생활하는 어류와 양서류는 젤리 보호막을 가진 알을 낳았다. 파충류는 탈수를 방지하고자 딱딱한 비늘로 뒤덮인 피부를 진화시켰고 번식 방법도 바꾸었다. 딱딱한 껍데기를 가진 파충류의 알은 그 안의 배아를 보호할 뿐만 아니라 배아가 호흡할 수 있을 정도로 충분한 투과성을 갖고 있었다.

배아의 생존 장치

대부분의 파충류나 모든 조류가 낳는 껍데기를 가진 알은 배아의 발달에 필요한 모든 것을 포함하는 놀라운 구조물이다. 이런 알이 나타나기 전에, 모든 살아 있는 배아는 유체 속에서 발달했다. 땅 위에서도 이와 같은 생장 조건을 만들려는 노력이, 유체를 담은 막의 진화로 이어졌다. 이 막은 양막(amnion)이라 불렸고, 이를 가진 최초의 동물은 '양막류' 또는 '파충류'라고 불렸다. 파충류의 알은 어류나 양서류의 알과 같이 배아를 위한 영양 주머니인 난황낭(yolk sac)이 따로 존재하며, 전에는 없던 요막(allantois)이 추가됐다. 요막은 불필요한 물질들이 버려지는 주머니다. 배아가 성장하면서 난황낭은 점점 작아지는 한편, 요막은 커진다. 가장 바깥의 융모막(chorion)은 전체 배아 생존 장치를 포괄한다.

부화 이후 파충류 새끼는 혼자 삶을 개척하지만, 대부분의 조류 새끼는 일정 기간 부모의 보살핌을 받는다. 하지만 파충류와 조류 모두, 갓 부화한 새끼들은 바로 먹고 숨 쉴 수 있다.

육지 생활을 위한 준비

양막류는 알껍데기와 막 덕분에 육지에서 생존할 수 있었다. 그들은 육지에서 번식하고 마른 둥지에서 알을 낳았으며, 몇몇 파충류만 알 대신 새끼를 출산했다. 양막류 중 포유동물은 출산을 했다. 그들은 요막과 융모막을 이용해 태반(placenta)을 만들었다. 태반은 산소와 영양분을 모체로부터 태아에게 공급하는 역할을 한다. 모체에서 양육된 배아로 인해 포유동물 자손들의 생존율은 유충을 생산하던 과거보다 훨씬 높아졌다.

껍데기가 있는 알을 낳은 최초의 동물은 팔레오티리스(*Paleothyris*)다. 이 파충류는 **3억 3000만 년 전**에 살았다.

◀ **육지 개척자**
디메트로돈(*Dimetrodon*)은 2억 9000만 년 전부터 2억 7000만 년 전까지 살았던 파충류로, 초기 양막류에 속한다. 디메트로돈은 껍데기와 양막을 가진 알을 낳았기 때문에, 매우 건조한 곳에서도 살 수 있었다.

석탄이 만들어지다

최초의 숲은 잘 부패하지 않고 매우 거대한, 양치류와 유사한 나무들로 이뤄져 있었다. 탄소와 에너지를 포함한 그 사체가 땅속에 쌓여 석탄 숲이 됐다. 그로부터 3억 년 후, 이 압축된 물질이 산업혁명의 동력원으로 사용됐다.

석탄기(3억 5900만~2억 9900만 년 전)는 지상 생명체가 가장 번성했던 시기이다. 이끼처럼 생긴 선조에서 나무들이 진화했고, 무척추동물로 뒤덮인 세계에서 곤충들이 하늘을 날아다녔다. 그리고 거대한 양서류는 파충류로 진화하고 있었다. 지구 역사의 관점에서 이 시기가 우리에게 주는 영향력은 대단하다.

최초의 숲

처음에는 육지 생물이 먹을거리가 풍부한 나무에서 살았다. 노래기, 곤충, 거미류 등의 육지 동물이 번성했고, 이어서 거미, 전갈, 지네 등과 같은 포식자들이 폭발적으로 증가했다. 석탄기 나무들은 보호층을 구성하는 단단한 지지 물질인 리그닌 덕분에 높이 자랄 수 있었다. 나중에 이 리그닌층은 탄소가 풍부한 에너지원인 석탄이 됐다. 당시의 나무에는 오늘날의 나무에 있는 양보다 10배 농축된 리그닌이 포함돼 있었다. 높은 리그닌 함량 덕분에 석탄기 나무들은 초식 동물에게 먹히거나 부패되지 않았다. 당시에는 리그닌을 분해시킬 수 있는 미생물이 거의 존재하지 않았다. 나무가 죽어 썩으면 리그닌 속 탄소가 이산화탄소로 변해야 하는데, 이를 분해할 미생물이 없었기 때문에 당시 나무들은 화학 에너지를 품은 채 습지에 가라앉았다. 이처럼 부패 과정에서 산소가 소비되지 않으니 대기 중 이산화탄소의 비중은 줄고 산소의 비중은 증가했다. 오늘날 대기 중 산소의 농도는 20퍼센트이지만, 석탄기에는 무려 33퍼센트에 이르렀다. 이러한 높은 산소 포화도는 매우 심각한 결과를 초래했다. 쉽게 불꽃이 발생해 사방으로 튀었다. 피부나 신체 표면을 이용해서 간접 호흡하는 동물들은 거대해졌다. 지구에 존재했던 가장 큰 곤충과 악어만 한 양서류가 석탄기에 진화했다.

석탄의 기원

상당량의 석탄기 나무들이 습지 아래로 온전히 가라앉았다. 그들은 토탄(이탄)이라 불리는 여러 겹의 퇴적층을 형성했다. 토탄 내부는 산소가 적고 산성이 높기 때문에 탄소가 풍부한 잔여물이 부패하지 않고 쌓였다. 토탄이 자체 무게 때문에 더욱 압축돼 그 사이사이에 있던 물과 기체가 빠져나가면, 아탄(갈탄이라고도 한다. — 옮긴이)이 된다. 그 후 더욱 압축되면 탄소의 함유량이 아주 높

> 레피도덴드론(인목)은 **석탄기**에 **40미터**까지 자랐다.

▶ 석탄의 형성
죽은 나무의 분해되지 않는 물질에서 석탄이 형성된다. 이 물질 위로 죽은 물질이 계속 쌓이고, 땅속에서 높은 압력으로 압축된다. 수백만 년 동안 압력과 온도가 증가하면서, 이 물질은 아탄(갈탄)이 됐다가 결국에 석탄이 된다.

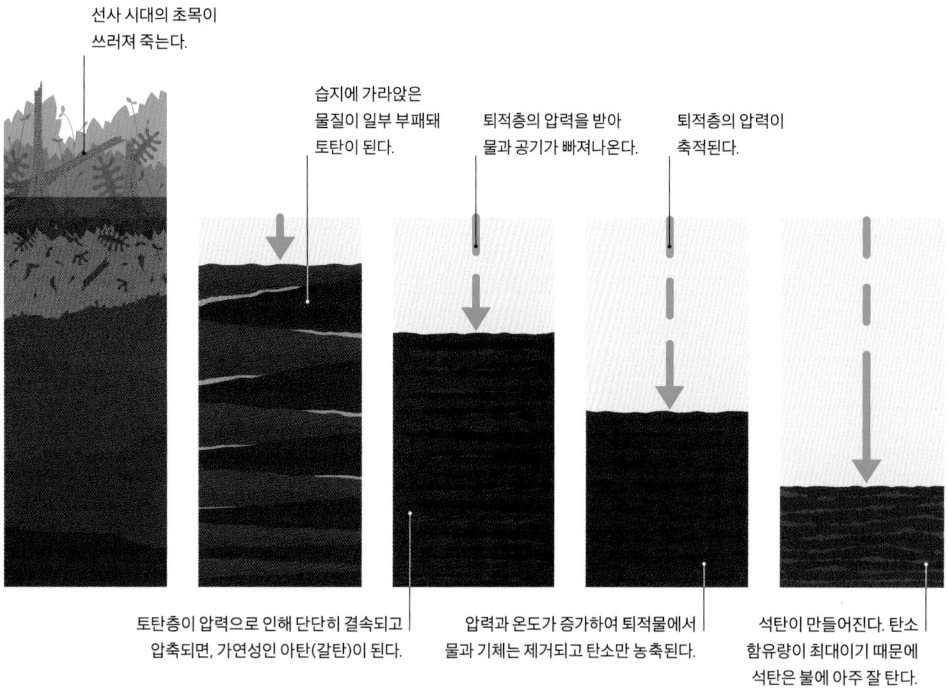

선사 시대의 초목이 쓰러져 죽는다.
습지에 가라앉은 물질이 일부 부패돼 토탄이 된다.
퇴적층의 압력을 받아 물과 공기가 빠져나온다.
퇴적층의 압력이 축적된다.
토탄층이 압력으로 인해 단단히 결속되고 압축되면, 가연성인 아탄(갈탄)이 된다.
압력과 온도가 증가하여 퇴적물에서 물과 기체는 제거되고 탄소만 농축된다.
석탄이 만들어진다. 탄소 함유량이 최대이기 때문에 석탄은 불에 아주 잘 탄다.

◀ **선사 시대의 에너지**
독일 라인 강의 석탄광에서는 암석들 사이에 빽빽하게 들어찬 석탄층(검은 띠)이 뚜렷이 보인다.

은, 단단하고 밀도 있는 암석인 석탄이 된다. 육지 식물이 존재하기 전의 암석에서 발견되는 석탄 퇴적물은 아마 조류에서 유래되었을 것이다. 그러나 석탄기 환경 조건이 석탄 형성에 아주 알맞은 조건이었기에 석탄 퇴적물은 석탄기에 매우 풍부하다.

기원전 1000년경의 인류 문명은 목탄과 유사한 생김새 덕분에 석탄의 잠재력을 깨달았다. 석탄과 목탄은 연소 과정에서 많은 열에너지를 발생시킨다. 수백 년 동안 석탄에 갇혔던 탄소는 마침내 이산화탄소가 됐다. 대규모 채광(306~307쪽 참조)의 등장으로 지표면 깊은 곳의 석탄 퇴적물도 이용할 수 있게 됐다. 그 후 화석 연료를 소비하면서 아주 짧은 시간이었음에도 엄청난 양의 이산화탄소가 발생했다. 급격히 증가한 이산화탄소는 인류에게 새로운 걱정거리가 됐다. 인구가 증가하려면 에너지가 반드시 필요하다. 그러나 화석 연료를 태우는 일은 온실 기체의 증가와 지구 온난화를 초래한다. 현대 문명은 우리가 스스로 발생시킨 이 세계적인 환경 문제를 해결해야 한다.

> **석탄**, 석유, 그리고 가스는 화석 잔존물로 만들어진 **화석 연료**이다. 그 안에 있는 **화학 에너지**는 **고대의 식물들이 축적해서 저장해 놓은 일종의 태양 에너지**다.
>
> **칼 세이건,** 천문학자이자 과학 저술가, 1934~1996년

▶ **석탄의 재료**
석탄기에 번성했던 나무인 레피도덴드론(*Lepidodendron*, 인목)의 몸통 화석이다. 단단한 리그닌층이 몸통을 두텁게 싸고 있다.

다이아몬드 모양의 자국은 나무 몸통에서 잎이 떨어져 나간 자리이다.

호박 속의 도마뱀

지구의 암석들에서 발견되는 흔적인 화석들은 멸종한 생물종들이 오늘날의 생물종들과 같지 않음을 보여 준다. 과학자들은 탐정이 되어 그 정체를 좇는다.

지구에 살았던 99퍼센트 이상의 종들이 현재는 멸종됐다. 그러므로 우리가 알고 있는 생명체의 역사는 화석에 전적으로 의존한다.

화석은 여러 방법으로 형성된다. 다른 생명체가 먹기 전에 죽은 생명체가 빠르게 침전되어 묻히면, 이 생명체는 침전물과 함께 암석이 된다. 수백만 년 동안 대륙이 이동하는 과정에서, 내부에 화석을 갖고 있는 암석이 튀어 나온다. 그리고 암석이 침식되면 화석이 노출된다.

화석화 과정은 절대 완벽할 수 없다. 화석의 보존 상태 역시 화석별로 매우 다르다. 오래전에 등장한 연체 조직을 가진 생물종은 나중에 등장한 딱딱한 조직을 가진 생물종보다 더 흐릿한 자국을 남긴다. 뼈와 같은 신체의 딱딱한 부분은 화석이 될 가능성이 매우 높다. 발자국, 알, 배설물 또한 화석이 될 수 있다. 적절한 환경만 갖춰진다면 가장 연약한 부분인 피부나 깃털, 나뭇잎, 심지어 단세포까지도 화석이 될 수 있다. 이 도마뱀처럼 어떤 생물은 호박에 갇힌 채 발견되기도 한다. 호박은 나무에서 나온 송진이 굳어져서 만들어진다. 호박에 갇혀 질식해 죽은 동물들은 매우 정교하게 보존된다.

고생물학자들은 화석을 분석할 때 화석이 어떻게 생성됐는지 반드시 생각해 봐야 한다. 과거에 얼마나 다른 생명체들이 함께 살았는지를 그려 보고 조합하기 위해서는 지질학과 해부학 등 다양한 방법으로 화석을 연구하는 것이 중요하다.

사체가 들려주는 이야기

화석 생성 연구는 동물의 사체가 부패되거나 화석이 될 때 변화하는 과정을 고려해야 한다. 나무 송진 역시 유기물이기 때문에 부패된다. 이 송진 덩어리는 생성되자마자 침전되어 퇴적층 사이에 묻혔기 때문에 화석이 됐다. 따라서 얀타로게코는 청소동물들과 침식 작용에서 완전히 격리돼 완벽히 보존됐다.

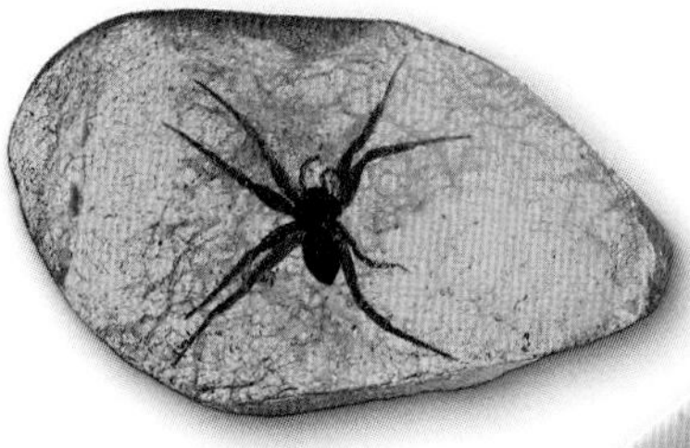

호박에 갇힌 선사 시대의 거미

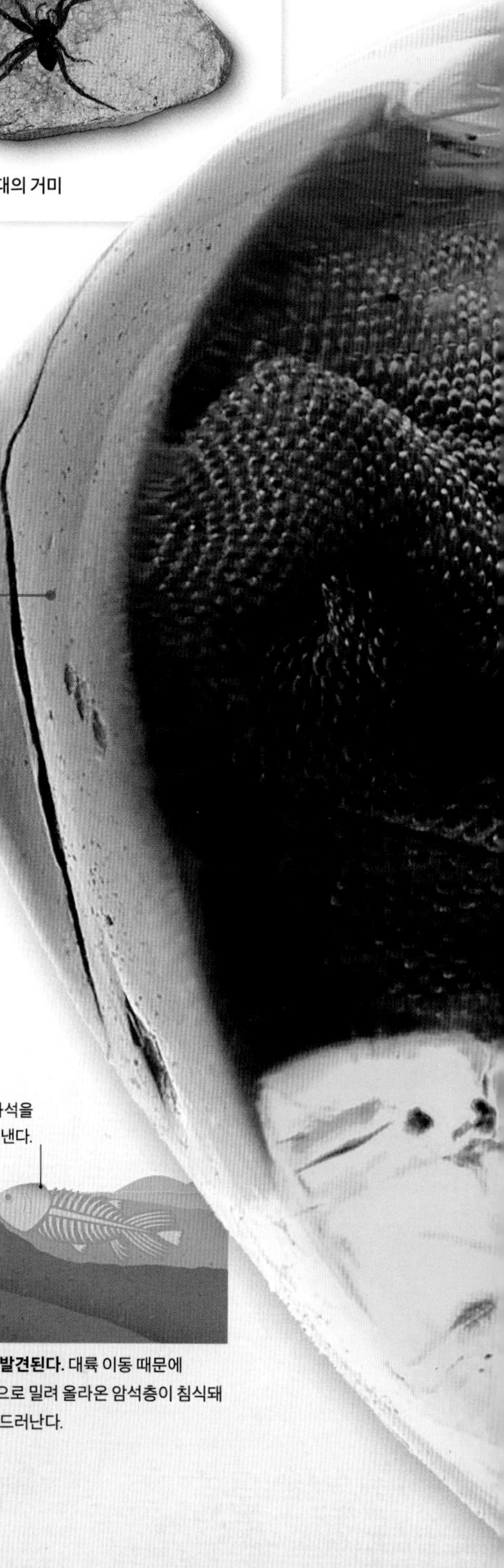

식물학적 단서

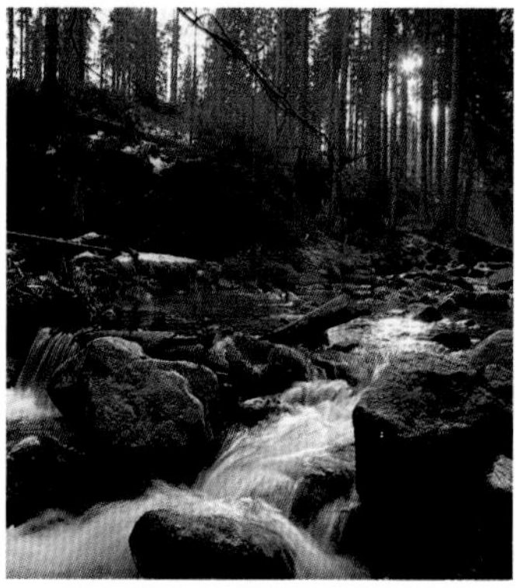

발트 해에서 발견된 이 호박은 침엽수의 한 종류가 만든 것으로 밝혀졌다. 따라서 얀타로게코(*Yantarogekko*)의 서식지는 침엽수림이었다고 추정된다. 호박 화석의 존재는 이 시기에 침엽수들이 자신을 먹이로 삼는 초식 동물에 대항하기 위해 송진(상처를 감싸고 초식 동물의 접근을 막는 끈적끈적한 액체 방울)을 진화시켰다는 것을 알려 준다.

폴란드에 있는 침엽수림

▼ 화석의 형성 과정
과거 생물의 사체가 화석이 되기까지는 수백만 년이 걸린다. 유기 조직은 부패되고, 단단해진다.

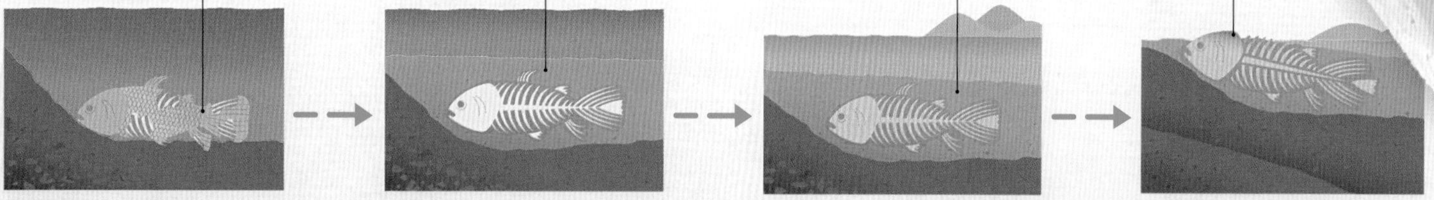
죽은 물고기가 해저면에 가라앉는다.
여러 겹의 퇴적층이 사체 위에 쌓인다.
퇴적층은 압축되어 암석이 된다.
지각 판이 화석을 지표면으로 밀어낸다.

물고기가 죽어 먹히지 않은 부분은 가라앉아 썩고 비늘들은 뼈 화석의 윤곽선이 된다.

사체가 퇴적층 아래에 묻혔다. 때문에 청소동물들이 사체에 접근할 수 없다. 물속 무기물들이 뼈로 스며들어서, 뼈가 결정화돼 단단해진다.

여러 겹의 퇴적층과 암석층이 쌓여 수백 년 동안 압력이 가해진다. 몸의 유기물은 무기물로 완전히 전환된다.

화석이 발견된다. 대륙 이동 때문에 지표면으로 밀려 올라온 암석층이 침식돼 화석이 드러난다.

서식지의 위치

오늘날 화석이 발견된 장소와 원래 생물의 서식지는 다를 것이다. 예를 들어 이 호박에 갇힌 도마뱀은 발트 해의 해안에서 발견됐다. 5400만 년 전에 죽은 이 도마뱀의 원래 서식지는 내륙 깊숙한 곳에 있는 숲이었을 것이다. 따라서 강물이 호박 덩어리를 열대 침엽수림에서 해안으로 이동시켰을 것이라고 추론할 수 있다.

해부학적 비교

화석이 된 신체 부위를 동족의 화석이나 오늘날 살아 있는 종과 비교해 봤다. 몸통 앞에 달린 머리와 오른쪽 앞다리만 호박 안에 보존돼 있지만, 고생물학자들은 이 생물이 도마뱀붙이 종에 속한다는 것을 충분히 알아낼 수 있다. 이 표본은 도마뱀붙이 종의 잘 발달된 발가락 패드와 눈꺼풀이 없는 눈을 보여 준다. 암석에 있는 뼈 화석에서는 이런 특징들을 알아보기 힘들었을 것이다.

줄무늬가 있는 도마뱀붙이

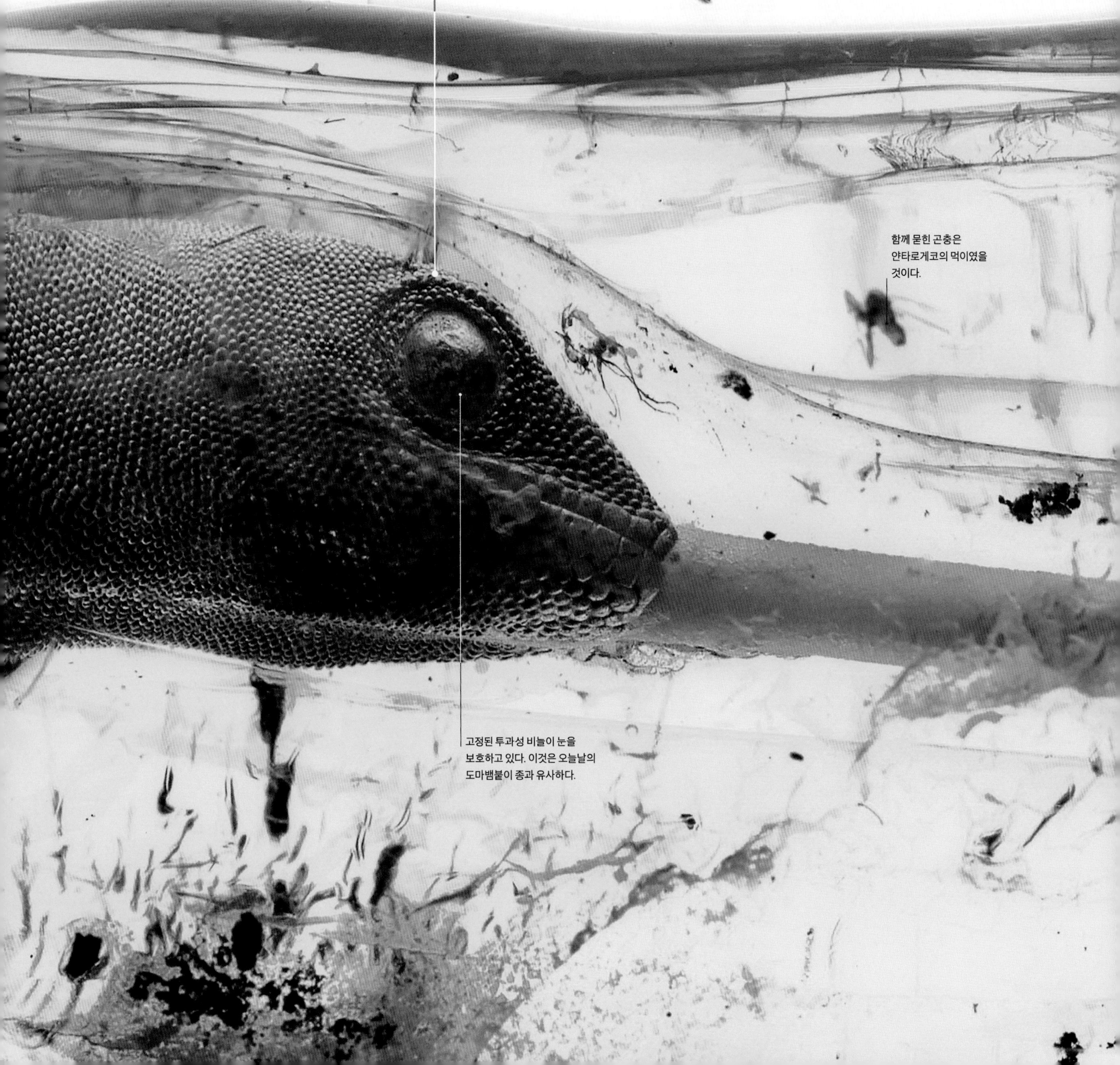

함께 묻힌 곤충은 얀타로게코의 먹이였을 것이다.

고정된 투과성 비늘이 눈을 보호하고 있다. 이것은 오늘날의 도마뱀붙이 종과 유사하다.

41억 년 전 | 최초의 생명 출현

24억 년 전 | 대기 중 산소의 증가

9억 3600만 년 전 | 조류와 식물의 조상 출현

▶ 판게아

3억~1억 7500만 년 전에 여러 대륙들은 지구 남반구에서 합쳐져 하나의 대륙이 됐다. 내륙에서는 숲이 사막으로 변했고, 해안 지대는 줄어들어 바다에 사는 많은 종들이 멸종했다.

얕은 연안 바다가 해안선을 따라 판게아를 둘러싸고 있다.

거대한 띠 모양의 매우 건조한 지역이 페름기(2억 9900만~2억 5200만 년 전)에 오늘날 북아메리카 대륙과 유럽 대륙에 펼쳐져 있었다.

대륙들이 합쳐진 곳에서는 해안선이 사라졌고, 이로 인해 많은 해양 동물들이 멸종했다.

판게아의 기후는 덥고 건조했다. 대륙 중앙은 대양과 바다의 온화한 기후의 영향을 받지 못하기 때문이다.

빙하는 석탄기에 남극 근처에서 형성됐지만, 페름기에 따뜻해지고 건조해지면서 조금씩 사라졌다.

육지가 메말라 버리다

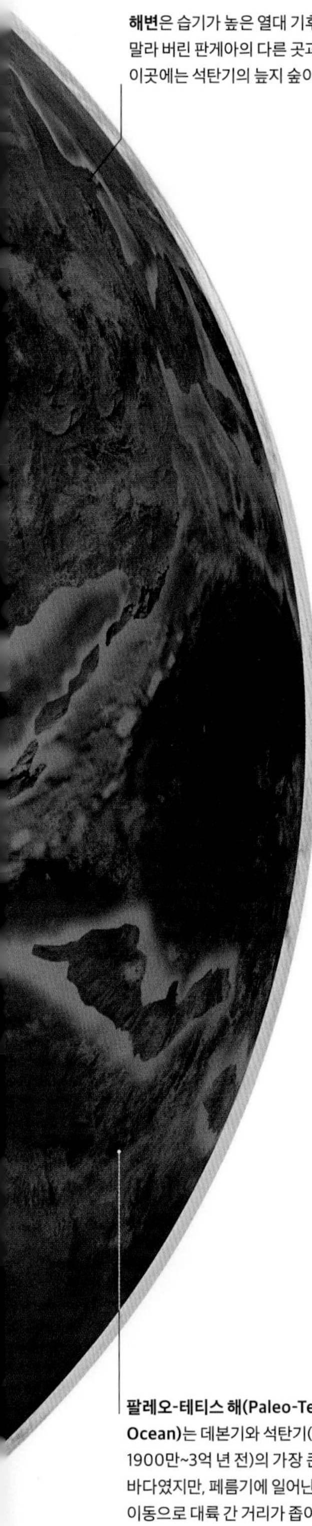

해변은 습기가 높은 열대 기후를 누렸다. 말라 버린 판게아의 다른 곳과 달리 이곳에는 석탄기의 늪지 숲이 존재했다.

팔레오-테티스 해(Paleo-Tethys Ocean)는 데본기와 석탄기(4억 1900만~3억 년 전)의 가장 큰 바다였지만, 페름기에 일어난 대륙 이동으로 대륙 간 거리가 좁아지면서 작아졌다.

육지 생물이 질퍽한 석탄 숲에서 번성하고 난 뒤, 전 지구적 가뭄이 5000만 년 동안 지속됐다. 이 가뭄은 생물의 진화 경로를 바꿔 놓았다. 식물의 잎은 튼튼해졌고 늪이 말라붙었다. 그 결과, 촉촉한 피부를 가지고 있던 양서류 중 일부가 비늘이 뒤덮인 파충류로 진화했다.

약 3억 년 전, 지구의 모든 땅덩어리들이 충돌해 하나의 거대한 초대륙, 판게아(Pangaea)가 형성됐다. 그 결과, 육지 생물이 극적인 변화를 겪었다. 기후 변화로 이미 석탄기의 광대한 늪지 숲은 사라지고 있었고(148~149쪽 참조), 페름기 시작 시점에 판게아의 대부분이 사막으로 바뀌었다.

> 페름기에 살았던 수많은 **파충류의 화석**을 보면 **포유류**의 머리나 이빨의 **전조가 되는 특징**들을 발견할 수 있다.
>
> **윌 버넷**, 생물학자, 1945년~

새로운 피부, 커진 크기

파충류는 숲에서 진화했지만 이제 새롭게 형성된 아주 건조한 지역까지 넓게 퍼져 살게 됐다. 이 새로운 척추동물은 양서류 조상보다 육지에 더 잘 적응했다. 파충류는 섬유질 단백질인 케라틴(keratin)으로 구성된 단단한 비늘을 진화시켜 탈수를 막았다. 포유류와 조류는 이후 그들의 털과 깃털에 케라틴을 이용하기도 했다. 단단한 껍데기를 가진 알을 낳는 최초의 파충류 역시 양서류 조상과 다르게 번식하는 데 물을 필요로 하지 않았다(146~147쪽 참조). 덕분에 척추동물은 이전에 비할 수 없을 정도로 광범위하게 번성했다.

파충류의 시대가 시작될 때쯤, 파충류는 두 개의 주요 집단으로 나뉘었다. 하나는 이궁류(diapsid)로, 이후 공룡, 조류, 오늘날의 도마뱀이 여기에 속한다. 페름기의 건조한 대륙을 지배한 두 번째 집단은 단궁류다. 그중 일부는 당대의 거대한 육지 동물로 진화했다. 대표적으로 등에 돛 같은 돌기를 가진 육식 동물인 디메트로돈은 자동차만 했다. 거대한 초식 동물들도 등장했다. 포유류의 조상 격인 작은 파충류 역시 후기 단궁류에 속한다.

페름기는 대멸종으로 끝났다. 너무 가혹했던 이 사건으로 동물종의 70퍼센트 이상이 사라졌다. 유독 가스를 내뿜는 엄청난 화산 활동으로, 지금까지는 보지 못했던 대멸종이 일어났고, 수많은 파충류가 사라졌다. 하지만 단궁류와 이궁류, 두 집단의 후손들은 살아남아서 공룡과 포유류, 그리고 조류가 되어 번성했다.

◀ 모스콥스
모스콥스(*Moschops*)는 다부진 몸을 가진 건조한 페름기의 생존자로 질긴 사막 식물을 먹을 수 있는 단궁류 동물이었다. 단궁류는 강한 턱을 가진 파충류로 이후 진화를 거듭해 포유류가 됐다.

파충류가 다양해지다

종이 탄생하고 사라지는 것은 생명의 역사에서 시대를 구분한다. 건조한 초대륙의 시대가 지나가고, 뒤이어 파충류의 시대가 시작되면서 지구에서 가장 극적인 동물들이 탄생했다. 거대한 파충류가 하늘과 땅, 바다를 점령한 이 시기에 파충류의 다양성이 절정에 이르렀다.

2억 년 이상 지속된 파충류의 시대는 건조한 판게아에서(152~153쪽 참조) 시작해 소행성 충돌로 끝이 났다. 하지만 공룡이 사라진 후에도 작은 파충류는 살아남아 번성했다. 오늘날 도마뱀과 뱀이 육지에 사는 척추동물의 3분의 1을 차지한다.

중생대의 괴물

트라이아스기, 쥐라기, 백악기로 나뉜 중생대에 도마뱀을 닮은 작은 파충류(이궁류)가 엄청나게 다양해졌다. 일부 이궁류는 그들의 먼 조상이 살던 바다로 돌아갔다. 알버토넥테스(*Albertonectes*)와 같은 어룡과 수장룡(plesiosaurus)은 팔다리를 물갈퀴로 진화시켜 훌륭한 수영선수이자 물고기 사냥꾼이 됐다.

가장 유명한 이궁류는 조룡(archosaur, 거대 파충류 집단의 공통 조상 — 옮긴이)이었다. 이런 파충류가 악어, 익룡, 공룡, 그리고 새가 됐다. 그들은 강한 팔다리 근육을 이용해 서서 걸어 다닐 수 있었다. 초기 파충류가 배로 기면서 느릿느릿 움직였던 것에 비하면 괄목할 만한 변화였다.

거대하거나 아주 작거나

당시 가장 성공적이고 다양했던 조룡은 공룡이었다. 공룡은 포식자, 풀을 뜯어먹는 공룡, 죽은 동물을 먹는 공룡 등으로 다양하게 진화했다. 브라키오사우루스(*Brachiosaurus*)와 같이 거대하고 긴 목의 초식성 용각류(sauropod)는 육지 동물에게 허용된 최대 크기까지 커졌다. 초식 공룡과 마찬가지로 포식자 역시 거대해졌다. 두 발로 누구보다 빨리 뛰는 수각류(theropod)는 대부분 육식 동물이었다. 그중 티라노사우루스처럼 거대한 공룡들은 육지에서 가장 위협적인 포식자였다. 한편에서는 공룡들이 작아졌다. 아주 작은 수각류 중 일부는 깃털이 있는 온혈 동물로 바뀌어 결국 새가 됐다.

백악기 대멸종

거대한 파충류의 지배는 백악기 대멸종으로 끝이 났다. 소행성 혹은 혜성의 충돌이 가장 유력한 원인으로 꼽힌다. 광범위한 화재와 강한 산성비가 뒤를 이었고, 잔해들이 햇빛을 차단해 광합성 과정이 중단되면서 지구 생물은 대재앙을 맞았다.

변한 환경에 적응하지 못한 거대한 파충류, 예컨대 수장룡, 익룡, 공룡, 바다도마뱀, 어룡, 거대한 조상 악어 등은 멸종했다. 하지만 도마뱀, 뱀, 거북이, 오늘날의 악어들은 살아남았다. 포유류와 조류의 후손들 또한 그들과 함께 살아남아 결국 지구를 지배하게 됐다.

> **이 생명체는 기존에 존재했던 가장 큰 파충류를 훨씬 능가할 만큼 거대하다.**
> 이는 **기존의 것과 구별해 공룡이라고 하는 새로운 종**으로 분류돼야 한다.
>
> **리처드 오언**, 고생물학자, 1804~1892년

프테라노돈
Pteranodon

벨로키랍토르
Velociraptor

에드몬토사우루스
Edmontosaurus

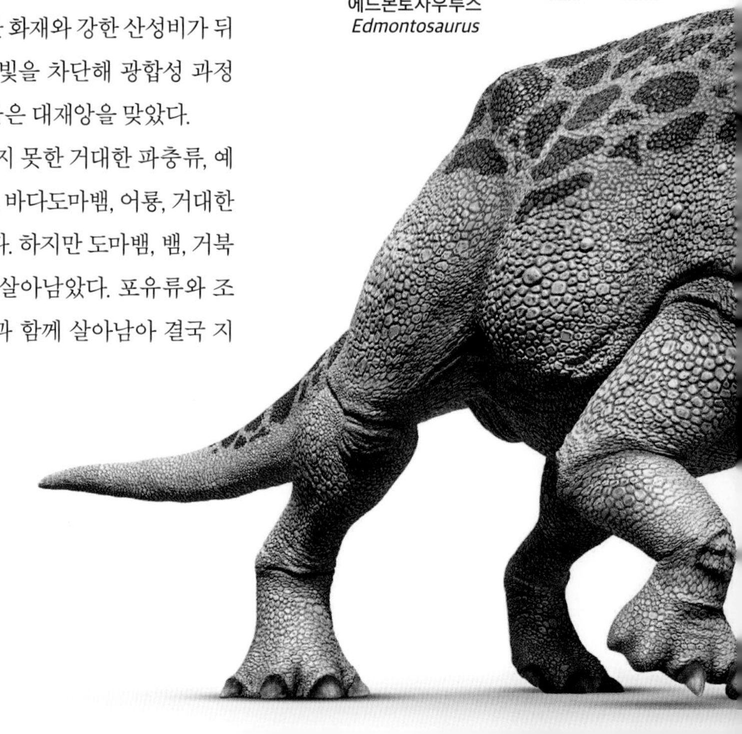

◀ 다양화

공룡은 수백만 년 동안 지구를 지배한 파충류다. 당시 공룡과 함께 살았던 익룡은 하늘 높이 비행했고, 수장룡과 바다도마뱀은 바다에서 헤엄쳐 다녔다. 이 시기에 거북이, 도마뱀, 뱀, 악어 등이 처음으로 등장했다.

새가 하늘을 날다

새는 날아다니는 척추동물 중 가장 다양하다. 그리고 오늘날 지구에는 1만 종이 넘는 새가 존재한다. 새는 공룡에서 진화했다. 과학자들은 지난 150여 년 동안 화석을 연구해서 조류의 진화 과정을 더 잘 이해하게 됐다.

생물학자들은 파충류에서 조류로 진화한 이야기를 통해 진화가 어떻게 일어나는지를 더 깊이 이해할 수 있었다. 한 생명체에서 근본적으로 다른 생명체가 발생되면, 처음에는 그 둘 사이에 관련성을 찾기가 매우 어렵다. 하지만 해부학적 구조에 대한 세밀한 관찰, 화석 기록, 그리고 유전체 분석을 통해 육안으로는 전혀 관련 없는 종간에 놀랄 만한 연결 고리가 발견될 수 있다.

한눈에 보기에도 파충류와 조류는 매우 다르다. 심지어 조류의 선조가 두 발로 걷는 수각류 공룡이었음에도, 현생 조류와 파충류는 현저히 다르게 생겼다. 하지만 수각류 중 몇몇은 진화해 깃털을 가진 온혈 동물이 됐다.

비행을 위한 준비

날게 된 이유는 분명하지 않지만 수각류 공룡들은 기본적으로 준비가 되어 있었다. 그들은 뒷발로 서서 걸었기 때문에, 상대적으로 자유로운 앞발은 날개로 변할 수 있었다. 몇몇 작은 종들은 속이 빈 뼈를 가졌기 때문에 매우 가벼웠다. 몇몇 종들의 긴 손가락은 깃털로 뒤덮인 넓은 손을 지탱했고, 그것을 사용해 지상의 짧은 거리나 이웃한 나뭇가지 사이를 활공할 수 있었다. 그러나 진정 날개를 퍼덕이는 비행을 하려면 최소한 두 가지의 형태 변화가 필요했다. 하나는 빳빳한 날개깃이었고, 다른 하나는 퍼덕이는 운동을 할 수 있는 더 강한 근육이었다.

시간이 흐르면서, 새들의 가슴뼈에는 돌출된 용골이 발달했다. 용골에는 더 큰 비행 근육이 붙어 있었다. 큰 용골을 가진 새들은 더 많은 가슴 근육이 있어서 날갯짓을 할 수 있었다. 이 비행 전문가들은 공룡 시대 이후의 숲, 초원, 습지에서 번성했다. 어떤 새들은 곤충을 잡거나, 씨앗을 쪼개거나, 꿀을 핥았다. 다른 새들은 그 조상들처럼 육식 동물이 됐다. 타조와 같은 몇몇 새들은 비행을 완전히 포기하는 대신 땅 위를 전속력으로 달리는 쪽으로 진화했다.

1억 5000만 년 전

시조새
시조새는 긴 꼬리뼈, 이빨, 깃털 달린 날개 끝에 달린 발톱 등과 같은 파충류의 특징들을 지니고 있다. 시조새는 강한 날갯짓을 할 수 있는 근육이 부족했기 때문에 주로 활공했을 것이다.

1억 2500만~1억 2000만 년 전

공자새
공자새(*Confuciusornis*)는 처음으로 이빨이 없는 부리를 가진 것으로 알려져 있고, 또한 오늘날 새의 것과 유사한 꼬리와 가슴뼈의 용골을 갖고 있었다. 시조새와 마찬가지로 어깨 관절의 각도가 작았기 때문에 날갯짓을 깊고 크게 하지는 못했다.

현재

유럽울새
유럽울새와 같은 오늘날 새의 가슴뼈에는 거대 비행 근육(새 몸무게의 10퍼센트 정도를 차지한다.)을 가진 용골이 있어서 강한 날갯짓이 가능하다.

긴 비대칭의 깃털로 이루어진 길고 좁은 날개를 갖고 있다.

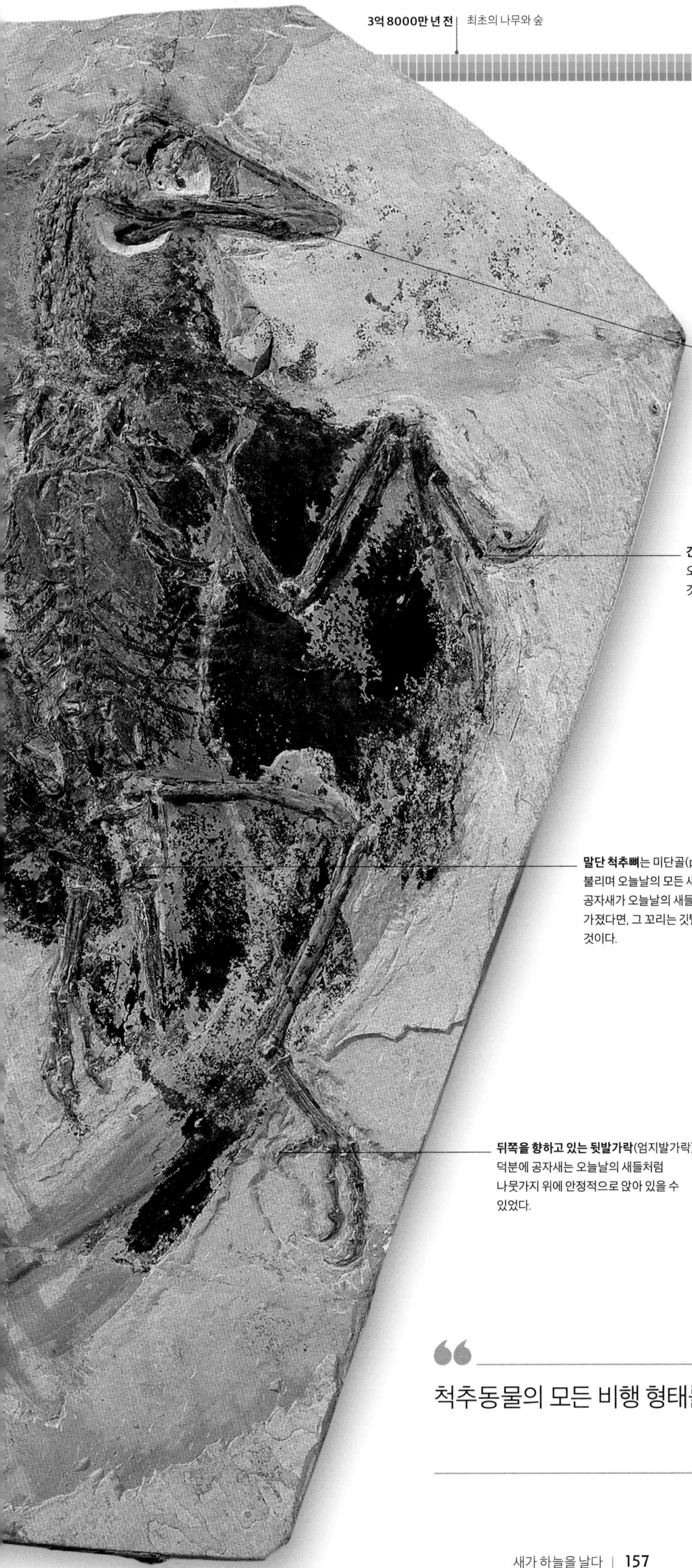

◀ 선사 시대의 비행사
까마귀 크기의 원시 새인 공자새는 1억 2500만 년 전부터 1억 2000만 년 전까지 백악기 공룡들과 함께 살았다. 많은 공자새 화석에서 뼈와 깃털이 매우 정교한 상태로 보존돼 있다.

이빨이 없는 부리는 이빨을 가진 공룡 조상이나 시조새와 공자새를 구별해 주는 특징이다.

긴 발톱은 나무를 오르는 데 사용됐을 것이다.

말단 척추뼈는 미단골(pygostyle)이라 불리며 오늘날의 모든 새들이 갖고 있다. 공자새가 오늘날의 새들처럼 긴 꼬리를 가졌다면, 그 꼬리는 깃털로 구성됐을 것이다.

뒤쪽을 향하고 있는 뒷발가락(엄지발가락) 덕분에 공자새는 오늘날의 새들처럼 나뭇가지 위에 안정적으로 앉아 있을 수 있었다.

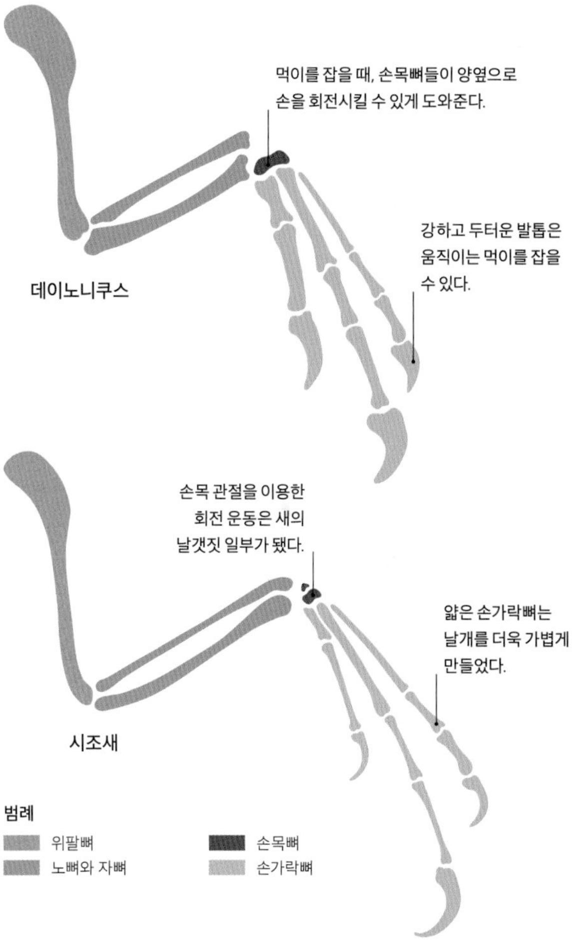
먹이를 잡을 때, 손목뼈들이 양옆으로 손을 회전시킬 수 있게 도와준다.
강하고 두터운 발톱은 움직이는 먹이를 잡을 수 있다.
데이노니쿠스
손목 관절을 이용한 회전 운동은 새의 날갯짓 일부가 됐다.
얇은 손가락뼈는 날개를 더욱 가볍게 만들었다.
시조새
범례
위팔뼈
노뼈와 자뼈
손목뼈
손가락뼈

▲ 선사 시대의 손
수각류인 데이노니쿠스(*Deinonychus*)와 최초의 새인 시조새는 해부학적으로 매우 유사하지만, 시조새만 날 수 있었다.

“

척추동물의 모든 비행 형태를 보더라도, **조류의 비행**이 **가장 다양하고 성공적이다**.

”

존 오스트롬, 고생물학자, 1925~2005년

대륙의 이동과 생명체의 분화

대륙들이 이동할 때, 그 위에서 수백만 년 동안 진화하며 살았던 생물들도 함께 이동하게 된다. 광활한 땅덩어리가 갈라지거나 충돌하는 과정을 통해 생물종은 갈라지거나 합쳐진다. 또한 땅이 극과 적도 사이를 미끄러지듯 지나갈 때, 기후 역시 생물종에게 영향을 준다.

육지 생명체는 움직이는 대륙판 위에 있다. 어떤 지역에서는 지각 판이 지구 내부로 들어가고 다른 지역에서는 지각이 새롭게 형성된다(92~93쪽 참조). 동시에 지각 판 사이에 있는 바다가 넓어졌다가 줄어들었다가 하면서 바다 생물도 새로이 등장하고 또 사라진다. 이동 중인 지구 표면은 히말라야에서 해저 동물의 화석이 발견되는 이유를 설명해 준다.

육지에 형성된 생명의 요람

지구 역사의 초기에 해당하는 캄브리아기에 거대한 땅덩어리가 형성됐다가 갈라지면서 바다가 만들어졌다. 그리고 해양 식물과 무척추동물이 육지로 진출해 다양한 종으로 분화돼 번성하면서, 육지가 진화의 중심지가 됐다. 이 일은 매우 오래전에 일어났기 때문에, 오늘날 식물과 무척추동물의 분포에서 그 증거를 찾기는 쉽지 않다. 하지만 양서류가 파충류로 진화하고 포자식물이 종자식물로 진화했던(144~145쪽 참조) 3억 년 전에는, 대륙의 이동이 훨씬 더 항구적인 영향을 끼쳤다.

갈라진 육지와 생물

석탄기에 북쪽과 남쪽의 땅덩어리가 충돌해 판게아라는 거대한 초대륙을 형성했다(152~153쪽 참조). 적도를 끼고 펼쳐진 판게아는 대부분의 육지를 포함했다. 판게아의 형성으로 내륙은 매우 건조해졌고, 극지는 매우 추워졌다. 또한 많은 해안 서식지가 사라졌고 여러 종들이 멸종됐다. 하지만 종자식물이나 파충류(154~155쪽 참조) 등은 다양해졌다.

1억 년 후 중생대에 판게아가 갈라졌다. 바다는 육지 생물의 자유로운 이동을 가로막았다. 그 결과 동식물이 북쪽의 로라시아(Laurasia) 대륙과 남쪽의 곤드와나(Gondwana) 대륙에 격리됐다. 이후 대륙이 더 많이 갈라져 로라시아 대륙은 북아메리카와 유라시아로, 곤드와나 대륙은 남아메리카, 아프리카, 인도, 남극 대륙, 오스트레일리아로 나뉘었다. 곤드와나 대륙은 풍부한 열대 우림으로 덮여 있었기 때문에 여러 종들이 살고 있었다. 곤드와나 대륙에서 처음 등장한 유대류는 로라시아 대륙으로 갈 수 없었기 때문에 오늘날 남아메리카와 오스트레일리아에서만 있으며, 그 화석은 남극 대륙에서 발견된다. 도롱뇽과 영원처럼 로라시아 대륙에서 진화한 생명체들은 북부 대륙에서만 발견된다. 마카다미아 나무와 같은 프로테아과 식물도 과거 곤드와나였던 지역에 분포하고 있다.

생물종의 화석 분포는 대륙 이동의 명백한 증거다(90~91쪽 참조). 뿐만 아니라 대륙 이동은 오늘날에 이르는 모든 생물의 분포에 심오한 영향을 주었다.

> **모든 지구 과학**은 이전의 지구가 어떤 모습인지를 밝힐 만한 **증거**를 반드시 남긴다.
>
> **알프레트 베게너,** 지질학자이자 기상학자, 1880~1930년

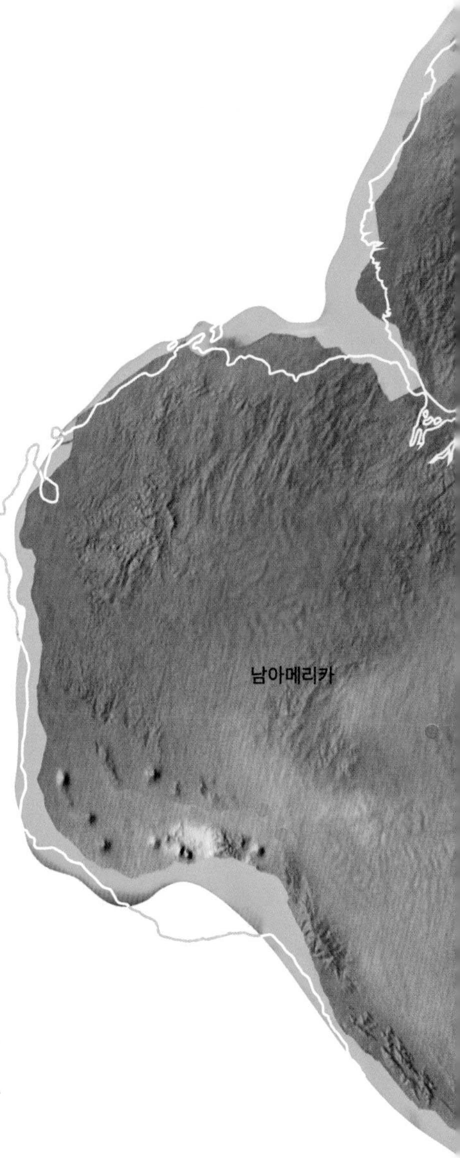

▶ 현대에 남아 있는 단서
현대적 단서인 실버 뱅크시아(*Banksia marginata*)는 오스트레일리아에서 발견되는 프로테아과 식물 종이다. 이 과의 다른 종으로는 남아프리카의 프로테아와 칠레의 파이어부시(*Embothrium coccineum*)가 있다.

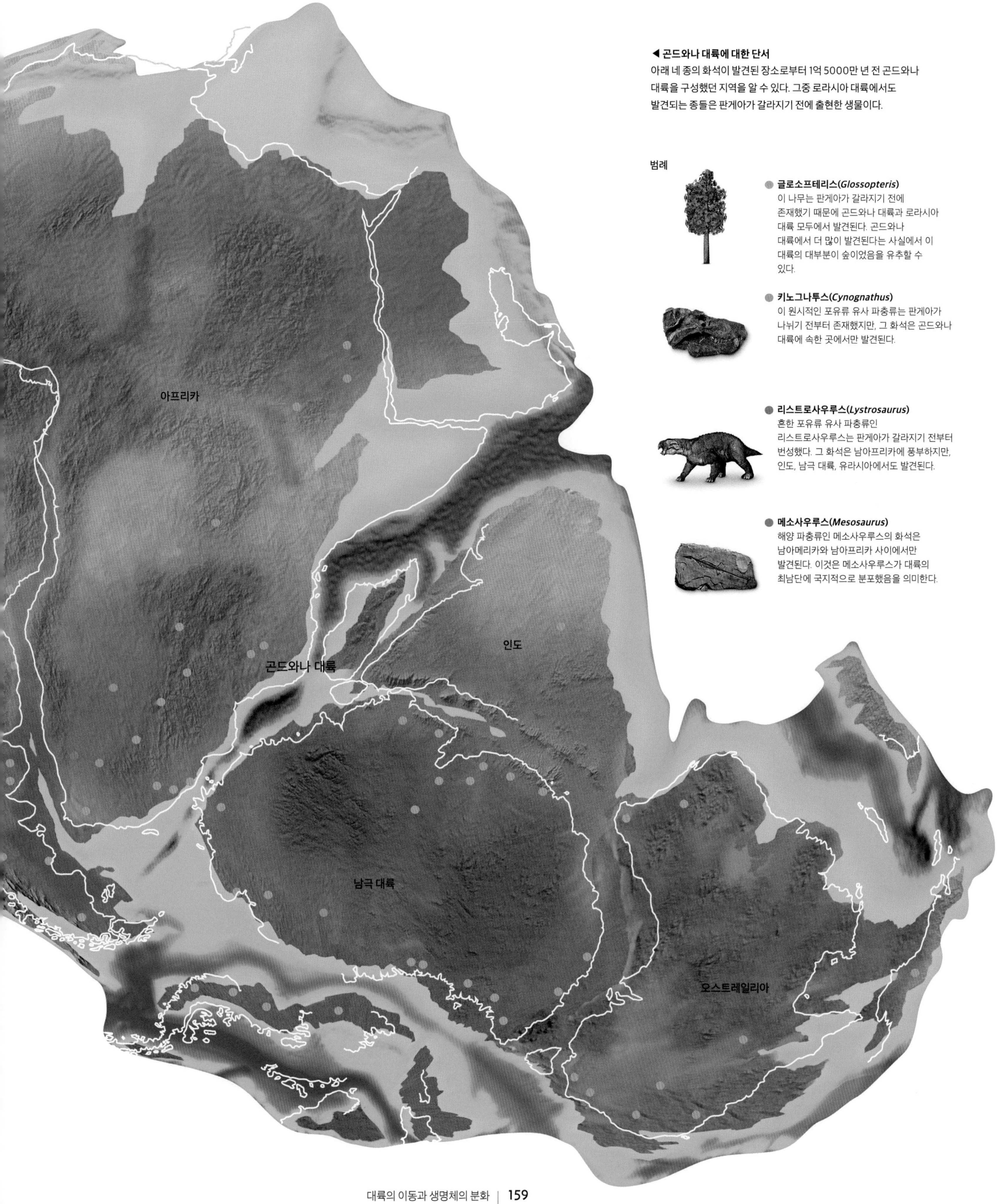

◀ 곤드와나 대륙에 대한 단서

아래 네 종의 화석이 발견된 장소로부터 1억 5000만 년 전 곤드와나 대륙을 구성했던 지역을 알 수 있다. 그중 로라시아 대륙에서도 발견되는 종들은 판게아가 갈라지기 전에 출현한 생물이다.

범례

● 글로소프테리스(*Glossopteris*)
이 나무는 판게아가 갈라지기 전에 존재했기 때문에 곤드와나 대륙과 로라시아 대륙 모두에서 발견된다. 곤드와나 대륙에서 더 많이 발견된다는 사실에서 이 대륙의 대부분이 숲이었음을 유추할 수 있다.

● 키노그나투스(*Cynognathus*)
이 원시적인 포유류 유사 파충류는 판게아가 나뉘기 전부터 존재했지만, 그 화석은 곤드와나 대륙에 속한 곳에서만 발견된다.

● 리스트로사우루스(*Lystrosaurus*)
흔한 포유류 유사 파충류인 리스트로사우루스는 판게아가 갈라지기 전부터 번성했다. 그 화석은 남아프리카에 풍부하지만, 인도, 남극 대륙, 유라시아에서도 발견된다.

● 메소사우루스(*Mesosaurus*)
해양 파충류인 메소사우루스의 화석은 남아메리카와 남아프리카 사이에서만 발견된다. 이것은 메소사우루스가 대륙의 최남단에 국지적으로 분포했음을 의미한다.

지구에 꽃이 활짝 피다

종자식물 중 한 생물군이 지구를 형형색색으로 물들였다. 꽃은 화분을 퍼뜨리고 씨앗을 원하는 곳에 보낼 수 있는 효율적인 수단이었다. 공룡이 멸종하기 전부터, 숲을 비롯한 여러 서식지에서 수분 매개자들이 날아다녔고 꽃들이 활짝 피어났다.

스타티스
Limonium sinuatum

모든 식물 중 약 90퍼센트가 현화식물이다. 나무, 관목, 덩굴 식물 등은 열대 우림을 구성했고, 잔디가 땅 위를 덮었다. 현화식물은 건조한 사막에서도, 높은 산에 있는 바위에도, 얼어붙은 북극의 툰드라에서도 살았다. 심지어 맹그로브와 같은 일부 식물은 해안선을 따라 소금물이 범람하는 환경도 견뎌 냈다. 치명적인 독을 만들어 내는 몇몇을 제외하고는, 식물은 인류의 주요 식량이다. 또한 모든 식물들은 동물들에게 삶의 터전을 제공한다. 이렇게 다양한 식물은 꽃을 통한 번식 덕분에 존재할 수 있었다.

최초의 꽃들

최초의 현화식물(속씨식물)은 1억 2000만 년 전에 등장했다. 몬체치아 비달리(*Montsechia vidalii*)는 작은 꽃을 피우는 수생 식물로, 물에 화분을 뿌려 번식했다(144~145쪽 참조). 속씨식물은 3000만 년 뒤에야 다양해졌고, 생존에 필요한 개화 구조를 더욱 완전하게 진화시켰다. 수련과 목련은 가장 원시적인 현화식물 중 하나로, 오늘날까지 거의 그대로 남아 있다.

확산되는 화분

꽃은 수꽃에서 암꽃으로 화분을 보내는 방법을 발전시켰다. 수꽃의 수술은 성숙한 화분을 수분 매개자를 통해 암꽃이 화분을 받아들일 준비가 됐을 때에 퍼뜨린다. 암꽃의 심피(carpel)에 있는 특별한 돌기인 암술머리는 화분을 잡을 수 있다. 많은 식물들은 화분을 퍼뜨리는 데 바람을 이용하지만 진화 초기에 일부 종들은 동물을 이용해 화분을 옮겼다. 곤충이 다양해지면서 다양한 꽃들이 피어났다(164~165쪽 참조).

퍼지는 씨앗

꽃과 함께 곤충만 진화한 것은 아니었다. 현화식물의 또 다른 진화적 산물인 과일은 씨앗을 감싸고 있었다. 익을수록 좋은 향과 화려한 색을 갖는 과일은 코를 가진 포유류나 색을 볼 수 있는 새를 유혹하기에 완벽했다. 씨앗은 동물들의 배설물을 통해 여러 장소에 뿌려졌다.

꽃을 이용해 번식하기 시작한 이후, 식물은 멀리까지 번식할 수 있는 방향으로 진화했다. 수천만 년 후 당의 맛을 아는 인간과 동물들이 달콤한 과일을 찾아 먹었다. 그 결과, 더 많은 씨앗들이 뿌려지고 새로운 묘목이 자라났다.

구즈마니아 링굴라타
Guzmania lingulata

> “**식물로 가득 찬 웅장한 광경**은 상상하기 어렵다. 하얀 난초에서 **피어난 꽃**들이 가득 메운 그곳은 마치 눈이 내린 것 같았다.”

조지프 돌턴 후커, 식물학자, 1817~1911년, 《히말라야 저널》에서

백수련
Nymphaea

서양할미꽃
Anemone pulsatilla

▶ 화려한 꽃
오늘날 지구에는 36만 5000종이 넘는 현화식물이 있다. 몇몇 종은 특정 동물을 통해 수분을 한다. 이런 현화식물은 수분 매개자 없이 널리 퍼질 수 없다.

보그머틀
Myrica gale

덤불글로불라리아
Globularia alypum

000만 년 전 | 최초의 육지 동물

3억 8000만 년 전 | 최초의 나무와 숲

2억 2000만 년 전 | 최초의 포유류와 공룡

6600만 년 전 | 소행성 충돌로 우점 파충류 멸종

스칼렛쿤제아
Kunzea baxteri
아프리카릴리
Agapanthus africanus
아우스트로바일레야 스칸덴스
Austrobaileya scandens
새우나무
Ostrya japonica
나팔수선화
Narcissus pseudonarcissus
세인트버나드릴리
Anthericum liliago
주홍제비고깔
Delphinium cardinal
페퍼앤드솔트
Eriostemon spicata
눈양지꽃
Potentilla anserine
해당화
Rosa rugosa
멕시코오렌지
Choisya ternate
홀스체스트넛
Aesculus
hippocastanum
캠벨목련
Magnolia campbellii
참오동나무
Paulownia tomentosa
영국참나무
Quercus robur
기름밤나무
Xanthoceras
sorbifolium
카우슬립
Primula veris
용왕꽃
Protea cynaroides
녹색꽃솔나무
Callistemon viridiflorus

연표로 보는 역사

다섯 번의 대멸종

계속되는 화산 활동과 빙하기, 그리고 기후 변화는 생물종이 감소하는 결과를 초래할 수 있다. 그 정도가 특히 심했던 다섯 번의 대멸종이 화석 기록에 남아 있다.

생명체는 일부 종이 생겨나기도, 사라지기도 하면서 40억 년간 지구를 점령해 왔다. 열대 우림이나 따뜻한 연안 바다처럼 수백만 년을 버텨 온 안정적인 서식지들은 생물이 진화해 다양해질 수 있는 아주 좋은 곳이다. 지구 환경은 끊임없이 변화하며, 일부 생물들이 적응하기에 너무 갑작스럽게 찾아온 변화는 멸종으로 이어진다. 여러 종을 멸종에 이르게 하는 변화는, 다른 종들에게는 성공할 수 있는 새로운 기회가 되기도 한다.

▲ 출현, 번성, 그리고 멸종
서로 다른 곳에서 발견된 화석에는 다양한 종들의 흔적이 남아 있다. 이는 과거 지구에 얼마나 다양한 생물이 있었는지를 알려 준다. 해양 무척추동물, 어류, 양서류, 파충류, 조류, 포유류는 다양해졌다가 사라지기를 반복했다. 위의 그림에서는 종의 다양성 정도가 선의 굵기로 표현돼 있다.

범례
- 종 다양성 높음
- 종 다양성 중간
- 종 다양성 낮음

약 5억 4200만 년 전에 시작된 **캄브리아기 대폭발**에 오늘날의 모든 동물들과 할루키게니아(*Hallucigenia*)와 같이 특이한 멸종 동물들이 나타났다.

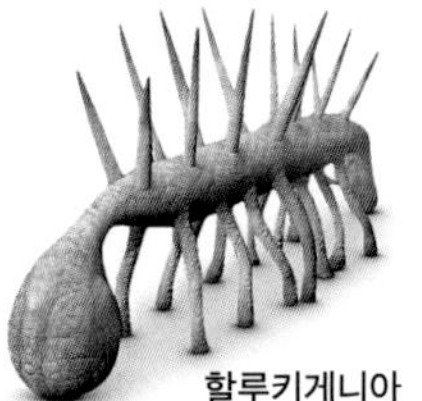
할루키게니아

해양 무척추동물

어류

양서류

파충류

5억 년 전

4.5억 년 전

4억 년 전

3.5억 년 전

1 오르도비스기-실루리아기(4억 4500만 년 전)
남극을 중심으로 거대하고 두꺼운 대륙 빙하(5만 제곱킬로미터보다 큰 빙하 — 옮긴이)가 형성돼 해수면이 낮아지면서 연안 서식지가 사라졌다. 당시에 대부분의 생물들은 바다에서 살았기 때문에 해양 무척추동물의 3분의 2가 멸종됐다.

2 데본기 말(3억 6500만 년 전)
데본기 말, 바다의 산소 농도가 떨어진 이유는 불분명하다. 그로 인해 산호초와 판피어류와 무악어류 같은 주요 물고기들이 죽어 나갔다. 그들의 빈자리는 상어와 경골어류 같은 새로운 물고기들이 차지했다.

약 4억 8000만 년 전, **오르도비스기 생물 다양성이 급증했다.** 해양 무척추동물이 이전보다 훨씬 더 다양해졌다.

4억 8800만 년 전, **캄브리아기-오르도비스기 대멸종**은 작은 조개처럼 생긴 완족류의 개체수를 크게 줄였다.

판피어류에 속하는 **롤포스테우스(*Rolfosteus*)**는 3억 8300만~3억 5900만 년 전에 살았다. 판피어류는 데본기 바다에서 번성했지만 대다수가 3억 6500만 년 전에 죽었다.

거대한 양서류가 3억 4000만 년 전 우거진 열대 습지에서 번성했다.

페름기(2억 9900만~2억 5200만 년 전)에 살았던 반룡(pelycosaurs)인 **판텔로사우루스(*Pantelosaurus*)**는 페름기-트라이아스기 대멸종의 희생

캄브리아기 대폭발 때 생겨난 **여러 실험적인 몸의 형태**는 1억 년도 채 안 되어 사라졌다.

4억 2000만 년 전, **실루리아기에 발생한 세 번의 멸종**으로 코노돈트(물고기를 닮은 원시 척추동물)의 개체수가 감소했다.

약 4억 1600만 년 전, **실루리아기 말 멸종 사건으로** 산호가 많이 사라졌다. 그 원인은 아직까지 밝혀지지 않았다.

4억 500만 년 전부터 **해면동물과 산호들**이 다양해졌다. 디메로크리니테스(*Dimerocrinites*)와 같은 바다나리는 원시 암초들에서 살았다.

디메로크리니테스

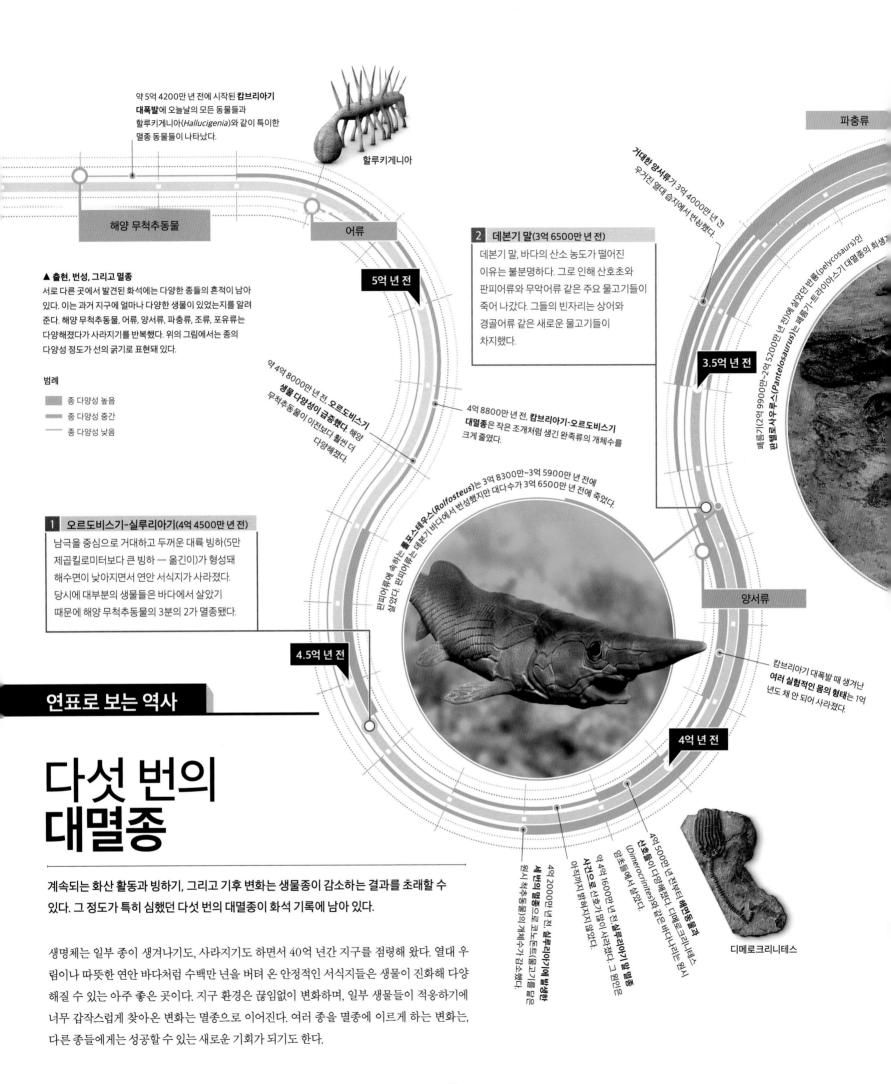

3억 500만 년 전 기후 변화 때문에 **석탄기 열대 우림이 붕괴했다.** 이로 인해 일부 지역에서 양서류가 감소했다.

에리옵스

2억 8000만 년 전부터 에리옵스(*Eryops*)와 같은 **거대한 양서류**가 판게아의 건조한 기후에 적합하게 진화한 파충류로 대체됐다.

3억 년 전

3 페름기-트라이아스기(2억 5000만 년 전)

화산이 엄청난 양의 온실 기체를 배출해, 가장 큰 규모의 대멸종이 일어났다. 지구 온난화는 광대한 사막을 만들면서 '대량 절멸(Great Dying)'의 시작을 알렸다. 전체 생물종 중 70퍼센트 이상이 멸종했다.

2억 6000만 년 전, **양서류-파충류의 과도기적 생물**인 탄룡(anthracosaur)이 멸종했다.

2.5억 년 전

포유류

2억 년

2억 년 전, **두 다리로 서서 걷는 악어의 친척**인 오르니토수쿠스(*Ornithosuchus*)가 멸종했다.

4 트라이아스기-쥐라기(2억 년 전)

초대륙인 판게아가 갈라지면서 화산 활동이 활발해졌다. 그로 인해 지구의 기온이 과도하게 높아졌고 결국 바다와 육지에서 대멸종이 일어났다. 하지만 이 사건을 계기로 공룡이 지구를 지배하게 됐다.

1억 8300만 년 전에 바다의 산소 농도가 낮아진 사건인 **토아르시안 전환기(Toarcian Turnover)**에 암모나이트와 같은 연체동물들이 많이 멸종됐다.

공룡이 엄청나게 커졌다. 1억 5500만 년 전에 살았던 브라키오사우루스는 약 9미터에 달했다.

1.5억 년 전

조류

6600만 년 전, **소행성 충돌**은 수억 년 동안 지구를 지배했던 거대한 파충류를 한 번에 멸종시켰다.

브라키오사우루스

1억 1700만 년 전 인도의 화산 활동으로 인해 **백악기 전기의 압트절(Aptian) 멸종**이 일어났다. 이때 바다의 산호 개체군이 많이 사라졌다.

1억 년 전

100만 년 전, **거대한 육식 조류**가 멸종했다.

현재

1000만 년 전부터 **조기어류**(ray-finned fish, 부채 살 같은 줄기 구조의 지느러미를 가진 어류 — 옮긴이)가 다양해지기 시작해 오늘날 척추동물 중 가장 큰 분류군을 이룬다.

3000만 년 전, 다양한 고대 포유 동물들이 속한 **다구치목(multituberculates)**이 멸종했다.

3400만 년 전, **그랑드 쿠퓌어(Grande Coupure)라고 불리는 에오세-올리고세 멸종**이 일어났다. 당시 기후가 갑자기 바뀌면서 고래의 조상 일부가 멸종했지만, 육지에서는 새로운 포유류 종들이 진화했다.

5 백악기-제3기 팔레오세(6600만 년 전)

소행성의 충돌로 산성비가 내렸고, 하늘은 계속 어두웠다. 식물은 성장하지 못했고, 공룡, 익룡, 암모나이트, 모사사우루스와 같은 바다도마뱀 등은 멸종했다. 오늘날 친숙한 포유류와 조류의 조상은 이 대멸종 이후에 등장했다.

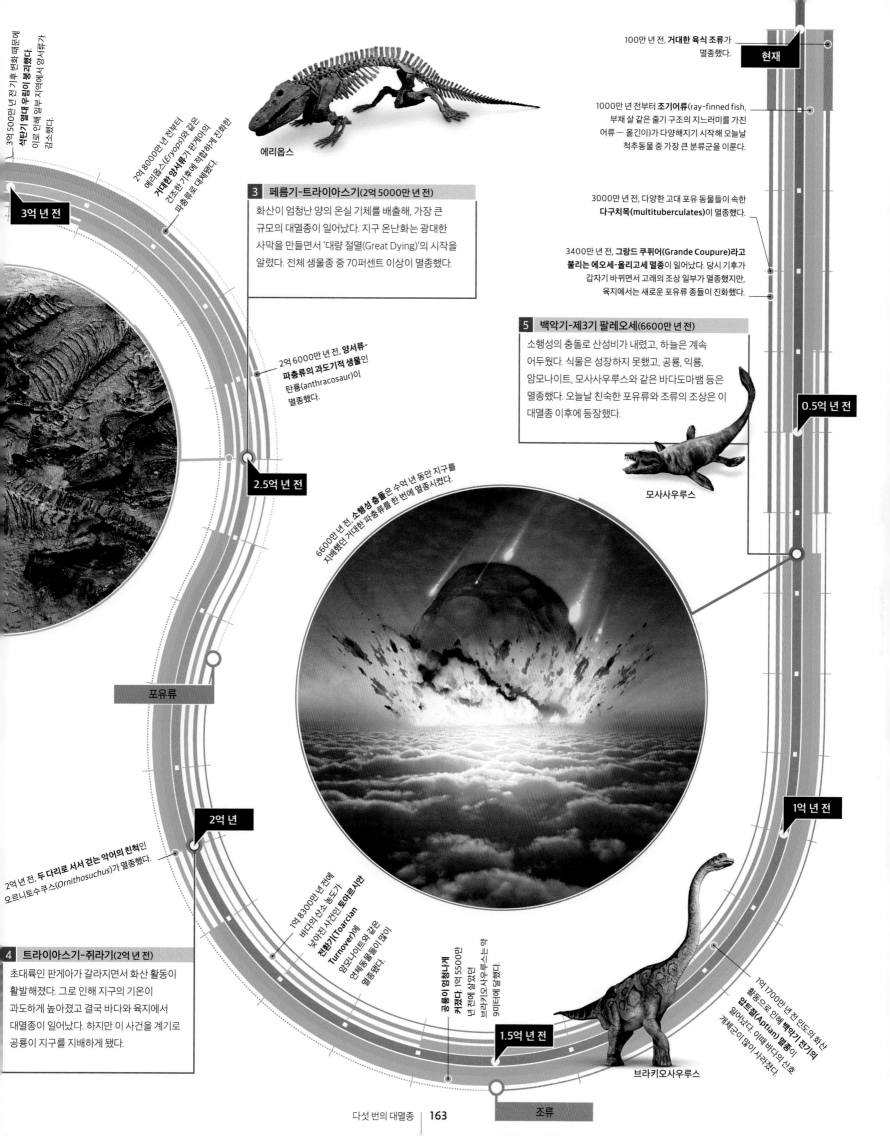

모사사우루스

0.5억 년 전

수분 매개 곤충
박각시나방은 재스민, 인동덩굴과 같이 꽃뿔이 긴 통상화(tubular flower)의 꿀을 긴 주둥이를 이용해 빨아먹는다. 이 과정에서 화분이 주둥이에 쉽게 달라붙기 때문에 박각시나방은 훌륭한 수분 매개자로 활동한다.

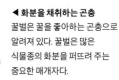

식물이 곤충을 영입하다

생물종은 자연 선택을 거쳐 환경에 적합한 형태로 만들어진 진화의 산물이다. 하지만 생물종은 홀로 진화하지 않는다. 그들은 서로서로 상호 작용을 한다. 먹이를 두고 경쟁하기도 하지만, 대부분은 협력하며 살아간다.

각각의 종은 그들의 서식지에서 잘 살아가기 위해서 번식에 필요한 것이라면 무엇이든 해야 한다. 서로 협동 관계를 맺고 있는 종들은 변화하는 환경에 생물이 적응하는 방법을 보여 주는 흥미로운 사례다.

서로 영향을 주는 생물

현화식물과 수분 매개 곤충들 간의 관계는 진화의 중요한 이정표가 됐다. 그 많은 식물과 동물 중에 현화식물과 곤충이 만났다는 것은 결코 우연이 아니다. 현화식물은 36만 5000종 이상이며 곤충은 약 100만 종이 있다. 식물은 곤충에게 영양분이 많은 꿀을 제공하고 곤충은 수분을 매개하며 두 생물군은 함께 다양해졌다. 꽃이 수분 매개자를 유인하기 위해 색과 향을 진화시키는 동안, 곤충은 꿀을 빨아먹기에 알맞은 입 구조를 진화시켰다.

1964년에 미국의 생물학자 폴 에를리히(Paul R. Ehrlich)와 피터 레이븐(Peter Raven)은 상호 적응하는 사례를 설명하기 위해 '공진화(coevolution)'라는 용어를 창안했다. 그들은 나비의 가계도와 현화식물의 가계도가 얼마나 일치하는지를 보여줬다. 이는 둘이 매우 밀접한 관계를 맺으며 진화했다는 것을 의미한다. 공진화는 두 종이 서로 영향을 미칠 때 발생한다. 둘은 모두 자연 선택을 통해 진화하는데, 공진화의 상대가 자연 선택에 영향을 주는 요인으로 작용한다. 두 종은 협력 관계에서 시작해 결국에는 서로에게 완전히 종속되는 공생 관계로 나아간다. 많은 식물종은 특정 곤충만이 성공적으로 수분할 수 있는 꽃을 가진다. 예를 들어 긴 '꽃뿔(spur)'을 가진 마다카스카르 난초의 경우 꽃 안쪽에 닿을 수 있을 만큼 긴 주둥이(혀)를 가진 박각시나방만 수분 매개자로 기능할 수 있다. 곤충에 의한 수분은 상리 공생의 중요한 예시다. 상리 공생은 서로에게서 각각 이득을 취할 수 있는 두 종 사이의 관계를 말한다. 포식자 혹은 초식 동물처럼 한쪽이 일방적인 이익을 취하는 경우에도 공진화로 이어질 수 있다. 공진화는 상리 공생과 같이 다양한 형태의 관계를 만들어 낸다.

> **수분 매개자들**은 생태계에서 중요한 역할을 하는 **핵심종(keystone species, 쐐기종)**이다. 우리는 아치 구조물에서 쐐기돌이 어떤 존재인지 안다. 만약 당신이 **쐐기돌을 없애 버리면, 아치 구조물 전체가 무너지고 만다.**
>
> **메이 베런바움**, 동물학자, 1953년~

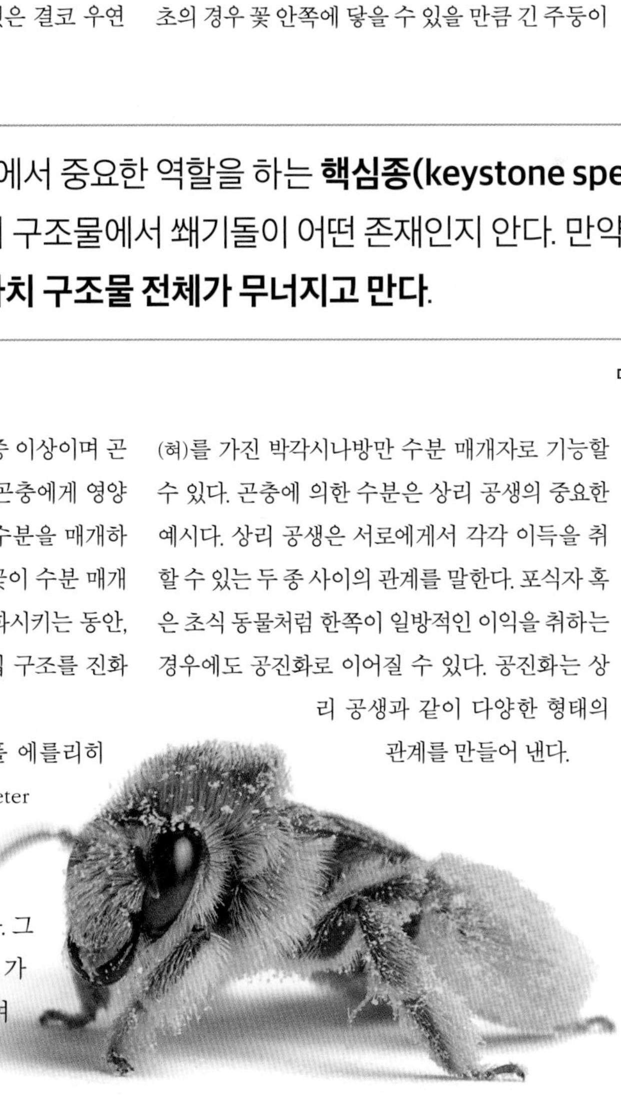

◀ **화분을 채취하는 곤충**
꿀벌은 꿀을 좋아하는 곤충으로 알려져 있다. 꿀벌은 많은 식물종의 화분을 퍼뜨려 주는 중요한 매개자다.

1 단궁류

포유류인 단궁류는 강하게 물 수 있는 턱 근육을 가졌다. 3500만 년 후 단궁류에서 진화한 수궁류(therapsid)는 안정적으로 몸이 땅에서 떨어져 있는 자세를 취할 수 있었다.

단궁류

약 3억 2500만 년 전, **단궁류**가 파충류에서 갈라져 나왔다.

3억 1200만 년 전, 캐나다 노바스코샤 지역에서 **최초의 단궁류**인 프로토클렙시드롭스(*Protoclepsydrops*)가 화석이 됐다.

3억 년 전

2억 9500만 년 전, **에다포사우루스(*Edaphosaurus*)**가 화석이 됐다. 등에 돛 모양의 구조물이 달려 있는 이 초식 파충류는 훗날 포유류로 진화하는 단궁류에 속한다.

2억 9500만 년 전, **디메트로돈**이 화석이 됐다. 디메트로돈은 등에 돛 모양의 구조물이 달린 육식 파충류다. 디메트로돈도 역시 단궁류에 속한다.

2억 8500만 년 전에 단궁류인 **에오티리스(*Eothyris*)의 머리뼈**가 화석이 됐다. 두 개의 큰 송곳니를 갖고 있던 것으로 보아 육식 동물로 추정된다.

에오티리스

수궁류

2억 7500만 년 전, 미국 텍사스에서, 초기 수궁류로 추정되는 **테트라케라톱스(*Tetraceratops*)**가 화석이 됐다.

2억 7000만 년 전, 중국에서 반박의 여지가 없는 첫 수궁류인 **라라니무스(*Raranimus*)**가 화석이 됐다.

2억 6500만 년 전, 남아프리카에서 **모스콥스**가 화석이 됐다. 이 동물은 당시 가장 큰 육지 동물 중 하나로 오늘날의 양만 했다.

모스콥스의 머리뼈 화석

키노돈트

2억 5900만 년 전, 최초의 키노돈트인 **차라소그나투스(*Charassognathus*)**가 화석이 됐다. 키노돈트는 훨씬 더 진화한 수궁류였다.

디메트로돈이나 에다포사우루스와 같은 **원시 단궁류**는 수궁류가 등장할 때쯤 멸종했다.

포유류의 조상인 키노돈트에 속하는 두 트리낙소돈(*Trinaxodon*) 새끼들이다. 그들은 야행성이었고, 수염을 이용해 주변 환경을 감지했다.

2.5억 년 전

원시 포유류

2억 3500만 년 전, 초식 키노돈트인 **마세토그나투스(*Massetognathus*)**가 화석이 됐다.

포유류의 친척뻘인 모르가뉴코돈 목(*Morganucodonta*)은 2억 3500만 년 전에 등장한, 작은 야행성 동물들이었다.

마세토그나투스의 머리뼈 화석

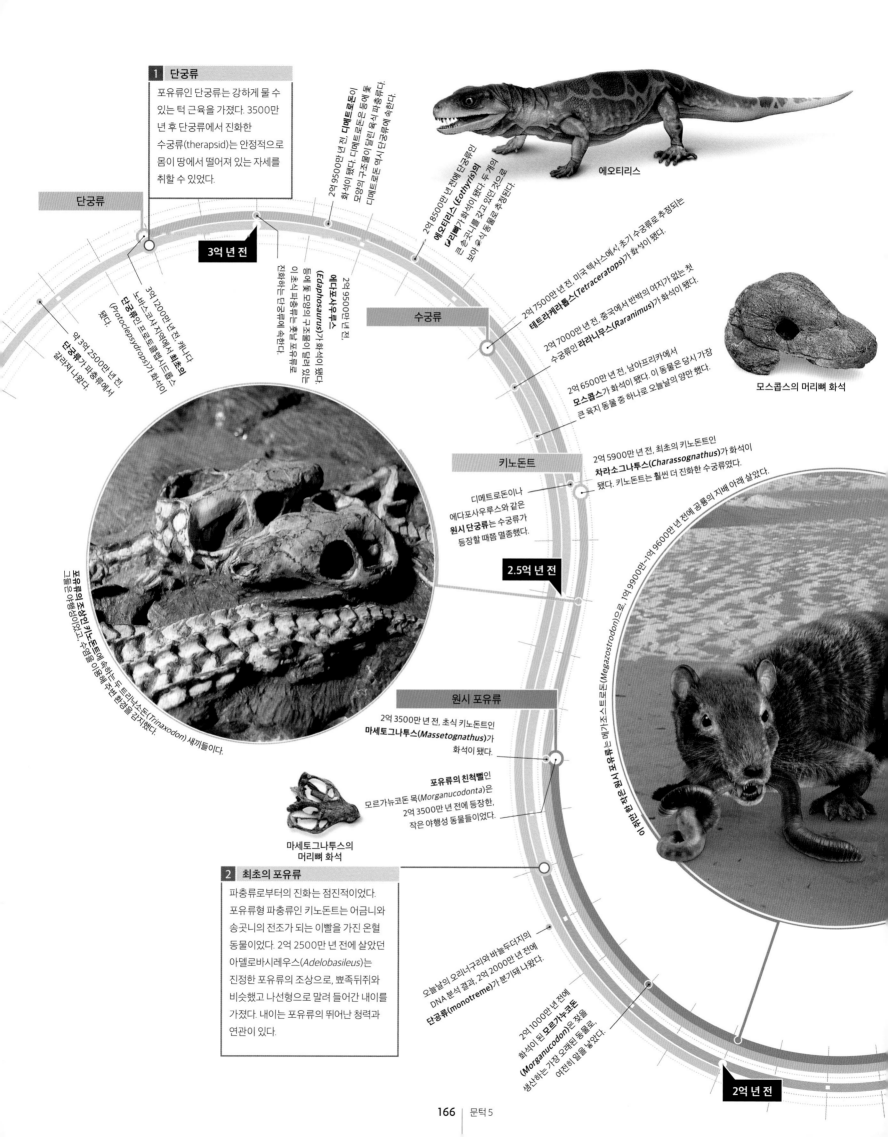

이 작은 **원시 포유류**는 메가조스트로돈(*Megazostrodon*)으로, 1억 9900만~1억 9600만 년 전에 공룡의 지배 아래 살았다.

2 최초의 포유류

파충류로부터의 진화는 점진적이었다. 포유류형 파충류인 키노돈트는 어금니와 송곳니의 전조가 되는 이빨을 가진 온혈 동물이었다. 2억 2500만 년 전에 살았던 아델로바시레우스(*Adelobasileus*)는 진정한 포유류의 조상으로, 뾰족뒤쥐와 비슷했고 나선형으로 말려 들어간 내이를 가졌다. 내이는 포유류의 뛰어난 청력과 연관이 있다.

오늘날의 오리너구리와 바늘두더지의 DNA 분석 결과, 2억 2000만 년 전에 **단공류(*monotreme*)**가 분기돼 나왔다.

2억 1000만 년 전에 화석이 된 **모르가누코돈(*Morganucodon*)**은 젖을 생산하는 가장 오래된 동물로, 여전히 알을 낳았다.

2억 년 전

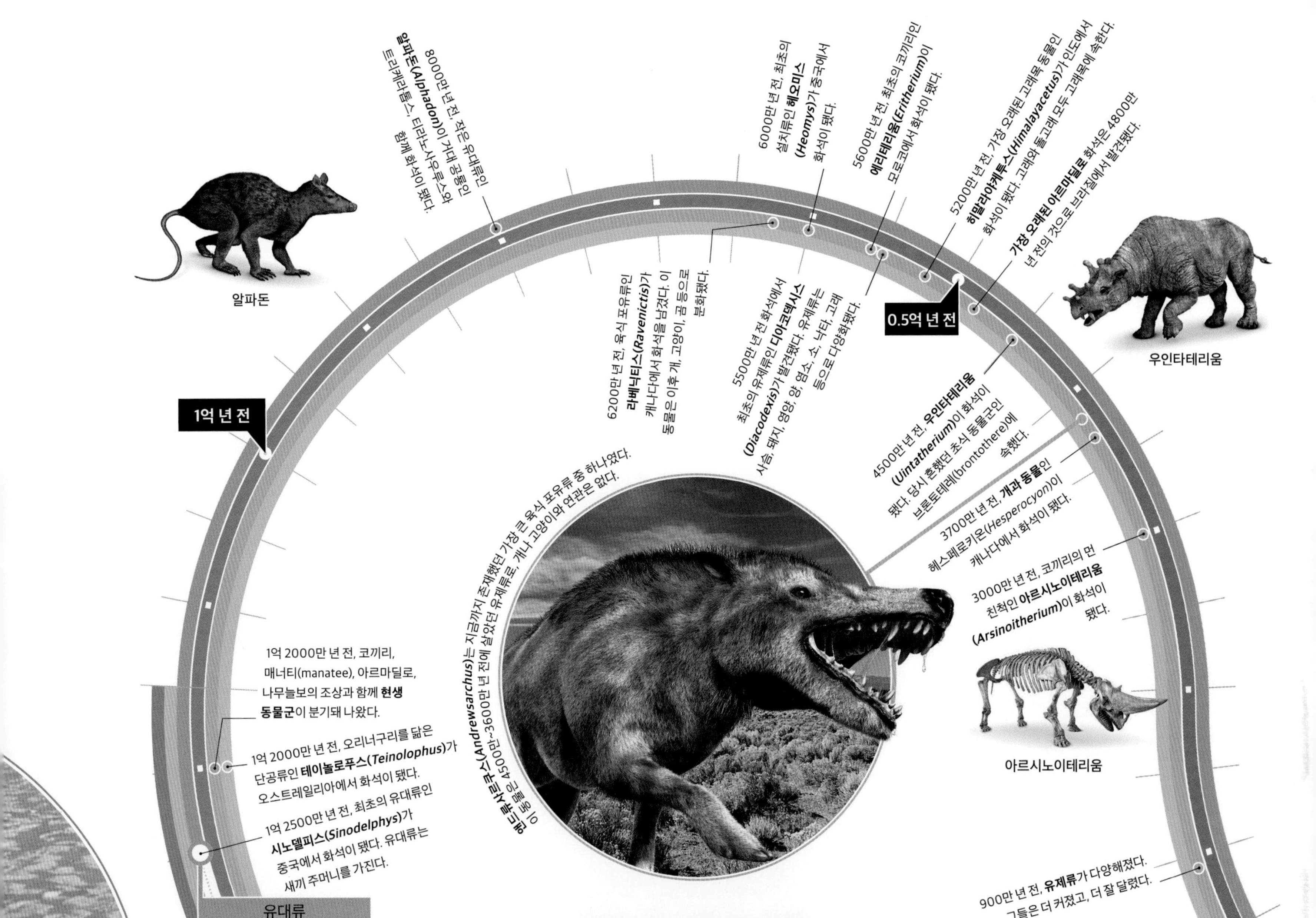
8000만 년 전, 작은 유대류인 **알파돈(*Alphadon*)**이 거대 공룡인 트리케라톱스, 티라노사우루스와 함께 화석이 됐다.
알파돈
6000만 년 전, 최초의 설치류인 **헤오미스(*Heomys*)**가 중국에서 화석이 됐다.
5600만 년 전, 최초의 코끼리인 **에리테리움(*Eritherium*)**이 모로코에서 화석이 됐다.
5200만 년 전, 가장 오래된 고래목 동물인 **히말라야케투스(*Himalayacetus*)**가 인도에서 화석이 됐다. 고래와 돌고래 모두 고래목에 속한다.
가장 오래된 아르마딜로 화석은 4800만 년 전의 것으로 브라질에서 발견됐다.
우인타테리움
0.5억 년 전
6200만 년 전, 육식 포유류인 **라베닉티스(*Ravenictis*)**가 캐나다에서 화석을 남겼다. 이 동물은 이후 개, 고양이, 곰 등으로 분화됐다.
5500만 년 전 화석에서 최초의 유제류인 **디아코덱시스(*Diacodexis*)**가 발견됐다. 유제류는 사슴, 돼지, 영양, 양, 염소, 소, 낙타, 고래 등으로 다양화됐다.
1억 년 전
4500만 년 전, **우인타테리움(*Uintatherium*)**이 화석이 됐다. 당시 흔했던 초식 동물군인 브론토테레(brontothere)에 속했다.
3700만 년 전, **개과 동물**인 헤스페로키온(*Hesperocyon*)이 캐나다에서 화석이 됐다.
3000만 년 전, 코끼리의 먼 친척인 **아르시노이테리움(*Arsinoitherium*)**이 화석이 됐다.
아르시노이테리움
앤드루사르쿠스(*Andrewsarchus*)는 지금까지 존재했던 가장 큰 육식 포유류 중 하나였다. 이 동물은 4500만~3600만 년 전에 살았던 유제류로, 개나 고양이와 연관은 없다.
1억 2000만 년 전, 코끼리, 매너티(manatee), 아르마딜로, 나무늘보의 조상과 함께 **현생 동물군**이 분기돼 나왔다.
1억 2000만 년 전, 오리너구리를 닮은 단공류인 **테이놀로푸스(*Teinolophus*)**가 오스트레일리아에서 화석이 됐다.
1억 2500만 년 전, 최초의 유대류인 **시노델피스(*Sinodelphys*)**가 중국에서 화석이 됐다. 유대류는 새끼 주머니를 가진다.
900만 년 전, **유제류**가 다양해졌다. 그들은 더 커졌고, 더 잘 달렸다.

현재

연표로 보는 역사

포유류의 등장과 번성

포유류는 공룡과 거의 같은 시기에 처음으로 등장했다. 거대한 파충류가 사라진 대멸종 사건에서 포유류는 살아남았고, 파충류의 뒤를 이어 지구를 지배했다.

포유류의 기원이 된 파충류는 판게아가 건조해졌을 때, 다른 파충류에서 갈라져 나왔다(152~153쪽 참조). 그로부터 1억 년 뒤, 공룡이 거대하게 진화하던 시절에 포유류의 조상은 굴을 파고 사는 작은 온혈 동물인 '원시 포유류', 키노돈트로 진화해 전 세계로 퍼져 나갔다. 알을 낳는다는 점 등 어떤 측면에서 보면 키노돈트는 파충류였지만, 엄청난 진화적 변화를 겪었다. 키노돈트는 온도를 유지할 수 있도록 털을 진화시켜 추운 밤에도 활동할 수 있었다. 털이 나는 피부는 샘(glandular)을 발달시켜 털이 물에 젖지 않게 하는 기름이나, 새끼에게 영양분을 제공하는 것을 분비했다. 마침내 일부 포유류는 새끼를 낳기 시작했다. 공룡이 번성하던 때에 다양한 포유동물들이 있었으나 곧 멸종했고, 오늘날 오직 세 집단만 남았다. 인간을 포함한 90퍼센트 이상의 포유류는 유태반류(placental)에 속한다. 이들은 오랜 임신 기간에 뱃속의 태아에게 영양분을 공급해 주는 태반을 갖고 있다.

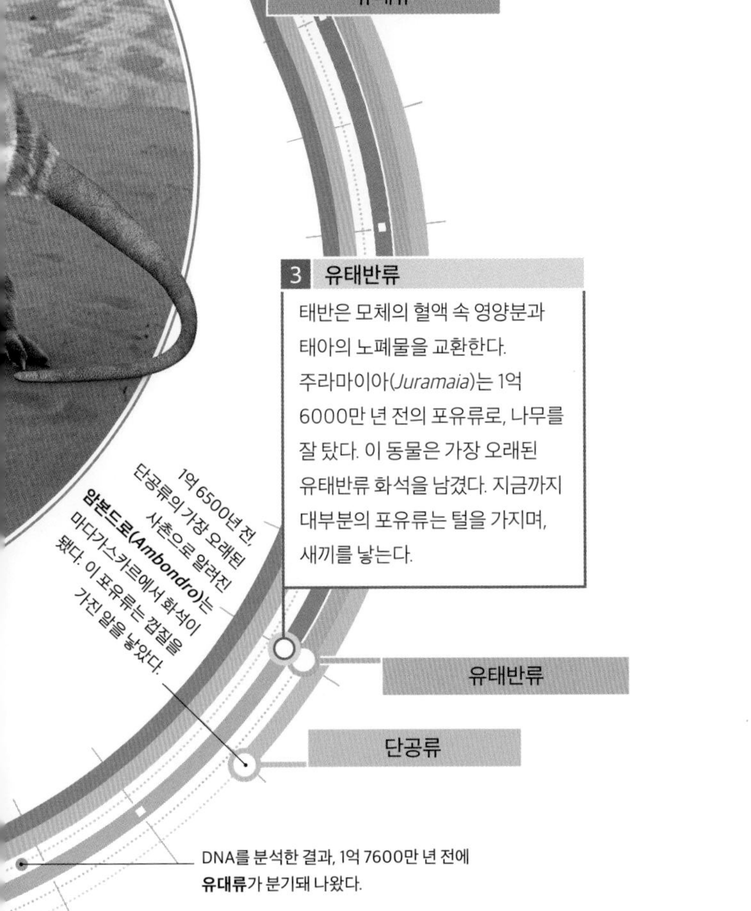
유대류
3 유태반류
태반은 모체의 혈액 속 영양분과 태아의 노폐물을 교환한다. 주라마이아(*Juramaia*)는 1억 6000만 년 전의 포유류로, 나무를 잘 탔다. 이 동물은 가장 오래된 유태반류 화석을 남겼다. 지금까지 대부분의 포유류는 털을 가지며, 새끼를 낳는다.
1억 6500만 년 전, 단공류의 가장 오래된 사촌으로 알려진 **암본드로(*Ambondro*)**는 마다가스카르에서 화석이 됐다. 이 포유류는 껍질을 가진 알을 낳았다.
유태반류
단공류
DNA를 분석한 결과, 1억 7600만 년 전에 **유대류**가 분기돼 나왔다.

초원은 **그 대부분이 아직 밝혀지지 않은 거대한 보물 창고**로, **중요한 국가적 유산**이다.

프랜시스 몰, 환경 역사학자, 1940년~

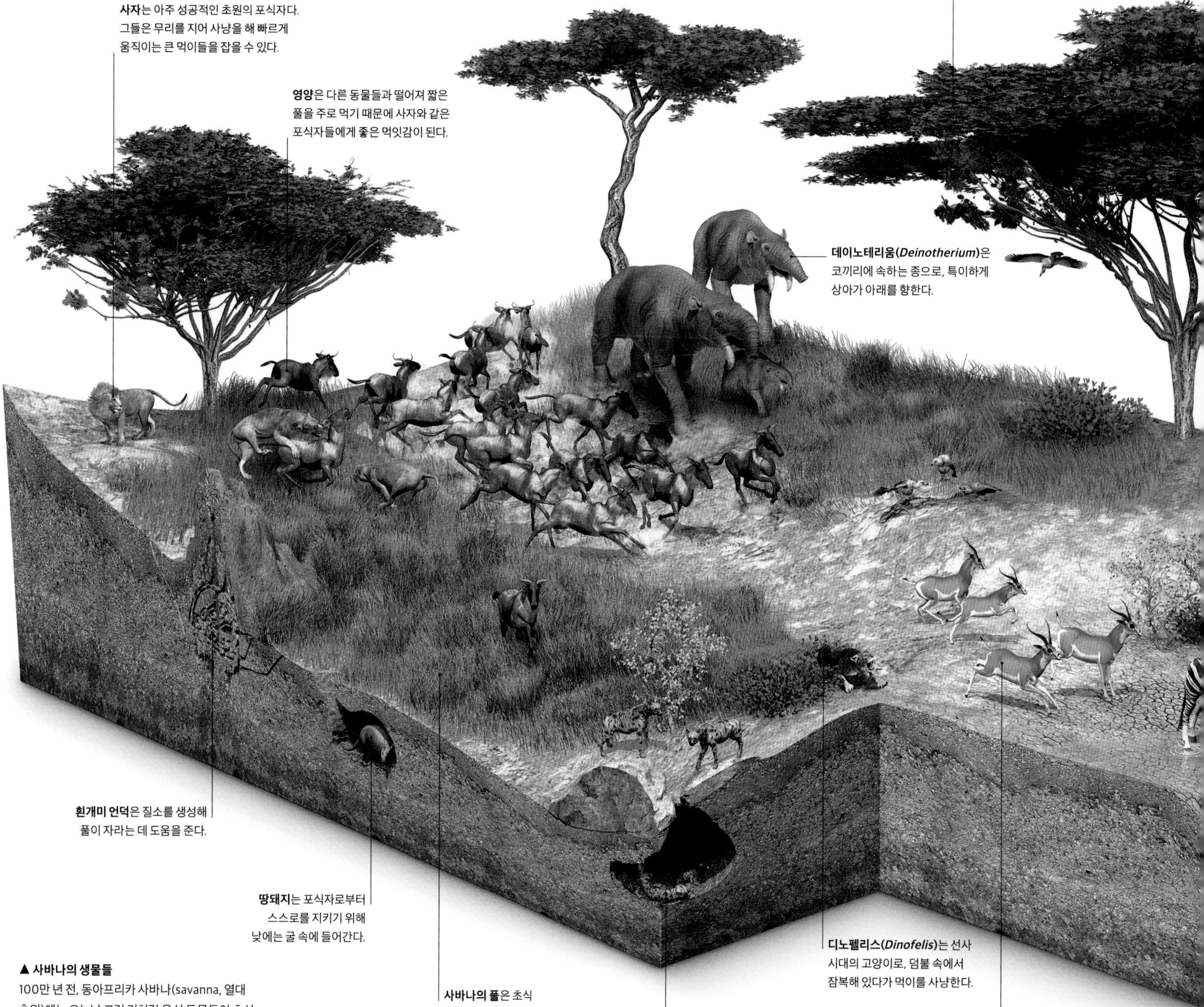
아카시아 나무는 아프리카의 열대 초원에 드문드문 존재하며, 매우 귀한 그늘을 제공한다.
사자는 아주 성공적인 초원의 포식자다. 그들은 무리를 지어 사냥을 해 빠르게 움직이는 큰 먹이들을 잡을 수 있다.
영양은 다른 동물들과 떨어져 짧은 풀을 주로 먹기 때문에 사자와 같은 포식자들에게 좋은 먹잇감이 된다.
데이노테리움(*Deinotherium*)은 코끼리에 속하는 종으로, 특이하게 상아가 아래를 향한다.
흰개미 언덕은 질소를 생성해 풀이 자라는 데 도움을 준다.
땅돼지는 포식자로부터 스스로를 지키기 위해 낮에는 굴 속에 들어간다.
디노펠리스(*Dinofelis*)는 선사 시대의 고양이로, 덤불 속에서 잠복해 있다가 먹이를 사냥한다.
사바나의 풀은 초식 동물이 엄청나게 뜯어먹은 후에도 빠르게 회복된다.
하이에나는 오래된 흑멧돼지의 굴을 이용해 새끼들을 숨긴다. 넓은 사바나 초원에서 포식자와 맞닥뜨릴 위험을 줄이기 위해서다.
가젤은 빠르고 민첩하게 달려 포식자로부터 도망친다.

▲ 사바나의 생물들
100만 년 전, 동아프리카 사바나(savanna, 열대 초원)에는 오늘날 그런 것처럼 육식 동물들이 초식 동물들을 잡아먹는 먹이 사슬이 존재했다.

초원이 확장되다

환경적인 측면에서나 생태학적인 관점에서 볏과(grass family) 식물은 가장 중요한 단일 식물종 중 하나다. 사람이 기르는 작물 중 4분의 3이 볏과 식물이다. 놀랍게도 그들은 비교적 최근인 5500만 년 전에 나타났다.

볏과 식물은 5500만 년 전에 진화했지만, 초원은 1500만~1000만 년 전에 등장했다. 볏과 식물은 기회를 노리다가 적당한 조건이 되면 땅속줄기를 이용해 빈터로 빠르게 퍼져 나간다. 그중 몇몇은 대나무처럼 목질화된 줄기가 위로 쭉쭉 자라지만, 대부분은 꽃을 피우고 종자를 만들기 전까지 작은 키를 유지한다. 이런 볏과 식물이 오늘날 익숙한 탁 트인 서식지에 단일 종으로 살면서 광활한 대초원을 만든다. 오늘날 지구에서 초목이 뒤덮고 있는 지역 중 5분의 1이 초원이다.

초식 동물로부터 살아남는 방법

대부분의 볏과 식물은 무기물인 실리카를 작은 알갱이 형태로 잎 가장자리에 갖고 있다. 일부 종들은 실리카를 많이 갖고 있어서, 초식 동물이 꺼릴 정도로 잎이 아주 거칠거나 피부가 베일 만큼 날카로웠다. 하지만 이에 대응해 초식 동물 또한 강한 턱과 뛰어난 소화 능력을 진화시켰다. 그러자 볏과 식물은 줄기의 위쪽 끝 대신 밑에서 잎이 나게 해서, 땅바닥 근처에서 먹혀도 계속해서 잎을 재생할 수 있었다. 또한 무거운 발굽에 짓밟혀도 땅 위를 기는 줄기는 다시 잎을 틔웠다. 이 전략 덕분에 볏과 식물들은 다른 식물들보다 더 잘 살아남을 수 있었다.

거대해진 초식 동물

초원이 세계 곳곳으로 퍼져 나가면서, 다양한 생물들이 진화했다. 볏과 식물들이 잘 자라자 초식 동물이 거대해졌다. 거대한 초식 포유류는 발효통처럼 작동하는 소화계를 진화시켰다. 거기에는 식물 섬유를 잘게 부수는 장내 미생물들이 있어 소화에 도움을 줬다. 초원은 풍부한 먹거리가 많은 대신 포식자로부터 피할 곳이 없었다. 발이 빠른 초식 포유동물은 무리를 지어 안전을 도모했다.

오늘날 초원은 지구의 야생 동물이 가장 집중적으로 모여 있는 곳들 중 하나다. 인간은 200만 년 전에 처음으로 초원의 먹이 사슬에 들어왔다. 하지만 인류와 포유류의 진화를 결정하는 데 육지 서식지는 큰 영향을 주지 못했다(186~187쪽 참조).

얼룩말은 초원에 완벽하게 적응했다. 그들은 광활한 평원을 가로지르며 먹이와 물을 찾아 다닌다.

물웅덩이가 사바나에는 거의 없어서 커다란 포유류는 물을 찾아 먼 거리를 이동할 수 있어야 한다.

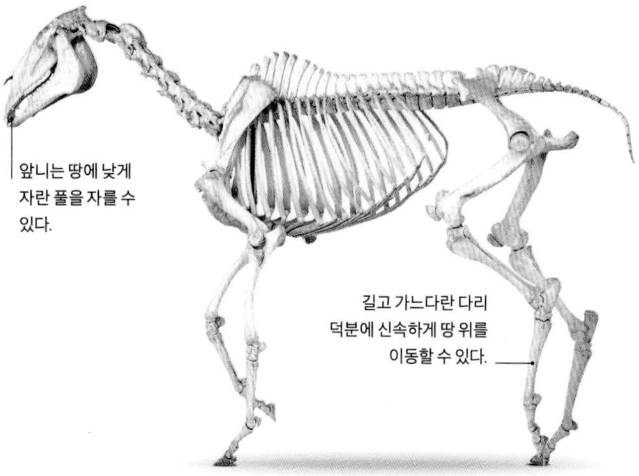
앞니는 땅에 낮게 자란 풀을 자를 수 있다.
길고 가느다란 다리 덕분에 신속하게 땅 위를 이동할 수 있다.

◀ 초원에 적합한 신체 구조
말과 같은 초식 동물은 넓은 장소에서 낮게 자란 풀을 먹는다. 다리 위쪽에는 큰 다리 근육이 집중돼 있고, 아래쪽의 얇은 다리는 부피가 큰 근육이 없어 가볍기 때문에 빠르게 탈출할 때 쉽게 빠져나올 수 있다.

진화와 생물의 변화

진화는 유전자의 작은 변화에서 시작된다. 이런 변화는 한 세대에서 다음 세대로 전달되고, 수백만 년에 걸쳐 증폭된다. 새로운 생활 방식을 가진 새로운 종이 나타나기까지는 엄청난 시간이 걸린다.

번식이 빠른 몇몇 생물은 진화적 변화가 바로 관찰되기도 한다. 예를 들어 항생제에 내성을 가진 세균은 그 수가 30분마다 두 배씩 증가한다. 하지만 더 느리게 번식하고 오랜 기간에 걸쳐 진화하는 생물을 연구하려면, 유전자, 해부 구조, 화석 등 다양한 자료 증거들을 검토해야 한다. 그래야 오랜 지구 역사에서 진화가 생물을 어떻게 변형시켰는지를 알아낼 수 있다.

변화와 다양성

자연 선택은 돌연변이가 적응에 얼마나 도움이 되는지에 따라 결정된다(108~109쪽 참조). 진화는 생물의 해부학적 구조와 행동을 너무 많이 변화시켜, 생물이 이전과 전혀 다른 모습으로 바뀌기도 한다. 서식지와 주변 환경이 변하면 개체군은 여러 갈래로 분열해 서로 다른 진화 경로를 가다 결국 다른 종으로 나뉜다. 척추동물은 이 과정에 수백만 년이 걸릴 수 있지만 미생물은 한 세대 만에 일어날 수 있다.

연관 관계 추적

유전자의 염기 서열 분석은 종간의 관계를 밝히는 데 도움을 준다(172~173 참조). 예를 들어 유전자 분석에 따르면 현생 인류와 가장 가까운 '자매종'은 침팬지이며, 긴팔원숭이는 우리와 유전적 유사성이 적은 먼 친척이다. 또한 고래, 돌고래, 쇠돌고래와 같은 고래목의 동물이 하마와 함께 유제류 조상에서 유래했다는 것도 유전자 분석이 밝혔다. 과학자들은 돌연변이가 축적돼 발생하는 무작위적인 유전적 변화 속도를 추정해 종이 갈라지는 시기를 대략적으로 계산할 수 있는 '분자 시계(molecular clock)'를 고안했다. 분자 시계를 사용해 과학자들은 고래와 하마의 조상들이 6000만~5000만 년 전에 갈라졌다는 결론을 내렸다. 하지만 유전자는 큰 그림의 일부만을 제공할 뿐 공

하마는 물속에서 **출산**을 하고 새끼에게 젖을 먹인다. 가장 가까운 친척인 **고래와 돌고래**처럼 말이다.

▼ 육지에서 바다로
육지 동물에서부터 진화한 고래는 수백만 년이 넘게 진행된 거대한 규모의 유전적 변화를 볼 수 있는 좋은 예시다.

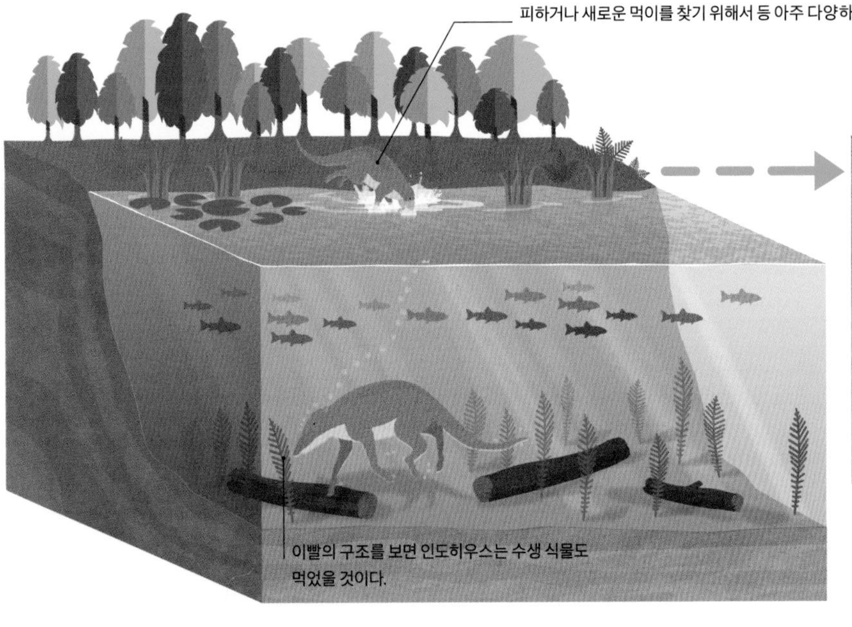

인도히우스가 물속으로 이동하는 이유는 포식자를 피하거나 새로운 먹이를 찾기 위해서 등 아주 다양하다.
이빨의 구조를 보면 인도히우스는 수생 식물도 먹었을 것이다.

▲ 인도히우스(*Indohyus*)라고 불리는 작은 유제류 동물은 고래와 돌고래로 이어지는 계통도에서 가장 처음에 등장하는 조상 동물이다. 화석을 화학적으로 분석한 결과, 이 동물이 담수에서 살았다는 사실이 밝혀졌다. 인도히우스의 두개골은 귀의 외이도 부근에서 두꺼워졌는데, 이는 물속에서 먹이를 잘 찾기 위해 청각을 발달시켰다는 것을 의미한다.

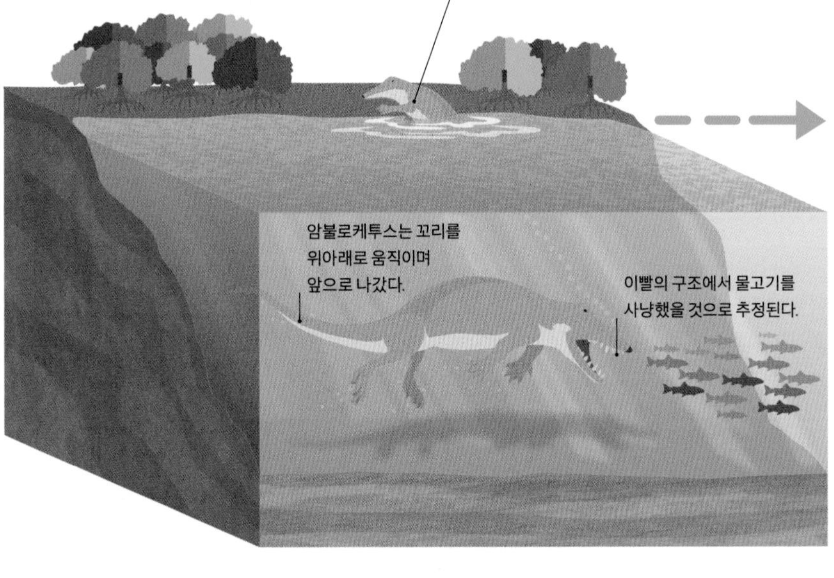

▲ 반수생동물인 암불로케투스(*Ambulocetus*)는 '걷는 고래'라고도 불린다. 하지만 암불로케투스가 살기에 가장 적합한 서식지는 담수나 바다였다. 육지에서 움직이는 것은 상대적으로 익숙지 않았지만, 물속에서는 훌륭한 수영선수였다. 암불로케투스는 마치 오늘날 고래의 것처럼 위아래로 움직일 수 있는 힘 있는 꼬리를 가지고 있었다.

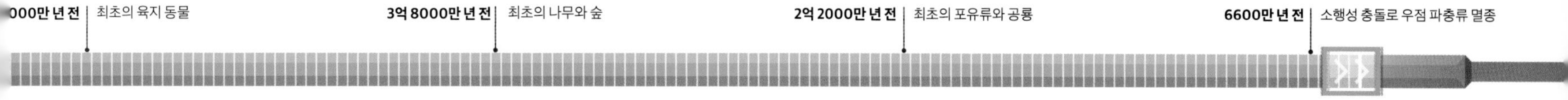

통 조상의 생김새를 알려 주지 않는다. 이는 화석의 몫이다.

화석은 선사 시대 생물들과 오늘날 생물의 해부 구조를 비교할 수 있는 자료를 제공한다. 비록 생물 고유의 DNA는 분해됐더라도, 단편적인 해부 구조만으로 중요한 관계를 파악할 수 있다. 화석은 그 생성 연대를 추론할 수 있기 때문에, 언제 중요한 사건이 발생했는지, 분자 시계는 얼마나 흘렀는지 등을 알아내는 데 도움이 된다. 과학자들은 화석 생물이 현재 생물의 직접적인 조상인지는 확신할 수 없지만, 생명의 나무(생물 계통도)에서 상대적 위치는 가늠해 볼 수 있다. 여러 동물 화석들은 오늘날 고래까지 수천만 년 동안 이어지는 고래목 계통도에 위치한다. 그 화석들은 어떻게 팔다리가 지느러미로 진화했는지 보여 준다. 또 화학적 분석을 통해 그들이 담수에서 살았는지 바다에서 살았는지도 알아낼 수 있다.

40억 년의 진화를 거쳐 오늘날 지구에는 수백만 종의 다양한 생물이 살고 있다. 이미 사라진 종은 훨씬 더 많다. 거대한 생명의 나무에 있는 모든 것은 과거와, 그리고 서로서로와 연결돼 있다.

▼ 진화의 경로

DNA와 해부학적 증거들은 고래와 돌고래가 유제류에서 진화했으며, 하마가 그들과 가장 가까운 친척임을 보여 준다. 수많은 화석 종들이 분기도에 세부 정보를 추가한다.

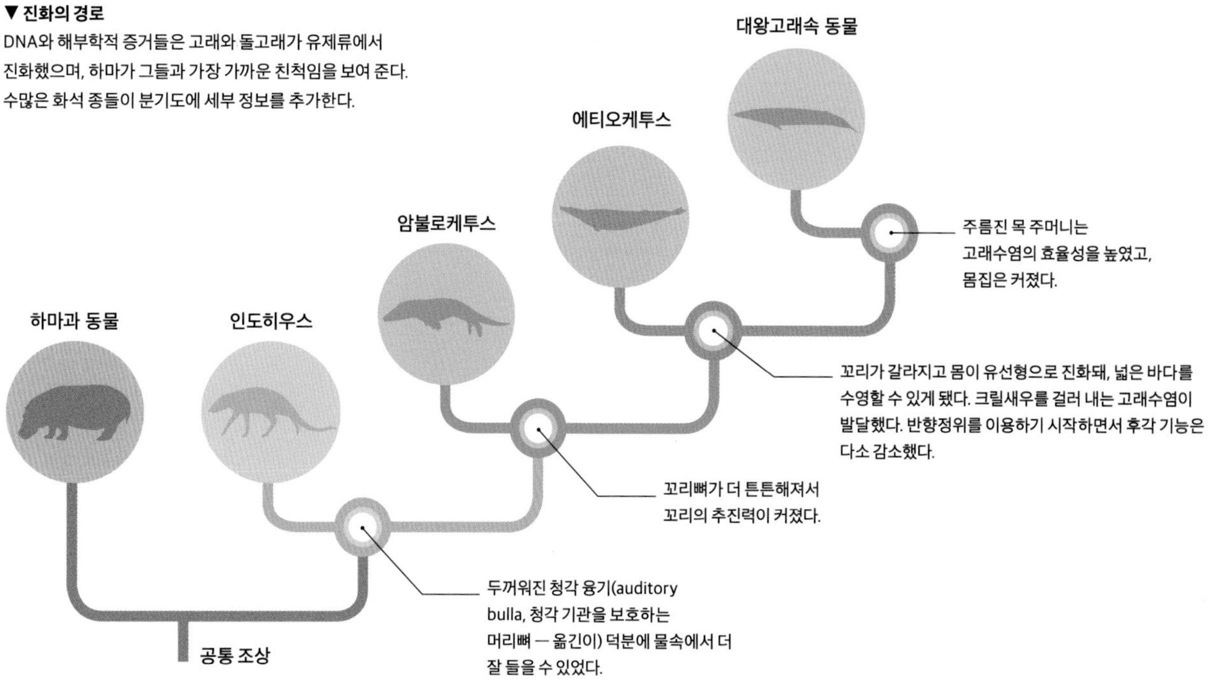

> **인간**은 **거대한 생명의 나무**에서 **아주 작은 나뭇가지**일 뿐이다.
> **그 씨앗**을 **멀리 옮겨 심는다고 해서, 이 나뭇가지가 다시 자란다고 확신할 수는 없다.**

스티븐 제이 굴드, 고생물학자, 1941~2002년

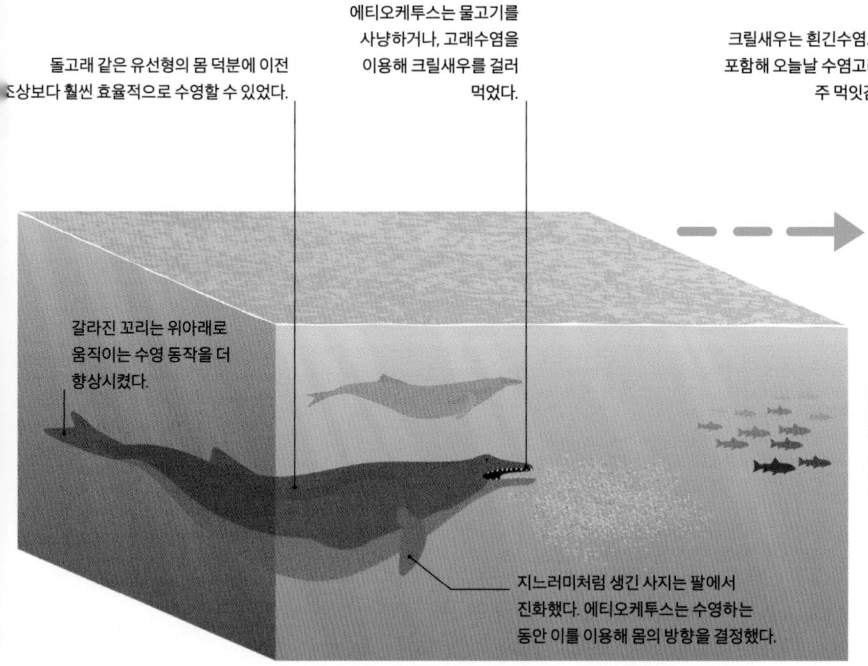

돌고래 같은 유선형의 몸 덕분에 이전 조상보다 훨씬 효율적으로 수영할 수 있었다.
에티오케투스는 물고기를 사냥하거나, 고래수염을 이용해 크릴새우를 걸러 먹었다.
갈라진 꼬리는 위아래로 움직이는 수영 동작을 더 향상시켰다.
지느러미처럼 생긴 사지는 팔에서 진화했다. 에티오케투스는 수영하는 동안 이를 이용해 몸의 방향을 결정했다.

▲ 오늘날의 고래와 흡사한 에티오케투스(*Aetiocetus*)는 목이 짧아 더 이상 육지에서 생활할 수 없었다. 또 지느러미 같은 팔다리가 생겼고, 꼬리는 갈라졌으며, 외부에 있던 귀도 사라졌다. 에티오케투스의 입은 부리처럼 생겼는데, 오늘날의 고래와 다르게 이빨과 고래수염을 모두 갖고 있었다. 고래 수염은 플랑크톤을 걸러 내는 빗살같이 생긴 여러 가닥의 끈이었다. 이런 특징들은 에티오케투스가 과도기적 동물임을 말해 준다.

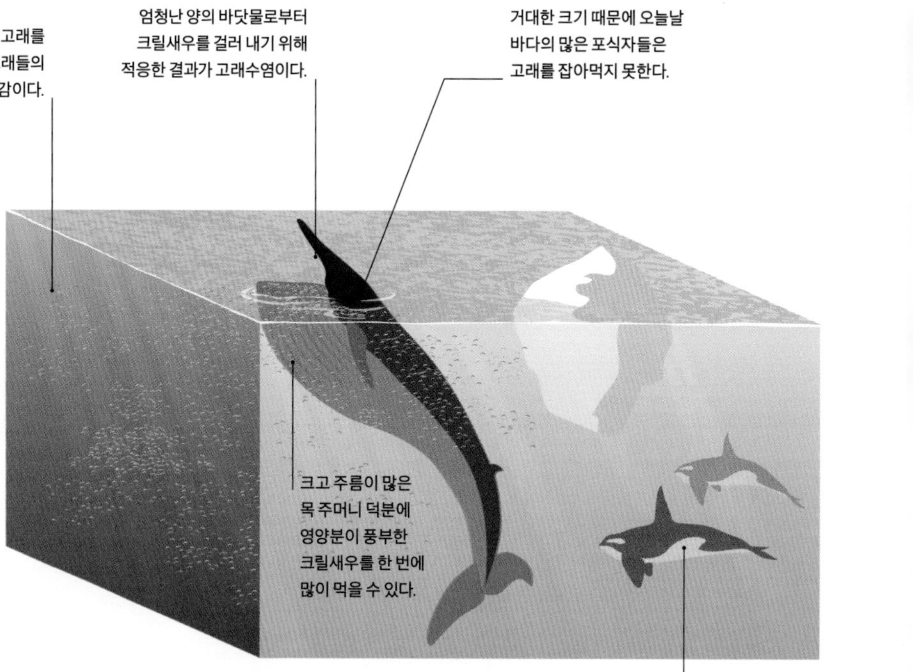

크릴새우는 흰긴수염고래를 포함해 오늘날 수염고래들의 주 먹잇감이다.
엄청난 양의 바닷물로부터 크릴새우를 걸러 내기 위해 적응한 결과가 고래수염이다.
거대한 크기 때문에 오늘날 바다의 많은 포식자들은 고래를 잡아먹지 못한다.
크고 주름이 많은 목 주머니 덕분에 영양분이 풍부한 크릴새우를 한 번에 많이 먹을 수 있다.
범고래 무리는 대왕고래를 사냥할 수 있다.

▲ 현존하는 생물 중 가장 거대한 동물인 흰긴수염고래는 이빨이 없고 고래수염으로 플랑크톤과 크릴새우를 걸러 먹는다. 목 주머니에는 주름이 많은데, 이 주름들이 쫙 펴져 목구멍이 커지면, 한 번에 많은 양의 먹이를 먹을 수 있다. 고래들은 먹이를 많이 먹기 위해, 혹은 거대한 선사 시대의 상어에게 잡아먹히지 않기 위해 몸집을 키웠다.

박물학자들과 자연학자들은 생물을 이해하기 위해 고민한 시간만큼이나 생물을 분류하려고 노력했다. 초기 분류법은 철저히 필요에 따른 것이었다. 예를 들어 약사들은 의학적인 특성에 따라 식물을 분류했다. 고대 그리스의 철학자인 아리스토텔레스는 그가 창안한 '스칼라 나투라이(Scala Naturae, 생명의 사다리)'라는 개념에 따라 동식물을 분류했다. 그는 바닥에 기본이 되는 무기물이 있고, 꼭대기에는 신이 있으며, 그 사이에 무수히 많은 '완전의 정도'에 따라 모든 생물이 분류된다고 말했다. 아리스토텔레스의 범주 중 척추동물과 무척추동물을 포함한 일부는 오늘날까지 쓰이지만, 생물의 각 유형이 '본질'이라는 이상적인 형태를 가진다는 신념은 찰스 다윈(1809~1982년) 이후에 자취를 감췄다. 자연적 변화를 바탕으로 한 다윈의 '진화' 개념은 이전까지 만연했던 생각에 반기를 들었다(110~111쪽 참조).

초기 자연학자

16세기부터 식물학과 동물학은 고대 철학자들의 지혜에 의존하지 않고 연구자들이 직접 관찰하는 쪽으로 옮겨 갔다. 르네상스 시대의 해부학자인 안드레아스 베살리우스(Andreas Vesalius, 1514~1564년)는 사람의 몸을 해부해 직접 확인했다. 그로부터 100년 뒤에 현미경이 발명돼 세포와 미생물의 세계가 열렸다. 자연학자들은 그들만의 분류 체계를 고안했고, 정확한 해부학적 지식을 토대로 의미 있는 비교 연구를 했다. 예를 들어 미국의 자연학자 존 레이(John Ray, 1627~1705년)는 고래가 어류가 아닌 포유류라는 사실을 알아냈다. 그는 동식물에 대해 철저하게 기록했으며, 생물학적 종의 개념을 처음 만들었다. 그에 따르면 생물학적 종이란 항상 같은 형태로 재생산되는 생물이었다. 점점 더 많은 종이 발견됐지만, 학자들 사이에서도 새로운 종에 이름을 붙이는 표준적인 체계가 정립되지 못했다. 그런데 이런 상황을 바꾸려고 한 스웨덴의 식물학자가 있었다.

다윈은 1837년에 **생명의 나무**를 그렸다. **100년 뒤** 이 나무는 **아주 일반적인 것**이 됐다.

빅 아이디어

생물을 분류하다

생물을 분류하는 것은 자연 세계의 질서를 바로 맞추는 것 이상의 의미가 있다. 현대의 분류법은 조상 생물과의 관계를 토대로 한다. 이는 해부학, 고생물학, 유전학과 같은 다양한 과학의 원리를 적용해 지난 200년간 정교하게 가다듬은 결과물이다.

▶ 수집된 표본들
새로운 종들은 박물관의 과학 분야 소장품으로 진열 및 보존돼 있는 '기준 표본'에 따라 분류된다.

다윈은 왜 공통 조상을 가진 **자연적 분류군**이 있고, 왜 **그들이 '본질적인' 특징을 공유하고 있는지**를 밝혔다.

에른스트 마이어, 생물학자, 1904~2005년

생물 명명법

칼 폰 린네(Carl von Linné, 라틴어 이름인 카롤루스 린나이우스(Carolus Linnaeus)로도 불렸다.)는 꽃의 구조를 연구하는 식물학자였다. 그는 꽃이 생식 기관임을 밝히고, 다양한 꽃들의 목록을 작성했다. 1735년, 린네는 『자연의 체계(*Systema Naturae*)』라는 제목의 소책자를 발표했다. 처음에 이 책은 모든 생물을 큰 등급에 따라 정의한 계층적 분류 체계를 대략적으로 소개했다. 파충류, 조류, 포유류와 같은 강(綱, class)은 비둘기, 올빼미, 앵무새와 같은 목(目, order)으로 갈라졌고, 이는 다시 속(屬, genus)으로 갈라졌다. 속은 곰, 고양이, 장미와 같은 생물들의 기본적인 형태를 정의했다. 당시에는 관습상 생물의 특정 유형(존 레이의 종과 동일하다.)에 읽기 어려운 라틴 어 이름이 붙었다. 1753년, 린네는 『식물의 종(*Species Plantarum*)』에서 식물에 한 단어의 이름을 붙이는 기존의 방식을 바꿀 만한 대안을 제시했다. 그러고 나서 그는 1758년에 출간된 『자연의 체계』 10판에서 동물에게도 똑같은 방법을 적용했다. 예를 들어 1735년에 큰곰속(Ursus)에 등재된 '갈색곰(큰곰)'에게는 오늘날 '우르수스 아르크토스(*Ursus arctos*)'라는 종소명(specific name)이 주어졌다. 즉 린네의 1753년과 1758년의 책은 식물과 동물 각각을 구별할 수 있는 학명(scientific name)의 시작을 알렸다. 이와 같은 이명법(two-name system)은 생물학에서 널리 채택됐다. 여기서 갈색곰의 첫 번째 이름인 '우르수스(Ursus)'는 속을, 두 번째 이름인 '아르크토스(arctos)'는 종을 의미한다. 일부 변경되거나 추가된 사항이 있지만, 린네의 이명법은 지금도 잘 쓰인다. 종의 관계에 대해 알아낸 것이 많아지면서, 많은 종이 속으로 이동해 학명이 바뀌기도 했다.

분기학은 **새가 공룡과 가장 가까운 연관성을 가진다**는 것을 보여 준다.

생물의 분류

19세기에 들어서도 많은 생물들 사이에서는 이상적인 형태에서 벗어난 변이들이 관찰됐다. 찰스 다윈은 당시 지배적이었던 아리스토텔레스의 관점에서 벗어나 이런 변이들이 진화에서 매우 중요하다고 생각했다. 1900년대 초까지 종들은 여러 변이가 있는 개체들로 이뤄져 있다는 사실이 많이 알려졌으며, 변이의 유전적 기초에 대해 많은 합의가 이뤄졌다(108~109쪽 참조).

1960년대 독일의 생물학자 빌리 헤니히(Willi Hennig, 1913~1976년)는 생물을 분류하는 데 좀 더 철저한 진화적 규칙을 적용했다. 어떤 등급의 분류군이라도 공통 조상에서 파생된 모든 후손 종들이 포함돼야 한다. 이런 분류군을 분기군(clade), 이를 보여 주기 위해 나뭇가지로 표현한 그림은 분기도(cladogram), 이런 분류 방법을 분기학(cladistics)이라고 한다. 분기학은 생물을 분류하는 적절한 방법으로 널리 채택됐다. 한 동물이 다른 동물과 얼마나 연관돼 있는지를 한눈에 명확히 보여 주기 때문이다. 분류는 진화적인 관계를 반영하고 분류군은 공통 조상의 혈통에 기초해 다시 재정립됐다. 종들이 얼마나 가깝게 연관돼 있는지를 아는 것은 단순히 그들이 유사하다는 것을 아는 것보다 훨씬 더 유용하다. 예를 들어 만약 한 식물이 생명을 구할 수 있는 약이 된다면, 그리고 이 생물과 밀접한 관계에 있는 다른 식물들을 알고 있다면, 우리는 약을 만들 수 있는 새로운 원료를 훨씬 쉽게 찾을 수 있다.

분기학은 린네의 분류 체계에 대한 분류학자들의 관점을 바꿔 놓았다. 한때 분류학자들은 포유류와 조류를 파충류와 같은 등급의 분류군(강)이라고 생각했지만, 분기학에 따른 분류군은 이 개념을 다시 생각하게 했다. 우리는 이제 포유류와 조류가 파충류로부터 진화한 것을 알고, 파충류는 양서류로부터 진화한 것을 안다. 분기학은 포유류와 조류가 공통 조상을 공유하기 때문에, 파충류를 포함하는 큰 분기군 안에 포유류와 조류라는 두 분기군을 포함시켰다.

오늘날 분류학자들은 진화적인 관계를 밝히는 데 해부학적 분석보다 더 좋은 도구를 가진다. 유전자가 DNA에 저장된다는 것을 알게 된 이후, 생물학자들은 DNA를 일종의 정보원으로 이용해 왔다. DNA는 화학 물질이 사슬 모양으로 배열된 유전 암호다. 밀접하게 연관된 종들은 유사한 DNA 배열을 갖는다. 현대의 분석 기술과 컴퓨터 프로그램은 여러 종의 DNA를 비교해 종간 관계를 통계적으로 밝힌다. 생물학자들은 이를 통해 두 생물이 언제 갈라졌는지 계산해(170~171쪽 참조), 새로운 분기도를 만들 수 있다. 이런 생명의 '시간 나무(timetrees)'는 수백만 년 또는 수십억 년 동안 일어난 진화를 살펴볼 수 있는 훌륭한 지도다. 즉 분류군들은 혈통뿐만 아니라 기원과 분기의 시간에 따라서도 정의될 수 있다.

식물군들은 마치 지도 위의 나라들처럼 모든 측면에서 서로 **연관돼 있다**.

칼 폰 린네, 식물학자, 1707~1778년

강한 과학적 증거

빙하 시료

빙하 시료는 대개 자연적 요인으로 격렬하게 뒤바뀌던 기후에 대한 증거를 풍부하게 갖고 있다. 호박 속에 갇힌 동물처럼, 빙하 시료에는 과거 지구의 정보를 담고 있는 작은 유물들이 들어 있다.

지구의 대륙 빙하는 과거 기후의 증거를 담고 있는 거대한 보물 창고다. 여기서 보여 주는 세 개의 빙하 시료는 높이가 1미터 정도로, 두께가 2,000미터에 달하는 그린란드의 대륙 빙하에서 추출한 것이다. 하늘에서 내리는 눈이 쌓여 형성된 대륙 빙하에는 당시 대기 중 기체와 입자가 들어 있다. 이 물질들은 얼음과 합쳐져 과거의 기후 상황에 대한 기록으로 활용된다. 얼음은 매년 순차적으로 쌓이기 때문에, 빙하 아래로 더 깊이 팔수록 더 오래된 기록이 나온다. 여기 제시된 이 특별한 빙하 시료는 11만 1000년간의 기후를 기록한 역사서인 셈이다.

기후학자들은 빙하 시료를 분석해 과거 기후에 대한 증거를 찾는다. 만약 빙하 속의 먼지가 방사성 물질이라면, 방사성 연대 측정법을 통해 형성 시기를 알 수 있다(88~89쪽 참조). 또한 빙하 시료에서 과거의 평균 온도와 대기 조성비를 알아낼 수 있다. 그 결과, 최근 수십 년간 이산화탄소가 지속적으로 증가했다는 사실이 드러났다. 남극의 보스토크 기지 같은 극지 연구소에서는 40만 년 전보다 더 오래전의 이산화탄소 농도를 연구하고 있다. 남극의 돔 C(Dome C)에서는 훨씬 더 긴 빙하 시료를 추출할 수 있었다. 무려 3,270미터 길이의 이 빙하 시료에는 65만 년 기간의 메테인과 이산화탄소 농도가 기록돼 있다. 빙하 시료에는 화산재, 먼지, 모래, 심지어 화분도 들어 있다. 이런 단서들은 당시의 화산 활동, 사막의 규모, 다양한 식물의 존재에 대해 알려 준다.

자연적인 기후 변화의 원인으로는 주기적인 지구 궤도의 변화, 밀란코비치 주기(Milankovitch cycles)라고 불리는 자전축 기울기의 변화 등이 있다. 다른 자연적 요인으로는 태양 자체의 변화나 맨틀의 대류, 화산 활동이 있다. 과학자들은 빙하 시료를 연구해 기후에 영향을 주는 이런 요인들을 알아낼 수 있다. 또한 최근 급격한 기후 변화를 야기하는 인간의 활동이 자연적 요인들과 어떻게 상호 작용할지 예측할 수 있다.

▼ 밀란코비치 주기
지구 궤도와 자전에 따른 장기적인 변화를 밀란코비치 주기라고 부른다. 이에 따라 계절의 시기와 길이, 빛의 강도 등이 변하고, 동시에 규칙적으로 빙하기와 같은 엄청난 기후 변화가 생기기도 한다(176~177쪽 참조).

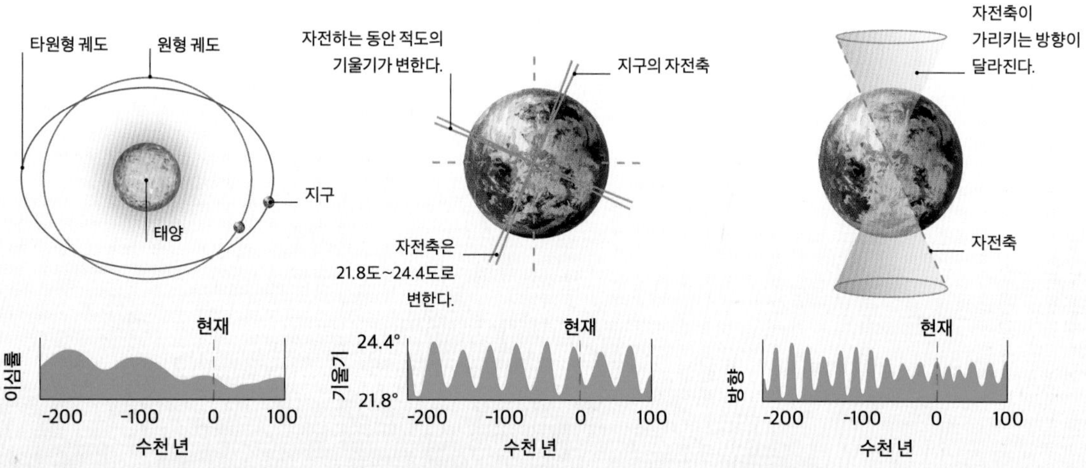

지구 궤도의 모양은 목성과 토성의 중력 때문에 원 모양에서 타원 모양으로 변한다('이심률'이 증가한다.). 이것은 계절의 길이와 기후 패턴을 바꾼다.

지구 자전축의 기울기는 미세하게 변한다. 기울기가 커지면 북반구 또는 남반구가 태양 쪽으로 더 많이 기운다. 이것은 좀 더 극단적인 계절의 변화를 가져온다.

지구는 조금씩 흔들거린다. 지구가 완벽한 구 모양이 아니기 때문이다. 이로 인해 약 2만 6000년간 발생하는 축의 움직임을 그려 보니 가상의 원이 만들어졌다. 이것은 한여름과 한겨울, 지점(동지나 하지)의 시기를 변화시킨다.

대기를 구성하는 기체

그린란드의 대륙 빙하 위에 쌓인 눈층은 눈이 압축돼 얼음이 되면서 안에 갇힌 대기 중의 기체를 포함하게 된다. 기후학자들은 빙하 시료의 높이에 따라 달라지는 기체의 조성과 농도를 비교해 과거 지구의 기후 연대표를 만들 수 있다. 대기 중 이산화탄소 농도는 19세기 초까지 1,000년간 안정적이었다. 하지만 오늘날의 이산화탄소 농도는 산업 혁명 전보다 40퍼센트나 증가했다(304~305쪽 참조).

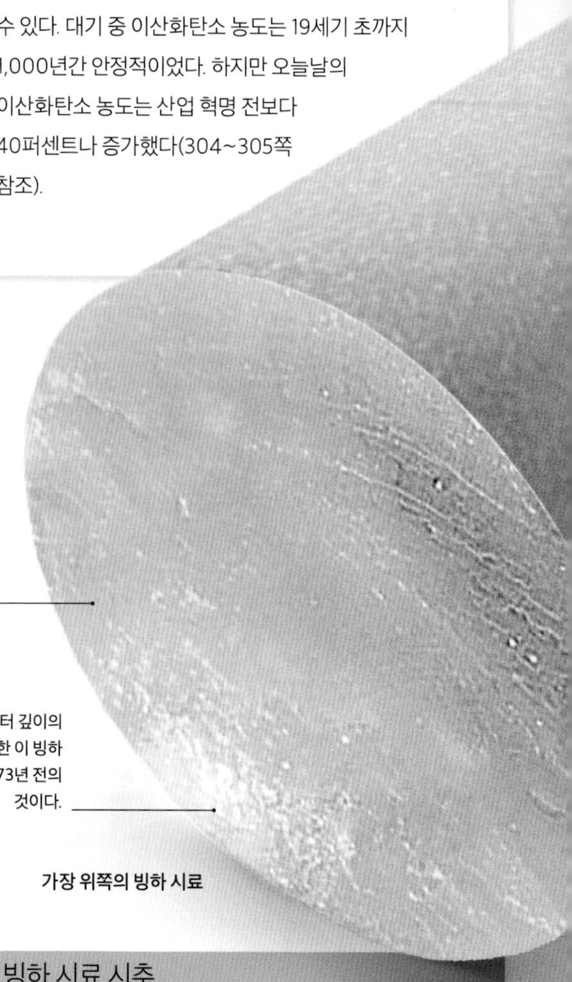

'만년설'은 새롭게 내린 눈층과 단단한 빙하 얼음 사이에서 고밀도로 압축된 얼음으로 발견된다.

53~54미터 깊이의 얼음에서 추출한 이 빙하 시료는 약 173년 전의 것이다.

가장 위쪽의 빙하 시료

빙하 시료 시추

긴 기둥 모양의 빙하 시료는 1950년대부터 그린란드와 남극의 거대한 대륙 빙하에서 시추되기 시작했다. 과학 연구 단체가 대륙 빙하에 드릴로 구멍을 파서 빙하 시료를 추출했다. 갈라짐 없이 그대로 보전하기 위해 시추된 빙하 시료들은 섭씨 -15도 이하의 온도에서 저장된다.

남극 빙하에 드릴로 구멍을 파고 있는 과학자들

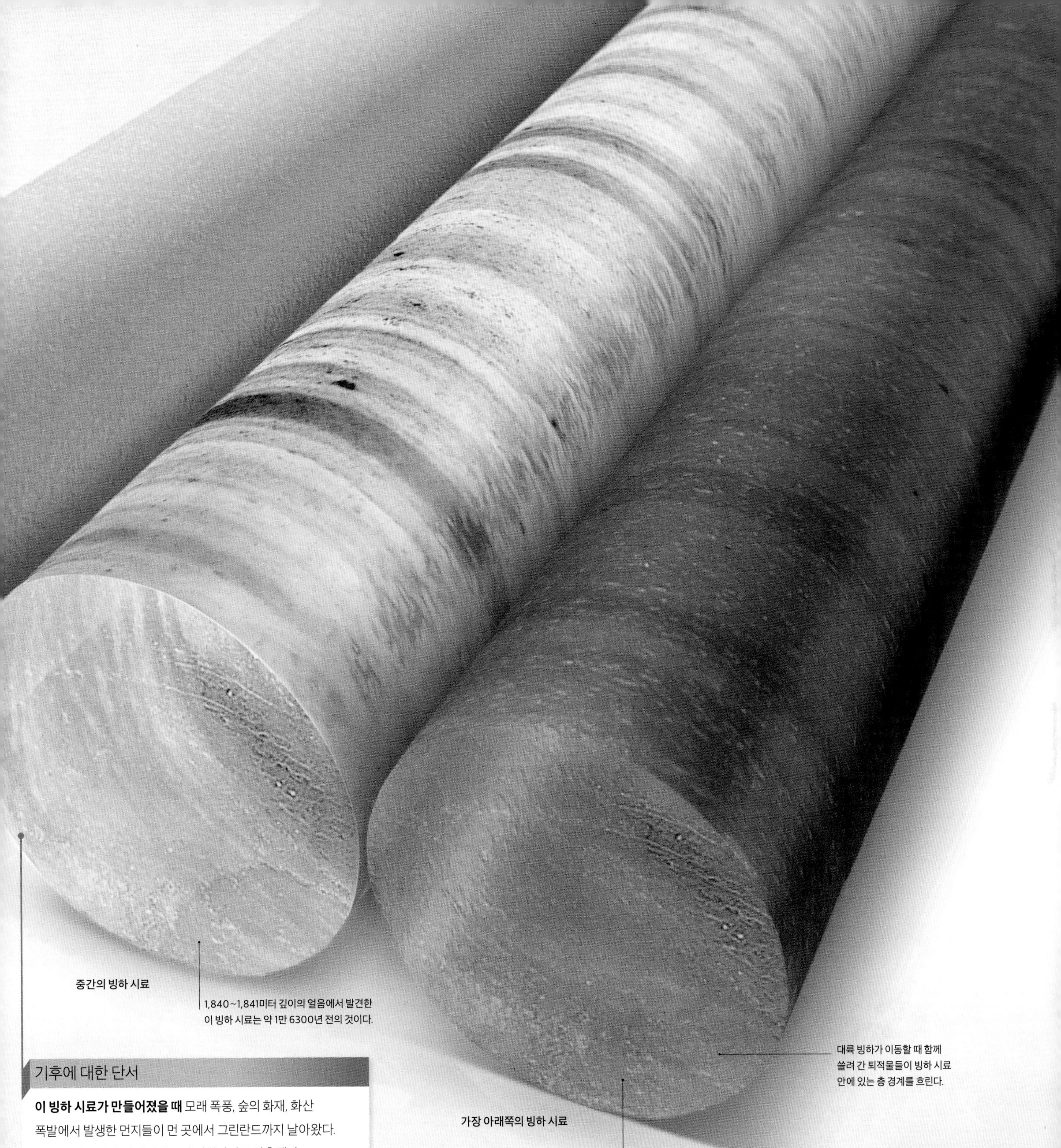

중간의 빙하 시료

1,840~1,841미터 깊이의 얼음에서 발견한 이 빙하 시료는 약 1만 6300년 전의 것이다.

대륙 빙하가 이동할 때 함께 쓸려 간 퇴적물들이 빙하 시료 안에 있는 층 경계를 흐린다.

가장 아래쪽의 빙하 시료

이 빙하 시료는 그린란드 대륙 빙하의 가장 바닥에서 추출한 것이다. 정확한 연대는 알 수 없지만, 11만 1000년보다 더 오래된 것으로 추정된다.

기후에 대한 단서

이 빙하 시료가 만들어졌을 때 모래 폭풍, 숲의 화재, 화산 폭발에서 발생한 먼지들이 먼 곳에서 그린란드까지 날아왔다. 먼지는 하늘에서 막 내리던 눈과 마찬가지로 압축됐다. 먼지가 집중적으로 모여 있는 곳의 표면의 눈이 햇빛을 받아 증발(승화)돼, 빙하 시료 안에 어두운 줄무늬가 만들어졌다. 어두운 줄무늬는 여름을, 깨끗한 줄무늬는 겨울을 의미한다. 어두운 줄무늬가 두껍다면 당시 여름이 특히 길었다는 뜻이다.

지구가 얼어붙다

기후 변화는 지구의 역사에서 자연스러운 현상이다. 여러 번의 빙하기 중 그 절정기에 거대한 대륙 빙하로 뒤덮인 세계에서 일부 종은 멸종했고 살아남은 종은 진화를 거듭했다.

빙하기가 도래하자 지구 표면의 온도가 떨어지고 얼음이 조금씩 늘어났다. 이런 현상이 일어난 데는 하나의 원인만 있는 것이 아니었다. 지구 궤도의 변화와 대기의 변화 모두가 영향을 미친 것으로 보인다. 하지만 그 결과는 단순한 기후 변화 이상이었다. 온도가 어느점 이하로 떨어지면서 바닷물이 대륙 빙하와 같은 영구적인 얼음덩어리가 됐다. 그 결과, 해수면은 낮아졌고 합쳐져 있던 대륙은 분리됐다. 열대 기후에 적합한 종들은 적도 쪽으로 이동하거나 완전히 사라진 반면, 추운 기후에 적응한 종들은 살아남아 번성했다.

지구는 **역사상 두 번 이상 1,000미터 두께의 대륙 빙하**가 뒤덮을 정도로 **완전히 얼어붙었다.**

빙하기의 도래

5억 2000만 년 전에 생명체가 갑자기 번성했던 캄브리아기 대폭발이 있기 전, 최소 두 번의 빙하기가 있었다. 그때 우리 행성은 완전히 '눈덩이'가 됐다. 그다음 빙하기는 바다에 물고기가 가득했던 4억 6000만~4억 2000만 년 전에 찾아왔다. 네 번째 빙하기는 숲이 막 형성된 3억 6000만~2억 6000만 년 전, 곤드와나 대륙이 남극으로 이동하고, 극지방의 대륙 빙하들이 갈라져 여기저기로 흩어졌던 시기에 발생했다. 마지막 빙하기는 250만 년 전에 시작해서 아직까지 지속되고 있다. 이 기간에 북쪽 그린란드의 중앙과 남극 대륙 빙하는 빙기와 간빙기를 넘나들며 늘어났다 줄어들기를 반복했다. 지금은 대륙 빙하가 여전히 존재하나 비교적 따뜻하기 때문에 빙하기 중 간빙기에 해당한다. 빙하기의 변화는 온도와 해수면에 생물이 적응하는 동안, 빙하 퇴적물과 침식된 계곡에는 과거 빙하의 흔적이 남았다.

북아메리카 대륙 빙하는 최대로 확장됐을 때 대륙의 중앙에 이르렀다.

▶ 빙기
가장 최근의 빙기 중에서도 약 2만~1만 5000년 전에 빙하 면적이 최대였다. 지구상에 존재하는 많은 양의 물이 빙하가 됐기 때문에 해수면은 낮아지고, 기후는 전반적으로 건조해졌다.

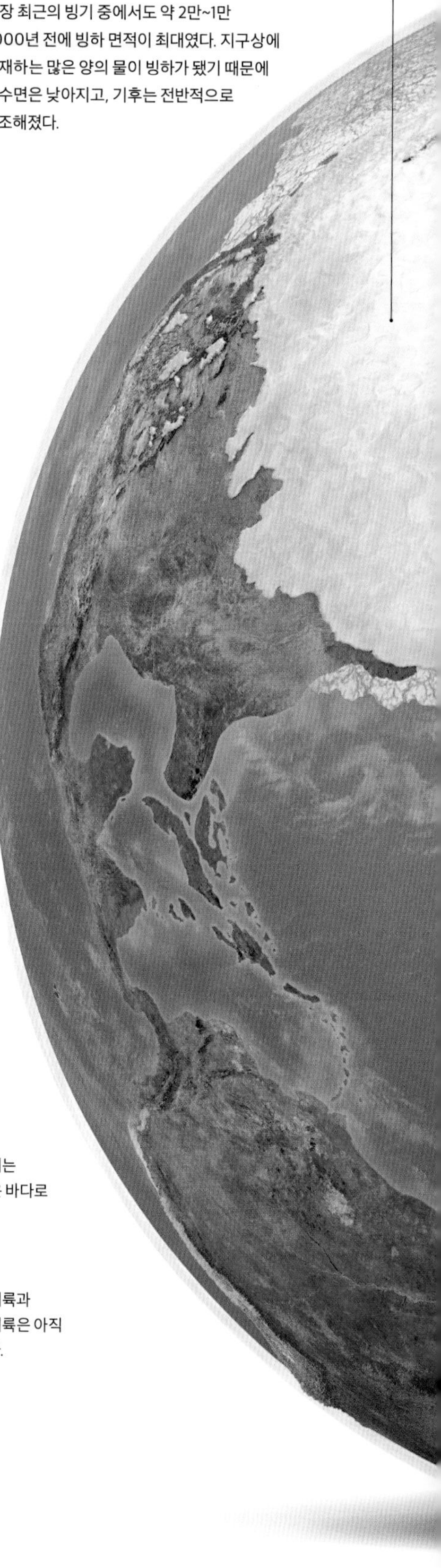

▶ 높아진 해수면
4000만 년 전에는 북극과 남극 모두 빙모(5만 제곱킬로미터보다 작은 빙하 — 옮긴이)가 없었다. 극지에 얼음이 없다는 것은 그만큼 바닷물이 많았다는 뜻이다. 이로 인해 해안과 저지대에 물이 범람했고, 해수면은 상승했다.

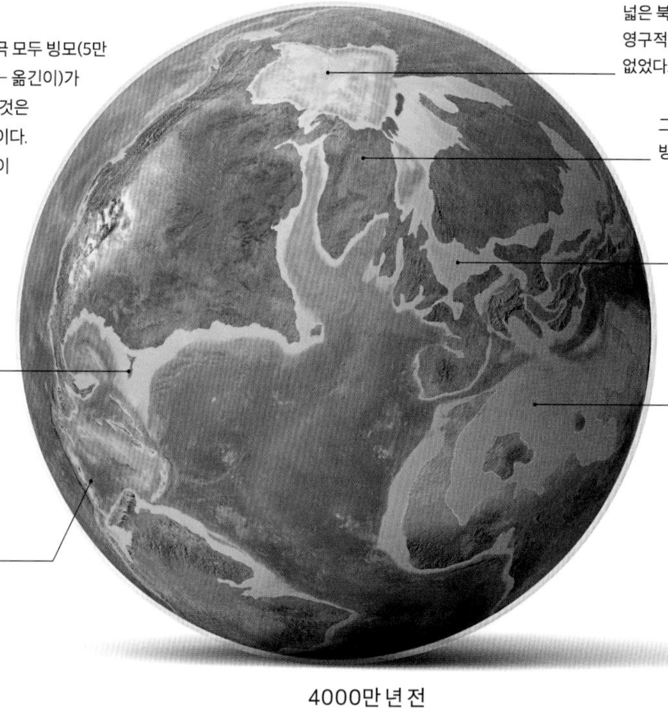

넓은 북극 바다에는 영구적인 얼음이 없었다.
그린란드에는 빙모가 없다.
유럽의 저지대는 따뜻하고 얕은 바다로 덮였다.
남아메리카 대륙과 북아메리카 대륙은 아직 충돌 전이었다.
플로리다의 대부분 지역이 침수됐다.
높아진 해수면 때문에 북아메리카는 얕은 바다로 덮였다.

4000만 년 전

3000만 년 전 | 최초의 육지 동물

3억 8000만 년 전 | 최초의 나무와 숲

2억 2000만 년 전 | 최초의 포유류와 공룡

6600만 년 전 | 소행성 충돌로 우점 파충류 멸종

유빙(바다 위를 떠다니는 얼음이 모여서 된 거대한 덩어리 — 옮긴이)은 남쪽으로 계속 나아가 프랑스 북부까지 이어졌다.
유라시아 대륙 빙하는 러시아의 절반과 북유럽 대부분을 차지했다.
작은 대륙 빙하 일부가 티베트 고원에 남았다.
초원은 생물들의 주요 서식지로, 유럽과 아시아의 대륙 빙하 가장자리를 둘러싸고 있었다.
건조한 관목 지대가 서아시아까지 확장됐다. 지구 기후가 점점 건조해졌기 때문이었다.
영국 제도는 유럽과 육로로 연결돼 있었다.

2만 년 전

▲ 빙하기의 코끼리
털매머드는 코끼릿과에 속하는 동물로, 500만 년 전에 아프리카에서 서식했다. 매머드는 북쪽으로 뻗어 나갔고, 빙하기에 몸의 온도를 유지하기 위해 덥수룩한 털을 진화시켰다.

그린란드의 광대한 땅을 덮은 빙하
북극해를 덮은 영구적인 해빙
러시아 북부 주변의 유빙

▶ 간빙기
북극과 남극에 아직까지 대륙 빙하가 존재한다는 것은 여전히 빙하기라는 의미다. 대륙 빙하를 둘러싸고 있던 초원 대부분이 사라지고, 그 자리를 침엽수림이 차지했다.

현재

문턱

6

인류가 **진화하다**

다른 모든 존재와 마찬가지로 별에서 태어난 우리 종은 다른 영장류와 공통 조상을 갖는다. 그렇다면 무엇이 인류를 고유한 존재로 만들까? 인류는 혁신하고 학습하며 경험을 공유할 줄 알았다. 이는 다른 어떤 종도 할 수 없는 행동이다. 또한 인류는 상징적인 언어를 쓰고 집단적으로 지식을 공유하고 축적했다. 이렇게 해서 인류의 조상은 지구를 지배하는 존재로 거듭났다.

생명 거주 가능 조건

현생 인류는 비교적 최근인 약 20만 년 전에 진화했다. 상징적 의미를 이용해 소통하고 아이디어를 교환하며 이전 세대의 지식을 축적하는 능력 덕분에 호모 사피엔스는 새로운 수준의 복잡성을 창조할 수 있었고, 지구에서 가장 강력하고 영향력이 큰 단일 종이 됐다.

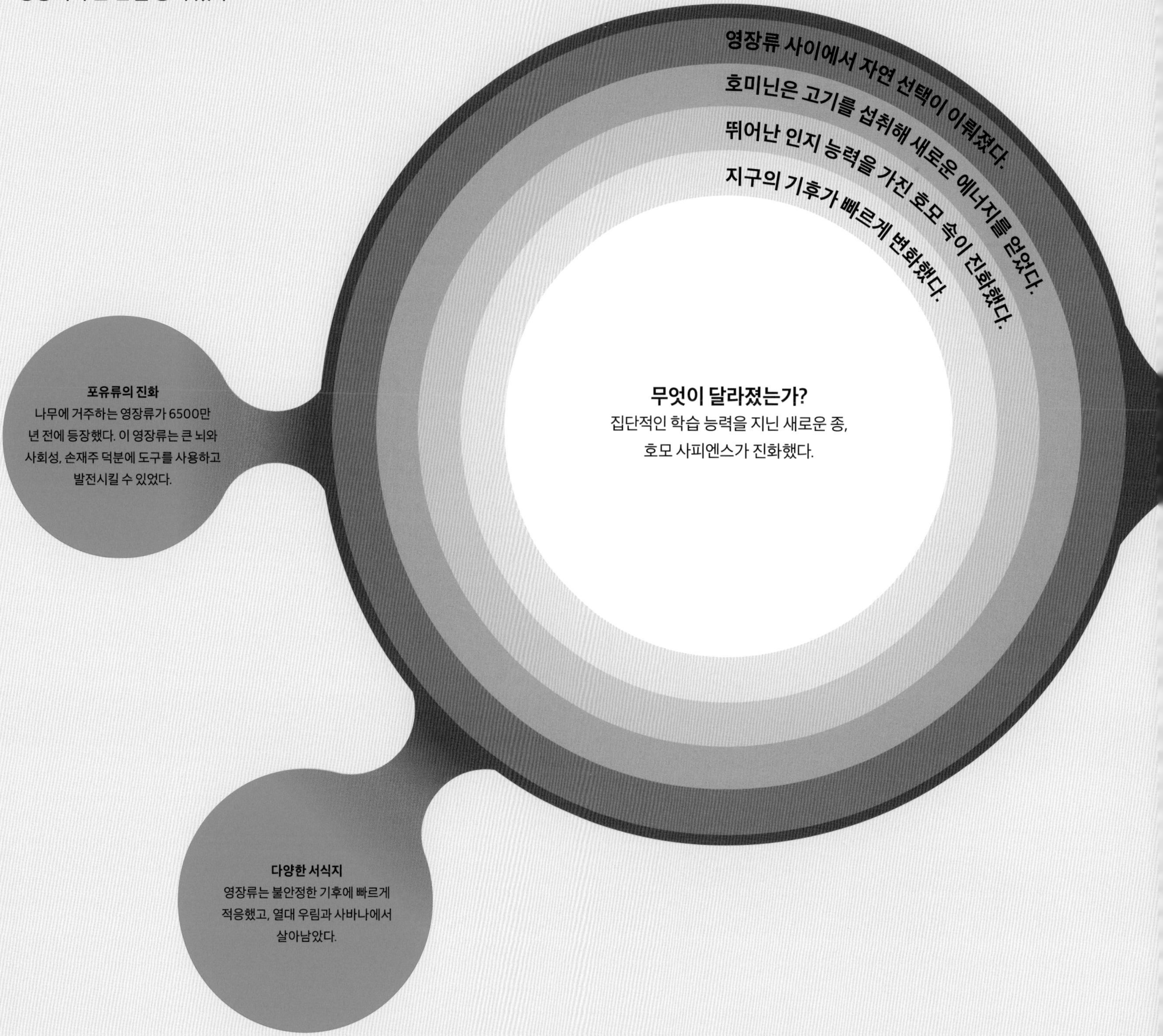

영장류 사이에서 자연 선택이 이뤄졌다.
호미닌은 고기를 섭취해 새로운 에너지를 얻었다.
뛰어난 인지 능력을 가진 호모 속이 진화했다.
지구의 기후가 빠르게 변화했다.
무엇이 달라졌는가?
집단적인 학습 능력을 지닌 새로운 종, 호모 사피엔스가 진화했다.
포유류의 진화
나무에 거주하는 영장류가 6500만 년 전에 등장했다. 이 영장류는 큰 뇌와 사회성, 손재주 덕분에 도구를 사용하고 발전시킬 수 있었다.
다양한 서식지
영장류는 불안정한 기후에 빠르게 적응했고, 열대 우림과 사바나에서 살아남았다.

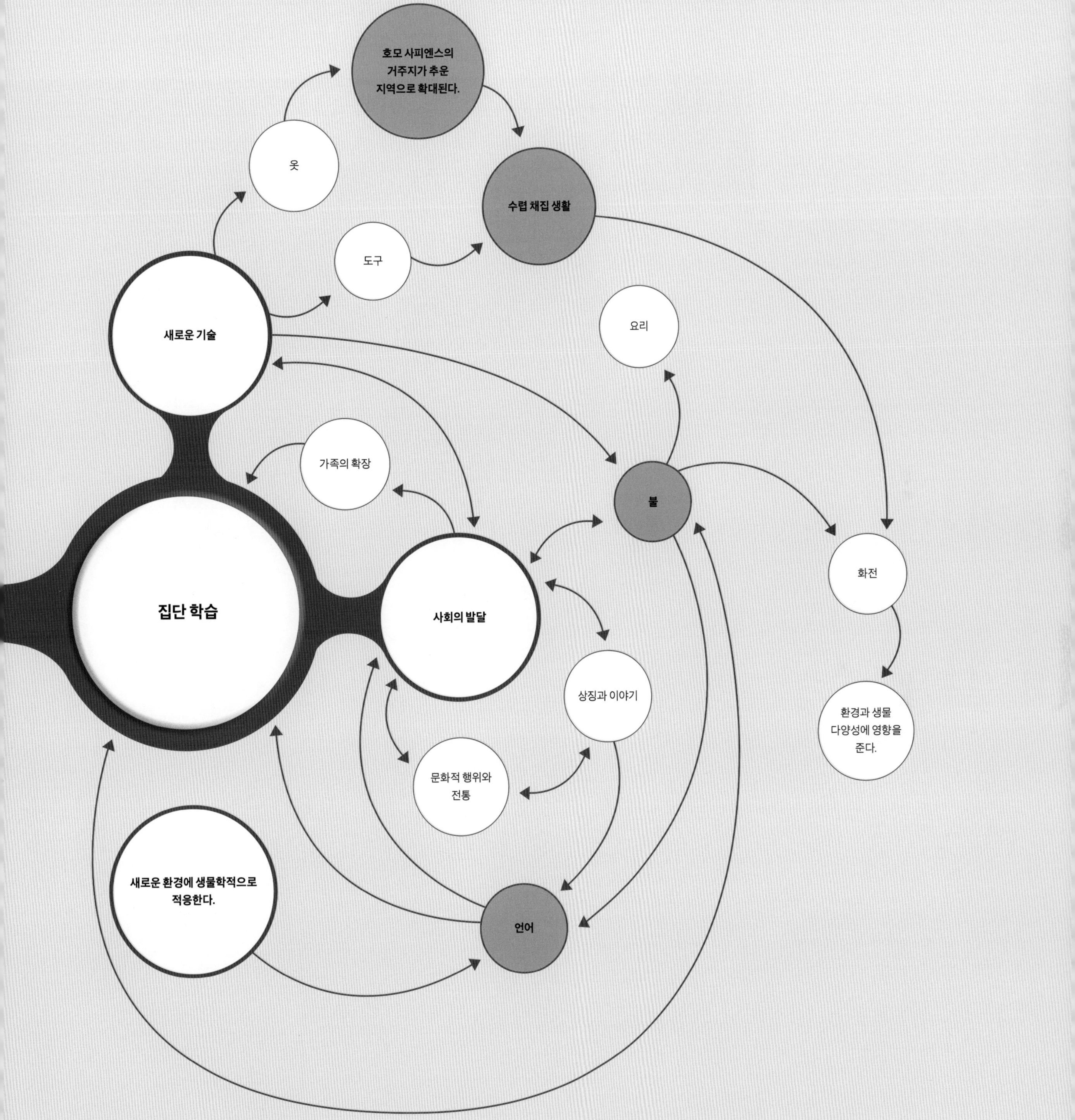

호모 사피엔스의 거주지가 추운 지역으로 확대된다.
옷
수렵 채집 생활
도구
새로운 기술
요리
가족의 확장
불
화전
집단 학습
사회의 발달
상징과 이야기
환경과 생물 다양성에 영향을 준다.
문화적 행위와 전통
새로운 환경에 생물학적으로 적응한다.
언어

가족 간의 유대
인간 행동 중 상당수가 다른 영장류에게서 똑같이 발견된다. 이 아기 오랑우탄을 부모가 양육하는 것도 그런 예다. 어린 오랑우탄은 생애 첫 10년간 엄마의 보살핌을 받는다.

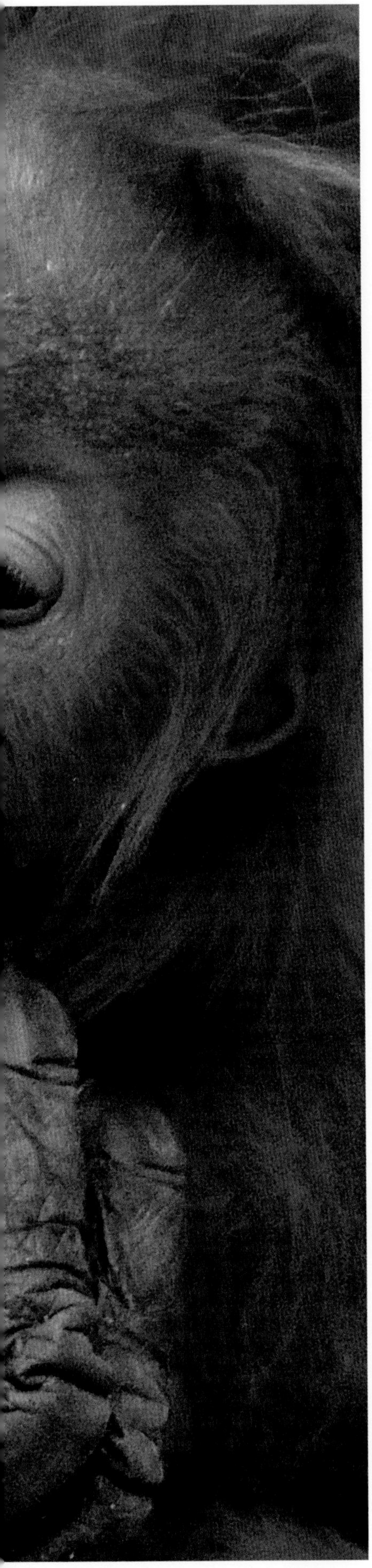

우리는 영장류 가족

큰 뇌, 자유자재로 움직이는 손가락, 그리고 복잡한 사회 구조를 지닌 우리는 명백히 영장류에 속한다. 영장목에는 다양한 종이 포함돼 있다. 비록 여러 종이 일부 특성들을 공유하고는 있지만, 영장류라고 정의를 내릴 만한 신체적 특징은 없다.

오늘날 영장류는 아주 작은 안경원숭이부터 거대한 고릴라까지 약 400종이 알려져 있다. 호모 사피엔스는 이 영장목, 특히 유인원 계통에서 신체적, 유전적 특성을 물려받았다. 하지만 유인원은 생명의 나무에서 아주 최근에 등장했다. 작은 쥐를 닮은 원시 영장류인 푸르가토리우스(*Purgatorius*, 6500만 년 전)가 여우원숭이를 닮은 다르위니우스로 진화하는 데 2000만 년이 걸렸다. 이후 두 계통의 영장류가 번성했다. 하나는 로리스와 여우원숭이로, 다른 하나는 안경원숭이로 진화했다. 4000만 년 전에 보다 진화한 영장류인 유인원아목이 나타났고, 여기에서 원숭이, 유인원, 그리고 인류가 나왔다. 이런 유인원아목은 아시아에서 생겨났을 것으로 추정되며, 그 화석을 보면 코와 입 언저리가 튀어나온 영장류 특유의 얼굴이 이미 짧아지기 시작했음을 알 수 있다.

거의 인간

2500만 년 전, 숲은 다양한 종류의 원숭이로 채워졌다. 꼬리가 없는 프로콘술(*Proconsul*)은 2500만~2300만 년 전에 동아프리카에서 살았는데, 유인원과 원숭이의 특징을 모두 가졌다. 곧 진정한 의미의 유인원이 여럿 등장해 유럽과 아시아로 퍼져 나갔다. DNA 분석 결과, 이들이 갈라져 오랑우탄과 고릴라가 된 것은 각각 1600만 년 전과 900만 년 전이다. 또한 각각은 아시아의 시바피테쿠스(*Sivapithecus*)와 에티오피아의 코로라피테쿠스(*Chororapithecus*)와 친척 관계였다. 약 900만 년 전 아시아에 등장한 거대 유인원인 기간토피테쿠스(*Gigantopithecus*)는 아주 최근까지 존재했다. 호미닌(사람족(tribe), 유인원과 인류 전체를 포함한 분류군인 호미니드(사람과) 중 유인원을 제외한 인류 계통을 일컫는 하위 분류군 — 옮긴이)에 속하는 최초의 아프리카 영장류 중 하나인 사헬란트로푸스 차덴시스(*Sahelanthropus tchadensis*, 700만~600만 년 전)는 우리 조상이 침팬지로부터 분리될 무렵에 살았다.

초기 유인원은 뛰어난 손재주와 지능, 유연한 적응 능력을 가졌다. 그리고 강한 유대 관계와 복잡한 의사 소통이 특징인 다양한 집단을 이뤘다. 그중 일부는 오늘날의 여러 유인원과 꼬리감는원숭이처럼 도구를 썼을 것으로 추정된다.

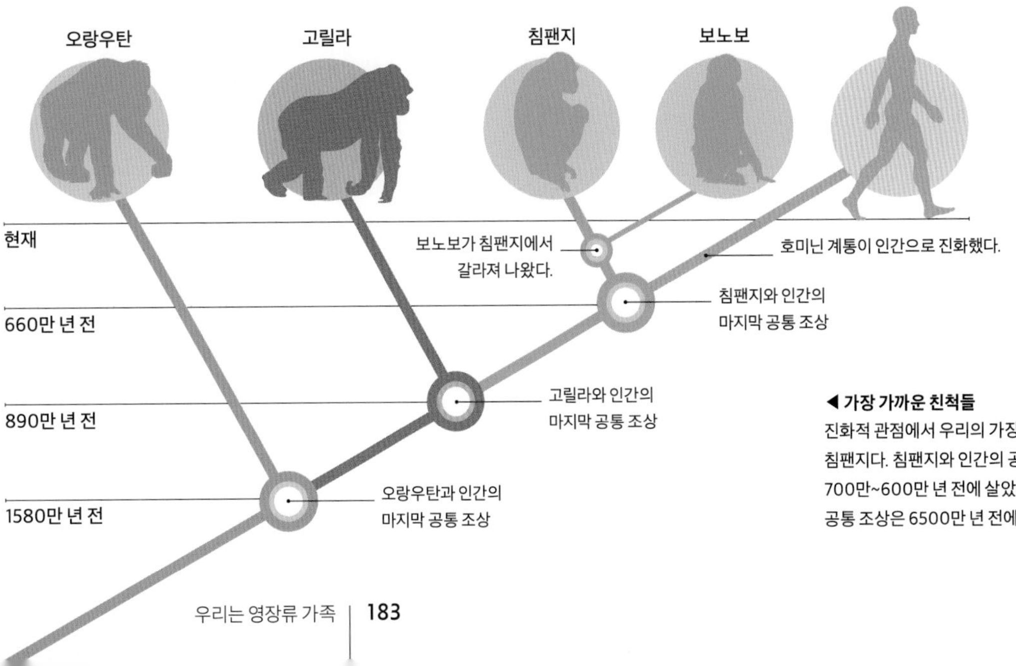

◀ 가장 가까운 친척들
진화적 관점에서 우리의 가장 가까운 친척은 침팬지다. 침팬지와 인간의 공통 조상은 약 700만~600만 년 전에 살았다. 모든 영장류의 공통 조상은 6500만 년 전에 살았다.

호미닌의 등장과 진화

인류는 영장류 중 호미닌 계통에 속한다. 700만 년 전에 등장한 호미닌에서 모든 현생 인류와 사라진 화석 인류, 최근의 조상 등이 나왔다.

두 발로 걷고 도구를 쓰는 능력 같은 '발달된' 특징들이 단 하나의 존재에서 진화한 결과라고 생각하기 쉽지만 사실 초기 호미닌에는 여러 종이 있었다. 그리고 이런 특징들은 최초의 호모 속 인류인 호모 하빌리스(*Homo habilis*)와 더 오래된 호미닌인 오스트랄로피테쿠스(*Australopithecus*)에서 다양한 조합으로 발견되며, 각각 독립적으로 진화했다.

오스트랄로피테쿠스 아파렌시스(*Australopithecus afarensis*)와 오스트랄로피테쿠스 아나멘시스(*Australopithecus anamensis*)와 같이 체구가 작은 오스트랄로피테쿠스 속은 약 400만~300만 년 전에 출현했고, 그 후 다양해져서 강력한 이빨을 지닌 거구 형태가 등장했다. 하지만 최초의 호모 하빌리스는 약 240만 년 전에 나타났다. 상당한 시간차가 존재하는 둘 사이를 연결해 주는 턱뼈 화석이 2015년에 에티오피아에서 발견됐다. 연대가 280만~275만 년 전인 이 화석은 호모 속의 대표적인 특징을 잘 보여 주지만 뇌의 크기를 추정해 볼 만한 두개골의 나머지 부분이 없어서 어떤 인류 계통에 속하는지는 알 수 없다.

호모 속의 가장 핵심적인 특징은 식단을 바꿔서 다른 환경에 적응하는 능력이다. 특히 고기의 섭취는 진화에 결정적인 영향을 끼쳤다. 그로 인해 인간은 사냥 도구를 적극적으로 사용했고 200만 년 전부터는 인간의 뇌가 커졌다(188~189쪽 참조). 그 결과 사회 구성과 크기가 바뀌면서 최초의 지구 탐험가인 호모 에렉투스(*Homo erectus*)와, 우리 종과 가장 가까운 친척인 호모 네안데르탈렌시스(*Homo neanderthalensis*, 네안데르탈인), 그리고 마침내 호모 사피엔스가 등장했다.

▲ 오스트랄로피테쿠스 아프리카누스
오스트랄로피테쿠스의 열 종 중 하나로, 아프리카에서 발견된 첫 번째 호미닌이다. 300만~200만 년 전에 살았으며, 뇌는 작지만 두 발로 걸었다.

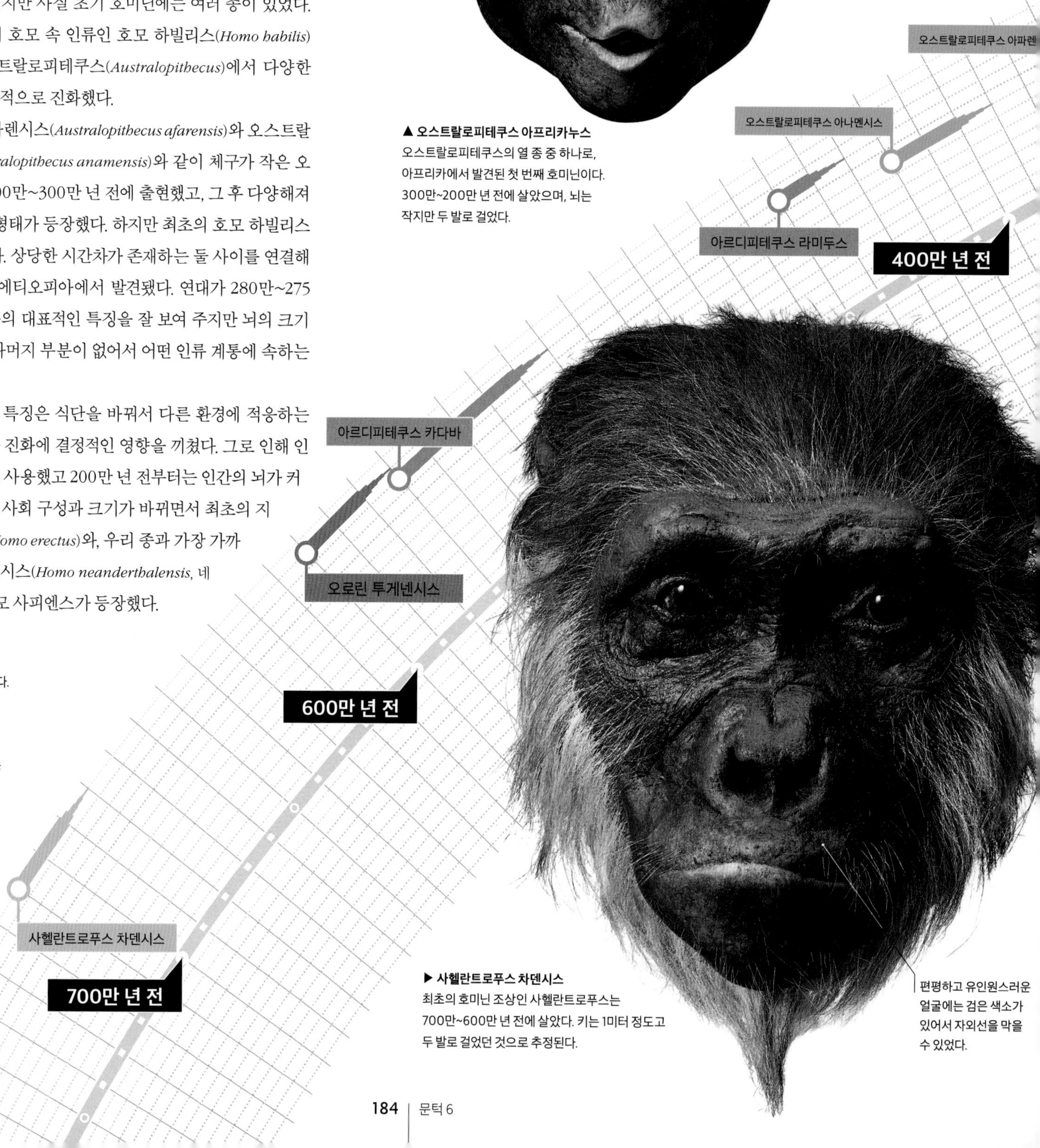

▶ 호미닌 계통
지금까지 호미닌의 일곱 '속'이 알려져 있다. 그중 몇몇은 여러 종을 지닌다. 예를 들어 아르디피테쿠스 속에는 아르디피테쿠스 카다바(*Ardipithecus kadabba*)와 아르디피테쿠스 라미두스(*Ardipithecus ramidus*)라는 두 개의 종이 있다.

범례
- 사헬란트로푸스 속
- 오로린 속
- 아르디피테쿠스 속
- 케냔트로푸스 속
- 파란트로푸스 속
- 오스트랄로피테쿠스 속
- 호모 속

▶ 사헬란트로푸스 차덴시스
최초의 호미닌 조상인 사헬란트로푸스는 700만~600만 년 전에 살았다. 키는 1미터 정도고 두 발로 걸었던 것으로 추정된다.

▶ 호모 에렉투스
'곧선사람'으로 불리는 호모 에렉투스의 유골은 중국과 인도네시아의 100만 년 전 지층에서 발견됐으며, 5만 년까지 생존했을 것으로 추정된다. 에렉투스의 아프리카 쪽 조상인 호모 에르가스테르는 약 1만 8000년 전에 등장했다.

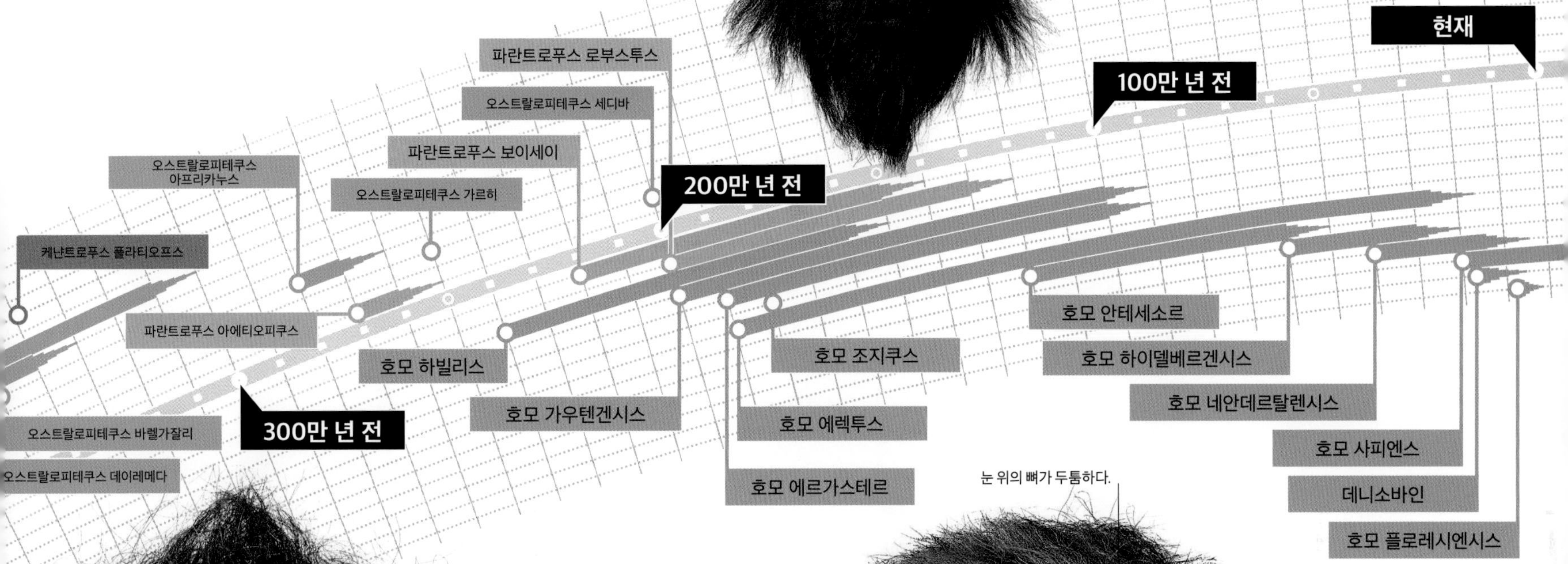

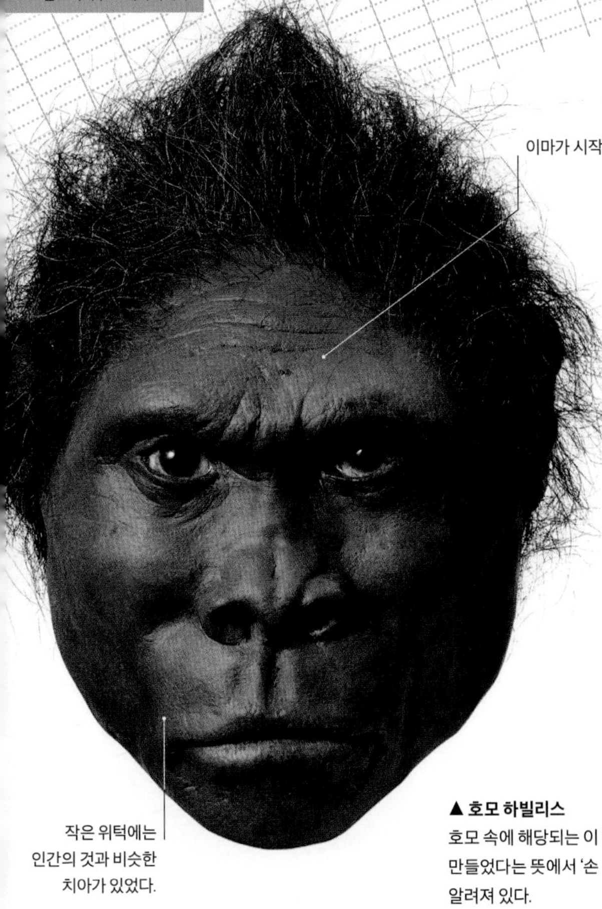

▲ 호모 하빌리스
호모 속에 해당되는 이 종은 석기를 만들었다는 뜻에서 '손 쓰는 사람'으로 알려져 있다.

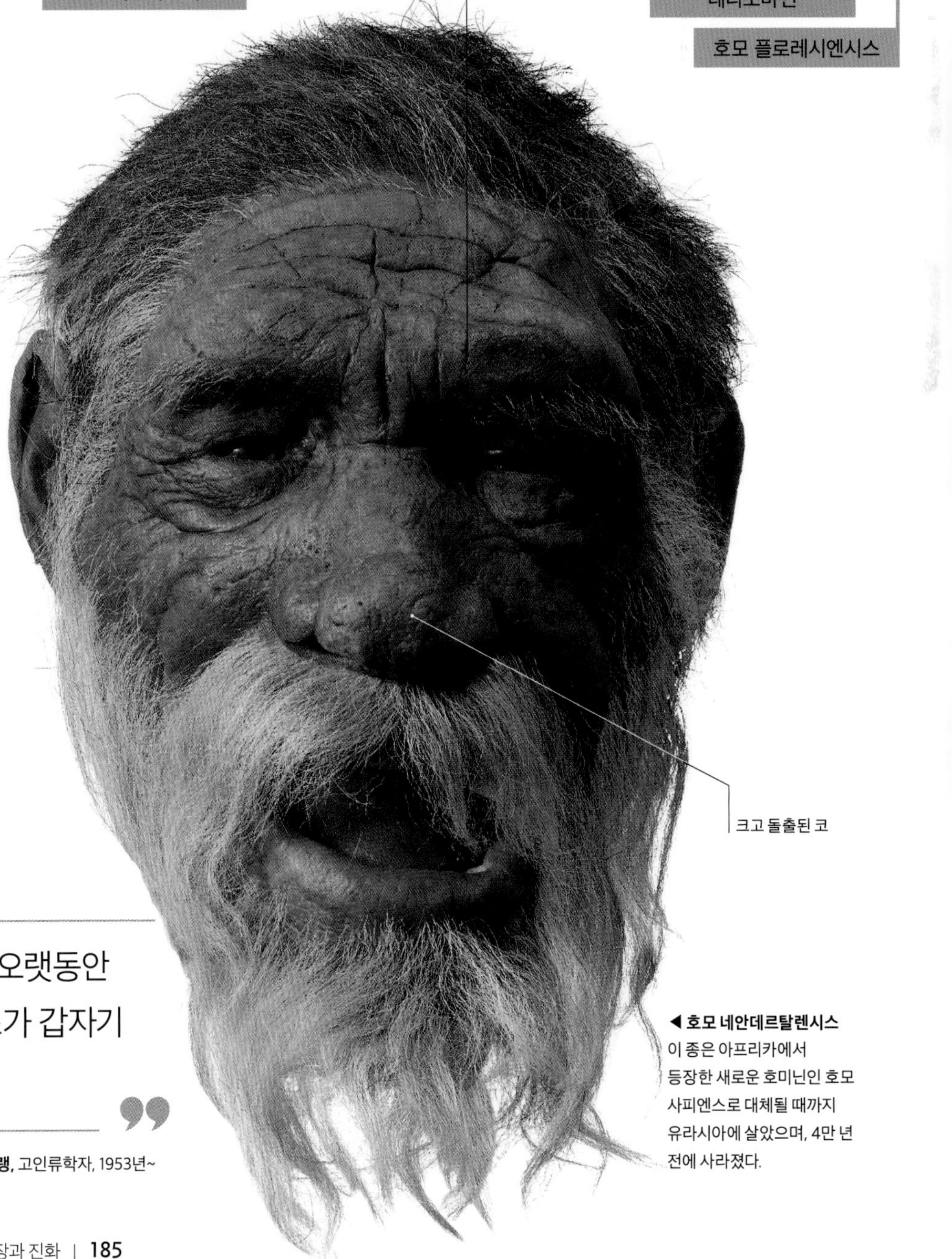

◀ 호모 네안데르탈렌시스
이 종은 아프리카에서 등장한 새로운 호미닌인 호모 사피엔스로 대체될 때까지 유라시아에 살았으며, 4만 년 전에 사라졌다.

“ **비(非)인간**과 **인간** 사이의 **경계**는 그렇게 **뚜렷하지 않다**. 오랫동안 사람들이 생각했던 것처럼 아담과 같은 한 명의 인류 시조가 갑자기 등장한 것이 아니다. ”

장자크 위블랭, 고인류학자, 1953년~

유인원이 **직립 보행**을 하다

나무 위에 사는 유인원에서 땅을 걷는 인류로의 진화는 골격 전체에 걸친 큰 해부학적 변화와 관련이 있다. 옛날 발자국 화석은 우리의 조상이 약 370만 년 전에 이미 걸었음을 보여 주지만, 인간이 달리기까지는 200만 년의 시간이 더 걸렸다.

350만 년 전부터 이어진 춥고 건조한 기후 때문에 숲이 초원으로 바뀌었다. 이런 변화가 700만~400만 년 전에 나무 위에 살았던 유인원을 땅 위에서 두 다리로 걷게 만들었다고는 하나, 현실은 더 복잡하다. 가장 오래된 이족 보행 화석은 숲이었던 지역에서 발견됐기 때문이다. 이유야 어떻든, 그 진화 과정의 일부가 화석으로 남아 있다.

육지에 적응하는 과정

변화의 시작은 유인원 계통에 속하는 프로콘술로 거슬러 올라간다. 그들은 손과 발을 이용해 나무 사이를 이동하거나 나무 기둥을 올라갔다.

700만 년 된 몇몇 화석은 이와 정반대를 보여 준다. 당시 인류가 속한 호미닌 계통이 출현했다(184~185쪽 참조). 최초의 호미닌인 사헬란트로푸스 속은 이미 곧게 선 척추를 가졌다. 척추가 두개골 안으로 들어가는 시작점이 유인원처럼 뒤쪽이 아니라 아래쪽에 있기 때문이다. 땅 위 거주자로서의 특징을 보다 확실히 지닌 호미닌은 450만~430만 년 전에 지금의 에티오피아에서 등장한 아르디피테쿠스 라미두스였다. 그들은 거의 똑바로 서서 걸을 수 있었지만, 발가락들이 서로 다른 방향으로 뻗어 있어서 완전한 이족 보행은 하지 못했다.

완전한 이족 보행을 하려면, 다른 발가락과 평행하게 앞으로 난 큰 엄지발가락과, 아치 모양을 이루는 탄력 있는 뼈와 힘줄을 가진 발이 필요했다. 호모 에르가스테르의 것으로 보이는 아프리카의 발자국 화석은 이런 특징들이 라에톨리 발자국 화석보다 200만 년 뒤인 150만 년 전에 진화했음을 보여 준다(아래 그림 참조). 이제 호모 속 인류는 잘 달리게 됐다. S자 모양의 척추는 수직 충격을 흡수했고, 넓은 골반과 무릎 쪽으로 휜 허벅지뼈는 몸의 균형과 걸음걸이를 개선시켰다. 100만 년 전부터, 호미닌은 아프리카와 아시아, 유럽 전역을 활보했다.

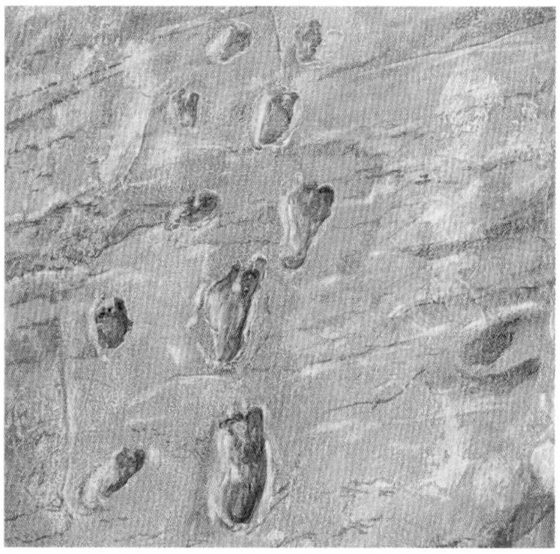

▶ 고대의 발자국
지금의 탄자니아의 라에톨리 지역에서 오스트랄로피테쿠스 아파렌시스 어른과 아이의 370만 년 된 발자국 화석이 발견됐다. 3차원 윤곽을 현생 인류의 발자국과 비교해 보면, 이들은 유인원처럼 무릎을 구부린 채 흔들거리며 걷지 않고, 인간처럼 걸었던 것으로 추측된다.

▶ 나무에서 내려오다
땅 위에서 이족 보행을 하게 된 과정은 아래 세 단계로 요약된다.

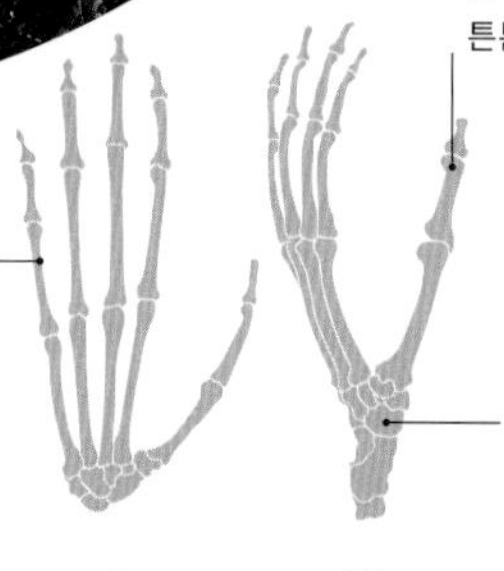

프로콘술은 아프리카에서 발견된 초기 유인원 중 하나다. 그들은 2300만 년 전에 우거진 열대 우림에 살면서 사족 보행을 했고 나무를 잘 탔지만, 꼬리가 없는 것으로 보아 나무 위 생활이 그리 중요하지 않았음을 알 수 있다.

25만 년 전 | 호모 사피엔스 등장

13만 5000년 전 | 상징 사용

11만 년 전 | 마지막 빙하기 시작

4만 5000년 전 | 가장 오래된 동굴 벽화

1만 2000년 전 | 마지막 빙하기 끝

▶ 더 춥고 변화무쌍해진 지구

빙하 시료(174~175쪽 참조)와 심해 퇴적층의 분석 결과를 보면, 지난 600만 년간 지구의 기후는 더 추워졌을 뿐만 아니라 더 변화무쌍해졌다. 이럴 때에 새로운 호미닌이 출현한 것으로 보아, 호미닌이 환경 변화 때문에 다양해졌다고 볼 수 있다. 호미닌은 그 골격의 적응력 덕분에 나무가 우거진 곳이나 없는 곳, 마르거나 건조한 곳 등 다양한 서식지에서 살 수 있었다.

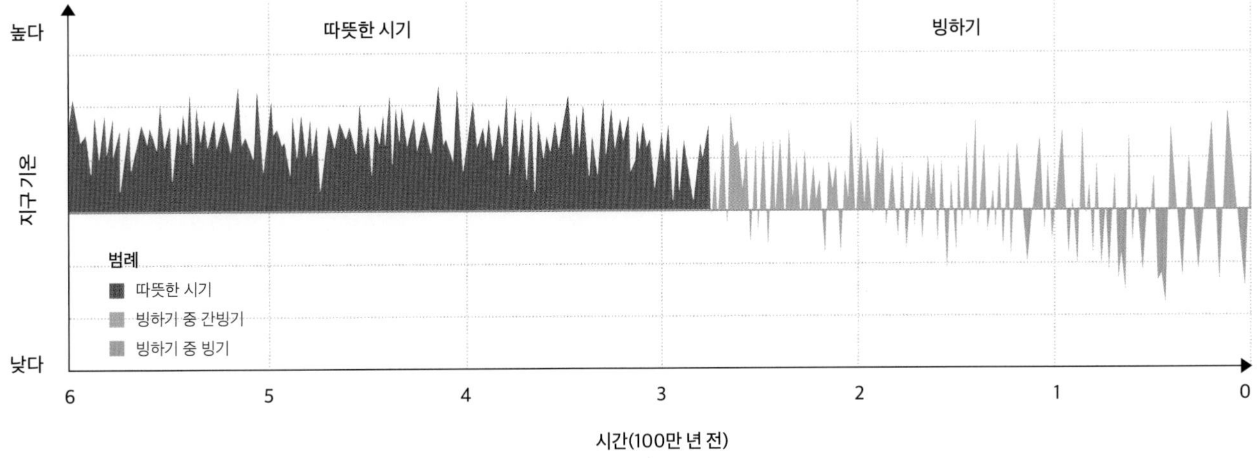

고대 호미닌인 **사헬란트로푸스**는 **700만 년 전**에 똑바로 서서 걸었다.

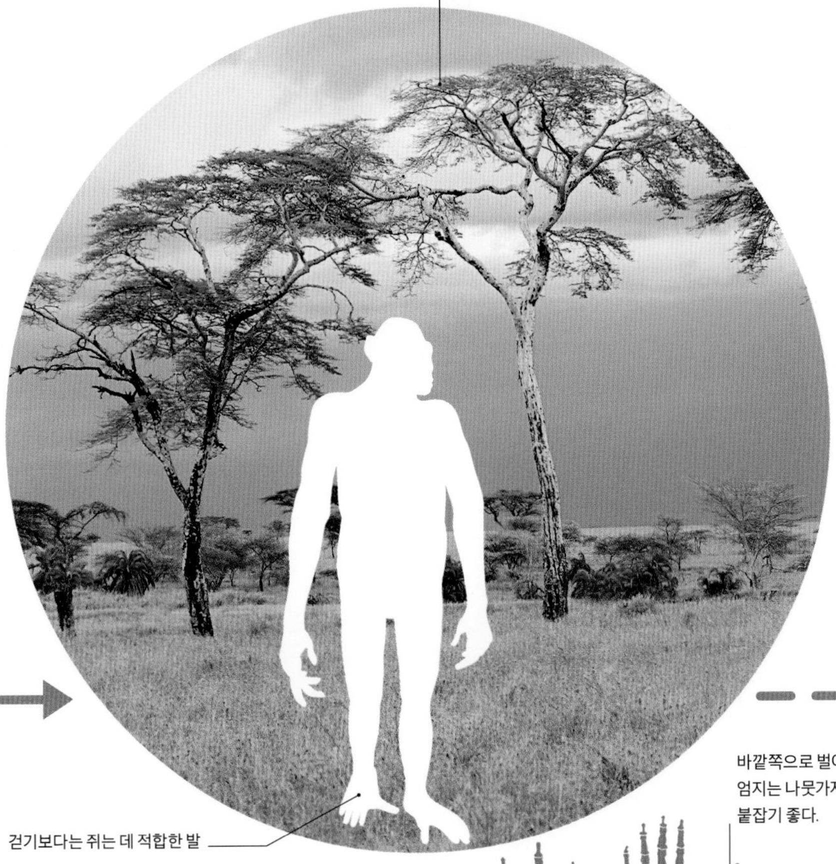

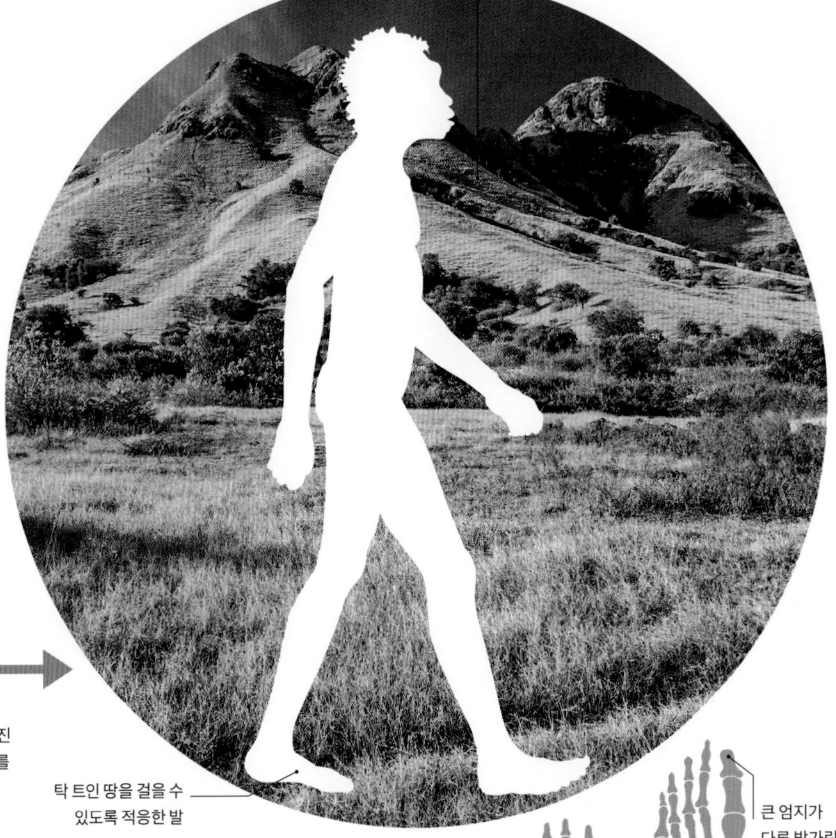

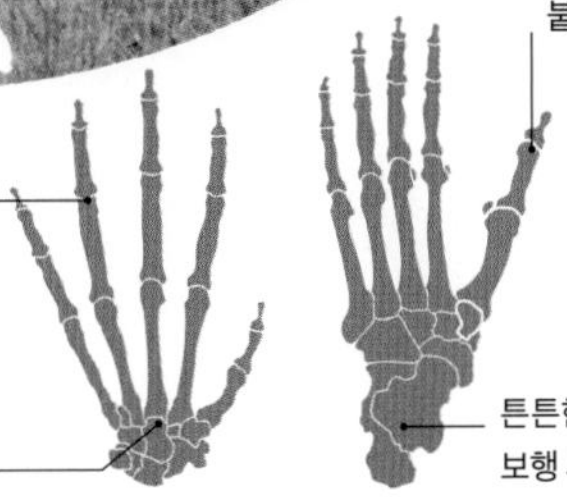

아르디피테쿠스 라미두스는 해부학적 측면에서 프로콘술보다 인간에 더 가깝다. 그들은 긴 팔과 쥐기 좋은 발을 가졌기 때문에 나무를 잘 탔으며, 실제로도 그런 환경을 선호했던 것으로 보인다.

호모 에르가스테르는 현생 인류만큼 키가 컸다. 그들은 완벽한 이족 보행을 했고 팔은 짧아졌다. 덕분에 호모 에르가스테르는 빈손에 도구를 쥔 채 탁 트인 초원에서 효율적으로 걸을 수 있었다. 손과 발의 뼈 화석이 몇 개 발견됐는데 형태 및 기능 면에서 현생 인류의 것과 거의 비슷하다.

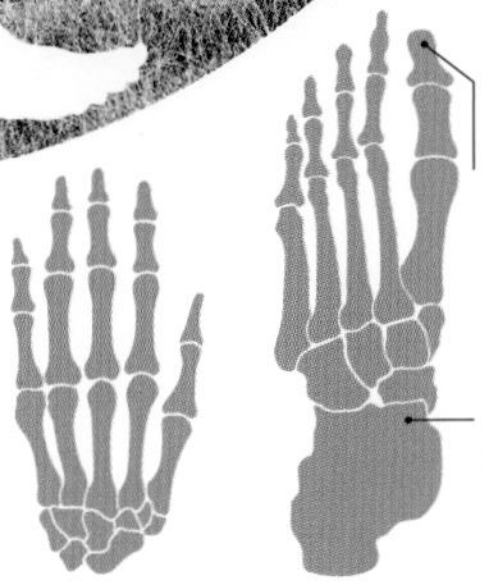

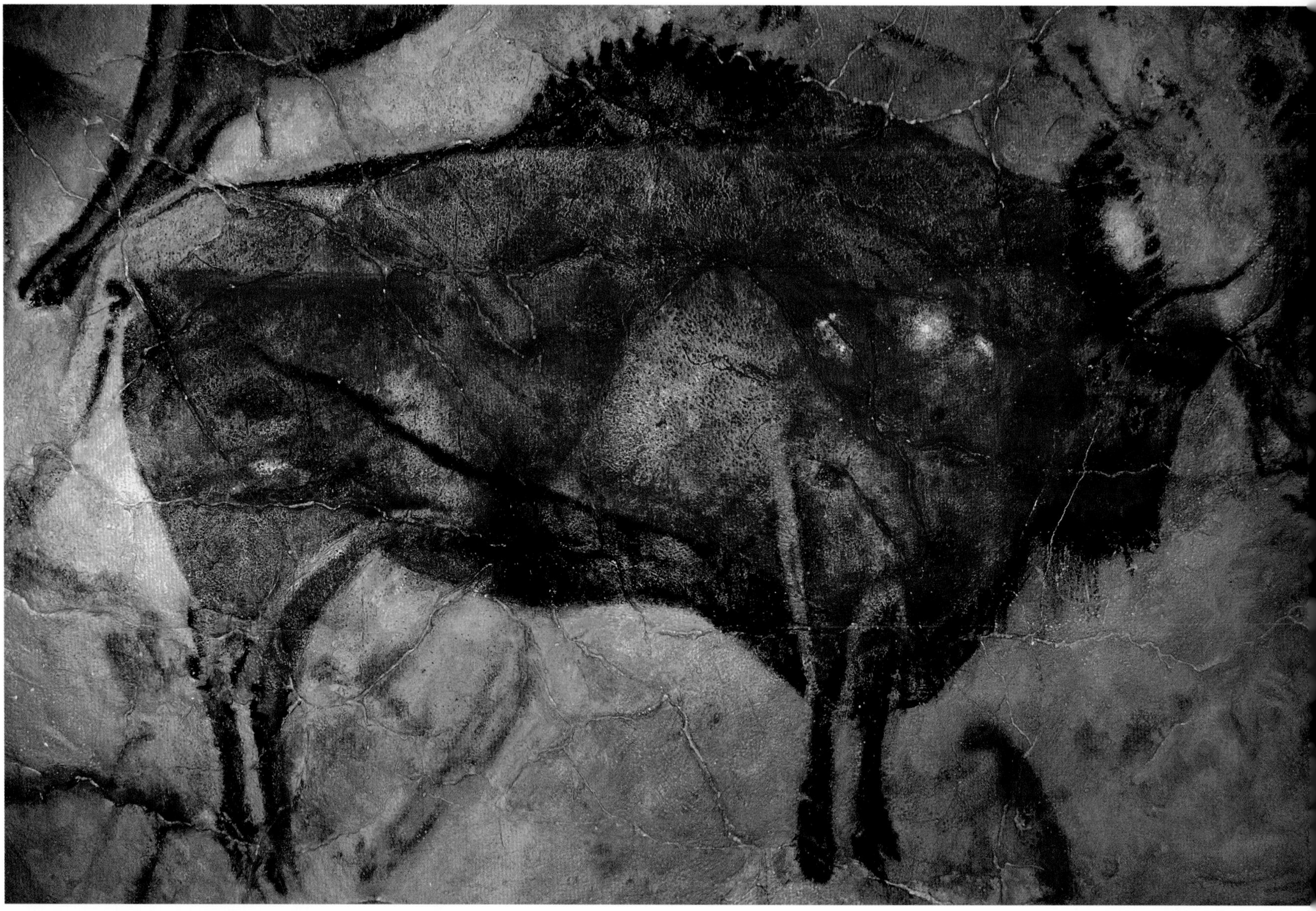

▲ **육식이 정신을 낳다?**
들소를 그린 이 구석기 동굴 벽화는 스페인의 알타미라 동굴에 있다. 어떤 이론은 고기의 섭취가 호미닌의 뇌 크기를 증가시킨 촉매였다고 주장한다.

뇌가 점점 커지다

생물학자들은 한 세기가 넘도록 동물의 뇌 크기와 지능 사이의 관계를 연구하고 있다. 호모 사피엔스에서 가장 극적으로 보이는 영장류의 대뇌화 증가 추세는, 명백한 적응적 특성이다.

우리 종이 왜 그리고 어떻게 커다란 뇌를 발달시켰는지는 인류의 진화와 관련이 있다. 뇌는 생장과 유지에 에너지가 많이 드는 기관이기 때문이다. 신체 크기 대비 뇌 크기는 중요하다. 다른 영장류 및 포유류와 비교해, 큰 뇌를 감싸는 둥근 두개골은 인간의 두드러진 특징이다.

생각하기 위해 먹는 것

호미닌에서 뇌 크기 비율이 커진 이유를 설명하는 이론 중 하나는 식단의 변화에 주목한다. 침팬지를 포함해 소수의 영장류는 고기를 정기적으로 섭취하기는 하지만, 대개 매우 적은 양에 그친다. 이와 대조적으로 호미닌은 더 자주 그리고 더 많이 고기를 먹어서 장의 길이가 점차 짧아졌다. 이는 소화시키기 어려운 식물의 섭취가 줄었다는 뜻이다. 고기와 화식(火食)에서 얻은 칼로리와 지방이 뇌에 에너지를 공급해, 호미닌의 진화를 이끌었을까? 의심할 여지없이 어느 정도는 영향을 미쳤을 것이다. 하지만 시기가 꼭 들어맞지는 않는다. 약 300만 년 전부터 호미닌은 석기를 이용해 동물 사체에서 에너지가 많은 부위를 얻을 수 있었다(뼈를 부수고 섭취해야 하는 골수 등을 의미한다. — 옮긴이). 하지만 최초로 도구를 만든 오스트랄로피테쿠스 속과 초기 호모 속 사이에 존재했던 수백만 년의 시간 동안, 뇌 용량은 겨우 100세제곱센티미터만큼 커졌다. 50만 년 전에 호모 하이델베르겐시스가 나타난 뒤에야 뇌 용량은 두 배 증가했다.

25만 년 전 | 호모 사피엔스 등장
13만 5000년 전 | 상징 사용
11만 년 전 | 마지막 빙하기 시작
4만 5000년 전 | 가장 오래된 동굴 벽화
1만 2000년 전 | 마지막 빙하기 끝

사회적인 뇌

보다 최근 이론은 뇌의 전체 크기만 논하지 않고, 각 부위가 시간에 따라 어떻게 변했는지 본다. 뇌는 의사 소통, 시각 처리, 계획, 문제 해결 등의 고차원적 기능을 수행하는 부위로 구성된다. 특히 신피질(뇌의 가장 바깥 부분)의 크기와 사회적 지능 사이의 관계가 주목을 받고 있다. 신피질은 운동 능력부터 지각이나 의식, 언어 능력에 이르는 많

영장류의 뇌는
비슷한 몸집의 포유류에 비해
두 배가량 크다.

은 뇌 기능과 관련이 있다. 신피질이 큰 영장류는 더 큰 사회를 이룬다. 이를 통해 신피질이 사회적 유대를 지속하기 위해 필요한 '처리 능력'을 제공한다는 것을 알 수 있다. 그러나 영장류의 사회생활에는 관계의 숫자뿐만 아니라 다른 개체의 행동을 예측하고 통제하는 것도 포함된다. 따라서 호미닌의 사회 관계망 크기가 커진다는 것은 뇌에 큰 투자가 필요하다는 뜻이 된다.

뇌 크기에 대한 이런 식의 접근은 다른 종에서도 적용된다. 예를 들어 눈이 큰 동물은 뇌가 큰 경향을 보인다. 보다 뛰어난 시각 능력은 더 뛰어난 처리 능력을 필요로 하기 때문이다. 고도로 발달된 시각은 먹잇감을 찾고 적을 감지하는 것뿐만 아니라, 다른 개체의 시선을 읽어 내고 몸짓의 의미를 이해하는 데 도움을 준다. 포유류에서 조류까지, 뇌가 클수록 자기 통제의 수준이 높다. 그들은 즉각적인 충동을 억제하고, 나중에 더 큰 보상을 얻기 위해 인내하며 이전의 경험을 바탕으로 가능한 행동을 탐색한다. 영장류의 경우 자기 통제 수준이 사회 집단의 크기와 함께 반드시 커진 것은 아니었지만, 훨씬 더 큰 자기 통제가 가능한 호미닌은 자신들의 지위를 유지하고 다른 집단보다 앞서가기 위해서 규칙에 기반을 둔 사회를 구성했다.

복잡한 결론

호미닌 간의 경쟁으로 더 높은 수준의 처리 능력을 필요해지자 뇌가 점점 커졌다. 물론 식단도 중요한 요인이었다. 하지만 단순히 고기를 먹기 시작했다는 사실보다 호미닌의 식단 범위가 넓어졌다는 것이 중요하다. 케냐의 쿠비포라 지역에서 메기와 거북을 먹었다는 사실이 뒷받침하듯, 초기 호모 속은 식물과 고기뿐 아니라, 물고기와 같은 '특화된' 먹을거리 역시 200만 년 전부터 섭취했다. 도구를 사용해 더 넓은 지역에서 사냥과 채집을 하려면 운동 능력과 기억력, 그리고 유연한 적응 능력이 필요했다. 이런 활동은 대개 협동을 통해 이뤄졌을 것이며, 학습하고 스스로를 통제하며 강한 사회적 네트워크를 유지하는 능력은 더욱 중요해졌을 것이다.

지난 2만 년 동안 다양한 이유로 우리 뇌는 커졌다가 다시 줄어들었다. 호모 사피엔스의 뇌 기능을 더 잘 이해하게 되면, 단지 뇌 크기만이 아니라 뇌 안의 연결 구조도 지능에 영향을 준다는 것을 알게 될 것이다.

▲ 사회적인 뇌
오늘날 칼라하리 사막의 산 족 사람들은, 다른 수렵 채집인처럼 단단히 결속된 사회 집단을 이뤄 생활한다. 이런 복잡한 교류는 더 큰 뇌가 발달해야만 가능하다.

> **뇌**는 **괴물 같고도 아름다운 존재**다. 뇌 안에서 **얽힌 그물**을 이루는 수십억 개의 신경세포는 우리가 뇌를 모사하기 위해 만들어 낸 **어떤 컴퓨터보다 뛰어난 인지 능력**을 보여 준다.

윌리엄 앨먼, 저널리스트, 1955년~

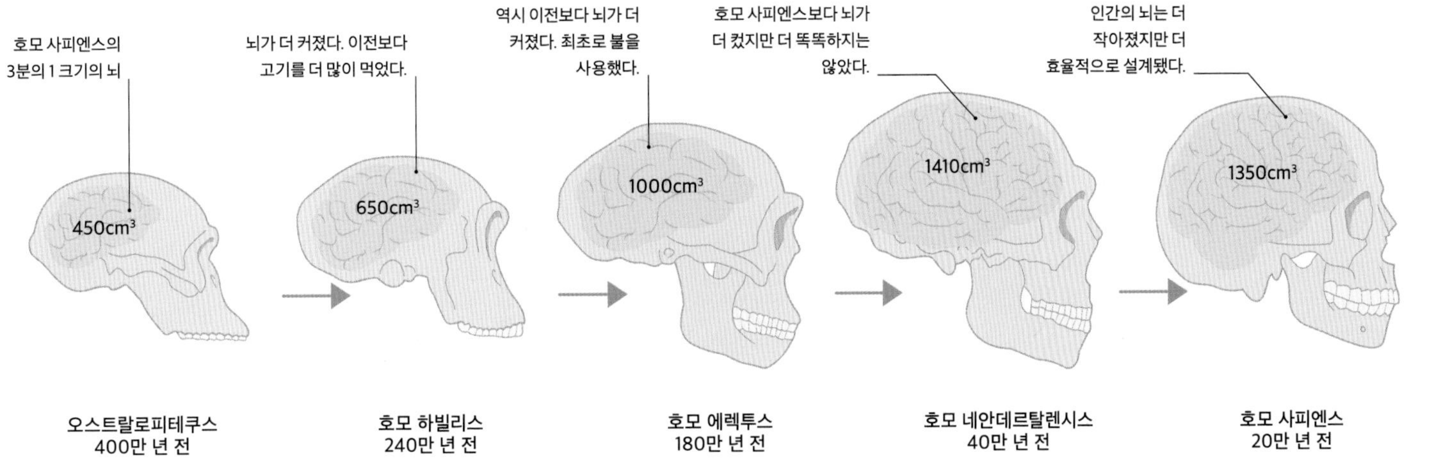
호모 사피엔스의 3분의 1 크기의 뇌
뇌가 더 커졌다. 이전보다 고기를 더 많이 먹었다.
역시 이전보다 뇌가 더 커졌다. 최초로 불을 사용했다.
호모 사피엔스보다 뇌가 더 컸지만 더 똑똑하지는 않았다.
인간의 뇌는 더 작아졌지만 더 효율적으로 설계됐다.
450cm³
650cm³
1000cm³
1410cm³
1350cm³
오스트랄로피테쿠스 400만 년 전
호모 하빌리스 240만 년 전
호모 에렉투스 180만 년 전
호모 네안데르탈렌시스 40만 년 전
호모 사피엔스 20만 년 전

◀ 호미닌 뇌의 진화
지난 700만 년 동안, 호미닌의 뇌는 세 배 커졌다. 주요 변화는 200만 년 동안 이뤄졌다. 고대 인류의 뇌를 측정하는 방법은 두개골 화석의 크기를 기준으로 한다. 일부 화석이 뇌 안쪽 공간을 보존하고 있기 때문이다.

네안데르탈인이 등장하다

네안데르탈인은 우리와 가까운 호미닌 친척 중 하나일 뿐이지만 수 세기 동안 인류 역사를 이해하는 데 특별한 역할을 했다. 오랫동안 성공적으로 살았던 이 고대 인류를 연구함으로써, 우리 종에 대한 관점이 바뀌었다.

▲ 독수리 발톱 장신구
크로아티아의 한 네안데르탈인 동굴에서 약 13만 년 전에 만들어진 것으로 추정되는 독수리 발톱 8점이 발견됐다. 끈으로 서로 연결됐는지는 확실하지 않다. 하지만 1개에는 광물성 안료가 섞여 있었다.

호미닌 계통에서 네안데르탈인과 호모 사피엔스로 이어지는 가지는 약 60만 년 전에 등장했다. 약 40만 년 전에 등장한 '네안데르탈인스러운' 특징은 화석에서 알 수 있다. 호미닌 중 네안데르탈인 화석이 가장 많은데, 그중에는 275구 이상의 개체에서 나온 부분 화석들과 거의 완벽한 유골 화석 몇몇이 있다. 해부학적으로 보면, 네안데르탈인은 우리 종과 많이 다르다. 두개골이 조금 더 크고, 턱은 덜 도드라졌다. 눈썹 위는 더 두툼하다. 치아 모양도 다르다. 키가 작고 가슴 부위가 둥그스름하며 팔과 다리의 비율이 다르다. 손가락 끝은 더 크다. 하지만 옷을 입혀 놓으면 우리와 매우 비슷해 보일 것이다.

> **네안데르탈인 뼈**에서 나온 상처는 오늘날 **로데오 경기**에서 볼 수 있는 상처와 비슷하다.

넓은 사냥터

네안데르탈인은 빙하기에 살았던 것으로 자주 기술되지만, 실제로 그들은 빙기와 간빙기(몇몇 간빙기는 심지어 오늘날보다 따뜻했다.)에 모두 살았으며 낙엽수림뿐만 아니라 스텝 툰드라(steppetundra)에서도 살았다. 영국의 웨일즈 지역과 이스라엘, 시베리아, 우즈베키스탄에 이르는 광대한 지역에서 네안데르탈인의 거주지가 수백 개 발견됐다. 연대 측정의 어려움 때문에 가장 최근에 살았던 곳을 알기는 어렵지만, 마지막 네안데르탈인은 약 4만 년 전까지 살았던 것으로 보인다.

오늘날에는 더 이상 그들이 '멸종했다고' 하지 않는다. 유전체 연구 결과 현생 인류와 네안데르탈인이 다른 시기와 지역에서 여러 차례 교배했다는 사실이 밝혀졌다. 오히려 네안데르탈인의 DNA는 오늘날 더 많이 존재하는지도 모른다(네안데르탈인의 DNA는 오늘날의 인류에게 조금씩 남아 있지만 과거보다 인구가 월등히 많기 때문이다. ― 옮긴이).

네안데르탈인의 문화와 인지 능력에 대한 관점 역시 변했다. 그들이 만든 석기는 조잡하고 정체된 것이 아니었고 오히려 지역별로 다양하게 발전했다. 최초의 다목적 도구인 돌날, 최초의 합성 물질인 자작나무 껍질 수지, 그리고 다양한 나무 식기를 만든 것도 그들이었다. 또한 네안데르탈인은 의심할 여지없는 최고의 사냥꾼이었다. 식단은 서식지에 따라 다양했다. 그들은 식물은 물론 거북 등의 작은 사냥감도 잡아먹었다.

현생 인류가 네안데르탈인과 반복적으로 관계를 맺었다는 사실과 그 아이들이 살아남았다는 것은 그들이 우리와 그리 다르지 않았음을 의미한다. 네안데르탈인들은 검붉은 색소를 사용했고 조개껍데기를 수집했으며, 새의 깃털과 부리에 큰 관심과 흥미를 느꼈다. 반면 아프리카와 아시아의 초기 호모 사피엔스의 작품과 일치하는 네안데르탈인의 예술은 없다. 두 인류 사이에 인지 능력의 차이가 있었다는 뜻일 수 있다. 네안데르탈인이 사라진 까닭으로는 식량 경쟁, 기후 부적응, 질병 등 다양한 후보가 제시된다.

▶ 네안더 계곡
네안데르탈인은 독일의 뒤셀도르프 근처에 위치한 네안더 계곡에서 이름을 땄다. 1856년, 이곳 동굴에서 최초의 네안데르탈인 화석이 발견됐다.

▶ 또 다른 인류
네안데르탈인은 호모 사피엔스와 놀라울 정도로 닮았다. 두 종은 수천 년에 걸쳐 교배를 했다. 네안데르탈인의 DNA 중 50퍼센트는 오늘날 사람들의 몸에 남아 있다.

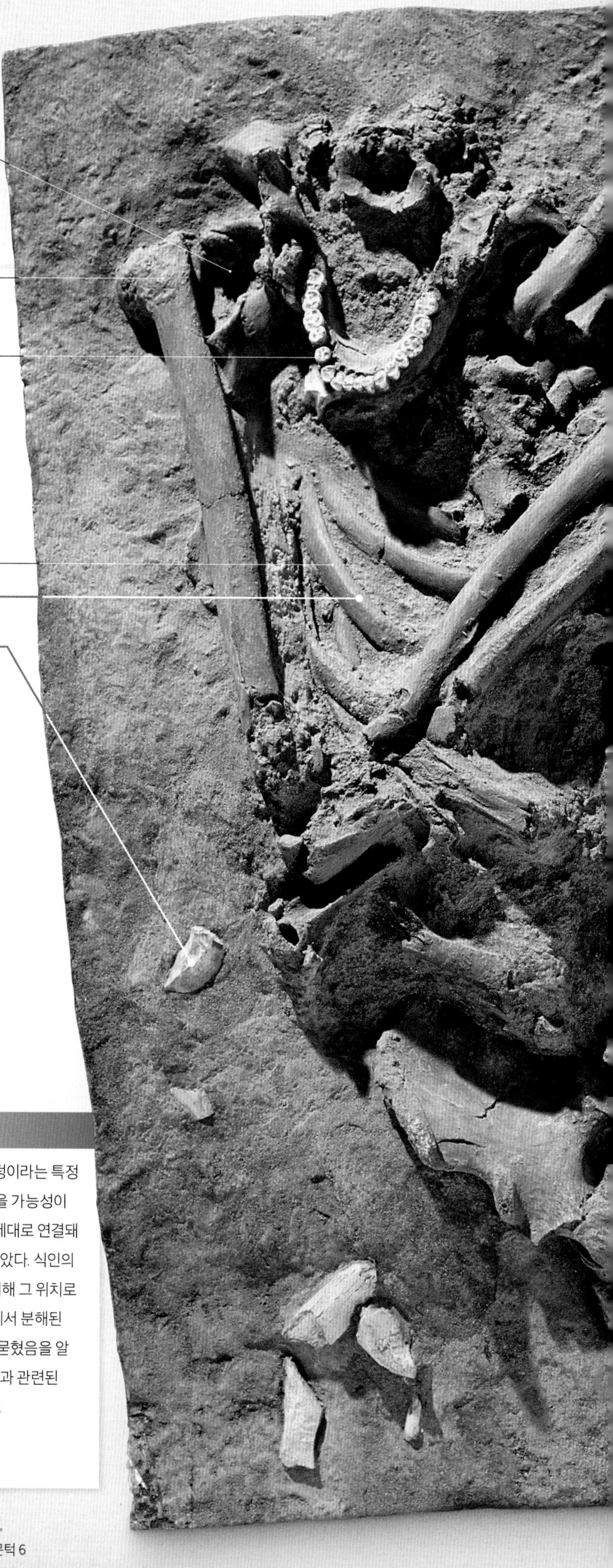
아래턱뼈를 제외한 두개골은
조각조차 남지 않은 것으로 보아
침식돼 사라졌을 것이다.
굵은 뼈와 큰 관절은 팔과 손이 튼튼한
근육질이었음을 짐작하게 한다.
치아는 많이 닳아 있다.
네안데르탈인은 동물 가죽이나
다른 물건을 붙잡을 때, 치아를
고정용 기구처럼 사용했다.
거의 완벽한 갈비뼈 덕분에
과학자들은 갈비뼈의 곡률을
바탕으로 흉곽의 모양을
재현할 수 있었다.

네안데르탈인의 해부 구조

갈비뼈는 모셰가 드럼통 모양의 가슴과 폐를 가졌음을 알려 준다. 예전에는 유럽의 네안데르탈인이 추위에 적응하는 과정에서 폐가 커졌다고 생각했다. 추운 기후에 살면 에너지를 많이 소모하게 되므로, 체내 에너지 생성에 쓰이는 산소가 많이 필요하기 때문이다. 또 큰 폐는 호흡할 때 들이마시는 공기를 따뜻하고 습하게 만드는 데 도움이 된다. 하지만 모셰가 비교적 온화한 지중해 동부에 살았기 때문에, 어떤 과학자들은 네안데르탈인의 큰 폐는 초기의 아프리카 호미닌에게서 물려받은 특징으로, 체력 소모가 심한 사냥에 유리했다고 주장한다. 그러나 큰 폐는 추운 유럽 지역에서 사는 데에도 도움을 줬을 것이다.

연대 측정 기술

고고학자가 쓰는 연대 측정 기술로는 열루미네선스(Thermoluminescence, TL)와 전자 스핀 공명(Electron Spin Resonance, ESR) 기술이 있다. 이들은 물질에 누적된 시간에 따른 방사성 물질의 손실을 전자의 형태로 측정한다. 열루미네선스는 석기에, 전자 스핀 공명은 인간과 동물의 치아에 쓴다. 케바라에서 나온 부싯돌과 가젤 이빨을 측정한 결과, 이 유골은 6만 년 전의 것으로 밝혀졌다.

열루미네선스 기술을 사용 중인 기술자

케바라 2호의
목뿔뼈

▲ 독특한 목뿔뼈
모셰의 목뿔뼈는 호모 사피엔스의 것과 거의 같다. 현생 인류의 경우, 후두를 둘러싸고 있는 연골에서 유래한 이 목뿔뼈가 말하는 능력과 연관된 목 근육에 고정돼 있다. 케바라에서 발굴된 목뿔뼈는 네안데르탈인 역시 언어 능력을 가졌을 가능성을 제기한다(202~203쪽 참조).

매장

모든 뼈가 잘 연결된 상태로 나온 이 골격은 구덩이라는 특정 환경에서 발견됐다. 따라서 의도적으로 매장됐을 가능성이 높다. 모셰의 경우, 신체 부위는 대부분 관절이 제대로 연결돼 있었고, 목뿔뼈같이 연약한 뼈조차 부서지지 않았다. 식인의 흔적은 없었고, 몸이 동물에 먹히거나 동물에 의해 그 위치로 끌려오지도 않았다. 몸의 자세와, 살이 그 자리에서 분해된 흔적을 봐도 모셰가 사후에 구덩이에 섬세하게 묻혔음을 알 수 있다. 부장품이 발견되지 않았기 때문에 매장과 관련된 의식(218~219쪽 참조)이 있었는지는 알 수 없다.

강한 과학적 증거

케바라의 네안데르탈인

1983년, 잘 보존된 성인 네안데르탈인 유골이 이스라엘 카르멜 산의 케바라 동굴에서 발굴됐다. 이런 유해는 화석이든 아니든 호미닌 친척들에 대한 정보를 알려 준다.

케바라에서 최다 17구의 유골 화석이 발견됐다. 조개더미(패총)로 쌓아 올린 벽 근처에서 케바라 1호(KMH1)라고 불리는 유아 유골도 발견됐다. 케바라 2호(KMH2)라고 불리는 성인 유골은 구덩이 안에서 등을 바닥에 대고 팔 하나는 가슴 위에, 다른 팔은 배 위에 올린 채 누워 있었다. 뼈의 성장 상태나 치아의 마모도, 골반의 모양으로 보건대 이 유골의 주인공은 25~35세의 남성으로 추정된다. '모셰(Moshe)'라는 별명이 붙은 이 남성은 키가 약 1미터 70센티미터로, 네안데르탈인 평균보다 약간 컸다. 비록 두개골과 다리 대부분은 사라졌지만, 네안데르탈인 화석 중에서는 처음으로 갈비뼈와 척추, 골반 전체가 온전히 발견됐으며, 특히 말하는 능력과 연관된 목뿔뼈(hyoid bone)가 유일하게 발견됐다.

뼈의 탄소와 질소 비율을 분석한 결과 식단도 알 수 있었다. 네안데르탈인의 뼈는 질소 비율이 높다. 하이에나나 늑대 같은 육식 동물과 마찬가지로 고기를 많이 먹었음을 알 수 있다. 칼자국과 불 탄 자국이 남아 있는 영양 뼈, 사슴 뼈가 케바라에서 많이 나온 점도 이 사실을 뒷받침한다. 최근의 동위 원소 연구와 네안데르탈인 치아 분석 결과를 보면 그들은 과학자들이 생각했던 것보다 식물을 더 자주 섭취했을 가능성이 있다. 케바라 동굴에서 발견된 식물 흔적이 이를 방증한다. 대표적으로는 화덕 근처에서 나온 검게 탄 콩이 있다. 이를 통해 네안데르탈인이 얼마간의 콩과 풀, 씨앗, 과일, 견과류를 먹었을 것으로 짐작된다.

모셰의 뼈에는 상처의 흔적이 없지만, 다른 네안데르탈인 화석에서는 뼈가 부러졌다 아문 흔적을 볼 수 있다. 이는 큰 동물을 가까이에서 사냥했을 가능성을 보여 준다. 병과 상처는 건강의 척도이기도 하지만, 때로는 집단 내에서 서로 치료해 줬을 가능성을 암시하기도 한다. 이라크의 샤니다르 동굴에서 나온 샤니다르 1호는 두개골에 큰 충격을 받아 실명했을 것이며, 팔 하나는 쇠약했고, 다른 팔 하나는 아예 없었다. 그는 40~45세까지 살았는데, 아마 다른 구성원의 도움이 없었다면 불가능했을 것이다.

매장지

모셰의 유골은 동굴 안에서도 화덕이 밀집해 있고 동물 뼈가 많이 모여 있는 거주 지역에 있었다. 모셰의 유골은 화덕 주변의 두껍고 검은 퇴적층에 판 얕은 구덩이에 묻혀 있었다. 주변과 달리 무덤 안에 들어 있는 노란 퇴적물은 유해를 구덩이에 넣고 덮었다는 증거다.

모셰가 발견된 케바라 동굴

800만 년 전 | 호미닌 등장　**330만 년 전** | 석기의 발전　**250만 년 전** | 호모 속 등장　**30만 년 전** | 손잡이가 있는 무기 사용

▼ 전 세계로 퍼지다

고고학자들은 호미닌의 확산 경로를 재구성하기 위해, 도구와 같은 인공물과 골격 화석이 어떻게 분포하는지 조사했다. 점점 더 많은 증거들이 발견되면서, 경로와 시기는 계속 세밀해졌다.

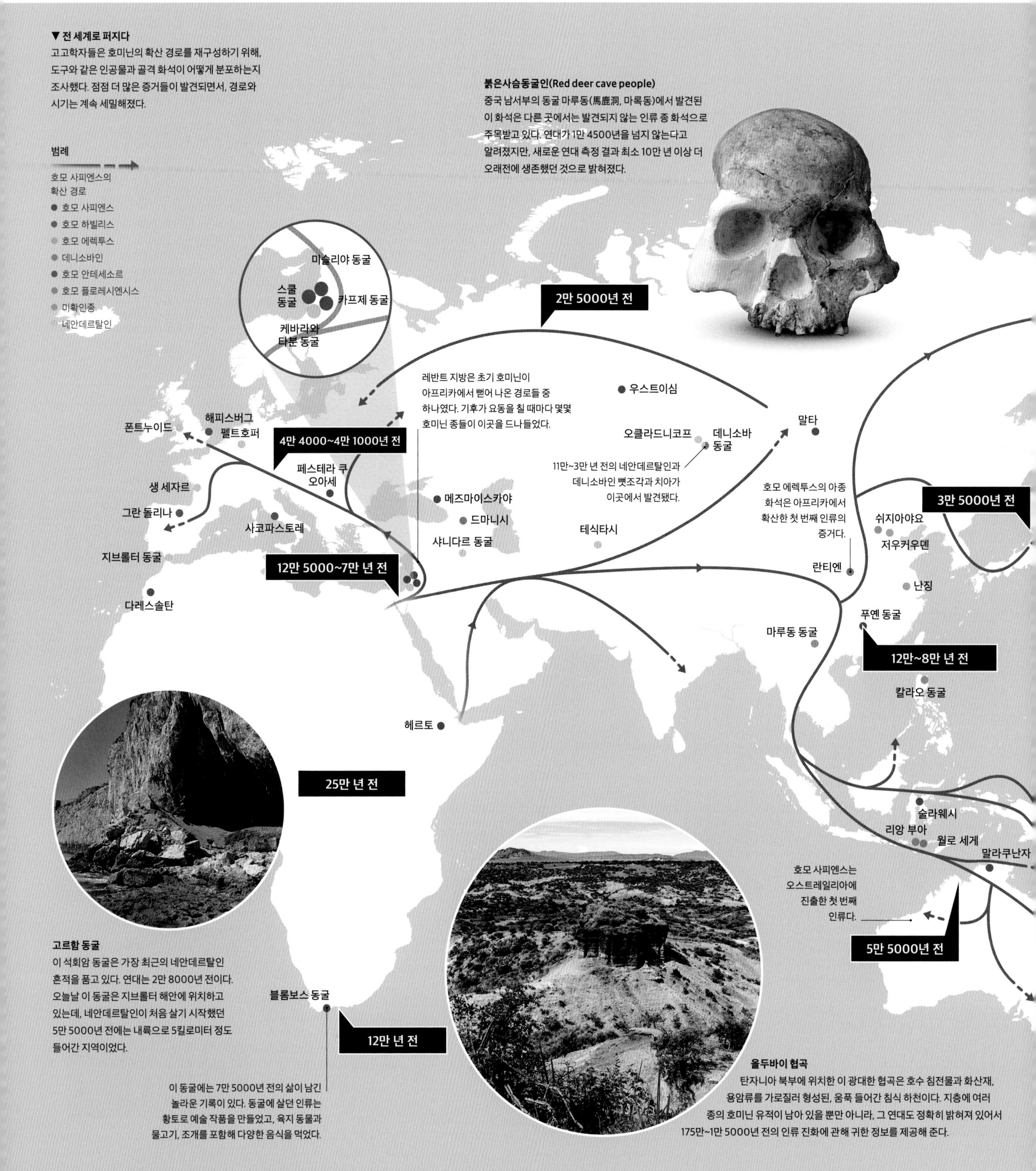

붉은사슴동굴인(Red deer cave people)

중국 남서부의 동굴 마루동(馬鹿洞, 마룩동)에서 발견된 이 화석은 다른 곳에서는 발견되지 않는 인류 종 화석으로 주목받고 있다. 연대가 1만 4500년을 넘지 않는다고 알려졌지만, 새로운 연대 측정 결과 최소 10만 년 이상 더 오래전에 생존했던 것으로 밝혀졌다.

고르함 동굴

이 석회암 동굴은 가장 최근의 네안데르탈인 흔적을 품고 있다. 연대는 2만 8000년 전이다. 오늘날 이 동굴은 지브롤터 해안에 위치하고 있는데, 네안데르탈인이 처음 살기 시작했던 5만 5000년 전에는 내륙으로 5킬로미터 정도 들어간 지역이었다.

이 동굴에는 7만 5000년 전의 삶이 남긴 놀라운 기록이 있다. 동굴에 살던 인류는 황토로 예술 작품을 만들었고, 육지 동물과 물고기, 조개를 포함해 다양한 음식을 먹었다.

올두바이 협곡

탄자니아 북부에 위치한 이 광대한 협곡은 호수 침전물과 화산재, 용암류를 가로질러 형성된, 움푹 들어간 침식 하천이다. 지층에 여러 종의 호미닌 유적이 남아 있을 뿐만 아니라, 그 연대도 정확히 밝혀져 있어서 175만~1만 5000년 전의 인류 진화에 관해 귀한 정보를 제공해 준다.

25만 년 전 | 호모 사피엔스 등장
13만 5000년 전 | 상징 사용
11만 년 전 | 마지막 빙하기 시작
4만 5000년 전 | 가장 오래된 동굴 벽화
1만 2000년 전 | 마지막 빙하기 끝

인도네시아 플로레스 섬의 리앙부아 동굴에서 발견된, **키가 1미터** 정도인 호미닌은 지금까지 발견된 호미닌 중 가장 작다.

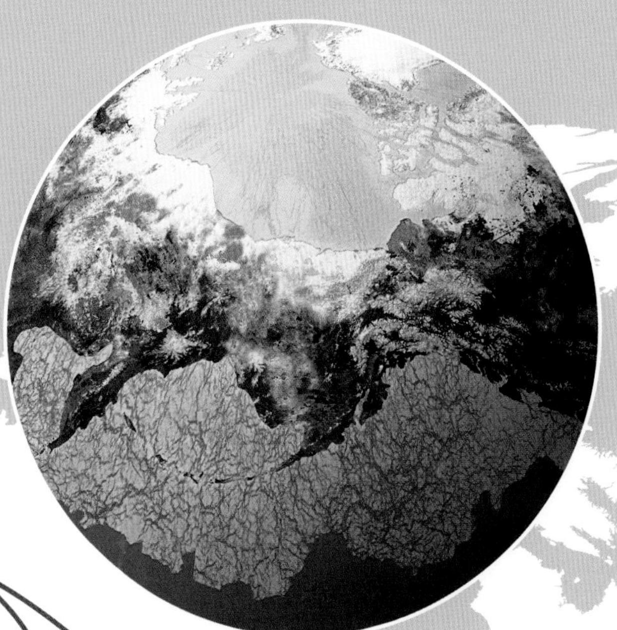

베링 해협
거의 200만 년 동안, 유럽과 아시아는 베링기아(Beringia, 베링 육교)라고 하는 땅덩어리로 연결돼 있었다. 하지만 대부분의 시간 동안 그 길은 거대한 대륙 빙하로 막혀 있었다.

초기 인류가 전 세계로 퍼지다

최초의 호미닌들은 아프리카에서만 발견됐다. 새로운 환경에 적응하는 능력 덕분에 여러 종의 호모 속이 세계로 퍼져 나가 지구상의 거의 모든 지역에 살게 됐다.

초기 인류가 아프리카 사바나 지역에서 전 세계로 확산되는 과정은 최소 두 단계로 이뤄졌을 것이다. 첫 번째 단계는 200만 년 전에 시작됐다. 조지아의 드마니시 지역에서 발견된, 호모 하빌리스와 닮은 180만 년 전 화석이 그 증거다. 이 확산은 중국과 인도네시아에서 발견된 160만~110만 년 전 화석과도 관련이 있다. 이들은 호모 에렉투스 쪽에 좀 더 가깝다. 뒤따라 두 번째 확산이 일어났다. 호모 안테세소르가 최소 90만 년 전에 스페인과 영국에 진출했다.

이 두 번의 확산 덕분에 호미닌은 아프리카와 아시아, 유럽에 퍼졌다. 개체군은 다양해졌고, 새로운 종도 등장했다. 예를 들어 40만~30만 년 전에 유럽에서 네안데르탈인이 나타났다. 비슷한 시기에 아시아에서는 데니소바인 같은 새로운 종이 등장했다.

18만 년 전 어느 시점에서 현생 인류(호모 사피엔스) 집단이 아프리카를 떠났다. 처음에는 아시아로, 나중에는 유럽으로 이동했다. 5만 5000년 전에는 바다를 건너 뉴기니와 오스트레일리아로 확산이 이뤄졌다. 반면 북아메리카, 남아메리카, 중앙아메리카로 진출한 것은 2만 1000년 전, 그리고 베링 육교(Beringia)로 접근하지 못하게 막던 빙하가 발달한 2만 3000년 전 이전으로 추정된다.

초기 호미닌과 비교해, 현생 인류는 빨리 확산했다. 새로운 환경에 처한 그들은 새로운 먹을거리를 탐색하고 춥거나 변화무쌍한 기후에 적응하며 기후 변화도 견뎌 내야 했다. 새로운 기술을 개발하고 배우며, 자원과 정보를 교환하는 능력이 그들의 생존에 필수적이었다.

뉴멕시코의 화이트 샌즈 국립 공원에서 발견된 발자국 화석은 북아메리카에 호모 사피엔스가 존재했음을 알리는 가장 오래된 증거다.

잘 보전된 이 유적지에는 나무 틀, 은신용 통나무집 덮개, 약초, 인류가 감자를 먹은 흔적 등이 남아 있다.

고DNA

지난 10년 동안, 고(古)DNA 분석 기술의 발전 덕분에 우리는 인류의 진화에 대해 더 잘 이해할 수 있었고, 놀라운 사실들을 발견할 수 있었다.

DNA는 작은 단위의 분자로 구성된 아주 긴 분자다. DNA는 살아 있는 생물의 세포 안에서 발견된다. 작은 단위의 분자 순서는 암호화된 지시문인 유전자로, 개체의 특성을 결정한다.

지금까지 얻은 가장 오래된 DNA는 40만 년 된, 스페인의 시마 데 로스 우에소스 동굴에서 발견된 네안데르탈인의 것이다. 이에 따르면 호모 사피엔스는 다른 고대 호미닌과 76만~55만 년 전에 분리됐다. 이 DNA와 다른 고DNA의 분석에 따르면, 유라시아는 항상 용광로 같은 곳이었다. 그리고 화석 증거들과 고고학 유적들을 바탕으로 우리가 유추했던 것보다 호모 사피엔스와 다른 고대 인류 사이의 접촉과 교배가 전 지구적으로 훨씬 더 많이 일어났다는 것이 밝혀졌다.

루마니아의 오아세에서 발견된 4만 년 전의 한 인류는 네안데르탈인 조상에서 갈라져 나온 지 겨우 4세대밖에 지나지 않은 것으로 밝혀졌다. 또 다른 인류는 유전적으로 '막다른 골목'에 해당했다. 시베리아의 우스트이심 지역에서 나온 개체는 4만 5000년 전에 살았던 것으로 추정되는데, 그 조상은 네안데르탈인이었지만 이후의 호모 사피엔스와는 유전적 교류가 없었다. 유럽에서는 호모 사피엔스가 최초로 이주한 이후 현대에 이르기까지 최소한 네 번에 걸친 대규모의 개체군 변화가 있었다.

우리는 이런 고DNA의 세부를 이제 막 판독하기 시작했다. 그리고 종 사이의 유전적 차이가 어떻게 그들과 우리의 성공에 영향을 미쳤는지 이해하기 시작했다. 기술이 발달해 초기 DNA, 특히 아프리카 인과 아시아 인의 DNA가 해독된다면, 우리 종의 기원과 이주, 그리고 고유한 유전적 적응에 관한 비밀이 풀릴 것으로 기대된다. 또한 호미닌의 가계도 내에서 서로 다른 계통 사이의 연관 관계가 어떻게 되는지도 밝혀질 것이다.

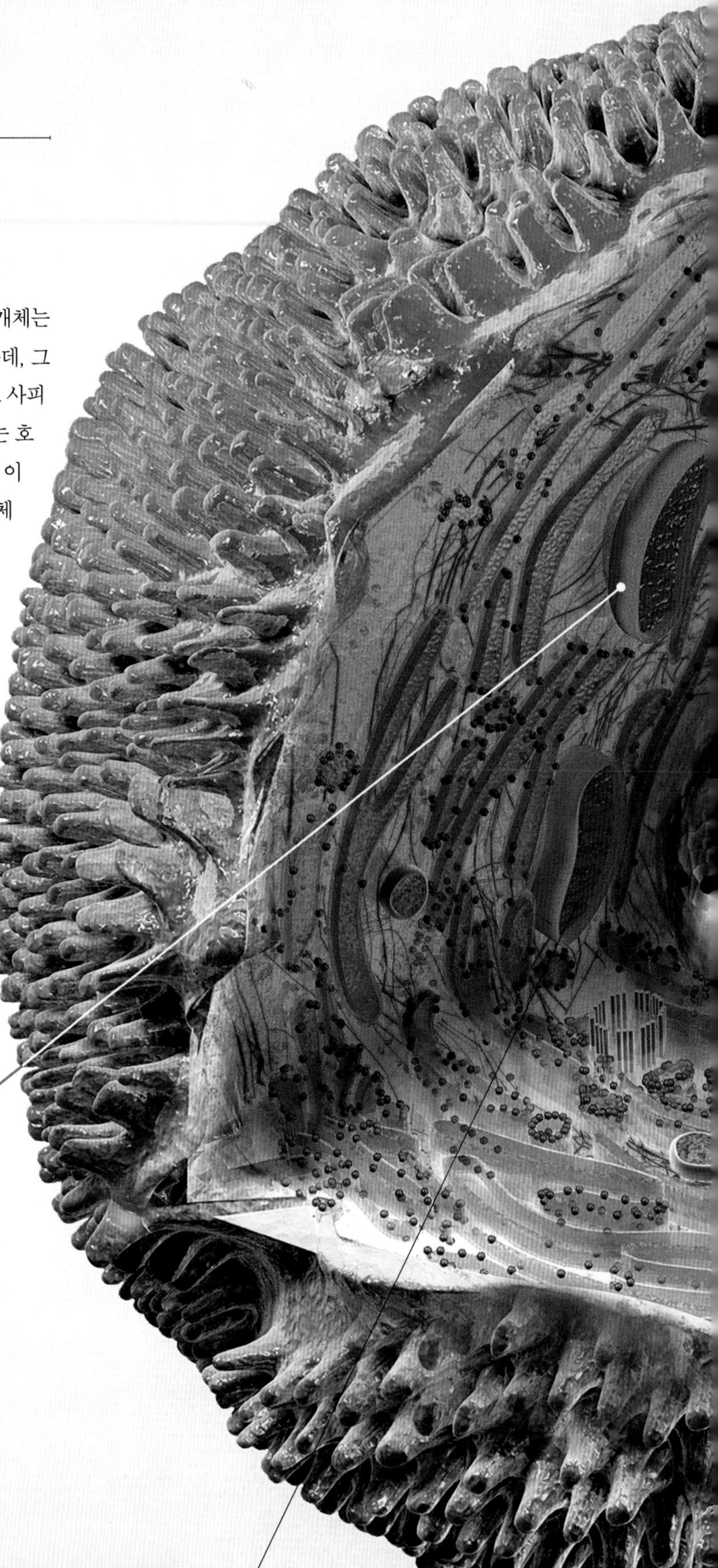

미토콘드리아는 작은 캡슐 형태의 세포 소기관으로, 당을 산화시켜 에너지를 만들어 낸다. 각각의 미토콘드리아는 고유의 DNA를 갖고 있다. 이 DNA에는 여러 기능과 관련된 37개의 유전자가 있다.

미토콘드리아 DNA

미토콘드리아 DNA(mtDNA)는 어머니로부터 내려온다. mtDNA는 세포의 핵이 아니라 미토콘드리아 내에 존재한다. mtDNA는 모계 혈통만 따르므로, 과학자들은 수천 명에 대한 연구 결과를 바탕으로 '미토콘드리아 이브(Mitochondrial Eve)'라고 하는 공통 모계 조상에서 내려오는 유전자 '가계도'를 그릴 수 있다. 미토콘드리아 이브와 동시대에 살았을지 모르는 다른 존재들은 우리의 mtDNA에 흔적을 남기지 않았다. 미토콘드리아 이브는 20만~10만 년 전에 아프리카에서 살았거나 아프리카에서 유럽으로 진출한 최초의 호모 사피엔스 중 하나였다.

mtDNA의 모계 혈통

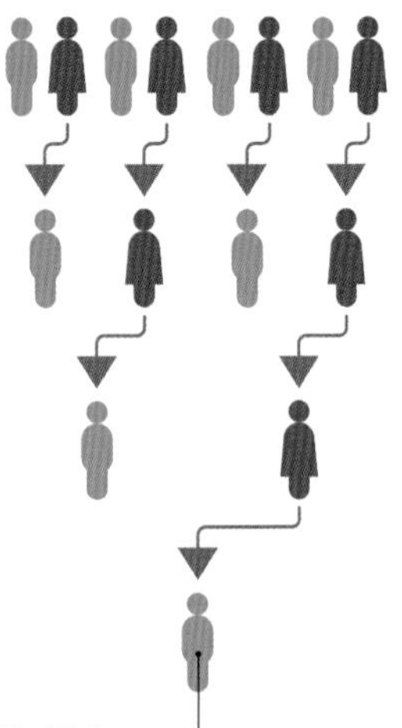

오직 한 여성의 mtDNA만이 오늘날 발견된다.

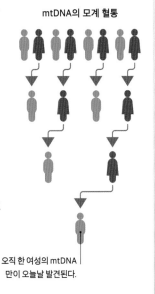

미토콘드리아 DNA

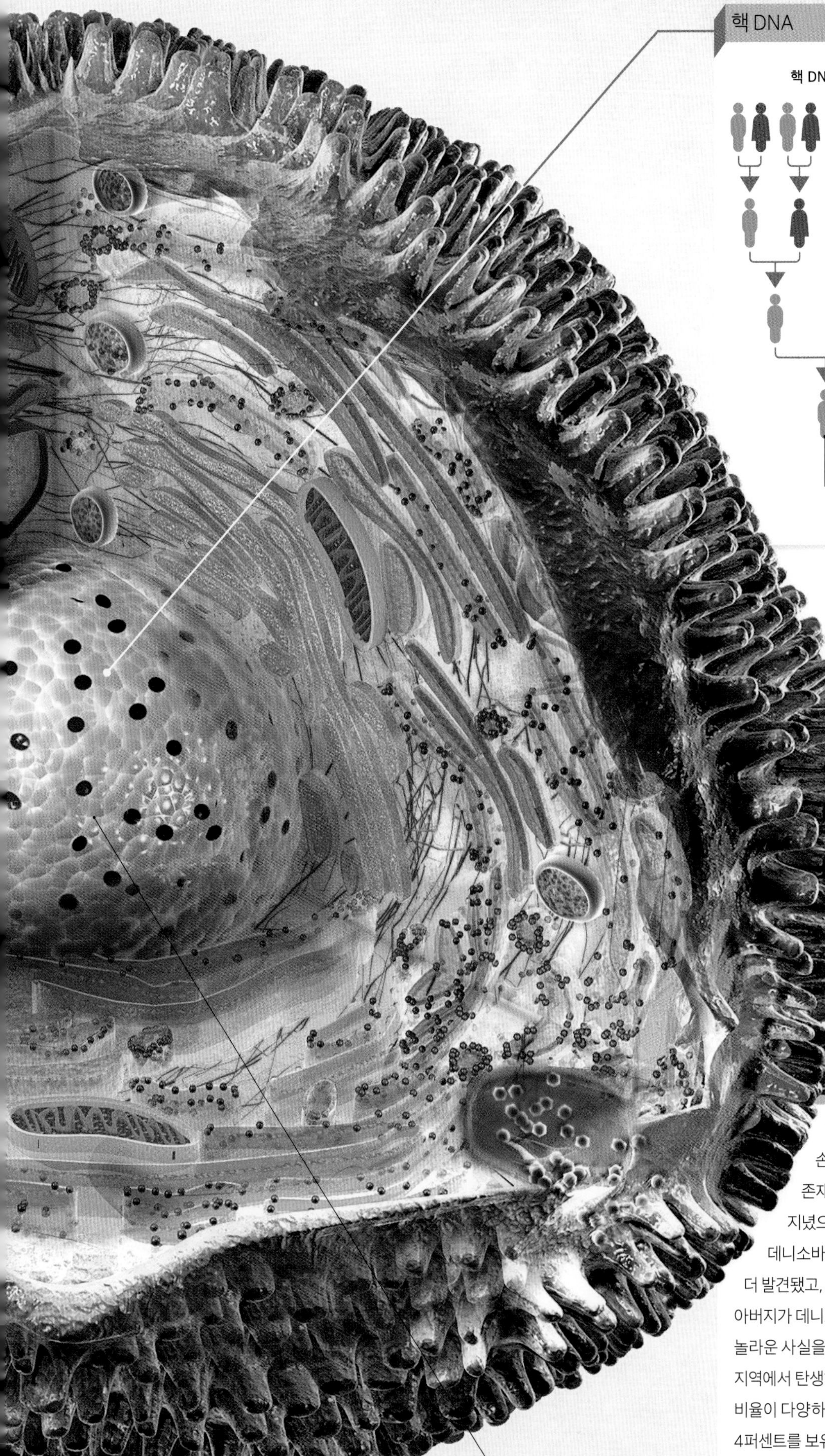

세포의 중앙 통제 기관인 핵에는 2만~2만 5000개의 유전자가 들어 있다.

핵 DNA

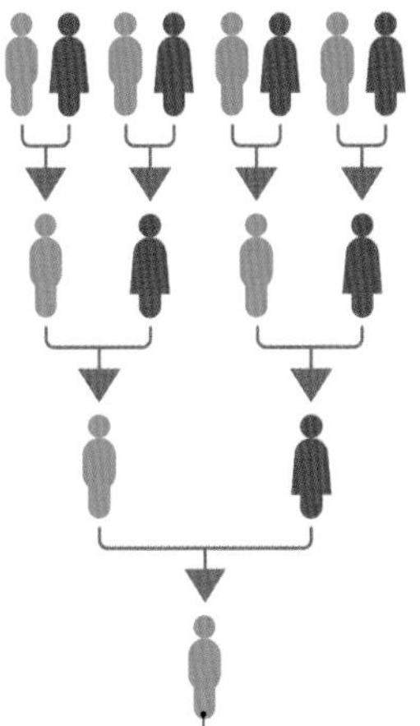

핵 DNA 혈통
부모 양쪽의 DNA가 오늘날까지 내려온다.

대부분의 DNA는 세포핵 안에 있다. 두 명의 부모 모두가 자손에게 DNA를 물려준다. 그래서 핵 DNA는 종의 연관성이나 유전적 차이, 적응적 특징 등에 대해 보다 많은 정보를 제공한다. 최근 연구에 따르면, 아프리카에서 확산하던 초기에 호모 사피엔스는 유라시아의 호미닌과 여러 곳에서 여러 차례 피가 섞였다. 그때 교배한 호미닌들의 유전자가 오늘날 다양한 비율로 남아 있다. 이 유전자들은 면역력을 높이거나 대사를 개선하는 등 생존에 도움을 줬고, 덕분에 우리는 전 지구에서 가장 성공한 존재가 됐다.

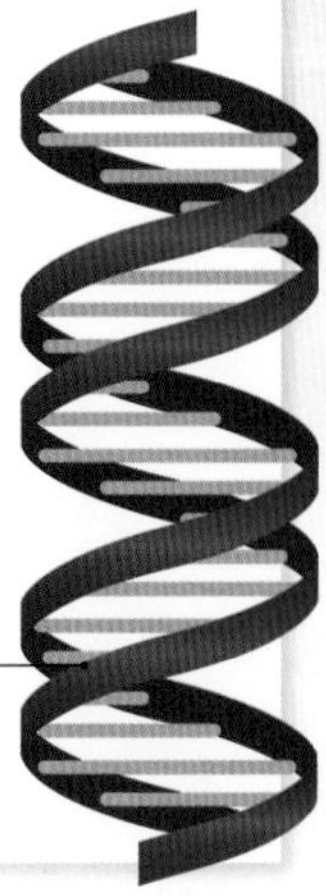

DNA 추출

고인류학자들은 DNA를 추출해 연구한다. 보통 치아와 뼈, 미라화된 조직에서 DNA를 구한다. mtDNA는 온전하게 복원하기 가장 쉽다. 세포마다 많으면 1,000개의 미토콘드리아가 있고 각각의 미토콘드리아에는 짧은 DNA 가닥이 5~10개씩 들어 있다. 반면 훨씬 긴 핵 DNA는 시간이 지남에 따라, 그리고 토양의 온도가 변함에 따라 분해되기 쉽다. 핵 DNA를 복원하는 가장 좋은 방법은 치아 뿌리 중 광물화된 외곽 부위인 백악질(cementum)에서 DNA를 추출하는 것이다. 단단한 광물층이 안에 갇힌 세포를 온전하게 보호해 주기 때문이다.

데니소바 동굴의 데니소바인

2010년 시베리아에서 발견된 7만~5만 년 전 여자 어린이의 손가락 뼈 조각 DNA 분석 결과 미지의 호미닌 집단이 존재했음이 밝혀졌다. '데니소바인'은 갈색 눈과 머리카락, 피부를 지녔으며 유라시아의 네안데르탈인과 가까운 관계였다. 데니소바 동굴에서는 수만 년 더 전에 살았던 개체가 더 발견됐고, 2016년에는 여자 어린이 화석 연구로 아버지가 데니소바인, 어머니가 네안데르탈인이라는 놀라운 사실을 밝혀내기도 했다. 아프리카 외의 지역에서 탄생한 현생 인류는 데니소바인 DNA 비율이 다양하다. 비율이 가장 높은 멜라네시아인은 4퍼센트를 보유한다. 아시아에서 일부 초기 호모 사피엔스 집단만이 데니소바인과 교배했을 것으로 추정된다.

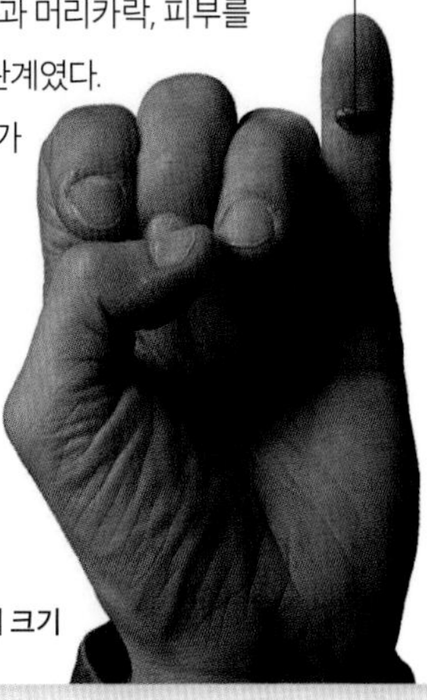

데니소바인 뼛조각의 크기

▶ 헤르토 두개골
에티오피아의 헤르토 지역에서 나온 이 두개골은 다른 초기 호모 사피엔스와 약간 다르다. 일부 인류학자들은 그 주인이 아종인 호모 사피엔스 이달투(*Homo sapiens idaltu*)라고 주장한다.

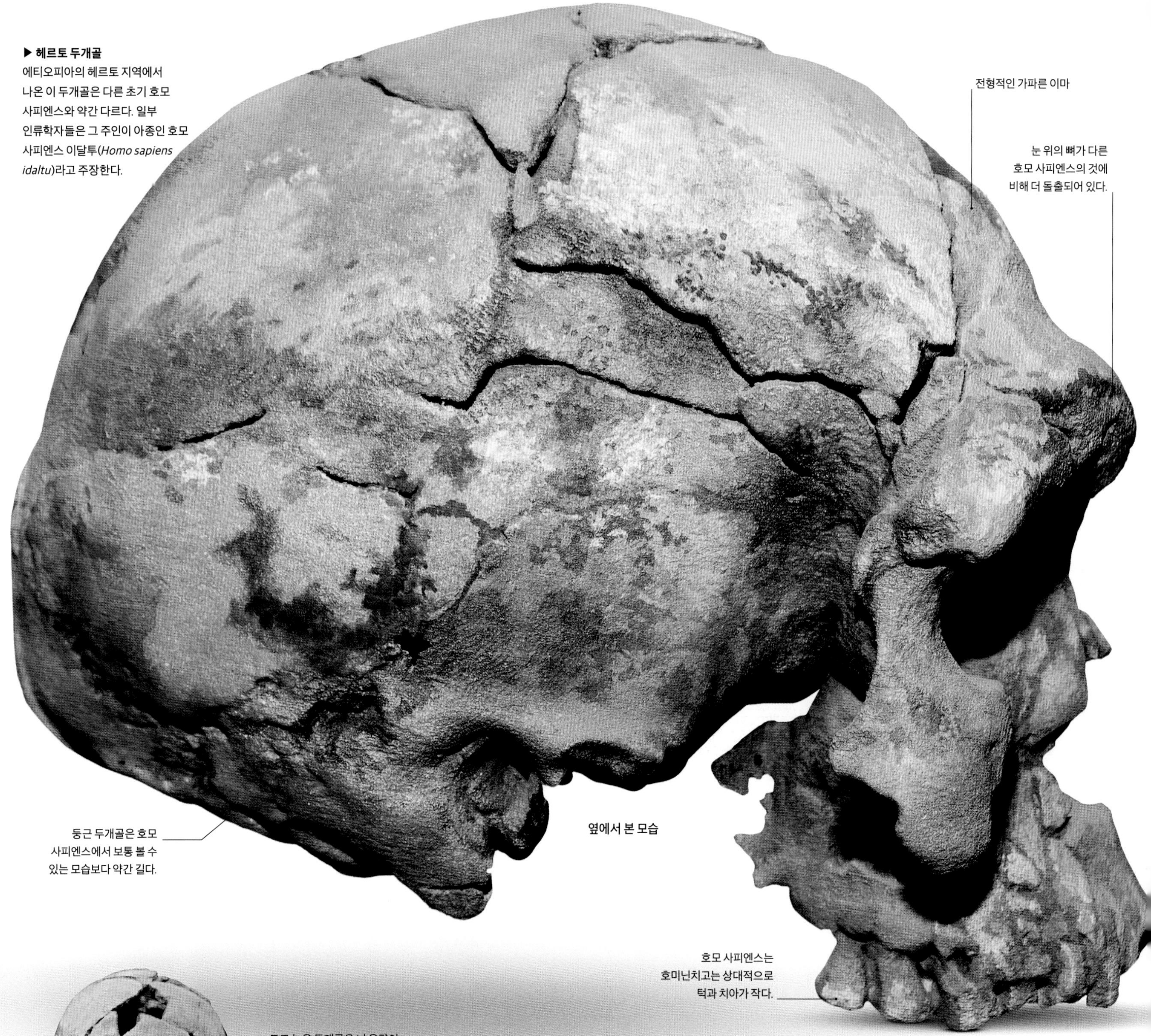

옆에서 본 모습

크고 높은 두개골은 뇌 용량이 점점 커지는 경향을 반영한다.
얼굴이 짧고 납작하며 광대뼈가 좁다.

앞에서 본 모습

> 우리는 오늘날의 **아프리카 사람들**이 **기후 변화에 따라** 한 곳에서 다른 곳으로 **이주한다**는 명백한 사실에서 **진화의 핵심 원동력**을 이해할 수 있다.

크리스 스트링어, 인류학자, 1947년~

최초의 호모 사피엔스

모든 호미닌 가운데, 그리고 호모 속의 여러 구성원 가운데 오직 호모 사피엔스만이 마지막 빙하기의 역경을 이겨 내고 오늘날까지 살아남았다. 이는 25만 년 전 아프리카에서 등장한 호모 사피엔스만의 고유한 신체적 특성 덕분이었다.

오늘날의 인류를 호모 사피엔스로 분류할 수 있는 신체적 '특성 묶음'은 약 50만 년 전부터 점차 발달했다. 그들은 둥근 두개골과 매우 큰 두뇌를 지니고 얼굴 하관과 치아가 작으며, 전체적으로 호리호리하고 가볍다. 다리에 비해 상대적으로 팔이 짧고 흉곽이 가늘다. 이런 특성들은 각기 다른 시기와 장소에서 다른 조합으로 나타났다. 다만 뇌의 크기는 모든 곳에서 공통적으로 증가했다.

가장 오래된 호모 사피엔스 화석은 에티오피아의 오모키비시 지역에서 나왔다. 19만 5000년 전의 것으로 추정되는, 두 개체의 부서진 두개골과 신체 골격은 정도의 차이는 있지만 현생 인류의 형태학적 특징(체구와 구조)을 보여 준다. 또 다른 초기 현생 인류의 화석은 에티오피아의 헤르토와 수단의 싱가, 탄자니아의 라에톨리, 모로코의 제벨 이르후드, 그리고 남아프리카 공화국의 보더 동굴과 클라시스 강 하구에서 발견됐다. 이 화석들은 모두 20만~10만 년 전의 것으로, 현생 인류의 특성을 가지면서도 다양한 형태를 보여 준다.

장거리 이동

12만~8만 년 전, 초기 호모 사피엔스는 중동과 서아시아 지역으로 이동했다. 이스라엘의 스쿨 동굴과 카프제 동굴에서 발견된 20구 이상의 화석은 여전히 형태학적으로 차이가 있다. 하지만 동쪽으로 수천 킬로미터 떨어진 중국 다오 현의 푸옌 동굴에서 납작한 치관과 얇은 치근을 지닌 현생 인류의 치아 47개가 발견됐다. 우리는 호모 사피엔스가 아시아로 이동한 과정을 밝혀 줄 화석 상당수를 아직 발견하지 못하고 있다. 이 시기의 이동 경로에 위치한 인도 같은 곳에서 발견된 석기 일부는 현생 인류가 만들었을 것이다. 5만 5000년 전의 것으로 추정되는 오스트레일리아의 가장 오래된 석기 또한 호모 사피엔스가 만들었다고 볼 수 있는데, 이 시기 훨씬 전부터 이미 인류가 아시아에 살고 있었기 때문이다.

왜 호모 사피엔스는 아프리카에서 출발해 전 지구에 퍼져 나간 것일까? 기술의 진보 때문은 아닐 것이다. 인류의 석기는 확산하기 10만 년 전에 만들었던 것과 다를 바 없었다. 인구의 증가와 기후 변화가 영향을 미쳤을 수도 있다. 하지만 가장 중요한 요인은 인지적, 사회적 변화였을 것이다. 15만 년 전 이후 호모 사피엔스의 뇌는 오늘날의 사람만큼 커졌다. 그 결과 상징적인 표현으로 의미를 전달할 수 있게 되면서 혁신이 일어났다.

▶ 아프리카에서 기원하다
초기 호모 사피엔스 화석은 아프리카 여러 곳에서 발견됐다. 유전자 분석과 화석 증거에 따르면, 아프리카의 호모 사피엔스는 12만 년 전 이미 지역별로 뚜렷하게 분화됐다.

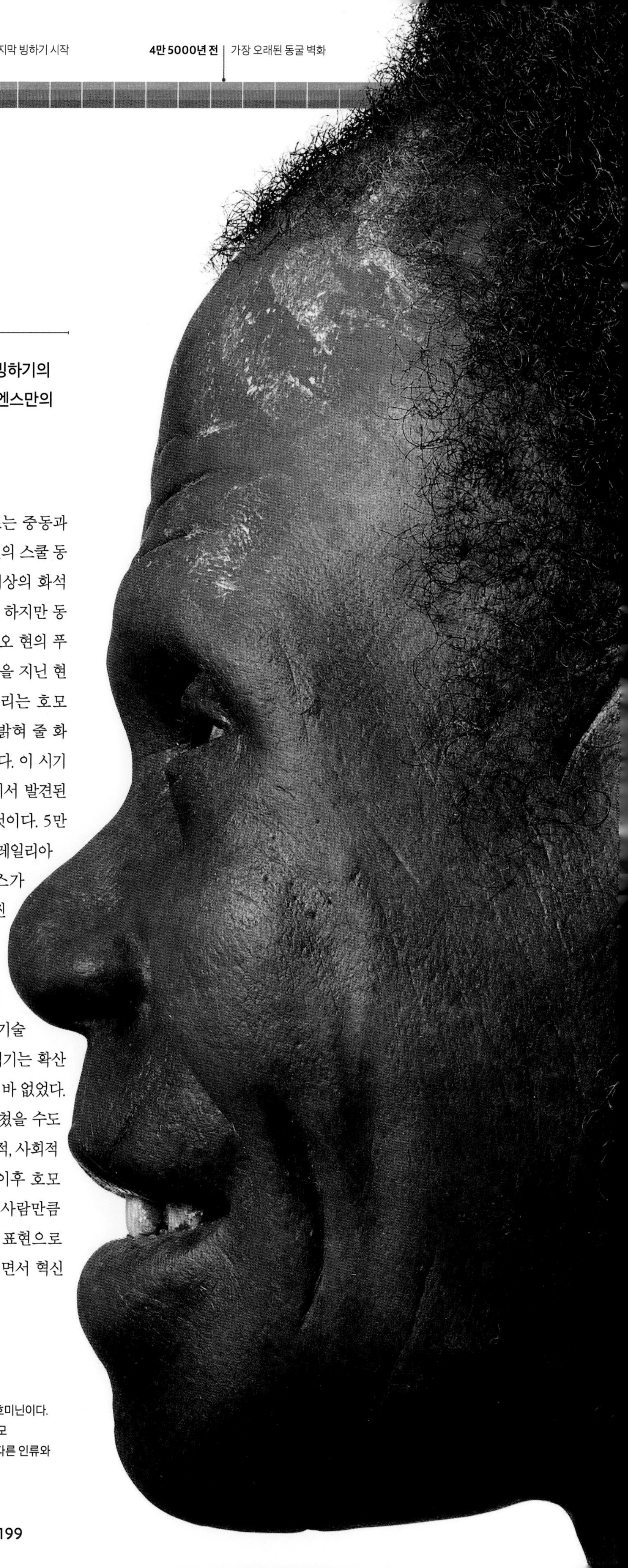

▶ 유일한 생존자
호모 사피엔스는 마지막으로 남은 호미닌이다. 하지만 오랫동안 호모 에렉투스, 호모 플로레시엔시스, 네안데르탈인 등 다른 인류와 공존했다.

가족
다른 영장류의 새끼와 달리, 인간 아기는 부모와 조부모, 그리고 가족의 친구가 여러 해 동안 키운다. 이렇게 연장된 유년기 덕분에 인간 아기는 세상을 사는 법을 배울 충분한 시간을 갖는다.

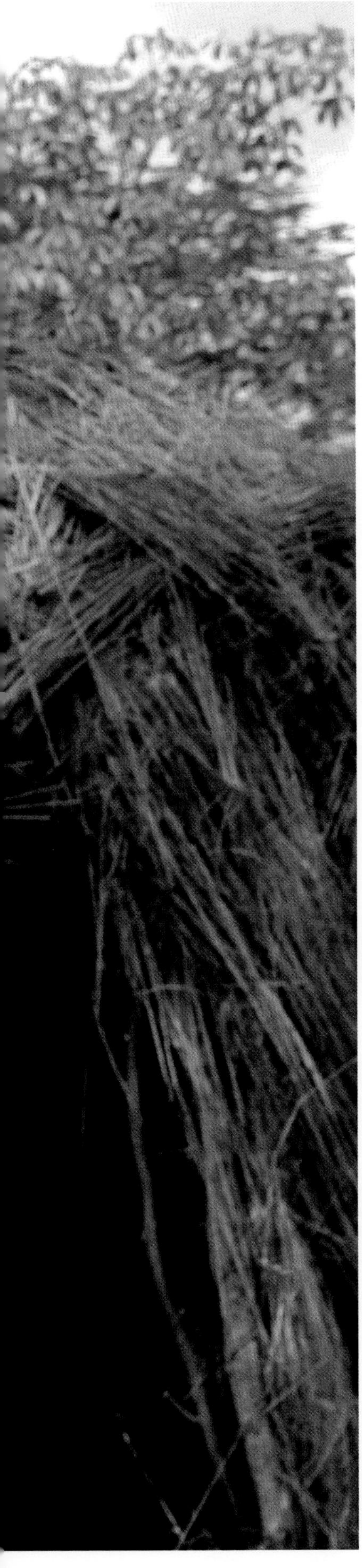

아기를 양육하다

인류의 재생산 주기가 바뀐 것은 호모 사피엔스의 성공에 중요한 역할을 했다. 뇌가 커져 출산은 힘들어졌지만, 발달이 덜 된 어린아이를 키우는 문화가 발전했다.

호모 사피엔스의 출산은 길고 고통스러우며 위험천만하다. 인간 아기는 몸집과 머리가 크고 거의 아무것도 할 수 없으며, 뇌는 성인의 30퍼센트 정도밖에 되지 않은 상태에서 태어난다. 침팬지 새끼와 비슷한 발달 수준을 보이는 아기를 낳으려면, 임신 기간이 16개월로 늘어나야 한다. 유아의 발달 기간 역시 길며, 육아를 위해 부모뿐만 아니라 다른 가족이나 친구의 도움까지 받아야 한다.

일부 학자들은 더 커진 뇌(188~198쪽 참조)가 이족 보행과 관련이 있다고 설명한다. 이족 보행 때문에 골반이 좁아졌는데, 이것이 생물학적으로 트레이드오프(trade-off) 관계에 있다는 것이다. 출산 과정에서 태아가 죽을 수 있는 잠재적 위험을 줄이기 위해 임신 기간이 짧아져서, 아기가 일찍 태어나게 됐다. 50만 년 전에 호미닌의 출산은 이미 힘든 일이 됐다. 당시 여성은 출산 과정에서 일정 수준의 도움을 받거나 최소한의 동행 정도는 받았을 것으로 추정된다. 보노보와 같은 다른 사회적 영장류의 경우에도 비슷한 행태가 나타난다. 하지만 이족 보행을 하지 않는 영장류도 산도를 통과하는 데 어려움을 겪는다. 꼬리감는원숭이나 침팬지 새끼도 뇌가 비교적 덜 발달한 상태로 태어난다. 인간의 임신 기간은 우리 몸집에 비해서 긴 편이기도 하다. 임신 기간의 상한선은 산모가 아기를 생물학적으로 더 지탱하지 못하는 시점에 따라, 즉 물질대사의 한계에 따라 결정되는 문제일 가능성도 있다.

협동 육아

해부학적 변화도 아기를 키우는 데 영향을 미쳤다. 오스트랄로피테쿠스의 발을 보면, 나무 타기와 관련된 특징인 '커다란 엄지발가락'이 사라졌다. 이 때문에 아기는 엄마에게 매달리기가 어려워졌고, 더 많은 보살핌을 요구했다. 동물 가죽을 쓰기 시작한 것도, 따뜻한 옷을 만들기 위해서라기보다 아기를 더 잘 붙들고 감싸기 위해서일 가능성이 높다.

호미닌의 모유 수유 기간은 다른 유인원이나 오늘날 인류와 비슷하게 몇 년 정도다. 하지만 호미닌 아기는 다른 유인원의 새끼보다 더 많은 보살핌을 요하기 때문에, 몇 명의 어른이 함께 아이를 키우는 협동 육아가 발전했다. 친척이 아닌 동네 어른이나 나이 든 세대의 역할도 중요해졌다. 아이들은 그들을 보고 식량을 찾거나 도구를 만들 수 있는 방법을 배웠다. 생존에 필수적인 이런 기술과 지식은 다음 세대로 전수됐다.

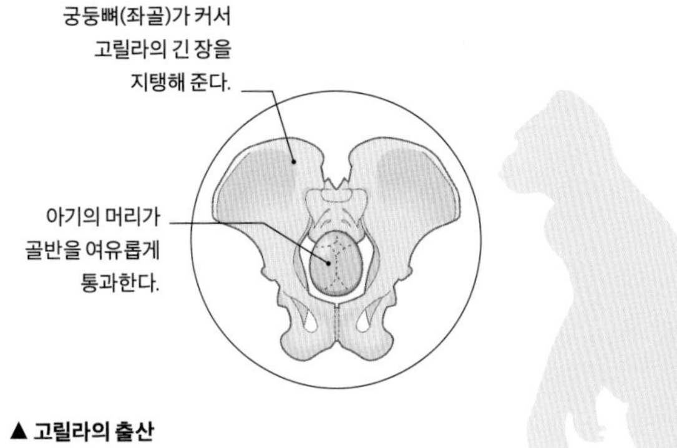
궁둥뼈(좌골)가 커서
고릴라의 긴 장을
지탱해 준다.
아기의 머리가
골반을 여유롭게
통과한다.

▲ 고릴라의 출산
새끼 고릴라는 뇌가 작기 때문에 머리가 엄마의 산도를 여유 있게 통과한다. 따라서 출산 시간이 짧고 출산이 덜 위험하다.

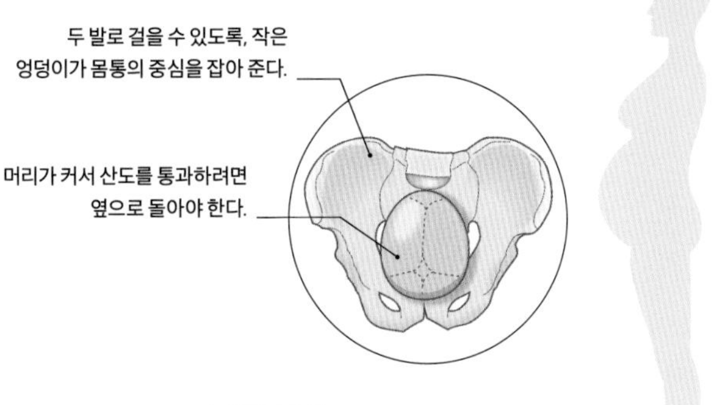
두 발로 걸을 수 있도록, 작은
엉덩이가 몸통의 중심을 잡아 준다.
머리가 커서 산도를 통과하려면
옆으로 돌아야 한다.

▲ 인간의 출산
인간 아기의 머리는 엄마의 산도를 통과하기 위해 회전해야 한다. 이 때문에 출산 시간이 길고 출산이 고통스럽다.

언어가 진화하다

많은 동물이 '위험해!', '음식이다!', '여기야!' 같은 뜻의 소리로 서로 부른다. 하지만 오직 인간만이 개념을 생각해 내고, 먹을거리나 위험이 어떤 것인지 말할 수 있다. 이것은 언어가 있어야 가능하다. 인간은 언어를 사용해 이야기를 나누고 정보를 공유하며, 세상을 이해하려고 시도했다.

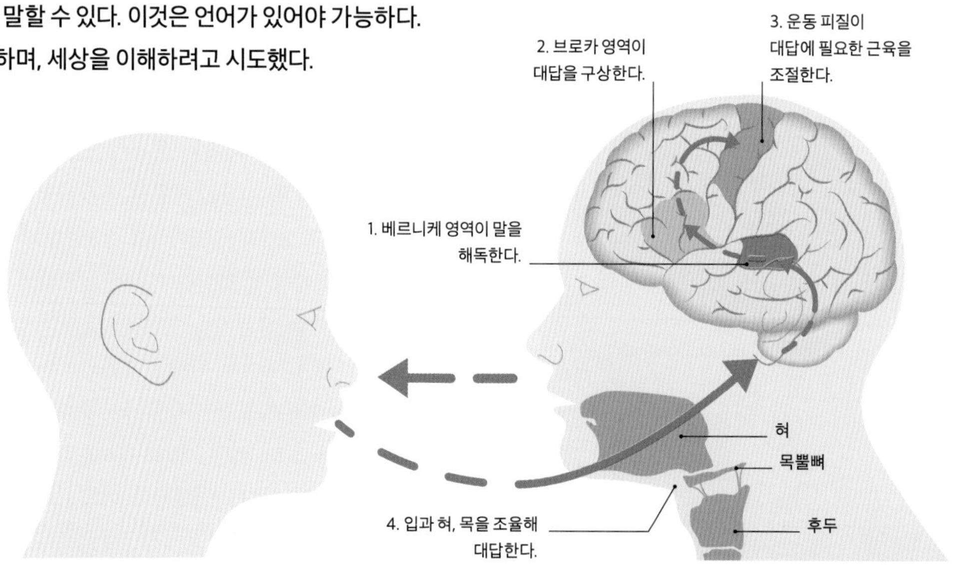
2. 브로카 영역이
대답을 구상한다.
3. 운동 피질이
대답에 필요한 근육을
조절한다.
1. 베르니케 영역이 말을
해독한다.
혀
목뿔뼈
4. 입과 혀, 목을 조율해
대답한다.
후두

▲ 인간이 말하는 원리
말을 하기 위해서는 목과 뇌에 몇 가지 중요한 구조가 진화해야 했다. 다양한 목소리를 발음하게 하는 목뿔뼈도 그중 하나다.

말하는 능력은 호미닌의 목 안에 있는 후두의 위치가 낮아져 다른 영장류보다 더 다양한 발음을 할 수 있게 됐을 때 출현했다. 그 생물학적 대가는 컸다. 후두가 높으면 숨을 쉬면서 동시에 삼킬 수 있는데, 이제는 후두가 낮아졌기 때문에 먹을 때마다 질식의 위험에 노출됐다. 후두를 혀뿌리에 연결시켜 주는 목뿔뼈의 위치도 목소리를 내는 데 유리하게 바뀌었다. 화석으로 판단컨대, 네안데르탈인과 우리의 공통 조상이 '현대적인' 목뿔뼈를 가졌다는 점에서 이런 변화는 우리의 특별한 호흡법과 더불어 70만~60만 년 전에 나타났다고 볼 수 있다.

두개골 화석에서 주형을 뜬 결과를 보면, 네안데르탈인의 뇌에는 우리 종의 '브로카 영역(Broca's area)'에 해당하는 부위가 있다. 이것은 말을 하고 언어를 이해하며 의미 있는 몸짓을 인지하는 영역이다. 특히 몸짓은 매우 중요하다. 침팬지가 목소리를 낼 때마다 어떤 손짓을 반복한다

> 오늘날 약 **7,000개의 언어**가 세계에 존재한다. 하지만 각각은 **인간**이 낼 수 있는 **적은 수의 소리만** 사용한다.

는 연구에서 초기 언어가 단지 목소리로만 이뤄지지 않았을 것이라고 추론할 수 있다. 하지만 뇌의 다양한 영역에서 수행하는 기능들은 시간이 지남에 따라 변할 수 있다. 따라서 다른 호미닌이 우리와 비슷한 뇌 구조를 갖고 있다고 해도 언어를 사용하지 않았을 수 있다.

증거로서의 상징물

우리 조상이 남긴 피조물은 더 확실한 증거가 된다. 특히 남아프리카의 초기 호모 사피엔스가 10만~5만 년 전에 만든 것들이 아주 놀랍다. 예를 들어 블롬보스 동굴에서는 표면에 섬세한 격자무늬가 그려진 붉은 황토 덩어리가 발견됐다(207쪽 참조). 남아프리카 공화국의 딥클루프 동굴에서는 복잡한 기하무늬가 새겨진 타조의 알껍데기가 발견됐는데(208쪽 참조), 의미가 변함에 따라 무늬 모양이 변했다. 인도네시아의 트리닐에서 나온 조개껍데기는 훨씬 이전 시대인 54만~43만 년 전에 호모 에렉투스가 만든 것으로, 지그재그 모양이 새겨져 있다(206쪽 참조). 이처럼 몇몇 호미닌의 공통 조상은 그림으로 된 상징을 사용했다. 또한 해부학적 증거가 보여 주듯 언어도 사용했을 것이다.

사회적 의미를 지닌 개인 장신구는 또 다른 유형의 상징물이다. 언어 기반 사회에서만 개인의 지위나 소속 집단과 같은 사회적 의미가 존재할 수 있다. 예를 들어 조개껍데기를 구슬처럼 꿰는 장신구는 도장이 널리 사용됐을 때 등장했다. 모로코 비즈무네 동굴에서 발견된 조개껍데기 장신구는 14만 2000년 이상 전에 만들어졌다. 이스라

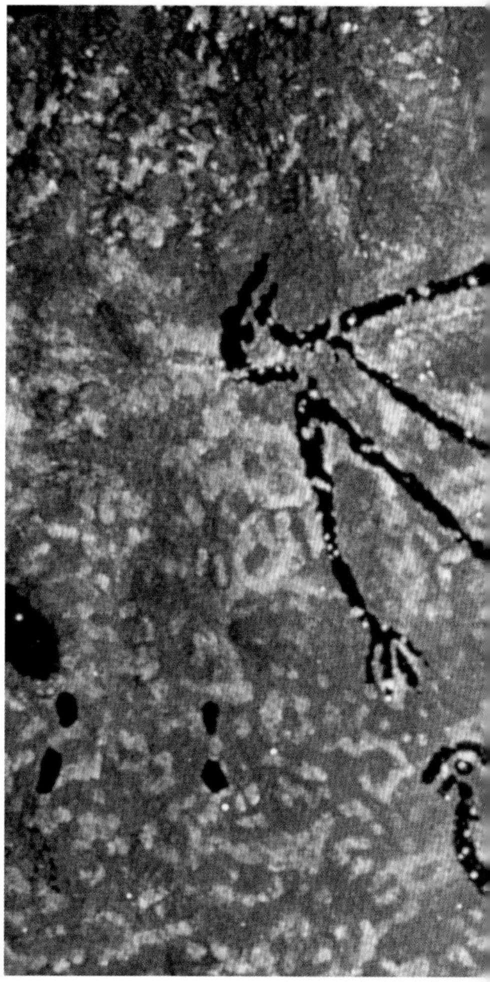

엘의 스쿨 동굴에서 발견된 조개껍데기는 13만 5000~10만 년 전에 만들어졌다. 블롬보스 동굴에서도 마찬가지로 8만 년 전의 것으로 추정되는 조개껍데기들이 발견됐는데, 그중 상당수에서 닳아 문질러진 부분이 발견된 것으로 보아 목걸이처럼 서로 꿰어졌을 것이다. 문질러진 부분을 보면 조개껍데기의 배열이 점차 바뀌었음을 알 수 있다. 이것은 딥클루프에서 발견된 알껍데기처럼 시간이 지남에 따라 의미가 변했다는 뜻이다.

상징에서 이야기로

호모 사피엔스는 상징 문화와 언어를 7만 년 전에 진화시켰다. 그리고 네안데르탈인의 것도 독립적으로 등장했다. 스토리텔링 감각은 나중에 등장한다. 가장 오래된 벽화는 술라웨시 주 리앙 테동웅게에서 나온 벽화로 4만 5000년 이상 전에 그려졌다. 자세히 그려진 멧돼지와 함께 스텐실 손 그림이 있는 게 특징이다. 유럽에서는 독일 휠렌슈타인-슈타델의 사자-인간 상아 조각상(208쪽 참조)이 약 4만 년 전에 조각됐다. 사자의 머리와 인간의 몸이 결합된 이 조각상은 고대 인류의 상상력과 서사의 존재를 암시한다(단지 사자의 탈을 쓴 인간을 보고 조각했을 뿐이라는 주장도 있다. — 옮긴이).

구석기 시대 이야기의 놀라운 사례는 술라웨시 섬의 리앙 불루시퐁 4(Liang Bulu'Sipong 4) 유적지에 그려진 그림이다. 사냥꾼이 작은 들소와 멧돼지를 만난 장면을 그렸다. 연대는 4만 3900여 년 전이며 돌진하는 들소, 사람, 새가 등장하는 프랑스의 유명한 라스코 들소 벽화보다 두 배 이상 오래됐다. 이 벽화는 스토리텔링이라는 맥락을 통해서만 의미가 있다. 이 사례 등을 통해 의미와 상징으로 가득 찬 풍부한 구전 전통이 구석기 시대 생활의 일부였음을 알 수 있다.

◀ 마치 대화하듯
코트디부아르의 캠벨원숭이가 대화하려는 것처럼 보인다. 이 원숭이들은 경고음들로 구성된 '원시 문법'을 갖고 있어, 어떤 포식자가 오고 있으며 어떻게 발견했는지 등에 대한 자세한 정보를 서로 교환한다.

> 복잡한 **일련의 생각**은 **단어** 없이 **떠올릴** 수 없다.
> **숫자**를 사용하지 않고는 **계산**을 할 수 없는 것처럼 말이다.

찰스 다윈, 『인간의 유래와 성선택』(1871년)에서

◀ 라스코 동굴의 조류 인간
1만 7000년 전의 것으로 추정되는 이 그림에서, 새처럼 입고 있는 사람을 들소가 들이받고 있다. 이 그림은 당시 이야기가 만들어졌다는 점, 또는 샤머니즘이 존재했다는 점을 보여 준다.

집단 학습이 이뤄지다

언어를 통해 세대 간 정보의 공유와 저장이 가능해지면서, 호모 사피엔스는 다른 종과 다른 특별한 존재가 됐다. 인간의 지식은 세대를 거듭할수록 증가했다.

정보를 저장하고 공유하는 행위를 '집단 학습(collective learning)'이라고 한다. 예를 들어 바퀴가 일단 발명되면 그 지식이 모든 사람들에게 공유된다는 뜻이다. 다르게 표현하면, 우리는 네트워크로 연결된 컴퓨터인 셈이다. 이런 네트워크 없이 인류 역사가 시작될 수 있었을까?

생존에 유리한 협동

인간은 다른 동물보다 훨씬 더 많이 협동하려는 성향이 있다. 이런 성향은 영장류에서도 볼 수 있다. 이들은 대부분 강한 혈연관계와 친분에 기초한 사회 집단을 이룬다. 하지만 인간은 예외적으로 다양한 사회를 구성하며, 강한 협동성으로 사회를 통합한다. 예를 들어 수렵 채집인 집단은 25~50명의 개인으로 이뤄져 있으며, 각각은 혈연관계와 친족 관계에 속해 있다. 이들은 식량 마련, 노동, 자녀 양육을 공동으로 하며 물, 천적, 식량에 대한 중요한 정보를 공유한다.

▶ 정보의 공유
오늘날 칼라하리의 산 족 사람들은 수만 년 동안 전승된 지식을 이용해 불을 피운다.

이런 협동 능력의 진화는 고고학 유적에서도 볼 수 있다. 석기는 약 20만 년 전에 점점 더 멀리 전파됐다. 이는 사회적 네트워크가 확장됐다는 뜻이다. 그때부터 창과 같이 여러 부품으로 구성된 도구가, 협동 과정에서 만들어졌을 것이다. 그 무렵에는 창과 같은 여러 부분으로 된 도구가 만들어졌다. 6만 년 전에는 다트와 활, 화살을 포함한 더 복잡한 도구도 만들어졌을 것이다. 가장 오래된 투척기(atlatls)는 나중에 등장했으며 장식이 화려한 게 많다. 피레네 산맥의 여러 유적지에서는 거의 똑같은 다섯 가지 투척기가 발견됐는데, 마스 다질 투척기도 그중 하나다. 그 예로, 마스 다질(Mas d'Azil) 투창기가 있는데, 이를 포함해 거의 동일한 형상의 투창기 다섯 개가 피레네 산맥의 각기 다른 곳에서 발견됐다. 그들 모두 아이벡스(ibex, 알프스 영양) 모양으로 조각돼 있다는 사실은, 공통의 예술 전통이 있었으며 어느 정도 도제 제작 방식을 따랐음을 보여 준다. 또한 활처럼 투창기도 '도구를 이용해 만든 도구'인데, 이는 완전히 새로운 차원의 복잡한 도구를 제작하게 됐다는 의미다. 1만 7000년 전에 우리 종은 슬기롭게 환경에 적응하고 있었다. 우리는 유전적 변화를 통해서가 아니라 문화적 변화를 통해서 적응하는 유일한 존재였다. 집단 학습 덕분에, 인류의 역사는 시작될 수 있었다.

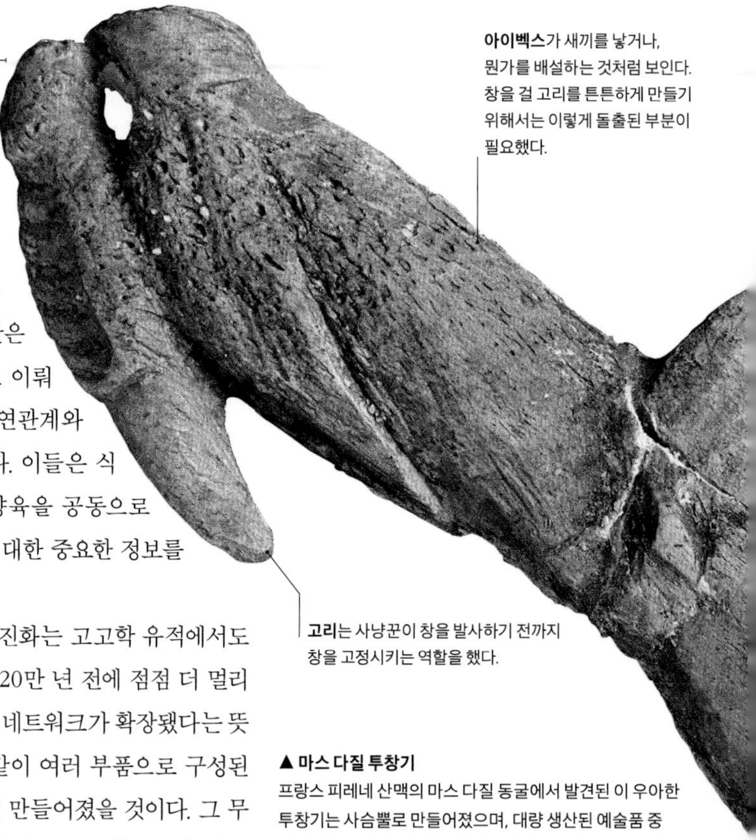

아이벡스가 새끼를 낳거나, 뭔가를 배설하는 것처럼 보인다. 창을 걸 고리를 튼튼하게 만들기 위해서는 이렇게 돌출된 부분이 필요했다.

고리는 사냥꾼이 창을 발사하기 전까지 창을 고정시키는 역할을 했다.

▲ 마스 다질 투창기
프랑스 피레네 산맥의 마스 다질 동굴에서 발견된 이 우아한 투창기는 사슴뿔로 만들어졌으며, 대량 생산된 예술품 중 한 사례로 꼽힌다. 이 작품이 갖는 신비로운 상징들은 지역 곳곳에서 공통적으로 발견된다는 점에서, 상징이 같은 이야기를 공유하는 일종의 장치였음을 알 수 있다.

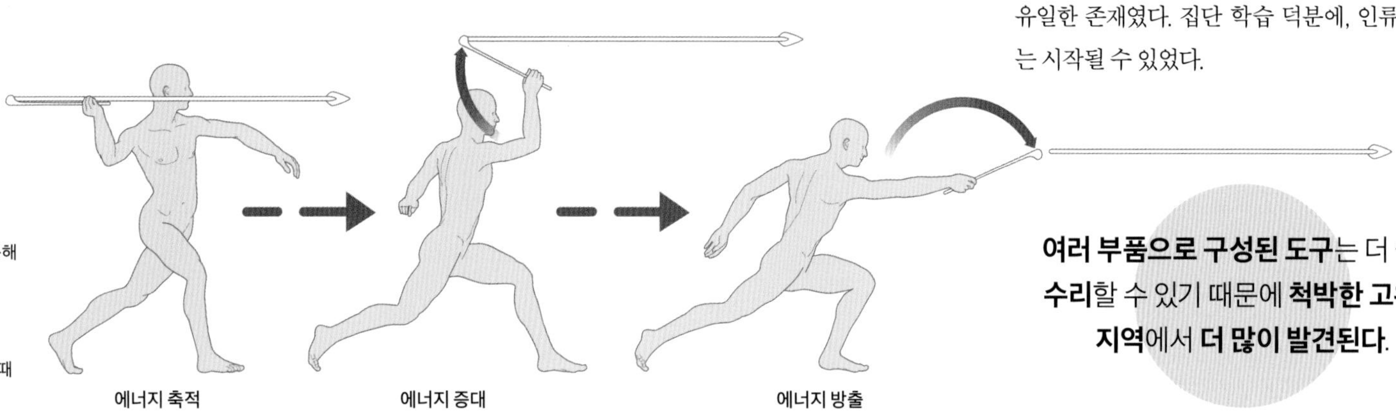

▶ 던지는 힘
투창기는 지렛대 원리를 이용해 던지는 힘을 증폭시키는 도구다. 창은 투창기 뒤쪽에 있는 고리 달린 받침대 위에 놓여서, 사냥꾼이 창을 던질 때 충분한 에너지를 얻는다.

여러 부품으로 구성된 도구는 더 쉽게 **수리**할 수 있기 때문에 **척박한 고위도 지역**에서 **더 많이 발견된다**.

> 현재 그리고 과거의 **구성원들**이 **어렵게 발견한 것들**을 축적할 수 있는 **집단**은, **홀로 생활하는 개인**에 비해 **훨씬 더 똑똑하다**.
>
> **스티븐 핑커**, 인지 과학자, 1954년~

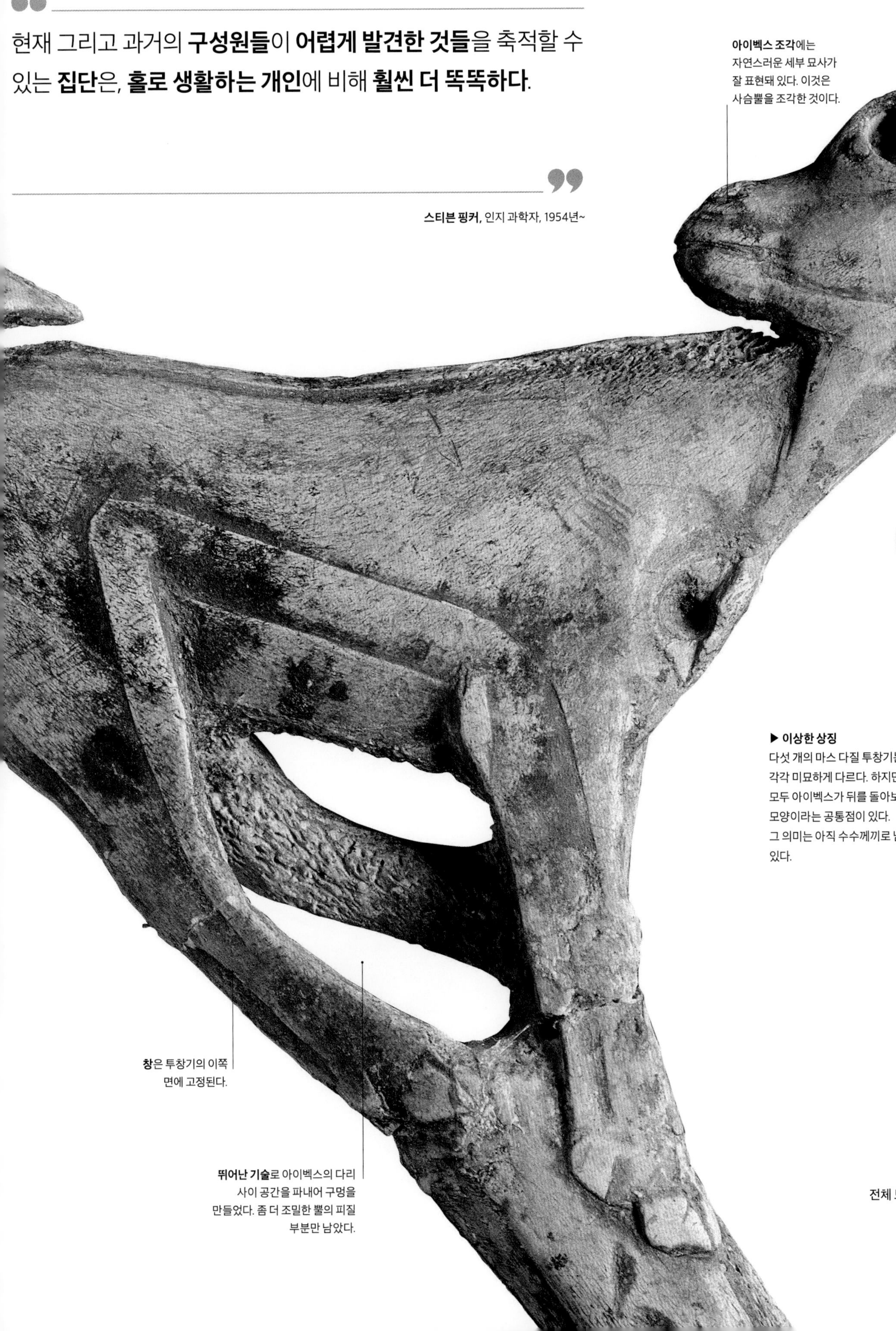

아이벡스 조각에는 자연스러운 세부 묘사가 잘 표현돼 있다. 이것은 사슴뿔을 조각한 것이다.

창은 투창기의 이쪽 면에 고정된다.

뛰어난 기술로 아이벡스의 다리 사이 공간을 파내어 구멍을 만들었다. 좀 더 조밀한 뿔의 피질 부분만 남았다.

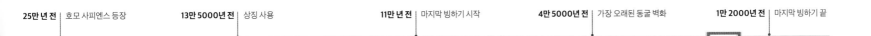

줄이 그어져 있는 것은 아이벡스 털가죽의 색 변화를 나타낸다.

전체 모습

▶ 이상한 상징
다섯 개의 마스 다질 투창기는 각각 미묘하게 다르다. 하지만 모두 아이벡스가 뒤를 돌아보는 모양이라는 공통점이 있다. 그 의미는 아직 수수께끼로 남아 있다.

연표로 보는 역사

창조 능력의 탄생과 발달

호모 속의 진화와 함께 완전히 새로운 형태의 복잡성이 등장했다. 자연 선택이 아니라 지능과 설계가 낳은, 소위 문화라는 것이었다.

이런 독창적인 창조 능력은 고고학 기록을 통해 추적할 수 있다. 고고학은 그 자체가 최근 혁명적인 변화를 겪고 있다. '최초로 등장한' 많은 사건이 더 이른 시기로 앞당겨지고 있다. 또 오직 호모 사피엔스가 최근 5만 년 사이에 주요 혁신을 이끌었다는 오랜 통념이 더 이상 지지받지 못하고 있다. 상징을 이용한 소통의 첫 흔적은 호모 에렉투스 때 나타나며, 가장 오래된 합성 물질은 네안데르탈인이 만든 자작나무 껍질 수지다.

중간에 창조 능력이 오래 정체되는 기간이 있기는 하지만 전반적으로 보면, 시간이 흐를수록 복잡성이 증가하는 경향은 명백하다. 혁신은 수만 년에 걸쳐 탄생하고 융성하다 다시 사라진다. 이것은 문화의 복잡성이 선천적인 인지 능력만큼이나 사회 상태에 따라서도 결정된다는 뜻이다.

오스트랄로피테쿠스 속

300만 년 전

340만 년 전의 것으로 추정되는 에티오피아의 디키카 지역에서 발견된 동물 뼈에는 **석기로 자른 흔적**이 남아 있다. 아마 오스트랄로피테쿠스 아프리카누스가 만든 것 같다. 정말 그렇다면, 이는 호미닌이 고기를 먹은 최초의 증거가 된다.

330만 년 전에 **최초의 뗀석기**가 케냐의 로메크위에서 만들어졌다. 호모 속이 등장하기 전 시대로, 오스트랄로피테쿠스 속이 만든 것이다.

호모 하빌리스

약 260만 년 전에 만들어진 **'올도완(Oldowan)' 석기**(탄자니아 올두바이 협곡에서 이름을 땄다.)는 격지(flake)와 '단면 석기(chopper)'로 이뤄져 있으며, 식물이나 동물 조직을 자르는 데 쓰였다.

250만 년 전에 남겨진 **공인된 석기 사용 흔적**이 에티오피아의 고나와 보우리 지역에서 발견됐다.

200만 년 전

호모 에렉투스

올도완
단면 석기

약 175만 년 전, 케냐와 에티오피아에서 **'양면 석기' 또는 주먹 도끼**가 등장했다. 이 지역의 호모 에렉투스 석기 제작자들이 돌을 깨는 기술을 완벽하게 이해했음을 알 수 있다.

올도완 단면 석기는 발명된 지 100만 년 가까이 지난 뒤에도, 여러 지역에서 발견된 기술 가운데 가장 복잡한 기술이다.

100만 년 전

처음 바다를 건넌 것은 100만~70만 년 전에 호모 에렉투스가 인도네시아 지역에 진출한 것이었다. 뗏목을 타거나 수영을 해서 건넜을 것이다.

79만 년 전, 이스라엘의 게셔 베노트 야코브 지역에서 **처음 불을 의도적으로 사용했다.**

호모 하이델베르겐시스

50만 년 전

55만~50만 년 전, 케냐에서 **'준비된 몸돌(prepared core)'을 가공해 석기를 만드는 기술**이 등장했다. 이는 가공한 몸돌에서 미리 계획한 형태의 격지나 돌날(blade)을 떼어 내는 기술이었다. 당시 양면 석기도 널리 쓰였다.

주먹도끼

54만~43만 년 전의 것으로 추정되는, **무늬가 새겨진 바다 조개껍데기**가 자바 섬 트리닐에서 발견됐다. 호모 에렉투스가 만든 것이다.

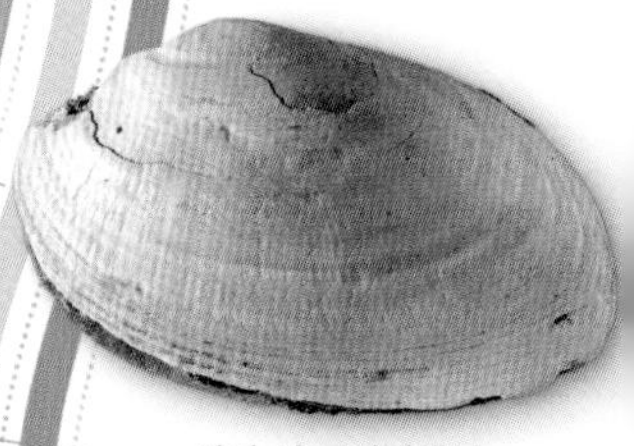

자바 섬 트리닐에서
발견된, 무늬가 새겨진
조개껍데기

50만~40만 년 전, 케냐와 이스라엘에서 최초의 **돌날**이 만들어졌다.

약 46만 년 전, 이탈리아의 폰타나 라누치오 지역에서 **골각기**가 만들어졌다. 이것은 유기물로 만든 최초의 도구다.

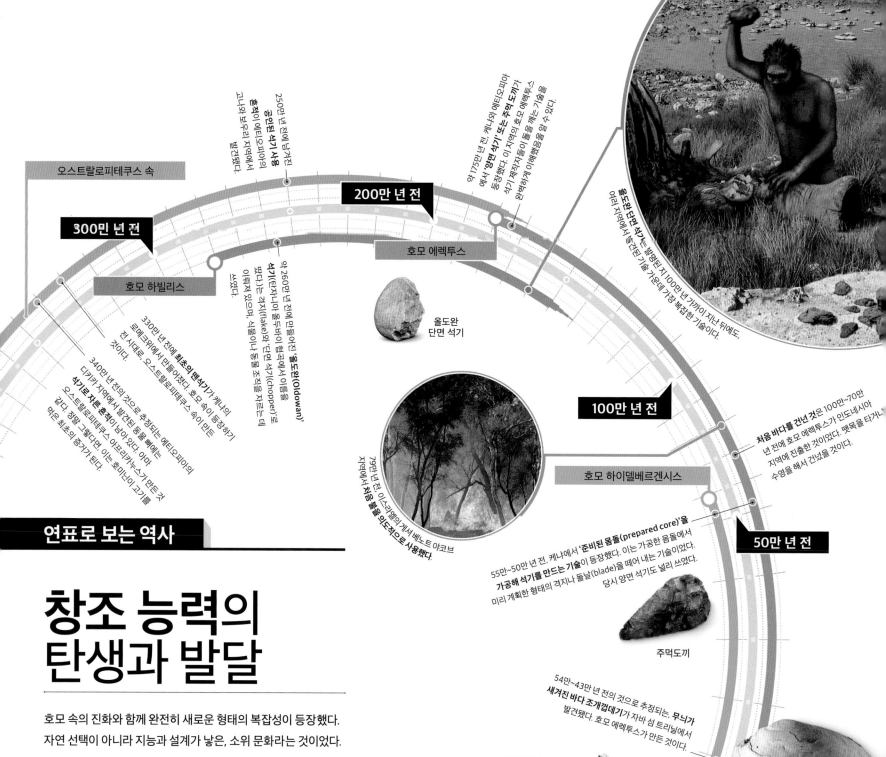

최초의 나무창은 호모 하이델베르겐시스가 영국의 클랙턴 지역에서 만들었다. 이 도구는 큰 동물을 사냥할 때 사용했을 것이다.

호모 네안데르탈렌시스

40만 년 전

호모 사피엔스

25만 년 전

머릿니와 몸니의 유전체를 연구한 결과에 따르면, 적어도 17만 년 전에 **의복**이 발명됐다.

16만 5000년 전, 남아프리카 공화국의 피나클 포인트 지역에서 **열을 이용해 석기를 만드는 기술**이 개발돼 돌을 더 정밀하게 쪼갤 수 있었다.

최초의 조개껍데기 장식이 최초의 조개 장신구는 모로코의 비즈무네 동굴에서 14만 2000년 전에 만들어졌다.

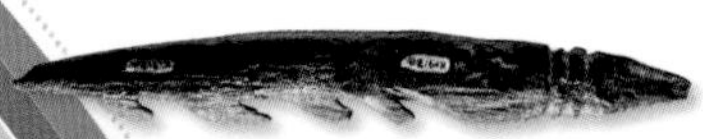

카탄다 지역에서 나온 작살

9만 년 전, **뼈로 만든 작살**이 자이르의 카탄다 지역에서 만들어졌다.

10만 년 전

10만 년 전, 독일의 노이마르크 지역에서는 무두질 작업을 통해 **가죽**이 생산됐다.

최초의 매장 행위는 9만 2000년 전에 이스라엘의 카프제 동굴에서 있었다.

9만 년 전, 프랑스와 네덜란드에서 네안데르탈인이 섬유를 꼬아 만든 **실**을 사용했다.

25만 년 전, 프랑스의 비아슈상바스트 지역에서 네안데르탈인이 **손잡이가 달린, 던지는 무기**를 만들었다.

25만~20만 년 전, 유럽에서 **르발루아 찌르개**가 등장했다. 이는 호모 에렉투스가 발명한 몸돌 가공 기술을 정교하게 개선한 것이다.

르발루아 찌르개

10만 년 전, 남아프리카 공화국의 블롬보스 동굴에서 **색소를 사용해 그림을 그렸다**. 이 시기에 예술혼이 폭발했음을 알 수 있다. 아래 그림을 보면, 황토 색소로 칠한 막대에 무늬가 새겨져 있다.

잠비아의 트윈 강 주변에서는 30만 년 전에 **색소**를 모은 흔적이 발견됐다. 여러 가지 상징적인 무늬를 표현하는 데 쓰려고 했던 것으로 추정된다.

30만 년 전

30만~25만 년 전, 이탈리아의 캄피텔로 지역에서 네안데르탈인이 **최초의 합성 물질**인 자작나무 껍질 수지와, 최초로 여러 부분을 조립해 만든 도구를 만들었다.

▶ 몸돌 가공 기술

바위를 3차원의 부피를 지닌 재료로 시각화하는 능력은 인지 능력이 발달했음을 알리는 중요한 이정표였다. 최초의 몸돌 가공 기술은 80만 년 전에 등장했으며, 이를 개선한 것이 르발루아 기술(Levallois technique)이다. 더 단단한 돌을 망치처럼 써서, 여러 도구를 몸돌에서 단계적으로 떼어 냈다.

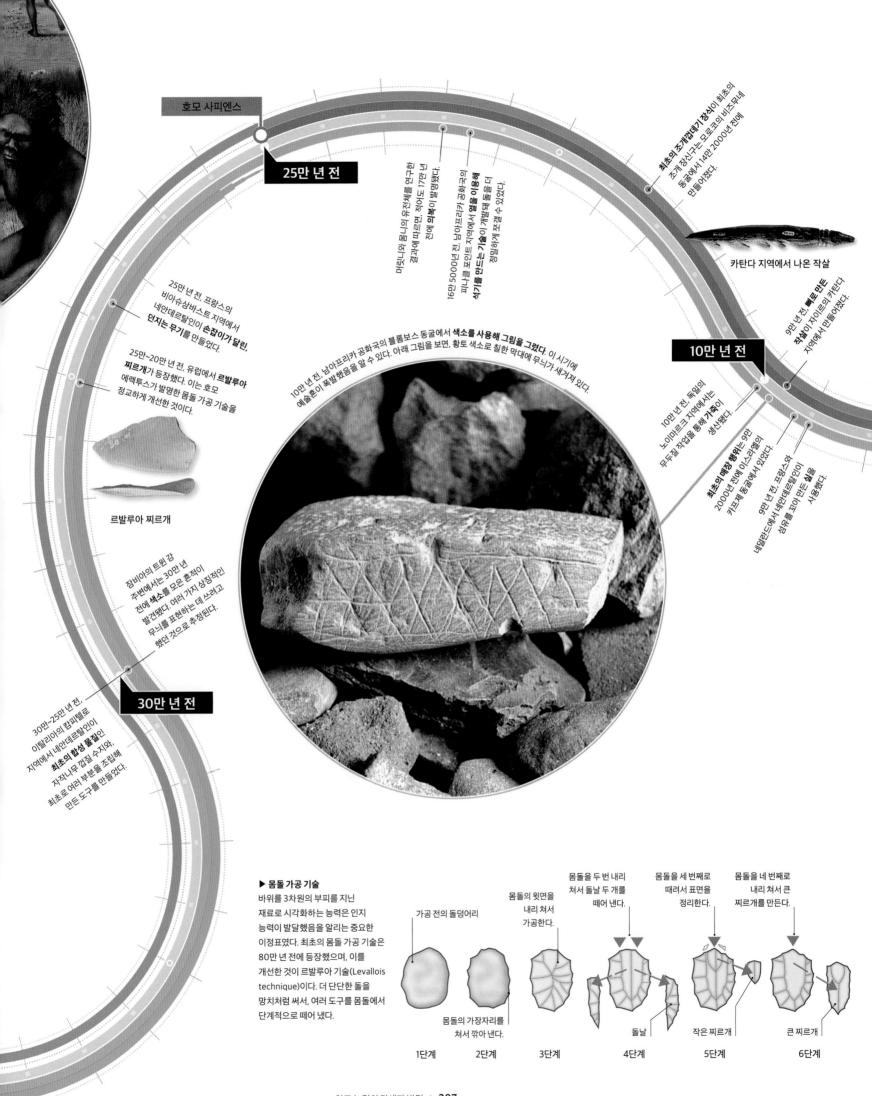

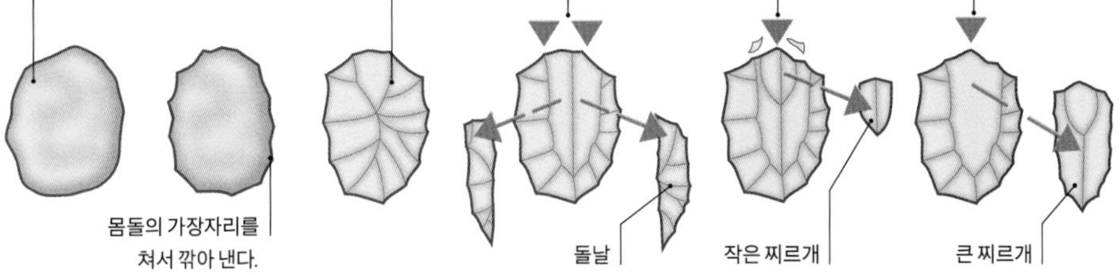

가공 전의 돌덩어리
몸돌의 가장자리를 쳐서 깎아 낸다.
몸돌의 윗면을 내리 쳐서 가공한다.
몸돌을 두 번 내리 쳐서 돌날 두 개를 떼어 낸다.
돌날
몸돌을 세 번째로 때려서 표면을 정리한다.
작은 찌르개
몸돌을 네 번째로 내리 쳐서 큰 찌르개를 만든다.
큰 찌르개
1단계
2단계
3단계
4단계
5단계
6단계

7만 5000년 전에 블롬보스 동굴에서 돌에 **압력을 가해 격지를 떼어 내는 기술**이 시작됐다. 때릴 때보다 작은 격지가 잘 제거됐기 때문에, 더욱 정교한 도구를 만들 수 있었다.

장식된
타조의 알껍데기

4만 년 전 등장한 **조각**과
동굴 벽화는 **생각**을 나타내기 위해
상징을 이용했다는 증거다.

창날로 보이는 **골각기**가 8만 4000~7만 6000년 전에 남아프리카 공화국의 블롬보스 동굴에서 제작됐다.

8만 2000~7만 5000년 전에 남아프리카 공화국의 블롬보스 동굴과 비둘기 동굴에서 **구슬 목걸이**가 만들어졌다.

7만 년 전

10만~6만 년 전에 남아프리카 공화국의 딥클루프 동굴에서 알껍데기에 **무늬**를 새겼다.

7만 1000~6만 4000년 전, 남아프리카 공화국의 피나클포인트에서 **던지는 도구와 세형돌날(microblade) 기술**이 등장했다. 기하학적 모양의 뾰족한 도구도 시부두에서 만들어졌다.

7만 7000년 전, 남아프리카 공화국의 시비두에는 **식물**을 사용해 잠자리를 만든 흔적이 남아 있다.

5만 5000년 전, **오스트레일리아에 인류가 진출했다.** 대양을 건널 만한 뗏목이 만들어졌다는 뜻이다.

6만 년 전

8만 년 전

4만 3000~4만 2000년 전, 새 뼈와 매머드 상아를 이용한 **피리**가 독일의 가이센클뢰스테를레이에서 만들어졌다. 이것이 지금까지 알려진 가장 오래된 악기다.

유럽에서 가장 오래된 동굴 벽화인 붉은 점은 스페인의 엘 카스티요에서 약 4만 년 전에 그려졌다. 이보다 더 오래된 동굴 벽화는 인도네시아 술라웨시의 동굴 벽에 그려진 4만 5000년 전의 벽화다.

4만 년 전

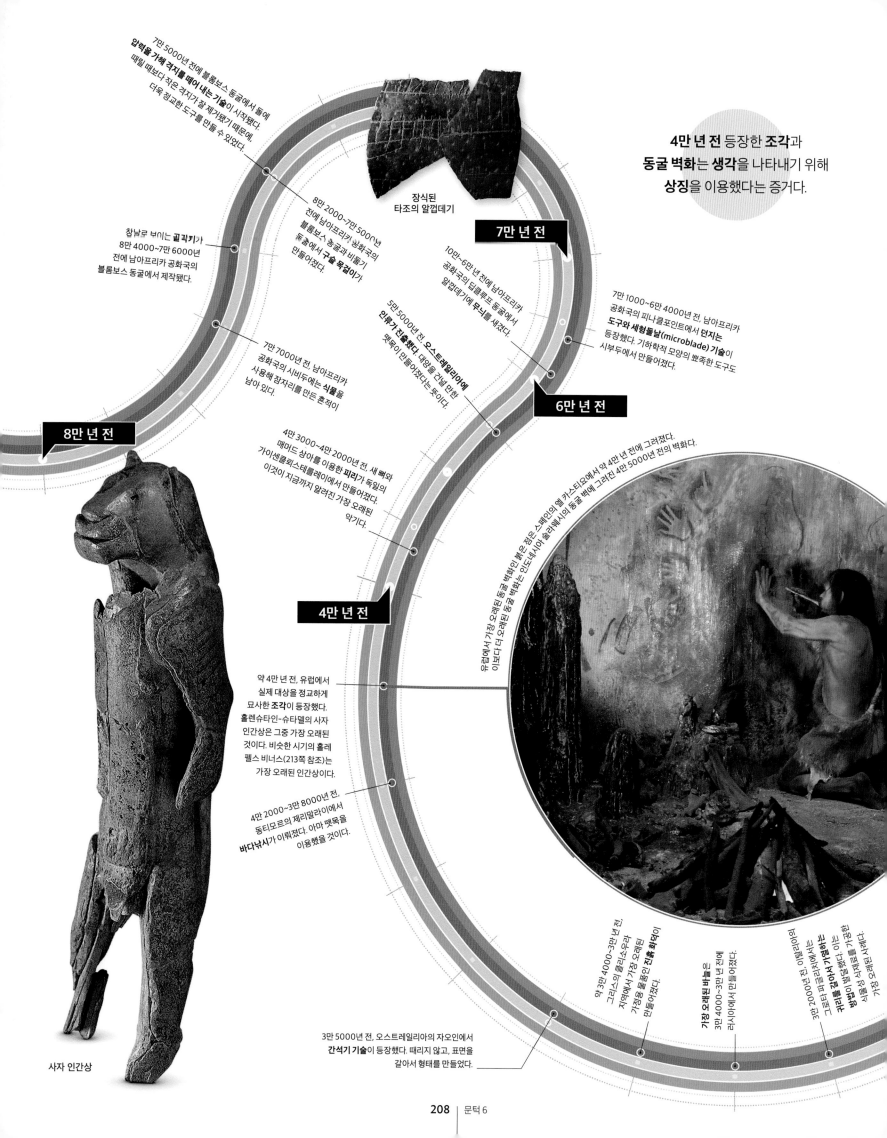

약 4만 년 전, 유럽에서 실제 대상을 정교하게 묘사한 **조각**이 등장했다. 홀렌슈타인-슈타델의 사자 인간상은 그중 가장 오래된 것이다. 비슷한 시기의 홀레 펠스 비너스(213쪽 참조)는 가장 오래된 인간상이다.

4만 2000~3만 8000년 전, 동티모르의 제리말라이에서 **바다낚시**가 이뤄졌다. 아마 뗏목을 이용했을 것이다.

약 3만 4000~3만 년 전, 그리스의 클리소우라 지역에서 가장 오래된 가정용 물품인 **진흙 화덕**이 만들어졌다.

가장 오래된 바늘은 3만 4000~3만 년 전에 러시아에서 만들어졌다.

3만 2000년 전, 이탈리아의 그로타 파글리치에서는 **귀리를 갈아서 가열하는 방법**이 발달했다. 이는 식물성 식재료를 가공한 가장 오래된 사례다.

3만 5000년 전, 오스트레일리아의 자오인에서 **간석기 기술**이 등장했다. 때리지 않고, 표면을 갈아서 형태를 만들었다.

사자 인간상

샤머니즘은 유럽에서 약 2만 6000년 전부터 행해졌다. 황토, 장식품, 지팡이 등이 사람과 함께 묻힌 것은 전형적인 샤머니즘의 양상이다.

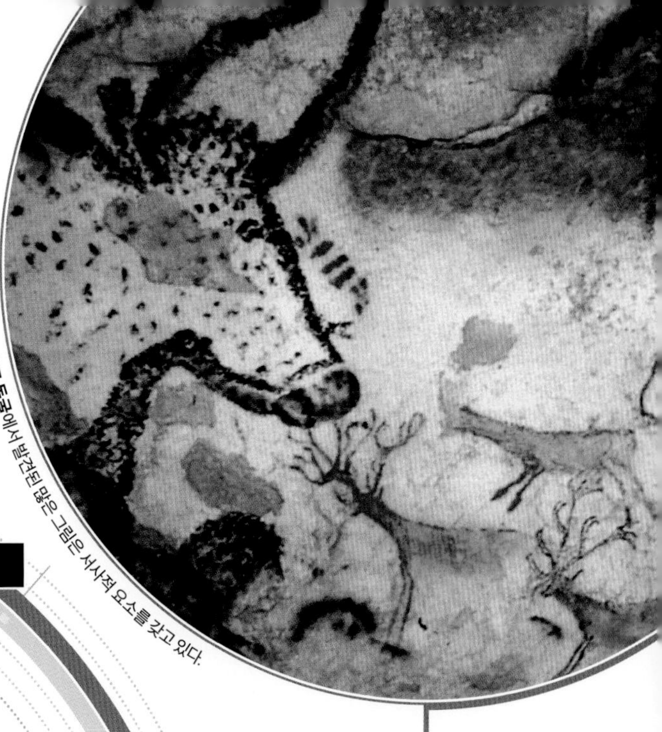

프랑스의 라스코 동굴에서 발견된 많은 그림은 서사적 요소를 갖고 있다.

2만 년 전

2만 년 전, **최초의 진흙 그릇**이 중국의 시안런둥 동굴에서 만들어졌다.

2만 3000~1만 6000년 전, 바다낚시용 **낚싯바늘**이 동티모르의 제리말라이 지역에서 만들어졌다.

2만 8000~2만 5000년 전에 **직물, 바구니, 그물, 끈** 등이 체코 공화국의 파블로프와 돌니 베스토니체 지역에서 만들어졌다. 리넨을 닮은 직물은 직기로 짰을 것이다.

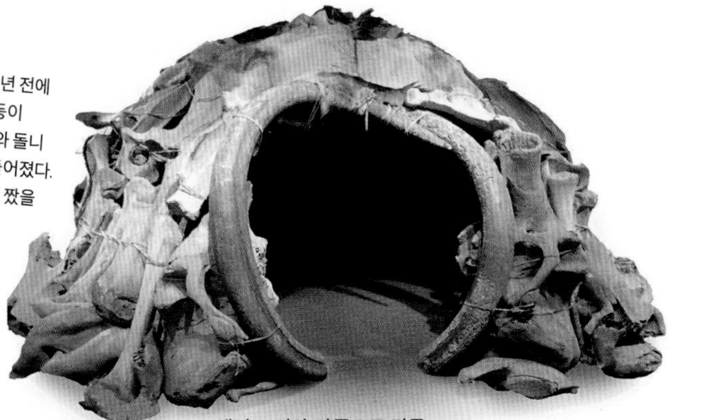

매머드 뼈와 가죽으로 만든 주거지 모형

투창기

1만 7000~1만 2000년 전, **장식이 조각된 투창기**가 서유럽에서 널리 사용됐다. 장식은 이야기가 존재했다는 뜻이기도 하고, 도제식 전수가 있었다는 증거이기도 하다.

2만 6000년 전, **최초의 집**이 체코 공화국의 돌니 베스토니체 지역에서 지어졌다. 뼈대는 매머드 뼈로 만들었고, 표면은 진흙으로 덮었다.

1만 5000~1만 4000년 전, **야생의 곡물과 전분이 많은 작물**이 모로코의 비둘기 동굴 같은 지역에서 집중적으로 이용되기 시작했다. 식물은 호모 사피엔스의 주요 식량이 됐다.

약 1만 3500년 전에 뉴멕시코 지역에서 **클로비스 화살촉**이 등장했다. 화살촉은 격지에 압력을 가해 가장자리를 다듬어 만들었다.

2만 8000년 전, 몽골 지역에서 몸돌 가공 기술을 이용해 **세형 돌날**이 만들어지기 시작했다.

3만 년 전부터 **개**가 사육되기 시작했다.

1만 5000~1만 년 전, **활과 화살**이 유럽, 특히 독일의 아렌스부르기안 사람들 사이에서 널리 이용됐다.

3만 2000년 전부터 **프랑스의 쇼베 동굴**에서 벽화 그림이 그려지기 시작했다. 대상은 주로 그 지역의 동물이었는데, 많은 동물이 원근법에 따라 그려졌고, 그중 몇몇은 움직임도 묘사됐다.

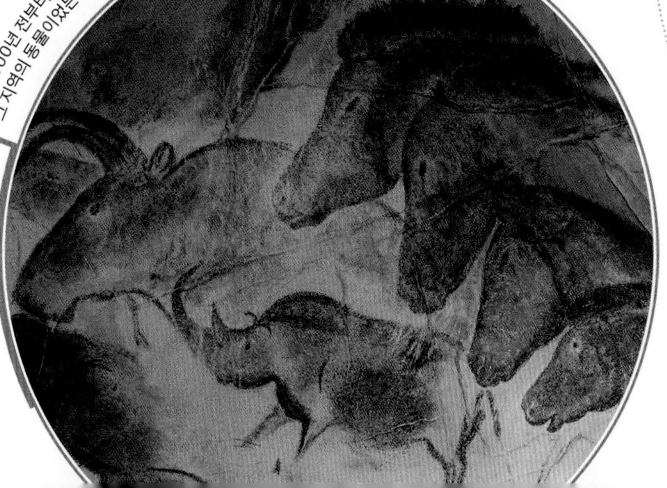

3만 년 전

1만 년 전

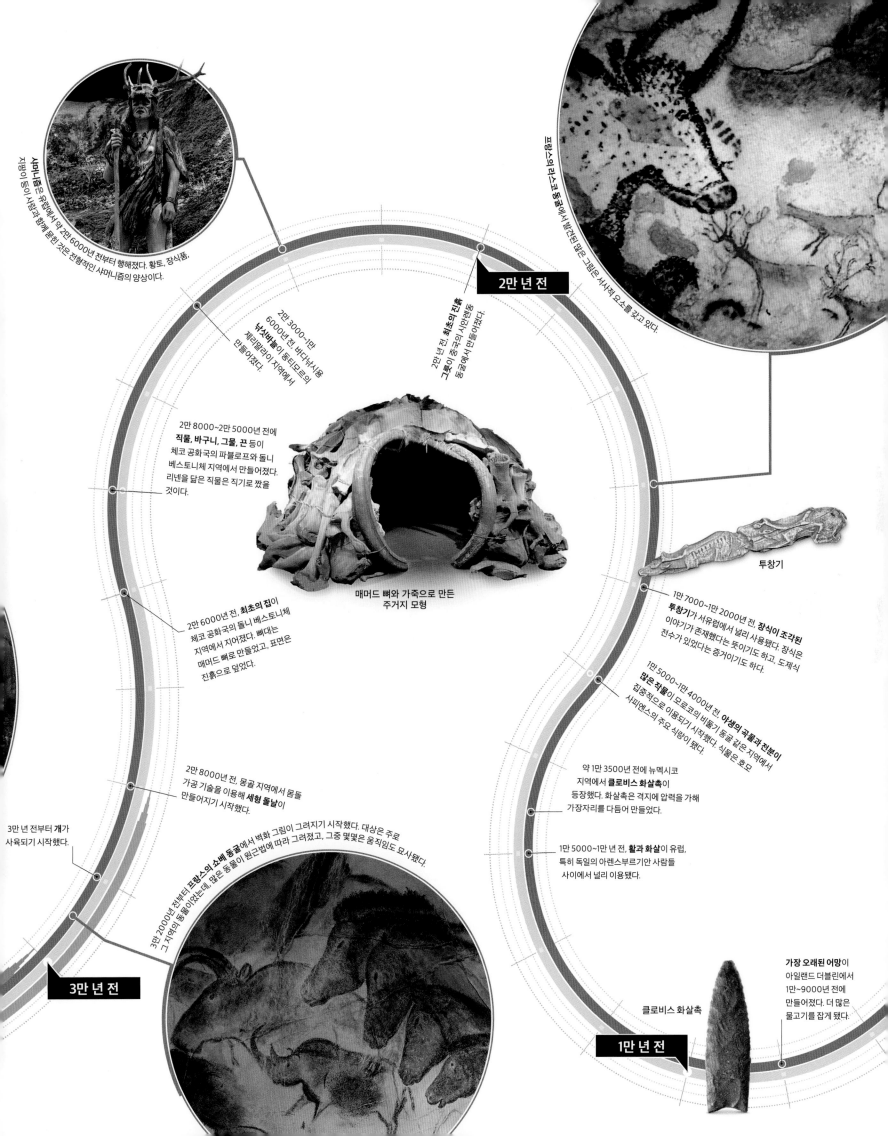

클로비스 화살촉

가장 오래된 어망이 아일랜드 더블린에서 1만~9000년 전에 만들어졌다. 더 많은 물고기를 잡게 됐다.

고대의 사냥 훈련
산 족 사람들은 수천 년 동안 칼라하리 지역에서 사냥을 해왔다. 큰 사냥감이 식단의 20퍼센트를 차지했다. 나머지는 식물과, 덫으로 잡은 작은 동물로 충당했다.

수렵 채집 생활이 등장하다

대부분의 초기 호미닌은 식량을 직접 만들기보다 주변에서 얻었다. 식량의 종류와 얻는 방법은 환경에 따라 다양했으며, 사냥을 하기 위해서는 높은 수준의 사회 조직이 필요했다.

초기 호미닌은 다양한 식량을 먹었다. 그들은 주로 과일과 잎, 곤충을 먹었으며, 오늘날의 영장류처럼 자갈로 견과류를 깨 먹기도 했다. 석기는 먹을거리를 가공하는 데 쓰였다. 최초의 석기는 호모 속 이전의 종이 330만 년 전에 만들었지만, 그 기능을 입증할 만한 증거물은 그로부터 100만 년 뒤에야 나왔다. 케냐의 칸제나사우스에서 발견된 도구의 표면을 분석한 결과, 호모 하빌리스로 짐작되는 종이 식물과 고기를 가공했다는 사실을 알 수 있었다. 200만 년 전의 것으로 추정되는 이 석기는 '올도완 기술'로 제작됐다. 같은 지역에서 사냥한 흔적 또는 죽은 동물의 사체를 먹은 흔적이 발견됐다. 작은 가젤의 사체들을 끌고 와서 자른 이 흔적에는 육식 동물의 이빨 자국만 남아 있는 점으로 보아 호미닌이 사체에 처음 접근한 존재임을 알 수 있다.

180만 년 전, 호모 에렉투스가 아슐리안 기술(Acheulean technology)을 개발해 더 좋은 주먹 도끼를 만들어 내면서 사냥 기술은 더욱 발전했다. 케냐의 일러릿 지역에서는 수백 개의 발자국 화석이 150만 년 전 지층에서 발견됐다. 이는 성인 무리가 육식 동물처럼 호숫가를 맴돌며 협동해서 사냥했다는 뜻이다.

70만 년 전부터 식단이 다양해졌다. 이스라엘의 게셔 베노트 야코브 지역에서는 코끼리 등 큰 동물을 먹었을 뿐만 아니라, 호두를 깨 먹은 증거도 나왔다. 코끼리를 사냥한 것인지 혹은 죽은 사체를 먹은 것인지는 분명하지 않다. 빙하기 유럽에서는 식물 역시 중요한 식량이었다. 네안데르탈인은 물론 호모 사피엔스도 식물을 먹었다. 하지만 지방과 고기가 여전히 생존에 필수적이었다.

학습된 적응력

환경에 따라 다양한 식량을 구하려면 기술에 대한 투자는 물론 지식을 보존하기 위한 헌신이 필요하다. 큰 동물을 사냥할 수 있었다는 것은, 호모 에렉투스 이후의 호미닌이 어린 시절부터 어떻게 동물을 추적하는지 배웠다는 뜻이다. 20만 년 전부터 네안데르탈인은 새를 사냥했다. 최소 12만 년 전부터 호모 사피엔스는 조개를 먹었다. 우리 종은 북극 등 가장 척박한 곳까지 진출했다. 이는 우리가 기술을 응용할 줄 알았다는 뜻이다.

수렵 채집인은 흔히 떠도는 무리 생활을 한다. 하지만 생선같이 풍요롭고 예측할 수 있는 자원이 있는 곳을 발견하면 계속 머무르기도 했다. 그 결과, 반(半)정착 생활이 수렵 채집인의 생활 방식을 대체했다.

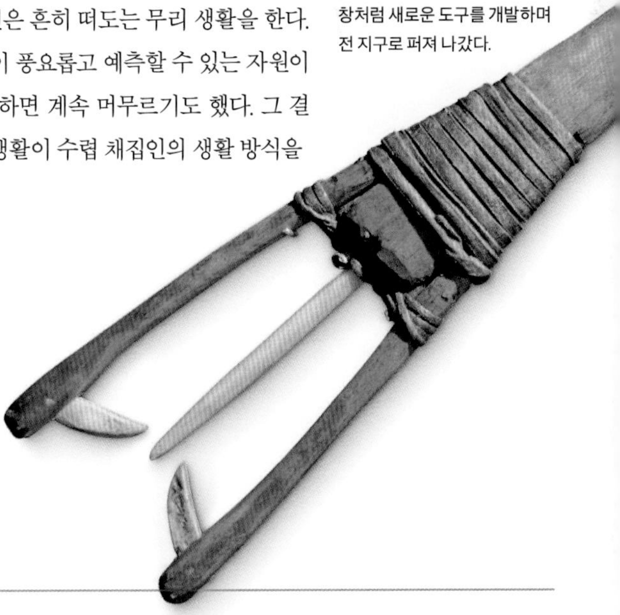

▼ 진화하는 기술
호모 사피엔스는 북극의 이누이트(Inuit)가 낚시할 때 쓰는, 뾰족한 창날이 세 개 달린 창처럼 새로운 도구를 개발하며 전 지구로 퍼져 나갔다.

> **1분** 안에 **담지 못하는 것이 없었다**. 그들은 **보자기**에 짐을 싸서 **어깨**에 멘 뒤 **수천 킬로미터**를 여행했다.

로런스 판 데르 포스트, 작가이자 자연 보호주의자, 1906~1996년, 칼라하리의 산 족 부시먼에 대해 묘사하며

구석기 시대의 예술

오랫동안, '예술'은 재현된 형상을 의미했고, '구석기 시대의 예술'은 순전히 유럽의 전통이라고 일컬어졌다. 하지만 실제 구석기 시대의 예술은 이런 통념보다 훨씬 다양하다. 그 시작은 10만 년보다 더 전에 만들어진 상징적인 예술 작품으로 거슬러 올라간다.

초기 예술 작품으로는 남아프리카 공화국의 딥클루프 암석 동굴에서 발견된 무늬가 새겨진 알껍데기로, 10만 년보다 더 전의 것으로 추정된다(208쪽 참조). 하지만 5만 년 전까지는 알아볼 수 있는 형상을 묘사한 경우가 아직까지 발견되지 않았다. 현재 세계에서 가장 오래된 동굴 벽화 두 점은 술라웨시에서 발견된 것으로, 4만 5000년이 넘은 리앙 테동웅게의 멧돼지와 작은 들소가 등장하는 리앙 불루시퐁 4의 사냥 장면이다. 두 장면 모두 제작 시기는 다르지만 손 스텐실이 등장한다. 이는 고대 회화 전통이 유럽 이외의 지역에도 존재했음을 증명한다. 초기 호모 사피엔스가 유라시아에 전파했거나 유라시아 내에서 발전시켰고 이것이 전승됐을 가능성이 있다. 유럽의 쇼베 동굴은 5000년 이상 나중에 등장했다. 450여 종의 동물을 표현하는 등 예술적으로 놀라운 그림이 남아 있다. 화가는 동굴 벽을 세심하게 골라 채색했고, 움직임과 원근법에 대해 잘 이해하고 있었다.

비슷한 시기에, 레앙 팀푸셍 동굴에서는 돼지를 닮은 동물이 그려졌다. 뒤이어 2만 8000년 전에 오스트레일리아 원주민인 애버리지니가 동굴 벽화를 그렸다. 약 2만 년 전부터 전 세계 곳곳에서 다양한 전통이 꽃피기 시작했다. 이 시기에는 독일 횔레 펠스에서 발견된 여성 조각 펜던트(기원전 4만 년경 제작)를 비롯해 '휴대 가능한' 예술품도 제작됐다. '홀레 펠스 비너스(Hohle Fels Venus)'라고 불리는 이 조각은 인간의 형상을 묘사한 가장 오래된 작품이다. 상아나 뼈, 뿔, 그리고 동유럽의 경우 구운 점토를 이용해 동물이나 인간의 형상을 조각한 것도 지금까지 남아 있다. 이런 작품의 의미는 추정만 할 수 있지만, 당시에 그 중요성이 컸다는 사실만은 분명하다.

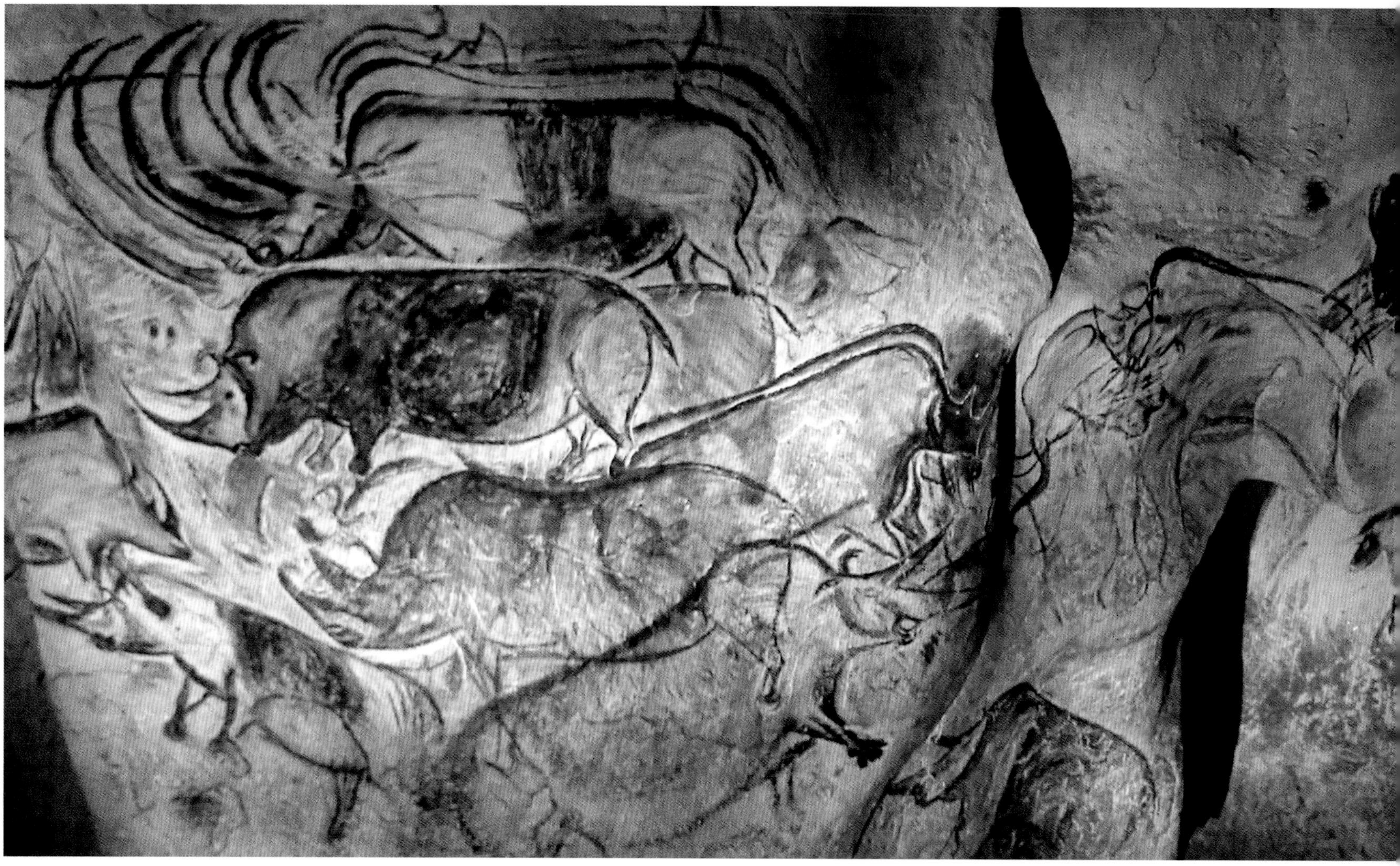

▼ 동굴 벽화
프랑스의 쇼베 동굴에는 들소와 말, 사자가 그려진 거대한 동굴 벽화가 있다. 하지만 그 그림에 사람은 하나도 없다.

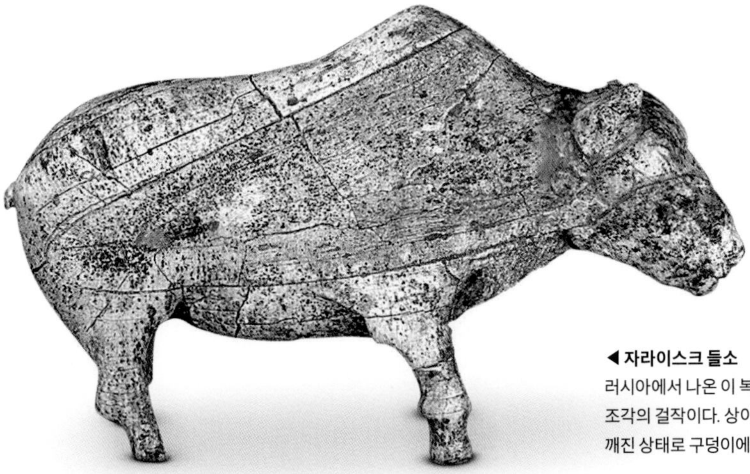

◀ 자라이스크 들소
러시아에서 나온 이 복원된 작은 조각은 자연주의 조각의 걸작이다. 상아로 만든 뒤 붉은 염료로 채색됐고, 깨진 상태로 구덩이에 묻혔다.

▶ 홀레 펠스 비너스
여성 형상을 띤 가장 오래된 상아 조각이다.

"(고대의 예술은) **인간의 지성**과, **자연의 실체와 완전히 다른 상상 속 세계를 담을 수 있는 능력** 사이에서 **협상을 시도하는 것**일 수도 있다."

질 쿡, 고고학자, 1960년~

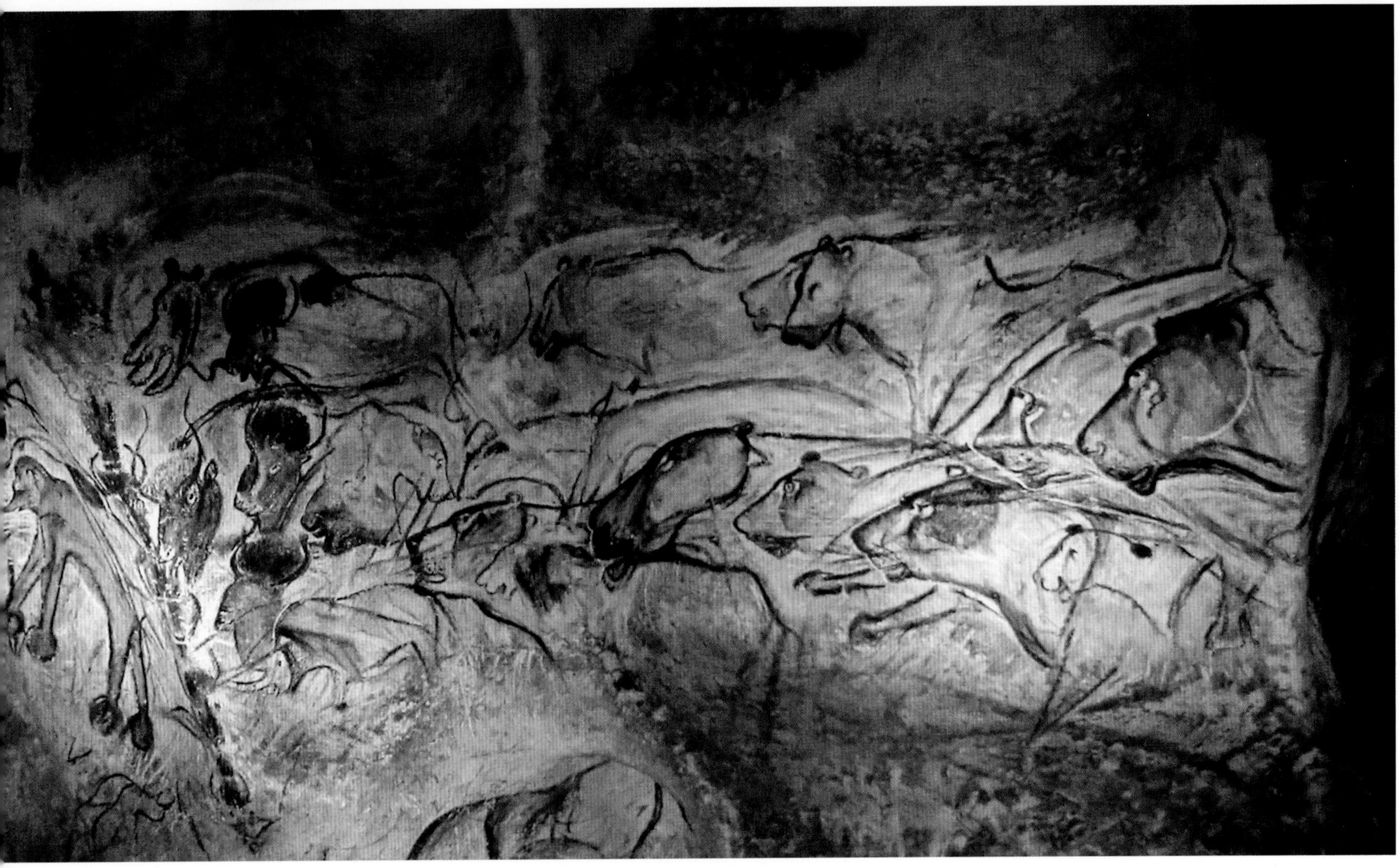

의복이 발명되다

의복은 추위와 햇빛에 의한 화상, 곤충의 공격, 그리고 심지어 특정 무기로부터 우리를 보호해 준다. 한마디로 의복 덕분에 우리는 더 잘 적응할 수 있었다. 구석기 시대에 의복은 우리가 적대적인 환경에서 살아남아 전 지구로 퍼져 나갈 수 있게 도왔다.

초기 호모 사피엔스와 네안데르탈인이 염료와 보석으로 치장했다는 물질 증거가 남아 있기는 하지만 최초의 의복에 대한 증거는 대부분 간접적이다. 땅속에서 의류가 남아 있기란 힘들기 때문이다. 추운 빙하기에 북반구의 호미닌은 몸을 덮을 무언가가 필요했다. 추위에 적응한 신체를 지닌 네안데르탈인조차 손과 발을 비롯해 몸의 최소 80퍼센트를 덮었다. 기생충 연구는 또 다른 단서를 제공했다. 몸니는 의복에 사는 기생충인데, DNA 연구 결과 머릿니와 몸니가 17만 년 전에 갈라졌다. 당시에는 네안데르탈인, 데니소바인, 호모 플로레시엔시스, 현생 인류 등 여러 종의 인류가 있었고, 그들 사이의 교류로 인해 옷을 입는 문화와 기생충이 전파됐다.

> 아마 **인류**가 **옷을 만들어 입기 시작하면서**, **머릿니**에서 **몸니**가 분화됐을 것이다.
>
> **마크 스톤킹**, 미국 유전학자, 1956년~

최초의 직물

가장 오래된 의복은 아마 동물에서 나온 재료를 이용했을 것이다. 타닌에 담가 처리한(가죽을 부드럽게 만든다. — 옮긴이) 유기물 조각이 독일의 노이마르크-노르트 지역에서 발견된 석기에 붙어 있었다. 이는 10만 년 전 이전부터 네안데르탈인이 무두질을 알았다는 뜻이다. 네안데르탈인에게는 바늘이 없었지만, 자신들만의 도구를 이용해 가죽 조각을 꿰맸다. 연대가 4만 년 전으로 거슬러 올라가는 네안데르탈인 유적에서는 끝이 둥근 골각기가 발견됐는데, 오늘날 가죽을 부드럽게 하는 데 쓰는 리수아르(lissoir, 압연)와 유사했다. 가장 오래된 뼈바늘은 3만 년 전의 것으로 꿰매거나 수를 놓는 데 사용됐다.

처음 직물을 생산한 것은 호모 사피엔스였다. 염색한 식물 섬유가 조지아의 드주드주아나 동굴에서 발견됐으며, 그 연대는 3만 년 전으로 거슬러 올라간다. 다른 유적을 보면, 최소 2만 8000년 전부터 직물을 짰을 것으로 추정된다.

체코 공화국의 파블로프와 돌니 베스토니체 유적에서는 쐐기풀이나 아마로 만든 것으로 보이는, 리넨(linen, 아마포)에 비견될 만한 섬세한 직물이 그물과 바구니와 함께 발견됐다. 이 천으로 옷을 만들었는지는 확신할 수 없지만, 같은 지역에서 같은 시기에 만들어진 인간 형상의 조각 일부에서 땋거나 직조한 모자를 쓰거나 허리띠를 두르고 있는 모습을 볼 수 있다. 말타의 시베리아 유적지에서 나온, 수천 년 뒤에 만들어진 다른 조각들을 보면, 모자를 포함해 털가죽으로 몸 전체를 덮은 듯한 모습이 묘사돼 있다.

식물 섬유로 만든 직물은 중석기 시대까지 이어진다. 이때에는 인피 섬유(나무껍질에서 나오는 재료다.)로 옷을 만들었다. 더 부드러운 동물 섬유인 양모로 만든 직물은 농업이 시작된 이후에야 등장했다.

▶ 매장된 왕자
이탈리아의 아레네 칸디데 동굴에서 발견된 '젊은 왕자'의 옷이다. 지금은 옷을 장식했던 조개껍데기만 남아 있다. 이 사람은 2만 3000년 전에 매장됐다.

▶ 선사 시대의 옷
프랑스 아키텐 지역의 아브리 파토 유적지에서 나온 선사 시대 사람을 재현했다. 유적에서는 유골과 조각, 도구, 동굴 벽화가 나왔다. 연대는 4만 7000~1만 7000년 전으로 추정되는데, 고고학자들은 이때 의복이 정교해졌다고 믿는다.

머리카락은 여러 가닥으로 베베 꼬아 정돈했다. 그렇게 하면 깨끗하게 유지하기 편했고, 더러운 것들이 엉겨 붙은 머리카락 때문에 생기는 질병을 예방할 수 있었다. 모자나 간단한 햇빛 가리개를 썼던 증거도 발견됐다. 섬유로 만든 가는 머리끈으로 머리카락을 고정시켰다.

인류가 **보석 장신구**를 **7만 5000년 전**부터 착용했다는 **증거**가 있다.

스누드(snood, 판초처럼 목과 어깨에 두르는 의복 — 옮긴이)는 겨울과 밤에 몸을 따뜻하게 해 줬다.

웃옷은 아마와 삼 줄기를 엮어 만들었다.

옷을 염색하는 염료는 식물의 열매, 뿌리, 잎에서 취했다.

정교한 장신구들은 돌과 조개껍데기, 뼈, 상아 그리고 뿔로 만들어졌다. 사람들은 장신구들을 손목과 목에 두르거나 옷에 달았다.

길게 늘어진 치마와 간단한 허리띠, 끈으로 졸라 매는 동물 가죽 부츠가 널리 쓰였다.

불의 발견과 사용

불을 사용하는 능력은 인류의 고유한 특징이며 호모 속의 진화를 이끌었다. 후기 호미닌은 불을 자유자재로 다루었다.

불을 사용한 가장 오래된 증거는 남아프리카 공화국의 원더워크 동굴에서 나왔다. 거의 100만 년 된 퇴적물을 분석한 결과, 뼈와 식물을 동굴 안에서 태웠다는 사실이 밝혀졌다. 하지만 초기 호미닌은 벼락 같은 자연 현상에서 얻은 불을 이용했다. 최초로 불을 통제하고 반복적으로 사용한 흔적은 80만 년 전의 것으로 이스라엘의 게셔 베노트 야코브에서 나왔다. 이곳에서 불에 탄 물질이 10만 년 동안 계속 만들어졌다. 이는 호모 에렉투스가 불을 피우고 유지했다는 뜻이다.

기술 그리고 사회적 삶

40만 년 전 이후의 유적에서 재와 숯, 탄 뼈가 있는 지층이 자주 발견된다. 이는 거처에서 불을 다뤘다는 의미다. 유럽에서는 네안데르탈인이 등장한 시기와 겹친다. 네안데르탈인은 도구 제작에 불을 사용했다. 이탈리아의 캄피텔로 유적(약 30만 년 전)에서는 자작나무 껍질 타르로 덮여 있는 석기가 발견됐다. 이 석기는 도구를 구성하는 부품 중 하나였다.

불은 사회를 바꾸었다. 20만 년 전부터 가운데에 불을 둔 거주지가 만들어지자 대화하는 시간이 늘면서 언어가 발달했다. 이런 모닥불 아래서 일을 하기는 어려웠기 때문이다. 요리는 80만 년 전부터 시작했다.

3만 5000년 전부터 동유럽에서는 5,000년에 걸쳐 불과 점토를 가지고 실험을 했고 그 경험을 토대로 사람과 동물 형상을 한 조각품을 만들었다. 2만 년 전 이후에는 중국에서 처음으로 토기를 만들었다. 이때부터 불은 여러 새로운 기술의 발달을 이끌었고, 사람들은 수렵 채집 생활에서 점차 벗어났다.

자작나무 타르와 가죽 끈이 날을 고정시켰다.

▲ 구리 무기
구리는 인류가 제련한 첫 번째 금속으로, 약 5,800년 전에 중동에서 처음 나타났다. 최초의 용광로(고로)는 단순히 땅에 구멍을 뚫은 것으로 여기에서 말라카이트 등의 원석으로부터 구리를 얻었다. 외치 계곡 빙하 속에서 발견된 미라의 것과 같은 칼은 상온에서 날을 벼려 만들어졌다(282~283쪽 참조).

화덕은 인류가 불을 통제했다는 확실한 증거다. 스페인의 아브릭로마니에 있는 여러 네안데르탈인 유적에서 화덕들이 발견됐다. 그중 최소 몇 개는 동시대에 사용된 것이다.

5만 년 전
치아에서 발견한, 전분이 많은 낟알을 통해 네안데르탈인이 불로 식물을 요리해 먹었음이 밝혀졌다.
20만 년 전
구석기 유적에는 화덕을 중심으로 사회적 활동이 이뤄졌다.
16만 5000년 전
남아프리카 공화국의 호모 사피엔스가 불을 이용해 석기를 개선했다.
30만~25만 년 전
네안데르탈인이 불을 써서 자작나무 껍질을 이용해 최초의 합성수지를 만들었다.
40만~30만 년 전
탄 뼈 등 불을 통제해 사용한 흔적이 곳곳에서 발견됐다.
50만 년 전
78만 년 전
호모 에렉투스 후기에 가정에서 불을 썼다. 탄 씨앗은 요리의 증거다.
100만 년 전
100만 년 전
초기 호미닌은 때때로 산불에서 불씨를 얻어 사용했다.

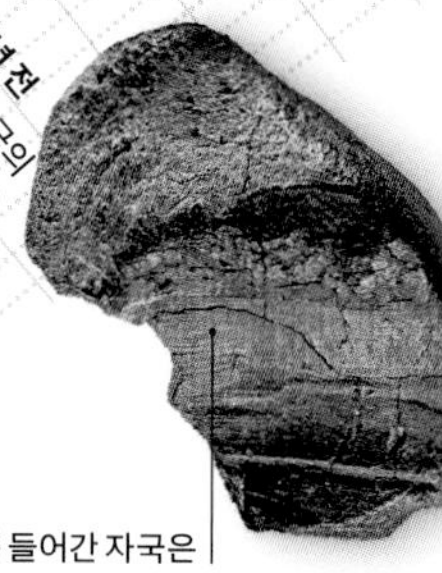

이 움푹 들어간 자국은 나무 손잡이의 흔적으로 보인다. 이 도구는 칼로 추정된다.

▲ 자작나무 껍질 타르
독일의 쾨니히스아우에에서 발견된 8만 년 된 자작나무 껍질 타르다. 반대편에는 네안데르탈인의 손가락 자국이 찍혀 있다. 이 타르는 나무 손잡이에 석기를 붙일 때 사용했다.

최초의 모닥불은 자연적으로 일어난 산불에서 불씨를 얻었다. 다른 방해 요인을 피해 불은 동굴 안에 보존됐다.

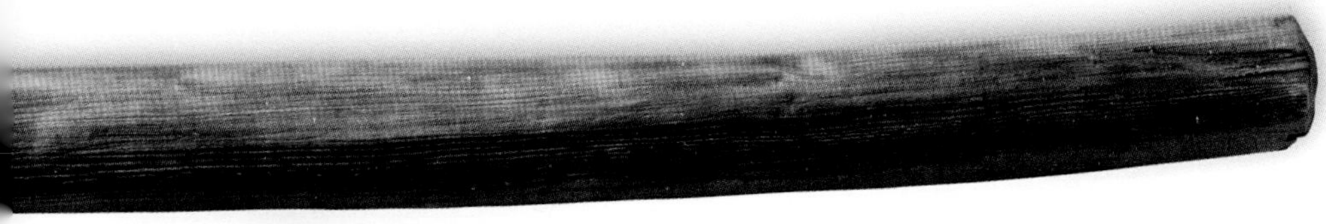

◀ 점토 용기
일본의 조몬 시대 사람들이 만든 이 토기는 음식을 조리하고 저장하는 능력을 획기적으로 높여 줬다. 농업 생활 양식이 보급되면서 곡식과 기타 식품을 잘 저장할 필요가 늘자 이런 용기가 널리 사용됐다.

4만 년 전
3만 5000~3만 년 전
점토를 두른 화덕, 점토 덩어리, 그리고 불에 구운 최초의 토기 조각이 발견됐다.
2만 년 전
식품을 저장하는 데 쓰인 가장 오래된 토기가 중국에서 만들어졌다.
1만 3500년 전
5,800년 전
구리를 제련한 증거인 최초의 도가니가 발견됐다.
5,500년 전
5,000년 전
다양한 방법으로 제조된 도자기가 전 세계에서 발견됐다.
3,800~3,200년 전
철을 제련한 가장 오래된 증거가 나왔다.
3,000년 전
2,000~1,800년 전
이집트와, 추정컨대 인도 지역에서도 유리를 만들기 시작했다.

청동으로 만들어진
두개골 모양의 투구

◀ 점토 조각
불에 구운 조각 중 가장 오래된 것은 크로아티아에서 나온 '돌니 베스토니체 비너스'다. 2만 9000~2만 5000년 전에 만들어졌다. 아마 제작자는 시험 삼아 불을 사용했을 것이다.

▲ 청동 투구
청동은 구리를 제련할 때 주석을 넣어서 만든다. 청동은 구리보다 단단하기 때문에, 청동으로 무장한 군인은 전투에서 확실히 유리했다. 이 헬멧은 2,650년 전에 그리스 군인이 썼던 것이다.

> **화덕**은 그 주변에 둘러앉아서 **서로 소식을 전하고 도구를 만들고 수선하며** 그날의 **사냥**에 대해 토론하고 **미래를 계획하는** 장소였다.
>
> **존 맥내브**, 고고학자, 1960년~

▼ 자작나무 껍질 수지 만들기
최초의 합성수지인 자작나무 껍질 수지는 구석기 시대부터 사용된 접착제로, 네안데르탈인이 처음 만들었다. 자작나무 껍질을 몇 시간 동안 일정 온도로 '구워서' 액체 상태의 타르를 얻는다. 이를 식히면 마치 퍼티(건축 등에 쓰이는 접합제로, 유리를 끼우는 틈이나 파이프 연결 등에 사용한다. — 옮긴이)처럼 도구의 여러 부품을 연결하는 데 쓸 수 있다.

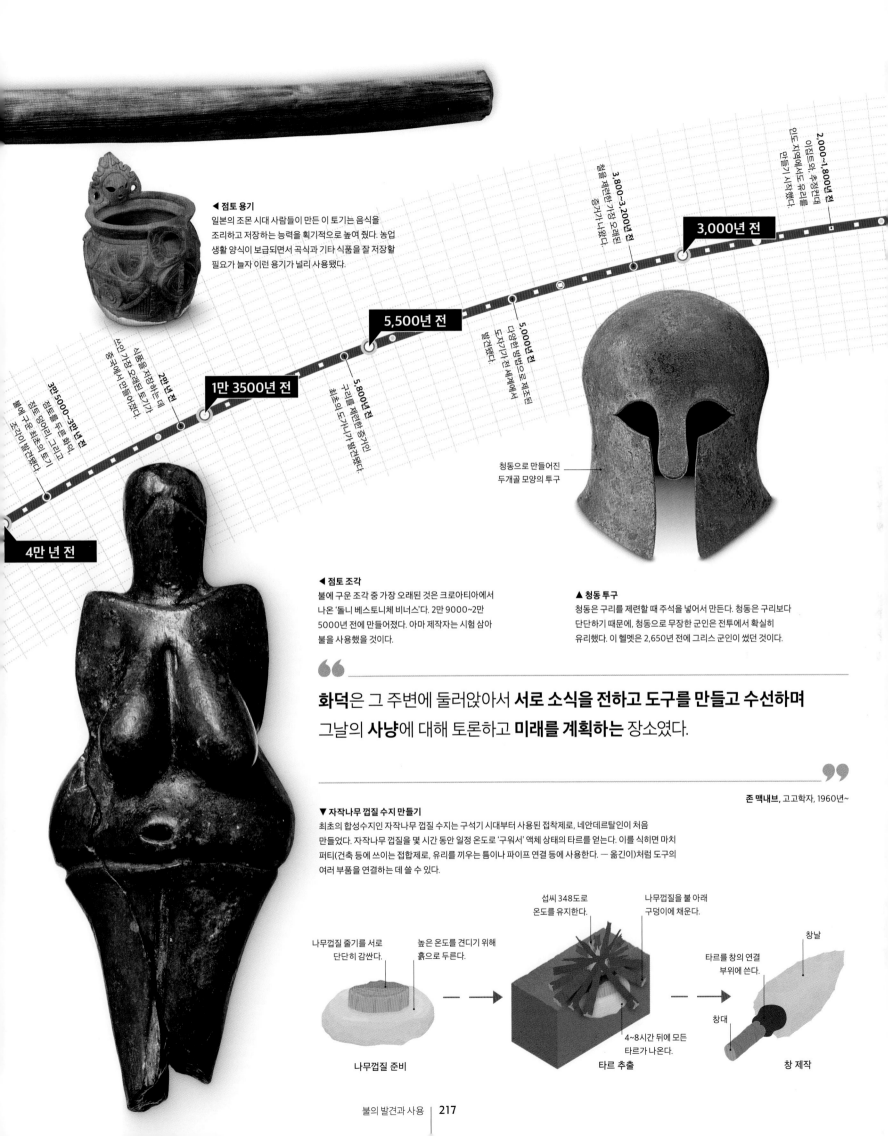

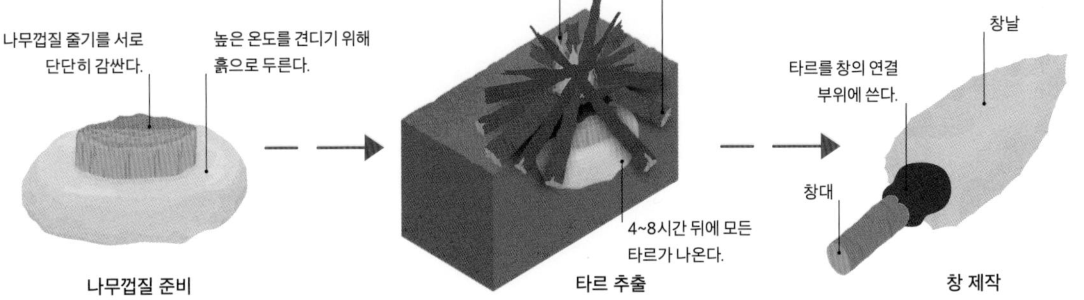
나무껍질 줄기를 서로
단단히 감싼다.
높은 온도를 견디기 위해
흙으로 두른다.
나무껍질 준비
섭씨 348도로
온도를 유지한다.
나무껍질을 불 아래
구덩이에 채운다.
4~8시간 뒤에 모든
타르가 나온다.
타르 추출
창날
타르를 창의 연결
부위에 쓴다.
창대
창 제작

매장 풍습

구석기 시대에 대부분의 사람들은 죽은 자에 대해 존중을 표하거나 심지어 그들을 걱정했다. 당시의 의례는 단순했지만, 선조를 위해 무덤을 짓는 시대를 예견했다.

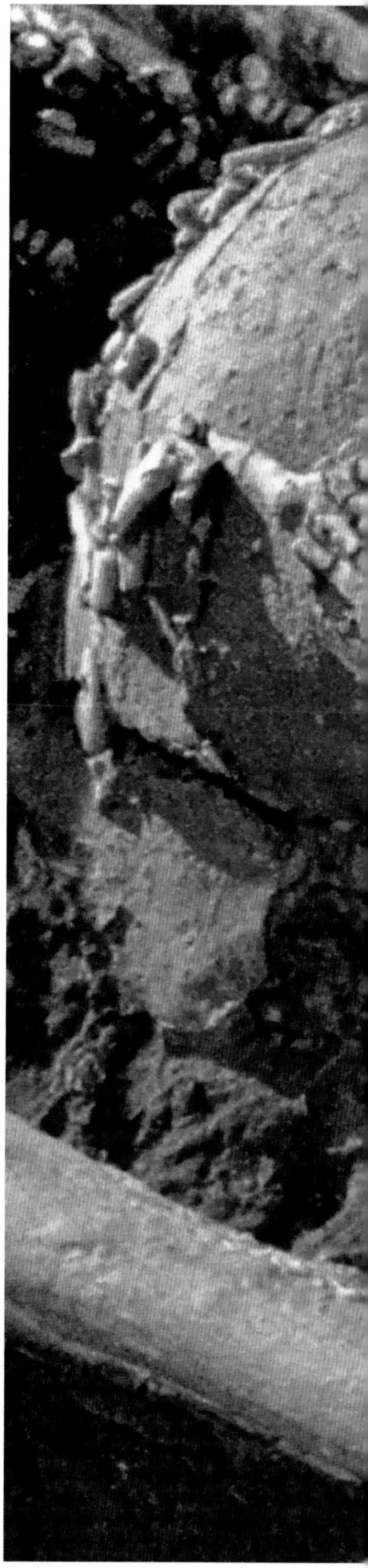

죽음과 관련된 행위는 매우 중요하다. 그런 관습은 시간에 대한 이해와 같은 핵심적인 지적 능력이 발달했음을 의미한다. 어떤 사람이 살아 있는 상태에서 죽은 상태로 바뀔 수 있다는 것을 이해하는 능력은 인간에게만 있는 것 같지만, 여러 증거를 통해 다른 종도 죽음을 인지한다는 것이 밝혀졌다. 코끼리는 집단의 구성원이 죽었을 때 그 곁을 떠나지 않는다. 침팬지는 극단적인 반응을 보이는데, 매우 흥분하거나 조용히 사체 곁에 몇 시간씩 머무르기도 한며, 때로는 죽은 새끼를 몇 주씩 데리고 다니기도 한다. 하지만 이런 행위가 단순히 혼동과 고통에 기인한 것인지 아니면 진정한 상실감과 슬픔에서 비롯된 것인지 알기란 불가능하다.

최초로 **동굴이 아닌 곳에서 행해진 매장**은 **4만 년 전**에 시작됐다. 그 전의 **장례 풍습**은 **동굴** 안에서 행해졌다.

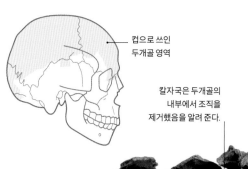

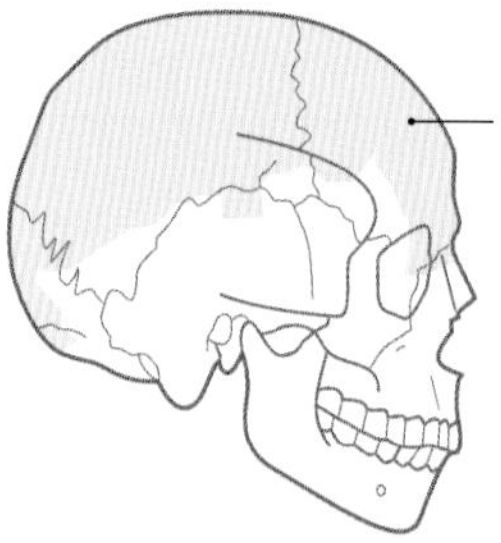
컵으로 쓰인
두개골 영역

칼자국은 두개골의
내부에서 조직을
제거했음을 알려 준다.

▶ 두개골 컵
고프 동굴에서 발견된 두개골 유골은 의도적으로 제작됐다는 흔적을 보여 준다. 뼈를 세심히 자르고 씻은 것으로 보아 이 두개골은 제의적 목적으로 사용됐을 것이다.

최초의 매장 행위

호미닌이 죽음을 인지했다는 최초의 증거는 시체를 '저장하거나' 모으는 행위다. 약 43만 년 전, 스페인의 시마 데 로스 우에소스 동굴에는 최소 28구의 호미닌 시체가 깊은 구덩이에 의도적으로, 현란한 색채의 석기 하나와 함께 묻혔다. 제대로 시체를 매장한 것은 훨씬 뒤다. 9만 2000년 전, 몇몇 호모 사피엔스가 이스라엘의 카프제와 스쿨 지역에 묻혔다. 여기서 아이와 함께 묻힌 젊은 성인, 사슴뿔로 가슴이 덮여 있는 10대 청소년이 발견됐다.

4만 년 전 이후 매장 행위는 잦아졌고, 물건과 함께 시체를 묻는 경우도 늘었다. 러시아의 순기르 지역에서는 2만 5000년 전에 두 아이가 하나의 무덤에 얼굴을 마주 보고 묻혔는데, 창과 수천 개의 장식품, 그리고 붉은 염료로 채워진 성인 대퇴골 한 개가 함께 묻혀 있었다. 이렇게 호사스러운 장례는 드물다. 단순한 장례는 보다 흔하며, 몸을 부위별로 따로 매장하는 경우도 종종 있었다.

식인 풍습

네안데르탈인과 호모 사피엔스 유골에서 발견되는, 석기를 이용해 자른 흔적은 구석기 장례 행위의 또 다른 면모를 보여 준다. 이런 흔적은 다양한 뼈에서 발견되는데, 시신에서 살을 의도적으로 제거하거나 시신을 조각낼 때 생긴다. 이는 죽은 자와 교감하거나 그를 존경하는 방법일 수 있지만, 당시 사람들이 영양 섭취의 한 방편으로 식인에 의존했다는 사실을 의미할 수도 있다. 1898년, 영국의 고프 동굴에서 이런 뼈들이 많이 발견됐다. 1만 4000년 전의 것으로 추정되는 그 뼈들에서 식인의 흔적으로 거의 확실시되는 자른 자국들이 보인다. 그중에는 '두개골 컵' 같은 것들도 있는데, 이는 인간의 두개골을 액체를 담아 마시는 데 사용한 최초의 사례다.

빙하기의 매장 풍습
머리를 맞대고 묻힌 구석기 시대의 어린이 두 명이 러시아의 순기르 지역에서 1955년에 발견됐다. 최소 2만 5000년 전에 시신들이 묻힌 이곳은 유럽에서 가장 오래된 호모 사피엔스 매장지 중 하나다.

인간이 지구를 지배하다

약 1만 2000년 전 마지막 빙하기가 끝난 뒤부터, 오늘날 우리가 살고 있는 지질 시대인 홀로세가 시작됐다. 기후 변화는 호미닌에게 새로운 현상이 아니었지만 딱 두 가지가 달라졌다. 우선 이제 단 한 종의 인류만 존재했다. 그리고 그 종이 주변의 거주지와 경관을 바꾸기 시작했다.

플라이스토세(258만~1만 2000년 전) 말에 지구는 따뜻하고 습했다. 많은 지역에서 초원이 혼합 낙엽수림으로 변했고, 사막도 점차 습해졌다. 수만 년 동안 호모 사피엔스가 확산한 결과, 남아프리카 해안에서 유라시아, 오스트레일리아, 그리고 남아메리카 끝까지 모든 지역에 인류가 정착했다. 낯설고 때로는 적대적이기까지 한 환경과 기후 변화에 직면한 인류는 혁신적인 생존 전략을 필요로 했다. 인류는 자신이 가진 문제 해결 능력을 활용하고, 생태계와 새로운 관계를 맺었다. 이런 관계 때문에 호모 사피엔스가 사는 주변 환경은 변화를 겪었다.

동물의 삶에 미치는 영향

호미닌이 해양 자원을 이용한 가장 오래된 사례는 호모 사피엔스가 남아프리카 공화국의 피나클 포인트에서 16만 년 전에 조개를 잡은 것과, 네안데르탈인이 15만 년 전에 스페인의 바혼디요 동굴근처에서 조개를 잡은 것이다. 이런 작은 규모의 활동은 조개 개체수에 거의 영향을 미치지 않았다. 하지만 시간이 지날수록 조개 수확량이 늘어나면서 부정적인 결과가 나타났다. 약 5만 년 전에 남아프리카 공화국에서 일부 조개 종의 평균 크기가 줄어들었는데, 이는 조개가 남획되었기 때문이다. 아마도 보다 많은 인간들이 해안으로 이주했거나, 또는 이미 존재했던 정착지의 인구가 늘어나면서 생활 양식이 바뀌었기 때문일 것이다. 조개가 작아지는 현상은 3만 년 전에 인류가 파푸아뉴기니에 진출했을 때, 그리고 1만 년 전에 캘리포니아 남부에 진출했을 때에도 일어났다.

물론 대부분의 동물 개체수는 인간이 미친 일시적이고 국지적인 영향으로부터 회복됐다. 하지만 인류는 오랜 기간 영구적이고 심각한 악영향을 생물 다양성에 끼쳐 왔다. 소위 거대 동물군의 '남획' 가설은 호모 사피엔스가 마지막 빙하기 말기에 특정 지역에 거주했던 것과 거대 동물종들의 다양성이 감소한 것이 관련 있다고 본다. 오스트레일리아와 북아메리카에서는 이런 경향이 명백하게 드러난다. 그곳에 인류가 각각 5만 5000년 전과 1만 5000년 전에 진출했는데, 거대한 땅늘보를

홀로세 초기에 녹기 시작한 빙하는 **전 세계 해수면**을 **35미터** 상승시켰다.

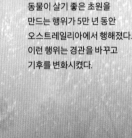

▼ 인위적인 불
식생을 불태워서 사냥할 동물이 살기 좋은 초원을 만드는 행위가 5만 년 동안 오스트레일리아에서 행해졌다. 이런 행위는 경관을 바꾸고 기후를 변화시켰다.

포함한 동물종 다수가 이 시기에 멸종했다. 하지만 동시대의 기후 변화 역시 어느 정도 영향을 미쳤을 가능성도 있고, 유럽에서는 호모 사피엔스가 겨우 4만 년 전부터 존재했는데 대멸종과 관련이 있다는 직접적인 증거는 없다는 반론도 있다. 특별히 적대적인 환경에서는 새로운 기술로 무장긴 시간을 되돌리지 않아도, 지질학적인 관점에서 눈 깜짝할 사이에 불과한 그 시간을 조금만 거슬러 올라가면, 인간은 수적으로 매우 적었고 산발적으로 여기저기에 살았으며 수렵 채집 생활을 영위하고 있었다. 하지만 인류 역사의 초기에만 와도 우리는 주변 세계에 심오한 영향을 매일 끼친술해야 할 정도다. 만약 이 과정이 오랫동안 이뤄져 왔다면, 폐기물 더미는 지역의 경관을 극적으로 바꿨을 것이다.

보다 심오한 동굴 밖 예술 활동은 4만 년 전에 나타났다. 포르투갈의 코아 계곡에 있는 5,000점의 암각화처럼 계곡 전체가 상징 문화의 야외 전

> **호모 사피엔스**가 오늘날 지구에 사는 **유일한 호미닌**이라는 사실 때문에, 우리의 **고독한 명성**이 자연스러운 것이라고 믿기 쉽다. **하지만 그것은 사실이 아니다**.
>
> **이언 테터솔**, 영국의 고인류학자, 1945년~

한 새로운 포식자인 호모 사피엔스의 등장이 특정 종을 멸종시키기에 충분했을 것 같다. 남획 가설을 가장 잘 지지하는 사례 중 하나는 카리브 해의 땅늘보인데, 인간이 도착한 지 5,000년도 되지 않아 멸종했다. 멸종 과정 자체는 1,000년 정도밖에 걸리지 않았다.

한편 호모 사피엔스가 식물군을 멸종시킬 정도로 영향을 줬다는 증거는 없지만, 우리 종이 환경을 많이 바꿔 놓은 것은 사실이다. 퇴적층 시료(지층 깊은 곳을 긴 기둥 모양으로 뚫어 파낸 뒤 끌어올린 것으로, 시기별 퇴적물을 알 수 있게 한다. — 옮긴이)에서 나온 숯을 보면 사람들이 동남아시아에서 5만 년 전부터 숲을 태웠음을 알 수 있다. 오스트레일리아에서도 6만~5만 년 전에 숲을 태웠다. 비록 자연적으로 난 산불을 완전히 제외할 수는 없지만, 생태계의 생산력을 높이고 동물을 끌어들이기 위해 숲을 태운 역사가 북아메리카와 오스트레일리아에서 오래 이어졌다. 중석기 시대에도 역시 일부 지역에서 비슷한 일이 행해졌다는 증거가 있다.

문화적 경관

호모 사피엔스가 지구 전체에 걸쳐 건설한 문명은 우주에서도 볼 수 있다. 우리의 자동화된 기계들은 태양계 너머까지도 탐사하고 있다. 하지만 그리다. 생물은 특정 지역에서 지속적으로 활동함으로써 주변 환경을 변화시킨다. 호미닌의 경우, 동굴 안에 쌓인 폐기물이 여기에 해당할 수 있다. 전 세계에 있는 수천 개의 동굴에서 셀 수 없이 많은 세대 동안 쌓인 쓰레기가 만든 깊은 층이 발견된다. 동굴뿐 아니라 동굴 밖 거주지에도 발견되는 이런 흔적들은 당시 사람들이 어떻게 살았는지 보여 준다. 예를 들어 조개더미(버린 조개 쓰레기)는 상징적인 의미가 있다. 일부 유적의 조개더미에서는 연체동물의 껍데기와 함께 인간 유골이 나온다. 남아프리카 공화국의 클라시스 강 하구에 있는 조개더미에서는 인간 매장지가 발견됐다.

호미닌은 문화적 자원을 다른 방식으로 공유하기도 한다. 네안데르탈인과 호모 사피엔스가 남긴 더 오래된 매장지를 파는 일도 그런 경우다. 호미닌은 이런 곳에 쓸모 있는 자원이 있다는 사실을 알아냈고, 수백 년 전에 만든 오래된 석기를 재활용하는 일이 흔해졌다.

수백만 년 동안 석기를 만들기 위해 막대한 양의 돌을 쓴 행위가 경관에 미친 영향을 계산하기는 어렵다. 하지만 일부 지역에서는 그런 행위가 매우 활발하게 이뤄졌음을 알 수 있다. 예를 들어 50만 년보다 더 전에 이스라엘에서 부싯돌을 캐냈던 것은, 매우 조직적으로 이뤄져서 채석이라고 기시장이 되기도 했다. 그렇게 대규모로 돌을 변형시키는 능력은 터키의 괴베클리 테페에 있는 최초의 거석 구조물에서도 발견된다. 농업이 시작된 지 몇 백 년 되지 않았을 때인 약 1만 1000년 전에 수렵 채집인이 이것을 만들었다.

> 우리는 **지금까지 지구에서 진화한** 포유동물 중 **가장 적응적인 존재일 것**이다.
>
> **릭 포츠**, 미국의 고인류학자, 1953년~

문턱

문명이 **발달하다**

적응력이 뛰어나고 독창적인 인류는 삶을 지속하기 위해 자연을 개조하기 시작했다. 삶의 방식도 수렵 채집에서 농업으로 바뀌었다. 이는 인류 역사상 매우 중요한 전환점이었다. 농업은 인류를 확장시켰다. 인구가 증가했고, 작은 유목민 마을은 영구적인 도시와 국가로 발전했다. 그리고 마침내 복잡한 권력 구조를 갖춘 제국이 등장했다.

생명 거주 가능 조건

수년간의 집단 학습으로 농업이 발전하면서 인류는 주변 환경에서 더 많은 자원을 얻을 수 있었다. 자연을 개조하고 조작하는 능력은 생물권과 인간 사회 모두를 바꿨다. 인구가 많아지면서 더 효과적인 조직이 필요했고, 그 결과 복잡한 권력 구조가 새로이 나타났다.

기후가 더 따뜻해졌다.

공동체의 인구가 증가하고 자원 압력이 증대했다.

집단 학습이 축적됐다.

무엇이 달라졌는가?

기후가 따뜻해지면서 자연환경이 변했고, 먹을 수 있는 음식과 이용할 수 있는 에너지원이 풍부해지자, 더 이상 이동할 필요가 없어졌다. 인류는 한곳에 정착했고, 노인, 환자, 유아 사망률은 감소했다. 공동체의 규모는 점점 커졌다. 사람들은 작물 재배 기술을 익혔고, 자연환경으로부터 더 많은 것을 얻게 됐다.

수렵 채집 생활

수 세대에 걸친 집단 학습으로 정보를 축적한 수렵 채집인 무리는 광대한 지역에서 다양한 제철 음식을 구하기 위해 협력했다. 인구는 여전히 적고 변동이 심했지만, 큰 동물을 사냥하거나 덫으로 잡아 고기를 얻으려면 협동이 중요했다.

불을 이용하는 농부

지역 동식물에 대한 지식이 풍부한 수렵인 무리는 사냥과 채집을 하기에 좋은 초원을 만들려고 불을 이용했다.

풍족한 수렵 채집인

천연 자원이 풍부한 지역의 수렵 채집인 무리는 여러 계절에 걸쳐 음식을 저장할 수 있는 방법을 고안해 냈다. 점점 많은 사람들이 한곳에 정착하는 삶의 방식을 택했다.

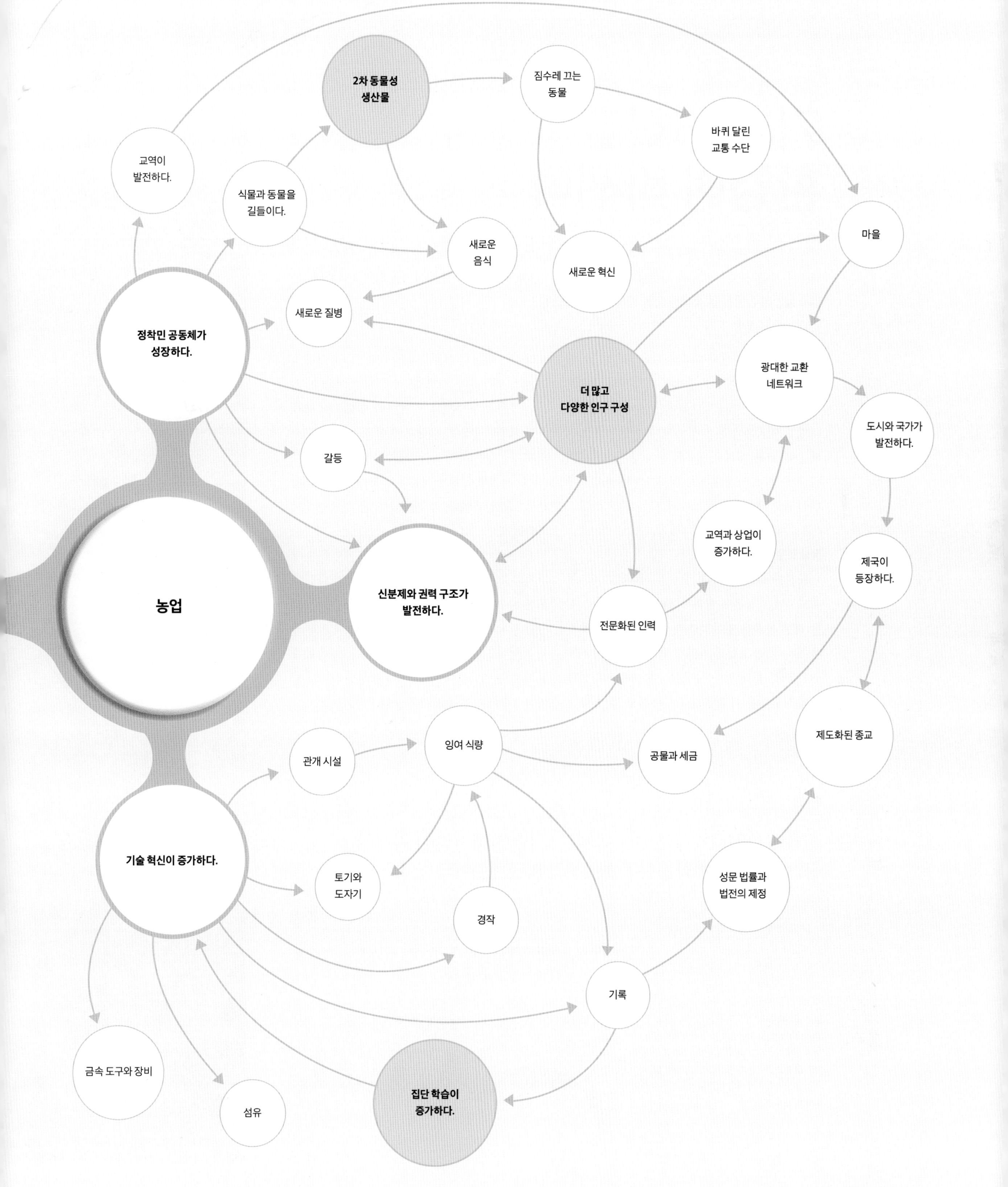
농업
정착민 공동체가 성장하다.
교역이 발전하다.
식물과 동물을 길들이다.
2차 동물성 생산물
짐수레 끄는 동물
바퀴 달린 교통 수단
새로운 음식
새로운 혁신
마을
새로운 질병
더 많고 다양한 인구 구성
광대한 교환 네트워크
도시와 국가가 발전하다.
갈등
신분제와 권력 구조가 발전하다.
교역과 상업이 증가하다.
제국이 등장하다.
전문화된 인력
잉여 식량
관개 시설
공물과 세금
제도화된 종교
기술 혁신이 증가하다.
토기와 도자기
경작
성문 법률과 법전의 제정
기록
금속 도구와 장비
섬유
집단 학습이 증가하다.

기후 변화로 환경이 바뀌다

기원전 9600년경부터 지구 기온이 빠르게 상승했고, 지질 시대 중 가장 최근인 홀로세('완전히 새로운' 시대라는 뜻이다.)가 시작됐다. 이제 인류는 사냥하고 채집할 새로운 방법을 고안해야 했다. 결국 농업에 기반을 둔 색다른 생활 방식이 등장했다.

기후가 따뜻해지면서 대륙 빙하가 녹았다. 그 결과, 해수면이 높아졌고 증발량이 늘어나 강수량이 증가했다. 아메리카 대륙에서 아시아가 떨어져 나왔고, 영국과 일본은 섬이 됐다. 습한 기후로 인해 숲과 초원, 새로운 호수와 강이 생겨났다. 매머드, 털코뿔소, 거대 엘크 등 빙하기의 큰 동물 대부분이 멸종했다.

풍요로운 중석기 시대

기원전 8000~5000년, 중석기 시대라고 부르는 과도기에 사람들은 활과 화살을 사용해 사슴 같은 작은 동물을 잡아먹고 사는 새로운 환경에 적응했다. 새로이 발명된 활과 화살은 숲에서 사냥감의 뒤를 몰래 밟아 사냥하기에 매우 적합했다. 또한 사람들은 더 많은 물고기를 잡는 법, 풀과 도토리 같은 다양한 식물들을 가공하거나 요리해 먹는 법을 깨우쳤다. 시행착오를 거쳐 독이 들어 있는 식물과 식용 식물을 구분하는 법도 터득했다. 수렵 채집인 무리가 식량 자원이 풍부한 해안 지역에 정착하면서, 최초의 마을이 탄생했다.

이 시기에 인류는 식물과 동물에 관한 지식을 축적하고 공유했다. 그 결과, 새로운 생활 방식이 나타났다.

동시에 인구가 급격하게 증가했다. 인류는 전 세계의 거주 가능한 곳이면 어디든 퍼져 나갔다. 또한 해수면이 높아지면서 과거 풍요로운 사냥터였던 광활한 영토가 물속에 잠겼다. 그 결과 지구가 자연적으로 제공하는 자원만으로는 생존할 수 없게 됐다. 결국 기후 변화와 자원 경쟁 압박에 대처하기 위해 세계 곳곳에서 농업이 시작됐다.

> "사람이 거주 가능한 지구의 수많은 지역에서, 심지어 **단 한 세대** 동안에도 **기후 변화**는 분명 **놀라운 변화**였을 것이다."

제프리 블레이니, 오스트레일리아의 역사학자, 1930년~, 『아주 짧은 세계사』(2000년)에서

▶ 기후 변동
홀로세는 대체로 따뜻했지만, 그래프에서 보듯 기후 변동이 심했다. 야생에서 먹을거리를 구하기 어려운 춥고 건조한 기간을 버티기 위해 인류는 작물을 기르기 시작했다. 이들이 바로 인류 역사상 최초의 농부였다.

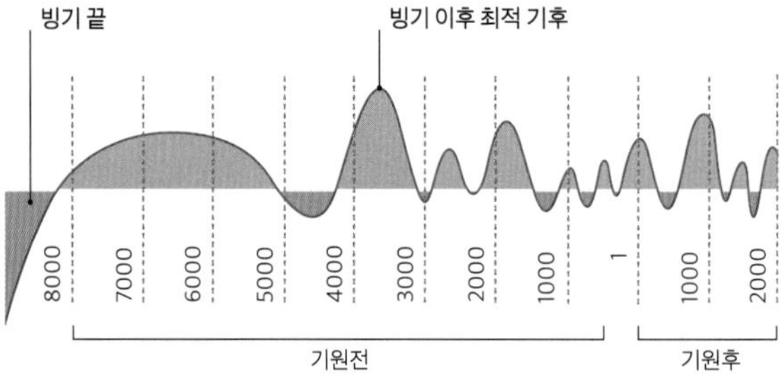

범례 ■ 따뜻한 기간 ■ 추운 기간

좋은 날의 사냥
아프리카에서 발견된, 바위에 그려진 이 그림은 사슴을 사냥하려고 활과 화살을 쓰는 인류를 묘사하고 있다. 아프리카의 사하라 지역은 지금은 사막이 됐지만 중석기 시대만 하더라도 사냥감이 풍부한 초원이었다.

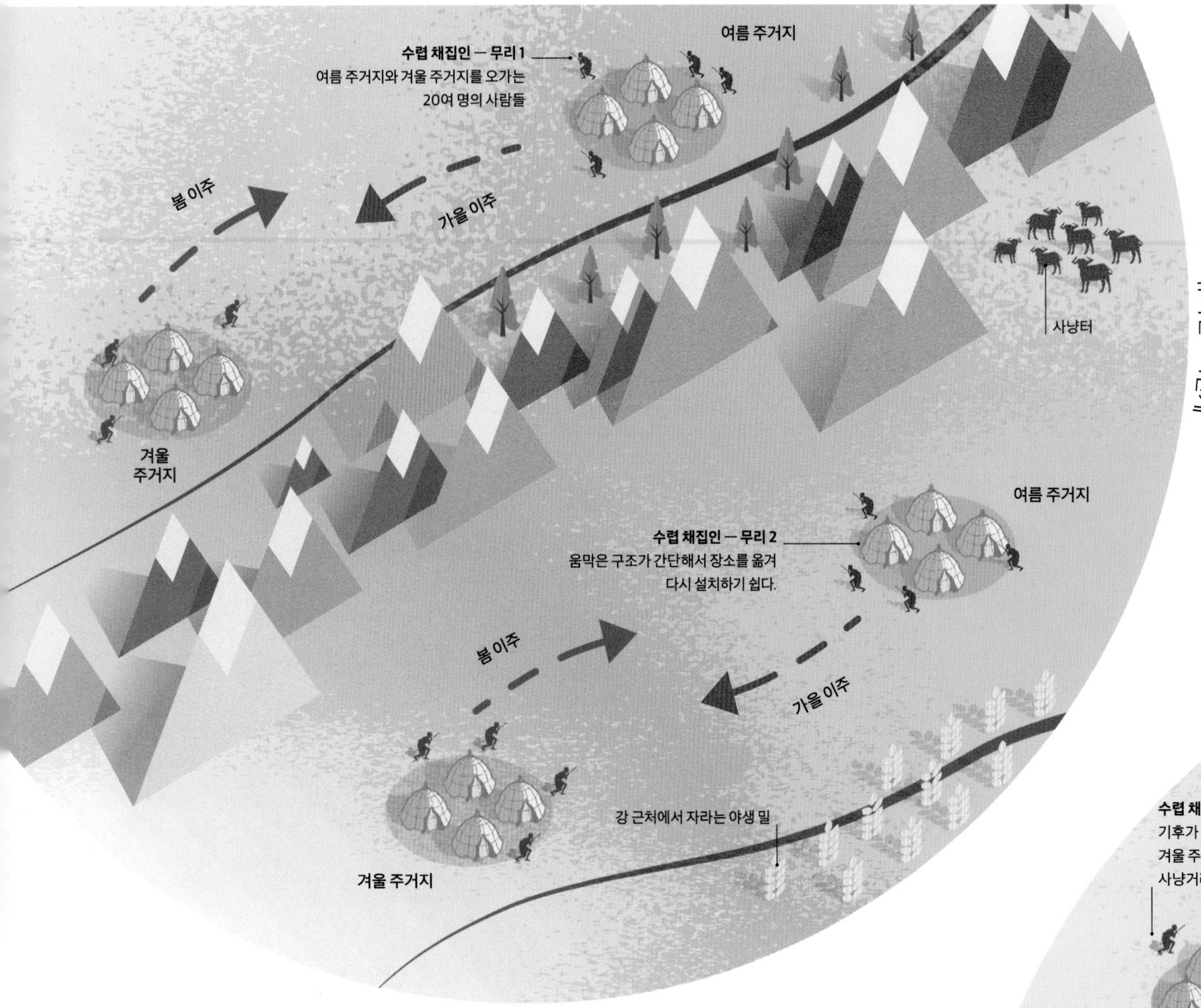
수렵 채집인 — 무리 1
여름 주거지와 겨울 주거지를 오가는 20여 명의 사람들
여름 주거지
봄 이주
가을 이주
사냥터
겨울 주거지
수렵 채집인 — 무리 2
움막은 구조가 간단해서 장소를 옮겨 다시 설치하기 쉽다.
여름 주거지
봄 이주
가을 이주
강 근처에서 자라는 야생 밀
겨울 주거지

유목민 — 1단계

◀ 유목민
기원전 2만 3000~1만 3000년
유목민들은 작은 가족을 이루고 사냥과 채집을 하면서 살았다. 유목 생활은 계절과 자원이 변하면 새로운 곳으로 이주하는 것이었다. 따라서 자연스럽게 인구 증가가 제한됐다.

▼ 초기 정착민과 풍족한 수렵 채집인
기원전 1만 3000년
기후는 더 따뜻해지고 습해졌다. 강물이 불어나고, 초원과 숲이 넓어지면서 자연환경이 풍성해졌다. 몇몇 무리들이 한곳에 정착하기 시작했다.

농부가 되다

따뜻해진 기후로 자연환경이 바뀌면서, 세계 곳곳의 수렵 채집인들은 식량을 얻는 새로운 방법으로 농사를 고안했다. 농사를 짓기 시작하면서 식량을 구하기 위해 계속 떠도는 대신 한곳에 정착하는 삶이 가능해졌다.

정착 생활로 인해 예기치 못한 많은 결과들이 초래됐다. 더 이상 이주할 필요가 없어지자 도구들이 무거워지고 복잡해졌다. 덕분에 곡물을 가는 맷돌과 옷감을 짜는 직기, 토기 등이 발명됐다. 또한 매년 이주할 때마다 어른들이 어린아이를 데리고 장거리를 이동하거나 노인이나 환자는 남아서 가족이 돌아오기 전까지 스스로를 돌봐야 했는데, 한곳에 정착하면서 이런 위험한 상황이 사라졌다. 사람들은 더 오래 살았고, 출생률도 증가했다. 이는 더 많은 식량이 필요해졌다는 뜻이었다.

정착민은 야생에서 채집할 수 있는 다양한 제철 음식 대신 재배 가능한 몇몇 작물을 먹고살았다. 여러 면에서 정착 생활은 함정과도 같았다. 농업 덕분에 과거에 비해 훨씬 많은 사람들이 배부르게 먹을 수 있었지만, 동시에 더 많은 사람이 훨씬 더 열심히 일해야만 했다.

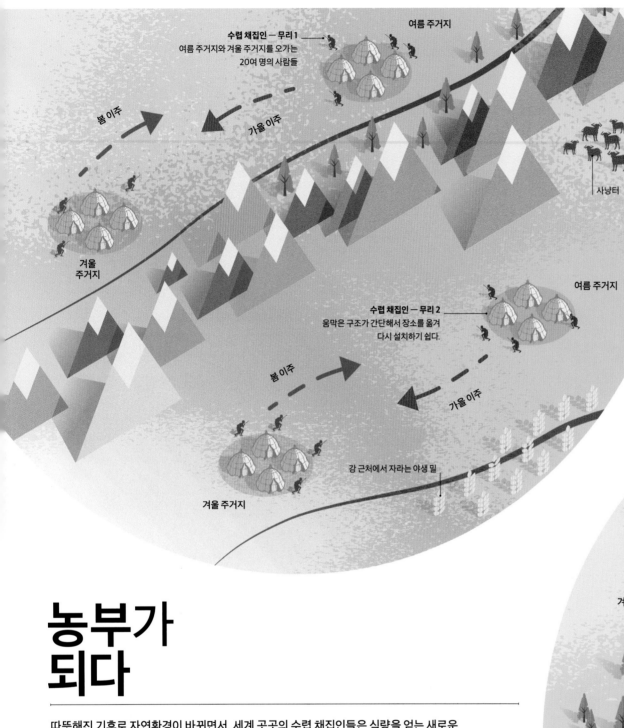

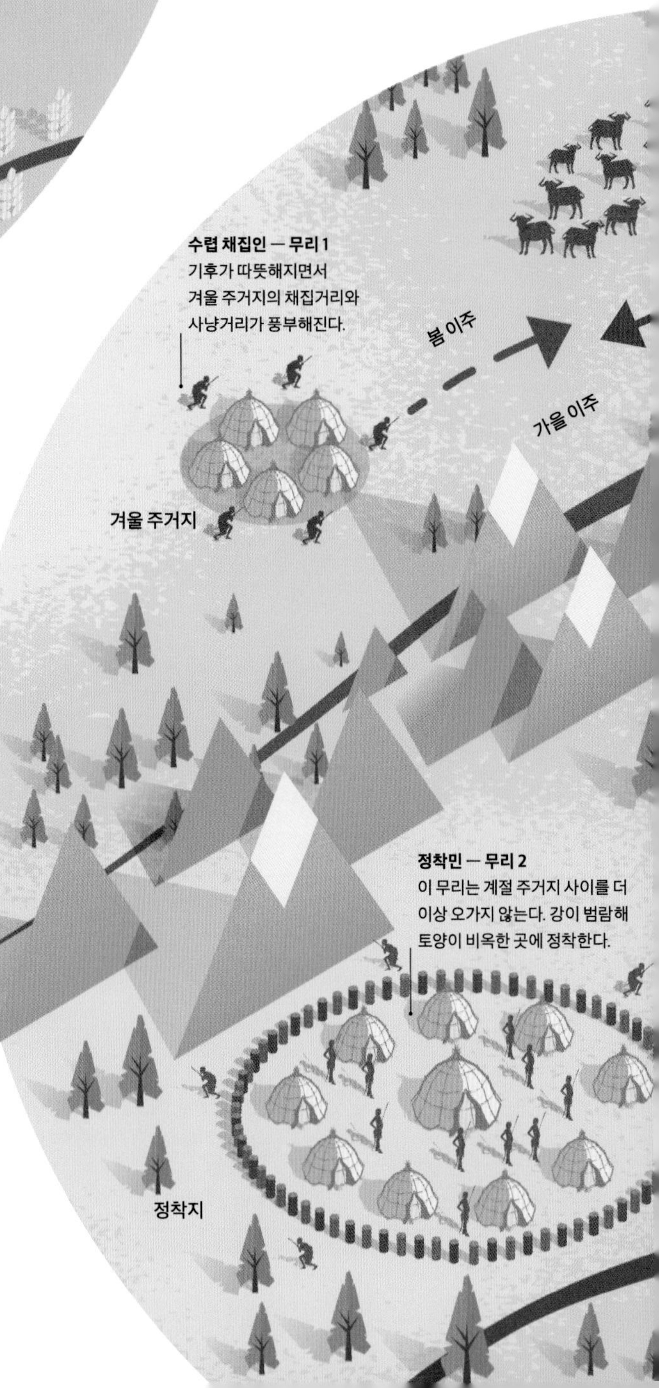
수렵 채집인 — 무리 1
기후가 따뜻해지면서
겨울 주거지의 채집거리와
사냥거리가 풍부해진다.
봄 이주
가을 이주
겨울 주거지
정착민 — 무리 2
이 무리는 계절 주거지 사이를 더 이상 오가지 않는다. 강이 범람해 토양이 비옥한 곳에 정착한다.
정착지

초기 농업은 동일한 면적에서 **수렵 채집**을 할 때보다 **50~100배 더 많은 사람들**을 먹여살릴 수 있었다.

▶ 늘어나는 정착민
기원전 6000년
마을 인구가 계속 증가했다. 사람들은 거주지에 발이 묶여 튼튼한 집을 짓고 마을을 보호하기 시작했다. 더 많은 사람을 부양할 수 있도록 야생 곡물을 인위적으로 재배했고, 축사에서 기른 동물에서 고기를 얻었다.

정착민 — 무리 1
무리 1은 겨울 주거지와 여름 주거지 사이를 더 이상 오가지 않고 정착한다.
호수
영구 주거지
두 정착민 사이에 교역이 발달한다.
정착민 — 무리 2와 무리 3
큰 거주지에 두 무리가 합류해 인구가 100명에 이른다.
허물지 않을 튼튼한 집을 짓는다.
마을을 보호하기 위해 둘레에 돌담을 쌓는다.
토지를 경작한다.
거주지 안에 동물을 키운다.
작은 마을
늘어나는 정착민 — 3단계

초기 정착민 — 2단계
거지
호수
정착민 — 무리 3
강 근처에 사람들이 유입되면 새로운 영구 거주지가 생긴다.
영구 주거지
경작을 통해 야생 밀이 퍼져 나간다.

◀ 항상 이동 중
오늘날의 유목민들은 여전히 전통적인 생활 방식을 유지하고 있다. 기후 조건이 바뀌면 가축과 함께 목초지와 물을 찾아 떠난다. 가뭄이 들 경우 농작물과 가축을 모두 잃을 수도 있는 정착민의 생활 방식에 비해 상당한 이점이 있다.

일본 조몬 시대의 수렵 채집인들은 구덩이 덫과 활, 화살을 이용해 야생 멧돼지, 사슴, 곰 등을 사냥했다.

조몬 시대 집의 너비는 보통 3~4미터였다.

이 단면도는 움막을 어떻게 세웠는지 알려 준다. 푹 꺼진 바닥에 구멍을 뚫고 통나무를 세워 뼈대를 만들었다.

신선한 식용 식물이 부족한 겨울에는 고기가 필수 식품이었다.
연기 배출구
푹 꺼진 바닥의 흙이 자연 단열재 역할을 한다.
저장용 토기를 땅에 박아 놓았다.

바닥 아래 뚫린 굴뚝을 통해 연기가 빠져나갔다. 덕분에 조몬 시대 여성들이 음식을 요리하기 위해 움막 안에서 불을 피울 수 있었다.

연기가 땅 밑에 있는 관을 통해 빠져나간다.

조몬 시대 사람들은 토기에 조개류와 견과류를 요리해 먹었다.

요리할 때 쓰는 그릇

환기를 위해 지붕과 벽을 짚으로 엮었다.
숲에는 베리류 과일이나 땅콩, 밤, 도토리 같은 식용 식물이 풍부했으며, 가을에 여성들이 채집했다.
나무 틀 위에서 연어를 말렸다. 이 작업에는 많은 노동력이 필요했으므로 사람들이 서로 협력했다는 증거가 된다.
조몬 시대 사람들은 창, 그물, 바구니 덫, 줄 등 특수 도구를 이용해 낚시를 했다.
배는 빈 통나무로 만들었다.
강과 호수에서는 연어와 기타 담수어를, 바다에서는 참치, 고등어, 거북이, 조개 등을 잡았다.
리 및 기타 식용 식물을
과 구덩이에 저장했다.
채취해 곱게 간 야생 곡물

마을 생활
이 그림은 기원전 1만 3000년경 일본 조몬 시대의 전형적인 정착지를 보여 준다. 당시 마을에는 움막이 다섯 채 정도에 불과했다. 그러다 점차 규모가 커져서 기원전 9000년에 이르면 일부 정착지는 움막이 50~60채에 달했다.

풍족한 수렵 채집인

마지막 빙하기가 끝날 무렵 기후가 따뜻해지고 습해졌다. 그 결과, 한곳에 오랫동안 머물며 수렵 채집 생활을 영위하는 사람들이 등장했다. 이들을 '풍족한 수렵 채집인'이라고 부른다.

풍족한 수렵 채집인들은 자원이 풍요로운 곳에 정착해 야생에서 나는 과실을 먹으며 살아갔다. 가장 성공한 초기 정착민 중 하나는 기원전 1만 4000년의 일본 조몬 시대 사람들이었다. 그들은 농사를 짓지 않았고, 주로 숲 근처나 해안, 강 하구, 호수 근방에서 작은 마을을 이뤄 1만 3000년 이상을 살았다. 한곳에 정착해 다양한 제철 식물과 물고기, 야생 동물을 풍족하게 먹을 수 있었기 때문에 조몬 시대 사람들은 휴대용이 아닌 더 커다란 특수 도구와 기술을 개발하는 데 집중했고, 기원전 1만 3000년에는 세계 최초로 토기를 발명해 식량을 요리하고 저장하는 데 사용했다.

▶ 불꽃 테두리 장식 그릇
조몬 시대 토기는 불에 구워 만들어졌다. 처음에는 모양이 단순했지만, 점점 정교해졌다. 이처럼 화려한 토기는 조몬 시대 후기에 만들어진 것이다.

식용 작물을 기르다

최초의 농부들은 돌날을 단 괭이와 손도끼, 그리고 땅을 파는 나무 막대기인 뒤지개를 이용해 땅을 경작했다. 초기 원예 농업은 잉여 작물이 나올 만큼 생산적이지는 않았고, 한 가족이 먹을 만큼만 수확할 수 있는 자급적 농업이었다.

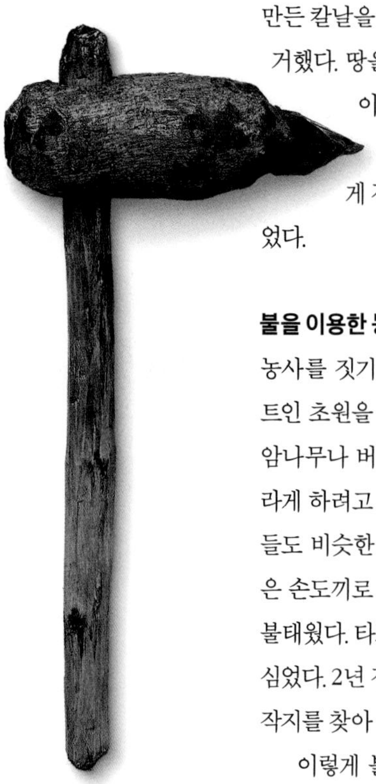

▲ 나무 손도끼
돌날을 묶은 이 도구는 매우 강하다. 손도끼를 이용하면 몇 시간 만에 큰 나무를 베어 버릴 수 있다.

가장 간단한 농기구 였던 뒤지개(digging stick)는 튼튼하고 곧으며 끝이 뾰족했고, 종종 불에 구워 단단하게 만들어졌다. 잡초는 돌이나 사슴뼈로 만든 칼날을 손잡이에 비스듬하게 묶은 괭이로 제거했다. 땅을 갈아엎는 쟁기나 짐수레 끄는 동물이 없었기 때문에, 바람에 날아온 흙먼지로 이뤄진 비옥하고 가벼우며 쉽게 경작할 수 있는 표토(겉흙)에 농사를 지었다.

불을 이용한 농사

농사를 짓기 전부터 인류는 사냥하기 좋은 넓게 트인 초원을 만들거나, 바구니를 만들 수 있는 개암나무나 버드나무 같은 유용한 나무들이 잘 자라게 하려고 종종 숲에 불을 놓았다. 최초의 농부들도 비슷한 목적으로 불을 이용했다. 돌날을 묶은 손도끼로 나무들을 베어 낸 뒤, 초목이 마르면 불태웠다. 타고 남은 재로 토양이 비옥해지면 씨를 심었다. 2년 정도 지나 땅이 황폐해지면, 새로운 경작지를 찾아 이주했다.

이렇게 불로 만든 경작지를 화전(火田, slash-and burn farming)이라고 부른다. 오늘날 북아메리카와 동북아시아, 멜라네시아의 열대 우림에 사는 2억~5억 명의 사람들이 여전히 화전식 농업에 의존한다. 이들 지역은 강수량이 많고 기후가 따뜻해 연중 계속해서 농사를 지을 수 있어서 화전식 농업이 지속 가능하다. 단 상대적으로 인구가 적거나, 인구가 많더라도 땅이 그만큼 넓을 때에만 실용적이다.

반면 농경이 처음 시작된, 춥고 건조한 유라시아 대륙에서는 화전식 농업이 지속 불가능하다. 식물이 자랄 수 있는 기간이 짧아 불에 탄 초목이 회복되는 데 훨씬 오래 걸리기 때문이다. 인구가 증가할수록 생산량을 늘려야 했기 때문에, 괭이와 뒤지개보다 더 좋은 도구를 개발하고, 토양을 더 비옥하게 만들 새로운 방법이 필요했다.

그럼에도 화전식 농업은 한때 유라시아 전역에서 이루어졌다. 북유럽의 고대 토탄 늪을 연구한 결과, 목탄층을 따라 떡갈나무의 화분은 줄고 곡류의 화분은 증가하는 양상이 드러났는데, 이는 화전식 농업의 명백한 증거다.

숲 가꾸기

인류가 숲을 파괴하기만 했던 것은 아니다. 열대 우림의 강이나 매년 장마가 지는 습한 고원에 사는 사람들은, 주변 환경에 적응하면서 어떤 식물이 작물을 재배하는 데 도움이 되는지 또는 방해가 되는지 깨달았다. 그러고는 유용한 식물을 보호하고 원치 않는 종은 제거했다. 나중에는 자신들이 가꾼 숲에 다른 지역에서 가져온 유용한 식물을 심기도 했다.

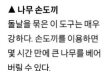

> **교만한 게타 족**은 **1년 이상 농사를 지어 볼 생각도 없이** 알아서 자라는 공짜 식량을 구해 먹으면서 행복하게 살아간다.
>
> **호라티우스**, 로마의 시인, 기원전 1세기

파괴적인 농업
라오스 인들은 여전히 전통적인 화전식 농사를 짓는다. 그러나 이 방식은 우림을 파괴한다. 작물들이 땅속 영양분을 급속도로 고갈시키기 때문에 농사를 1년만 지을 수 있으며, 수확량은 적다. 다시 농사를 지을 수 있을 만큼 토양이 회복되려면 4~6년을 기다려야 한다.

농경이 시작되다

인류는 씨앗과 덩이줄기를 저장했다가 심으면서 농사를 짓기 시작했다. 고고학 연구에 따르면, 수천 년간 서로 교류하지 않았던 세계 각지에서 독립적으로 농경이 시작됐다.

농부가 되는 이유는 다양했을 것이다. 기후 변화와 인구 증가로 야생에서 구할 수 있는 식량이 부족해졌을지도 모른다. 단순히 특정 작물을 사람들이 선호했기 때문일 수도 있다. 사람들이 농부가 되겠다고 의식적으로 선택하지는 않았다는 점은 분명하다. 그들은 농사짓는 삶이 어떤 것인지 전혀 몰랐을 것이다. 키울 만한 동식물이 있는 곳에서만 농사가 시작될 수 있었다. 그 범위는 지역에 따라 다양했기 때문에, 농경은 세계 각 지역에 다른 영향을 미쳤다. 북아메리카 동부와 뉴기니의 농작물은 다른 지역의 것보다 영양가가 훨씬 적었기 때문에 사람들은 계속 야생 식량에 의존했고, 농부들은 수렵 채집인 무리 근방에서 살았다. 반면 비옥한 초승달 지대(Fertile Crescent, 나일 강과 티그리스 강, 페르시아 만을 연결하는 고대 농업 지대 — 옮긴이)와 중국에서는 농사를 지어 필요한 식량을 전부 생산할 수 있었기 때문에, 농부들은 주변의 수렵 채집인 무리를 능가할 수 있었다.

> 전 세계의 **네 농경 지대**는 **한때 하나의 땅이었다.**

신시아 스토크스 브라운, 미국의 역사가, 1938년~

북아메리카 동부(기원전 2000~1000년)
아메리카 대륙에서는 해바라기, 고구마, 명아주 등을 사람들이 재배하기 시작했다. 그 작물들의 영양가는 그리 높지 않았다. 길들여 키울 만한 동물은 없었다.

중앙아메리카(기원전 3000~2000년)
중앙아메리카에서는 옥수수와 콩을 재배했다. 함께 키울 수 있는 이상적인 조합이었다. 기를 만한 동물로는 고기를 얻을 수 있는 칠면조와 개가 있었다.

옥수수는 중앙아메리카에서 가장 중요한 작물이 됐다. 옥수수는 오랜 기간 저장이 가능했다.

라마는 안데스 산맥에서 가축으로 키웠다. 라마는 고기와 털의 공급원이었고, 짐도 실어 날랐다.

안데스 산맥(기원전 3000~2000년)
안데스 산맥의 주요 작물은 퀴노아, 감자, 아마란스 등으로 모두 영양가가 높았다. 아메리카 대륙 전체에서 키울 만한 대형 동물은 라마와 알파카가 유일했는데, 둘 다 안데스 산맥에서 살았다.

기원전 1년 | 1년

1300년 | 르네상스 시작

1439년

양은 비옥한 초승달에서 최초로 길들여졌다. 이집트 일부 지역 사람들은 여전히 목축을 하면서 살아간다.

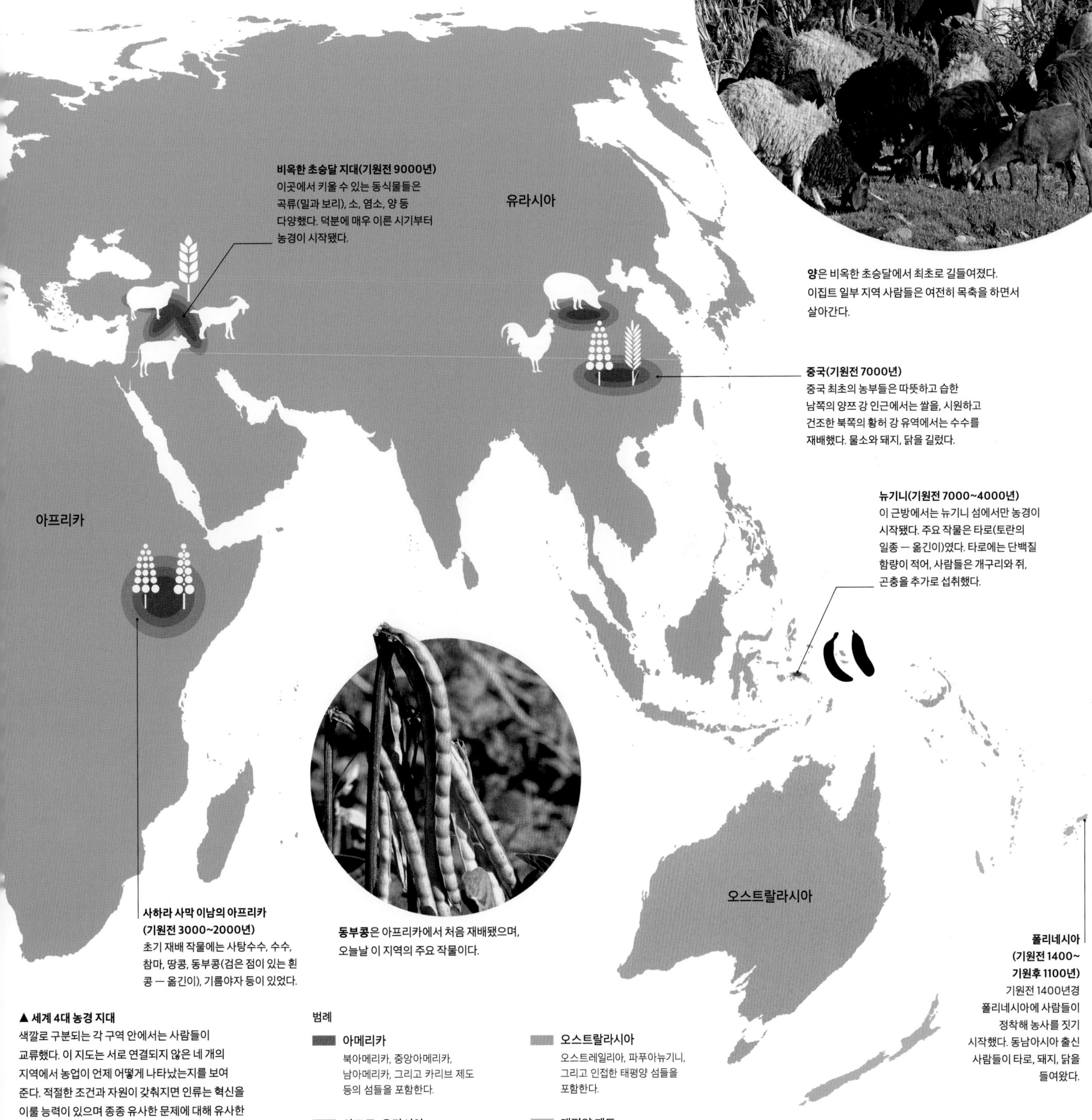

비옥한 초승달 지대(기원전 9000년)
이곳에서 키울 수 있는 동식물들은 곡류(밀과 보리), 소, 염소, 양 등 다양했다. 덕분에 매우 이른 시기부터 농경이 시작됐다.

중국(기원전 7000년)
중국 최초의 농부들은 따뜻하고 습한 남쪽의 양쯔 강 인근에서는 쌀을, 시원하고 건조한 북쪽의 황허 강 유역에서는 수수를 재배했다. 물소와 돼지, 닭을 길렀다.

뉴기니(기원전 7000~4000년)
이 근방에서는 뉴기니 섬에서만 농경이 시작됐다. 주요 작물은 타로(토란의 일종 — 옮긴이)였다. 타로에는 단백질 함량이 적어, 사람들은 개구리와 쥐, 곤충을 추가로 섭취했다.

동부콩은 아프리카에서 처음 재배됐으며, 오늘날 이 지역의 주요 작물이다.

사하라 사막 이남의 아프리카 (기원전 3000~2000년)
초기 재배 작물에는 사탕수수, 수수, 참마, 땅콩, 동부콩(검은 점이 있는 흰 콩 — 옮긴이), 기름야자 등이 있었다.

폴리네시아 (기원전 1400~ 기원후 1100년)
기원전 1400년경 폴리네시아에 사람들이 정착해 농사를 짓기 시작했다. 동남아시아 출신 사람들이 타로, 돼지, 닭을 들여왔다.

▲ 세계 4대 농경 지대
색깔로 구분되는 각 구역 안에서는 사람들이 교류했다. 이 지도는 서로 연결되지 않은 네 개의 지역에서 농업이 언제 어떻게 나타났는지를 보여 준다. 적절한 조건과 자원이 갖춰지면 인류는 혁신을 이룰 능력이 있으며 종종 유사한 문제에 대해 유사한 해결책을 내놓는다는 점을 알 수 있다.

범례

아메리카
북아메리카, 중앙아메리카, 남아메리카, 그리고 카리브 제도 등의 섬들을 포함한다.

아프로-유라시아
유라시아, 아프리카, 그리고 영국, 일본 등의 섬나라를 포함한다.

오스트랄라시아
오스트레일리아, 파푸아뉴기니, 그리고 인접한 태평양 섬들을 포함한다.

태평양 제도
뉴질랜드, 미크로네시아, 멜라네시아, 하와이 등이 속한다.

야생 식물이 농작물이 되다

재배란 인류가 식물을 통제하는 과정이다. 인간에게 선택된 재배 작물들은 야생에서 스스로 살아남지 못할 만큼 변했다. 재배는 인간뿐만 아니라 식물에게도 유익했다.

가장 중요한 재배 작물은 볏과 곡류였다. 각 알곡은 영양분이 적지만 대량으로 수확할 수 있었다. 야생 곡류는 다 익으면 줄기 끝이 갈라지면서 낟알이 바람에 날려 퍼졌다. 초기 수렵 채집인들은 날아가지 않고 남아 있는 낟알들을 먹거나 다시 심었다. 이런 일이 반복되자, 다 익어도 줄기 끝이 갈라지지 않는 새로운 품종이 등장했다. 이런 작물은 다 익어도 수확하기 전까지 낟알이 그대로 매달려 있었다.

재배 과정에서 식물의 생장 기간도 변했다. 야생 식물들은 종별로 시간 간격을 두고 하나씩 발아하므로, 기후가 급변하더라도 몇몇은 살아남을 수 있었다. 그러나 재배 작물은 동시에 발아했다. 키도 비슷해져 수확하기 편해졌다. 낟알은 커졌고, 겉껍질에서 분리하기도 쉬워졌다.

농부들이 이를 의도한 것은 아니었다. 그저 곡물을 수확한 뒤 가장 좋은 개체의 씨앗을 골라 이듬해에 다시 심는 과정에서 자연스럽게 발생한 결과였다. 재배 식물이 다양해질수록 인간의 삶도 재배 작물의 생장 주기를 중심으로 흘러갔다. 이제 사람들은 밀과 쌀, 옥수수 등을 키우는 데 더 많은 시간을 투자해야 했다.

▲ 필수 작물
오늘날 쌀은 전 세계 사람들이 소비하는 총 열량의 5분의 1을 담당한다. 계단식 논을 조성해 가파른 지형에서도 벼를 재배할 수 있다.

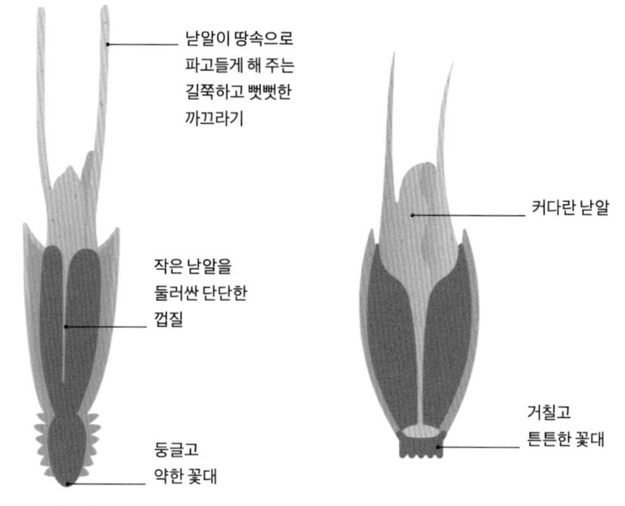

▼ 수확할 낟알
야생 밀과 재배 밀의 차이는 미묘하지만 중요하다. 야생 밀의 꽃대는 쉽게 부서지지만, 재배 밀의 꽃대는 인간이 타작해야만 갈라진다. 이는 더 많은 곡물을 얻는 대신 더 많은 노력도 필요하다는 뜻이다.

최초의 농작물

밀은 중동의 비옥한 초승달 지대에서 처음 재배됐다. 기원전 1만 1000~9000년에, 이 지역의 초기 농부들은 야생 에머밀과 야생 외알밀을 재배했다. 기원전 7000년경, 이란에서 재배 에머밀과 야생 염소풀을 교잡해 만든 보통밀은 큰 낟알이 겉껍질에서 쉽게 분리됐다. 또 글루텐 함량이 높아 부드러운 빵을 만들 수 있었다.

벼는 물에서 잘 자라는 습지 식물로, 중국의 양쯔 강 남쪽 유역에서 기원전 4900~4600년에 재배됐다. 야생 벼는 까끄라기가 길쭉하고 겉껍질이 단단하며 낟알이 작고 줄기가 튼튼해 스스로 번식이 가능하다. 반면 재배 벼는 낟알이 크고 까끄라기와 단단한 겉껍질이 없어 야생에서 스스로 번식하는 능력을 상실했다.

기원전 5세기, 멕시코 남서부의 농부들은 야생 테오신테를 옥수수로 발전시켰다. 테오신테 알은 12개에 불과하며 겉껍질로 덮여 있지만, 옥수수 알은 600여 개에 이르며 외부에 노출돼 있다. 오늘날 두 식물은 매우 달라서 20세기에 들어서야 유전적 연관성이 밝혀졌다.

콩은 6,000년 전 중앙아메리카와 안데스 산맥에서 재배됐다. 콩알이 크거나 개수가 많고 수확하기 쉬운 개체가 선택됐다. 키 큰 덩굴 식물이었던 콩은 생산성 좋은 관목으로 바뀌었다.

▶ 더 많이 수확할 수 있는 곡물
낟알이 작고 꽃대가 쉽게 부러지던 야생 밀은, 낟알이 커지고 꽃대가 단단해졌다. 농부들은 이삭 크기, 키, 생장기, 껍질에서 낟알이 쉽게 분리되는지 여부 등을 기준으로 개체를 선택했다. 과학자들은 가뭄, 폭염, 해충에 대한 저항성 같은 특성을 얻기 위해 야생 품종과 현대 품종을 교잡하기 시작했다.

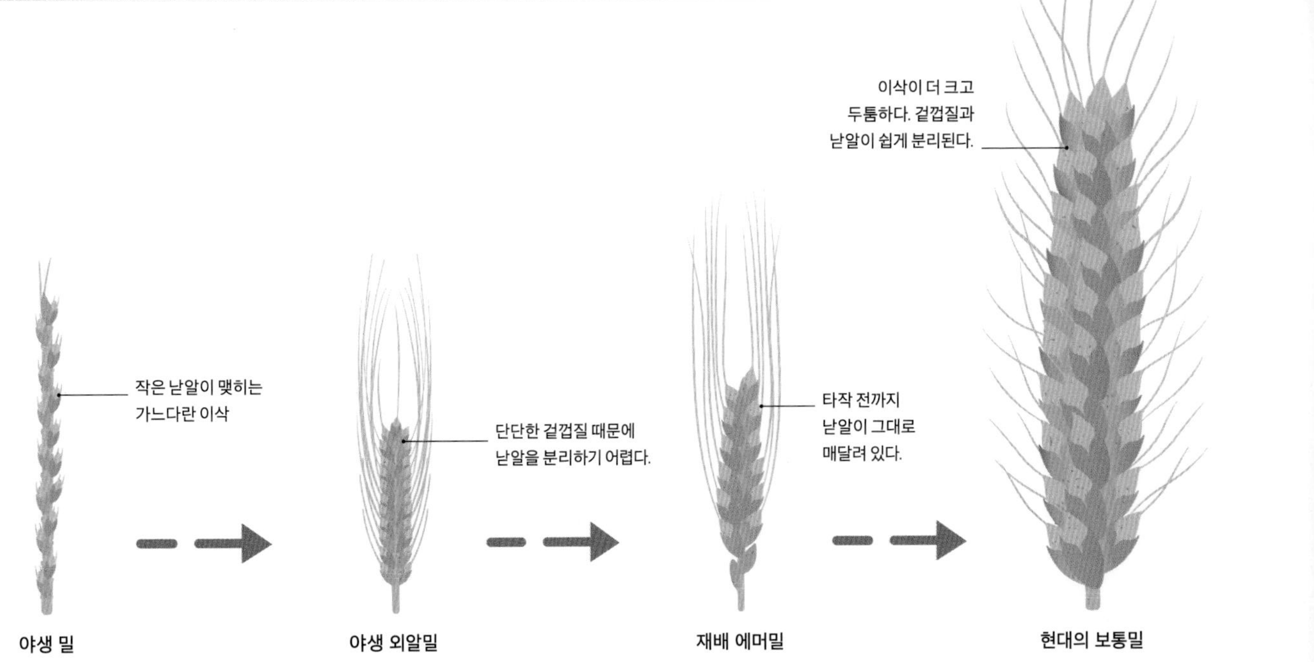
이삭이 더 크고
두툼하다. 겉껍질과
낟알이 쉽게 분리된다.
작은 낟알이 맺히는
가느다란 이삭
단단한 겉껍질 때문에
낟알을 분리하기 어렵다.
타작 전까지
낟알이 그대로
매달려 있다.
야생 밀
야생 외알밀
재배 에머밀
현대의 보통밀

▶ 커다란 콩
야생 콩에는 옥수수에는 없는 아미노산이 들어 있기 때문에 중앙아메리카 사람들에게 중요한 작물이었다. 야생 콩은 다 익으면 씨가 퍼지도록 꼬투리가 비틀리며 스스로 열린다. 재배종은 더 커다란 꼬투리 안에 많은 콩이 열리지만, 인간이 손으로 열기 전까지 갈라지지 않는다. 중앙아메리카에서는 콩을 심을 때 지지대 역할을 하는 옥수수와, 잡초를 억제하는 호박을 함께 심었다. 이를 '세 자매' 심기 방식이라고 한다.

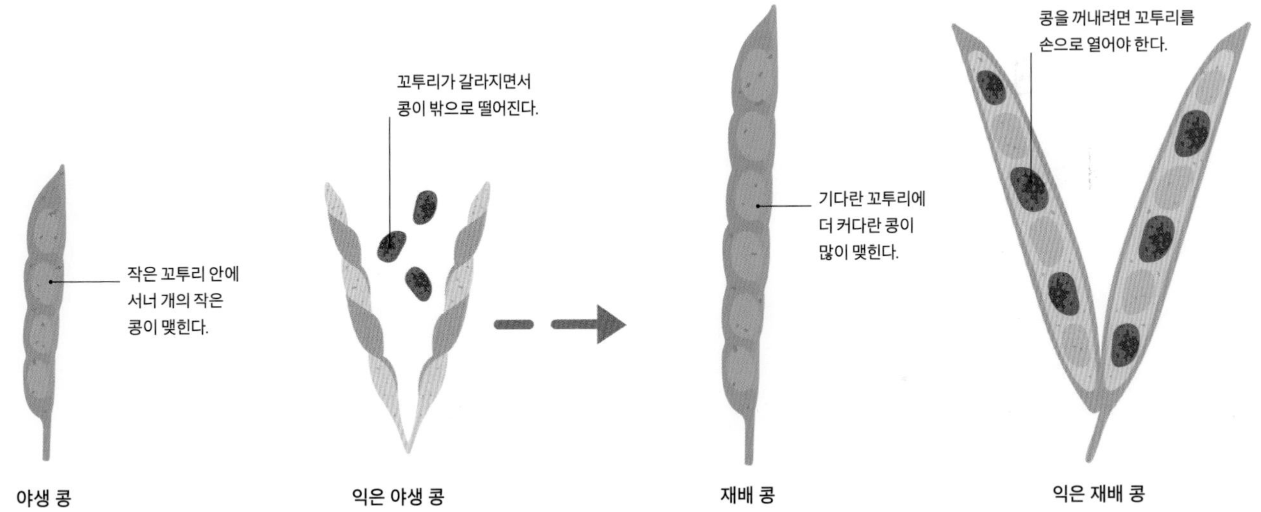
콩을 꺼내려면 꼬투리를
손으로 열어야 한다.
꼬투리가 갈라지면서
콩이 밖으로 떨어진다.
기다란 꼬투리에
더 커다란 콩이
많이 맺힌다.
작은 꼬투리 안에
서너 개의 작은
콩이 맺힌다.
야생 콩
익은 야생 콩
재배 콩
익은 재배 콩

> **식물**이 호모 사피엔스를 **길들였다. 그 반대가 아니다.**
>
> **유발 노아 하라리,** 이스라엘의 역사가, 1976년~, 『사피엔스: 유인원에서 사이보그까지 인간 역사의 대담하고 위대한 질문』에서

▶ 엄청난 진보
야생 옥수수인 테오신테는 2.5센티미터가량의 짧은 심에 몇 개의 알갱이가 달린다. 알갱이가 빼곡한 오늘날의 재배 옥수수는 심 길이가 30센티미터 이상이다. 멕시코 각지에서 발견한 식물 화석과 전분을 보면, 재배 옥수수가 생각보다 훨씬 일찍부터 존재했다는 사실을 알 수 있다.

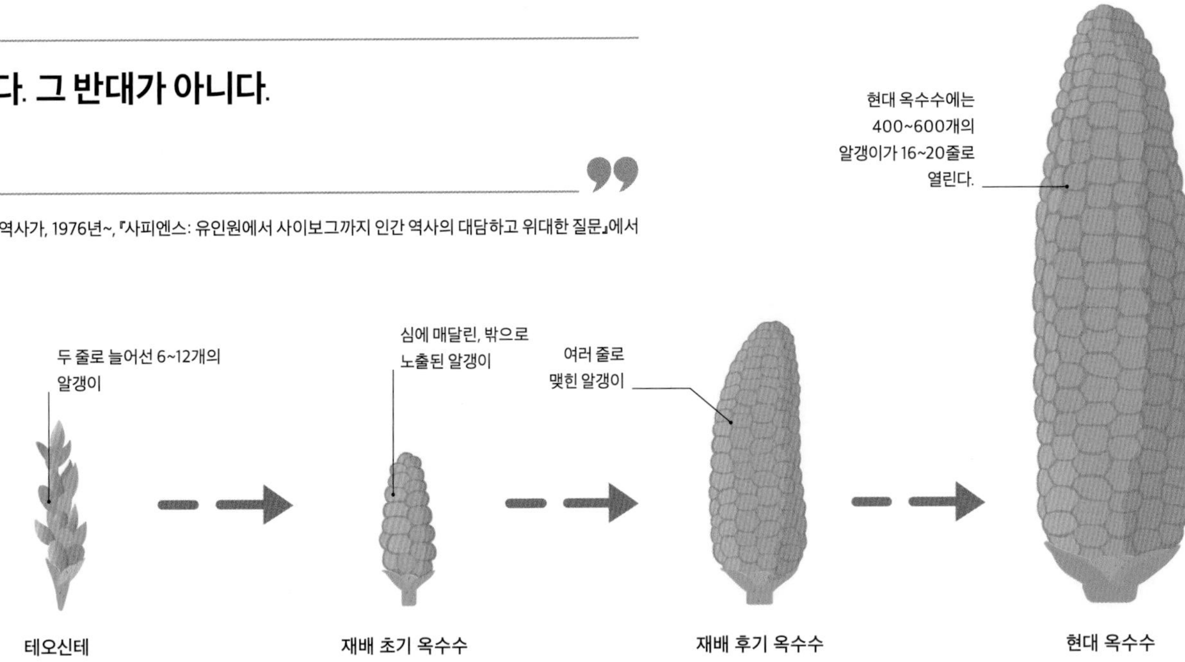
현대 옥수수에는
400~600개의
알갱이가 16~20줄로
열린다.
두 줄로 늘어선 6~12개의
알갱이
심에 매달린, 밖으로
노출된 알갱이
여러 줄로
맺힌 알갱이
테오신테
재배 초기 옥수수
재배 후기 옥수수
현대 옥수수

화분 입자

화분 분석 등 법의학 기법을 이용하면 약간의 식물 조각만으로 과거 지구의 기후 조건이나 농업의 역사, 선조들의 삶 등에 대해 많은 것을 알아낼 수 있다.

화분학(花粉學, palynology)은 화분(꽃가루), 식물 포자, 미세한 식물 기관 등에 대해 연구하는 학문이다. 화분은 꽃을 피우는 식물의 수술에서 나오는 생식 세포인데, 자연적으로 엄청난 양이 생산된다. 화분 입자는 단단한 껍질 덕에 적합한 환경이 주어지면 수백만 년 동안 온전히 보존되기도 한다. 화분의 모양은 식물마다 제각각 독특해서, 이를 분석해 식물을 식별할 수 있다.

화분은 토탄 늪이나 호수 퇴적물, 동굴 퇴적층에서 가장 잘 보존된다. 인류 삶과 관련된 고대 화분은 진흙 벽, 저장고 구덩이, 배, 토기 및 도자기, 무덤, 보존된 시체, 분석(대변 화석) 등에서 발견된다. 또한 숫돌이나 석기 표면에서 발견되기도 한다. 화분학자들은 전자 현미경으로 화분 입자를 일일이 확인해 분류하고 종류별로 개수를 센다. 이 자료를 토대로 특정 기간 동안 해당 지역의 기후와 환경을 알아낼 수 있다. 다양한 깊이의 퇴적층에서 화분을 채취해 연대별로 나열하면, 시간의 흐름에 따라 식물 분포가 어떻게 달라졌는지도 파악할 수 있다. 이를 이용하면 고고학 유적지의 연대도 추정할 수 있다.

화분학은 초기 농업이 환경에 엄청난 영향을 미쳤음을 밝혀냈다. 농사를 지은 곳이면 어디든 간에, 나무의 화분은 줄어드는 반면 인간의 삶과 관련 있는 곡류나 독보리(벼과의 일년초로, 그 종자를 이용해 마취약을 만든다. — 옮긴이)같이 틈만 나면 자라나는 잡초의 화분은 증가하는 양상을 보였다.

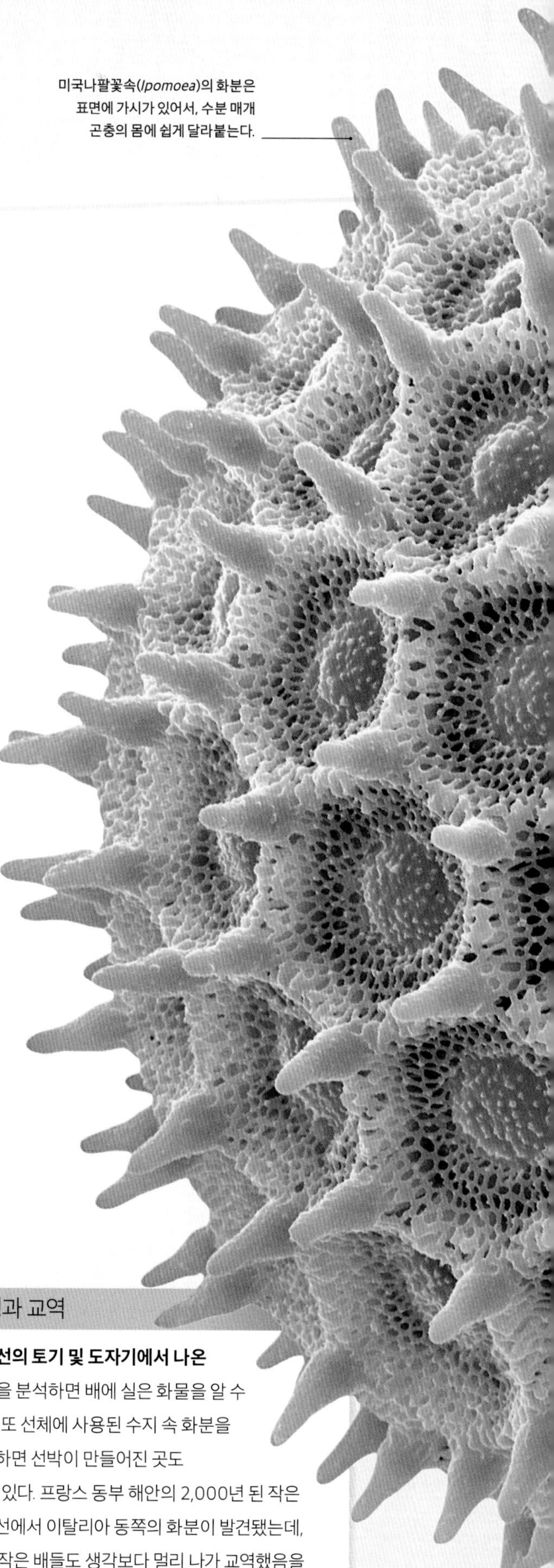
미국나팔꽃속(*Ipomoea*)의 화분은 표면에 가시가 있어서, 수분 매개 곤충의 몸에 쉽게 달라붙는다.

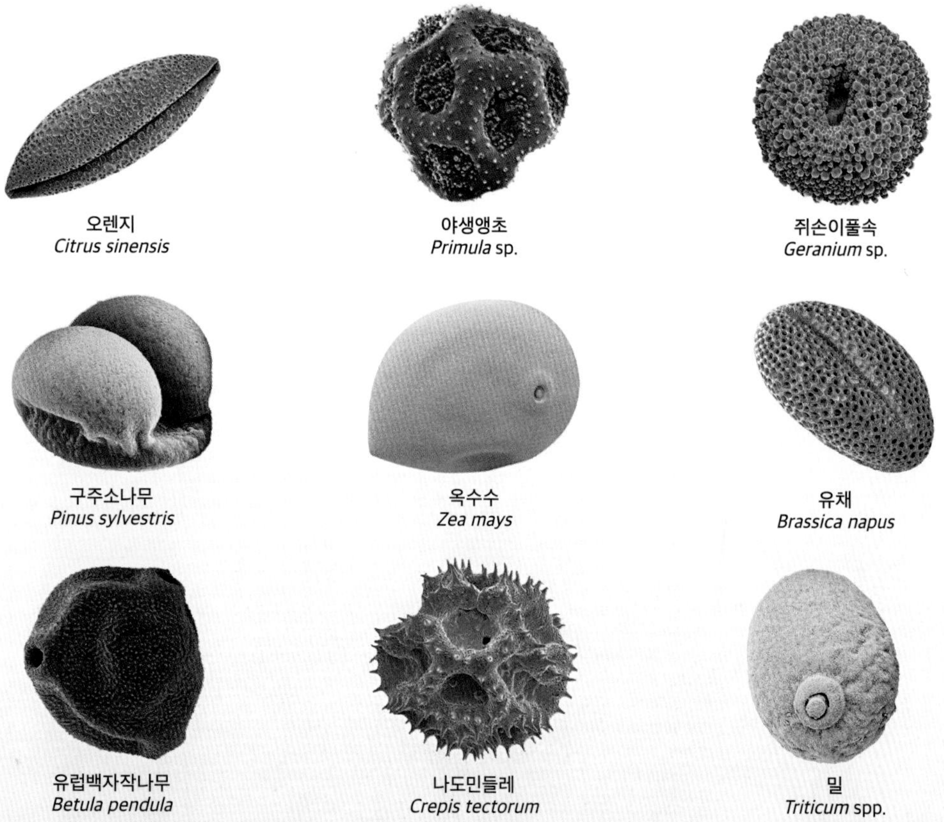

▲ 다양한 식물의 화분
식물종별로 화분은 다르게 생겼으며, 크기도 5~500마이크로미터(1마이크로미터는 0.001밀리미터다.)로 매우 다양하다.

여행과 교역

난파선의 토기 및 도자기에서 나온 화분을 분석하면 배에 실은 화물을 알 수 있다. 또 선체에 사용된 수지 속 화분을 분석하면 선박이 만들어진 곳도 알 수 있다. 프랑스 동부 해안의 2,000년 된 작은 난파선에서 이탈리아 동쪽의 화분이 발견됐는데, 이는 작은 배들도 생각보다 멀리 나가 교역했음을 의미한다.

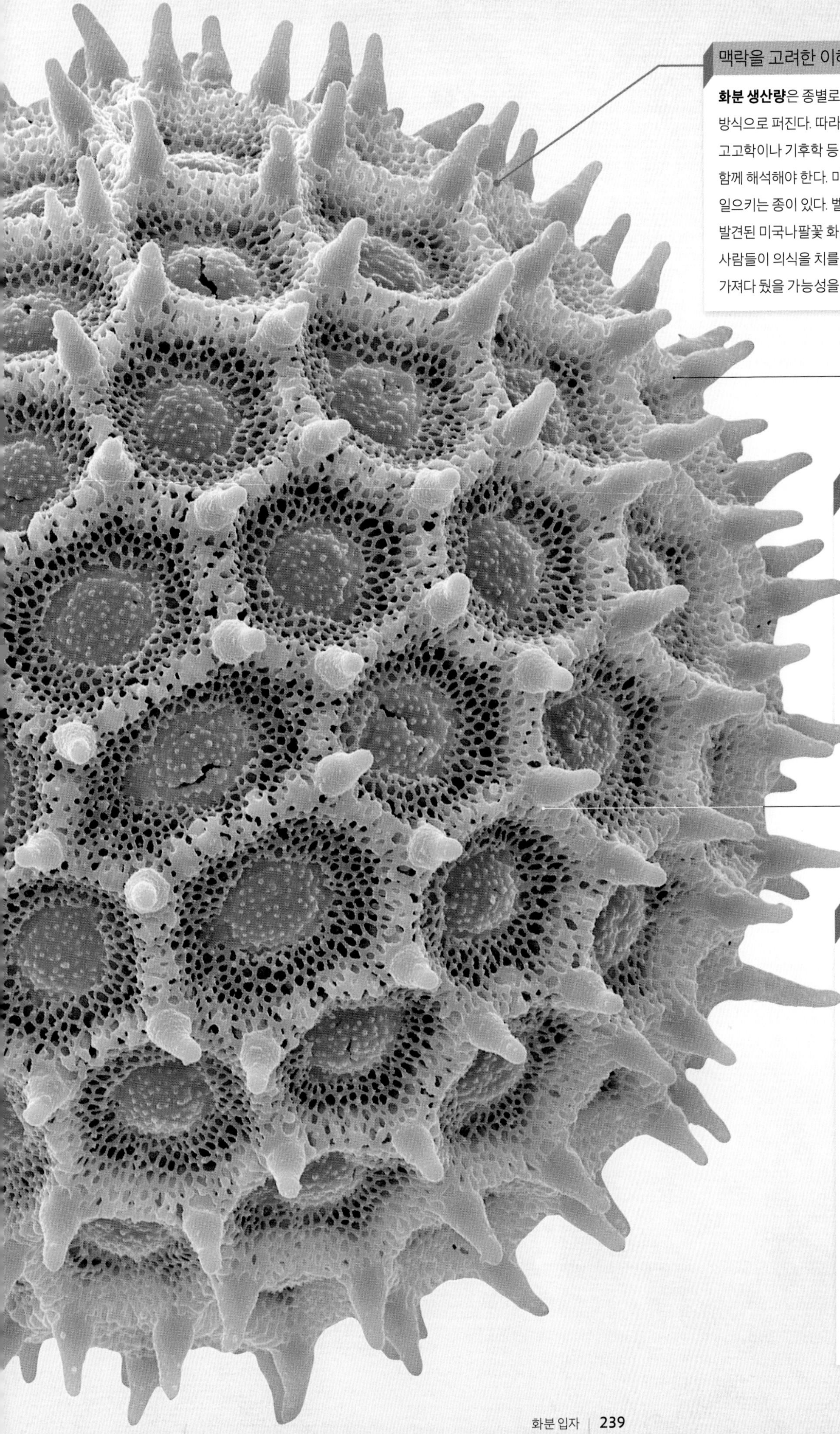

껍질은 견고하고 단단하며 방수 재질로 이뤄졌기 때문에, 화분 입자가 썩거나 마를 일이 없다.

크기, 모양, 표면을 봤을 때 이 화분 입자는 둥근잎나팔꽃(*Ipomoea purpurea*)의 것으로 추정된다.

맥락을 고려한 이해

화분 생산량은 종별로 다르며, 서로 다른 방식으로 퍼진다. 따라서 화분학 연구 결과는 고고학이나 기후학 등 다른 분야의 연구 결과와 함께 해석해야 한다. 미국나팔꽃속에는 환각을 일으키는 종이 있다. 벨리즈의 한 동굴에서 발견된 미국나팔꽃 화분은, 마야 인 이전 사람들이 의식을 치를 목적으로 그 식물을 가져다 뒀을 가능성을 암시한다.

나팔꽃

기후 변화

빙하기가 끝나고 시작된 지구 온난화로 북반구 초목에 극적인 변화가 일어났다. 영국의 호수 퇴적층에서 발견한 화분을 통해 기원전 9600년 이전에 유일하게 서식했던 나무가 저온 내항성을 가진 난쟁이자작나무라는 사실이 밝혀졌다. 기후가 따뜻해지면서 자작나무 대신 구주소나무가 자랐다. 그다음에는 개암나무, 느릅나무, 오크나무 등 다양한 종들이 서식했다.

농업과 음식

화분을 분석하면 과거 인류의 재배 및 식용 식물뿐만 아니라 가축 사료도 알 수 있다. 예를 들어 뉴멕시코의 아나사지 족이 사용했던 숫돌에서 발견한 화분을 통해 과거 인류가 재배 옥수수뿐만 아니라 다양한 야생 식물을 수확했음이 밝혀졌다. 또, 미국 남서부 지역의 분석에서 발견한 화분은 선사 시대 식단을 알려 줬다. 스코틀랜드의 5,000년 된 그릇 파편에서 발견한 화분은 초기 켈트 족이 마셨던 헤더 에일 맥주(히스꽃을 향료로 넣은 스코틀랜드의 양조 맥주 — 옮긴이)의 제조법을 보여 줬다.

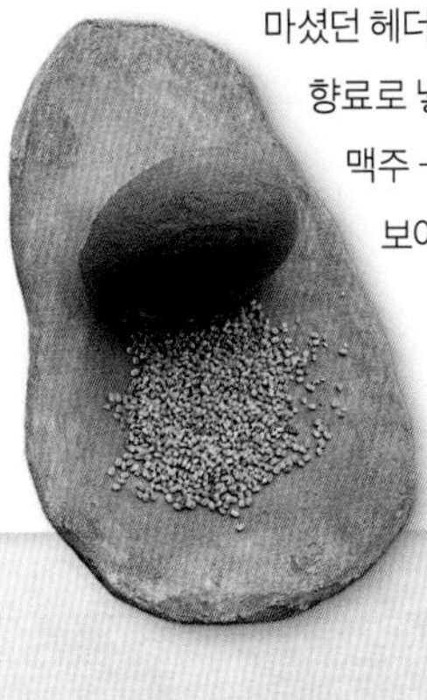

곡식을 빻는 돌판과 사암 숫돌

야생 동물을 길들이다

작물을 재배한 시기에 같은 지역에서 동물도 길들여졌다. 아마도 인간이 개의 도움을 받아 이동하는 동물 무리를 지켜 내는 과정에서 동물의 가축화가 시작됐을 것이다. 결국 인간은 동물을 우리에 가두어 먹이고 보호했다.

가축은 인간에게 붙잡혀 길들여지면서 야생 조상에서 진화한 동물을 일컫는다. 코끼리나 곰 같은 동물도 길들일 수 있지만, 가축이라고 부르지 않는다. 코끼리는 길들여도 야생성을 유지하며, 새로운 환경에 절대로 완벽하게 적응하지 못한다.

특정 조건을 갖춘 동물만 가축화할 수 있다. 가축이 될 수 있는 동물들은 관리 가능한 크기여야 하고, 사회 구조에 비교적 순응하는 경향을 가져야 한다. 또한 성적으로 빨리 성숙해 번식할 수 있어야 한다. 초식 동물은 지역에서 자라는 식물을 먹이면서 키울 수 있기 때문에 육식 동물보다 길들이기 수월하다. 대형 포유류 중에는 14종만이 이 조건들을 충족했는데, 대부분이 유라시아 출신이었다.

어떤 동물들은 가축화하는 데 실패했다. 들소는 소의 친척뻘이지만 더 공격적이고 빠르며, 1.8미터 높이까지 뛰어오를 수 있다. 비슷하게 얼룩말은 말보다 공격적이고, 주변 시력이 좋아 밧줄을 이용해 붙잡기란 불가능하다. 가젤은 두려움이 많아서, 우리 안에 가두면 끊임없이 탈출하려다 벽에 머리를 박고 죽어 버린다.

가축화된 동물의 신체적 변화

농부들은 원하는 조건을 갖춘 개체만 골라 번식시켰기 때문에 동물의 모습이 변하기 시작했다. 사람들은 보통 관리가 쉬운 작은 개체를 택했다. 따라서 가축화된 소는 그 조상인 야생 소(auroch)보다 덩치가 작다. 자연 선택에 의한 진화도 일부 일어났지만, 야생에서처럼 생존하기 위해 적응할 필요는 없어졌다. 가축들은 천적을 경계하거나 먹잇감을 찾아다닐 필요가 없었기 때문에 뇌가 작아졌다.

야생에서 포유류 수컷들은 짝짓기 경쟁을 한다. 이 때문에 수컷은 암컷보다 덩치가 크다. 그러나 가축이 된 뒤로 인간이 번식을 통제했기 때문에 짝짓기 경쟁이 사라졌다. 그 결과, 소, 양, 염소 등은 수컷과 암컷의 크기가 같아졌다. 짝짓기 경쟁에 필요한 긴 뿔도 사라졌다.

가축이 된 동물들은 진화적 관점에서 보면 성공한 셈이다. 현재 지구상에 14억 마리에 달하는 소가 살고 있는 반면 야생 소는 17세기에 이미 멸종했다.

> **길들일 수 있는** 동물은 **다 비슷하다**. 반면 길들일 수 없는 모든 동물은 **각각 다른 이유로 길들일 수 없다**.
>
> **재러드 다이아몬드**, 미국의 과학자, 1937년~, 『총, 균, 쇠』에서

▶ 야생 본능
꿀벌은 절반쯤 길들여졌다. 인류는 선택적 번식을 통해 꿀벌의 행동을 바꿨다. 쏘거나 떼를 지어 날아다닐 확률이 야생 벌보다 적다. 한편 인간의 통제하에서도 꿀벌은 여전히 밖으로 먹을 것을 찾아다니며 야생에서 생존 가능한 능력을 유지하고 있다.

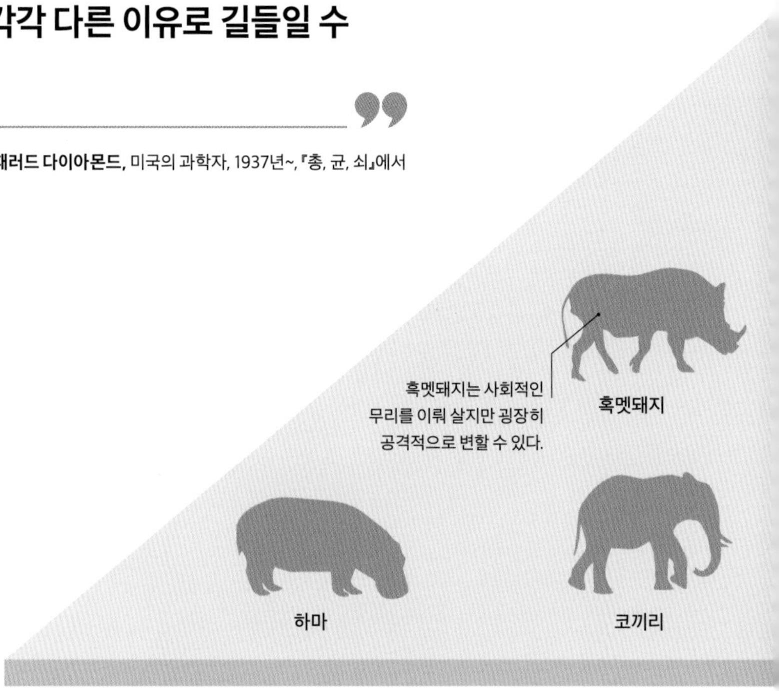

흑멧돼지는 사회적인 무리를 이뤄 살지만 굉장히 공격적으로 변할 수 있다.
흑멧돼지
하마
코끼리

3만 5000년 전,
늑대가 길들여져서 **개**가 됐다.

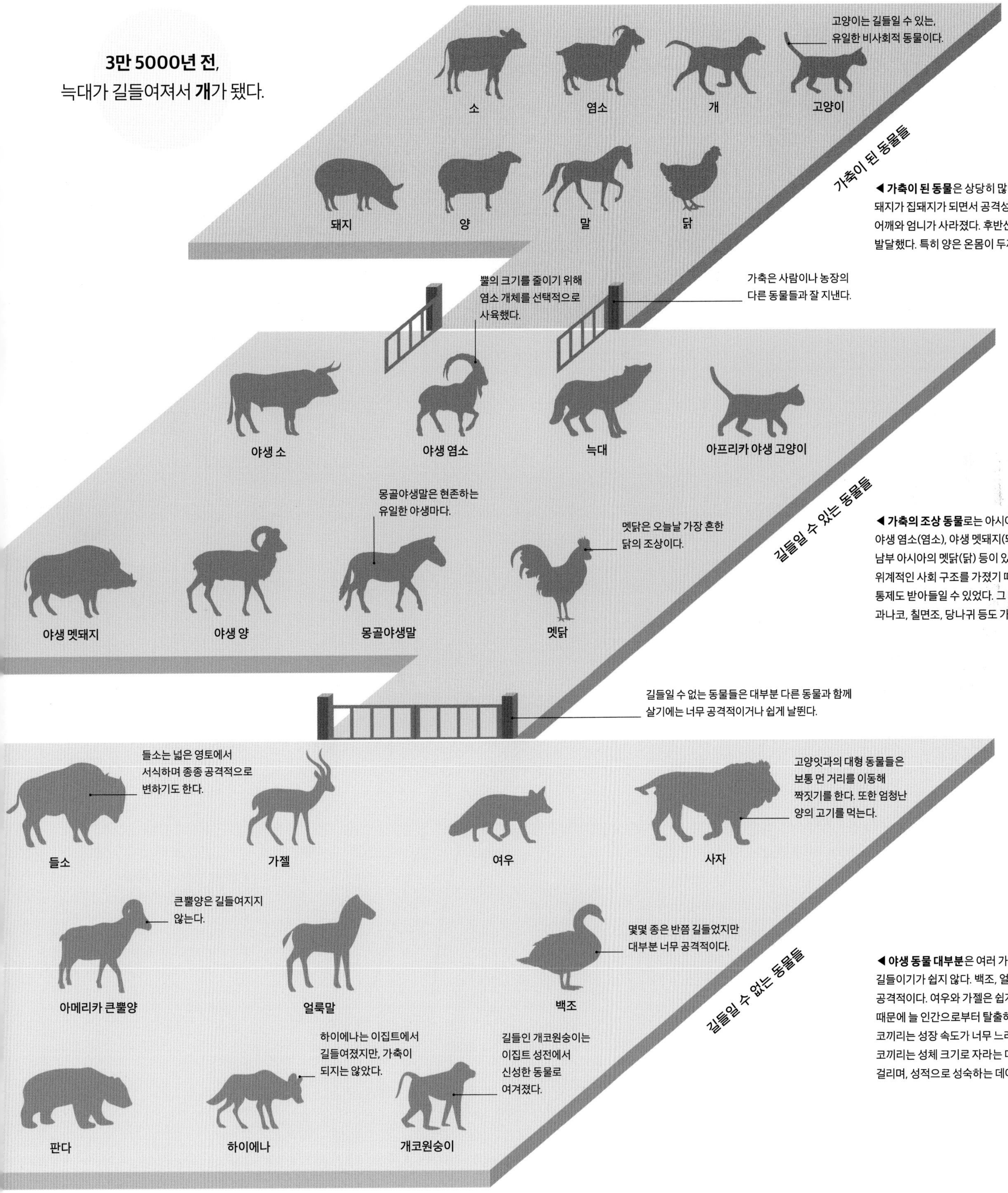

가축이 된 동물들
소
염소
개
고양이
고양이는 길들일 수 있는, 유일한 비사회적 동물이다.
돼지
양
말
닭
뿔의 크기를 줄이기 위해 염소 개체를 선택적으로 사육했다.
가축은 사람이나 농장의 다른 동물들과 잘 지낸다.
길들일 수 있는 동물들
야생 소
야생 염소
늑대
아프리카 야생 고양이
몽골야생말은 현존하는 유일한 야생마다.
멧닭은 오늘날 가장 흔한 닭의 조상이다.
야생 멧돼지
야생 양
몽골야생말
멧닭
길들일 수 없는 동물들은 대부분 다른 동물과 함께 살기에는 너무 공격적이거나 쉽게 날뛴다.
길들일 수 없는 동물들
들소는 넓은 영토에서 서식하며 종종 공격적으로 변하기도 한다.
고양잇과의 대형 동물들은 보통 먼 거리를 이동해 짝짓기를 한다. 또한 엄청난 양의 고기를 먹는다.
들소
가젤
여우
사자
큰뿔양은 길들여지지 않는다.
몇몇 종은 반쯤 길들었지만 대부분 너무 공격적이다.
아메리카 큰뿔양
얼룩말
백조
하이에나는 이집트에서 길들여졌지만, 가축이 되지는 않았다.
길들인 개코원숭이는 이집트 성전에서 신성한 동물로 여겨졌다.
판다
하이에나
개코원숭이

◀ **가축이 된 동물**은 상당히 많이 변했다. 야생 돼지가 집돼지가 되면서 공격성이 줄고, 근육질 어깨와 엄니가 사라졌다. 후반신은 뚱뚱하게 발달했다. 특히 양은 온몸이 두꺼운 털로 뒤덮였다.

◀ **가축의 조상 동물**로는 아시아 무플론(양), 야생 염소(염소), 야생 멧돼지(돼지), 야생 소(소), 남부 아시아의 멧닭(닭) 등이 있다. 이 동물들은 위계적인 사회 구조를 가졌기 때문에, 인간의 통제도 받아들일 수 있었다. 그 외 낙타, 야크, 과나코, 칠면조, 당나귀 등도 가축화가 가능하다.

◀ **야생 동물 대부분**은 여러 가지 이유로 길들이기가 쉽지 않다. 백조, 얼룩말, 들소는 너무 공격적이다. 여우와 가젤은 쉽게 두려워하기 때문에 늘 인간으로부터 탈출하려고 시도한다. 코끼리는 성장 속도가 너무 느려서 부적합하다. 코끼리는 성체 크기로 자라는 데 약 15년이 걸리며, 성적으로 성숙하는 데에만 2년이 걸린다.

기원전 8000년 | 농업의 등장

기원전 6000년 | 최초의 도시 형성

기원전 4000년 | 기록 문화의 발달

기원전 3100년 | 최초의 문명 출현

옥수수는 기원전 2000년에 중앙아메리카에서 북아메리카 동부로 전파된 뒤 이 지역의 농업을 바꿨다.

농업이 확산되다

전 세계 몇몇 지역에서 시작된 농업은 전방위로 확산됐다. 대륙의 모양 때문에 아메리카 대륙보다 유라시아 대륙에서 훨씬 빠르게 퍼져 나갔다.

농업은 두 가지 방식으로 퍼져 나갔다. 인구 증가와 토지 경쟁에 대한 압박 때문에 농민들이 가축과 농작물을 가지고 어쩔 수 없이 고향을 떠나는 경우가 가장 흔한 방식이었다. 덜 흔한 두 번째 방식은, 일부 수렵 채집인들이 스스로 농사를 짓기 시작한 것이었다. 이들은 농부들과 교류하면서 가축화된 소, 양, 염소 등을 얻었고, 목축을 하기 시작했다.

농업이 확산되는 속도는 대륙의 모양에 따라 달랐다. 유라시아 대륙은 동서로, 아메리카 대륙은 남북으로 뻗어 있다. 같은 위도에 있는 지역은 기후 조건, 계절 변화, 하루의 길이, 해충, 질병 등이 비슷하기 때문에 가축과 농작물을 전파하기가 비교적 쉽다. 그러나 위도가 다르면 아메리카 대륙에서 옥수수가 그랬던 것처럼 작물을 바뀐 기후에 적응시켜야 한다.

호박을 비롯해 기타 박과 식물이 옥수수와 콩이 전파되기 전까지 북아메리카 동부에서 재배됐다.

▲ 기원전 9000~1000년에 농업은 어떻게 퍼졌는가
유라시아 대륙에서는 동서 축을 따라서 농업이 빠르게 전파된 반면, 아메리카 대륙과 아프리카 대륙에서는 남북 축을 따라서 상대적으로 느리게 퍼졌다. 아프리카의 사하라 사막 이남 지역에서는 정확히 어디에서 농업이 처음 시작됐는지 불확실하다.

> 전 세계에서 수많은 **몽곤고 열매**가 자라는데, **왜 우리가 농사를 지어야 하는가**?

아프리카 칼라하리 부시먼, 리처드 리 인용, 『사냥꾼이 생존하기 위해 하는 것』에서

밀은 1만 1000년 전에 비옥한 초승달 지대의
야생 목초지에서 진화한 것으로, 인류가 재배하기
시작한 최초의 작물이다(237쪽 참조).

쌀은 오늘날 전 세계에서 가장
기본적인 곡물 중 하나다.
고대에는 아시아를 통해 유럽으로
전파됐으며, 유럽 식민지 시대에는
아메리카 대륙으로 퍼졌다.

타로는 동남아시아로부터 오세아니아와
뉴기니로 전파됐다. 오늘날 이들 지역에서는
타로 뿌리와 잎이 여전히 인기가 좋은 기본
식재료다.

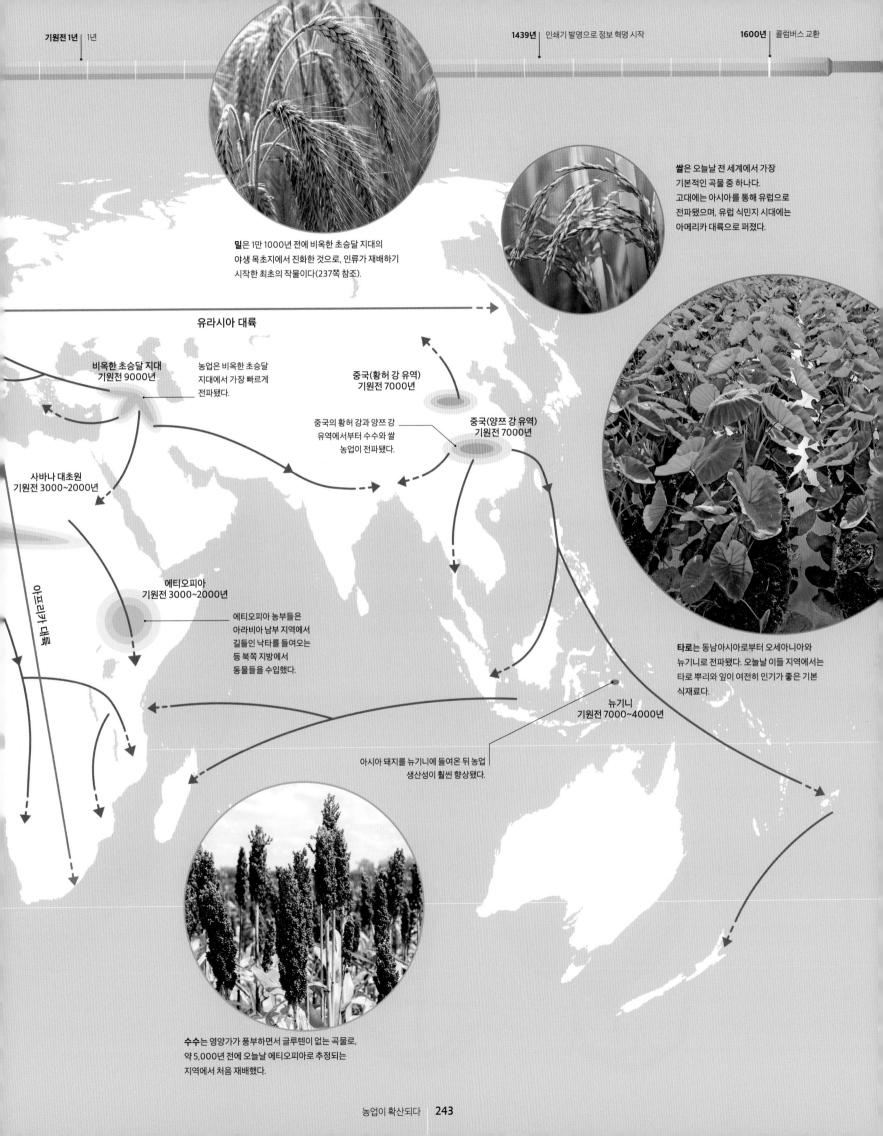

유라시아 대륙
비옥한 초승달 지대
기원전 9000년
농업은 비옥한 초승달
지대에서 가장 빠르게
전파됐다.
중국(황허 강 유역)
기원전 7000년
중국의 황허 강과 양쯔 강
유역에서부터 수수와 쌀
농업이 전파됐다.
중국(양쯔 강 유역)
기원전 7000년
사바나 대초원
기원전 3000~2000년
에티오피아
기원전 3000~2000년
에티오피아 농부들은
아라비아 남부 지역에서
길들인 낙타를 들여오는
등 북쪽 지방에서
동물들을 수입했다.
아프리카 대륙
뉴기니
기원전 7000~4000년
아시아 돼지를 뉴기니에 들여온 뒤 농업
생산성이 훨씬 향상됐다.

수수는 영양가가 풍부하면서 글루텐이 없는 곡물로,
약 5,000년 전에 오늘날 에티오피아로 추정되는
지역에서 처음 재배했다.

시간을 측정하다

농사를 지으려면 땅을 갈고 씨앗을 뿌리고 농작물을 수확해야 하는 시기를 알아야 했기 때문에 시간의 측정이 중요해졌다. 국가가 등장하면서 달력은 노동을 규제하고 많은 사람들의 활동을 조정하는 통제 수단이 됐다.

수렵 채집인들은 동물과 새와 물고기가 이주하는 것, 가을에 과일과 견과류의 겉모습이 변하는 것 등을 통해 시간이 흐른다는 사실을 알고 있었다. 그리고 달의 모양이나 태양의 일주 현상, 플레이아데스성단이나 오리온자리와 같은 별자리의 주기적인 출현 등을 통해 하늘에서 시간의 흐름을 읽어 냈다.

달력을 이용한 통제

농사에는 장기 계획이 중요했기 때문에 초기 농부들은 천문 지식을 바탕으로 최초의 달력을 만들었다. 태양의 계절적 움직임을 특히 잘 알았던 북반구 사람들은, 태양이 언제 뜨고 지는지 한 해의 경과를 추적해서 돌을 세워 놓았다. 예를 들어 잉글랜드의 스톤헨지(Stonehenge)는 한겨울의 해의 움직임을 따라 늘어서 있다.

성문 달력을 만드는 데는 종교적 이유도 있었다. 성직자들은 천문 관측 기술과 시간적 여유가 있었기 때문에 축제와 점술을 관장하기 위한 달력을 만들었다. 일식을 예측하는 능력은 특히 중요한 순간에 대중을 통제하는 데 유용했다. 이후에는 언제 세금을 징수해야 하는지, 언제 전쟁에 나가고 언제 항해에 나서야 하는지 등 보다 일상적인 일에 달력이 사용됐다.

근무 주기

시간의 흐름에 대한 다른 개념도 발전했다. 아즈텍 족과 같은 중앙아메리카 사람들은 시간의 흐름이 곧 세계가 정기적으로 파괴되고 재창조되는 주기라고 생각했다.

마찬가지로 인간 사회에도 근무 주기가 생겼다. 한 주는 중국과 이집트에서는 10일, 메소포타미아에서 7일이었다. 그리고 하루는 시간으로 나뉘었다. 가장 초기 형태의 시계는 물시계와 해시계였다. 사회가 점점 복잡해질수록 사람들은 자연적인 순환보다는 인류가 발명한 달력과 시계를 중심으로 움직였다.

▶ **아즈텍 태양력**
15세기 말~16세기 초에 돌을 깎아 만든 이 달력은, 멕시코의 아즈텍 족 사람들이 이해한 우주의 역사를 보여 준다.

태양 원반은 양쪽 면 모두 무늬와 패턴이 장식돼 있다.

이 모형은 청동으로 만들어졌으며, 원반의 한쪽 면만 금으로 도금돼 있다.

▼ **태양 마차**
기원전 1400년경에 덴마크에서 제작된 이 모형은, 말과 마차를 이용해 하늘을 가로지르는 태양의 여행을 묘사하고 있다. 한 고고학자는 태양 원반에 있는 표시가 달력 기능을 했을 것이라고 주장한다.

돌 가장자리의 기호는 각각 별, 태양 빛, 금성 등이 있는 하늘을 상징한다.

중심부에는 다섯 번째이자 마지막 시대의 태양신인 토나티우(Tonatiuh)의 얼굴이 새겨져 있다.

얼굴 주위의 사각형은 재규어, 바람, 비, 물을 따 이름 붙인 태양과 이전 시대를 상징한다.

다섯 번째 시대인 당시대와 태양은 중앙의 상징물로 묘사돼 있으며, 그것을 네모난 틀이 둘러싸고 있다.

이 원 안에는 아즈텍 문명이 날짜를 표현하는 데 쓴 20개의 기호가 그려져 있다.

▲ 하늘을 관측하다
이 곡선 구조는 1420년대에 사마르칸트에 지어진 울루그 베그 천문대의 일부다. 이곳에서 천문학자들은 해가 언제 뜨고 지는지, 또 1년의 길이는 얼마인지 계산했다.

> 신들은 **시간을 구분하는 방법**을 처음 발견한 **사람을 혼란스럽게 한다**.

아울루스 겔리우스, 고대 로마의 작가, 125~185년경, 『아테네의 밤』에서

가축을 새롭게 이용하다

사람들은 처음에 고기와 가죽을 얻을 목적으로 동물들을 길렀지만 이후에는 우유나 양모, 또는 노동력을 얻는 재생 가능한 자원으로도 활용했다. 가축에서 여러 번 반복해 생산물을 얻게 되면서 2차 생산물 혁명이 일어났다.

최초의 2차 생산물은 우유였다. 튀르키예에서 발견된 기원전 7세기의 그릇에 최초의 우유 흔적이 남아 있다. 당시 아기들과 달리 어른들에게는 우유의 주당인 락토오스(lactose, 유당)를 분해하는 효소가 없었다. 초기 농부들은 우유를 끓이고 발효시켜 요구르트와 치즈를 만들었다. 이는 우유의 락토오스 함량을 줄였다. 발효는 우유를 저장하는 가장 좋은 방법이기도 했다. 기원전 5500년경 유럽 중부 사람들에게 락토오스 내성이 생겼다. 그들은 우유를 소화시켜 새로운 단백질을 풍부하게 얻을 수 있었다. 이후 락토오스 내성은 유럽 전역에 퍼졌고, 훗날 서아프리카와 아시아 일부 지역에도 나타났다. 오늘날, 인류의 3분의 1이 우유를 마실 수 있다.

또 다른 2차 생산물은 양털이었다. 인류는 양털로 실을 자아 옷감을 짰다. 서아시아 농부들은 최고의 털을 가진 개체를 선택적으로 번식시켰다. 그 결과, 기원전 7000~5000년에 양은 두꺼운 털을 발달시켰다.

힘과 노동

무엇보다 가장 중요한 2차 생산물은 가축의 노동력이었다. 인류는 불 이후 처음으로 새 에너지원을 얻은 셈이었다. 기원전 4500년경부터 당나귀가 짐을 싣고 날랐다. 후에 서아시아 사람들은 황소를 동원해 판자 위에 짐을 올리고 끌어 옮겼다. 기원전 3500년경에는 쟁기가 발명됐고, 그릇을 빚는 돌림판이었던 바퀴를 판자에 붙인 수레도 개발됐다. 이즈음 인간의 교통 수단으로 말도 길들여졌다. 말과 마차를 이용해 가축들과 함께 이동할 수 있었기 때문에, 인류는 농사에 부적합한 유라시아의 대초원에서도 살 수 있었다.

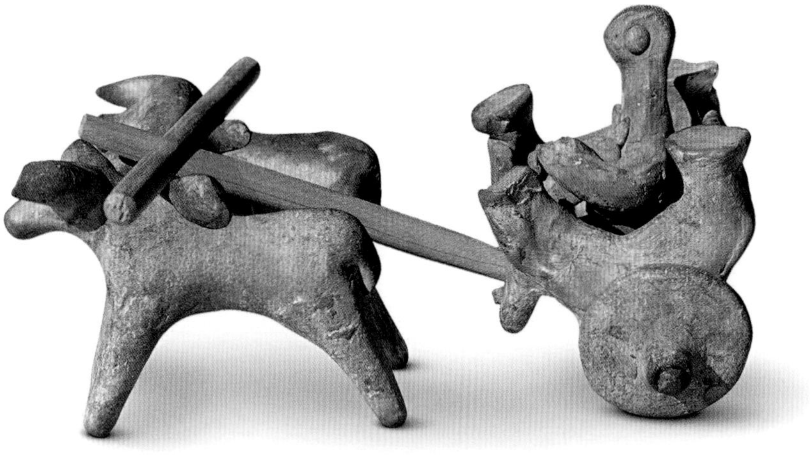

▶ 견인력
바퀴 달린 수레는 유라시아 대륙에 너무 빨리 퍼졌기 때문에, 어디에서 유래했는지 정확히 알기 어렵다. 4,000년 된 이 황소 수레 모양의 토기는 인도의 인더스 문명에서 만들어졌다.

> **가축화된 초식 동물들**이, **식물**을 인류가 사용할 **에너지**로 전환하는 **효율적인 기계**로 변신한 것은 혁명이었다.

데이비드 크리스천, 빅 히스토리 연구자, 1946년~, 『시간의 지도』에서

젖짜기
소젖을 짜는 고대의 묘사에는 종종 송아지가 등장한다. 낙농 초기에는 젖소가 젖을 만들어 내려면 송아지가 있어야 했다. 7세기의 이 부조 조각은 인도의 타밀나두에 있는 동굴 사원 안에 있다.

혁신이 생산성을 늘리다

정착민의 증가로 더 많은 식량이 필요했다. 농부들은 기존의 농업 기술을 개선하거나, 쟁기질이나 비료 같은 새로운 농업 기술을 개발했다. 그 결과 생산성은 높아졌고 수확량은 증가했다.

소와 쟁기를 이용해 땅을 갈기 시작하면서 이전 사람들이 뒤지개로 땅을 갈 때보다 훨씬 빠르게 씨 뿌릴 준비를 마칠 수 있었다. 쟁기를 이용해 더 단단한 흙에서도 농사를 지을 수 있었고, 그 결과 재배 가능한 토지가 늘어났다. 쟁기질은 잡초 제거에도 효과적이었다.

쟁기는 땅 위를 계속 끌고 다닐 수 있도록 뒤지개를 변형한 도구로, 메소포타미아에서 처음 발명한 것으로 추정된다. 이 지역에서 연대가 기원전 4세기로 추정되는 쟁기 그림이 발견됐기 때문이다. 가장 원시적인 쟁기는 긁는 쟁기(scratch plow) 또는 아드(ard)라고 부르는 것이다. 거기에는 나무로 만든 보습이 하나만 달려 있었어서, 하나의 얕은 고랑만 만들어졌다. 농부들은 아드로 땅을 효율적으로 갈기 위해 땅 하나를 직각으로 두 번씩 가로지르는 교차 쟁기질을 했다. 이후 쟁기에는 금속으로 만든 보습이 달렸고, 보습 앞에서 흙을 잘게 부수는 날이 추가됐다.

기원전 1세기에 중국인들은 쟁기에 발토판을 추가했다. 발토판은 보습이 갈아엎은 흙을 다시 밭에 내려놓는 둥근 판으로, 잡초를 땅속에 묻어 거름으로 썼다. 이 새로운 쟁기는 유라시아 대륙 서쪽으로 전파되어 7세기에 유럽에 도달했다. 이 쟁기 덕분에 더 이상 교차 쟁기질을 할 필요가 없었다. 그 결과, 농부들은 같은 시간에 두 배 더 넓은 땅을 갈 수 있었다.

쟁기는 황소, 물소, 말, 노새, 낙타와 같이 쟁기를 끌어 줄 가축이 있는 지역에 적합했다. 예컨대 아메리카 대륙에서는 쟁기를 끌 만한 가축이 없어 쟁기가 사용되지 않았다.

토질 개선

가축을 이용해 쟁기를 끄는 방식의 가장 큰 장점은 가축의 배설물이 토양을 비옥하게 한다는 점이었다. 쟁기를 끌 만한 가축이 없는 아메리카 대륙의 농부들은 다른 종류의 비료를 개발했다. 예를 들어 페루의 잉카 제국은 바닷새 배설물인 구아노(guano)를 모았다. 구아노는 질소, 포타슘, 인산염 등의 영양소가 풍부한 이상적인 비료였다. 고대 중국에서는 사람 분뇨를 비료로 사용했다.

예상치 못한 결과

집약적 농업에는 문제점도 있었다. 인구 증가를 촉발시킬 만큼 생산량이 늘었지만, 대부분의 사람들에게 식량은 여전히 부족했다. 휴경기 없이 집약적으로 토지를 경작하다 보니, 토양은 황폐해졌다. 정기적인 기근과 식량 부족으로 영양실조와 질병이 발생해 사람들의 수명이 감소했다. 식량 부족으로 사회가 혼란에 빠지거나 전쟁이 발발하기도 했으며, 대규모 이주와 문명의 붕괴가 일어나기도 했다.

황소를 이용한 쟁기질을 **아프리카 사하라 사막 이남**에서는 사용할 수 없었다. 소가 아프리카 **체체파리**가 매개하는 치명적인 질병인 **트리파노소마증**에 취약했기 때문이다.

나무 손잡이를 이용해 쟁기의 방향을 조종했다.

나무 보습이 땅 위에 한 줄의 좁은 고랑을 낸다.

▶ 초기 쟁기질
긁는 쟁기 또는 아드를 사용하는 농부를 묘사한 이 모형은 기원전 2000년경에 지어진 이집트 무덤에서 발견됐다. 나일 강이 범람하면 지표 위에 영양분이 풍부하게 쌓이기 때문에, 쟁기로 흙을 갈아엎을 필요까지는 없었다. 농부들은 씨앗을 심을 수 있을 만큼만 흙을 부쉈다.

▲ 최첨단 기술
이집트 인은 수확할 때 나무 대에 단단한 돌로 만든 이빨을 붙여 만든 커다란 낫을 이용했다. 이 낫을 사용하면 가축에게 먹일 식물 줄기는 남고 이삭만 잘렸다. 수확량을 더 늘리려면 노동력이 더 많이 필요했기 때문에, 일부 지역에서는 노예 노동에 대한 수요가 증가했다.

> 아홉 살 된 **황소 두 마리를 얻어라**. 그 황소들은 아직까지 힘을 쓰지 않았기 때문에 **일을 하기에 최적인 상태다**. 그들은 **고랑에서 싸우지 않을 것**이며, **쟁기를 꺾지도 않을 것**이다.

헤시오도스, 그리스의 시인, 기원전 700년, 『일과 날』에서

십자 모양의 나무 막대는 멍에라고 불리는데, 황소와 쟁기를 연결하는 역할을 한다.

끄는 막대 혹은 기둥

황소는 쟁기를 끌어 줄 뿐만 아니라 씨앗을 밟아 흙 속으로 밀어 넣었다. 추수 후에 이삭을 밟아 겉껍질에서 곡물 낟알을 분리하는 데도 황소들이 동원됐다.

잉여 생산물이 권력이 되다

농경의 발달로 발생한 잉여 생산물은 나중에 이용할 수 있도록 잘 보관됐다. 잉여 곡식을 저장하는 곡식 창고는 초기 국가의 구심점이 됐다. 잉여 생산물은 나중에 부의 한 형태가 됐다. 통치자는 세금 명목으로 잉여 생산물을 거둬 교역에 쓰거나 충성도 높은 국민에게 보상으로 지급했다.

곡식 창고는 실지류와 해충을 막아야 하고, 또 곡식이 썩거나 발아하지 않도록 건조해야 한다. 아프리카와 유라시아 전역의 많은 사회에서는 설치류를 막고 공기를 순환시킬 목적으로 곡식 창고의 바닥 면을 높게 만들었다. 이집트는 기후가 건조해 그럴 필요가 없었다. 페루의 잉카 제국은 산허리에 곡식 창고를 지어 산에서 불어오는 바람으로 창고를 건조하게 유지했다.

큰 국가에서는 곡식 생산량을 잴 수단이 필요했다. 통일된 단위를 쓰려면 이전에 없던 조직과 중앙 권력이 필요했다. 이집트에서는 약 4.8리터에 해당하는 헤캇(hekat)이란 단위로 곡식의 부피를 측정했다. 헤캇은 기원전 1500~700년에 지중해 동부에서 표준 단위로 사용됐다.

중국에서는 곡식의 양을 무게로 쟀다(근(斤), 량(兩) 같은 단위가 쓰였다.). 고고학자들은 중국 수나라와 당나라(581~907년) 때 지은 것으로 추정되는 거대한 지하 곡식 창고 수백 개를 발견했다. 이 곡식 창고의 벽면에는 창고에 저장한 곡물의 종류, 양, 출처, 저장 날짜가 기록돼 있었다.

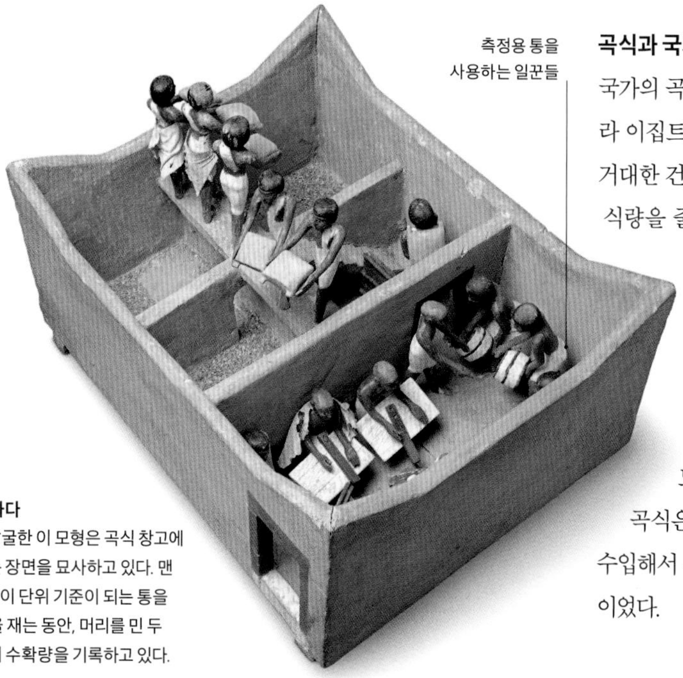

▶ 곡식량을 측정하다
이집트 무덤에서 발굴한 이 모형은 곡식 창고에 곡물 자루를 옮기는 장면을 묘사하고 있다. 맨 오른쪽에서 일꾼들이 단위 기준이 되는 통을 사용해 곡식의 양을 재는 동안, 머리를 민 두 서기가 관리 대장에 수확량을 기록하고 있다.

곡식과 국가 권력

국가의 곡식 창고 덕분에 통치자는 군대뿐만 아니라 이집트와 중국의 피라미드와 만리장성과 같은 거대한 건축물을 짓는 데 동원된 노동자들에게도 식량을 줄 수 있었다. 또 몇 년 동안 기근이 이어져도 곡식 창고 덕분에 버틸 수 있었다. 통치자들은 사람들의 선의를 유지하려면 식량이 필수라는 사실을 알고 있었다. 로마 황제들은 곡식의 여신인 케레스(Ceres)의 사원에서 매달 수도 시민들에게 무료 곡식을 제공했다. 그 곡식은 시칠리아와 이집트에서 대형 선박으로 수입해서 황제가 개인 자산으로 보유하고 있던 것이었다.

> 나는 백성을 위해 곡식 창고에 **곡식을 쌓아 놓았다**. 빈 껍질만 날릴 7년 동안 **백성들이 먹고살 수 있도록** 모아 둔 것이었다.
>
> **『길가메시 서사시』**, 기원전 2000년경

전통적인 곡식 창고
말리의 도곤 족 사람들은 여전히 농경 사회를 이루어 살고 있다. 그들은 수확한 밀을 높다란 곡식 창고에 보관한다. 곡식 창고는 바위 위에 점토로 지어졌다. 초가로 엮은 지붕은 우기에 곡식을 보호한다.

기원전 8000년 | 농업의 등장
기원전 6000년 | 최초의 도시 형성
기원전 4000년 | 기록 문화의 발달
기원전 3100년 | 최초의 문명 출현
농경 시대 이전의 인구 증가 속도는 너무 느려서, 인구가 두 배가 되는 데 수만 년이 걸렸다.
도시
1000만 명
제국
1억 명
산업 혁명
인구의 증가 ▶
초기 농경 시대
기원전 1만 년
기원전 9000년
기원전 8000년
기원전 7000년
기원전 6000년
기원전 5000년
새로운 기술 혁신으로 수확량이 증가하면서 초기 농업 인구는 꾸준히 증가했다.
도시가 출현하면서 많은 사람들이 도시로 몰려들었다.
도시 국가 시대
기원전 4000년
기원전 3000년
기원전 2000년
기원전 1000년
현대의 추산에 따르면 로마 제국의 인구는 800만~1200만 명이었다.
1세기 말에 이르러 전 세계 인구는 3억 명을 돌파했다.
제국 시대
기원전 500년
1년
500년
1000년
1500년
세계화 시대
1600년
1700년
1800년
1900년
2000년
2100년
2200년
제국 시대가 시작되면서 인구가 증가하는 시간 간격이 짧아졌다.
2세기와 14세기에 전염병이 발생해 인구가 크게 줄었다.
1804년, 전 세계 인구가 처음으로 10억 명을 돌파했다.

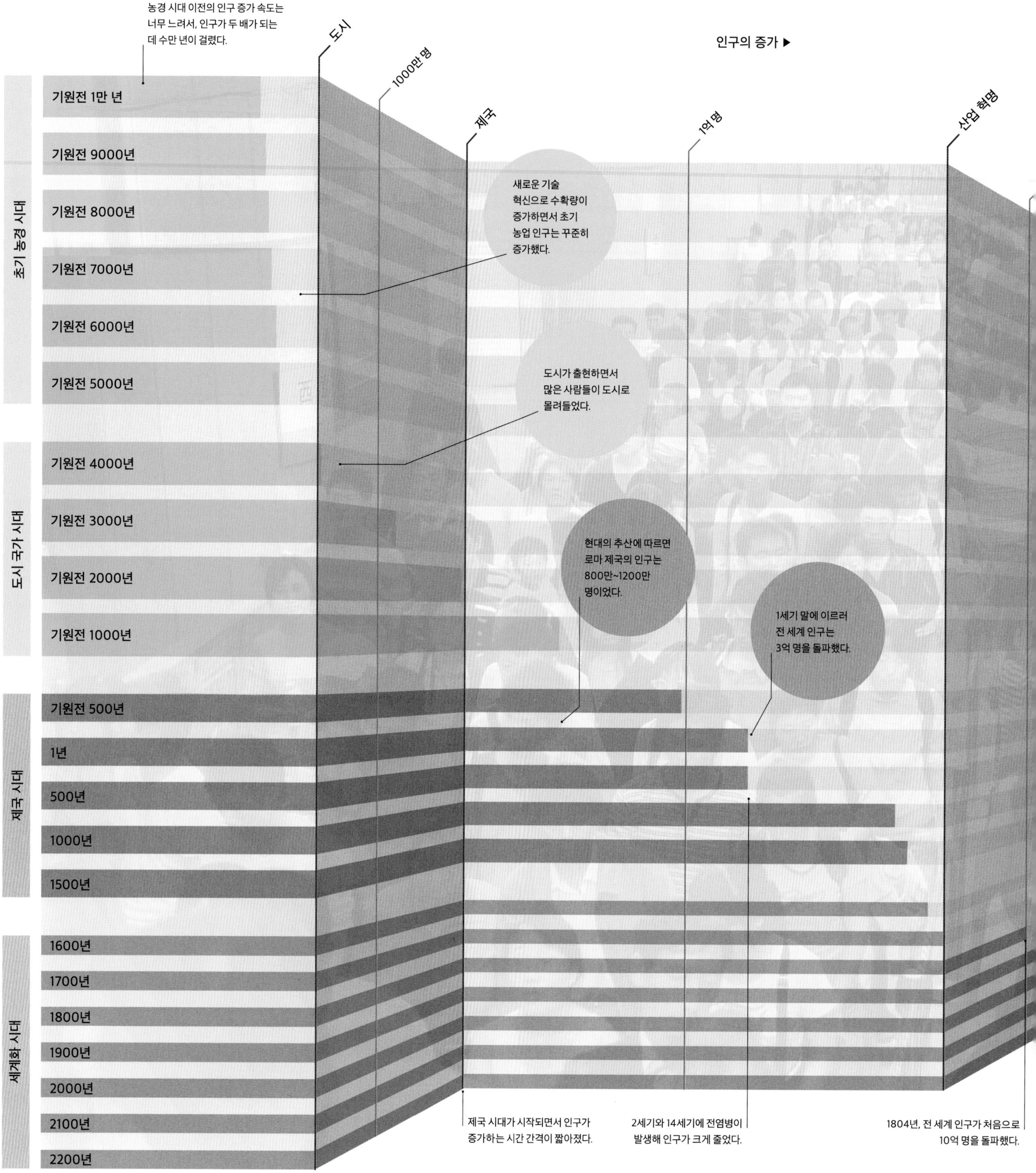

2015년, **연간 출생률**은
사망률의 두 배 이상이었다.

인구가 증가하다

농업이 시작되고 잉여 생산물이 발생하면서, 인구가 증가하기 시작했다. 심지어 초기 농업만으로도 수렵 채집을 할 때보다 50~100배 더 많은 사람들이 먹고살 수 있었다. 쟁기나 관개 같은 농업 혁신이 이뤄지면서 인구는 점점 더 빠르게 늘어났다.

과거 전 세계 인구가 몇 명이었는지에 대한 다양한 추산이 있는데, 그 범위가 넓다. 기원전 1만 년의 추산 인구는 200만~1000만 명이고, 기원전 1000년의 추산 인구는 5000만~1억 1500만 명이다. 실제로 몇 명이었든, 이 시기에 농업 덕분에 세계 인구가 급격하게 증가했다는 것은 분명하다. 인구 밀도가 점점 높아지면서 인류는 질병과 주기적인 기근에 직면했다. 특히 2세기 로마 제국과 14세기 유라시아에 있었던 대규모 기근과 전염병으로 세계 인구가 크게 감소했다.

인구 변화는 종종 '맬서스 주기(Malthusian cycle)'를 따른다. 18세기 경제학자 토머스 맬서스(Thomas Malthus)는 식량 공급량보다 인구가 항상 더 빨리 증가해서 기근이 초래되며, 결국 인구가 줄어든다고 주장했다. 맬서스 주기는 종종 새로운 혁신으로부터 시작됐다. 예컨대, 유럽에서 말의 목에 연결하는 도구를 개발해 가축에게 쟁기를 끌게 했고, 토양을 더 깊게 팔 수 있게 되면서 생산성이 향상됐다. 농업 혁신이 전파되면서 인구가 증가했고, 더 많은 지역에서 농사를 지었다. 이와 같은 성장을 통해 상업 활동이 시작되고 마을이 확장됐다. 그 결과, 더 많은 사람들이 먹을 식량이 필요해졌다. 수많은 사람들이 더 많은 아이디어와 혁신을 교류했지만, 궁극적으로 이 같은 변화가 농경 시대의 인구 증가율을 따라잡지 못해, '맬서스 위기'가 뒤따랐다.

◀ **전 세계 인구 다섯 명 중 한 명**은 중국인이다. 150년 전 전 세계 인구에 해당하던 수의 사람이 현재 중국에 살고 있다. 2050년경에는 인도가 중국을 제치고 세계에서 인구가 가장 많은 나라가 될 전망이다.

새로운 식량

새로운 식량 작물의 보급으로 인구가 폭발적으로 증가했다. 11세기 중국은 베트남의 참파 왕국에서 1년에 세 번까지 수확할 수 있는 다양한 조생종 벼를 들여왔다. 가뭄에 내성을 가진 이 품종은 고지에서도 재배 가능했기 때문에, 벼 재배 면적이 두 배로 늘었다. 그 결과, 10~11세기에 중국 인구는 두 배로 늘었다. 16세기에는 쌀보다 더 높은 고도에서 재배할 수 있는 미국산 옥수수와 감자가 들어오면서 인구가 더 증가했다.

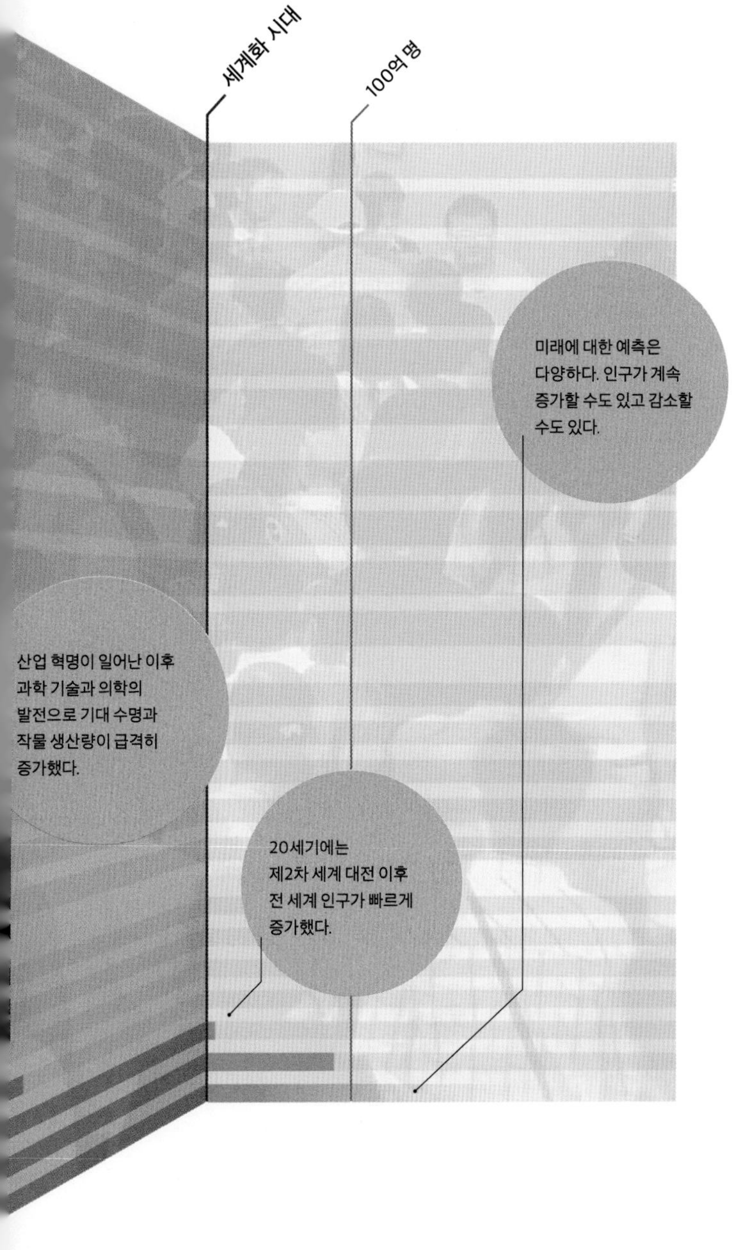

세계화 시대
100억 명
미래에 대한 예측은 다양하다. 인구가 계속 증가할 수도 있고 감소할 수도 있다.
산업 혁명이 일어난 이후 과학 기술과 의학의 발전으로 기대 수명과 작물 생산량이 급격히 증가했다.
20세기에는 제2차 세계 대전 이후 전 세계 인구가 빠르게 증가했다.

▲ **인구 증가**
1700년대까지 인구는 천천히 증가했다. 1750년경 이후부터는 콜럼버스 교환(Columbian Exchange, 296~297쪽 참조)을 통해 마니옥(고구마처럼 생긴 카사바속 식물 뿌리 ㅡ 옮긴이)이나 옥수수 같은 생산적인 식량 작물이 보급되고, 농업과 산업에 혁신이 일어나 인구가 점점 더 빠르게 증가했다.

> **땅 위에 발 딛고 선 난폭한 괴물**은 다름 아닌 **인구 증가**다.
>
> **에드워드 윌슨**, 미국의 생물학자, 1929년~, 『생명의 다양성』에서

펜턴 도자기 꽃병

토기 또는 도자기는 고고학의 가장 큰 자원 중 하나다. 유기물은 부패해 사라져도 도자기는 땅속에 남아 고대 문명의 문화와 기술에 대해 단서를 제공한다.

1904년에 과테말라에서 발견된 이 아름다운 도자기는, 콜럼버스의 신대륙 발견 이전에 중앙아메리카에서 번성한 마야 문명의 삶을 보여 준다. 이 도자기 꽃병은 멕시코 남동부와 중앙아메리카 중부에 있었던 마야 문명에서 600~800년에 만들어졌다. 다른 마야 도자기 꽃병들처럼, 이 꽃병도 귀족의 무덤에 묻혀 있었다. 표면에는 궁중 생활이 묘사돼 있는데, 그림 속 귀족이 가져온 공물을 보면 당시 엘리트의 의식, 신념, 일상생활을 알 수 있다.

도자기는 점점 정교해졌다. 19세기 후반, 고고학자 플린더스 피트리(Flinders Petrie)는 이집트 도자기를 이용한 연대 추정 방법을 고안했다. 그는 그릇의 다양한 스타일을 기록한 뒤, 발견된 깊이 순으로 나열했다. 지금도 고고학 유적지의 연대를 추정하는 데 이 방식을 이용한다.

현대에는 전자를 흡수하고 포집하는 점토의 성질을 이용해 그릇의 연대를 과학적으로 추정할 수 있다. 실험실에서 점토를 가열하면 전자가 빛의 형태로 방출되는데, 그 방출량을 분석해 그릇을 구운 시기를 추정할 수 있다. 마야 인들은 아마 오늘날의 후손들처럼 골짜기에서 점토를 구해 도자기를 구웠을 것이다. 점토의 화학적 특성을 분석한 '화학적 지문'을 이용하면 점토를 구한 장소도 알아낼 수 있다.

특정 그릇의 분포를 알면 교역이나 이주에 대한 단서도 얻을 수 있다. 기원전 2800~1800년에 서유럽에서 무리를 이루고 살던 신석기 사람들은 벨 비커(Bell Beaker)라고 부르는 독특한 그릇을 만들었다. 이들은 비커 족이라고 불린다. 유럽 인근 매장지에서 발굴된 이 그릇들은 비커 족이 얼마나 멀리 다녔는지 알려 준다.

고대의 기록

이 마야 도자기 꽃병에는 중앙아메리카 고유의 상형 문자로 중요한 정보가 새겨져 있다. 그림 안에 적힌 문자는 그림에 묘사한 주요 인물의 이름과 칭호를 나타낸다. 일부 그릇은 가장자리에 문자가 있는데, 이는 꽃병을 장식하는 요소기도 했다.

귀족이 무릎을 꿇고 가시국화조개껍데기를 선물하고 있다.
바구니에는 옥수수 케이크가 높게 쌓여 있다.
왕의 정교한 머리 장식은 그의 높은 계급을 상징한다.
판에 표기된 상형 문자는 그림 속 인물들을 구별해 준다.
서기가 접을 수 있게 만든 긴 책에 교역 내역을 적고 있다.
인물들은 보석과 정교한 옷, 그리고 꽃으로 장식한 터번을 착용하고 있다.

펜턴 도자기 꽃병 표면에 그려진 이 그림은 왕위에 앉은 채로, 화려한 터번을 쓴 마야 귀족들에게 조공을 받는 왕을 묘사했다. 다섯 명의 등장인물에게 각각 이름이 있는데, 인물 주변에 있는 판에 상형 문자로 적혀 있다. 왕은 타말(tamal, 옥수수 케이크)이 가득한, 감아 놓은 직물 위에 놓인 바구니를 가리키고 있다. 그의 뒤쪽에 있는 서기는 공물의 세부 사항을 기록하고 있다.

붉은 흙으로 세부를
묘사했다.

제작 방법

최초의 도자기는 점토로 줄을 만들어 둘둘 감거나 점토를 편평한 판 위에 치대서 만들었다. 기원전 3400년경 메소포타미아에서 물레가 발명됐다. 초기 물레는 손으로 돌리는 형태였는데, 나중에는 발로 돌리는 물레가 발명돼 도자기를 빠르게 빚을 수 있었다. 덕분에 도예가는 도자기를 대량 생산할 수 있게 됐다. 그 후 도예는 수련해서 습득해야 하는 전문 공예가 됐다. 콜럼버스의 신대륙 발견 이전까지 아메리카 대륙에는 물레가 알려지지 않았기 때문에, 펜턴 도자기 꽃병은 아마 점토로 줄을 만들어 감아서 만들었을 것이다.

물레 앞에 앉은 고대 이집트 인

장식 무늬

마야 인은 불에 구웠을 때 그릇에 잘 달라붙는, 찰흙과 광물이 섞인 색깔 있는 점토 조각으로 그릇을 장식했다. 펜턴 도자기 꽃병에는 검은색과 빨간색 점토 조각이 사용됐다. 유럽의 벨 비커와 같은 초기 그릇은 무늬를 새겨서 장식했다.

벨 비커

과거로부터 온 음식

그릇에는 종종 과거에 사람들이 먹은 음식의 흔적이 미세하게 남아 있다. 마야 그릇에서 발견된 긁힌 자국을 분석한 결과, 마야 인들이 그 안에 초콜릿을 보관했다는 사실이 드러났다. 아래 사진에 있는 4,000년 된 국수 그릇은 2005년에 중국에서 발견된 것으로, 그 안의 국수 가닥을 분석해 수수로 국수를 만들었다는 사실을 밝혀냈다.

세상에서 가장 오래된 면

초기 정착지

농업 생산성이 높아지면서 정착지에 더 많은 사람들이 모였다. 정착지의 사람들은 공예품을 만들고, 교역 네트워크를 발전시켰다.

가장 오래되고 가장 큰 초기 정착지는 기원전 7300~5600년에 있었던 튀르키예 중부의 차탈회위크(Çatalhöyük)다. 넓이가 13만 제곱미터이고, 인구가 수천 명이었던 차탈회위크는 세계 최초의 진정한 고대 도시였다. 기원전 7200년경에 만들어진 요르단의 아인 가잘('Ain Ghazal)은 또 다른 고대 도시로 차탈회위크보다 약간 작았다.

도시에서의 삶

고대 도시 사람들은 대부분 농부였다. 차탈회위크에서는 양 떼를, 아인 가잘에서는 염소 떼를 키웠다. 두 도시의 농부들은 모두 밀과 보리, 완두콩, 렌틸콩을 재배했다. 또 야생 소, 사슴, 가젤 같은 야생 동물을 사냥했다.

이런 고대 도시들은 교역로가 없다면 상당히 고립됐을 것이다. 근방의 수렵 채집인 무리와 서로 교류했을지도 모른다. 교역이 발달하면서 새로운 공예와 기술이 유입됐다. 훗날 도시의 전문 장인들은 쟁기나 바퀴, 청동 도구 등을 만드는 중요한 기술을 개발했다.

도시에서의 삶은 모두가 처음 경험하는 것이었지만, 각각은 서로 다르게 발전했다. 각 건물은 직사각형이었고 밀집해 있었다. 아인 가잘의 집은 안쪽에 뜰이 있고, 집들 사이사이에 문간으로 서로 연결되는 좁은 골목들이 있었다. 이와 달리 차탈회위크의 집은 가깝게 지어졌지만, 서로 통하는 길은 없었다. 집 안으로 들어가려면 사다리를 타고 올라가 옥상 입구를 지나야 했다.

아인 가잘의 주택은 규모가 다양하다는 점에서 일부 사람들이 보다 부유하다는 것을 알 수 있다. 반면 차탈회위크의 집들에는 고위층의 집인지, 또는 공공건물이나 공공장소인지 나타내는 표식이 없다. 따라서 차탈회위크 사람들은 평등한 삶을 살았던 것으로 추정된다.

“여기서 만든 거의 모든 것의 **품질**과 **품위**는 동시대 근동 지역에서는 **유례를 찾기 어렵다**.”

제임스 멜라트, 영국의 고고학자, 1925~2012년

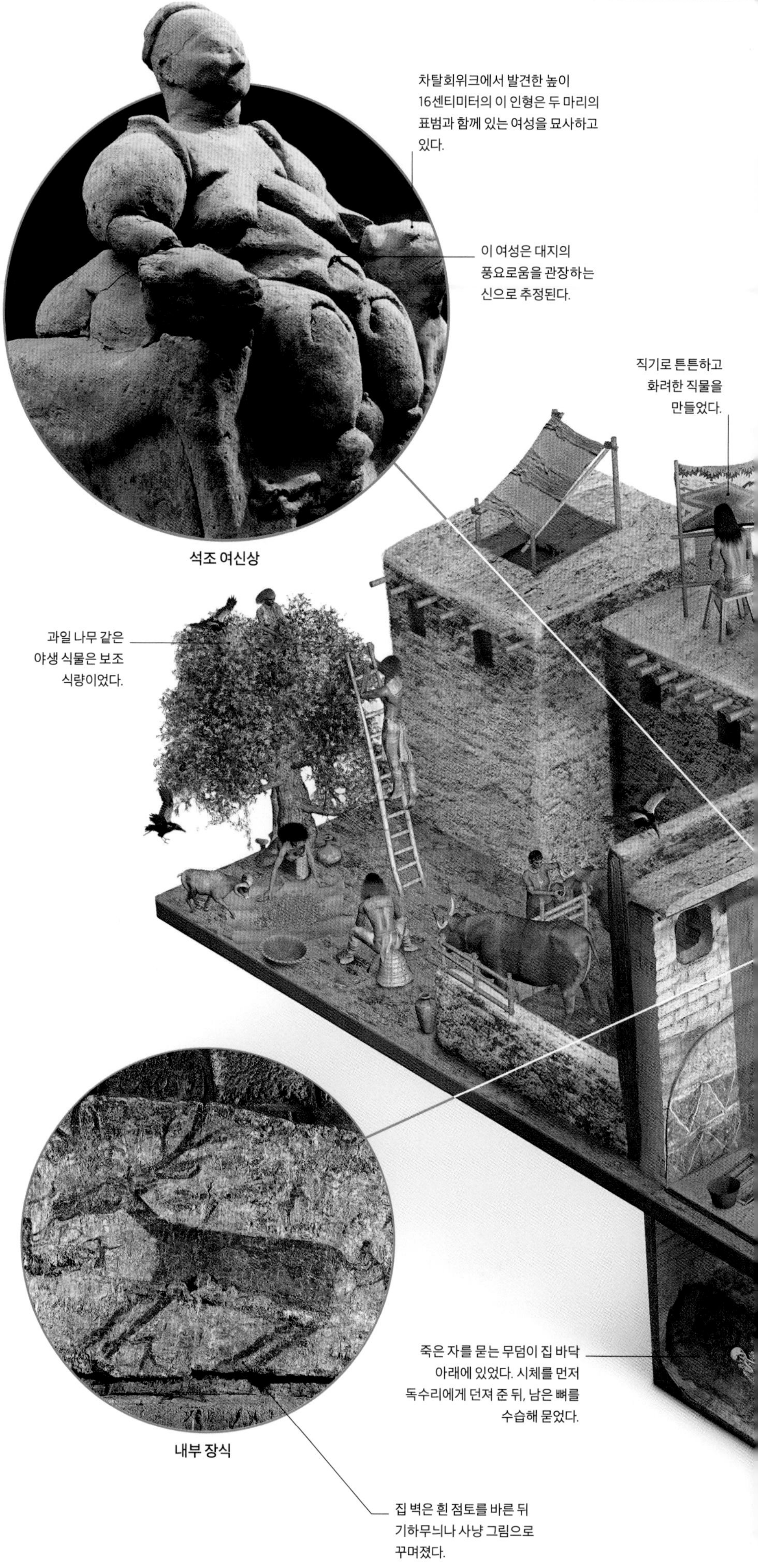

차탈회위크에서 발견한 높이 16센티미터의 이 인형은 두 마리의 표범과 함께 있는 여성을 묘사하고 있다.
이 여성은 대지의 풍요로움을 관장하는 신으로 추정된다.
직기로 튼튼하고 화려한 직물을 만들었다.
과일 나무 같은 야생 식물은 보조 식량이었다.
죽은 자를 묻는 무덤이 집 바닥 아래에 있었다. 시체를 먼저 독수리에게 던져 준 뒤, 남은 뼈를 수습해 묻었다.
집 벽은 흰 점토를 바른 뒤 기하무늬나 사냥 그림으로 꾸며졌다.

석조 여신상

내부 장식

▶ **골각기**는 바느질을 하거나 실을 짜는 데 썼으며, 차탈회위크 사람들이 직물을 만들었다는 증거다. 무늬가 새겨진, 도자기로 만든 도장도 발견됐다. 직물이나 사람 피부에 무늬를 찍는 데 사용했을 것이다.

직물을 짜는 골각기

도자기로 만든 도장

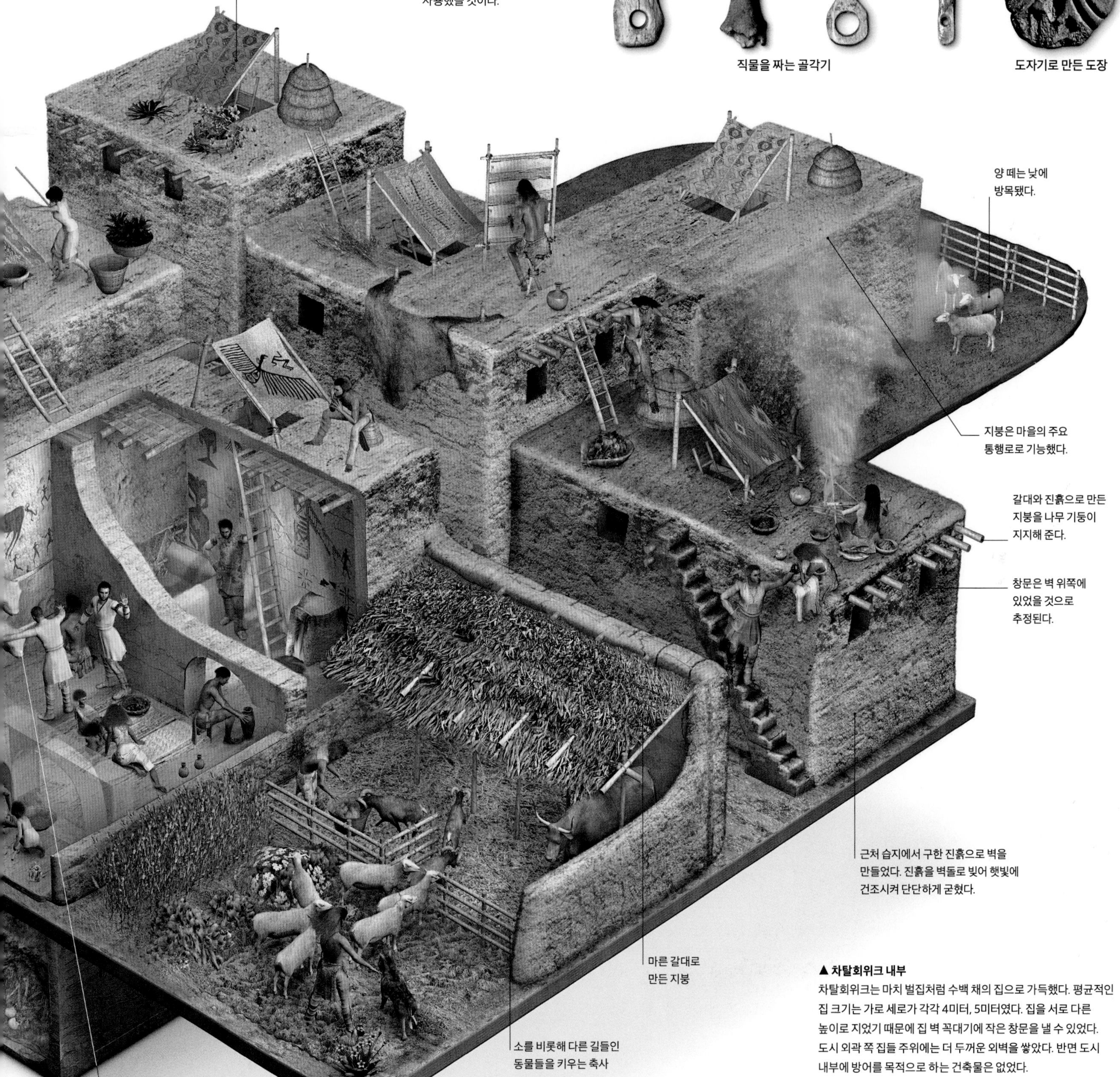

집 입구를 통해 내부가 환기됐다. 직접 짠 직물로 햇빛을 가렸다.
양 떼는 낮에 방목됐다.
지붕은 마을의 주요 통행로로 기능했다.
갈대와 진흙으로 만든 지붕을 나무 기둥이 지지해 준다.
창문은 벽 위쪽에 있었을 것으로 추정된다.
근처 습지에서 구한 진흙으로 벽을 만들었다. 진흙을 벽돌로 빚어 햇빛에 건조시켜 단단하게 굳혔다.
마른 갈대로 만든 지붕
소를 비롯해 다른 길들인 동물들을 키우는 축사
집 안에 야생 소의 뿔을 걸어 두고 신을 모시는 장소가 있었다. 당시 사람들에게 종교가 점점 중요해졌다.

▲ 차탈회위크 내부
차탈회위크는 마치 벌집처럼 수백 채의 집으로 가득했다. 평균적인 집 크기는 가로 세로가 각각 4미터, 5미터였다. 집을 서로 다른 높이로 지었기 때문에 집 벽 꼭대기에 작은 창문을 낼 수 있었다. 도시 외곽 쪽 집들 주위에는 더 두꺼운 외벽을 쌓았다. 반면 도시 내부에 방어를 목적으로 하는 건축물은 없었다.

기원전 8000년 | 농업의 등장

기원전 6000년 | 최초의 도시 형성

기원전 4000년 | 기록 문화의 발달

기원전 3100년 | 최초의 문명 출현

▶ 고대 이집트의 계급 사회

다른 많은 국가들과 마찬가지로 고대 이집트 사회는 피라미드와 닮아 있었다. 맨 꼭대기에 왕이 있고 그 아래로 여러 계급들이 줄지어 있었다. 사회마다 계급 피라미드의 형태는 다양했다. 중세 유럽과 일본에서는 전사들이 주요 계급을 차지했다. 상인들은 인더스 문명에서는 지배 계층에 속했지만, 고대 중국에서는 낮은 지위에 해당했다. 로마 제국 등 일부 사회에서는 수많은 노예가 살았는데, 노예들은 권리가 없었고 재산으로 간주됐다.

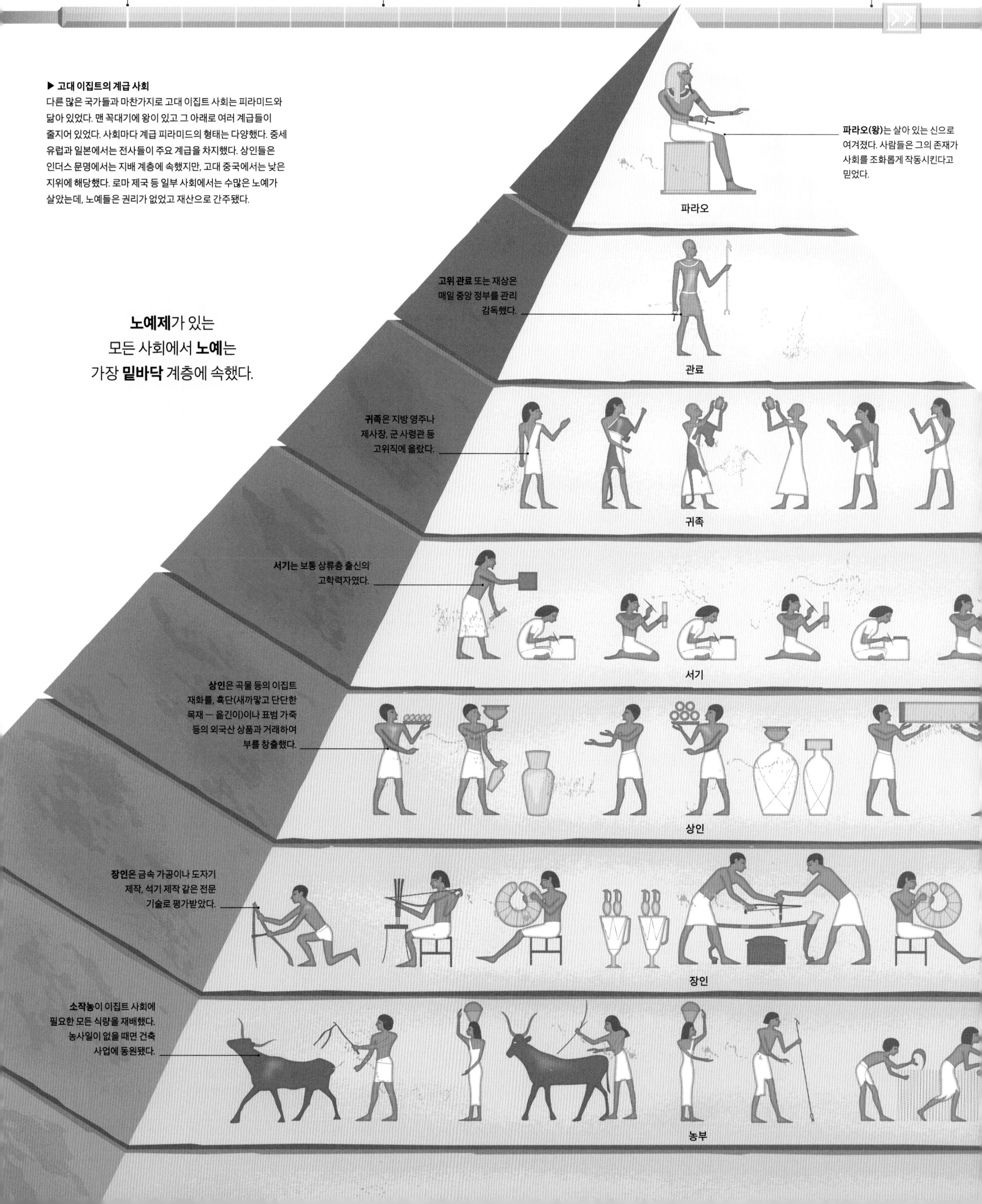

파라오(왕)는 살아 있는 신으로 여겨졌다. 사람들은 그의 존재가 사회를 조화롭게 작동시킨다고 믿었다.
파라오
고위 관료 또는 재상은 매일 중앙 정부를 관리 감독했다.
관료
노예제가 있는 모든 사회에서 **노예**는 가장 **밑바닥** 계층에 속했다.
귀족은 지방 영주나 제사장, 군 사령관 등 고위직에 올랐다.
귀족
서기는 보통 상류층 출신의 고학력자였다.
서기
상인은 곡물 등의 이집트 재화를, 흑단(새까맣고 단단한 목재 — 옮긴이)이나 표범 가죽 등의 외국산 상품과 거래하여 부를 창출했다.
상인
장인은 금속 가공이나 도자기 제작, 석기 제작 같은 전문 기술로 평가받았다.
장인
소작농이 이집트 사회에 필요한 모든 식량을 재배했다. 농사일이 없을 때면 건축 사업에 동원됐다.
농부

▲ **엄마와 아이**
기원전 100~기원후 250년에 멕시코의 할리스코 부족 사람들은 아기를 안은 어머니 모습을 띤 도기 인형을 많이 만들었다. 고대 사회에서 여성이 중요했음을 보여 주는 증거다.

사회가 조직되다

인구가 증가하면서 인류는 수많은 낯선 사람과 함께 평화롭게 사는 방법을 터득해야 했다. 그로 인해 국가라고 하는 새로운 형태의 사회 조직이 발전했다. 고대 국가는 맨 꼭대기에 왕이 있고 그 아래로 다양한 계층들이 순차적인 구조를 이루는 계급 사회였다.

수렵 채집인들은 혈연이나 혼인으로 묶인 25~60명과 작은 무리를 이뤘다. 이런 집단은 평등했다. 수렵 채집 기술이 좋거나 지혜를 갖춘 특정인이 존경받기는 했지만 지도자는 없었다. 여성과 남성도 평등했다. 남성은 사냥을, 여성은 채집을 하면서 각자 먹을 것을 구하는 데 일조했다.

농사를 지으면서 사람들은 정착해 더 큰 집단이 부족을 이뤘다. 부족은 수천 명에 달하는 무리로, 공통 조상으로부터 내려오는 가문의 신념에 따라 결속됐다. 초기 부족 사회도 평등했다. 부족 구성원들이 공동으로 의사 결정을 했다. 많은 부족들에는 발화의 힘이 센 '중요 인물(big man)'이 있었지만, 그 지위는 물려받은 것이 아니라 순전히 그의 인격 덕분에 얻은 권력이었다.

인구가 수천 명에 도달하자, 직접적인 관계가 없는 사람들이 함께 생활해야 했다. 힘이 센 족장들은 무력을 사용할 권리를 독점해서 사회의 평화를 유지했다. 부족 구성원들은 족장에게 공물을 바쳤고, 족장은 이를 추종자들에게 재분배했다. 그 결과, 계급이 생겼다. 친족 관계도 여전히 중요했지만, 족장 고유의 혈통이 더 우월했다.

최초의 국가

인구가 2만 명을 넘으면서 국가가 탄생했다. 이제 친족들만 동원해 통치를 하기에는 사람들이 너무 많았다. 모든 국가 조직의 맨 꼭대기에는 강력한 통치자가 자리했고, 사제나 관료 계층이 그 아래에 있었다. 이런 사회 구조는 마치 피라미드와 비슷한 모양이었다. 가장 수가 많은 계급은 소작농 계급이었다. 그들의 중노동 덕분에 잉여 작물이 생산되고 국가 체제가 세워졌지만, 소작농은 피라미드의 가장 밑바닥에 위치했다.

> **사회**는 **평화가 깨졌을 때 만들어졌다. 사회**의 본질은 **화해를 중재하는 데** 있다.
>
> **루트비히 폰 미제스**, 오스트리아의 경제학자, 1881~1973년

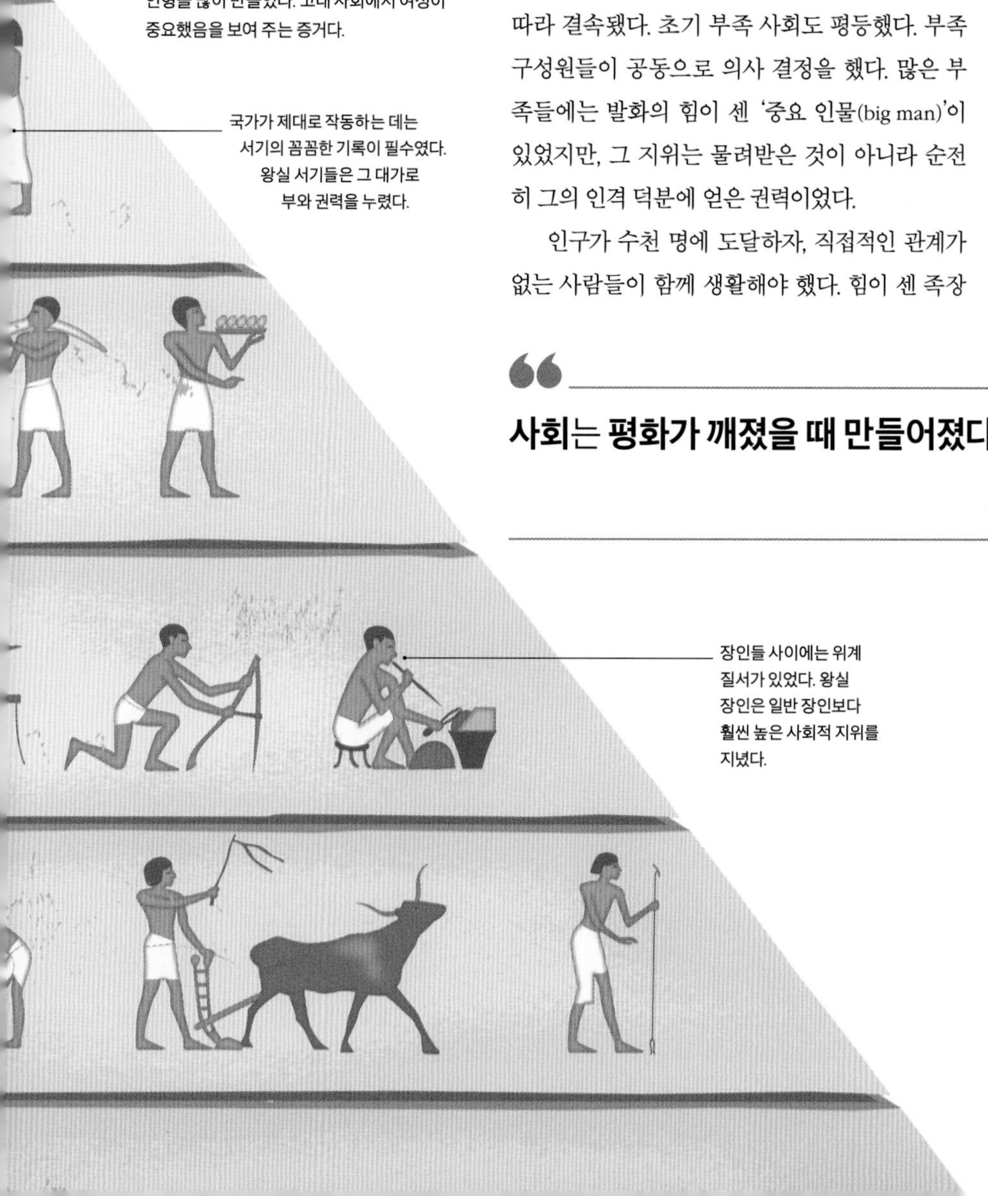

국가가 제대로 작동하는 데는 서기의 꼼꼼한 기록이 필수였다. 왕실 서기들은 그 대가로 부와 권력을 누렸다.

장인들 사이에는 위계 질서가 있었다. 왕실 장인은 일반 장인보다 훨씬 높은 사회적 지위를 지녔다.

가부장제의 출현

사냥과 채집을 그만두고 농사를 짓기 시작하면서, 여성은 점차 평등한 지위를 잃고 남성의 통제를 받게 됐다. 가부장제가 시작된 것이다. 남성은 식량을 구해 오거나 돈을 벌어 왔고, 여성은 집에서 아기를 낳거나 가족을 돌봤다. 많은 사회에서 여성은 재산을 소유하지 못했고, 남편이나 아버지의 법적 통제 속에서 살아야 했다. 일부 사회에서는 남성이 여러 명의 부인을 둘 수 있었다. 사람들은 딸보다 아들을 선호했고, 여아 영아 살해가 일어났다.

전쟁 포로들
이 마야 벽화는 790년에 그려졌다. 그림 중앙에 있는 보남팍(Bonampak)의 찬 무안(Chan Muwan) 왕이 포로로 사로잡은 경쟁 국가의 전사들 앞에서 승리를 선포하고 있다. 벌거벗은 포로들은 손톱이 뽑혔는데, 이는 찬 무안 왕의 우위와 권력을 드러낸다.

통치자가 등장하다

사회가 커지면서 권력 구조는 합의된 친족 관계로부터 하향식의 강압적인 지배 체제로 바뀌었다. 족장 또는 왕이라고 불리는 새로운 통치자는 무장 세력을 이용해 국민들로부터 거둔 공물로 권력을 유지했다.

통치자는 거두어들인 공물을 재분배해 권력을 유지했다. 통치자는 무장 세력을 거느렸고 엘리트 집단에게 보상을 지급했다. 그런 집단은 전사 계급이나 귀족 계급을 형성했고 대중은 무장 해제됐다.

왜 다수가 소수의 통치를 받아들였을까? 우선 조직, 안보, 보호 등에 대한 대가로 기꺼이 권력을 포기하겠다는 합의가 있었을 수 있다. 아니면 강력하고 무자비한 한 개인이 복종을 강제했을 수도 있다.

신의 지지

왕권은 일반적으로 통치자의 안녕이 사회에 필수라는 초자연적인 주장들을 통해 정당성을 얻었다. 예를 들어 이집트 파라오는 하늘의 신인 호루스(Horus)가 환생한 인물로 믿어졌다. 중국의 황제는 하늘로부터 권력을 받았다고 주장했다. 또 마야 왕은 신성한 조상들로부터 살아 있는 자들을 지배할 권한을 받았다고 믿어졌다. 따라서 마야 인은 복종의 뜻으로 왕 앞에서 허리를 굽히거나 엎드려야 했다.

폴리네시아에서는 추종자들이 족장의 그림자에 손조차 대서는 안 됐다. 그러면 족장의 신성한 힘인 마나(mana)가 손상된다는 것이다. 지역 사회의 종교 의식에서 족장의 초자연적인 힘이 중요했기 때문에, 그런 행위는 부족민 전체를 위험에 빠뜨린다고 여겨졌다.

전 세계의 통치자들은 비슷한 방식으로 권력을 과시했다. 그들은 높이 솟은 자리(왕좌)에 앉아 긴 머리 장식을 쓰고 홀(scepter)이라고 하는 장식 지휘봉을 들었다. 이집트의 파라오는 양치기가 쓰는 갈고리 모양의 지팡이와 채찍을 들었는데, 각각은 백성의 '목자'로서 보호와 강압을 상징한다.

또한 전쟁에서의 승리는 통치자가 신의 가호를 받는다는 의미였다. 공공 예술에서 왕은 적으로부터 승리를 거두는 모습으로 묘사됐으며, 적은 힘을 잃었다는 뜻을 강조하기 위해 벌거벗은 모습으로 그려졌다.

▼ 왕을 위한 관
이집트 파라오였던 투탕카멘(Tutankhamen, 기원전 1327년경에 사망한 것으로 추정된다.)의 관은 왕의 권위와 신성을 의미하는 상징들로 꾸며져 있다. 관은 신의 살이라고 부르는 금으로 만들어졌고, 푸른 에나멜 무늬로 장식됐다.

코브라와 독수리는 이집트 왕국 전체를 통틀어 파라오가 가진 최고 권력과 권위를 상징한다.
네메스(nemes, 줄무늬가 있는 리넨 머리 장식— 옮긴이)는 오직 파라오만 쓸 수 있었다.
갈고리 모양의 지팡이는 목자 혹은 보호자로서의 파라오를 상징한다.
의례적인 가짜 턱수염은 신성을 상징했다.
가축을 모는 데 쓰는 채찍은 사람들을 벌할 수 있는 파라오의 권력을 상징한다.

법과 질서 그리고 정의

크고 복잡한 사회에서는 사람들의 행동을 통제하고 분쟁을 평화적으로 해결하기 위한 객관적인 규칙이 필요하다. 최초의 법전은 통치자가 사회를 통제할 수단으로 만들어졌다. 훗날 모든 사람에게 똑같이 정의가 구현돼야 한다는 개념에 기초해, 도덕적 감수성이 발달했다.

농업이 시작된 뒤 인구가 증가하면서 분쟁이 더 많아졌다. 사유 재산에 대한 개념이 없었던 수렵 채집인들과 달리 농부들은 토지, 재산, 물, 상속 등 여러 문제에 대해 논쟁을 벌였다.

법치가 발달하기 전, 개인의 손해에 대해 복수하는 것은 가족이나 친족의 책임이었다. 살해에 대한 복수에 실패하는 것은 가문 전체의 불명예였기 때문에 폭력 사태와 유혈 복수가 여러 세대에 걸쳐 반복됐다. 유혈 복수는 그리스 신화, 아이슬란드의 무용담, 일본 사무라이의 설화에서도 등장한다.

국가의 법전

국가가 출현하면서 통치자가 무력을 사용할 권리를 독점했다. 분쟁과 유혈 복수를 평화적으로 해결하기 위해 죄목별 처벌 목록이나 가해자가 희생자에게 지불해야 하는 보상금을 정했다.

가장 오래된 법전은 기원전 2100년경에 수메르의 왕인 우르남무(Ur-Nammu)가 만든 것이다. 우르남무 법전은 "다른 사람의 발을 잘리게 한 사람은 은화 10세켈을 지불해야 한다."라는 식으로 다양한 상해에 대한 보상금을 기술했다.

가장 유명한 고대 법전은 기원전 1792~1750년에 바빌로니아의 왕인 함무라비(Hammurabi)가 만든 법전이다. 그는 모든 사람이 볼 수 있도록 바빌론 중심부에 높이 2.25미터의 원추형 비석을 세우고 거기에 법령 282개를 새겼다. 함무라비 법전은 "다른 사람의 눈을 뽑은 사람은 마찬가지로 눈을 뽑는다."라는 조항으로 유명하다.

함무라비는 비석 꼭대기에, "땅에서 정당하게 통치할 것, 사악한 자들과 악의적인 자들을 물리칠 것, 강한 자들이 약한 자를 괴롭히지 못하도록 할 것"이라는 신들의 명을 받았다고 적었다. 그는 부당한 마음이 드는 사람은 비석 앞에 가서 법령을 읽으라고 제안했다. "당신에게 적용되는 법을 보고 마음의 평안을 찾으십시오."

함무라비 같은 왕들은 정의를 베풀어 인기를 얻었다. 고대의 통치자들은 전쟁 중이 아니거나 종교적 의식이 없을 때 항소에 귀 기울이고 분쟁을 판결하는 데 많은 시간을 보냈다.

전기 작가인 플루타르코스(Ploutarchos)에 따르면, 마케도니아 데메트리오스 1세(Dēmétrios Ⅰ)가 여행 중에 나이든 여인이 다가와 이야기를 들어 달라고 부탁받은 적이 있었다. 왕은 너무 바쁘다고 답했는데, 그 순간 여인이 "그러려면 왕을 관두시오!"라고 소리쳤다. 죄책감에 휩싸인 그는 며칠 동안 일을 멈추고 그 여인을 시작으로 원하는

▶ 증거의 중요성
증명할 수 있는 사실의 기초를 제공하기 위해 증거가 중요해졌다. 오늘날 증거와 관련한 법은 로마의 법률 관행에 영향을 받았다. 초기에 증거는 주로 구두 진술이었고 때로는 서면으로 작성됐으며, 드물게 물리적인 것도 있었다.

> **법**은 **신**과 **인간** 모두의 **왕**이다.
>
> **크리시포스**, 그리스의 철학자, 기원전 279~206년경, 『법에 관하여』에서

사람 모두를 접견했다. 플루타르코스는 이렇게 결론을 내렸다. "정의를 베푸는 임무 외에 왕을 왕으로 만드는 일은 아무것도 없다."

신법

도덕적 종교가 출현하면서 범죄와 위법 행위를 사회나 개인이 아닌, 신에 대한 모욕으로 간주하기 시작했다. 유대 인들이 하느님이 모세에게 주신 것이라고 믿는 율법에는 삶의 모든 면에 대한 지침이 수록돼 있다. 그중 가장 중요한 지침인 십계명은 석판에 새겨져 예루살렘에 있는 유대교 신전의 중앙 성지에 보관됐다.

이슬람교의 율법도 삶의 모든 면에 대한 비슷한 지침들로 이뤄져 있다. 이슬람교의 율법은 예언자 무함마드(Muhammad)의 가르침을 담은 경전인 『코란(*Koran*)』과 이슬람교 학자들의 파트와(Fatwa, 이슬람 율법에 따른 결정이나 명령 — 옮긴이)를 기반으로 한다. 이슬람교 율법을 칭하는 샤리아(sharia)는 아랍 어로 '명확한 길'을 뜻한다. 일부 이슬람 국가의 율법은 '눈에는 눈'이라는 고대 전통을 따르고 있다. 2009년에 이란 법원은 산 테러로 실명한 여성 피해자에게 가해자의 눈에 똑같이 산을 부으라는 판결을 내렸다. 그 여성은 "내가 그 일을 하면 두 번 고통 받게 될 것이다."라고 말하며 가해 남성을 사면하기로 결정했다.

중국 철학

중국에서는 기원전 6세기부터 인간 본성에 대한 상반된 견해를 바탕으로 법에 대해 두 가지 접근법이 발달했다. 공자(孔子)는 권력자들이 솔선수범하면 다른 사람들도 올바르게 행동할 것이라고 주장했다. 공자는 "단순히 법으로 규제하고 처벌로 질서를 세우려고 하면 사람들이 처벌을 피하려고만 노력하고 수치심을 느끼지 못한다. 덕(德)으로 통치하고 타당한 규칙에 따라 질서를 세우면 사람들이 부끄러움을 느끼고 올바르게 행동할 것이다."라고 말했다.

중국의 법가(法家) 사상가들은 유교를 거부했다. 그들은 인간이란 매우 탐욕스럽고 이기적이며 게으른 존재라고 생각했기 때문에 엄격한 법률과 가혹한 처벌로 행동을 통제해야 한다고 주장했다. 법가 사상은 기원전 4세기에 진나라가 처음 도입했다. 진나라의 재상이었던 상앙(商鞅)은 다음과 같이 적었다. "법을 지키지 않는 자는 사형에 처하고 절대 용서치 않는다. 또한 3대에 걸쳐 처벌한다." 상앙은 결국 민심을 잃고 자신이 만든 가혹한 법률로 고통 받았다. 기원전 338년, 그는 다섯 대의 마차에 묶여 사지가 찢기는 형을 받았다. 가족들도 모두 처형됐다.

법가 사상 덕분에 진나라 왕들은 권위주의 국가를 세우고 다른 왕국을 정복할 수 있었다. 기원전 221년, 온 나라에 법가 사상을 강제한 진시황(秦始皇)이 비로소 중국을 통일했다. 중국 전역의 모든 가족은 범죄에 대한 책임을 함께 졌다. 가족의 한 사람이 범죄를 저지르면 다른 가족들도 함께 처벌을 받았다. 유교 서적은 금지됐다. 진시황의 통치는 너무나 가혹해서 기원전 210년에 그가 죽고 불과 4년 뒤에 진 왕조는 붕괴했다.

진나라의 뒤를 이어 한나라가 등장했다. 한나라 황제인 한무제(漢武帝, 기원전 141~87년에 재위했다.)는 유가 사상과 법가 사상을 결합했다. 도덕적인 행동과 현실적인 의무에 중점을 둔 유가 사상은 국가 철학이 됐고, 동시에 엄격한 법적 처벌이 이를 뒷받침했다. 이는 소위 '외유내법(外儒內法)'이라고 요약된다. 이후 법가 사상이 중국의 통치 체제의 핵심이 됐다.

로마 법

로마 인들은 최초로 법을 과학으로 취급했다. 법학자들은 법과 법 적용의 기본 원칙을 연구했다. 로마의 법학자들은 법률의 정신이나 목표가 정확한 문구보다 중요하다고 주장했으며, 피고인의 무죄 추정 원칙을 제시했다.

수세기에 걸쳐 법률과 법적 해석이 무수히 쌓였고, 그들은 종종 모순됐다. 변호사와 치안 판사들은 그 많은 양을 모두 공부해야만 했다. 528~533년에 유스티니아누스(Justinianus) 대제가 위원회를 꾸려 기존의 모든 로마 법률을 책 한 권에 정리하도록 했다. 이것이 바로 『시민법 대전(*Corpus Juris Civilis*)』(『유스티니아누스 법전』이라고도 한다.)으로, 오늘날 민법의 뼈대를 구성한다. 위원회는 반복과 모순을 없애기 위해 법적 해석을 편집한 『학설휘찬(*Digest*)』도 펴냈다. 『시민법 대전』은 서양 세계에 퍼졌고, 11세기부터는 수세대에 걸쳐 변호사들을 교육하는 데 『학설휘찬』이 쓰였다. 『시민법 대전』은 훗날 많은 법전에 영향을 미쳤다. 그중 하나가 1804년에 발간된 프랑스의 나폴레옹 법전이었다. 1951년에 이탈리아의 작가 알레산드로 덴트레베스(Alessandro d'Entrèves)는 자신의 저서 『자연법: 법 철학 개론(*Natural Law: An Introduction to Legal Philosophy*)』에서 "성경 다음으로, 『시민법 대전』보다 인류 역사에 깊은 흔적을 남긴 책은 단 한 권도 없다."라고 적었다.

앵글로색슨 족 법전에는
손톱 하나가 뽑힌 것에 이르기까지
모든 종류의 **상해**에 대해
보상 금액이 적혀 있다.

정의란, **모든 사람이 법적으로 마땅히 누려야 할 것**을 제공하려는 **지속적**이고도 불변하는 성향이다.

울피아누스, 유스티니아누스의 『학설휘찬』에 인용된 법학자, 533년경

문자 기록이 시작되다

농업과 교역이 발달하면서 정확하게 기록할 필요가 생기자, 몇몇 고대 문명에서 문자 기록 체계가 발전했다. 문자 기록은 곧 법률 제정, 경전 집필, 사건 기록, 과학 개념 전파, 문학 창작 등 다른 수많은 용도에도 사용됐다.

문자 기록은 중요한 정보를 저장하는 방법으로 기원전 3300년에 이집트와 메소포타미아에서 처음 시작됐다. 초기에는 소수의 서기들만 알아볼 수 있는 기호를 사용했기 때문에, 지배 계급만 문자 기록의 이익을 누릴 수 있었다.

페니키아(오늘날 레바논과 시리아에 번성했던 고대 문명 — 옮긴이) 사람들은 모든 소리를 30개도 안 되는 기호로 표현하는 알파벳 문자를 개발했다. 알파벳 덕분에 서기뿐 아니라 수많은 사람들이 읽고 쓰게 됐다. 기원전 1000년, 알파벳은 페니키아 무역상을 통해 지중해 전역에 퍼졌고, 그리스와 로마에서도 알파벳을 사용했다. 편지를 쓰고 구매 목록을 작성하고 물건에 소유권을 표시하는 등 일상에서 알파벳이 널리 사용됐다.

책은 집단 학습을 위한 유용한 도구였다. 책을 통해 지식은 서로 다른 문화권 사이에서 공유될 수 있었고 미래 세대에게 전달될 수도 있었다. 책은 도서관에 보존됐는데, 그중 가장 유명한 것이 기원전 3세기 그리스 교육의 중심지였던 이집트의 알렉산드리아 도서관이다. 그곳의 사서 중 하나인 에라토스테네스라는 수학자는 기원전 200년경에 지구의 둘레를 정확히 계산해 냈다.

오늘날 에라토스테네스에 대해 알 수 있는 것은 중세 시대에 로마 가톨릭 교회와 비잔틴 제국이 그리스 어와 라틴 어로 된 책을 보관한 덕분이다. 이슬람 학자들도 이 책들을 아랍 어로 번역해 보관했다.

책을 저렴하게 대량 생산할 수 있는 이동식 활자 인쇄기가 발명돼 읽고 쓰는 행위가 급격하게 늘었다. 유럽 최초의 인쇄본은 1455년에 요하네스 구텐베르크(Johannes Gutenberg)가 만든 성경이다. 이후 1500년까지 유럽에서는 연간 3만 5000여 종의 책이 1000만~2000만 권 인쇄됐다.

> 우리는 반드시 **선조들**에게 감사해야 한다. 그들은 질투심에 빠져 침묵하는 대신에 **모든 종류의 사상**을 **기록해서** 후대에 **남겼다**.
>
> **비트루비우스**, 로마의 건축가, 기원전 80~15년경, 『건축학』에서

▶ 사랑스러운 기억
문자가 발명되어 사람이 죽은 뒤 이름을 남길 수 있게 됐다. 예멘에서 발견된 이 묘비(기념비)에는 기원전 9세기부터 기원후 6세기까지 사용한 옛 아라비아 남부의 알파벳으로 비문이 적혀 있다.

중세의 책은 아름답게 장식됐다. 그 덕분에 라틴 어를 더 이상 쓰지 않는 후세까지 보존됐다.

▶ 아름다운 읽을거리
인쇄본이 나오기 전에는 오직 부유한 사람들만 책을 구할 수 있었다. 당시 책은 읽을거리일 뿐만 아니라 귀한 소장품이기도 해서, 아름답게 디자인됐다. 15세기에 손으로 쓴 이 기도서는 라틴 어로 쓰여 있었기 때문에 라틴 어를 아는 소수의 사람들만 읽을 수 있었다.

화려하게 장식된 첫 대문자는 내용을 구분하거나 중요한 내용을 강조하기 위해 사용했다.

그림은 독자들이 글을 읽고 내용을 이해하는 데 도움을 줬다.

대문자와 소문자는 8세기가 돼서야 등장했다.

글자를 손으로 먼저 쓴 다음에 페이지가 꾸며졌다.

그림 기호로 이뤄진 문자 체계인 **이집트 신성 문자**는 기원전 3300년경에 처음 사용되기 시작했다.

아프리카

기원전 3300년

기원전 3200년, **수메르 설형 문자(cuneiform, 쐐기 문자)**가 발명됐다. 설형 문자는 그림 기호로 구성된 문자 체계다.

서아시아

종이의 초기 형태인 **파피루스**는 기원전 3000년경에 이집트에서 발명됐다.

기원전 2600년에 **인더스 문명**은 오늘날에도 여전히 해독하지 못한 문자를 발명했다. 약 400개의 기호로 돼 있으며, 오른쪽에서 왼쪽으로 읽는다.

동아시아

현존하는 가장 오래된 중국 기록은 기원전 2500년의 것이다.

기원전 2350년에 **고대 메소포타미아의 아카드 인**은 설형 문자를 단순화해 기호 수를 약 600개로 줄였다.

기원전 2200년

유럽

크레타 섬의 미노스 인이 기원전 1900년에 '선형 문자 A(Linear A)'를 발명했다. 이 문자는 이집트와 교역하면서 만들어졌고, 주로 장부를 적는 데 사용됐다.

원시 시나이 알파벳(가나안 알파벳이라고도 한다.)은 기원전 1850~1650년에 가나안 땅 또는 시나이 반도에서 고안됐다.

기원전 1500년

미케네 인이 기원전 1450년 선형 문자 A를 채택해 초기 그리스어인 '선형 문자 B(Linear B)'를 만들었다.

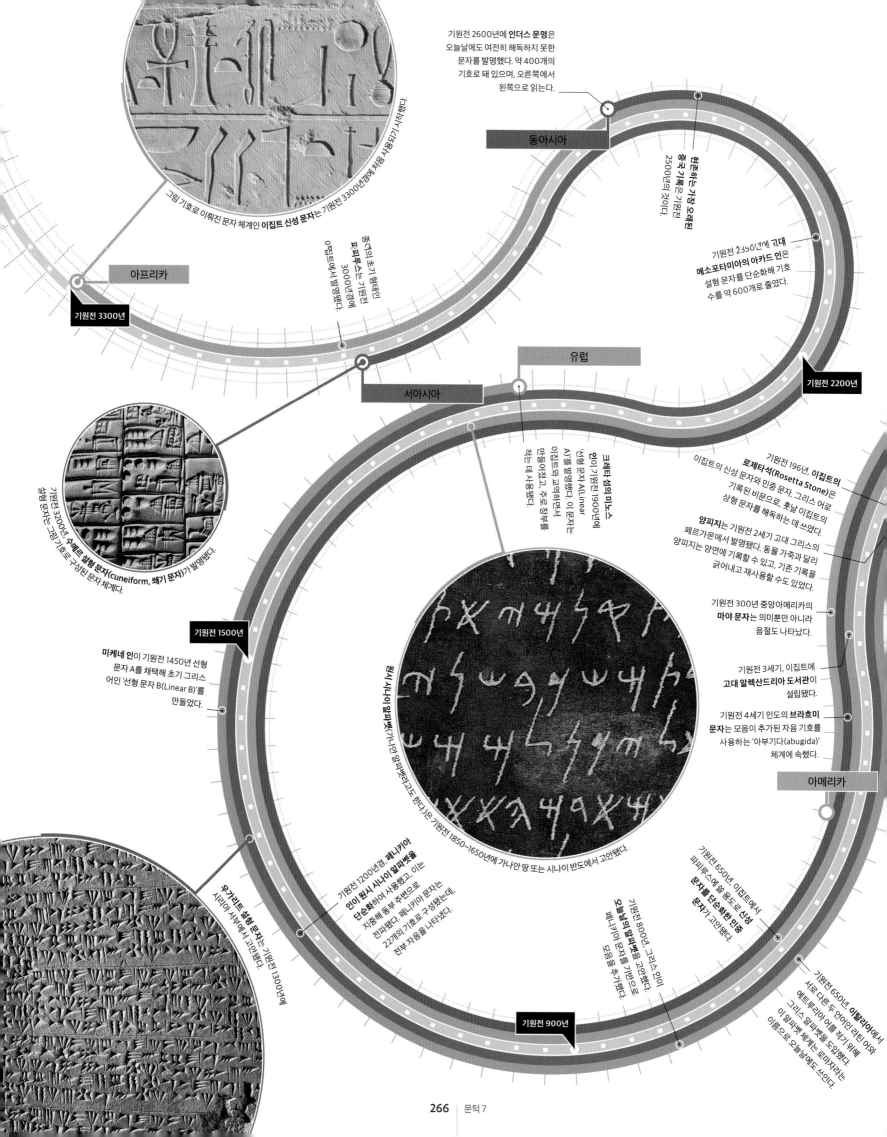

우가리트 설형 문자는 기원전 1300년에 시리아 서부에서 고안됐다.

기원전 1200년경, **페니키아 인이 원시 시나이 알파벳을 단순화**하여 사용했고, 이는 지중해 동부 주변으로 전파됐다. 페니키아 문자는 22개의 기호로 구성됐는데, 전부 자음을 나타냈다.

기원전 900년

기원전 800년, 그리스 인이 **오늘날의 알파벳**을 고안했다. 페니키아 문자를 기반으로 모음을 추가했다.

기원전 650년, 이집트에서 파피루스에 쓸 용도로 **신성 문자를 단순화한 민중 문자**가 고안됐다.

기원전 650년, **이탈리아**에서 서로 다른 두 언어인 라틴 어와 에트루리아 어를 적기 위해 그리스 알파벳을 도입했다. 이 알파벳 체계는 로마자라는 이름으로 오늘날에도 쓰인다.

아메리카

기원전 4세기 인도의 **브라흐미 문자**는 모음이 추가된 자음 기호를 사용하는 '아부기다(abugida)' 체계에 속했다.

기원전 3세기, 이집트에 **고대 알렉산드리아 도서관**이 설립됐다.

기원전 300년 중앙아메리카의 **마야 문자**는 의미뿐만 아니라 음절도 나타났다.

양피지는 기원전 2세기 고대 그리스의 페르가몬에서 발명됐다. 동물 가죽과 달리 양피지는 양면에 기록할 수 있고, 기존 기록을 긁어내고 재사용할 수도 있었다.

기원전 196년, **이집트의 로제타석(Rosetta Stone)**은 이집트의 신성 문자와 민중 문자, 그리스 어로 기록된 비문으로, 훗날 이집트의 상형 문자를 해독하는 데 쓰였다.

아일랜드에서는 4세기경에 돌로 그어 새긴 선으로 구성된 문자 체계인 **오검 문자**가 고안됐다.

1세기

1세기, 중국인들이 **목판**을 조각해 글자를 찍어 내는 기술을 발명했다.

로마 인들은 **코덱스(codex)**를 고안했다. 코덱스란 낱장을 묶은 최초의 책으로 두루마리보다 읽기가 편했다.

마지막으로 알려진 상형 문자 인각문은 394년에 이집트 성전에서 만든 것이다.

5세기경, **일본에서 중국 한자를 쓰기 시작했다.** 또한 두 가지 음절 문자(히라가나와 가타카나)를 개발해 총 세 종류의 문자 체계가 갖춰졌다.

글을 읽고 쓰는 활동은 5세기에 베네딕트회 수도원에서 장려되기 시작했다. 이 수도원들이 필사실을 구비하고 서로 책을 빌려주면서 집단 학습이 증가했다.

성 콜룸바(St. Columba)의 카타크(Catach)는 대문자가 사용된 최초의 문서로 610년에 만들어졌다. 각 기도문 시작 부분에는 커다란 대문자가 나오고, 그다음에는 작은 글자가 나온다. 이때부터 대문자와 소문자가 사용되기 시작했다.

잉글랜드와 아일랜드 수도원은 7세기부터 채색된 필사본을 만들기 시작했다. 정교한 장식과 그림이 특징이다.

8세기에 서유럽에서 **카롤링거 문자**가 등장했다. 이 문자 체계는 띄어쓰기를 처음 도입해서, 문자 기록 역사상 최초로 가장 명확하고 읽기 쉬운 문서를 만들었다.

이슬람의 황금 시대는 786년에 시작됐다. 하룬 알라시드(Harun al-Rachid) 왕의 궁에 모인 학자들이 고전 문학을 아랍 어로 번역했다.

1000년

연표로 보는 역사

문자 기록이 발달하다

최초의 문명이 경제 활동을 기록하기 위해 그림 문자를 사용하면서 문자 기록이 처음 등장했다. 수메르와 이집트의 상형 문자는 단어와 의미, 소리를 표현할 수 있었다.

문자는 기록에 사용되는 도구에 따라 다양한 모양으로 진화했다. 수메르 인은 부드러운 진흙에 뾰족한 막대기로 문자를 새겼기 때문에, 수메르의 설형 문자는 단순한 쐐기 모양이 됐다. 중국에서는 붓을 이용해 대나무 조각에 문자를 썼기 때문에, 중국 한자는 흐르는 듯한 모양이 됐다. 알파벳은 이집트 동부의 이웃 나라들이 30여 개의 상형 문자를 이용해 소리를 받아 적는 과정에서 개발됐다. 최초의 알파벳은 자음 기호로만 구성돼 있었는데, 훗날 그리스 인이 모음 기호를 추가했다.

문자는 연대를 추정하기가 어렵다. 잘 보존된 고대 문서로만 추정이 가능하기 때문이다. 예를 들어 수메르의 점토판은 수천 년 동안 보관됐지만, 대나무에 새긴 중국의 초기 문자는 이미 사라지고 없다.

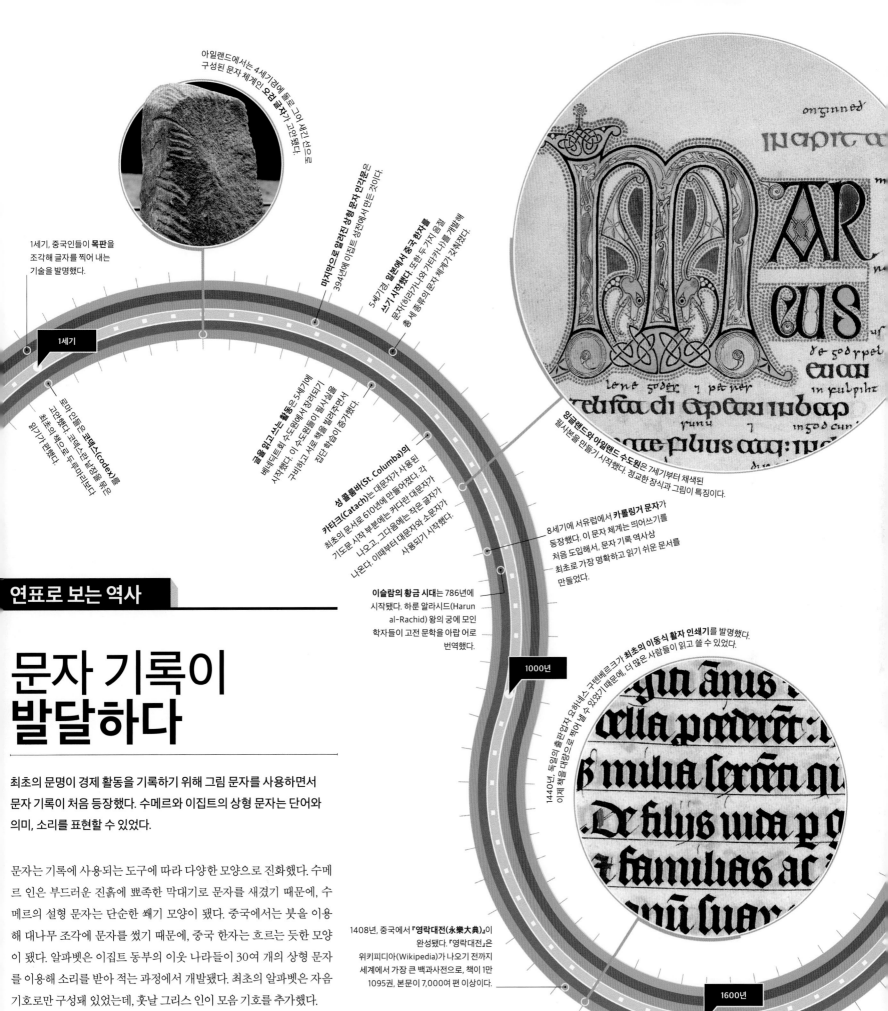

1440년, 독일의 출판업자 요하네스 구텐베르크가 **최초의 이동식 활자 인쇄기**를 발명했다. 이제 책을 대량으로 찍어 낼 수 있었기 때문에, 더 많은 사람들이 읽고 쓸 수 있었다.

1408년, 중국에서 **『영락대전(永樂大典)』**이 완성됐다. 『영락대전』은 위키피디아(Wikipedia)가 나오기 전까지 세계에서 가장 큰 백과사전으로, 책이 1만 1095권, 본문이 7,000여 편 이상이다.

1600년

▼ 관개 시스템
이 그림은 관개 시스템을 갖춘 메소포타미아 남부의 전형적인 농촌 마을을 보여 준다. 지금은 말라 버린 운하 같은 고고학적 증거와, 논밭에 물을 대는 방법 등을 적은 메소포타미아 문서를 참고해 그렸다.

수문
운하의 최고 수위
급수 조절기를 이용해 운하에서 논밭으로 공급되는 물의 양을 조절했다.
물 흐름을 제어할 수 있게 폭이 좁아지는 둑
급수 조절기
지붕과 바구니를 만들기 위해 갈대를 재배했다.
갈대 어선
메소포타미아의 강을 따라 상당량의 퇴적물이 운반됐다. 종종 강의 경로가 바뀌기도 했다.
야채와 샐러드용 작물을 재배하려면 많은 양의 신선한 물을 대야 했다.
가뭄이 들면 우물에서 물을 길어 올렸다.
사과, 올리브, 대추야자, 석류 같은 과일 나무를 운하에서 가장 가까운 밭에 심었다.
나무 그 작물 위 드리웠
제방은 홍수를 예방하고 퇴적물이 운하에 쌓이는 것을 막았다.
완두콩과 병아리콩은 토양에 질소를 고정하는 역할을 했다.
방아두레박
사람이 주로 다니는 작은 다리
비상시를 대비해 저수지에 물을 저장했다.
둑을 지어 운하 상류의 수위를 유지했다.
가축이 생산하는 식품은 두 번째 수입원이었다.
대추야자
논밭의 염화를 막으려고 격년으로 농사를 쉬었다.
소가 끄는 쟁기로 밭을 갈아 씨를 뿌릴 준비를 했다.
가축은 휴경 상태의 논밭을 기름지게 했다. 가뭄이 들면 농부들은 가축을 이용해 유목민으로 살아갈 수 있었다.
마을 안에 있는 돼지들은 사람이 먹다 남은 음식을 먹었다.
마을

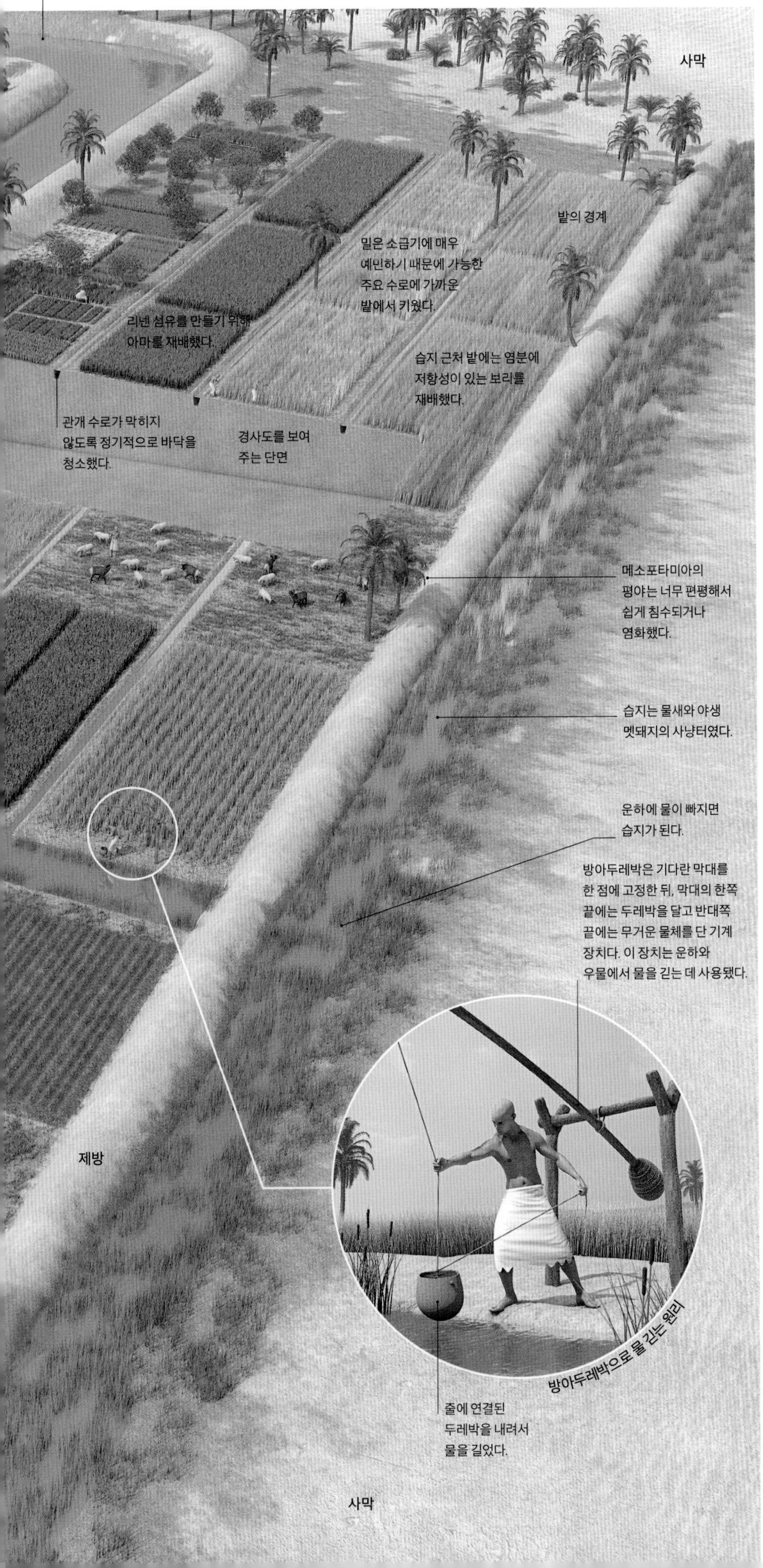

홍수를 막기 위해 운하 입구를 진흙으로 막기도 했다.
사막
밭의 경계
밀은 소금기에 매우 예민하기 때문에 가능한 주요 수로에 가까운 밭에서 키웠다.
리넨 섬유를 만들기 위해 아마를 재배했다.
습지 근처 밭에는 염분에 저항성이 있는 보리를 재배했다.
관개 수로가 막히지 않도록 정기적으로 바닥을 청소했다.
경사도를 보여 주는 단면
메소포타미아의 평야는 너무 편평해서 쉽게 침수되거나 염화했다.
습지는 물새와 야생 멧돼지의 사냥터였다.
운하에 물이 빠지면 습지가 된다.
방아두레박은 기다란 막대를 한 점에 고정한 뒤, 막대의 한쪽 끝에는 두레박을 달고 반대쪽 끝에는 무거운 물체를 단 기계 장치다. 이 장치는 운하와 우물에서 물을 긷는 데 사용됐다.
제방
방아두레박으로 물 긷는 원리
줄에 연결된 두레박을 내려서 물을 길었다.
사막

사막에 물을 대다

강에서 논밭으로 물을 끌어오고, 나중을 대비해 저수지에 물을 저장하면서 농부들은 물이 많이 필요한 농작물도 제한 없이 재배할 수 있었다. 심지어 관개 시설을 사용해 사막을 비옥한 땅으로 바꾸기도 했다.

관개 작업은 노동 집약적이었고 대규모의 사회 협력이 필요했다. 이집트, 메소포타미아, 인더스, 중국 등 인류 최초의 문명은 모두 대규모의 관개 시스템을 개발했다. 이집트와 메소포타미아는 강수량은 적지만 해마다 강들이 범람해 강변에 비옥한 진흙토가 쌓였다. 특히 메소포타미아에서는 농작물을 한창 자라는 시기에 강이 범람했기 때문에 강물 일부를 다른 길로 돌려 저장해 놓았다.

제방과 운하

물을 조절하고 보관하기 위해 사람들은 강 옆에 넓은 운하를 만들고, 그 흙으로 제방을 쌓아 경작지와 마을의 홍수 피해를 예방했다. 큰 운하로부터 저수지와 들판 쪽을 향해 뻗어나가는 작은 수로들이 만들어졌다. 둑과 급수 조절기는 운하와 수로에 흐르는 물을 조절했다.

관개 시스템의 한 가지 문제는 물이 증발해 남은 염분이 밭에 쌓이면서 토양이 황폐해진다는 점이었다. 메소포타미아 인은 토양이 다시 비옥해지도록 농사를 쉬거나 다른 작물보다 염분 저항성이 좋은 보리를 키우는 방법으로 이 문제에 대처했지만, 염분이 지나치게 많아진 토양은 결국 버려졌다.

관개 시설을 유지하려면 제방을 보수하고 수로의 퇴적물을 제거하는 등 많은 노동이 필요했다. 그럼에도 관개 시스템은 매우 생산적이어서, 기원전 4세기에 매우 번성한 농경 마을에서 최초의 도시 국가가 탄생했다.

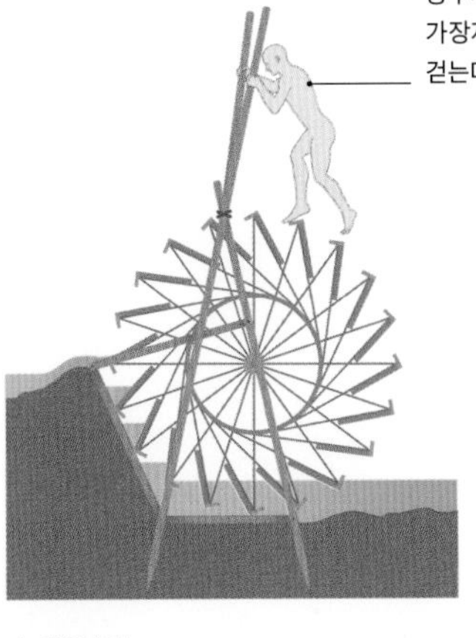

농부가 바퀴의 가장자리를 따라 걷는다.

▲ 외륜 수차
중국 농부들은 논밭에 물을 대기 위해 외륜 수차를 활용했다. 바퀴 위에 서서 발을 내디뎌 바퀴를 회전시키면, 바퀴 가장자리에 달린 노에 물이 길어졌다.

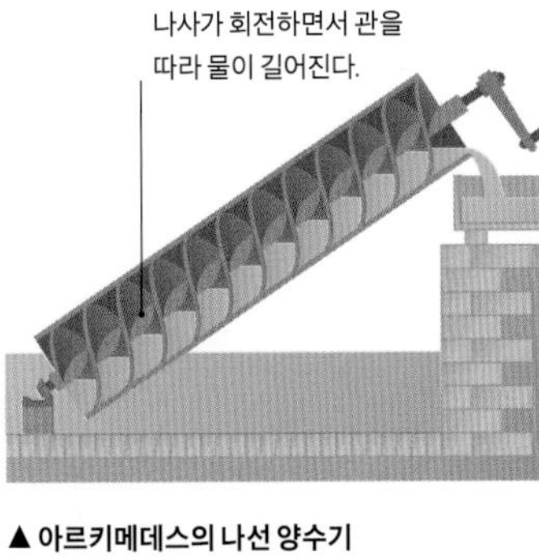

나사가 회전하면서 관을 따라 물이 길어진다.

▲ 아르키메데스의 나선 양수기
손으로 작동시키는 이 펌프는 기울어진 관 안에 회전하는 나선형 금속 날이 있다. 기원전 3세기에 그리스의 과학자 아르키메데스가 발명한 것으로 알려져 있다.

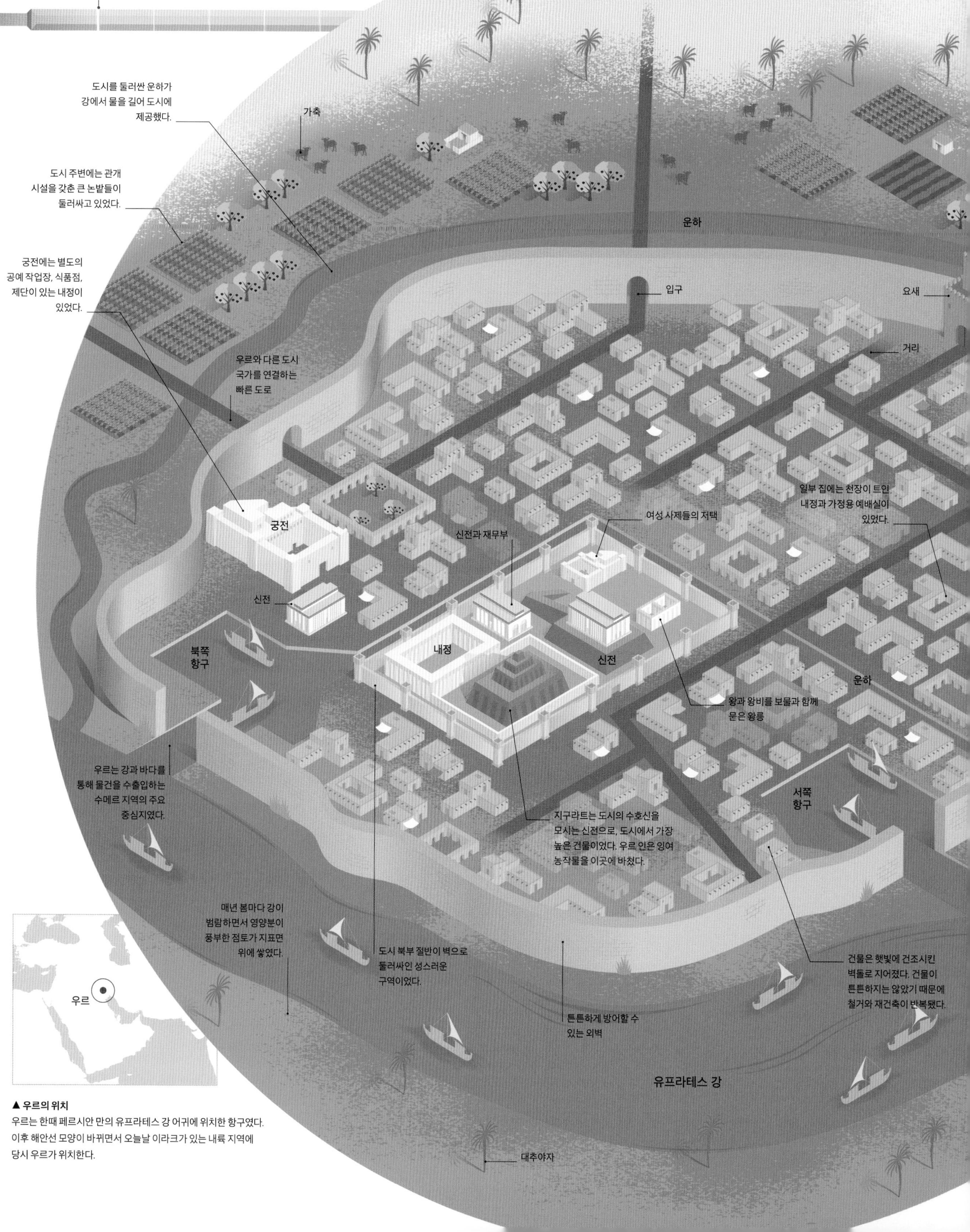
도시를 둘러싼 운하가
강에서 물을 길어 도시에
제공했다.
가축
도시 주변에는 관개
시설을 갖춘 큰 논밭들이
둘러싸고 있었다.
운하
궁전에는 별도의
공예 작업장, 식품점,
제단이 있는 내정이
있었다.
입구
요새
거리
우르와 다른 도시
국가를 연결하는
빠른 도로
일부 집에는 천장이 트인
내정과 가정용 예배실이
있었다.
궁전
여성 사제들의 저택
신전과 재무부
신전
북쪽
항구
내정
신전
운하
왕과 왕비를 보물과 함께
묻은 왕릉
우르는 강과 바다를
통해 물건을 수출입하는
수메르 지역의 주요
중심지였다.
서쪽
항구
지구라트는 도시의 수호신을
모시는 신전으로, 도시에서 가장
높은 건물이었다. 우르 인은 잉여
농작물을 이곳에 바쳤다.
매년 봄마다 강이
범람하면서 영양분이
풍부한 점토가 지표면
위에 쌓였다.
도시 북부 절반이 벽으로
둘러싸인 성스러운
구역이었다.
건물은 햇빛에 건조시킨
벽돌로 지어졌다. 건물이
튼튼하지는 않았기 때문에
철거와 재건축이 반복됐다.
튼튼하게 방어할 수
있는 외벽
유프라테스 강
대추야자
우르

▲ 우르의 위치
우르는 한때 페르시안 만의 유프라테스 강 어귀에 위치한 항구였다. 이후 해안선 모양이 바뀌면서 오늘날 이라크가 있는 내륙 지역에 당시 우르가 위치한다.

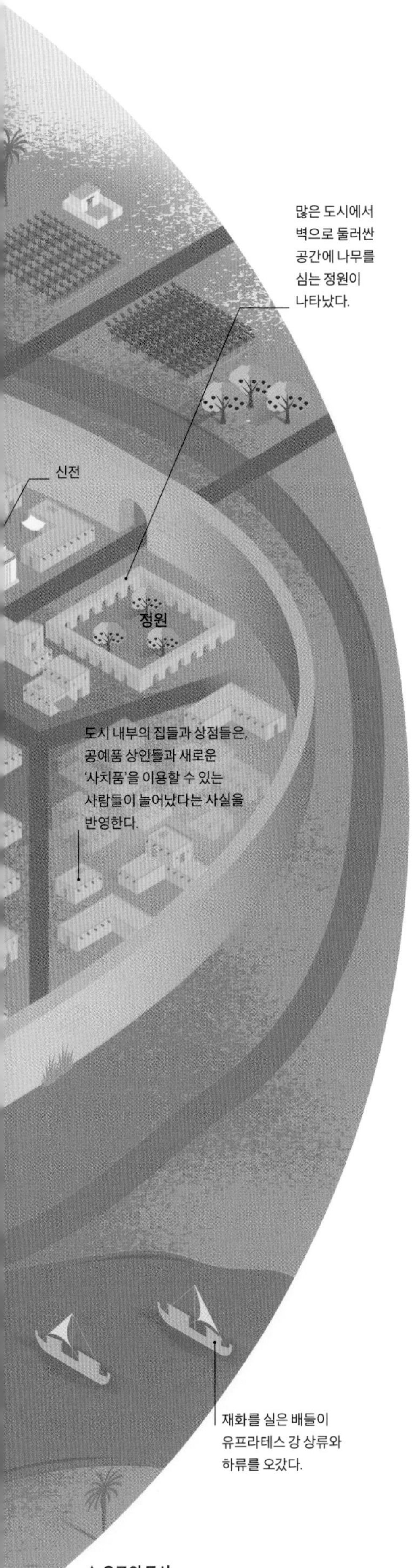
많은 도시에서
벽으로 둘러싼
공간에 나무를
심는 정원이
나타났다.
신전
정원
도시 내부의 집들과 상점들은,
공예품 상인들과 새로운
'사치품'을 이용할 수 있는
사람들이 늘어났다는 사실을
반영한다.
재화를 실은 배들이
유프라테스 강 상류와
하류를 오갔다.

▲ 우르의 도시
우르는 유프라테스 강의 동쪽 둑에 위치했다. 우르는 교역의 중심지로 궁전과 정원, 신전, 시장, 그리고 일반인이 거주하는 수많은 진흙 벽돌집이 있는 부유한 도시였다.

도시 국가가 출현하다

기원전 3500년경, 메소포타미아 남쪽 티그리스 강과 유프라테스 강 주변의 농촌 마을과 도시는 세계 최초의 도시 국가로 발전했다. 전 세계 일곱 군데에서 개별적으로 도시가 출현하면서, 인류 역사는 농경 시대로 접어들었다.

최초의 도시 국가는 자급자족하는 가족 중심의 평등한 초기 농경 마을이 규모가 커진 것 이상이었다. 도시 국가는 훨씬 복잡한 형태의 새로운 계급 사회였다. 도시가 출현하게 된 주요 요인 중 하나는 급격한 인구 증가였다. 집단 학습으로 기술 혁신이 촉진돼 생산성이 향상된 결과였다. 우루크는 메소포타미아 남부 또는 수메르 지역에 최초로 등장한 도시들 중 하나로, 사막으로 둘러싸여 있었기 때문에 관개 시설을 갖춘 정착촌으로 발전했다. 건조한 지역을 탈피해 이주해 오는 사람들이 늘어나면서, 이 도시들이 교역의 중심지가 됐다. 수메르 지역은 원자재가 부족했기 때문에 장거리 교역 네트워크를 발달시켰다. 수메르 지역의 도시들은 도기와 곡물을 아나톨리아의 주석과 구리, 이집트의 금과 교환했다.

기원전 3000년까지 수메르 지역에는 우루크, 우르, 라가시 등 12개의 도시들이 있었다. 각 도시에는 5만~8만 명의 사람들이 살았다. 도시의 복잡한 경제 구조는 새로운 사회 조직을 필요로 했다. 왕과 사제 같은 소수 지배 계층이 등장했고, 전문 직종이 나타났다. 그 결과 정치적, 사회적, 경제적 계층이 존재하는 국가가 탄생했다. 이 놀라운 발명의 시대에 우리가 문명의 요소라고 부르는 것들, 즉 왕권, 사회 계급, 기념비적 건축물, 세금 징수, 법전, 문학이 나타났다.

> 이것은 **우루크의 성벽**이다. 지구상 **어떤 도시**에서도 **이와 같은 것을 찾아볼 수 없다**. **성벽**이 햇빛을 받아 **구리처럼 반짝이는 것**을 보라.
>
> **『길가메시 서사시』**, 기원전 2000년경

◀ 도시의 중심
수메르 도시들의 통치 기구는 지구라트라는 신전이었다. 지구라트는 커다란 진흙 벽돌로 지어졌으며, 수 킬로미터 밖에서도 보일 정도로 컸다. 신전의 크기는 그 지역 토착신의 위상과 더불어 도시의 부와 힘을 상징했다. 우르에 있는 이 지구라트는 부분적으로 재건된 것이다.

농경이 환경을 파괴하다

사람들이 농사짓기 적합한 환경을 만들려고 자연 경관을 바꾸었더니 예상치 못한 결과가 잇따랐다. 숲의 나무를 모두 베어 버리자 토양이 침식됐고 숲에 서식하는 생물종들이 사라졌다. 또한 관개로 인해 토양에 염분이 축적되면서 결국 더 이상 작물을 키울 수 없는 땅이 됐다.

화분, 즉 꽃가루를 분석한 결과, 농업으로 인해 유라시아 전역에서 많은 숲이 사라졌다는 사실이 밝혀졌다. 당시 인류는 목재나 철재 가공용 목탄을 얻으려고 또는 경작지나 목초지를 만들려고 숲을 베어 냈다. 지중해 연안의 낙엽수림이 사라지고 남은 황폐한 토양에는 오직 올리브 나무만 자랐다. 중국에서는 뢰스 고원의 나무를 베어 버리는 바람에 광물이 함유된 토사가 황허 강으로 흘러들어 강물이 독특한 색을 띠었다.

삼림 벌채는 특히 건조한 지역에 심각한 결과를 초래했다. 200~400년에 페루 남부의 나스카인은 모든 우아랑고 나무를 베어 냈다. 우아랑고는 뿌리를 깊게 내려 토양의 비옥함과 수분을 유지시켜 준다. 화분 분석 결과에 따르면, 당시 사람들은 그 자리에 면화와 옥수수를 재배했다. 우아랑고 뿌리가 사라지면서 나스카의 들판은 거센 사막 바람과 계절 홍수에 침식되고 황폐해졌다. 이 땅은 더 이상 농사에 적절치 않았고, 대부분 사막으로 변했다. 관개 시설로 끌어온 물이 논밭에서 증발해 버리면서 표토에 염분이 축적되는 염화 현상 또한 나스카 문명의 종말을 앞당겼다. 토양에 축적된 염분은 식물의 성장을 저해했다. 500년에 이르면, 한때 생산적이었던 나스카 농경지는 잡초로 무성했다.

다른 남아메리카 문화도 상황은 비슷했다. 마야 인은 물과 땅을 지나치게 집약적으로 쓴 뒤 도시와 피라미드를 버리고 떠나야 했다.

이스터 섬

1200년경, 폴리네시아 인들이 도착했을 때 태평양의 라파누이(Rapa Nui, 이스터 섬)에는 야자나무 숲이 울창했다. 그러나 1650년경 화전식 농업으로 마지막 나무가 불타 사라졌다. 나무가 없으니 섬 주민들은 더 이상 생선을 낚을 배를 만들 수 없었다. 그들은 섬의 절반 이상에 돌들을 흩뿌려 사라진 나무들을 되살리려고 노력했다. 암석 덮기(lithic mulching)라고 부르는 이 방식은 수분 증발과 토양 침식을 줄이고 손실된 영양분을 회복하는 데 도움이 된다.

▶ 복구 기술
삼림 벌채로 17세기 중반 이스터 섬은 불모의 땅이 됐다. 이에 대응해 섬 주민들은 마나바이(manavai)라고 부르는 돌담 수천 개를 만들었다. 이 동그란 돌담은 토양의 수분을 보존하고, 풀을 뜯는 소들과 강한 바람으로부터 어린 식물을 보호했다.

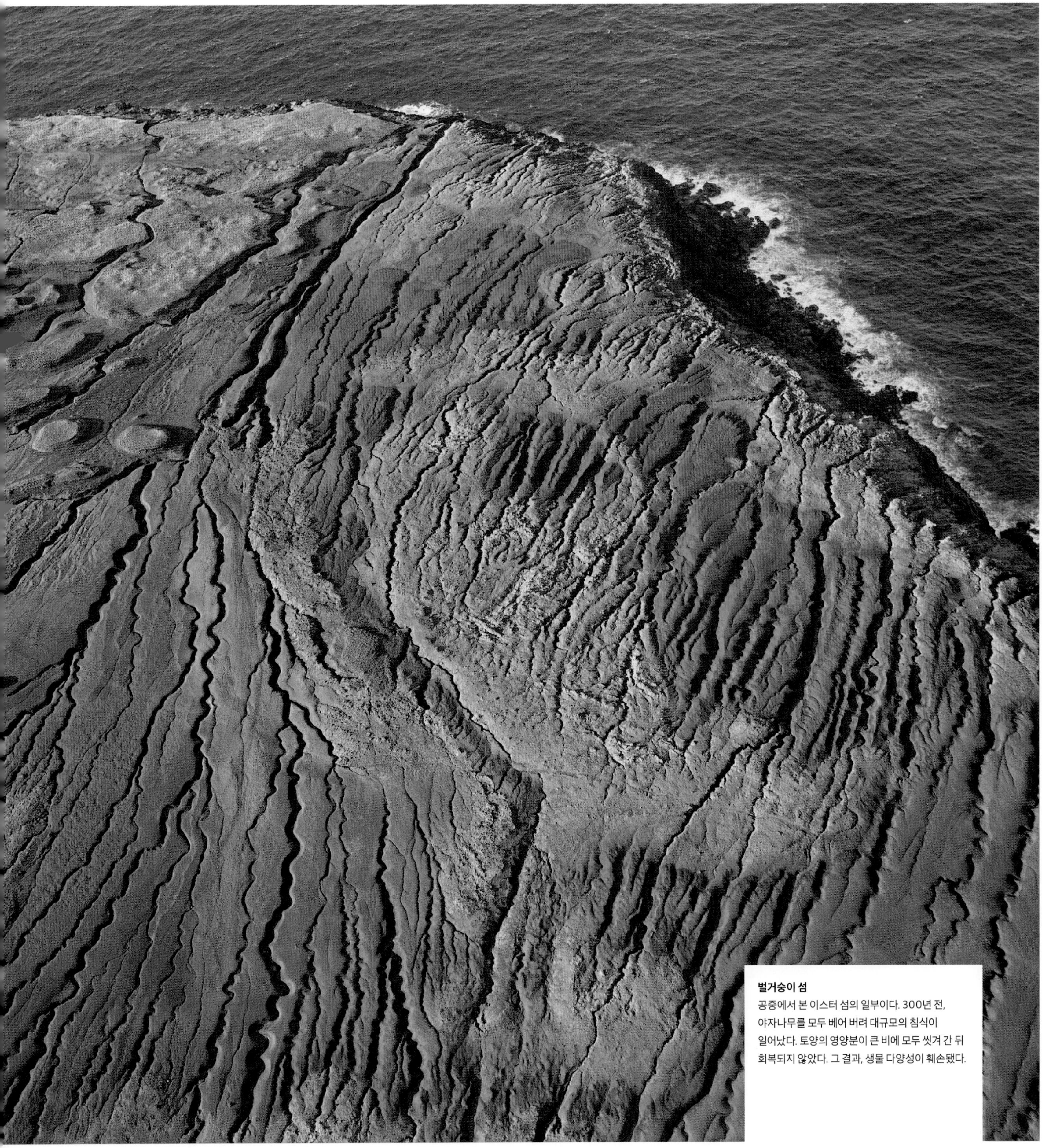

벌거숭이 섬
공중에서 본 이스터 섬의 일부이다. 300년 전, 야자나무를 모두 베어 버려 대규모의 침식이 일어났다. 토양의 영양분이 큰 비에 모두 씻겨 간 뒤 회복되지 않았다. 그 결과, 생물 다양성이 훼손됐다.

신앙 체계

인류는 오랫동안 초자연적인 존재를 숭배했지만, 시간이 흘러 삶의 방식이 변하면서 믿음에도 변화가 생겼다. 정령을 숭배했던 수렵 채집인은, 농부가 된 뒤 조상신이나 새로운 신들을 모셨다. 이후 사회가 커지고 더 복잡해지면서 보편적인 종교가 확립됐는데, 대부분은 유일신교였다.

최초의 종교는 애니미즘 또는 샤머니즘으로 알려져 있다. 오늘날의 수렵 채집인 사이에서 여전히 존재하는 애니미즘과 샤머니즘은 사람과 동물, 자연적인 힘 모두에 영혼이 있으며, 의식을 통해 이들과 접촉할 수 있다는 믿음에 기초한다. 악천후, 질병, 사냥 실패 등은 모두 혼령이 화가 났기 때문으로 설명된다. 샤먼이라는 전문 종교인은 무아지경 상태에서 혼령과 접촉해 그들을 달래는 의식을 거행한다.

수렵 채집 생활에서 정착 농경 사회로 전환되면서 조상 숭배가 나타났다. 죽은 사람의 영혼이 산 사람을 돌본다는 생각이었다. 많은 농경 사회에서 시체를 집 안에 보관하고 제물을 바치는 풍습이 생겼다. 최초의 종교적 구조물은 거대한 무덤과 거석 또는 통로 형태의 무덤이었는데 종종 언덕 꼭대기에 세워졌다. 눈에 띄는 이런 상징물은 경작지에 대한 지역 주민들의 권리를 뒷받침했다.

> 나는 **전 세계의 모든 위대한 종교**가 설파하는 **근본 진리**를 믿는다.
>
> **마하트마 간디**, 인도의 독립 운동가, 1869~1948년

농부들은 새로운 생명을 만들어 내는 지구 또는 대모신, 그리고 풍작을 좌지우지하는 태양을 숭배했다. 페루의 잉카 제국은 그들의 태양신을 인티(Inti)로, 대지의 여신을 '대지의 어머니'라는 뜻의 파차마마(Pachamama)로 불렀다. 오늘날까지 안데스 산맥의 농부들은 여전히 파종 전에 파차마마 의식을 수행한다.

또한 초자연적인 존재의 은혜를 입으려면 희생 제물을 바쳐야 한다는 믿음이 널리 퍼져 있었다. 청동기 시대의 유럽 인은 소중한 청동 검과 방패를, 영혼의 세계로 가는 통로로 여겨졌던 호수와 강에 던졌다. 제물이 귀할수록 효과는 더 크다고 믿어졌다. 청동기 및 철기 시대에 유럽과 메소포타미아의 많은 문화권에서는 수많은 사람이 제물로 희생됐다.

신들의 가계도

시간이 지나면서 자연적 힘과 추상적인 개념이 구체화됐고, 신들의 가족이 출현했다. 인도-유럽 어족은 기원전 4000년경부터 유라시아 서부의 유목민이었다. 그들이 숭배하는 하늘과 천둥의 신은, 인도에서 디아우스 피타(Dyaus Pita), 그리스에서 제우스(Zeus), 로마 제국에서 주피터(Jupiter)라고 불리며, 신들의 왕이자 우두머리로 받아들여졌다.

국가의 부상은 잘 조직된 종교, 지역 수호신을 섬기는 사원 및 제사장과 관련이 있었다. 국교를 통해 혈연관계가 아닌 수많은 사람들이 단결했고, 새로운 유대 관계가 형성됐다. 종교는 대중으로부터 소수 지배 계급으로 부를 이전할 사상적 틀이었기 때문에 통치자에게 유용했다. 농부들은 지역 신을 모시는 신전에 제물을 바쳤다.

사회 계급이 생긴 것과 마찬가지로, 신들도 서열에 따라 순위가 매겨졌다. 왕은 스스로 신과 특별한 관계라고 주장하며 통치를 정당화했고, 백성을 대변해 신에게 풍작을 청원했다.

다신교(polytheism)는 포괄적이고, 항상 새로운 신들에게 열려 있었다. 로마 인은 기도 드릴 신이 많을수록 제국이 안전해진다고 생각했기 때문에 죄책감 없이 다른 지역의 토착 신을 기리는 행사에 기꺼이 참여했다. 다신교 신들은 도덕과 거리가 멀었다. 고대 그리스의 문헌 중 가장 종교적인 호메로스의 『일리아드(*Iliad*)』에서, 신들은 인간만큼이나 나쁘게 행동했다.

사람들이 믿는 것에 대한 의문은 중요치 않았다. 일부 그리스 철학자들은 신이 존재하는지 의문을 제기하기도 했다. 기원전 580년경, 크세노파네스(Xenophanes)라는 철학자는 인간이 사기 사신의 모습을 한 신을 창조한다고 말했다. "에티오피아 인은 그들의 신이 콧대가 낮고 피부색이 어둡다고 말하는 반면, 트라키아 인은 그들의 신이 파란 눈에 붉은 머리카락을 가졌다고 말한다. 소와 말에게 손이 있고 그림을 그릴 수 있다면, 소는 소의 모습으로, 말은 말의 모습으로 각자의 신을 묘사할 것이다."

보편 종교

이후 중대한 변화가 일어났다. 도덕적 가르침, 정서적 만족감, 그리고 구원을 약속하는 보편 종교(universal religion, 세계 종교)가 부상했다. 그중 가장 중요한 것으로 인도의 조로아스터교, 인도의 불교, 중국의 유교, 지중해 국가들의 유대교와 그리스도교, 그리고 이슬람교가 있다. 이 종교들은 전부 남성이 창시했는데, 추종자들은 이 스승으로부터 신성한 영감을 받았다고 느꼈다.

보편 종교는 기원전 1000년, 거대 제국과 도시 생활이 생긴 뒤에 등장했다. 그런 종교는 복잡해지는 세계에서 의미를 찾는 인간의 물음에 대한 반응이었다. 종교사학자들은 오늘날의 종교와 철학 대부분이 거의 동시에 발생한 이 시기를 '축의 시대(Axial Age)'라고 부른다.

> 전 세계에 **가장 많이 팔린 책**은 **그리스도교의 성경**이다.

아메리카 대륙에는 축의 시대나 보편 종교가 없었다. 아마도 유라시아 대륙보다 도시가 훨씬 늦

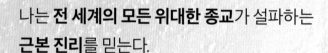

“신에 관해서 말하면, 나는 신이 존재하는지 아닌지 결코 알 수 없을 것이다.”

프로타고라스, 그리스의 철학자, 기원전 485~415년경, 『신에 관하여』에서

게 발달했고, 사상이 전파되는 장거리 교역 네트워크가 없었기 때문으로 추측된다.

유일신

가장 보편적인 종교들은 유일신교(monotheism, 일신교)였다. 유일신교에서는 인간의 행동을 통제하는 전능한 단일 신을 숭배했다. 도덕적 행동을 강조하는 종교는 국가의 정당성을 강조하는 데 유용했다. 통치자는 사회적 계급이 신성한 것이라고 주장했다. 고통 받는 사람들은 안락한 사후 세계를 생각하며 위로를 받았다. 이 때문에 사람들은 훗날의 더 큰 이익을 위해 자신의 삶을 기꺼이 희생했다. 스스로를 희생하려는 이 같은 개인의 의지를 통해 국가는 전쟁을 승리로 이끌 수 있었다.

보편 종교는 제국에서 더 번영했다. 그리스도교와 조로아스터교는 각각 로마 제국과 페르시아 제국의 국교였고, 유교는 중국의 통치 이념이었다. 새로운 종교는 유라시아 교역 네트워크를 통해 널리 확산됐다. 불교는 인도에서 시작돼 실크 로드(Silk Road, 비단길)를 따라 중국, 일본, 동남아시아 등으로 전파됐다. 지중해 중심지를 관장한 이슬람교는 더 멀리 전파됐다. 예언자 무함마드가 632년에 사망한 뒤 이슬람 군대는 광활한 영토를 정복해 스페인에서 인도에 이르는 제국을 건설했다. 선교사들과 상인들은 인도양 주변에 이슬람교를 전파했다.

강한 믿음

다신교와 달리 보편적인 유일신교는 믿음을 매우 중시했다. 문제는, 사람들이 믿어야 하는 것에 대해 각 종교가 다른 해석을 제시한다는 점이었다. 신앙 체계가 충돌하면서 국가와 문화권 사이에 긴장 관계가 생겼다. 그러다가 최초의 종교 전쟁이 일어났다.

주요 갈등은 이슬람교와 그리스도교 사이에서 발생했다. 종교 전쟁의 결과로 이슬람교를 믿는

2010년 기준 **이슬람교도**는 **16억 명**인데, 이는 **전 세계 인구의 4분의 1**에 해당한다.

오스만 제국이 그리스도교를 믿는 유럽을 중국으로 가는 실크 로드에서 배제시키면서, 유라시아 교역 네트워크가 쪼개졌다. 15세기에 크리스토퍼 콜럼버스(Christopher Columbus)를 비롯한 유럽의 탐험가들은 동방으로 향하는 새로운 해상 항로를 개척하려고 노력했고, 그 결과 탐험의 시대(Age of Exploration)가 열렸다.

이런 식으로 종교는 세계화를 촉발했다. 유럽의 그리스도교 국가들은 신의 이름으로 여행하고 교역하고 정복하면서 전 세계를 연결했다.

◀ **신의 얼굴**
힌두교의 신 중 가장 유명하고 인기 있는 가네샤(Ganesha)는 인간의 몸에 코끼리의 머리를 하고 있다. 이 신은 '장애를 걷어 내는 슬기를 가진 신'으로 알려져 있으며 지혜와 배움을 관장한다.

죽음의 제왕
시판 왕(The Lord of Sipán)의 무덤을 재현했다. 부유한 옷을 입은 시판 왕의 시체가 중앙에 있고 그 주변을 네 명의 사람이 에워싸고 있다. 이 남성 수행원들은 발이 잘려 있었는데, 아마도 무덤을 지켜야 하는 그들의 임무를 저버리지 못하게 하기 위해서였을 것이다.

무덤 속 유물

오랫동안 사람들은 죽은 뒤에 사후 세계가 있다고 믿었다. 죽은 사람과 함께 죽음 이후의 삶에 유용할 물건들을 함께 매장하는 풍습이 3만 년도 더 전에 시작됐다. 농업이 시작되고 문명이 부상하면서 무덤 속 유물은 크게 증가했다.

무덤에서 발굴한 유물을 통해 우리는 무덤 주인의 당시 사회적 계급을 추정할 수 있다. 단순한 냄비나 고기 조각이 발굴된 농부들의 무덤에서는 사회적 계급의 흔적을 찾을 수 없다. 그러나 청동기 시대(기원전 3000년경)에 등장한 족장의 봉묘(封墓)에서는 수많은 보물이 발견됐다.

부장품들은 당시 중요하거나 가치 있는 물건들이기 때문에 과거의 생활 양식이나 신념에 대해 많은 것을 알려 준다. 특히 사회적 지위가 높은 이들의 무덤에서 발견된 부장품 중에는 기술 발달의 증거가 포함돼 있다. 예를 들어 철기 시대 영국과 중국의 전차, 앵글로색슨 족과 바이킹 족의 선박 등이 있다. 또 장거리 교역의 증거도 무덤에서 나온다. 잉글랜드의 서턴 후 유적지에서 발견된 배 무덤에서 앵글로색슨 족의 7세기 왕의 유골과 함께 동로마 제국의 콘스탄티노플(오늘날 튀르키예의 이스탄불)에서 들여온 은제 그릇 및 숟가락이 나왔다.

부장품이 없는 무덤도 중요하다. 사후 세계에 대한 관점이 변했다는 증거이기 때문이다. 이 같은 변화는 로마 시대 후기의 묘지에서 가장 뚜렷이 나타난다. 당시 이교도들의 무덤에서는 부장품이 함께 발굴되는 반면 그리스도인들의 무덤에서는 아무런 부장품이 발굴되지 않는다. 이들은 그저 발만 예루살렘이 있는 동쪽을 가리키도록 묻혔다.

왕들의 무덤

가장 정교한 유물은 페루 북쪽 연안에 있는 모체 문명의 시판 왕 무덤에서 출토됐다. 그는 300년경, 금과 은, 깃털 등으로 만든 귀중품 451개와 함께 묻혔다. 또한 세 여성과 두 남성, 한 명의 아이, 라마 두 마리, 개 한 마리도 함께 묻혔다. 아마도 사후 세계에서 왕을 보필할 제물로 희생됐을 것이다.

인신 공양은 초기 중국과 이집트, 메소포타미아 왕릉에서도 발견된다. 이와 같은 관행은 나중에 인형으로 대체됐다. 이집트에서는 나무 인형을 무덤에 넣었다. 수많은 사람을 죽인 중국의 진시황(기원전 259~210년) 무덤에는 분노한 혼령들을 쫓기 위해 군인 토용 수천 점이 함께 묻혔다.

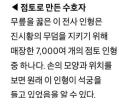

◀ **점토로 만든 수호자**
무릎을 꿇은 이 전사 인형은 진시황의 무덤을 지키기 위해 매장한 7,000여 개의 점토 인형 중 하나다. 손의 모양과 위치를 보면 원래 이 인형이 석궁을 들고 있었음을 알 수 있다.

> **왕의 친족들은 왕 옆에 묻혔다**. 그들은 모두 교살됐다. **말**도 함께 묻혔다. **금으로 된 컵**과 **다른 보물**도 함께 묻혔다.

헤로도토스, 그리스의 역사가, 기원전 484~425년경, 스키타이 왕의 장례식을 기술하며

의복이 지위를 나타내다

구름 문양은 천계를 나타내며,
비, 행운, 재물을 의미한다.

직물 생산은 초기 농경 시대로 거슬러 올라간다. 당시 바구니를 짜던 기술이 식물 섬유나 동물 털에 처음 적용되면서 방직이 시작됐다. 이후 직물 생산이 발달하면서 옷감은 상품으로 거래됐고, 의복은 사회적 계급을 보여 주는 새로운 방법이 됐다.

직물은 다양한 재료로 세계 곳곳에서 만들어졌다. 가장 오래된 직물은 기원전 7000년경, 서남아시아의 아마와 인도의 목화로 만든 리넨이었다. 그 후에는 유라시아에서 키운 양과 남아메리카에서 키운 알파카, 라마 등에서 얻은 털 직물이 나타났다. 중앙아메리카의 주요 원단은 면과, 용설란으로 만든 아야테(ayaté)였다.

옷감 짜기

방직 기술은 직기와 함께 발달했다. 직기를 이용하면 날실(세로 방향)을 팽팽하게 연결한 뒤 날실 사이사이를 씨실(가로 방향)로 통과시켜 직물을 짤 수 있다. 아메리카 대륙에서는 사람의 등에 직기를 바짝 붙여 놓고 직물을 짰다. 유라시아에서는 서 있게 만든 나무틀에 날실을 묶고, 날실 끝에 무거운 물건을 매달아 팽팽하게 했다.

직물에 색을 입히는 데는 식물, 광물, 곤충, 갑각류 등이 사용됐다. 특히 동부 지중해의 뿔소라(*Murex*)에서 나오는 보라색 염료는 매우 높은 가격에 거래됐다. 이를 만들어 거래하는 사람들을 페니키아 인이라고 불렀는데, 그리스 어로 '보라색 사람'이라는 뜻이었다.

지위와 비단

의복은 지위를 나타내는 중요한 방법이 됐다. 이집트와 메소포타미아에서는 양모보다 가볍고 부드러운 리넨이 부유하고 높은 지위를 나타내는 섬유로 통했다. 많은 사회에서 의복에 대한 법이 제정됐다. 잉글랜드의 튜더 왕조에서는 왕족만 금이 들어간 옷을 입을 수 있었다. 중국에서도 오직 황제와 그 친척들만 밝은 황색 옷을 입을 수 있었다.

비단은 광택이 아름답고 부드러우며, 여름에는 시원하고 겨울에는 따뜻해서 가장 인기가 좋았다. 비단은 기원전 4000년, 중국에서 세계에서 유일하게 완전히 길들여진 곤충인 누에나방(*Bombyx mori*)의 고치로부터 만들어졌다. 선택적으로 번식된 누에나방은 날 수 없게 됐고, 유충은 다리가 짧아져 보관된 쟁반에서 기어 나가지도 못했다.

> **남자들** 역시 가벼운 무게 때문에 비단을 선호했다.
> 그들은 **여름**에 **비단 옷**을 입는 것을 부끄러워하지 않았다.
>
> **대(大)플리니우스**, 로마의 철학자, 23~79년경, 『자연사』에서

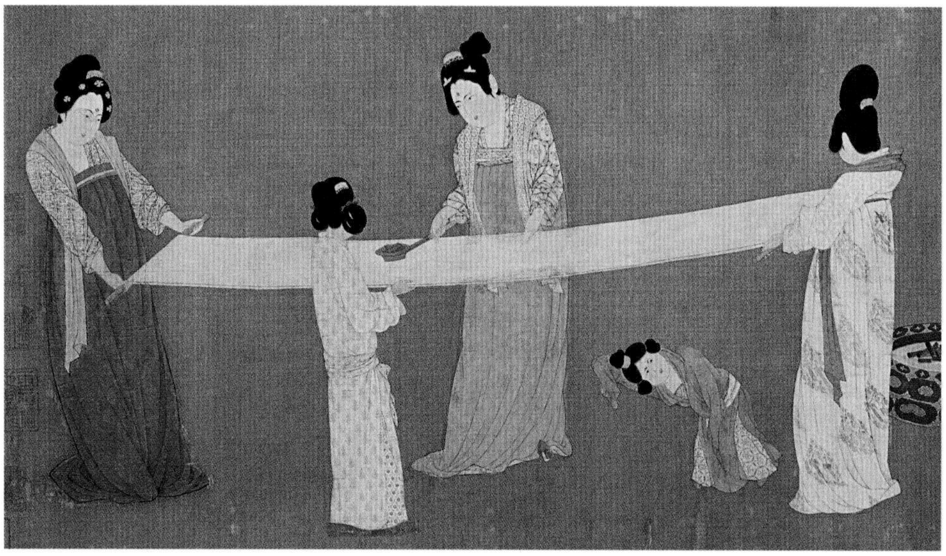

◀ 중국의 비단
12세기 초, 중국의 여인들이 비단을 다리는 모습을 그린 그림이다. 비단은 매우 가치가 높아서 아시아에서 유럽까지 비단을 거래하기 위한 육로가 생겼는데, 이를 실크로드라고 불렀다. 중국은 누에나방이나 고치의 유출을 통제하여 6세기까지 비단을 독점 생산했다. 이 그림은 비단 위에 그려졌다.

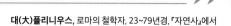

붉은색과 파란색은
행운의 색이다.

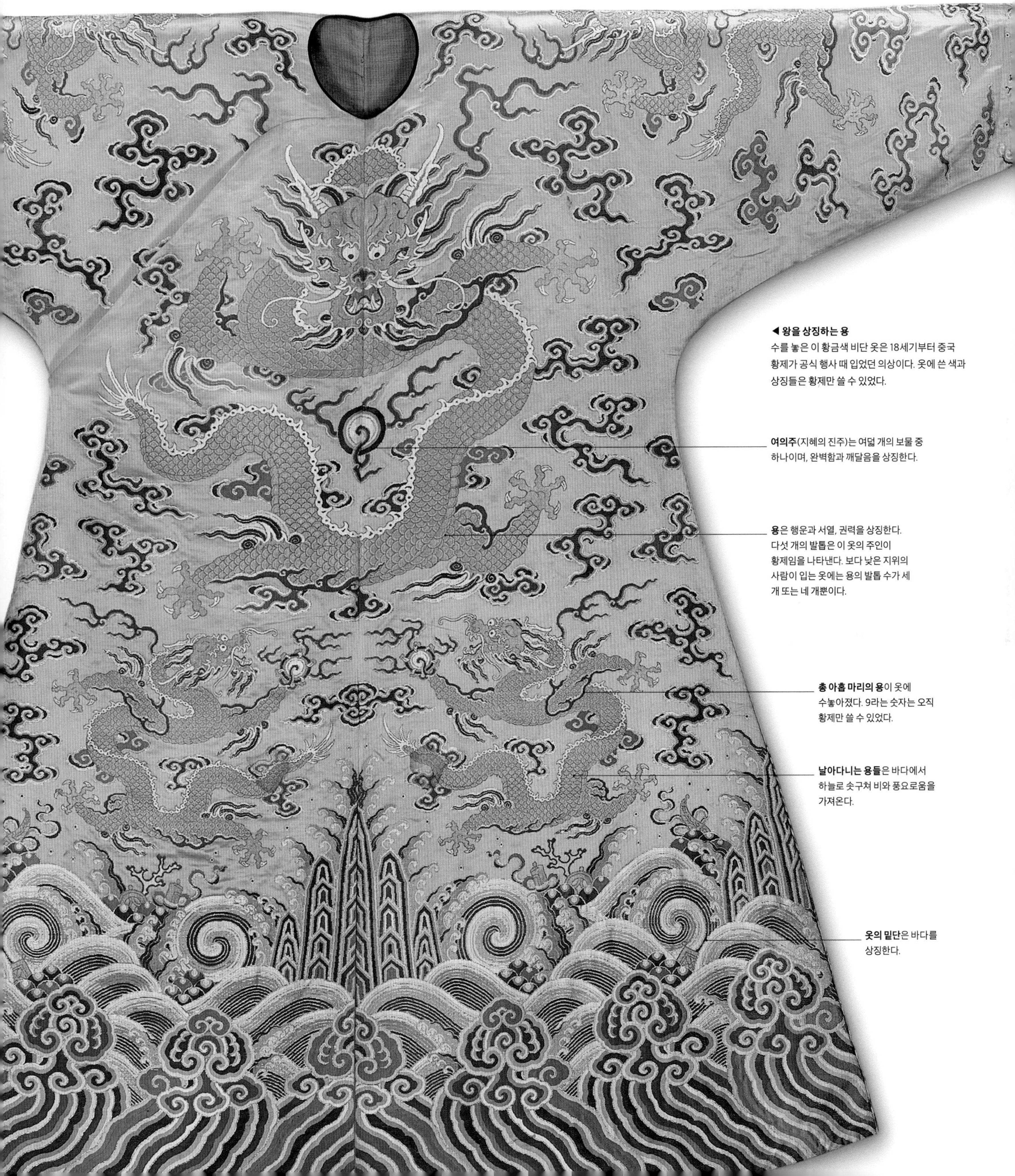

◀ 왕을 상징하는 용
수를 놓은 이 황금색 비단 옷은 18세기부터 중국 황제가 공식 행사 때 입었던 의상이다. 옷에 쓴 색과 상징들은 황제만 쓸 수 있었다.

여의주(지혜의 진주)는 여덟 개의 보물 중 하나이며, 완벽함과 깨달음을 상징한다.

용은 행운과 서열, 권력을 상징한다. 다섯 개의 발톱은 이 옷의 주인이 황제임을 나타낸다. 보다 낮은 지위의 사람이 입는 옷에는 용의 발톱 수가 세 개 또는 네 개뿐이다.

총 아홉 마리의 용이 옷에 수놓아졌다. 9라는 숫자는 오직 황제만 쓸 수 있었다.

날아다니는 용들은 바다에서 하늘로 솟구쳐 비와 풍요로움을 가져온다.

옷의 밑단은 바다를 상징한다.

연표로 보는 역사

금속을 이용하다

야금 기술은 역사상 가장 중요한 진보 중 하나였다. 금속 도구는 거푸집에 녹인 금속을 부어 만들 수 있었는데, 망치질로 그 모양을 바꾸는 것도 가능했다. 금속 도구는 둔해지면 벼려 다시 날카롭게 만들 수도 있었다.

유라시아 대륙에서 야금 기술이 단계적으로 발달했다. 가장 먼저 쓴 금속은 구리였다. 구리는 무른 금속이라 정기적으로 다시 벼려야 했다. 나중에 사람들은 구리에 약간의 주석을 첨가해 청동을 만들었다. 구리보다 단단한 청동은 칼, 창, 방패를 만드는 데 쓰였다. 구리와 주석은 모두 귀했기 때문에 청동은 주로 소수의 지배 계급이 사용했다.

철을 녹이려면 엄청난 고온이 필요했기 때문에 철은 가장 마지막 단계였다. 일반인들이 사용하는 단순한 공구나 못에서부터 상류층을 위한 복잡한 무기에 이르기까지, 철의 사용은 아프로-유라시아 대륙의 삶을 변화시켰다.

1 최초의 금속

최초의 금속 가공은 중동의 비옥한 초승달 지대에서 기원전 7000년에 시작됐다. 당시 농경 생활을 영위하던 인류는 우연히 발견한 금이나 구리, 납덩어리를 이용해 장신구를 만들었다. 이런 금속들은 부드러워서 가공할 때 가열할 필요가 없었지만, 망치질을 너무 많이 하면 쉽게 부서졌다.

순수 금속

기원전 7000년

기원전 6000년

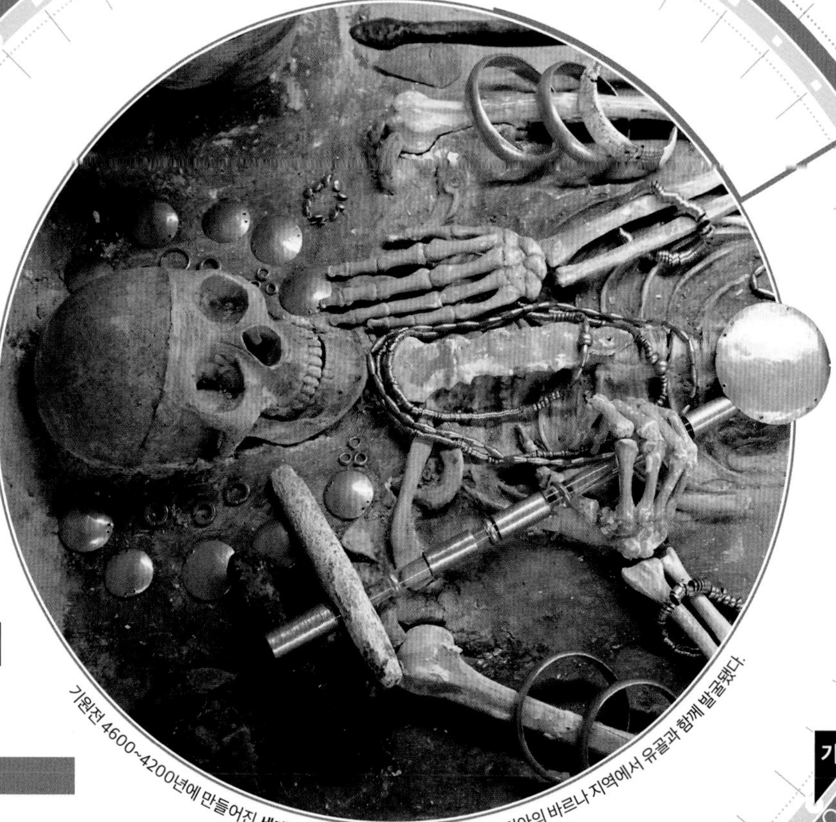

기원전 4600~4200년에 만들어진 **세계에서 가장 오래된 금 장신구**가 불가리아의 바르나 지역에서 유골과 함께 발굴됐다.

기원전 5000년

구리는 불로 가열해 광석에서 추출한 최초의 금속으로, 기원전 5000년경에 서유럽과 동아시아에서 사용됐다. 구리는 거푸집에 부어 굳힌 뒤 도구로 만들어졌다.

기원전 5000년부터 아르메니아의 메차모르에 있는 **금속 주조소**가 금, 구리, 납, 아연, 주석, 철을 제련했다.

투탕카멘의 데스마스크는 광석으로부터 금을 정제하는 기술을 이용해 만들어졌다. 금 정제법은 기원전 1327년경에 이집트에서 나타났다.

주석이 함유된 청동(tin bronze)은 기원전 4500년경에 세르비아의 플로치니크에서 제작됐다. 이 지역의 빈차 문명이 쇠락하면서 이들의 금속 가공 지식도 대가 끊겼다.

기원전 4000년

기원전 4000년경 구리를 제련할 때, 이 15세기 그림에 묘사된 **튀이르 파이프(tuyere pipe)**를 이용해 도가니의 온도를 높였다.

기원전 3700년, 오늘날 이스라엘에서 사용하는 로스트 왁스 공법(lost-wax casting, 왁스로 모형을 만들어 이것을 내화재에 매몰한 뒤, 왁스를 녹여 주형을 만드는 작업 — 옮긴이)을 사용해 **구리를 주조**했다.

청동은 기원전 3500년에 서아시아의 수메르 인이 만들었다. 수메르 인은 이 지역에서 나는 금과 은도 채굴해 사용했다.

청동

2 청동의 등장

청동은 구리와 다른 금속(주석 등)과의 혼합물이다. 구리와 주석은 대개 함께 있지 않으므로 청동은 교역의 증거다. 고고학자들은 기원전 3500년경에 청동기 시대가 열렸다고 본다. 그러나 세르비아에서 그보다 1,000년 더 일찍 청동이 만들어졌다는 증거가 있다.

기원전 3100년경, **청동 주물**로 무기를 만들었지만 너무 비싸서 지배 계급만 쓸 수 있었다.

기원전 3000~2100년에 사용된 **청동은 두 종류**였다. 주물용 '일반 청동(classical bronze)'과 얇은 금속 가공품 및 갑옷을 만들기 위한 '연한 청동(mild bronze)'이 있었다.

기원전 3000년

청동으로 만든 창날

기원전 1000년

철

철로의 전환

철기 시대의 시작 연대는 다양한데, 특히 인도에서 발견되는 철제 물건과 튀르키예의 아나톨리아에서 제조된 철기의 연대는 기원전 1800년까지 올라간다. 철은 풍부하지만, 녹이려면 엄청난 고온이 필요하다. 주석 교역에 혼란이 일어나면서 값싼 철이 사용됐다.

기원전 1500년경에 중국 상나라에서 장식이 있는 **청동 물건**을 만들었다.

중국 상나라의 가면
(청동으로 만든 동물 가면)

제철 기술이 기원전 880년에 서유럽으로 전파됐다. 유럽에서 철기 시대가 시작되면서 전쟁 빈도가 증가했다. 언덕 요새와 방어용 건물이 건설됐다.

철과 탄소의 합금인 인도의 **우츠(Wootz) 강철**은 기원전 550년경에 발명돼 서양으로 수출됐다.

철을 만들기 위한 **용광로**는 기원전 500년에 중국에서 발명됐다. 유럽이 이 기술을 적용하기까지는 수 세기가 걸렸다.

로마 제국의 **납 제련**(기원전 388년~기원후 36년)으로 일찍부터 환경이 오염되기 시작됐다.

다마스쿠스 강철 검은 기원전 330년경에 동부 지중해 금속 공예가들이 인도의 우츠 강철을 수입해 만들었다. 그 제작법에 대해서는 현재 알려진 바가 없다.

기원전 330년, 페루 차빈 문명의 금속 공예가들은 로스트 왁스 공법과 함께 **납땜**을 발명했다. 이들은 예술품에 사용되는, 금과 구리의 합금인 툼바가(tumbaga)도 발명했다.

툼바가로 만든
가슴 장신구

100년

100년경, 탄자니아 하야(Haya) 족 사람들이 **탄소강**을 발명했다. 중유럽에서 탄소강을 생산하기까지는 수 세기가 더 걸렸다.

기원전 1200~1100년, **제철 기술**이 서아시아와 지중해 전역에 전파됐다. 대장간의 대장장이들을 묘사한 이 그림은 훗날 기원전 6세기 그리스 도자기에 그려진 것이다.

700~800년, **유럽의 검 제작자**들은 단단한 철검을 만들기 위해 탄소를 첨가한 철을 여러 겹으로 쌓아 용접하거나 얇은 철 조각을 두드린 뒤 용접했다.

유럽의 철검

페루의 티티카카 호수 근처 무덤에서 기원전 2000년경에 제작된 **금 목걸이**가 발굴됐다. 자연적으로 발견되는 광석 덩어리에서 금을 추출해, 열을 가하지 않은 채 망치질하여 만든 것이었다.

덤불 속 숫양

기원전 3000~2500년, 튀르키예의 아나톨리아에서 **은**을 채굴하고 제련했다.

기원전 2550년경, 이라크의 우르에서 '덤불 속 숫양'이라는 작은 조각을 만드는 데 **금과 은**이 사용됐다.

지중해 국가들은 처음에는 비소를 이용해 청동을 만들었지만, 중독 문제로 인해 좀 더 비싼 주석으로 바꿨다.

기원전 2700년에 만들어진 **청동 칼**이 중국의 동상 현에서 발견됐다. 중국에서 가장 오래된 청동 유물이다.

1600년대 **영국의 철 주물 공장**들은 숯 대신 값싼 목탄을 코크스(cokes)로 변환해 사용했다.

19세기에 발명된, 강철을 만드는 **베서머(Bessemer) 제강법**은 1200년 동아시아에 뿌리를 두고 있다.

1000년

1200년 중국에서 무쇠 대포를 포함한 **화약 무기**가 발명됐다.

무쇠(주철)는 1400년대에 유럽에서 개발됐다. 무쇠는 강하면서도 관 모양으로 주조할 수 있어서 포를 만드는 데 사용됐다.

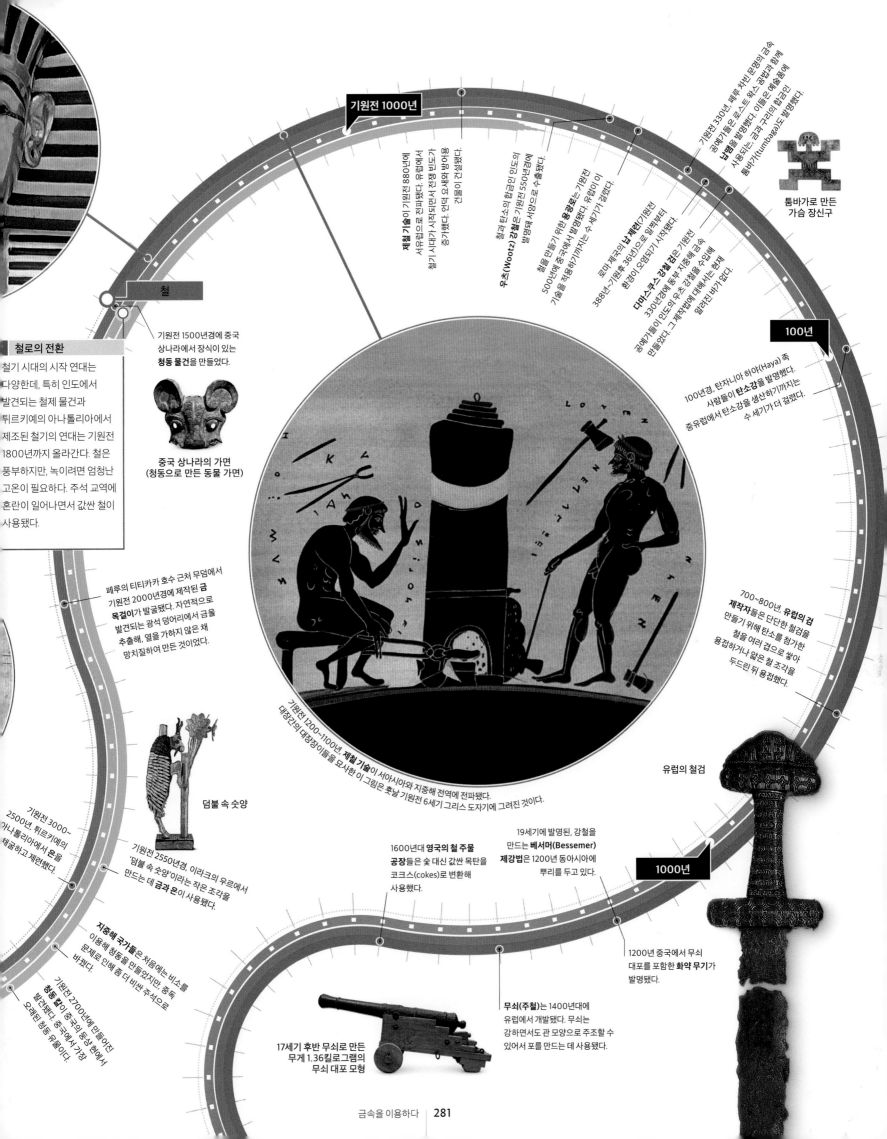

17세기 후반 무쇠로 만든
무게 1.36킬로그램의
무쇠 대포 모형

건강 문제

외치는 힘든 육체 노동으로 인한 관절염으로 고생했다. 오염된 물을 마신 탓에 복통과 설사를 유발하는 장내 기생충에 감염돼 있었다. 라임병(Lyme disease)도 앓았을지 모른다. 라임병은 진드기에 물려서 생기는 세균 감염이다. 보존된 손톱이 자란 흔적을 보면 인생 말기에 세 차례 중병을 앓았음을 보여 준다.

편한 신발

신발의 바깥 덮개는 사슴 가죽으로 만들었다. 안쪽에는 풀로 짠 그물이 보온 기능을 위해 넣은 건초를 제 위치에 잡아 줬다. 이 둘을 가죽 끈을 이용해 곰 가죽으로 된 밑창에 고정했다. 신발은 따뜻하고 편했지만, 방수는 되지 않았다.

가죽 끈

안쪽 신발

염소 가죽으로 만든 가리개를 허리띠로 고정했다.

▶ **박물관의 복원 작업**을 거쳐 외치의 생김새가 밝혀졌다. 외치는 키가 작았고, 여위었지만 강단 있는 신체를 갖고 있었다. 갈비뼈는 열두 쌍이었고 사랑니는 없었다.

외치 복원 모형

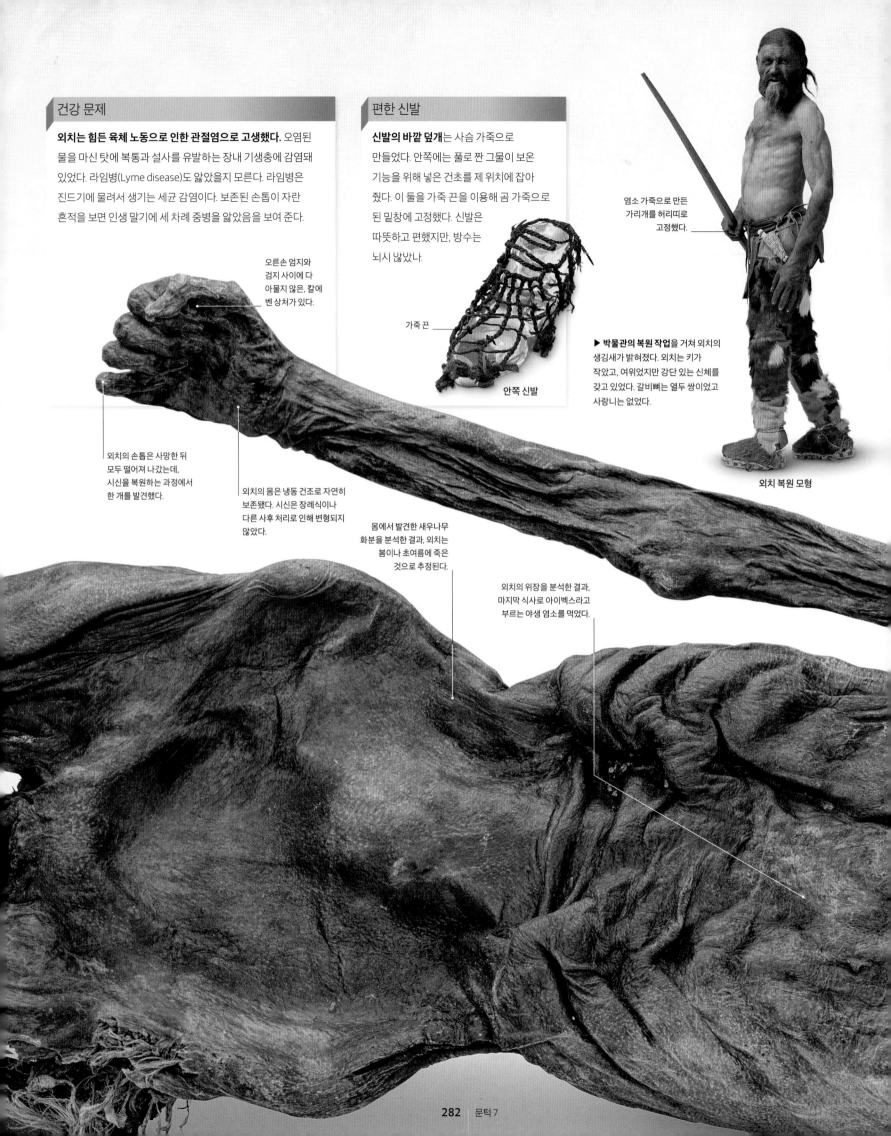

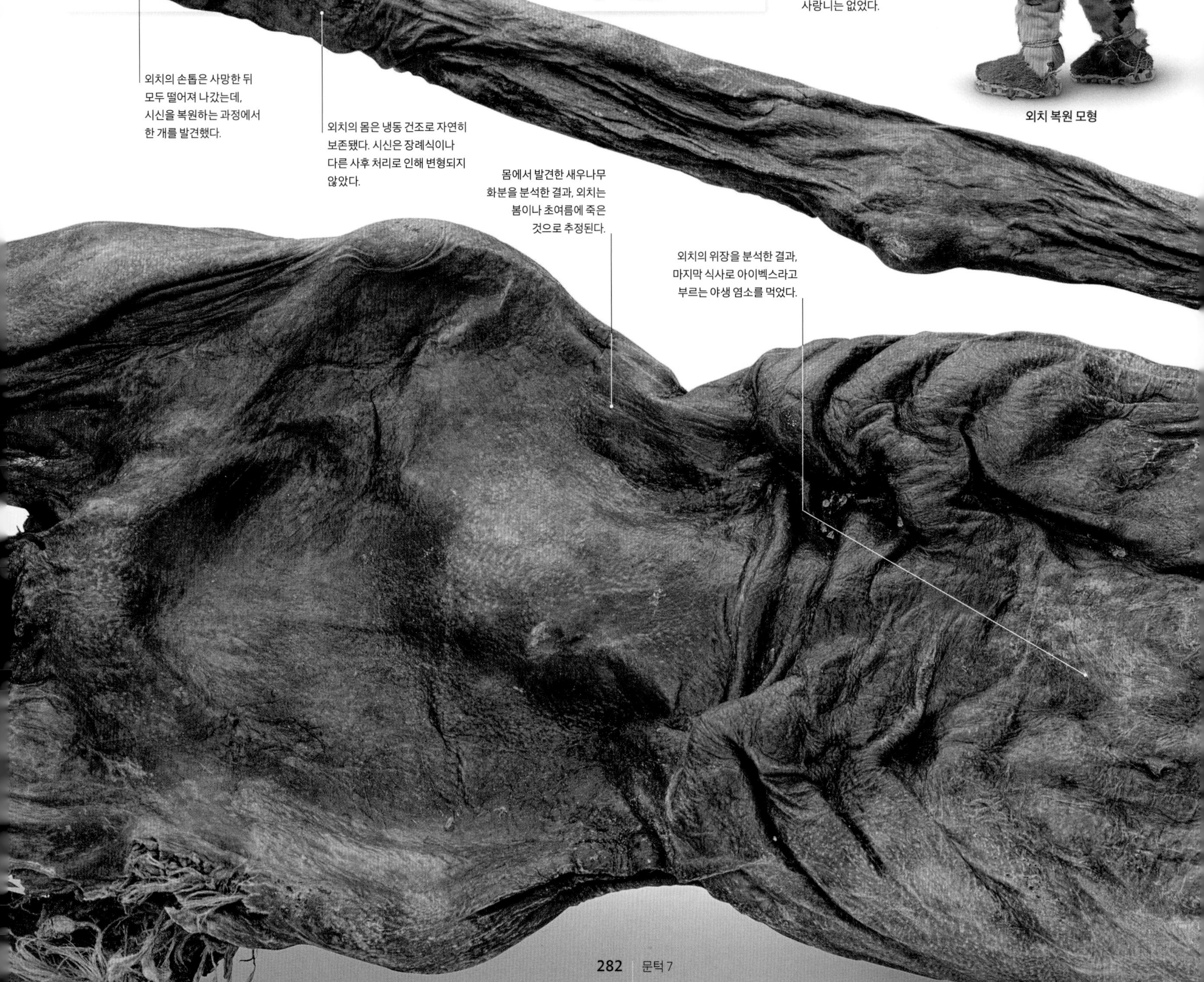
오른손 엄지와 검지 사이에 다 아물지 않은, 칼에 벤 상처가 있다.
외치의 손톱은 사망한 뒤 모두 떨어져 나갔는데, 시신을 복원하는 과정에서 한 개를 발견했다.
외치의 몸은 냉동 건조로 자연히 보존됐다. 시신은 장례식이나 다른 사후 처리로 인해 변형되지 않았다.
몸에서 발견한 새우나무 화분을 분석한 결과, 외치는 봄이나 초여름에 죽은 것으로 추정된다.
외치의 위장을 분석한 결과, 마지막 식사로 아이벡스라고 부르는 야생 염소를 먹었다.

냉동 미라 외치

1991년, 오스트리아와 이탈리아 사이에 있는 알프스 산맥의 외치 계곡에서 자연적으로 미라가 된 한 남성 시체가 발견됐다. 이 미라는 발견된 곳의 지명을 따서 외치라는 이름이 붙었다. 미라와 함께 발견된 유물을 보면, 그가 5,300년 전에 살았다는 사실을 알 수 있다.

외치는 옷과 장비 등 유물 70여 점과 함께 발견됐다. 이를 통해 구리 시대(기원전 4500~3500년경)에 유럽에서 살았던 한 개인의 삶을 엿볼 수 있다.

외치는 농경 사회에 살았지만, 여전히 사냥도 했다. 그의 구리 도끼는 지역 사회에서의 지위를 상징한다. 외치는 초기 농부 대부분이 그랬듯 치아가 좋지 않았고 관절염을 앓고 있었다. 외치는 야생 사슴과 곰의 가죽, 그리고 길들인 염소의 가죽으로 만들어진 옷, 사타구니를 덮는 가리개(loincloth), 주머니가 달린 벨트, 딱 붙는 바지, 신발, 외투, 모자 등을 착용하고 있었다. 옷에 있는 벼룩은 아마 비를 피하려고 쓴, 풀잎으로 거칠게 짠 거적에서 옮겨 왔을 것이다.

외치는 끔찍하게 죽었다. 손에 있는 자상으로 보건대, 죽기 직전 칼을 쓰는 누군가와 싸웠던 것 같다. 그는 도망쳤지만 결국 등에 화살을 맞고 죽었다. 시체는 눈과 얼음으로 금세 뒤덮여 부패하지 않고 보존됐다.

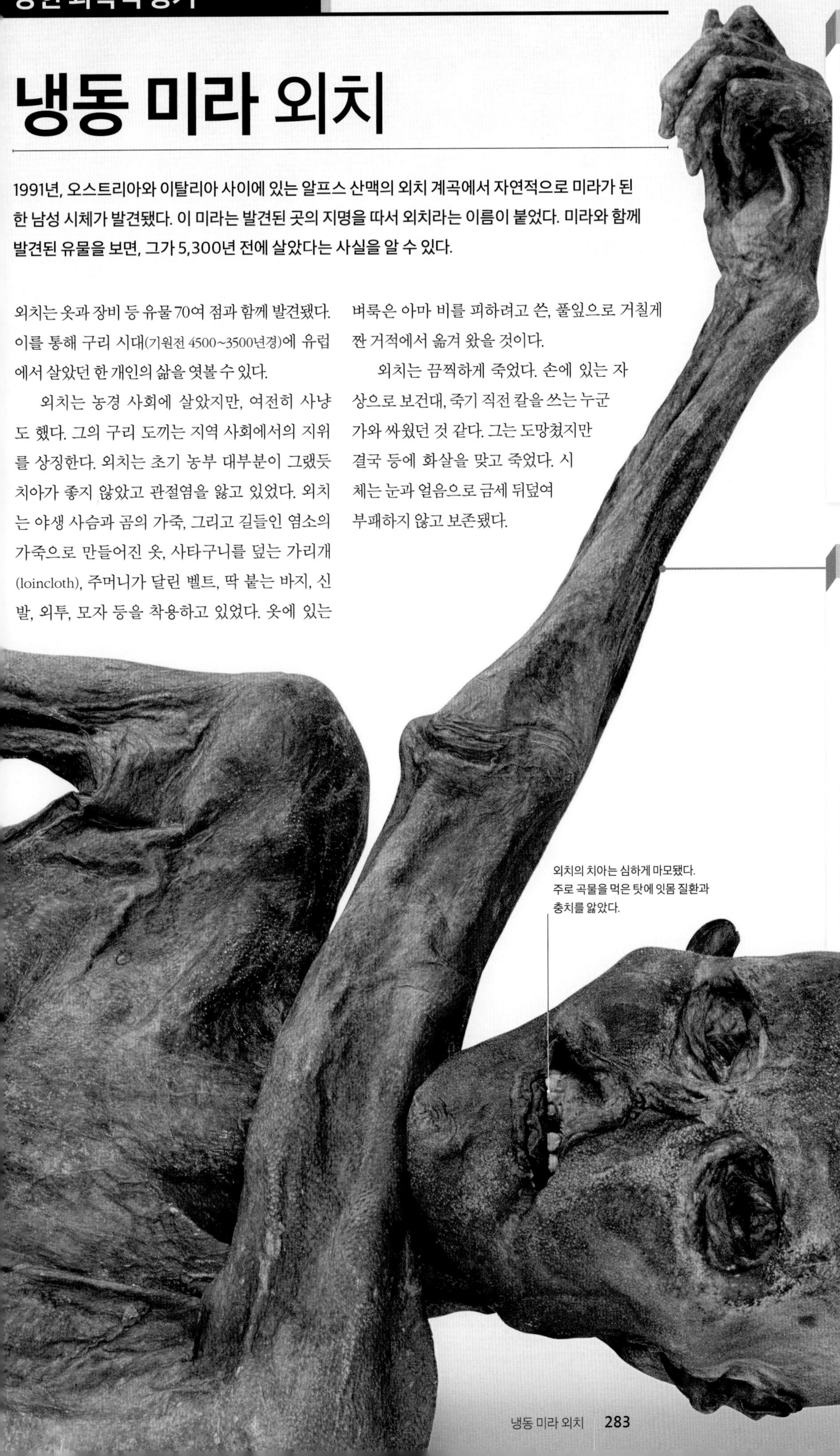

외치의 치아는 심하게 마모됐다. 주로 곡물을 먹은 탓에 잇몸 질환과 충치를 앓았다.

외치의 갈색 머리카락은 얼음 속에 갇혀 있는 동안 모두 빠졌다. 머리카락에서 발견된 구리 입자로 보아, 외치는 구리 세공인이었을 가능성이 있다.

머리 뒤쪽 상처는 높은 데서 추락했거나 누군가에게 맞아 생긴 것으로 보인다.

긴 머리카락뿐만 아니라 짧고 곱슬곱슬한 털도 발견된 것으로 보아, 외치는 수염을 기르고 있었을 것이다.

도구와 장비

외치는 여러 장비를 갖추고 멀리 사냥하러 갔다. 외치는 사냥에 쓸 도구로 돌로 만든 활촉이 달린 14개의 화살과 주목으로 만든 큰 활, 그리고 새나 토끼를 잡는 데 필요한 그물을 갖고 다녔다. 또한 나무를 베는 데 쓰는 구리 도끼와 돌로 만든 단검, 불을 피우기 위한 부싯돌과 상처를 치료하기 위한 균류도 소지하고 있었다.

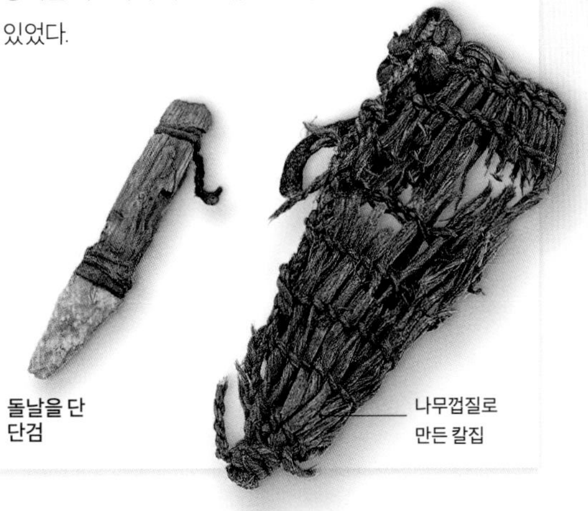

돌날을 단 단검

나무껍질로 만든 칼집

예술 또는 치료

외치의 몸에는 61개의 문신이 있었다. 대부분 십자가나 선 모양이었다. 문신은 피부에 미세한 상처를 내고 그 안에 검댕을 문질러 만들었다. 주로 외치가 관절염으로 통증을 느꼈던 부위에 있는 것으로 보아, 침술처럼 통증을 완화하기 위한 목적이었을 수 있다. 즉 외치는 세계에서 가장 오래된 문신 미라다.

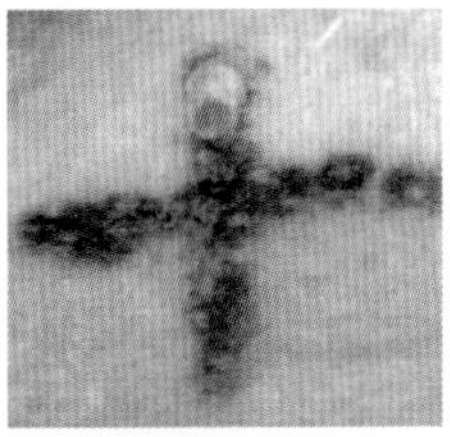

오른쪽 오금의 십자가

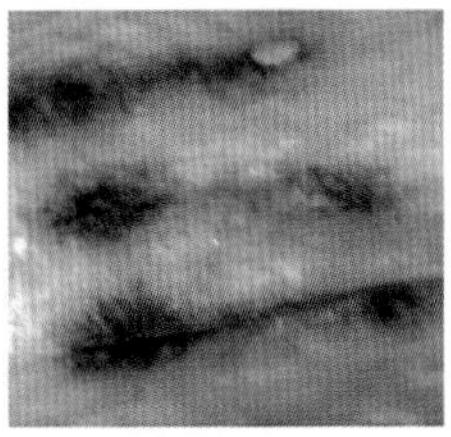

오른쪽 발목 안쪽의 세 개의 직선

갈등이 전쟁으로 번지다

인류 역사의 대부분은 공동체 사이에 대규모의 폭력 사태가 일어날 만큼 인구가 많지 않았다. 하지만 인구가 증가하고 토지와 자원에 대한 수요가 커지면서 전쟁이 일어났다. 사회가 클수록 갈등은 더욱 치명적인 결과를 초래했다.

특정 대상에 대한 집단 폭력의 증거는 이집트의 공동묘지에서 처음 나왔다. 1만 3000년 된 수렵 채집인의 해골 24구가 발견됐는데, 대부분이 화살에 맞아 숨진 것으로 밝혀졌다.

농업이 시작된 뒤, 폭력 사태가 급증했다. 농부들은 보호해야 할 토지, 재화, 가축을 소유했지만, 공격에 맞서 싸울 힘은 없었다. 흉년이 들면 자원을 둘러싼 경쟁과 갈등이 격화됐다. 기원전 5000년경으로 거슬러 올라가는 초기 학살의 증거는 독일에 있는 집단 매장지 세 곳에서 나왔다. 거기에는 손도끼로 살해된 사람들이 묻혀 있었다.

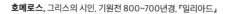

전사가 움직일 때마다 날개가 펄럭였다.

▶ 튀게 입다
계급이 높은 켈트 족 전사들은 머리를 보호하기보다 꾸미려는 목적으로 투구를 썼다. 기원전 4세기의 루마니아에서 만든 이 청동 투구에는 커다란 맹금류가 장식돼 있다.

최초의 군대

국가가 세워지면서 군대가 창설되고 새로운 군사 기술이 개발됐다. 청동기 시대에 유라시아의 전사 계급이 썼던 전차와, 동물의 뿔과 나무를 결합해 만든 작고 강력한 합성궁(composite bow) 등이 개발됐다. 말을 길들인 유목 민족은 아시아의 대초원을 누볐다. 활로 무장한 채 빠르게 이주하는 유목 민족은 중국과 서유럽의 정착 문명을 계속 위협했다.

서양 문학은 전쟁 영웅의 영광을 노래하는 호메로스의 『일리아드』라는 서사시에서 기원한다. 많은 문화권에서 전사 계급은 최하층민인 농부를 비롯해 다른 모든 계급보다 우월했다. 그러나 사실 전쟁은 군사들이 먹을 식량을 농부들이 재배했기 때문에 가능했다. 군사 작전은 병사들을 먹일 식량이 충분한 시기에 이뤄지도록 계획됐다.

새로운 군사 기술은 유라시아 교역 네트워크를 통해 널리 퍼졌다. 13세기 중국에서 발명한 화약 무기는 15세기에 서구에 도달했다. 화약이 도입되면서 전사 계급의 시대는 끝났다. 전통적인 지배층이었던 유럽의 기사들과 일본의 무사들은, 오랫동안 그들 아래에 있었던 소작농 군인들의 총알에 쓰러졌다.

“

나는 전쟁을 잘 안다. 접전을 거듭하는 **살육의 현장**에서, 나는 **전쟁의 신이 춘 죽음의 춤**, 그 **모든 과정**을 보았다.

”

호메로스, 그리스의 시인, 기원전 800~700년경, 『일리아드』

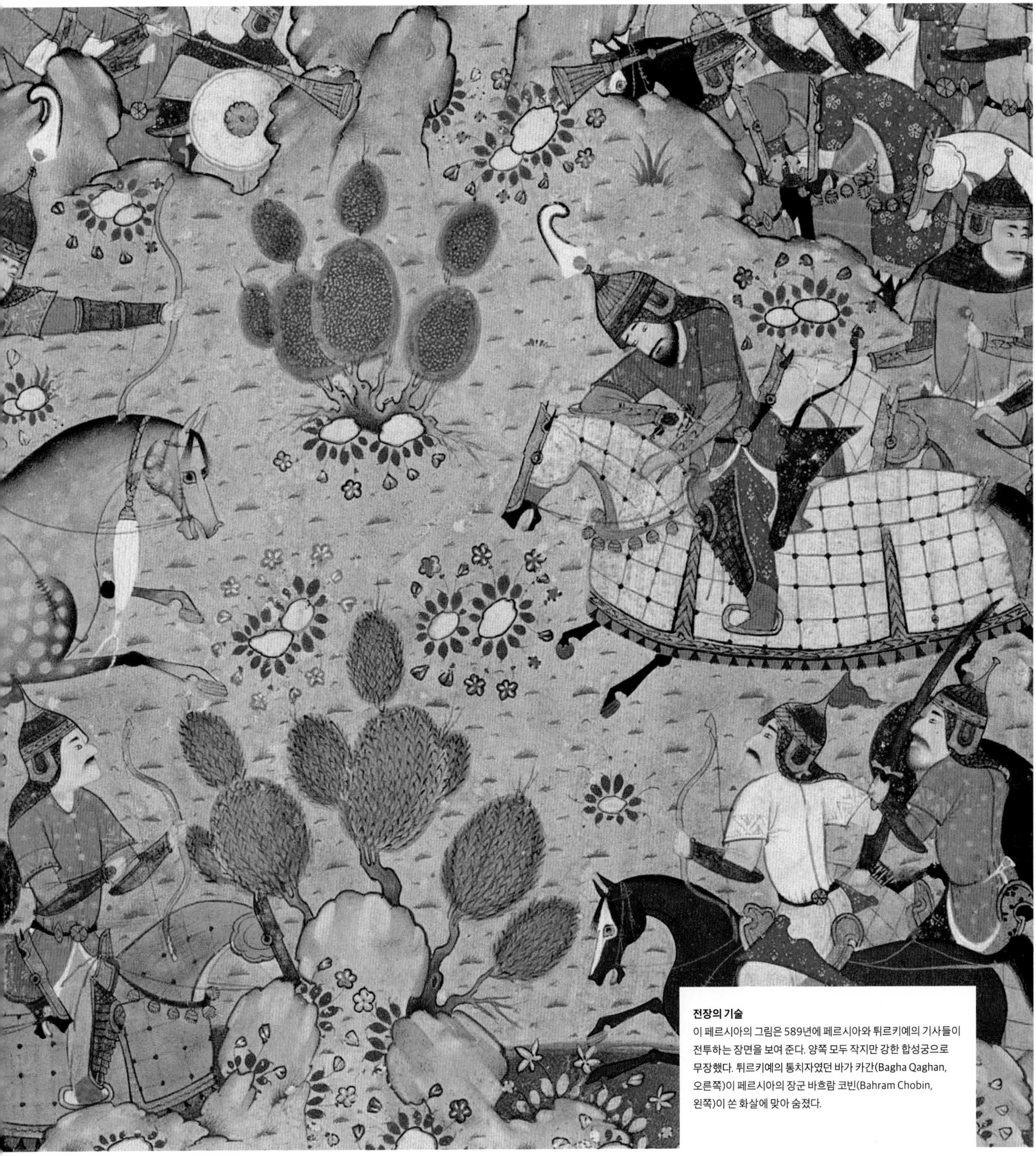

전장의 기술

이 페르시아의 그림은 589년에 페르시아와 튀르키예의 기사들이 전투하는 장면을 보여 준다. 양쪽 모두 작지만 강한 합성궁으로 무장했다. 튀르키예의 통치자였던 바가 카간(Bagha Qaghan, 오른쪽)이 페르시아의 장군 바흐람 코빈(Bahram Chobin, 왼쪽)이 쏜 화살에 맞아 숨졌다.

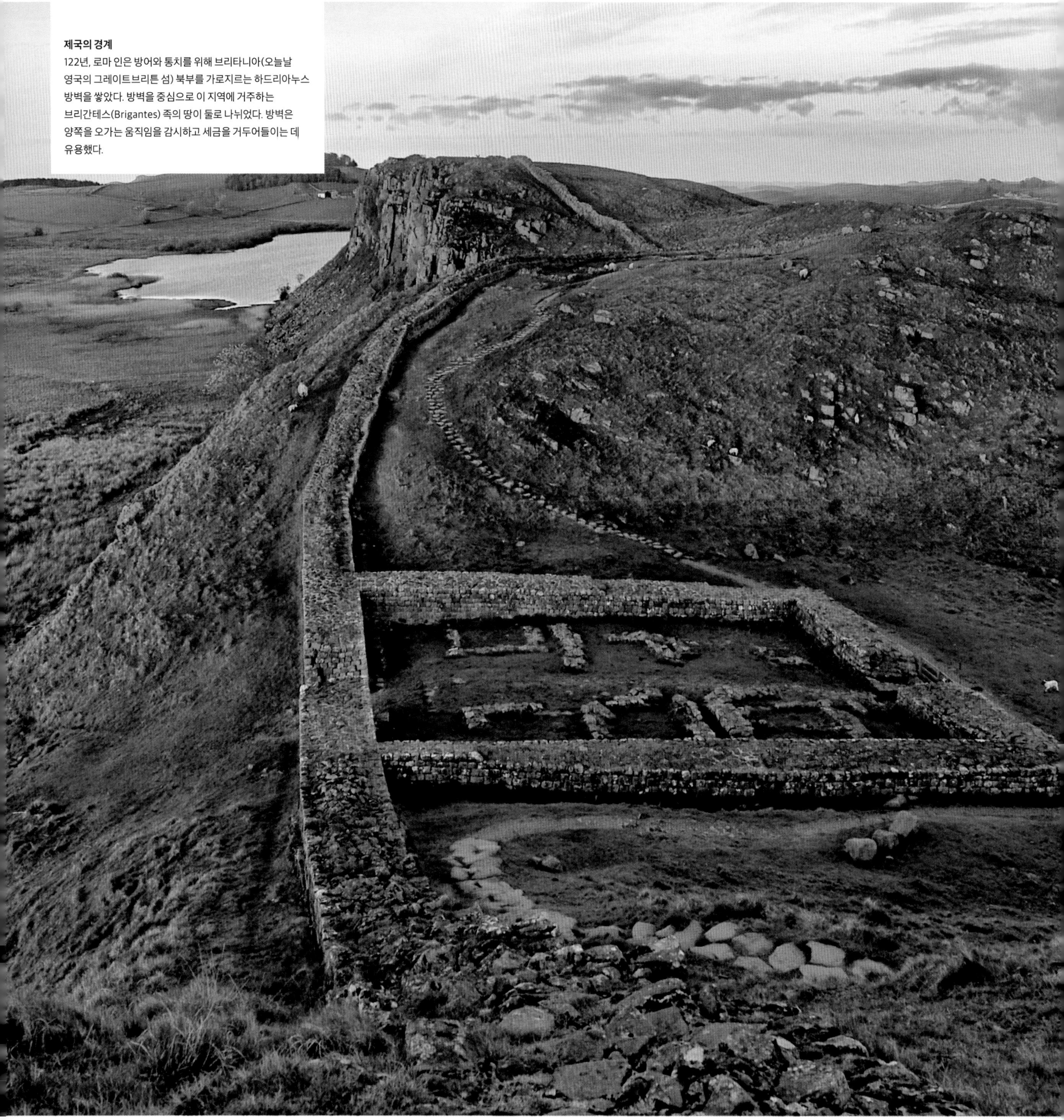

제국의 경계

122년, 로마 인은 방어와 통치를 위해 브리타니아(오늘날 영국의 그레이트브리튼 섬) 북부를 가로지르는 하드리아누스 방벽을 쌓았다. 방벽을 중심으로 이 지역에 거주하는 브리간테스(Brigantes) 족의 땅이 둘로 나뉘었다. 방벽은 양쪽을 오가는 움직임을 감시하고 세금을 거두어들이는 데 유용했다.

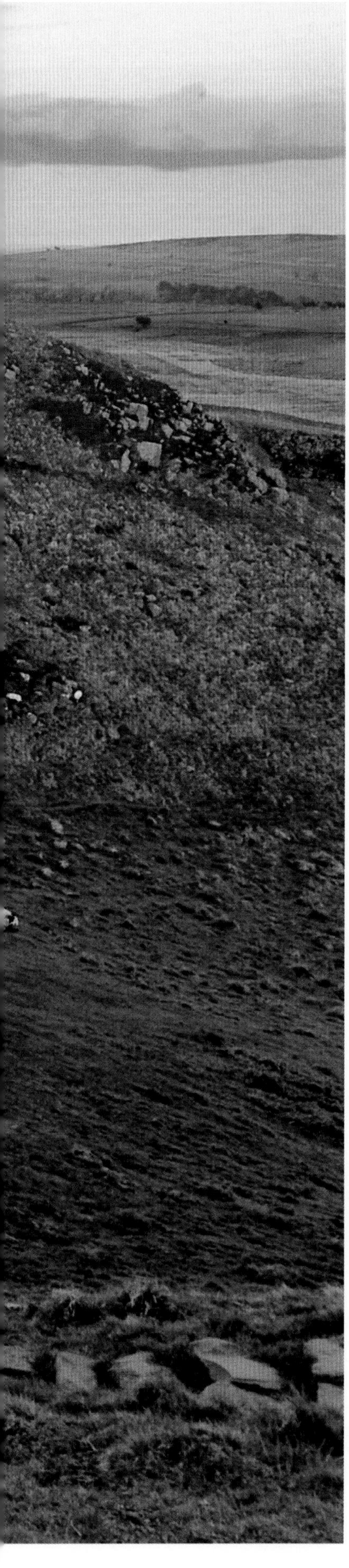

제국의 시대

더 많은 자원을 확보하기 위한 정복 전쟁을 거쳐 영토가 팽창하면서 제국이 등장했다. 이 과정에서 통치자들은 다양한 정복지의 피지배 민족들을 어떻게 통제할지, 어떻게 조공을 바치게 할지, 그리고 멀리 떨어져 있는 광대한 영토를 어떻게 다스릴지 고민했다.

가장 간단한 형태의 제국은 간접적인 통치에 기반을 두었다. 15세기에 아즈텍 인은 태평양 연안에서 멕시코 만에 이르는 거대한 제국을 세웠지만, 각 민족을 직접 통치하지는 않았다. 대신 정복된 도시들은 매년 섬유, 옥, 깃털 같은 사치품을 아즈텍 제국의 수도인 테노치티틀란에 공물로 보냈다. 정복지 사람들은 이와 같은 아즈텍의 통치에 분개했고, 기회가 있으면 반란을 일으켰다.

정복한 도시에 총독을 파견해 직접 통치하는 제국도 있었다. 기원전 540년, 페르시아 제국의 창시자인 키루스 대제(Cyrus the Great, 키루스 2세)는 제국을 26개의 속주로 나눠서 각각에 총독을 임명했다. 페르시아 제국은 다민족과 다문화의 사회였다. 당시의 석조 부조는, 제각각 독특한 옷을 입은 다양한 사람들이 공물을 갖고 제국 전역에서 모여드는 모습을 보여 준다. 이 통치 체제의 약점은 속주가 독자적인 권력 기반을 갖는 지방 세력으로 성장할 수 있다는 것이었다.

> “모든 **신들**과 그 후손들의 가호를 받아 **이 제국**과 이 도시가 **영원히 번성하도록 우리 모두 기도합시다**.”
>
> **아엘리우스 아리스티데스**, 그리스의 수사학자이자 로마 시민, 117~181년, 『로마의 찬사』에서

로마 제국

가장 효과적이고 오래 지속된 제국은 로마 제국이었다. 로마 제국은 정복지 사람들에게 시민권을 줬다. 정복지의 지배 계급에게는 로마 인의 모든 권리와 특권을 누릴 수 있는 기회가 주어졌다. 또 로마 제국은 제국 전역에 동일한 언어(라틴 어와 그리스 어)와 의복, 종교 등 공통의 문화를 전파했다. 이집트와 영국 북부처럼 먼 곳에 사는 남자들도 고대 로마의 전통 의상인 토가를 입었다.

로마 제국은 '팍스 로마나(Pax Romana, 로마의 평화)'라고 부르는 안정기에 교역을 적극 장려했다. 거대한 도로가 깔렸고, 지중해 해적은 근절됐다. 이 부유한 제국은 중국산 비단, 발트 해 호박, 인도산 향신료 등을 거래하는 시장 역할을 했다.

로마 제국은 도로, 마을, 문학, 건축물 등 수많은 유산을 남겼다. 이후 1,000년 동안 여러 국가의 통치자들은 제국의 효과적인 지배 구조를 로마에서 배웠다.

▼ 옥수스 전차
페르시아 제국은 인류 역사상 처음으로 도로 체계를 만들어 통치와 통신에 사용했다. 속주의 총독들과 전령들은 이 황금 전차 모형과 비슷하게 생긴 전차를 타고 제국의 도로를 통해 빠르게 이동할 수 있었다.

제국의 번성과 몰락

인류 역사상 수백 개의 제국이 들어섰다가 사라졌다. 제국들은 종종 격렬한 성장과 뒤이은 쇠퇴라는 과정을 거쳐 비슷한 운명을 맞았다. 제국은 작은 국가들로 분열되거나 새롭게 등장한 제국에 정복됐다.

◀ 초기 황제
청동으로 만든 이 두상은 아카드 제국의 사르곤 왕으로 추정된다. 후대의 메소포타미아 정복자들은 그를 존경하고 본받고자 했다.

제국을 유지하기란 어려운 일이었다. 군대를 운영하려면 자금이 필요했다. 제국을 확장할 때는 새 식민지를 건설해 비용을 충당했지만, 일정 규모에 도달하면 자국민에게 세금을 거둬야 했다. 제국은 기근과 질병 같은 환경 요인뿐만 아니라 내부의 갈등과 외부의 위협에 노출돼 있었다.

기원전 2300년경에 메소포타미아 전역을 정복한 아카드 제국의 사르곤(Sargon) 왕은 오늘날 세계 최초의 제왕으로 알려져 있다. 그는 정복한 도시의 요새를 허물고 아들들을 총독으로 임명해 각 지역에 보냈다. 아카드 제국은 기원전 2150년경에 반역과 외세 침입으로 멸망했다. 아카드 제국은 사라졌지만, 메소포타미아의 수많은 통치자들은 사르곤 제왕을 본받고자 했다.

후대에 남을 유산

가장 성공한 정복자는 알렉산드로스(Alexandros, 기원전 356~323년) 대왕이었다. 그는 이집트에서 아프가니스탄에 이르는 대제국을 건설했다. 알렉산드로스 대왕이 죽은 뒤 제국도 멸망했지만, 알렉산드로스의 놀라운 업적은 후대의 로마 인들과, 인도 최초의 제국을 설립한 찬드라굽타 마우리야(Chandragupta Maurya)에게 영감을 줬다. 또 고대 그리스의 사상과 예술, 문화는 로마 인에게 큰 영향을 미쳤다.

로마 제국이 멸망한 이유에 대해서는 지금까지 알려진 이론만 200여 개에 달한다. 오늘날 역사가들은 로마 제국이 갑작스럽게 멸망한 것이 아니라 점진적으로 붕괴했다고 본다. 흥미로운 점은, 중앙 통치 체계가 와해된 상황에서조차 로마 제국은 사르곤과 알렉산드로스가 그랬던 것처럼 집단 학습을 통해 후대에 전해질 유산을 남겼다는 사실이다. 1300년, 유럽의 많은 도시에 설립된 대학들은 유럽 인의 지적 생활에 그레코로만(Greco-Roman) 문화를 도입했다. 또 오늘날 대부분의 유럽 국가는 유스티니아누스 황제가 만든 로마법을 기반으로 법률 체계를 만들었다.

정복 전쟁이 일어난다. 경제적 자산이 많으면서 권력에 공백이 생긴 국가가 대상이 된다.
안정적이고 강한 도시 국가가 어느 순간 성장과 자원의 한계에 도달한다.

▶ 제국의 흥망성쇠
역사상 전 지구 곳곳에서 발생했던 모든 제국은 번영하다가 몰락했다. 번성과 쇠퇴에 영향을 주는 요소들이 공통적이었기 때문에 제국은 비슷한 과정을 거쳤다.

> “**스스로가 나와 같다**고 말하고 싶은 **왕**이 있다면, **내가 가는(정복하는) 곳이 어디든, 나타나라**.”

사르곤, 아카드 제국의 왕, 기원전 2215년경

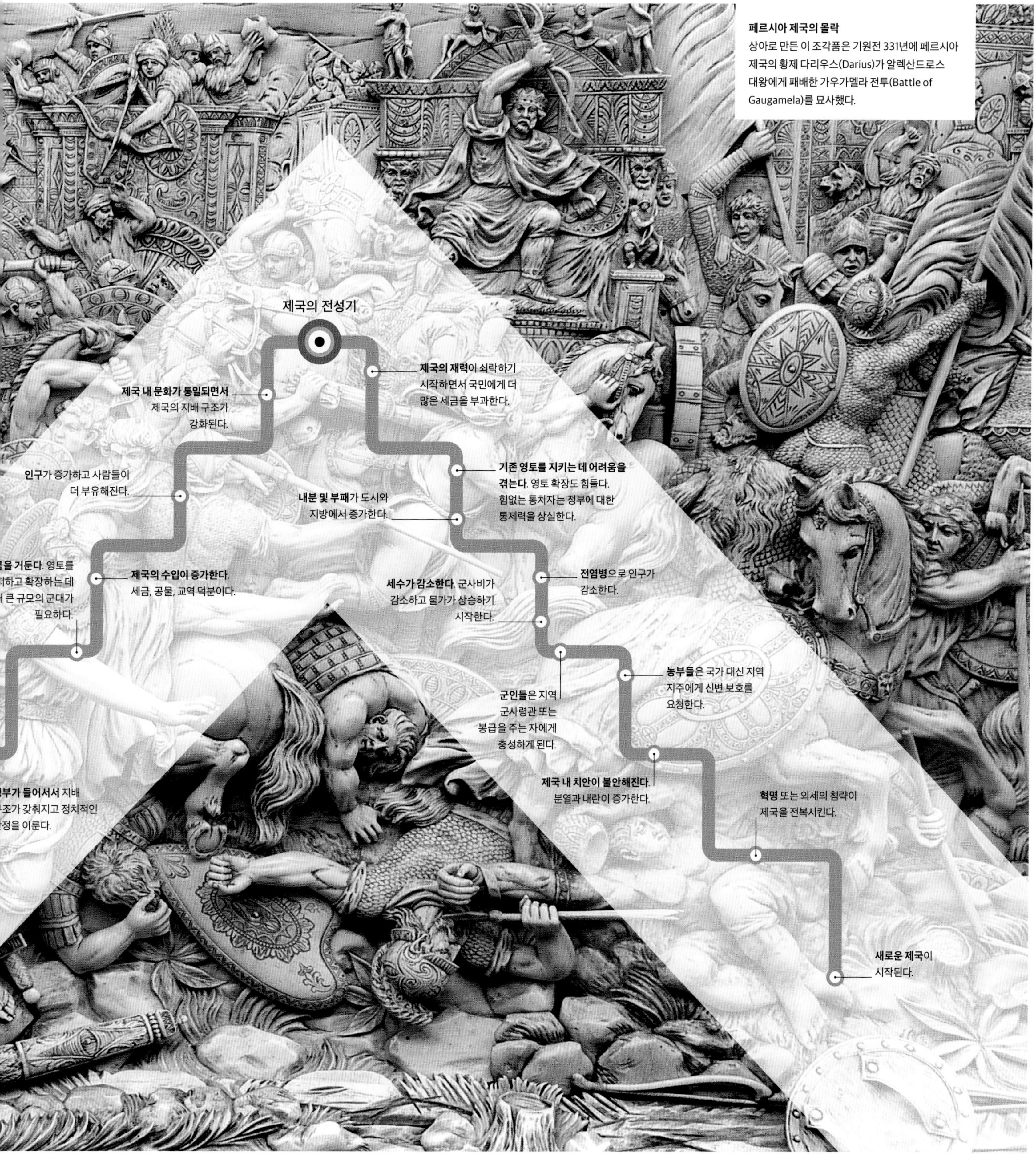
을 거둔다. 영토를
하고 확장하는 데
큰 규모의 군대가
필요하다.
부가 들어서서 지배
조가 갖춰지고 정치적인
정을 이룬다.
인구가 증가하고 사람들이
더 부유해진다.
제국의 수입이 증가한다.
세금, 공물, 교역 덕분이다.
제국 내 문화가 통일되면서
제국의 지배 구조가
강화된다.
제국의 전성기
제국의 재력이 쇠락하기
시작하면서 국민에게 더
많은 세금을 부과한다.
기존 영토를 지키는 데 어려움을
겪는다. 영토 확장도 힘들다.
힘없는 통치자는 정부에 대한
통제력을 상실한다.
내분 및 부패가 도시와
지방에서 증가한다.
전염병으로 인구가
감소한다.
세수가 감소한다. 군사비가
감소하고 물가가 상승하기
시작한다.
농부들은 국가 대신 지역
지주에게 신변 보호를
요청한다.
군인들은 지역
군사령관 또는
봉급을 주는 자에게
충성하게 된다.
제국 내 치안이 불안해진다.
분열과 내란이 증가한다.
혁명 또는 외세의 침략이
제국을 전복시킨다.
새로운 제국이
시작된다.

페르시아 제국의 몰락
상아로 만든 이 조각품은 기원전 331년에 페르시아 제국의 황제 다리우스(Darius)가 알렉산드로스 대왕에게 패배한 가우가멜라 전투(Battle of Gaugamela)를 묘사했다.

▶ 건륭통보
이 주화는 중국 최초의 통일 제국을 이룩한 진시황이 만든 주화를 본떠 중국의 건륭제(乾隆帝, 1736~1795년에 재위했다.)가 만든 것이다. 황제의 보편적 권위를 주장하는, 강력하고 상징적인 디자인이 특징이다. 액면 금액이 1과 10인 주화가 발행됐다.

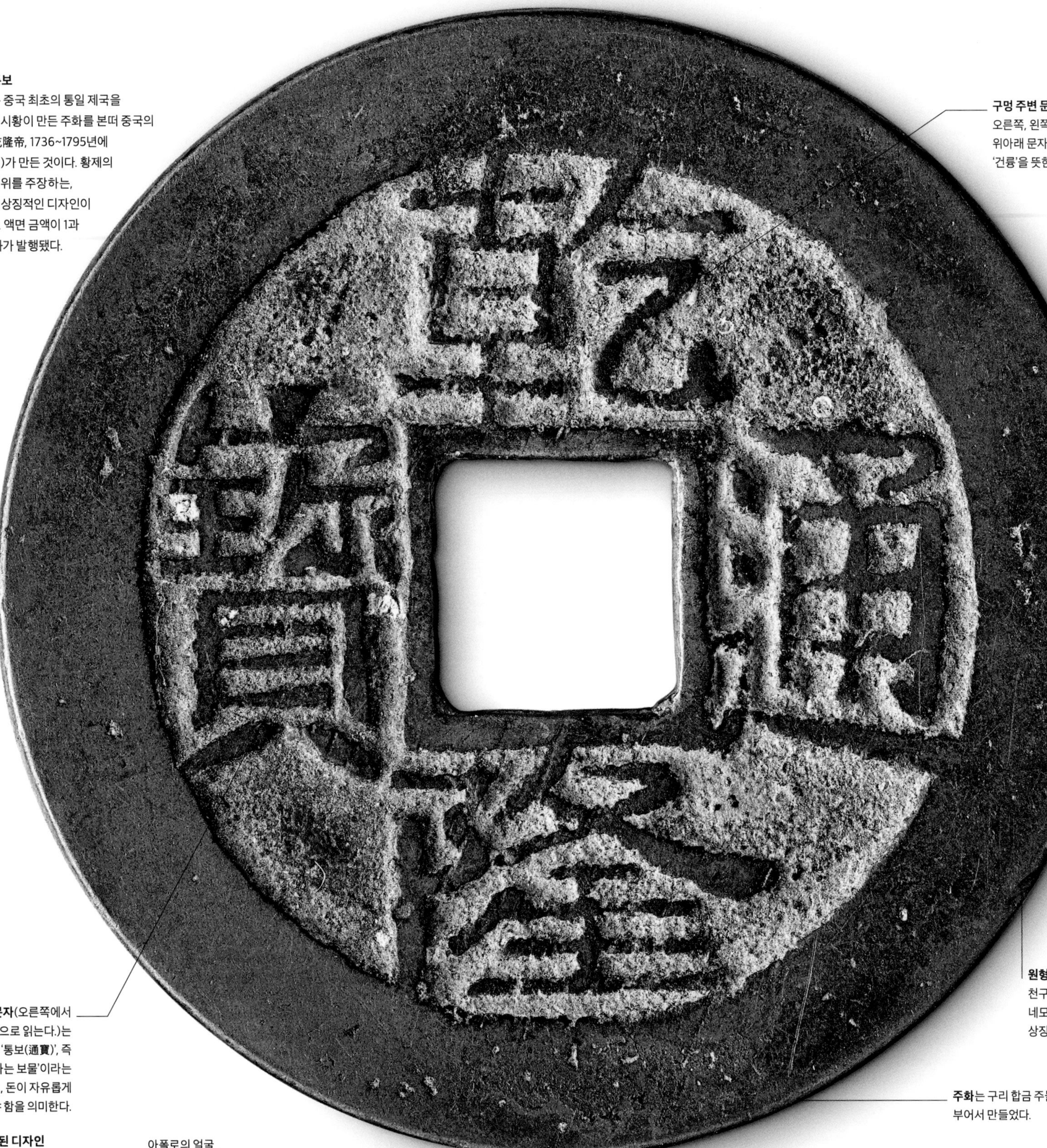

구멍 주변 문자는 위, 아래, 오른쪽, 왼쪽 순서로 읽는다. 위아래 문자는 황제의 칭호인 '건륭'을 뜻한다.

원형의 주화는 천구를, 중앙에 난 네모난 구멍은 세계를 상징한다.

양옆의 문자(오른쪽에서 왼쪽으로 읽는다.)는 '통보(通寶)', 즉 '순환하는 보물'이라는 뜻으로, 돈이 자유롭게 순환돼야 함을 의미한다.

주화는 구리 합금 주물을 거푸집에 부어서 만들었다.

▶ 복제된 디자인
이 주화들은 유럽 전역에 주화라는 개념이 어떻게 퍼졌는지 보여 준다. 맨 왼쪽에 있는 주화는 마케도니아의 필리포스 2세(Philippos II, 기원전 359~336년에 재위했다.)가 발행한 그리스 금화다. 유럽 북서부에 살았던 켈트 족 계열의 파리시(Parisii) 족이 이를 본떠 주화를 만들었다. 훗날 파리시 족의 주화 디자인은 사실적인 느낌이 덜하다.

기원전 4세기 그리스 주화 (앞면)

기원전 4세기 그리스 주화 (뒷면)

기원전 1세기 파리시 족 주화 (앞면)

기원전 1세기 파리시 족 주화 (뒷면)

후기 파리시 족 주화 (앞면)

후기 파리시 족 주화 (뒷면)

화폐를 발행하다

돈은 상징적인 가치를 지닌 교환 수단으로 사용됐다. 처음에는 개오지 조개껍데기, 깃털, 직물, 카카오 콩 등 지역 사회에서 귀하게 여기는 물건들이 화폐로 쓰였다. 이를 보다 가치 있는 금속으로 대체하면서 지역 간 교역이 크게 늘었다.

최초의 교역은 물물 교환 형태였다. 물물 교환은 거래 양측의 물건이 서로 원하는 만큼의 가치가 있어야 한다는 어려움이 있었다. 이 문제를 해결하기 위해 최초의 문명에서 화폐를 발명했다.

보다 넓은 지역에서 거래를 할 때 사용한 화폐는 금속, 특히 금, 은, 청동이었다. 금과 은은 희소하고 아름답고 내구성이 좋으며, 추출하기 어려워서 가치가 가장 높았다. 처음에는 은 덩어리가 통화로 사용됐지만, 기원전 1000년에 유라시아 무역 네트워크가 확장되면서 국가가 금속 주화, 즉 동전을 발행하기 시작했다.

최초의 주화는 기원전 600년경 지금의 튀르키예에 위치한 리디아에서 만들었다. 주화는 그리스로 퍼져 나갔고, 그리스 국가들은 수호신이나 신성한 동물을 그려 넣은 각자의 고유한 주화를 발행했다. 주화의 발행은, 정치적 권위와 지배 권리를 주장하는 행위였다. 통치자들은 주화를 이용해 자신의 이미지를 대중에게 홍보하고, 사상이나 정보를 광범위하고 신속하게 전파했다. 예컨대, 로마 주화에는 황제의 초상과 함께, 전투에서의 승리나 새로운 신전 건축 같은 황제의 업적이 함께 새겨졌다. 이슬람 통치자들은 주화에 "신의 이름으로, 무함마드는 하느님의 사자다." 등의 종교적인 문장을 새겼다.

증거로서의 주화

주화의 분포는 유라시아의 교역 네트워크와 사상의 전파 경로 등을 알려 준다. 예컨대, 멀리 떨어져 있는 아프가니스탄과 인도에서 동일한 로마 주화가 발견된 것은 동양의 향신료가 거래됐다는 증거다.

주화의 품질이 떨어지면, 제국이 경제적 어려움에 처했다는 뜻이다. 로마 제국의 안토니니아누스(Antoninianus) 동전은 215년에 처음 발행한 이후 은 함량이 줄어들어 270년대에는 은으로 코팅한 구리 동전이 돼 버렸다. 은화의 가치가 하락하자 물가가 올라 인플레이션(inflation)이 발생했다.

중국의 주화

중국의 춘추 전국 시대(기원전 475~221년)에는 작은 청동 화폐가 널리 보급됐다. 북부와 동부 나라들은 칼 모양으로, 중앙 나라들은 삽 모양으로 화폐를 만들었다.

기원전 221년에 중국 최초의 통일 제국인 진나라가 들어선 후, 진시황은 중앙에 네모난 구멍이 있어서 줄에 꿸 수 있는 구리 동전을 발행했다.

메소포타미아의 화폐

◀ 상징적 가치
초기 메소포타미아 상인들은 이 점토 조각들을 사용해 거래했다. 다른 모양은 각각 다른 물건을 의미한다. 이 조각들을 점토로 감싸 굳힌 뒤 표면에 그 양을 기록한 일종의 '용기'가 상인들 간에 거래 증서로 교환됐다.

> 이 **종이돈**을 이용하면 사람들은 **제국 전역** 어디서든 **좋아하는 것을 살 수 있다**. **여행 중 휴대하기도 훨씬 가볍다**.

마르코 폴로, 베네치아의 상인, 1254~1324년경, 『여행』에서

구리는 청동만큼 가치가 높지는 않았지만, 중국의 모든 사람들이 동일한 동전을 썼기 때문에 재료의 가치는 더 이상 중요치 않았고, 동전을 발행하는 권리를 제국이 독점한다는 사실이 더 중요했다.

교역이 늘어나자 화폐 수요가 증가했다. 900년경, 중국 상인들은 동전 수천 개를 나르는 대신, 돈이나 상품을 맡긴 상점과 영수증을 교환했다. 중앙 정부는 특정 상점에 영수증을 발행할 독점적 권리를 부여했다가 1120년대에 직접 세계 최초의 종이돈, 즉 지폐를 발행했다.

◀ 돌 화폐
미크로네시아의 야프 섬에는 석회암을 깎아 만든 거대한 원판이 있는데, 바로 전통 화폐인 '라이(rai)'다. 돌 원판은 주로 폴라우 섬과 괌 섬에서 채취됐고, 뗏목에 실려 야프 섬으로 옮겨졌다. 화폐의 가치는 돌의 크기, 세공 솜씨, 내력에 따라 결정됐다. 특히 야프 섬까지 끌고 오기가 어려웠거나 위험할수록 가치가 높았다. 돌의 소유권은 말로 전했고, 주인이 바뀌더라도 그 자리에 그대로 남아 있는 경우가 많았다.

죽음의 승리
흑사병이 휩쓴 뒤, 이른바 '죽음의 승리'는 유럽 예술에서 인기 있는 주제가 됐다. 이 벽화는 1440년대에 시칠리아에서 그려진 것으로, 해골이 말을 타고 달리며 황제, 귀족, 성직자 등 계급과 상관없이 닥치는 대로 사람들을 활로 쏘아 죽이고 있다.

문명이 건강을 해치다

농사가 시작되면서 수렵 채집만 할 때보다 더 많은 사람들이 먹고살 수 있었지만, 제한된 작물만 먹는 생활 방식은 그다지 건강하지 못한 것이었다. 지역 사회의 인구 밀도가 점점 높아져 세계가 광범위하게 연결될수록 질병은 급속도로 확산됐고 엄청난 영향을 미쳤다.

초기 농부들은 곡물 중심의 식단으로 비타민 C, D를 충분히 섭취할 수 없었기 때문에 괴혈병과 구루병을 앓았고, 고되고 반복적인 노동으로 고생했다. 시리아 최초의 농경지인 아부 후레이아에서 발견된 여성 골격은 허리와 무릎이 손상되고, 발가락도 변형돼 있었다. 이는 오랫동안 무릎을 꿇고 곡식을 갈았기 때문으로 추정된다.

농업의 의도치 않은 또 다른 결과는 주기적인 기근이었다. 사람들은 더 이상 수렵 채집을 하지 않았고 적은 종류의 작물과 동물만 키우며 살았다. 이런 방식은 기후가 변하거나, 질병이나 해충이 유행하면 전부 잃기 쉽다. 이집트의 경우, 보통 수심이 8미터인 나일 강이 해마다 범람해 토지가 비옥해서 수확이 좋았다. 그러나 수심이 7미터로 줄면 흉작이 들었고, 만약 이보다 적으면 심각한 기근으로 이어졌다. 이런 실패가 반복되면서 일부 문명은 붕괴했다.

심각한 질병

가축과 사람이 같이 살면서 가축의 세균과 바이러스가 사람으로 쉽게 옮겨 왔다. 예컨대, 홍역은 소의 우역 바이러스(rindpest virus)로부터 진화했다. 동물과의 직접 접촉 또는 벼룩이나 이 같은 피를 빠는 곤충을 통해서도 질병이 전염됐다. 역사상 가장 치명적이었던 전염병은, 벼룩을 매개로 쥐에서 전염된 페스트균(*Yersinia pestis*)이 일으키는 림프절 페스트(bubonic plaque)였다. 이 전염병은 교역로를 따라 아시아에서 서쪽으로 번져서 14세기에 전 세계를 강타했다. 시체에 검은 반점이 나타났기 때문에 흑사병(Black Death)이라고도 불린 이 전염병으로 14세기 유럽 인구의 3분의 1이 죽었다.

수렵 채집인은 쥐와 거의 접촉하지 않았다. 반면 정착지에는 쓰레기가 넘쳐 설치류에게 이상적인 서식지였다. 식수원은 종종 인간과 동물의 배설물로 오염됐다. 회충 감염과, 오염된 하수도 물 때문에 콜레라와 장티푸스가 빈번하게 발생했다. 현대 의학이 발전하기 전에는 얕게 베인 상처도 세균에 감염되면 생명에 치명적일 수 있었다.

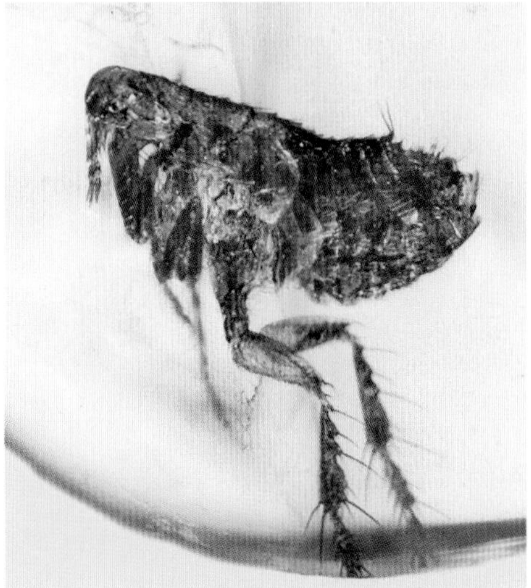

◀ **전염병 매개체**
림프절 페스트는 설치류에서는 오래된 질병이지만, 인간의 경우에는 큰 지역 사회를 이뤄 정착하기 시작한 뒤부터 전염되기 시작했다. 호박에 보존된 2000만 년 된 이 벼룩은 입을 통해 전염병을 일으키는 세균을 옮긴다.

> **큰 구덩이를 팠다**. 그 속에 **죽은 자들이 어마어마하게 쌓였다**. 그리고 나, 아그놀로 디 투라는 **내 손으로** 직접 다섯 아이를 **묻었다**.

아그놀로 디 투라, 이탈리아의 상인이자 연대기 작가, 1347년경

교역 네트워크가 발달하다

농경 시대의 문명이 성장하면서 사람들은 상품, 언어, 기술, 미생물뿐만 아니라, 유전자까지 교환할 수 있는 광대한 연결망 속에서 서로 연결됐다. 농경 시대의 가장 중요한 교역로는 오늘날 실크 로드라고 알려진 동서 교역로다.

동유럽에서 중국 국경까지 4,800킬로미터에 달하는 지역은 나무가 거의 없는 광활한 대초원이다. 지난 6,000년 동안 이 지역은 유목민들의 고향이었다. 유목민들은 가축을 먹일 신선한 목초지를 찾아 말과 낙타를 타고 끊임없이 이동한다. 덕분에 실크 로드가 생겨났다. 유라시아 대초원에 걸쳐 뻗어 있는 실크 로드는 농경 시대에 아프로-유라시아 대륙 전역을 연결했다. 다른 지역의 경우, 안데스 산맥과 중앙아메리카에 일찍이 아메리카 교역 네트워크가 발달했다. 그러나 그것은 실크 로드보다 범위가 작고 경로가 적었다. 서로 다른 문명을 연결하는 데는 전쟁도 역할을 했지만, 역시 가장 영향력 있는 것은 교역 네트워크였다.

실크 로드

실크 로드는 중국, 중앙아시아 및 지중해 전역의 육상 및 해상 경로를 모두 일컫는다. 실크 로드를 통해 최초로 활발한 교역이 이뤄지던 기원전 50~기원후 250년, 작은 규모의 초기 농경 사회들은 거대하고 강력한 제국으로 통합됐고, 대규모 교역이 가능해졌다. 로마, 파르티아, 쿠샨, 한 등 4대 제국은 그들의 영토를 연결하는 도로망을 구축했다. 야금 기술과 운송 기술의 발달, 농업 생산성 향상, 화폐의 발행 등 이 모든 진보 덕분에 아프로-유라시아 대륙은 역사상 유례없는 수준의 물질적, 문화적 교류를 할 수 있었다. 그 사이에 크고 강력한 유목민 공동체가 유라시아 대륙 안쪽의 황폐한 땅에 무리를 이루기 시작했다. 그들은 다양한 문명을 연결하는 역할을 했고, 실크 로드가 형성되자 여행객들은 이 유목민에게 의존해 대륙을 횡단

▼ 목초지를 찾아서
오늘날의 카자흐스탄 유목민들은 소지품을 낙타에 실은 채 말을 타고 실크 로드의 일부인 중국 알타이 평원을 돌아다니며 목축을 하고 산다. 이들의 삶의 방식은 6,000년 동안 거의 변하지 않았다.

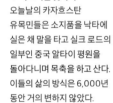

했다.

중국과 지중해 간의 장거리 교역은 중국 한나라가 중앙아시아로 확장한 뒤인 기원전 200년경에 완성됐다. 상인들은 중국의 비단과 옥과 청동, 로마의 유리, 아라비아의 향, 인도의 향료 등을 들고 대초원과 사막을 건넜다. 사막의 오아시스 마을들, 페르시아 북부와 아프가니스탄의 도시들은 교역을 통해 큰 부를 축적했다.

더 중요한 사실은, 실크 로드를 따라 불교와 이슬람교 같은 종교와 주요 사상이 전파됐다는 점이다. 550년대 비잔틴 제국의 수도사들이 돌아오는 길에 중국의 누에알을 몰래 들여왔다. 그로 인해 비잔틴 제국에서도 비단을 제조할 수 있게 되면서 중국의 오랜 독점이 깨졌다.

실크 로드를 통해 질병도 쉽게 퍼졌다. 2~3세기에 중국 한나라와 로마 제국에서 똑같은 전염병이 발생했다. 시간이 지나면서 실크 로드를 따라 미생물이 이동했고, 아프로-유라시아 대륙 사람들은 질병에 대한 저항력을 키워 나갔다.

이 같은 다양한 교류를 통해 아프로-유라시아 대륙은 공통의 기술과 예술, 문화, 종교를 갖게 됐다. 실크 로드를 따라 집단 학습의 수준이 높아졌고, 이는 성장과 혁신으로 이어졌다.

◀ 말 타기
중앙아시아 또는 남아시아에서 발명된 폴로(말을 타고 하는 구기 종목 — 옮긴이)는 실크 로드를 따라 중국 전역으로 퍼졌다. 당나라(618~907년) 무덤에서 발굴한 이 도자기는 실크 로드를 따라 비싼 값에 거래되던 '천마'를 묘사했다.

> 그들은 **비잔틴 제국**으로 **누에알을 가져왔다.** 관련 기술은 이미 잘 알고 있었다. 이윽고 **로마 제국**에서 **비단을 만들기 시작했다**.

카이사레아의 프로코피우스, 로마의 역사가, 500~560년경, 비단 생산의 확산에 관하여

동서양이 만나다

1492년 이전까지 아프로-유라시아 대륙의 '구세계'와 아메리카 대륙의 '신세계'는 서로 존재한다는 사실조차 모르고 있었다. 유럽의 탐험가들은 두 세계를 하나로 연결했다. 이윽고 두 세계 간 인간, 동물, 작물, 질병, 기술 등이 이동하는 '콜럼버스 교환'이 일어났다.

1492년과 1650년 사이에 **전염병**이 **광범위하게 퍼져서 아메리카 원주민의 90퍼센트**가 **사망했다**.

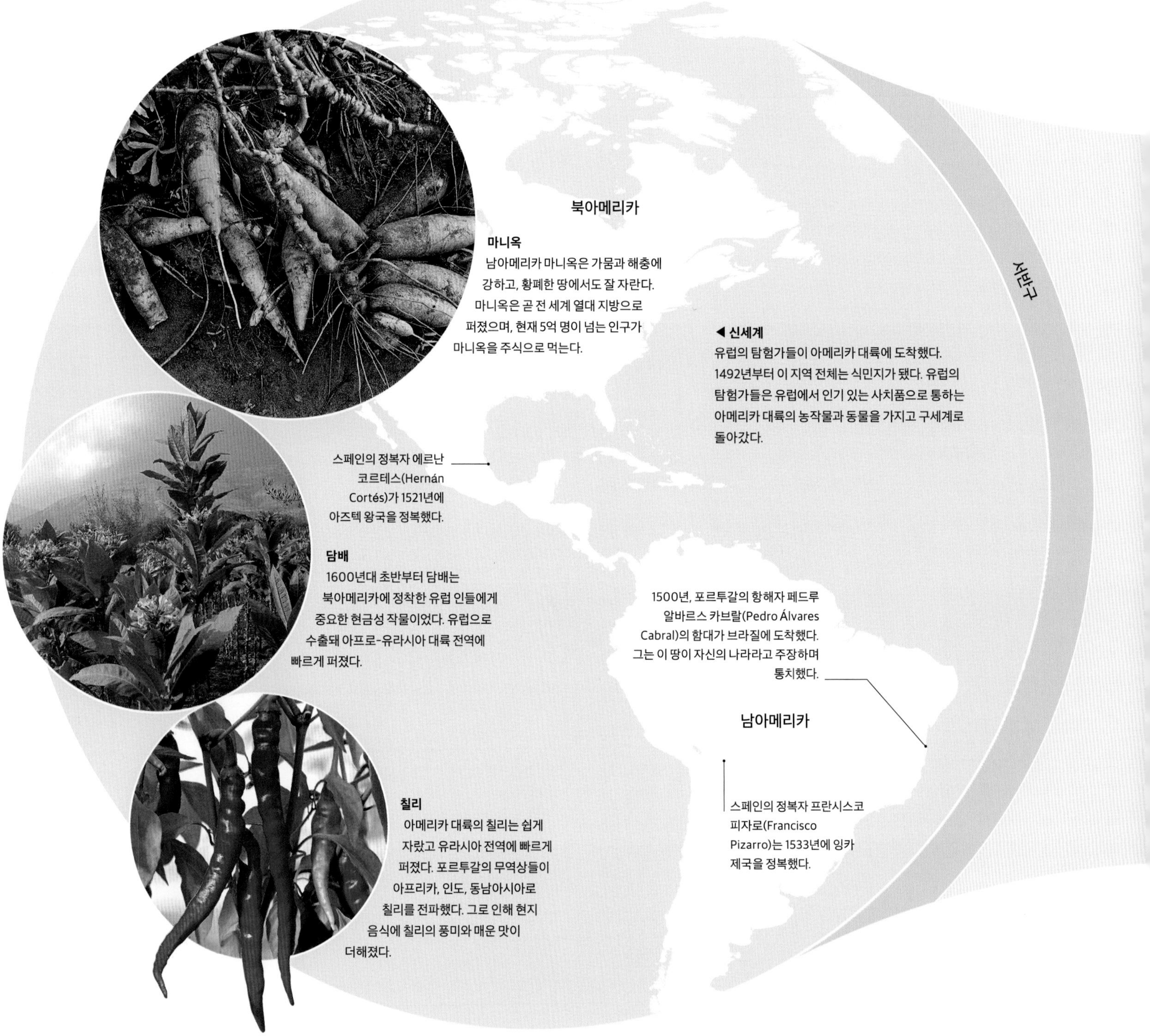
북아메리카
마니옥
남아메리카 마니옥은 가뭄과 해충에 강하고, 황폐한 땅에서도 잘 자란다. 마니옥은 곧 전 세계 열대 지방으로 퍼졌으며, 현재 5억 명이 넘는 인구가 마니옥을 주식으로 먹는다.
서반구
◀ **신세계**
유럽의 탐험가들이 아메리카 대륙에 도착했다. 1492년부터 이 지역 전체는 식민지가 됐다. 유럽의 탐험가들은 유럽에서 인기 있는 사치품으로 통하는 아메리카 대륙의 농작물과 동물을 가지고 구세계로 돌아갔다.
스페인의 정복자 에르난 코르테스(Hernán Cortés)가 1521년에 아즈텍 왕국을 정복했다.
담배
1600년대 초반부터 담배는 북아메리카에 정착한 유럽 인들에게 중요한 현금성 작물이었다. 유럽으로 수출돼 아프로-유라시아 대륙 전역에 빠르게 퍼졌다.
1500년, 포르투갈의 항해자 페드루 알바르스 카브랄(Pedro Álvares Cabral)의 함대가 브라질에 도착했다. 그는 이 땅이 자신의 나라라고 주장하며 통치했다.
남아메리카
스페인의 정복자 프란시스코 피자로(Francisco Pizarro)는 1533년에 잉카 제국을 정복했다.
칠리
아메리카 대륙의 칠리는 쉽게 자랐고 유라시아 전역에 빠르게 퍼졌다. 포르투갈의 무역상들이 아프리카, 인도, 동남아시아로 칠리를 전파했다. 그로 인해 현지 음식에 칠리의 풍미와 매운 맛이 더해졌다.

유럽의 탐험가들은 신세계의 원주민들을 통제하려고 승마, 총기, 강철 무기 등 첨단 기술을 최대한 활용했다. 이 과정에는 유럽 인이 전파한 질병도 도움이 됐다. 콜럼버스 교환은 전 세계 사람들의 삶을 바꿨다. 전 세계 어디에서나 사람들은 새로운 음식을 접하며 교역의 혜택을 봤고, 이후 2세기 동안 세계 인구가 증가했다. 농업 기술이 개선되고 새로운 조직 방식이 개발되면서, 농작물과 가축이 퍼져 나갔다. 중앙 정부는 권력을 강화했고, 인구와 수입을 늘리기 위해 영토를 확장했다. 그 결과, 인간이 통제하는 땅의 면적이 점점 늘어났다.

새로운 국제 교역 네트워크 속에서 콜럼버스 교환이 아메리카 대륙과 유럽에 미치는 문화적 영향은 아주 컸다. 아메리카 대륙의 문화적, 정치적 전통은 소멸했다. 사람들이 유럽의 언어를 습득하면서 아메리카 대륙의 전통 언어는 사라졌다. 반면 국제 교역 네트워크의 중심에 있는 유럽은 새롭게 유입된 정보에 큰 영향을 받았다. 흥미롭게도, 그로 인해 혁신이 더 빨라지지는 않았다. 1700년대까지 전 세계는 여전히 전통을 따랐고, 다만 기존의 사상, 재화, 사람, 작물, 질병 등이 교환되는 규모가 커졌을 뿐이었다. 18세기 후반이 돼서야 획기적인 혁신이 일어나기 시작했다.

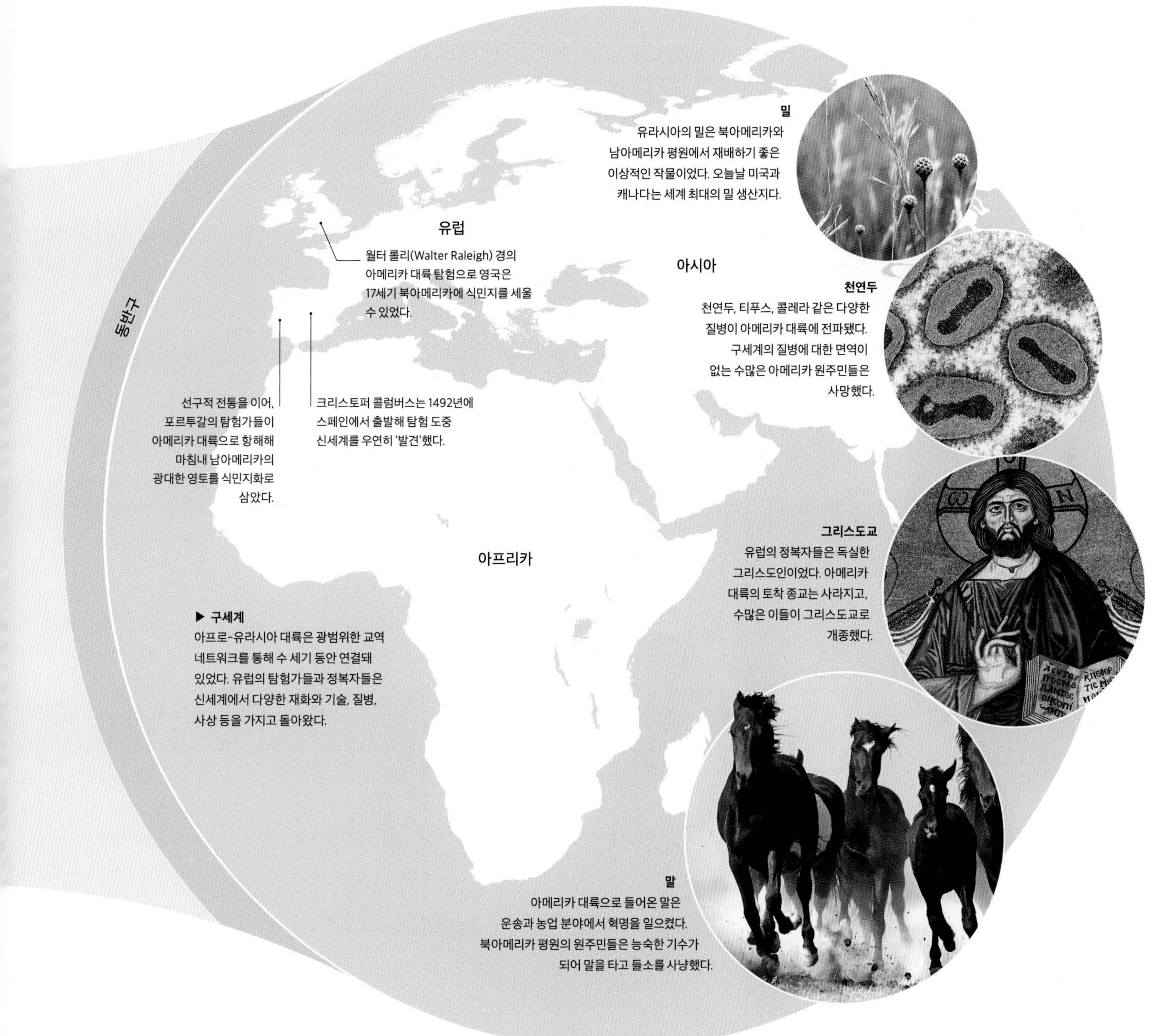

동방
밀
유라시아의 밀은 북아메리카와 남아메리카 평원에서 재배하기 좋은 이상적인 작물이었다. 오늘날 미국과 캐나다는 세계 최대의 밀 생산지다.
유럽
월터 롤리(Walter Raleigh) 경의 아메리카 대륙 탐험으로 영국은 17세기 북아메리카에 식민지를 세울 수 있었다.
아시아
천연두
천연두, 티푸스, 콜레라 같은 다양한 질병이 아메리카 대륙에 전파됐다. 구세계의 질병에 대한 면역이 없는 수많은 아메리카 원주민들은 사망했다.
선구적 전통을 이어, 포르투갈의 탐험가들이 아메리카 대륙으로 항해해 마침내 남아메리카의 광대한 영토를 식민지화로 삼았다.
크리스토퍼 콜럼버스는 1492년에 스페인에서 출발해 탐험 도중 신세계를 우연히 '발견'했다.
그리스도교
유럽의 정복자들은 독실한 그리스도인이었다. 아메리카 대륙의 토착 종교는 사라지고, 수많은 이들이 그리스도교로 개종했다.
아프리카
▶ 구세계
아프로-유라시아 대륙은 광범위한 교역 네트워크를 통해 수 세기 동안 연결돼 있었다. 유럽의 탐험가들과 정복자들은 신세계에서 다양한 재화와 기술, 질병, 사상 등을 가지고 돌아왔다.
말
아메리카 대륙으로 들어온 말은 운송과 농업 분야에서 혁명을 일으켰다. 북아메리카 평원의 원주민들은 능숙한 기수가 되어 말을 타고 들소를 사냥했다.

교역이 전 세계로 확대되다

15세기 후반부터 유럽 선박이 대양을 가로지르고 전 세계 해상 무역 체계가 자리 잡기 시작하면서, 역사상 최초로 전 지구가 서로 연결됐다. 유라시아 대륙과 아메리카 대륙의 연결이 가장 중요한 변화였지만, 세계화의 영향은 지구 어디에서나 느낄 수 있었다.

크리스토퍼 콜럼버스가 아시아에 도달하기를 희망하며 대서양을 건너 서쪽으로 항해한 1492년에 세계화가 시작됐다. 콜럼버스는 아시아 대신 그 존재가 한 번도 밝혀진 적이 없는 아메리카 '신세계'를 발견했다. 6년 뒤, 바스쿠 다 가마(Vasco da Gama)의 포르투갈 함대가 아프리카 남쪽 끝을 돌아 동쪽으로 항해해 인도에 도착했다. 그리고 1519~1522년, 스페인의 항해가 페르디난드 마젤란(Ferdinand Magellan)이 이끄는 원정대가 세계 일주에 성공했다. 곧이어 영국과 프랑스, 네덜란드 사람들도 장거리 항해를 떠났다.

유럽의 탐험 동기

전 지구를 연결한 사람들은 왜 전부 유럽 사람이었을까? 유럽은 향신료와 비단의 원천과는 거리가 먼, 유라시아 교역 네트워크의 끝에 위치했다. 게다가 유럽에 적대적이었던 오스만 제국이 육로를 차단하자, 유럽 사람들은 배와 항법 장치, 지도 등 첨단 기술을 개발해 향신료를 들여오는 방법을 택했다. 특히 대서양과 맞닿아 있는 서북부 유럽 국가들은 지중해 국가들과 비교해 탐험하기에 유리했다.

유럽은 경쟁과 분쟁으로 분열된 대륙이었다. 유럽 국가들은 잦은 전쟁에 쓸 자금을 벌기 위해 바다 건너 토지를 정복했다.

중국도 새로운 땅을 탐험할 기술을 보유하고 있었지만, 더 넓은 세상을 조사할 만한 동기가 없었다. 1400년대 초, 중국이 아프리카로 탐험대를 보낸 것은 새로운 재물을 발견하기보다 중국의 힘을 세계에 알리려는 목적이 강했다. 1433년, 명나라 황제가 이 원정을 끝내자 중국은 다시 나라 안에 주목했다.

아메리카 대륙에는 장거리 교역로가 없었기 때문에 멕시코의 아즈텍 문명과 페루의 잉카 문명은 서로의 존재를 몰랐다. 탐험할 다른 땅이 존재한다는 사실조차 몰랐던 아메리카 사람들은 바다를 건널 배를 개발할 이유가 없었다.

> **세계 무역**은 16세기로 거슬러 올라간다. 그때부터 **자본의 현대사**가 펼쳐지기 시작했다.
>
> **카를 마르크스**, 독일의 철학자, 1818~1883년, 『자본론』에서

새로운 세계 네트워크

전 세계가 연결되면서 교역 네트워크의 중심이 바뀌었다. 유라시아 교역 네트워크의 변두리에 있던 유럽 북부와 서부는 새로운 세계 네트워크의 중심에 위치했다. 오늘날 가장 널리 사용하는 네 언어가 영어, 스페인 어, 포르투갈 어, 프랑스 어인 이유다. 베네치아 등 과거 중요했던 유럽 남부의 교역 중심지는 점차 쇠락했다.

아메리카 대륙을 비롯해 다른 나라의 부가 유럽으로 이전되자 유럽의 경제가 변했다. 토지를 소유한 귀족들에서 부유한 상인들로 권력이 이동하면서 현대 자본주의가 싹텄다.

인도양과 아시아
71개 지명이 새겨져 있다. 아시아 동쪽 해안(여기에서는 보이지 않는다.)에는 "여기에 용이 존재한다(Hic sunt dracones)."라는 문구가 새겨져 있다.
아프리카
마다가스카르
구세계
'이사벨(Isabel)'은 콜럼버스가 세운 정착지를 가리킨다. 이곳은 오늘날 도미니카 공화국에 위치한다.
'신세계(Mundus Novus)'이라고 적혀 있는 남아메리카
'거룩한 십자가의 땅(Terra Sanctae Crucis)'
신세계

▼ 달걀 위 세계
신세계를 묘사한 최초의 지구본으로, 1500년경 유럽에서 제작됐다. 아프리카에서 들어온 타조알 껍데기 반쪽을 두 개 합친 것으로, 당시 전 세계가 연결됐음을 방증한다.

◀ **포르투갈의 교역**
인도의 고아 지역에서 출발한, 최초의 포르투갈 선박이 1543년에 일본에 도착했다. 중국의 비단과 도자기, 인도의 옷감 등이 일본의 금속 세공품, 예술품 등과 교환됐다. 일본에서 그린 이 그림은 포르투갈의 대형 상선을 묘사했다.

남아메리카의 은

1545년, 스페인 사람이 볼리비아의 포토시에서 당시 가장 큰 규모의 은광을 발견했다. 1660년까지 약 6만 톤의 은이 스페인으로 운송됐고, 유럽 내 은 유통량이 세 배 이상 늘었다.

은은 아시아 상인들에게 인기가 많았고, 곧 세계 경제의 기반이 됐다. 은은 주로 비단과 도자기와 거래되어 중국으로 흘러들었다. 멕시코에서 출발한 스페인의 대형 범선은 태평양을 가로질러 필리핀으로 은을 날랐다. 포르투갈 선박 역시 동쪽으로 가 신세계에서 채굴한 은으로 인도의 면화와 향신료, 중국의 도자기와 비단을 사서 일본에 팔았다.

아메리카 대륙에서 엄청난 양의 은이 유입되자 유럽 등지에서 인플레이션이 일어났다. 교역 과정에서 스페인 은화가 오스만 제국에 들어왔고, 은 함량이 낮은 현지 화폐는 가치가 떨어졌다. 물가가 오르면서 공무원과 군인 들은 더 이상 나라에서 주는 임금만으로는 먹고살기 어려워졌다.

아메리카 대륙에서 계속 은을 조달했지만, 계속된 전쟁으로 스페인 왕실은 항상 빚에 허덕였다. 스페인 왕국은 결국 왕실 채무를 상환해 준 외국 은행가들의 손에 넘어갔다.

파괴적 영향

전 지구가 연결되면서 유라시아 대륙의 질병도 확산됐다. 특히 아메리카 대륙과 오스트레일리아, 태평양 제도의 원주민들에게 치명적이었다.

아메리카 대륙의 광산과 농장은 처음에는 아메리카 원주민을 동원했다. 그러나 학대, 전염병 등으로 수많은 원주민들이 사망하자 새로운 노동력이 필요했다. 1534년부터 구세계 질병에 내성이 있는 아프리카 노예들이 아메리카 대륙으로 오기 시작했다. 이후 350년 동안 1200만~2500만 명의 아프리카 인들이 노예선을 타고 대서양을 건넜다.

세계화는 지구 환경에도 큰 영향을 미쳤다. 예를 들어 오스트레일리아에서 양을, 태평양 제도에서 염소를 기르기 시작하면서 사람들은 목초지를 확보하기 위해 산림을 베어 냈고, 그 결과 수많은 토착종들이 멸종했다.

◀ **스페인의 은화**
일관된 무게와 순도로 유명했던 스페인 은화는 다른 동전의 무게를 재는 기준이 됐다.

문턱

8

산업이 **부상하다**

인구가 증가하면서 식량과 복지 문제가 중요해졌다. 인간은 화석 연료라는 새로운 에너지원을 지구에서 찾아냈다. 화석 연료는 산업이 발전하고 소비 문화가 확산되는 동력이 됐다. 새로운 세계의 질서 속에서는 인간이 지구의 변화를 주도했다.

생명 거주 가능 조건

크고 다양한 사회가 서로 연결된 세계에서, 집단 학습은 강력한 힘을 가진다. 매우 복잡해진 근대 사회의 시작은 18세기로 거슬러 올라간다. 전 지구적 연계가 확산되면서 기존의 교환 네트워크는 강화됐다. 변화의 속도는 더욱 빨라졌다. 인간이 생물권을 통제하는 능력 또한 커졌다.

교환 네트워크가 확대되고 세계화가 심화됐다.

혁신적인 문제 해결 능력이 제고됐다.

집단 학습이 급격하게 가속화됐다.

농업 혁명

이윤을 목적으로 하는 새로운 기술들이 농업 혁신을 이끌었다. 새로운 기술과 혁신은 토지 사용 능력을 향상시켰고, 예전만큼 많은 양의 노동력이 필요하지 않게 됐다. 농장의 노동 수요가 감소하면서 많은 사람들이 기술을 배우기 시작했고, 잠재적인 산업 일자리가 많은 큰 도시로 몰려들었다.

무엇이 달라졌는가?

석탄에 이어 석유, 천연 가스 등 새로운 에너지원에 광범위한 접근이 이뤄졌다. 화석 연료의 사용은 바람, 물, 인간, 동물의 힘을 대체했다. 그리고 새로운 규모의 에너지 생산과 소비가 나타났다.

인구 증가

효율적인 농업 기술은 식량 생산량을 크게 끌어올렸다. 늘어난 식량은 수많은 공장 노동자들을 지탱했다.

기계화

바람, 물, 그리고 동물의 힘이 곡물을 갈고 물을 퍼 올리는 기계를 구동하는 데 사용됐다. 또한 이런 힘을 이용하는 것이 인간 혼자 하는 것보다 더 신속하고 효율적으로 물건을 운반했다. 기업가들, 특히 직물 제조업자들은 인간의 노동과 수작업을 대체할 기계적인 생산 방식을 물색했다.

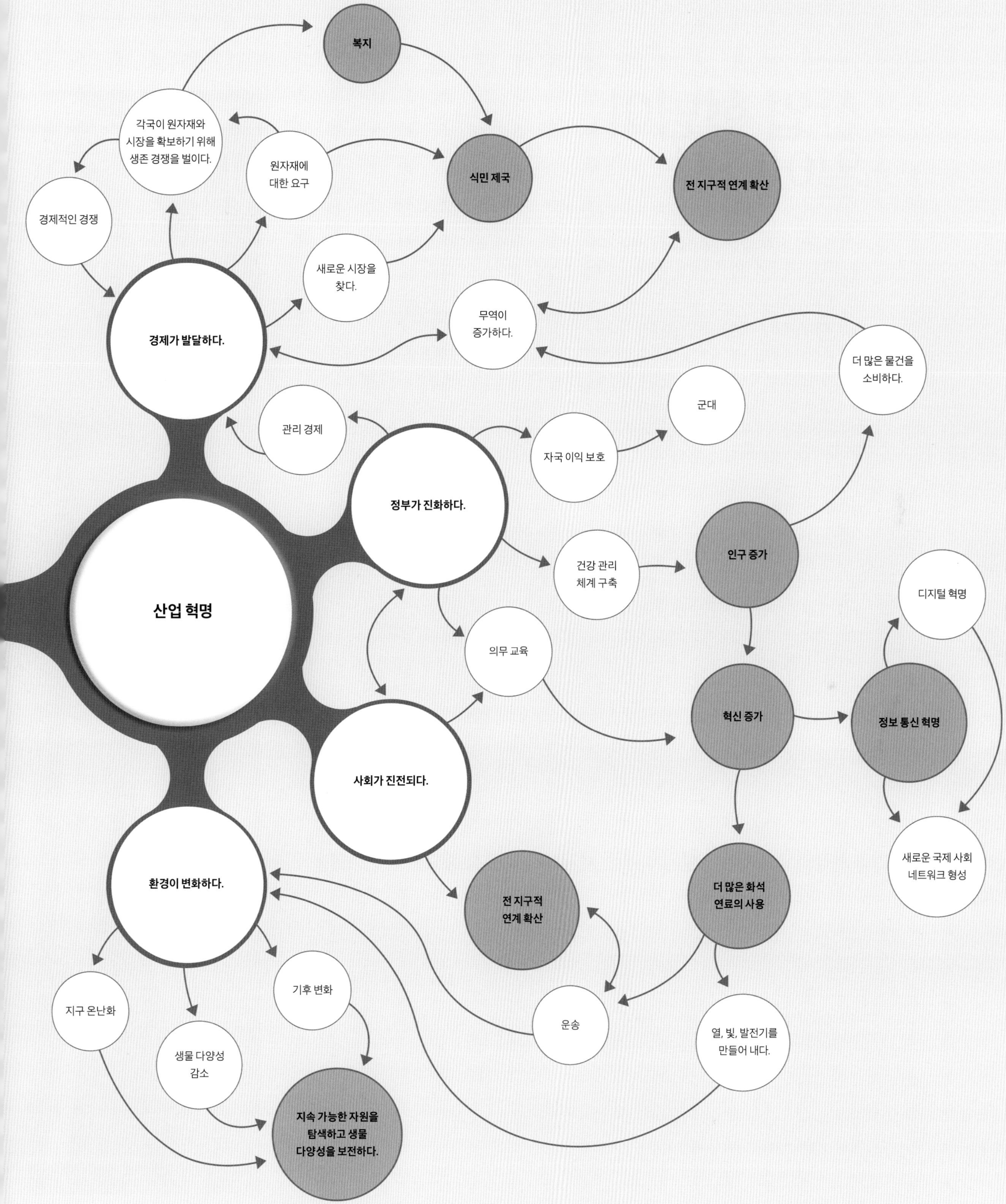
복지
각국이 원자재와 시장을 확보하기 위해 생존 경쟁을 벌이다.
원자재에 대한 요구
식민 제국
전 지구적 연계 확산
경제적인 경쟁
새로운 시장을 찾다.
무역이 증가하다.
경제가 발달하다.
더 많은 물건을 소비하다.
관리 경제
군대
자국 이익 보호
정부가 진화하다.
건강 관리 체계 구축
인구 증가
산업 혁명
디지털 혁명
의무 교육
혁신 증가
정보 통신 혁명
사회가 진전되다.
새로운 국제 사회 네트워크 형성
환경이 변화하다.
전 지구적 연계 확산
더 많은 화석 연료의 사용
기후 변화
지구 온난화
운송
생물 다양성 감소
열, 빛, 발전기를 만들어 내다.
지속 가능한 자원을 탐색하고 생물 다양성을 보전하다.

산업 혁명이 일어나다

수백 년 동안 세계는 천천히 발전했다. 그러다 18세기 중반에 이르자, 영국에서 일련의 혁신이 일어났다. 그리고 이 혁신이 세상을 영원히 바꿔 놓았다. 산업 혁명의 시작이었다.

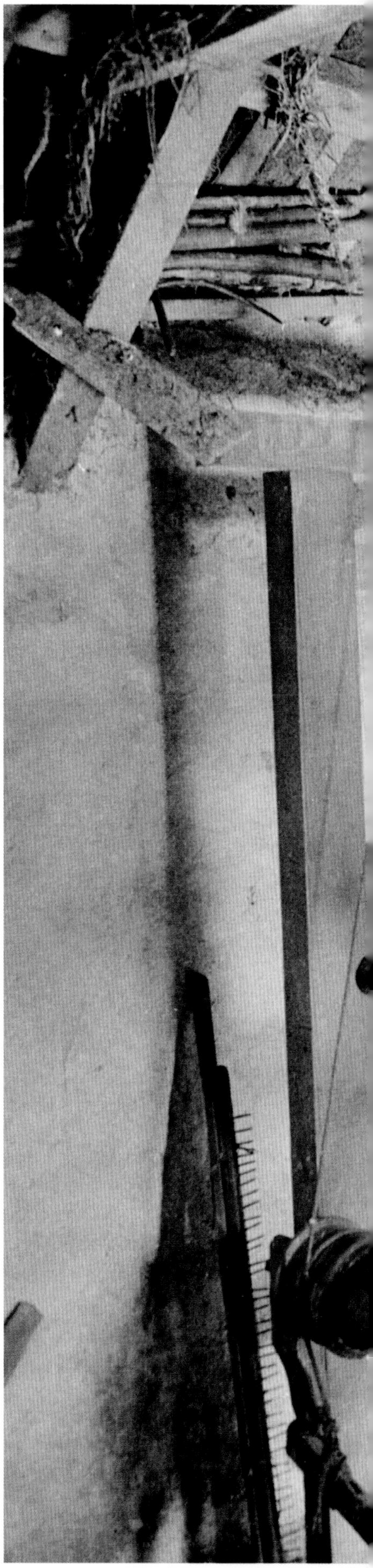

산업 혁명은 세계를 변화시켰다. 사람들은 석탄과 같은 화석 연료를 사용해 제조, 통신, 운송 분야에서 인간과 동물의 힘을 대신하는 방법을 찾아냈다. 산업 혁명은 영국에서 시작됐다. 보다 빠르게 기술이 변하는 시대로 들어선 데에는 다양한 전지구적인 또는 지역적인 요인들이 있었다.

왜 그때, 거기였을까?

영국의 산업화는 유럽 인구가 급격히 증가한 이후에 발생했다. 말을 이용해 땅을 갈고, 현대적인 농기구들을 도입하는 등 기술 혁명이 일어나 토지 사용 능력이 향상되면서 인구가 증가했다 (252~253쪽 참조). 또한 영국의 산업화는 사회가 변화하는 시기에 일어났다. 토지 소유주가 더 적은 노동력으로 더 많은 식량을 생산할 수 있게 되면서, 많은 소작농들이 도시로 가거나 기술을 배웠다. 소작농들은 더 이상 지주들에게 소작료를 내지 않았다. 그들은 이제 임금 노동자가 됐다. 농업 주의도 널리 퍼져 있었다.

영국은 상거래를 통해 부를 쌓았다. 상거래는 강한 육군과 해군의 보호를 받으며 성장했고 산업화에 필요한 자본을 제공했다. 런던은 유럽과 미국을 연결하는 국제적인 무역 중심지로 부상했다. 런던은 상품을 거래해 이득을 취할 수 있는 완벽한 지리적 이점을 누렸다.

이론상, 인구가 많은 중국 또한 언제든 산업화를 이룰 수 있었다. 11세기 이후 중국은 이미 석탄을 이용해 철강 산업을 발전시켰다. 그러나 중국의 석탄 매장지는 대부분 정치적으로 불안정한 대륙 북쪽에 있었고, 13세기 몽골의 침략 이후 경제 중심지가 이곳에서 멀리 떨어진 남쪽으로 이동했다. 정치적인 분위기도 산업화에 도움이 되지 않았다. 산업화는 안정을 추구하는 유교 이념에 반했다.

심각한 문제

1750년과 1800년 사이에 영국의 인구는 두 배 증가했다. 그 결과 목재가 부족해져 석탄이 에너지원으로 쓰였다. 석탄에 대한 수요는 연료 부족이 심각해지면서 더욱 늘었다. 영국의 석탄 매장량은 풍부했지만, 대부분이 지하에 있어서 채굴하기 어려웠다. 이런 상황을 타개할 혁신은 영국에서 일어났다.

> **산업 혁명**은 **농업**이 **시작**되고 **도시**가 **건설**된 이래로, **세계사**에서 **가장 중요한 사건**이었을 것이다.
>
> **에릭 홉스봄**, 영국의 역사가, 1917~2012년

사회에서 상업 사회로 사회 구조가 변했다.

이와 같은 사회 구조의 전환은 중대한 변화였다. 이 과정 속에서 혁신의 속도는 사회적, 이념적, 정치적 분위기에 따라 좌우됐다. 18세기 유럽의 절대 군주제는 혁신을 억제했다. 그러나 영국은 입법 군주제였고, 영국 정부는 상업 활동을 지원하고 혁신에 대해 적절히 보상했다. 영국에는 계몽

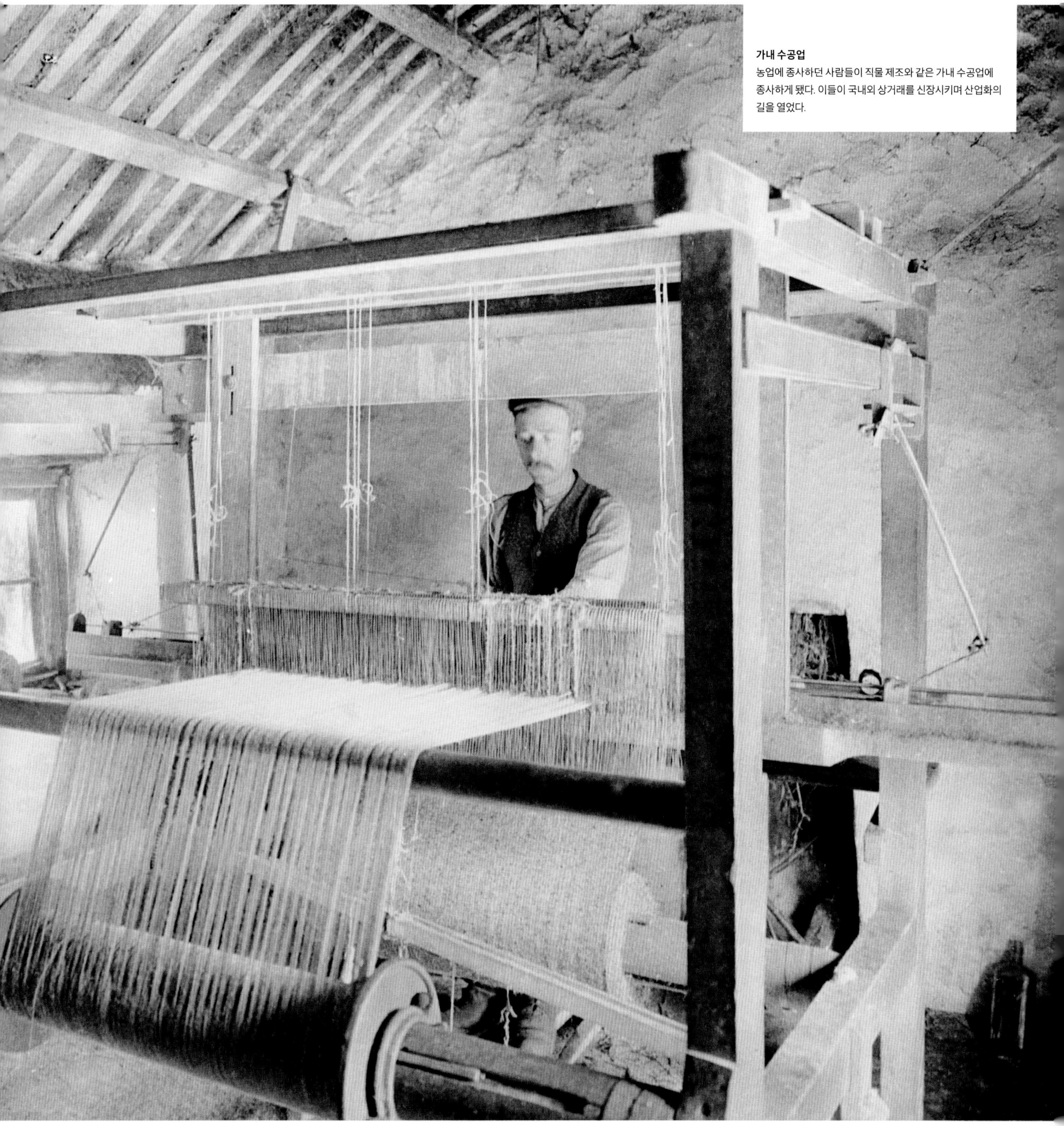

가내 수공업
농업에 종사하던 사람들이 직물 제조와 같은 가내 수공업에 종사하게 됐다. 이들이 국내외 상거래를 신장시키며 산업화의 길을 열었다.

▼ 탄광의 채굴 작업

영국에서 산업화가 진행되면서 증기 기관과 용광로에 쓸 석탄이 더 많이 필요했다. 그 결과, 석탄 생산량이 증가했고 탄광은 더 깊어졌으며 채굴 작업은 더 위험해졌다.

말이 끄는 짐차를 이용해 목재와 자재, 석탄을 운반했다.
벽돌 굴뚝
증기 기관소
수집한 석탄
증기 기관으로 윈치(밧줄이나 쇠사슬로 무거운 물건을 들어 올리거나 내리는 기계—옮긴이)를 돌려 수직 갱도를 따라 광부와 석탄을 날랐다.
배기 갱도에서 올라오는 뜨거운 공기는 입기 갱도 근처의 차가운 공기에 비해 밀도가 낮았다. 이러한 공기의 압력 차에 의해 입기 갱도 내의 차갑고 신선한 공기가 아래로 내려갔다.
여기 쌓여 있는 목재들은 탄광의 수직 갱도와 수평 갱도를 만들고 수리하는 데 쓰인다.
나무 플랫폼 위에 간단한 도르래 시스템이 설치돼 있다.
배기 수직 갱도의 안쪽 벽은 나무로 덧대어 있다.
키버들(wicker)로 만든 거대한 석탄 운반용 바구니는 광부들을 태우고 갱구 바닥까지 내려간다.
광부들이 작은 석탄층에서 캐낸 석탄을 주요 갱도까지 옮기고 있다.
뜨거운 공기와 함께 유독한 가연성 기체도 배기 수직 갱도를 따라 올라온다.
석탄이 위로 올라간다.
펌프 배관으로 물을 퍼 올린다. 광부들은 종종 허리까지 물이 차오른 상태에서 일했다. 광산은 물에 잠기기도 했다.
용광로에 석탄을 공급한다.
용광로에 석탄을 태워 광산을 환기시켰다. 유독한 기체를 제거하고 폭발 위험을 줄이기 위해서였다.
일꾼들이 석탄을 삽으로 파 용광로에 넣고 있다.
차가운 공기가 입기 수직 갱도를 따라 아래로 내려가면서 광산이 환기된다.
말이 끄는 석탄 운반용 나무 마차가 입기 갱도로 이동한다.
어린 소년이 광산 내부의 공기 흐름과 환기를 조절할 목적으로 문을 여닫는 역할을 담당했다. 이들은 '트래퍼(trapper, 통풍구 개폐 담당자)'라고 불렸다.

영국은 **1700년**에는 **254만 톤**의 석탄을, **1900년**에는 **2억 2400만 톤**의 석탄을 생산했다.

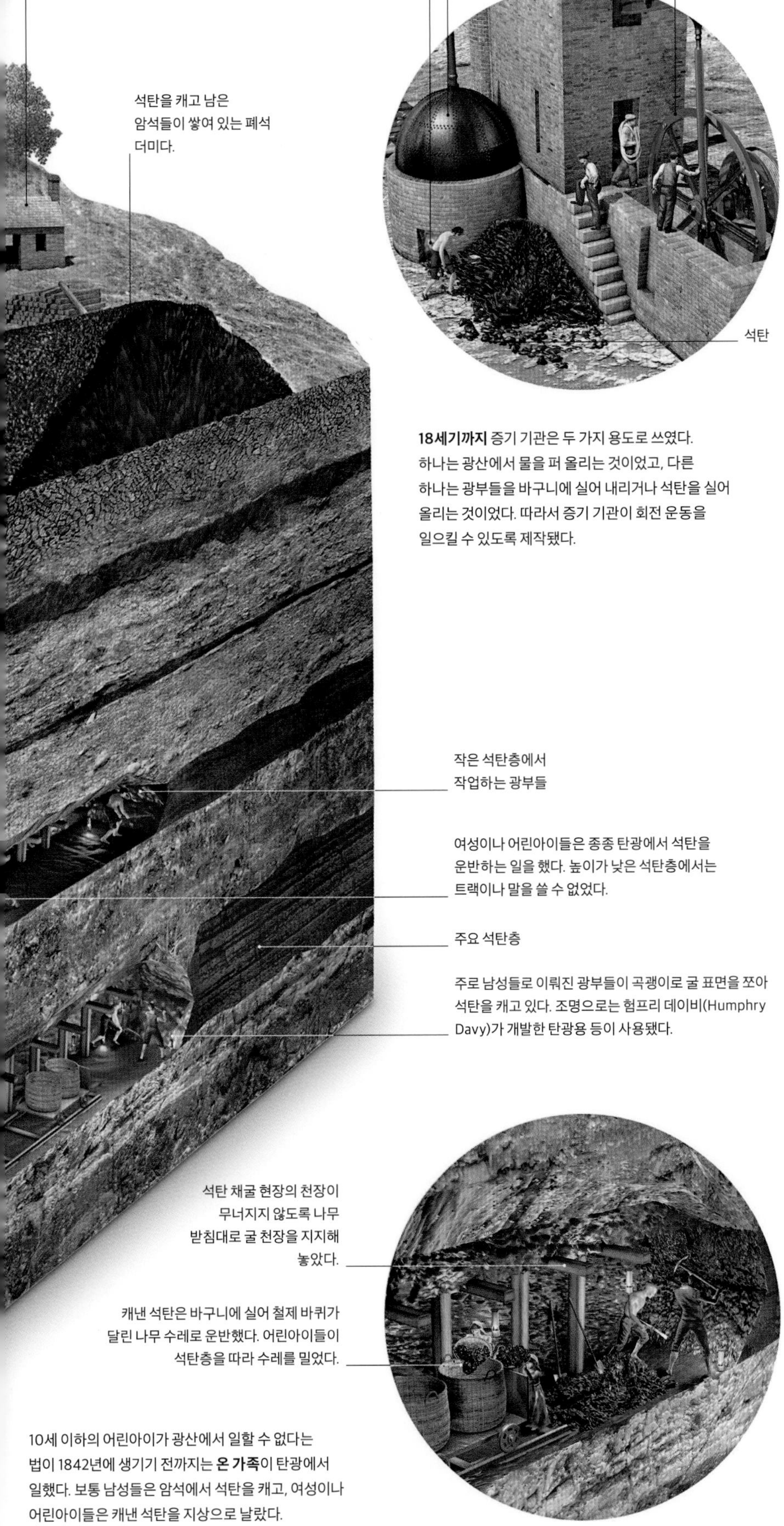
광부와 그 가족은 광산 근처에 있는 작고 비좁은 오두막에서 살았다.
엔진에 동력을 공급하기 위해 보일러에 석탄을 넣는다.
보일러
환기와 펌프질을 담당하는 엔진
석탄을 캐고 남은 암석들이 쌓여 있는 폐석 더미다.
석탄
18세기까지 증기 기관은 두 가지 용도로 쓰였다. 하나는 광산에서 물을 퍼 올리는 것이었고, 다른 하나는 광부들을 바구니에 실어 내리거나 석탄을 실어 올리는 것이었다. 따라서 증기 기관이 회전 운동을 일으킬 수 있도록 제작됐다.
작은 석탄층에서 작업하는 광부들
여성이나 어린아이들은 종종 탄광에서 석탄을 운반하는 일을 했다. 높이가 낮은 석탄층에서는 트랙이나 말을 쓸 수 없었다.
주요 석탄층
주로 남성들로 이뤄진 광부들이 곡괭이로 굴 표면을 쪼아 석탄을 캐고 있다. 조명으로는 험프리 데이비(Humphry Davy)가 개발한 탄광용 등이 사용됐다.
석탄 채굴 현장의 천장이 무너지지 않도록 나무 받침대로 굴 천장을 지지해 놓았다.
캐낸 석탄은 바구니에 실어 철제 바퀴가 달린 나무 수레로 운반했다. 어린아이들이 석탄층을 따라 수레를 밀었다.
10세 이하의 어린아이가 광산에서 일할 수 없다는 법이 1842년에 생기기 전까지는 **온 가족**이 탄광에서 일했다. 보통 남성들은 암석에서 석탄을 캐고, 여성이나 어린아이들은 캐낸 석탄을 지상으로 날랐다.

석탄으로 움직이는 산업

대량의 석탄 매장지에 접근하게 된 것은 획기적인 일이었다. 산업 현장에서 작동되는 기계에 석탄 연료를 공급하게 되면서 본격적으로 근대 시대가 시작됐다. 석탄은 산업에 동력을 공급하는 데 가장 먼저 쓰인 화석 연료였다.

석탄의 역사는 18세기 유럽의 광산보다 훨씬 더 오래전인 기원전 1000년경 중국에서 시작한다. 이때 석탄은 가정에서 난방용으로 쓰이거나, 구리를 제련하고 철을 만들기 위해 용광로에 불을 지피는 데 이용됐다. 중국의 송나라는 11세기에 철로 된 무기와 갑옷을 만드는 데 석탄을 사용했다. 영국에서는 2세기부터 석탄을 연료로 이용했다. 당시 브리튼 섬을 점령한 로마 인이 지표 근처에 있는 석탄을 채굴해 요새 난방, 용광로 가동, 희생 제의에 사용했다. 5세기에 로마 사람들이 떠난 후에는 이곳도 석탄 사용이 줄었다. 당시만 해도 얻기 쉬운 연료는 석탄이 아닌 목재였다. 13세기 들어서야 잉글랜드 북동부 해변에 밀려 올라온 해탄(sea coal)을 사람들이 채집해 쓰기 시작했다.

산업 혁명이 일어난 영국에는 두꺼운 석탄층이 깊은 곳에 매장돼 있었다. 초기 채굴 작업은 매우 위험했다. 갱구에 끊임없이 차는 물을 펌프질로 없애기에는 말의 힘이 너무 약했다. 토머스 뉴커먼(Thomas Newcomen)이 개발하고 제임스 와트(James Watt)가 개량한 증기 기관은 광산에서 물을 더 효과적으로 퍼 올렸다. 덕분에 사람들이 더 깊이 묻혀 있는 석탄을 채굴할 수 있었다.

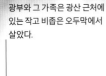

◀ 석탄을 골라내다
여성과 아이들은 석탄을 크기에 따라 분류했다. 정렬된 석탄은 운송 전에 잘 씻어 말렸다.

증기 기관이 가져온 변화

18세기에 광산에서 물을 퍼 올리도록 개발된 증기 기관은 산업 시대를 정의하는 발명품이었다. 증기 기관은 다시 사용하기 시작한 석탄으로 작동됐다. 증기 기관이 사람과 동물, 물의 힘을 대체하면서 공장, 철도, 증기선이 등장했다.

▲ 산업의 동력
뉴커먼의 증기 기관을 개선한 와트의 증기 기관이 공장 기계에 동력을 공급하며 대량 생산의 시대를 열었다.

1712년, 영국의 철물상이었던 토머스 뉴커먼이 증기 기관을 발명했다. 증기 기관은 광산 깊은 곳에서 말 20마리가 끄는 힘으로 물을 퍼 올릴 수 있었다. 이 기계 덕분에 더 깊은 곳에서 석탄을 채굴할 수 있었고, 영국에서는 석탄이 끝없이 공급됐다. 이후 뉴커먼의 증기 기관은 매우 유명해졌고, 1755년에 프랑스, 벨기에, 독일, 헝가리, 스웨덴, 미국에 설치됐다. 그러나 그때까지만 해도 뉴커먼의 증기 기관은 덩치가 크고 효율이 낮았으며 엄청나게 많은 석탄을 소비했다. 이를 개선하지 않고서는 이 기계는 석탄 광산에서밖에 사용할 수 없었다. 1765년, 발명가인 제임스 와트는 뉴커먼의 기계가 석탄과 증기를 낭비하고 있다는 사실을 깨닫고, 이런 낭비를 없애기 위해 별도의 응축기를 달았다.

공장 제도의 부상

광산의 증기 기관은 오직 상하 운동만 했다. 그러나 기업가인 매슈 볼튼(Matthew Boulton)은 와트가 개선시킨 증기 기관을 공장 기계에 필요한 회전 운동을 발생시키는 데 적용할 수 있을 것이라고 생각했다. 볼튼은 버밍엄 지역에 작은 금속 장신구와 장난감을 생산하는 소호(Soho) 공장을 갖고 있었다. 당시의 많은 기업가들과 마찬가지로 볼튼도 기계 장치에 동력을 제공하기 위해 수차를 사용했다. 따라서 가뭄으로 강이 마르면 공장이 가동을 중단했다.

▼ 변화의 원동력
기차로 승객과 원자재, 상품이 운반됐다. 증기 기관차는 물건과 사람을 저렴하게 나르며, 산업화를 더 멀리 퍼뜨렸다.

볼튼은 와트에게 새로운 증기 기관의 시제품을 제작할 수 있는 도구와 기술자를 지원했다. 와트는 1776년에 기존 증기 기관을 개선하는 데 성공했다. 와트의 증기 기관은 모든 제조업을 자연의 힘에서 해방시켰다. 와트의 증기 기관은 기존에 사용하던 연료의 4분의 1만 가지고도 전에 쓰던 증기 기관과 동일한 규모의 힘을 만들어 낼 수 있었고, 어디에나 설치가 가능했다. 이렇게 볼튼의 소호 공장은 증기 기관을 이용한 세계 최초의 공장이 됐다. 공장에서 대량 생산 시스템이 적용되면서 직원들은 생산 라인에 더욱 전념할 수 있었다. 새로운 증기 기관은 새로운 생산 방식인 '공장 제도'를 발전시켰다.

기계를 기반으로 한 제조업으로의 전환은 영국과 미국, 일본에서 섬유 산업을 일으켰다. 증기의 힘은 산업을 변화시켰고, 직물의 대량 생산은 영국 경제를 바꿔 놨다. 증기 기관을 방적기, 직기와 결합하자 전례 없는 속도로 면직물이 생산됐다. 1850년, 영국 사람들은 1800년보다 10배 더 많은 면화를 사용했으며 면직물이 값싸게 널리 보급됐다. 미국 면화에 대한 수요를 충당하기 위해 미국에서는 노예 농장이 운영됐다.

증기 기관의 확산

증기 기관 덕분에 공장이 수로와 가까이 있지 않아도 제품을 생산할 수 있게 됐다. 19세기 말, 도시에는 증기의 힘으로 기계를 돌리는 공장들이 곳곳에 생겨났다. 석탄, 원자재, 상품을 이런 도시로 수송하기 위해 유료로 운영되는 도로와 운하, 철도 등 새로운 운송 네트워크가 구축됐다.

▲ 여직공
증기 기관으로 움직이는 직기가 방직 공장에 도입됐다. 이런 기계를 사용하는 것은 공장의 효율성을 높였고, 남성 노동자를 대신해 여성 노동자나 어린아이들이 기계를 작동시킬 수 있었다.

> "**근대 문명**에 감탄하는 사람들은 보통 근대 문명을 **증기 기관**과 전신으로 **정의한다**."
>
> **조지 버나드 쇼**, 아일랜드의 극작가이자 정치 운동가, 1856~1950년

철도는 철을 대량 생산하면서 가능해진 산업화의 두 번째 물결이었다. 영국의 기술자인 에이브러햄 다비(Abraham Darby)는 18세기 초에 코크스를 태워 철을 제련하는 방법을 발명했다. 석탄을 사용하게 되면서 영국의 철 생산량은 급격히 증가했다. 철과 증기 기관을 이용해 증기 기관차가 만들어지고 그것이 다니는 철로가 제작됐다. 19세기, 다른 산업화된 국가에서도 철도를 놓았다. 철, 석탄, 그리고 철도는 독일, 벨기에, 프랑스, 미국에서 산업 혁명의 상징이 됐다. 특히 철도는 기존 기술을 발전시켜 끊임없이 앞으로 나아간, 산업 시대의 좋은 예였다.

사람들은 증기 기관에 터빈 시스템을 도입해 선박을 움직였다. 예전의 외륜 수차(paddle wheel)보다 더 효과적인 스크루 추진기(screw propeller)를 도입한 결과, 일관된 추진력을 얻을 수 있었다. 1840년에는 증기선이 대서양을 가로질러 상품과 사람을 날랐다. 19세기 말에는 철갑 전함, 즉 강철판으로 배 표면을 만들고 증기 기관으로 돌아가는 프로펠러를 설치한 대형 선박이 등장했다. 이는 증기의 힘이 무기로도 사용될 수 있음을 보여 줬다.

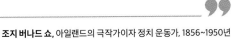

▲ 해운 회사
네덜란드 왕립 증기선사(Royal Netherland Steamship Company)는 유럽과 네덜란드령 동인도 사이에서 물건과 승객을 날랐다.

1750년 | 산업 혁명 시작

1789년 | 인권 선언

1830년 | 증기 시대

산업화 과정

산업 혁명을 겪은 첫 번째 나라인 영국은 다른 나라들이 따라할 수 있는 본보기를 제공했다. 세계 각국은 저마다의 방법으로 산업화를 이루었지만, 각각에는 공통점이 있었다.

산업화는 농업 경제를 바꿨다. 산업화 시기에 일련의 기술 혁신이 일어나 천연 자원을 사용하는 능력이 증대되었고 상품을 대량으로 생산할 수 있게 됐다. 새로운 자원에 대한 접근은 혁신의 물꼬를 텄다. 더 많이 생산하면서 인간의 노동력은 덜 쓰는 기계가 발명되면서 공장에서의 생산 작업은 이전과는 다르게 조직됐다. 노동이 특수화, 분업화된 것이다. 또한 과학이 산업에 점점 더 많이 적용되면서, 철과 같은 새로운 물질이 운송과 통신 기반 시설을 만드는 데 사용됐다.

마침내 산업화는 정치적, 사회적, 경제적 변화를 가져왔다. 산업화로 인해 무역이 활발해지고 경제가 성장했으며, 새롭게 산업화된 사회의 요구를 충족시킬 수 있는 정부가 출현했다. 그리고 새로운 도시들과 거대한 제국들도 생겼다.

효율적인 운송 네트워크
원자재를 공장에 공급하고 완제품을 시장에 가져다 파는 것은 산업화에 필수적이었다. 유료 도로가 건설됐고, 뒤이어 운하와 철도가 깔렸다. 증기선은 대서양을 횡단해 빠른 운송을 가능하게 만들었다.

석탄

에너지의 근원
각 나라는 물과 석탄, 석유, 천연 가스 등을 에너지원으로 이용해 산업화를 이뤘다. 석탄은 특히 산업 혁명의 주요한 원동력이었다. 증기 기관, 철을 생산하는 용광로, 연료 등에 석탄이 사용됐다.

석유

노동력
농업에서 기술 혁신이 일어나 인구가 증가하면서 노동의 전문화가 시작됐다. 장인, 숙련공, 직공, 임금 노동자 등은 더 이상 농촌에 매여 있지 않고 도시로 이주해 공장에서 일자리를 찾았다.

기술의 진보
증기의 힘을 이용하는 기술이 지속적으로 발전하면서 증기 기관차와 증기선이 만들어졌다. 석탄을 태워서 얻은 증기의 힘은 현재도 주요한 동력원이다. 오늘날에는 증기로 다량의 전기를 생산한다.

증기 기관

혁신적인 사고 방식
수력 방적기, 조면기, 제니 방적기(spinning jenny, 다축 방적기) 등 새로운 기계의 도입으로 제품의 대량 생산이 가능해졌다. 증기 기관으로 돌아가는 거대한 기계는 공장 제도를 발생시켰다.

사상의 자유
혁신가와 기업가 사이의 자유로운 의견 교환은 증기 기관과 같은 새로운 기술을 탄생시켰다. 산업 스파이가 활동하고 무역 경로가 확장되면서 신기술은 먼 곳까지 전파됐다.

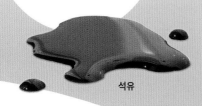

철

강한 무역 관계
산업은 부를 창출했다. 정부와 기업가들은 자본을 제공했다. 국내외에서 새로운 시장이 열려 제품에 들어가는 원자재와 완제품이 거래됐다.

산업화의 요소

39년 | 제2차 세계 대전 **1950년대** | 인류세 시작 **1970년** | 디지털 시대 **1973년** | 석유 파동 **1989년** | 월드 와이드 웹 발명 **2001년** | 9.11 테러 발생 **2008년** | 세계 금융 위기 **2020년** | 코로나19 팬데믹 시작

◀ 산업화가 이뤄지는 과정
산업화는 농업 중심의 사회와 경제가 변하는 과정이다. 산업화는 새로운 혁신과 기술에 의해 촉진됐으며, 이후 어마어마한 사회적, 정치적 변화를 야기했다. 새로운 경제 이론들이 나왔고 강력한 산업 제국이 만들어졌다.

도시의 성장
도시들은 산업 중심지에서 생겨났다. 대규모의 도시화가 이뤄지면서 인구가 과도하게 집중되는 현상도 종종 나타났다. 불결한 위생 상태 때문에 질병이 퍼지기도 했다. 산업 도시들은 더러웠다. 정부는 깨끗한 물이나 위생 시설을 충분히 공급하지 않았다.

자금 관리인
정부는 시장을 관리하기 시작했다. 부를 관리하고 축적하는 전문 금융 기관이 생겼다. 대표적으로 은행이나 증권 거래소, 보험 대리점 같은 것이 있다.

새로운 생산 방식
새로운 기계를 설치한 공장은 물건을 대량으로 찍어 냈다. 노동자들이 적은 돈을 받으며 가혹한 조건에서 장시간 일을 해야 하는 상황에 처했다.

군사 기술
산업 국가의 권력자는 강한 군대를 만드는 데 특히 관심이 많았다. 기관총과 같은 군사 기술은 정부가 시장을 통제하거나, 산업화되지 않은 나라에게 통상을 요구할 때 사용됐다.

소비 문화
과거에는 사치품이었던 물건을 저렴한 가격으로 살 수 있게 되고, 외국의 제품들이 새로운 무역 네트워크를 통해 유입됐으며, 임금이 높아졌다. 그 결과, 중산층이 새롭게 등장했다. 이러한 소비 혁명으로 재투자가 가능한 자본이 탄생했다.

식민지의 힘
산업 국가의 통치자들은 그들의 강한 육군과 해군을 앞세워 다른 나라에 식민지를 건설했다. 식민지 국가들은 제품 생산에 필요한 원자재가 풍부했다. 이런 행태를 오늘날 제국주의라고 부른다.

정치적인 동업
혁명, 중산층의 부상, 그리고 정치적, 사회적 개혁은 정부와 국민 사이의 새로운 사회 계약으로 귀결됐다. 이는 근대 국가가 세워지고 민주주의가 시작되는 초석이 됐다.

사회 개혁
19세기 정부는 국민들의 삶의 질을 개선시키기 위해 조치를 취했다. 노동 시간과 아동 노동을 규제하는 법이 제정되고, 대중을 대상으로 한 의무 교육과 건강 관리 체계가 마련됐다. 그리고 도시 환경을 깨끗하게 만들기 위한 위생 관리 사업도 시작됐다.

강한 군대
정부는 산업으로 일군 부를 이용해 다른 산업 국가와 경쟁할 수 있을 정도로 대규모의 군대를 만들었다. 이런 군대는 종종 거대한 식민 제국을 통치하는 데 동원됐다.

새로운 이념
산업 국가가 근대 국가의 형태를 갖추기 시작하면서 민족주의 개념과 제국주의 개념이 발전했다. 제국주의에는 산업화를 이룬 국가와 민족이 산업화가 되지 않은 국가와 민족을 지배해야 한다는 우월주의가 내포돼 있었다.

경제적인 힘
산업화는 부를 창출하는 소비 자본주의를 만들어 냈다. 그로 인해 빈부 격차가 심화됐다. 산업화된 국가들과 그렇지 않은 국가들 간의 간극도 커졌다.

→ 혁신이 계속되는 이유 → 새로운 사회 기반 시설과 기관 → 사회적, 정치적, 경제적 변화

1 변화의 시작

영국의 발명가들과 혁신가들은 섬유 산업을 기계화하고 공장 제도를 시작했다. 해외 식민지에서 들여온 원자재와 기계화된 공장에서 대량 생산되는 값싼 물건들 덕분에, 영국은 세계 무역의 주도권을 잡았다.

1750년

대영 제국

1753년경 **플라잉 셔틀(Flying Shuttle**, 1733년 특허 등록)이 널리 도입됐다. 직공 한 명의 생산량이 두 배 증가했다.

1761년 **브리지워터 운하**가 열렸다. 이 운하는 온전히 인간의 힘으로 만든 것으로 영국의 운송 혁명을 이끌었다.

1765년 **제니 방적기**가 개발됐다. 덕분에 실 짜는 비용이 줄어들었고 직공들의 수요를 맞출 수 있었다.

1765년, 제임스 와트가 **증기 기관**을 개선했다. 1712년에 개발된 뉴커먼의 것보다 더 효율적인 와트의 증기 기관은 기계에 동력을 공급하는 데 사용됐다. 그 결과, 공장 제도라는 새로운 생산 조직이 출현했다.

1766년, **소호 공장**이 문을 열었다. 이 공장은 증기 기관을 이용해 금속 및 유리 제품을 대량 생산하는 데 앞장섰다.

1769년, 리처드 아크라이트(Richard Arkwright)가 **수력 방적기**를 개발했다. 작동에는 특별한 기술이 필요 없었다.

1771년, 영국 더비셔 지역에 최초의 수력 면화 방적기 공장인 **크롬퍼드 밀(Cromford Mill)**이 건설됐다. 다른 산업 국가에서도 이런 생산 방식을 채택했다.

1776년, **애덤 스미스(Adam Smith)의 『국부론(The *Wealth of Nations*)』**이 출간됐다. 이 책은 자유 무역(제약 없는 무역)을 옹호하는 산업 시대의 새로운 경제 이론을 설명했다.

1779년, 에이브러햄 다비 3세가 슈롭셔 지역의 세번 강에 **세계 최초의 주철 다리**를 지었다. 이 다리는 산업 혁명의 상징으로 전 세계에 알려져 있다.

1779년, 다축 방적기와 수력 방적기를 결합한 **뮬(mule, 잡종) 방적기**가 개발됐다. 뮬 방적기는 섬유 산업을 완전히 자동화했다.

1783년, 헨리 코트(Henry Cort)가 연철을 만들기 위해 고안해 낸 **반사로(puddling furnace)** 덕분에 철 생산량이 20년 만에 400퍼센트나 증가했다.

1786년에 발명된 **탈곡기**는 농사의 효율성을 높였다.

1792년, 윌리엄 머독(William Murdock)이 최초로 **석탄 가스**를 사용해 불을 밝혔다. 석탄 가스는 양초와 기름등을 대신해 거리, 집, 공장을 밝혔다.

미국

1793년, 엘리 휘트니(Eli Whitney)가 개발한 **조면기**는 목화에서 씨를 효과적으로 분리해 냈다. 이것은 노예의 노동에 대한 수요를 증가시켰다.

조면기

벨기에

유럽의 산업 혁명은 1799년에 시작됐다. 영국 출신의 윌리엄 코커릴(William Cockerill)이 영국 법을 어기고 벨기에에 방적기를 건설했다.

1800년

1804년, 리처드 트레비식(Richard Trevithick)은 석탄을 나르기 위해 **증기 기관차**를 사용했다. 이는 빠르고 효율적인 운송의 시대를 열었다.

1807년, 최초의 상업용 증기선인 **노스 리버호(North River Steamboat)**가 허드슨 강을 따라 뉴욕과 올버니를 오갔다.

연표로 보는 역사

산업화가 세계로 확산되다

영국은 산업화를 거쳐 막강한 경제력과, 높은 국제적 지위를 얻었다. 다른 나라들도 영국의 사례를 좇았다.

영국의 산업화는 계획되지 않은 우연의 결과물이었다. 그러나 다른 나라에서는 강력한 정부나 기업가가 나서 산업화를 추진했다. 새로운 산업 사회는 각기 다른 방식으로 진행됐고 각기 다른 특징을 지녔지만, 모두 영국이라는 모델에서 유래했고 석탄, 제철, 철강 및 섬유 산업을 중요하게 여겼다.

영국은 자국의 이익을 보호하기 위해 새로운 기술과 숙련된 노동자들이 다른 나라로 가지 못하게 막았다. 하지만 국가들은 기계를 밀수입하고, 스파이를 보내 영국의 산업화 비결을 알아내고, 뇌물을 써서 해외에 공장을 설립했다. 초창기에 산업화를 이룬 국가는 영국과 지리적, 문화적으로 유사한 국가들이었다. 벨기에, 프랑스, 프로이센 등이 영국 다음으로 산업화에 필수적인 철도 및 공장을 건설했다.

1813년, 윌리엄 코커릴은 벨기에의 리에 주에 **와트의 증기 기관을 수입했다.** 증기의 힘은 벨기에의 산업 혁명을 이끌었다.

2 혁명의 확산

1830년, 1848년 두 차례에 걸친 정치 혁명은 사회적 격변을 가져왔지만, 동시에 유럽 전역에 자유주의 사상과 새로운 혁신을 전파했다. 미국은 새로 획득한 영토의 풍부한 천연 자원을 활용해 산업화를 시작했다. 변화의 속도는 1865년에 미국 남북 전쟁이 끝난 뒤 더욱 가속화됐다.

1825년, **최초의 여객 열차**가 영국 스톡턴에서 달링턴까지 운행했다.

프랑스

1829년, **철도 기술자인 호레이쇼 앨런(Horatio Allen)**이 영국의 증기 기관차를 미국에 들여왔다.

1830년, **프랑스의 방직 공장**이 루앙, 릴, 뮐루즈(뮐하우젠) 지역에서 문을 열었다. 섬유 산업은 산업화를 주도했다.

프로이센

1834년, 모리츠 폰 야코비(Moriz von Jacobi)가 최초로 **회전하는 전기 모터**를 개발했다. 4년 뒤 개선된 버전이 배에 추진력을 제공했다.

1837년에 최초의 외륜 증기선인 **SS 그레이트 브리튼호(SS Great Britain)**가 대서양을 횡단했다. 증기선은 재화와 사람의 운송하는 데 일대 혁명을 일으켰다.

1841년, 영국의 기술자 토머스 브래시(Thomas Brassey)가 프랑스에 **네 개의 철도**를 건설했다. 프랑스는 산업화에 필수적인 철도 체계를 구축했다.

1843년, 최초의 스크루 추진식의 전함인 **USS 프린스턴호(USS Princeton)**는 증기 기관이 동력을 공급했다.

1845년, 로버트 톰프슨(Robert Thompson)이 만든 **공기 타이어**가 승차감을 높여 줘 여행이 더 편안해졌다.

1847년, 독일의 철강 노동자 알프레트 크루프(Alfred Krupp)가 최초로 주물형 대포를 제작해 유럽에 **무기가 대량으로 생산됐다.**

1848년, 제임스 영(James Young)이 석유, 파라핀, 등유를 추출하기 위해 **기름을 증류했다.** 이것들은 램프와 공업용 윤활제로 사용됐다.

1850년

1853년, **미국의 증기 전함**이 도쿄 만에 도착했다. 미국은 전함을 이용해 일본이 문호를 개방할 것을 강요했다.

1856년, **베서머 제강법**이 철의 대량 생산 비용을 절감시켰다. 이는 대규모 공정을 가능케 했다.

1859년, **미국 석유 산업**이 탄생했다. 에드윈 드레이크(Edwin Drake)가 미국의 펜실베이니아 주 타이터스빌 지역에서 석유를 굴착했다. 19세기 말까지 석유는 엔진에 동력을 공급하는 주요한 화석 연료였다.

1860년대에 미국 남북 전쟁에서 처음 사용되었던 **개틀링 기관총**은 전시에 질병으로 사망하는 사람들을 줄이기 위해 도입되었다.

1865년, **지멘스-마르탱 제강법(Siemens-Martin process)**이라고 하는 평로법은 철강 생산량을 늘리고 비용을 절감시켰다.

일본

1868년, 메이지 정부가 **일본의 산업화**를 급속도로 이끌었다.

3 산업 세계

일본과 러시아는 경쟁에 대한 욕망에 힘입어 국내의 사회적, 정치적 격변을 극복하고 산업화를 이뤘다. 유럽 강대국은 아프리카 지역의 원자재를 확보하기 위해 경쟁했다.

1875년, 스코틀랜드 출신의 앤드루 카네기(Andrew Carnegie)가 **펜실베이니아 주에 제철소를 건설**했다. 이 공장은 베서머 제강법을 사용해 미국의 철강 산업을 크게 확장시켰다.

벤츠 자동차

1886년, 카를 벤츠(Karl Benz)가 **최초의 자동차** 특허를 취득했다. 최초의 자동차는 석유를 사용하는 내연 기관을 이용해 동력을 얻었다.

1888년, 버지니아 주에 최초의 전기 기관차인 **리치먼드 유니온 여객 철도(Richmond Union Passenger Railway)**가 개설됐다.

러시아

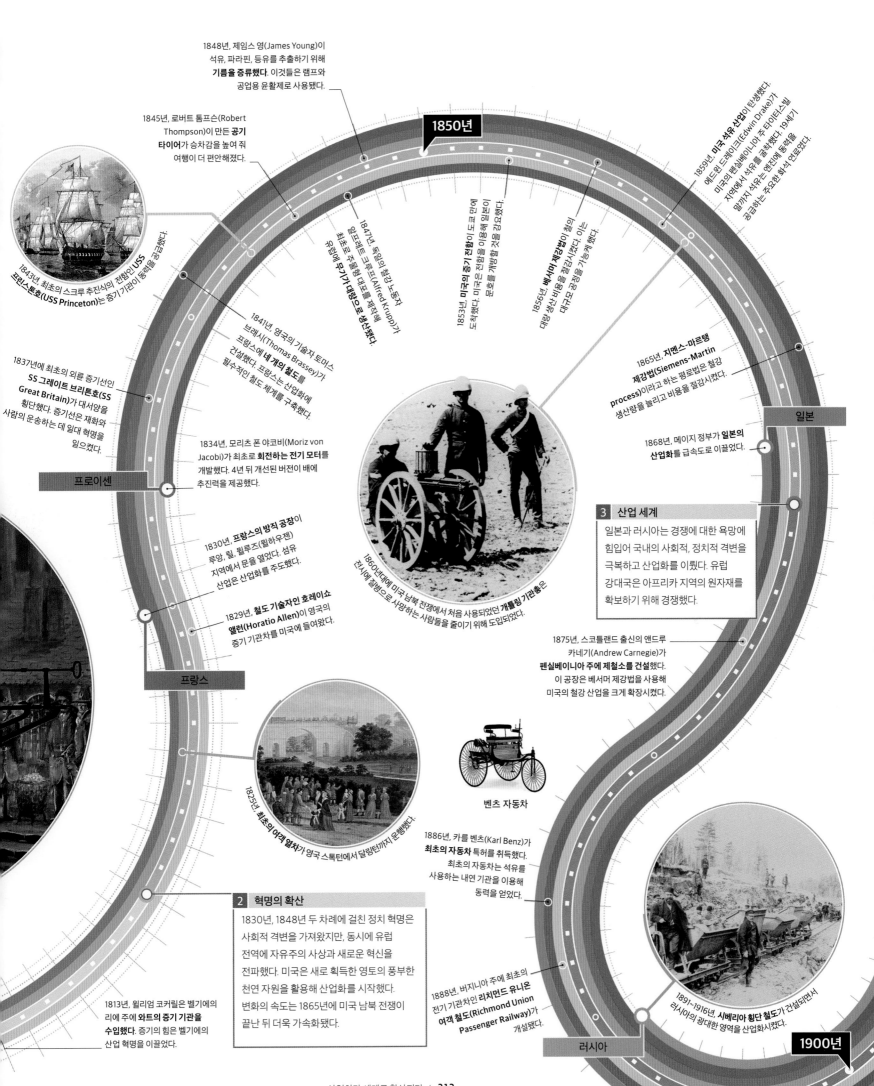

1891~1916년, **시베리아 횡단 철도**가 건설되면서 러시아의 광대한 영역을 산업화시켰다.

1900년

1750년 | 산업 혁명 시작
1789년 | 인권 선언
1830년 | 증기 시대
1869년 | DNA 분리
1880년 | 전기 시대
1914년 | 제1차 세계 대전
1930년대 | 세계 대공황

정부가 진화하다

정부는 산업화로 자국의 부를 늘릴 수 있음을 깨닫고 그들의 정책을 바꿔 나갔다. 정부는 산업계와 협력해 일하기 시작했다. 정부가 시장, 시민의 관리자 역할을 담당하게 되면서 새로운 힘의 균형이 형성됐다.

산업화는 정부의 특성을 변화시켰다. 과거 농업 문명을 지탱해 준 정부의 구조가 새로운 형태로 진화하거나, 산업 경제의 부와 권력을 관리하는 기관들로 대체됐다. 처음 산업화를 이룬 영국은 상인들과 협력하고, 해군을 이용해 해외에서 활동하는 자국민의 권익을 보호하는 등 더 많은 부를 창출하는 데 앞장섰다. 상업 활동이 성공적으로 이뤄지면서 시장의 규모가 커지고 부가 늘어나자, 정부는 시장의 수요를 충족시키고 생산량을 늘릴 수 있도록 혁신을 장려했다. 다른 나라들은 산업화를 통해 정부 수입이 증가해서 그 돈으로 군대가 운영되도록 주의를 기울였다. 또한 그들 정부는 기업가를 지원하고, 새로운 경제를 규제하고, 증가하는 임금 노동자를 관리하는 데 점점 더 많은 관심을 쏟았다. 이 모든 것들이 관료제와 근대 국가의 탄생을 이끌었다.

근대 국가로의 진입 방식은 매우 다양했다. 프랑스는 1789년에 사회적, 정치적 혁명을 통해 구체제(Ancien Régime, 앙시앵 레짐)와 관련된 절대 왕정의 행정 기구들을 쓸어버린 뒤에 완전히 새로운 관료제를 정착시켰다. 영국은 이전부터 확립된 대의제 의회를 중심으로 다른 기관들을 점진적으로 발전시켰다. 국민들의 충성심을 고취시키기 위해 각국 지도자들은 국가적 이념들을 개발하기 시작했다. 1914년부터 전 세계 근대 국가들은 고유한 정치 형태를 갖추어 나갔다.

> **모든 나라의 국민**은 각자의 능력에 따라 **정부**를 지원하는 데 **이바지해야 한다**.

애덤 스미스, 스코틀랜드의 철학자이자 선구적인 경제학자, 1723~1790년

▼ 변화의 압력
산업화는 사회를 변화시켰다. 이제 부의 분배가 훨씬 더 광범위하게 이뤄졌다. 또한 다양한 집단들이 정부에 여러 요구를 하기 시작했다.

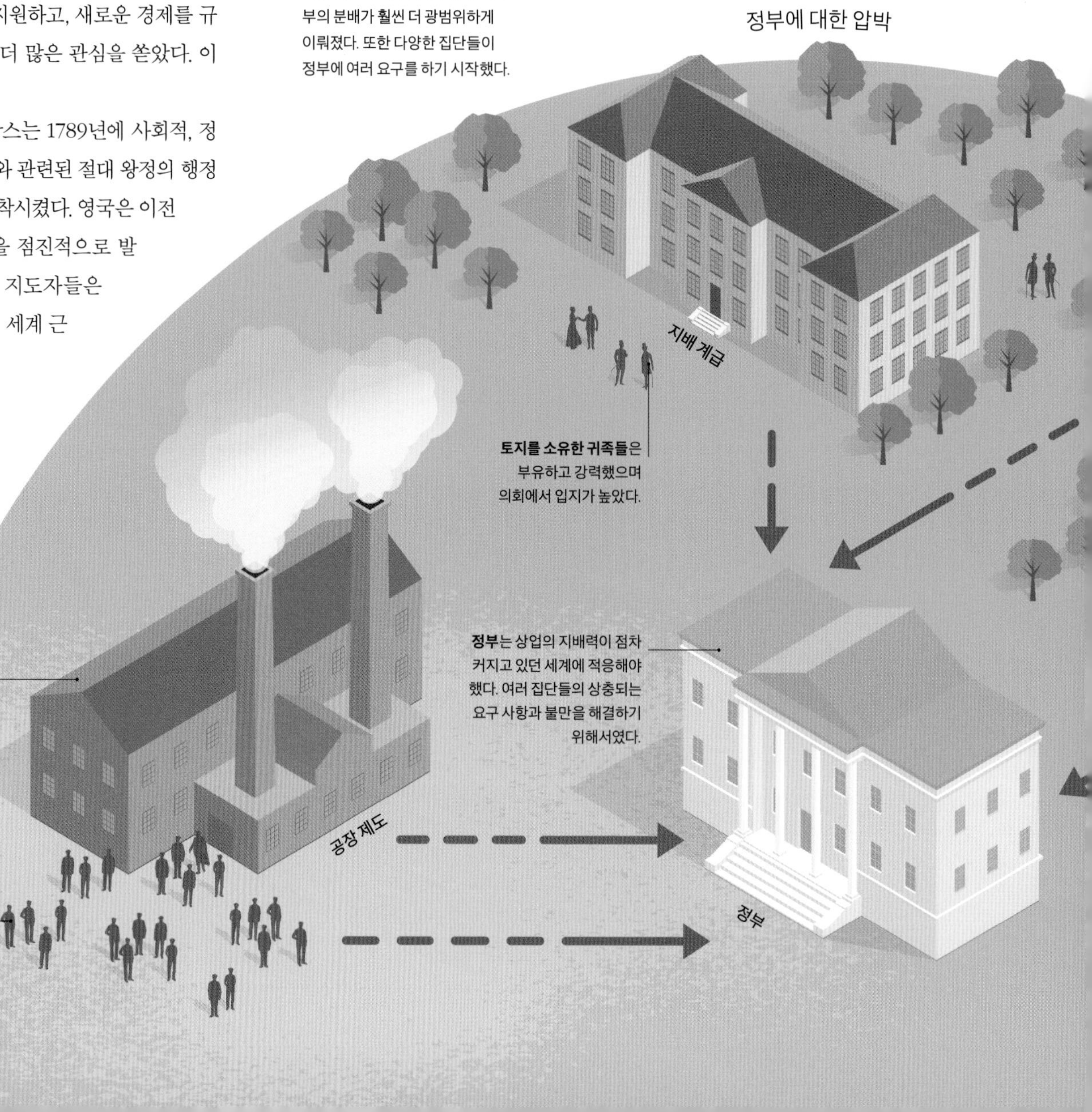

정부에 대한 압박
지배 계급
토지를 소유한 귀족들은 부유하고 강력했으며 의회에서 입지가 높았다.
정부는 상업의 지배력이 점차 커지고 있던 세계에 적응해야 했다. 여러 집단들의 상충되는 요구 사항과 불만을 해결하기 위해서였다.
공장 제도
정부

기업가들은 재력을 앞세워 자유 무역이 채택되도록 정부를 압박했고, 그 덕분에 더 많은 부를 축적할 수 있었다.

공장의 임금 노동자들은 위험한 노동 환경 속에서 적은 임금으로 장시간 동안 힘들게 일했다. 그들은 기계를 파괴하거나, 노동 조합을 조직하고 파업을 하면서 노동 조건 개선과 임금 상승을 위해 투쟁했다.

▶ 새로운 정부
근대 국가의 정부는 산업 경제의 증가하는 부와 권력을 관리해야 했다. 정부는 사회 기반 시설, 보험, 교육, 병원 등을 비롯해 민병대, 과세 등 근대적 행정 제도를 발전시켰다.

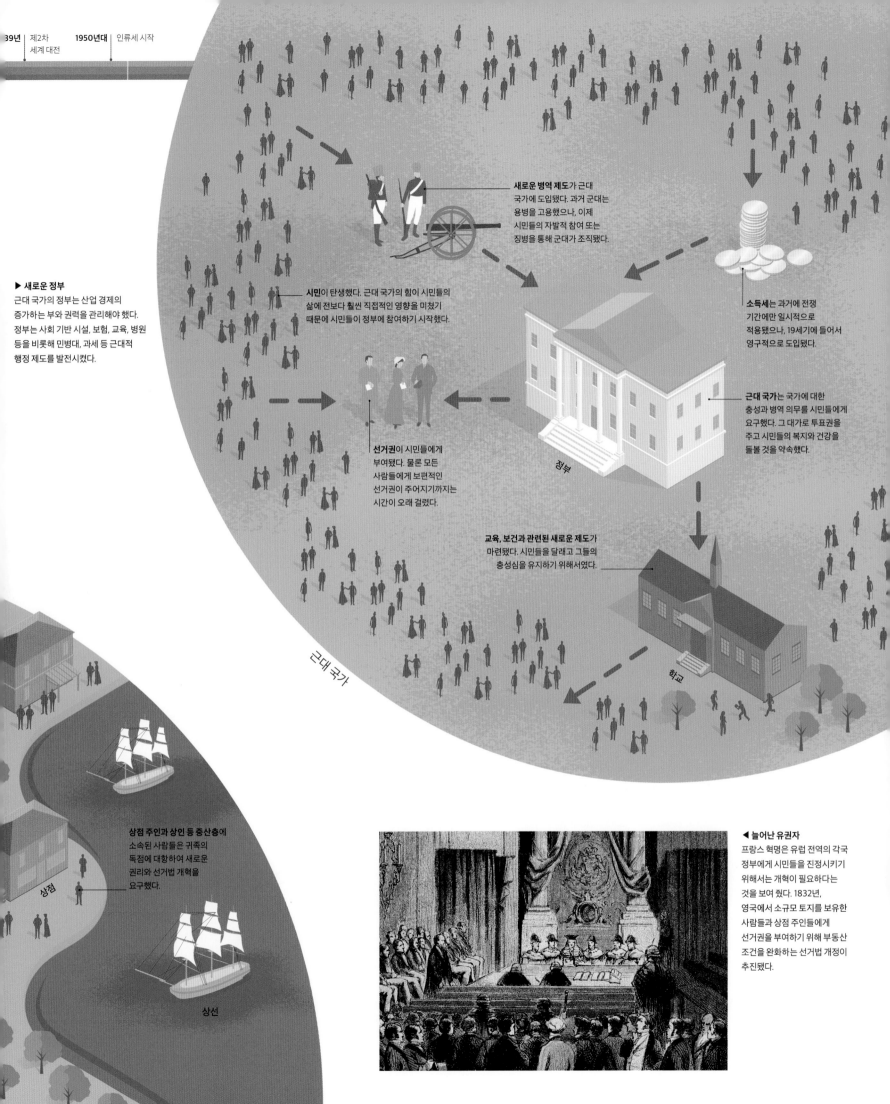

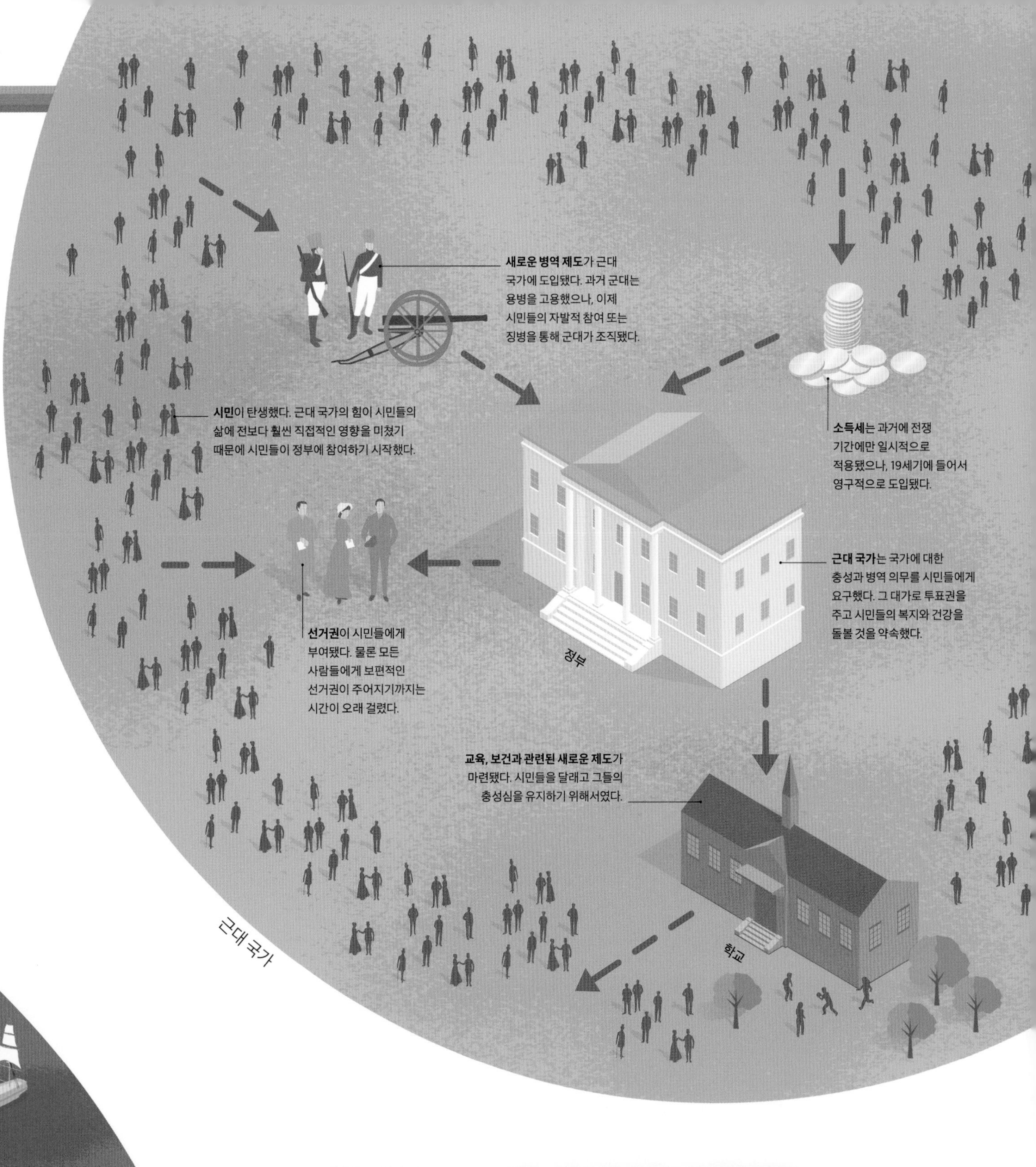
새로운 병역 제도가 근대 국가에 도입됐다. 과거 군대는 용병을 고용했으나, 이제 시민들의 자발적 참여 또는 징병을 통해 군대가 조직됐다.
시민이 탄생했다. 근대 국가의 힘이 시민들의 삶에 전보다 훨씬 직접적인 영향을 미쳤기 때문에 시민들이 정부에 참여하기 시작했다.
소득세는 과거에 전쟁 기간에만 일시적으로 적용됐으나, 19세기에 들어서 영구적으로 도입됐다.
근대 국가는 국가에 대한 충성과 병역 의무를 시민들에게 요구했다. 그 대가로 투표권을 주고 시민들의 복지와 건강을 돌볼 것을 약속했다.
선거권이 시민들에게 부여됐다. 물론 모든 사람들에게 보편적인 선거권이 주어지기까지는 시간이 오래 걸렸다.
정부
교육, 보건과 관련된 새로운 제도가 마련됐다. 시민들을 달래고 그들의 충성심을 유지하기 위해서였다.
학교
근대 국가

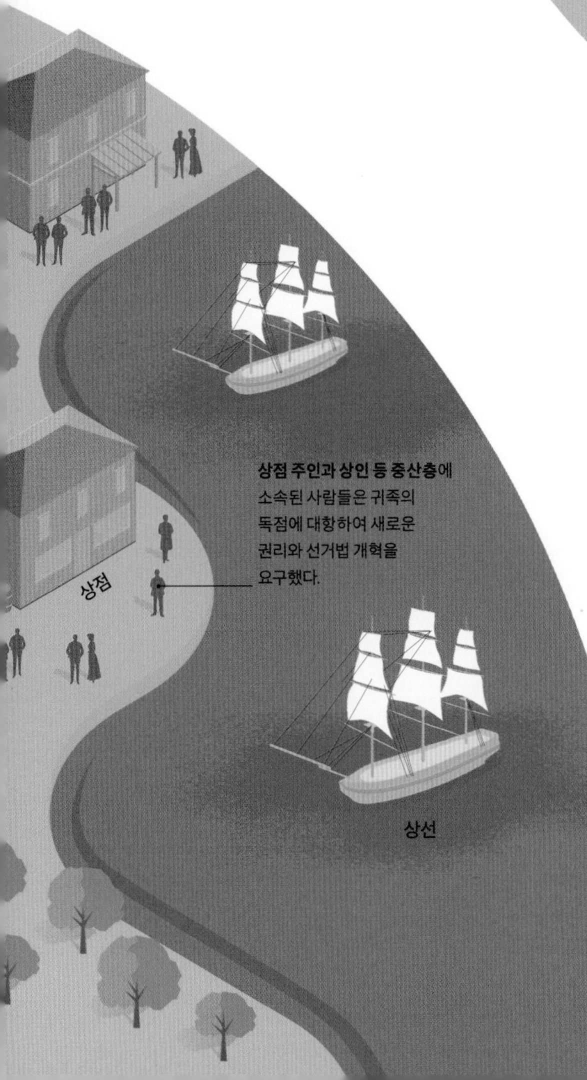
상점 주인과 상인 등 중산층에 소속된 사람들은 귀족의 독점에 대항하여 새로운 권리와 선거법 개혁을 요구했다.
상점
상선

◀ 늘어난 유권자
프랑스 혁명은 유럽 전역의 각국 정부에게 시민들을 진정시키기 위해서는 개혁이 필요하다는 것을 보여 줬다. 1832년, 영국에서 소규모 토지를 보유한 사람들과 상점 주인들에게 선거권을 부여하기 위해 부동산 조건을 완화하는 선거법 개정이 추진됐다.

소비주의가 유행하다

산업화는 더 이상 토지가 유일한 부의 원천이 아니라는 것을 의미했다. 제조업이나 무역을 통해 부를 창출하는 것이 가능해졌기 때문이다. 18세기 후반에 성장한 중산층은 계급 상승과 소비를 가장 중요하게 여겼다.

▲ 모두를 위한 사치품
도자기 산업이 확장되면서 소비자들이 선택할 수 있는 폭이 넓어졌다. 과거에는 금속으로 된 접시를 이용하던 노동자들이 웨지우드 도자기를 이용해 잘 차려진 만찬을 즐기게 됐다.

산업화로 인해 운송 및 제조 기술이 향상되면서 소비자들은 전보다 쉽게 상품을 구할 수 있었다. 국제 무역이 증가하면서 새로운 상품들이 전례 없는 규모로 국내 시장에 유입됐다. 경제적 번영과 계층 및 계급 간 사회 이동성 덕분에 중산층은 자신의 계급을 높였고, 더 많은 가처분 소득(실소득)을 누렸다. 중산층은 하나의 동질적인 집단이 아니라, 귀족과 노동자들 사이에 넓게 분포돼 있는 다양한 사람들로 구성됐다. 중산층의 맨 아래에는 상점 주인들이 있었고, 중산층의 맨 위에는 자기 회사를 소유한 자본가들이 있었다. 사업가, 기업가, 의사, 변호사, 교사 등도 중산층에 포함됐다. 새롭게 생겨난 중산층은 공통적으로 경제 성장에 관심이 많았고, 정부가 관리자로서 어떤 역할을 수행해야 하는지 구체적인 생각을 가지고 있었다. 그들은 개인의 자발적 성취를 도모하는 것이 최선이라고 생각했기 때문에 정부의 규제가 없는 자유로운 시장을 원했다. 그들은 또한 열심히 일해 자수성가할 수 있다는 공통의 믿음을 가졌다.

▼ 소비 문화의 탄생
백화점이 생기면서 고객들은 한자리에 전시된 상품들을 구입할 수 있었다. 쇼핑은 여가 활동이 됐다.

자기 계발이라는 개념은 중산층 문화의 핵심이었다. 그들은 계급 사다리를 타고 높이 올라갔다. 또한 귀족들이 더 이상 부당한 이익을 얻지 못하도록 선거법 개혁과 자유 무역에 찬성하는 운동을 활발하게 펼쳤다. 중산층은 이런 제도들이 자신의 노력으로 성공하기 위해 반드시 필요한 조건이라고 여겼다.

1832년 영국의 선거법 개정으로 중산층의 경제적인 성공을 정치적인 권력으로 전환시켰다. 출세 지향적 분위기 속에서 시민 사회는 정부에 더 많은 기대와 요구를 하기 시작했다.

과시성 소비

중산층은 귀족층의 소비 행태를 갈망했다. 의복과 실내 장식 및 소품은 자신의 사회적 지위를 표현하는 방법이었다. 18세기 말, 이런 사회적 상징물이 많은 사람들이 살 수 있는 재정적 범위 안에 있었다. 대표적인 것이 직물, 가구, 옷, 모자, 도자기, 책, 보석, 레이스, 향수, 음식 등이었다. 중산층 가정의 아내는 집을 새로운 물건들로 채우고 세련된 옷을 구입해 남편의 재정적 성공을 뽐냈다.

18세기 서유럽, 특히 영국은 임금이 매우 높았다. 이는 하층 계급의 구성원도 소비재 일부를 구입할 수 있다는 뜻이었다. 또 18세기에는 대부분의 도시에 값싼 식사를 제공하는 선술집이 있었고, 커피와 초콜릿을 먹으며 아이디어를 교환하는 커피 하우스가 있었다.

사람들의 구매력이 커지고 물가는 점진적으로 하락하면서 새로운 소비재에 대한 수요가 증가했다. 이는 산업 국가의 경제에 불을 지폈다. 많은 상품들이 노예 노동을 통해 저렴하게 생산된 것들이었다. 무려 1100만 명이 넘는 노예들이 유럽의 항구로 흘러드는 상품들을 만들었다. 노예제는 '삼각 무역'의 한 축이었다. 당시 삼각 무역은 유럽의 상인들이 아프리카 노예를 아메리카 대륙과 카리브 해에 있는 농장에 팔고, 노예가 생산한 상품 작물을 유럽으로 수입해 오는 식으로 이뤄졌다.

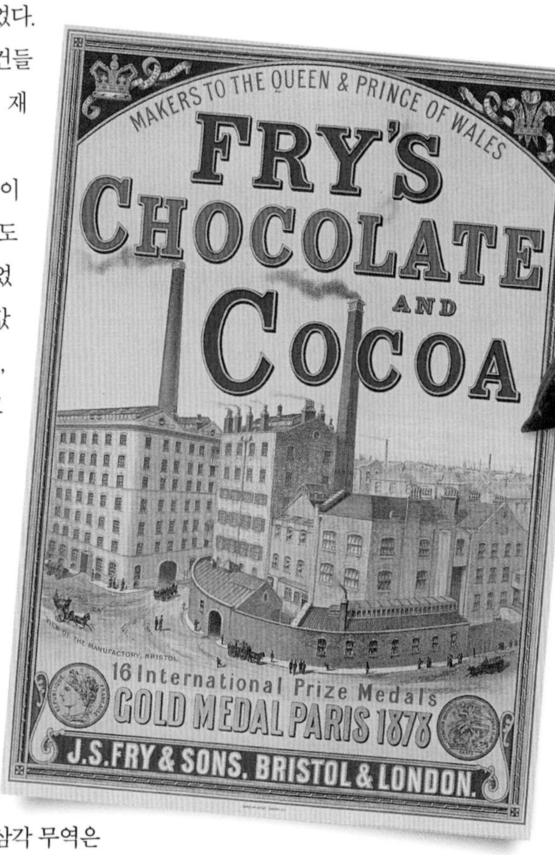

카카오 열매

◀ **초콜릿의 유혹**
한때 귀족들이 선호하던 초콜릿 음료를 이제 일반 시민들도 먹을 수 있게 됐다. 제조업자들은 여성과 아이들을 대상으로 광고 활동을 펼쳤다.

광고와 소비욕

영국의 기업가 조사이어 웨지우드(Josiah Wedgwood)는 귀족의 문화가 사회에 점점 스며드는 것을 알아차렸다. 그는 영국 여왕에게 찻잔 세트를 납품했는데, 그의 '여왕의 도자기(Queen's Ware)'는 중산층에게 매우 인기 있는 필수 아이템으로 주목받았다. 웨지우드는 소비자의 구매욕을 촉진할 필요를 느꼈고, 소비자가 주로 여성임을 깨달았다. 그는 여자들이 만나서 차를 마시며 중국에서 온 새로운 물건들을 구경할 수 있는 전시실을 열었다. 그의 도자기는 유럽과 북아메리카 전역에 팔렸다. 그는 종종 현대 광고의 아버지로 간주된다. 웨지우드의 마케팅 전략은 런던뿐 아니라 해외에서도 큰 성공을 거뒀다. 소비자들은 소매점에서 웨지우드의 제품을 구입할 수 있었다. 이는 백화점의 등장으로 이어졌다. 실제로 1830년대에 파리, 1850년대에 러시아, 1890년대에 일본에서 백화점이 문을 열었다.

19세기에 마을과 도시가 급격하게 성장하면서, 이제 쇼핑은 중요한 문화 활동이 됐다. 이는 사람들이 유행에 따라 필요 이상으로 상품을 구매한다는 것을 의미했다. 상점 앞 진열장에는 고객을 안으로 끌어들이기 위해 거울과 밝은 조명, 화려한 표지판, 제품의 광고 등이 전시됐다. 상인들은 부유한 사람들을 주고객으로 삼고 그들의 호감을 얻으려고 노력했지만, 대량 생산된 값싼 제품들이 유통되고 풍부한 식품 시장이 뒷받침되면서 모든 계층의 사람들이 소비 활동을 문화 활동으로 즐기게 됐다.

◀ **사치품과 노예제**
면화, 설탕, 럼주, 담배 등 수입품들은 카리브 해 노예 농장에서 왔다. 농장은 주로 아프리카 노예들의 노동력으로 운영됐다.

빅 아이디어

평등과 자유

18세기 후반, 프랑스와 미국의 혁명으로 귀족 정치 체제가 해체됐다. 이후 산업 국가들에 자유와 평등, 박애를 도모하는 혁명적인 아이디어가 도입됐다. 이런 아이디어는 19세기 정치권에 울려 퍼졌고, 인권에 대한 근대 사회의 믿음에 핵심을 이뤘다.

미국과 프랑스 혁명이 유행시킨 선전 구호인 자유와 평등, 박애의 개념은 17세기와 18세기의 계몽주의 사상에서 나왔다. 계몽주의는 현 상황을 개선시킬 수 있는 이성과 지식, 자유의 가치에 기반을 두었다. 계몽주의 사상과 혁명가들의 행동은 엄청난 정치적 변화를 가져왔다. 사람들은 절대 군주제와 제국주의 권력자의 억압으로부터 자유를 요구하기 시작했고, 기존의 정치 체제를 대체할 새로운 사회 계약을 맺기를 원했다. 현실적으로 이런 주장들은 정부에 대한 더 강력한 대표권과 토지에 대한 소유권을 얻기 위함이었지만, 그 결과로 일반 국민들의 의식에도 변화가 일어났다. 보편적인 자연권이라는 개념은 국제적 공감대를 형성할 수 있는 새로운 세계관으로 이어졌고, 이는 근대 국가의 발전을 이끌었다.

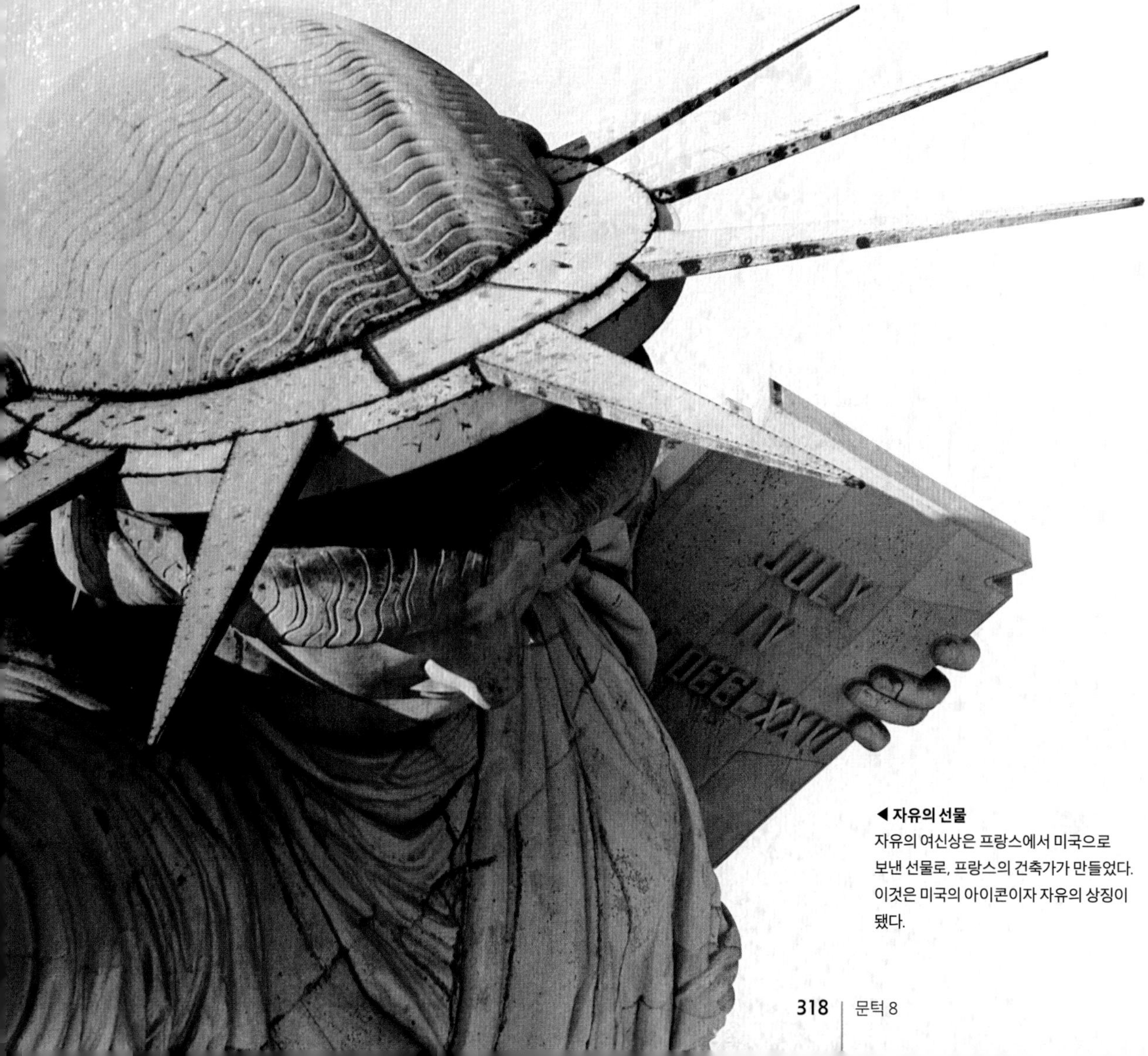

◀ **자유의 선물**
자유의 여신상은 프랑스에서 미국으로 보낸 선물로, 프랑스의 건축가가 만들었다. 이것은 미국의 아이콘이자 자유의 상징이 됐다.

사상의 교환과 확산

이런 원칙들은 미국 독립 전쟁의 주요 인사이자 1776년의 미국 독립 선언문을 작성한 토머스 제퍼슨(Thomas Jefferson)이 처음 제기했다. 미국 독립 선언문은 모든 사람들이 자유롭게 태어나, 법 앞에 평등하며, 오늘날 민주주의의 핵심 가치인 재산, 생명, 자유에 대한 자연권을 보유하고 있다고 밝혔다. 민주주의 자체는 새로운 개념이 아니었다. 민주주의는 기원전 5세기경 고대 아테네에서 시작돼 르네상스 시대에 재발견됐다. 아테네의 경험은 프랑스와 같이 절대 군주제에 반대하며 혁명을 일으키는 데 영향을 줬다.

독립 선언문과 미국 혁명, 그 자체는 국제적인 인물의 영향을 많이 받았다. 영국 출신 철학자 존 로크(John Locke)는 통치 체제의 정당성이 인민의 동의에서 나온다고 주장했다. 작가이자 정치 운동가인 토머스 페인(Thomas Paine)은 시민의 필요를 보호해 주지 않는 정부를 전복시킬 권리를 주장했다. 그들은 이런 주장을 소책자를 담아 발표했고, 소책자는 미국 혁명과 프랑스 혁명에 참여한 사람들을 포함해 혁명가들 사이에서 널리 배포됐다. 미국 독립 전쟁에서 활약했던 프랑스의 장군 마르키스 드 라파예트(Marquis de Lafayett)도 그중 하나였다. 페인의 『인간의 권리(*Rights of Man*)』(1791년)와 같은 소책자에 담긴 혁명 사상은 전 세계로 퍼졌다. 미국과 프랑스 사이에서 아이디어가 교환되고 확산되는 경로는 당시 가장 중요한 정치적 네트워크였다. 미국은 세상에 무엇이 가능해졌는지 보여 줬고, 프랑스는 미국이 영국 통치에서 해방될 수 있도록 도왔으며, 미국 혁명에 참여한 프랑스 사람들은 자신들이 본 것에 큰 감명을 받은 채 고향으로 돌아갔다. 프랑스 혁명 이후 라파예트 장군은 토머스 제퍼슨의 도움을 받아 파리에서 「인간과 시민의 권리 선언(Declaration of the Rights

미국 독립 **선언문**은 **200부**가 **인쇄돼 곳곳에 뿌려졌다.**

of Man and of the Citizen)」('프랑스 인권 선언'이라고도 한다.)을 썼다. 미국 혁명과 프랑스 혁명은 검열 없이 자유롭게 소통되는 아이디어가 얼마나 강력해질 수 있는지를 보여 주는 사건이었다.

계몽주의 사상은 프랑스 혁명을 주도한 중산층인 부르주아지 계급을 고무시켰다. 부르주아지 계급은 야심이 있었고 글을 많이 읽었으며, 언론과 표현의 자유를 주창한 '철학자'로 알려진 샤를 루이 드 세콩다 몽테스키외(Charles Louis de Secondat Montesquieu), 장자크 루소(Jean-Jacques Rousseau), 볼테르(Voltaire)의 사상을 공부했다. 이들은 편지와 수필, 출판된 논문을 통해 자유롭게 의견을 주고받는 유럽과 미국의 지식인 공동체인 '서신 공화국(Republic of Letter)'에서 자신들의 주장을 펼쳤다.

17세기와 18세기에 계몽주의 사상은 인식의 혁명을 가져왔다. 이제 사람들은 종교적 교리에서 벗어나 과학적 실험과 경험적 사고를 중요하게 생각했다. 과학 발전과 기술 혁신은 영국에서 산업혁명을 일으키는 데 도움이 됐다. 독서실, 커피 하우스, 프리메이슨 지부, 과학원 등 다양한 '공론의 장'에서 유럽의 중산층이 광범위하게 계몽사상을 교환했다. 그중에서도 특히 커피 하우스는 1848년 유럽 혁명의 주요 인사인 카를 마르크스와 프리드리히 엥겔스(Friedrich Engels)와 같은 혁명가들이 모이는 유명한 만남의 장이었다. 그들은 1843년에 발명된 윤전 인쇄기를 이용해 책자와 신문을 대량 생산해 배포했다. 마르크스는 자신이 창간한 《라인 신문(*Rheinische Zeitung*)》을 통해 1848년 혁명을 보도하고, 대중에게 혁명의 메시지를 전파했다.

혁명의 유산

19세기 미국 혁명과 프랑스 혁명, 그리고 각국의 혁명들은 모두 인간이 양도할 수 없는 특정 권리를 가진다는 계몽주의 사상에 기반을 두고 있었다. 정부의 역할은 시민들의 권리와 재산을 인정하고 보호하는 것이었다. 이런 정부는 납세자의 투표를 통해 형성돼야 했다. 안타깝게도 당시 여성이나 노예, 외국인은 투표권을 갖지 못했다. 그러나 프랑스 혁명의 여파로 유럽에 새로운 인식이 싹트기 시작했다. 많은 사람들이 다른 사람들의 곤경에 대해 공감대를 형성했다. 진보적인 사상가들은 감옥을 개혁하고 잔혹한 처형 제도를 없애며 노예제를 폐지할 것을 요구했다. 프랑스는 1794년에 가장 먼저 노예제를 철폐했다. 1807년과 1808년에는 영국과 미국이 뒤를 이었다. 1842년에 마침내 노예 무역이 종결됐다.

프랑스 혁명 이후
1만여 명의 아프리카 노예들이
해방됐다.

인권에 대한 이상은 1820년, 1830년, 1848년 유럽 대륙 전역에서 혁명이 일어나는 시기에 중요한 역할을 했다. 좌파든 우파든 상관없이 모든 사상가들이 「인간과 시민의 권리 선언」에서 영감을 받아 근대 정치 체제에 대해 정의를 내렸으며, 보편적 인권에 대한 이상이 자신들의 정치적 행동에 정당성을 부여한다고 주장했다. 결정적으로 선언문에 있는 "모든 주권의 원천이 본질적으로 국민에게 존재한다."라는 조항은 민족주의가 부상하고 근대 민족 국가가 형성되는 동안 끊임없이 언급됐다.

인권을 부정하는 것은 그들의 **인간성** 자체에 **도전하는 것**이다

넬슨 만델라, 남아프리카의 시민운동가, 1918~2013년

"모든 인간은 태어날 때부터 자유롭고, 존엄성과 권리에 있어서 평등하다."라는 「인간과 시민의 권리 선언」의 핵심 원칙은 19세기에 널리 퍼졌다. 전 세계의 진보주의자들은 선언문에 나오는 보편적이고 평등하며 천부적인 인권이 모든 비민주적인 통치 체제를 종식시킬 것이라고 주장했다. 당시 스페인의 식민지였던 베네수엘라, 에콰도르, 볼리비아, 페루, 콜롬비아에서 독립 운동가로 활동한 시몬 볼리바르(Simón Bolívar, 1783~1830년)는 공개적으로 프랑스 혁명을 칭찬했다. 인도의 개혁가인 람 모훈 로이(Ram Mohun Roy, 1772~1833년)는 인도 카스트 제도를 비판하는 근거로 언론과 종교의 자유가 자연적으로 가지는 기본권이라고 주장했다. 19세기 말과 20세기에 교육을 받은 아시아와 아프리카 지도자들은 유럽의 식민 정책이 토착민의 인권을 훼손한다고 주장했다. 결국 이 원칙은 1948년 유엔의 세계 인권 선언문에서 첫 번째 조항으로 명시됐다. 이 조항은 모든 인간이 출신 국가에 관계없이 자연적으로 가지는 기본권을 보호하기 위해 마련됐다.

우리는 **모든 사람이 평등하게 태어났다**는 것이 **너무도 자명한 진실**임을 알고 있다.

토머스 제퍼슨, 1743~1826년,
「미국 독립 선언문」에서

민족주의가 부상하다

18세기 후반은 사회적, 정치적 측면에서 엄청난 혁명의 시기였다. 이러한 세계 질서의 중대한 변화는 새로운 형태의 근대 국가와 각국의 고유 개성을 주장하는 민족주의 담론의 등장으로 이어졌다.

근대 민족주의의 뿌리는 17세기 영국의 정치 사상가인 존 로크의 정치 철학으로 거슬러 올라간다. 그는 개인과 권리, 그리고 공동체를 중요하게 생각했다. 또한 민족주의는 계몽주의자의 자유주의적 이상, 전례 없는 사회적 변화, 그리고 산업 혁명의 영향을 받았다. 근대 국가의 민족주의는 본질적으로 자국에 대한 충성을 요구했고, 통치자와 시민이 공유하는 집단의 정체성과 역사를 중요하게 여겼다.

자유롭고 평등한 민주주의 아래에서의 통합은, 1776년 미국 혁명이 내세운 자유 국민주의와 1789년 프랑스 혁명의 핵심 의제였다. 이는 헌법에 따라 동등한 권리를 향유하는 통일 국가로의 길을 열었다. 프랑스 혁명가들은 법률을 통일하고 중앙 집권적 관료주의를 도입했으며 프랑스 어를 공용어로 지정했다.

새로운 국가

유럽에서 민족주의가 부상함에 따라, 그리스와 벨기에(네덜란드 법에 저항하는 성공적인 혁명이 한 차례 있었다.)에서도 독립을 위한 투쟁이 촉발됐다. 1848년 유럽 전역에서 다시 한 번 혁명의 불길이 일었다. 대중은 강하게 분노하며 국가 단일화와 헌법 개혁을 요구했다. 결국 1861년에는 이탈리아 왕국이 세워졌고, 1871년에는 독일 제국이 건설됐다. 하지만 통합에는 대가가 따랐다. 절대 군주제가 다시 확립됐고 언론과 같은 자유주의 기관이 박해를 받았다. 19세기 후반에 잘못된 민족주의와 인종 우월주의에 경도된 유럽 국가들은 무력을 앞세워 많은 나라들을 식민지로 삼았다.

문화적 측면에서 민족주의는 종종 국가의 역사, 문화, 업적을 기리는 형태를 취했다. 급속한 근대화를 자랑스럽게 여기는 산업 국가들은 인상적인 국제 박람회를 개최했다. 그들은 박람회를 통해 자국의 최신 제조 기술을 뽐내며 자신감을 표현했다.

▼ 국가 통합
1871년, 프로이센의 재상이었던 오토 폰 비스마르크(Otto von Bismarck)는 300여 개의 왕국과 통치자들을 하나로 모아 통일된 독일 제국을 건설했다.

> **애국심**은 **자기 민족에 대한 사랑**을 우선시하는 것이고, **민족주의**는 다른 민족에 대한 증오를 먼저 내세우는 것이다.

샤를 드골, 전 프랑스 대통령, 1890~1970년

애국 행위들의 전시장
1851년의 대영 박람회는 세계 각국의 제품을 전시하는 최초의 국제 박람회였다. 이 박람회에서 각국은 자신감과 자부심을 드러냈다.

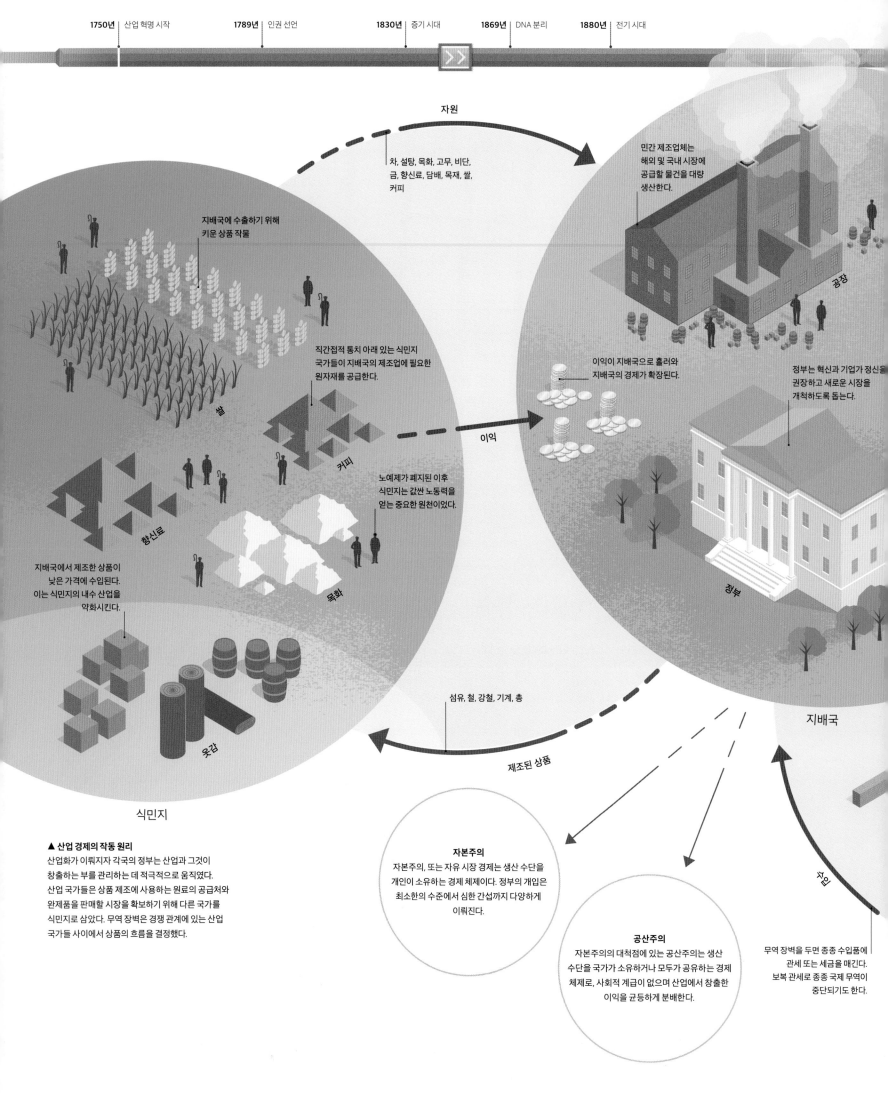

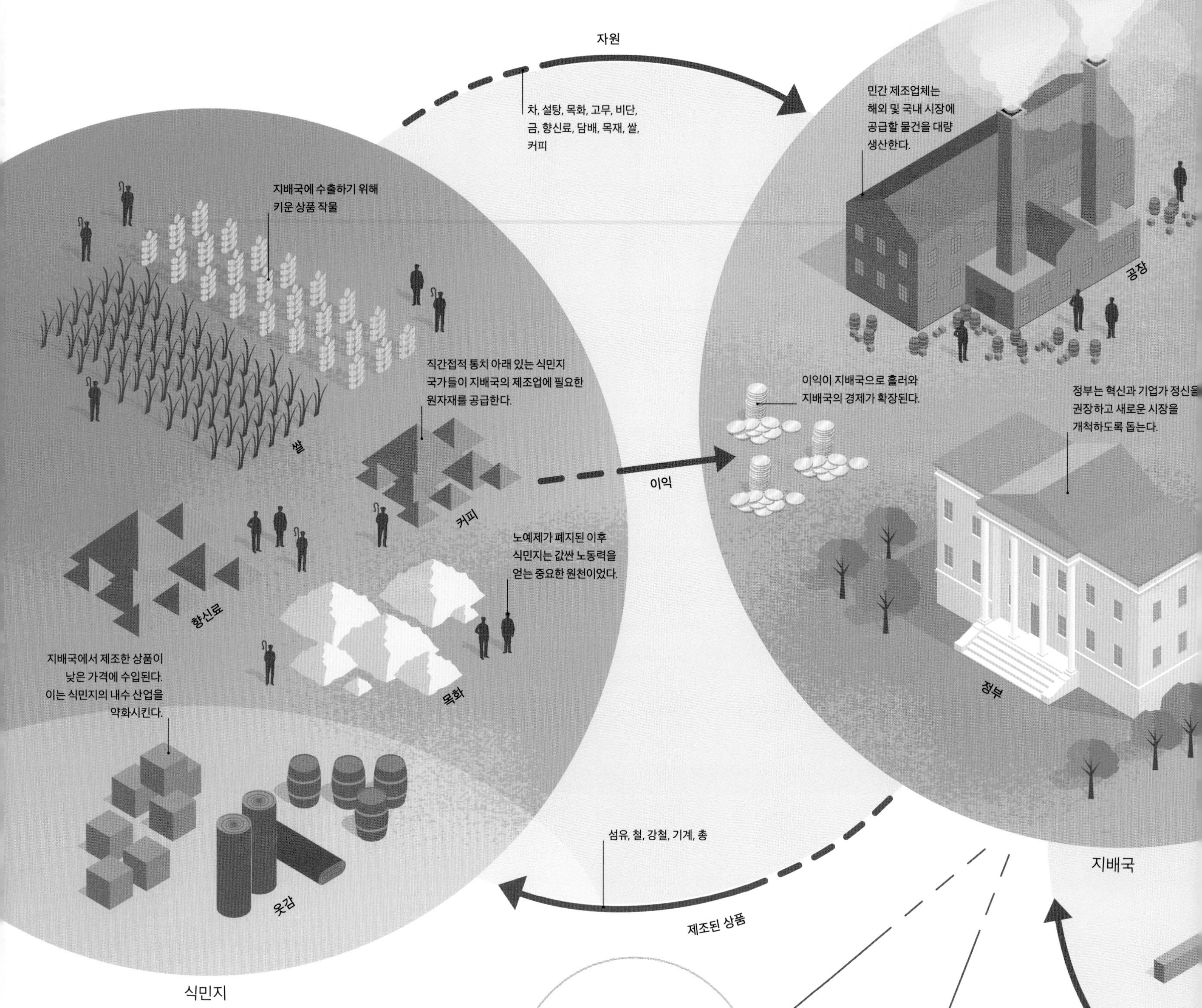

자원
차, 설탕, 목화, 고무, 비단, 금, 향신료, 담배, 목재, 쌀, 커피
민간 제조업체는 해외 및 국내 시장에 공급할 물건을 대량 생산한다.
공장
지배국에 수출하기 위해 키운 상품 작물
쌀
직간접적 통치 아래 있는 식민지 국가들이 지배국의 제조업에 필요한 원자재를 공급한다.
커피
이익
이익이 지배국으로 흘러와 지배국의 경제가 확장된다.
정부는 혁신과 기업가 정신을 권장하고 새로운 시장을 개척하도록 돕는다.
노예제가 폐지된 이후 식민지는 값싼 노동력을 얻는 중요한 원천이었다.
향신료
목화
지배국에서 제조한 상품이 낮은 가격에 수입된다. 이는 식민지의 내수 산업을 약화시킨다.
정부
옷감
섬유, 철, 강철, 기계, 총
제조된 상품
지배국
식민지
수입

▲ 산업 경제의 작동 원리
산업화가 이뤄지자 각국의 정부는 산업과 그것이 창출하는 부를 관리하는 데 적극적으로 움직였다. 산업 국가들은 상품 제조에 사용하는 원료의 공급처와 완제품을 판매할 시장을 확보하기 위해 다른 국가를 식민지로 삼았다. 무역 장벽은 경쟁 관계에 있는 산업 국가들 사이에서 상품의 흐름을 결정했다.

자본주의
자본주의, 또는 자유 시장 경제는 생산 수단을 개인이 소유하는 경제 체제이다. 정부의 개입은 최소한의 수준에서 심한 간섭까지 다양하게 이뤄진다.

공산주의
자본주의의 대척점에 있는 공산주의는 생산 수단을 국가가 소유하거나 모두가 공유하는 경제 체제로, 사회적 계급이 없으며 산업에서 창출한 이익을 균등하게 분배한다.

무역 장벽을 두면 종종 수입품에 관세 또는 세금을 매긴다. 보복 관세로 종종 국제 무역이 중단되기도 한다.

9년 | 제2차 세계 대전
1950년대 | 인류세 시작
1970년 | 디지털 시대
1973년 | 석유 파동
1989년 | 월드 와이드 웹 발명
2001년 | 9.11 테러 발생
2008년 | 세계 금융 위기
2020년 | 코로나19 팬데믹 시작

중상주의
정부는 수출을 극대화하고 관세를 통해 수입을 최소화함으로써 자국의 경제가 부를 더 많이 확보하도록 규제한다.

1913년까지 **전 세계 제조업**의 **77퍼센트**를 **미국**, **독일**, **영국**, **프랑스**, **러시아**가 차지했다.

보호주의
정부는 잠재적인 경쟁 국가들로부터 국내 산업을 보호하기 위해 관세, 보조금, 수입 쿼터, 시장 보호 등의 정책을 써서 국제 무역을 제한한다.

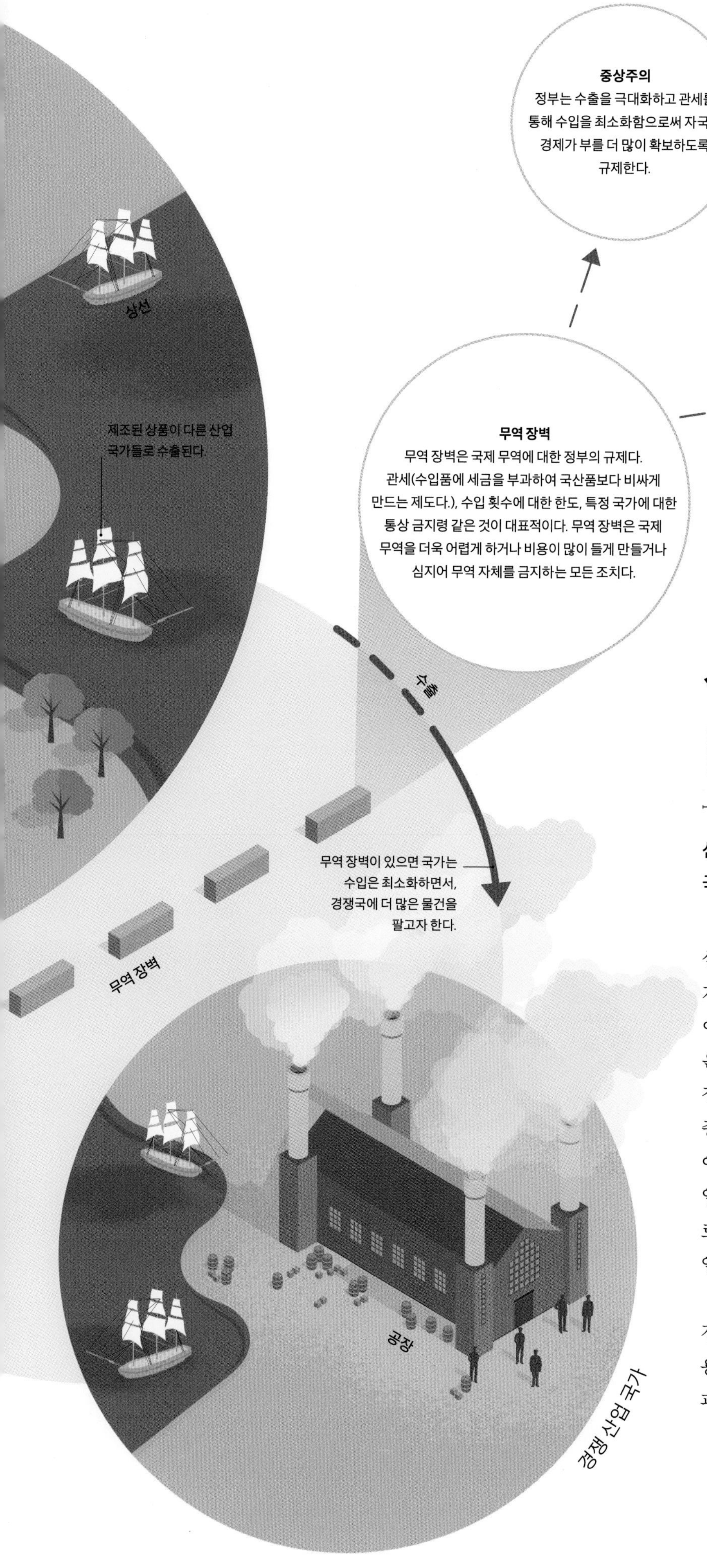

상선
제조된 상품이 다른 산업 국가들로 수출된다.
무역 장벽
무역 장벽은 국제 무역에 대한 정부의 규제다. 관세(수입품에 세금을 부과하여 국산품보다 비싸게 만드는 제도다.), 수입 횟수에 대한 한도, 특정 국가에 대한 통상 금지령 같은 것이 대표적이다. 무역 장벽은 국제 무역을 더욱 어렵게 하거나 비용이 많이 들게 만들거나 심지어 무역 자체를 금지하는 모든 조치다.
수출
무역 장벽이 있으면 국가는 수입은 최소화하면서, 경쟁국에 더 많은 물건을 팔고자 한다.
무역 장벽
공장
경쟁 산업 국가

산업 경제로 나아가다

산업 혁명은 국가들이 부를 늘릴 수 있는 새로운 가능성을 창출했다. 각국은 증가하는 국제 무역량과 국제 무역의 숨어 있는 함정에 대처하는 법을 터득해 갔다.

산업 혁명 이전에는 중상주의가 유럽의 지배적인 경제 체제였다. 국가들은 세계의 부가 한정돼 있다는 믿음 아래 수출을 장려하고 수입을 억제했다. 그러나 대량 생산 방식이 도입되면서 생산량이 증가하고, 새로운 부를 창출하는 것이 가능해졌다. 기업가들은 산업화되지 않은 국가들의 값싼 원자재를 수입해, 제품을 만들어 해외 및 국내 시장에 판매함으로써 더 많은 돈을 벌 수 있다는 사실을 깨달았다. 생산과 이익 모두가 증가함에 따라 한동안 서로 자유롭게 거래하는 것이 유리했다. 기업가들은 무역 장벽이나 정부 개입이 없는 자유 무역 정책을 펼치도록 정부를 압박했다. 구체적으로는 수입 관세가 없고 수출 보조금이 없는 정책을 말했다. 자유 무역은 막대한 부의 축적, 새로운 금융 기관의 설립, 그리고 자본주의의 탄생으로 이어졌다. 자본주의는 오늘날 산업 국가들의 지배적인 경제 체제다.

그러나 나라 간에 오가는 상품과 부의 흐름이 많아질수록, 자유 무역은 불안정한 경제, 착취, 식민지, 시장, 원자재와 같은 부의 원천을 둘러싼 충돌을 낳았다. 이런 부작용을 막기 위해 정부는 자국의 이익을 보호하기 위한 무역 장벽을 만들어 냈다. 그 결과, 국가 간 무역은 주기적으로 증가하거나 감소했다.

군함 외교
일본의 사무라이들이 미국의 '흑선'를 만나러 노를 저어 가고 있다. 미국의 함대는 일본에 군함 외교를 소개했다. 대포로 무장한 이 증기선은 19세기 일본의 무기를 무용지물로 만들어 버렸다.

세계 각국이 항구를 열다

19세기는 세계 무역의 주요한 전환점이었다. 산업 국가들은 자신들의 상업 활동 범위를 넓혀 나갔다. 그 과정이 항상 평화로운 것은 아니었지만, 그로 인해 근대적 국제 경제 체제의 토대가 마련됐다.

1840년대 정부의 간섭이나 수입, 수출에 대한 관세가 없는 자유 무역 정책으로 막대한 부가 축적됐다. 소비재에 대한 수요가 증가해 경제 성장이 가속화됐고, 공장에서는 국내외 시장에 공급할 제품들이 전례 없는 규모로 저렴하고 빠르게 생산됐다. 영국과 서유럽, 북아메리카의 산업 권력이 국제 무역을 확대시켰다. 그들은 경제적 패권을 보호하기 위해 강력한 무력이 필요하다는 사실을 깨달았다.

시장 통제

자유 무역의 가장 효과적인 형태는 원료와 시장 모두를 통제하는 것이었다. 이것은 산업 국가들과 아직 산업화를 하지 않은 다른 국가들 사이의 기술 격차가 점차 벌어지면서 종종 강제적으로 이루어졌다. 역사적으로 일본과 중국 같은 국가들은 유럽의 상품을 수입하기를 꺼렸다. 그들은 유럽의 상품을 필요로 하지 않거나 원하지 않았다. 영국은 아프리카 노예를 아메리카 대륙의 스페인 주민들에게 팔아서 얻는 은으로 중국의 차를 구입했지만, 중국에 팔 물건은 없었다. 노예제가 폐지되면서 은 공급마저 여의치 않게 되자 영국은 중국에 아편을 팔기 시작했다. 중국에서는 아편을 앞세운 영국의 착취에 저항했고, 그 결과 19세기 중반에 두 차례의 아편 전쟁이 일어났다.

미국은 동양에 무력으로 간섭하는 정책을 채택했다. 미국은 일본이 새로운 시장이 될 수 있는 후진국이라고 생각했다. 1853년, 미국은 최신 무기로 무장한 네 척의 군함을 일본의 영해인 도쿄만에 진입시켰다. 미국은 이러한 '흑선'을 이용해 일본에 개항과 통상을 강요했다. 기술적으로 앞선 미국인들이 등장하면서 일본은 산업화의 길을 걸었다.

영국 정부는 아편 전쟁에서 승리한 후 자국민에게 유리한 무역 특권을 보장하는 일련의 불평등 조약을 중국에 강제했다. 이와 비슷한 불평등 조약을 일본과 미국도 맺었다. 다른 산업 국가들 역시 중남아메리카, 중동과의 무역에서 불평등 조약을 강요했다. 무역을 하고자 하는 국가는 유럽 수입품에 대한 관세를 낮추고 유럽의 이익에 유리하도록 법적 조치를 취해야 했다.

1809년과 **1839년** 사이에,
영국의 수입량은 **두 배**가 됐고,
수출량은 **세 배**가 됐다.

◀ **아편 파이프**
많은 중국인들이 영국에서 수입한 아편에 중독됐다. 그 결과 1839~1842년과 1850~1860년에 아편 전쟁이 발생했다. 영국과의 전쟁에서 패한 중국은 많은 항구를 개방해야 했다.

▼ 개틀링 기관총
리처드 개틀링은 1861년에 기관총을 발명한 것을 인도주의적인 이유로 정당화했다. 그는 기관총이 전쟁터에서 대학살을 줄이고 전쟁 기간을 단축함으로써 생명을 구할 것이라고 주장했다.

수동 크랭크 또는 '호퍼(hopper)'는 중력을 이용해 약실에 새로운 탄약을 떨어뜨린다. 여러 개의 총열들은 핸드 크랭크와 함께 돌아간다. 군인이 호퍼 위쪽으로 탄약을 집어넣는다.

다수의 총열이 회전하는 디자인은 탄약이 자동으로 채워지고 총알이 자동으로 발사되게 만든다. 총알이 발사되기 전에 순간적으로 총열을 식혀서 과열 없이 신속한 발사가 가능하다.

> 어쨌든 **우리는 맥심 기관총을 가지고 있었고 그들은 가지고 있지 않았다.**
>
> **힐레르 벨록**, 프랑스 출신 영국 작가이자 역사학자, 1870~1953년

전쟁이 혁신을 주도하다

전쟁 무기의 효율성을 높이는 혁신은 극심한 '아프리카 쟁탈전(scramble for Africa)'으로 이어졌다. 유럽 강대국들은 아프리카 대륙의 식민 통치를 인종 차별적 이념으로 정당화했지만, 원래 목적은 풍부한 원자재였다.

▲ 식민지 통제
아스카리 군인은 유럽 정권에 고용돼 훈련을 받은 아프리카 사람들이었다. 이런 현지 군인들은 식민지를 통제하는 데 결정적인 역할을 했다. 7명의 유럽 장교들이 각각 200명의 아스카리 병사들을 통솔했다.

산업화와 원자재, 그리고 새로운 시장에 대한 필요는 제국주의의 주요 동인이었다. 유럽 사람들은 문화나 인종 우월주의로 제국주의를 정당화했다. 19세기, 많은 유럽 사람들은 백인들이 살지 않는 세계에 근대 문명을 이식해야 하는 의무가 본인들에게 있다고 믿었다. 국내외에서 유럽의 힘과 생산성이 높아질수록 유럽 사람들의 세계에 대한 인식은 변하기 시작했다. 인종 차별적 사상이 과학적인 용어로 쓰였고, 다윈주의의 적자 생존 개념이 곧바로 사회에 적용됐다. 유럽 사람들은 '열등한' 또는 '후진적인' 종족을 살던 곳에서 쫓아내는 것이 당연하다고 생각했다.

무력 돌파

산업화는 아프리카를 식민지로 만드는 수단을 제공했다. 핵심은 혁신적인 기술이었다. 유럽 상인들은 증기선과 말라리아 예방에 도움이 되는 퀴닌(quinine, 남아메리카산 키나나무 껍질 및 지피에서 얻는 말라리아 약—옮긴이) 덕분에 사하라 사막 이남의 아프리카 내륙 지역에 접근할 수 있었다. 그들은 엄청난 양의 원자재를 손에 넣었지만, 지역의 경제와 무역은 위기를 맞았다. 결국 유럽 열강은 무력을 앞세워 아프리카를 합병했다. 유럽 국가들은 경쟁을 벌여 아프리카의 땅을 움켜쥐었다. 유럽 중역들은 회의실에 모여 지도에 아프리카 국가의 경계를 그렸다. 이처럼 유럽이 제국을 건설할 수 있었던 중요한 요소는 강력한 군대였고, 새로운 군사 기술은 산업 혁명의 결과물이었다.

리처드 개틀링(Richard Gatling)이 개발하고 하이럼 맥심(Hiram Maxim)이 완성한 기관총은 군사 기술의 중요성을 보여 줬다. 영국 군인들은 1898년 옴두르만 전투(Battle of Omdurman)에서 맥심 기관총을 이용해 10만 명 이상의 수단 족장을 학살했다. 영국군 사상자는 50명 미만이었다. 기관총은 아프리카 사람들이 제국주의에 단순히 순응하지는 않았다는 사실을 상기시키기도 하다. 에티오피아는 1896년 이탈리아의 식민지 개척 시도를 성공적으로 막았다. 이는 유럽이 아프리카에 처음으로 패배한 전투였다. 이 패배는 유럽의 인종 우월주의에 상처를 냈다.

◀ 무기 획득
에티오피아의 황제 메넬리크 2세(Menelik II)는 유럽에서 구입한 근대식 총기를 사용해 1896년에 이탈리아 군대를 섬멸했다.

▶ 20세기의 제국들
1800년, 유럽 열강과 그 식민지가 전 세계 영토의 3분의 1을 차지했다. 20세기의 초까지 유럽은 전 세계에 걸쳐 자신의 식민지를 세웠다. 대영 제국은 토지와 인구 측면에서 가장 큰 제국이었다.

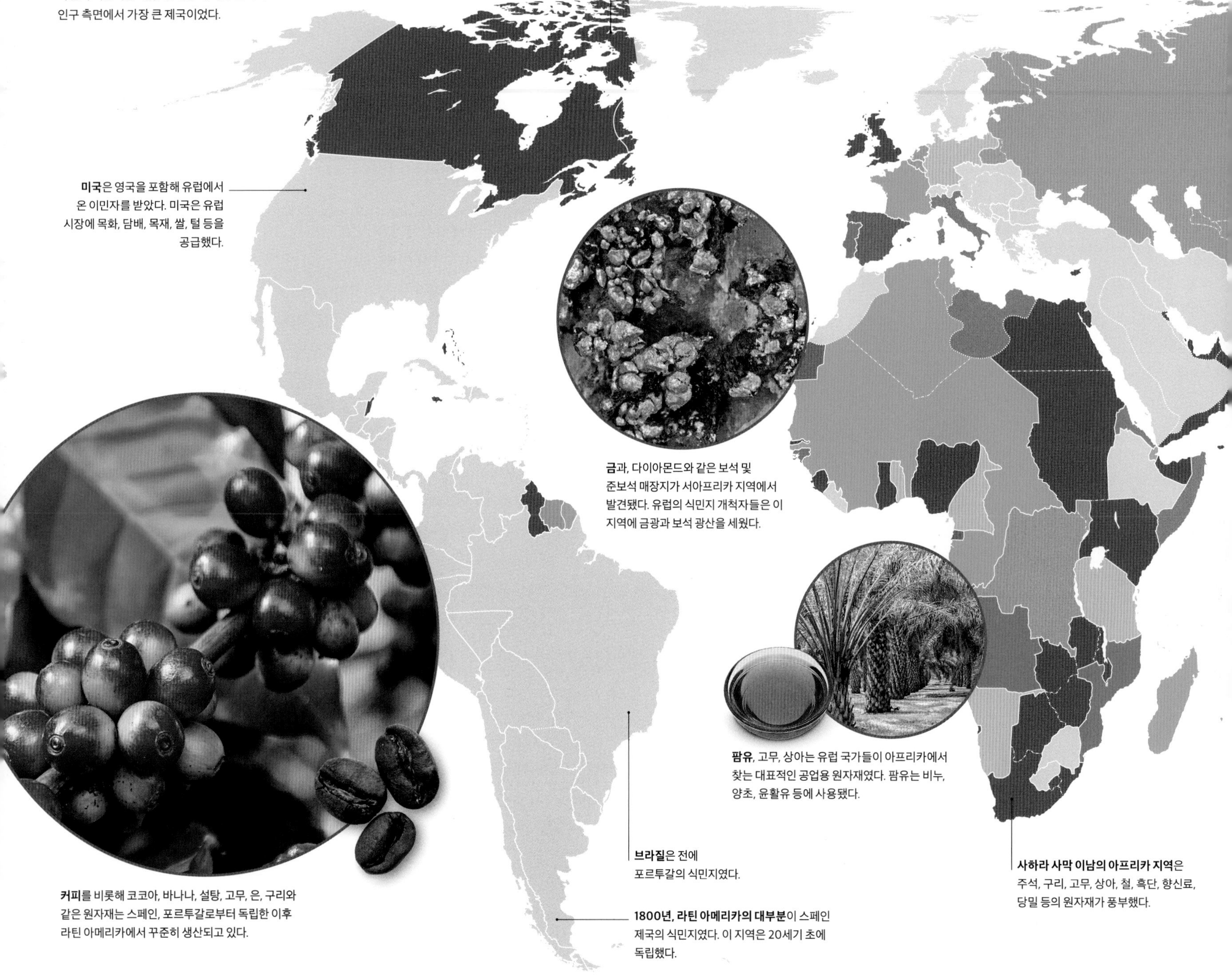

영국 이민자들이 19세기에 캐나다로 이동했다.

미국은 영국을 포함해 유럽에서 온 이민자를 받았다. 미국은 유럽 시장에 목화, 담배, 목재, 쌀, 털 등을 공급했다.

금과, 다이아몬드와 같은 보석 및 준보석 매장지가 서아프리카 지역에서 발견됐다. 유럽의 식민지 개척자들은 이 지역에 금광과 보석 광산을 세웠다.

팜유, 고무, 상아는 유럽 국가들이 아프리카에서 찾는 대표적인 공업용 원자재였다. 팜유는 비누, 양초, 윤활유 등에 사용됐다.

브라질은 전에 포르투갈의 식민지였다.

사하라 사막 이남의 아프리카 지역은 주석, 구리, 고무, 상아, 철, 흑단, 향신료, 당밀 등의 원자재가 풍부했다.

커피를 비롯해 코코아, 바나나, 설탕, 고무, 은, 구리와 같은 원자재는 스페인, 포르투갈로부터 독립한 이후 라틴 아메리카에서 꾸준히 생산되고 있다.

1800년, 라틴 아메리카의 대부분이 스페인 제국의 식민지였다. 이 지역은 20세기 초에 독립했다.

영국
기간 : 1603~1949년
영국은 교역소를 통해 식민화 정책을 추진했다. 이런 식으로 식민지를 확장한 결과, 대영 제국은 세계에서 가장 큰 제국이 됐다.

러시아
기간: 1721~1917년
1866년 기준 러시아는 세계 역사에서 두 번째로 큰 제국이었다. 당시 러시아 영토는 동유럽에서부터 아시아에 이르렀다.

벨기에
기간 : 1885~1962년
벨기에는 1830년에 네덜란드 제국으로부터 독립했다. 벨기에는 콩고라는 거대한 식민지를 갖고 있었는데, 그 면적이 벨기에 영토의 75배였다.

독일
기간: 1871~1918년
독일은 영국과 겨루기 위해 만든 해군을 이용해 19세기에 서아프리카와 남태평양 일부 지역을 식민지화했다.

프랑스
기간: 1870~1946년
프랑스는 1870년에 프랑스-프로이센 전쟁에서 패했다. 1871년 프랑스는 아프리카, 태평양 및 동남아시아 식민지를 갖고 있었다.

식민 제국이 성장하다

공업용 원자재, 이주민을 위한 토지, 잉여 제품을 팔 수 있는 시장은 19세기 제국주의적 팽창을 야기한 주요 요인이었다. 이로써 유럽 국가들이 전 세계를 지배하기 시작했다.

제국들 간의 힘겨루기 경쟁은 치열했고, 식민지는 그런 경쟁의 상징이었다. 식민 제국은 건조하고 사람이 적은 넓은 땅을 다른 경쟁국들이 넘보지 못하도록 병합해 버렸다. 유럽 내부의 정치적 경쟁과 불신이 커지면서 식민지 국가들의 재산은 제국을 통치하고 무기를 확보하는 데 사용됐다.

식민지를 설립하고 난 후, 지배국은 새로운 땅을 어떻게 지킬지를 연구했다. 종종 식민지 통치는 간접적인 형태를 취했다. 유럽 열강은 아시아와 아프리카의 원주민 지도자들과 협력하여 지배하는 방식으로 식민지를 다스리려고 했다. 군사 개입은 정치적으로 불안한 지역이나 기존에 중앙 통제 권력이 없었던 지역에서만 이뤄졌다. 그러나 미국, 아프리카, 인도, 동남아시아의 사람들은 종종 무력을 앞세운 제국주의자들의 인종적 편견, 정치적 억압 및 폭력을 감내해야 했다. 벨기에 식민지였던 콩고에서는 노동자 가족들을 인질로 삼고, 할당된 고무 생산량을 채우지 못하면 그들을 강간하고 살해했다. 뉴질랜드 마오리 족과 오스트레일리아의 애버리지니를 비롯해 어떤 원주민들은 살해되거나, 추방되거나, 유럽에서 전파된 질병에 희생됐다.

20세기 초부터 식민지 국가들이 독립하기 시작했다. 제2차 세계 대전 이후, 유럽 국가들이 멀리 떨어진 영토를 통제할 부, 수단, 의지를 상실하면서 독립 운동이 탄력을 받았다. 독립한 국가들은 과거 통치자들의 재산을 조금도 상속받지 못했고, 그들만의 제도를 다시 만들어야 했다. 일부 나라들은 독립 이후 성공적인 발전을 경험했지만, 그렇지 않은 국가들은 부패와 빈곤에 시달렸다.

설탕은 인도의 플랜테이션(plantation, 단일 상품 작물을 대규모로 재배하는 농지 — 옮긴이)에서 생산되어 대영 제국으로 수출됐다. 한때는 사치품이었던 설탕을 일반인들도 이용할 수 있게 되자 주문량이 증가했다.

육두구와 정향은 인도네시아가 네덜란드 제국을 위해 생산하는 향신료였다. 그 외에 설탕과 커피도 마찬가지였다.

영국 이민자들이 19세기에 오스트레일리아로 이주했다. 영국 정부가 본국의 인구 과밀과 사회적 불안을 해소하기 위해 고아나 죄인들을 보내기도 했다.

목화는 인도에서 생산된 후 영국으로 운송돼 면직물로 만들어졌다. 영국은 이것을 인도에 다시 수출했다. 영국에서 생산한 면직물은 인도에서 자체 생산한 면직물보다 더 낮은 가격으로 팔렸다.

1914년경에 **전 세계 땅**의 **85퍼센트**를 **유럽 열강**이 지배했다.

이탈리아
기간: 1861~1947년
이탈리아는 에리트레아, 리비아, 소말리아 일부를 식민지로 삼았다. 제2차 세계 대전에서 패배한 이후 아프리카를 떠나면서 이탈리아 식민 제국은 1947년에 막을 내렸다.

포르투갈
기간: 1415~2002년
포르투갈은 여러 개의 대륙에 걸쳐 식민지를 건설한 최초의 세계 제국이었다. 또한 6세기 가까이 가장 오랫동안 유지됐던 유럽의 식민 제국이기도 했다.

네덜란드
기간: 1543~1975년
네덜란드는 1800년 이전에 동인도, 서인도 회사를 통해 간접적으로 식민지를 통치했다. 네덜란드 제국은 19세기에 정점을 찍었다.

일본
기간: 1868~1945년
일본은 1904년 러일 전쟁에서 승리하고 한국을 식민 통치하며 강력한 군사력을 보여 줬다.

스페인
기간: 1402~1975년
스페인은 18세기까지 라틴 아메리카의 넓은 영역을 지배했으나, 20세기 초에 이 지역 대부분을 잃었다.

공장에서의 삶
노동 계급은 중산층 공장주들의 감독 아래 공장에서 일했다. 온갖 새로운 기계들에 둘러싸인 채, 그들은 종종 점심시간에도 주변을 청소해야 했다.

사회가 바뀌다

산업화는 노동자의 삶을 모든 면에서 변화시켰다. 적절한 안전 규제가 없었기 때문에 공장의 노동 환경은 위험했고, 노동자들은 빈민가의 과밀한 주거 환경 속에서 삶을 꾸려야 했다. 노동 계급의 비참한 처지를 개선하기 위해 정부는 광범위한 개혁 정책을 추진했다.

공장이 논밭을 대체하면서 소작농으로 일하던 사람들이 새로운 일자리를 찾아 나섰다. 이들은 전례 없는 규모의 사회적, 기술적 변화에 노출됐다.

빈민층의 비참한 삶

중산층 계급은 산업화의 진정한 수혜자였다. 영국에서는 1832년 선거법 개정으로 중산층 남성에게도 투표권이 생겼다. 그러나 노동 계급의 삶은 비참했다. 노동자들은 하루에 13시간 이상 공장에서 일하며, 청력 상실, 폐 질환 등으로 고생했다. 노동자에 대한 국가 차원의 법적 보호는 없었으며, 중산층 감독관과 공장주가 왕처럼 군림했다. 잔인한 경제적 불평등은 1848년 유럽 전역에 혁명의 물결을 불러일으켰다. 독일 철학자 프리드리히 엥겔스는 비참한 공장 노동자들의 상황을 기술한 『영국 노동 계급의 상황(*The Condition of the Working Class*)』을 출간해 혁명의 불을 지폈다.

새로운 도시의 등장

노동자들은 공장 주변에 형성된 빈민가에서 살았다. 도처에서 도시화가 진행되고 있었다. 1850년까지 영국은 인구의 50퍼센트가 도시에 살았다. 독일은 1900년, 미국은 1920년, 일본은 1930년에 이 수준에 도달했다. 모든 산업 도시들은 인구 과밀, 공해, 물 부족, 쓰레기 처리 시설의 부재, 비위생적인 주거 환경 등으로 골치를 썩고 있었다. 이런 환경에서 전염병이 만연했다. 인도, 유럽, 북아메리카 전역에 콜레라가 퍼졌다. 1832년에 프랑스의 연구자들은 콜레라가 빈민가, 빈곤, 허약한 건강 상태와 연관성이 있음을 밝혀냈다. 영국의 의사 존 스노(John Snow)는 1849년에 콜레라가 오염된 식수를 통해 퍼졌음을 입증했다.

이런 사실을 깨달은 정부는 상하수도 시스템을 도입하고 수돗물을 공급했으며 도시의 쓰레기를 수거하는 등 일련의 조치를 취하기 시작했다. 또 사회적, 정치적 개혁 법안이 유럽과 북아메리카 전역에서 입안됐다. 노동법의 안전 규정이 강화됐고, 아동에 대한 의무 교육 제도가 시행됐다.

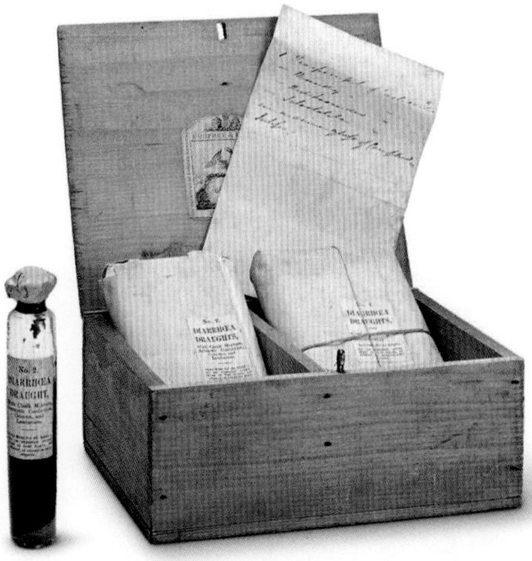

◀ 콜레라 약
19세기 말이 되자 유럽과 북아메리카에서는 콜레라가 더 이상 나타나지 않았다. 생활 수준이 나아지고 공중 위생이 향상됐으며 항구적 기관으로서 보건 위원회가 설립됐다.

> **집 앞**에 있는 물이 거품으로 덮여 있다. 강둑을 따라 **말로 표현할 수 없는 오물**이 더미를 이루고 있었고, **시체가 썩는 듯한 악취**가 가득했다.

헨리 메이휴, 언론인이자 주거 개선 운동가, 1812~1887년

교육이 보급되다

교육은 집단 학습과 혁신에 필수적인 부분이다. 그 중요성을 깨달은 많은 정부가 19세기 중반부터 의무 교육을 제도화하는 광범위한 개혁안을 도입했다. 2000년에 이르면 글을 읽고 쓸 수 있는 사람들이 세계 인구의 80퍼센트를 이룬다.

▲ 표준 교과서
미국의 교육은 1840년대 공립 학교와 표준 교과서가 도입되기 전까지 대부분 사립 학교에서 이뤄졌다.

읽고 쓰는 능력은 인류 역사상 오래전부터 중요하게 여겨졌다. 유럽, 특히 프랑스, 독일, 영국에서 문해율은 16세기부터 꾸준히 증가했다. 지식과 아이디어의 가치를 높게 평가하는 사회는 산업화를 이끈 계몽주의 사조에도 적합했다. 18세기 초 영국에서는 인구 증가에 대응해 수백 개의 학교를 지었다. 그러나 교육을 받을 수 있는 사람들과 받지 못하는 사람들 사이에는 여전히 큰 격차가 있었다. 18세기에는 교육을 받기 위해 비용을 지불해야 했기 때문에 노동 계급은 교육을 받기 어려웠다. 더욱이 여성의 교육도 중요하게 고려되지 않았다. 노동 계급의 여성들은 어릴 때부터 일을 했고, 중산층 여성들은 결혼하기 전까지만 학교를 다녔다.

국민 교육

19세기에 접어들면서 교육에 대한 생각이 바뀌기 시작했다. 이런 변화는 부분적으로 이성, 지식, 표현의 자유를 가치 있게 여기는 계몽주의 사상에서 비롯됐다. 개혁가들은 새로운 정부가 노예 제도, 공중 보건, 교육에 개입하도록 촉구하기 위해 대중의 지지를 모았다. 정부의 개입은 1848년 혁명 이후 시민들을 달래기 위해서라도 꼭 필요했다. 중산층은 개혁을 요구했고, 노동 계급은 봉기할 태세를 취했다. 각국 정부는 국민 교육이 강한 군대를 만들고 애국심을 북돋으며 반란에 대한 욕구를 줄일 수 있음을 깨달았다. 1870년부터 서부 유럽과 미국 북동부 지역에서 국립 학교의 의무 교육이 확산됐다. 유럽 대륙 밖에 있는 중국, 이집트, 일본 등에서도 1900년 이후 교육 제도가 구축됐다. 이런 국가의 교육 정책은 부분적으로 애국심을 북돋고 유럽 열강을 강하게 만든 제도를 모방하려는 목적 아래 추진됐다. 교육에 대한 접근성이 향상되면서 지난 150년 동안 전 세계 문해율은 꾸준히 상승했다. 역사상 그 어느 때보다 많은 사람들이 오늘날 읽고 쓸 수 있으며, 이는 교환 네트워크의 확산과 집단 학습에 기여한다. 그러나 심지어 오늘날에도 교육에 대한 접근성이 동일하지는 않다. 문맹률은 가난한 지역과 여성들 사이에서 높다. 2011년 기준, 전 세계 문맹자의 4분의 3이 아시아 남부, 중동, 사하라 사막 이남의 아프리카 지역에 살고 있다. 또한 글을 읽고 쓰지 못하는 전 세계 성인 7억 7400만 명 가운데 3분의 2가 여성이다.

정보화 시대

교육은 개인에게 정보와 지식을 전파하는 중요한 도구다. 인류 역사에서 집단 학습이 늘어남에 따라 교환 네트워크가 확장되자, 더 많은 정보를 더 빨리 축적할 수 있게 됐다. 오늘날 우리는 정보화 시대에 살고 있다. 디지털 혁명은 전통적으로 산업이 주도하던 경제를 디지털 정보를 기반으로 하는 경제로 전환시켰다. 이런 정보화 사회와 지식 기반 경제에서 이익을 창출하는 것은 정보의 흐름이다. 세계화는 전 세계가 서로 연결되는 것을 보여 줬

2016년에는 **전 세계 사람들** 중 **83퍼센트** 이상이 **글을 읽고 쓸 줄 안다.**

▶ 아동 복지의 향상
산업화 이후 영국에서는 어린아이들이 공장이나 광산에서 일하는 것이 흔했다. 하지만 정부가 아동 노동을 금지하는 개혁안을 내놨다. 1880년 제정된 교육법은 10세 이하 어린이의 교육을 의무화했다.

◀ 초등 교육
1994년, 아프리카의 말라위 정부는 무상 초등 교육을 도입했다. 하지만 중퇴율, 특히 여자아이들의 중퇴율이 여전히 높다. 이런 현상은 자녀가 가계 소득을 보충하기 위해 일을 해야 하는 사하라 사막 이남의 가난한 아프리카 나라들에서 흔하다.

으며, 정보와 부의 이동으로 국경의 개념이 모호해졌다. 2009년 국내 총생산(GDP)을 기준으로 상위 100위권에 있는 경제 주체들을 살펴보니, 60개는 국가고 나머지는 회사였다. 회사들 대다수는 시노펙(Sinopec, 중국 석유 화학 기업), 셸(Shell, 네덜란드 석유 화학 기업) 같은 다국적 석유, 가스 회사들이거나 애플(Apple, 미국 컴퓨터 소프트웨어 제조 기업), 삼성과 같은 통신 회사들이었다. 정보가 지금처럼 중요했던 때가 없었다.

최근 소프트웨어 및 생명 공학 산업이 성장하면서 고급 인력의 필요성이 강조되고 있다. 산업화는 피라미드식의 사회 구조를 만들었다. 수많은 단순 노동자들이 피라미드의 바닥에 있고, 맨 위에는 소수의 자본주의 사업가와 창조적 변화를 주도하는 사람들이 있다. 교육은 피라미드가 뒤바뀐 사회로 나아가는 열쇠일 수 있다. 질 좋은 교육을 받은 많은 사람들은 피라미드 꼭대기에 있는 고부가 가치 일자리에 참여하고, 단순 노동은 자동화 기계로 대체될 것이다.

교육이 혁신을 낳다

집단 학습의 한 형태인 교육은 혁신의 결정적인 요소다. 20세기 동안, 여러 산업 사회에서 일어난 혁신은 주로 정부, 기업, 교육 기관의 지원을 받아 이뤄졌다. 17세기에 유럽 최초로 과학 단체를 설립한 영국은 정부가 나서 혁신에 대한 성과급을 제공했다. 산업화의 첫 번째 세기에는 주요 과학 기술로 성과를 거두었다. 19세기에 정부와 기업은 과학이 혁신, 부, 권력의 원천임을 깨닫고 과학 연구를 촉진하고 조직하는 데 적극적인 역할을 하기 시작했다. 20세기경, 과학 기술의 혁신은 산업 국가의 군사, 정치, 경제 권력을 뒷받침하는 근본적인 구성 요소임이 입증됐다.

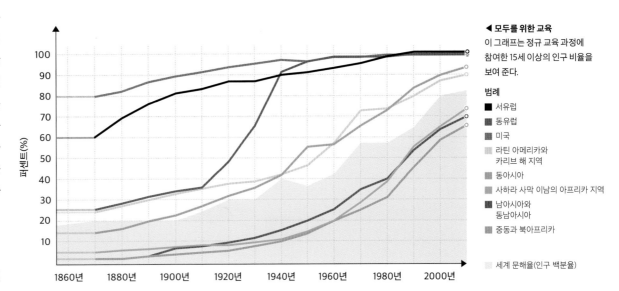

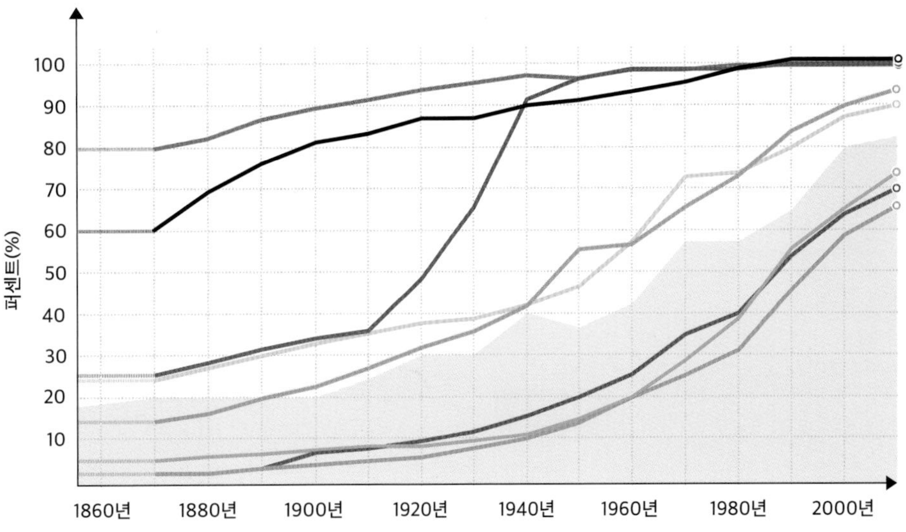

◀ 모두를 위한 교육
이 그래프는 정규 교육 과정에 참여한 15세 이상의 인구 비율을 보여 준다.

범례
- 서유럽
- 동유럽
- 미국
- 라틴 아메리카와 카리브 해 지역
- 동아시아
- 사하라 사막 이남의 아프리카 지역
- 남아시아와 동남아시아
- 중동과 북아프리카
- 세계 문해율(인구 백분율)

연표로 보는 역사

의학이 진보하다

18세기 후반부터 산업화가 이뤄지면서 의학 또한 급격히 발달했다. 과학 연구, 기술 혁신, 예방 조치로 사람들은 더 오래 건강한 삶을 살 수 있었다.

무역 네트워크가 확장되고 도시화가 진행되면서 사람들은 과거 어느 때보다 더 긴밀하게 접촉했다. 그러다 보니 질병이 확산됐다. 1796년, 영국의 의사 에드워드 제너(Edward Jenner)가 개발한 천연두 백신은 기적과도 같았다. 19세기 세균에 대한 발견과 이론 덕분에 안전한 수술법이 발달하고, 공중 위생의 중요성을 사람들이 인식하기 시작했다. 또한 질병을 진단하는 새로운 도구들이 개발됐다. 의료 혁신과 의학 지식은 사람들의 건강, 특히 어린아이와 노인들의 건강에 긍정적인 영향을 미쳤다.

20세기는 의료 기술이 폭발적으로 발전한 시기였다. 전염병, 기근, 근대의 전쟁으로부터 사람들을 지킬 수 있는 보건 시스템이 만들어졌다. 또한 20세기에 줄기 세포 연구, 인간 유전체 해독, 새로운 생명을 창조하는 생명 공학 연구가 이뤄졌다. 인터넷 덕분에 많은 사람들이 이러한 과학의 성취와 의료 기술 정보를 접할 수 있었고, 의사와 환자 모두가 공유하는 의료 지식은 계속 늘어났다.

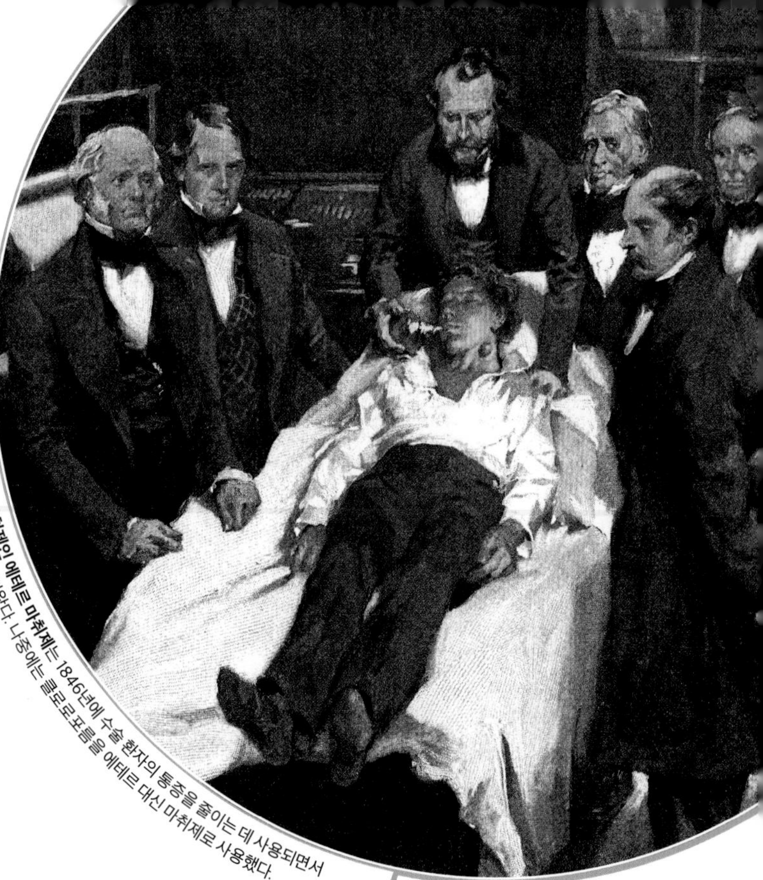

최초의 마취제인 에테르 마취제는 1846년에 수술 환자의 통증을 줄이는 데 사용되면서 수술의 대혁명을 가져왔다. 나중에는 클로로포름을 에테르 대신 마취제로 사용했다.

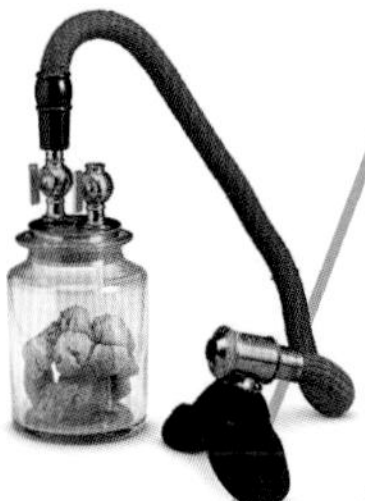

클로로포름 흡입기

의약품과 마취

도구, 혁신 그리고 기술

발견과 돌파구

세균, 질병 그리고 백신

1850년대에 루이 파스퇴르(Louis Pasteur)는 특정 유기체가 특정 질병을 일으킨다는 **세균 이론을 증명했다.** 파스퇴르는 광견병과 탄저병의 백신을 개발했다.

1854년, 플로렌스 나이팅게일(Florence Nightingale)이 **환자 간호와 위생을** 크게 개선시켰다. 크림 전쟁을 치르는 동안 나이팅게일은 야전 병원에 근대적인 간호 및 위생 시설을 도입했다.

1847년, **이그나즈 제멜바이스(Ignaz Semmelweis)**는 손을 씻지 않는 외과 전문의가 감염을 일으킬 수 있다는 사실을 밝혔다.

1852년, **아스피린이 합성됐다.** 새로운 의약품은 질병의 고통을 덜어 줬다.

청진기

1816년에 르네 라에네크(René Laennec)가 발명한 **청진기**로 의사가 환자의 흉부에서 소리를 들을 수 있게 됐다. 청진기는 지금도 중요한 진단 도구다.

1800년

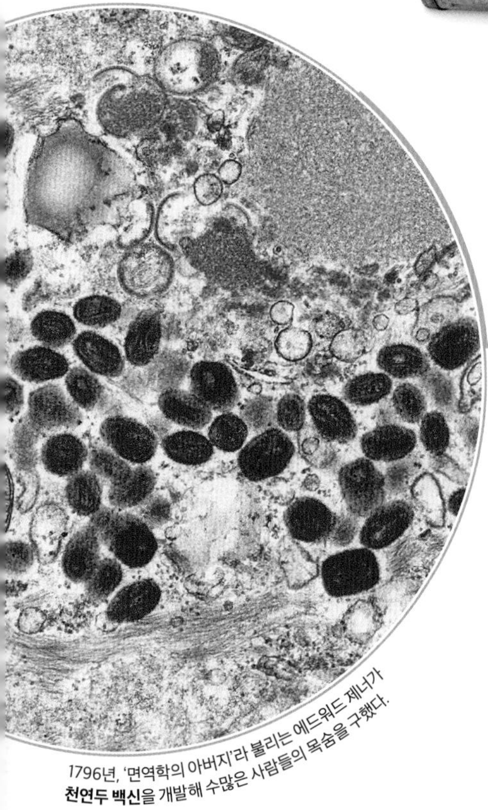

1775년

1796년, '면역학의 아버지'라 불리는 에드워드 제너가 **천연두 백신**을 개발해 수많은 사람들의 목숨을 구했다.

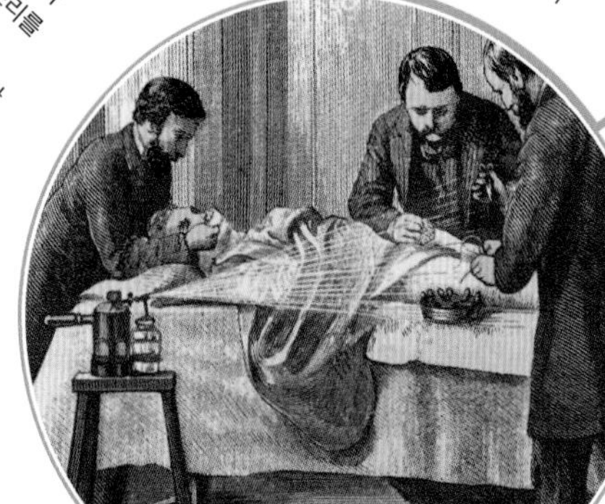

1865년, 조지프 리스터(Joseph Lister)가 세균을 죽이고 감염을 예방하기 위해 **페놀(석탄산) 스프레이**를 소독제로 처음 사용했다.

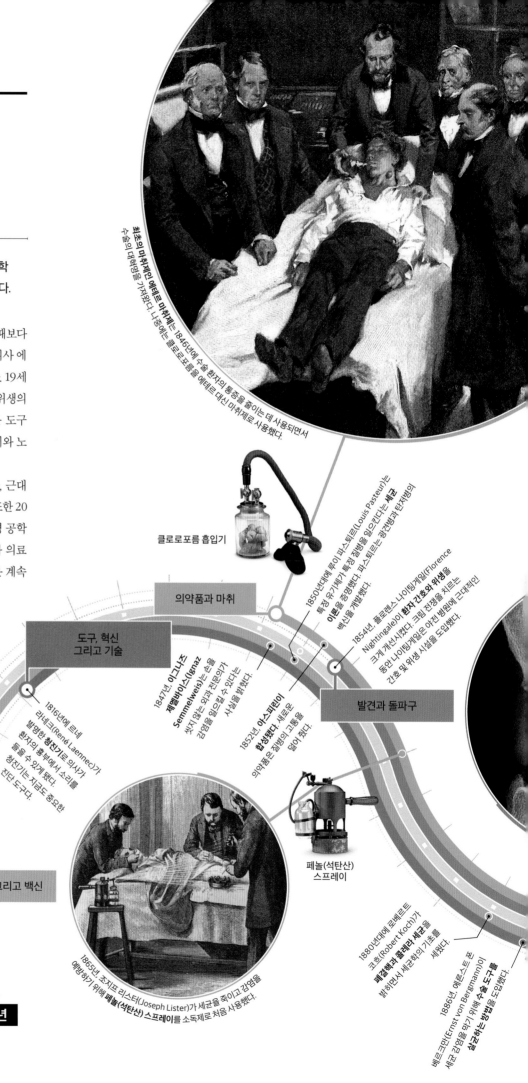

페놀(석탄산) 스프레이

1880년대에 로베르트 코흐(Robert Koch)가 **폐결핵과 콜레라 세균**을 밝히면서 세균학의 기초를 세웠다.

1886년, 에른스트 폰 베르크만(Ernst von Bergmann)이 세균 감염을 막기 위해 **수술 도구를 살균하는 방법**을 도입했다.

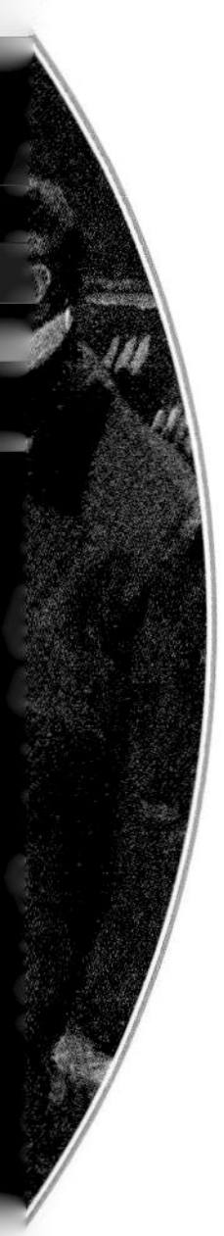

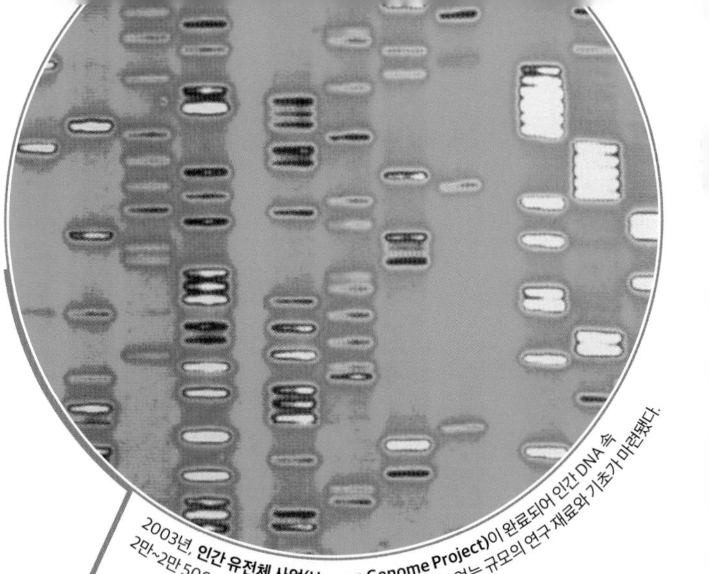

1981년, **자기 공명 영상(MRI) 스캐너**가 개발됐다. MRI는 자기장과 전자기파를 이용해 환자의 몸속 기관의 이미지를 재현했다. 이것은 내부의 이상 증상을 진단하는 데 도움을 줬다.

1978년, **최초의 '시험관' 아기**가 태어났다. 시험관에서 난자를 체외 수정시켜 아이를 갖는 것은 임신을 상상할 수 없었던 사람들에게 새로운 가능성을 열어 줬다.

1996년, 인간 면역 결핍 바이러스(HIV)를 통제하기 위한 강력한 **항레트로바이러스 치료(HAART)**가 도입됐다. 이는 2010년까지 서부 국가의 후천 면역 결핍증(에이즈, AIDS) 사망률을 낮추는 데 기여했다.

2003년, **인간 유전체 사업(Human Genome Project)**이 완료되어 인간 DNA 속 2만~2만 5000개의 유전자가 밝혀졌다. 덕분에 전례 없는 규모의 연구 재료와 기초가 마련됐다.

1970년, 고드프리 하운스필드(Godfrey Hounsfield)가 **컴퓨터 단층 촬영(CAT) 스캐너**를 개발했다. CAT는 환자의 몸에서 종양과 같은 이상 증상의 위치를 알려 줬다.

1967년, 남아프리카 공화국의 내과 의사인 크리스티안 바너드(Christiaan Barnard)가 세계 **최초로 심장 이식 수술에 성공했다**. 오늘날 심장 이식 수술은 한 해에 3,500번 이상 이뤄진다.

2000년

2014년, **3D 프린터**로 소의 살아 있는 세포를 이용해 **인간의 귀**를 만들어 냈다. 환자가 자신의 세포로 이식용 장기를 만들 수 있는 가능성이 생겼다.

여성용 경구 피임약이 1960년에 미국 시장에 처음 선보였다. 피임약 덕분에 여성들은 가족계획을 더 잘 세울 수 있게 됐고 사회 각층에서 성 혁명이 일어났다.

신종 코로나바이러스 감염증(코로나19) 팬데믹. 과학자들은 2020년 초부터 코로나19에 효과적인 백신을 찾았고, 기록적으로 짧은 시간 안에 대량 생산했다. 다수의 백신은 코로나19가 발생하기 전부터 이미 개발 중이던 mRNA 등 새로운 기술을 활용했다.

심장 박동 조율기

1996년, 성체 세포를 이용한 최초의 복제 포유류인 **복제양 돌리(Dolly)**가 탄생했다. 인간의 생명을 복제할 수 있다는 이론적인 가능성에 과학자들이 한걸음 다가선 사건이었다.

1953년, 제임스 왓슨과 프랜시스 크릭이 **DNA의 이중 나선 구조**를 설명했다. DNA를 더 잘 이해하게 되면서 질병을 조기에 진단할 수 있는 가능성이 커졌다.

1958년, **심장 박동 조율기**가 생산됐다. 심장 박동 조절에 전기적 자극을 사용하는 것은 아주 중요한 혁신이었다.

수술적 치료

2015년, 3D 프린터를 이용해 만든 **인공 티타늄 흉곽**을 이식하는 데 성공했다. 향후 3D 프린터로 환자의 몸에 정확하게 맞는 기관을 만들 수 있을 것이다.

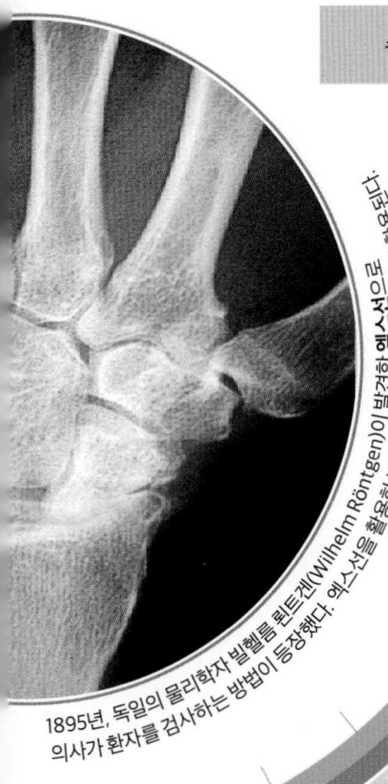

전자 현미경

1895년, 독일의 물리학자 빌헬름 뢴트겐(Wilhelm Röntgen)이 발견한 **엑스선**으로 의사가 환자를 검사하는 방법이 등장했다. 엑스선을 활용한 방사선 치료는 현재 암 치료에 활용된다.

1931년에 **전자 현미경**이 개발됐다. 전자 현미경 덕분에 의사들은 세균과 바이러스를 직접 눈으로 확인할 수 있었다.

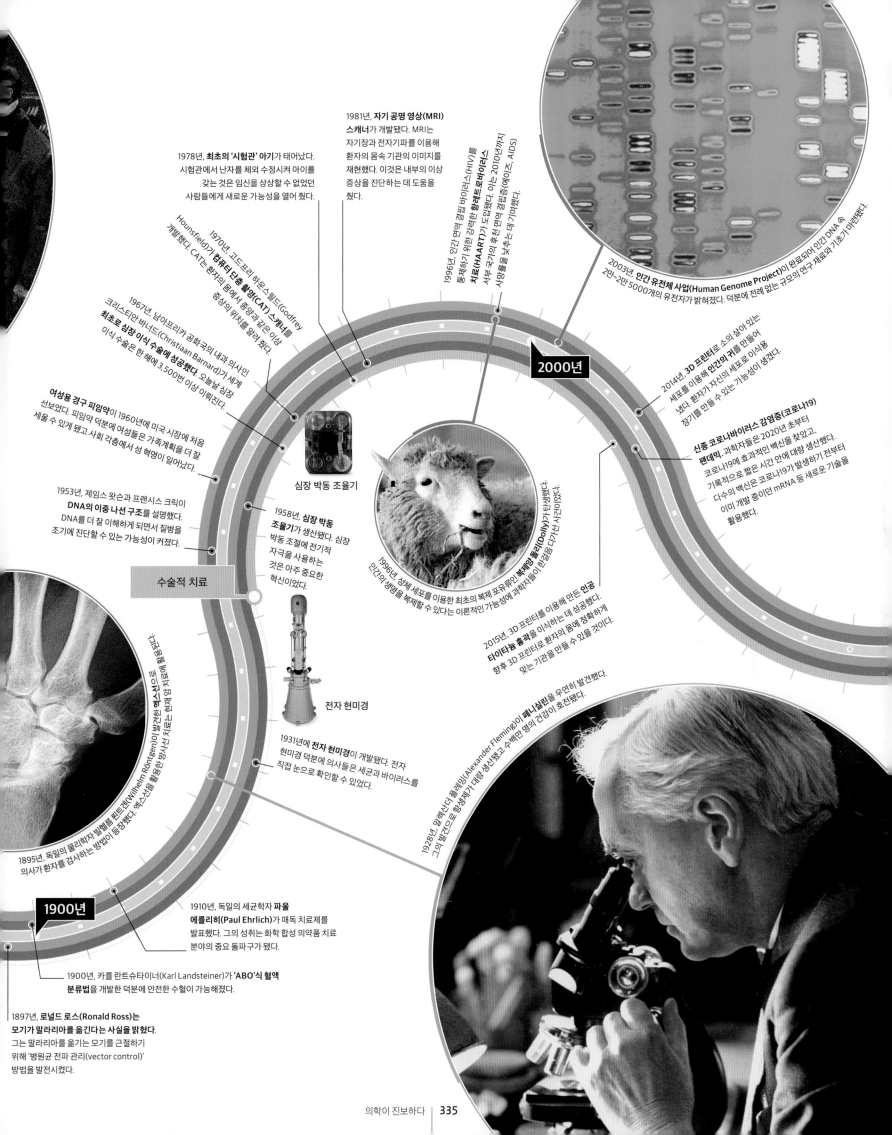

1928년, 알렉산더 플레밍(Alexander Fleming)이 **페니실린**을 우연히 발견했다. 그의 발견으로 항생제가 대량 생산됐고 수백만 명의 건강이 호전됐다.

1900년

1910년, 독일의 세균학자 **파울 에를리히(Paul Ehrlich)**가 매독 치료제를 발표했다. 그의 성취는 화학 합성 의약품 치료 분야의 중요 돌파구가 됐다.

1900년, 카를 란트슈타이너(Karl Landsteiner)가 **'ABO'식 혈액 분류법**을 개발한 덕분에 안전한 수혈이 가능해졌다.

1897년, **로널드 로스(Ronald Ross)는 모기가 말라리아를 옮긴다는 사실을 밝혔다.** 그는 말라리아를 옮기는 모기를 근절하기 위해 '병원균 전파 관리(vector control)' 방법을 발전시켰다.

1750년 | 산업 혁명 시작
1789년 | 인권 선언
1830년 | 증기 시대
1869년 | DNA 분리
1880년 | 전기 시대
1914년 | 제1차 세계 대전
1930년대 | 세계 대공황

아메리카 대륙

태평양 섬 공동체

전 세계의 네 구역
18세기 산업화가 시작될 무렵, 유럽 탐험가들은 전 세계의 네 구역을 이미 연결해 놨다.

아프로-유라시아 대륙

오스트랄라시아

산업화된 구역
산업화가 안 된 구역

1900년
전 세계의 네 구역이 산업화된 구역과 그렇지 않은 구역으로 정리됐다. 산업화된 나라들은 대량 생산을 통해 부를 쌓았다. 반면 산업화가 안 된 나라들은 가난했고 원자재와 노동력, 그리고 토지를 착취당했다.

운송
저렴해진 운송료와 통신비가 1820년부터 국제 무역을 뒷받침했다. 국내 운송료는 1800년과 1910년 사이에 90퍼센트 인하됐다. 대서양을 횡단하는 국제 운송료 역시 1870년과 1900년 사이에 60퍼센트 인하됐다.

세계화로 나아가다

세계가 두 개의 큰 구역으로 합쳐지면서 무역, 자본, 이주, 문화, 지식이 교류하는 전 세계적 규모의 교환 네트워크가 형성됐다. 이 과정을 세계화라고 한다.

무역 협정
독립한 식민지 국가들이 상호 이익을 추구하기 위해 무역 협정을 맺기 시작했다. 그 대부분은 자유 무역 경제 체제를 채택해 새로운 경제 동력을 이끌어 냈다.

20세기 말/21세기 초
산업화가 안 된 국가들 상당수가 세계라는 거대한 기계를 구성하는 톱니가 됐다. 이 나라들은 다른 나라에서 들여온 원자재를 가공해 완제품을 조립하는 역할을 맡았다.

세계화는 현대적 개념이 아니다. 15~18세기 구세계 사람들이 신세계를 발견한 발견 한 이후 전 세계적 규모의 교환 네트워크가 만들어졌다. 이 시대에 돈, 사람, 농작물, 생각, 질병이 구세계와 신세계 사이에서 교환됐고, 대부분의 교환은 서유럽 국가의 이익 창출에 기여했다. 이런 세계화 추세는 19세기 제국주의 시대에 더욱 활성화됐고, 19세기 말에 이르러 대규모의 식민 제국이 산업에 특화된 지역과 농업에 특화된 지역을 연결해 자본의 축적에 초점을 맞춘 세계 경제 체제를 구축했다.

전신, 철도 등 산업 기술과 더불어 법률 제도, 국가 관료제 등 근대 국가의 새로운 조직 구조가 산업화되지 않은 국가들에 도입됐다. 산업화되지 않은 국가들은 차를 재배해 수출하는 것처럼 자신의 전문 분야를 개발해 나가며, 자신만의 통치, 규제, 언어 제도를 구축해 산업화를 추진했다. 20세기에 독립한 식민지 국가들은 식민 제국이 남기고 간 것들을 본받아 자국 경제를 성장시키려고 노력했다.

21세기에는 통신 기술의 혁신이 근대 사회의 세계화를 이끈 운송 수단만큼 중요해졌다. 저렴하고 효율적인 컨테이너 수송은 중국을 경제 초강대국으로 부상시켰다. 광섬유와 광대역 기술 덕분에 인도는 세계적인 통신 중심지로 도약했다. 혁신은 오늘날에도 계속되고 있다. 점점 진보하는 스마트폰이 전 세계 사람들을 연결하며, 새로운 문화의 출현을 촉진한다.

> **발달한 산업 국가들**은 **아직 산업화를 이루지 못한 국가들**의 **미래**를 **보여 준다**.

카를 마르크스, 독일의 철학자이자 경제학자, 그리고 사회학자, 1818~1883년

39년 | 제2차 세계 대전
1950년대 | 인류세 시작
1970년 | 디지털 시대
2020년 | 코로나19 팬데믹 시작

자원
19세기 산업 강대국은 전 세계에 자유 시장 자본주의를 이식했다. 식민 제국은 식민지 자원을 강탈하고 노동력을 자국에 예속시켰다. 그 결과, 전 지구가 서유럽의 거대한 농업 자원이 됐다.

이주
혁신적인 교통 수단은 전 세계 사람들의 이동과 이주를 증가시켰다. 아일랜드의 감자 기근과 영국의 인구 과밀을 겪은 사람들이 식민 제국의 관료와 이주 노동자들을 따라 식민지 국가로 이동했다.

문화 교류
사람들의 이동으로 모든 삶의 영역에서 문화 교류가 이뤄졌다. 사회 관습, 학문 풍토, 기업 문화, 종교, 정치 이념, 문학, 음악, 옷, 예술, 식사 문화와 음식까지 교류됐다.

금융 기관
국제 통화 기금(IMF)과 같은 강력한 금융 기관이 등장하면서 개발 도상국들에 대한 금융 투자가 이루어졌으며 그 대가로 개발 도상국에는 의무가 부가됐다. 이는 보다 통합된 세계 금융 체제를 만들었다.

새로운 참여자
소비에트 연방(소련)의 몰락과 중국의 개방은 세계 자본 시장에 새로운 경제 참여자들을 불러왔다. 이로 인해 국제 무역과 투자가 탈공산주의 경제에도 도달했다.

해외 투자
무역 협정을 맺고, 선진국의 다국적 기업이 산업화가 안 된 국가에 직접 투자한다. 이 때문에 산업화가 안 된 국가에서 외국 자본이 유입돼 민영화와 외국인의 자산 소유가 증가한다.

제2차 세계 대전 이후

현대의 세계화는 자본주의와 자유 무역이 새로운 세계 경제를 창조하면서 시작됐다. 이와 같은 세계 경제는 다국적 기업과 강력한 금융 기관의 지배를 받는다.

이동
무역 장벽이 사라지고 운송비가 싸지면서 일자리를 찾아 이주하는 사람이 늘어났다. 그로 인해 더 많은 문화 교류가 생겼고, 해외 노동자들이 본국으로 돈을 보내는 것 때문에 송금 시장이 생겼다.

문화적 동질성
세계 서비스 경제의 부상, 통신 기술의 향상, 다국적 기업의 확산은 전 세계의 문화적 동질성을 촉진한다. 브랜드, 음악, 텔레비전 프로그램, 음식이 전 세계에 동일하게 인식된다.

산업 발전
세계 자본주의는 산업화가 안 된 구역의 국가들을 산업화의 길로 인도한다. 그 과정은 값싼 소비재를 생산해 국제 시장에 팔아 부를 창출하는 식으로 이뤄진다. 이는 일자리를 늘리고 빈곤을 감소시킨다.

▼ 변화의 엔진

1885년, 카를 벤츠는 석탄 가스를 태워 '말 없는 마차'에 동력을 제공하는 내연 기관을 발명했다. 이듬해에 그는 특허를 받은 내연 기관 마차, 즉 '파텐트모토르바겐(Patent-Mortorwagen)'을 개발했다. 이것이 최초의 자동차였다. 벤츠의 차에서 오늘날의 자동차들이 가진 여러 특징들을 볼 수 있다.

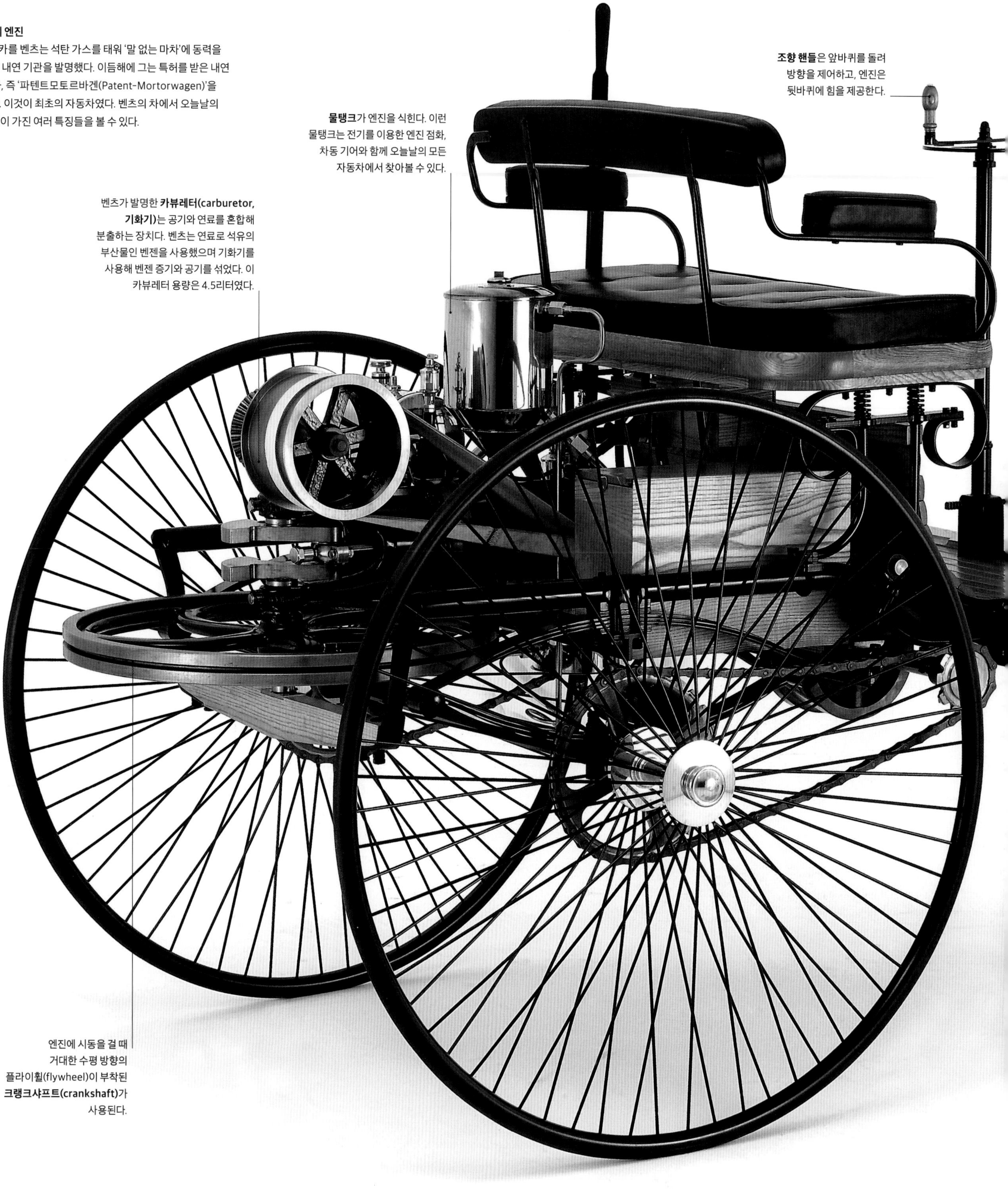

조향 핸들은 앞바퀴를 돌려 방향을 제어하고, 엔진은 뒷바퀴에 힘을 제공한다.

물탱크가 엔진을 식힌다. 이런 물탱크는 전기를 이용한 엔진 점화, 차동 기어와 함께 오늘날의 모든 자동차에서 찾아볼 수 있다.

벤츠가 발명한 **카뷰레터(carburetor, 기화기)**는 공기와 연료를 혼합해 분출하는 장치다. 벤츠는 연료로 석유의 부산물인 벤젠을 사용했으며 기화기를 사용해 벤젠 증기와 공기를 섞었다. 이 카뷰레터 용량은 4.5리터였다.

엔진에 시동을 걸 때 거대한 수평 방향의 플라이휠(flywheel)이 부착된 **크랭크샤프트(crankshaft)**가 사용된다.

엔진이 세상을 바꾸다

산업화의 확산 과정에는 운송이 핵심적인 역할을 했다. 지난 두 세기 동안 기차, 증기선, 비행기와 같은 교통 수단의 발전과 통신 분야의 혁신은 사람들이 상품, 아이디어, 정보 및 기술을 교환하는 속도를 크게 증가시켰다.

19세기 후반, 기차는 유럽과 미국을 종횡무진 가로지르며 제품과 사람, 아이디어의 교환을 촉진했을 뿐만 아니라 사람들을 더 먼 곳으로 실어 날랐다. 철도 네트워크는 제조업자와 소매업자, 구매자 간의 제품 수송비를 줄였다. 이는 결국 소비자 가격의 하락으로 이어졌다. 빠른 속도와 저렴한 비용으로 육지와 바다에서 원자재와 제품을 옮길 수 있는 능력은, 초기 산업 경제가 성공하는 데 매우 중요했다.

새로운 운송 체계

19세기 기차에 석탄을 연료로 공급한 것처럼, 20세기 초 운송 혁명도 광범위하게 가용할 수 있는 화석 연료가 없었다면 불가능했을 것이다. 특히 내연 기관의 등장으로 석유와 석탄 가스를 혁신적으로 사용할 수 있게 됐고, 그 결과로 자동차와 제트기가 개발됐다. 1913년, 기업가인 헨리 포드(Henry Ford)는 자동차를 대량 생산할 수 있는 조립 라인을 처음으로 구축했다. 과거에 사치품으로 여겨졌던 물건을, 만든 노동자가 소비하는 소비자본주의가 대두했다.

모든 도로에 차가 다니게 만들겠다는 포드의 비전은 근대 서구 사회를 변화시켰다. 정부는 자동차를 수용할 수 있는 도로와 교통 시스템을 구축했다. 1950년대에는 석유로 가는 자동차, 버스, 트럭이 재화와 사람의 수송을 담당했다. 제2차 세계 대전 이후로는 전시 항공 전문가들이 전쟁이 끝난 뒤에 민간 항공 산업에 관심을 기울이면서 상업용 항공기도 등장했다. 그로 인해 사람과 택배의 운송 속도가 매우 빨라졌다. 사람들은 사업, 여가 등 여러 가지 이유로 더 많이 여행을 다녔다. 그 결과, 교환 네트워크가 확대됐다. 운송 분야의 기술 혁신은 경제 성장을 주도했으며, 경제 성장이 더 많은 기술 혁신을 이끌었다.

1960년대 초, 인간은 우주로 사람을 보낼 수 있는 로켓을 개발했다. 소련은 우주에 최초로 인간을 실어 보냈고, 미국은 1969년에 달에 사람을 상륙시켰다. 전 세계의 이동성이 높아짐에 따라 전례 없는 규모로 상품, 사람, 생각이 교환됐다. 오늘날 세계는 과거보다 더욱 작아졌다.

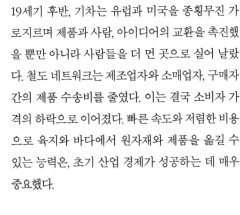

▲ 대중을 위한 자동차
빠르고 효율적인 공장의 조립 라인은 제품의 생산 비용을 감소시켰다. 덕분에 포드의 모델 T와 같은 제품을 대중들이 살 만한 가격에 판매할 수 있었다.

> 내가 만약 사람들에게 **원하는 것이 무엇이냐고** 물었다면, 그들은 **'더 빠른 말'**이라고 대답했을 것이다.

헨리 포드, 미국의 기업가이자 포드 자동차 회사 설립자, 1863~1947년

1635년, **영국**에서 **우편 배달 서비스**가 나왔다. 우편 배달부는 말을 타고 이동했다. 서로 다른 장소에 거주하는 사람들이 어느 정도 예측 가능한 적정 속도로 정보를 전달할 수 있었다.

1780년

우편 서비스

1784년부터 **영국 우정 공사(Royal Mail)의 우편 배달 마차**는 우편 서비스 보안을 높이기 위해 경비원들의 보호를 받으며 움직였다.

시각 신호

1792년, 클로드 샤프(Claude Chappe)는 깃발을 흔들어 메시지를 전달하는 **수기 신호**를 고안해 냈다. 이는 산업 시대의 첫 번째 통신 시스템이었다.

1800년

1866년에는 미국과 유럽 사이 **대서양을 횡단하는 케이블**을 통해 1분에 여덟 개의 단어를 전송했다. 이를 배로 운송하는 경우 보통 열흘이 걸렸다.

전보와 전화

1837년, 새뮤얼 모스(Samuel Morse)가 **전보 시스템**을 개발했다. 모스 부호를 이용해 전용 통신선으로 메시지를 보내는 전보 시스템은 매우 혁신적인 장거리 통신이었다.

1840년, 편지를 1페니로 보낼 수 있는 **1페니 우편제**가 일괄 시행됐다. 영국과 아일랜드 사람들은 저렴한 가격으로 우편 서비스를 이용할 수 있었다.

뉴스와 방송

1843년, 찰스 터버(Charles Thurber)가 **타자기**를 발명했다. 타자기는 기업용 및 상업용 통신에 많이 쓰였다.

1844년, 아편 전쟁 이후 중국에 **해외 우체국**이 문을 열었다. 이것은 중국 최초의 근대적 우편 서비스였다.

1867년, 모스 부호의 형태를 이용하는 **신호등**이 나왔다. 영국 군함은 이 기술로 먼 거리에 메시지를 송출했다.

전화

1876년, 알렉산더 그레이엄 벨(Alexander Graham Bell)이 특허를 낸 **전화**는 오늘날 가장 널리 쓰이는 통신 수단이다.

1877년, 토마스 에디슨(Thomas Edison)이 발명한 **축음기**는 소리를 녹음하고 재생할 수 있는 최초의 장비였다. 축음기는 음악 산업을 바꿔 놨다.

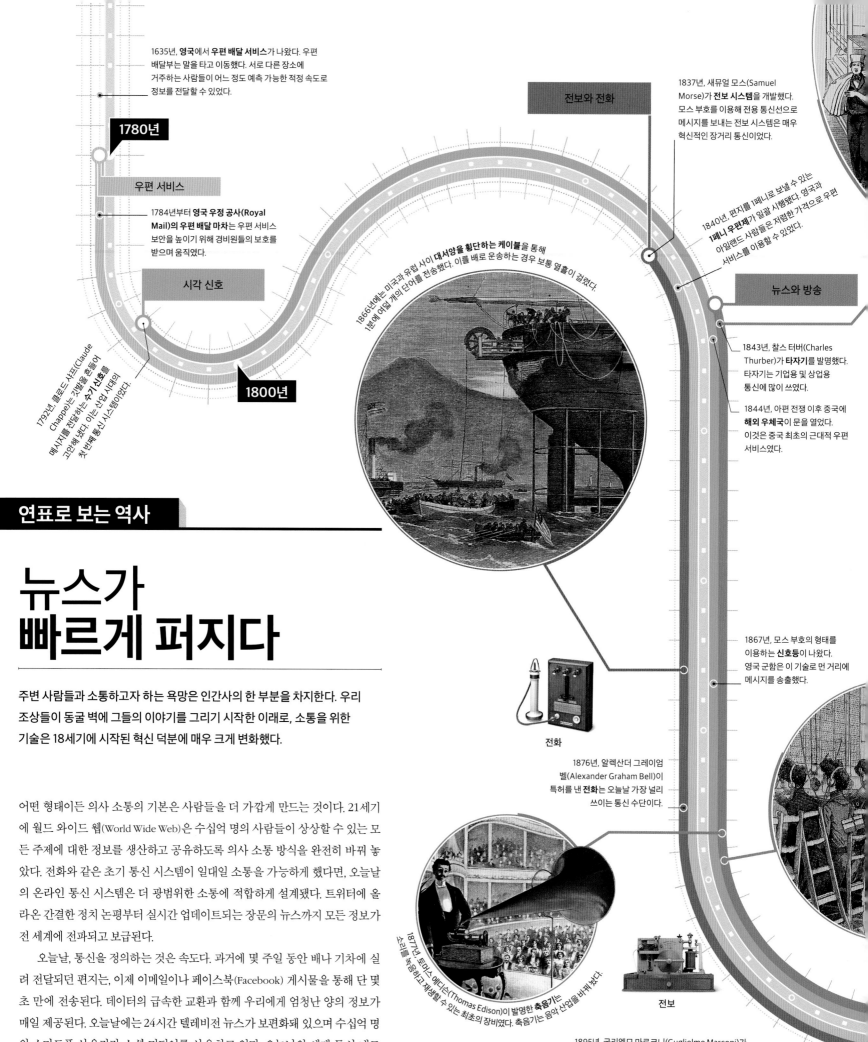

전보

1895년, 굴리엘모 마르코니(Guglielmo Marconi)가 **무선 전보**를 발명했다. 이것은 오늘날 장거리 라디오를 개발하기 위한 첫걸음이었다.

연표로 보는 역사

뉴스가 빠르게 퍼지다

주변 사람들과 소통하고자 하는 욕망은 인간사의 한 부분을 차지한다. 우리 조상들이 동굴 벽에 그들의 이야기를 그리기 시작한 이래로, 소통을 위한 기술은 18세기에 시작된 혁신 덕분에 매우 크게 변화했다.

어떤 형태이든 의사 소통의 기본은 사람들을 더 가깝게 만드는 것이다. 21세기에 월드 와이드 웹(World Wide Web)은 수십억 명의 사람들이 상상할 수 있는 모든 주제에 대한 정보를 생산하고 공유하도록 의사 소통 방식을 완전히 바꿔 놓았다. 전화와 같은 초기 통신 시스템이 일대일 소통을 가능하게 했다면, 오늘날의 온라인 통신 시스템은 더 광범위한 소통에 적합하게 설계됐다. 트위터에 올라온 간결한 정치 논평부터 실시간 업데이트되는 장문의 뉴스까지 모든 정보가 전 세계에 전파되고 보급된다.

오늘날, 통신을 정의하는 것은 속도다. 과거에 몇 주일 동안 배나 기차에 실려 전달되던 편지는, 이제 이메일이나 페이스북(Facebook) 게시물을 통해 단 몇 초 만에 전송된다. 데이터의 급속한 교환과 함께 우리에게 엄청난 양의 정보가 매일 제공된다. 오늘날에는 24시간 텔레비전 뉴스가 보편화돼 있으며 수십억 명의 스마트폰 사용자가 소셜 미디어를 사용하고 있다. 오늘날의 세계 통신 네트워크는 역사상 가장 복잡하고 다양하다.

1843년, **윤전 인쇄기**가 널리 보급돼 산업 시대의 인쇄업, 특히 신문업 분야의 발전으로 이어졌다.

879년, 영국에 **전화 교환국**이 만들어졌다. 서로 다른 사용자 사이에 전화 연결이 가능해졌다.

1900년

1906년, 미국의 발명가인 레지널드 페센든(Reginald Fessenden)이 **최초의 라디오 방송**으로 음성과 음악을 전송하는 데 성공했다.

최초의 대륙 횡단 통화는 1915년에 이뤄졌다. 미국 뉴욕에 있는 알렉산더 그레이엄 벨이 샌프란시스코에 있는 토머스 왓슨(Thomas A. Watson)과 통화를 했다.

1926년, 발명가 존 로지 베어드(John Logie Baird)가 최초로 **텔레비전 스크린**에 이미지를 영사했다.

베어드 텔레비전

세계 최초의 국영 방송국인 영국 방송 협회(British Broadcasting Corp., BBC)가 1927년에 설립됐다. BBC는 텔레비전과 라디오 서비스를 제공했다.

1936년, BBC는 **최초로 정기 편성된 텔레비전 서비스**를 제공했다. 서비스에는 스포츠, 드라마, 만화 등이 포함돼 있었다.

1936년 BBC의 텔레비전 방송국

1939년, 바티칸 시국에서부터 소련에 이르기까지 **15개국에서 라디오 방송이 중계됐다**. 전 세계적으로 라디오 청취자가 늘었다.

1946년, 미국에서 **예비 이동 전화 이동 통신**이 시작됐다. 오늘날의 이동 전화와 달리, 당시 휴대 전화는 보통 자동차나 트럭 내에 설치됐다.

1948년, 미국에 **15분짜리 텔레비전 뉴스 프로그램**이 생겼다. 미국 전역에 뉴스가 멀리 퍼질 수 있었다.

온라인 세상

1962년, **텔스타 1(Telstar 1) 통신 위성**을 통해 처음으로 텔레비전을 중계하고 전화를 연결하며 대서양을 가로질러 팩스를 보내는 데 성공했다. 통신 위성은 새롭고 빠른 세계 통신 수단이 됐다.

텔스타 1 위성

1969년, **달에 착륙해 발자국을 남기는 장면**이 1억 명이 넘는 전 세계 텔레비전 시청자들에게 생중계됐다.

1969년, 미국의 고등 연구 계획국(ARPA)이 **컴퓨터 간의 메시지를 전송하는 아르파넷(ARPANET)**을 개발했다. 이는 이메일로 이어졌다.

1973년, **들고 다니는 최초의 휴대 전화**는 무게가 2킬로그램이었다. 휴대 전화와 함께 이동 통신이 시작됐다.

휴대 전화

1980년, **케이블 뉴스 네트워크(Cable News Network, CNN)**가 위성을 이용해 24시간 뉴스 방송을 시작했다. 24시간 내내 뉴스가 보도되는 새로운 시대가 열렸다.

위성 위치 항법 장치(Global Positioning System, GPS)가 1987년에 출시돼, 위성 내비게이션이 가능해졌다.

1988년, 핀란드와 미국에 있는 두 사용자가 **최초로 대서양을 건너 온라인으로 이야기를 주고받은 것**이, 오늘날의 채팅 서비스의 시작이었다.

와이파이 기호

1989년, 팀 버너스리(Tim Berners-Lee)가 오늘날 수십억 명의 사람들이 이용하는 **월드 와이드 웹**을 출시했다.

1998년, 인터넷 검색 엔진인 **구글(Google)**이 출시됐다. 구글은 광대한 양의 데이터에 빠른 속도로 접근할 수 있게 만들었다.

1999년, **와이파이** 또는 무선 인터넷을 이용한 장거리 온라인이 가능해졌다.

2000년

2001년, 사용자가 콘텐츠를 자유롭게 편집할 수 있는 온라인 다국어 웹 기반 백과사전인 **위키피디아**가 등장했다.

2003년, 무료 인터넷 전화 및 화상 통화 프로그램인 **스카이프(Skype)**가 출시됐다.

2006년, 전 세계 친구들과 정보를 교환하고 공유하는 온라인 소셜 미디어인 **페이스북**이 공개됐다.

2007년에 출시된 **애플의 아이폰**은, 키패드나 스타일러스(stylus)가 아닌 멀티 터치 스크린으로 작동했다.

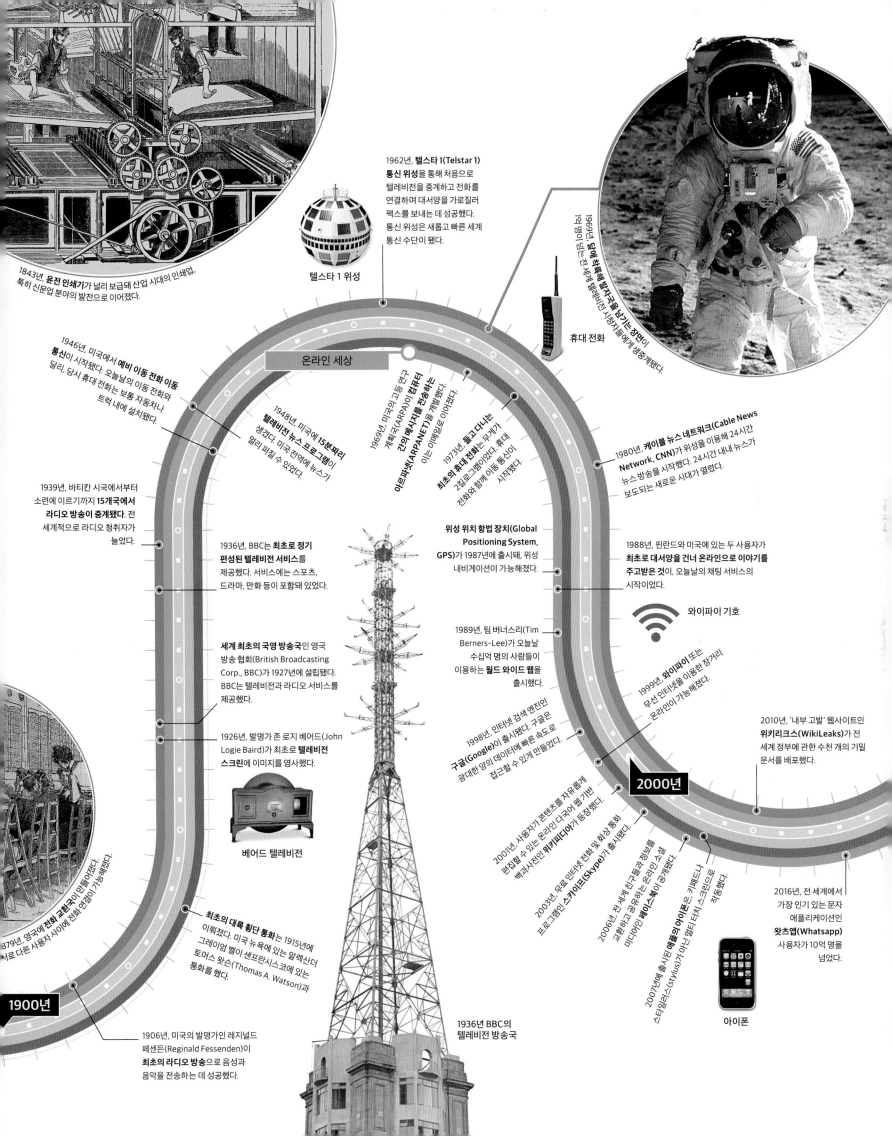

아이폰

2010년, '내부 고발' 웹사이트인 **위키리크스(WikiLeaks)**가 전 세계 정부에 관한 수천 개의 기밀 문서를 배포했다.

2016년, 전 세계에서 가장 인기 있는 문자 애플리케이션인 **왓츠앱(Whatsapp)** 사용자가 10억 명을 넘었다.

사회 네트워크가 확장되다

1876년에 발명된 전화는 바다와 대륙을 가로질러 두 명의 발신자를 연결했다. 오늘날 혁신은 무선 인터넷에 연결할 수 있는 스마트폰을 만들어 냈다. 이 기술로 인해 역대 가장 크고 복잡한 교환 네트워크가 탄생했다.

20세기 후반~21세기 초반에 사람들을 연결하고 정보와 아이디어를 전파하는 데 중요한, 획기적인 디지털 통신 기술이 등장했다. 인터넷은 뉴스와 정보를 보급했고, 소셜 미디어를 통해 개인과 개인이 연결되고 조직이 만들어졌다. 휴대 전화를 사용하면서 어떤 일이 일어나고 있는지 사진으로 찍어서 기록하고, 이것을 전 세계 시청자와 공유할 수 있게 됐다. 이런 소셜 네트워크는 세계적인 현상이 됐다. 2015년 기준 온라인 사용자 32억 명 중 21억 명이 소셜 미디어 계정을 보유하고 있다. 기본적으로는 생각을 공유하거나 다른 사람들과 의견을 나누는 데 소셜 미디어를 사용하지만, 한편으로는 다양한 네트워크와 저항 운동을 지원하기 위해 사용하기도 한다.

기존 뉴스 채널과 달리 소셜 미디어를 통한 아이디어와 이미지의 확산은 어떤 권력의 통제에서도 완전히 벗어날 수 있다. 소셜 네트워크는 개인이 어떤 단체를 지원하도록 동기를 부여할 수 있다. 튀니지, 이집트, 바레인, 리비아에서 일어난 '아랍의 봄' 사태가 대표적이다. 2011년에 튀니지에서 노점상을 운영하던 모하메드 부아지지(Mohamed Bouazizi)가 정부 공무원들의 괴롭힘을 당한 뒤 자신의 몸에 불을 붙인 사건을 두고 자발적인 시위가 일어났다. 시위 장면을 담은 영상은 페이스북에 게시됐다. 사람들은 게시물을 공유함으로써 시위에 참여했다. 이어지는 폭동은 트위터를 통해서도 전해졌다.

소셜 네트워크 서비스는 교통이나 통신 인프라가 발달하지 않은 나라에서도 쉽게 접근할 수 있다. 이런 나라들은 소셜 네트워크 서비스를 통해 혁신을 이루고 있다. 케냐에서는 사용자가 스마트폰을 통해 송금, 입금, 출금을 할 수 있도록 하는 '엠페사(M-Pesa)'라는 애플리케이션이 개발되어 직접 찾아가면 며칠 이상 걸리는 마을에 단 몇 분 내로 돈을 부칠 수 있게 됐다.

> **사람들**에게 **정보를 공유할 수 있는 힘**을 주면, 우리는 **세상**을 **더욱 투명하게** 만들 수 있다.
>
> **마크 저커버그**, 페이스북 공동 창업자, 1984년~

▼ 네트워크의 확장
1973년 첫 번째 이동 전화가 발명된 이후 기술의 혁신 속도는 점점 더 빨라졌다. 그 결과 각기 다른 방식으로 전 세계 사람들을 연결하는 장비들이 줄줄이 개발됐다.

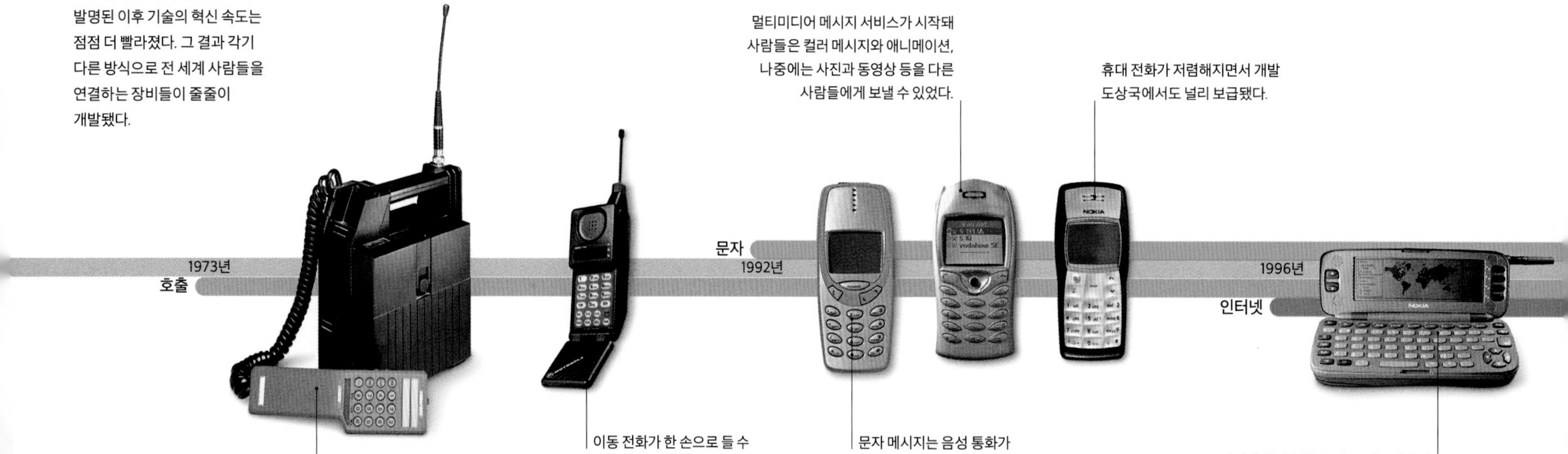

이동 전화가 발명되면서 어디서나 호출이 가능해졌다.

이동 전화가 한 손으로 들 수 있을 정도로 작아져서 휴대하기 좋아졌다.

멀티미디어 메시지 서비스가 시작돼 사람들은 컬러 메시지와 애니메이션, 나중에는 사진과 동영상 등을 다른 사람들에게 보낼 수 있었다.

문자 메시지는 음성 통화가 어려운 상황에서도 연락할 수 있는 방법이었다.

휴대 전화가 저렴해지면서 개발 도상국에서도 널리 보급됐다.

인터넷에 접속할 수 있는 기능이 휴대 전화에 도입되면서, 휴대 전화는 다양한 기능을 가진 작은 컴퓨터가 되었다.

◀ **크라우드 펀딩**
소셜 미디어 플랫폼은 집단 또는 개인이 투자를 할 수 있는 새로운 방법을 제공한다. 크라우드 펀딩은 예술 프로젝트에서부터 3D 프린터와 같은 혁신적인 신제품에 이르기까지 모든 것을 지원한다.

▲ **정치적 활동성의 증가**
소셜 미디어는 역사를 바꿀 획기적인 사건에 즉시, 직접 접근할 수 있게 해 준다. 소셜 미디어는 2011년에 뉴욕에서 시작돼 홍콩까지 번진 월가 점령 시위에서도 중요한 역할을 했다. 활동가들은 소셜 미디어를 이용해 활동 조직을 구성하고, 최신 정보를 알린다.

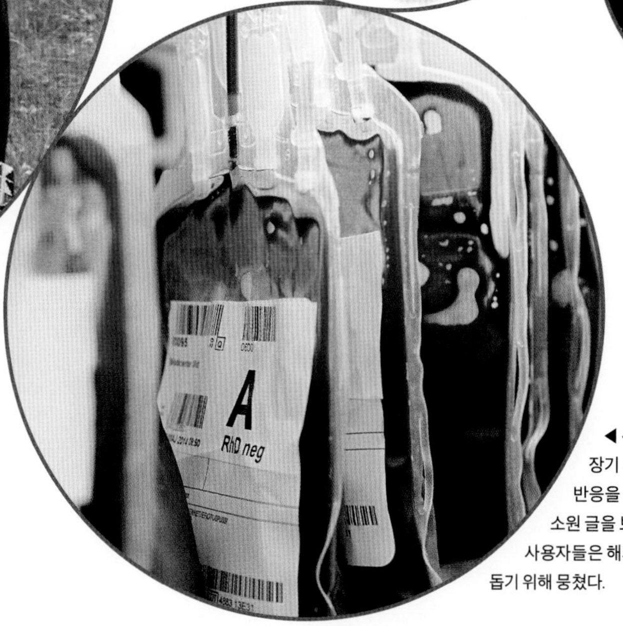

▲ **새로운 기회**
저렴한 이동 전화는 유선 통신 인프라가 거의 또는 아예 없는 나라의 소통 체계를 완전히 바꿔 놨다. 아프리카의 3세대 인터넷은 아프리카 사람들이 무역을 하고 은행 업무를 보며 건강과 의학 정보를 접할 수 있게 만들었다. 덕분에 아프리카 사람들은 먼 곳을 이동해야 하는 수고를 덜었다.

◀ **생명을 구하다**
장기 기증 캠페인과 같은 기부 호소는 종종 대중의 관대한 반응을 이끌어 낸다. 2016년에는 소셜 미디어에 올라온 간절한 소원 글을 보고 줄기 세포 기증자가 극적으로 늘었다. 인터넷 사용자들은 해시태그 'Match4Lara'를 달며 백혈병에 걸린 한 소녀를 돕기 위해 뭉쳤다.

2000년

카메라

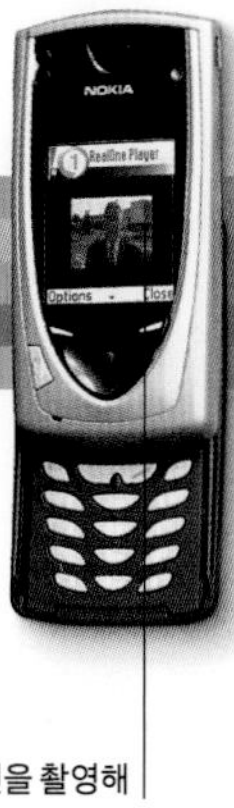

카메라로 사건을 촬영해 사진이나 동영상 기록을 남길 수 있었다.

이제 사람들은 이동 중에도 스마트폰으로 이메일을 보낼 수 있게 됐다.

블랙베리 메신저 애플리케이션은 인터넷을 이용해 즉각 메시지를 보낼 수 있을 뿐만 아니라 음성 및 화상 통화 서비스도 제공한다.

2007년에 나온 애플의 아이폰(iPhone)은 멀티 터치스크린을 채택해 사용자가 스크린을 확대해 더 자세히 볼 수 있게 만들었다.

애플의 맥북 프로(Macbook Pro)와 같은 노트북 컴퓨터를 이용하면 스카이프 같은 무료 애플리케이션을 써서 화상 통화를 할 수 있다. 이렇게 전 세계 사람들이 연결되었다.

4세대 통신 기술은 데이터 전송 속도를 더 높였다. 이전에는 불가능했던 속도로 사람들이 정보를 주고받는다.

아마존(Amazon)의 킨들(Kindle)은 무선 인터넷에 연결해 책을 읽을 수 있는 단말기다.

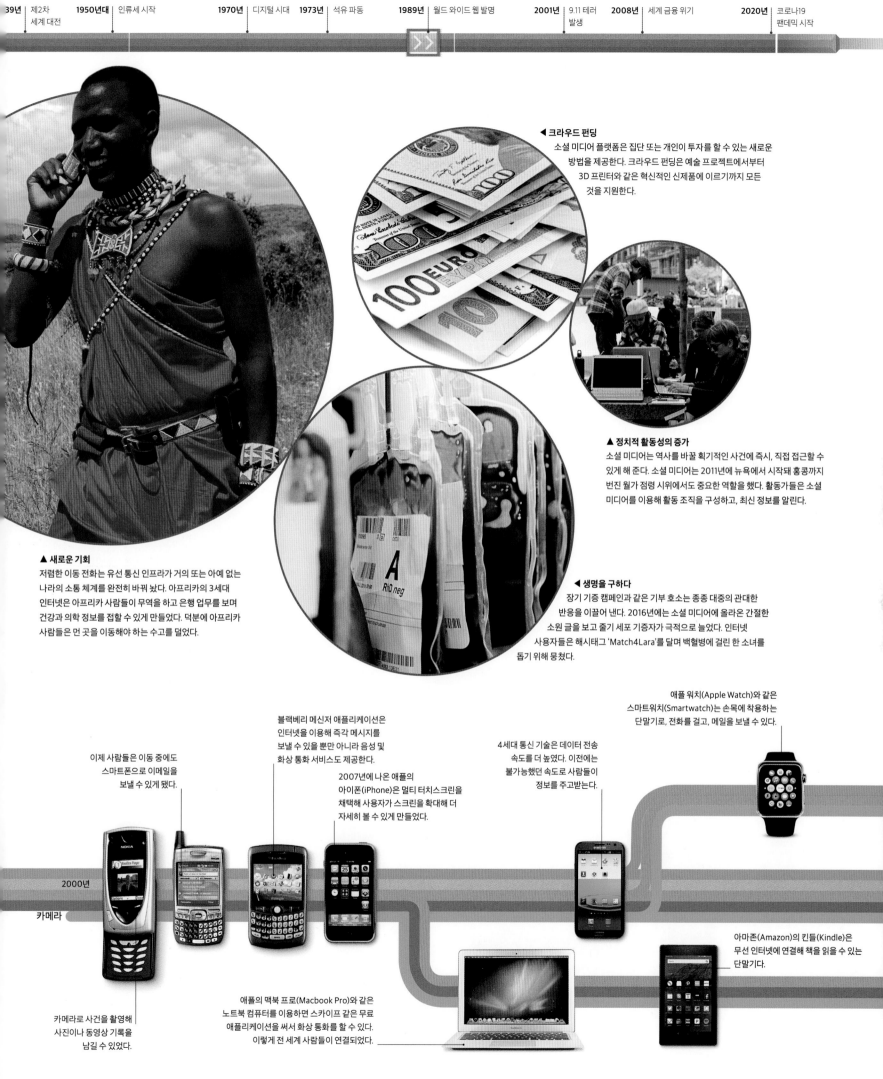

애플 워치(Apple Watch)와 같은 스마트워치(Smartwatch)는 손목에 착용하는 단말기로, 전화를 걸고, 메일을 보낼 수 있다.

성장 그리고 소비

20세기는 변화 속도가 빠르고 사회의 규모가 급격히 증가한 시기다. 산업화와 경제 성장은 인간의 생태학적인 능력을, 기존에 생물권이 가진 것 이상으로 증가시켰다. 이는 엄청난 인구 증가와 자원의 소비를 불러왔다.

20세기에는 엄청난 속도로 완전히 새로운 세상이 열렸다 인간과 다른 종, 지구 이 셋의 관계가 과거 역사에서는 찾아볼 수 없는 완전히 새로운 형태로 바뀌었다. 개체수의 증가는 종의 생태학적 능력을 측정하는 척도다. 종의 생태학적 능력을 뒷받침할 수 있는 자원을 얼마나 충분하게 보유하고 있는지 에 의존하기 때문이다. 지난 250년 동안 인구수는 엄청나게 늘었다. 1800년에 세계 인구는 9억 명이었고, 1900년까지 16억 명이 있었으나 2000년에는 61억 명, 현재는 70억 명이 넘는 사람들이 지구에 살고 있다. 동시에 사람들은 더 오래 살기 시작했다. 20세기에 인간의 평균 기대 수명이 두 배로 늘어났다. 이러한 예외적인 성장의 한 가지 원인은 혁신이 생물권의 자원을 통제하는 능력을 강화시켰기 때문이다. 기술 변화 속도가 점점 빨라지는 것도 원인 중 하나다. 혁신은 성장하는 인구를 유지하기 위한 충분한 자원을 제공했다. 혁신과 기술적 변화가 중요하게 일어나는 분야 중 하나가 바로 식량 생산이다.

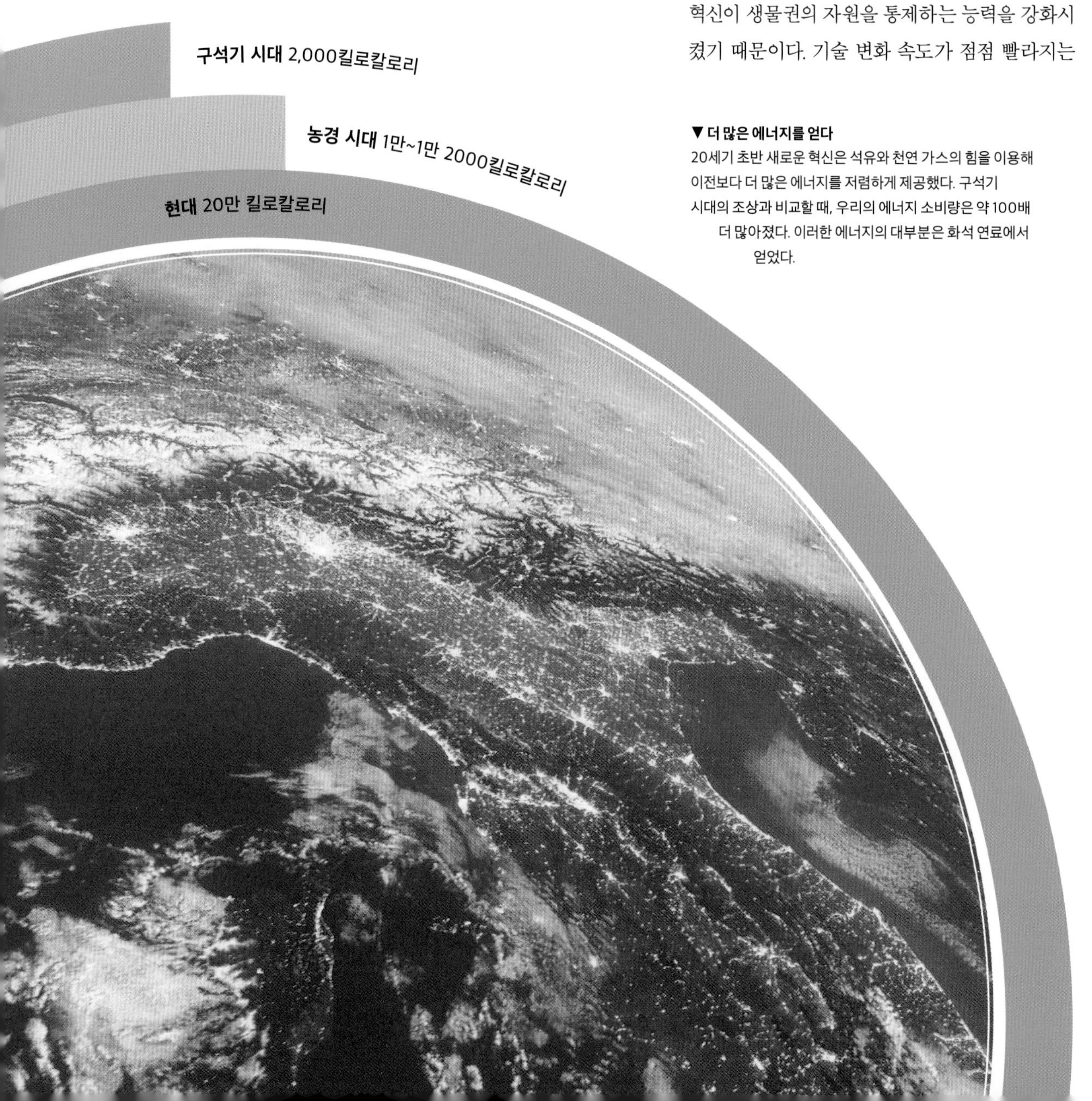

▼ 더 많은 에너지를 얻다
20세기 초반 새로운 혁신은 석유와 천연 가스의 힘을 이용해 이전보다 더 많은 에너지를 저렴하게 제공했다. 구석기 시대의 조상과 비교할 때, 우리의 에너지 소비량은 약 100배 더 많아졌다. 이러한 에너지의 대부분은 화석 연료에서 얻었다.

식량 생산의 혁신

1900년 이래로 식량 생산은 인구 증가를 앞지르고 있다. 곡물 생산량은 여섯 배나 증가했다. 화석 연료로 작동되는 거대한 기계로 댐과 관개 수로를 건설해, 대규모의 기업식 농업이 이뤄졌기 때문이었다. 화학 비료는 토지의 생산성을 세 배 이상 높였다. 1970년대에는 과학자들이 다른 종의 유용한 유전자를 조작해 유전자 변형 곡물을 만들었다. 이렇게 만든 곡물은 비료를 덜 필요로 하거나 병해충에 강했다.

농경 시대에는 대부분의 사람들이 농부였고, 인구의 5퍼센트도 채 되지 않는 소수 지배 계층이 사치품을 소비했다. 오늘날에는 전 세계 인구의 약 35퍼센트가 농업 분야에서 일하고 있다. 이들이 산업화된 국가에서 직접 농사를 짓지 않는 중산층 사람들을 충분히 먹여 살릴 만큼의 식량을 생산해 낸다. 중산층 사람들은 국제적으로 전례가 없는 부와 소비재를 누리고 있다.

소비의 증가

20세기 후반에는 혁신 속도가 급격히 빨라졌다. 또한 혁신이 널리 확산되면서 세계가 완전히 바뀌

우리는 **100년 전**과 비교해 **24배**나 **더 많은 종류의 자원**을 사용하고 있다.

▶ 에너지 소비
인구가 꾸준히 늘고, 인간이 새로운 형태의 에너지로부터 힘을 얻어감에 따라, 세계 전체의 에너지 소비 역시 늘고 있다.

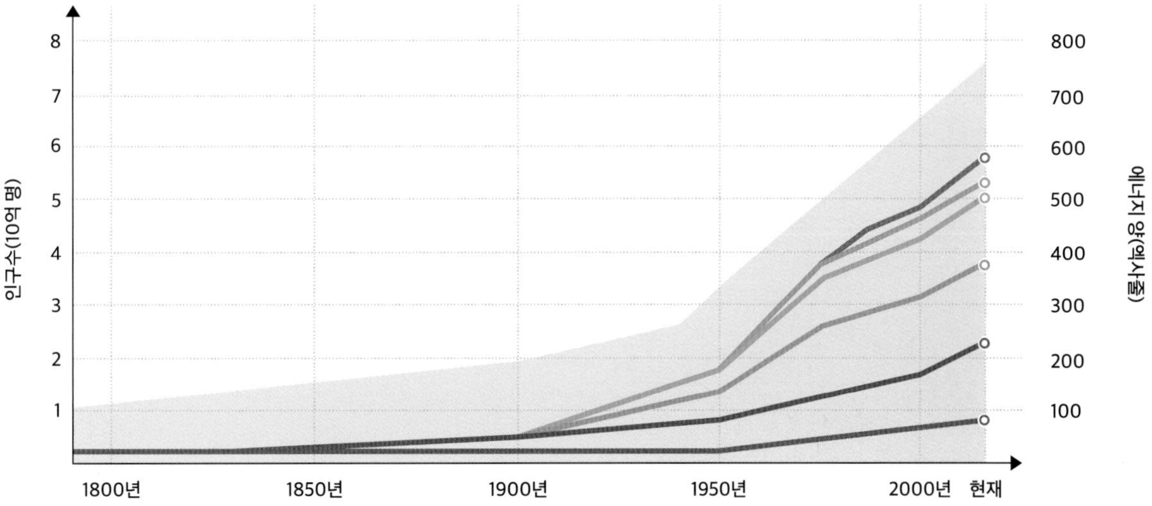

범례
- 목재
- 석탄
- 석유
- 천연 가스
- 수력 발전
- 원자력
- 인구 증가

었다. 변화의 결과 중 하나는 소비 자본주의였다. 산업화된 지역의 인구는 높은 수준의 부와 물질적인 풍요를 누렸다. 1900년에는 석유 램프와 증기 기관차, 냉장되지 않는 제품들을 흔히 볼 수 있었다. 그러나 불과 50년 만에 파이프와 케이블이 전기를 보낼 수 있게 되면서 각 가정에 조명과 난방이 공급되고 가전 제품이 사용됐다. 이런 기술의 발전은 근대의 삶을 변화시켰다. 세탁기, 식기 세척기, 라디오, 텔레비전, 스테레오, 전화기, 컴퓨터 등이 자주 판매되는 일상 용품이 됐다. 이런 상품들은 그것을 생산한 노동자들에게 팔렸다. 광고(316~317쪽 참조)와 마케팅은 소비자가 이러한 제품을 구입하고 싶게 만들었다. 은행은 대출을 늘려 사람들이 제품을 더 많이 소비할 수 있도록 만들었다.

화석 연료의 혁명은 전기를 생산 공장으로 가져 왔다. 기술의 혁신은 생산 비용을 더 저렴하게 만들었다. 이로 인해 상품의 가격이 내려가고 시장이 확대됐다. 생산 설비와 기술 연구에 대한 투자는 장려됐다. 예를 들어 값싼 신소재인 합성 플라스틱은 생산 비용을 절감한다. 한때는 비쌌던 제품을 이제는 많은 소비자들이 구입할 수 있게 됨에 따라 제품의 생산 원가가 떨어졌고, 이로 인해 더 많은 사람들이 제품을 구입할 수 있었다.

오늘날에는 지구에 역사상 가장 많은 사람들이 존재한다. 뿐만 아니라 그 어느 때보다 많은 것을 소비하고 있다. 개개인의 평균 소비량은 화석 연료를 에너지로 사용함에 따라 급격히 증가하고 있다. 한편, 소비재는 저렴하고 구입하기 쉬우며 대부분 일회용이라서, 어마어마한 양의 쓰레기를 발생시킨다. 여기에는 컴퓨터, 휴대 전화, 텔레비전에 들어가는 플라스틱 또는 전자 폐기물도 포함된다. 대량 생산은 온실 기체 배출량을 늘리고, 제품을 폐기 처리하는 과정에서 또 한 번 온실 기체를 방출한다.

> **유한한 세계**에서 **자원을 무한하게 소비하는 것**은 **불가능하다**.
>
> **에른스트 프리드리히 슈마허**, 독일의 경제학자, 1911~1977년

불균등한 성장

성장을 측정하는 방법 중 가장 널리 인정되는 것은 모든 국가의 총 생산량을 측정하는 GDP다. 세계 GDP는 1913~1998년에 약 12배 증가했다. 그러나 이런 성장이 항상 평등하지는 않았다. 1900년까지 세계는 산업 경제를 가진 국가와 그렇지 않은 국가로 나뉘었다(336~337쪽 참조). 산업화는 유럽과 북아메리카 지역의 부를 끌어올렸지만 동아시아의 부를 급격히 감소시켰다. 식량과 같은 자원의 분배도 불평등했다. 전 세계에서 8억 명 정도가 식량 부족에 시달리고 있다. 그들 대부분이 아시아의 개발 도상국이나 사하라 사막 이남의 아프리카에 살고 있다. 하지만 동시에 매년 생산되는 식량의 3분의 1이 버려진다.

▼ 엄청난 쓰레기
1900년에는 매일 전 세계에서 약 55만 톤의 쓰레기가 만들어졌다. 그러나 2000년에는 매일 330만 톤으로 여섯 배 증가했다.

1750년 | 산업 혁명 시작
1789년 | 인권 선언
1830년 | 증기 시대
1869년 | DNA 분리
1880년 | 전기 시대
1914년 | 제1차 세계 대전
1930년대 | 세계 대공황

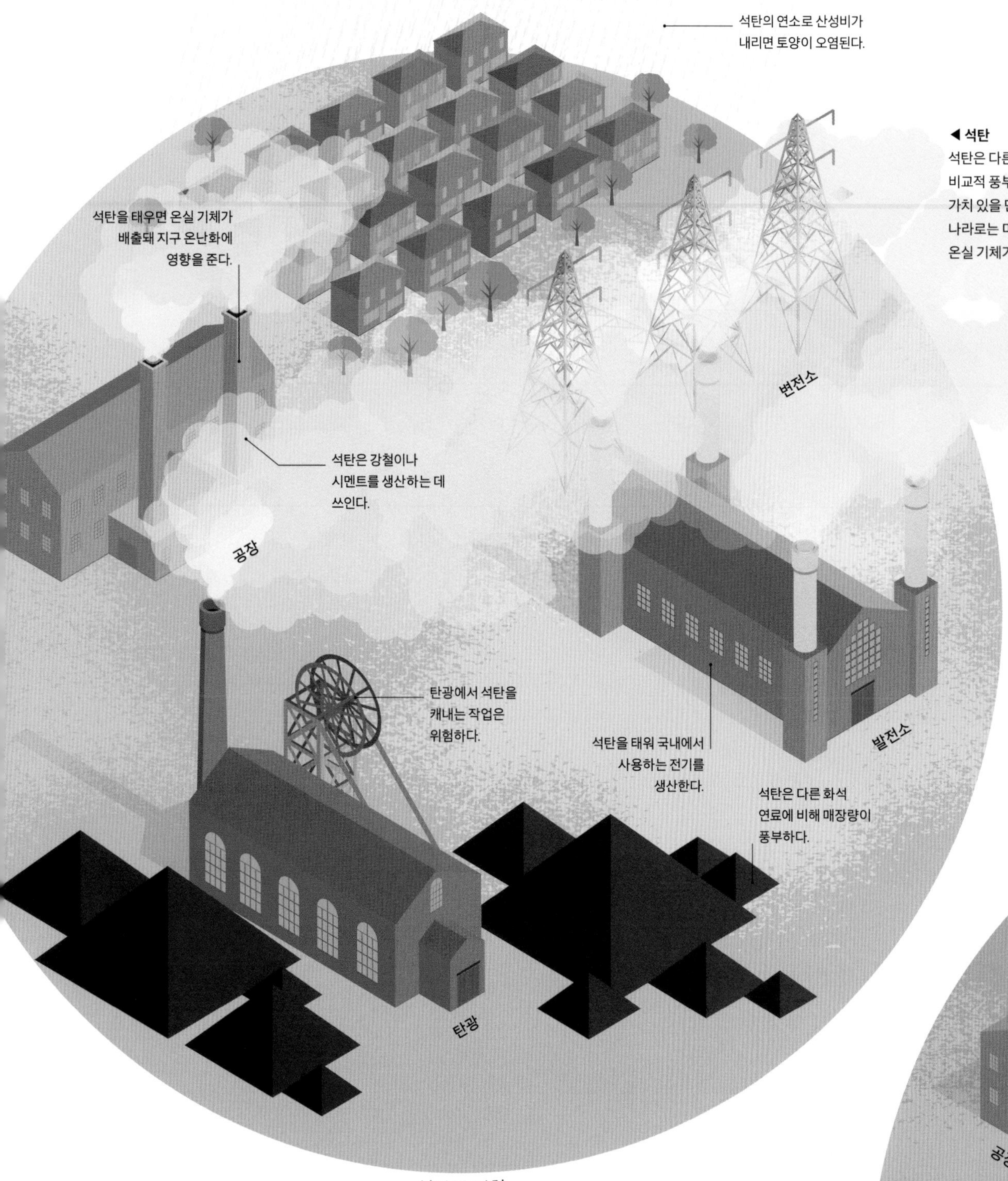

석탄의 연소로 산성비가 내리면 토양이 오염된다.
석탄을 태우면 온실 기체가 배출돼 지구 온난화에 영향을 준다.
변전소
석탄은 강철이나 시멘트를 생산하는 데 쓰인다.
공장
탄광에서 석탄을 캐내는 작업은 위험하다.
석탄을 태워 국내에서 사용하는 전기를 생산한다.
발전소
석탄은 다른 화석 연료에 비해 매장량이 풍부하다.
탄광

석탄의 영향

◀ 석탄
석탄은 다른 화석 연료에 비해 채굴 비용이 저렴하고 오늘날에도 비교적 풍부하게 남아 있다. 전 세계 약 70개국이 재정적으로 가치 있을 만큼의 석탄을 보유하고 있다. 석탄 매장량이 가장 많은 나라로는 미국, 러시아, 중국, 인도가 있다. 그러나 석탄을 태우면 온실 기체가 배출돼 환경이 오염되고 지구 온난화 현상을 일으킨다.

▼ 석유
석유는 다양한 용도에 쓸 수 있다. 과학자들은 화석 연료 중 석유가 가장 빠른 속도로 줄어들고 있다고 전망한다. 어떤 과학자는 지금과 같은 속도로 석유를 사용한다면 55년 만에 모두 동날 것이라고 말한다. 세계 주요 산유국으로는 사우디아라비아, 러시아, 미국, 이란, 중국이 있다.

석유의 영향

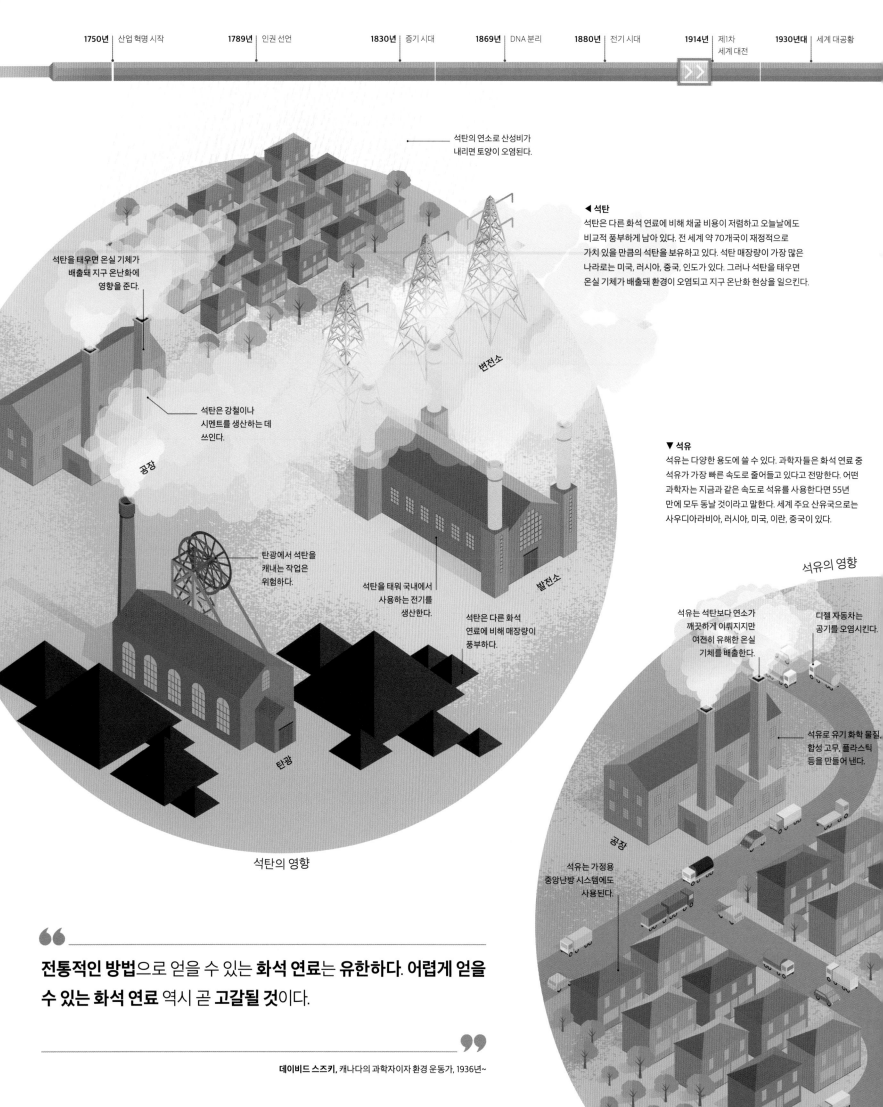

석유는 석탄보다 연소가 깨끗하게 이뤄지지만 여전히 유해한 온실 기체를 배출한다.
디젤 자동차는 공기를 오염시킨다.
석유로 유기 화학 물질, 합성 고무, 플라스틱 등을 만들어 낸다.
공장
석유는 가정용 중앙난방 시스템에도 사용된다.

> **전통적인 방법**으로 얻을 수 있는 **화석 연료**는 **유한하다. 어렵게 얻을 수 있는 화석 연료** 역시 곧 **고갈될 것**이다.
>
> **데이비드 스즈키,** 캐나다의 과학자이자 환경 운동가, 1936년~

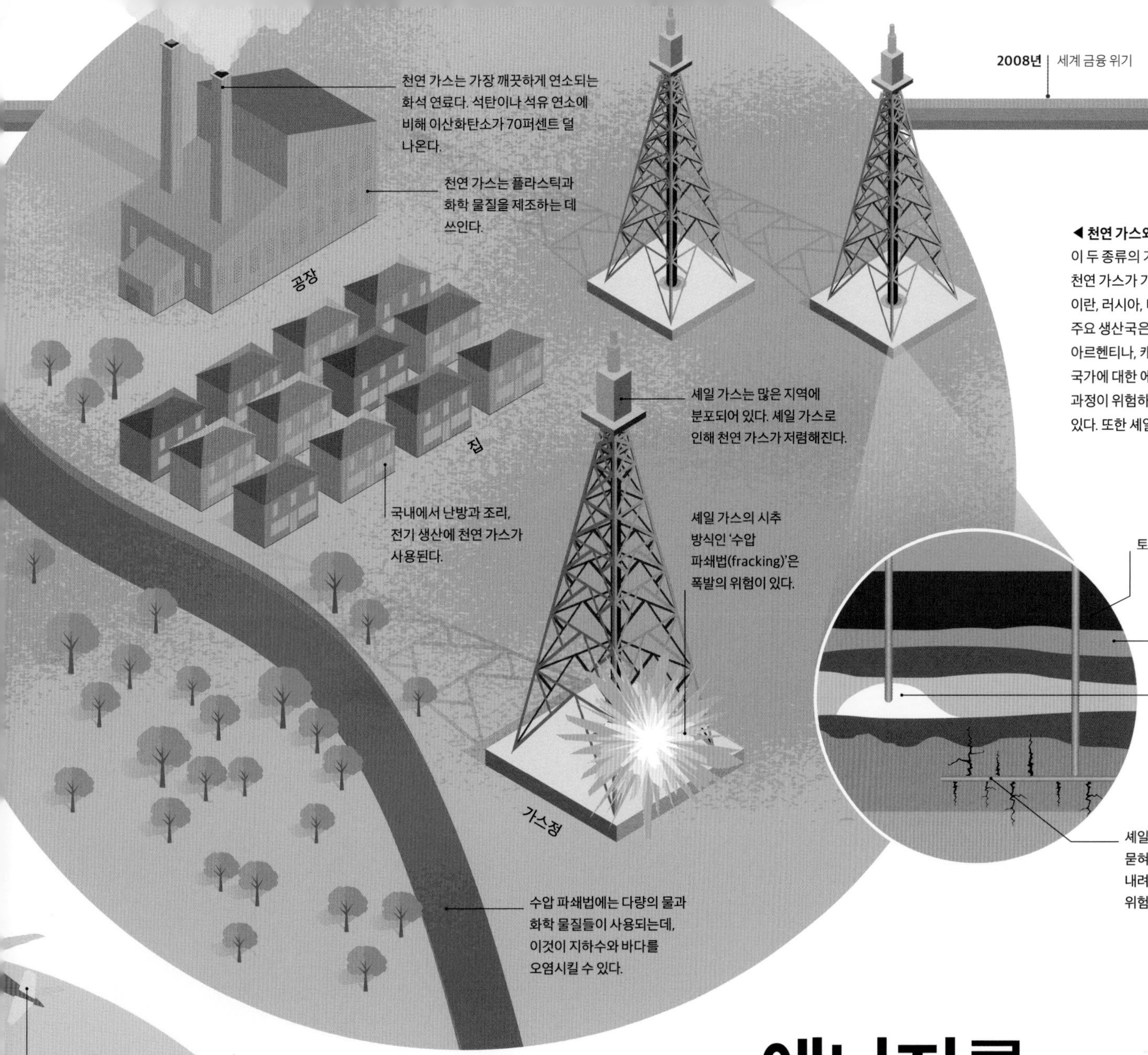

2008년 세계 금융 위기
2020년 코로나19 팬데믹 시작
천연 가스는 가장 깨끗하게 연소되는 화석 연료다. 석탄이나 석유 연소에 비해 이산화탄소가 70퍼센트 덜 나온다.
천연 가스는 플라스틱과 화학 물질을 제조하는 데 쓰인다.
공장
집
국내에서 난방과 조리, 전기 생산에 천연 가스가 사용된다.
셰일 가스는 많은 지역에 분포되어 있다. 셰일 가스로 인해 천연 가스가 저렴해진다.
셰일 가스의 시추 방식인 '수압 파쇄법(fracking)'은 폭발의 위험이 있다.
가스정
수압 파쇄법에는 다량의 물과 화학 물질들이 사용되는데, 이것이 지하수와 바다를 오염시킬 수 있다.
토양
지하수
천연 가스는 지표 가까운 곳에서 발견된다. 때때로 석유 매장지와 관련돼 있다.
셰일 가스는 지하 깊은 곳의 퇴적층인 셰일에 묻혀 있는 천연 가스다. 지하 깊은 층까지 내려가야 하기 때문에 채굴 작업이 더 어렵고 위험하다.

가스의 영향

◀ 천연 가스와 셰일 가스
이 두 종류의 가스는 전 세계 많은 국가에서 발견된다. 천연 가스가 가장 많이 매장돼 있는 곳은 카타르, 이란, 러시아, 미국, 사우디아라비아다. 셰일 가스의 주요 생산국은 중국, 미국, 멕시코, 오스트레일리아, 아르헨티나, 캐나다, 그리고 알제리다. 셰일 가스는 해외 국가에 대한 에너지 의존도를 완화시킬 수 있지만 추출 과정이 위험하고, 환경을 오염시킬 수 있다는 문제점이 있다. 또한 셰일 가스는 재생 가능한 자원이 아니다.

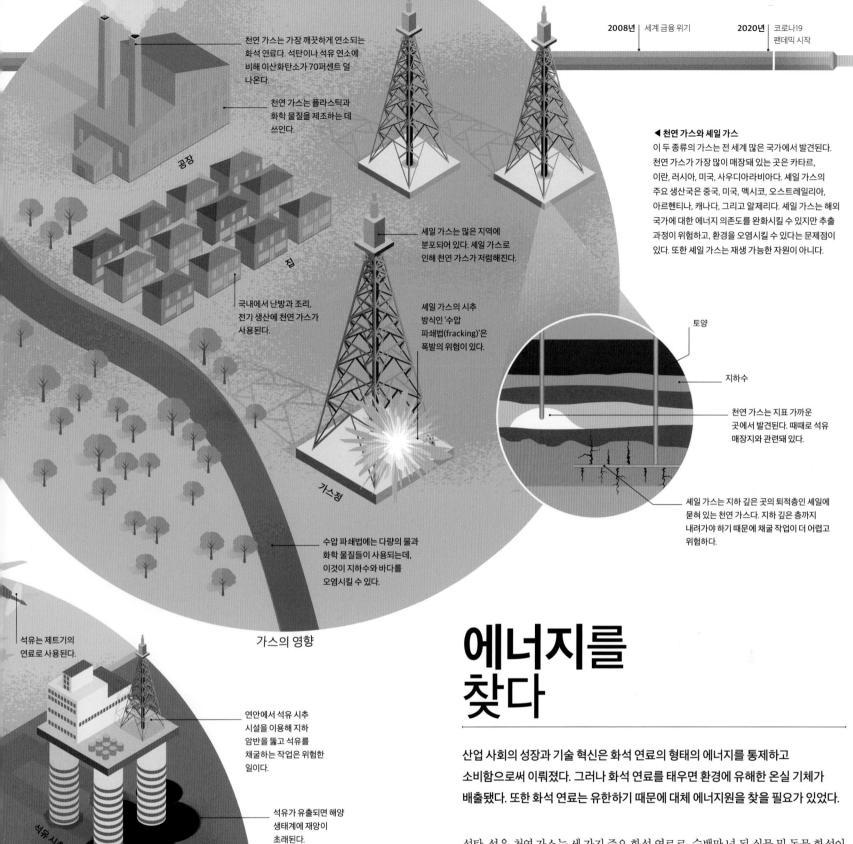

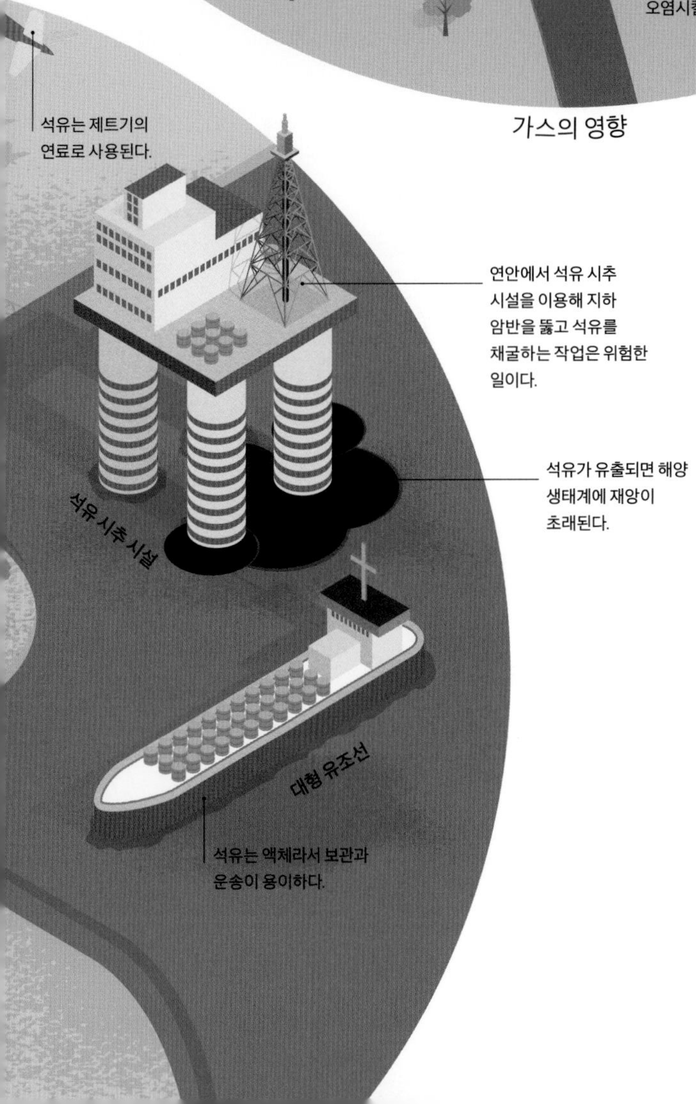

석유는 제트기의 연료로 사용된다.
연안에서 석유 시추 시설을 이용해 지하 암반을 뚫고 석유를 채굴하는 작업은 위험한 일이다.
석유가 유출되면 해양 생태계에 재앙이 초래된다.
석유 시추 시설
대형 유조선
석유는 액체라서 보관과 운송이 용이하다.

에너지를 찾다

산업 사회의 성장과 기술 혁신은 화석 연료의 형태의 에너지를 통제하고 소비함으로써 이뤄졌다. 그러나 화석 연료를 태우면 환경에 유해한 온실 기체가 배출됐다. 또한 화석 연료는 유한하기 때문에 대체 에너지원을 찾을 필요가 있었다.

석탄, 석유, 천연 가스는 세 가지 주요 화석 연료로, 수백만 년 된 식물 및 동물 화석이 수백만 년에 걸쳐 변화한 것이다(148~149쪽 참조). 석탄에서부터 시작된 이러한 연료는 근대의 산업화를 주도했지만 현재 빠른 속도로 고갈되고 있다. 20세기 들어 석유가 석탄을 제치고 세계적으로 가장 중요한 화석 연료가 되자, 정부와 기업가는 힘을 모아 새로운 유전을 찾아 나섰다. 정부와 에너지 기업 간의 상호 의존성, 석유에 대한 공급권 및 통제권은 오늘날 국제 정세에 지대한 영향을 미친다. 한편 천연 가스의 한 형태인 셰일 가스(shale gas)는 중요 에너지원이 될 것으로 예상된다. 셰일 가스는 많은 나라에서 발견되기 때문에, 해외 특정 국가에 대한 잠재적인 에너지 의존도를 줄이거나 없앨 수 있다.

원자력을 선택하다

20세기에 전 세계 과학자 네트워크는 원자력을 활용할 수 있는 방법을 발견했다. 제2차 세계 대전 당시에는 원자력을 사용해 즉각적이고 대단히 파괴적이며 장기적인 피해를 발생시켰다. 2016년 기준, 전 세계 전기의 약 10퍼센트가 원자력 발전소에서 생산됐다.

전쟁은 종종 혁신으로 이어진다. 1945년, 일본 히로시마와 나가사키 두 도시에 투하된 원자 폭탄은 세계를 충격에 빠뜨렸다. 원자력은 산업화가 촉발한 기술 중 가장 파괴적인 기술이었다. 버튼 하나만 눌러도 다른 나라를 완전히 파괴할 수 있다는 공포는 20세기 후반 냉전 시대를 창조했다.

◀ 방사성 물질
섬우라늄석(uraninite)은 고방사성 우라늄 광석으로 원자력 발전소의 에너지원으로 쓰인다.

미래의 에너지?

1950년대 화석 연료에 대한 과도한 의존을 우려하는 목소리가 제기되면서 평화적인 원자력 사용이 주목받기 시작했다. 1954년에 소련에서 처음으로 원자력 발전소가 지어졌고, 1960년대에 원자력 발전 산업이 빠르게 확산됐다. 1970년대 중동의 석유 파동으로 원유 가격이 폭등하면서 원자력은 정치적으로도 중요해졌다. 프랑스와 일본은 화석 연료에 대한 의존도를 낮추고 원자력에 집중했다. 2000년 기준 프랑스 전력의 80퍼센트, 일본의 40퍼센트를 원자력 발전소가 생산했다. 원자력은 다른 중요한 민간 및 상업적 용도로도 사용되고 있다. 2020년까지 전 세계 56개국에서 약 445기의 원자로가 운영되고 있으며, 소형 원자로는 연구, 교육, 재료 시험, 의학, 산업에 사용되고 있다.

공포의 에너지?

원자력의 장단점은 뜨거운 토론 주제다. 원자력 발전소를 짓는 나라는 누구나 핵무기를 만들 수 있다는 우려 때문이다. 원자력 발전소가 화석 연료를 사용하는 발전소보다 환경 오염 물질을 덜 방출한다는 주장에 대해서는, 우라늄을 채굴하고 방사성 폐기물을 처리하는 과정이 환경을 오염시킬 수 있다는 주장이 맞선다. 안전 역시 크게 우려할 부분이다. 2011년에는 일본 후쿠시마에서 심각한 사고가 발생했고, 1986년에는 우크라이나의 체르노빌에서도 1631만 6900헥타르의 토지가 방사능에 오염됐다. 체르노빌 방사선 의무 기록실에는 현재까지 14만 8274명의 피폭자들이 등록돼 있고, 후쿠시마 지역에서는 16만 명에 달하는 주민들이 고향을 버리고 떠났다고 알려져 있다. 방사능에 오염된 토지에서는 더 이상 농사를 지을 수 없기 때문에 원자력 사고는 농촌 지역을 황폐화시킨다. 과학자들과 기술자들이 보다 안전하고 효율적인 원자력 발전 기술을 개발하기 위해 노력하고 있다.

> **핵무기가 없는 세계**는 **보다 안전해지고 번영할 것**이다.
>
> **반기문**, 전 유엔 사무총장, 1944년~

공중 핵무기 실험
핵무기 실험은 공중에서, 지하에서, 수중에서 이뤄져 왔다. 1945~1996년에 지구 곳곳에서 2,000번의 폭발 실험이 있었다.

인류세에 들어서다

인간의 활동은 지구 생명체의 형성에 가장 큰 영향을 미치는 요소다. 산업화의 영향과 인류가 가하는 압박 때문에 지구의 많은 자원이 고갈되자, 기후와 생태계와 생물 다양성이 변화했다. 과학자들은 우리가 새로운 지질 시대인 인류세에 접어들었다고 주장했다.

2000년에 네덜란드의 과학자 파울 크뤼천(Paul Crutzen)이 새로운 지질 시대를 가리키는 말로 '인류세(Anthropocene)'라는 용어를 만들었다. 그는 과거에는 자연적인 지질과 기후 변화가 생물권의 변화를 초래했다면, 오늘날에는 인간 활동이 그런 변화를 초래한다고 주장했다. 실제로 인간 활동은 지구 곳곳에 영구적인 흔적을 남겼다. 화석 연료와 바이오매스(biomass)가 탈 때 나오는 그을음(black carbon, 블랙 카본)은 빙하에 갇혀 있고, 화학 비료 역시 토양에 남아 있다. 그리고 플라스틱이 지구와 물을 모두 오염시키고 있다. 이 모든 것은 화석 기록으로 남을 것이며, 미래 세대가 발견할 것이다. 인구 증가와 집약적인 농업, 생물 다양성 파괴와 산업화는 환경을 파괴하고 지구의 생태계와 생물들을 완전히 바꾸었다.

지구의 역사는 수천 년 규모의 지질 시대를 기준으로 나눌 수 있다. 인류세가 공식적으로 받아들여진다면, 인류세는 1만 1700년 전 빙하기가 끝나고 시작된 홀로세 다음의 지질 시대로 편입된다. 이는 인간이 새로운 영토를 점령하고 인구가 처음으로 증가하기 시작한 때다. 먹이 사슬의 꼭대기에 있는 인간은 5만 년 전부터 세계 곳곳에 흔적을 남기기 시작했다. 인간은 많은 대형 포유류를 사냥해 멸종시켰다. 또 빙하기 이후에는 한 지역에 정착해 농사를 지었다. 과학자들은 약 8,000년 전 농작물을 키울 땅을 마련하려고 삼림을 벌채한 것이 온실 기체를 발생시키고 대기 중 이산화탄소를 급격히 늘렸다고 보고 있다. 농업은 연대가 900년경인 유럽의 암석층에 그 흔적을 남길 정도로 지질학적 변화도 야기했다.

19세기 산업화 과정은 유럽에 다시 한 번 가시적인 흔적을 남겼다. 크뤼천은 이 시기에 인류세가 시작됐다고 주장한다. 다른 한 과학자는 1950년대 원자력을 사용하기 시작하면서 경제가 급속히 성장하고 인구와 에너지 소비가 빠르게 증가한 '거대 가속(great acceleration)의 시대'에 인류세가 시작됐다고 주장한다. 거대 가속의 시대는 최초의 핵무기인 원자 폭탄이 폭발한 직후 시작됐다. 원자 폭탄 폭발은 전 세계에 방사성 낙진을 남겼다. 이는 지구에 인간이 미치는 영향이 커졌음을 의미한다.

산업의 영향

인류세에 대한 논쟁은 아직 끝나지 않았다. 하지만 산업화가 환경에 미치는 영향에 대해서는 더 이상 논쟁의 여지가 없다. 영국의 산업 혁명 초기 단계에서도 공장에서 배출하는 석탄 매연이 두꺼운 스모그를 형성해 광범위한 건강 문제를 초래했다. 이 문제는 20세기에도 계속됐다. 1952년, 런던에서는 석탄 매연이 안개와 합쳐진 스모그 현상으로 4일 만에 4,000명이 사망했다. 미국에서는 캘리포니아의 자동차 배기가스로 인한 스모그 때문에 지금까지 사용되는 새로운 환경 용어인 '온실 기체'가 만들어졌다.

산업 혁명 이후
지구의 이산화탄소 배출량은
34퍼센트 증가했다.

이산화탄소, 수증기와 같은 온실 기체는 지구 대기에서 자연적으로 소량 발생해 열이 우주로 빠져나가는 것을 막는다. 온실 기체가 아예 없다면 지구는 얼어붙은 건조한 행성이 될 수밖에 없다. 그러나 지난 250년 동안 공업, 발전, 운송 분야에서 광범위하게 화석 연료를 사용하면서 최근 대기 중 이산화탄소 농도가 80만 년 만에 최고치를 기록했다. 이산화탄소 농도는 수천 년 동안 280피피

▼ 화석 연료의 연소
산업화는 석탄을 태워 에너지를 얻었다. 하지만 이 과정에서 수십억 톤의 이산화탄소가 대기로 방출됐다. 1880년대 이후 석유와 천연 가스가 더 큰 경제 성장을 이뤄 냈지만, 이 때문에 이산화탄소는 더 많이 나왔다.

엠(ppm, 백만분율) 이하로 유지됐지만, 산업 혁명 이후 급격히 증가했다. 1950년대 이후로는 더욱 가속화돼 21세기 초반에 대기 중 이산화탄소 농도는 약 400피피엠에 도달했다. 이산화탄소는 지구 평균 기온이 점진적으로 상승하는 지구 온난화의 주요 원인이다. 온실 기체가 많아질수록 더 많은 양의 열이 우주로 빠져나가지 못하고 지구 대기에 갇힌다.

과학자들은 지구 온난화라는 환경 재앙을 막기 위해 2050년까지 전 세계 이산화탄소 배출량을 50퍼센트 줄여야 한다고 주장한다. 지구 온난화는 이미 빙하의 용해, 해수면 상승, 해양의 산성화, 지표 온도의 상승, 극심한 기상 이변, 생태계의 파괴와 같은 심각한 결과를 초래하고 있다.

생태계 파괴는 19세기에 산업화에 필요한 목재와 원료를 공급하기 위해 삼림을 대규모로 벌채하면서 가속화됐다. 나무는 커피나 차와 같이 연중 내내 기를 수 있는 상품 작물로 대체됐다. 오늘날 배출되는 온실 기체의 약 5분의 1이 바로 이런 삼림 벌채에서 비롯됐다. 식물과 나무는 광합성 과정을 통해 이산화탄소를 흡수한다. 삼림 벌채를 중단하고 나무를 다시 심으면 이산화탄소 농도를 낮추는 데 도움이 된다.

생물 다양성 감소

숲을 없애면 그 안에 있는 다양한 생태계가 파괴된다. 인간이 점점 더 많은 토지를 이용할수록 다른 생물종의 보금자리는 줄어들었고 야생 동식물의 종과 수는 감소했다. 특히 19세기 산업화 과정으로 삼림 벌채가 자행된 아프리카, 인도, 태평양 섬들에서 많은 종류의 동식물이 사라졌다.

한편 전 세계 해양의 오염이 심각해지면서 해양 생태계가 황폐해졌다. 농업용 비료와 하수는 수로로 새어 나와 담수를 오염시켰고, 결국 바다를 죽음의 바다, 즉 '데드 존(dead zone)'으로 만들었다. 데드 존은 엄청나게 증식한 해조류가 죽어 바다 밑으로 가라앉아 분해되는 과정에서 용존 산소가 고갈돼 해양 동물이 서식할 수 없는 지역을 말한다. 또한 약 8800만 톤(8000만 미터톤)의 플라스틱 쓰레기가 전 세계 바다에 떠다니고 있으며, 매일 약 800만 톤이 추가로 버려진다. 매년 수백만 마리의 동물과 새들이 이런 플라스틱을 먹이로 착각해 먹고 죽는다.

인구 증가, 거주지 개조, 도시화, 천연 자원의 과도한 착취로 인해 멸종은 자연적인 수준보다 1,000배 이상 빠른 속도로 진행되고 있다. 2015년, 세계 자연 보전 연맹(IUCN)의 연구에 따르면 8만 종 중 약 2만 5000종의 동물이 멸종 위기에 처해 있다. 현 추세가 계속된다면 지구는 공룡 멸종 이후 6500만 년 만에 대규모의 멸종을 겪을 것이며, 이는 지구 역사상 여섯 번째 대멸종으로 기록될 것이다.

생물 다양성은 토지 이용 변화, 오염, 기후 변화, 증가하는 이산화탄소로 심각한 위협을 받고 있으며, 이 문제는 오늘날 진지하게 검토되고 있다. 각각의 생물은 서로를 지원하며 상호 의존적인 지구 생물권을 구성한다. 이런 생태계는 깨끗한 물, 비옥한 토양, 오염 물질 흡수 및 정화, 폭풍우로부터의 보호, 자연 재해의 피해 복구 등 필수적인 서비스를 제공한다. 벌처럼 작은 생물의 멸종도 생태계 전체에는 반향을 일으킨다. 꿀벌은 세계 식량 작물의 약 3분의 1의 수분을 매개한다. 그런데 인간 활동의 영향으로 꿀벌의 개체수가 줄면서 향후 심각한 식량 부족이 예상된다.

1992년 이후
전 세계 보호 구역의 수는
20배 늘었다.

우리 **행성**은 자연적인 사건 때문에 변하는 것이 아니라
인류라는 우리 종의 활동으로 인해 **변하고 있다**.

데이비드 애튼버러 경,
1926년~

환경 파괴 복구

수세기에 걸친 인간의 환경 파괴를 원상태로 돌리려는 시도가 있다. 1970년대 이래로 수백 가지의 환경 관련 협약과 논문이 국제 사회의 동의 아래 채택됐다. 여기에 서명한 국가들은 환경 문제와 관련한 목표를 이행하는 데 동의했지만 성공 여부에 대한 평가는 다양하다.

2015년에 유엔이 17가지 지속 가능한 발전 목표를 채택해 2030년까지 그에 맞는 정책을 193개국에서 구체화시키기로 했다. 유엔은 '빈곤 퇴치, 지구 보호, 모두의 번영'을 목표로 하고 있다. 생태계를 보호하는 것을 최우선 과제로 남기고 '지속 가능한 산업화'를 장려하는 것은 미래 세대를 위한 노력의 핵심일 것이다.

기후 변화는 지금까지 **인류가 당면한** 과제 중 **가장 심각한 문제**다.

앨 고어, 미국의 정치가이자 환경 운동가, 1948년~

기후 변화

지구의 기후는 45억 년의 역사 동안 극적인 변동을 거듭했다. 그러나 과학자들은 화석 연료를 태우거나 농업을 위해 토지를 개간하는 인간의 활동 역시, 기후 변화를 야기한다는 사실을 입증했다.

기후 변화는 기온, 강수량, 바람 등 기후의 다양한 지표의 변화로 확인된 기상 조건의 장기적 변화다. 기후 과학은 약 100년 전에 시작됐다. 과학자들은 화석 연료를 태우면 지구 온난화를 유발할 수 있으며, 기후 변화를 야기할 것이라고 주장했다. 산업화 이후 화석 연료 연소에 의한 온실 기체 이산화탄소의 배출량이 급격히 증가했다. 이는 대기 온난화에 직접적으로 기여하고 있다.

지구 온난화의 영향은 수십 년 동안 관측이 이뤄졌다. 지구 온난화, 빙하와 빙상의 축소, 오존층 파괴, 해양의 산성화와 수온 상승, 해수면 상승 등이 곳곳에서 관측됐다. 과학자들은 이런 사건에 대한 자료를 과거의 기록과 비교함으로써, 지구 온난화가 미래 지구에 미칠 영향을 예측하려고 노력한다. 기후 변화 자료를 수집하는 일에는 화학자, 생물학자, 물리학자, 해양학자, 지질학자가 참여하고 있다. 그들은 기후 변화 컴퓨터 모형에 자료를 입력해 지구의 기온, 날씨, 온실 기체에 대한 통계를 비교한다. 대기 시료를 분석해 대기 중 이산화탄소 농도 변화를 파악하기도 한다. 화석 연료로 인해 증가한 대기 중 이산화탄소 농도와 자연적 원인으로 인한 이산화탄소 농도를 비교하기 위해서다. 수십억 년간 남극 빙하 시료에 갇혀 있던 기포들에서도 과거 기후 변화를 알 수 있는 자료들이 나온다(174~175쪽 참조). 지구의 지각에서 나온 식물 화석은 대기가 달랐던 과거의 생물종 분포를 알려 준다. 이를 통해 미래에 이산화탄소 농도가 더 높아졌을 때 종 분포가 어떻게 달라질지를 예측할 수 있다.

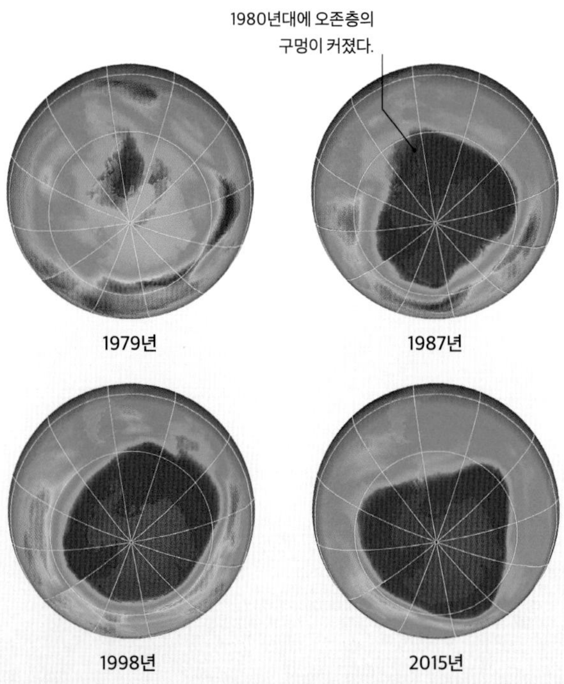

▲ 오존의 감소
지구의 상층 대기에 펼쳐진 오존층은 태양에서 오는 자외선의 대부분을 흡수한다. 1970년대 위성 자료는 이런 오존층에 구멍이 생긴 사실을 보여 줬다. 1987년 오존층을 파괴하는 화학 물질의 생산과 사용을 규제하는 「몬트리올 의정서(Montreal Protocol)」가 채택됐다. 그러나 이런 노력에도 불구하고 2070년이나 돼야 오존층이 1980년 수준으로 회복될 것으로 예상된다.

전 세계 기온의 상승

지구 온도를 측정하기 위해 과학자들은 인공 위성 자료, 선박 및 기상 관측소의 공기 측정 자료를 분석한다. 그 결과에 따르면 평균 지구 온도는 1880년에 비해 섭씨 0.8도가 올랐다. 이 때문에 아시아와 유럽에서는 폭염이, 아프리카에서는 홍수가, 남아메리카에서는 가뭄이, 전 세계적으로는 폭풍, 사이클론, 태풍과 같은 극한 기상 현상의 강도가 증가하고 있다.

해수면 상승

침수 위기에 처한 몰디브의 섬들

조위 관측기 판독치, 빙하 시료 분석 및 인공 위성 측정 결과에 따르면 전 세계 평균 해수면은 지난 세기보다 7센티미터 상승했다. 이는 빙하와 극지방의 만년설이 녹고, 따뜻해진 바닷물이 팽창한 결과다. 해수면 상승으로 수많은 저지대의 해안 서식지가 황폐해졌다.

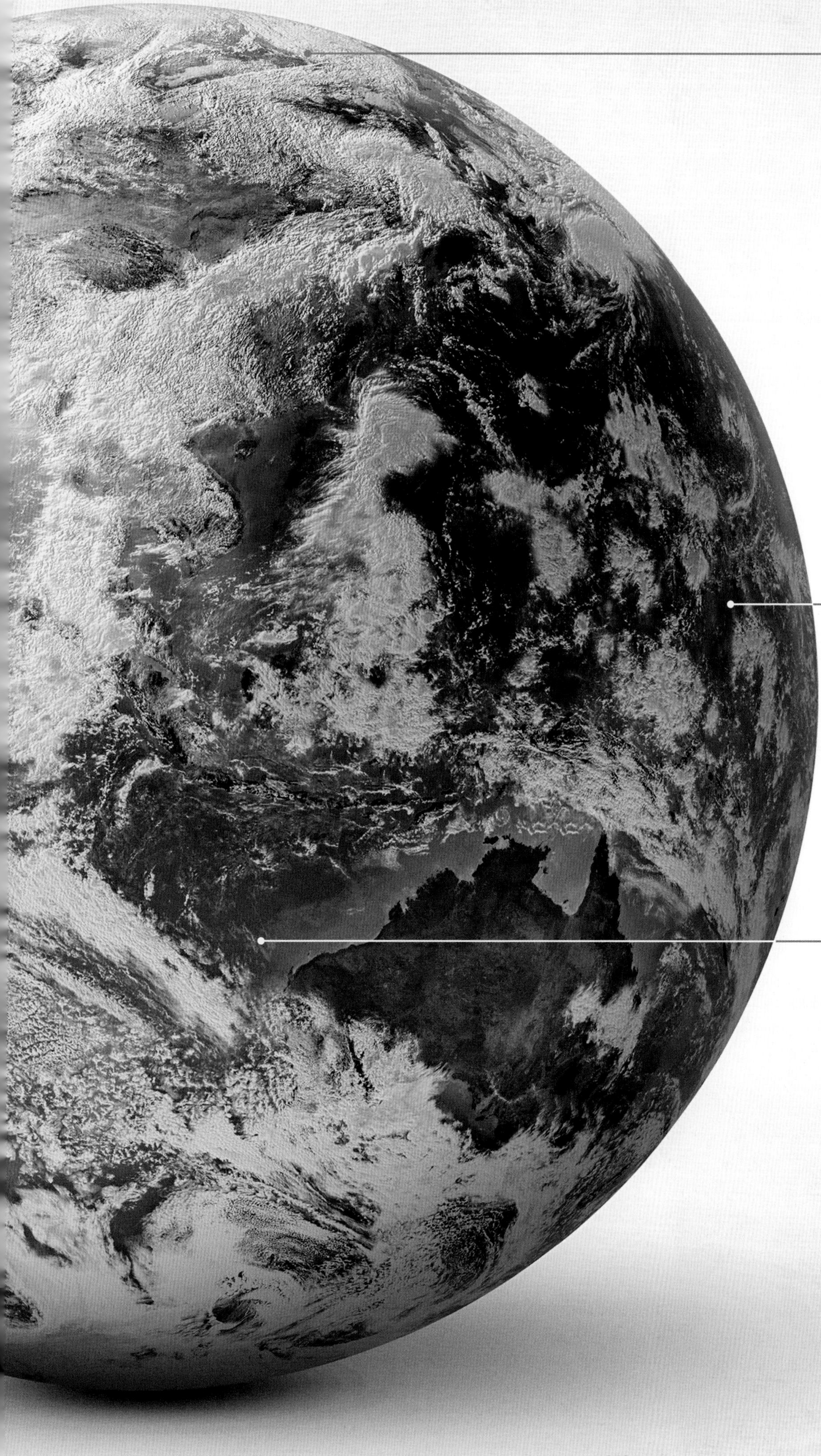

줄어드는 대륙 빙하

그린란드와 남극 대륙의 인공 위성 이미지를 분석한 결과, 빙하가 10년마다 13.4퍼센트씩 줄어들고 있음이 밝혀졌다. 대륙 빙하는 햇빛을 반사해 우주로 내보낸다. 대륙 빙하가 없으면 바닷물은 햇빛의 90퍼센트를 흡수해 수온이 올라간다. 이는 또다시 북극의 기온을 높여 더 많은 얼음을 용해시킨다.

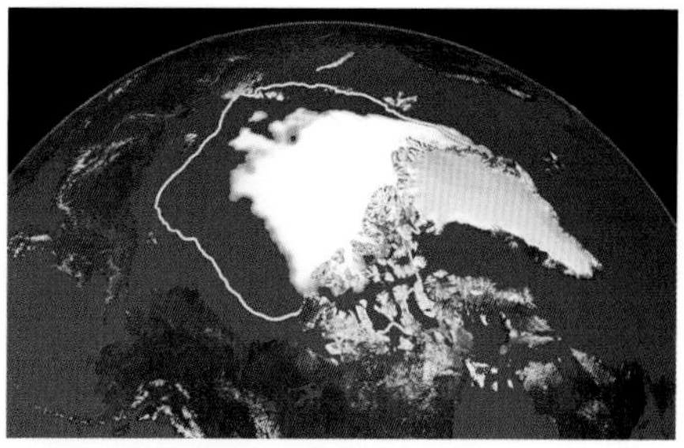

2012년에 해빙 면적이 가장 크게 감소했다.

해양의 산성화

과학자들은 빙하 시료 표본을 연구하고 바다 생물 화석의 화학 성분을 조사해 시간에 따른 바다의 산성도 변화를 평가한다. 대기 중 이산화탄소가 바다에 흡수되면서 바다 표면의 산성도는 200년 동안 30퍼센트 증가했다. 해양의 산성화는 산호, 홍합, 굴과 같은 생물의 골격을 구성하는 탄산칼슘을 흡수하는 데 방해가 된다.

따뜻해지는 바다

물에 띄우는 자동 기계 장치를 사용해 과학자들은 1971~2010년의 세계 해양의 기온이 섭씨 0.11도 상승했음을 알았다. 바다 수온 상승은 해양 생태계를 파괴한다. 2016년에는 지구 온난화로 인해 전 세계 산호에 표백 현상이 발생했다. 이 현상은 산호에 색소와 산소, 영양소를 제공하는 다채로운 조류가 살지 못할 때 발생한다. 이런 스트레스가 지속되면 산호는 결국 죽는다.

표백된 산호

1750년 | 산업 혁명 시작 **1789년** | 인권 선언 **1830년** | 증기 시대 **1869년** | DNA 분리 **1880년** | 전기 시대 **1914년** | 제1차 세계 대전 **1930년대** | 세계 대공황

▼ 수급 위기에 처한 원소들
주기율표를 보면, 44개의 원소들이 미래에 수급 위기를 맞게 될 것임을 알 수 있다. 17개의 희토류 원소들 중에서는 3개가 그러하다.

범례
- 미래에 수급 위기가 예상돼 공급이 제한된 원소들
- 사용량이 늘어 수급 위기가 증가하는 원소들
- 향후 100년 동안 심각한 수급 위기를 겪을 원소들
- 희토류 원소

리튬은 개인 전자 장비나 전기 자동차에 전력을 공급하는 리튬 이온 전지에 쓰인다. 리튬 이온 전지는 다른 전지에 비해 같은 부피 기준으로 더 많은 에너지를 저장한다.

하프늄은 녹는점이 매우 높기 때문에 원자로나 핵잠수함의 제어봉을 만드는 데 쓰인다. 컴퓨터 전기 회로망에 들어 있는 마이크로칩의 절연체로도 쓰인다.

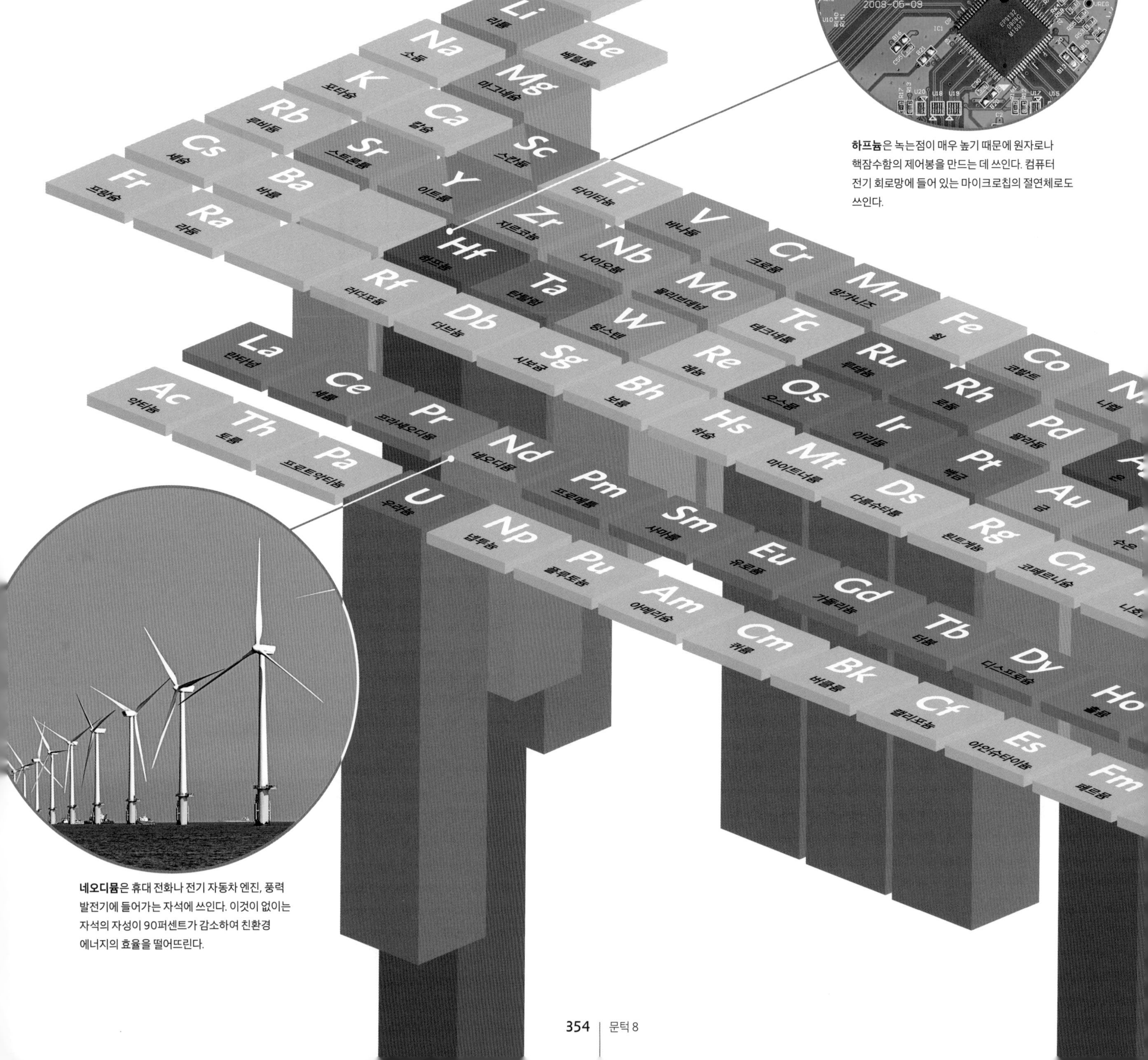

네오디뮴은 휴대 전화나 전기 자동차 엔진, 풍력 발전기에 들어가는 자석에 쓰인다. 이것이 없이는 자석의 자성이 90퍼센트가 감소하여 친환경 에너지의 효율을 떨어뜨린다.

수급 위기의 화학 원소

지구의 화학 원소들은 존재하는 양이 한정돼 있다. 지금까지 밝혀진 118개의 원소 중 44개가 수급 위기에 처해 있다. 향후 이들에 대한 수요가 공급을 앞지를 것으로 예상된다.

석탄과 석유 외에도 화학 원소들 또한 심각한 수급 위기를 겪고 있다. 첨단 기술 개발에 중요한, 자성을 띠고 빛을 내며 독특한 전기 화학적인 특성을 가진 희토류(稀土類, rare earth elements) 원소들도 부족한 상황이다. 그 원인은 다양하다. 헬륨의 경우, 지구에 존재하는 양이 제한돼 있으며, 새로 만들어 내는 것이 불가능하다. 어떤 원소는 얻기가 어렵다. 예를 들어 희토류 금속은 종종 널리 분산돼 있거나 다른 광물과 섞여 있어서, 채굴 비용이 많이 들고, 정제 과정이 위험하다. 게다가 그런 광산을 보유한 나라들이 그 자원을 수출하지 않고 자국의 의학용, 군사용 장비 개발에 사용한다. 산유국과 마찬가지로, 이런 나라들은 생산량과 공급량을 조절해 거래 가격을 설정하고 시장 점유율을 지키려고 한다. 물론 버려진 컴퓨터나 휴대 전화 같은 전자기기에서 희토류 금속을 추출해 재사용할 수 있지만, 이보다는 새로 추출하는 것이 더 싸다. 현대 과학 기술은 수급 위기에 처한 원소들이 없으면 불가능하다. 그러나 가격은 높고 공급량은 워낙 적은 탓에 희귀 원소들을 더 적게 또는 전혀 사용하지 않는 대안 제품을 개발하거나 계속 가능한 사용 방법을 모색하는 등의 기술 혁신이 이뤄져야 한다.

2010년 기준 **중국**은 전 세계 **희토류 금속 공급량**의 **95퍼센트**를 **생산했다.**

인듐은 스마트폰의 터치스크린 유리를 만드는 데 쓰인다. 인듐은 아연 광산에서 생산된다. 소량으로 존재하기 때문에 인듐만 채굴하는 것은 비효율적이다. 아연의 수요가 감소하면 인듐의 이용 가능성도 영향을 받을 것이다.

인은 농업용 비료의 중요한 성분이다. 인은 성냥과 같이 우리가 매일 사용하는 제품에도 들어간다. 유럽은 지속 가능한 이용을 위한 첫걸음으로 인을 재사용하기 시작했다.

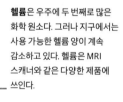

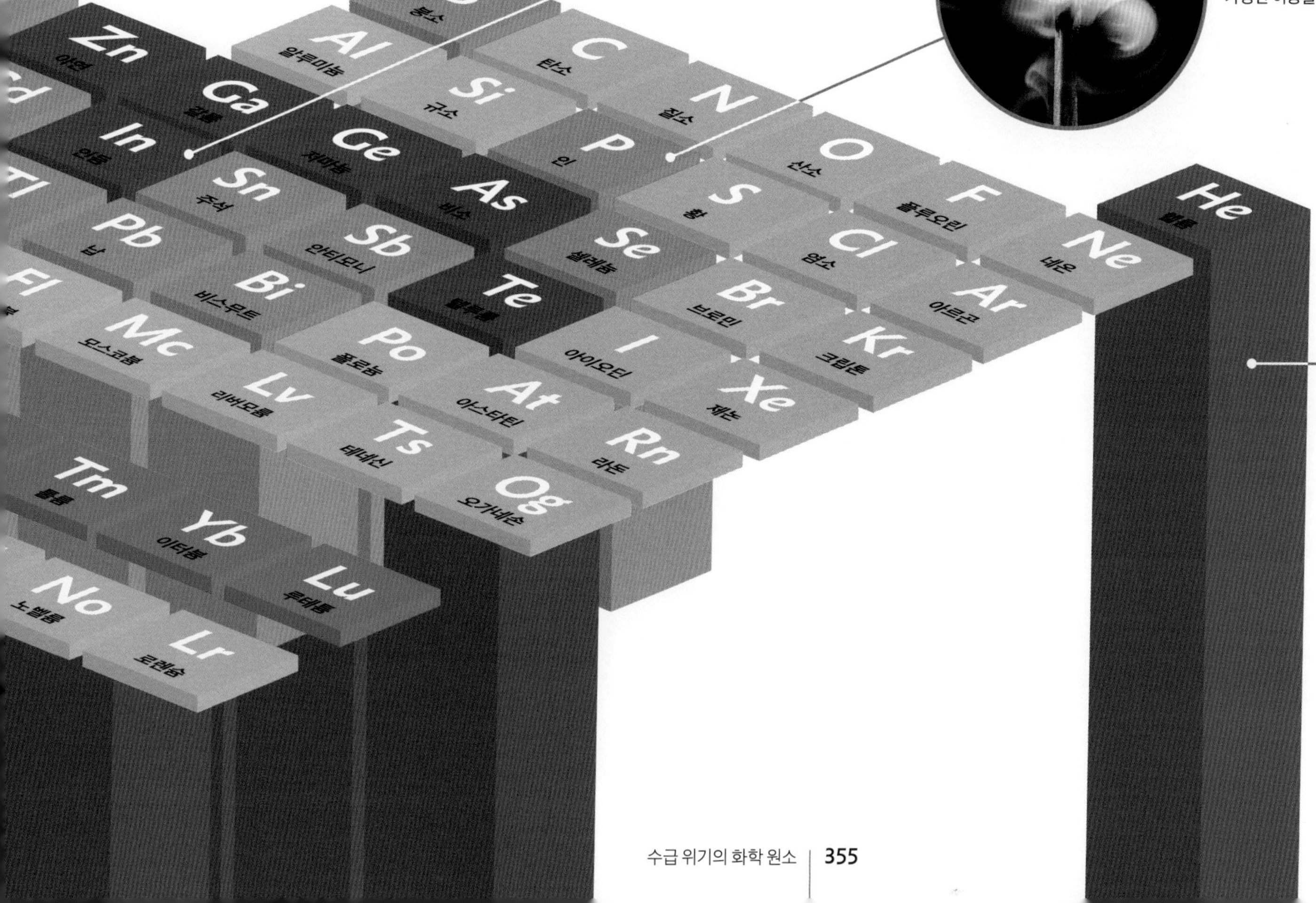

헬륨은 우주에 두 번째로 많은 화학 원소다. 그러나 지구에서는 사용 가능한 헬륨 양이 계속 감소하고 있다. 헬륨은 MRI 스캐너와 같은 다양한 제품에 쓰인다.

태양으로 작동하는 슈퍼 트리
혁신적이고 에너지 효율적인 공간인 싱가포르의 가든스 바이 더 베이(Gardens by the Bay)에는 천연 식물에서 영감을 얻어 만든 슈퍼 트리가 있다. 슈퍼 트리에는 광전자가 들어 있어 햇빛을 에너지로 바꿔 조명에 사용한다.

지속 가능성을 모색하다

석탄과 석유, 천연 가스는 250년 동안 산업화의 동력이었다. 하지만 이제는 그 공급이 제한적으로 이뤄지고 있다. 화석 연료와 같이 재생해서 쓸 수 없는 에너지를 재생 가능 에너지로 대체하면 에너지 안보가 향상되고 환경 보호에도 도움이 될 수 있다.

2013년 기준 전 세계 에너지의 80퍼센트 이상을 석탄, 석유, 천연 가스가 차지한다. 오직 19퍼센트만 재생 가능 에너지원이다. 연구자들은 새로운 형태의 재생 가능 에너지를 시급히 찾고 있다.

◀ 전기 자동차
전기 자동차는 석유 대신 충전 가능한 전지에서 동력을 얻기 때문에 이산화탄소를 적게 배출한다.

녹색 기술

가장 잘 알려진 재생 가능 에너지로는 수력, 태양광, 풍력, 지열(온천과 같이 지표의 열을 이용하는 발전), 썩어 가는 동식물의 유기 물질을 태워 만드는 바이오매스가 있다. 각각에는 한계가 있다. 풍력 발전소, 태양광 패널, 수력 발전 댐, 조력 발전소를 건설하는 것은 비용이 많이 든다. 지열 발전은 화산 지역에서만 가능하다. 바이오매스는 태울 때 이산화탄소를 방출한다. 물론 바이오매스는 방출된 이산화탄소를 흡수할 수 있도록 새로운 나무를 심는 식의 지속 가능한 관리 프로그램이 병행되면 탄소 중립성을 갖는다. 또한 재생 가능 에너지 기술이 빠르게 발전하면서 그 비용이 절감되고 있다. 국제적인 네트워크로 지식을 계속 공유하면 재생 가능 에너지의 한계를 극복하는 혁신이 이뤄질 수 있다.

많은 국가에서 이미 재생 가능 에너지를 사용하고 있다. 브라질에서는 사탕수수로 바이오 연료인 에탄올을 만든다. 브라질에서 사용하는 휘발유는 18~27퍼센트의 에탄올을 함유하고 있다. 2020년 덴마크 전력의 48퍼센트는 풍력 발전으로, 독일 전력의 46퍼센트 이상은 재생 에너지로 생산됐다. 일부 중국과 인도 마을에서는 바이오매스를 태워 전기를 생산하고 있다. 2016년에는 세계 에너지 투자의 60퍼센트 이상이 재생 가능 에너지에 몰렸다. 2030년에는 이런 녹색 에너지가 화석 연료의 전기 생산량을 따라 잡을 것으로 예상된다.

재생 가능 에너지는 수십만 개의 일자리를 창출하고 에너지 안보 불안을 해소해 준다. 오르내리는 수입 연료 가격에 민감할 필요가 없어진다는 장점도 있다. 그러나 중국, 인도 같은 산업화 중인 국가들은 보조금이 지원되는 석탄에 계속 의존하고 있다. 그러나 이런 투자 장벽에도 불구하고, 재생 가능 에너지는 화석 연료를 무섭게 추격하고 있으며, 일부는 이미 화석 연료보다 더 저렴해졌다.

> 우리는 궁극적으로 **깨끗하고 재생 가능한 에너지**를 **수익성 있는 에너지**로 **만들어야 한다**.
>
> **버락 오바마,** 전 미국 대통령, 1961년~

빅 히스토리의 미래는?

빅 히스토리는 인간의 모든 이야기를 연결해 주는 주제와 동향에 독특한 시각을 제공한다. 이것을 미래 예측에 사용할 수는 없을까? 세상에 확실한 것은 없지만, 인구 증가, 기술 혁신, 에너지 및 지속 가능성에 대한 주제는 앞으로 수백 년 동안 계속 논의될 것이다.

인구 증가와 기술 혁신은 성공한 종의 상징이다. 18세기 우리 조상은 수천 년간의 집단 학습과 새로운 농업 기술을 결합해 맬서스 위기를 종식시켰다. 산업 혁명은 많은 사람들에게 그동안 상상할 수 없었던 재화, 서비스, 높은 삶의 질을 제공했다. 지난 세기의 기술 발전은 인류 역사상 이뤄진 모든 발전을 앞질렀다. 스마트폰, 인터넷과 같은 오늘날의 혁신은 1980년대 초반까지만 해도 불가능한 것처럼 보였다. 이러한 기술로 세계는 인류 역사상 가장 복잡한 네트워크로 연결됐다.

그러나 진보에는 대가가 따른다. 소비의 증가로 물과 화석 연료가 점점 줄어들었다. 또한 수많은 동식물이 멸종했다. 온실 기체 배출량도 기하급수적으로 증가했다. 이런 피해를 만회하고 미래 세대를 위해 환경적으로 덜 유해한 것을 만들어 내야 하는 것이 우리 모두의 의무다.

형태의 에너지를 활용하는 능력은 매 시기마다 인간이 뛰어넘어야 했던 문턱이었다. 앞으로 어떤 에너지를 어떻게 사용하는지가 우리 종의 운명을 결정할 것이다.

사회의 동향은 조금씩 바뀌고 있다. 인도, 중국과 같은 산업 국가에서 인구 증가율이 둔화됐다. 이는 나라가 경제적으로 발전할수록 출산율이 낮아지는 경향을 대변하는 것일 수 있다. 이런 아이들은 대체로 높은 수준의 교육을 받으며, 오늘날의 전 지구적 통신 네트워크를 통해 미래의 혁신가들 수십억 명과 어울린다. 이 세대가 지구를 구할 주인공이 될 것이다. 집단 학습이 지금만큼 모든 사람에게 열려 있고, 경계를 초월해 통합되고, 중요하게 여겨진 때는 없었다.

이미 전기 자동차, 바이오 연료, 태양광 발전을 이용한 담수화 시설, 온실 기체를 배출하지 않는 건물 등이 개발됐다. 이런 의미에서 가까운 미래에는 무한한 가능성이 열릴 것이다. 21세기는 녹색 혁명과 신재생 에너지로 운영되는 지속 가능한 사회의 여명기로 기억될 것이다. 미래는 아직 다 쓰이지 않았다. 모든 가능성이 열려 있다.

> “**빅 히스토리**는 **모든 것의 역사**를 연구한다. 빅 히스토리를 통해 **우리 세계**와 **그 속에서의 우리의 역할**에 대해 **이해할 수 있다**.”
>
> **데이비드 크리스천**, 빅 히스토리 연구자, 1946년~

지속 가능한 미래

산업 혁명은 때로 혁신의 물결에서 첫 번째 물결로 기술된다. 기계화 시대는 혁신을 거듭하며 증기 시대, 전기 시대, 항공 우주 시대, 그리고 최근의 디지털 시대로 이어졌다. 오늘날 우리는 지속 가능성이라는 우리 시대의 위대한 사명을 가지고, 여섯 번째 혁신의 물결 끝에 서 있다. 새로운 혁신은 2050년이면 100억 명에 육박할 세계 인구에게 높은 수준의 생활을 제공하는 것을 목표로 한다. 또한 남은 자원을 효율적으로 사용해 화석 연료에 대한 의존도를 줄이는 것도 달성해야 한다. 새로운

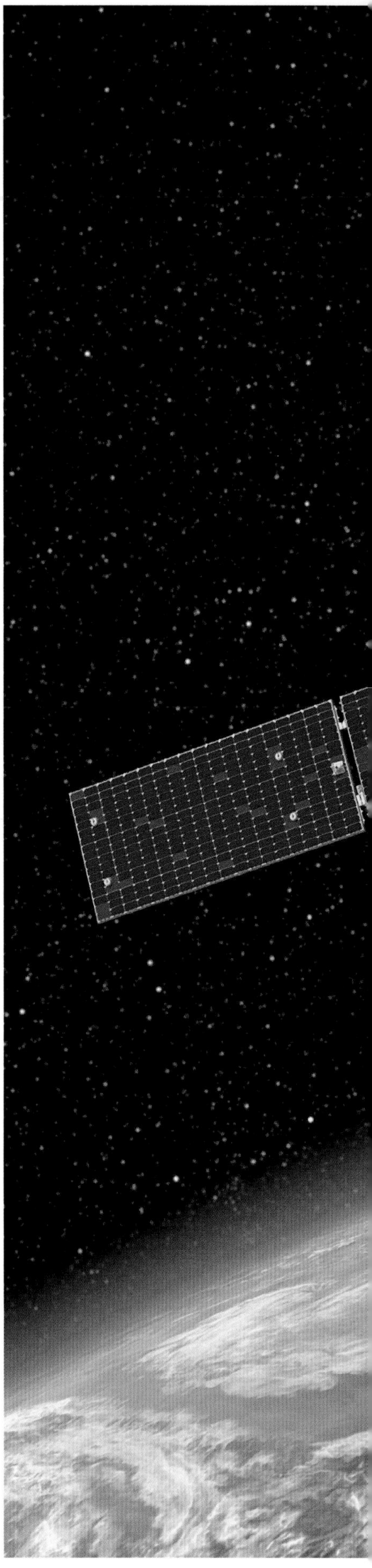

기후 변화를 예측하기 위한 혁신
탄소 관측 위성(Orbiting Carbon Observatory)은 지구의 어디에서 이산화탄소가 흡수되는지, 대기 중에 이산화탄소가 얼마나 존재하는지 등을 관측한다. 이는 기후 변화에 따른 미래 예측의 정확도를 높이는 데 기여한다.

빅 히스토리 인류사 연표

인류의 역사는 이야기가 매우 풍부하다. 문명이 출현해 발전하고 변화했으며, 우리가 계승하고 발전시킬 수 있는 다양한 유산과 거대한 지식 체계를 남겼다. 빅 히스토리는 이러한 이야기들의 세부 맥락을 알려 준다. 맥락 속에서 역사를 되돌아보면, 전체적인 관련성과 패턴, 그리고 역사를 이끄는 힘이 드러나기 시작하면서 이야기가 더욱 풍성해진다.

현생 인류의 이주

- 가능한 이주 경로
- 기원전 10만~1만 년의 주요 지역
- 기원전 1만 8000년의 빙하 규모
- 기원전 1만 년의 빙하 규모
- 기원전 1만 8000년의 해안선
- 고대 강
- 고대 호수

▶ 선사 시대 현생 인류의 이주 경로

초기 인류는 약 10만 년 전 아프리카에서 동쪽으로 이주했다. 그들은 5만 년 전에는 오스트레일리아 대륙에, 3만 5000년 전에는 일본에 닿았고, 2만 2000년 전에는 베링 해협을 건너 아메리카 대륙에 도달했다. 최초의 문명은 기원전 5000~3000년에 농업 생산성이 높아서 잉여 생산물을 축적할 수 있는 지역에서 등장했다. 메소포타미아, 이집트, 인도 북동부, 중국 양쯔 강 유역이 대표적이다.

선사 시대의 세계

800만 년 전부터 기원전 3000년까지

만약 지구의 45억 년 역사를 하루라고 본다면, 인류 조상의 이야기는 2~3분에 불과하다. 600만~800만 년 전 이미 오늘날의 유인원을 있게 한 계통 분리가 일어났지만, 약 20만 년 전까지도 완전한 의미의 현생 인류는 등장하지 않았다. 지난 25만 년 동안 호모 사피엔스는 발상지인 아프리카로부터 전 세계로 퍼져 나갔다. 그들은 뛰어난 적응력과 큰 뇌 덕분에 빙하기에서도 살아남을 수 있었다. 약 1만 년 전, 인류가 처음으로 농사를 짓기 시작했다. 최초의 정착지는 곧 마을로 성장했다. 선사 시대가 끝날 무렵, 사회는 점점 더 복잡해졌다.

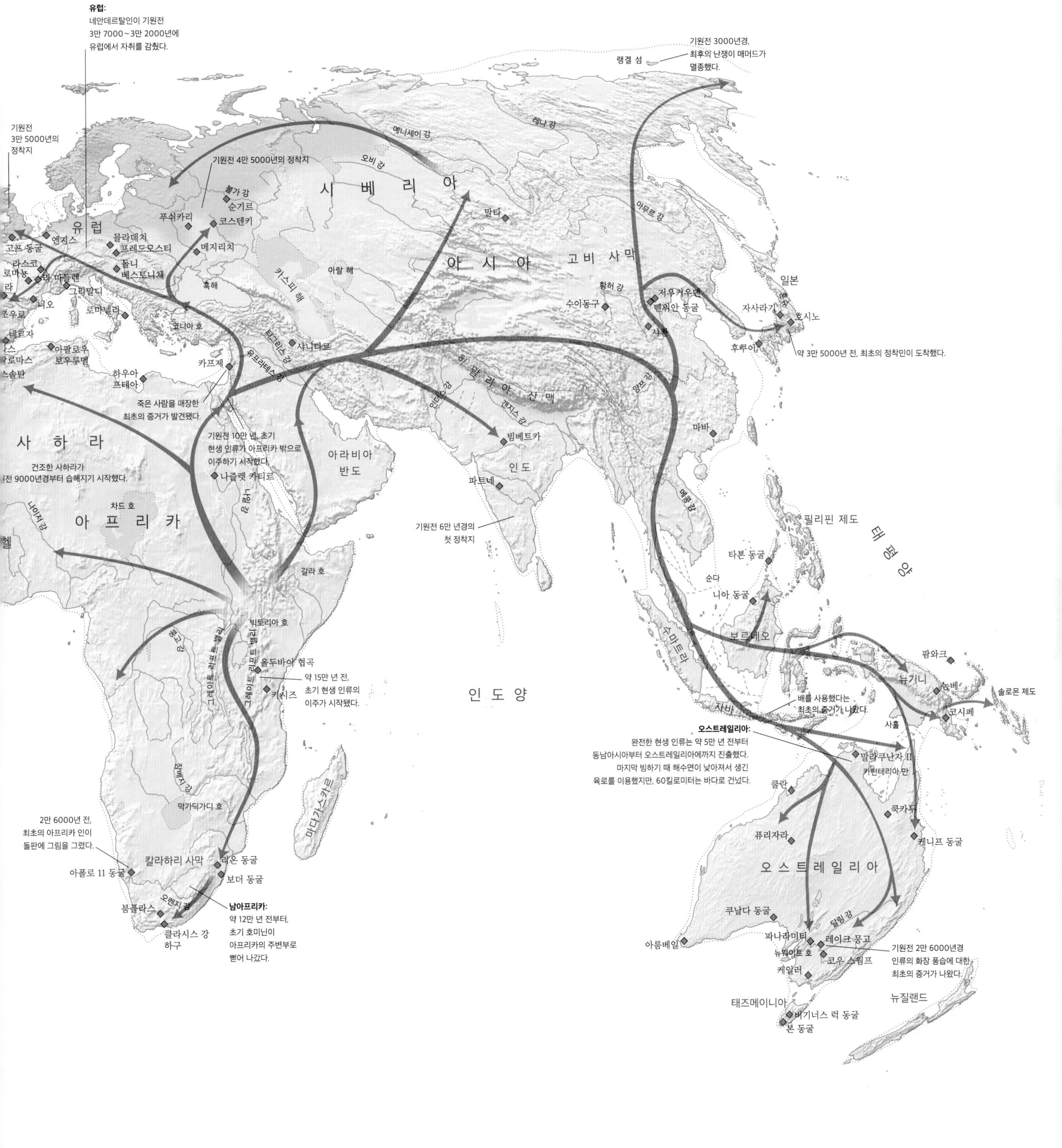

유럽:
네안데르탈인이 기원전
3만 7000~3만 2000년에
유럽에서 자취를 감췄다.
기원전
3만 5000년의
정착지
기원전 4만 5000년의 정착지
기원전 3000년경,
최후의 난쟁이 매머드가
멸종했다.
랭겔 섬
예니세이 강
레나 강
오비 강
시 베 리 아
볼가 강
순기르
코스텐키
푸쉬카리
말타
아무르 강
유 럽
엔지스
고프 동굴
플라데치
프레드모스티
돌니
베스토니체
메지리치
라스코
로마뇽
라 마들렌
그리말디
로마넬리
흑해
카스피 해
아랄 해
아 시 아
고비 사 막
황허 강
수이동구
저우커우뎬
톈위안 동굴
샤룬
일본
자사라기
호시노
후루이
약 3만 5000년 전, 최초의 정착민이 도착했다.
코니아 호
티그리스 강
샤니다르
유프라테스 강
아팔로우
보우루맨
카프제
하우아
프테아
죽은 사람을 매장한
최초의 증거가 발견됐다.
히 말 라 야 산 맥
인더스 강
갠지스 강
양쯔 강
빔베트카
사 하 라
건조한 사하라가
기원전 9000년경부터 습해지기 시작했다.
기원전 10만 년, 초기
현생 인류가 아프리카 밖으로
이주하기 시작했다.
나즐렛 카티르
아 라 비 아
반 도
인 도
파트네
마바
메콩 강
나일 강
차드 호
아 프 리 카
나이저 강
기원전 6만 년경의
첫 정착지
필리핀 제도
태 평 양
타본 동굴
갈라 호
순다
니아 동굴
보르네오
수마트라
빅토리아 호
콩고 강
그레이트 리프트 밸리
올두바이 협곡
약 15만 년 전,
초기 현생 인류의
이주가 시작됐다.
키시즈
인 도 양
팝와크
뉴기니
솔로몬 제도
코시페
사훌
자바
배를 사용했다는
최초의 증거가 나왔다.
오스트레일리아:
완전한 현생 인류는 약 5만 년 전부터
동남아시아부터 오스트레일리아에까지 진출했다.
마지막 빙하기 때 해수면이 낮아져서 생긴
육로를 이용했지만, 60킬로미터는 바다로 건넜다.
말라쿠난자 II
카펀테리아 만
쿨란
잠베지 강
마다가스카르
막가딕가디 호
쿡카두
퓨리자라
케니프 동굴
2만 6000년 전,
최초의 아프리카 인이
돌판에 그림을 그렸다.
칼라하리 사막
라온 동굴
보더 동굴
아폴로 11 동굴
오렌지 강
붐플라스
클라시스 강
하구
남아프리카:
약 12만 년 전부터,
초기 호미닌이
아프리카의 주변부로
뻗어 나갔다.
오 스 트 레 일 리 아
쿠날다 동굴
달링 강
아룸베일
파나라미티
레이크 뭉고
뉴웨이트 호
코우 스웜프
케일러
기원전 2만 6000년경
인류의 화장 풍습에 대한
최초의 증거가 나왔다.
태즈메이니아
뉴질랜드
비기너스 럭 동굴
본 동굴

선사 시대의 세계

약 800만~600만 년 전

침팬지 계통에서 호미닌이 갈라지면서 현생 인류의 최초 조상이 등장했다. 이 시기의 화석 기록은 단편적이다. 하지만 더 많은 증거가 발견돼 인간 진화에 대한 지식이 늘어나면, 종간 관계를 재평가할 수 있다.

약 700만~600만 년 전

중앙아프리카의 사헬란트로푸스 차덴시스는 직립 보행을 했으리라 추정되지만, 호미닌과 침팬지 분리 시기보다 앞섰을 수도 있으며, 인간의 직접적인 조상이 아닐 수도 있다.

약 580만~440만 년 전

침팬지와 크기가 비슷한, 동아프리카의 아르디피테쿠스 속의 두 종(580만~520만 년 전의 아르디피테쿠스 카다바와 440만 년 전의 아르디피테쿠스 라미두스)은 똑바로 일어서서 두 발로 걸을 수 있었다.

약 370~300만 년 전

동아프리카의 오스트랄로피테쿠스 아파렌시스(남쪽 원인)는 직립 보행을 했지만 여전히 나무에 기어올랐다. 뇌 크기는 현생 인류의 뇌의 3분의 1 수준으로 오늘날의 침팬지의 뇌와 비슷하다.

약 360만 년 전

탄자니아의 라에톨리 유적지에서 화산재 위를 지나간 호미닌의 발자국이 발견됐다. 오스트랄로피테쿠스 속의 원인들은 직립 보행 덕분에 숲에서 열대 초원까지 퍼져 나갔다. 이는 다른 경쟁자보다 더 광범위한 지역에서 먹이를 수집할 수 있었다는 뜻이다.

약 340만 년 전

에티오피아의 디키카 지역의 동물 뼈 화석에서 석기로 자른 최초의 흔적이 발견됐다. 이는 동물이 도살됐다는 뜻이며, 인근의 오스트랄로피테쿠스 아프리카누스와 연관이 있는 것으로 추정된다.

▲ **탄자니아 올두바이 협곡**은 세계에서 가장 중요한 선사 시대 유적지 중 하나다. 여기에서 발견된 많은 화석들은 동아프리카의 '인류의 요람'에서 초기 호미닌의 다양한 종들이 번성했음을 알려 준다.

약 330만 년 전

케냐의 로메크위 지역에서 가장 오래된 석기가 발견됐다. 에티오피아의 고나 강에서 약 260만 년 전의 동물 뼈와 함께 발견된 이 석기는 호미닌이 에너지가 풍부한 고기 식단을 섭취했음을 알려 준다.

약 318만 년 전

루시는 케냐에서 살았던 젊은 여성 오스트랄로피테쿠스 아파렌시스다. 처음 발견된 13명의 오스트랄로피테쿠스 아파렌시스 가족 중 한 명이다.

약 310만~200만 년 전

1924년에 남아프리카 공화국의 타웅에서 발견된 오스트랄로피테쿠스 아프리카누스는 초기 호미닌이라고 판명된 최초의 아프리카 화석이다. 이 종은 두 발로 걸었지만 여전히 나무에 잘 기어올랐다.

약 230만~140만 년 전

파란트로푸스 보이세이(호두까기 인간)는 거친 식물을 씹기에 좋은 강한 턱과 큰 어금니를 갖고 있었다.

약 230만 년 전

인간의 초기 종인 호모 하빌리스(손 쓰는 사람)는 탄자니아의 올두바이 협곡에 살았다. 오스트랄로피테쿠스 속보다 더 큰 두뇌를 갖고 있으며, 간단한 석기와 잘라 낸 동물 뼈를 남겼다.

약 195만 년 전

석기가 널리 전파됐다. 석기 시대로 알려진 선사 시대는 기원전 5000~4500년에 구리가 출현할 때까지 계속되며, 구석기 시대, 중석기 시대, 신석기 시대로 나뉜다. 구석기 시대의 도구 제작자는 처음에는 뗀석기를, 나중에는 정교한 도구인 손도끼, 돌날, 긁개를 만들었다. 구석기 시대 사람들은 일반적으로 수렵 채집을 했고, 작은 무리를 이뤄 살았다. 기원전 2만~9000년에 중동과 유럽, 동아시아(그리고 이후 남아시아, 아메리카, 아프리카)에서 구석기 시대가 끝나고 중석기 시대가 시작됐다.

약 180만 년 전

동아프리카에서 호모 에르가스테르가 출현했다. 호모 에르가스테르는 조상보다 키가 더 크고 호리호리했으며 두뇌가 더 크고, 걷고 달리는 데 완전히 적응했다. 나무에 기어오르는 능력은 잃어버렸다. 그들은 도구 제작과 사냥에 능했고, 다양한 환경에 적응해 살 수 있었다. 그 친척 종인 호모 에렉투스(베이징인)는 160만 년 전 중국에 살았다.

약 180만~50만 년 전

불을 사용한 최초의 흔적은 남아프리카 공화국과 이스라엘의 동굴에서 발견됐다.

약 170만 년 전

조지아의 드마니시에서 살았던 호모 조지쿠스는 아프리카 밖에서 발견된 가장 오래된 호미닌이다. 호미닌은 유라시아까지 진출했다.

약 165만 년 전

호모 에르가스테르가 만든 아슐리안 주먹도끼가 나타났다. 이런 고도의 기술을 필요로 하는 도구는 인간 지능의 상당한 발전을 의미한다.

약 120만 년 전

파란트로푸스 속은 멸종하고, 호모 하빌리스와 호모 루돌펜시스는 살아남았다. 호모 속의 후손으로 최초의 유럽 인이 출현했다.

약 60만 년 전

호모 에르가스테르는 북아프리카와 중동에서 번성했다. 호모 하이델베르겐시스가 동아프리카에서 출현했다.

50만 년 전

호모 하이델베르겐시스는 유럽 중부 지역에서 번성했다. 양면에 날을 세운 석기를 사용했다.

약 35만 년 전

동아시아에서는 호모 에렉투스가 지배적이었다. 유럽에서는 호모 하이델베르겐시스가 더 강하고 다부진 호모 네안데르탈렌시스로 진화했다.

약 35만~20만 년 전

현생 인류인 호모 사피엔스가 등장하기 전, 인간과 비슷한 마지막 주요 종인 네안데르탈인이 유럽과 서아시아로 퍼져 나갔다.

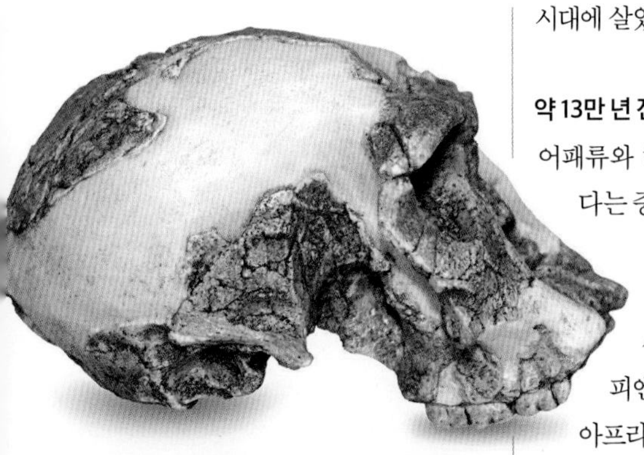

▲ **가장 완벽한 두개골 화석**이 탄자니아의 올두바이 협곡에서 1968년에 발굴됐다. 조각들을 조심스럽게 이어 붙인 결과 180만 년 전 살았던 호모 하빌리스로 밝혀졌다. 이 두개골에 '트위기'라는 별명이 붙었다.

약 28만 5000년 전

천연 색소인 붉은 황토를 사용한 증거가 케냐의 캅투린 지역에서 발견됐다.

약 28만 년 전

이스라엘의 베레카트 람에서 발견된 작은 돌멩이가 최초의 예술 작품 중 하나일지도 모른다.

약 25만~20만 년 전

호모 사피엔스(슬기로운 사람)는 에티오피아의 오모, 탄자니아의 라에톨리, 모로코의 제벨 이르후드 같은 지역에서 처음 출현했다. 최초의 현생 인류는 네안데르탈인보다 뇌가 작았지만, 후두가 낮아 더 광범위한 주파수의 소리를 낼 수 있었다.

약 20만 년 전

전 세계 DNA 샘플을 포함한 유전자 연구 결과에 따르면, 아프리카의 '미토콘드리아 이브'는 현생 인류의 마지막 공통 조상이다.

약 18만 6000~4만 년 전

네안데르탈인은 고도로 숙련된 기술로 석기와 창을 만들었다. 야생마와 들소 같은 커다란 먹이는 공동체가 협동해서 사냥했다. 동물의 뼈 더미가 채널 제도의 저지 섬에 있는 동굴에서 발견됐다.

약 16만 년 전

현생 인류의 아종인 호모 사피엔스 이달투가 아프리카에서 출현했다. 아프리카의 호모 에르가스테르, 동아시아의 호모 에렉투스, 유럽과 중동의 호모 네안데르탈렌시스와 동시대에 살았다.

약 13만 년 전

어패류와 해양 포유류의 섭취량이 증가했다는 증거가 남아프리카에서 발견됐다.

약 11만~9만 년 전

서남아시아에서 발견된 호모 사피엔스에 대한 초기 증거는 그들이 아프리카에서 다른 곳으로 이주했음을 나타낸다.

약 9만 년 전

가장 오래된 것으로 알려진 뼈 작살은 콩고의 카탄다 지역에서 발견됐다.

약 7만 7000~5만 년 전

호모 사피엔스는 아라비아 반도에서 아시아 남부, 중국 남부, 필리핀, 뉴기니, 오스트레일리아로 퍼져 나갔다.

약 7만 5000년 전

남아프리카의 블롬보스 동굴에서 눌러떼기 기법으로 제작된 석기, 조개껍데기 장식, 무늬가 새겨진 황토 조각 등이 발견됐다.

약 6만~5만 년 전

프랑스에 있는 라샤펠오생 고대 매장지에서 네안데르탈인 아이 두 명과 성인 한 명이 발굴됐다.

약 4만 5000년 전

호모 사피엔스가 오스트레일리아 대부분 지역에 살았다. 이 시기에 동유럽에 진출했다.

약 4만 년 전

호모 사피엔스는 아프리카를 떠나 또다시 대이주를 했다. 서유럽 지역이 있는 북쪽으로 향했고, 이후 1만 5000년 동안 유라시아 본토 전체를 장악했다. 크로마뇽인은 유럽에서 동굴 벽화와 공예품을 생산했다. 호모 사피엔스는 중국에서 최후의 호모 에렉투스를 만났을지도 모른다.

약 3만 9000년 전

이 시기에 최후의 호모 네안데르탈렌시스가 살았을 것이다. 이후에 그들은 환경의 변화와 경쟁의 증가로 멸종했다.

약 3만 7000년 전

이탈리아의 캄파니아 화산 폭발로 발생한 화산재의 영향으로 유럽의 환경 조건이 더 악화됐다.

약 3만 5000년 전

오리냐크라고 알려진 석기 제작 기술이 유럽 전역에 걸쳐 나타났다. 최초의 동굴 벽화가 이 시기에 인도네시아 술라웨시에서 그려졌다.

약 3만 5000년 전

호모 사피엔스가 처음으로 유라시아 북부 전역에 퍼져 나갔다. 그들은 마지막 빙하기(2만 1000~1만 8000년 전)가 절정에 달했을 때인 약 1만 5000년 전에 남쪽으로 다시 내려왔다.

약 3만 3000년 전

시베리아와 벨기에에서 개와 비슷한 두개골 두 점이 발견됐다. DNA 연구에 따르면 최초로 길들여진 개들은 중국 회색늑대의 후손이었다.

약 3만 2000년 전

호모 사피엔스가 일본에 도착했다. 1994년, 프랑스 남부 아르데슈 지역의 석회암 절벽에서 발견된 쇼베 동굴 벽화는 포식자와 먹잇감을 포함해 수백 마리의 야생 동물을 묘사하고 있다.

▲ **이 주먹 도끼**는 아슐리안 석기로 고기를 자르는 것을 포함해 다양한 작업을 하는 데 유용하게 사용됐다.

약 2만 9000~2만 1000년 전

유럽과 러시아의 그라베티안 문화는 복잡한 매장지, 조개껍데기 장식, 뼈 및 뿔로 만든 조각, 점토 인형 등을 남겼다.

약 2만 7000년 전

체코의 파블로프에서 초기 바구니가 제조됐을 것으로 추정된다.

약 2만 5000~2만 2000년 전

캐나다의 블루피시 동굴에 남은 흔적들은 북유라시아 인류가 북아메리카로 이주해 정착 생활을 시작했음을 암시한다.

약 2만 2000년 전

중석기 시대(서남아시아에서는 기원전 2만~1만 년, 유럽에서는 기원전 9000~3000년에 해당한다.)에는 정교한 소형 뗀석기와, 식량을 생산하기 위해 토지를 더 집약적으로 이용하는 더 많은 정착 공동체가 출현했다.

약 2만 2000~1만 9000년 전

마지막 빙하기가 절정에 이르렀을 때, 북유럽의 대부분을 덮을 정도로 빙하 면적은 사상 최대치를 기록했다. 남쪽 초원에 사는 사람들은 피난처를 만들고 수렵 채집을 하며 살았다.

약 1만 8000년 전

최초의 토기가 중국의 옥섬암(玉蟾岩) 동굴에서 발견됐다. 이는 음식을 옮기고 보관하는 데 점진적인 혁신이 이뤄질 것임을 알리는 전조였다.

약 1만 8000~1만 2000년 전

유럽의 마들렌 문화에서 사람들은 다양한 종류의 동물, 특히 순록을 사냥했다. 또한 아름다운 예술품, 판화, 동굴 벽화 등을 남겼다.

약 1만 7000년 전

프랑스 라스코 동굴에는 인간과 상징적 기호뿐만 아니라 말, 수사슴, 소, 들소(366쪽 참고) 같은 동물 그림 수백 점이 그려져 있다.

약 1만 6000~1만 5000년 전

기온이 상승하고 빙하가 후퇴하면서 기후

조건 때문에 살 수 없었던 북유럽 지역에 사람들이 다시 정착하기 시작했다.

약 1만 5000년 전

호모 사피엔스는 북아메리카로 이주할 때 시베리아와 알래스카 사이의 베링 육교를 이용했다. 이 육교는 마지막 빙하기가 절정이었을 때 해수면이 낮아지면서 생겼다. 인류는 꾸준히 남쪽으로 이동해 1만 2500년 전에는 파타고니아에 도달했다.

약 1만 3000~1만 1000년 전

북아메리카는 클로비스 족이 빠르게 차지했다. 그들은 양면에 날을 세운 석기를 만들어 사용했다. 클로비스 족은 오늘날에는 멸종한 대형 포유류를 사냥했고, 1,000년이 채 되기 전에 사라졌다.

약 1만 1000년 전

빙하기가 끝나고 고온, 빙상 후퇴, 해수면 상승 등으로 베링 해협이 생기면서 시베리아와 북아메리카가 분리됐다.

기원전 1만 800~9600년경

대륙 빙하가 녹으면서 발생한 것으로 추측되는, 신드리아스기라고 불리는 한랭기가 지구에 닥쳤다. 그 때문에 북유럽에서 구할 수 있는 야생 곡류의 수가 크게 감소했다. 기원전 9600년 이후에는 온도가 급격하게 올랐다.

기원전 1만 500년경

최초의 재배 곡물은 시리아의 호밀이었다.

기원전 1만 년경

신석기 시대는 서남아시아의 '비옥한 초승달' 지대에서 시작됐다. 그곳에서 사람들은 야생 밀을 재배하는 법을 터득했다. 동식물을 길들여 농사를 짓기 시작했다. 정착지는 더 크게 성장했고 오래 지속했으며, 이 지역에서 공예를 전문으로 하는 직군이 발달했다. 이때가 석기 시대의 마지막 시기였다. 기원전 5000~4500년 구리가 발견되면서 석기 시대가 끝났다.

기원전 9000~3000년경

강우량이 늘면서 북아프리카 전역에 호수, 강, 습지, 초원 등이 생겨 '녹색 사하라의 시대'가 시작됐다.

▼ **라스코 동굴**은 1940년에 프랑스 남서부 도르도뉴에서 네 명의 10대 청소년이 발견했다. 이 동굴에는 구석기 시대를 대표하는 예술 작품들이 남아 있다. 크로마뇽인 예술가는 광물에서 얻은 빨간색, 노란색, 검정색 안료를 이용해 벽에 약 2,000점의 그림을 그렸다. 특히 야생마, 수사슴, 들소, 황소 등을 그린 거대한 프레스코화(석회를 바르고 마르기 전에 그린 그림 — 옮긴이)가 벽을 가득 채운 '황소의 방'이 유명하다.

기원전 8500~7300년경

팔레스타인의 요르단 계곡에 있는 예리코의 주민들이 마을 주위를 돌담으로 둘러쌌다. 예리코는 세계에서 가장 오래된 요새 도시이며, 지금도 사람이 사는 가장 오래된 도시 정착지 중 하나다.

▲ **예리코의 높은 돌담**, 그 주변을 둘러싼 해자, 감시탑은 벌집 모양의 집들이 있는 작은 마을을 보호하기 위해 만든 것이다. 집들은 석재로 된 기초에 회반죽으로 만든 바닥으로 이뤄졌고, 일부에는 안에 안뜰과 오븐이 있었다.

기원전 8500~6000년경

정착 농업은 아나톨리아의 비옥한 초승달 지대(튀르키예), 중동, 그리고 메소포타미아(이라크)에서 처음 발달했다. 양과 염소가 메소포타미아에서 길들여졌다.

기원전 8000년경

중국의 황허 강 유역에서 인류는 기원전 6500년까지 완전히 길들여진 수수를 수확했다. 밀과 보리는 서아시아에서, 호박은 중앙아메리카에서 재배됐다. 에콰도르에서는 호박과 콩이 재배됐다.

기원전 7400~6200년경

튀르키예의 고대 도시인 차탈회위크는 농경 사회였고, 8,000여 명이 살았다.

기원전 7000년경

농업은 튀르키예에서 유럽 남동부와 중부로 퍼지기 시작했다. 지중해 수렵 채집인들은 서아시아에서 작물과 동물을 들여와 농사를 짓기 시작했다. 북아프리카의 녹색 사하라에서 사냥과 낚시를 하는 사람들과, 파키스탄의 인더스 계곡 및 인도 북서부의 농부들이 소를 길들였다. 바나나, 타로, 참마 등은 뉴기니의 고지대에서 재배됐다.

기원전 7000~6000년경

서아시아에서 기원전 8000년 이전부터 천연(자연에서 얻어지는) 구리와 금을 망치로 두들겨 작은 물건을 만들고는 했지만, 이 시기부터 사람들은 광석을 제련해(목탄을 태워 열을 가해) 구리를 추출했다. 1,000년 동안 구리와 납은 도끼머리 같은, 훨씬 더 개량된 도구와 무기를 만드는 데 사용됐다.

기원전 6000년경

이집트에서 발명된 쟁기로 농업 생산성이 향상됐다. 중국 양쯔 강 유역의 마을에서는 생선을 잡고 벼를 재배했으며, 돼지와 닭을 키웠다. 옥수수는 멕시코의 야생 테오신테에서 진화한 작물로, 아메리카 대륙의 주요 곡물이 됐다.

기원전 5800년경

칠레 북부와 페루 남부의 해안에서 친초로(Chinchorro) 족이 만든 '검은색 미라'는 세계 최초의 인공 미라다.

기원전 5500년경
세계 최초의 관개 농업은 티그리스 강과 유프라테스 강 사이에 있는 메소포타미아 남부 초가마미 지역의 퇴적 평야에서 시작됐다. 관개 시설은 기원전 3100년경 이집트의 나일 강을 따라 건설됐다.

기원전 5500~4500년경
독특한 토기로 유명한 선형 토기 문화가 유럽에서 번성했다.

기원전 5100년경
유럽 최초의 구리 광산은 오늘날 불가리아에 위치한 아이부나르 광산이다.

기원전 5000년경
서아시아, 북아프리카, 유럽에서 우유와 고기를 얻기 위해 동물을 길들였다. 소는 쟁기를 끌었다. 라마, 알파카, 기니피그가 안데스 산맥과 안데스 해안 및 남아메리카의 열대 저지대에서 길들여졌다. 감자는 안데스 산맥 고지대에서 재배됐다.

기원전 4500년경
관개 기술이 인더스 계곡에 전파됐다. 말은 유라시아 대초원에서 길들여졌다.

기원전 4200~3750년경
메소포타미아 남부의 수메르에서 세계 최초의 도시 국가인 우루크가 등장했다. 기원전 2800년에 우루크는 인구 5만 명의 도시로 성장했다.

기원전 4000년경
이집트의 농부들은 나일 강 계곡에 작은 공동체를 이뤄 살았다. 나일 강의 주기적인 범람으로 강 유역의 경작지에 비옥한 퇴적물이 쌓였다. 포도나무와 올리브가 지중해 동부에서 재배됐다. 중국에서는 쟁기질로 땅을 갈고 관개 시설로 물을 댄 들판에서 벼를 재배하기 시작했다.

기원전 4000~1000년
사람들이 정착지 주변 지역에서 구리를 채굴해 가공하여 도구를 만들기 시작했다. 이런 동기(銅器) 시대 유적지 중 가장 오래된 곳이 북아메리카의 오대호 지역에서 발견됐다.

기원전 3500년경
나무로 만든 단단한 바퀴는 폴란드와 발칸 반도의 마차에서 처음 발견됐다. 원판형 나무 바퀴는 기원전 3200년에 수메르에서 출현했다. 수메르는 이집트에서 서아시아를 거쳐 남아시아의 인더스 계곡에 이르는 광대한 교역 네트워크의 중심지였다. 수메르의 원통형 도장은 서아시아에서 경제, 행정 문서에 서명하는 데 사용됐다. 크레타 섬에서는 유럽 최초의 문명인 미노스 문명이 탄생했다.

기원전 3300년경
청동기 시대는 서남아시아에서 구리를 주석과 섞어서 훨씬 더 단단한 금속인 청동을 만들면서 시작됐다. 청동기는 기원전 3200년에는 에게 해로, 기원전 3000년에는 중국으로 전파됐다. 청동기 사회는 문자 기록, 도시 사회, 대규모 건축, 초기 형태의 국가 등이 특징이다. 신석기 시대와 청동기 시대 사이의 기간은 동기 시대라고 불린다.

기원전 3300년경
수메르의 우루크에서 재산과 상거래를 기록하기 위해 그림 문자를 발명했다.

기원전 3200년경
이집트 최초의 상형 문자가 개발됐다. 하라파, 메르가르, 모헨조다로를 중심으로 인더스 문명이 탄생했다. 최초의 둘레돌과 선돌 유적이 유럽 남부와 서부에서 발견됐다.

기원전 3100년경
잉글랜드 남부의 스톤헨지는 토담 울타리에서 시작했다.

기원전 3100년경
나르메르 왕이 상이집트와 하이집트를 통일하고 첫 파라오가 됐다.

기원전 3100~2900년경
초기 청동기 시대의 기록 체계인 원(原)엘람 문자는 이란 고원에서 사용됐다. 수메르에서는 쐐기 모양의 글자(설형 문자)가 사용됐다. 부드러운 점토판 위에 뾰족한 도구로 쐐기 모양의 자국을 만들어 기록하는 식이었다.

달력 체계

세계 대부분의 사람들은 매일의 활동과 역사적 사건의 시간 흐름을 인지하기 위해 그레고리력을 사용하지만, 일부 문화는 종교적, 문화적으로 중요한 사건을 기리기 위해 고대 달력을 사용하기도 한다. 역사가들도 고대 자료를 분석할 때 고대의 날짜 체계를 고려한다.

달력	기반	체계
유대력	태음태양력	29일 또는 30일씩 12달이 있다. 19년 주기로 윤달이 일곱 번 추가된다. 원년은 기원전 3761년이다.
마야력	---	260일 달력과 365일 달력이 조합돼, 약 52년을 주기로 하는 달력이 만들어진다.
고대 중국 달력	태음태양력	29일 또는 30일씩 12달이 있다. 2~3년마다 윤달이 추가된다. 원년은 아직 논란거리인데, 기원전 2697년 또는 기원전 2852년 중 하나로 추정된다.
고대 이집트력	태양력	1년이 365일이다. 30일씩 12달이 있고, 연말에 5일의 윤날이 추가된다.
아티카(고대 아테네) 달력	태음태양력	1년이 354일이다. 28일 또는 29일씩 12달이 있고, 3년마다 30일씩 윤달이 추가된다.
로마력	태양력	1년이 355일이다. 28일, 29일, 또는 31일씩 12달이 있고, 주기적으로 윤달이 추가된다. 원년은 기원전 753년(로마 건설)부터 시작한다.
고대 일본 달력	태음태양력	고대 중국 달력과 유사한 체계가 1873년까지 공식적으로 사용됐다. 원년은 기원전 660년이다.
그레고리력	태양력	1년이 365일이고, 4년마다 윤년이 껴 있다. 원년은 예수가 탄생한 해를 기준으로 한다(기원후 1년).
에티오피아/게에즈 달력	태양력	1년은 5일이 추가된 윤달(4년마다 6일이 추가된다.)을 포함해 30일씩 12달로 구성된다. 원년은 기원후 9년이다.
콥트(이집트) 달력	태양력	에티오피아 달력과 비슷하지만, 원년은 기원후 284년이다.
이슬람력	태음력	1년이 354일(29, 30일씩 2달)이다. 원년은 기원후 622년(무함마드가 헤지라를 행한 날)에 시작한다.

◀ **메소포타미아의 점성술 표**는 우루크 시대(기원전 3500~2900년경) 점토에 설형 문자로 쓰였다. 천문학을 관장하는 사제들이 고대 달력을 고안해 냈다. 농경 문화에서 중요한 절기와 농경 관련 의식을 행할 시점을 정하기 위해서였다.

기원전 750년의 세계

- 그리스의 폴리스 영토
- 페니키아 도시국가와 영토
- 동부 주나라 시대의 작은 중국 국가들의 영토
- ○ 참고 : 필기체로 된 정착지는 기원전 750년에는 존재하지 않았지만, 이 시대에 중요했다.

▶ 기원전 750년의 세계

기원전 750년, 아시리아 제국은 기원전 1000년경 혼란의 시기 이후부터 중동을 지배했다. 이집트는 약해졌고, 중국의 주나라는 이민족의 침략으로 거의 붕괴된 상태였다. 그리스는 지중해에 식민지를 건설하기 시작했다. 인더스 문명이 붕괴한 후 인도의 중심은 동쪽으로 이동했다. 아메리카 대륙에서는 올메카 인과 차빈 인이 대륙 최초의 도시를 설립했다.

고대의 세계

기원전 3000년부터 700년까지

기록 문화는 약 5,000년 전에 메소포타미아와 이집트에서 처음으로 발달했으며, 그곳을 포함해 중국, 인도, 페루, 멕시코에서 출현한 도시 국가, 왕국, 제국에 대해 많은 정보를 제공한다. 전사, 사제, 상인, 장인 들이 전문 계급을 이루고, 잉여 작물을 생산하는 농부들이 하층 계급을 이루는 계급 사회가 형성됐다. 도시 간 교역은 번성했지만, 자원이 부족해 대규모 전쟁이 처음으로 발생했다. 이집트, 히타이트, 아시리아, 바빌로니아가 중동을 차지하기 위해 싸웠다. 중국과 인도에서는 여러 나라들이 패권을 두고 경쟁했다.

고대 시베리아 인
레나 강
예니세이 강
사모예드 족
오비 강
시베리아
핀-우그리아 인
볼가 강
게르만 민족
발트해 민족
켈트 족
슬라브 족
다뉴브 강
트라키아 인
일리리아 인
에트루리아 인
코카서스 민족
카스피 해
흑해
알타이 민족
아무르 강
고비 사막
아이누 인
일본
한국인
황허 강
연
위
주
진
제
노
이리두
송
초
양쯔 강
오
월
티베트 인
한족
히말라야 산맥
하라파
모헨조다로
인더스 강
갠지스 강
파탈리푸트라
인도
아라비아 반도
셈 족
페르시아 만
아시리아 제국
바빌론
엘람
수사
우르
바빌로니아
미케네
크노소스
크레타
비블로스
티레
다마스쿠스
이스라엘
암몬
예루살렘
모아브
유다
멤피스
부바스티스
이집트
테베
쿠시
나파타
고르디움
프리기아
우라르투
카르타고
로마
쿠마이
모트야
지중해
베르베르 족
사하라 사막
나일-사하라 민족
차드 민족
나이저 강
니제르-콩고 민족
쿠시 족
나일 강
홍해
콩고 강
코이산 민족
잠베지 강
칼라하리 사막
오렌지 강
마다가스카르
인도양
드라비다 인
몬-크메르 민족
메콩 강
필리핀 제도
말레이 족
태평양
보르네오
수마트라
자바
파푸아 인
뉴기니
오스트레일리아 애버리지니
달링 강
뉴질랜드

고대의 세계

기원전 3100~2890년경
나르메르 왕이 최초의 이집트 통일 왕조를 이뤘다. 그 후손들은 기원전 3000년경에 멤피스를 수도로 삼았다.

기원전 3000~2334년경
메소포타미아의 초기 왕조 시대다. 메소포타미아 남부의 수메르에서 농업에 성공하면서 세계 최초의 도시 문화가 탄생했고, 우루크, 우르, 에리두 같은 도시 국가가 번성했다. 메소포타미아와 이집트는 광범위한 교역 네트워크를 구축했다.

기원전 3000년경
중국에 룽산 문화가 출현했다. 더 커진 정착지를 각인을 새긴 흙벽으로 방어했다. 사회는 더 복잡한 형태로 발전했다. 검은 토기, 옥 조각, 청동 공예품 등이 부의 상징이 됐다.

기원전 2900년경
에게 해의 그리스 섬에서 번성한 키클라데스 문화에서 초기 대리석 조각상이 만들어졌다.

기원전 2750년경
유럽의 청동기 시대는 그리스 크레타 섬과 키클라데스 제도에서 시작됐다.

기원전 2700년경
훗날 서사시로 유명해진 길가메시가 메소포타미아의 우루크를 통치했다. 중국에서는 옥을 채굴해 제의용 그릇을 만들었다.

기원전 2686~2181년
이집트에서 '고왕국 시대'는, 강한 왕권과 중앙 정부, 피라미드의 건설이 특징인 시기다. 기원전 2656년경, 사카라에서 조세르 왕의 무덤으로 지은 계단식 피라미드를 시작으로 이집트에서 피라미드를 만들기 시작했다.

기원전 2613~2494년
진정한 피라미드는 이집트 제4왕조에서 처음 건설됐다. 파라오 쿠푸, 카프라, 멘카우레가 지은 기자의 대피라미드군이 대표적이다.

기원전 2600년경
메소포타미아의 왕족 무덤에 매장된 다양하고 귀중한 부장품들은, 인더스 계곡만큼 먼 곳과도 교역을 했음을 보여 준다. 인더스 문명은 수십 개의 마을과 도시가 생길 정도로 번성했다. 모헨조다로와 하라파의 인구는 각각 10만, 6만 명에 달했다.

기원전 2600년경
남아메리카에서 최초의 도시들이 출현했다. 노르테치코(혹은 카랄)와 같이 신전 단지가 있는 여러 개의 정착지가 페루 해안에 나타났다.

기원전 2550~2300년경
고대의 종교 시설로 추정되는 영국의 스톤헨지 유적지에 거대한 돌들이 원형으로 세워졌다.

기원전 2528년경
거대한 왕릉인 이집트의 대피라미드가 멤피스 근처 기자 지역에 완성됐다.

기원전 2500년경
유럽 중부 지역에서 청동기 시대가 시작됐다. 폴란드에서 가장 오래된 청동 유물이 발견됐다. 구리로 만든 금속 가공품이 유럽 전역을 거쳐 브리튼 제도까지 확산됐다. 벨 비커 문화가 유럽 서부에서 중부로 퍼졌다. 그 이름은 무덤에서 발견된 종 모양의 도자기에서 유래했다.

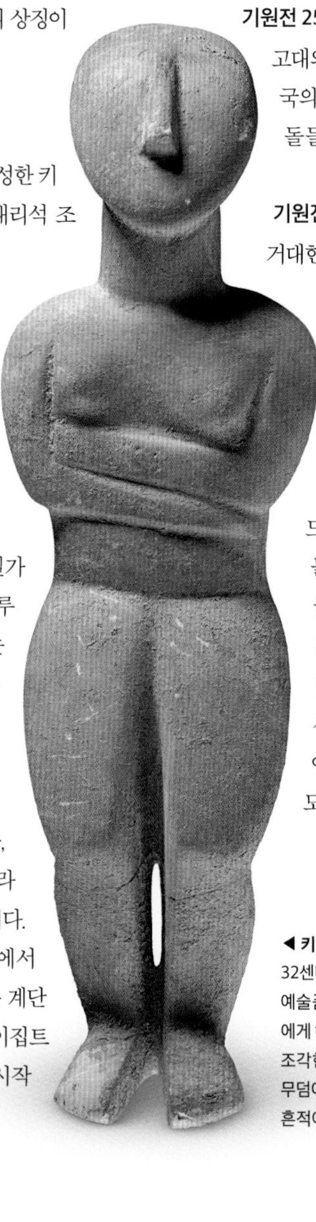

◀ **키클라데스 조각상**은 키가 32센티미터에 불과한 작은 조각상이다. 이 예술품은 기원전 3000~2000년경에 에게 해의 아모르고스 섬에서 대리석을 조각한 것이다. 이 같은 많은 인형들이 무덤에서 발견됐고, 일부에는 그림을 그린 흔적이 남아 있다.

▲ **파라오 쿠푸의 대피라미드**는 이집트 기자 지역에서 가장 높은 건축물이자, 약 3,800년간 세계에서 가장 높은 건축물이었다. 꼭대기까지 높이가 145미터인 이 피라미드는 가장 오래된 세계의 7대 불가사의 중 하나이며, 거의 손상되지 않고 남아 있는 유일한 건축물이다.

기원전 2500년경
세계 최초의 마을 지도는 메소포타미아의 가수르에서 만든 작은 점토판이다. 바빌로니아 인들은 기원전 1500년경 고대 도시 니푸르의 지도를 그렸다.

기원전 2500~2350년경
메소포타미아의 움마와 라가시의 국경 분쟁은 기록으로 남은 최초의 국제 분쟁이다.

기원전 2500~800년경
북극의 원시 소도구 문화를 발달시킨 사람들이 시베리아로부터 알래스카로 들어왔다. 그들은 이누이트 족의 조상들로, 창 대신 활과 화살을 들여와 북아메리카의 사냥 방식을 바꾸었다. 그들은 캐나다 전역에 퍼졌고, 기원전 800년까지 그린란드에 살았다.

기원전 2334년경
아카드의 사르곤 왕이 수메르를, 뒤이어 서남아시아와 아나톨리아를 정복하며 세계 최초의 제국을 건설했다. 아카드 제국은 지중해 동부에서 걸프 만까지 뻗어 있었다.

기원전 2300년경
시리아의 고대 왕국 에블라가 파괴됐다. 에블라는 기원전 3500년 작은 정착지로 시작해, 광대한 교역 네트워크의 중심지로 자리 잡으며 번성한 시리아 최초 왕국 중 하나였다.

기원전 2300년경
청동기 시대가 발칸 반도와 이탈리아를 중심으로 남유럽에서 시작했다.

기원전 2205년경
중국 전설에 따르면 우(禹)가 중국 동부에 하나라를 세웠다. 하나라는 기원전 1766년까지 존재했다. 그러나 역사적 증거로 보건대, 중국 최초의 왕조는 상나라(기원전 2070~1600년)이다.

기원전 2181년
제6왕조를 끝으로 이집트의 고왕국이 붕괴하고 이집트 제1중간기가 시작됐다(기원전 2040년까지).

기원전 2150년경
사르곤이 건설한 아카드 제국이 붕괴하자 메소포타미아의 도시 국가들이 다시 세력을 회복했다. 특히 메소포타미아 남부 라가시의 통치자인 구데아가 부상했다.

기원전 2100년경
우르 제3왕조를 창시한 우르남무 왕의 통치 아래 수메르 문명이 다시 부흥했다. 그는 우르 최초의 지구라트를 건설했다.

기원전 2094~2047년경
우르남무의 아들인 슐기의 통치가 시작됐다. 그는 우르에 대지구라트를 완성하고 도로와 여행자들이 쉬어 갈 숙소를 건설했다. 또한 세계 최초의 국가 달력인 움마 달력을 도입하고, 도량형을 통일하며, 복잡한 관료 조직을 확립했다.

기원전 2050년경
미노스 문명은 파이스토스, 크노소스, 말리

아, 자크로스 등에 큰 궁전을 지었다. 궁전은 크레타 섬의 권력 중심지였다.

기원전 2040년
테베의 통치자 멘투호테프 2세가 상이집트와 하이집트를 재통일해 이집트의 중왕국 시대(기원전 2040~1640년)가 막을 올렸다. 실제로 이집트는 아메넴헤트 1세의 통치로 강력한 중앙 집권제가 회복되는 기원전 1985년까지 고관 같은 힘 있는 관리들이 운영했다.

기원전 2000년경
티그리스 강의 교역 도시 아수르가 메소포타미아 북부 지역의 패권을 잡았다.

기원전 2000년경
북아메리카 남서부 지역에서 옥수수, 콩, 호박이 재배됐다. 장거리 교역로가 존재했다.

기원전 2000~1600년경
미노스 문명이 절정기를 맞았다. 크레타 섬은 여러 개의 작은 왕국의 본지가 됐고, 도자기, 금, 청동 및 기타 상품을 수출했으며, 에게 해 주변에 식민지를 건설했다.

기원전 1960년
이집트의 세소스트리스 1세는 누비아를 정복하고 이집트의 남쪽 국경을 나일 강 제2폭포까지 확장시켰다.

기원전 1900~1800년경
오늘날의 중국 허난 성 황허 강 유역에 이리두라는 도시가 세워졌다. 그곳에서 훗날 상나라가 발달한다. 가장 오래된 중국의 기록은 거북 배딱지에 새긴 상형 문자(갑골문)로, 조상신이 알려준 점괘를 적은 것이다.

기원전 1900~1700년경
강 흐름이 변하고 교역이 줄면서 인더스 문명은 쇠퇴했다. 몇몇 도시는 질병에 시달렸고 점차 버려졌다.

기원전 1894년경
바빌로니아의 첫 왕조가 메소포타미아 남동쪽에 세워졌다.

기원전 1813~1781년경
샴시아다드의 통치 시기다. 그는 메소포타미아 북부를 연합해 짧은 시기 동안 유지된 아시리아 제국의 전신을 설립했다.

기원전 1800~1100년경
황허 강 유역에서 발달한 상나라에서 강한 관료제와 조상 숭배와 같이 훗날 중국을 특징짓는 많은 요소들이 나타나기 시작했다.

기원전 1800년경
세계 최초로 부분적으로 알파벳을 사용하는 문자 체계인 원시 시나이 문자가 이집트 시나이에 있는 채석장 작업자들 사이에서 개발됐다.

기원전 1800년경
남아메리카의 장거리 교역 네트워크를 통해 토기 및 도자기가 널리 전파됐다. 태평양 연안에서는 대규모 농경이 이뤄졌고, 페루의 엘 파라이소와 세친 알토 같은 상당수의 정착지들은 대규모 신전 단지가 지배했다.

기원전 1792~1750년경
함무라비가 통치한 시기다. 그는 일련의 정복 활동을 통해 메소포타미아에 바빌로니아 제국을 세웠고, 그의 법전을 비석에 새겨 제국 도처에 있는 사원에 전시했다.

기원전 1750년경
선형 문자 A가 크레타 섬에서 사용됐다(이 문자는 아직 해독되지 않았다.). 페루의 세친알토 유적지에서 기원전 2000년부터 1000년까지 아메리카에서 가장 큰 기념물 복합 지구가 건설되기 시작했다.

기원전 1725년경
이집트의 중왕국이 와해되기 시작했다. 각 주지사들이 영토의 지배권을 장악했고 내전이 발발했다.

기원전 1700년경
몇몇 미노스 궁전이 불에 타 버린 뒤, 크노소스 궁전만이 재건돼 크레타의 새로운 중심지로 발돋움했다. 히타이트인들은 하투샤를 수도로 아나톨리아 중부 지역에 고왕국을 세웠다.

기원전 1650~1550년경
이집트의 제2중간기에 해당하는 이 시기에, 하이집트는 레반트로부터 침략해 들어온 힉소스 족 전사들이 통치했고, 상이집트는 테베부터 주지사들이 다스렸다.

기원전 1650년경
『에베르스 파피루스』는 최초의 주요한 이집트 의학서로, 기본 진단에 대한 이해와 주요 질병에 대한 설명을 보여 준다.

기원전 1628년경
나무 나이테에 남은, 수년간 이어진 지구 한랭화가 시작됐다. 기후 변화로 인해 이탈리아의 베수비오 산, 에게 해의 테라 섬(현재의 산토리니) 등에서 화산이 폭발했다. 에게 해의 극심한 화산 분출로 인해 아크로티리를 비롯한 미노스 도시 국가들이 몰락했다.

기원전 1600년경
그리스의 미케네가 에게 해 문명의 중심으로 떠올랐다. 그곳은 그리스 문자의 초기 형태인 선형 문자 B를 사용했다. 이집트와 메소포타미아는 가장 오래됐다고 알려진 속이 빈 유리 용기를 생산했다.

기원전 1600~1046년경
중국에 상나라가 개국했다. 건국자는 탕(湯)이었다.

기원전 1595년
히타이트의 왕 무르실리 1세가 바빌로니아를 약탈한 후, 함무라비 왕조와 고바빌로니아가 멸망했다.

기원전 1570년경
고바빌로니아의 카시트 족 전사들이 메소포타미아 남부 지역을 장악했다.

기원전 1570~1070년경
이집트의 통치자들은 테베 근처 '왕들의 계곡'에 있는 바위를 깎아 만든 무덤에 묻혔다.

기원전 1550년경
아모세 1세는 하이집트로부터 힉소스 족을 몰아내고 테베를 새 수도로 삼아 이집트를 재통합했다. 기원전 1069년까지 이집트의 신왕국 시대가 지속됐다.

기원전 1500~1200년
이집트의 영토가 테베의 카르나크 사원까지 확장됐다.

기원전 1500~900년
유목민들이 중앙아시아에서 인도 북부로 이주해, 기원전 1100년경에 정착해 농사를 지었다. 그들은 산스크리트 어를 사용했다. 산스크리트 어는 고대 인도의 성스러운 문자로, 힌디 어와 우르두 어 같은 현대 언어의 원형이다.

기원전 1500년경
아나톨리아의 히타이트 고왕국이 쇠락했다.

▶ **세친알토에서 발견된 이 부조**는 기원전 1750~900년 페루에서 만들어진 것으로 인신 공양과 참수 장면을 묘사하고 있다. 일부는 무게가 2톤이 넘는 이 화강암 조각들은, 정착지 중심부에 대규모로 줄지어 있다.

▲ **거대한 사자 문**(기원전 1250년경)이 그리스 남부 펠로폰네소스의 미케네 언덕 꼭대기에 있는 성채의 정문 입구를 지키고 있다. 왕권의 상징인 사자 두 마리를 묘사한 석회암 조각이 문 위에 있으며, 원래는 두 개의 문으로 닫혀 있다.

후르리 인의 미탄니 왕조가 메소포타미아 북부 인근에 출현했다. 미탄니 왕국, 히타이트의 신왕국, 이집트는 지중해 동부의 레반트를 지배하려고 경쟁했다.

기원전 1500년경
청동 세공이 태국과 베트남에서 눈에 띄게 나타났다. 구리는 사하라에서 제작했다. 페루에서는 금속 가공 기술이, 중앙아메리카에서는 토기 및 도자기 제작 기술이 존재했다.

기원전 1450년경
크레타 섬의 미노스 궁전은 파괴됐고, 섬은 미케네의 지배 아래 놓였다. 미케네 왕국은 시칠리아에서 레반트까지 뻗어 있는 교역로 덕분에 절정기를 누렸다.

기원전 1400~750년경
라피타 족의 이름은 정교한 토기가 발견된 뉴칼레도니아의 라피타 지역에서 유래했다. 그들은 인도네시아에서 태평양 멜라네시아로 이주했다. 여기에서 라피타 족은 동쪽으로 6,000킬로미터 더 이동해 사모아와 통가에 도달했다. 이 숙련된 뱃사람들이 폴리네시아 인들의 조상이다.

기원전 1400~1300년경
레반트 지역에 위치한 우가리트의 서기가 초기 알파벳을 발명했다. 설형 문자(점토판에 새겨진 쐐기 모양의 자국)로 쓴 30여 개의 문자는 상형 문자처럼 전체 단어나 개념보다는 소리(자음과 모음)를 나타낸다.

기원전 1390~1352년
이집트의 신왕국은 아멘호테프 3세 때 국제적, 예술적 권위가 정점에 달했다.

기원전 1352~1336년경
아멘호테프 4세가 이집트의 옛 종교를 없애고 태양신 아텐을 숭배했으며, 거기서 따온 아케나텐이라는 이름을 사용했다.

기원전 1350년경
메소포타미아 북부의 아수르 도시가 미탄니 왕국으로부터 독립했다. 통치자들은 스스로를 아시리아의 왕으로 선포하며 중기 아시리아 제국(기원전 1350~1000년)을 세웠다.

기원전 1336~1327년경
이집트의 소년 왕 투탕카멘이 아주 짧은 기간 통치했다. 아문의 제사장이 옛 종교를 복원했고, 아케나텐 시는 버려졌다.

기원전 1300년경
언필드 문화가 유럽의 다뉴브 지역에서 나타났다. 죽은 사람을 화장하고 그 잔해를 납골단지에 담아 묻는 관습에 따라 이름이 붙었다. 언필드 문화는 이탈리아를 비롯해 유럽 중부와 동부로 퍼졌다.

기원전 1300년경
중국의 상나라는 북쪽의 유목 민족의 위협으로부터 벗어나기 위해 수도를 정주에서 안양(은허)으로 옮겼다.

기원전 1279~1213년경
람세스 2세의 오랜 통치 아래 이집트는 안정과 번영의 시기를 누렸다. 그는 아부심벨 신전 같은 거대한 건축물을 세우고, 이집트의 영향력을 확장하고자 노력했다.

기원전 1274년경
람세스 2세가 히타이트 왕국과 카데시 전투를 벌였다. 그러고는 기원전 1259년에 히타이트의 새 왕인 하투실리스 3세와 선구적인 평화 조약을 맺었고, 후에는 두 히타이트 공주와 결혼했다.

기원전 1200년경
'바다 민족'이라고 알려진 이주민들이 레반트의 도시들을 습격하면서 지중해 동부가 혼란의 세기에 들어섰다. 히타이트 왕국의 수도인 하투샤가 파괴됐고, 결국 기원전 1180년에 히타이트 왕국이 몰락했다.

기원전 1200년경
아나톨리아의 대장장이들이 철광석에서 철을 분리하는 데 필요한 고온을 만들어 내는 기술을 고안해 내면서 철기 시대가 시작됐다. 철기는 청동기보다 만들기 쉬웠고, 가벼웠으며, 강하고, 더 저렴했다. 철 제련 기술은 인도에서도 발전해, 기원전 1000년에는 유럽까지 퍼졌고, 기원전 800년에는 서아프리카로, 기원전 600년에는 중국으로 전해졌다. 철기 시대의 지역 사회는 청동기 시대보다 더 복잡해졌다. 일부 지역에서는 관료제가 발달하고 더 넓은 지역을 지배하는 통일 국가가 등장했다. 특히 기원전 3세기에 일어난 진나라의 중국 통일과, 로마의 이탈리아 반도 정복 같은 정치적 변화가 철기 시대를 특징지었다.

기원전 1200년경
중앙아메리카 최초의 문명인 올메카 문명이 멕시코에서 발달했다. 차빈 문명이 페루 안데스 산맥에서 출현해 해안으로 퍼졌다.

기원전 1184~1153년
마지막 대파라오, 람세스 3세가 통치한 시기다. 이때 '바다 민족'들이 이집트에 쳐들어왔다. 기원전 1178년에 람세스 3세가 하이집트에서 그들을 쫓아냈지만, 그들의 레반트 정복을 막지는 못했다. 이집트는 정치적, 경제적으로 쇠락하기 시작했다.

기원전 1154년
바빌로니아의 카시트 왕조는 인접한 엘람 왕국의 약탈로 멸망했다.

기원전 1150년경
미케네 궁전들의 방어가 강화됐다. 이는 외세의 침략에 대한 두려움을 암시한다. 기원전 1100년, 미케네 궁전 대부분이 파괴됐다. 미케네 시대가 끝나고, 그리스의 암흑 시대가 시작됐다.

기원전 1100~1000년경
레반트 지역에서는 티레, 시돈과 같이 가나안 인의 항구 도시가 지중해 동부 전역에 식민지와 교역소를 세웠다. 그들의 가장 귀중한 수출품인 보라색 염료로 인해 가나안 인들은 그리스 어로 페니키아 인이 됐다(그리스 신화에 나오는 불그스름한 보라색 새 피닉스(phoenix)의 이름을 땄다.).

기원전 1070년
이집트의 신왕국이 멸망하고 이집트는 제3중간기(기원전 1069~664년)에 들어섰다. 기원전 1000년, 이집트는 신왕국 시기에 확장했던 모든 영토를 잃었다.

기원전 1050년경
아시리아는 중동으로 밀려드는 아람 사람들 때문에 영토를 많이 잃지만 아직은 국가 상태를 유지한다.

기원전 1027년
주나라가 상나라를 대체해 중국을 통치하기 시작했다. 주나라의 통치는 세 시기로 나뉘는데, 각각 서주 시대(기원전 1027~771년), 동주 시대 또는 춘추 시대(기원전 771~476년), 그리고 전국 시대(기원전 476~221년)라고 불린다.

기원전1000~300년경
일본의 마지막 조몬 시대다. 선사 시대 수렵 채집 문화를 지칭하는 이 이름은 토기를 장식하는 줄무늬(조몬)에서 따왔다.

기원전 1000년경
서주에서 중국 지도를 만들었다. 벼 재배 및 청동 기술이 한반도로 유입됐다. 폴리네시아 문화는 태평양에서 번성했다.

◀ **이 신성한 술통**은 중국 서주 시대인 기원전 10세기에 고도로 숙련된 금속 공예가들이 청동으로 만든 것이다.

기원전 1000년경
아데나 문화가 북아메리카의 오하이오 강을 따라 발달하기 시작했다. 종교적인 토담과 세밀한 세공품이 매장된 봉분이 특징이다.

기원전 1000년경
제철 기술이 중부 유럽에 도달했다. 켈트 족을 비롯해 유럽 중부와 서부의 민족들이 언덕에 요새를 짓기 시작했다.

기원전 1000년경
페니키아 인들이 교역 네트워크를 토대로 지중해의 강자로 부상했다. 그들의 알파벳이 에게 해와 서아시아에 식민지를 건설하기 시작한 그리스에 전파됐다.

기원전 1000년경
이집트, 바빌로니아, 아시리아가 쇠퇴했다. 이스라엘 왕국이 부상했다. 다비드 왕은 이스라엘 부족들을 하나로 묶고, 예루살렘을 수도로 정했다. 이집트 남부에는 쿠시 족의 누비아 왕국이 세워졌다.

기원전 1000년경
인도 갠지스 계곡의 서기들은 베다 경전을 산스크리트 어로 기록했다. 이 신성한 글과 찬가는 가장 오래된 힌두교 경전이다.

기원전 965~928년경
다비드 왕의 아들 솔로몬이 즉위했다. 그는 이스라엘의 영토를 넓히고 예루살렘에 화려한 궁전과 신전을 지었다. 메기도는 중요한 요새이자 행정의 중심지였다. 솔로몬 왕 사후, 왕국은 북부 이스라엘 왕국과 남부 유다 왕국으로 분열됐다.

기원전 912년경
아다드 니라리 2세가 권력을 잡고 신아시리아 제국을 세웠다. 신아시리아 제국은 잃어버린 영토를 되찾았고, 메소포타미아의 강자로 다시 등장했다.

기원전 900년경
중앙아메리카에서는 산 로렌소의 올메카 문명이 파괴되고, 라벤타가 올메카 문명의 새로운 중심지로 부상했다. 라벤타의 올메카 문명은 마야 사원의 전신인 거대한 피라미드가 상징적이다. 올메카 상형 문자 또한 이 지역에서 처음 나타났다. 남쪽 멀리 차빈 문명은 정치적으로, 문화적으로 페루 지역을 장악했다. 숙련된 기술자와 건축가가 운하와 계단식 논을 만들었는데, 이는 농업과 건축의 초석이 됐다.

기원전 900~700년경
스키타이 인들은 떠돌아다니는 유목민의 삶을 택했다. 그들은 유라시아 대초원을 가로질러 퍼져 나갔고, 쿠르간이라는 매장 봉분을 만들었다.

기원전 883년
아슈르나시르팔 2세가 아시리아의 왕위에 올랐다. 그는 기원전 880년에 수도를 아수르에서 님루드로 옮겼다.

기원전 814년
북아프리카 해안(오늘날 튀니지 근처)에 페니키아 식민지인 카르타고가 건설됐다.

기원전 800년경
페루의 안데스 산맥에서 차빈 데 우안타르가 차빈 문명의 수도이자, 반은 인간이고 반은 동물인 초자연적인 존재를 숭배하는 순례의 중심지로서 번성했다. 납작한 지붕을 가진 거대한 신전 안에는 석조로 조각된 테라스, 광장, 미술관이 있다.

기원전 800년경
서유럽에서는 철이 청동을 대체해 나갔다. 오스트리아의 할슈타트를 중심으로 하는 초기 철기 시대에, 족장들은 언덕 꼭대기에 세운 요새에서 살았고, 호화로운 부장품들과 함께 묻혔다. 지중해 최초의 그리스 식민지가 이탈리아의 이스키아와 시리아의 알 미나에 세워졌다.

기원전 800~480년
고대 그리스 시대에는 도시 국가(폴리스, polis)가 형성됐다. 폴리스의 인구는 빠르게 늘어났고, 소아시아에서 북아프리카와 이베리아 반도에 이르는 그리스 식민지가 세워졌다. 또한 초기 철학, 연극, 예술이 꽃을 피웠다. 페니키아의 알파벳이 들어왔으며, 유럽 문학의 모태가 된 호메로스의 작품이 쓰였다.

기원전 776년
그리스 올림피아에서 최초의 범그리스 체전이 열렸다. 그리스 폴리스 간의 경쟁은 치열했다. 하지만 그리스 사람들은 공통의 문화와 정체성(헬레네스 민족)을 향유했다.

기원전 771년
중국의 서주 시대가 끝났다. 주나라가 수도를 낙읍(낙양)으로 옮기면서 동주 시대가 시작됐다.

기원전 753년
로물루스와 레무스가 로마를 세웠다. 로마는 이탈리아 중부의 도시 국가 중 하나였고, 라틴 족, 사비니 족, 에트루리아 족 등 이탈리아 최초의 토착 문명의 지배를 받았다.

기원전 750년경
호메로스가 지은 서사시인 『일리아드』와 『오디세이아』가 그리스 시인 헤시오도스의 작품과 함께 처음 문자로 기록됐다.

기원전 747년경
누비아 왕국의 쿠시 족 통치자 피예는 상이집트와 하이집트를 모두 정복해 다스렸다.

기원전 745~727년
신아시리아 제국의 티글라트필레세르 3세는 질서를 바로잡고 최신 무기로 무장한 군대를 창설하고, 관료제를 운영해 국력을 신장시키고 영토를 넓혔다.

기원전 721~705년
아시리아 제국의 사르곤 2세가 시리아를 비롯해 바빌로니아, 아르메니아의 우라르투 왕국, 그리고 이스라엘을 정복했다. 많은 수의 이스라엘 인들이 메소포타미아 북부로 추방됐다. 이들을 성경에서는 '이스라엘의 사라진 지파들'이라고 부른다.

기원전 701년
아시리아 인들이 유다 왕국을 침공해 예루살렘을 포위했다.

▲ **로물루스와 레무스**가 늑대의 젖을 먹고 있는 모습을 묘사한 청동상이다. 전쟁의 신 마르스와 알바 롱가의 공주 레아 실비아 사이에서 태어난 이 쌍둥이 아이들이 사악한 삼촌 때문에 죽도록 버려졌다는 전설이 내려온다. 전설에 따르면, 양치기가 그들을 거두어 키웠고, 형제는 다 자라서 로마를 세웠다.

문화와 창의성

선사 시대 암각화에서부터 3D 영화에 이르기까지, 작가와 음악가, 그리고 모든 종류의 예술가들은 우리의 상상력을 구현하고 과거 문명과 오늘날 세계에 대한 귀중한 통찰력을 제공하는 작품을 만든다.

약 54만 년 전 인도네시아 자바에서 기하무늬가 새겨진 조개껍데기가 발견됐다. 이는 인류의 조상이 만든 가장 오래된 예술품 중 하나일 수 있다.

약 7만 5000년 전 남아프리카 공화국의 블롬보스 동굴에서 조개껍데기 장신구가 발견됐다.

약 4만 년 전 독일의 울름 인근에 있는 가이센클뢰스테를레 동굴에서 뼈와 상아로 만든 피리가 발견됐다. 이는 가장 오래된 악기 중 하나다.

약 3만 2000년 전 프랑스 쇼베 동굴의 암각화는 라스코와 알타미라 동굴 벽화와 함께 광범위한 예술적 현상의 일부다.

약 2만 9000~2만 7000년 전 체코 공화국의 돌니 베스토니체 비너스는 가장 오래된 점토 입상이다.

약 1만 8000~1만 2000년 전 프랑스 마들렌 지역의 예술가들은 뼈와 뿔, 창을 동물 모양으로 조각했다.

약 1만 8250~1만 7500년 전 중국 후난성 옥섬암 동굴에서 가장 오래된 토기가 발견됐다.

기원전 4700~4200년경 불가리아의 바르나에서 지배 계급의 무덤이 발견됐다. 그곳에는 3,000점 이상의 금 장신구가 매장돼 있었다.

기원전 2100~1900년경 메소포타미아의 서사시인 『길가메시 서사시』는 세계에서 가장 오래된 문학 작품이다.

기원전 1500~1200년경 고대 인도의 산스크리트 어로 채록된 찬가 전집인 『리그베다』가 완성됐다.

기원전 750년경 호메로스의 『일리아드』와 『오디세이아』는 고대 그리스 서사시다. 각각은 트로이의 멸망과 오디세우스의 귀향을 노래한다.

기원전 550~525년경 그리스 도예가이자 꽃병 화가인 엑세키아스가 그의 걸작, 아킬레우스와 아이아스가 보드 게임을 하는 장면이 그려진 암포라(손잡이가 달리고 목이 좁은 고대 그리스 항아리 — 옮긴이)를 제작했다.

기원전 458년 '비극의 아버지'라 불리는 극작가 아이스킬로스가 아테네에서 「오레스테이아」를 상연했다.

기원전 447~432년경 아테네 최고의 건축가이자 조각가인 페이디아스가 파르테논 신전과 내외면의 띠 모양의 대리석 장식을 디자인했다.

기원전 400~300년경 세계에서 가장 긴 시로 꼽히는 인도의 『마하바라타』가 지어졌다.

기원전 27~기원후 14년 아우구스투스가 통치하는 동안 로마 문학의 황금 시대가 열렸다. 당시 대표적인 문학 작품으로는 베르길리우스의 서사시 『아이네이스』, 오비디우스의 『변신 이야기』, 호라티우스의 『송시』 등이 있다.

713~803년 세계에서 가장 큰 불상(낙산대불)이 중국 러산 인근 절벽에 새겨졌다.

1001~1010년경 일본 귀족 무라사키 시키부가 쓴 『겐지 이야기』는 세계 최초의 소설 중 하나다.

1072년 중국 풍경화가 곽희가 비단에 「조춘도」를 그렸다.

1297~1300년 조토 디 본도네가 이탈리아 파도바에서 성모 마리아와 예수 그리스도 프레스코화를 그렸다.

1321년경 단테 알리기에리의 『신곡』은 이탈리아가 문학에 미친 가장 큰 공헌이다.

1360년대 프랑스의 음악가 기욤 드 마쇼가 랭스 성당의 「우리의 성모의 미사」를 작곡했다.

1387~1400년 제프리 초서의 『캔터베리 이야기』는 중세 영국 순례자들의 이야기를 모은 작품이다.

1400~1450년 중국 명나라 도공이 청화 백자 예술을 완성했다.

1482년경 이탈리아 르네상스의 발상지인 피렌체에서 산드로 보티첼리가 「봄」을 그렸다.

1501~1504년 미켈란젤로 부오나로티가 피렌체에 다비드 상을 조각했다.

1503~1506년경 레오나르도 다 빈치가 피렌체에서 「모나리자」를 그렸다.

1526년 독일의 위대한 르네상스 예술가인 알브레히트 뒤러가 판화 「기사, 죽음, 그리고 악마」를 제작했다.

1594~1595년 영국의 윌리엄 셰익스피어가 「로미오와 줄리엣」을 공연했다.

1598년 중국에서 가장 사랑받는 고전 오페라인 「모란정」이 처음 상연됐다.

1605년 미겔 데 세르반테스의 소설 『돈키호테』에서 스페인 기사는 기사도를 실천하고자 그의 종자와 함께 여행을 떠난다.

1607년 클라우디오 몬테베르디의 「오르페오」가 이탈리아 만투아에서 초연됐다. 「오르페오」는 오늘날까지 공연되는 가장 오래된 오페라다.

1642년 네덜란드의 화가 하르먼스 판 레인 렘브란트가 「야경」을 그렸다.

1666년 프랑스의 극작가 몰리에르가 자신의 풍속 희극인 「인간 혐오자」를 공연했다.

1678년 존 버니언의 『천로역정』은 최초의 영어 소설이다.

1722년 독일의 작곡가 요한 제바스티안 바흐가 「평균율 클라비어」를 발표했다.

1725년 이탈리아의 작곡가 안토니오 비발디가 「사계」를 발표했다.

1742년 독일의 작곡가 게오르크 프리드리히 헨델의 「메시아」가 초연됐다.

1791년 오스트리아의 작곡가 볼프강 아마데우스 모차르트의 오페라 「마술피리」가 빈에서 상연됐다.

1797~1800년 스페인의 프란시스코 데 고야가 「옷을 벗은 마야」를 그렸다.

1799년 영국의 윌리엄 워즈워스가 그의 가장 위대한 시, 『서곡』을 쓰기 시작했다.

1808년 루트비히 판 베토벤이 빈에서 교향곡 5번의 작곡을 끝냈다. 요한 볼프강 폰 괴테의 희곡 「파우스트」가 독일에서 발표됐다.

1813년 영국의 소설가 제인 오스틴의 『오만과 편견』이 발표됐다.

1819년 오스트리아의 작곡가 프란츠 슈베르트가 피아노 5중주 「송어」를 작곡했다.

1825년 러시아 문학의 창시자 알렉산드르 푸시킨이 운문 소설 『예브게니 오네긴』을 쓰기 시작했다.

1830~1832년경 일본 예술가 가쓰시카 호쿠사이의 목판화인 「가나가와의 거대한 파도」는 그의 연작 「후지산의 36경」 중 하나다.

▶ **「사모트라케의 승리의 여신상」은 기원전 220~185년경에 대리석으로 만든 조각상으로 고대 그리스 시대의 걸작이다.**

- **1839년** 영국의 조지프 말러드 윌리엄 터너가 「전함 테메레르」를 그렸다. 폴란드의 작곡가 프레데리크 쇼팽이 피아노 소나타 「장송 행진곡」을 작곡했다.
- **1851년** 미국의 소설가 허먼 멜빌이 『모비딕』을 발표했다.
- **1852년** 영국의 라파엘 전파 화가 존 에버렛 밀레이가 「오펠리아」를 전시했다.
- **1853년** 주세페 베르디의 오페라 「라트라비아타」가 이탈리아 베네치아에서 초연됐다. 헝가리의 작곡가이자 피아니스트인 프란츠 리스트는 B 단조 소나타를 작곡했다.
- **1855년** 미국 시인 헨리 롱펠로가 「하이아와사의 노래」를 발표했다.
- **1860~1861년** 영국의 소설가 찰스 디킨스가 『위대한 유산』을 발표했다.
- **1865~1869년** 러시아의 소설가 레프 톨스토이가 『전쟁과 평화』를 발표했다.
- **1866년** 영국의 줄리아 마거릿 캐머런이 초상 사진 「베아트리체」를 통해 사진을 예술로 끌어올렸다. 프랑스의 소설가 빅토르 위고가 『레미제라블』을 썼다.
- **1872년** 덴마크의 한스 크리스티안 안데르센이 동화를 발표했다.
- **1874년** 프랑스의 인상파 화가들이 파리에서 첫 전시회를 열었다.
- **1875~1876년** 러시아의 작곡가 표트르 일리치 차이콥스키가 「백조의 호수」를 작곡했다.
- **1876년** 리하르트 바그너의 네 악장으로 구성된 오페라 「니벨룽겐의 반지」가 독일에서 상연됐다.
- **1879년** 노르웨이의 극작가 헨리크 입센이 「인형의 집」을 발표했다.
- **1884년** 미국의 소설가 마크 트웨인이 『허클베리 핀의 모험』을 썼다.
- **1886년** 미국의 소설가 헨리 제임스가 『보스턴 사람들』을 발표했다.
- **1888~1898년** 프랑스의 조각가 오귀스트 로댕이 「키스」를 조각했다.
- **1889년** 네덜란드의 화가 빈센트 반 고흐가 「별이 빛나는 밤」을 그렸다.
- **1899년** 프랑스의 인상파 화가 클로드 모네가 그의 첫 「수련 연못」을 그렸다.
- **1901년** 러시아의 세르게이 라흐마니노프가 그의 피아노 협주곡 2번을 공연했다.
- **1903년** 아일랜드의 극작가 조지 버나드 쇼가 『인간과 초인』을 썼다.
- **1903~1905년** 프랑스의 작곡가 클로드 드뷔시가 교향시 「바다」를 작곡했다.
- **1904년** 러시아의 극작가 안톤 체호프의 「벚꽃 동산」이 상연됐다.
- **1908~1909년** 오스트리아의 작곡가 구스타프 말러가 교향곡 「대지의 노래」를 작곡했다.
- **1909년** 세르게이 디아길레프의 발레뤼스 무용단이 파리에서 데뷔했다.
- **1913년** 러시아의 작곡가 이고리 스트라빈스키의 「봄의 제전」이 파리에서 공연되자 폭동에 가까운 청중 반응이 나왔다.
- **1913~1927년** 프랑스의 소설가 마르셀 프루스트가 『잃어버린 시간을 찾아서』를 일곱 권으로 발표했다.
- **1915년** 체코의 소설가 프란츠 카프카가 『변신』을 발표했다.
- **1917년** 아일랜드의 시인 윌리엄 버틀러 예이츠가 「쿨 호수의 백조」를 발표했다.
- **1922년** 아일랜드의 소설가 제임스 조이스의 『율리시스』와 미국 출신의 영국 시인 토머스 스턴스 엘리엇의 『황무지』가 발표됐다.
- **1924년** 영국의 조각가 헨리 무어가 그의 첫 번째 「기대 누운 인물상」을 조각했다.
- **1925년** 소설가 프랜시스 스콧 피츠제럴드가 『위대한 개츠비』를 통해 미국의 재즈 시대를 요약했다.
- **1928년** 독일의 작곡가 쿠르트 바일이 작곡하고 베르톨트 브레히트가 작사한 「서푼짜리 오페라」가 상연됐다. 미국의 작곡가 조지 거슈윈이 「파리의 미국인」을 작곡했다.
- **1931년** 스페인의 초현실주의자 살바도르 달리가 「기억의 지속」을 그렸다.

This is the great picture upon which the famous comedian has worked a whole year.
6 reels of Joy.
Charles Chaplin
IN
"THE KID"

▶ 찰리 채플린의 유명한 캐릭터인 '떠돌이'는 1921년 영화 「키드」에서 처음 등장했다. 영화 산업 초기에 영국 코미디는 이미 전 세계적으로 인기가 많았다.

- **1934년** 안무가 게오르게 발란친의 세레나데를 미국 발레단이 뉴욕에서 공연했다.
- **1936년** 스페인의 극작가 페데리코 가르시아 로르카가 「베르나르다 알바의 집」을 완성했다.
- **1937년** 스페인의 예술가 파블로 피카소가 「게르니카」에서 전쟁의 공포를 묘사했다. 미국에서는 월트 디즈니가 첫 번째 장편 애니메이션 영화인 「백설공주와 일곱 난쟁이」를 발표했다.
- **1939년** 독일의 극작가 베르톨트 브레히트가 「억척어멈과 그의 아이들」을 썼다. 미국에서는 소설가 존 스타인벡의 『분노의 포도』가 발표됐고 재즈 가수 빌리 홀리데이가 「이상한 열매」를 녹음했다.
- **1941년** 소련의 작곡가 드미트리 쇼스타코비치가 그의 교향곡 7번을 레닌그라드에 헌정했다. 미국에서는 영화 감독 오슨 웰스가 「시민 케인」을 발표했다.
- **1942~1943년** 네덜란드의 추상 미술가 피터르 몬드리안이 「브로드웨이 부기우기」를 그렸다.
- **1944년** 미국의 작곡가 에런 코플런드가 발레 모음곡 「애팔래치아 봄」을 작곡했다.
- **1947년** 프랑스의 소설가 알베르 카뮈가 『페스트』를 발표했다.
- **1949년** 영국의 소설가 조지 오웰이 『1984』를 발표했다. 미국의 극작가 아서 밀러의 「세일즈맨의 죽음」이 상연됐다.
- **1952년** 어니스트 헤밍웨이의 소설 『노인과 바다』가 미국에서 출간됐다. 프랑스의 사진 작가 앙리 카르티에 브레송이 『결정적 순간』을 발표했다.
- **1953년** 아일랜드의 작가 사뮈엘 베케트의 연극 「고도를 기다리며」가 상연됐다.
- **1956년** 엘비스 프레슬리가 「하트브레이크 호텔」을 통해 로큰롤의 왕으로 등극했다. 라비 샹카르와 그의 시타르(기타와 비슷한 남아시아 악기 — 옮긴이)를 통해 서양 청중이 인도의 전통 음악을 접했다.
- **1957년** 레너드 번스타인의 『웨스트 사이드 스토리』가 미국 뮤지컬로 만들어졌다.
- **1962년** 러시아 반체제 작가 알렉산드르 솔제니친의 『이반 데니소비치의 하루』는 소련 강제 수용소의 실체를 폭로했다. 미국인 팝 아티스트 앤디 워홀은 「두 폭의 마릴린」을 그렸다.
- **1965년** 미국의 싱어송라이터 밥 딜런이 「구르는 돌처럼」을 발표했다.
- **1966년** 아일랜드의 시인 셰이머스 히니가 「어느 자연주의자의 죽음」을 발표했다.
- **1967년** 비틀스의 가장 유명한 앨범인 「페퍼 상사의 론리 하트 클럽 밴드」가 발매됐다.
- **1971~1974년** 미국의 작곡가 필립 글래스가 「12성부의 음악」을 작곡했다.
- **1976년** 미국의 윌리엄 에글스턴의 파격적인 컬러 사진이 뉴욕에서 전시됐고, 펑크 밴드 라몬즈가 첫 앨범을 발매했다.
- **1982년** 영국의 첫 WOMAD 페스티벌이 민속 음악의 세계화를 암시했다.
- **1982년** 미국 팝의 아이콘 마이클 잭슨이 「스릴러」를 발표했다.
- **1985년** 캐나다의 소설가 마거릿 애트우드가 소설 『시녀 이야기』를 발표했다.
- **1987년** 미국의 소설가 토니 모리슨이 『빌러비드』를 발표했다.
- **2009년** 캐나다의 영화 감독 제임스 카메론의 3D 영화 「아바타」가 개봉했다.

기원후 1년의 세계

- 한나라
- 로마 제국과 속주들
- 기원전 100년경 미트리다테스 에우파토르 치하의 폰토스 제국
- 기원전 201년 마시니사 치하의 누미디아
- 기원전 45년 부레비스타 치하의 다키아 왕국

○ 참고: 필기체로 된 정착지는 기원후 1년에는 존재하지 않았지만, 이 시대에 중요했다.

▶ 기원후 1년의 세계
기원후 1년까지 지중해 나라들은 로마 제국의 지배 아래 놓여 있었다. 로마 제국의 유일한 경쟁자는 동쪽의 파르티아 제국이었다. 중국은 기원전 221년에 여러 나라들이 한나라로 통일됐다. (기원후 1세기는 한반도 중남부에 있던 삼한의 주요 정치 집단(마한, 진한, 변한)이 건재하고, 동시에 삼국(고구려, 백제, 신라)이 건국돼 모두 공존하던 시기였다. — 옮긴이) 인도는 마우리아 제국이 무너진 이후, 수많은 작은 나라들로 나뉘었다. 중앙아메리카에서는 마야 도시 국가들이 등장하기 시작했다.

고전 시대의 세계

기원전 700년부터 기원후 600년까지

기원전 750년 전후로 그리스, 로마, 페르시아, 인도, 중국 등에서 번성한 몇몇 문명이 세계를 지배했다. 이 나라들은 강력한 군사력을 바탕으로 체계적인 행정 체제를 구축하고 문화를 꽃피웠다. 건축, 미술, 문학, 그리고 천문학, 수학, 의학 등을 포함하는 과학에서 새로운 방식이 등장했다. 고전 시대는 이후의 세계 형성에 크게 기여한 황금 시대였다. 미국, 아프리카, 일본에서는 작은 규모의 공동체들이 나타났다. 종교적인 면에서는 불교, 유대교, 그리스도교 등 큰 영향력을 가진 여러 신앙들이 나타났다.

고대 시베리아인
레나 강
사모에드족
예니세이 강
오비 강
시베리아
퉁구스족
볼가 강
투르크족
아무르 강
몽골족
사르마티아족
슬라브족
파지리크
북흉노족
남흉노족
고비 사막
다키아족
보스포루스 왕국
로마 제국
루그두눔
마실리아
도나우 강
코카서스 민족
카스피 해
이란족
소그디아나
카슈가르
고구려
낙랑군
신라
백제
왜
누만티아
로마
트라키아
콘스탄티노플
아르메니아
폰토스
테살로니카
토카리아 공국
카르타고
안티오키아
카파도키아
니사
코린토스
아테네
박트라
시라쿠사
엑바타나
박트리아
파르티아 제국
탁실라
티베트인
팔라바
로도스
팔미라
리키아
셀레우키아
데카폴리스
낙양
장안
양쯔 강
알렉산드리아
예루살렘
인더스 강
히말라야 산맥
작은 주들
한
이집트
나바테아
베르베르족
아랍인
가라만테스
샤카
갠지스 강
파탈리푸트라
사하라 사막
우자인
판위
아라비아
반도
프라티스타나
사타바하나
사하라
민족
쿠시
메로에
힘야르
작은 주들
악숨
셈족
필리핀 제도
차드 민족
쿠시족
태평양
나일로트 민족
콩고 강
말레이
보르네오
인도양
수마트라
반투족
말레이
자바
파푸아족
뉴기니
잠베지 강
마다가스카르
칼라하리 사막
오스트레일리아
애버리지니
코이산
민족
달링 강
뉴질랜드

고전 시대의 세계

기원전 700년경

관개 시설 중 하나인 나선 양수기(또는 아르키메데스의 양수기)가 아시리아에서 발명됐다. 중앙아시아에서는 스키타이 유목민들이 서유럽에 정착했다. 상고 시대(Archaic Period)의 그리스에서는 폴리스들이 번성했다. 북아메리카 남동부에서는 농경 사회가 등장했다.

기원전 689년

누비아의 왕 타하르카가 이집트 제25왕조의 파라오가 됐다. 아시리아의 센나케리브 왕이 식민지 반란을 진압하고 바빌론을 파괴했다.

기원전 664년

최초로 기록된 그리스 폴리스 간의 해전에서 코린토스가 케르키라에 졌다.

기원전 663년

전성기를 맞은 아시리아 제국이 고대 이집트의 수도 테베를 약탈했다.

기원전 660년

일본에서 진무가 야마토에 나라를 세우고 덴노(일왕)가 됐다는 설이 있다.

▼ 기원전 447~432년에 세워진 파르테논은 아테네의 수호신을 위한 신전이었다. 거대한 상아와 금으로 만든 아테나 신의 조각상은 세계 7대 불가사의 중 하나로 여겨졌다.

기원전 650년경

리디아와 아나톨리아에서 처음 주화가 발행됐다. 그리스의 폴리스들에서 독재가 시작됐다.

기원전 630년

스파르타는 메세니아를 상대로 계속 전쟁을 벌였다. 스파르타는 기원전 600년경 펠로폰네소스 반도의 남쪽 대부분을 정복했다. 테라인은 키레네(오늘날의 리비아)에 최초의 식민 도시를 세웠다.

기원전 626년

나보폴라사르는 아시리아를 바빌론에서 몰아내고 신바빌로니아 제국을 세웠다.

기원전 621년

드라코는 아테네 최초의 법전 초안을 만들었다. 드라코의 법은 혹독한 처벌로 유명했다.

기원전 616년

타르퀴니우스 프리스쿠스(대타르퀴니우스)는 로마 최초의 에트루리아 출신 왕이다. 세계 최초의 하수도 시스템인 클로아카 막시마와 로마 최초의 전차 경기장인 키르쿠스 막시무스의 건설이 시작됐다.

기원전 612년

아시리아 제국은 메디아 왕국과 신바빌로니아 제국이 니네베, 님루드를 약탈해 무너졌다.

기원전 604년

중국의 도교를 창시한 노자가 탄생한 해로 여겨진다.

▲ **몬테알반**은 멕시코의 오악사카에 있는 중앙아메리카의 가장 오래된 도시 중 하나다. 사포텍 족이 기원전 500년경에 건설했고 사원, 광장, 구기장, 운하 등을 만들었다. 이들은 1,500년 이상을 거주했다.

기원전 600년경

메디아 왕국이 중동의 많은 나라들을 정복하며 팽창했다. 신바빌로니아 제국은 메소포타미아 지역을 지배했다. 최초의 세계 지도가 바빌로니아에서 만들어졌다고 한다. 제철 기술이 중국 주나라에 전해졌다.

기원전 594년

솔론이 아테네의 집정관이 됐다. 그는 법을 고쳤고, 가난한 이들의 재산을 보호했으며, 채무 노예를 금지했다.

기원전 587년

신바빌로니아의 네부카드네자르 2세는 예루살렘의 성전을 파괴하고, 이스라엘 백성을 내쫓았다.

기원전 585년

아나톨리아 서부에 있는 그리스 도시, 밀레투스는 그리스 철학의 발상지다. 밀레투스의 철학자 탈레스는 일식을 예측했다.

기원전 563년경

훗날 부처가 되는, 고타마 싯다르타가 탄생한 해로 여겨진다.

기원전 560년경

리디아의 왕 크로이소스가 영토를 확장했다.

기원전 551년경

공자가 탄생했다. 그의 말을 담은 『논어』는 중국 철학의 핵심이 됐다. 페르시아에서는 조로아스터교가 널리 퍼졌다.

기원전 550년경

키루스는 메디아 왕국을 정복하고 페르시아 제국을 세웠다.

기원전 539년

키루스가 바빌로니아의 반란을 진압했다. 신바빌로니아 제국은 페르시아 제국에 흡수됐고, 추방된 유대 인들은 고향으로 돌아왔다.

기원전 534년

타르퀴니우스 수페르부스(일명 '거만한 타르퀴니우스')가 로마의 마지막 왕이 됐다. 이때가 에트루리아 인들의 전성기였다.

기원전 525년

페르시아의 캄비세스 2세가 이집트를 정복했다.

기원전 521~486년

다리우스 1세의 통치 아래 페르시아 제국의 영토가 가장 넓어졌다.

기원전 509년

로마가 타르퀴니우스를 추방하고 공화국을 설립했다. 매년 선거로 선출되는 두 명의 집정관이 로마를 통치했다.

기원전 507년

클레이스테네스가 아테네 민주정을 세웠다.

기원전 500년경

중국에서 청동 주화를 사용하기 시작했다. 제철 기술이 동남아시아와 동아프리카로 전파됐다. 인도의 카스트 제도가 정착되고,

『푸라나』와 『마하바라타』 일부가 기록됐다. 서아프리카에서는 노크 문명(서아프리카의 초기 철기 문명 — 옮긴이)이 번성했다. 사포텍 족은 중앙아메리카의 상형 문자를 발전시켰다.

기원전 499~491년
아나톨리아 서부에 있는 이오니아 지방의 그리스 도시들이 페르시아 제국의 통치에 저항해 반란을 일으켰지만, 결국 진압됐다.

기원전 496년
로마가 레길루스 호수에서 에트루리아가 이끄는 라틴 족 연합군을 물리쳤고, 카르타고와 처음으로 조약을 맺었다.

기원전 490년
그리스의 아테네는 마라톤 전투에서 페르시아 제국을 물리치고, 페르시아의 첫 그리스 침공을 종식시켰다.

기원전 481년
중국은 일곱 개의 나라가 패권을 두고 다투는 전국 시대(기원전 221년까지)를 맞이했다.

기원전 480~479년
크세르크세스가 이끄는 페르시아군이 그리스를 침공했으나 살라미스, 플라타이아이, 미칼레에서 패했다.

기원전 480년
크세르크세스의 침공으로 그리스의 상고 시대가 끝났다. 그리스의 고전 시대(기원전 480~323년)에는 아테네, 스파르타, 마케도니아가 차례로 그리스를 지배했으며, 이때 그리스 문명이 꽃을 피운다.

기원전 477년경
아테네가 스파르타의 펠로폰네소스 동맹에 맞서기 위해 델로스 동맹을 결성했다.

기원전 450년경
켈트 족의 라테네 문화가 중부 유럽에서 발생했다. 할슈타트 문화를 대체하면서, 켈트 족은 동쪽과 남쪽, 브리튼 제도까지 라테네 문화를 확장시켰다. 초원의 유목민들은 주로 시베리아의 파지리크와 노인울라에 훌륭한 부장품들과 함께 묻혔다. 멕시코에서는 몬테알반의 사포텍 도시 건설이 시작됐다.

기원전 447~432년
아테네의 통치자인 페리클레스는 페르시아가 부순 성전을 대체할 새 파르테논을 지었다.

기원전 431~404년
펠로폰네소스 전쟁에서 아테네 제국은 스파르타와 동맹국들에 패했다.

기원전 401~399년경
크세노폰은 페르시아 내전에 참여했다가 적군에 포위돼 고립된 1만여 명의 그리스 원정대를 이끌고 천신만고 끝에 무사히 그리스로 돌아왔다.

기원전 400년경
갈리아의 켈트 족이 알프스를 넘어 이탈리아 북부에 정착했다. 카르타고가 지중해 서부를 지배했다. 중앙아메리카에서 올메카 문명이 저물었다. 반면 자포텍 문명은 몬테알반에서 번성했다. 모체 문명이 페루에서 나타났다. 한반도에서 철기 기술이 발달했다.

기원전 390년경
갈리아의 켈트 족이 로마를 약탈했다. 로마인들이 갈리아 인을 두려워하기 시작했다.

기원전 371년
테바이의 에파미논다스 장군이 스파르타와의 레우크트라 전투에서 승리했다. 기원전 362년에 그가 전투에서 죽을 때까지 테바이는 그리스에서 가장 강한 도시였다.

기원전 370년
마하파드마 난다는 인도 북부의 마가다에 난다 왕국을 세우고 대규모 군대와 행정 체계를 구축했다.

기원전 359~336년
마케도니아 왕 필리포스 2세는 빠르게 국력을 강화해 그리스의 대부분을 지배했다.

기원전 356년
중국 서부의 진나라 재상 상앙은 강력한 중앙 집권 국가를 만들고자 전면적인 개혁 정치를 단행했다.

기원전 343~342년
페르시아 제국의 아르타크세르크세스 3세가 이집트를 점령했다.

기원전 341~338년
로마가 라틴 족 연합군과의 전투에서 승리하고 이탈리아의 중부 지역을 지배했다.

기원전 336년
마케도니아의 필리포스 왕이 살해된 후 20세에 왕위에 오른 알렉산드로스가 기원전 335년에 그리스의 폴리스들을 정복하고, 기원전 334년에 페르시아와 대치했다.

기원전 332년
알렉산드로스가 이집트를 정복하고 알렉산드리아 도시를 건설했다.

기원전 331년
가우가멜라에서 알렉산드로스가 다리우스 3세를 물리쳤다. 그로써 페르시아 제국이 알렉산드로스에게 넘어갔고, 그의 원정대가 수도 페르세폴리스를 약탈했다.

기원전 326년
알렉산드로스가 인도에 도달했지만, 군사들이 반란을 일으켜 후퇴했다.

기원전 323년
알렉산드로스가 열병으로 죽었다. 이후 프톨레마이오스, 셀레우코스 등 여러 장군들이 통치권을 놓고 다투면서 제국은 와해됐다.

기원전 321~297년
마우리아 제국을 세운 찬드라굽타의 통치가 이뤄졌다. 그는 기원전 320년경 마지막 난다 왕조를 전복시키고, 인도의 대부분을 통합해 인도 역사상 가장 큰 제국을 만들었다.

기원전 312년
아피우스 클라우디우스 카이쿠스가 로마 최초의 수로를 건설했다. 그의 감독 아래 로마 최초의 도로 아피아 가도의 건설이 시작됐다.

기원전 300년경
유럽 최초의 켈트 족 도시가 등장했다. 알렉산드로스의 제국은 셀레우코스 왕조, 안티고노스 왕조, 프톨레마이오스 왕조로 나뉘었다. 중국의 벼농사가 일본으로 전파됐다.

기원전 290년
삼니움 족의 패배로 로마의 영토는 이탈리아에서 아드리아 해까지 넓어졌다.

기원전 287년경
중국 북부 국가들이 유라시아 대초원의 유목민들을 막기 위해 '장성'을 건설했다.

기원전 273~232년경
인도 마우리아 왕조의 아소카 왕이 정복 전

▼ **알렉산드로스**는 이수스 전투(기원전 333년)에서 페르시아의 다리우스 3세와 맞닥뜨렸다. 이탈리아 남부의 폼페이에 있는 바닥 모자이크에 이 장면이 생생하게 묘사돼 있다.

쟁을 일으키고, 불교의 다르마 개념을 발전시켰다.

기원전 272년

로마는 그리스 에피루스의 통치자 피로스의 침략을 막고, 지중해의 패권을 쥐었다.

기원전 264~241년

제1차 포에니 전쟁에서 로마는 카르타고를 정복하고, 이탈리아와 시칠리아를 장악했다.

기원전 247년경

스리랑카의 데바남피야 티샤 왕이 불교로 개종했다.

기원전 237년

하밀카르 바르카는 이베리아 반도에서 카르타고의 통치를 되살렸다.

기원전 221~220년

진시황이 중국을 통일했다. 그는 8,000명의 토용과 함께 거대한 묘에 묻혔다.

기원전 218~201년

로마와 카르타고 사이에 제2차 포에니 전쟁이 일어났다. 한니발 바르카는 군대를 이끌고 알프스를 지나 칸나에에서 로마를 완패시켰고, 이탈리아의 남부 대부분을 정복했다. 그는 북아프리카의 자마에서 로마의 스키피오 장군에게 패배했다.

기원전 206년

중국에서 유방이 한나라를 세웠다.

기원전 200년경

일본은 야요이 시대 중반(기원전 200~100년)에 인구가 크게 증가했고, 중부 지역의 나라를 중심으로 권력이 집중됐다. 이집트 프톨레마이오스 왕조의 알렉산드리아는 그리스의 교역, 문화, 교육의 중심지였다.

기원전 200년경

북아메리카 오하이오의 아데나 문화는 호프웰 문화로 발전했다. 멕시코 태평양 연안의 작은 공동체들이 모여 만든 마야 왕국이 북쪽으로 세력을 넓혔다. 페루의 나스카에서

◀ **아소카 왕의 석주.** 부처의 유적지에 세워진 이 돌기둥의 사자상은 아소카 왕(기원전 273~232년)의 불교 수호의 의지를 나타낸다. 이는 오늘날 인도의 국장에도 사용되고 있다.

는 추상적인 기호와 동물 모양의 알 수 없는 그림이 나타났다.

기원전 185년경

푸샤미트라 슝가가 마우리아 왕조를 무너뜨리고 슝가 왕조를 세워 인도를 다스렸다. 그는 불교를 박해하고 힌두교를 지원했다.

기원전 171~138년

미트리다테스는 페르시아의 그리스 영토를 정복하고 파르티아 제국을 세웠다.

기원전 167~160년

유다 마카베우스와 그의 형제들은 셀레우코스 왕조 안티오쿠스의 통치 아래 유다 왕국이 그리스화되는 것에 대항해 반란을 일으켰고, 유대교를 재건했다.

기원전 149~146년

제3차 포에니 전쟁으로 로마는 카르타고를 무너뜨렸고, 아프리카에 속주를 건설했다.

기원전 148~146년

로마는 기원전 215년부터 시작된 여러 전쟁에서 마케도니아에 승리했다. 로마는 코린토스를 약탈했다. 그리스 도시 동맹들은 해체되고 로마의 아카이아 속주가 됐다.

기원전 142년

마카베우스는 셀레우코스 왕조로부터 예루살렘을 해방시켰고, 하스몬 왕국의 수도로 삼았다. 기원전 63년, 로마가 예루살렘을 점령할 때까지 유다 왕국을 통치했다.

기원전 129년

로마가 아시아에 속주를 세웠다. 도시 국가인 페르가몬이 로마의 통치를 받게 됐다.

기원전 123~88년

미트리다테스 2세의 통치 아래, 파르티아 제국이 영토를 최대로 확장했다.

기원전 107~104년

로마의 마리우스 장군은 부대를 대대급 규모인 코호트(cohort) 중심 체제로 편성하고, 전문 군인들을 양성했다.

기원전 101년경

중국의 한나라는 무제의 통치 시기에 영토가 가장 넓었다. 한의 수도였던 장안에서 안티오키아까지 뻗은 실크 로드를 통해 중앙아시아부터 지중해까지 교역이 이뤄졌다.

기원전 100년경

유럽에 있는 켈트 족의 언덕 요새는 점점 확장돼 요새 도시가 됐다. 해상 교역은 인도의 영향력을 동남아시아까지 확산시켰다. 에티오피아에서는 악숨 왕국이 대두했다.

기원전 91~89년

로마의 시민권이 없는 이탈리아 사람들의 불만이 쌓여 동맹시 전쟁이 일어났다. 기원전 88년에 모든 이탈리아 인들에게 시민권이 주어졌다.

기원전 73~71년

이탈리아 남부에서 검투사 스파르타쿠스가 이끈 노예 반란이 로마의 장군인 크라수스의 진압으로 끝났다.

기원전 64~63년

로마 장군 폼페이우스가 셀레우코스 왕조를 시리아에서 몰아냈다. 시리아를 로마의 속주로 만들고, 예루살렘을 점령해 유다 왕국을 병합했다.

기원전 59~53년

율리우스 카이사르가 집정관에 올라, 크라수스와 폼페이우스와 함께 최초의 삼두 정치를 이끌었다.

기원전 58~50년

갈리아 전쟁이 일어났다. 카이사르는 갈리아 지역을 정복했고, 새로운 속주를 여럿 만들었으며, 브리튼 섬을 두 번이나 침략했다.

기원전 49~44년

카이사르가 루비콘 강을 건너 로마에 입성해 1인 독재를 선언했다. 그가 제정한 율리우스력은 1년이 365일이며, 윤년이 4년마다 온다.

기원전 44~43년

카이사르가 암살됐다. 프톨레마이오스 왕조의 마지막 왕인 클레오파트라가 이집트의 통치자가 됐다. 카이사르의 조카이자 후계자인 옥타비아누스는 카이사르를 암살한 브루투스와 카시우스를 밀어내기 위해 안토니우스, 레피두스와 함께 두 번째 삼두 정치를 시작했다.

기원전 30년

안토니우스와 그의 협력자이자 애인인 클레오파트라가 옥타비아누스에게 패해 함께 자살했다. 이집트는 로마의 영토가 됐다.

▼ **오하이오의 그레이트 서펜트 마운드**는 아데나 문화 혹은 호프웰 문화의 부족들이 만든 것이며, 이후 아메리카 원주민이 개조했다. 하지만 여전히 그 기원과 목적은 수수께끼로 남아 있다.

기원전 27~14년
옥타비아누스는 로마의 첫 번째 황제로서 아우구스투스라는 이름을 얻었다.

기원전 4년
이때 로마의 속주 유다이아에서 예수가 태어났을 것으로 추정된다.

1년경
동남아시아에 불교가 퍼졌다. 나바테아 인들은 로마의 통제 아래 홍해에서 교역을 시작했다. 전 세계 인구는 3억 명이었는데, 7명 중에 1명은 로마의 영토에서 살았다.

9년
토이토부르크 숲에서 게르만 족에게 패한 로마군이 라인 강까지 후퇴했다. 라인 강은 이후 400년간 로마의 국경이 됐다. 중국에서 왕망이 신나라를 세웠다.

23년
중국의 신나라가 단명하고 한 왕조가 복원됐다. 수도는 낙양이 됐다.

30년경
예수가 십자가에 매달려 죽었다. 그의 제자들은 예수의 가르침을 알렸다.

40년경
남아메리카의 아라와크 족은 오리노코 강으로 이주, 카리브 해안에 정착했다.

43년
로마가 브리튼 섬을 침략해 속주로 삼았다.

46~57년
사도 바울이 아나톨리아와 그리스의 그리스도교 공동체들을 방문했다. 4세기 후반 그리스도교가 로마 제국에 널리 퍼졌다.

50년경
악숨 왕국이 중동 및 지중해의 교역 중심지로 발전했다.

60년경
박트리아(오늘날의 아프가니스탄)의 쿠샨 족이 인도 북부 지방을 침략해 쿠샨 제국을 세웠다. 브리튼 섬에서는 로마가 이세니 족의 반란을 누르고, 부디카 여왕을 포획했다.

64년경
로마 대화재가 발생했다. 네로 황제는 그리스 인들을 비난했고, 많은 이들이 순교했다.

65년경
불교가 중국으로 전파됐다.

66~70년
유대 인이 로마에 대해 첫 반란을 일으켰다. 70년, 로마군은 예루살렘을 포위해 신전을 파괴했다. 수천 명의 유대 인은 노예가 됐다. 저항은 74년까지 마사다에서 계속됐다.

73년
중국의 한나라는 몽골에서 아프가니스탄에 이르는 광대한 영토를 차지했다.

79년
베수비오(이탈리아 나폴리 인근)의 화산 폭발이 폼페이와 헤르쿨라네움을 덮쳤다.

100년경
멕시코 테오티우아칸의 마야 도시가 커지기 시작했다. 페루에서는 모체 문명이 번성했다.

105년경
중국에서 종이가 발명됐다.

117년
로마 제국의 영토는 트라야누스 황제의 서거 당시 가장 넓었다. 그의 후계자인 하드리아누스는 메소포타미아와 아시리아 속주를 포기하는 대신 제국의 방어 체제를 정비하는 데 집중했다.

122~126년
브리튼 섬 북쪽의 로마 제국 국경을 따라 하드리아누스 방벽이 건설됐다.

127~140년
카니슈카 황제가 쿠샨 왕조의 영토를 크게 넓혔다. 마가다를 정복하고 중앙아시아에서 중국과 대치했다. 그는 불교를 장려하고 푸루샤푸라(오늘날 파키스탄의 페샤와르)에 거대한 탑을 세웠다.

132~135년
로마에 대한 두 번째 반란이 실패로 끝난 후, 유대 인들이 예루살렘에서 추방됐다.

140년
알렉산드리아의 프톨레마이오스가 천문학적 지식을 바탕으로 경도와 위도로 위치를 측정해 세계 지도를 제작했다.

150년경
중국 한나라가 중앙아시아의 지배권을 회복했다. 쿠샨 족은 파르티아 제국의 속국이 됐다. 그리스도교가 로마 제국의 북아프리카 속주로 전파됐다. 노크 문명의 철기 문화가 나이지리아에서 절정에 달했다.

167~180년
마르코만니 전쟁이 일어났다. 마르코만니 족 등 게르만 부족이 다뉴브 강을 건너 로마 영토인 이탈리아 북부까지 침입했다.

200년경
인도, 중국, 로마 사이에 교역이 번창했다. 한반도에 고구려, 백제, 신라가 출현했다. 테오티우아칸은 아메리카 대륙에서 가장 큰 도시가 됐다. 마야 도시 티칼 역시 번창했다. 호프웰 문화는 북아메리카에서 계속해서 번성했다.

200~279년경
『미슈나』를 시작으로, 유대교의 율법과 교리를 집대성한 『탈무드』가 편찬됐다.

◀ **율리우스 카이사르**(기원전 100~44년)를 묘사한 이 고전 양식의 조각상에서 로마 제국의 힘이 느껴진다. 1696년에 베르사유에서 만들어졌다.

220년경
중국 한나라가 무너지고, 위, 촉, 오 세 나라로 이뤄진 삼국 시대(220~280년)가 열렸다.

226년
파르티아 제국이 아르다시르 1세에게 넘어갔다. 그는 사산 왕조를 세워 페르시아에서 '왕중왕'으로 불렸다.

235년
로마가 무정부 상태에 빠졌다. 50년 동안 20명 이상의 황제가 출현했다. 게르만 족이 제국의 국경을 넘어 259년에 이탈리아를 침공했다.

250년경
마야의 고전 시대(900년까지)에 여러 도시 국가에서 피라미드, 기념물이 건설됐다. 중국에서 나침반이 발명됐다.

260년
포스투무스는 갈리아, 게르마니아, 히스파니아, 브리타니아로 구성된 갈리아 제국을 건설했다. 로마의 통치는 274년에 다시 시작됐다.

269~272년
시리아 팔미라 제국의 제노비아 여왕은 로마로부터 이집트와 시리아를 수복했지만, 곧 패해 아우렐리아누스 황제에게 포로로 잡혔다.

280년
진(晋)나라가 중국을 다시 통일했다.

293년
디오클레티아누스 황제가 사두 정치를 시작했다. 로마의 국경을 지키기 위해서였다.

300년경
아르메니아가 세계 최초로 그리스도교를 국교로 채택했다. 아프리카의 악숨 왕국은 주화를 발행했고, 반투 족은 소를 기르기 시작했다. 라파누이 족이 이미 이스터 섬에 살았다고 추정된다(그러나 현재 진행되고 있는 연구의 초점은 한참 뒤인 1200년에 맞춰져 있다.).

303년
로마의 디오클레티아누스 황제가 그리스도교를 박해했다.

304년
유목 민족인 흉노가 중국을 침략했다. 이로써 중국 양쯔 강 이북 지역이 혼란해지며 오호십육국 시대(439년까지)가 시작됐다.

312~313년
로마의 네 황제 중 하나인 콘스탄티누스가 밀비우스 다리 전투에서 승리해 제국 서방의 일인자가 됐고 모든 종교의 자유를 허용하는 밀라노 칙령을 발표했다. 리키니우스는 제국 동방의 유일한 통치자로 군림했다.

320년
찬드라굽타 1세가 세운 굽타 제국이 이후 150년간 인도 북부를 통치했다.

330년
콘스탄티누스 대제가 비잔티움(이후 콘스탄티노플로 개명)을 로마 제국의 수도로 삼았다.

350년경
일본에서 야마토 정권이 세워지고, 지배층의 대형 무덤이 건설됐다. 고훈 시대라고 한다.

370년경
중앙아시아의 유목민인 훈 족이 동유럽을 침략해 고트 족을 몰아냈다.

376~415년
찬드라굽타 2세의 굽타 제국이 절정기를 맞아 인도의 중부와 북부까지 지배했다.

378년
로마 제국의 발렌스 황제가 아드리아노플 전투에서 고트 족에게 패해 사망했다. 고트 족이 군대를 제공하는 대신 로마에 정착할 수 있는 조건으로 382년 휴전 협상이 맺어졌다. 중앙아메리카에서는 테오티우아칸이 과테말라의 티칼을 정복했다.

386년
북위가 중국 북부를 통일했다(534년까지).

395년
호노리우스와 아르카디우스가 각각 서방과 동방의 황제로 즉위하면서 로마 제국은 완전히 분리됐다.

405년
히에로니무스가 히브리 어와 그리스 어로 된 성경을 처음 라틴 어로 번역했다.

409년
브리튼 인이 로마 인을 몰아내고 411년에 독립했다. 반달 족이 아프리카 북부를 차지하고 439년에 카르타고에 국가를 건설했다.

410년
알라리크의 서고트 족이 로마를 약탈했다.

420년
페루의 모체 족이 태양의 사원을 지었다. 중국에서는 동진이 망하고 송이 세워졌다.

450년경
테오티우아칸의 인구가 25만 명에 이르렀다.

452년
아틸라가 이끄는 훈 족이 이탈리아 북부를 침략했지만, 로마에 이르기 전에 회군했다.

475년
유리크가 이끄는 서고트 족이 이베리아 반도와 갈리아 북부를 지배했다.

476년
마지막 서로마 황제 로물루스 아우구스툴루스가 폐위됐다. 북아프리카의 반달 족, 이베리아 반도의 서고트 족, 이탈리아의 동고트 족이 서로마 제국의 옛 영토를 지배했다. 동로마(비잔틴) 제국은 1,000여 년 더 존속했다.

477년
불교가 중국의 국교가 됐다.

478년
일본에서 일본의 고유 종교인 신토의 첫 신사가 세워졌다.

479년
중국 강남 지역에서 송나라가 망하고 제나라가 세워졌다.

▼ **모아이**는 폴리네시아 정착민들이 이스터 섬에 만든 거대한 머리 석상이다. 조상들의 모습을 상징적으로 나타낸 것으로 보인다.

480년
훈 족이 인도의 굽타 왕조를 무너뜨렸다.

481~511년
클로비스가 갈리아 북서부에 프랑크 왕국을 세우고, 496년 그리스도교로 개종하고, 507년 갈리아 남서부의 서고트 족을 몰아냈다.

493년
테오도리쿠스의 동고트 족이 이탈리아를 정복했다. 중국의 북위는 낙양으로 천도했다.

500년경
앵글 족, 색슨 족, 주트 족이 브리튼 섬으로 이주했다. 켈트 족은 아일랜드와 웨일스에서 살아남았다. 낙타가 북아프리카에 전해졌다. 반투 족이 남아프리카에 도착했다. 마야 문명은 중앙아메리카에서 번성했다. 티아우아나코 문화는 중앙 안데스로 뻗어 나갔다. 파라카스 문화는 페루 남부에서 번영했다.

527~565년
비잔틴 제국의 유스티니아누스 황제가 법전을 편찬했고, 아야소피아 성당을 짓고, 이탈리아와 북아프리카 영토를 수복했다.

538년
일본에 불교가 전파됐다.

568~572년경
비잔틴 제국이 이탈리아의 많은 부분을 롬바르드 족에게 내어 줬다.

570년경
이슬람교의 선지자인 무함마드가 태어났다.

581~589년경
주나라 장군이었던 양견이 수나라를 세우고 중국을 다시 통일했다(618년까지).

590~604년
대교황 그레고리오 1세는 서방 교회와 동방 교회 모두에 대한 지배권을 주장했다.

597년
캔터베리의 아우구스티누스는 잉글랜드의 앵글로색슨 족에게 그리스도교를 전파했다.

위대한 건축물

역사는 주로 건축물을 만든 건축가보다는 건설을 지시한 파라오나 황제, 왕의 이름을 기억한다. 전 세계의 문화권에서 사람들은 인공물로 둘러싸인 풍경을 만들어 왔고, 이는 우리에게 많은 영감을 주고 있다.

- **기원전 10000년경** 튀르키예의 괴베클리 테페에 있는 사원은 세계에서 가장 오래된 건축물이다.
- **기원전 2650년경** 이집트의 사카라에 위치한 계단식 피라미드는 세계 최초의 건축가로 알려진 임호테프가 지은 것이다.
- **기원전 2600년경** 기자에 있는 쿠푸 왕의 대피라미드의 건설이 시작됐다.
- **기원전 2300년경** 잉글랜드에 종교 시설인 스톤헨지가 완성됐다.
- **기원전 2100년경** 우르의 거대한 지구라트는 우르남무가 건설했다.
- **기원전 1700~1400년경** 고대 크레타 사람들은 크레타 섬의 크노소스에 미로 궁전을 세웠다.
- **기원전 1500~1200년경** 이집트의 룩소르 근처의 카르나크에 있는 아문-라 사원은 세계에서 가장 크다.
- **기원전 575년경** 바빌로니아의 행진로는 용과 황소로 만들어진 길을 따라 이슈타르 문으로 연결된다.
- **기원전 447~432년경** 그리스 아테네의 아크로폴리스에 지어진 새로운 파르테논 신전은 페이디아스가 만든 대리석 조각들로 꾸며졌다.
- **기원전 340~300년경** 그리스 에피다우로스에 있는 노천극장은 1만 2000명을 수영할 수 있다.
- **기원전 250년경** 인도 산치에 있는 아소카 왕의 거대한 사리탑은 가장 오래된 불교 성지다.
- **기원전 200년경** 명나라 시대에 재건된 중국의 만리장성은 길이가 6,400킬로미터에 달했다.
- **기원전 9년~기원후 40년경** 나바테아 인들은 요르단의 페트라에 알카즈네('보물창고'라는 뜻) 신전을 세웠다.
- **80년** 로마 최초의 원형 극장인 콜로세움은 5만 석의 규모다.
- **200년** 태양의 피라미드는 멕시코 테오티우아칸에서 가장 큰 사원이다.
- **118~126년** 로마의 판테온은 철근을 사용하지 않고 콘크리트로만 지은, 세계에서 가장 큰 돔이다.
- **537년** 콘스탄티노플에 있는 아야소피아 성당은 1,000년간 세계에서 가장 큰 성당이었다.
- **675년경** 마야 인들은 팔렝케에 '비문의 신전'이라는 피라미드를 지었다.
- **692년** 성전산(모리아 산)에 예루살렘 바위 돔이 완성됐다. 이곳은 이슬람교, 기독교, 유대교의 성지다.
- **785년** 무어 인이 지배한 스페인의 코르도바에서는 거대한 모스크가 건설되기 시작했다.
- **1000년경** 아나사지 족은 뉴멕시코의 차코 협곡에 가장 큰 주택인 푸에블로 보니토를 지었다.

- **1150년경** 캄보디아의 앙코르와트 사원은 그 면적이 200헥타르에 이른다.
- **1163~1345년** 프랑스에서는 고딕 형식의 노트르담 성당이 지어졌다.
- **1300년대** 쇼나 족의 도시인 그레이트 짐바브웨를 둘러싸는 벽이 지어지기 시작했다. 이 벽은 거의 100만 개의 화강암으로 만들어졌다.
- **1362~1391년** 스페인 그라나다 왕국의 알람브라 궁전의 중심에는 '사자의 안뜰'이 있다. 이는 이슬람교의 천국을 상징한다.
- **1406~1420년** 1912년까지 황제의 궁전이자 중국 정부의 청사였던 자금성은 베이징에 위치한다. 자금성은 그 면적이 72헥타르이며, 그 안에 있는 980개의 건물에는 1만 개의 방이 있다.
- **1419~1446년** 르네상스의 건축가 필리포 브루넬레스키는 피렌체 두오모 성당의 꼭대기를 팔각형의 돔으로 장식했다.
- **1440년대** 잉카 인들은 페루의 안데스 산맥에 숨겨진 요새 마추픽추를 건설했다.
- **1555~1561년** '모든 러시아 인들의 황제'라고 불린 이반 4세는 모스크바의 붉은 광장에 있는 바실리 성당을 세웠다.
- **1569~1575년** 오스만 건축가인 미마르 시난은 아나톨리아의 에디르네에 셀림 2세를 위한 모스크를 지었다.
- **1626년** 로마의 성 베드로 대성당이 축성됐다. 이 성당은 1989년까지 세계에서 가장 큰 성당이었다.
- **1601~1609년** 일본 히메지 시에 있는 '백로성'이라는 별명의 히메지 성은 일본의 대표적인 성곽 건축이다.
- **1634~1653년** 무굴 제국의 황제 샤 자한은 그의 아내 뭄타즈 마할을 기념하기 위해 타지마할을 건설했다.
- **1675~1711년** 1666년 런던 대화재 발생 이후 크리스토퍼 렌은 세인트폴 성당을 재건했다.
- **1682년** 프랑스의 루이 14세는 베르사유 궁전을 지어 통치의 중심지로 삼았다.
- **1869~1886년** 바이에른의 루트비히 2세는 바이에른 주 알프스에 동화에 나오는 성과 같은 노이슈반슈타인 성을 건설한다.
- **1889년** 프랑스 혁명 100주년에 파리의 에펠 탑이 대중에 공개됐다.
- **1907년** 말리의 젠네에 재건된 거대한 모스크는 세계에서 제일 큰 점토 건물이다.
- **1930년** 첨탑을 스테인리스로 장식한 뉴욕의 크라이슬러 빌딩은 아르데코 양식을 대표하는 상징물이다.
- **1931년** 엠파이어스테이트 빌딩은 1973년 세계 무역 센터가 세워지기 전까지 뉴욕에서 가장 높은 마천루였다.
- **1937년** 샌프란시스코의 금문교는 끝에서 끝까지 2,735미터이다.
- **1949년** 뉴욕에 있는 프랭크 로이드 라이트의 구겐하임 미술관은 콘크리트로 만든 걸작이다.
- **1973년** 오스트레일리아의 시드니에 지어진 오페라 하우스는 구형 지붕이 펼쳐진 돛을 연상시킨다.
- **1977년** 파리의 퐁피두 센터는 골조와 엘리베이터를 외부에 배치했다.
- **1997년** 스페인 빌바오에 있는 프랭크 게리의 구겐하임 미술관은 티타늄, 유리, 석회석으로 덮여 있다.
- **2010년** 두바이의 부르즈 칼리파는 높이가 829.8미터인, 세계에서 가장 높은 건축물이다.

◀ **이스탄불의 아야소피아**는 537년에 교회로 시작해, 이후 1453년에 이슬람 사원으로 바뀌었으며, 1935년에는 박물관이 됐다.

1300년의 세계

- 비잔틴 제국
- 잉글랜드 영토
- 아라곤 왕국과 그 식민지
- 베네치아 공화국과 그 식민지
- 1227년 칭기즈 칸이 사망한 시점의 몽골 제국
- 1219년 크와리즘 샤의 지배 지역
- 신성 로마 제국

○ 참고 : 필기체로 표시된 정착지는 1300년에 존재하지 않았지만, 오늘날 중요한 의미를 가진 지역이다.

▶ 1300년의 세계

1300년, 유목 생활을 하는 몽골 족이 유라시아의 대부분을 통치하는 광대한 제국을 건설했다. 유럽 군주들은 힘을 키우고 영토를 늘리는 데 매진했다. 북아프리카와 중동은 이슬람 제국이 붕괴된 이후 파편화됐다. 아메리카 대륙에서는 멕시코의 아즈텍 문명과 페루의 잉카 문명이 확장 단계에 접어들고 있었다.

중세의 세계

600년부터 1450년까지

유라시아의 고대 제국은 7세기까지 유목민들의 침략으로 모두 붕괴됐다. 로마 제국의 도시 문명은 쇠락했고 유럽은 정치적, 경제적, 문화적으로 1,000년 동안 세계의 다른 지역에 뒤처졌다. 중국에서는 새로운 통일 왕조인 당나라와 송나라가 세워지고 군사력을 회복했다. 아랍 제국이 지배하는 중동과 북아프리카에서 이슬람교라는 새로운 종교가 부상했다. 아메리카 대륙에서는 멕시코의 아즈텍 제국, 페루의 잉카 제국이 새롭게 출현하면서 처음으로 광대한 지역이 단일한 통치자 아래 통합됐다.

고대 시베리아 인
사모예드족
퉁구스족
라프족
노르웨이
스웨덴
러시아 공국
우그라아족
시베리아
킵차크 한국
카라코룸
고비 사막
아이누족
코펜하겐
잉글랜드
런던
파리
프랑스
리투아니아
키예프
앙주뱅 제국
폴란드의 주들
보헤미아 모라비아
베네치아
제노바
헝가리
제노바로 편입됨
볼가 강
카스피 해
차가타이 한국
사마르칸트
황허 강
대도(베이징)
고려
일본
교토
나라
몽골 제국
낙양(뤄양)
개봉(카이펑)
세르비아
불가리아
콘스탄티노플
비잔틴 제국
조지아
트레비존드
나폴리 왕국
시칠리아
마요르카
그라나다 (나스르)
자이얀
베네치아 공화국
아카이아
아테네
키프로스
안티오키아
다마스쿠스
바그다드
타브리즈
일 한국
티베트
양쯔 강
임안(항저우)
예루살렘
유프라테스 강
카이로
맘루크
델리
델리 왕조
갠지스 강
작은 왕조들
베두인족
메디나
메카
오만
아라비아 반도
파라마라
구자라트
야다바 족
동부 갠지스
아라칸
파간
안남
차양마야
페구
수코타이
치앙마이
피야오
앙코르
크메르
참파
라보
필리핀 제도
태평양
사하라
투아레그족
나일 강
작은 국가들
알와
카넴
다주
하우사 국가들
에티오피아
이페
하디야
다와로
발레
호이살라
세라스
작은 국가들 판디아로 편입
인도양
보르네오
동인도 제도
자바
마자파힛
뉴기니
말레이족
인터라쿠스트린 국가들
반투족
스와힐리 도시 국가
잠베지 강
그레이트 짐바브웨
칼라하리 사막
코이산 만족
말레이족
마다가스카르
오스트레일리아 애버리지니
달링 강
마오리족
뉴질랜드

◀ **예루살렘의 바위 돔**은 이슬람의 가장 오래된 기념물로, 예언자가 승천했다는 바위를 모시고 있다.

중세의 세계

613년
선지자 무함마드가 메카에서 설교를 시작했다. 메카의 지도자들은 그의 가르침을 적대시했다.

617년
중국 수나라의 황제인 양제가 살해됐다. 이연이 당나라(618~906년)를 건국하고 장안(시안)을 수도로 삼았다.

619년
사산 왕조가 시리아, 메소포타미아, 팔레스타인, 이집트를 정복하고 콘스탄티노플을 제외한 페르시아 제국을 재건했다. 사산 왕조 페르시아 제국은 번성하다가 627년에 비잔틴 제국의 황제인 헤라클리우스에게 패했다.

622년
무함마드가 박해를 피해 메카에서 메디나로 이동한 사건인 헤지라가 일어났다. 이슬람력의 원년이다.

624년
무함마드가 이끄는 군대가 바드르 전투에서 메카 군대를 물리쳤다. 메카 사람들은 630년에 아라비아 반도의 최고 성지인 카바가 무함마드군에 점령되자 항복했다.

628년
인도의 수학자 브라마굽타가 십진법의 소수점 체계를 개선했다(이는 8세기까지 중국과 이집트, 아랍에 퍼졌다.). 그는 0과 음수를 사용하는 법 또한 처음 기술했다.

632년
무함마드가 죽고 칼리프('후계자'라는 뜻) 제도가 시작됐다. 초대 칼리프 아부바크르를 시작으로 처음 칼리프로 선출된 네 명을 라쉬둔('정통 칼리프'라는 뜻)이라고 부른다. 아부바르크는 반란을 막고 아라비아 반도에서의 이슬람 지배를 강화했으며 시리아를 침략했다.

638년
이슬람 군대가 예루살렘을 점령했다.

641년
이집트를 정복한 이슬람 군대가 643년에 리비아의 트리폴리타니아를 점령했다.

642년
이슬람 군대의 침략으로 사산 왕조 페르시아 제국이 멸망했다.

646년
일본에서 다이카개신(大化改新)이 이뤄져 권력이 중앙에 집중되고 일본 왕의 지위가 강화됐다.

651년
세 번째 칼리프인 우스만이 표준화된 코란을 발간했다.

661년
네 번째 칼리프인 알리(무함마드의 사촌동생이자 사위)가 살해되면서 정통 칼리프 시대가 끝나고 우마이야 왕조가 들어섰다. 이후 이슬람교는 우마이야 왕조를 받드는 수니파와 알리의 후손을 지지하는 시아파로 분열했다.

668년
나당 연합군이 평양을 점령, 고구려가 멸망했다.

670~677년
아랍 군대가 처음으로 콘스탄티노플을 포위했다. 비잔틴 제국은 실라이움 해전에서 '그리스의 불'이라는 화염 방사기를 장착한 함대로 아랍 함대를 물리쳤다. 이후 30년간 평화가 유지됐다.

672년
마야의 도시 국가 티칼이 다시 발전했다. 새로운 둑길과 피라미드, 구기장, 천문대, 궁전 등이 건설됐다.

683년
중국 역사상 유일한 여황제인 측천무후가 주나라를 세우고 705년까지 통치했다.

692년
칼리프인 아브드 알말리크가 '바위 돔(아랍어로 마스지드 쿱밧 아스 사크라)'을 이슬람교와 유대교, 그리스도교의 성지인 예루살렘의 성전산에 지었다.

698년
이슬람 군대가 비잔틴 제국의 북아프리카 마지막 거점인 카르타고를 점령, 파괴했다.

700년경
서아프리카에서 가나 왕국과 이페 왕국이 부상하고, 중앙아메리카에서 테오티우아칸이 쇠퇴했다. 페루 북부는 치무 족이 지배했다. 북아메리카 원주민들은 창 대신 활과 화살을 쓰기 시작했다.

710~715년
이슬람 군대가 파키스탄 남동부 지역인 신드를 정복했다.

711년
북아프리카의 베르베르 인(무어 인) 출신인 타리크 이븐 지야드가 이슬람군을 이끌고 이베리아 반도에서 서고트 족을 몰아냈다. 이베리아 반도 대부분을 이슬람이 지배했다.

715년
시리아에 우마이야 모스크(다마스쿠스의 대모스크)가 완공됐다.

715~720년
잉글랜드 북부 홀리 섬에서 수도사 이드프리스가 『린디스판 복음서』를 만들었다.

720년
이슬람 세력이 프로방스 지역과 중앙아시아를 점령했다. 이슬람 국가의 영토가 이베리아 반도에서 중국의 국경에 이르렀다.

725년경
애리조나 지역의 호호캄 족 정착지인 캐사 그랜디가 번성했다. 그들은 관개 기술을 이용해 사막같이 건조한 환경에서도 다양한 작물을 키울 수 있었다. 덕분에 캐사 그랜디는 태평양 연안에서 멕시코 만까지 뻗은 교역 네트워크의 중심지로 부상했다.

725년
기원후(A.D, 예수 그리스도가 탄생한 해라는 뜻의 라틴 어 Anno Domini의 약자다.) 1년을 원년으로 하는 그리스도교의 시간 체계가 수도사 비드의 논문 「시간의 측정에 대하여」에서 소개됐다.

726~729년
비잔틴 제국의 황제 레오 3세가 종교적 우상 숭배를 금지했다. 성상 금지령으로 알려진 이 포고령은 교권을 억제하고자 고안됐다.

732년
카를 마르텔이 이끄는 프랑크군이 프랑스에서 무어 인 세력을 격파해 이슬람이 서유럽까지 확장하는 것을 막았다.

740년
레오 3세의 비잔틴 군대가 아나톨리아의 아크로이논 전투에서 칼리프를 격퇴하고 우마이야 왕조를 소아시아 밖으로 추방했다.

▲**『켈스의 서』**(800년경)는『린디스판 복음서』(715~720년)와 함께 켈트 그리스도교의 보물로 꼽힌다. 이 채식 필사본은 스코틀랜드의 아이오나 섬에서 수도사가 만든 것으로 추정된다.

747~750년
페르시아 제국의 호라산 지역에서 일어난 우마이야 왕조에 대한 반란이 자브 강 전투로 이어졌다. 반란군은 전투에서 승리를 거두고 아바스 왕조의 기초를 세웠다.

750년경
마야의 도시 국가들이 최고의 전성기를 누렸다. 그들은 캘리포니아에서 남아메리카까지 뻗은 교역 네트워크를 지배했다. 멕시코에 있는 대표적인 마야 도시 티칼의 인구는 9만~10만 명에 달했다.

750년경
볼리비아에는 잉카 문명 이전에 안데스 산맥 고지대에 세워진 도시 국가 티와나쿠가 전성기를 누렸다. 광범위한 계단식 농경과 관개 시설을 갖춘 티와나쿠는 종교와 교역의 중심지로서 남아메리카 전역에 문화적, 경제적 영향력을 행사했다.

751년
카를 마르텔의 아들이자 카롤루스(샤를마뉴)의 아버지인 피핀(페팽) 3세가 프랑크 왕국의 메로빙거 왕조를 카롤링거 왕조로 대체했다. 한반도에서는 신라 왕조 때 세계에서 가장 오래된 목판 인쇄물인『무구정광대다라니경』이 만들어졌다.

754년
교황 스테파노 2세의 지지로 프랑크의 왕이 된 피핀이 이탈리아를 침공해 롬바르드 군대를 물리치고 라벤나를 정복했다.

756년
이슬람 제국과 별개로 우마이야 토후국이 이베리아 반도의 코르도바에서 탄생했다.

760년
아바스 왕조가 인도의 숫자 체계를 도입해 오늘날의 아라비아 숫자(1~9) 체계를 완성했다.

762년
아바스 왕조는 수도를 쿠파에서 바그다드로 옮겼다.

774년
이탈리아 북부의 롬바르드 족이 프랑크 왕국의 카롤루스 왕에게 패배했다.

782년
카롤루스는 작센 서부의 이교도들을 그리스도교로 개종시키려 했다. 또한 학자들을 모아 카롤링거 문화의 부흥을 꾀했다.

786년
아바스 왕조의 다섯 번째 칼리프 하룬 알라시드는 809년까지 통치하는 동안 이슬람 문화를 번성시켰다. 고대 그리스와 로마의 저서들이 아랍 어로 번역됐다.

787년
이레네 황후는 비잔틴 제국의 성상 금지령을 해제했다.

790년경
스칸디나비아 반도의 바이킹 족이 서유럽을 공격해 793년에는 잉글랜드의 부유한 수도원 섬인 린디스판을, 795년에는 아이오나 섬과 아일랜드를 약탈했다.

794년
일본의 왕 간무가 나라에서 교토로 천도했다.

800년
교황 레오 3세가 카롤루스를 서로마 제국의 황제로 임명했다. 티베트 제국은 벵골 만으로 확장했다. 중국 당나라에서 선불교가 유행했다. 중앙아메리카의 마야 문명은 쇠퇴했다.

802년
캄보디아에서 자야바르만 2세가 크메르 제국을 창건했다.

811년
당나라에서 세계 최초로 지폐를 발행했다.

827년
이슬람 세력이 831년에 팔레르모를 정복하고, 902년에 시칠리아 섬 전체를 차지했다.

832년
칼리프 알마문이 바그다드에 세운 도서관 '지혜의 집'에서 학자들이 고대의 지식이 담긴 고전과 외서를 번역했다.

843년
베르됭 조약으로 카롤루스의 세 손자들이 프랑크 제국을 나눠 가졌다. 서프랑크 왕국과 동프랑크 왕국은 각각 프랑스와 독일이 됐고, 중프랑크 왕국은 훗날 로타링기아(오늘날 로렌 주)가 됐다.

850년경
중국 화약에 대한 가장 오래된 기록이 이 시기로 거슬러 올라간다. 미얀마에서는 파간 왕조가 세워졌다. 인도에서는 비자얄라야 왕이 이끄는 촐라 왕조가 권력을 장악했다. 아랍의 항해자들은 아스트롤라베(별의 위치, 시각, 경위도 등을 재는 천문 기계 — 옮긴이)를 완성했다. 전설에 따르면 이 시기에 에티오피아의 한 염소지기가 커피를 발견했다.

858~1159년
일본은 헤이안 시대로 후지와라 가문이 정치 권력을 장악했다.

863년경
동유럽의 모라비아에서 비잔틴 선교사 키릴로스가 키릴 문자의 초기 형태인 글라골 문자를 개발했다.

866년
바이킹 족이 요크를 점령하고 잉글랜드 북부에 왕국을 세웠다.

874년
바이킹 족이 아이슬란드에 정착했다. 중앙아시아 투르키스탄에 사만 왕조가 설립돼 999년까지 지속됐다. 수도인 부하라는 페르시아의 상업과 문화의 거점이 됐다.

878년
웨섹스의 알프레드 대왕은 에딩턴 전투에서 데인 인(덴마크에서 온 바이킹 족 — 옮긴이)을 격파해 그들의 잉글랜드 진출을 막았다.

▲ **치첸이트사**는 멕시코의 유카탄 반도에 위치하며, 9세기 마야 문명의 중심지였다. 도시 한가운데에는 거대한 피라미드 사원인 쿠쿨칸이 세워졌다. 아즈텍 족과 톨텍 족에 케찰코아틀이라고 알려진 뱀의 신을 모시는 곳이었다.

▲ **살라딘(살라 알딘, 이집트와 시리아의 아이유브 술탄)의 예루살렘 수복**이 묘사돼 있다. 1187년에 있었던 이 사건을 계기로 제3차 십자군 전쟁이 일어났다. 이 그림은 15세기 화가 다비드 오베르가 프랑스 부르고뉴의 필리프 공작의 주문을 받아 그린 연대기 삽화다.

889년

중앙아메리카의 마야 도시 티칼이 쇠퇴했다. 유카탄 반도 남부의 마야 도시 국가들이 붕괴하는 한편 북부에서는 치첸이트사가 새롭게 부상했다. 이곳은 가뭄이 발생하기 쉬워 세노테(석회암 암반이 함몰되어 지하수가 드러난 천연 샘 — 옮긴이)가 중요했다.

900년경

이 시기는 인도 힌두교 사원 건설의 황금 시대였다. 톨텍 족은 멕시코 계곡에 위치한 툴라를 수도로 삼았다. 붕괴한 테오티우아칸 문명의 난민들이 군사 국가를 세웠다.

900~1600년경

알래스카 해안에서 툴레 문화가 출현했다. 이들은 이누이트 족의 조상으로 1200년경 캐나다의 북극을 지나 그린란드에 도달했다.

906년

마자르 인들이 모라비아(현재 체코 공화국 동부)를 파괴하고 서유럽을 습격하기 시작했다.

907년

중국 당나라가 붕괴됐다. 960년 송나라 건국 전까지 여러 왕조가 난립했다.

910년

클뤼니의 베네딕트회 수도원이 프랑스 부르고뉴에 세워졌다. 이곳은 유럽 수도원의 중심으로 약 1만 명의 수도사를 거느렸다.

909년

북아프리카의 튀니스에서 시아파인 파티마 왕조가 시작돼 1171년까지 이어졌다. 파티마 왕조는 914년에는 알렉산드리아, 917년에는 시칠리아를 장악했다.

▲ **푸에블로 보니토**는 아나사지 족이 뉴멕시코 차코 협곡에 건설한 13개의 주택 중 가장 크다. 600개 이상의 객실이 있는 6층짜리 건물로, 828년부터 1126년까지 사용됐다.

911년

노르웨이 바이킹 족의 수령 중 하나인 롤로는 프랑스 노르망디의 상당 부분을 영지로 받고, 그리스도교로 개종했다.

916년

거란이 중국 북부에 요나라를 건설했다.

918년

한반도에서 고려가 건국됐다(1392년까지).

930년

세계에서 가장 오래된 국가 의회인 알싱 의회가 아이슬란드에 설립됐다.

932년

우마이야 왕조의 칼리프인 아브드 알라흐만 3세가 톨레도를 차지하면서 이베리아 반도에서 이슬람 국가를 재통일했다.

937년

앵글로색슨 족 왕인 애설스탠이 부르넌부르 전투에서 웨일스 인과 스코트 인과 결탁한 바이킹 족을 물리치고 잉글랜드를 통일했다.

938년

베트남의 다이 비엣 왕조가 중국의 영향력에서 벗어났다.

946년

페르시아의 시아파 부와이흐 왕조가 아바스 왕조의 수도 바그다드를 점령했다. 1258년까지 아바스 왕조의 칼리프가 있었지만, 실세는 시라즈에 있는 부와이흐 술탄들이었다.

955년

동프랑크 왕국(독일)의 오토 1세가 레히펠트 전투에서 헝가리의 마자르 인을 물리쳤다.

960년

중국에 송나라가 세워져 혼란스러운 오대십국 시대가 끝났다.

962년

오토 1세는 카롤링거 왕조 이후의 혼란을 수습하고 신성 로마 제국의 황제가 됐다.

966년

그리스도교로 개종한 미에슈코 1세가 폴란드 공국을 세웠다.

969년

튀니지의 파티마 왕국이 이집트를 정복했다. 파티마 왕조의 칼리프는 선지자의 딸 파티마의 후손을 자처하며, 대서양 연안에서부터 홍해까지 북아프리카를 통치했다.

972년

게저 공작이 헝가리를 통일했다. 그의 아들 이슈트반이 헝가리의 첫 번째 왕이 됐다.

982년

베트남 북부의 다이 비엣 왕조는 남쪽 참파 왕국을 침략해 수도 인드라푸라를 차지했다.

986년

'붉은 머리의 에리크'가 그린란드에 바이킹 족 정착지를 건설했다.

987년

위그 카페의 카페 왕조가 프랑크 왕국의 카롤링거 왕조를 계승했다. 카페 왕조는 1328년까지 프랑스를 통치했다. 중앙아메리카에서는 톨텍 족이 유카탄 반도의 마야 족을 정복하고 치첸이트사를 수도로 삼았다.

988년

키예프의 블라디미르 대제가 그리스도교로 개종했다.

1000년

헝가리의 대공 이슈트반이 헝가리의 초대 왕이 됐다. 볼레슬라프는 대관식을 치르고 폴란드의 국왕이 됐다.

1001년

인도 북부에 대한 첫 이슬람 침략은 아프가니스탄 가즈니 왕조의 마무드가 주도했다.

1002년

레이프 에릭손(붉은 머리의 에리크의 아들)이 유럽 인 최초로 북아메리카에 도착했다. 그는 뉴펀들랜드 주 빈랜드에 상륙했다.

1013년

덴마크의 크누트 대왕이 1030년까지 잉글랜드, 덴마크, 노르웨이를 지배했다.

1014년
아일랜드를 통일한 브라이언 보루가 클론타프 전투에서 바이킹 족을 쫓아냈다.

1031년
이베리아 반도에서 그리스도교의 국토 회복 운동(레콩키스타)가 일어나 코르도바의 우마이야 칼리프가 몰락했다.

1031년
셀주크 튀르크 족이 페르시아의 호라산을 침략했다. 1040년에는 가즈나 왕조를 무너뜨리고 새 이슬람 제국의 토대를 마련했다.

1040년
반투 족은 남아프리카와 중앙아프리카에서 가장 크게 확장했다.

1041~1048년경
중국에서 필승이 이동식 활자를 발명했다.

1050년경
북아메리카의 남서부 차코 협곡을 중심으로 발달한 고대 푸에블로(아나사지) 문명이 전성기를 맞았다. 푸에블로 도시들은 교역로를 장악했으며, 중앙 광장을 따라 돌 또는 진흙 벽돌로 지어진 여러 층의 아파트가 있었다.

1054년
콘스탄티노플의 총대주교가 이끄는 동방 교회와 로마 교황의 서방 교회가 최종 분열됐다. 모로코에서는 알모라비드(무라비트) 왕국이 들어섰다. 이 왕국은 1056년에 서아프리카의 이슬람 국가들을 정복하기 시작했다.

1055년
셀주크 튀르크 인들은 페르시아의 부와이흐 왕조를 끝내고 바그다드를 점령했다.

1066년
노르망디의 윌리엄(정복왕 윌리엄)이 헤이스팅스 전투에서 잉글랜드의 마지막 앵글로색슨 왕인 해럴드를 물리쳤다.

1071년
셀주크 튀르크 인들이 만지케르트 전투에서 비잔틴 제국을 물리쳤다. 노르만 인들이 이탈리아 남부에서 비잔틴 제국을 완전히 몰아냈다. 시칠리아 역시 1092년 노르만 인에게 넘어갔다.

1073년
페르시아의 시인이자 천문학자인 오마르 하이얌은 이스파한에 초대돼 셀주크 제국의 후원 아래 천문대를 세웠다. 그는 1년의 길이를 소수점 이하 여섯 자리까지 측정했다.

1075~1077년
교황과 황제 사이에 서임권 논쟁이 발발했다. 그 결과 교황 그레고리오 7세가 서로마제국(신성 로마 제국)의 헨리 4세를 파문했다.

1076년
서부 아프리카의 가나 제국이 알모라비드 왕조에게 넘어갔다.

1081~1118년
비잔틴 제국의 알렉시우스 1세가 노르만 인과 셀주크 튀르크 인을 물리치고 국세를 일부 회복했다.

1092년
셀주크 왕조의 술탄 말리크 샤가 사망한 후 내전이 이어져 셀주크 제국이 조각났다.

1095년
교황 우르바노 2세의 선포로 제1차 십자군 전쟁(1096~1099년)이 시작됐다. 프랑스 십자군이 1099년에 예루살렘을 점령했다.

1119년
십자군 성당 기사단이 성지 및 순례자 보호를 목적으로 예루살렘에 창설됐다. 서양 최초의 대학인 볼로냐 대학이 설립됐다.

1122년
보름스 협약으로 서임권 논쟁은 일단락됐지만, 교황권과 황제권의 갈등은 계속됐다. 톨텍 족의 도시인 툴라는 불타 없어졌다.

1126년
유목 민족인 여진 족이 세운 금나라가 북송을 멸망시키고 수도를 개봉에서 중도대흥부(베이징)로 옮겼다. 그러나 북송의 황족은 남쪽으로 피난해 1127년 항저우 지역에 남송을 세웠다.

1144년
제2차 십자군 전쟁(1146~1160년)은 십자군 국가인 에데사가 이라크 모술과 시리아 알레포의 제후인 장기에게 함락되면서 촉발됐다.

1147년
알모아데(무와히드) 왕조가 알모라비드 왕조의 마라케시 도시를 점령하고 북아프리카를 통치했으며 이베리아 반도를 침공했다.

1150년경
아메리카 미시시피 문화의 중심지인 커호키아가 전성기를 누렸다. 약 2만 명이 거주했던 이 도시에는 오늘날 거대한 중앙 광장과 120여 개의 흙 둔덕이 남아 있다. 이곳은 콜럼버스 이전 시대 북아메리카에서 가장 큰 마을이었다. 1200년경까지 커호키아 문명은 아메리카 중서부까지 영향을 미쳤다.

1170년
로버트 '스트롱보' 피츠스티븐은 헨리 2세의 명을 받아 잉글랜드군을 이끌고 아일랜드로 갔다.

1171년
살라딘은 이집트 파티마 왕조를 전복시켰다. 그는 1174년에 시리아의 다마스쿠스도 점령했다. 바그다드의 아바스 왕조가 살라딘을 이집트와 시리아의 술탄으로 임명했고, 살라딘은 아이유브 왕조를 창시했다.

1180~1185년
미나모토 가문과 다이라 가문의 겐페이 전쟁으로 일본의 헤이안 시대(794~1185년)가 끝났다. 1192년부터 가마쿠라 시대가 시작됐다. 일본은 사무라이 계급이 지배하는 봉건 사회로 접어들었다.

1181년경
자야바르만 7세가 캄보디아의 크메르를 수복하고 앙코르와트를 재건했으며, 앙코르톰을 수도로 삼았다.

1187년
살라딘은 하틴 전투에서 십자군을 물리치고 예루살렘을 점령했다.

▲ **다이라 도모모리**는 다이라 가문의 수장인 다이라 기요모리의 아들로 1180~1185년 일본 겐페이 전쟁의 최고 지휘관 중 한 명이었다. 겐페이 전쟁은 다이라 가문이 단노우라 해전에서 패배하면서 끝났다.

▶ **이 청동 조각**은 1440~1473년에 베닌 왕국을 통치한 에우아레 왕을 기념하기 위해 제작됐다.

1189~1192년
제3차 십자군 전쟁은 영국의 '사자왕' 리처드 1세가 살라딘과 평화 조약을 체결하면서 끝이 났다.

1192년
미나모토 요리토모가 일본 최초의 쇼군이 됐다. 그러나 실권은 외척 세력인 호조 씨가 쥐었다. 쇼군에 의한 통치는 1867년까지 이어졌다.

1192~1193년
페르시아 구르 왕조의 무함마드가 힌두교인들의 반란을 진압하고 인도 최초의 이슬람 제국인 델리 술탄 왕조를 세웠다.

1200년경
잉카 족이 페루 남부의 안데스 고원에 있는 쿠스코 주변에 정착했다.

1202~1204년
제4차 십자군 전쟁이 시작됐지만, 예루살렘 수복에 실패했다. 십자군이 1204년에 콘스탄티노플을 약탈해 비잔틴 제국의 몰락을 촉진했다.

1206년
테무진이 몽골을 통일하고 칭기즈 칸('전 세계의 통치자')이라는 칭호를 얻었다.

1209년
알비 십자군이 프랑스 랑그도크의 카타리파를 처단하기 위해 조직됐다.

1211년
칭기즈 칸이 중국 금나라를 침공했다. 몽골군은 1215년 금나라의 수도인 중도대흥부를 점령했다. 금나라는 1234년 멸망했다.

1212년
카스티야의 알폰소 8세는 라스나바스데톨로사 전투에서 알모아데 왕을 물리쳐 레콩키스타의 성공을 이끌었다.

1215년
최하위 귀족 계급의 봉기를 겪은 잉글랜드는 존 왕이 직접 마그나카르타(대헌장)에 동의했다. 국왕이 법을 초월하지 않는다는 그 문서는 인권 개념의 초석이 됐다.

1217~1221년
제5차 십자군 전쟁은 이집트를 목표로 했지만 끝내 퇴각했다.

1219년
칭기즈 칸이 화레즘(호라즘) 제국을 시작으로 유라시아의 이슬람 국가들을 정복했다.

1225년경
나이지리아의 그레이트 짐바브웨는 인구가 1만 5000명에 이르는, 사하라 사막 이남의 무역 도시로 무타파 제국의 등장 이후 쇠퇴했다.

1227년
칭기즈 칸이 서하 정복 전쟁 와중에 사망했다. 그의 네 아들들이 광대한 제국을 나눠 가졌다.

1228~1229년
제6차 십자군 전쟁에서 프리드리히 2세 황제가 조약만으로 예루살렘을 되찾았다.

1231년
교황 그레고리오 9세가 종교 재판을 시작했다.

1235년
서아프리카에 말리 왕국이 건설됐다.

1237~1242년
킵차크 한국의 몽골군이 우랄 산맥을 넘어 유럽 중부 및 동부를 불태웠다. 그들은 1242년 오스트리아의 빈에 다다랐지만, 새 칸을 선출하고자 카라코룸으로 귀환했다.

1241년
발트 해 연안의 교역로를 지키기 위해 뤼베크와 함부르크가 한자 동맹을 결성했다. 이후 400년 동안 북유럽 200개 도시가 이 동맹에 가입했다.

1248~1254년
제7차 십자군 전쟁이 있었다. 프랑스의 루이 9세는 이집트 정복에 실패했다.

1250년
아이유브 군대의 노예 군인인 맘루크들이 이집트의 마지막 아이유브 술탄을 살해했다. 그들의 지휘관이 맘루크 왕조를 세웠다.

1250년경
멕시코에서는 아즈텍 족이 차풀테펙 지역에 정착했지만, 톨텍 문명이 붕괴되면서 곧 테파넥 족에 의해 쫓겨났다. 페루에서는 잉카 제국 초대 황제로 알려져 있는 만코 카팍이 쿠스코를 중심으로 콜럼버스 이전 시대 남아메리카에서 가장 큰 제국을 건설했다.

1256~1381년
지중해 교역로를 두고 일어난 전쟁에서 베네치아가 제노바 공화국에 승리했다.

1258년
몽골군이 바그다드를 약탈하고 칼리프를 처형하면서 아바스 왕조가 기울었다.

1259년
몽케 칸이 사망하면서 몽골 제국이 북서쪽의 킵차크 한국과 중앙의 차가타이 한국, 남서쪽의 일 한국, 동쪽의 원나라로 나뉘었다.

1260년
이집트의 맘루크 왕조는 팔레스타인의 아인잘루트 전투에서 몽골군을 물리치고 시리아와 레반트 영토를 지켜 냈다.

1261년
비잔틴 제국이 콘스탄티노플을 탈환했다. 제4차 십자군의 지도자들이 세운 라틴 제국은 끝이 났다.

1271년
몽골의 쿠빌라이 칸이 중국에 원나라를 세웠다. 1272년에 상도에서 대도로 천도했다.

1274년
쿠빌라이 칸이 이끄는 몽골군이 일본 정벌에 실패했다. 1281년 두 번째 시도도 좌절됐다.

1275년
베네치아 상인이자 탐험가인 마르코 폴로는 쿠빌라이 칸의 원나라를 방문했다. 그가 1295년에 고향으로 돌아와 그간의 경험담을 책에 담은 것이 『동방 견문록』이다.

1279년
쿠빌라이 칸이 남송을 무너뜨렸다.

1280년경
폴리네시아 타히티 섬 출신의 마오리 족이 뉴질랜드에 도착했다. 뉴질랜드는 (남극 대륙을 제외하고) 인간이 점령한 마지막 땅이었다.

1291년
팔레스타인의 마지막 십자군 주요 거점인 아크레가 이집트의 맘루크 왕조에게 넘어갔다. 몇 달 후 그들은 베이루트를 차지함으로써 성지에서 그리스도인을 완전히 몰아냈다.

▲ **잔 다르크**는 프랑스 농부의 딸로 16세의 나이에 프랑스의 황태자를 돕기 위해 나섰다. 그는 1429년 잉글랜드군에 포위된 오를레앙을 지키기 위해 직접 프랑스군을 이끌었다.

1297년

윌리엄 월리스가 이끄는 스코틀랜드 인들이 잉글랜드의 통치에 저항해 반란을 일으켰다. 로버트 1세는 1306년에 스코틀랜드의 왕위에 올랐다. 또한 1314년 배넉번 전투에서 잉글랜드 세력을 완전히 몰아냈다.

1300년경

아나톨리아에 있는 튀르크멘 공국의 통치자 오스만 1세가 오스만 제국을 세웠다. 페루에서는 모체 계곡에 있는 찬찬을 수도로 삼은 치무 제국이 등장했다.

1320~1330년경

이탈리아 르네상스 예술가 조토 디 본도네와 안드레아 피사노가 피렌체에서 활동했다.

1324년

메츠 포위 작전에서 유럽 최초로 철제 대포가 쓰였다. 말리 제국 전성기의 황제 만사 무사가 황금을 가득 싣고 메카를 순례했다.

1325년경

멕시코의 텍스코코 호수 중앙에 있는 인공섬에 아즈텍 문명의 수도 테노치티틀란이 건설됐다.

1333년

일본 가마쿠라 막부가 내전으로 몰락했다. 아시카가 막부가 1336년에 권력을 잡았다.

1336년

이슬람에 대항해 힌두교 세력이 인도 남부에 비자야나가라 제국을 세웠다(1646년까지).

1337년

잉글랜드와 프랑스가 100년 전쟁을 시작했다.

1340년

모로코의 마리니드 왕국 술탄이 살라도 강 전투에서 패배했다. 아프리카의 이슬람 세력이 이베리아 반도를 되찾으려던 마지막 시도였다.

1347~1350년

흑사병이 서아시아에서 유럽으로 확산됐다. 유라시아에서 7500만~2억 명이 사망했다.

1349년

중국의 싱가포르 식민지는 중국인이 동남아시아에 정착하기 시작했음을 의미한다.

1350년경

남아메리카에서 잉카와 치무 왕국 사이에 충돌이 발생했다.

1354년

오스만 제국이 비잔틴 제국에서 갈리폴리를 빼앗아 유럽에 첫발을 내디뎠다.

1360년

칼레 조약을 체결함으로써 100년 전쟁이 소강기에 접어들었다. 잉글랜드는 크레시 전투와 푸아티에 전투에서 승리하면서 역대 가장 많은 프랑스 영토를 갖게 됐다.

1368년

주원장이 명나라를 설립했다. 명나라는 1382년에 중국을 점령하고 원나라의 몽골 황제를 중원에서 쫓아냈다.

1378년

로마 교황과 아비뇽 교황, 즉 두 명의 교황이 등장함으로써 교황청에 큰 분열이 생겼다.

1386년

리투아니아의 대공 야기에우워는 폴란드의 야드비가와 결혼해 유럽에서 대국을 이뤘다.

1388년

존 위클리프가 성경의 영역본을 출간했다.

1389년

코소보 전투에서 오스만 제국이 세르비아 제국에 승리해 발칸 반도를 획득했다.

1392년

일본의 난보쿠초 시대가 막을 내렸다. 한반도에서는 이성계가 왕위에 올랐다. 이성계의 조선은 불교 대신 성리학을 새로운 국교로 삼고, 한성(서울)을 수도로 했다.

1393년

튀르크계 몽골 전사인 티무르 랑('절름발이 티무르')이 일 한국을 정복했다. 1395년에 그는 중앙아시아에 있는 황금 군단을 물리쳤다. 1398년에는 인도를 침공해 델리를 약탈하고 도주자 10만 명을 학살했다.

▲ **잉카 제국의 성채인 마추픽추**는 1440년 페루 안데스 산맥의 우루밤바 계곡보다 더 높은 곳에 세워졌다. 그곳에는 겨우 1,000명 정도만 살고 있었다. 마추픽추는 거주지라기보다는 종교 의식의 중심지 또는 난공불락의 요새로 쓰였다.

1400년경

아즈텍의 도시 테노치티틀란이 전성기를 누렸다. 테노치티틀란은 집약적인 농업과 광범위한 교역 및 공물 네트워크로 인구 20만 명을 부양했다. 서아프리카의 교역 중심지인 가오를 수도로 하는 송가이 제국은 팽창했고, 가나, 말리 제국은 점차 쇠락했다.

1400~1415년

오와인 글린두르의 주도로 웨일스 인들이 잉글랜드에 반란을 일으켰으나 진압됐다.

1401년

티무르는 바그다드 인들을 학살하고 시리아를 침략했다. 1402년 오스만 제국군에 맞서 아나톨리아에 침입했으며 술탄을 생포했다.

1405년

티무르는 중국의 명나라를 정벌하러 가는 도중 사망했다. 그는 제국의 수도 사마르칸트에 묻혔고 그의 제국은 여러 개로 조각났다.

1415년

잉글랜드는 100년 전쟁 중 아쟁쿠르 전투에서 프랑스를 물리쳤다. 포르투갈은 북아프리카에 있는 세우타 항구를 점령했다.

1428년

테노치티틀란, 텍스코코, 틀라코판 등 세 도시 국가의 삼각 동맹을 토대로 아즈텍 제국이 세워졌다. 이 제국은 1521년 스페인 침략 전까지 멕시코 중부 지역을 지배했다.

1428년

레러이는 중국에 저항한 베트남 지도자로, 레 왕조를 창건하고 다이 비엣 왕국을 재건했다.

1429년

100년 전쟁 당시 프랑스의 잔 다르크가 오를레앙에서 영국군을 격파했다. 잔 다르크는 체포돼 1431년에 화형을 당했다.

1430년경

플랑드르 지방의 브루게는 북서 유럽의 상업 중심지였다. 부르고뉴 공작인 '선량공' 필리프의 후원 아래 상인들과 은행가들, 얀 반에이크 같은 예술가들이 모여들었다.

1434년

코시모 데 메디치는 이탈리아 피렌체를 장악하고, 르네상스 예술과 문화의 후원자가 됐다.

1436년

서아프리카의 해안 지도를 제작한 포르투갈인은 유럽 인 최초로 북회귀선을 건넜다.

1438년

제9대 황제 파차쿠텍이 잉카 '제국'의 시대를 열었다. 15세기 말, 잉카 제국은 키토에서 칠레까지 서남아메리카 대부분을 다스렸다.

1440년

몬테수마 1세가 아즈텍 제국의 황제가 됐다. 나이지리아의 베닌 왕국에서는, 에우아레가 오바(왕) 자리에 올라 강력한 제국을 건설했다.

1448년

요하네스 구텐베르크는 독일 마인츠에서 유럽 최초의 이동식 활자 인쇄기를 만들었다.

철학과 종교

삶의 본질과 의미에 대한 첫 질문은 동양 종교의 창시자들로부터 나왔다. 이후 서양의 철학자들은 생각과 이해의 한계를 넘어서기 위해 긴 여정을 걸어왔다. 그들은 우리의 가장 근본적인 믿음에 도전하는 질문들을 던졌다.

조로아스터, 기원전 628~551년경, 페르시아 세계 최초 유일신교인 조로아스터교의 창시자로 개인의 책임, 그리고 진실과 거짓 사이의 투쟁을 강조했다.

고타마 싯다르타(부처), 기원전 563~483년경, 인도 불교의 창시자로 열반(불교의 궁극적 목표이자 최고선)에 이르는 길과 윤회에서 벗어나기 위한 방법을 제시했다.

노자, 기원전 6세기경, 중국 도교의 창시자이자 『도덕경』의 저자로 도(道)라는 보편 원리를 상정하고, 도에 순응하는 삶을 강조했다.

공자, 기원전 551~479년경, 중국 유교의 창시자로 인의예지(仁義禮智)에 대한 그의 가르침이 『논어』에 담겨 있다.

소크라테스, 기원전 469~399년경, 그리스 서양 철학의 창시자 중 한 사람으로 "성찰이 없는 삶은 살 만한 가치가 없다."라는 말을 남겼다. 질문을 던지며 가설을 시험하는 방식을 통해 진리를 추구했다.

플라톤, 기원전 427~347년경, 그리스 소크라테스의 제자이자 아테네에 있던 아카데미아의 창립자다. 그는 저서 『국가』에서 우리가 인지하는 모든 것들이 추상적인 이데아의 그림자에 불과하다고 기술했다.

아리스토텔레스, 기원전 384~322년경, 그리스 플라톤의 제자이자 알렉산드로스의 스승으로 『형이상학』을 집필했다. 존재의 본질과 논리학에 광범위한 관심을 가졌다. 그의 철학은 이후 2,000년 동안 서양의 과학과 철학에 영향을 미쳤다.

플로티노스, 205~270년, 로마 제국 신플라톤주의의 창시자로 플라톤의 독창적인 아이디어를 발전시켰다. 그는 존재에 대한 세 가지 기본 원칙으로서 하나, 정신, 영혼을 자세히 설명했다. 제자들이 그의 논문집 『엔네아데스』를 펴냈다.

히포의 아우구스티누스, 354~430년, 북아프리카 속주/로마 제국 가톨릭 교부로 기독교 신학에 플라톤주의와 신플라톤주의를 도입했다. 아우구스티누스는 『신의 도시』와 『참회록』을 썼으며, 이 책들은 중세의 세계관에 영향을 미쳤다.

토마스 아퀴나스, 1225~1274년, 이탈리아 저명한 중세 가톨릭 철학자이자 『신학 대전』의 저자로 신학과 철학, 이성과 신앙이 조화롭게 어울릴 수 있다고 주장했다.

니콜로 마키아벨리, 1469~1527년, 이탈리아 르네상스 시대의 외교관, 철학자이자 현대 정치학의 창시자이다. 마키아벨리는 그의 저서 『군주론』에서 국가가 행위에 대한 도덕적 평가와 상관없이 공동선을 장려해야 한다고 주장했다.

프랜시스 베이컨, 1561~1626년, 영국 철학자, 정치가, 법학자이자 과학적 방법론과 경험주의의 아버지로 존경받는다. 그는 감각적인 경험과 증거의 역할을 강조했다. 주요 저서로는 『신기관』이 있다.

토머스 홉스, 1588~1679년, 영국 현대 정치 철학의 창시자로 자신의 저서 『리바이어던』에서 통치자와 그 대상 사이의 사회 계약론을 제시했다.

르네 데카르트, 1596~1650년, 프랑스 수학자, 과학자이자 경험주의를 반대하는 합리주의의 창시자로 꼽힌다. 그는 저서 『성찰』에서 사회적 통념, 감각, 논리에 기초한 신념을 버리고, 확실하게 알 수 있는 것을 추구해야 한다고 주장했다. 이런 생각은 "나는 생각한다. 고로 존재한다."라는 결론으로 이어졌다.

바뤼흐 스피노자, 1632~1677년, 네덜란드 공화국 세계의 지식이 이성을 통해 획득됐다고 주장하는 주요 합리주의자들 가운데 하나다. 주요 저서로는 『에티카』가 있다.

존 로크, 1632~1704년, 영국 『인간 지성론』에 드러난 로크의 철학적 경험주의와, 『통치론』에 드러난 정치적 자유주의는 18세기 계몽주의와 미국 헌법에 영향을 미쳤다.

고트프리트 빌헬름 라이프니츠, 1646~1716년, 독일 수학자이자 합리주의 철학자다. 『변신론』이라는 저서에서 그는 악의 존재가 신의 전능과 선과 정의에 모순되는 것이 아니라는 것을 변증하며 "우리는 최고의 세상에서 살고 있다."라는 결론을 내렸다.

조지 버클리, 1685~1753년, 영국 아일랜드 출신 주교이자 경험주의자다. 그는 이상적인 형이상학적 현실은 궁극적으로 비물질적이며, 사물은 인식하는 사람의 마음속에 생각으로만 존재한다고 주장했다. 저서 『인간 지식의 원리론』에서 "존재한다는 것은 지각되는 것이다."라고 기술했다.

데이비드 흄, 1711~1776년, 영국 스코틀랜드의 경제학자, 경험주의자로 형이상학에 대해 회의적이었다. 흄은 저서 『인간 본성에 관한 논고』에서 사람이 어떻게 지식을 얻는지를 연구하고, 경험 이상의 지식은 없다고 주장했다.

장자크 루소, 1712~1778년, 스위스 루소는 시민의 주권을 강조했다. 그는 저서 『사회 계약론』을 통해 "인간은 자유롭게 태어났지만 어디에서나 쇠사슬에 얽매여 있다."라고 밝혔다. 이는 계몽주의와 프랑스 혁명, 낭만주의 운동 등에 영향을 미쳤다.

임마누엘 칸트, 1724~1804년, 독일 칸트는 합리주의와 경험주의를 종합하고자 했다. 그는 저서 『순수 이성 비판』에서 이성의 권위를 주장하면서도 지식은 우리가 경험하는 세계로 제한해야 한다고 말했다.

토머스 페인, 1737~1809년, 영국 미국의 정치 운동가이자 철학자이며 미국 건국의 아버지 중 한 사람이다. 저서 『인간의 권리』에서 정부는 반드시 시민의 자연권을 보호해야 한다고 주장했다.

게오르크 빌헬름 프리드리히 헤겔, 1770~1831년, 독일 가장 체계적이고 영향력 있는 관념론자로 꼽히는 독일의 철학자 헤겔은, 저서 『정신 현상학』에서 인간의 마음이 어떻게 단순한 의식의 상태에서 절대적인 지성으로 전화하는지 설명했다.

아르투어 쇼펜하우어, 1788~1860년, 독일 칸트의 초월적 관념론을 옹호한 그는, 저서 『의지와 표상으로서의 세계』에서 우리가 경험하는 세계와 욕망, 행동은 맹목적이고 목적 없는 형이상학적 의지의 산물이라고 봤다.

▶ **플라톤과 아리스토텔레스**는 라파엘로의 그림 『아테네 학당』에 묘사된 고대 그리스의 위대한 사상가들 중에서 무대 한가운데에 있다. 이 그림은 르네상스 시대인 1509~1511년경에 그려졌다.

- **쇠렌 키르케고르, 1813~1855년, 덴마크** 실존주의 사상의 선구자인 그는 스스로 결정을 내리는 주체로서의 개인적 위상을 강조했다. 주요 저서로는 『철학적 단편에 부치는 비학문적인 해설문』이 있다.

- **카를 마르크스, 1818~1883년, 독일** 마르크스는 사회 이론가이며 경제학자이자 역사가이며 또 공산주의 혁명가이자 철학자이기도 했다. 그는 저서 『자본론』을 통해 자본주의의 생산 과정과 노동 착취를 폭로하고자 했다.

- **프리드리히 니체, 1844~1900년, 독일** 니체는 인간 조건에 대한 모든 종교적, 형이상학적 해석을 부정하고, 영원 회귀 사상을 적극적으로 받아들이는 초인 사상을 설파했다. 그는 저서 『차라투스트라는 이렇게 말했다』에서 "신은 죽었다."라고 말했다.

- **버트런드 러셀 , 1872~1970년, 영국** 러셀은 철학자이자 수학자로, 관념론에 대항해 분석 철학을 발전시킨 사회 개혁자였다. 그는 저서 『자연 철학의 수학적 원리』에서 진실을 찾는 열쇠로서 논리를 강조했다.

- **루트비히 비트겐슈타인, 1889~1951년, 오스트리아** 버트런드 러셀의 제자이자 탁월한 분석 철학자인 비트겐슈타인은 저서 『논리 철학 논고』에서 언어의 한계는 철학의 한계라고 주장하며 언어 논리를 정립시켰다.

- **장폴 사르트르, 1905~1980년, 프랑스** 철학자이자 작가인 사르트르는 인간 자유의 총체성을 강조하는 실존주의 운동의 지도자이기도 했다. 대표적인 저서로 『존재와 무』가 있다.

전 세계의 주요 종교

세계 곳곳에서 창시된 종교는 문화만큼 다양하다. 일부는 선사 시대에 기원을 두고 있지만, 20세기에도 여러 가지 새로운 종교가 등장해 수백만 명의 추종자들을 거느리기도 했다.

◀ **토라 두루마리**에는 모세 오서로 구성된 유대교 경전이 기록돼 있다.

명칭	장소/시간	신도 수	창립자	경전
중국 무속 신앙	알려지지 않음, 선사 시대	4억 명	토착 신앙	없음
힌두교	인도, 선사 시대	9억 명	토착 신앙	『베다』, 『우파니샤드』, 산스크리트 어 서사시
신토	일본, 선사 시대	300만~400만 명	토착 신앙	『고사기』, 『일본 서기』
부두교	서아프리카, 알려지지 않음	800만 명	토착 신앙	없음
유대교	이스라엘, 기원전 1300년경	1500만 명	아브라함 모세	『탈무드』
조로아스터교	페르시아, 기원전 6세기경	20만 명	조로아스터	아베스타
도교	중국, 기원전 550년경	2000만 명	노자	『도덕경』
자이나교	인도, 기원전 550년경	400만 명	마하비라	마하비라의 가르침
불교	북동인도, 기원전 520년경	3억 7500만 명	고타마 싯다르타 (부처)	팔리 어 경전, 대승 경전
유교	중국, 기원전 5~6세기	500만~600만 명	공자	사서오경
기독교	이스라엘/팔레스타인, 30년경	20억 명	예수	구약 성경, 신약 성경
이슬람교	사우디아라비아, 7세기부터 그 존재가 알려졌다.	15억 명	창립자는 없으며 선지자는 무함마드이다.	『코란』(경전), 『하디스』(언행록)
시크교	인도 펀자브, 1500년경	2300만 명	구루 나나크	『아디그란트』(구루 그란트 사히브)
예수 그리스도 후기 성도 교회	미국 뉴욕, 1830년	1300만 명	조지프 스미스	『모르몬경』
바하이 신앙	이란 테헤란, 1863년	500만~700만 명	바하올라	바하올라의 저서
카오 다이	베트남, 1926년	800만 명	고 반 치우	카오 다이 경전
세계 평화 통일 가정 연합(통일교)	대한민국, 1954년	300만 명	문선명	『문선명 원리 강론』
파룬궁	중국, 1992년	1000만 명	리훙즈	『전법륜』 등 리훙즈의 책

1700년의 세계

무굴 제국	포르투갈과 그 식민지
오스만 제국	네덜란드와 그 식민지
대청 제국	호엔촐레른 가의 식민지
러시아 제국	스웨덴과 그 식민지
사파비 제국	일본
영국과 그 식민지	베네치아 공화국과 그 식민지
프랑스와 그 식민지	오스트리아 합스부르크 가 영토
덴마크와 그 식민지	17세기 동안 네덜란드가 일시적으로 차지한 영토
스페인과 그 식민지	신성 로마 제국

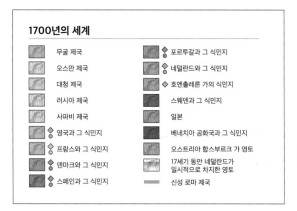

▶ 1700년의 세계
1700년에 스페인과 포르투갈은 남아메리카와 중앙아메리카에 많은 식민지를 건설했다. 프랑스와 영국은 북아메리카에서 우열을 겨루고 있었다. 오스만 제국, 사파비 제국, 무굴 제국이 각각 아프리카 북부와 중동, 남아시아를 지배하고 있었다. 동아시아에서는 중국의 청나라가 당나라나 한나라 때보다는 작은 영토를 지배하고 있었고, 일본은 150년의 내전을 거쳐 100년간 통일 국가를 유지하고 있었다.

근대 초기의 세계
1450년부터 1750년까지

1,000년 동안 상대적으로 정체돼 있었던 유럽은 15~16세기에 급격한 변화를 맞았다. 르네상스 시대에 고대 그리스와 로마의 많은 유산이 복원됐고, 과학과 기술에 대한 사람들의 관심도 커졌다. 유럽의 해양 강국들은 세계 곳곳으로 탐험대를 보냈고, 뒤이어 식민주의자들을 보내 아메리카와 아프리카 대륙의 원주민들을 정복했다. 중국의 명나라(이후 청나라), 인도의 무굴 제국, 페르시아의 사파비 왕조, 튀르키예의 오스만 제국과 같이 유럽 밖 문명들은 정치적으로 온전하게 유지되고 있었지만, 유럽이 자신들의 영토에서 정치적, 경제적 발판을 마련하는 것을 막지는 못했다.

추크치 족
레나 강
예니세이 강
러 시 아 제 국
상트페테르부르크
스웨덴
쿠를란트
오비 강
시 베 리 아
볼가 강
모스크바
아무르 강
네르친스크
코펜하겐
네덜란드
영국
런던
파리
프랑스
스위스 연방
프로이센
바르샤바
폴란드
리투아니아
보헤미아
오스트리아
헝가리
몰다비아
자포로제 코사크
크리미아 한국
카 자 크 인
고 비 사 막
만주
북경(베이징)
조선
일본
교토
나가사키
왈라키아
콘스탄티노플
교황령
베네치아 공화국
사르데냐
나폴리
마드리드
시칠리아
카스피 해
히바
부하라
중가르 한국
대 청 제 국
양쯔 강
황허 강
오랑
알제
튀니스
몰타
성 요한 기사단
트리폴리
유프라테스 강
이스파한
사파비 제국
히 말 라 야 산 맥
티베트
부탄
아삼
마니푸르
델리
아그라
무굴 제국
네팔 공국
인더스 강
갠지스 강
베 두 인 족
나일 강
오만
아 라 비 아 반 도
페잔
트리폴리에 편입
하 라 사 막
투 아 레 그 족
나일-사하라 민족
모시 왕국들
맘프루시
다곰바
보르누
다르푸르
와다이
하우사 족 국가들
누페
에티오피아
오로모의 소국들
하라르
이잘라
베닌 왕국
오요
페르난도 포
아과무
알라다
다호메이
상투메
콩고 강
쿠 시 족
토로
부뇨로
부간다
부소가
안콜레
카라궤
르완다
부룬디
반 투 족
테케
루앙고
카콩고
응고요
콩고
마탐바
앙골라
키콘자
루바
쿠바
칼룬데
카니오크
룬다
은동고
카산제
아래 벰베
위 벰베
룰라
로지
운디
칼롱가
모잠비크
룬다
로즈위
칼라하리 사막
토롱가
델라고아 만
코 이 산 민 족
희망봉
네덜란드령 남아프리카
세인트헬레나
몸바사
오만에 편입
잔지바르
오만에 편입
킬와
오만에 편입
마 다 가 스 카 르
모리셔스
부르봉
캄베이
디우
바세인
봄베이
고아
마드라스
퐁디셰리
캘리컷
코친
실론
캔디 왕국
폴리가르 왕국
인 도 양
버마
아라칸
치앙마이
수코타이
시암
롭부리
라오스
안 남
캄보디아
안남에 편입
마카오
포르모사
마닐라
필리핀 제도
스페인령
말레이 족의 국가들
아체
수마트라
말라카
벤쿨렌
맘파바
브루나이
술루
말 레 이 족
쿠테이
반자르마신
몰루카
동 인 도 제 도
네 덜 란 드 령
바타비아
자바
욕야카르타
마타람
말레이 족 국가들
포르투갈령 티모르
파 푸 아 인
뉴기니
오 스 트 레 일 리 아
애 버 리 지 니
마 오 리 족
뉴질랜드

근대 초기의 세계

1450~1629년경

아프리카 중남부의 무타파 제국이 전성기를 맞았다. 금과 구리, 상아가 풍부한 이 쇼나족 국가는 포르투갈의 식민지가 되기 전까지, 내륙에서 동쪽 해안의 아랍 왕국에 이르는 교역로를 장악했다.

1453년

오스만 제국이 콘스탄티노플을 포위했다. 비잔틴 제국이 몰락하고 오스만 제국이 발칸반도와 그리스까지 팽창했다. 프랑스가 보르도를 다시 뺏으며 100년 전쟁(1337~1453년)이 끝났다. 칼레는 1558년까지 잉글랜드가 차지한 유일한 유럽 본토의 영토였다.

1454~1455년

구텐베르크 성경이 독일 마인츠에서 인쇄됐다. 세계 최초로 대량 생산된 책이었다.

1455~1485년

잉글랜드 랭커스터 왕가와 요크 가 사이에 일어난 장미 전쟁은 헨리 튜더가 헨리 7세로 즉위해 튜더 왕조 시대를 열면서 끝났다.

1467~1477년

오닌의 난이 발발하면서 한 세기 동안 전국 시대가 이어졌다. 지역의 다이묘가 라이벌을 제거하는 과정에서 일본이 피폐해졌다.

1468년

송가이 제국이 (말리에 있는) 부유한 도시 팀북투를 투아레그 족으로부터 되찾고 서아프리카의 주도권을 잡았다.

1469년

카스티야 왕국의 이사벨라와 아라곤 왕국의 페르난도가 결혼해 최초의 스페인 통일 왕국이 탄생했다. 스페인은 16세기 유럽을 이끌었다.

1470년경

잉카 제국이 페루의 치모르 왕국을 정복해 치무 문명이 막을 내렸다. 잉카 제국의 영토가 약 4,000킬로미터까지 뻗었다.

▲ **1453년 콘스탄티노플의 함락**이 묘사된 이 그림은 15세기의 순례자 베르트랑동 드 라 브로키에르가 그린 「해외여행」이다. 그는 부르고뉴의 공작 '선량공' 필리프를 위해 성지와 콘스탄티노플로 향하는 자신의 여정을 그렸다.

1472년

모스크바 대공의 아들인 이반 3세(이반 대제)가 비잔틴 제국 마지막 황제의 조카인 조에와 결혼했다. 그는 킵차크 한국으로부터 독립해 러시아 공국들을 통일하고 중앙 집권 국가를 세웠으며, 차르(황제) 칭호를 처음 썼다.

1473년

아즈텍 제국이 틀라텔롤코를 정복했다.

1477년

부르고뉴 공작인 '용맹공' 샤를이 죽었다. 오스트리아 합스부르크 가가 네덜란드 북부를 얻었다. 루이 11세는 프랑스 영토를 거머쥐었다.

1482년

포르투갈이 상조르즈다미나 성(엘미나 성)을 골드코스트에 건설했다. 유럽이 사하라 이남에 건설한 첫 정착지로, 이로써 포르투갈이 서아프리카의 금 거래를 독점하게 됐다.

1487년

아즈텍 제국의 수도 테노치티틀란의 대사원이 재건돼 개장했다. 이 개장 행사에 5,000명이 희생물로 바쳐졌다.

1488년

포르투갈의 바르톨로메우 디아스가 남아프리카의 희망봉을 발견했다. 이 항해에서 대서양과 인도양을 연결하는 바람이 발견됐다.

1492년

이베리아 반도의 마지막 무어 인 영토인 그라나다 왕국이 함락되며 레콩키스타가 완료됐다. 이슬람교도와 유대 인이 스페인에서 추방됐다. 스페인 왕실의 지지 속에 크리스토퍼 콜럼버스가 대서양을 건너 서인도 제도에 상륙해 신대륙을 '발견'했다.

1494년

토르데시야스 조약을 통해, 스페인과 포르투갈이 신대륙의 영토에 대한 소유권 문제를 합의했다. 프랑스의 샤를 8세가 침공하면서 이탈리아 전쟁(1494~1559년)이 일어나 프랑스와 스페인이 이탈리아의 지배를 놓고 다퉜다.

1497년

이탈리아의 항해사 존 캐벗이 뉴펀들랜드에 도착했다. 그는 잉글랜드의 왕 헨리 7세의 후원을 받으며, 잉글랜드의 북아메리카 탐사와 정착의 기틀을 놓았다.

1497~1498년

포르투갈의 바스쿠 다 가마가 희망봉을 돌아, 유럽 인 최초로 바다를 건너 인도에 도착했다. 유럽과 아시아를 잇는 이 새로운 항로 덕분에 두 대륙 사이의 교역 양상이 변했다.

1498년

콜럼버스가 신대륙으로 떠난 세 번째 항해에서 유럽 인 최초로 남아메리카에 도달했다.

1500년

페드루 알바르스 카브랄이 브라질을 발견해 포르투갈 영토로 선언했다. 스페인의 비센테 야녜스 핀손은 아마존 강 하구를 발견했다.

1500년

뉴질랜드의 마오리 문화가 고전 시대에 접어들었다. 세밀하게 가공한 골각기와 무기를 발전시켰고, 나무를 깎아 세공했으며 직물과 타투, 요새('파'라고 부른다.)와 흙집, 커다란 전쟁용 카누를 만들었다. 이 석기 문화는 1642년 유럽 인들이 들어와 금속 가공 기술을 소개할 때까지 온전히 유지됐다.

1501년

이스마일 1세가 사파비 왕조를 세우고 술탄

대신 페르시아의 샤 칭호를 썼다. 그는 서쪽으로는 바그다드, 동쪽으로는 아프가니스탄에 이르는 제국을 건설했다.

1501~1502년

아메리고 베스푸치가 브라질 해안에 도달해 계속 남하했다. 그는 이곳이 (콜럼버스가 생각했던 것처럼) 아시아의 동쪽 끝이 아니라 다른 대륙이라는 사실을 깨달았다. 아메리카는 나중에 그의 이름을 따서 지어진 이름이다.

1502년

유럽과 서아프리카, 아메리카 대륙 사이에서 대서양 노예 무역이 시작됐다. 최초의 노예선은 스페인 정착지 건설을 위해 쿠바로 갔다.

1503~1506년

이탈리아 피렌체에서 레오나르도 다 빈치가 그 유명한 「모나리자」를 그렸다. 미켈란젤로는 다비드 상을 1504년에 공개했다.

1510~1512년

알폰수 드 알부케르크가 고아를 정복해 포르투갈의 첫 번째 인도 거점을 구축했다. 그는 말라카 왕국을 정복해 그곳에 동남아시아 최초의 포르투갈 정착지를 세웠고, 향료 제도(몰루카 제도)로 향하는 포르투갈의 첫 번째 항해도 후원했다. 이 항해는 프란시스코 세라오가 1512년 완수했다.

1513년

후안 폰세 데 레온이 플로리다에 도착했다. 스페인이 북아메리카 본토에 첫발을 내디딘 사건이었다. 또한 그는 멕시코 만류를 발견했다. 대서양 해류와 바람에 대한 지식은 대항해 시대에 큰 도움이 됐다.

1514년

오스만 제국이 이란 북서부의 찰디란 전투에서 사파비 제국을 이겼다. 술탄 셀림 1세는 이후 시리아와 맘루크 왕조의 이집트를 정복해 오스만 제국의 영토를 크게 넓히고 서남아시아의 이슬람 성지를 거의 다 확보했다.

1517년

마르틴 루터가 작센 비텐베르크에서 「95개조 반박문」을 발표해 종교 개혁을 촉발했다. 로마 가톨릭에 반대하는 종교 개혁은 구교(가톨릭)와 신교(개신교)의 분열을 초래했다.

1519년

에르난 코르테스가 멕시코에 상륙해 아즈텍 제국의 수도 테노치티틀란으로 진군했다. 테노치티틀란은 1521년에 함락됐고, 아즈텍 황제는 1525년에 처형됐다. 이제 스페인이 중앙아메리카를 지배했다. 스페인의 합스부르크 왕 카를 1세가 신성 로마 제국의 황제로 선출돼 카를 5세가 됐다.

1520년

스페인 왕실의 후원을 받아, 포르투갈 탐험가 페르디난드 마젤란이 남아메리카의 남단을 지나 서유럽에서 향료 제도에 이르는 항로를 개척했다. 이로써 스페인의 국제적 위상이 공고해졌다. 마젤란의 함대는 1522년에 세계 최초로 지구 일주에 성공했다. 아즈텍에서는 천연두가 발병했다. 이후 100년 동안 유럽에서 아메리카 대륙으로 전파된 질병 때문에 아메리카 원주민의 95퍼센트에 해당하는 2000만 명이 죽었다.

1526년

포르투갈 배가 아프리카에서 아메리카 대륙으로 처음 노예를 실어 날랐다. 100년이 채 안 되는 시간에 포르투갈 노예선이 1만 명의 노예를 앙골라에서 브라질로 실어 날랐다.

1526년

칭기즈 칸의 후예인 바부르가 델리의 술탄인 이브라힘 로디를 무찌르고 인도 북부에 무굴 제국을 세웠다.

1527년

카를 5세의 제국군이 로마를 약탈한 것은 이탈리아 전쟁 중 가장 충격적인 사건이었다. 로마 교황의 신성 동맹이 와해됐다.

1529년

캉브레 평화 조약이 맺어져 이탈리아 전쟁이 임시 휴전에 들어갔다. 프랑스는 이탈리아와 플랑드르와 아르투아에 대한 권리를, 카를 5세는 부르고뉴에 대한 권리를 포기했다.

1529~1566년

술레이만 1세가 오스만 제국을 가장 오래 통치했다. 그는 1529년에 빈 점령에 실패해 중부 유럽으로 진출하지 못했지만 중동과 북아프리카에서 막대한 영토를 얻었다.

1531년

스페인 정복자 프란시스코 피사로가 페루에 상륙했다. 1533년에 그는 잉카 제국의 황제를 죽이고 수도 쿠스코를 정복했다.

1534년

이그나티우스 로욜라가 예수회를 설립하고 반종교 개혁을 이끌었다. 잉글랜드의 헨리 8세는 교황이 이혼을 허가하는 체제에 반발해 로마 교황청과 결별한 후, 잉글랜드 국왕을 수장으로 하는 성공회를 세웠다.

1534년

자크 카르티에가 뉴펀들랜드 일부 지역과 세인트로렌스 만을 탐사했다. 그의 탐사 덕분에 프랑스가 캐나다를 점령할 수 있었다.

1536년

웨일스와 잉글랜드가 연합법에 의해 공식적으로 통합됐다. 헨리 8세는 잉글랜드의 귀족을 해체하고 두 번째 아내인 앤 불린을 처형했으며, 가톨릭을 탄압했다.

1541년

포르투갈의 예수회 선교단이 동남아시아로 떠났다. 프란시스코 사비에르 신부가 고아, 향료 제도, 중국, 일본에 가톨릭을 전파했다.

1543년

새로운 과학의 시대가 개막했다. 폴란드 천문학자 니콜라우스 코페르니쿠스는 지구가 태양 주위를 돈다는 사실을 『천구의 회전에 관하여』에서 밝혔다. 안드레아스 베살리우스의 『인체의 구조에 관하여』는 인체 해부에 대한 경험적 증거를 집대성했다.

1545~1547년

종교 개학에 대응해 로마 가톨릭이 트렌토 공의회를 소집했다. 여기서 가톨릭 교회의 개혁과 재건, 반종교 개혁 조치가 논의됐다. 스페인이 볼리비아 포토시에서 큰 은광을 발견했다. 이런 광산들 덕분에 스페인이 부유해졌다.

1552년

프랑스의 앙리 2세가 카를 5세를 독일에서 몰아내고자 작센의 제후 모리스와 연합했다.

1555년

카를 5세가 아우크스부르크 화의를 인가했다. 이제 독일의 제후들은 개신교와 가톨릭 중 선택을 할 수 있게 됐다.

1556년

아크바르가 아버지 후마윤에게서 무굴 제국을 물려받았다. 그는 무굴 제국의 영토를 크게 확장했다. 러시아는 이반 4세('뇌제')가 남쪽으로 진출해 아스트라한 한국을 무너뜨리고 중앙아시아의 교역로를 장악했다.

▶ **인도 무굴 제국의 초대 황제 바부르**는 1526년 파니파트 전투에서 이브라힘 로디의 군대와 맞닥뜨렸다. 바부르의 군대는 로디의 군대보다 수적 열세에 몰렸으나 화약과 대포로 공포에 질린 적의 코끼리 부대를 물리쳤고, 결국에는 승리했다.

◀ **엘리자베스 1세**의 이 초상화는 더비셔 하드윅 홀에 있다. 잉글랜드의 국력과 부가 느껴진다.

1558년

엘리자베스 1세가 잉글랜드의 여왕이 됐다(1603년까지). 이반 4세는 시비르(시베리아)까지 러시아의 영토를 늘려 나갔다.

1565년

세부가 필리핀에서 첫 스페인 식민지가 됐다.

1565~1572년

이반 4세가 공포 정치로 러시아 보야르(세습 귀족)들을 무력화하고 재산을 몰수했다.

1568~1648년

네덜란드 독립 전쟁에서, 대부분이 개신교를 믿는 일곱 개의 북해 연안 저지대 주들이 스페인의 가톨릭 군주 펠리페 2세의 탄압에 저항했다. 오라녀 공국의 빌럼 공(훗날 윌리엄 3세)이 이끄는 이 지역들은 1581년에 독립을 선포했다. 남부 주들은 여전히 스페인 왕가의 지배를 받았다.

1569년

플랑드르 지도 제작자 헤라르뒤스 메르카토르가 실제 방위와 일치하는 세계 지도를 제작했다. 그의 투영법은 현재 가장 널리 사용된다. 1570년 아브라함 오르텔리우스가 최초의 근대 지도책 『세계 극장』을 내놓았다.

1571년

그리스의 레판토에서 갤리선을 이용한 마지막 해전이 일어났다. 카를 5세의 사생아 돈 후안 데 아우스트리아 사령관의 그리스도교 연합 함대가 이 해전에서 승리해 오스만 제국의 지중해 진출이 좌절됐다.

1572년

프랑스 종교 전쟁(1562~1598년) 중 최악의 잔혹 행위로 꼽히는 위그노(프랑스의 개신교도) 학살이 파리에서 벌어졌다. 8월 24일 하루 만에 파리에서 3,000명 이상의 위그노가 죽었으며, 그 다음 주까지 프랑스 전역에서 2만 명이 살해됐다.

1576년

무굴 제국군이 인도 북부 벵골을 침략했다.

1580년

포르투갈 왕이 후사 없이 죽자, 스페인의 펠리페 2세가 포르투갈 왕국을 병합하고 포르투갈 왕위를 겸했다.

1581년

네덜란드가 독립 선언을 통해 스페인의 펠리페 2세에 대한 충성 서약을 철회했다.

1582~1598년

일본에서는 도요토미 히데요시가 권력을 잡았다. 그는 일본을 통일하고 경쟁하는 다이묘들을 굴복시켰으며 예수회 선교사를 추방하고 기독교를 금지했다.

1585년

초콜릿이 유럽에 소개됐다. 상업적인 목적으로는 처음으로 신대륙에서 스페인으로 카카오 빈이 수입됐다. 프랜시스 드레이크가 잉글랜드 최초의 해외 식민지를 북아메리카 버지니아 주 로어노크에 세웠다.

1586년

드레이크가 스페인의 카리브 해 거주지를 침입했다. 그는 1587년 엘리자베스 1세의 명을 받아 포르투갈 및 스페인 함대와 스페인 남부의 카디스 항을 급습했다.

1588년

130척의 배로 이뤄진 펠리페 2세의 스페인 무적 함대가 잉글랜드를 정복하기 위해 출항했지만 실패했다.

1588~1629년

아바스 1세가 사파비 제국을 통치했다. 그는 정치적 불화를 진정시키고 군대를 정비했으며 오스만 제국과 포르투갈, 무굴 제국에 잃은 영토를 수복했다. 또 수도를 이스파한으로 옮겨 이곳을 세계에서 가장 아름다운 곳으로 탈바꿈시켰다.

1590년

사파비 제국과 오스만 제국 사이에 협상이 체결됐다. 그 결과 오스만 제국의 영토가 캅카스 지방과 카스피 해까지 확장됐다.

1591년

사하라를 가로지르는 황금 무역을 탐낸 모로코의 술탄이 송가이 제국에 쳐들어왔다. 이 전쟁과 아스키아 다우드 황제 사후의 분열이 송가이 제국의 몰락을 초래했다. 도요토미 히데요시가 일본 통일을 완수하고 권력의 근거지를 오사카로 옮겼다.

1592~1598년

일본이 조선을 침략했으나 조선 수군과 의병의 활약, 그리고 명나라의 지원으로 격퇴됐다.

1593~1606년

합스부르크 왕가와 오스만 제국 사이의 오랜 전쟁이 계속됐다. 헝가리와 발칸 반도에서 합스부르크-오스만 국경이 요동쳤다.

1595년

앙리 4세가 스페인에 전쟁을 선포했다. 1598년에 그가 발표한 낭트 칙령은 개신교도의 종교의 자유를 인정했고 위그노 전쟁(프랑스의 종교 전쟁)을 종식시켰다.

1600년

세키가하라 전투에서 승리한 도쿠가와 이에야스가 일본을 통치하게 됐다. 그는 에도 시대(1603~1867년)를 열었다. 잉글랜드 왕실의 정식 허가로 동인도 회사가 출범해 스페인과 포르투갈의 동인도 무역 경쟁에 뛰어들었다. 잉글랜드 동인도 회사는 주로 인도와 중국에서 무역을 했고, 훗날 대영 제국의 외교적, 군사적 세력 팽창에 기여했다.

1602년

네덜란드 동인도 회사가 세워졌다. 1605년, 네덜란드 동인도 회사는 향료 제도에서 포르투갈 인들을 쫓아내면서, 동아시아에 네덜란드 무역 제국의 기틀을 놓았다. 이후 100년 동안 가장 성공한 상사로 발전했다.

1606년

포르투갈의 항해사 루이스 바스 드 토레스가 유럽 인으로는 처음으로 오스트레일리아를 발견했다. 네덜란드 항해사 빌럼 얀스존이 오스트레일리아 북부 해안에 상륙했다.

1607년

제임스타운은 잉글랜드가 북아메리카에 세운 최초의 영구 거주지다. 이곳에서 1612년에 처음으로 담배를 수출했다.

1608년

네덜란드 안경 제조업자 한스 리페르세이와 그 동료들이 망원경을 발명했다. 1610년, 이탈리아 과학자 갈릴레오 갈릴레이가 망원경으로 목성의 주위를 도는 위성을 발견해 모든 천체가 지구를 도는 것이 아님을 밝혔다.

1608년

프랑스 탐험가 사뮈엘 드 샹플랭이 캐나다에 새로운 프랑스, 퀘벡 정착지를 건설했다. 그리고 오대호 서쪽을 탐사해 수출할 가죽을 얻을 수 있는 사냥터를 찾았다. 북아메리카 전역에서 프랑스, 네덜란드, 잉글랜드 상인들이 비버 및 다른 동물 가죽을 유럽에 공급하기 위해 경쟁했다.

1612년

러시아가 폴란드의 침략을 물리쳤다. 1613년 로마노프 왕조의 미하일이 첫 황제가 됐다.

1616년
만주족의 지도자 누르하치가 스스로 대한을 칭하고 금나라(후금)를 세웠다. 그는 1618년 명나라에 전쟁을 선포했다.

1618년
보헤미아의 개신교 세력이 합스부르크 왕가의 지배에 반란을 일으켰다. 개신교 국가와 가톨릭 국가가 이 소요에 개입해 30년 전쟁이 일어났다. 잉글랜드가 최초로 아프리카 노예를 아메리카 식민지에 실어 날랐다. 노예들이 처음 발을 디딘 곳은 버지니아 주 제임스타운이었다.

1620년
메이플라워호가 잉글랜드 남부 플리머스에서 취항했다. 여기에는 '필그림 파더스(pilgrim fathers, 종교의 자유를 찾아 미국으로 온 잉글랜드 청교도단 — 옮긴이)'가 타고 있었다. 102명의 청교도들과 개신교의 분리주의자들이 신대륙에서의 새로운 삶을 꿈꿨다. 이들은 11월, 지금의 보스턴 근처인 케이프코드에 도착했고, 아메리카 원주민의 도움으로 힘겨운 겨울을 견디며 플리머스 식민지를 건설했다.

1623년
리슐리외 추기경이 프랑스의 재상에 취임했다. 그는 합스부르크 왕가의 군대와 위그노, 프랑스 귀족의 권력을 분쇄하기로 결심했다.

1624년
아바스 1세가 오스만 제국으로부터 바그다드와 모술, 메소포타미아를 빼앗았다. 오스만 제국과 사파비 제국 사이의 다툼은 1639년까지 이어졌다.

1625년
네덜란드가 북아메리카에 최초의 식민지를 세우고 이름을 뉴 암스테르담이라고 지었다(지금의 뉴욕). 이들은 델라웨어 족으로부터 맨해튼을 60길더(약 1,000달러)에 사들였다.

1630년
스웨덴이 30년 전쟁에 참전했다. 스웨덴의 루터파 왕 구스타브 2세 아돌프가 1631년에 브라이튼펠트에서 신성 로마 제국의 군대와 충돌했으나, 1632년 전투 중 사망했다.

1633년
도쿠가와 이에미쓰가 해외 여행이나 외국과의 무역을 제한하는 쇄국 정책을 펼쳐 일본은 1853년까지 고립됐다.

1635년
프라하 조약으로 신성 로마 제국은 1627년의 국경을 회복했고 루터파는 종교적 특권을 받았다. 프랑스가 30년 전쟁에 참전해, 1635년에는 스페인의 합스부르크 왕가와, 1636년에는 신성 로마 제국과 전쟁을 벌였다.

▼ 인도 아그라에 있는 무굴 건축의 보석, 타지마할은 1634~1653년에 샤 자한이 사랑했던 세 번째 부인 뭄타즈 마할을 기리기 위해 만든 거대한 무덤이다.

1638년
오스만 제국의 술탄 무라트 4세가 사파비 제국으로부터 바그다드를 탈환했다. 이어 카스리 시린 조약이 맺어져 1628~1639년의 오스만-사파비 제국의 충돌이 끝났다. 메소포타미아 지역이 오스만 제국에 돌아갔다.

1642~1651년
잉글랜드에서 내란(청교도 혁명)이 일어났다. 찰스 1세가 왕권은 절대적이므로 의회의 동의 없이 세금을 올릴 수 있다는 '왕권신수설'을 주장해, 의회파(원두당)가 왕당파와 싸우게 됐다. 찰스 1세는 1649년에 반역죄로 재판에 회부돼 사형 선고를 받고 처형됐다. 잉글랜드는 올리버 크롬웰의 주도 아래 공화국이 됐고, 찰스의 아들(찰스 2세)이 패배하면서 내란이 끝났다.

1642년
네덜란드의 항해사 아벌 타스만이 유럽 인으로서는 처음으로 태즈메이니아와 뉴질랜드를 발견했다. 그는 태즈메이니아가 네덜란드에 속한다고 주장했지만, 뉴질랜드의 마오리 족 전사들에 밀려 바다로 쫓겨났다.

1644년
만주족이 중국 명나라를 무너뜨리고 청나라를 세웠다. 청나라의 통치는 1681년 중국 전역으로 확대됐고 1912년까지 이어졌다.

1648년
독일에서 30년 전쟁을 끝낸 베스트팔렌 조약으로 신성 로마 제국의 권위가 손상됐다.

1648~1652년
전쟁과 농민 봉기로 혼란스러웠던 프랑스에서 왕에 대해 귀족과 의회가 반기를 든 프롱드의 난이 일어났다. 왕가가 파리를 떠나 도피했으나 왕정은 유지됐다.

1652년
남아프리카의 케이프타운이 네덜란드 동인도 회사의 공급 기지로서 건설됐다. 최초의 잉글랜드-네덜란드 전쟁이 일어났다. 이 전쟁은 1654년에 끝났지만, 곧이어 1665~1667년과 1672~1674년에 두 차례 더 일어났다. 세 번 모두 해전이었으며, 바다와 해상 무역의 통제권을 두고 일어났다.

1659년
피레네 조약으로 프랑스와 스페인 사이의 전쟁이 끝났다. 스페인이 신대륙에서 얻은 수익과 영향력이 줄었고 프랑스가 유럽의 신흥 강국으로 거듭났다. 이는 '태양왕' 루이 14세와 그의 화려한 궁정으로 표출됐다.

1660년
잉글랜드의 공화국 체제가 무너지고 왕정이 복원됐다. 찰스 2세가 프랑스 망명에서 돌아왔다. 과학에 대한 이해를 진흥할 목적으로 왕립 학회가 런던에 설립됐다. 왕립 학회는 1662년에 찰스 2세가 승인했으며, 현존하는 과학 단체 중 세계에서 가장 오래된 단체다. 올리바 평화 조약이 체결돼 브란덴부르크, 폴란드, 오스트리아, 스웨덴 사이의 북방 전쟁이 끝났다. 이를 통해 폴란드가 에스토니아와 리보니아에 대한 권리를 잃었다.

1661년
재상인 마자랭이 죽자 루이 14세가 직접 프랑스를 다스리게 됐다.

1664년
잉글랜드와 네덜란드 사이에 두 번째 전쟁이 일어났다. 잉글랜드가 네덜란드로부터 뉴 암스테르담을 빼앗았다.

1666년
런던이 대화재로 파괴됐다. 프랑스 과학 아카데미가 파리에 설립됐다. 과학 아카데미는 1699년에 왕립 과학원이 돼 루브르 궁으로 옮겨 갔다.

1668년
스페인이 포르투갈의 독립을 인정했다. 엑스라샤펠 조약으로 네덜란드 상속 전쟁(1667~1668년)이 끝났다. 잉글랜드와 스웨덴, 네덜란드의 삼자 동맹은 루이 14세를 압박해 프랑스가 스페인령 네덜란드에 대한 권리를 포기하도록 했다. 잉글랜드의 동인도 회사가 봄베이(뭄바이)에 대한 지배권을 얻었다.

1673년

프랑스 출신의 캐나다 탐험가 루이 졸리에와 프랑스 예수회 소속의 자크 마르케트가 미시시피 강을 따라 여행했다. 이들은 강이 태평양이 아니라 멕시코 만으로 흐른다는 사실을 확인했다. 잉글랜드 탐험가 게이브리얼 아서는 컴벌랜드 갭을 통해 애팔래치아 산맥을 가로질렀다. 이 길은 18세기에 아메리카 대륙 서쪽으로 가는 주요 경로가 됐다.

1672~1678년

프랑스-네덜란드 전쟁이 일어났다. 잉글랜드와 스웨덴의 지지 아래 루이 14세가 네덜란드를 공격했다. 네덜란드가 뉴 암스테르담을 잉글랜드에게 내주고 프랑스가 스페인령 네덜란드의 국경 지역을 얻으면서 전쟁이 끝났다.

1675~1676년

아메리카에서 첫 번째 '인디언 전쟁'인 필립 왕 전쟁이 벌어졌다. 메타코메트(유럽 사람들에게 '필립 왕'으로 알려졌다.)가 알곤퀸 족을 이끌고 북아메리카 뉴 잉글랜드 개척지의 잉글랜드 인들과 싸웠다. 카스코 조약으로 잉글랜드 인들은 알곤퀸 족에게 가구마다 매년 일정량의 옥수수를 주게 됐다.

1680년

뉴멕시코의 푸에블로 족 사람들이 토착 종교를 탄압하는 스페인 점령군에게 반란을 일으켰다. 스페인은 1692년에 군사를 이끌고 다시 돌아왔다.

1682년

잉글랜드의 퀘이커교도이자 철학자인 윌리엄 펜이 필라델피아를 건설했다. 로베르 드 라 살이 미시시피 강을 하구까지 탐사한 뒤 루이지애나를 프랑스령으로 선포했다. 루이 14세가 파리에서 베르사유로 거처를 옮겼다. 베르사유의 광대한 궁전은 그의 절대 왕권을 상징했다.

1682년

표트르 1세('표트르 대제')가 러시아의 차르가 됐다. 그는 상트페테르부르크로 수도를 옮기고 보야르 칭호를 폐지했으며 중앙 집권 체제를 강화하고 대대적인 근대화 개혁에 착수했다. 또한 군대를 재정비하고 해군을 창설했으며 공격적인 대외 정책을 펼쳤다.

1683년

오스만 제국이 빈을 포위했지만, 얀 3세 소비에스키가 이끄는 폴란드 제국군이 칼렌베르크 전투에서 승리하고 오스만 제국을 몰아냈다. 이로써 발칸 반도에서 오스만 제국의 힘이 약해졌다.

1685년

퐁텐블로 칙령이 반포돼, 프랑스에서 개신교가 불법이 됐다. 수천 명의 위그노가 프랑스를 탈출해 잉글랜드와 네덜란드, 프로이센으로 망명했다.

1686년

9년 전쟁(1688~1697년)이 일어났다. 개신교 국가들이 아우크스부르크 동맹을 만들어 루이 14세에 맞섰다.

1687년

물리학자 아이작 뉴턴이 『프린키피아』에서 중력 법칙을 확립했다. 중력 법칙은 약 300년 동안 천체 물리학을 공부하는 과학자들의 사고 방식에 지대한 영향을 미쳤다.

1688년

명예 혁명이 일어나 잉글랜드 의회가 제임스 2세를 폐위시키고 윌리엄 3세와 메리를 왕으로 추대했다. 제임스 2세는 프랑스로 도망간 뒤 1689년에 아일랜드로 돌아와 복위를 꾀했으나 1690년에 보인 강 전투에서 패배했다.

1689년

윌리엄 3세와 메리가 잉글랜드 왕이 됐다. 네르친스크 조약으로 중국과 러시아 사이의 국경이 확정됐다.

1690년

중국 청나라가 외몽골 정벌을 단행했다. 18세기 말, 청나라의 영토는 거의 두 배가 됐다.

1693년

에트나 화산 폭발로 야기된 지진이 시칠리아와 몰타를 강타했다. 막대한 양의 화산재가 유럽에 소빙하기를 일으켰다. 겨울에는 더 혹독한 추위가 오고 여름에는 더 많은 비가 내려 견디기 어려웠다. 농사도 잘 안 돼 서유럽 전역에 기근이 일어났다.

▶ **태양왕 루이 14세**는 72년 동안 프랑스의 절대 군주였다. 1701년 야생트 리고가 그린 이 초상화의 대관식 복장에서 그의 강력한 왕권을 짐작할 수 있다.

1694년

잉글랜드 은행이 설립됐다. 이제 국가의 능력은 전쟁 자금과 제국주의적 팽창을 의미하게 됐다.

1696년

잉글랜드가 인도 캘커타에 포트 윌리엄 교역소를 설립했다.

1698년

런던 주식 거래소가 만들어졌다. 잉글랜드의 발명가 토머스 세이버리가 증기 기관에 대한 특허권을 취득했다.

1699년

무굴 제국이 펀자브 지역에서 일어난 시크교도의 반란을 진압했다. 무굴 제국이 인도 대륙의 남단을 제외한 전 지역을 차지했다.

1700~1721년

대북방 전쟁이 발발했다. 1697년, 15세의 나이로 스웨덴 왕위를 계승한 칼 12세가 덴마크와 러시아, 폴란드-작센 연합군을 물리치면서, 스웨덴의 독주를 막으려는 발트 해 연안 국가들의 시도를 성공적으로 저지했다.

1700년

후사가 없었던 스페인의 왕 카를로스 2세가 죽으면서 루이 14세의 손자인 앙주 공작 필리프를 후계자로 지명했다. 프랑스의 힘이 급격히 커지자 유럽이 경계하기 시작했다.

1701년

스페인 왕위 계승 전쟁이 일어났다(1713~1714년까지). 스페인과 프랑스의 왕위가 합쳐지는 것을 막기 위해 잉글랜드와 네덜란드, 오스트리아가 연합해 스페인 왕위에 다른 후보자를 내세웠다. 그러자 루이 14세가 스페인령 네덜란드로 군사를 보내 잉글랜드와 네덜란드의 공격을 막았고, 망명한 제임스 2세의 아들인 제임스 3세를 윌리엄과 메리 대신 잉글랜드의 왕으로 선언했다.

1701년

서아프리카의 아샨테(아샨티) 도시 국가 연맹이 덴키라를 물리치고 독립해 아샨테 왕국을 세웠다. 아샨테 왕국은 용맹한 군대와 대서양 무역을 토대로 강력한 제국으로 성장했다. 제스로 툴이 말이 끄는 파종기를 발명해, 잉글랜드에서 농업 혁명이 일어났다.

1704년

잉글랜드 발명가 토머스 뉴커먼이 세이버리의 증기 기관을 개선했다. 1712년, 뉴커먼의 증기 기관이 탄광의 물을 퍼내는 펌프에 처음 설치됐다. 새로운 기술의 발전으로 산업 혁명이 일어났다. 북아메리카에서 지금까지 발행되는 신문 가운데 가장 오래된 《보스턴 뉴스레터》가 창간됐다. 보스턴이 대서양 노예 무역의 주요 항구로 떠올랐다.

1707년

아우랑제브 황제가 죽자 무굴 제국이 쇠락하기 시작했다. 연합법이 선포돼 스코틀랜드와 잉글랜드가 합쳐져 영국이 됐다.

1712년

펜실베이니아의 퀘이커교도들이 노예제 폐지를 청원했지만 기각당했다. 노예를 해방시키는 최초의 조치는 1780년에야 통과됐다.

1713~1714년
스페인 왕위 계승 전쟁이 끝났다. 1713년 위트레흐트 조약과 1714년 라슈타트 조약으로 프랑스와 스페인의 왕위를 분리했고, 유럽의 권력은 균형을 찾았다. 오스트리아가 스페인령 네덜란드를 받고 영국이 뉴펀들랜드와 노바스코샤, 지브롤터를 받았다.

1715년
첫 번째 재커바이트(Jacobite) 반란이 일어났다. 명예 혁명으로 폐위된 스튜어트 가의 스코틀랜드 왕 제임스 7세(제임스 2세) 지지자들이 하노버 가의 조지 1세에 반기를 들었다. 재커바이트의 난은 프레스턴에서 진압됐고 제임스 2세의 아들인 제임스 프랜시스 에드워드 스튜어트('늙은 왕위 요구자')는 1716년에 프랑스로 탈출했다.

1715~1717년
야마시 전쟁이 일어났다. 야마시 족 등 아메리카 원주민들이 사우스캐롤라이나의 영국 정착지를 공격했다.

1717년
바로크 시대의 걸작 헨델의 「수상 음악」이 런던에서 처음 연주됐다. 영국 해적 에드워드 티치('검은 수염')가 카리브 해에서 활동했다.

1720년
헤이그 조약으로 사국 동맹 전쟁(1718~1720년)이 끝났다. 스페인의 펠리페 5세가 시칠리아와 사르데냐에 대한 권리를 포기했고, 프랑스는 북아메리카의 펜서콜라와 스페인 북부 지역을 펠리페 5세에게 돌려줬다. 텍사스도 스페인이 가졌다. 티베트에서 청나라가 중가르 한국을 몰아내고 새로운 달라이 라마를 추대한 뒤 티베트를 조공국으로 삼았다.

1721년
뉘스타드 조약으로 대북방 전쟁(1710~1721년)이 끝났다. 스웨덴이 발트 해 항구를 러시아에 양도했다. 표트르 대제가 러시아 제국을 선포했다. 태평양에서는 네덜란드 탐험가 야코프 로게베인이 이스터 섬을 발견하고 사모아 제도를 확인했다.

1722년
아프간 족이 아스파한을 점령하고 사파비 왕조의 마지막 황제를 끌어내린 후 페르시아 제국의 통치권을 주장했다. 1729년 나디르 샤가 아프간 족을 몰아내고 사파비 왕조를 복원했다.

1724년
다호메이 왕국(현재 서아프리카의 베냉)이 유럽에 노예를 공급했다. 프랑스령 루이지애나에서 흑인 노예법이 시행됐다. 이 법은 음식이나 의복 등 노예를 위한 기본권을 규정했지만 동시에 잔인한 처벌 역시 합법화했다.

1727년
카리브 해와 남아메리카에서 커피를 재배하기 시작했다. 포르투갈 인들이 프랑스령 기아나에서 가져온 씨앗으로 브라질에서 최초로 커피 플랜테이션이 시작됐다.

1728년
힌두교도인 마라타 족이 인도의 데칸 고원에 진출해 인도 남부의 하이데라바드의 니잠('군주'라는 뜻 — 옮긴이)을 물리쳤다. 덴마크 출신의 비투스 베링이 러시아 황제의 명을 받아 시베리아 해안을 탐사하다가 시베리아와 알래스카 사이의 해협(오늘날 베링 해협으로 불린다.)을 발견했다. 베링은 1741년 두 번째 항해에서 알래스카 해안도 발견했다.

1729년
영국이 중국 물품과 교환하기 위해 인도산 아편을 중국에 공급했다. 중국에서 아편 중독자 수가 치솟아, 중국 정부는 아편의 판매와 이용을 금지했다. 유럽의 아편 밀매업자들은 19세기까지 중국의 골칫거리였다.

1730년
아라비아 반도에 위치한 오만이 포르투갈 인들을 케냐와 탄자니아 해안에서 몰아내고 잔지바르를 통치하면서 동아프리카에서 세를 키웠다.

1733년
조지아 식민지가 건설됐다. 조지아는 북아메리카 대서양 해안에 영국이 건설한 마지막 식민지였다. 영국에서 존 케이가 플라잉 셔틀을 발명했다. 프로이센의 '군인왕' 프리드리히 빌헬름 1세가 징병제를 시행했다. 그 결과 프로이센은 유럽에서 네 번째로 큰 규모의 군대를 보유하게 됐다.

1735년
영국의 존 해리슨이 항해용 크로노미터를 공개했다. 이것은 해상에서 시간을 정확하게 알려 주는 최초의 휴대용 시계였다. 덕분에 항해사들은 장거리 항해 때도 경도를 정확하게 계산할 수 있었다.

1736년
나디르 샤가 아프샤리드 왕조를 창시하고 페르시아 제국의 황제 자리에 오르면서 사파비 왕조가 끝났다. 프랑스 탐험가이자 과학자인 샤를 마리 드 라 콩다민이 유럽 인 최초로 고무를 발견했다. 에콰도르의 마야 문명은 오래전부터 고무를 만들어 사용했다. 그는 가공한 고무 표본을 파리에 보냈다.

1737년
마라타 제국이 무굴 제국을 물리치고 인도 북부에 대한 지배를 확대했다.

▲ **이 아샨티 나무 빗**에는 다산의 상징인 젖을 물리고 있는 여성이 장식돼 있다. 1701년, 서아프리카 가나에 아샨티 왕국이 세워졌다.

1739년
나디르 샤의 페르시아 군대가 카르날에서 무굴 제국의 군대를 물리쳤다. 이들은 델리를 점령하고 코이누르 다이아몬드 등의 전리품을 챙겨 떠났다. 페르시아 제국은 이제 인더스 강 북쪽과 서쪽 모든 지역을 지배하게 됐다. 오스만 제국과 합스부르크 제국은 베오그라드 조약에 서명했다. 이로써 오스만 제국은 발칸 지역에서의 입지가 공고해졌다. 프랑스의 피에르와 폴 말레 형제는 유럽 인 최초로 북아메리카의 그레이트 플레인스를 횡단했다. 이로써 미시시피 강에서 샌타페이로 가는 길이 열렸다.

1743년
프랑스의 루이 조제프와 프랑수아 드 라 베랑드레 형제가 태평양 연안으로 가는 중에 유럽 인 최초로 북아메리카의 로키 산맥에 닿았다.

1745년
하노버 왕가의 지배에 반대하는 스튜어트 왕가의 두 번째 재커바이트 반란이 영국에서 일어났다. 프랑스의 지원 속에 제임스 2세의 손자('젊은 왕위 요구자')가 스코틀랜드에서 지지자를 모았지만, 1746년에 영국군에 의해 진압됐다.

1747년
나디르 샤가 살해되고, 페르시아 제국의 세가 약해졌다. 아마드 샤 두라니가 아프가니스탄에 독립국을 세웠다. 서아프리카에서는 오요 제국의 요루바 족이 다호메이 왕국을 정복하고 조공국으로 삼았다.

1748년
아프간 족이 인도 펀자브 지방을 침공했다. 유럽 열강들이 엑스라샤펠 평화 조약에 서명함으로써 오스트리아 왕위 계승 전쟁(1740~1748년)이 끝났다. 합스부르크 왕가의 마리아 테레지아가 오스트리아 헝가리 제국의 여제가 됐다.

1749년
마이소르 왕국이 인도 남부에 세워졌다. 중장 에드워드 콘윌리스가 핼리팩스를 건설해 노바스코샤에서 영국의 위상을 강화했다.

발명과 발견

인류가 존재한 이래로 먹는 것, 몸을 따뜻하게 유지하는 것, 생존하는 것, 지식을 습득하고 활용하는 것 등 인간의 기초적인 욕구가 수만 년에 걸쳐 발명과 발견을 촉진했다. 이런 발명과 발견은 우리의 삶과 사고 방식, 그리고 다른 사람과의 소통 방법을 바꿨다. 411쪽에 실린 천문학과 우주에서의 과학적 진전과, 422~423쪽에 실린 의학의 발전도 참고하자.

- **약 330만 년 전** 초기 인류의 조상이 석기를 만들었다.
- **약 180만~50만 년 전** 인간은 불을 피우는 법을 터득해 요리를 하기 시작했고 불을 지펴 보온을 했으며 맹수를 내쫓았다.
- **약 80만 년 전** 오스트레일리아와 멜라네시아로 이주하기 위한 뗏목이 만들어졌다.
- **약 4만 3000년 전** 아프리카와 유럽에 광산들이 만들어졌다. 이들이 지금까지 알려진 가장 오래된 광산이다.
- **약 1만 8000년 전** 중국에서 음식을 저장하기 위한 점토 그릇을 만들었다.
- **기원전 1만 500년경** 메소포타미아에서 농업이 시작돼 야생 곡물을 재배하기 시작했다. 또한 기원전 9000년경에 최초로 양이 가축화됐다.
- **기원전 8700년경** 메소포타미아에서 발견된 목걸이 등 작은 장식품을 만드는 데 구리가 사용됐다. 금은 기원전 4700년경, 은은 기원전 3000년경부터 사용된 것으로 추정된다.
- **기원전 5500년경** 메소포타미아의 수메르 농부들이 관개 농업을 발달시켰다.
- **기원전 3500년경** 수레에 처음으로 단단한 바퀴를 썼다. 중국에서는 비단을 생산하기 시작했다.
- **기원전 3300년경** 수메르에서 문자가 발명됐다. 처음에는 그림 문자였다가 기원전 2900년쯤에는 설형 문자로 발전했다. 기원전 3200년경에 이집트에서는 상형 문자가 발명됐다. 소아시아에서는 구리와 주석을 이용해 최초의 합금인 청동이 만들어졌다.
- **기원전 2500년경** 인더스 계곡(파키스탄) 도시에 관개 시설이 만들어져서 도시 사람들을 위한 상하수도 체계가 마련됐다.
- **기원전 2100년경** 바빌로니아 사람들이 태음태양력을 발명했다.
- **기원전 1400년경** 이집트 시나이의 채석장 노동자들이 최초로 알파벳 문자를 고안했다.
- **기원전 1000년경** 중동에서 철 제련 기술이 널리 퍼졌다.
- **기원전 600년경** 세계 지도가 그려진 바빌로니아 점토판이 제작됐다.
- **기원전 575년경** 아나톨리아의 그리스 도시인 밀레토스에서 탈레스가 자성을 발견했다.
- **기원전 384년** 지식은 증거로부터 얻을 수 있다고 가르친 그리스의 철학자이자 과학자인 아리스토텔레스가 태어났다.
- **기원전 300년경** 에우클레이데스가 『원론』을 펴내 그리스의 기하학을 집대성했다.
- **기원전 200년경** 인도에서 철과 다른 재료를 혼합해 강철을 만들었다. 그리스 수학자 아르키메데스가 복합 도르래를 발명했다. 아르키메데스는 부력의 법칙과 지레의 법칙을 발견하기도 했다.
- **105년경** 중국 한나라의 채륜이 종이를 발명했다.
- **876년** 인도의 수학자들이 0을 의미하는 숫자를 썼다.
- **1041~1048년경** 중국에서 이동식 활자를 처음 발명했다.
- **1044년** 중국에서 최초의 화약 제조법과 나침반을 만들었다.
- **1088년** 중국의 발명가 수송이 만든 최초의 기계식 시계는 태엽이 아닌 수차를 이용했다.
- **1202년** 이탈리아 수학자 피보나치가 힌두 숫자 0~9를 유럽에 도입하고 대수를 발명했다.
- **1250년경** 영국의 철학자 로저 베이컨이 과학 연구에 쓸 목적으로 최초의 확대경을 발명했다.
- **1454~1455년경** 이동식 활자 인쇄기로 처음 제작된 책은 독일의 구텐베르크 성경이었다.
- **1492년** 보헤미아의 마르틴이 가장 오래된 지구본인 '에르다펠(Erdapfel)'을 만들었다.
- **1590년경** 네덜란드의 안경 제조업자이자 서로 경쟁자였던 한스 리페르셰이와 자카리아스 얀선이 여러 개의 렌즈가 들어가는 현미경을 발명했다.
- **1600년경** 이탈리아의 과학자 갈릴레오 갈릴레이가 음의 주파수가 음의 높낮이를 결정함을 보였다.
- **1632년** 영국의 수학자 윌리엄 오트레드가 계산자를 발명해 복잡한 계산을 쉽게 할 수 있게 됐다.
- **1634년** 프랑스 수학자 블레즈 파스칼과 피에르 드 페르마가 확률 이론을 발전시켰다.
- **1638년** 갈릴레오가 같은 물질로 된 물체가 같은 매질 속에서 떨어지면 질량과 상관없이 같은 속도로 떨어진다는 낙하 법칙을 수식으로 기술했다.
- **1643년** 이탈리아의 물리학자 에반젤리스타 토리첼리가 수은 기압계를 발명했다.
- **1647~1648년** 블레즈 파스칼이 대기압에 대한 자신의 연구를 발표했다. 여기서 그는 고도가 높아질수록 기압은 낮아질 것이라는 자신의 가설을 입증했다.
- **1672년** 영국의 물리학자 아이작 뉴턴이 빛의 색 스펙트럼을 설명했다.
- **1687년** 뉴턴이 만유인력의 법칙과 운동 법칙을 책으로 펴냈다.
- **1752년** 미국의 과학자이자 정치가, 건국의 아버지 벤저민 프랭클린이 피뢰침을 발명했다.
- **1753~1758년** 스웨덴의 식물학자 칼 린네가 분류학(생물의 분류법)의 이명법을 확립했다.
- **1766년** 영국 화학자 헨리 캐번디시가 수소 기체를 발견했다.
- **1769년** 스코틀랜드의 발명가 제임스 와트가 자신만의 증기 기관을 만들어 특허를 출원했다. 이로써 산업 혁명이 일어났다.
- **1771년** 영국의 산업가이자 발명가 리처드 아크라이트가 수력으로 움직이는 방직 공장을 만들었다. 이것이 최초의 공장이었다.
- **1778년** 프랑스의 화학자 앙투안 라부아지에가 산소를 발견하고 여기에 그 이름을 붙였다. 그는 산소의 역할이 연소라고 밝혔다.
- **1779년** 네덜란드의 물리학자 얀 잉엔하우스가 식물의 광합성을 발견했다.
- **1783년** 프랑스의 몽골피에 형제가 뜨거운 공기로 움직이는 기구에 사람을 태운 채 첫 비행에 성공했다.
- **1800년** 이탈리아의 과학자 알레산드로 볼타가 전지를 발명했다.

▲ **전쟁을 준비하고 있는 전사들**을 묘사한 이 아시리아 부조는 기원전 645년경, 메소포타미아(고대 이라크) 니네베의 아슈르바니팔의 궁전에 새겨진 것이다. 바퀴는 메소포타미아 지역에서 기원전 3200년경에 발명됐다. 바퀴살 덕분에 바퀴는 더 가벼워졌고, 덕분에 기원전 2000년경에 등장한 빠른 말이 끄는 전차에 적합해졌다.

1801년 프랑스의 직공 조제프 마리 자카르가 구멍을 뚫은 판지를 이용한 새로운 기계식 방적기를 선보였다(이는 나중에 초기 컴퓨터에 적용됐다.).

1801~1804년 영국의 엔지니어 리처드 트레비식이 최초의 기관차를 선보였다.

1809년 영국 화학자 험프리 데이비가 최초의 전등인 아크등을 선보였다.

1820년 덴마크의 물리학자 한스 크리스티안 외르스테드가 전류가 자기장을 만든다는 사실을 발견했다.

1821년 영국의 과학자 마이클 패러데이가 전자기 회전 장치를 이용해 전기 에너지를 기계 에너지로 바꾸는 전기 모터를 처음으로 만들었다.

1822년 프로그램을 짤 수 있는 최초의 컴퓨터는 영국의 수학자 찰스 배비지가 고안한 미분기였다.

1823년 영국의 지질학자 윌리엄 버클랜드가 고인류 화석을 발굴했다.

1824년 프랑스에서 수학자 조제프 푸리에가 온실 효과를 발견했고, 맹인인 루이 브라유는 점자를 고안했다.

1826년 현존하는 가장 오래된 사진은 프랑스에서 조제프 니세포르 니에프스가 찍은 것이다.

1827년 프랑스의 엔지니어 푸르네롱이 수차를 발명했다.

1831년 영국의 과학자 마이클 패러데이가 전자기 유도 현상을 발견했다. 그는 최초의 전기 발전기를 만들었다.

1834년 미국의 발명가 제이컵 퍼킨스가 최초의 냉장고를 만들었다.

1837년 미국에서 발명가 새뮤얼 모스가 전보의 특허를 출원했다.

1859년 영국의 생물학자 찰스 다윈이 자연 선택을 통한 진화 이론에 대해 책을 펴냈다.

1864년 프랑스의 화학자이자 미생물학자 루이 파스퇴르가 파스퇴르 살균법을 발명했다.

1866년 오스트리아의 과학자 그레고어 멘델이 유전 법칙을 밝혔다.

1869년 러시아의 화학자 드미트리 멘델레예프가 주기율표를 발표했다.

1877년 미국에서 토머스 에디슨이 축음기로 녹음과 재생에 성공했다.

1878년 영국에서 조지프 윌리엄 스완이 전구에 대해 특허를 냈다. 곧 에디슨은 많은 사람들이 전깃불을 널리 쓸 수 있도록 전구를 발전시켰다.

1885년 독일 엔지니어 고틀리프 다임러와 카를 벤츠가 각각 고속의 내연 기관으로 동력을 얻는 최초의 자동차를 만들었다.

1893년 지크문트 프로이트와 요제프 브로이어의 「히스테리 현상의 심리 기제에 대하여」는 정신 분석학을 창시했다.

1895년 이탈리아의 굴리엘모 마르코니가 무선 전신을 만들어 라디오의 기틀을 놓았다.

1898년 폴란드계 프랑스 물리학자 마리 퀴리와 남편 피에르 퀴리가 높은 방사선을 내는 금속성 원소인 라듐을 발견했다.

1900년 독일의 물리학자 막스 플랑크가, 복사는 불연속적인 에너지의 덩어리에서 나온다고 제안하면서 양자 역학이 탄생했다.

1903년 미국에서 발명가인 윌버 라이트와 오빌 라이트 형제가 안정적이고 조종이 가능한 비행기로 동력 비행에 최초로 성공했다.

1905년 독일의 물리학자 알베르트 아인슈타인의 특수 상대성 이론이 공간과 시간에 대한 이해에 혁명적 진전을 가져왔다. 1915년에는 일반 상대성 이론이 나왔다.

1907년 미국의 화학자 리오 베이클랜드가 초기 합성수지인 베이클라이트를 발명했다.

1910~1915년 미국의 유전학자 토머스 헌트 모건이 특정 형질의 유전이 특정 염색체와 관련이 있다는 사실을 밝혔다.

1911년 뉴질랜드 태생의 어니스트 러더퍼드가 원자핵을 발견해 핵물리학이 탄생했다.

1912년 독일의 지질학자 알프레트 베게너가 대륙 이동설을 제안해 판 구조론의 기틀을 놓았다.

1913년 덴마크의 물리학자 닐스 보어가 원자의 구조를 설명했다. 미국 포드 자동차 회사에서 최초로 이동식 조립 라인이 설치됐다.

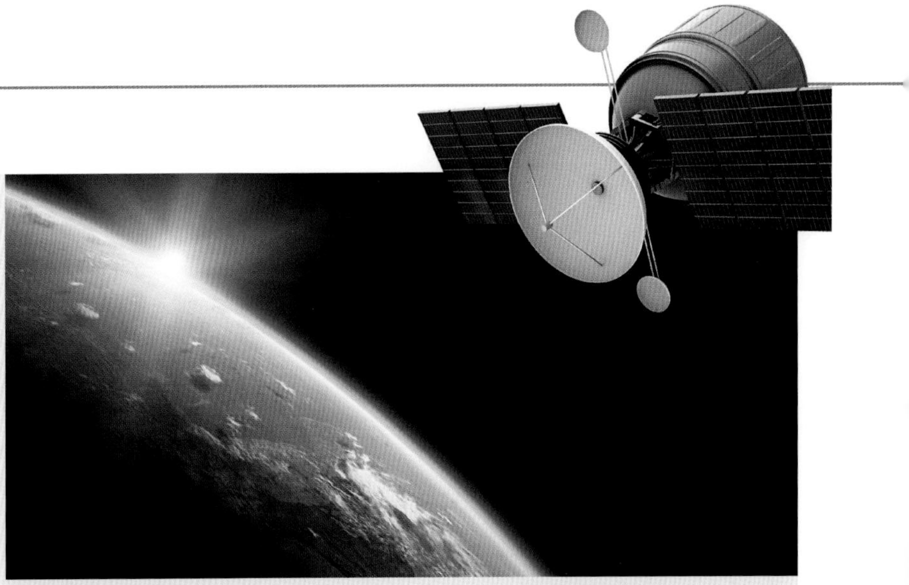

▲ **지구를 도는 위성**은 전 지구적 통신에 핵심적인 역할을 한다. 최초의 위성은 1957년에 발사됐다. 오늘날 2,000개 이상의 위성이 인터넷, GPS 내비게이션, 일기 예보 등에 쓰이는 엄청난 양의 정보를 중계하고 있다.

1917년 프랑스의 물리학자 폴 랑주뱅이 수중 잠수함을 감지하기 위한 수중 음향 탐지기의 전신을 만들었다.

1926년 스코틀랜드의 발명가 존 로지 베어드가 텔레비전 방송을 처음으로 선보였다.

1935년 영국의 물리학자 로버트 왓슨와트가 항공기를 탐지하기 위한 최초의 실용 레이더를 발명했다.

1937년 영국의 엔지니어 프랭크 휘틀이 실제 사용 가능한 제트 엔진을 처음으로 시험했다.

1940~1944년 미국의 과학자들이 DNA가 대부분의 생명체에서 유전 물질이며 유전 정보의 화학적 기초라는 사실을 발견했다.

1945년 미국의 물리학자 로버트 오펜하이머가 맨해튼 프로젝트에 참여해 핵폭탄을 만들었다.

1947년 미국의 화학자 윌러드 리비가 탄소 연대 측정법을 개발했다.

1958년 미국의 과학자 찰스 킬링이 대기 중 이산화탄소 농도를 관측하기 시작했다. 그의 발견 덕분에 이산화탄소 배출이 지구에 미치는 영향이 밝혀졌다.

1960년 미국에서 물리학자 시어도어 메이먼이 최초로 레이저 장치를 개발했다.

1961년 제너럴 모터스에서 최초로 산업용 로봇을 사용했다.

1971년 미국에서 프로그래머 레이 톰린슨이 최초의 이메일을 발송했다. 인텔은 최초의 마이크로프로세서를 만들었다.

1973년 IBM과 제록스가 각각 개인용 컴퓨터의 초기 모델을 개발했다. 미국에서 최초로 휴대 전화로 통화가 이뤄졌다.

1974년 범용 상품 부호(UPC)를 담은 바코드가 미국에서 껌 포장 박스에 처음으로 적용됐다.

1977년 미국의 지질학자 마리 사프와 브루스 히즌이 세계의 해저 지도를 만들었다.

1990년 스위스에 위치한 CERN에 근무하던 영국 컴퓨터 과학자 팀 버너스리가 월드 와이드 웹을 고안했다.

1994년 미국 벨사우스 사에서 최초의 스마트폰을 출시했다.

1996년 스코틀랜드에서 복제양 돌리가 태어나 동물 복제의 이정표가 됐다.

2009년 안드로이드를 기반으로 한 최초의 태블릿 컴퓨터가 나왔다. 이어서 애플의 첫 번째 아이패드가 2010년에 발표됐다.

2012년 CERN의 물리학자들이 다른 모든 입자에게 질량을 주는 기본 입자인 힉스 보손의 존재를 뒷받침하는 증거를 찾았다.

2016년 LIGO가 블랙홀 두 개의 충돌에서 발생한 중력파를 검출했다.

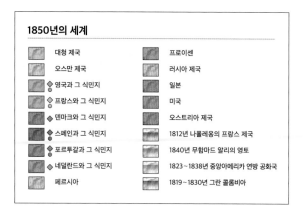

▶ **1850년의 세계**

1850년까지, 러시아와 미국은 각자의 대륙에서 영역을 넓혀 왔다. 대부분의 라틴 아메리카는 독립을 했다. 유럽 열강들은 아프리카를 식민화하고 오스트레일리아와 뉴질랜드에 정착했다. 무굴 제국의 인도는 영국의 지배를 받게 됐다. 오스만 제국은 여전히 아프리카 북쪽과 중동을 지배했다. 중국의 청나라는 넓은 영토를 차지하고 있었지만, 유럽 열강들에게 항구를 개방하고 그들의 무역 특권 요구를 받아들여야 했다.

제국주의 시대의 세계

1750년부터 1914년까지

산업적, 과학적, 정치적 혁명의 시대에, 공장, 증기 기관, 그리고 철도는 부의 비대칭적인 증가를 가져왔다. 유럽과 아메리카 대륙에서는 다른 곳에 비해 부가 빠르게 증가했다. 프랑스와 미국에서는 전통적인 왕정이 폐지됐다. 민족주의에 경도된 상당수의 라틴 아메리카 국가들이 독립했고, 이탈리아와 독일은 통일을 했다. 이어서 정치적 자유에 대한 요구가 커지자, 정부는 변화를 인정하고 정치적 개혁을 단행했다. 하지만 이런 권리들이 식민지로 확대되지는 않았다. 유럽 국가들은 산업화와 개혁이 늦은 중국이나 일본 같은 국가들을 정치적, 경제적으로 침략하고 지배했다.

러시아 제국
시베리아
예니세이 강
레나 강
오비 강
볼가 강
아무르 강
핀란드
상트페테르부르크
모스크바
노르웨이
스웨덴
덴마크
프로이센
네덜란드
작센
폴란드
뷔르템베르크
바이에른
오스트리아 제국
몰다비아
왈라키아
세르비아
몬테네그로
파리
프랑스
스위스
흑해
콘스탄티노플
토스카나
마드리드
지브롤터
이오니아 제도
몰타
그리스
알제리
프랑스 점령 진행 중
러시아 점령 진행 중
카자크 인
카스피 해
히바
투르크멘 족의 소국들
부하라
코칸트
쿤두즈
바다크샨
테헤란
페르시아
발흐
아프가니스탄
발루치스탄
티그리스 강
유프라테스 강
오스만 제국
카이로
바레인
베두인 족
아라비아 반도
사하라 사막
이집트
부왕령
나일 강
예멘
아덴
에티오피아
하라르
소코트라
고비 사막
대청 제국
북경(베이징)
황허 강
남경(난징)
양쯔 강
조선
일본
도쿄
히말라야 산맥
네팔
부탄
인더스 강
델리
갠지스 강
인도
찬다나가르
캘커타
플라시
디우
고아
마드라스
퐁디셰리
실론
버마
루앙프라방
안남
시암
방콕
테나세림
캄보디아
홍콩
마카오
마닐라
필리핀 제도
민다나오
마리아나 제도
마셜 제도
캐롤라인 제도
태평양
니코바르 제도
몰디브 제도
아체
말레이 족의 국가들
말라카
싱가포르
수마트라
라부안
사라왁
브루나이
술루
보르네오
네덜란드령 및 보호령
바타비아
자바
뉴기니
파푸아 인
포르투갈령 티모르
세이셸 제도
아미란테 제도
차고스 제도
인도양
몸바사
오만에 편입
잔지바르
오만에 편입
킬와
오만에 편입
코모로 제도
노시베
생트마리
메리나 왕국
마다가스카르
모리셔스
레위니옹
쿠시 족
반투 족
부뇨로
부간다
토로
부소가
안콜레
르완다
카라궤
부룬디
콩고 강
쿠바
테케
루바
카제베
칼룬데
카니오크
키론자
운고니
룬다
카쳄베
앙골라
카산제
키야카
초퀘
음붐부
음바일룬두
비헤
웅고니
잠베지 강
로지
갈랑기
카룬다
왐부
포르투갈령 동아프리카
은데벨레
칼라하리 사막
코이산 민족
그리콰 인
스와지 족
가자
줄루 족
빈비르흐호포체프스트룸 공화국
나탈
바수톨란드
포도 족
케이프 콜로니
케이프타운
투아레그 족
다마르갈
마라디
고비르
소코토
와다이
다르푸르
보르누
아부쟈
다호메이
아샨티
골드 코스트
페르난도 포
상투메 프린시페
리오무니
리브르빌
세인트헬레나
모로코
튀니스
오스트레일리아 식민지
퍼스
달링 강
애들레이드
시드니
멜버른
로드하우
뉴질랜드

제국주의 시대의 세계

1750년

신대륙에서 스페인과 포르투갈 사이의 새 경계가 합의됐다. 브라질이 포르투갈 영토로 편입됐다.

1751~1780년

프랑스 철학자 드니 디드로의 『백과사전』은 계몽주의의 대표 저작으로, 과학과 철학, 정치학, 종교 등 인류의 지식을 망라했다.

1753년

스웨덴 식물학자 칼 린네가 『식물의 종』을 펴내 현대 식물 분류 체계의 기초를 닦았다.

1755년

포르투갈 리스본에서 지진이 일어났다. 이는 역사상 가장 피해가 큰 지진 중 하나로, 6만~10만 명이 죽었다.

1756~1763년

7년 전쟁이 일어나 하노버, 영국, 프로이센이 프랑스, 오스트리아, 러시아, 작센, 스웨덴과 유럽 및 세계 곳곳에서 맞붙었다.

1757년

플라시 전투에서 영국 동인도 회사가 벵골 태수가 이끄는 군대를 격파했다. 프로이센이 로이텐 전투에서 오스트리아를 이기고 슐레지엔에 대한 지배권을 얻었다.

1758년

영국이 프랑스로부터 포트듀케인과 펜실베이니아, 서아프리카의 세네갈을 얻었다. 러시아가 초른도르프 전투 후 프로이센을 침공했다.

1759년

영국-프로이센군이 프랑스군을 독일 북부 민덴에서 격파했다. 영국 해군이 서인도 제도의 프랑스 식민지 과들루프를 점령했다. 울프 장군이 이끄는 영국군은 퀘벡 등 프랑스령 캐나다 지역을 점령했다.

1760년

설탕의 주산지인 서인도 제도 자메이카 영국 식민지에서 노예 반란이 일어났다. 폭동은 1761년 진압됐다. 중국의 청나라가 몽골 족을 지배하기 시작했다.

1762년

예카테리나 2세가 러시아 왕좌에 올랐다. 그녀는 광범위한 개혁 정책을 추진했고, 영토도 확장했다. 프랑스 철학자 장자크 루소가 『사회 계약론』을 출판해 정부와 시민의 관계를 정의했다.

1763년

파리 조약으로 7년 전쟁이 끝나고 북아메리카에서 영국의 우위를 확고해졌다. 전쟁 비용이 과도했고 참가국의 빚도 많았기에 세금이 늘었다. 이 때문에 자국과 식민지의 불만이 높아져 갔다.

1764년

영국 직공 제임스 하그리브스가 다축 방적기를 발명해 면을 여러 개의 물렛가락으로 지었다. 직물 생산성이 8배 높아졌다.

1768년

러시아가 폴란드와 크림 반도를 침공해 러시아와 오스만 제국 사이의 전쟁이 시작됐다. 전쟁은 1774년에 끝났으며 러시아가 흑해를 자유롭게 항해할 권리를 획득했다. 영국 탐험가 제임스 쿡이 인데버호를 타고 첫 태평양 항해에 나섰다. 그는 1769년에서 1770년까지 뉴질랜드의 해안선 지도를 완성했으며, 1770년에는 오스트레일리아 동쪽 해안선 지도를 완성했다.

1769년

이집트의 알리 베이 알 카비르가 오스만 제국의 관리들을 쫓아내고 독립을 선언했지만 1773년에 실패로 끝났다. 북아메리카와 스페인의 프란치스코회 수사들이 캘리포니아 해안을 따라 구호 시설을 지었다. 스코틀랜드 발명가 제임스 와트가 증기 기관을 개선해 특허를 취득했다.

▲ **1773년 보스턴 차 사건** 당시 아메리카 원주민 복장을 한 무역상들이 영국의 규제에 저항해, 동인도 회사가 싣고 온 차 342상자를 항구에 버렸다. 당시의 차법에 따르면, 도착지에서 세금을 내지 않고 인도에서 북아메리카로 차가 들어올 수 있게 됐다. 이 법으로 많은 식민지 상인이 밀수입해 온 것보다 차가 더 싸졌고, 상인들은 망하기 직전까지 내몰렸다.

1771년

영국 최초의 수력 방적기가 산업 혁명의 시작을 알렸다. 산업 혁명은 시골 중심의 농업 경제에서 도시와 제조업 중심의 산업 경제로의 전환이었다.

1772년

폴란드가 오스트리아와 프로이센, 러시아에 의해 분할됐다. 이들은 폴란드 국토의 3분의 1을 차지했다.

1773년

쿡 선장이 두 번째 항해에서 남극권에 진입, 남극 대륙 주변을 한 바퀴 돌았다. 북아메리카에서는 보스턴 차 사건이 일어났다. 상인들이 영국의 통치에 반발해 영국 동인도 회사가 들여온 차를 보스턴 항에 버렸다.

1774년

영국이 보스턴 차 사건에 대해 소위 '참을 수 없는 법'을 통과시켰다. 이 법은 13개 식민지에 대한 징벌 조치를 공식화한 것이었다. 13개 식민지의 사절들은 제1차 대륙 회의를 열고 영국 상품의 불매 및 영국과의 무역 금지를 결의했다.

1775~1783년

미국 독립 전쟁(또는 미국 혁명 전쟁)이 렉싱턴-콩코드 전투를 시작으로 발발했다. 조지 워싱턴이 이끄는 식민지 군대가 영국군('붉은 외투')을 상대로 싸웠다.

1776년

토머스 페인이 『상식』에서 미국의 독립을 요구했다. 미국의 독립 선언서가 7월 4일 서명됐다. 선언서는 (노예 상태의 아프리카 인을 제외한) 모든 사람은 평등하며 "생명, 자유, 그리고 행복 추구"의 권리가 있다고 주장했다.

1777년

산 일데폰소 조약으로 스페인의 우루과이 지배와 포르투갈의 아마존 유역 지배가 확정됐다.

1778년

프랑스가 미국 독립 전쟁에 참전해 영국과 싸웠다. 쿡 선장은 1776년에 시작된 세 번째 태평양 항해 도중, 유럽 인 최초로 하와이에 상륙했다.

1779년

남아프리카로 이주한 네덜란드 인 후손인 보어 인들이 목초지와 물을 이용할 권리와 소 사냥 문제로 코사 족과 충돌했다.

1780~1782년

투팍 아마루 2세가 약 7만 5000명의 아메리카 원주민과 크리올을 이끌고 스페인의 페루 통치에 맞서 봉기를 일으켰다.

1781년

버지니아의 요크타운 요새에서 포위된 영국

군이 식민지군 사령관 조지 워싱턴에게 항복함으로써 미국이 승기를 잡았다.

1783년

러시아 황제가 크림 반도를 병합했다. 몽골피에 형제가 만든 최초의 열 기구가 사람을 태우고 파리 상공을 비행했다. 영국이 파리 조약에서 미국의 독립을 인정했다.

1784년

피트 인도법이 제정됐다. 이로써 영국 정부는 동인도 회사의 상업 활동에 대한 감시권과 인도 식민지에 대한 통치권을 확보했다.

1787년

영국 자선가들이 서아프리카 시에라리온에 해방 노예 정착지를 세웠다. 영국 하원에서는 노예 무역 폐지 위원회가 설립됐다. 지금까지 사용되는 성문 헌법 가운데 가장 오래된 미국 헌법이 제정됐다. 미국 발명가 존 피치가 설계한 최초의 증기선이 델라웨어 강에서 운항됐다.

1788년

영국 선단 퍼스트 플리트(The First Fleet)가 영국 죄수들을 오스트레일리아 보터니 만에 실어 날랐다. 이후 50년 넘게 6만 명의 사람들이 오스트레일리아에 이송됐다.

1789년

조지 워싱턴이 미국 초대 대통령으로 선출됐다. 프랑스에서 주로 평민 대표들로 구성된 국민 의회가 테니스코트 서약을 맹세하자 루이 16세가 군대를 파견했고 분노한 파리 시민들이 7월 14일 바스티유 감옥을 습격함으로써 프랑스 혁명이 시작됐다.

1791년

루이 16세와 왕가가 파리를 탈출했지만 바렌에서 잡혀 돌아왔다. 이를 계기로 국민의 신뢰를 잃었다. 프랑스 식민지 생도맹그의 아이티 섬에서 투생 루베르튀르가 이끄는 대규모 노예 반란이 일어났다.

1792년

프랑스가 왕정을 폐지하고 제1공화국을 선포했으며 오스트리아와 프로이센, 피에몬테에 전쟁을 선포했다. 네덜란드와 스페인, 오스트리아, 프로이센, 러시아가 제1차 대프랑스 동맹을 결성했다. 영국은 1793년 합류했다. 제1차 대프랑스 동맹 전쟁은 1795년 프랑스의 승리로 끝나 프랑스가 영토를 획득했다.

1793년

루이 16세가 1월 기요틴에서 처형됐다. 이어 10월 마리 앙투아네트가 처형됐다. 막시밀리앙 로베스피에르의 '공포 정치'(1794년까지) 기간에 혁명의 적이라는 혐의를 쓴 1만 7000명이 처형됐다.

1793년

엘리 휘트니의 조면기 덕분에 목화를 다듬는 과정이 빨라졌고, 미국 남부에서 면 생산이 크게 늘었다.

1794년

프랑스가 노예제를 폐지해 아이티의 반란이 종결됐다. 외세의 지배에 저항해 폴란드가 봉기했지만, 1795년 3차 분할로 폴란드가 지도에서 사라졌다(1918년까지).

1795년

프랑스에 총재 정부가 들어섰다(1799년까지). 네덜란드가 갖고 있던 남아프리카의 희망봉을 영국이 빼앗았다.

1798년

아일랜드 인 연합회가 웩스퍼드에서 영국의 아일랜드 지배에 대항해 봉기했으나 영국군에 진압됐다. 영국과 오스트리아, 러시아가 제2차 대프랑스 동맹 전쟁을 일으켰다(1802년까지). 프랑스 사령관 나폴레옹 보나파르트가 이집트 점령에 성공했으나 그의 선단이 나일 강 전투에서 호레이쇼 넬슨이 이끄는 영국 해군에 패해 고립됐다.

1799년

프랑스 혁명이 끝났다. 나폴레옹이 쿠데타를 일으켜 총재 정부를 전복시키고 통령 정부를 수립하고 스스로 제1통령이 됐다. 영국이 인도 남부에 대한 지배권을 획득했다.

1800년경

18세기 계몽주의와 합리주의에 대한 반동으로 유럽에 낭만주의가 나타났다. 독일의 초기 낭만주의 작곡가 루트비히 판 베토벤이 피아노 독주를 위한 소나타 「월광」을 1801년에 완성했다.

▲ **1789년 바스티유 감옥 습격**은 프랑스 혁명의 전환점이었다. 군대가 파리로 오고 있다는 두려움에, 약 600명의 군중이 왕정의 상징인 감옥을 부수고 들어가 무기고를 약탈했다.

1803~1805년

미국이 루이지애나 매입을 통해 프랑스 영토였던 미시시피 강과 로키 산맥 사이를 사들여, 영토가 거의 두 배로 늘어났다. 1804년에는 남쪽 국경이 뉴올리언스까지 확장됐다. 메리웨더 루이스와 윌리엄 클라크가 미국인 최초로 서부 지역을 탐험했다. 이들은 1805년 태평양 연안에 닿았다.

1803~1807년

영국이 스웨덴과 러시아, 오스트리아, 프로이센과 함께 제3차 대프랑스 동맹 전쟁을 시작했다. 1815년까지 나폴레옹과 대프랑스 동맹 간의 전쟁은 계속됐다.

1804년

나폴레옹이 스스로 나폴레옹 1세가 되면서 프랑스의 황제가 됐다. 모든 사람의 평등을 보장하는 프랑스 민법전이 제정돼 봉건 귀족의 특권이 완전 폐지됐다.

1805년

나폴레옹의 유럽 제국을 향한 야심에 대항해 오스트리아가 영국, 러시아의 제3차 대프랑스 동맹 전쟁(1807년까지)에 합류했다. 영국이 트라팔가르 해전에서 프랑스-스페인 함대를, 프랑스가 아우스터리츠 전투에서 러시아와 오스트리아를 격파했다.

1806년

나폴레옹이 신성 로마 제국을 해체했고, 프로이센을 격퇴했다. 또 영국을 고립시키기 위해 유럽 대륙과 영국 간의 교역을 금하는 대륙 봉쇄령을 내렸다.

1807년

러시아가 항복하고 프랑스와 동맹을 맺으며

▲ **나폴레옹의 모스크바 회군**은 1812년 러시아의 혹독한 겨울에 겪은 치욕적인 패배였다. 극심한 추위와 식량 부족, 티푸스 유행, 이질, 그리고 러시아의 공격에 많은 사람이 죽었고, 50만 명이나 되던 육군 병력 가운데 3만 명만이 살아 돌아왔다.

제4차 대프랑스 동맹 전쟁이 막을 내렸다. 영국에서 노예 무역이 금지됐다.

1808년

유럽 중부 및 서부 대부분을 지배하게 된 나폴레옹이 형 조제프 보나파르트를 스페인의 왕으로 임명한 것을 계기로 나폴레옹 제국과 영국, 스페인, 포르투갈 연합군 사이에 반도 전쟁이 일어났다(1814년까지).

1810년

스페인의 지배에 맞서는 멕시코 독립 전쟁이 일어났다. 1826년까지 남아메리카에 있는 모든 스페인 식민지가 독립했다. 러시아가 나폴레옹의 대륙 봉쇄령 체제에서 탈퇴하고 영국과 무역을 재개했다.

1812년

나폴레옹이 대륙 봉쇄령을 어긴 러시아를 침공해 모스크바를 점령했지만 정예군 대부분을 잃고 퇴각했다. 영국과 미국 사이에 1812년 전쟁이 일어나, 영국군이 워싱턴 D.C.의 백악관을 불태웠다. 오스만 제국의 이집트 총독 무함마드 알리가 와하비로부터 성지 메디나를 되찾았다. 이들은 1813년에는 지다와 메카도 되찾았다.

1813년

영국, 프로이센, 러시아 연합군이 라이프치히 전투에서 프랑스군을 격파했다. 남아메리카 독립 전쟁에서, 시몬 볼리바르가 베네수엘라에서 승승장구하며 카라카스에 입성, 리베르타도르(해방자)라는 칭호를 획득했다.

1814년

대프랑스 동맹이 파리를 점령했다. 나폴레옹은 엘바 섬으로 유배됐으며, 루이 16세의 동생인 루이 18세가 프랑스 왕이 됐다. 유럽의 새로운 질서를 논하기 위해 빈 회의가 소집되었다.

1815년

나폴레옹이 엘바 섬에서 탈출해 파리로 돌아왔지만 워털루 전투에서 영국과 프로이센에 패하면서 그의 재집권은 '백일천하'로 끝났다. 그는 세인트헬레나 섬으로 유배됐고, 1821년 그곳에서 죽었다. 프랑스 왕정이 복고됐다.

1816년

남아메리카의 리오데라플라타 부왕령(아르헨티나의 전신)이 스페인으로부터의 독립을 선언했다. 남동아프리카에서 줄루 족 추장 샤카가 주변 부족을 정복하고 흡수해 광대한 제국을 세웠다.

1818년

마이푸 전투로 스페인으로부터의 칠레 독립이 확정됐다.

1819년

미국이 스페인으로부터 플로리다를 사들였다. 콜롬비아 공화국(그란 콜롬비아)이 선포되고 시몬 볼리바르가 대통령이 됐다. 스탬퍼드 래플스가 싱가포르를 발견했다. 영국 동인도회사가 싱가포르를 거점으로 삼고 말레이 반도에 진출했다. 이로써 중국과 인도 간의 무역에서 네덜란드에 도전할 수 있게 됐다.

1821년

오스만 제국에 대한 그리스 독립 전쟁이 일어나 1832년 끝났다. 멕시코가 독립했고 파나마가 그란콜롬비아에 편입됐다. 호세 데 산마르틴이 페루의 독립을 선언했다.

1823년

과테말라, 엘살바도르, 니카라과, 온두라스, 코스타리카가 독립해 중앙아메리카 연방 공화국을 결성했다. 시몬 볼리바르는 페루의 대통령이 됐다. 스페인의 지배는 1824년 끝났다.

1825년

볼리비아가 스페인으로부터 독립했다. 영국에서 스톡턴과 달링턴을 왕복하는 여객 증기 열차가 최초로 개통됐다. 이 열차는 조지 스티븐슨이 객차용으로 설계했다.

1826년

프랑스 발명가 조제프 니세포르 니에프스가 최초의 사진 촬영에 성공했다.

1827년

영국과 프랑스, 러시아가 그리스의 독립을 요구했다. 오스만 제국이 거부하자, 연합군이 나바리노 전투에서 오스만 함대의 4분의 3을 격침했다.

1828년

아르헨티나의 지원 아래 우루과이가 브라질로부터 독립했다. 러시아가 아르메니아를 합병하고 오스만 제국에 전쟁을 선포했다.

1830년

프랑스가 알제리를 침공해 지배하기 시작했다. 파리에서 7월 혁명이 일어났다. 프랑스 시민들이 부르봉 왕가 샤를 10세를 끌어내리고 그의 사촌이자 오를레앙 공작 루이 필리프를 왕으로 추대했다. 벨기에 혁명이 일어나 네덜란드로부터 독립을 선언했다. 혁명의 기운이 온 유럽을 휩쓸었고, 정치적 개혁에 대한 목소리가 높아졌다. 미국에서 '인디언 이주법'이 아메리카 원주민들의 법적 권리를 빼앗고, 이들을 '눈물의 길'을 따라 남동쪽 영토로부터 미시시피 강 서쪽으로 강제 이주시켰다.

1831년

벨기에가 독립을 쟁취하고 레오폴트 1세를 왕으로 선출했다. 러시아가 바르샤바 공국을 병합했다.

1832년

런던 조약으로 그리스 독립 왕국이 탄생하고 왕조가 세워졌다.

1833년

대영제국에서 공식적으로 노예제가 금지됐다. 또 공장법이 개정돼 9세 미만 어린이의 고용이 금지됐다.

1836년

알라모 전투에서 텍사스 반란이 진압되나 결국 멕시코 정부는 새로운 텍사스 공화국을 인정해야 했다. 텍사스 공화국은 1845년에 미국의 28번째 주가 됐다. 최초의 짐마차

떼가 사람들을 오리건 길을 따라 서부로 이주시켰다. 이후 짐마차 떼는 1841년 캘리포니아로 향했다.

1838년

과테말라와 온두라스, 니카라과가 중앙 아메리카 연방 공화국에서 독립했다. 남아프리카의 블러드리버 전투에서 보어 인들이 줄루 족을 학살했다.

1839~1842년

제1차 아편 전쟁에서 중국이 영국에 패했다. 중국은 남경 조약으로 다섯 개의 항구를 개방하고, 홍콩을 영국에 할양했다.

1839~1842년

제1차 영국-아프가니스탄 전쟁이 일어났다. 영국이 러시아의 영향력을 견제하고자 아프가니스탄에 친영 정권을 수립하려고 했다.

1840년

와이탕이 조약으로 마오리 족이 뉴질랜드에 대한 영국의 지배를 받아들여야 했다.

1842년

웹스터-애슈버턴 조약으로 미국과 영국령 캐나다 사이의 국경이 정해졌다.

1844년

미국에서 새뮤얼 모스가 최초의 전신 메시지를 보냈다. 최초의 대서양 횡단 전신 케이블이 1858년에 놓였다.

1845~1852년

아일랜드 감자 기근으로 100만 명 이상이 죽었다.

1846년

일본이 미국의 개항 요구를 거부했다. 텍사스 합병의 여파로 미국-멕시코 전쟁이 일어났다. 멕시코는 1847년 항복했다. 1848년, 과달루페 이달고 조약으로 멕시코는 캘리포니아를 포함해 광대한 영토를 미국에 헐값에 내줬다.

1848년

캘리포니아에서 금이 발견돼 골드러시가 시작됐다(1855년까지). 카를 마르크스와 프리드리히 엥겔스가 『공산당 선언』을 펴냈다. 1848년 혁명('혁명의 해')으로 프랑스와 오스트리아 제국, 독일, 이탈리아가 정치적 대격변에 휩싸였다. 프랑스는 왕정을 폐지하고 제2공화정에 돌입하며 나폴레옹의 조카 루이 나폴레옹을 대통령으로 선출했다.

1850년

중국에서 태평천국의 난이 일어났다. 1864년까지 2000만 명이 죽은 것으로 알려져 있다.

1851년

런던 국제 박람회가 열려 600만 명이 세계 각지에서 몰려와 농산품, 공산품을 관람했다. 대영 제국은 역사상 가장 커져서, 1922년까지 지구의 4분의 1을 차지했다.

1852년

남아프리카에서 보어 인이 트란스발 공화국을 세웠다. 오렌지 자유국은 1854년에 세웠다.

1853~1856년

러시아와 오스만 제국의 영토 분쟁이 크림 전쟁을 이어졌다. 오스만 제국이 영국, 프랑스와 연합해 전쟁에서 이겼다. 영국 간호사 플로렌스 나이팅게일이 야전 병원의 위생 개선으로 전시 사망자 수를 크게 줄였다.

1856년

영국의 헨리 베서머가 새로운 강철 생산 공정을 발명해 가격을 크게 낮췄다.

1856~1858년

인도에서 세포이 항쟁이 일어났지만 진압됐고 마지막 무굴 황제는 망명했다. 동인도 회사가 해체되고 영국 정부가 1947년까지 인도를 직접 지배했다.

1856~1860년

제2차 아편 전쟁에서 영국과 프랑스의 연합군이 중국에 승리했다. 그 결과 중국의 개항 확대 및 아편 수입 합법화를 요구하는 천진 조약이 체결됐다.

1858~1871년

1848년 주세페 마치니와 주세페 가리발디가 이끌었던 리소르지멘토(이탈리아 통일 운동)가 이탈리아 통일 전쟁으로 이어졌다. 프랑스와 피에몬테-사르데냐 왕국이 연맹을 맺어 오스트리아의 이탈리아 지배를 끝냈다. 피에몬테-사르데냐 왕국의 비토리오 에마누엘레 2세가 1861년 이탈리아의 왕임을 선포했다. 1871년 로마가 수도가 됐다.

1859년

찰스 다윈이 『종의 기원』에서 자연 선택에 의한 진화 이론을 설명했다.

1861년

러시아에서 농노제가 폐지됐다. 에이브러햄 링컨이 미국 대통령이 됐다. 농업 지대가 많은 남부가 연방 정부의 뜻을 거부하고 노예를 소유할 권리를 주장했다. 이들은 연합에서 탈퇴해 제퍼슨 데이비스의 지도 아래 아메리카 연합국을 결성했다.

1861~1865년
미국 남북 전쟁

아메리카 연합국이 섬터 요새를 공격하면서 전쟁이 시작됐다.

- 1862년: 아메리카 연합국(남부)이 샤일로에서 승리했다. 아메리카 합중국(북부)은 제2차 불런 전투에서 승리했다. 아메리카 합중국이 앤티텀에서 승리했다.
- 1863년: 링컨 대통령이 남부의 노예제를 폐지하는 노예 해방 선언에 서명했다. 아메리카 합중국이 빅스버그와 뉴올리언스를 차지했다. 아메리카 합중국이 전쟁 중 가장 큰 전투인 게티즈버그 전투에서 승리했다.
- 1864년: 율리시스 그랜트 장군이 아메리카 합중국의 지휘관이 됐다. 합중국 장군 윌리엄 셔먼이 '바다로의 행진'을 통해 애틀랜타부터 서배너에 이르는 조지아 주의 철로와 마을을 파괴했다.
- 1865년: 합중국 군대가 연합군의 수도 리치먼드를 차지했다. 연합국의 로버트 리 장군이 4월 9일 항복하면서 미국 역사상 가장 사상자가 많았던 전쟁이 끝났다. 60만 명이 죽었고 50만 명이 다쳤다. 4월 14일, 링컨 대통령이 암살됐다.

1862년

오토 폰 비스마르크가 프로이센의 재상이 됐다. 그는 군대를 키워 1871년 독일의 통일을 이끌었다. 일본 사쓰마 지역에서 영국인이 살해당하는 나마무기 사건이 벌어졌다. 이 사건은 1863년 사쓰에이 전쟁의 계기가 됐다.

1866년

프로이센-오스트리아 전쟁에서 프로이센이 오스트리아를 이겼다.

1867년

프로이센이 22개 국가를 통일해, 프로이센 주도의 북독일 연방을 설립했다. 오스트리아의 프란츠 요제프 1세를 황제로 한 오스트리아-헝가리 이중 제국이 성립됐다. 카를 마르크스가 『자본론』 1부를 출판했다. 미국이 러시아로부터 알래스카를 사들였다.

1868년

일본에서 도쿠가와 막부가 통치권을 일왕에게 반납했다. 이로써 에도 시대가 막을 내렸다. 일왕 메이지는 1912년까지 재위했다. 이 기간 동안 일본은 고립주의를 끝내고 입헌 정부를 세웠으며 기반 시설을 근대화하기 시작했다.

1870년

해방 노예에게 투표권을 주는 미국 수정 헌법 15조가 만들어졌다. 프랑스-프로이센 전쟁이 시작됐다. 파리가 포위되고 나폴레옹 3세가 항복해, 제3공화국이 선포됐다.

◀ **미국 남북 전쟁 독수리 북**에는 보병 연대를 의미하는 푸른 바탕 위에 13개 합중국 국가를 상징하는 별과 미국 대머리독수리가 그려져 있다.

▲ **라이트 플라이어호**가 1903년, 미국 노스캐롤라이나 주 키티호크에서 하늘을 날았다. 최초의 동력 비행에서 오빌 라이트는 12초 동안 37미터를 날았고, 동생 윌버 라이트는 59초 동안 260미터를 날았다.

1871년
프랑스-프로이센 전쟁이 끝났다. 패배한 프랑스가 알자스와 로렌을 독일에 넘겼다. 프로이센의 빌헬름 1세가 독일 제국의 황제가 되고 비스마르크를 총리로 임명했다. 파리 코뮌 봉기가 진압됐다.

1876년
아메리카 원주민들을 강제로 이주시킨 데 반발해 일어난 인디언 전쟁의 리틀빅혼 전투에서 아메리카 원주민인 수 족과 샤이엔 족 전사들이 조지 커스터 중령과 그의 군대를 섬멸했다.

1877~1878년
러시아가 오스만 제국에 전쟁을 선포했다. 세르비아와 루마니아, 몬테네그로가 독립을 쟁취했다. 불가리아가 자치권을 일부 획득하고 러시아의 관할에서 벗어났다.

1881년
영국이 보어 인의 트란스발 공화국을 인정했다. 개혁 차르 알렉산드르 2세 암살로 러시아에서 대대적인 유대인 박해가 시작됐다. 많은 유대 인들이 서유럽과 미국, 팔레스타인으로 이주했다.

1882년
프랑스에 대항해 독일, 오스트리아-헝가리 제국, 이탈리아가 삼국 동맹을 맺었다. 이집트의 소요 사태를 핑계로 영국이 침공했다.

1884~1885년
베를린 회의에서 서구 열강들이 '아프리카 분할'을 논했다. 벨기에 왕 레오폴트 2세가 콩고 지배를 인정받았다. 베를린에 모인 열강들이 1914년까지 아프리카의 대부분을 나눴다.

1885년
고틀리프 다임러와 카를 벤츠가 최초의 자동차를 만들었다.

1889년
브라질이 공화국을 선포했다.

1893년
뉴질랜드가 최초로 여성에게 참정권을 줬다.

1894년
오스만 제국이 아르메니아 인들을 학살했다. 1897년까지 약 25만 명이 목숨을 잃었다.

1894~1895년
조선에 대한 이권을 놓고 청일 전쟁이 일어났다. 중국이 종주국으로서의 지위를 상실하고 타이완을 일본에 넘겼다.

1895년
프랑스 파리에서 뤼미에르 형제가 46초 동안 이어지는 최초의 영화를 선보였다.

1896년
에티오피아의 황제 메넬리크 2세가 아두와 전투에서 이탈리아군을 물리쳐 에티오피아의 독립을 지켰다.

1898년
메인호가 쿠바에서 침몰해 스페인-미국 전쟁이 일어났다. 스페인이 쿠바 독립을 허용했고 푸에르토리코와 괌, 필리핀을 미국에 할양했다. 미국은 하와이를 병합했다.

1899~1902년
남아프리카(영국-보어 인) 전쟁에서 2만 5000명의 여성과 어린이가 영국 수용소에서 죽었다. '초토화 공격'으로 패배한 보어 인들이 남아프리카 연방에 대한 영국의 지배를 인정했다.

1900년
이민자들의 유입으로 미국의 인구가 약 7500만 명까지 폭발적으로 증가했다. 나이지리아가 영국의 보호령이 됐다. 중국에서 외국인을 적대시한 의화단 운동이 일어났고, 8개국 연합군이 북경을 점령했다. 러시아가 만주 남부를 점령했다.

1901년
텍사스가 스핀들톱에서 유정을 발견했다. 미국이 세계의 주요 산유국이 됐고 이를 현대적으로 적극 활용하기 시작했다. 오스트레일리아의 영토가 공표됐다. 영국의 빅토리아 여왕이 63년의 통치 기간을 기록하며 세상을 떠났다.

1904년
영국과 프랑스가 영불 협상에 서명했다. 1907년에 이들은 1882년의 삼국 동맹에 대항해 러시아와의 삼국 협상에 서명했다.

1904~1905년
러일 전쟁이 일어났다. 일본이 러시아 함대를 괴멸시켰고 만주에서 러시아를 몰아냈다.

1905년
혁명이 일어나 러시아의 차르 니콜라이 2세가 의회인 두마를 구성하는 등 제한적으로 권력을 양보했다. 스웨덴이 노르웨이의 독립을 인정했다.

1907년
오스트레일리아와 캐나다, 뉴질랜드가 대영 제국의 자치령이 됐다.

1908년
튀르키예 청년당원들이 오스만 제국 개혁을 요구했다. 제국이 흔들리자 오스트리아-헝가리 제국이 보스니아헤르체고비나를 병합했고 불가리아가 독립을 선언했다.

1910년
포르투갈이 왕정을 폐지하고 공화국을 선포했다. 대한제국이 일본에 합병됐다. 남아프리카 연방이 건국됐다. 이 연방은 1961년 영연방에서 독립해 남아프리카 공화국이 됐다.

1910~1920년
멕시코 혁명이 내전으로 이어졌다. 내전은 새 헌법을 제정하면서 1917년에 끝났다. 1920년에 대통령 선거가 있었다.

1911년
청나라가 무너졌다. 쑨원(손문)이 중화민국의 초대 대통령이 됐다.

1912년
호화 여객선 타이타닉호가 침몰했다.

1912~1913년
제1차 발칸 전쟁이 일어났다. 세르비아, 불가리아, 그리스, 몬테네그로의 발칸 동맹이 오스만 제국을 유럽에서 완전히 몰아냈다.

1913년
제2차 발칸 전쟁이 일어났다. 발칸 동맹이 무너지고 그리스와 세르비아가 불가리아와 싸워 이겼다. 세르비아가 영토 야욕을 품고 러시아와 동맹을 맺자 오스트리아-헝가리 제국과 독일이 경계심을 품게 됐다.

1914년
오스트리아 대공 프란츠 페르디난트가 사라예보에서 암살됐다. 이 사건을 계기로 제1차 세계 대전이 일어났다.

천문학과 우주

초기 인류가 처음으로 하늘을 본 이후, 우리는 지구의 기원을 추측하고 태양과 달, 별과의 관계를 생각했다. 우리는 시간의 흐름을 나타내는 고대의 상징물을 만들었고, 행성의 움직임을 설명할 이론을 고안했으며 우주를 응시하기 위한 망원경을 만들었다. 또 우주선을 발사해 우주를 만든 힘들을 조사했다.

- **기원전 8000년경** 최초의 달력은 음력 12달을 표시한 스코틀랜드의 거석 유적지이다.
- **기원전 3000년경** 메소포타미아가 30일씩 12달로 구성된, 1년이 360일인 최초의 달력을 고안했다.
- **기원전 2000~1500년경** 이집트 인과 바빌로니아 인들이 성도를 만들었다. 하늘을 지도로 그리고 '별자리' 혹은 영역으로 나눴다.
- **기원전 360년경** 그리스의 천문학자 크니도스의 에우독소스가 지구를 도는 행성의 움직임을 수학적 모형으로 만들었다.
- **기원전 150년경** 로마의 천문학자이자 지리학자 클라우디오스 프톨레마이오스가, 지구가 태양계의 중심에 있는 고대 그리스의 우주 모형을 그의 책 『알마게스트』에서 종합했다. 이 책은 나중에 아랍 어와 라틴 어로 번역됐다.
- **1420년** 페르시아의 천문학자 울루그 베그가 사마르칸트에 관측소를 짓고 지구 자전축의 기울기가 100분의 1도 이내라고 밝혔다.
- **1543년** 폴란드의 천문학자 니콜라우스 코페르니쿠스가 지구가 태양을 돌지 그 반대가 아니라고 주장했다. 이는 프톨레마이오스가 주장한 지구 중심 우주관을 태양 중심 우주관으로 대체하는 것이었다.
- **1608년** 네덜란드의 안경 제조업자 한스 리페르셰이와 자카리아스 얀선, 야코프 메티위스가 세계 최초의 굴절 망원경을 만들었다.
- **1609~1619년** 독일의 천문학자 요하네스 케플러의 행성 운동 법칙으로 태양계 행성들의 타원 궤도가 설명됐다.
- **1610년** 이탈리아에서 갈릴레오 갈릴레이가 고성능의 망원경을 만들어 목성의 위성들을 관찰했다. 또 금성이 태양 주위를 돌 때 생기는 상을 관찰해 태양 중심주의를 뒷받침했다.
- **1668년** 영국의 물리학자 아이작 뉴턴이 최초의 반사 망원경을 만들었다.
- **1687년** 아이작 뉴턴이 만유인력의 법칙을 담은 책 『프린키피아』를 펴냈다.
- **1705년** 영국의 천문학자 에드먼드 핼리가 혜성의 귀환을 처음으로 예측했다. 핼리 혜성은 76년마다 한 번 태양 주위를 돈다.
- **1781년** 영국의 천문학자 윌리엄 허셜이 직접 만든 망원경으로 천왕성을 발견했다. 그는 별의 진화와 분류도 연구했다.
- **1846년** 독일의 천문학자 요한 고트프리트 갈레가 해왕성을 발견했다.
- **1905년** 독일의 물리학자 알베르트 아인슈타인의 특수 상대성 이론이 공간과 시간의 관계를 기술했다. 그는 시공간에 미치는 중력의 영향을 1915년 일반 상대성 이론에서 밝혔다.
- **1927년** 벨기에의 천문학자 조르주 르메트르는 우주가 팽창한다는 대폭발 이론을 처음 제안했다.
- **1929년** 미국의 천문학자 에드윈 허블은 우주가 팽창하고 있으며, 우주에는 1000억 개가 넘는 은하가 있음을 계산해 냈다.
- **1933년** 미국에서 전화 기술자 카를 잰스키가 수신기에서 잡히는 잡음이 우리 은하에서 오는 전파임을 확인하면서 전파 천문학이 시작됐다. 그로트 레버가 1937년에 최초로 접시 모양의 전파 망원경을 건설했다.
- **1948~1949년** 미국에서 이론 물리학자 조지 가모브와 그의 공동 연구자 랠프 앨퍼와 로버트 허먼이 대폭발 핵합성 개념을 우주론에 도입하고 우주 마이크로파 배경 복사를 예견하면서 대폭발 이론이 발전했다.
- **1954년** CERN이 스위스 제네바에 세워졌다. 여기에 설치된 고에너지 입자 가속기는 물질의 기본 구성 요소를 연구하는 데 쓰인다.
- **1957년** 소련이 세계 최초의 인공 위성인 스푸트니크 1호를 발사했다. 미국과의 '우주 전쟁'이 시작됐다.
- **1958년** 미국이 최초의 통신 위성을 쏘아 올렸고, NASA를 설립했다.
- **1961년** 소련의 유리 가가린이 지구 궤도 비행에 성공하며 인류 역사상 최초의 우주인이 됐다.
- **1962년** NASA의 매리너 2호가 처음으로 태양계 다른 행성 중 금성을 탐사하기 위해 발사됐다.
- **1969년** NASA의 아폴로 11호 임무를 맡은 미국의 우주인 닐 암스트롱과 버즈 올드린은 인류 역사상 최초로 달에 착륙했다.
- **1971년** 캐나다에서 찰스 토머스 볼턴이 처음으로 블랙홀을 발견했다.
- **1977년** NASA가 보이저 1호를 발사했다. 보이저 1호는 태양계의 끝을 향해 갔고, 인류가 만든 어떤 물체보다 우주 멀리 날아갔다.
- **1981년** 세계 최초의 재사용 가능 우주선인 NASA의 스페이스 셔틀 컬럼비아호가 발사됐다.
- **1990년** 허블 우주 망원경이 지구 저궤도에 발사돼 547킬로미터 상공에서 선명한 심우주 사진을 촬영했다.
- **1995년** 미국 국방부가 위성을 이용한 GPS(위치 확인 시스템)을 완성했다.
- **2000년** 우주에서 실험을 하기 위한 첫 번째 우주인이 국제 우주 정거장에 도착했다.
- **2014년** ESA의 우주 탐사선 로제타가 착륙선 필레를 처음으로 혜성에 착륙시켰다.
- **2016년** 미국에서 레이저 간섭계 중력파 관측소(LIGO)가 알베르트 아인슈타인이 일반 상대성 이론에서 예측한 중력파를 검출하는 데 성공했다.

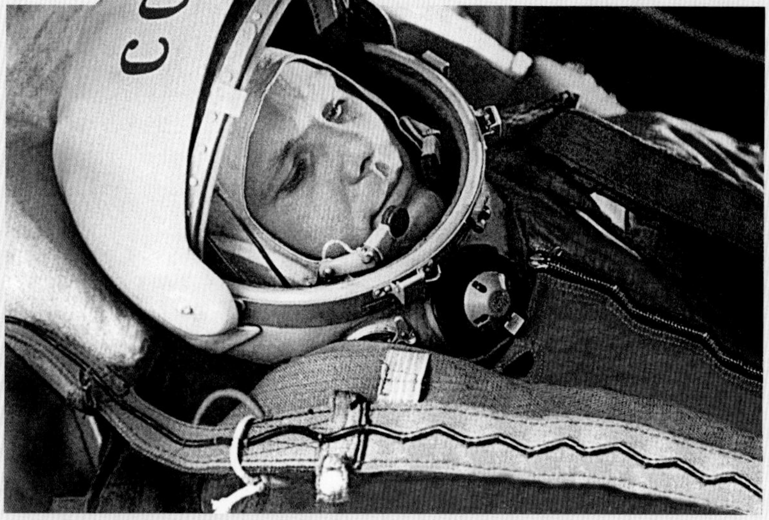

▲ **소련의 우주 비행사 유리 가가린**은 1961년, 보스토크 1호를 타고 지구를 108분 동안 도는 최초의 유인 우주 비행을 했다. 우주로 간 최초의 인간인 가가린은 소련에서 최고의 영예인 '소비에트 연방 영웅' 칭호를 얻었다.

1950년의 세계

- 영국과 그 식민지
- 프랑스와 그 식민지
- 덴마크와 그 식민지
- 스페인과 그 식민지
- 포르투갈과 그 식민지
- 네덜란드와 그 식민지
- 서독
- 일본과 그 식민지
- 노르웨이와 식민지
- 벨기에와 식민지
- 이탈리아와 식민지
- 뉴질랜드와 식민지
- 오스트레일리아와 식민지
- 미국과 식민지
- 1942년 11월 15일 유럽 열강들의 영향권
- 1942년 11월 15일 일본의 영향권

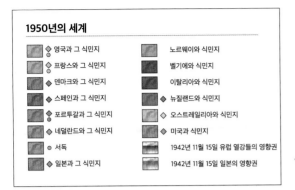

▶ 1950년의 세계

유럽의 탈식민지화가 시작됐다. 1947년 인도가 독립했고 이스라엘이 1948년 독립했다. 하지만 많은 아프리카 국가들이 그보다 10~20년 더 오래 유럽의 지배 아래 놓였다. 유럽에서 유럽 석탄 철강 공동체가 1952년에 설립된 이후 유럽 통합 과정이 계속됐다. 이 노력이 2013년 기준 28개국이 참여하는 유럽 연합으로 이어졌다.

현대의 세계

1914년부터 현재까지

유럽의 전 세계적인 우위가 두 번의 세계 대전으로 흔들리게 됐다. 식민지를 유지하거나 보호할 능력을 상실한 유럽 각국은 식민지를 독립시켰다. 공산주의가 러시아 혁명을 촉발했고, 유럽의 제국주의적 야욕에 고통 받고 있던 중국 같은 나라도 공산주의에서 가능성을 모색했다. 소련을 비롯한 공산주의 국가들과 미국 같은 자본주의 국가들 사이의 냉전으로 세계는 40년 넘게 핵전쟁으로 인한 파국 위협에 시달렸다. 1991년 소련이 무너졌지만, 세계 곳곳에서 지역 분쟁이 일어나 세계 평화를 향한 희망에 찬물을 끼얹었다. 그리고 일부 이슬람 세력의 급진적이고 폭력적인 운동과 같은 새로운 문제가 대두됐다.

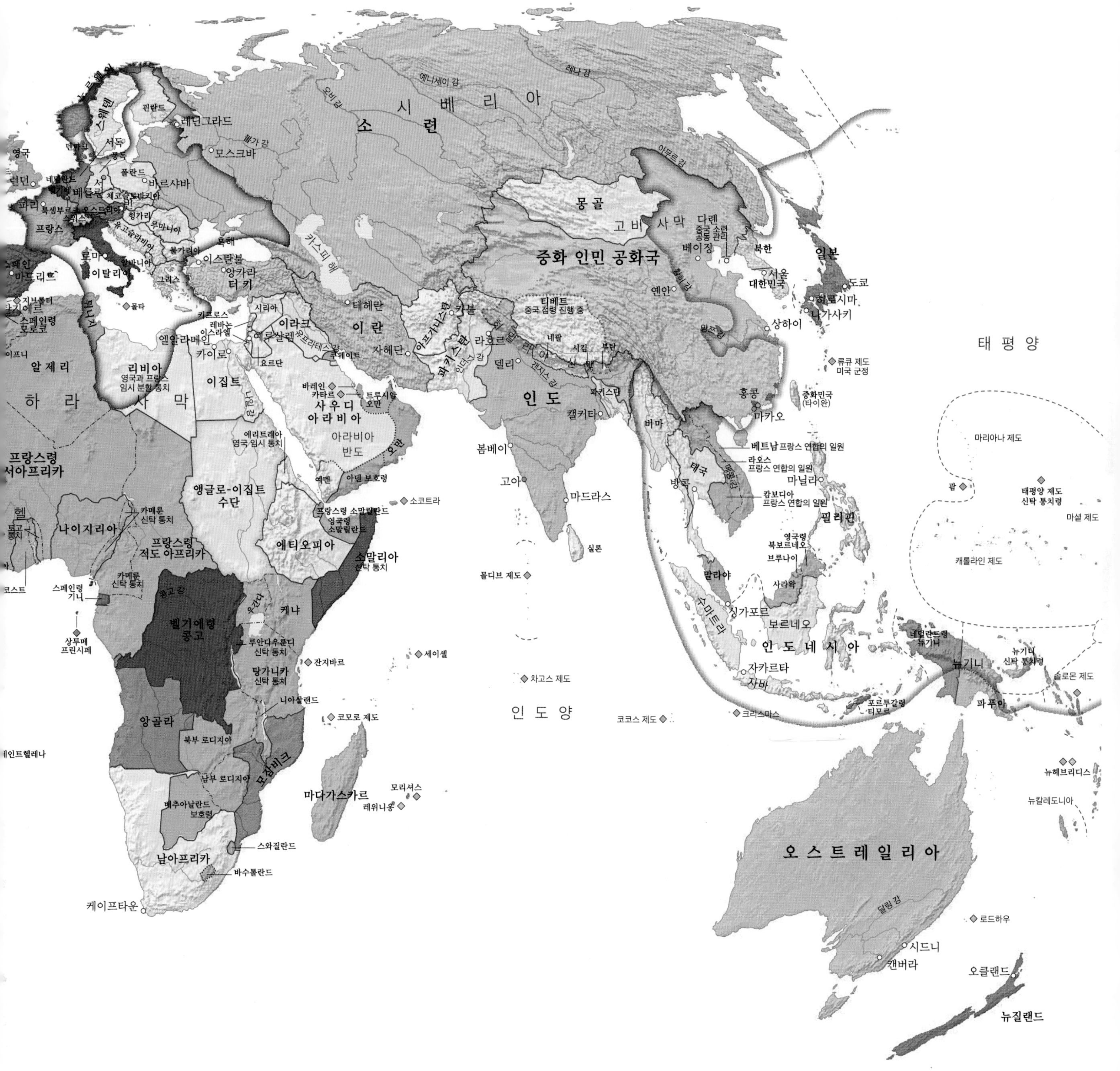

시 베 리 아
소 련
레나 강
예니세이 강
오비 강
볼가 강
아무르 강
레닌그라드
모스크바
핀란드
스웨덴
노르웨이
덴마크
영국
런던
네덜란드
벨기에
파리
룩셈부르크
프랑스
스위스
오스트리아
서독
동독
폴란드
바르샤바
체코슬로바키아
헝가리
루마니아
유고슬라비아
불가리아
알바니아
그리스
이탈리아
로마
스페인
마드리드
포르투갈
지브롤터
몰타
흑해
이스탄불
앙카라
터 키
키프로스
레바논
이스라엘
시리아
예루살렘
요르단
이라크
쿠웨이트
이 란
테헤란
카스피 해
아프가니스탄
카불
파키스탄
자헤단
라호르
델리
인더스 강
인 도
갠지스 강
네팔
시킴
부탄
히말라야 산맥
캘커타
봄베이
고아
마드라스
실론
몰디브 제도
동파키스탄
몽골
고 비 사 막
중화 인민 공화국
베이징
다롄
중국 소련 공동 관리
황허 강
양쯔 강
옌안
상하이
티베트
중국 점령 진행 중
북한
서울
대한민국
일본
도쿄
히로시마
나가사키
류큐 제도
미국 군정
홍콩
마카오
중화민국
(타이완)
태 평 양
버마
태국
방콕
라오스
프랑스 연합의 일원
베트남 프랑스 연합의 일원
캄보디아
프랑스 연합의 일원
메콩 강
마닐라
필리핀
말라야
싱가포르
영국령
북보르네오
브루나이
사라왁
보르네오
수마트라
인 도 네 시 아
자카르타
자바
네덜란드령
뉴기니
뉴기니
파푸아
뉴기니
신탁 통치령
포르투갈령
티모르
크리스마스
코코스 제도
차고스 제도
인 도 양
마리아나 제도
괌
태평양 제도
신탁 통치령
마셜 제도
캐롤라인 제도
솔로몬 제도
뉴헤브리디스
뉴칼레도니아
오 스 트 레 일 리 아
달링 강
시드니
캔버라
로드하우
오클랜드
뉴질랜드
모로코
스페인령 모로코
알 제 리
튀니지
리비아
영국과 프랑스
임시 분할 통치
엘알라메인
카이로
이집트
나일 강
사 하 라 사 막
바레인
카타르
트루시알 오만
사 우 디
아 라 비 아
아라비아
반도
오만
예멘
아덴 보호령
소코트라
에리트레아
영국 임시 통치
앵글로-이집트
수단
프랑스령 소말릴란드
영국령
소말릴란드
에티오피아
소말리아
신탁 통치
프랑스령
서아프리카
나이지리아
카메룬
신탁 통치
프랑스령
적도 아프리카
카메룬
신탁 통치
토고
통치
스페인령
기니
상투메
프린시페
콩고 강
벨기에령
콩고
우간다
케냐
루안다우룬디
신탁 통치
잔지바르
세이셸
탕가니카
신탁 통치
니아살랜드
코모로 제도
앙골라
북부 로디지아
남부 로디지아
모잠비크
마다가스카르
모리셔스
레위니옹
베추아날란드
보호령
남아프리카
스와질란드
바수톨란드
케이프타운
세인트헬레나

현대의 세계

1914~1918년

제1차 세계 대전

6월 28일 사라예보에서 보스니아계 세르비아 인이 프란츠 페르디난트 대공 암살. 오스트리아-헝가리 제국이 세르비아에 전쟁을 선포하면서 제1차 세계 대전이 7월 28일 발발. 러시아가 세르비아를 보호하기 위해 동원령 선포. 독일이 러시아와 프랑스에 선전포고를 하고, 벨기에를 거쳐 프랑스를 침공. 영국이 독일에 전쟁 선포 후 원정군을 프랑스로 보냈다.

- 서부 전선은 플랑드르와 프랑스에 형성. 영국, 프랑스, 벨기에 군대가 독일군과 대치. 동부 전선은 폴란드와 갈리시아, 세르비아에 형성. 러시아 군대가 독일 및 오스트리아-헝가리 군대와 대치.
- 충돌이 전 세계로 확산. 오스만 제국이 참전해 독일 및 오스트리아-헝가리 제국과 동맹국 선언. 영국군이 튀르키예 지배하의 이라크와 독일령 동아프리카를 침공. 일본이 연합국(영국, 프랑스, 러시아)의 편에 서서 중국과 태평양의 독일 점령지를 공격.
- 동부 전선의 타넨베르크에서 독일 군대가 러시아 제2육군을 격파.
- 서부 전선에서 결정적인 승리를 거두지 못하자, 연합군과 독일군이 참호를 파기 시작. 전쟁이 끝날 무렵에는 참호를 모두 이으면 길이가 4만 킬로미터에 이를 정도였다.

▲ **'할렘 헬파이터'**로 알려진 미국 육군 93사단 369 보병연대 군인들이 1917년 프랑스에 도착했다. 이들은 1918년, 프랑스의 지휘 아래 서부 전선의 참호에서 싸웠다. 100만 명 이상의 미군이 제1차 세계 대전에 참전했으며 여기에는 38만 명에 가까운 아프리카계 미국인이 포함돼 있었다.

1915년

- 독일 유보트의 영국 상선 공격 시작. 여객선 루시타니아가 아일랜드 서해안에서 침몰해 미국인 128명을 포함한 1,200명의 선원과 승객이 사망.
- 이프르 2차 전투 때 처음으로 독가스가 독일군에 의해 사용됐다.
- 연합국 군대의 다르다넬스 해협 갈리폴리 상륙. 튀르키예군의 강력한 저항에 부딪혀 25만 명의 사상자 발생. 12월에야 탈출하기 시작.
- 이탈리아의 연합국 합류, 오스트리아-헝가리 제국에 전쟁 선포.
- 아르메니아 학살 시작. 1922년까지 튀르크 족이 150만 명의 아르메니아 인들을 죽이거나 강제 추방.

1916년

- 서부 전선에서 대규모 공격이 이어져 많은 사상자 발생(베르됭 40만 명, 솜 지역 100만 명 이상). 하지만 영토 변화는 거의 없음.
- 영국과 프랑스의 사이크스-피코 협정. 오스만 제국이 패했을 때 중동 지역을 어떻게 분할할지 합의.

1917년

- 텍사스와 뉴멕시코, 애리조나를 미국으로부터 반환받으라는 내용을 담은, 독일 외무상이 멕시코에 보낸 '치머만 전보'가 발견된 것을 계기로 미국이 독일에 전쟁 선포.
- 영국이 이프르에서 새로운 공격 개시. 진창의 바다에서 싸우고, 파스샹달에서 전투 종료.
- 영국이 아랍 동맹국들과 상의하지 않은 채 벨푸어 선언. 팔레스타인 내 유대 인 국가의 건설을 지지하는 내용.
- 러시아 혁명 지도자들이 제1차 세계 대전에서 손을 떼기 위해 일방적인 정전 협정을 선언.

▶ **블라디미르 일리치 레닌**이 1917년 혁명의 열정을 이상화하는 소련의 포스터에서 붉은 깃발 너머로 앞을 가리키고 있다.

1918년

- 러시아와 동맹국 사이에 브레스트리토프스크 조약이 맺어져 러시아가 전쟁에서 빠짐. 러시아는 폴란드와 우크라이나, 벨라루스, 핀란드, 발트 국가들을 잃었다.
- 연합국의 독일의 춘계 공세 견제. 마른 주에 도착해 역공 및 힌덴부르크 전선 궤멸.
- 오스만 제국 10월 30일, 오스트리아 11월 3일, 독일 11월 11일 정전 협정 서명 후 제1차 세계 대전 종전.
- 군인과 민간인 사상자의 수는 약 3700만 명. 사망자만 1500만 명에 달함.

1915년

미국 해병대가 아이티를 점령했다(1934년까지). 미국은 도미니크 공화국 역시 1916년에 점령했다(1924년까지). 이 지역에서 미국의 영향력을 확인하기 위해서였다.

1916년

멕시코 혁명의 와중에, 프란시스코 판초 비야가 국경을 넘어 미국을 습격했다. 이 일로 미군이 멕시코 원정에 나섰다. 아일랜드 민족주의자들이 영국의 지배에 대항해 부활절 봉기를 일으켰지만 진압됐다.

1917년

러시아 혁명이 일어났다. 식량 폭동, 약탈, 군사 반란 등이 일어나 차르가 물러났다. 알렉산드르 케렌스키의 자유주의 정부가 들어섰다. 블라디미르 일리치 레닌과 레프 트로츠키가 이끄는 볼셰비키가 권력을 쥐며 내전이 일어났다.

1918년

차르 니콜라이 2세와 그의 가족이 살해됐다. 카이저 빌헬름 2세가 물러나고 독일이 공화국이 됐다. 카를 1세가 물러나면서 오스트리아-헝가리 제국이 무너졌다.

1918~1919년

스페인 독감이 전 세계적으로 유행해 최소 5000만 명이 죽었다.

1919년

파리 강화 회의가 열렸다. 독일, 오스트리아, 오스만 제국을 해체하고 유럽의 국경을 다시 그렸다. 상당한 전쟁 배상금을 독일에 부과했다. 독일에서 새로운 헌법이 제정돼 바이마르 공화국 체제가 시작됐다. 튀르키예의 독립을 요구하는 튀르키예 독립 전쟁이 일어났다(1923년까지).

1919년

공산주의를 널리 확산시키기 위해 제3인터내셔널 또는 공산주의 인터내셔널(코민테른)이 세워졌다. 이탈리아에서 베니토 무솔리니가 파시스트당을 세웠다. 영국 비행사 존 올콕과 아서 휘튼 브라운이 무착륙 대서양 횡단 비행을 했다. 영국에서 어니스트 러더퍼드가 원자핵의 인공 변환을 일으키는 데 사상 최초로 성공했다.

1920년

미국이 금주법을 시행하고(1933년까지) 여성에게 참정권을 줬다. 아일랜드 독립 전쟁

(1921년까지)에서 아일랜드가 영국에 독립을 선언했다. 영국은 아일랜드 공화국군에 맞서 정부군을 배치했다. 러시아가 폴란드를 침공했다. 하지만 볼셰비키 적군은 바르샤바 밖으로 쫓겨났다. 국제 연맹이 설립됐다.

1921년

러시아 기근으로 600만 명이 죽었다. 레닌의 신경제 정책으로 자본주의가 부분적으로 허용됐다. 중국 공산당이 창건됐다. 독일의 전쟁 배상금이 1320억 마르크로 책정됐다. 영국-아일랜드 조약으로 아일랜드가 아일랜드 자유국과 북아일랜드로 나뉘었다. 의회 역시 각각 더블린과 벨파스트에 설립됐다.

1922년

러시아 볼셰비키 정부의 '적군'과 반혁명파의 '백군' 사이에 내전이 일어났다. 내전은 볼셰비키의 승리로 끝났다. 러시아 제국은 소비에트 사회주의 공화국 연방(소련)이 됐다. 튀르키예 민족주의자들이 그리스와 전쟁을 해 승리했다. 두 나라는 서로 추방령을 내렸다.

1922년

영국이 이집트 독립을 선언했다. 아일랜드 내전이 일어나(1923년까지) 영국-아일랜드 조약의 빛이 바랬다. 하지만 아일랜드 자유국은 영연방의 일원으로 활동을 시작했다. 북아일랜드는 영국의 일부분으로 남았다. 제임스 조이스의 모더니즘 소설『율리시스』가 파리에서 출간됐다. 무솔리니가 자신의 검은 셔츠단과 쿠데타를 일으켜 이탈리아에 파시스트 정부를 세웠다.

1923년

튀르키예 공화국이 세워졌다. 대통령 케말 파샤(아타튀르크)가 튀르키예를 근대 세속 국가로 탈바꿈할 수 있도록 급진적인 개혁을 단행했다. 독일이 전쟁 배상금을 갚을 수 없었다. 초 인플레이션으로 통화 붕괴가 일어났다. 국가 사회주의당(나치 당) 지도자 아돌프 히틀러가 뮌헨 폭동 때 권력 탈취를 시도했다가 1924년 잠시 투옥됐다. 스페인에서 군사 쿠데타가 일어나 미겔 프리모 데 리베라의 독재 정권이 세워졌다.

1924년

레닌이 죽었다. 이오시프 스탈린이 소련의 지도자가 됐다. 마하트마('위대한 영혼') 간디가 인도 국민 회의의 지도자가 됐다. 간디는 영국의 통치에 반대하고 인도의 자치를 주장했다.

1925년

이탈리아가 무솔리니가 이끄는 일당 체제 국가가 됐다. 무솔리니는 독재 권력을 쥐고 '일 두체(지도자라는 뜻)'가 됐다. 중국 민족주의 지도자 쑨원이 죽었다. 장제스가 뒤를 이었다. 시리아와 레바논에서 프랑스의 위임 통치에 반하는 민족주의 혁명이 일어났지만 1927년 진압됐다. 로카르노 조약으로 독일과의 정상적인 관계 회복의 가능성이 열렸고, 독일은 1926년 국제 연맹에 가입하게 됐다.

1926년

스코틀랜드 발명가 존 로지 베어드가 최초로 텔레비전 영상을 대중에게 선보였다. 레자 칸 팔레비가 스스로 샤가 돼 이란의 현대화를 추진했다. 그의 통치는 1979년까지 이어졌다. 폴란드와 포르투갈에서 군사 쿠데타가 일어나 군부가 권력을 쥐었다.

1927년

장제스가 국민당 내 공산주의자들을 숙청했다. 소련에서 스탈린이 정적 레프 트로츠키를 공산당에서 추방했다. 트로츠키는 1929년 망명, 1940년 멕시코에서 암살됐다.

1927년

미국 비행사 찰스 린드버그가 단독 무착륙 비행으로 대서양을 건넜다. 미국에서 소비 활황으로 여섯 명 중 한 명이 자동차를 소유했다. 최초의 유성 영화「재즈 가수」가 개봉했다. 이라크에서 석유가 발견됐다.

1928년

스탈린이 소련을 산업 국가로 탈바꿈하기 위해 5개년 계획을 세웠다. 국민당 군대가 베이징을 점령했다. 장제스는 중화민국을 선포했고, 마오쩌둥이 이끄는 공산당원들이 지방에서 저항을 이어 갔다.

1929년

팔레스타인에서 폭동이 일어났다. 아랍 인들이 유대 인 이민자들을 공격했다. 미국에서 '검은 목요일' 사태가 일어나 주식 시장이 붕괴되고 국제적인 경제 불황으로 이어졌다. 대공황은 1930년대까지 이어졌다.

1930년

소련의 농민들이 농장에서의 집산화에 저항해, 수십만 명이 강제 노동 수용소에 끌려갔다. 호찌민(호치민)이 베트남 공산당을 설립했다. 간디가 시민 불복종 운동을 시작했다. 영국의 인도 통치와 정부의 독점 정책에 저항하는 '단디 소금 행진(Dandi Satyagraha)'을 이끌었다.

1930년

세계 경제의 침체로 대량 실업이 일어나 정치적 극단주의가 팽배해졌다. 히틀러의 나치당이 독일 의회에서 107석을 차지해 독일에서 제2다수당이 됐다. 브라질에서 군사 반란이 일어나 제툴리우 바르가스가 권력을 쥐게 됐다.

1931년

스페인에서 혁명이 일어나 왕이 폐위됐다. 일본이 만주를 차지했다. 일본은 1912년 폐위된 중국의 마지막 황제 푸이를 집정으로 하는 꼭두각시 정부를 1932년에 세웠다.

1932년

이라크 왕국이 영국으로부터 독립을 선언했다. 사우디아라비아 왕국이 세워졌다. 미국에서 최소 1200만 명의 사람들이 실업 상태였다. 프랭클린 루스벨트가 '뉴딜' 정책을 공약으로 내세워 대통령에 당선됐다. 독일에서 나치 당이 독일 의회의 제1다수당이 됐지만 단독 내각 수립에 실패했다.

1932~1933년

소비에트 집산화의 결과 '대기근'이 일어났다. 우크라이나에서 400만~500만 명이 죽는 등 총 600만~800만 명의 농민들이 겨울에 죽었다.

1933년

히틀러가 수상이 된 후 독일은 공화국 체제에서 나치 당 중심의 일당 독재 체제로 전환됐다. 나치가 유대 인의 상점과 사업에 국가 차원의 거부 운동을 꾀했다. 최초의 나치 강제 수용소가 다하우에 세워졌다. 게슈타포 비밀 경찰이 조직됐다. 비독일 정신을 담고 있다는 이유로 수만 권의 책이 불태워졌다. 다른 정당이 금지됐다. 독일이 국제 연맹에서 탈퇴했다.

1933년

미국에서 국가 경제 회복 기구(NRA)가 설치되고 뉴딜 정책이 시작됐다. 여기에는 일자리 창출 개념이 포함돼 있었다. 하지만 관세와 다른 민족주의적 장벽 때문에 국제 경제는 회복되지 않았고, 런던 세계 경제 회의는 별다른 성과 없이 끝났다.

◀ **최초의 무료 배급소**는 갱단 우두머리 알 카포네가 1930년대 대공황 시대에 노숙인과 가난한 사람들을 위해 시카고에 열었다. 이때 1200만 명의 미국인(전체 노동 가능 인구의 4분의 1)이 실업 상태였다.

1934년

히틀러가 '장검의 밤'에 대해 비판을 금지했다. 그는 힌덴부르크 대통령이 죽자 독일의 총통이 됐다. 일당 독재 체제를 꾀했던 오스트리아의 수상 엥겔베르트 돌푸스가 오스트리아에서 나치를 금지했으나 그들에 의해 암살됐다. 소련이 국제 연맹에 가입했다.

1934~1935년

중국 대장정 중, 마오쩌둥과 홍군이 장제스의 국민당군을 피해 장시 성에서 산시 성까지 약 1만 킬로미터를 후퇴했다.

1934~1937년

미국 그레이트 플레인스에서 가뭄과 집약 농업, 심한 먼지 폭풍으로 사막화된 더스트 볼 지역이 생겼다. 수천 명의 가난한 농민들이 캘리포니아를 향해 서쪽으로 이주했다.

1935년

히틀러가 베르사유 조약을 파기하고 징병제를 부활시켰다. 반유대주의 뉘른베르크법이 유대 인의 독일 시민권을 박탈하고, 유대 인과 비유대 인 사이의 결혼과 섹스를 금지했다. 이탈리아 군대가 에티오피아를 침공했다. 황제 하일레 셀라시에가 강력하게 저항했다. 국제 연맹은 이탈리아에 대한 경제적 제재도 시행했다.

1936년

유럽에 다시 전운이 감돌았다. 독일이 비무장 지대인 라인란트로 군대를 보냈다. 놀란 영국과 프랑스가 군대를 보냈다. 이탈리아가 에티오피아를 병합했다. 하일레 셀라시에가 국제 연맹에 경고했다. "지금은 우리지만 미래에는 당신들 차례일 것입니다." 독일과 일본이 반코민테른 협정을 체결했다.

1936~1938년

대숙청으로 '고참 볼셰비키'의 처형이 일어났다. 스탈린의 지시로 공산당원, 정부 관료, 군 사령관, 지식인, 농민 등 68만~200만 명의 사람이 죽었다.

1936~1939년

스페인 내전이 일어났다. 좌파인 인민 전선이 선출 권력을 잡자 프란시스코 프랑코 장군이 이끄는 군부가 쿠데타를 일으켰다. 독일과 이탈리아가 지원하는 프랑코의 민족주의 반군과, 유럽 및 북아메리카에서 온 의용병과 소련의 지원을 받는 공화국의 정부군이 격돌했다. 프랑코가 승리해 독재자가 됐다.

1936~1939년

영국의 위임 통치가 이뤄지던 팔레스타인에서 아랍 봉기가 일어났다. 영국 왕실 조사 위원회가 아랍과 유대 인 간에 팔레스타인 분할을 제안했으나 폐기됐다. 대신 1939년, 유대 인의 이주를 제한하는 조치가 시행됐다.

1937년

1930년대에 미국은 국제 분쟁 개입을 피하기 위해 중립법 등을 제정했다. 스페인 민족주의자들을 지원한다는 명분 아래 독일이 게르니카를 폭격, 민간인 수천 명이 사망했다. 중일 전쟁이 일어났다. 일본이 중화민국의 수도 난징에서 군인과 민간인을 학살해 미국을 충격에 빠뜨렸다. 브라질의 대통령 바르가스가 공산주의 쿠데타를 경고하며 '새' 헌법을 공포하고 1945년까지 독재 정치를 했다. 이탈리아가 국제 연맹에서 탈퇴하고 반코민테른 협정에 가입했다.

1937년

힌덴부르크 비행선이 미국에 착륙하다 폭발했다. 고급 여객 비행선이 사라졌다. 미국 비행사 아멜리아 이어하트와 프레드 누넌이 세계 일주 비행 중 태평양 상공에서 사라졌다. 영국 엔지니어 프랭크 휘틀이 터보제트 엔진 시험에 성공했다.

1938년

독일이 독일-오스트리아 합병을 통해 오스트리아를 병합해 1919년의 평화 협정을 깼다. 전쟁을 피하기 위해 영국과 프랑스가 독일에 체코슬로바키아의 수데테란트를 할양하는 뮌헨 조약에 서명했다. '수정의 밤(또는 '깨진 수정의 밤')'에 독일과 오스트리아의 유대 인들이 공격당했다. 일본이 대동아 공영권을 선포했다. 미국이 장제스의 군대에 재정적인 지원을 해 일본에 대항하게 했다.

1939~1945년

제2차 세계 대전

- 슬로바키아의 독립 선포에 독일이 프라하를 점령. 체코슬로바키아가 사라짐.
- 영국과 프랑스가 만약 폴란드가 공격당하면 폴란드를 지원하기로 약속.
- 히틀러와 무솔리니가 강철 조약에 서명.
- 일본이 태평양과 동남아시아에서 해군력을 앞세워 팽창하기 시작.
- 소련과 독일이 독-소 불가침 조약에 서명.
- 독일이 9월 1일 폴란드를 침공해 제2차 세계 대전이 발발.
- 영국과 프랑스가 9월 3일 독일에 전쟁 선포.
- 독일과 소련이 폴란드를 분할.
- 소련이 핀란드를 공격.

▲ **아돌프 히틀러**가 1938년 독일 바이에른 주 뉘른베르크에서 열린 전당 대회에서 군대를 향해 경례를 하고 있다. 뉘른베르크 전당 대회는 1933년부터 1938년까지 매년 열렸다. 총통은 50만 명 이상의 나치 당원과 군대, 나치 청년대 앞에서 연설하며 독일이 총통 아래에 단결돼 있다는 것을 보여 주었다.

1940년

- 독일 군대가 덴마크와 노르웨이, 네덜란드, 벨기에, 룩셈부르크, 프랑스를 침공.
- 이탈리아가 영국과 프랑스에 전쟁 선포.
- 폴란드 아우슈비츠 강제 수용소에 처음으로 사람들을 단체 수용.
- 프랑스 정부가 독일과 정전 협정을 체결하고 수도를 비시로 옮김.
- 영국 공군의 독일 공군(루프트바페) 공격 저지. 히틀러가 영국 침공 계획을 포기.
- 영국 본토 항공전에서 영국 대공습이 시작. 독일 공군의 야간 대량 폭격이 영국 도시를 대상으로 1941년까지 지속. 연합국 폭격기가 보복으로 독일을 야간 폭격함.
- 미국이 미국사상 최초로 평시 징병 실시.
- 일본이 독일, 이탈리아와 동맹을 맺어 연합군에 대항.

1941년

- 바르바로사 작전이라고 명명된 독일의 소련 침공이 시작. 레닌그라드가 포위.
- 12월 7일 일본이 태평양에서 주도권을 잡기 위해 하와이 진주만의 미국 해군 기지와 필리핀, 그리고 동남아시아의 유럽 식민지를 공격. 진주만 공습을 계기로 미국이 참전.

1942년

- 반제 회의에서 고위 관료들이 유럽 내 유대 인에 대한 강제 추방과 몰살을 조직화. 1945년까지 600만 명의 유대 인이 죽었는데, 이는 유럽 내 전체 유대 인 인구의 3분의 2.
- 태평양 미드웨이 해전에서 미국 해군이 일본 항공 모함 전대를 궤멸.
- 스탈린그라드 전투(1943년까지)에서 독일군이 스탈린그라드에 입성했지만 소련군에 포위. 이어진 봉쇄 전투에서 대다수 전사. 독일군의 역사상 가장 큰 패배이자 전쟁의 전환점.
- 북아프리카에서 에르빈 롬멜이 이끄는 독일군이 이집트 국경에 닿았다. 이들은 엘 알라메인에서 패해 튀니지까지 후퇴.

1943년

- 폴란드에서 바르샤바 게토 폭동이 일어났지만 제압.
- 쿠르스크에서 역사상 가장 큰 탱크전이 벌어졌다. 전투는 소련의 승리로 종료. 볼셰비키 적군이 크게 전진.

• 미군과 영국군이 시칠리아에 상륙해 이탈리아 본토로 진격. 무솔리니가 실각하고 이탈리아가 항복.

1944년

• 레닌그라드의 900일 포위가 해제.
• 폴란드군의 몬테카시노 점령 및 이탈리아의 독일 저지선 돌파. 로마가 연합군에게 점령.
• 노르망디 상륙, '디데이'(6월 6일). 이를 통해 연합군이 점령된 프랑스에 대한 공격 시작.
• 히틀러가 여러 번의 암살 시도에도 살아남다.
• 프랑스 레지스탕스의 지원으로 샤를 드골 장군의 자유 프랑스군이 파리를 해방.
• 태평양에서 패색이 짙어지자 일본 해군은 파일럿들에게 자살 공격 강요.
• 히틀러가 벌지 전투에서 마지막 반격을 시도. 독일군 탱크가 미국의 최전방을 뚫었지만, 결국 격퇴.

1945년

• 얄타 회담에서 영국 수상 윈스턴 처칠, 미국 대통령 프랭클린 루스벨트, 소련 총리 이오시프 스탈린이 모여서 전후 유럽의 질서 재편을 논함.
• 볼셰비키 적군의 베를린 입성, 히틀러 자살. 독일이 5월 8일 항복해 유럽에서의 전쟁 종료.
• 포츠담 회담으로 독일과 오스트리아, 베를린, 빈이 네 개의 점령지로 분할. 또 폴란드와 핀란드, 루마니아, 독일, 그리고 발칸 반도 일부가 소련의 세력권으로 이전.
• 미국이 세계 최초의 핵폭탄을 일본 도시 히로시마 8월 6일, 나가사키 8월 9일 투하.
• 일본 국왕 히로히토가 8월 15일 무조건 항복을 선언하며 태평양 전쟁 종료. 제2차 세계 대전은 가장 많은 사상자를 낸 전쟁으로, 6000만 명 이상의 민간인과 군인이 죽음.
• 나치 전범에 대한 뉘른베르크 재판 시작.

1945년

제2차 세계 대전이 끝나 갈 무렵, 베트남 독립 동맹 민족주의 연합 지도자 호찌민이 베트남을 독립 공화국으로 선언했다. 인도 국민 회의가 영국에 완전한 독립을 요구했다. 유고슬라비아의 저항군 지도자 요시프 브로즈 티토가 유고슬라비아 사회주의 연방 공화국의 대통령이 됐다. 유엔이 결성됐다. 유엔 이사회가 1946년 열렸다.

1946년

처칠이 공산주의의 위협을 가리켜 '철의 장막'이 유럽에 드리웠다고 묘사했다. 불가리아와 알바니아에서 1946년, 폴란드와 루마니아에서 1947년, 체코슬로바키아에서 1948년, 헝가리에 1949년 공산 정권이 들어섰다. 중국 공산당과 국민당 사이에 내전이 재개됐다. 베트남과 캄보디아, 라오스에서 프랑스 지배에 저항하는 운동이 일어나, 제1차 인도차이나 전쟁이 일어났다(1954년까지).

1947년

파키스탄과 인도가 분리 독립했다. 이 과정에서 광범위한 폭력 사태가 발생했다. 미국이 유럽 복구 계획(마셜 계획)을 발표했다. 유엔이 팔레스타인을 유대 국가와 아랍 국가로 분할하기로 결의했다. 미국의 시험 비행사 척 예거가 처음으로 음속을 돌파했다.

1948년

간디가 암살됐다. 남아프리카 연방에서 인종 분리 정책(아파르트헤이트)이 시행됐다. 이스라엘이 제1차 아랍-이스라엘 전쟁에서 다섯 아랍 국가들의 침략을 막았다. 소련의 베를린 봉쇄로 최초의 냉전 위기가 유발됐다. 버마(미얀마)와 실론이 독립했다. 대한민국 정부가 수립됐다. 한반도 북쪽에서는 조선민주주의 인민공화국 건국을 선언했다. 유엔이 세계 인권 선언을 채택했다.

1949년

독일이 동독과 서독으로 분단됐다. 동독이 공산주의 진영이었다. 북대서양 조약 기구(NATO)가 만들어져 미국과 유럽이 상호 방위 동맹을 맺었다. 에이레가 아일랜드 공화국이 됐다. 소련이 최초의 핵폭탄 실험을 했다. 인도네시아가 네덜란드와 4년간의 전쟁 끝에 독립했다. 중국의 내전이 공산당의 승리로 끝났다. 마오쩌둥이 중화 인민 공화국을 선포했다. 장제스와 국민당군은 타이완으로 탈출했다.

1950년

미국 상원 의원 조지프 매카시가 미국에서 공산주의자 혐의자에 대한 마녀사냥을 부추겼다(1954년까지). 북한이 남한을 침공했다. 한국 전쟁(1953년까지)은 냉전 시대 최초의 전면전이었다. 미국과 유엔이 남한을 지원했고, 소련과 중국이 북한을 지원했다. 중국이 티베트를 점령했다.

1952년

동독이 서독과의 국경을 폐쇄했다. 이집트에서 군사 쿠데타가 일어나 군부가 권력을 차지했다. 케냐에서 영국의 지배에 반발하는 마우마우 반란이 일어났다(1960년까지). 미국이 최초로 수소 폭탄을 시험했다.

1953년

스탈린이 죽었다. 미국과 영국이 이끈 쿠데타로 이란의 수상이 물러났다. 샤의 권한이 강화됐고 석유 산업을 민영화했다. 프랜시스 크릭과 제임스 왓슨이 DNA의 이중 나선 구조를 발견했다. 에드먼드 힐러리와 텐징 노르가이가 지구에서 가장 높은 지점인 에베레스트 산의 고도를 측정했다.

1954년

프랑스의 인도차이나 지배가 끝났다. 라오스, 캄보디아, 남북으로 분단된 베트남이 독립했다. 최초의 핵 잠수함 노틸러스호가 출항했다.

1955년

미국과 서유럽의 북대서양 조약 기구에 대항해 소련과 동유럽의 바르샤바 조약 기구가 생겼다. 아르헨티나에서 쿠데타가 일어나 후안 페론 대통령이 물러났다. 미국에서 로자 파크스가 버스에서 백인에게 자리를 양보하지 않아 체포된 사건을 계기로 아프리카계 미국인 민권 운동이 촉발됐다. 남베트남이 북베트남과의 통일을 거부하고 공화국을 선포했다. 이에 반대한 남베트남 민족 해방 전선 혹은 '베트콩'의 무력 투쟁과 함께 베트남 전쟁이 시작됐다. 베트남 전쟁은 1974년까지

▶ **디데이 상륙선**이 1944년 6월 6일 노르망디 오마하 해변에 접근하고 있다. 이 작전으로 나치 독일에 점령된 프랑스의 해방이 시작됐다. 약 13만 명의 연합군이 오버로드 작전의 일환으로 유타와 오마하, 골드, 주노, 소드에 상륙했다.

이어졌다.

1956년

소련이 헝가리를 침공해 헝가리 혁명을 분쇄했다. 이집트 대통령 나세르가 수에즈 운하를 국유화해 수에즈 위기를 초래했다. 영국과 프랑스가 운하 지역을 점령했으나 유엔의 중재로 철수했다. 모로코와 튀니지가 프랑스로부터, 수단이 영국으로부터 독립했다.

1957년

로마 조약으로 6개국으로 구성된 유럽 경제공동체(EEC)가 설립됐다. 말라야가 독립했다. 소련이 스푸트니크 1호 위성을 쏘아 올리며 우주 시대가 시작됐다. 인도네시아의 수하르토 대통령이 계엄령을 선포하고 네덜란드 기업을 국유화했으며 네덜란드 인을 모두 추방했다. 가나가 영국으로부터 독립을 쟁취한 첫 아프리카 국가가 됐다.

1958년

마오쩌둥이 '대약진' 운동을 시작했다. 강제적인 산업화로 중국은 역사상 최악의 기아에 빠졌다. 최소한 3500만 명이 일을 하다 죽거나 굶주림, 구타로 죽었다. 드골 장군이 프랑스 제5공화국을 만들고 대통령에 선출됐다. 미국 항공 우주국(NASA)이 설립됐다. 최초의 장거리 상업 제트 여객기인 보잉 707이 대서양 횡단 비행을 시작했다.

◀ **우주인 버즈 올드린**이 1969년 NASA 아폴로 11호 임무 중 달 위를 걷고 있다. 사진은 그의 동료 우주인 닐 암스트롱이 찍었다.

1959년

쿠바 혁명이 일어나 피델 카스트로가 아메리카 대륙 최초로 공산주의 국가의 수반이 됐다. 티베트에서 봉기가 일어났지만 중국이 진압했다. 달라이 라마와 8만 명의 티베트 인들이 인도로 탈출했다. 북베트남이 남베트남의 내전에 본격적으로 무장 개입하기 시작했다. 알래스카와 하와이가 미국의 49번째와 50번째 주가 됐다.

1960년

아프리카에서 프랑스 식민지 12곳이 독립했다. 콩고가 벨기에로부터, 나이지리아와 소말리아가 영국으로부터 독립했다. 석유 수출국 기구(OPEC)가 설립됐다. 존 피츠제럴드 케네디가 미국 대통령에 선출됐다.

1961년

소련 우주인 유리 가가린이 우주로 나간 최초의 인간이 됐다. 한국에서 군사 쿠데타가 일어났다. 남아프리카 연방이 영연방에서 탈퇴해 공화국이 됐다. 쿠바의 반공 망명자들이 미국의 지원을 받아 코치노스 만을 공격했지만 실패했다. 동독군이 베를린 장벽을 건설했다.

1962년

프랑스가 알제리의 독립을 인정했다. 영국이 우간다와 자메이카, 트리니다드 토바고의 독립을 승인했다. 최초의 통신 위성이 미국과 유럽 사이에 텔레비전 영상을 실시간으로 중계했다. 쿠바 미사일 위기로 미국과 소련이 핵전쟁 직전까지 갔다.

1963년

미국과 소련 사이에 부분적 핵실험 금지 조약이 체결됐다. 지하 공간을 제외한 대기권 내, 우주 공간, 수중에서의 핵실험이 금지됐다. 미국에서 마틴 루서 킹 주니어가 워싱턴 행진에 참여한 25만 명의 사람들 앞에서 연설했다. 케네디 대통령이 암살됐다. 말라야 연맹이 말레이시아(싱가포르, 사라왁, 사바를 포함)가 됐다. 케냐가 완전히 독립했다.

1964년

유엔이 그리스계와 튀르키예계 키프로스 인 사이의 폭력 분쟁이 고조되자 키프로스 섬에 군대를 보냈다. 미국에서 민권법이 제정돼 인종이나 종교, 피부색에 상관없이 모든 사람이 동등한 권리를 갖게 됐다. 아파르트헤이트 철폐 투쟁을 이끈 넬슨 만델라가 남아프리카 공화국에서 종신형에 처해졌다.

1965년

미국이 북베트남에 전략 폭격 작전을 시행했고, 남베트남에 지상 작전을 수행하기 위한 군대를 상륙시켰다. 카슈미르를 놓고 벌어진 인도-파키스탄 전쟁이 유엔의 중재로 종료됐다.

1966년

마오쩌둥이 '문화 대혁명'을 시작했다. 1976년까지 150만 명이 죽었고 문화 유산 다수가 파손됐다.

1967년

그리스에서 군부가 권력을 잡고 계엄령을 선포했다. 6일 전쟁(또는 아랍-이스라엘 전쟁)이 일어나 이스라엘이 시나이 반도와 가자 지구, 요르단 강 서안 지구, 골란 고원, 예루살렘을 차지했다. 나이지리아에서 비아프라가 분리 독립을 선언해 내전이 일어났다(1970년까지).

1968년

베트콩의 구정 대공세로 많은 미국인들이 베트남 전쟁에서 승리할 수 없다는 확신을 갖게 됐다. 마틴 루서 킹 주니어가 암살되자 미국 전역에서 폭동과 시위가 일어났다. 바르샤바 조약군이 침공하면서 체코슬로바키아의 '프라하의 봄'이 끝났다. 바트 당이 이라크의 권력을 잡았다. NASA의 아폴로 8호 임무로 인류가 처음으로 달 궤도 비행에 성공했다.

1969년

야세르 아라파트가 팔레스타인 해방 기구(PLO)의 의장이 됐다. 무아마르 알 카다피가 이드리스 왕을 폐위시키고 리비아 아랍 공화국을 세웠다. 북아일랜드 분쟁을 해결하기 위해 영국이 군대를 파견, 주둔시켰다. 북아일랜드 분쟁은 1998년까지 계속됐다. 아폴로 11호의 우주인 닐 암스트롱과 버즈 올드린이 최초로 달 착륙에 성공했다.

1970년

미국과 소련, 영국 외 40개국이 비준한 핵확산 방지 조약이 발효됐다. 살바도르 아옌데의 사회주의 계열인 인민 연합이 칠레 선거에서 승리했다.

1971년

잔인한 독재자 이디 아민이 우간다에서 권력을 잡았다(1979년까지). 방글라데시가 파키스탄으로부터, 카타르가 영국으로부터 독립했다. 중화 인민 공화국이 유엔에 가입했다.

1972년

영국군이 북아일랜드 런던데리의 시위대를 향해 발포했다. '피의 일요일 사태'다. 뮌헨 올림픽에서 검은 9월단이 이스라엘 선수단을 인질로 삼고 테러를 벌였다.

1973년

파리 평화 협정으로 미군이 베트남에서 철수했다. 아일랜드 공화국군(IRA)이 영국 본토에서도 폭탄 공격을 하기 시작했다. 칠레 대통령 살바도르 아옌데가 아우구스토 피노체트 장군이 미국의 지원을 받아 일으킨 쿠데타 때 사망했다. 욤키푸르 전쟁에서 이스라엘이 이집트와 시리아가 이끄는 아랍 국가들의 공격을 막아 냈다. OPEC이 석유 공급을 제한해 석유 파동이 일어나 세계 경제가 침체됐다. 덴마크와 아일랜드, 영국이 EEC에 가입했다.

1974년

무혈 쿠데타로 포르투갈이 민주주의를 회복했다. 튀르키예가 키프로스 북부를 침공, 점령했다. 그리스계 키프로스 인들이 섬 남쪽으로 탈출했다. 에티오피아 황제 하일레 셀라시에가 쿠데타에 의해 축출됐다. 미국에서 리처드 닉슨 대통령이 워터게이트 사건으로 물러났다.

1975년

베트남 전쟁이 끝났다. 사이공이 함락돼 호

◀ **베트남 전쟁**에서 미군 특수 부대는 군대를 적진 깊숙이 배치하기 위해 전에 없이 헬리콥터에 의존했다.

찌민이라는 새 이름을 얻었다. 1976년 남북 베트남을 통일한 베트남 사회주의 공화국이 건설됐다. 레바논에서 내전이 일어났다(1990년까지). 폴 포트의 크메르 루주가 캄보디아에서 권력을 잡고 1979년까지 100만 명 넘게 죽였다. 인도네시아가 과거 포르투갈의 식민지였던 동티모르를 침공했다. 스페인에서 프랑코 장군이 죽고 민주주의와 왕정이 복원됐다. 빌 게이츠와 폴 앨런이 마이크로소프트 사를 설립했다.

1976년

마오쩌둥이 죽고 사인방이 체포됐다. 시리아 평화 유지군이 레바논에 들어갔다. 남아프리카 공화국 소웨토에서 반아파르트헤이트 운동이 일어났다. 경찰과의 충돌 과정에서 176명이 죽었다.

1977년

남아프리카 공화국의 저명한 흑인 인권 운동가인 스티븐 비코가 감옥에서 고문으로 죽었다. 파키스탄에서 군사 쿠데타가 일어나 민주 정부를 전복했다.

1978년

이스라엘 군대가 레바논에 들어갔다. 이스라엘과 이집트가 미국에서 캠프 데이비드 협정에 서명했다. 이는 1979년 이집트-이스라엘 평화 조약으로 이어졌다. 아프가니스탄에서 공산주의 쿠데타가 일어났다. 베트남이 크메르 루주의 국경 침범에 대응해 캄보디아를 침공했다. 평화 협정은 1991년에 맺어졌다.

1979년

캄보디아 크메르 루주 정권이 전복됐다. 폴 포트가 태국 국경을 넘어 도망쳤고 게릴라전을 시작했다. 이디 아민이 우간다에서 쫓겨났다. 좌파 산디니스타가 미국이 지원하는 니카라과 정권을 전복했다. 이란의 샤가 축출됐다. 아야톨라 호메이니가 망명에서 돌아와 이란 이슬람 공화국을 선언했다. 테헤란의 미국 대사관에서 63명의 인질이 붙잡혔다. 소련 군대가 아프가니스탄을 침공해 이슬람 혁명을 억압했다(1989년까지).

1980년

로디지아, 즉 지금의 짐바브웨에서 로버트 무가베가 이끄는 흑인 민족주의자가 소수 백인에 의한 통치를 끝냈다. 사담 후세인의 이라크가 이란을 침공했다(1988년까지). 전쟁으로 100만 명 이상의 사상자가 나왔다. 폴란드에서 반공산주의 노동 조합 솔리다르노시치가 결성됐다.

1981년

그리스가 EEC에 가입했다. 이집트 대통령 안와르 사다트가 암살됐다. 교황 요한 바오로 2세와 미국 대통령 로널드 레이건이 암살 기도에서 살아남았다. 이란이 52명의 미국 대사관 인질을 444일 동안 억류했다. 스페인의 국왕 후안 카를로스가 군사 쿠데타에서 살아남았다.

1982년

포클랜드 전쟁이 발발해 아르헨티나가 영국 포클랜드를 점거했지만 영국이 격퇴했다. 베이루트의 팔레스타인 난민촌에서 레바논 팔랑헤당 민병대가 난민을 학살했다. 폴란드 정부가 솔리다르노시치를 탄압하고 계엄령을 선포했다.

1983년

스리랑카에서 내전이 일어났다. 정부군은 2009년에 타밀 반군을 진압했다. 수단에서 이슬람 율법을 남부 비이슬람에게도 강요해 내전이 일어났다. 내전은 2005년에 끝났고, 남수단이 독립했다. 레바논에서 베이루트의 미국 대사관을 노린 폭탄 테러가 일어났다. 나중에는 프랑스와 미국의 평화 유지군 본부를 대상으로 한 테러가 발생했다. 소련이 대한항공 여객기를 격추했다. 그레나다에서 사회주의 쿠데타가 일어나자 미국이 선전 포고 없이 침공했다.

1983~1985년

에티오피아 대기근이 발생했다. 이는 20세기에 일어난 가장 큰 재난 중 하나였다. 40만 명 이상이 죽고 수백만 명이 빈곤에 빠졌으며 긴 내전이 일어났다. 안정을 위해 국제 사회가 노력했으나 소용이 없었다.

1984년

인도의 수상 인디라 간디가 시크교 극단주의자에게 암살됐다. 인도 군대가 암리차르의 황금 사원을 공격한 뒤였다. 인도 보팔의 미국 소유 제초제 공장에서 유독 가스 유출 사고가 일어났다. 역사상 최악의 산업 재해였다. 과학자들이 에이즈를 일으키는 HIV 바이러스를 찾아냈다.

1985년

미하일 고르바초프가 소련의 지도자가 돼 급진적인 글라스노스트(개방)와 페레스트로이카(개혁) 정책을 시작했다. 영국 과학자가 남극 상공에서 오존층의 구멍을 발견했다.

1986년

필리핀의 독재자 페르디난드 마르코스 정권이 무너졌다. 베를린에서 테러가 나 미군이 죽었다. 리비아의 사주라고 판단한 미국이 트리폴리를 폭격했다. 우크라이나에서 체르노빌 핵 발전소가 폭발해 소련 전역과 서유럽이 방사능에 크게 오염됐다. 포르투갈과 스페인이 EEC에 가입했다. EEC 회원국들이 역내 단일 시장을 목표로 하는 의정서를 체결했다.

1987년

중거리 핵전력 협정으로 강대국의 핵무기 비축이 제한됐다. 제1차 인티파다가 일어났다(1993년까지). 팔레스타인 민중이 이스라엘의 요르단 강 서안 지구와 가자 지구 점령에 반발해 봉기를 일으켰다.

1988년

팬암 103편이 스코틀랜드 로커비 상공에서 폭발해 270명이 죽었다. 2003년 리비아가 자신들의 소행임을 시인했다.

1989년

중국 베이징 톈안먼 광장에서 경제 및 정치 개혁을 요구하는 학생들을 중국 정부가 유혈 진압했다. 유럽에서 철의 장막이 무너졌다. 폴란드에서 솔리다르노시치가 합법화되고 정치에 진입해 공산당 일당 독재가 끝났다. 헝가리와 불가리아, 체코슬로바키아, 루마니아, 동독에서 공산 정권이 무너졌다. 베를린 장벽이 무너지고 미국과 소련이 몰타 회담에서 냉전 종료를 선언했다.

1990년

남아프리카 공화국 대통령 프레더릭 데클레르크가 아프리카 민족 회의에 대한 금지 조치를 해제하고 넬슨 만델라를 석방했다. 이라크가 쿠웨이트를 침공하자 유엔이 페르시아 만에 파병했다. 독일이 통일됐다. 폴란드 솔리다르노시치의 지도자 레흐 바웬사가 냉전 붕괴 후 첫 대통령이 됐다.

1991년

유엔군이 쿠웨이트에서 이라크군을 추방해 제1차 걸프전이 끝났다. 파리 평화 협정으로 캄보디아-베트남 전쟁이 끝났다. 에스토니아와 라트비아, 리투아니아가 소련으로부터 독립을 주장했다. 보리스 옐친이 러시아 초대 대통령이 됐다. 소련 공산당이 주도한 군사 쿠데타가 실패한 뒤, 소련은 15개국으로 해체됐다. 러시아와 우크라이나, 벨라루스가 독립 국가 연합을 형성했다. 유고슬라비아가 분해됐다. 슬로베니아와 크로아티아가 독립을 선언했다. 슬로베니아가 10일 전쟁을 통해 세르비아계가 주축이 된 유고슬라비아 인민군을 추방했다. 크로아티아 전쟁은 1995년에 끝났다.

1992년

유럽 12개국이 연합 시민권 도입, 경제·방위 공동체 수립을 약속하는 마스트리흐트 조약에 서명함으로써 유럽 연합(EU)이 탄생했다. 보스니아와 헤르체고비나가 유고슬라비아로부터 독립하면서 내전이 발발했다. 세르비아인들이 보스니아의 이슬람을 공격하고, '인종 청소'를 목적으로 강제 수용소를 세웠다.

1993년

체코슬로바키아가 체코와 슬로바키아로 나뉘었다. 이스라엘과 PLO가 오슬로 협정에 서명해, 상호 인정 원칙을 합의하고 팔레스타인의 제한된 자치를 허용했다. 캄보디아가 민주주의를 회복했다. 시아누크 왕자가 국가 수반으로 선출됐다.

1994년

르완다 내전으로 학살이 일어났다. 후투 족 극단주의자가 80만 명의 투치 족을 살해했다. 보복을 두려워한 후투 족 200만 명이 달아났다. 아프리카 민족 회의가 남아프리카 공화국의 첫 민주적 선거에서 승리했다. 넬슨 만델라가 최초의 아프리카계 대통령이 됐다. 러시아가 체첸 지역에서 발생한 이슬람 분리주의자들의 봉기를 진압하기 위해 군대를 투입했다. 미국이 민주주의를 회복시킨다는 명목으로 아이티에 진군했다.

1995년

미국 오클라호마 시 청사에서 내국인 폭탄 테러로 168명이 죽었다. 이스라엘 총리 이츠하크 라빈이 암살됐다. 데이턴 평화 협정으로 유고슬라비아의 내전이 끝났다. 오스트리아와 핀란드, 스웨덴이 EU에 가입했다.

1996년

아프가니스탄에서 내전이 발발했다. 탈레반 반군이 카불을 점령하고 아프가니스탄 근본주의 이슬람 국가를 선언했다. 러시아와 체첸이 정전 협정에 서명했다. 옐친이 러시아 대통령 선거에서 그의 민영화 정책에 반대하는 야당인 공산당에 근소한 차이로 승리했다.

1997년

투치 족 반군이 자이르의 후투 족 난민 캠프를 공격했다. 자이르 정부가 붕괴하고 콩고 민주 공화국이 재건됐다. 영국이 홍콩을 중국에 반환했다. 아시아 금융 위기로 많은 개발 도상국이 경제 침체에 빠졌다. 교토 의정서가 발효돼 산업 국가들이 이산화탄소와 기타 온실 기체 배출량을 감축하고 기후 변화에 함께 맞서기로 합의했다.

1998년

성 금요일 협정(벨파스트 협정)으로 북아일랜드 분쟁이 타결됐다. 인도와 파키스탄이 핵실험을 감행했다. 세르비아 인과 알바니아 인이 코소보에서 충돌했다. 인도네시아가 아시아 금융 위기의 직격탄을 맞았고, 수하르토 대통령이 사임했다. 국제 유가가 배럴당 11달러까지 떨어져 러시아 금융 위기가 일어났다. 이라크가 자국 내 대량 살상 무기를 찾아 제거하려는 유엔의 조사에 불응하자, 미국과 영국이 이라크를 폭격했다.

1999년

북대서양 조약 기구의 폭격으로 세르비아 인들이 코소보의 알바니아 인들을 대상으로 한 학살을 멈췄다. 동티모르가 인도네시아로부터 분리하고자 국민 투표를 실시했다. 인도네시아 군부의 지지를 받는 반독립파가 민간인을 공격했고, 동티모르 정부가 국제 사회에 도움을 요청했다. 파키스탄에서 군사 쿠데타가 일어나 국제적인 제재를 받았다. 러시아가 체첸 전쟁을 재개했다.

◀ **베를린 장벽의 해체**를 기념하기 위해 1989년 11월 동서 베를린의 시민들이 모여 있다. 베를린 장벽 해체는 공산주의 몰락의 상징이었다.

2000년

이스라엘이 22년 만에 남부 레바논 점령을 끝냈다. 제2차 인티파다가 일어나 이스라엘-팔레스타인 사이에 유혈 사태가 벌어져 3,000명 이상이 죽었다. 최초로 인간 유전체가 해독됐다.

2001년

9월 11일, 네 번의 알카에다 테러가 미국에서 일어나 2,996명이 사망했다. 미국과 영국이 아프가니스탄에 알카에다 지도자 오사마 빈라덴이 숨어 있을 것이라 보고 침공했다. 아프가니스탄 전쟁은 2014년에 끝났다.

2002년

유럽 단일 통화인 유로가 도입됐다. 미국이 이끄는 군대가 아프가니스탄 탈레반을 소탕하기 위한 대규모 작전을 시작했다. 시에라리온과 앙골라의 내전이 끝났다. 동티모르가 인도네시아로부터 독립했다. 이슬람 테러리스트가 발리의 나이트클럽에서 폭탄 테러를 해 200명 이상이 죽었다. 체첸군이 모스크바 극장을 공격해 118명이 죽었다. 유엔 사찰관이 다시 이라크로 향했다. 이라크는 대량 살상 무기 보유 의혹을 부정했다. 유엔군이 페르시아 만으로 진군했다.

2003년

수단 다르푸르에서 내전이 발발했다. 세르비아와 몬테네그로가 세워지고 유고슬라비아가 사라졌다. 이라크 전쟁(2011년까지)이 일어나 미국이 이끄는 연합군이 이라크의 사담 후세인 정권을 무너뜨렸다. 주둔군은 약탈과 폭동, 그리고 수니파와 시아파 민병의 무력 충돌에 시달렸다.

2004년

이슬람 테러리스트가 마드리드에서 폭탄 테러를 해 191명이 죽었다. 10개국이 EU에 가입했다. 대부분은 과거에 공산주의 국가였다. 사상 최악의 쓰나미가 발생해 인도양과 동남아시아 11개국에서 20만 명 이상이 희생됐다.

2005년

이스라엘이 가자 지구에서, 시리아가 레바논에서 철수했다. 자살 테러가 영국 런던에서 일어나 52명이 죽었다. 허리케인 카트리나가 미국 뉴올리언스를 강타했다.

2006년

하마스가 팔레스타인 의회 선거에서 승리했다. 이란이 핵연료를 만들기 위해 고농축 우라늄을 생산했다고 선언했다. 레바논 전쟁에서 헤즈볼라가 두 명의 이스라엘군을 생포하자 이스라엘이 레바논 폭격을 시작했다. 북한이 처음 핵실험을 감행했다. 몬테네그로가 세르비아로부터 분리하기 위해 국민 투표를 했다.

2007년

불가리아와 루마니아가 EU에 가입했다. 북아일랜드 공동 자치 정부가 출범했다. 미군 점령하 이라크에서 수니파와 시아파 사이의 충돌이 격해졌다. 미국에서 부동산 거품이 꺼지면서 2007~2008년 금융 위기가 발생했다.

2008년

코소보가 세르비아로부터 독립을 선언했다. 네팔이 왕정을 폐지하고 공화국이 됐다. 러시아와 조지아가 남오세티야의 독립 시도를 둘러싸고 충돌했다. 미국에서 리먼브라더스 투자 은행이 파산했다. 전 세계적인 경제 침체가 초래됐다. 버락 오바마가 아프리카계 미국인으로는 최초로 미국 대통령에 당선됐다.

2009년

이스라엘 군대가 하마스에 의한 미사일 공격을 막기 위해 가자 지구를 침공했다.

2010년

아이티 지진으로 약 23만 명이 죽었다. 세계 경제 침체가 계속되자 국제 통화 기금(IMF)이 그리스와 아일랜드에 구제 금융을 제공하며 정부 빚을 경감하기 위한 구조 조정을 요구했다. 미얀마 군부가 민주화 운동 지도자 아웅 산 수 치의 20년 가택 연금을 해제했다.

2011년

2010년 한 튀니지 인이 경찰의 부당한 처우에 항거해 분신한 것을 계기로, 북아프리카와 중동에서 민주화 운동('아랍의 봄')이 일어났다. 이집트에서 대규모 저항 운동이 일어나 무바라크 대통령이 축출되고 권력이 군부에 이양됐다. 리비아에서 반군이 카다피의 통치를 끝냈지만, 경쟁 세력이 주도권을 놓고 다퉈 내전이 이어졌다. 시리아에서 비국교도를 강압적으로 단속하면서 내전이 일어났다. 남수단이 수단에서 독립했지만 내부의 정치적, 민족적 갈등이 2013년 내전으로 이어졌다. 미군이 파키스탄에서 오사마 빈라덴을 사살했다. 이라크전이 공식적으로 끝났다.

2012년

이집트 대통령 선거가 무슬림 형제단의 모하메드 무르시의 승리로 끝났다. 세속 정당인 국민 세력 연합이 리비아 총선에서 승리했다. 파키스탄에서 여성 교육 운동가 말랄라 유사프자이가 탈레반의 총격을 받았으나 살아남았다. 중앙아프리카 공화국에서 내전이 발발했다. NASA의 큐리오시티 로버가 화성에 착륙했다.

2013년

프랑스가 이슬람 군대를 막고자 말리에 파병했다. 크로아티아가 EU에 가입했다. 시리아 정부가 구타 지역에 대한 화학 무기 공격 혐의를 부인하고, 화학 무기를 없애겠다고 발표했다. 이집트에서 군사 쿠데타가 일어나 무르시 대통령을 축출하고 전방위적인 폭력 사태가 벌어졌다. 알샤바브 이슬람계 무장 단체가 케냐 나이로비의 쇼핑몰을 공격했다. 남수단에서 부족 간 갈등으로 내전이 일어났다.

2014년

서아프리카에서 에볼라 바이러스가 창궐해 2016년까지 1만 1000명이 사망했다. 우크라이나에서 내전이 발발해 친러시아 대통령이 축출됐다. 러시아가 크림 반도를 병합하고 동우크라이나를 침공했다. 우크라이나 상공에서 말레이시아 항공 17편이 격추돼 탑승객 298명이 죽었다. 이스라엘이 이스라엘 청소년 3명과 팔레스타인 인 1명이 납치 살해된 사건을 계기로 가자 지구에 대한 공중 폭격과 지상 공격을 감행했다. 이슬람 근본주의자 집단 보코하람이 나이지리아에서 276명의 여학생들을 납치했다. 리비아에서 트리폴리 및 벵가지의 이슬람 분파와 민주적으로 선출된 토브룩 정부 사이에 내전이 재개됐다. 이라크 레반트 이슬람 국가(ISIS)가 이라크와 시리아 북부 영토를 차지했다. 미국과 아랍 국가가 ISIS에 공중 폭격을 했다.

2015년

이집트가 리비아의 ISIS를 폭격했다. 사우디아라비아가 이끄는 아랍 연합군이 이란이 지원하는 예멘의 후티 반군을 공격했다. 알샤바브가 케냐 가리사 대학교에서 무차별 총격을 가했다. 이란과 미국이 제재 완화를 조건으로 핵개발 프로그램을 진행하지 않기로 합의했다. 러시아가 시리아 정부의 지원을 받아 폭격을 시작했다. 튀르키예가 러시아 전투기 한 대를 격추했다. ISIS가 시리아의 고대 유적을 파괴하고 베이루트와 파리를 동시다발적으로 공격했다. 미국과 쿠바가 1961년 단절됐던 외교 관계를 복원했다. 전 세계가 탄소 배출량을 줄이도록 하는 국제 조약이 발효됐다.

▲ **뉴욕 세계 무역 센터**에 알카에다 테러리스트가 납치한 비행기 네 대 중 두 대가 2001년 9월 11일 충돌했다. 세 번째 비행기는 워싱턴 D. C.의 미국 국방부 청사 펜타곤에 충돌했고 네 번째는 피츠버그 근처에 추락했다.

2016년

튀르키예에서 쿠데타 시도가 실패로 돌아갔다. 영국이 투표를 거쳐 EU 탈퇴를 결정했다. 유엔이 이란에 대한 제재를 해제했다. 도널드 트럼프가 미국 대통령 선거에서 승리했다. 콜롬비아 정부가 수십 년간의 분쟁을 끝내고 콜롬비아 무장 혁명군(FARC)과 평화 협정을 체결했다. 로드리고 두테르테가 필리핀 대통령이 됐다.

2017년

소말리아 모가디슈에서 폭탄 테러가 발생해 587명이 사망했다. 유엔 인권 위원회는 미얀마에서 이뤄진 군사 작전이 인종 청소 행위였다고 규정했다. 짐바브웨에서 로버트 무가베가 쿠데타로 축출됐다.

2018년

사우디아라비아가 튀르키예 이스탄불 주재 자국 대사관에서 기자를 암살한 배후로 지목됐다. 20년 만에 에리트레아와 에티오피아의 국경 분쟁이 공식적으로 종결됐다. 중국이 주석의 임기 제한을 철폐했다.

2019년

도널드 트럼프 미국 대통령이 탄핵당했다. 홍콩에서 중국의 범죄인 인도 법안에 반대하는 대규모 시위가 벌어졌다.

2020년

2020년 3월, WHO가 코로나19 팬데믹을 선언했다. 미국에서 조지 플로이드 사망 사건이 대규모 시위로 이어지며 전 세계적 인종 차별 반대 시위를 촉발했다.

의학의 이정표

고대 세계의 화석과 미라를 보면 초창기 의학의 수준을 알 수 있다. 역사를 통틀어 의사와 과학자는 인체를 이해하고 상처를 고치며 병과 싸우기 위해 노력해 왔다. 오늘날, 인류는 여러 위험한 질병을 정복했다. 하지만 새로운 질병의 출현이 우리를 계속 위협하고 있다.

- **기원전 2700~2650년** 가장 오래된 의사는 이집트에 있었다고 전해진다. 과학사에서 처음 등장하는 여성인 메리트 프타와 임호테프는 사후에 의학의 신으로 추앙되었다.

- **기원전 1600년경** 최초로 마술이 아닌 합리적이고 과학적인 방법으로 의학에 접근한 논문인 「에드윈 스미스 파피루스」가 만들어졌다. 일부 학자들은 이 글을 임호테프가 썼다고 생각하고 있다.

- **기원전 500년경** 고대 그리스에서 의사인 크로톤의 알크마이온이 심장이 아닌 뇌가 사고와 감정을 관장한다고 주장했다.

- **기원전 420년경** 고대 그리스 코스의 의사 히포크라테스가 관찰과 진단의 중요성을 강조했다. 그가 창안한 사체액설은 19세기까지 이어졌다. 오늘날에도 의사들은 히포크라테스 선서를 외며 환자에게 최선을 다하고 환자를 보호하며 의학 지식을 다른 이들과 나눌 것을 맹세한다.

- **기원전 280년경** '해부학의 아버지'인 알렉산드리아의 헤로필로스가 시체를 가지고 공개 해부를 했고 뇌와 신경에 대해 기술했다. 카리스토스의 디오클레스가 지금까지 남아 있는 것 중 가장 오래된 해부학 관련 저술을 썼다.

- **40년경** 로마 철학자 코르넬리우스 켈수스가 심장병을 포함한 질병과 식이, 외과술, 약학을 다룬 『의학에 관하여』를 썼다.

- **200년경** 로마 제국의 의사인 페르가몬의 갈레노스가 165~180년에 500만 명을 죽인 전염병에 대해 기록했다. 해부학과 의학에 관한 갈레노스의 글은 이후 1,300년 동안 서양 의학을 지배했다.

- **1012년경** 페르시아의 박식가 이븐 시나가 『의학 정전』을 펴냈다. 이 책은 이슬람 세계와 유럽에서 18세기까지 교과서로 쓰였다.

- **1077년경** 근대 최초의 의학 학교가 이탈리아 살레르노에서 활발히 운영돼, 유럽과 북아프리카, 소아시아에서 유명했다. 그리스와 유대, 아랍의 의학자들이 찾아왔다.

- **1123년** 유럽 최초의 병원인 세인트 바살러뮤 병원이 영국 런던에 세워졌다.

- **1280년** 시리아 의사 이븐 알나피스가 맥박과 심장 박동 사이의 관계를 밝히고 몸 전체를 도는 순환계를 규명했다.

- **1285년경** 이탈리아에서 초창기 안경이 등장했다.

- **1543년** 플랑드르 의사인 안드레아스 베살리우스가 『인체의 구조에 관하여』를 펴냈다. 세밀한 그의 해부도 덕분에 근대적 해부학이 정초될 수 있었다.

- **1552년** 이탈리아 파도바에서 최초의 해부학 극장이 생겨났다.

- **1590년경** 네덜란드 안경 제작자 자카리아스 얀선이 두 개의 렌즈를 결합해 최초의 광학 현미경을 완성했다.

- **1628년** 영국 의사 윌리엄 하비가 『동물의 심장과 혈액의 운동에 관한 해부학적 연구』에서 피가 몸의 순환계에서 어떻게 움직이는지 밝혔다.

- **약 1630년** 영국에서 외과의들이 왕실 산모들의 난산에 대처하기 위해 산과용 겸자를 발명했다.

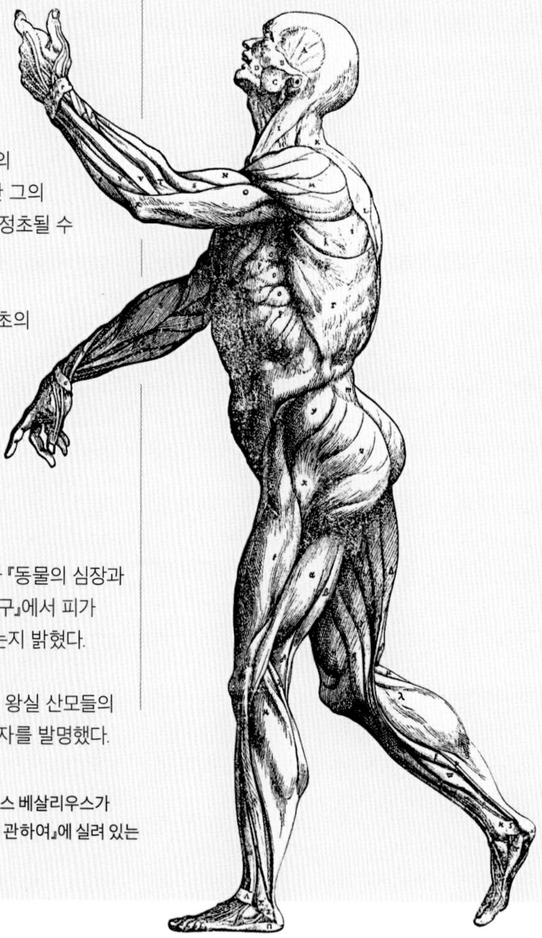

▶ **이 인체의 근육 목판화**는 안드레아스 베살리우스가 1543년 쓴 7권짜리 책 『인체의 구조에 관하여』에 실려 있는 것이다.

- **1661년** 이탈리아 의사 마르첼로 말피기가 허파에 관한 연구 결과를 발표했다. 연구에서 그는 모세 혈관과 작은 혈관들이 어떻게 동맥이나 정맥과 연결되는지 밝혔다.

- **1665년** 영국 의사 로버트 훅이 자신이 만든 현미경으로 관찰한 생명의 최소 단위를 설명하기 위해 '세포'라는 용어를 만들어 냈다.

- **1672년** 네덜란드 의사 레이니르 더 흐라프가 인간의 생식 기관을 기술했다.

- **1677년** 안데스 지역의 열대 우림에서 벗긴 기나피(키니네) 껍질이 열을 다스리는 데 도움이 된다고 런던 약전에 기술됐다.

- **1691년** 영국 의사 클롭튼 헤이버스가 뼈의 현미경 구조를 밝혔다.

- **1695년** 네덜란드 현미경 제작자 안톤 판 레이우엔훅이 인간의 혈액 세포와 정자 세포를 그렸다.

- **1714년** 독일 의사 가브리엘 파렌하이트가 수은 온도계를 발명했다. 1724년 그는 그의 이름을 딴 온도 체계(화씨 온도 체계)를 고안했다.

- **1735년** 클로디어스 에이먼드가 런던에서 처음으로 충수 절제술을 시행했다.

- **1796년** '면역학의 아버지'로 불리는 영국 의사 에드워드 제너가 처음으로 천연두 접종을 실시했다.

- **1800년** 영국 화학자 험프리 데이비가 처음으로 아산화질소(일명 '웃음 기체')를 썼다. 프랑스 해부학자 마리프랑수아자비에르 비샤가 기관은 조직이라 불리는 세포 덩어리로 만들어져 있으며, 21개의 서로 다른 조직이 있음을 밝혔다.

- **1816년** 프랑스 의사 르네 라에네크가 심장 박동 소리를 듣기 위해, 긴 나무 연결관에 귀꽂이가 달린 최초의 청진기를 발명했다.

- **1818년** 영국 산부인과 의사 제임스 블런델이 최초로 인간의 혈액을 환자에게 수혈하는 데 성공했다.

- **1831년** 미국과 프랑스, 독일에서 클로로포름이 발견됐다. 스코틀랜드 산부인과 의사인 제임스 영 심프슨이 1847년 의학용 마취제로 클로로포름을 처음 썼다.

- **1840년** 영국 박애주의자이자 사회 운동가인 엘리자베스 프라이가 런던에 간호 연구소를 세웠다.

- **1841년** 미국 외과의 크로퍼드 롱이 마취제로 디에틸에테르를 이용한 수술을 처음 선보였다.

- **1847년** 빈에서 이그나즈 제멜바이스가 외과 기구 소독과 손 세척 개념을 도입했다.

- **1851년** 독일 의사 헤르만 폰 헬름홀츠가 눈의 내부를 관찰하기 위해 검안경을 만들었다.

- **1854년** 영국 의사이자 역학의 창시자 중 한 명인 존 스노가 콜레라와 런던 브로드스트리트의 오염된 우물 물 사이의 관계를 추적했다.

- **1861년** 프랑스 화학자이자 '미생물학의 아버지'로 불리는 루이 파스퇴르가 공기에서 발생한 미생물이 부패와 병을 일으킨다는 세균 이론을 발표했다.

- **1865년** 영국 외과의 조지프 리스터가 석탄산을 이용해 현대적인 소독을 개척했다.

- **1866년** 영국 의사 토머스 알버트가 휴대용

▲ **이 현미경**은 영국 왕립 학회에서 펴낸 『마이크로그라피아』를 쓴 영국의 과학자 로버트 훅이 만든 것이다.

유리 온도계를 발명했다.

1869년 스위스 외과의 자크루이 르베르댕이 피부 이식술을 선보였다.

1880년 프랑스 의사 샤를 루이 알퐁스 라브랑이 말라리아 기생충을 식별해 냈다.

1881년 오스트리아 의사 자무엘 리터 폰 바슈가 혈압을 재기 위해 혈압계를 발명했다.

1882년 독일 의사 로베르트 코흐가 결핵을 일으키는 세균을 발견했다.

1895년 독일 의사 빌헬름 뢴트겐이 전자기 방사 현상으로 엑스선 사진을 촬영할 수 있다는 사실을 발견했다.

1901년 오스트리아계 미국인 의사인 카를 란트슈타이너가 처음으로 ABO식 혈액 분류법을 개발해 수혈의 성공 확률이 높아졌다.

1905년 영국 과학자 어니스트 스털링이 체내 상태를 유지하는 화학적 메커니즘을 설명하며 '호르몬'이라는 용어를 만들었다.

1906년 독일 의사 파울 에를리히가 병원체를 죽이는 '마법의 탄환'으로 화학 물질을 사용하게 될 것을 예견하며 '화학 요법'이라는 용어를 만들었다.

1919년 미국 정신과 의사 월터 캐넌이 호르몬 등 몇 가지 메커니즘이 상호 협력해 몸이 정적인 상태를 유지하는 현상을 설명하기 위해 '항상성'이라는 단어를 만들었다.

1922년 당뇨병 환자를 치료하기 위해 혈당 농도를 조절하는 호르몬인 인슐린을 주입했다.

1928년 스코틀랜드 생물학자이자 약학자 알렉산더 플레밍이 최초의 항생제인 페니실린을 발견했다.

1931년 독일 의사 에른스트 루스카와 전기 공학자 막스 크놀이 주사 전자 현미경을 발명했다. 덕분에 광학 현미경보다 훨씬 높은 배율로 관찰할 수 있게 됐다.

1932년 미국 심장학자 앨버트 하이먼이 인공 심장 박동기를 선보였다.

1938년 남아프리카 공화국 바이러스 학자 막스 타일러가 미국에서 황열병 백신을 만들었다. 이 백신은 브라질에서 처음 쓰였다.

1940년대 영국 외과의 아치볼트 매킨도가 제2차 세계 대전 참전 조종사의 화상 입은 얼굴을 재건하기 위해 처음으로 성형 수술을 했다.

1940년 미군 외과의 오스틴 무어가 처음으로 금속 척추 교환술을 실시했다.

1942년 독일 신경외과 의사 카를 두시크가 초음파를 의학용 진단 도구로 활용할 수 있음을 밝혔다. 이언 도널드는 1960년대에 처음으로 초음파 진단 기기를 개발했다.

1943년 네덜란드 의사 빌럼 요한 콜프가 신장 투석기를 처음으로 개발했다.

1948년 세계 보건 기구(WHO)가 스위스 제네바에 설립됐다. 태아의 이상과 감염을 진단하기 위한 양수 진단 시험이 개발됐다.

1952년 캐나다 의사 윌리엄 비글로가 5세 여자아이를 대상으로, 심장을 냉각한 뒤 심장에 난 구멍을 치료하는 개복 수술을 최초로 실시했다.

1953년 영국에서 영국 출신 물리학자 프랜시스 크릭과 미국 출신 생물학자 제임스 왓슨이 모리스 윌킨스와 로절린드 프랭클린과의 협업을 통해 DNA 이중 나선의 구조를 발견했다.

1954년 미국 외과의 조지프 머리가 일란성 쌍둥이를 대상으로, 생존 환자 중 최초로 신장 이식에 성공했다. 의료용 전자 온도계가 발명됐다.

1955년 조지프 소크가 최초로 소아마비용 백신을 개발했다. 이 백신은 미국에서 널리 이용되고 있다.

1956년 뉴질랜드 약사 콜린 머독이 처음으로 일회용 플라스틱 주사기의 특허를 냈다.

1958년 미국 의사 에드워드 혼과 영국 의사 이언 도널드가 초음파 진단 기기를 이용해 태아의 건강을 진단했다.

1961년 미국 과학자 마셜 니런버그가 DNA의 유전 암호를 해독했다. 미국 외과의들이 건설 노동자의 절단된 팔을 성공적으로 재접합했다.

1967년 자기 공명 영상(MRI)이 체내의 연부 조직을 관찰하는 데 처음으로 이용됐다. 남아프리카 공화국 심장외과 의사 크리스티안 바너드가 최초로 심장 이식을 했다.

1972년 런던의 환자를 대상으로 컴퓨터 단층 촬영(CAT)이 이뤄져 인체 장기의 영상을 얻었다.

1978년 인공 수정 개념에 따른 최초의 '시험관 아기' 루이스 브라운이 태어났다.

1980년 세계 보건 기구의 노력 덕분에 천연두가 처음으로 박멸된 질환이 됐다.

1981년 에이즈가 미국에서 처음 발견됐다. 의사들이 절제를 최소화하고 광섬유 내시경을 이용해 몸 안쪽을 보는 '키홀' 수술을 했다.

1982년 미국 과학자 로버트 자빅이 발명한 최초의 인공 심장을 환자에게 이식했다.

1984년 프랑스 과학자 뤼크 몽타니에가 면역계 세포를 파괴해 에이즈에 이르게 하는 인간 면역 결핍 바이러스(HIV)를 발견했다.

1986년 영국에서 처음으로 심장, 폐, 간 이식이 이뤄졌다.

2000년 미국 자선가 빌 게이츠와 멜린다 게이츠가 건강 증진 및 빈곤 퇴치를 목적으로 세계 최대의 민간 재단을 만들었다.

2001년 과학자들이 문제가 있는 유전자가 다음 세대로 유전되는 것을 막기 위해 동물 생식 세포 유전자 치료 시술을 처음으로 실험했다.

2002년 미국 외과의들이 위성을 통해 중계된 디지털 엑스선 사진을 보며 남극에서 이루어지는 무릎 수술을 이끌었다.

2003년 과학자들이 1990년 시작된 인간 유전체 사업의 결과를 발표했다. 이를 통해 인간의 염색체에 있는 모든 DNA 염기 서열이 밝혀졌다.

2006년 손상된 기관을 대체하기 위해, 실험실에서 환자의 세포로 배양한 방광을 환자에게 성공적으로 이식했다.

2007년 이전에는 쓸모없다고 생각했던 충수가, 대장의 활동에 필수적인 세균들이 모여 있는 일종의 저장소라는 사실이 밝혀졌다.

2013년 미국이 처음으로 신장의 인공 배양에 성공했다. 일본이 줄기 세포를 이용해 처음으로 간을 만들었다.

2015년 환자의 뇌 신호로 조종할 수 있는 의수가 개발돼, 부상으로 손을 쓸 수 없게 된 장애인의 손을 바이오닉 손으로 대체할 수 있게 됐다. 외과의들이 얼굴 전체를 이식하는 수술을 했다.

찾아보기

가

나

다

라

마

아

자

차

카

타

파

하

도판 저작권

The publisher would like to thank the Big History Institute for their enthusiastic support throughout the preparation of this book—especially Tracy Sullivan, Andrew McKenna, David Christian, and Elise Bohan. Special thanks to the writers: Jack Challoner, Peter Chrisp, Robert Dinwiddie, Derek Harvey, Ben Hubbard, Philip Parker, Colin Stuart, and Rebecca Wragg-Sykes.

DK would also like to thank the following:
Editorial assistance: Steve Setford; Ashwin Khurana; Steven Carton; Anna Limerick; Helen Ridge; Angela Wilkes; and Hugo Wilkinson.
Design assistance: Ina Stradins; Jon Durbin; Saffron Stocker; Gadi Farfour; and Raymond Bryant.
Additional illustrations: KJA artists; Andrew Kerr.
Image retoucher: Steve Crozier.
Picture Research: Sarah Smithies.
Proofreaders: Katie John; Rebecca Warren.
Indexers: Elizabeth Wise; Jane Parker.
Creative Technical Support: Tom Morse.
Senior DTP Designers: Shanker Prasad; Sachin Singh.
DTP Designer: Vijay Kandwal.
Production manager: Pankaj Sharma.

PICTURE CREDITS
The publisher would like to thank the following for their kind permission to reproduce their photographs:

(Key: a-above; b-below/bottom; c-center; f-far; l-left; r-right; t-top)

1 Corbis: EPA.
2 Dorling Kindersley: Oxford University Museum of Natural History.
8–9 Getty Images: Fuse.
19 Getty Images: De Agostini.
20–21 Corbis: EPA.
20 Corbis: EPA (bc).
21 123RF.com: Boris Stromar (tr). **© LDA Sachsen-Anhalt:** Juraj Lipták (cr).
22–23 Bridgeman Images: Private Collection.
23 Alamy Stock Photo: Patrizia Wyss (tr).
26 Dorling Kindersley: The Science Museum, London (cl). **Fraunhofer:** Bernd Müller (ca). **Science Photo Library:** David Parker (br). **Thinkstock:** Photos.com (tl).
27 Alamy Stock Photo: PF-(bygone1) (bc); RGB Ventures (crb). **Corbis:** Design Pics / Steve Nagy (tl).
28 Alamy Stock Photo: Granger, NYC (cra).
30–31 Science Photo Library: Royal Astronomical Society.
30 Carnegie Observatories – Giant Magellan Telescope: (clb).
32 Getty Images: Bettmann (bl).
36–37 © CERN: Maximilien Brice.
37 © CERN: T. McCauley, L. Taylor (cra).
38 NASA: ESA, J. Jee (University of California, Davis), J. Hughes (Rutgers University), F. Menanteau (Rutgers University and University of Illinois, Urbana-Champaign), C. Sifon (Leiden Observatory), R. Mandelbum (Carnegie Mellon University), L. Barrientos (Universidad Catolica de Chile), and K. Ng (University of California, Davis) (bl).
38–39 ESA: and the Planck Collaboration (t).
45 ESO: M. Kornmesser (https://www.eso.org/public/images/eso1524a/) (tl).
46 Corbis: The Gallery Collection (cla).
47 Mark A. Garlick / www.markgarlick.com.
48–49 Image courtesy of Rob Crain (Leiden Observatory, the Netherlands), Carlos. Frenk (Institute for Computational Cosmology, Durham University) and. Volker Springel (Heidelberg Institute of Technology and Science, Germany), partly based on simulations carried out by the Virgo Consortium for cosmological simulations: (c). **Rob Crain (Liverpool John Moores University) & Jim Geach (University of Hertfordshire):** (b).
49 NASA: H. Ford (JHU), G. Illingworth (UCSC / LO), M.Clampin (STScI), G. Hartig (STScI), the ACS Science Team, and ESA (tr).
50 NASA: ESA, and Z. Levay, F. Summers (STScI) (cb).
50–51 NASA: ESA / G. Illingworth, D. Magee, and P. Oesch, University of California, Santa Cruz; R. Bouwens, Leiden University; and the HUDF09 Team.
51 NASA: illustration: ESA; and Z. Levay, (STScI) image: T. Rector, I. Dell'Antonio / NOAO / AURA / NSF, Digitized Sky Survey (DSS), STScI / AURA, Palomar / Caltech, and UKSTU / AAO (cra); ESA and John Bahcall (Institute for Advanced Study, Princeton) Mike Disney (University of Wales) (br).
59 123RF.com: Yuriy Mazur (tc). **NASA:** ESA, M. Robberto (Space Telescope Science Institute / ESA) and the Hubble Space Telescope Orion Treasury Project Team (crb).
60 Getty Images: John Livzey (bl). **Science Photo Library:** Konstantinos Kifonidis (tc).
60–61 Science Photo Library: Konstantinos Kifonidis
61 Science Photo Library: Konstantinos Kifonidis (tl, tc, tr).
62–63 Dorling Kindersley: The Science Museum, London / Clive Streeter.
68–69 ESO: L. Calçada / M. Kornmesser.
70 Alamy Stock Photo: Stocktrek Images, Inc.
72 ESA: Rosetta / NAVCAM – CC BY-SA IGO 3.0 (bl).
72–73 Heritage Auctions.
73 Alamy Stock Photo: dpa picture alliance (br). **Science Photo Library:** Chris Butler (crb).
76–77 ESA: D. Ducros, 2013.
79 Mark A. Garlick / www.markgarlick.com: (br).
82 Kevin Snair, Creative Imagery: (b).
83 Kevin Snair, Creative Imagery.
85 Getty Images: The Asahi Shimbun (cra).
86 Science Photo Library: Royal Institution Of Great Britain (bl); Sheila Terry (tr).
87 Alamy Stock Photo: Stefano Ravera.
88 Library of Congress, Washington, D.C.: David G. De Vries Call No: HAER CAL,41-MENPA,5–31 (c).
88–89 J. W. Valley, University of Wisconsin-Madison.
89 Alamy Stock Photo: B Christopher (tr); World History Archive (br).
90 Alfred-Wegener-Institute for Polar and Marine Research: (bl). **Science Photo Library:** UC Regents, National Information Service for Earthquake Engineering (c, ca).
90–91 Copyright by Marie Tharp 1977/2003. Reproduced by permission of Marie Tharp Maps LLC, 8 Edward St, Sparkill, NY 10976: (t).
92 Alamy Stock Photo: Nature Picture Library (clb).
100 Dorling Kindersley: Hunterian Museum and Art Gallery, University of Glasgow (c). **FLPA:** Frans Lanting (bl).
101 Dorling Kindersley: Hunterian Museum and Art Gallery, University of Glasgow (cla).
103 Peter Bull: based on original artwork by Simone Marchi.
105 Science Photo Library: A. Barrington Brown, Gonville and Caius College (b).
106 Alamy Stock Photo: World History Archive (ca).
108 Getty Images: Tom Murphy / National Geographic (b).
108–109 Piotr Naskrecki.
110 Alamy Stock Photo: Natural History Museum, London (t).
112 Science Photo Library: Professors P. Motta & F. Carpino, Sapienza – Università di Roma (bl).
114 Science Photo Library: Wim van Egmond (cl).
114–115 Anne Race.
115 NASA: SeaWiFS Project / Goddard Space Flight Center and ORBIMAGE (br).
120 Ardea: Auscape (bl).
122 Getty Images: Carolina Biological (cl). **Shuhai Xiao of Virginia Tech, USA:** (cra, cr).
123 Shuhai Xiao of Virginia Tech, USA.
124 Jurgen Otto.
125 Science Photo Library: Eye of Science (br).
126 Xiaoya Ma: Xianguang Hou, Gregory D. Edgecombe & Nicholas J. Strausfeld / doi:10.1038 / nature11495
fig 2 (bl).
134 Corbis: Scientifica.
136–136 Science Photo Library: Martin Oeggerli.
137 Chris Jeffree: (bc).
138 Corbis: Jonathan Blair (bl, clb, bc).
138–139 The Sedgwick Museum of Earth Sciences, University of Cambridge.
139 Alamy Stock Photo: Stocktrek Images, Inc. (br).
142 Robert B. MacNaughton: (bl).
144–145 Dorling Kindersley: Natural History Museum, London.
148–149 Alamy Stock Photo: imagebroker.
149 Dorling Kindersley: Natural History Museum, London (bc).
150–151 Deutsches Bernsteinmuseum: (b).

150 Alamy Stock Photo: Agencja Fotograficzna Caro (c).
152 Colorado Plateau Geosystems Inc: © 2016 Ron Blakey.
156–157 Science Photo Library: Natural History Museum, London.
158–159 Colorado Plateau Geosystems Inc: © 2016 Ron Blakey.
162–163 Alamy Stock Photo: dpa picture alliance (c).
163 Dorling Kindersley: Jon Hughes (cra); Natural History Museum, London (tc). **Science Photo Library:** Mark Garlick (cb).
164–165 123RF.com: Timothy Stirling.
165 FLPA: Biosphoto / Michel Gunther (b).
166 Roger Smith: Iziko South African Museum (cl).
167 Dorling Kindersley: Jon Hughes (tl).
172 Alamy Stock Photo: Natural History Museum, London (b).
173 TopFoto.co.uk: Ullsteinbild (ca).
174 Getty Images: National Geographic / Carsten Peter (br).
176 Colorado Plateau Geosystems Inc: © 2016 Ron Blakey (b).
182–183 Getty Images: Andrew Rutherford.
184–185 Kennis & Kennis / Alfons and Adrie Kennis: (all).
186 123RF.com: Stillfx (cr). **Science Photo Library:** MSF / Kennis & Kennis (bl).
187 123RF.com: Oleg Znamenskiy (cl). **Alamy Stock Photo:** RooM the Agency (cr).
188 Alamy Stock Photo: Heritage Image Partnership Ltd. (t).
189 Alamy Stock Photo: Nature Picture Library (tr).
190 Alamy Stock Photo: dpa picture alliance (bl). **Luka Mjeda:** (cra).
191 Science Photo Library: S. Entressangle / E. Daynes.
192–193 Alamy Stock Photo: Natural History Museum, London.
192 Kenneth Garrett: (clb). **Djuna Ivereigh www. djunapix.com:** (c).
193 Getty Images: National Geographic / Ira Block (br).
194 Alamy Stock Photo: National Geographic Creative (bc). **Darren Curnoe:** (cra). **Science Photo Library:** MSF / Javier Trueba (clb).
195 Shutterstock.com: AP (cb).
197 Robert Clark: (b).
198 Alamy Stock Photo: age fotostock (t); Hemis (bl).
199 Kennis & Kennis / Alfons and Adrie Kennis.
200–201 Alamy Stock Photo: Pim Smit.
202–203 Getty Images: Print Collector (b).
203 Alamy Stock Photo: Premaphotos (t).
204 Alamy Stock Photo: Arterra Picture Library (clb).
204–205 RMN: Grand Palais / Gérard Blot.
205 RMN: Grand Palais / Gérard Blot (crb).
206 Dorling Kindersley: Natural History Museum, London (cr); Robert Nicholls (tr). **Getty Images:** EyeEm / Daniel Koszegi (cb). **Wim Lustenhouwer / Vrije Universiteit University Amsterdam:** (crb). **Museum of Anthropology, University of Missouri:** (cla). **Science Photo Library:** P. Plailly / E. Daynes (bc). **SuperStock:** Universal Images Group (c).
207 Alamy Stock Photo: Granger, NYC (cra). **Science Photo Library:** John Reader (c). **Muséum de Toulouse:** Didier Descouens/Acc No: MHNT PRE.2009.0.203.1/ https://commons.wikimedia.org/wiki/File:Pointe_levallois_Beuzeville_MHNT_PRE.2009.0.203.2.fond.jpg (cla). **João Zilhão (ICREA/University of Barcelona):** (tr).
208 Alamy Stock Photo: Heritage Image Partnership Ltd. (cl). **Getty Images:** Field Museum Library (crb). **Pierre-Jean Texier:** (tc).
209 akg-images: Pictures From History (bc). **Alamy Stock Photo:** Arterra Picture Library (tl, tr); Natural History Museum, London (cra). **Joel Bradshaw, Honolulu, Hawaii:** (ca). **Dorling Kindersley:** University of Pennsylvania Museum of Archaeology and Anthropology (br).
210–211 Alamy Stock Photo: John Warburton-Lee Photography.
211 Alamy Stock Photo: Cindy Hopkins (crb).
212–213 Alamy Stock Photo: EPA / Guillaume Horcajuelo (b).
213 Paleograph Press, Moscow: (tr). **© urmu:** © uni tübingen: photo: Hilde Jensen (cla).
214 Getty Images: De Agostini (bl). **Lyudmilla Lbova:** (tr).
215 Science Photo Library: S. Entressangle / E. Daynes
216 Alamy Stock Photo: Penny Tweedie (bl). **Institut Català de Paleoecologia Humana i Evolució Social:** (ca).
216–217 Bridgeman Images: (t).
217 Alamy Stock Photo: EPA (cla). **Dorling Kindersley:** Board of Trustees of the Armouries (cra). **Rex by Shutterstock:** Isifa Image Service sro (bl).
218 Science Photo Library: Natural History Museum, London (bc).
218–219 Kenneth Garrett.
220 Ardea: Jean-Paul Ferrero.
226–227 Alamy Stock Photo: Archivio World 4.
229 Corbis: John Warburton-Lee Photography Ltd. / Nigel Pavitt (br).
231 Alamy Stock Photo: Peter Horree (bc).
232 Dorling Kindersley: Museum of London (cl).
232–233 SuperStock: Universal Images Group.
234 Getty Images: Bloomberg (ca); Morales (crb).
235 Alamy Stock Photo: Nigel Cattlin (clb); Danita Delimont (tr). **Dreamstime.com:** Jaromír Chalabala (cla)
236 Getty Images: Markus Hanke (ca).
238 Corbis: Imagebroker / Frank Sommariva. **Science Photo Library:** Ami Images (clb); Steve Gschmeissner (bl); Scimat (cb, bc).
238–239 Science Photo Library: Ami Images.
239 Dreamstime.com: Fanwen (tr).
240 Alamy Stock Photo: Kip Evans (bl).
242 Alamy Stock Photo: Chuck Place (cra). **Dreamstime.com:** Branex | (tl).
243 123RF.com: Samart Boonyang (cr). **Alamy Stock Photo:** Tim Gainey (cra). **Dreamstime.com:** Sergio Schnitzler (bc); Elena Schweitzer (tc).
244 SuperStock: De Agostini (b).
244–245 Science Photo Library: David R. Frazier.
245 Alamy Stock Photo: Sputnik (tr).
246 Corbis.
246–247 Alamy Stock Photo: India View.
248–249 The Trustees of the British Museum.
249 Alamy Stock Photo: The Art Archive (tl).
250 Photo Scala, Florence: Metropolitan Museum of Art (cl).
250–251 Alamy Stock Photo: Bert de Ruiter.
252–253 Alamy Stock Photo: Yadid Levy.
253 Getty Images: AFP (cb).
254 The Trustees of the British Museum.
254–255 The Trustees of the British Museum.
255 akg-images: Erich Lessing (cra). **Bridgeman Images:** Tarker (cr). **Reuters:** Chinese Academy of Science (br).
256 Getty Images: De Agostini (tc, cb).
257 Corbis: Nathan Benn (tc); Ottochrome / Nathan Benn (tr).
259 Artemis Gallery: (tl).
260–261 Alamy Stock Photo: Dennie Cox.
261 Corbis: Sandro Vannini (br).
262 Alamy Stock Photo: Glasshouse Images (br).
264 Alamy Stock Photo: Prisma Archivo (bc).
264–265 Alamy Stock Photo: The Art Archive.
266 Alamy Stock Photo: Eye35 (tl). **Bridgeman Images:** Louvre, Paris, France (cb). **Corbis:** Gianni Dagli Orti (clb). **Getty Images:** De Agostini (bl).
267 Alamy Stock Photo: Holmes Garden Photos (tc). **Bridgeman Images:** British Library (tr). **Wikipedia:** (br).
270 Alamy Stock Photo: Interfoto (b).
272 Alamy Stock Photo: age fotostock (b).
272–273 Getty Images: Yann Arthus-Bertrand.
275 Alamy Stock Photo: imagebroker (b).
276–277 Alamy Stock Photo: Heritage Image Partnership Ltd.
277 The Trustees of the British Museum: With kind permission of the Shaanxi Cultural Heritage Promotion Centre, photo by John Williams and Saul Peckham (cb).
278 Corbis: Burstein Collection (b).
278–279 Bridgeman Images: Museum of Fine Arts, Boston, Massachusetts, USA / Julia Bradford Huntington James Fund.
280 akg-images: (tr); Erich Lessing (cr). **Alamy Stock Photo:** Edwin Baker (ca).

281 Alamy Stock Photo: Ancient Art & Architecture Collection Ltd. (c). **Bridgeman Images:** Museo del Oro, Bogota, Colombia / Photo © Boltin Picture Library (tr). **Dorling Kindersley:** Gary Ombler (c) Fort Nelson (bc); University of Pennsylvania Museum of Archaeology and Anthropology (clb). **Dreamstime.com:** Xing Wang (cla)
282–283 Bridgeman Images: South Tyrol Museum of Archaeology, Bolzano, Wolfgang Neeb (b).
282 South Tyrol Museum Of Archaeology – www.iceman.it: (ca); Reconstruction by Kennis & Kennis © South Tyrol Museum of Archaeology, Foto Ochsenreiter (3) (tr).
283 Bridgeman Images: South Tyrol Museum of Archaeology, Bolzano, Wolfgang Neeb (cra). **South Tyrol Museum Of Archaeology – www.iceman.it**.
284 Getty Images: De Agostini (clb).
284–285 Alamy Stock Photo: 505 Collection.
286–287 Alamy Stock Photo: Clearview.
287 The Trustees of the British Museum.
288 Photo Scala, Florence: (ca).
288–289 Alamy Stock Photo: Peter Horree.
290 Dorling Kindersley: University of Pennsylvania Museum of Archaeology and Anthropology (t). **Numismatica Ars Classica NAC AG:** Auction 92 Pt 1 Lot 152 (bl); Auction 59 Lot 482 (bc); Auction 72 Lot 281 (br).
291 Alamy Stock Photo: Anders Ryman (b). **RMN:** Grand Palais (musée du Louvre) / Franck Raux (tr).
292–293 Bridgeman Images: Galleria Regionale della Sicilia, Palermo, Sicily, Italy.
293 Corbis: Demotix / Demotix Live News (cb).
294–295 Getty Images: AFP (b).
295 Dorling Kindersley: Durham University Oriental Museum (tc).
296 Alamy Stock Photo: John Glover (bl). **Getty Images:** De Agostini (cla); Clay Perry (clb).
297 Alamy Stock Photo: Melvyn Longhurst (crb). **Getty Images:** EyeEm / Cristian Bortes (cra); Tim Flach (br). **Science Photo Library:** Eye of Science (cr).
298 Courtesy of The Washington Map Society www.washmapsociety.org: original research published Fall 2013 issue (#87) of The Portolan, journal of the Washington Map Society (b).
299 Bridgeman Images: Pictures from History (t). **The Trustees of the British Museum**.
304–305 Getty Images: Robert Welch
307 Alamy Stock Photo: North Winds Picture Archives (br).
308 Science & Society Picture Library: Science Museum (tr).
308–309 SuperStock: Science and Society Picture Library (b).
309 Alamy Stock Photo: Granger, NYC (tr). **Getty Images:** Transcendental Graphics (br).
310 123RF.com: Jamen Percy (cla). **Alamy Stock Photo:** Granger, NYC (c, bc); Historical Art Collection (HAC) (tr). **Dorling Kindersley:** The Science Museum, London (cra).
311 Alamy Stock Photo: Chronicle (cr); Niday Picture Library (cl); North Winds Picture Archives (cb); Photo Researchers (cla).
312 Alamy Stock Photo: Liszt Collection (tr). **Getty Images:** Bettmann (cb); SSPL (ca).
312–313 Cyfarthfa Castle Museum & Art Gallery, Merthyr Tydfil: © Mervyn M. Sullivan (c).
313 Alamy Stock Photo: (cb); North Winds Picture Archives (cla). **Getty Images:** Hulton Archive (ca). **Library of Congress, Washington, D.C.:** LC-USZ62-136561 (br). **Science & Society Picture Library:** NRM / Pictorial Collection (clb).
315 Alamy Stock Photo: The Print Collection (br).
316–317 TopFoto.co.uk: The Granger Collection (b).
316 akg-images: Les Arts Décoratifs, Paris / Jean Tholance (tr).
317 Alamy Stock Photo: Granger, NYC (br); Pictorial Press Ltd. (tc).
318 Corbis.
319 Corbis: (bc).
320 Alamy Stock Photo: Lebrecht Music and Photo Library.
320–321 Alamy Stock Photo: Chronicle.
324 The Art Archive: British Museum, London.
325 Science & Society Picture Library: Science Museum (br).
327 akg-images: Interfoto (tr). **Bridgeman Images:** Private Collection / Archives Charmet (b).
328 123RF.com: Saidin B. Jusoh (crb); Pornthep Thepsanguan (cl). **Photoshot:** John Cancalosi (ca)
329 Corbis: Richard Nowitz (clb). **Getty Images:** John Wang (tl).
330–331 SuperStock: ACME Imagery.
331 Science & Society Picture Library: Science Museum.
332 Alamy Stock Photo: Granger, NYC (tr); Thislife Pictures (b).
333 Getty Images: Aldo Pavan (t).
334 Alamy Stock Photo: North Winds Picture Archives (tr); Photo Researchers (bc). **Science & Society Picture Library:** Science Museum (ca, crb, clb). **Science Photo Library:** Science Source / CDC (bl).
336 Science & Society Picture Library: National Railway Museum (tr).
337 Alamy Stock Photo: The Art Archive (tc); Lebrecht Music and Photo Library (tl); David Wells (bl); Cultura Creative (RF) (br). **Getty Images:** The LIFE Images Collection / James Whitmore (cl).
338 Alamy Stock Photo: Motoring Picture Library.
339 Alamy Stock Photo: Motoring Picture Library (cr).
340 Alamy Stock Photo: Granger, NYC (bc). **Corbis:** Araldo de Luca (br). **Science & Society Picture Library:** Science Museum (cb). **TopFoto.co.uk:** The Granger Collection (ca).
341 Alamy Stock Photo: The Art Archive (clb); Granger, NYC (tl); Everett Collection Historical (bc); D. Hurst (br). **Getty Images:** Bloomberg (cra). **NASA:** (tr). **Science & Society Picture Library:** National Museum of Photography, Film & Television (cb); Science Museum (ca).
342 Alamy Stock Photo: Annie Eagle (5/b). **Flickr.com:** Portal GDA/https://www.flickr.com/photos/135518748@N08/23153369341/in/photolist-BgZ548 (6/b); roach/https://www.flickr.com/photos/mroach/4028537863/sizes/l (4/b). **Science & Society Picture Library:** Science Museum (1/b, 2/b).
343 123RF.com: Adrianhancu (8/b); svl861 (ca); Norman Kin Hang Chan (5/b). **Alamy Stock Photo:** D. Hurst (4/b); Visions of America, LLC (tl); Frances Roberts (cra); Oleksiy Maksymenko Photography (3/b, 6/b). **Amazon.com, Inc.:** (7/b). **Getty Images:** Business Wire (2/b). **Rex by Shutterstock:** Langbehn (1/b). **Science Photo Library:** Thomas Fredberg (c).
344 ESA: NASA.
345 Getty Images: Yann Arthus-Bertrand (br).
348 Science Photo Library: Dirk Wiersma (c).
348–349 Getty Images: Galerie Bilderwelt.
350 Getty Images: EyeEm / William McClymont (bl).
351 Rex by Shutterstock: London News Pictures.
352 Alamy Stock Photo: Global Warming Images (bc). **NASA**.
353 Alamy Stock Photo: Reinhard Dirscherl (br). **NASA:** Goddard Space Flight Center Scientific Visualisation Studio (cra).
354 Alamy Stock Photo: fStop Images GmbH (tr). **Getty Images:** Davee Hughes UK (bl).
355 123RF.com: Andrii Iurlov (cra). **Dreamstime.com:** Emilia Ungur (cb).
356–357 Alamy Stock Photo: Sean Pavone.
357 Alamy Stock Photo: Oleksiy Maksymenko Photography (ca).
358–359 Alamy Stock Photo: Stocktrek Images, Inc.
364 Corbis: Wolfgang Kaehler (bl).
365 Alamy Stock Photo: Sabena Jane Blackbird (tl). **Dorling Kindersley:** Natural History Museum, London (bc).
366 akg-images: Erich Lessing (tr). **Getty Images:** Jerome Chatin (b).
367 akg-images: Erich Lessing (bc).
370 Bridgeman Images: Ashmolean Museum, University of Oxford, UK (bc). **Getty Images:** Ricardo Liberato (tr)
371 Corbis: Richard T. Nowitz (br).
372 Dreamstime.com: Witr (tl).
373 Alamy Stock Photo: B Christopher (tl); Peter Horree (br).

374 Bridgeman Images: De Agostini Picture Library (br)
375 Corbis: Christie's Images (tr).
378 Dreamstime.com: Sergio Bertino (bl). **Getty Images:** Guillermo Flores - www.memoflores.com (tr).
379 Getty Images: G. Nimatallah / De Agostini (br).
380 Alamy Stock Photo: Dinodia Photos (tl); Mark Burnett (br).
381 Alamy Stock Photo: Peter Horree (bc).
382 Corbis: Charles & Josette Lenars (b).
383 Dreamstime.com: Serhii Liakhevych (bc).
386 Getty Images: Gonzalo Azumendi (tl).
387 123RF.com: Luca Mason / Ikpro (br). **SuperStock:** Interfoto (tl).
388 Corbis: Leemage (tr); Scott S. Warren / National Geographic Creative (bl).
389 akg-images: Cameraphoto (br).
390 Bridgeman Images: Centre Historique des Archives Nationales, Paris, France (crb). **Dorling Kindersley:** The University of Aberdeen (tl).
392 Alamy Stock Photo: World History Archive (br).
393 Alamy Stock Photo: imageBROKER (tr).
396 Corbis: Leemage (tc).
397 Rex by Shutterstock: Universal History Archive / UIG (br).
398 Alamy Stock Photo: The National Trust Photolibrary (tl).
400 Alamy Stock Photo: North Wind Picture Archives (tr).
401 Alamy Stock Photo: The Art Archive (cb).
402 Alamy Stock Photo: Heritage Image Partnership Ltd. (br).
403 Getty Images: Bjorn Holland (tr).
406 Rex by Shutterstock: Glasshouse Images (bl).
407 SuperStock: Iberfoto (tr).
408 Corbis: Christie's Images (t).
410 Getty Images: Popperfoto (tr).
411 Science Photo Library: Sputnik (br).
414 Corbis: (bl). **Mary Evans Picture Library:** Robert Hunt Library (tr).
415 Getty Images: Bettmann (bc).
416 Rex by Shutterstock: CSU Archives / Everett Collection (tr).
417 Getty Images: Galerie Bilderwelt (br).
418 NASA: (bl).
419 Corbis: Tim Page (tl).
420 Alamy Stock Photo: Agencja Fotograficzna Caro (bl).
421 Getty Images: Spencer Platt (tr).
422 Corbis: Heritage Images.
423 Science Photo Library: Science Source (tl).

Cover images: *Front:* **123RF.com:** Andrey Armyagov fcrb, Igor Dolgov crb; **Alamy Stock Photo:** Granger, NYC. cb/ (Map); **Bridgeman Images:** Biblioteca Monasterio del Escorial, Madrid, Spain cb; **Dreamstime.com:** Constantin Opris crb/ (Industry), Imagin.gr Photography clb/ (Acropolis), Sergeypykhonin cb/ (Steam); **Neanderthal Museum:** clb; **Science Photo Library:** Pascal Goetgheluck; *Back:* **123RF.com:** Nikkytok fclb, Pablo Hidalgo crb, Sergey Nivens fcrb; **NASA:** cb/ (Solar system), JPL-Caltech / UCLA cb, JPL-Caltech / University of Wisconsin-Madison / Image enhancement: Jean-Baptiste Faure clb; **Science Photo Library:** Pascal Goetgheluck.

옮긴이의 말

『빅 히스토리』의 한국어판이 세상에 나온 지 7년이 지났다. 짧다면 짧은 시간이지만, 그사이에 인류 역사에 오래 남을 중요한 사건이 여럿 스쳐 지나갔다. 세계 인구가 80억 명을 돌파했고, 신종 코로나바이러스 감염증(코로나19) 팬데믹이 전 세계를 공포에 떨게 했다. 기후 위기는 급격히 진행돼 2023년 이후 전 세계 기온과 해수면 온도는 역대 가장 높은 상태를 수백 일 연속 경신했다. 반세기 만에 다시 달에 사람을 보내기 위한 유인 달 탐사 프로젝트가 재개됐으며, 존재감이 약하던 재생 에너지가 어느덧 가장 빠르게 확장하는 에너지원으로 자리 잡아 가고 있다. 생성 인공 지능(AI)이 사람이 만든 것과 구분하기 어려운 창작물을 대거 쏟아내기 시작했다.

현재와 미래만 바뀌지 않았다. 가장 오래된 동굴 벽화 기록이 깨졌고, 전에는 존재하지 않던 새로운 아시아의 고인류가 인류의 가계도에 추가됐다. 새로 임무를 시작한 제임스 웹 우주 망원경은 이전에는 볼 수 없던 먼 과거의 우주를 우리 눈앞에 찬란하게 펼쳐 보여 주고 있다.

이 책은 빅 히스토리라는 개념을 생각의 틀 삼아 자연과 인류, 기원과 역사, 문화와 과학을 함께 보게 해 준다. 인류가 지난 수년간 겪은 굵직한 사건들도 과거의 학문 분류로는 역사, 고고학, 의학, 과학, 공학의 이름 아래에 나뉘겠지만, 빅 히스토리라는 틀에서는 한데 엮인다. 새로 추가된 인류의 모든 지식과 경험이, 그대로 빅 히스토리의 지문이자 발자국이다.

2판에서는 이렇게 새롭게 그려진 인류와 우주의 지문과 발자국을 보완하고, 1판에서 놓쳤던 소소한 오류나 모호한 부분을 다시 점검했다. 이 책의 옮긴이들은 모두 과학과 공학을 전공한 과학 전문 기자 출신이다. 배경도 다르고 현재 하는 일도 다르지만 인류와 자연, 우주의 기원에 대한 궁금함과 열정을 지녔다는 공통점이 있고, 그 열성으로 이 책을 번역하는 데 동등한 정도로 기여했다. 윤신영은 서문과 1장, 6장, 그리고 연표 중 근대 초기 이후부터 현대까지를 번역했고, 이영혜는 4장과 8장, 그리고 연표 중 중세를 번역했다. 우아영은 2장과 7장, 그리고 연표 중 선사 시대와 고대를 맡았다. 최지원은 3장과 5장, 그리고 연표 중 고전 시대를 번역했다. 방대한 배경 지식이 필요한 작업이라 쉽지 않았을 텐데 모두 과학 기자로서의 경험과 그간 쌓은 자료 조사 능력을 발휘해 번역해 준 덕분에 책이 세상에 나올 수 있었다.

마지막으로 번역 과정에서 느낀 아쉬움을 하나 밝히며 마치려 한다. 빅 히스토리 분야 자체가 서양에서 만들어졌다 보니 역사적 내용의 골격을 주로 서양의 이야기로 채운 듯싶다. 서양사는 마치 나무 줄기와 큰 가지처럼 복잡한 전개 과정을 촘촘히 서술하는 동안, 동아시아사나 아프리카사는 가지에 잠깐씩 앉았다 가는 새를 묘사할 때처럼 짧게 스쳤다. 빅 히스토리를 교육하고 연구하는 우리와 다음 세대가 조금씩 바꿔야 할 문제가 아닐까 싶다.

넓은 분야에 흩어진 방대한 정보를 집대성한 책이다 보니 처음 출간할 때에도, 점검과 보완을 거쳐 2판을 펴낼 때에도 큰 수고가 들 수밖에 없었다. 어려운 작업을 세심히 진행해 준 ㈜사이언스북스 편집부에 감사드린다.

윤신영